Social Media Marketing

6. AUFLAGE

Social Media Marketing

Praxishandbuch für Facebook, Instagram, TikTok & Co.

Corina Pahrmann, Katja Kupka

Mit einem umfangreichen Rechtsratgeber von Dr. Thomas Schwenke

O'REILLY®

Corina Pahrmann, Katja Kupka
Mit einem umfangreichen Rechtsratgeber von Dr. Thomas Schwenke

Lektorat: Ariane Hesse
Korrektorat: Sibylle Feldmann, *www.richtiger-text.de*
Satz: III-satz, *www.drei-satz.de*
Herstellung: Stefanie Weidner
Umschlaggestaltung: Michael Oréal, *www.oreal.de*
Druck und Bindung: mediaprint solutions GmbH, 33100 Paderborn

Bibliografische Information der Deutschen Nationalbibliothek
Die Deutsche Nationalbibliothek verzeichnet diese Publikation in der Deutschen Nationalbibliografie; detaillierte bibliografische Daten sind im Internet über *http://dnb.d-nb.de* abrufbar.

ISBN:
Print 978-3-96009-168-4
PDF 978-3-96010-679-1
ePub 978-3-96010-680-7
mobi 978-3-96010-681-4

6., aktualisierte Auflage 2022
1., korrigierter Nachdruck 2023

Wieblinger Weg 17
69123 Heidelberg

Dieses Buch erscheint in Kooperation mit O'Reilly Media, Inc. unter dem Imprint »O'REILLY«. O'REILLY ist ein Markenzeichen und eine eingetragene Marke von O'Reilly Media, Inc. und wird mit Einwilligung des Eigentümers verwendet.

Hinweis:
Dieses Buch wurde mit mineralölfreien Farben auf PEFC-zertifiziertem Papier aus nachhaltiger Waldwirtschaft gedruckt. Der Umwelt zuliebe verzichten wir zusätzlich auf die Einschweißfolie. Hergestellt in Deutschland.

PEFC-zertifiziert
Dieses Buch stammt aus nachhaltig bewirtschafteten Wäldern und kontrollierten Quellen
PEFC
PEFC/04-31-0810
www.pefc.de

Schreiben Sie uns:
Falls Sie Anregungen, Wünsche und Kommentare haben, lassen Sie es uns wissen: *kommentar@oreilly.de*.

5 4 3 2 1

Inhalt

Einleitung

Wie oft haben Sie sich bereits gefragt, ob Sie nicht endlich einsteigen sollten – und für Ihr kleines Ladengeschäft einen Instagram-Account anlegen, mit LinkedIn nach Absolventen für Ihre Forschungsabteilung suchen oder per WhatsApp für Ihre Kund:innen erreichbar sein sollten? Oder ob Sie Ihre einst angelegte Facebook-Präsenz evaluieren, auf Kundenbewertungen reagieren oder all die spannenden Geschichten aus Ihrer Produktionshalle auf YouTube erzählen sollten?

Social Media Marketing gilt längst als fester Bestandteil erfolgreicher Marketingstrategien, und jedes noch so kleine Unternehmen, jeder Verein, jede Institution – ja sogar eine Behörde wie die Polizei – setzt sich regelmäßig damit auseinander, wie die eigene Branche, Technologie und/oder Marke im Social Web vertreten ist. Dabei verbirgt sich hinter dem Begriff mehr als nur eine weitere Marketingdisziplin – und das ist die Haltung, die dieses Buch seit seiner ersten Auflage im Jahr 2010 und bis heute voller Überzeugung vertritt: Mit sozialen Medien haben wir nicht nur einfach einen neuen Werbeplatz erhalten, sondern die Chance und Pflicht, unmittelbar und persönlich mit unseren Zielgruppen zu sprechen.

Soziale Medien haben die Kommunikation zwischen einem Unternehmen und seinen vielfältigen Zielgruppen grundlegend verändert, und das innerhalb weniger Jahre. Wir vertreten ganz individuelle Meinungen und interagieren in immer wieder neu entstehenden Gruppen miteinander. Unsere Kund:innen bewerten unsere Produkte, und wir vernetzen uns mit Geschäftspartnern und Kollegen. (Und sind in anderen Zusammenhängen auch selbst Kunden.) Wir lesen gern spannende, unterhaltsame und lehrreiche Stories, die unsere Freunde und Kollegen uns zukommen lassen. Wir nehmen über Live-Schaltungen an Konferenzen teil und beantworten Kundenfragen per Twitter oder Facebook. Kurz gesagt: Unsere Onlineaktivitäten sind von zwischenmenschlicher, direkter Kommunikation geprägt.

Und damit stellt sich kaum mehr die Frage, *ob* Unternehmen auf Facebook, Instagram oder Twitter aktiv sein sollten. Vielmehr gilt es, das *Wie* zu bedenken. Was wünschen die eigenen Kund:innen, was brauchen sie, und wie gelingt es, wirklichen Mehrwert zu bieten? Wie schaffen es insbesondere die kleinen und mittleren Unternehmen mit überschaubarem Zeit- und Kostenbudget, vertrauensvolle und vom Austausch geprägte Kundenbeziehungen per Social Web aufzubauen?

Verglichen mit den recht experimentellen Anfangsjahren des Social Media Marketing haben sich dabei die Anforderungen an Unternehmen verschärft: Mehr Konkurrenz und deren teilweise marktschreierischen und werbelastigen Methoden nehmen gelegentlich die Lust, auf starke und nützliche Inhalte statt auf Gewinnspiele zu setzen. Mehr Regeln und Richtlinien seitens der Netzwerkbetreiber verlangsamen den Weg von der Idee bis zur Umsetzung einer guten Strategie. Spammer, Hater und Trolle nehmen dem Social Web seine Unschuld – und den Aktiven viel an Enthusiasmus.

Eine Professionalisierung des Social Media Marketing, wie wir sie in den letzten Jahren beobachten konnten, ist grundsätzlich zu begrüßen. Eine fundierte Ausbildung und ein Koffer voller erprobter Methoden erleichtern schließlich die Arbeit. Zugleich nimmt jedoch die hohe Zahl an Tools, Techniken und Metriken viel an Leichtigkeit und Beweglichkeit.

Doch nun die gute Nachricht: Nach wie vor ist es sehr lohnenswert, Social Media Marketing zu betreiben. Und nach wie vor sind es die gleichen Skills wie schon 2010, die hauptsächlich den Erfolg bringen – Kreativität, Mut, Offenheit. Wenn Sie jetzt einsteigen, profitieren Sie von vielseitigen Erfahrungen, und gleichzeitig will dieses Buch Ihnen Lust darauf machen, ihre eigene, persönliche Note in das Social Media Marketing zu bringen.

»Im Zentrum von Social Media Marketing steht die Kommunikation«, leitete Tamar Weinberg die erste Auflage dieses Buchs ein, und diese Auffassung gilt bis heute – in der nunmehr sechsten Auflage. Sie wurde und wird von allen Autorinnen und Autoren, die über die Jahre Inhalte und Ideen zu diesem Buch beisteuerten, getragen. Wenn Sie diesen Gedanken verinnerlicht haben, wird es Ihnen leichtfallen, die Social-Media-Landschaft zu ergründen.

An wen richtet sich dieses Buch?

Dieses Buch liefert Ihnen die Grundlagen und Methoden des Social Media Marketing, stellt wichtige Plattformen vor und hilft Ihnen dabei, Ihre eigene Marketinginitiative mit Social Media zu betreiben. Wir wenden uns mit dem Buch ganz besonders an Freelancer, kleine und mittlere Unternehmen, Organisationen sowie an Mitarbeitende in größeren Institutionen und Konzernen, die praktisches Wissen über die ganze Bandbreite des Social Media Marketing benötigen. Erfahrenere Social-Media-Verantwortliche finden in diesem Buch aktuelle Beispiele und Inspirationen oder können ihr Wissen um neu hinzugekommene Netzwerke und Content-Formate ergänzen. Sie werden mit diesem Buch eine solide Grundlage erhalten, die Sie dazu befähigt, Ihre eigene Strategie zu entwickeln, einzelne Maßnahmen in vorab bewusst gewählten Netzwerken zu planen und umzusetzen sowie fortlaufend ihren Erfolg zu überprüfen. Wir geben Ihnen einen sehr umfangreichen Blick auf das Social Web und haben das Buch durch eine ganze Reihe von Best Practices, Beispielen, Kniffen und Tricks angereichert.

Es sind keine Vorkenntnisse nötig – Sie brauchen nur eine gehörige Portion Neugier!

Wie ist dieses Buch aufgebaut?

Kapitel 1, *Eine Einführung in Social Media Marketing*. Wir erklären das Konzept von Social Media Marketing und entwickeln ein Verständnis für die Mechanismen und Grundregeln in Social Media. Sie erhalten einen Überblick über die wichtigsten Social-Media-Plattformen und erfahren, wie wichtig Strategieplanung, Community-Management und Erfolgskontrolle sind.

Kapitel 2, *Eine Social-Media-Strategie entwickeln*, lässt Sie Ihre Ausgangslage analysieren, Ziele formulieren, Zielgruppen umreißen und Pläne schmieden. Am Ende des Kapitels können Sie Ihren persönlichen Social-Media-Fahrplan entwickeln.

Kapitel 3, *Social Media Listening und Analytics*, zeigt Ihnen, warum Sie wie und mit welchen Tools das Geschehen im Social Web verfolgen sollten – und wie Sie Ihren eigenen Erfolg sinnvoll messen können. Dabei gehen wir auch auf zentrale Kennziffern ein und zeigen Ihnen die Vielfalt der Social-Media-Dashboards.

Kapitel 4, *Communitys, Influencer und Reputation*, erklärt, warum der Aufbau von Communitys für den Erfolg des Social Media Marketing so wichtig ist. Mit vielfältigen Praxisbeispielen präsentieren wir erfolgreiche Fallstudien aus kleinen und großen Unternehmen. Wir erläutern die Rolle des Reputationsmanagements zum Aufbau eines positiven Markenimages und beleuchten die Schattenseiten von Social Media wie Empörungswellen (Shitstorms), Trolle und Hater. Wir diskutieren das Influencer Marketing in B2C und B2B sowie den Einsatz von Corporate Influencern.

Kapitel 5, *Content Marketing*, verdeutlicht, warum, wo und wie Sie mit relevanten Inhalten Ihre Kund:innen auf deren Customer Journey erreichen. Mit der richtigen Strategie, einer regelmäßigen Erfolgskontrolle und unterstützt durch Content Curation und Content Refresh, begleiten wir Sie auf Ihrem Weg zum erfolgreichen Content Marketing.

Kapitel 6, *Blogs und Podcasts*, erklärt die Vorzüge von Blogs und Podcasts und zeigt Ihnen dann, wie Sie ein Corporate Blog einrichten sowie welches Equipment Sie für einen Podcast brauchen, wie Sie Themen finden und planen und Ihre Reichweite erhöhen.

Kapitel 7, *Microblogging mit Twitter*, stellt Twitter, seine Terminologie und Gepflogenheiten vor. Anhand von Beispielen lernen Sie außerdem die vielfältigen Gründe für den Einsatz von Twitter im Unternehmen kennen.

Kapitel 8, *Facebook und soziales Netzwerken*, führt in die Merkmale und Mechanismen sozialer Netzwerke ein und erläutert, wie insbesondere Facebook für das Social Media Marketing genutzt werden kann.

Kapitel 9, *Bilder in Instagram, Pinterest, Snapchat & Co.*, beschäftigt sich mit Bildsprache, Wiedererkennungswert und Storytelling. Wir erklären Ihnen, auf welchen Social-Media-Plattformen Sie Ihre Fotos und (Info-)Grafiken promoten können. Dabei verorten wir die Bedeutung der Netzwerke Instagram, Pinterest, Snapchat und Flickr und geben durch Praxisbeispiele Inspiration für Ihren Einstieg.

Kapitel 10, *Social Video Marketing: Videos, Stories und Livestream*, erläutert, was Sie bei der Produktion eines erfolgreichen Videos, einer Story oder eines Livestreams beachten sollten und welche Videoportale sich für Ihr Social Media Marketing eignen. Wir schauen uns die Besonderheiten der Communitys auf YouTube, TikTok und Twitch an und sprechen mit einer Expertin für YouTube und Influencer-Marketing.

Kapitel 11, *Employer Branding und Social Recruiting*, beleuchtet die strategische Basis einer starken Arbeitgebermarke und den Einsatz der Businessnetzwerke XING und LinkedIn. Außerdem schauen wir uns Arbeitgeber-Bewertungsplattformen an und untersuchen, wie sich Social-Media-Plattformen wie Instagram, Snapchat, TikTok und Polywork für den Einsatz im Recruiting eignen.

Kapitel 12, *Soziale Netzwerke für Wissen und Empfehlungen*, beleuchtet Websites für den Wissensaustausch wie Wikipedia und zeigt, wie Sie sich auf Frage-und-Antwort-Portalen als Expertin oder Experte beweisen können.

Kapitel 13, *Messenger, Chatbots, digitale Sprachassistenten, KI & Co.* – wie verändert sich das Social Media Marketing durch Messenger-Dienste, Gamification, digitale Sprachassistenten, Chatbots mit KI sowie VR und AR? Wir wagen einen Ausblick, sprechen mit ausgewiesenen Expert:innen und zeigen aktuelle Beispiele aus der Praxis.

Kapitel 14, *Der Weg zu langfristigem Erfolg*, liefert Ihnen abschließende Tipps und Best Practices dazu, wie Sie Ihre Strategie im Unternehmen implementieren. Dabei legen wir den Fokus auf langfristiges Engagement. Außerdem stellen wir Ihnen mögliche Bildungswege vor, mit denen Sie Ihr Fachwissen erweitern können.

Kapitel 15, *Rechtliche Aspekte beim Social Media Marketing*, vermittelt die juristischen Grundlagen für Ihr Social Media Marketing. Rechtsanwalt Thomas Schwenke behandelt die für den Social-Media-Alltag typischen Fragen: von den Richtlinien bei Gewinnspielen bis zur Frage, was beim Teilen fremder Inhalte beachtet werden muss.

Danksagung zur 6. Auflage von Corina Pahrmann

Mit der bereits sechsten Auflage unseres Buchs *Social Media Marketing: Praxishandbuch für Facebook, Instagram, TikTok & Co.* legen wir Ihnen ein etabliertes Standardwerk in die Hände, mit dem bereits viele Tausend Leser erfolgreich ins Social Web einstiegen – wir danken allen, die es immer wieder weiterempfehlen.

Katja Kupka grub sich erneut mit mir gemeinsam durch mehr als 600 Seiten Social-Media-Wissen, Kapitel für Kapitel und Satz für Satz. Liebe Katja, ich danke dir sehr für die außerordentlich fachkundige, professionelle und herzliche Zusammenarbeit. Mein Dank gilt auch dem Anwalt Thomas Schwenke: In einem umfassenden Kapitel unterstützt er Sie, liebe Leser:innen, mit rechtlichem Know-how rund um Social Media.

Dem dpunkt.verlag danke ich dafür, mir diese Aufgabe übertragen zu haben. Unsere Lektorin (und meine langjährige O'Reilly-Kollegin) Ariane Hesse steuerte wertvolle Anregungen zu den Inhalten des Buchs bei und motivierte uns dazu, auch die kniffligeren Fragen anschaulich zu lösen.

Das Buch profitiert auch von den Menschen, die mir für Gespräche zur Verfügung standen. Für ihre Zeit und ihre Offenheit sei ganz besonders Maik Lohse, Prof. Dr. Matthias Fank, Stefan Evertz und Daniela Sprung gedankt. Wertvolle Hintergrundinformationen lieferten Isabell Winn (Stadtbücherei Weimar), Heiko Walter (Walter-Kammann Kreditversicherungsmakler GmbH) und Andera Gadeib (Dialego AG) sowie die Unternehmen maloon GmbH (SocialHub) und Cision Germany GmbH.

Den Unternehmen, die ich in den vergangenen Jahren ins Social Web begleiten durfte und noch darf, gilt ebenfalls großer Dank: Durch sie konnte ich vielfältige Ausgangsbedingungen, Anforderungen, Inhalte und Geschichten kennenlernen. Wir haben Strategien ausgearbeitet, Postings getextet und uns durch Facebook Ads navigiert – und nicht selten habe ich von ihnen genauso viel gelernt wie sie von mir.

Meiner Familie und meinen Freund:innen und allen Menschen, die mir während der Schreibzeit zur Seite standen, danke ich für ihre Nachsicht, Ablenkung und Motivation. Ein besonderer Dank gilt meinem Mann, der mich mit TikTok- und Twitch-Anekdoten sowie zahllosen Tassen Kaffee bei Laune hielt. Ich widme das Buch meiner Tochter, die mich jeden Tag sehr glücklich macht.

Nun wünsche ich Ihnen, liebe Leserinnen und Leser, viel Vergnügen – und viel Erfolg bei der Umsetzung Ihrer Social-Media-Strategie!

Danksagung zur 6. Auflage von Katja Kupka

Ich freue mich sehr, für die sechste Auflage an die erfolgreiche Zusammenarbeit mit Corina Pahrmann aus der fünften Auflage anzuknüpfen.

Erneut ergänzten sich unser Fachwissen und unsere praktische Erfahrung mit Social Media Marketing bei der hälftigen Aufteilung der Kapitel ganz hervorragend. Als Ausbilderin für Social Media Manager:innen war es mir wichtig, eine ausgewogene Mischung aus belegten Daten, vielfältigen Praxisbeispielen, Expertenmeinungen und meiner eigenen Erfahrung zusammenzubringen.

O'Reilly und dem dpunkt.verlag danke ich für das Vertrauen. Mein herzlicher Dank geht an unsere hervorragende Lektorin Ariane Hesse und ihre klugen Anmerkungen. Vielen Dank auch an die Korrektorin, die Grafiker:innen und das Team der Herstellung und Gestaltung für ihre Unterstützung.

Ich danke meinen Interviewpartnerinnen Ute Blindert, Anne Engelshowe, Sarah Kübler und dem Social-Media-Team von DeinNRW sowie meinen Interviewpartnern Torsten Jensen, Robert Weller und Professor Andreas Wagener. Bei der Recherche haben mich die ARD/ZDF-Onlinestudie, MessengerPeople by Sinch, XING, kununu und StepStone mit Daten und Hintergrundinformationen unterstützt.

Besten Dank auch an Judith Jördens und ihre Kollegen vom Senckenberg Museum, Manja Helm von der BVG, Jutta Zeisset vom MuseumsCafé & Hofladen Zeisset und Yasemin Tunkay von der Fraport AG für die Beantwortung meiner Fragen und Einblicke in ihre Projekte. Außerdem danke ich allen lieben Menschen da draußen im Social Web, die mit Antworten und Anregungen das Buch bereichert haben.

Vielen Dank auch an Dr. Thomas Schwenke für die kompetenten und unterhaltsam verfassten Rechtshinweise in Kapitel 15 des Buchs.

Ein besonderer Dank geht an meinen wunderbaren Ehemann. Er hat mich erneut hervorragend unterstützt, mir mit seinem Blick von außen wertvolle Impulse gegeben und leckeres Essen gekocht, wenn ich nicht vom Schreibtisch wegkam. Ihm und meinen tapferen Eltern widme ich dieses Buch.

Liebe Leserinnen und liebe Leser, unser Buch hat für jeden etwas zu bieten, egal ob Sie als Freiberufler:in, Start-up, KMU, Verein oder größeres Unternehmen Social Media nutzen oder künftig nutzen wollen. Über Ihr Lob, Ihre Fragen und Ihre kritischen Anmerkungen freue ich mich. Lassen Sie uns gerne über das Buch hinaus im Gespräch bleiben.

KAPITEL 1

Eine Einführung in Social Media Marketing

In diesem Kapitel:

- Wie nutzen Unternehmen Social Media?
- Welche Social-Media-Plattformen sind wichtig?
- Mit Social Media Marketing durchstarten
- Die richtige Strategie: Ziele und Zielgruppen in Social Media
- Erfolgsmessung im Social Media Marketing
- Social Media nachhaltig im Unternehmen verankern
- Social Media Marketing inhouse betreiben
- Das Management Ihrer Onlinereputation
- Zusammenfassung

Das World Wide Web ist ein Informationsmedium, das intensiv zum »Netzwerken« genutzt wird. *Social Media* (soziale Medien) stehen für schnellen und sichtbaren Austausch auf Plattformen wie Facebook, Instagram, Twitter, LinkedIn oder TikTok.

◀ **Definition**

In *sozialen Netzwerken* richten Sie ein Profil ein, um sich und Ihre Inhalte darzustellen. Sie können sich mit privaten und beruflichen Kontakten vernetzen und Menschen mit ähnlichen Interessen finden. Mit über zwei Milliarden Nutzer:innen ist Meta mit Facebook, Instagram und WhatsApp weltweit Marktführer und im DACH-Raum das wichtigste Social Network. Im beruflichen Umfeld dominieren die Businessnetzwerke LinkedIn und XING.

In Onlinecommunitys tauschen sich vernetzte Menschen rund um die Uhr und den Erdball aus. Privatpersonen und Unternehmen veröffentlichen Inhalte und teilen sie mit anderen, kommentieren und liken. Die Inhalte heißen *User-generated Content*, zu Deutsch *nutzergenerierte Inhalte*. Menschen suchen Informationen zu Produkten und Unternehmen. Auch vor dem Kauf im stationären Handel informieren sie sich im Internet und auf Social-Media-Kanälen. Viele können sich ein Leben ohne Social Media kaum mehr vorstellen, bei den unter 30-Jährigen ist es jeder Zweite.

◀ **Definition**

In einer *Typologie der Webnutzer* sind *Digital Natives* Menschen ab Jahrgang 1980, die mit dem World Wide Web aufwuchsen. Sie setzen in der Mehrheit selbstverständlich moderne Technik in ihrem Alltag ein. Dennoch sagt das Alter nicht unbedingt etwas über die Aufgeschlossenheit gegenüber der Digitalisierung aus. Mit *Digital Residents* sind jene gemeint, deren Beruf und Privatleben eng mit dem Web verwoben sind. Die Residents nutzen das Web und gestalten es als aktive Mitglieder in Communitys. *Digital Visitors* sind deutlich weniger häufig online. Sie gehen ins Web, um zu recherchieren oder sich mit ihren Offlinekontakten auch online zu vernetzen.

Nach einer anderen Gruppierung sind *Digital Junkies* »always on«, legen aber eine kritische Haltung an den Tag. Der *Contact Seeker* nutzt alle Möglichkeiten des Webs und hat Angst, etwas zu verpassen. Der *Content Producer* gestaltet das Web aktiv mit. Der *Conservative User* zeigt eine positive Haltung gegenüber der Digitalisierung, übernimmt aber nicht alles. Aufgrund der Datenschutzproblematik ist der *Careful Consumer* besonders vorsichtig im Netz unterwegs, wohingegen es sich beim *Inexperienced Denier* um einen digitalen Totalverweigerer handelt.[1]

Die Nutzung von Internet und Social Media mit dem Smartphone hat durch die Coronapandemie zugenommen, wie die *Digitalstudie* in Abbildung 1-1 zeigt. Die Flexibilität und Dynamik von Social Media können kleine Unternehmen bestens nutzen. Zudem profitieren sie von einer relativ großen Reichweite bei geringen Kosten. Das italienische Restaurant postet täglich To-go-Angebote, informiert über die aktuellen Öffnungszeiten und erklärt, wie die Bestellung online funktioniert. Lokale Unternehmen können an Challenges teilnehmen und von der Reichweite beliebter *Hashtags* profitieren. Beispiele aus der Pandemie waren *#supportyourlocals*, *#shoplocal* und *#supportyourlocalbookstore*.

Wie nutzen Unternehmen Social Media?

Social Media sind längst ein fester Bestandteil der Unternehmenskommunikation und spielen in PR und Marketing eine wichtige Rolle. Ohne großes technisches Know-how erlauben die Plattformen, eigene Inhalte zu veröffentlichen. Gatekeeper wie Zeitschriften und Zeitungen haben an Bedeutung eingebüßt. Unternehmen, NPOs und Soloselbstständige pflegen in Social Media virtuellen Kontakt auf Augenhöhe mit Kund:innen und Interessierten. Damit erhöhen sie die Bekanntheit ihrer Unternehmens- oder Personenmarke, verbessern ihr Image und generieren Leads. Datenskandalen zum Trotz geben die Nutzenden viel von sich preis, sodass ihre Daten und Profile ein zielgerichtetes Marketing ermöglichen.

Gespräche zwischen Unternehmen und ihren Kundinnen und Kunden müssen neu gedacht werden. Statt zwischen sachlicher PR und werblichem Marketing zu wählen, wachsen beide im Social Media Marketing stärker zusammen. Social Media Marketing ist sachlich und konkret, aber auch emotional, persönlich und authentisch.

1 *https://www.bvdw.org/fileadmin/user_upload/BVDW_Marktforschung_Digitale_Nutzung_in_Deutschland_2018.pdf*

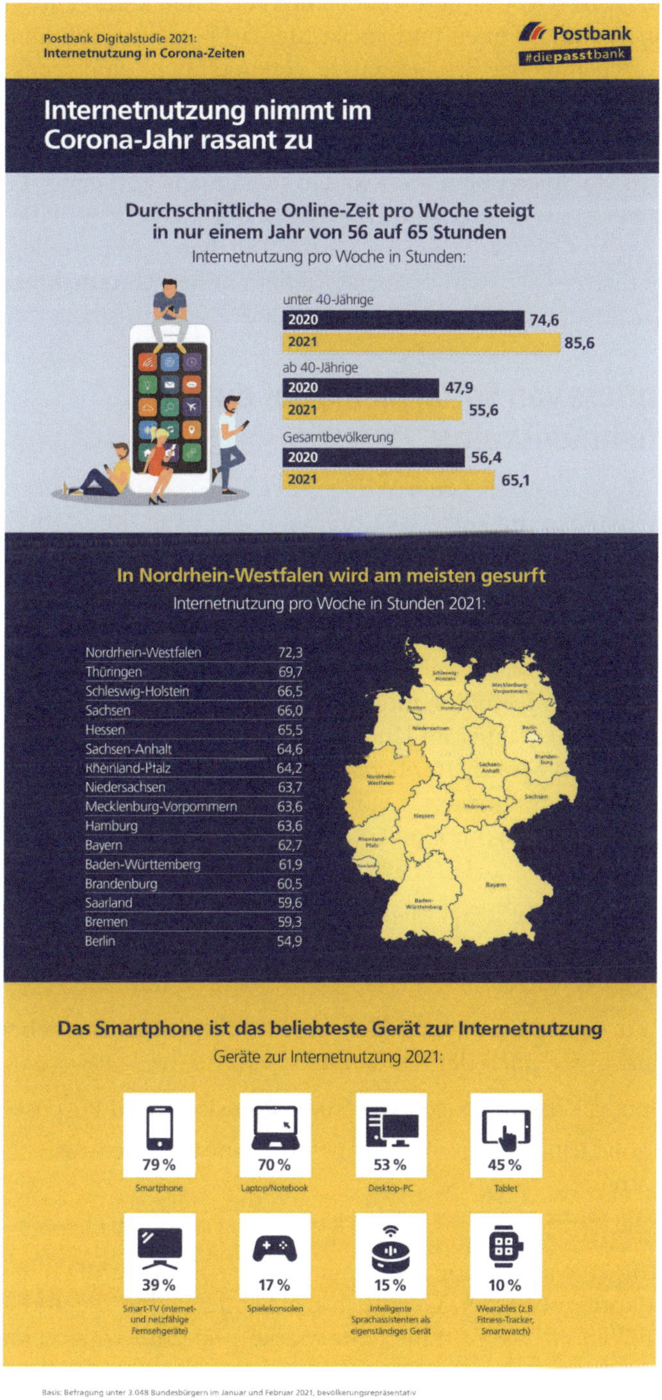

Quelle: Postbank – eine Niederlassung der Deutsche Bank AG

◀ **Abbildung 1-1**
Ergebnisse der Postbank Digitalstudie 2021

Die Nase vorn hat, wer gute Geschichten erzählen kann. Die Algorithmen von Suchmaschinen und Social-Media-Plattformen zu kennen sowie eine regelmäßige Erfolgsanalyse vorzunehmen, sind weitere Bausteine für erfolgreiches Social Media Marketing.

Menschen tauschen sich im Social Web aus, posten Fotos oder Videos und teilen via Smartphone mit, wo sie sich gerade aufhalten. Produkte empfehlen sie online und vertrauen vor einem Kauf eher auf die Bewertungen anderer Nutzer:innen als auf die Angaben der Hersteller. Durch das ungefilterte Feedback in Social Media können Unternehmen leichter auf die Fragen und Wünsche ihrer Kund:innen eingehen.

Der Einfluss von Social Media auf die Unternehmenskultur

Soziale Medien setzen einen Wandel der Unternehmenskultur voraus und unterstützen ihn auch, da Unternehmen lernen, ihren Kund:innen zuzuhören. Eine streng hierarchisch aufgestellte Organisation mit viel interner Bürokratie tut sich schwer, auf diese Art zu kommunizieren.

Um junge Mitarbeitende zu gewinnen, genügt es nicht, wenn das Unternehmen eine Facebook-Seite hat. Abgesehen davon, dass junge Menschen eher auf anderen Plattformen aktiv sind, durchschauen sie schnell, ob die Außendarstellung im Unternehmen gelebt wird. Auch die Mitarbeiterinnen und Mitarbeiter beobachten genau, wie ihr Arbeitgeber in Social Media kommuniziert. Lobt sich das Unternehmen für seine technische Unterstützung im Homeoffice, ist es peinlich, wenn nur wenige Mitarbeitende von zu Hause aus arbeiten dürfen.

Das Engagement in Social Media wirkt sich positiv auf die Arbeitgebermarke (Employer Brand) aus und kann die Suche nach Fachkräften wirksam unterstützen. Dazu erfahren Sie mehr in Kapitel 11.

Woran erinnern sich Stakeholder wie Mitarbeitende, Bewerber:innen und Kund:innen nach der Pandemie?

- An gutes Krisenmanagement, Innovationskraft und Purpose.
- An Solidarität und gesellschaftliche Verantwortung sowie Kreativität.
- An die transparente Kommunikation über all diese Themen.

Unternehmen waren schon immer gut beraten, glaubwürdig und emphatisch zu kommunizieren. Gerade in der Pandemie hat die authentische Kommunikation das Vertrauen zur Marke und zum Unternehmen gestärkt. Erhöht dies die Loyalität der Mitarbeitenden, empfehlen sie ihren Arbeitgeber in ihrem Netzwerk – und erreichen die interessante Zielgruppe der latent Stellensuchenden.

Social-Media-Plattformen können Organisationen auch für ihre interne Kommunikation nutzen. Mit Social Collaboration Tools, Social Intranets oder internen Messenger-Diensten kann die Idee von Social Media im Unternehmen für die Vernetzung und das Teilen von Wissen genutzt werden.

◀ **Hinweis**

Social Media in der Pandemie

Menschen waren in der Coronakrise empfänglicher für den direkten Dialog. Marken mit einer als relevant empfundenen Kommunikation können in unsicheren Zeiten Halt geben. Nach Corona werden viele Menschen hoffentlich noch bewusster konsumieren. Eine wertorientierte Strategie stärkt deshalb die eigene Marke. Wer als Unternehmen mit nützlichem Content emphatisch kommuniziert, erreicht die Herzen und unterstützt die eigene Markenbildung.

▲ **Abbildung 1-2**
Tweet von Burger King UK während des zweiten Corona-Lockdowns

Burger King hat in der Pandemie wertorientiert kommuniziert und dafür geworben, in schweren Zeiten zusammenzuhalten.[2] Deshalb postete die Fast-Food-Kette im zweiten Lockdown sogar eine Empfehlung für ihre Konkurrenz. Das klingt verrückt, hat dem Unternehmen aber positives Feedback eingebracht. Mit der nötigen Prise Humor stellte Burger King klar, dass es immer das Beste ist, einen Whopper zu nehmen. Und

2 *https://www.absatzwirtschaft.de/corona-machts-moeglich-burger-king-wirbt-fuer-mcdonalds-175896/*

fügte hinzu: »Aber ein Big Mac ist auch nicht so schlecht.« In Großbritannien bekam der Tweet innerhalb von 20 Stunden 125.000 Likes, die schnell auf 167.000 angewachsen waren. Durch Zehntausende von Retweets wurde der Post munter weiterverteilt.

Welche Social-Media-Plattformen sind wichtig?

Soziale Medien sind längst Teil unseres Alltags. Die meisten gehen nicht mehr online, sie sind online. Nach dem Aufwachen checken wir Facebook, Instagram und TikTok. Während der Arbeit nutzen wir Twitter und LinkedIn für Recherche, Austausch und um uns zu vernetzen. Privat halten wir Kontakt mit Freund:innen oder twittern mit dem Hashtag *#tatort*, wenn wir den Krimi auf dem Smartphone als »Second Screen« begleiten.

Zu Social Media zählen die in Abbildung 1-3 genannten Plattformen und Dienste, von denen wir die meisten in diesem Buch vorstellen.

Abbildung 1-3 ▶ Typen der Plattformen mit Verweis auf die passenden Kapitel

Typ der Plattform	Beispiele	Kapitel
Blogs	Private und Corporate Blogs	6
Podcasts		6
Audioplattformen	Clubhouse	6
Microblog	Twitter	7
»Allgemeine« soziale Netzwerke	Facebook	8
Plattformen mit Fokus auf visuellen Inhalten	Instagram, Pinterest, SmugMug (Flickr)	9
Videoplattformen	YouTube, TikTok, Twitch	10
Flüchtige Inhalte (Ephemeral Content)	Snapchat sowie Stories in Instagram und Facebook	9 und 10
Businessnetzwerke	LinkedIn, XING, Polywork	11
Arbeitgeberbewertungsplattformen	kununu, Glassdoor	11
Kollektiv erstellte Open-Source-Nachschlagewerke	Wikipedia	12
Social-Bookmarking-Dienste	Reddit	12
Diskussionsforen		12
Empfehlungs- und Bewertungsplattformen	gutefrage.net, Quora oder goodreads	12
Standortbezogene Dienste	Google My Business, Facebook Local	12
Messenger-Dienste	WhatsApp, Facebook Messenger	13

Bei Klassifizierungen dieser Art kommt es naturgemäß zu Überschneidungen. Beispielsweise könnte man Instagram und Twitter auch zu den sozialen Netzwerken zählen.

Die Palette der Social-Media-Dienste und die Zahl ihrer Nutzer:innen vergrößert sich immer mehr. Längst sind soziale Netzwerke wie Instagram, Facebook oder TikTok für eine Vielzahl der Webuser besonders attraktiv.

Der Digital Report 2021 von *We Are Social* und *Hootsuite* unterstreicht die Relevanz sozialer Netzwerke:[3]

- Abbildung 1-4 zeigt, dass der durchschnittliche Internetnutzer in Deutschland in sechs sozialen Netzwerken angemeldet ist und täglich fast 1,5 Stunden Social Media widmet. Jeder Vierte nutzt Social Media für berufliche Zwecke.
- Bei den Nutzer:innen im Alter zwischen 16 und 64 ist WhatsApp die am meisten genutzte Plattform vor YouTube und Facebook. Es folgen Instagram, der Facebook Messenger und Pinterest auf den Plätzen vier bis sechs. Auch TikTok, Twitter und Snapchat nutzt noch ungefähr jeder Fünfte.

Die ältere Zielgruppe hat Social Media längst entdeckt. Die Altersgruppe 65+ geht selbstverständlich mit WhatsApp und Facebook um, tummelt sich auf Instagram und vereinzelt sogar in TikTok.

Neben Facebook, Instagram und weiteren Netzwerken sind vor allem Videoportale sehr beliebt. Beeindruckende 98 Prozent der 14- bis 29-Jährigen schauen mindestens einmal wöchentlich Onlinevideos auf YouTube und anderen Videoplattformen. Selbst bei den über 70-Jährigen ist es noch fast jeder Dritte.[4] Auf das Social Media Marketing mithilfe von Bewegtbildern gehen wir in Kapitel 10 ein.

Zeigt eine Plattform Content chronologisch nach seiner Veröffentlichung, sehen die Nutzer:innen alle Inhalte. Zumindest theoretisch, denn praktisch geht viel in der Informationsflut unter. Social-Media-Plattformen und Suchmaschinen nutzen komplexe Algorithmen. Mit ihnen zeigen sie den Nutzerinnen und Nutzern Beiträge an, die diese möglichst lange an die Plattform binden, also aktueller und relevanter Content, der einen konkreten Mehrwert bietet. Die Algorithmen gewichten auch bezahlte Werbeanzeigen (Social Ads) gemäß der Relevanz für die Nutzenden und spielen die Anzeigen entsprechend aus. Mit Social Ads lässt sich die Sichtbarkeit erhöhen.

---

3 *https://www.hootsuite.com/de/newsroom/press-releases/digital-2021-report-1-millionen-neue-social-media-Nutzer:nnen-taeglich*

4 *https://www.ard-zdf-onlinestudie.de/ardzdf-onlinestudie/videonutzung-online/*

Abbildung 1-4 ▶
ARD/ZDF-Onlinestudie 2022

Social Media wird als Art zu kommunizieren bleiben, unabhängig davon, ob es Plattformen wie Facebook, YouTube oder Instagram in ein paar Jahren noch gibt. Wer sich allein davon Erfolg verspricht, dass er auf eine neue, trendige Plattform setzt, ist auf dem Holzweg. Wer sich Konsolidierung und Stillstand wünscht, wird gleichfalls enttäuscht: Die sozialen Medien sind immer in Bewegung. Bleiben Sie allerdings auf dem Laufenden und verinnerlichen die richtige Haltung, kommen Sie mit jeder neuen Plattform zurecht.

Ressourcen für Social Media

Laut *Statista*, dem Onlineportal für Statistik, nutzen insgesamt 93 Prozent der Unternehmen weltweit Facebook, gefolgt von Instagram (78 Prozent), LinkedIn (61 Prozent) und YouTube (55 Prozent).[5] Statt viel Geld für Rundfunkwerbung oder eine Printanzeige auszugeben, sollten Sie sich

5 *https://de.statista.com/statistik/daten/studie/71251/umfrage/einsatz-von-social-media-durch-unternehmen/*

auf der Social-Media-Plattform engagieren, auf der Ihre (potenziellen) Kund:innen aktiv sind.

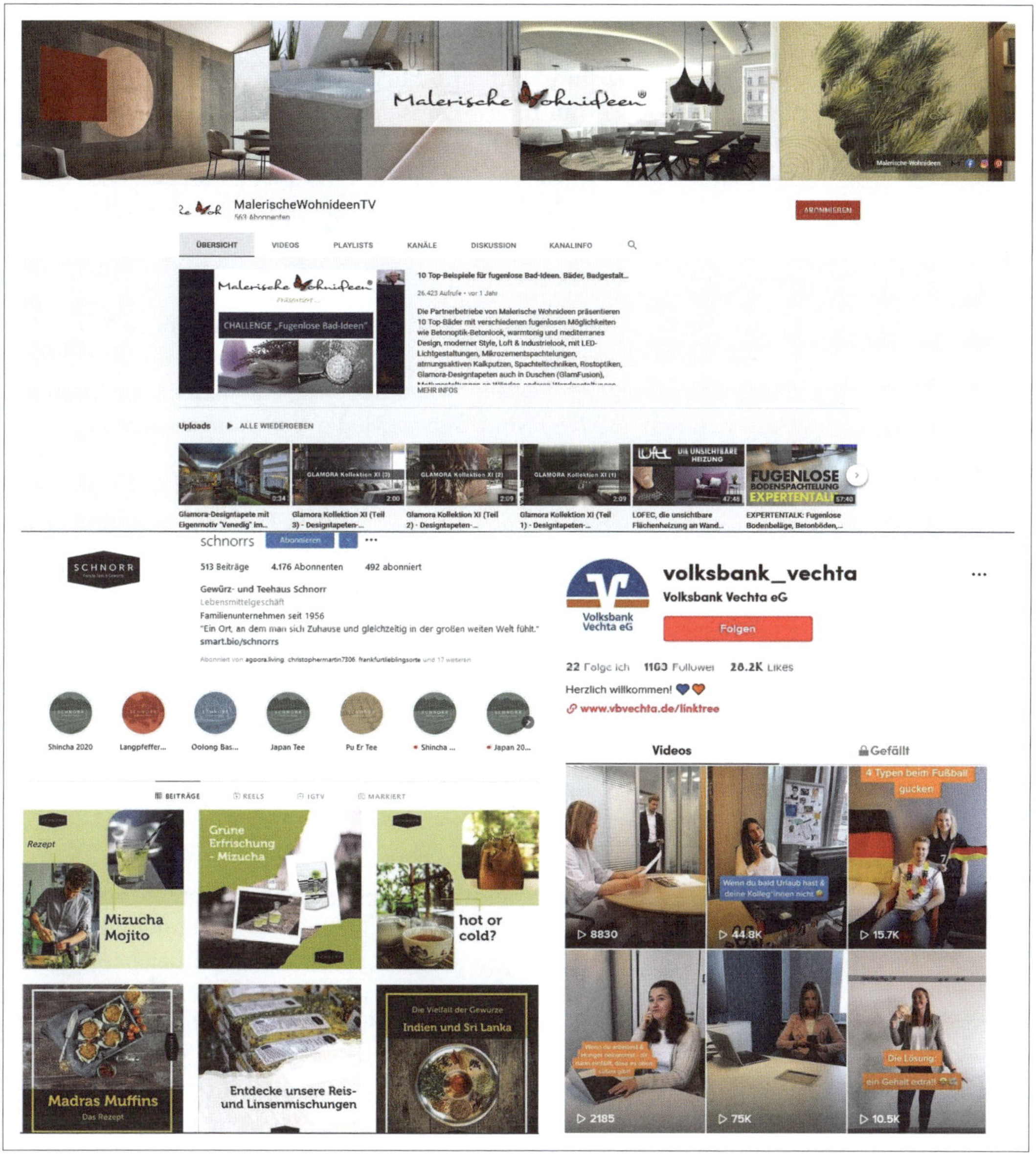

Auch in der Onlinewelt werden Ihre Botschaften nicht von jedem empfangen – und schon gar nicht über Nacht. Der anfängliche Zeitaufwand kann beträchtlich sein, um Ihre Ziele zu erreichen. Sie müssen Social-Media-Communitys beobachten, die richtigen Verhaltensregeln erlernen und sich mit einem gewissen Wiedererkennungseffekt positionieren. Ein

▲ **Abbildung 1-5**
Beispiele von KMUs auf Instagram, YouTube und TikTok

regelmäßiges Engagement ist notwendig, damit Ihre Kund:innen Ihnen vertrauen. Mit zunehmender Erfahrung wird der Zeitaufwand für Sie immer geringer.

Die Plattformen sind für Unternehmen kostenfrei nutzbar. Social Media Marketing kostet und bindet trotzdem Ressourcen. Sie müssen genau überlegen, was Sie mit Ihrer Mannschaft zeitlich stemmen können und wo es sinnvoll ist, Dienstleistungen einzukaufen. Fokussieren Sie Ihre Ressourcen auf den wichtigsten Kanal. Entscheiden Sie, welche zusätzlichen Plattformen Sie auf kleiner Flamme bespielen oder auf welchen sich ein Engagement nicht mehr lohnt. Auch Werbung mit Social Ads ist vergleichsweise preiswert und zielgerichtet.

Große Unternehmen werden heutzutage kaum noch auf den Einsatz von Social Media verzichten können. Die Nutzung wird mit zunehmender Unternehmensgröße selbstverständlicher. Auch kleine und mittlere Unternehmen (KMUs) sind Social Media gegenüber aufgeschlossen. Mitunter fehlt es ihnen nur an den Ressourcen, oder sie fürchten, dass das Engagement im Netz zu rechtlichen Problemen führen könnte. Gerade KMUs haben aber gute Chancen, sich auch mit kleinem Budget erfolgreich in Social Media zu etablieren und dort ihre Zielgruppe gezielt anzusprechen. Dazu zeigen wir Ihnen in diesem Buch zahlreiche gelungene Praxisbeispiele. *Rechtliche Fragen rund um Social Media* beantwortet Dr. Thomas Schwenke in Kapitel 15.

Hinweis ▶ Ein schlecht gepflegter oder verwaister Account schadet Ihrer Reputation mehr, als nicht in Social Media präsent zu sein. Auch wenn Sie aktuell nichts posten, ist es möglich, dass Nutzer:innen Sie über Ihr Profil ansprechen und verärgert reagieren, wenn Sie die Anfrage nicht bemerken.

Zuschauen, zuhören und mutig ausprobieren sind wichtige Schritte für Ihren Erfolg in Social Media. Selbst nach der Ausbildung zum Social Media Manager oder der gründlichen Lektüre dieses Buchs können Sie sich nur ein paar Monate bequem zurücklehnen. Danach heißt es wieder Augen und Ohren auf Empfang stellen und fachlich auf dem Laufenden bleiben. Wir geben Ihnen Tipps dazu, welche Blogs Sie lesen können, welche Veranstaltungen hilfreich sind und warum der Austausch mit einem engagierten Netzwerk wertvoll ist.

Tipp ▶ Wer die ersten Schritte ins Social Web in einem geschützten Raum wagen möchte, kann sich einem WOL-Circle anschließen. WOL ist die Abkürzung für *Working Out Loud*. Zwölf Wochen lang tauscht sich eine feste Gruppe von vier bis fünf Menschen einmal pro Woche aus. Jeder Teilnehmende setzt sich ein berufliches oder privates Ziel und versucht, sich diesem in den zwölf Wochen anzunähern. Um das Ziel zu erreichen, spielen Netzwerke eine wichtige Rolle. Sie tauschen sich via Social Media mit anderen aus und knüpfen neue Kontakte. Nähere Informationen finden Sie hier: *https://workingoutloud.com/de/fur-dich*.

Sie wissen, welcher Social-Media-Kanal für Ihre Marke und Ihre Produkte am besten funktioniert und bei Ihrer Zielgruppe beliebt ist? Ihre Entscheidung sollte nicht in Stein gemeißelt sein. Beobachten Sie kontinuierlich, wie Ihre Inhalte ankommen und wie intensiv die Fans interagieren.

Die Entwicklung von Social Media

In den nächsten Kapiteln schauen wir uns Social-Media-Kanäle genauer an, um ihre Mechanismen besser zu verstehen. Zuhören und Zuschauen ist eine wichtige Grundhaltung – verbunden mit dem Mut, Neues auszuprobieren und aus Fehlern zu lernen. Social Media ist ein permanenter Betazustand. Algorithmen ändern sich, neue Funktionen oder Plattformen entstehen, und die Karawane zieht mal wieder weiter. Das klingt anstrengend, doch bevor Sie entmutigt das Buch zuklappen: Es macht auch viel Spaß! Sie können ohne Programmierkenntnisse und teure Fotoausrüstung ansprechenden Content kreieren und auf Trends und News reagieren. Bekommen Sie schnell und unmittelbar positives Feedback, hat sich die Mühe gelohnt.

Ein Vorteil von Social Media ist, dass Sie Fehler schnell und einfach bereinigen können. Hatten Sie früher einen Tippfehler in Ihrem Flyer, mussten Sie Tausende davon wegwerfen. Unterläuft Ihnen heute ein Lapsus, erlauben die meisten Netzwerke, Postings noch im Nachgang zu korrigieren oder zu ersetzen. ◀ **Hinweis**

Social Media werden immer mehr zur Hauptinformationsquelle für viele Menschen. Durch diese Medienverschiebung finden sich schnelle und vielstimmige Nachrichten auf Social Media. Aus einer One-to-many-Kommunikation wird eine Many-to-many-Kommunikation. Daher sollten alle Nutzer *Medienkompetenz* besitzen, um *fundierte Sachinhalte* von *Meinungsäußerungen* und *Fake News* zu unterscheiden.

Im Internet unterscheiden wir zwischen Paid, Owned und Earned Media. Zu den Paid Media, etwa Werbebannern und Ads, kommen Owned Media wie die eigene Website und als Sahnehäubchen die *Earned Media*. Letztere sind Erwähnungen und Inhalte, die Sie sich erarbeiten und verdienen. Ein Beispiel sind Kund:innen, die sich interessiert und positiv über Ihre Produkte äußern, Fragen zu ihnen stellen oder diese bewerten.

Abbildung 1-6 ▶ Die Unterschiede zwischen Paid, Owned und Earned Media

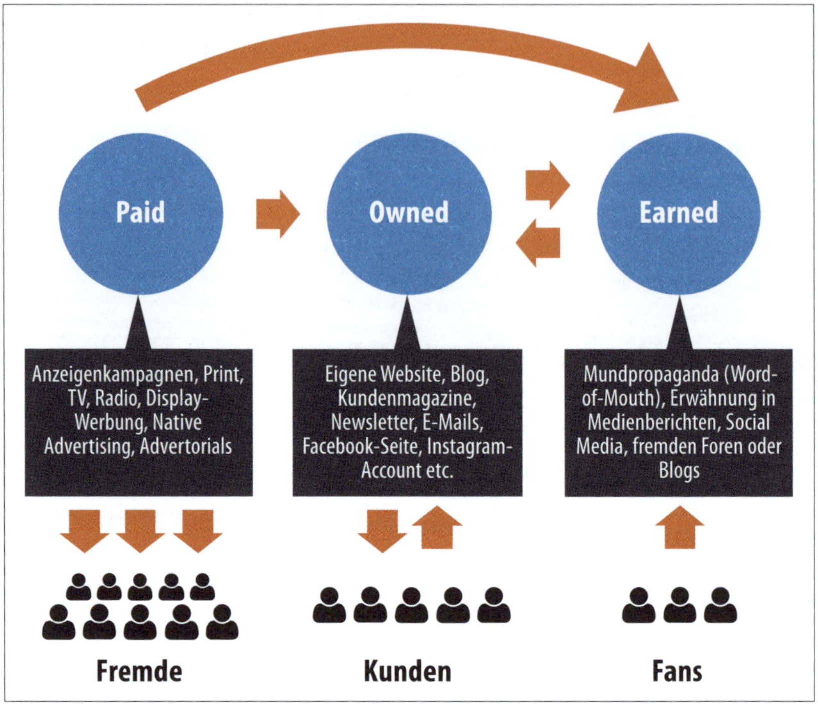

Hinweis ▶ Viele Dienste des Social Web haben ihren Ursprung im *Web 2.0.* Anfang der 2000er-Jahre entwickelten Flickr, YouTube und Wikipedia die technische Infrastruktur, die Websurfer zu Publizisten machen konnten. Dank einfacher Bedienung waren keine Programmierkenntnisse mehr nötig, um Content zu veröffentlichen. Aus diesem Trend, dem Verlagsgründer Tim O'Reilly 2005 in seinem wegweisenden Artikel »What is Web 2.0?«[6] eine herausragende Zukunft vorhersagte, wurde eine zentrale Spielart des Internets.

Mit der flächendeckenden Verbreitung von mobilen Geräten sind die Menschen seit einigen Jahren häufiger und länger online. Social Media sind für die Nutzung mit dem Smartphone prädestiniert. Die Menschen twittern aus der Bahn, schauen sich mobil Videos oder Stories an und laden schnell einen Schnappschuss hoch – in ständigem Austausch mit ihren Kontakten. Laut der *Digitalstudie* von *Hootsuite* und *We are Social* nutzen 84 Prozent der Deutschen Social Media mobil, wie Abbildung 1-7 veranschaulicht. Insbesondere Jugendliche verwenden bevorzugt WhatsApp, Snapchat oder den Instagram Messenger zum direkten Austausch unterwegs.

6 *https://www.oreilly.com/pub/a/web2/archive/what-is-web-20.html*

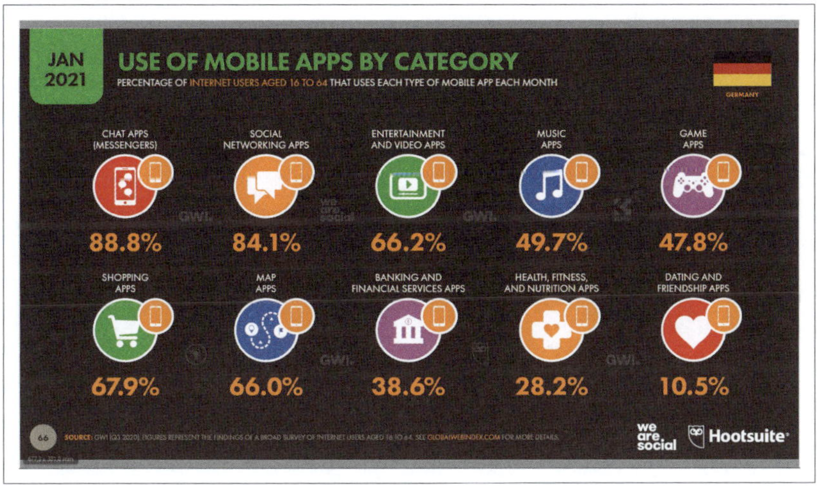

Abbildung 1-7
Hootsuite und We are Social zeigen den hohen Anteil mobiler Nutzung für Social Media.

In WhatsApp und weiteren Messenger-Diensten tauschen sich Nutzer:innen eins zu eins oder in Gruppen aus, schicken Text- und Sprachnachrichten sowie Bilder und Videos. Unternehmen können mit Messenger-Diensten wie WhatsApp für ihr Business einen unkomplizierten Kontakt anbieten, statt Kund:innen in Warteschleifen versauern zu lassen. Einen Algorithmus gibt es bislang nicht. Auf Messenger-Dienste wie WhatsApp, Facebook Messenger und WeChat gehen wir in Kapitel 13 näher ein.

Mit Social Media Marketing durchstarten

Die Disziplin *Social Media Marketing* gilt es im geschäftlichen Umfeld zu beherrschen, da sie inzwischen nicht mehr wegzudenken und mehr als ein kurzlebiger Trend ist.

Definition

Unter *Social Media Marketing* verstehen wir Marketingaktivitäten, die auf Social-Media-Plattformen stattfinden oder soziale Medien einbinden. Dabei handelt es sich um organische Inhalte, aber auch um bezahlte Beiträge und Werbung, also Social Ads.

Durch Social Media Marketing

- steigern Unternehmen die Bekanntheit ihrer Marken und die Markenloyalität ihrer Kund:innen,
- verbessern den Kundenservice,
- halten die Verbindung zu Bestandskund:innen,
- erreichen neue Kundinnen und Kunden und
- lernen im intensiven Austausch von ihren Kund:innen.

Mit Social Media Marketing können Sie Ihre Themen, Produkte und Dienstleistungen bekannt machen und mit (potenziellen) Kundinnen und Kunden, Geschäftspartner:innen und Mitarbeitenden in Kontakt treten. Nutzen Sie Onlinecommunitys, um mit ihren Mitgliedern über deren Anliegen sowie Ihre Produkt- und Serviceangebote zu kommunizieren. Dabei entsteht eine *öffentliche One-to-one-Kommunikation* – eine Situation, die Unternehmen aus dem klassischen Marketing kaum kennen.

Was Sie in diesem Buch darüber erfahren, können Sie Abbildung 1-8 entnehmen.

Abbildung 1-8 ▶ Die wichtigsten Themen des Buchs im Überblick

Die Mehrzahl der Unternehmen ist in Social Media aktiv. Es gibt hervorragende Beispiele von Organisationen, die mit durchdachter Strategie und Fokus auf ihre Zielgruppen dort präsent sind. Andere Unternehmen sind lediglich in Facebook, »weil das so üblich ist«. Ihr Content und ihre Art, mit der Community zu kommunizieren, zeigen, dass sie noch keine Ziele definiert und keine Strategie gefunden haben.

Erfolg in Social Media sieht aus der Ferne leicht aus. Attraktive Videos auf YouTube, flotte Sprüche auf Facebook und coole Influencer, die in TikTok die Marke hypen: Zack, schon verkaufen sich die Produkte wie geschnitten Brot! Doch in Wahrheit steckt dahinter eine ausgeklügelte Strategie, bei der aus den Unternehmenszielen die Ziele von Kommunikation und Social Media abgeleitet wurden.

Social Media geben kleinen und großen Unternehmen die Chance, sich mit einem breiten Publikum zu verbinden. Dabei stehen Aufbau und Pflege loyaler Communitys im Fokus. Die Verankerung im Unternehmen und die enge Zusammenarbeit zwischen Marketing, PR und Social

Media sowie Personalabteilung und Geschäftsführung ist essenziell. Kommunikation muss *ganzheitlich* über alle Disziplinen hinweg gelebt werden.

Manche Menschen warten vorsichtig ab, wenn es etwas Neues gibt. In Social Media zahlt sich diese Zurückhaltung nicht aus: Als *Early Adopter* können Sie nur gewinnen. Seien Sie von Anfang an dabei, wenn neue Kanäle auf den Markt kommen. Nutzen Sie neue Features auf Plattformen, auf denen Sie aktiv sind. Meist belohnt der Algorithmus die frühe Anwendung mit mehr Sichtbarkeit. Diese Strategie ist natürlich nur sinnvoll, wenn die Plattform zu Ihnen, Ihren Produkten und Ihren (Wunsch-)Kund:innen passt.

◀ **Tipp**

Geht die Geschäftsführung mutig voran, etabliert sich das Thema leichter im Unternehmen und motiviert die Mitarbeitenden, als *Markenbotschafter* aktiv zu werden. Dann bedarf es noch eines guten Netzwerks und der vertrauensvollen Zusammenarbeit mit Multiplikator:innen und Influencer:innen. Mit ausreichend Budget und Personal kann es schon fast losgehen. Zunächst muss aber die Strategie definiert werden.

Die richtige Strategie: Ziele und Zielgruppen in Social Media

Es gibt keinen Königsweg, keine Strategie, die für alle passt. Jedes Produkt, jede Dienstleistung und jede Onlinecommunity ist anders. Social Media Marketing braucht Fleiß und Ausdauer sowie die Fähigkeit, zuzuhören. Und vor allem Kreativität und ein gutes Gespür für die eigene Zielgruppe.

Social Media sind in allen Altersgruppen und Bevölkerungsschichten Teil des Alltags geworden. Menschen reagieren nur, wenn Sie Ihnen etwas Wertvolles bieten, dabei ist Relevanz das Zauberwort. In Kapitel 4 beschreiben wir, wie Sie erfolgreich mit Communitys arbeiten. Anhand von Praxisbeispielen aus unterschiedlichen Branchen zeigen wir Ihnen in diesem Buch, wie kleine, mittlere und große Unternehmen sowie Soloselbstständige von ihren Aktivitäten in Social Media profitieren können.

Der erste Schritt auf dem Weg zu erfolgreichem Social Media Marketing ist eine fundierte Analyse, bei der die Ziele und Zielgruppen des Unternehmens im Fokus stehen. Häufig wird dieser Schritt ausgelassen, und es heißt nur: »Wettbewerber xyz hat doch auch einen Instagram-Account.« Ob der Konkurrent auf Instagram erfolgreich ist und ob alle Unternehmen der Branche dort vertreten sind, sollte zunächst geklärt werden. Wer sich ausreichend Zeit nimmt, um Ziele und Zielgruppen zu identifizieren, identifiziert die passende Plattform viel leichter. Ausführlicher erklären wir das Formulieren geeigneter Ziele und den Schritt von Zielgruppen zu Personas in Kapitel 2.

Behalten Sie auch die Risiken im Hinterkopf. Jede Social-Media-Plattform kann über Nacht ihre Nutzungsbedingungen verändern oder gar den Betrieb einstellen. Das *Hausrecht* haben Sie nur auf Ihrer Website, Ihrem Blog oder Ihrem Webshop sowie bei Ihrem Newsletter und Ihrem E-Mail-Marketing. Pflegen Sie diese Webpräsenzen und Verteiler deshalb unbedingt ergänzend zu Social Media.

Erfolgsmessung im Social Media Marketing

Verglichen mit den stolzen Preisen von Fernsehwerbung ist das finanzielle Engagement für Social Media Marketing überschaubar. Die Einschaltquoten des TV zeigen, wie viele Menschen eine Sendung gesehen haben (sollen). Ob die Zuschauer:innen zu diesem Zeitpunkt auf ihrem Smartphone twitterten oder sich Getränke holten, ist nicht bekannt. Die Social-Media-Statistiken sind umfassend, konkret und aussagekräftig. Klicken Nutzer:innen aktiv auf den Link in einem organischen Post oder einer Werbeanzeige, hat der Beitrag eindeutig ihr Interesse geweckt.

Planen Sie Ressourcen für die regelmäßige *Erfolgskontrolle* ein. Überwachen Sie präzise, was im Netz geschieht. Wie kommen Ihre Formate und Inhalte an, und wie wird über Ihr Unternehmen und Ihre Produkte gesprochen? Das *Social Media Monitoring* ist eine zentrale Disziplin im Social Media Marketing. Durchforsten Sie gründlich die Auswertungsmöglichkeiten der Plattformen. Behalten Sie im Blick, wer Ihre Social-Media-Präsenzen besucht und dort interagiert. Möglicherweise verändert sich Ihre Zielgruppe oder deren Vorlieben.

Ein sorgfältiges *Social Listening* mit Gespür für *Sentiment* und *Tonalität* kann zudem als präventives Reputationsmanagement möglichen Reputationskrisen vorbeugen. Hören Sie den Gesprächen Ihrer Kund:innen und Fans zu und achten Sie auf lauter werdende Kritik und hitzige Diskussionen. Dazu mehr in Kapitel 4.

Alle Kanäle im Blick zu behalten und auf die Tonalität von Äußerungen in den Communitys zu achten, kostet Zeit und/oder Geld. Lässt Ihr Budget es zu, sollten Sie auf anspruchsvolle und kostenpflichtige Social-Listening-Software setzen oder ein Monitoring-Unternehmen beauftragen. Wie Sie hier am besten vorgehen, erklären wir in Kapitel 3.

Tipp ▶ Im ersten Schritt können Sie mit kostenfreien *Alert-Funktionen* für wichtige Begriffe arbeiten, wie sie Talkwalker oder Google anbieten.

Auch die richtige Strategie funktioniert nicht über Nacht, sondern wirkt mittel- und langfristig. Eine ständige Erfolgskontrolle ist unerlässlich, damit Sie Zeit und Geld sinnvoll investieren. Messen und nachbessern sollten Sie bereits während der Laufzeit einer Kampagne. Wichtig ist dabei, dass Sie genau wissen, was Sie messen wollen, denn Daten gibt es im Zeitalter von Big Data mehr als genug. Wir besprechen in Kapitel 3, wie Sie bei Ihrer Erfolgskontrolle vorgehen und welche KPIs (*Key Performance Indicators*) hilfreich sind.

Was nützt der tollste TikTok-Account mit begeisterten Fans, wenn es sich dabei nicht um Ihre Zielgruppe handelt – und diese Menschen niemals Kund:innen werden? Stellen Sie Ihre Plattform(en) regelmäßig auf den Prüfstand! Damit in Social Media der direkte Austausch möglich ist, lohnt es sich, regelmäßig und aufmerksam zuzuhören. Verfolgen Sie die Bewertungen Ihres Unternehmens, Ihrer Produkte und Ihrer Serviceleistungen – statt viel Geld in Marktforschung zu investieren.

▲ **Abbildung 1-9**
Die Hauptbeschäftigungen in Social Media laut einer Umfrage von Bitkom Research

Social Media nachhaltig im Unternehmen verankern

Da Social Media allgegenwärtig geworden sind, gilt es, sie bei jeder Kampagne mitzudenken und einzuplanen. Dabei sollten PR, Marketing und Social Media Hand in Hand agieren. Für das *Employer Branding* kommt zusätzlich die Personalabteilung ins Spiel. Traditionell legt die

Unternehmenskommunikation Wert darauf, dass das Unternehmen »mit einer Stimme spricht«. Deshalb werden Mitarbeitende intensiv auf Interviews vorbereitet und davor gewarnt, eigenmächtig über das Unternehmen Auskunft zu geben. In Social Media soll authentisch kommuniziert werden, was mit nur einer Stimme schwierig ist. Daher gilt es, klare Regeln in *Social Media Guidelines* festzulegen. Auf Social Media Guidelines gehen wir in Kapitel 4 ein.

Mitarbeitende können hervorragende *Unternehmens- und Markenbotschafter* sein. Dabei sollte erkennbar sein, dass sie Mitarbeitende sind und dass es sich um ihre private Meinung handelt. Nutzen Sie die Stärken Ihrer Mitarbeitenden. Eine passionierte Hobbyfotografin setzt gern Ihr Firmengebäude in Szene. Es gibt einen Erklärbär oder einen Mitarbeiter mit einer besonders humorvollen Seite? Fragen Sie die Kolleginnen und Kollegen, ob sie Lust haben, in einem Film Ihrem Unternehmen ein menschliches Gesicht zu verleihen. Ein solches Video eignet sich hervorragend für das Employer Branding.

Mit Social Media mehr Besucher auf Ihre Website bringen

Inhalte, die sie gut finden, empfehlen Nutzer:innen in sozialen Medien weiter. Liken, kommentieren und teilen sie Inhalte, beginnt die (virale) Ausbreitung. Diese wird durch Kontakte in den Onlinecommunitys vervielfacht und durch die Wirkungsweise der Algorithmen beeinflusst. Erfolgreicher E-Commerce ist darauf angewiesen, dass Nutzerinnen und Nutzer im Web auf die Produkte aufmerksam werden und den Webshop aufsuchen.

Definition ▶ *Word-of-Mouth-Marketing* oder *Empfehlungsmarketing* ist das Generieren von Bewertungen und Meinungen zu Produkten und Leistungen. Konsument:innen vertrauen eher Kundenmeinungen als den Aussagen der Produktanbieter. Onlineshops – allen voran Amazon – integrieren Kundenrezensionen erfolgreich in ihre Portale. Darüber hinaus gibt es reine Empfehlungsplattformen. Wir gehen in Kapitel 12 näher auf das Word-of-Mouth-Marketing ein.

Zugriffe auf Websites werden durch Suchmaschinen generiert. Weitere Quellen von Traffic sind Social-Media-Sites. *Content is King* und hilft, Links zu generieren. Entdecken Mitglieder der Community Content mit Mehrwert, verbreiten sie die Links auf ihrem Blog oder teilen, liken und kommentieren in Social Media. Geteilte Links zeigen Suchmaschinen, dass jemand die Inhalte für vertrauenswürdig und relevant hält. Je mehr Links auf Ihre Website verweisen, desto besser stehen Ihre Chancen, über Suchmaschinen gefunden zu werden. Ist derjenige gut vernetzt, der die Inhalte teilt, kann es zu einer hohen Verbreitungsgeschwindigkeit kommen.

Nutzen Sie Social Media, um Ihren Content sichtbar zu machen. Der passende Kontext und eine gute Beziehung zu den Communitys sind essenziell, um relevante Inhalte weiterzutragen. Betreiben Sie Storytelling und verstärken Sie Ihre Botschaft durch persönliche und emotionale Elemente.

◀ **Hinweis**

Soziale Medien sind wichtige *Touchpoints* auf der *Customer Journey*, insbesondere bei der Vorbereitung eines Onlinekaufs. Dabei kann es sich um die Suchmaschine handeln, über die Kund:innen auf Ihre Website kommen, oder einen Facebook-Post, der zu Ihrem Webshop verlinkt. Wie Pinterest den Traffic für Ihren Onlineshop erhöhen kann und wie Sie Ihre Produkte auf Instagram oder TikTok darstellen können, besprechen wir in den Kapiteln 9 und 10.

Mit Social Media die Markenbindung stärken und Vertrauen schaffen

Mit einer hohen Markenbekanntheit ziehen Sie Menschen an, die Ihr Produkt oder Ihren Service benötigen oder mögen. Wer Ihre Marke, Ihre Produkte oder Ihre Services kennenlernt, kommt bei Bedarf auf Sie zurück. Wirkt Ihr Social Media Marketing authentisch und sympathisch, zahlt sich das aus, sobald Sie ein neues Produkt vorstellen. Wenn Sie auf die Mitglieder Ihrer Community achten und sich die Zeit nehmen, auf Anliegen zu reagieren, können Sie starke Beziehungen aufbauen. Die Mitglieder interessieren sich dann für Ihr Angebot und empfehlen Sie weiter.

Gut gemachte Inhalte sehen viele Besucher – von der Gelegenheitssurferin bis zum ausgemachten Fan. Anders als bezahlte Werbung bieten Social Media Inhalte ohne direkt erkennbare kommerzielle Absicht. Kreativ zu präsentieren, ist von zentraler Bedeutung. Verzichten Sie auf monoton gesprochene Videos oder austauschbare Stockfotos. Zeigen Sie Ihr Unternehmen und die Menschen dahinter authentisch und dialogorientiert. Damit bauen Sie Fürsprecher auf, die Sie im Krisenfall unterstützen.

Eines der Grundkonzepte des Social Media Marketing ist, dass Menschen Links und Produkte empfehlen. Verbraucher:innen bringen klassischer Werbung und Unternehmensbotschaften immer weniger Vertrauen entgegen. Mit klugem Social Media Marketing können Unternehmen neue Kommunikationskanäle zu Ihren Kundinnen und Kunden aufbauen. Instagram, Pinterest, TikTok, Facebook & Co. haben ein großes Potenzial, wie wir anhand erfolgreicher Beispiele in diesem Buch zeigen.

Social Media Marketing inhouse betreiben

Social Media Marketing ist mit geringeren Kosten zu realisieren als klassische Marketingmaßnahmen. Wollen Sie Social Media Marketing inhouse betreiben, sollten Sie zunächst Zeit investieren für:

- die Strategie,
- das Identifizieren und Kennenlernen interessanter Communitys,
- die Content-Planung sowie
- das Briefen und Schulen Ihrer Social-Media-Verantwortlichen.

Die meisten PR- und Marketingagenturen haben Social Media Marketing im Angebot und können für Ihr Unternehmen eine Strategie entwickeln und umsetzen. Außerdem gibt es reine Agenturen für Social Media Marketing, die sich professionell um Ihre Kampagnen kümmern. Wollen Sie das komplette Social Media Marketing extern in Auftrag geben, briefen Sie die Agentur oder die Freelancer sorgfältig, und benennen Sie feste Ansprechpartner in Ihrem Unternehmen.

Besonders für KMUs ist es von Vorteil, Social Media Marketing inhouse zu betreiben und das nötige Fachwissen nachhaltig aufzubauen. Eine externe Agentur ist teuer, und als KMU kennen Sie Ihre Kund:innen am besten. Deren Feedback können Sie sofort aufnehmen und darauf reagieren.

Tipp ▶ Wollen Sie sich in der Anfangsphase entlasten, können Sie jemanden beauftragen, der Postings textet und sich um die Einrichtung eines Profils oder die Erstellung von Logos und Hintergrundbildern kümmert. Oder lassen Sie sich von einem Coach begleiten.

Social Media Manager haben die Fäden in der Hand und kümmern sich um die Strategie sowie das Content- und Community-Management. Je nach Unternehmensgröße und Budget kann es zusätzlich Content- und Community-Manager geben. Social Media Manager sollten ein starkes Interesse an den neuesten Trends in Social Media sowie eine technische Affinität mitbringen. Solche Allrounder sind in KMUs besonders gefragt. Eine wichtige Eigenschaft für diese zentrale Position ist die Fähigkeit, mit Stakeholdern im und außerhalb des Unternehmens empathisch und auf Augenhöhe zu kommunizieren.

Social Media Manager sorgen für eine regelmäßige Erfolgsanalyse, um bei Bedarf die Strategie weiter zu optimieren. Dazu gehört auch, die Social-Media-Kanäle immer wieder auf den Prüfstand zu stellen. Finden Sie auf Ihrem Lieblingskanal noch Ihre Zielgruppe, oder ist diese längst weitergezogen?

Kommunizieren Sie auf Ihren Social-Media-Kanälen, wann Sie aktiv und erreichbar sind. Ihre Kund:innen und Fans haben Verständnis, dass Sie nicht rund um die Uhr Fragen beantworten können. Übernehmen Mitarbeitende abends oder am Wochenende einen »Notdienst« und werfen einen Blick auf die Kanäle, sollten sie für ihren Einsatz entlohnt und an anderer Stelle entlastet werden.

◀ **Tipp**

Das Thema ist derart in Bewegung, dass der Austausch von Wissen essenziell ist, um am Ball zu bleiben. Daher sollten Social Media Manager regelmäßig einschlägige Quellen im Internet lesen und an Seminaren, Barcamps und Konferenzen teilnehmen. Nicht immer reicht die Zeit oder das Budget, an allen interessanten Veranstaltungen im In- und Ausland teilzunehmen. Über das jeweilige Hashtag können Sie den Inhalten auf Twitter oder LinkedIn folgen, häufig gibt es auch einen Livestream oder die Aufzeichnungen der Vorträge. Auf Slideshare finden Sie interessante Vorträge und auf YouTube Videos von Veranstaltungen.

Um beim Thema Social Media Marketing auf dem Laufenden zu bleiben, empfehlen wir die Lektüre des monatlichen UPLOAD-Magazins (*https://upload-magazin.de/ausgaben/*) oder des SocialHub-Magazins (*https://socialhub.io/de/mag/*). Schauen Sie bei Thomas Hutter (*https://www.thomashutter.com/*) und bei *http://www.futurebiz.de/* vorbei. Auch bei *allfacebook.de*, *w&v*, *horizont* sowie *onlinemarketing.de* und *t3n* finden Sie regelmäßig lesenswerte Beiträge rund um Social Media.

◀ **Tipp**

Das Management Ihrer Onlinereputation

Suchmaschinen zeigen alle Treffer an und nicht nur die, die das Unternehmen gern zeigen möchte. Abbildung 1-10 bildet die Ergebnisse für den Suchbegriff »Nutella« ab, inklusive Videos, die nicht alle eine positive Botschaft verkünden. Je mehr relevanten, aktuellen und suchmaschinenoptimierten Content ein Unternehmen im Netz verbreitet, desto wahrscheinlicher werden Links auf diese Inhalte unter den ersten Suchmaschinenergebnissen angezeigt.

Verbraucher:innen äußern ihre Meinung über und ihre Erfahrungen mit Produkten oder Dienstleistungen eines Unternehmens häufig in ihrem Blog oder auf ihren Social-Media-Kanälen. Auch über die Social-Media-Profile des Unternehmens sowie auf Bewertungsplattformen loben oder kritisieren sie Produkte.

Im schlimmsten Fall kann ein einziger kritischer Beitrag Ihr Geschäft vorübergehend beeinträchtigen. Dazu kann es kommen, wenn der Beitrag viel diskutiert wird und eine hohe Sichtbarkeit hat, da Verbraucher:innen oft Bewertungen lesen, bevor sie Kaufentscheidungen treffen. Wichtig ist deshalb, rechtzeitig gegenzusteuern.

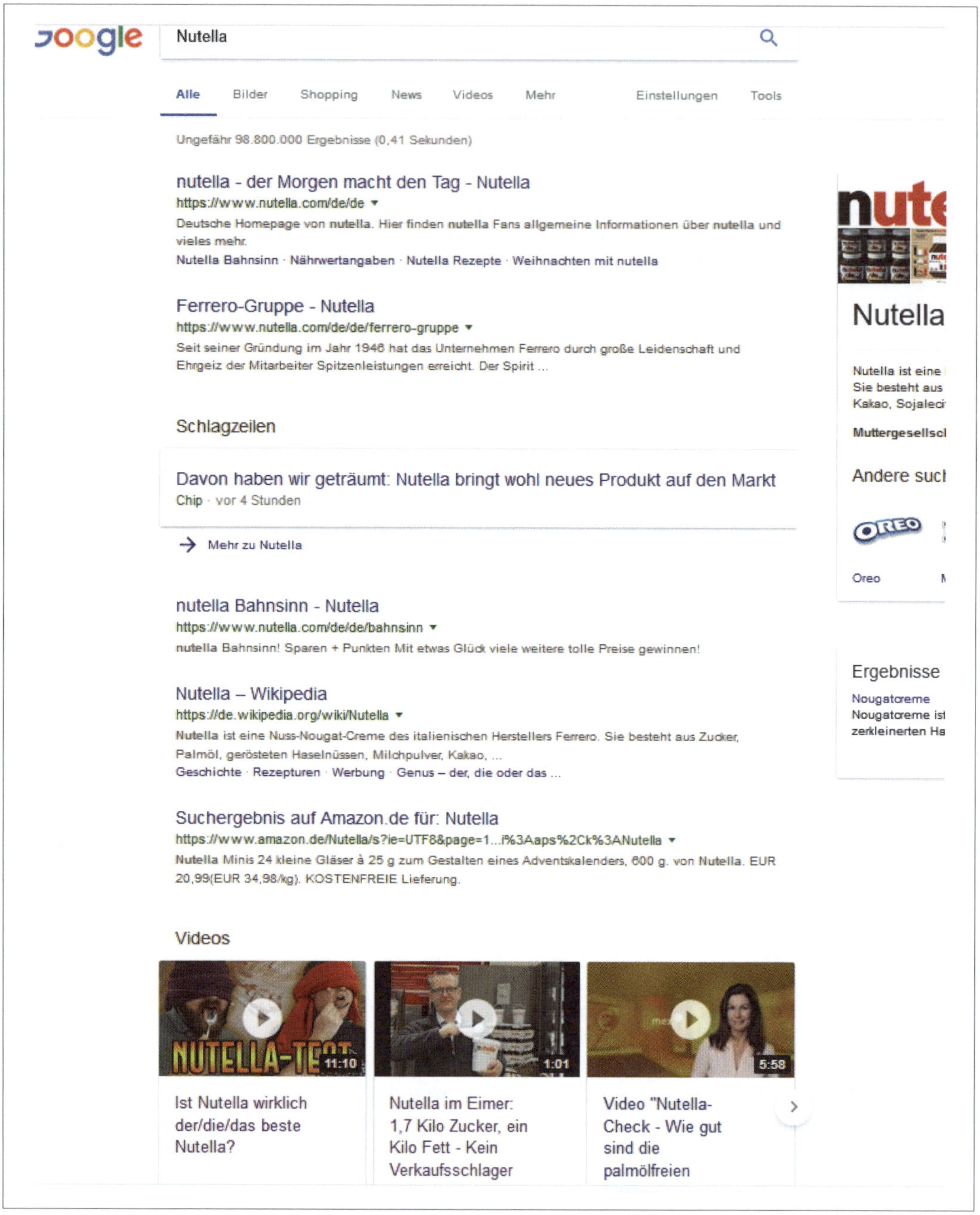

Abbildung 1-10 ▲
Suchergebnisse für »Nutella«

Reputationsmanagement ist die Beeinflussung des eigenen Rufs und eine wichtige Disziplin im Social Media Marketing. Dazu zählen Reaktionen auf negative Erwähnungen Ihres Unternehmens oder Ihrer Produkte und vorbeugende Aktivitäten.

Da auch Journalist:innen in Social Media recherchieren, gelangen Inhalte von dort in die klassischen Medien. Das macht Pressemitteilungen nicht überflüssig, bedeutet aber, dass Medienvertreter eine wichtige Zielgruppe für Ihre Social-Media-Aktivitäten sind. Journalistinnen und Journalisten nutzen Twitter gerne für die schnelle Recherche neuer Themen. Präsentieren Sie deshalb gesammelt in einem *Social-Media-Newsroom* Ihre Blogbeiträge sowie die Postings Ihrer Social-Media-Kanäle.

Es ist Zeit, mitzureden

Unternehmen verbreiten ihre Botschaft zwar noch immer über eigene Kommunikationskanäle, durch Social Media wird es allerdings schwieriger, eine *One-Voice-Policy* zu verfolgen. Und diese ist ja auch nicht zwangsläufig und ausschließlich gewünscht. Privatpersonen können in Social Media ebenfalls ohne Mühe Content veröffentlichen. Online finden Gespräche über Ihr Produkt oder Ihr Unternehmen statt, ob Sie sich beteiligen oder nicht. Sie können Ihre Außenwirkung nicht mehr so einfach steuern. Indem Sie mitreden, können Sie einen offenen und ehrlichen Dialog führen, Vertrauen aufbauen und Ihre Community positiv beeinflussen. Ein solches Engagement kann gewaltige Erfolge für Ihre Marketingbotschaft erzielen, von der Bekanntheit bis zum Reputationsmanagement.

Menschen geben gerne dramatische oder kritische Geschichten weiter und verlinken auf sie. Je mehr Links auf so einen Beitrag verweisen, desto höher rankt er in den Suchergebnissen. Muss der Sachverhalt zunächst im Unternehmen geklärt werden, bevor Sie Konsequenzen ziehen können, empfiehlt sich ein Zwischenbescheid. Kommunizieren Sie, dass Sie den Fall prüfen und in Kürze detaillierter informieren. Ist alles geklärt, äußert sich idealerweise ein Mitglied der Geschäftsführung. Das unterstreicht, dass Sie Ihre Kund:innen ernst nehmen. Wie Krisen durch Social Media befeuert werden können und wie Unternehmen kommunikativ darauf reagieren sollten, besprechen wir anhand einiger Praxisbeispiele in Kapitel 4. Dort gehen wir auf das Thema *Onlinereputation* ein und wie sich ein »Shitstorm« verhindern oder zumindest abmildern lässt.

Engagieren Sie sich in Social Media, werden Sie auf eine Vielzahl von Menschen treffen, die ihre Gedanken über Ihr Unternehmen und Ihre Produkte äußern. Diese Meinungen gewähren Ihnen tiefe Einblicke in die Wahrnehmung Ihres Produkts, und Sie erhalten direkt oder indirekt Verbesserungsvorschläge. Anders ausgedrückt: Sie profitieren von kostenfreier Marktforschung! Ob es Facebook und Twitter in fünf Jahren noch gibt, wissen wir nicht, doch Social Media als Kommunikationsform wird weiterleben. Widmen Sie den Kanälen daher die nötige Aufmerksamkeit und ausreichend Ressourcen.

Digital-analoge Kontakte aufbauen

Always on zu sein, fordert seinen Tribut. Gönnen Sie sich bei aller Begeisterung für das Thema ohne schlechtes Gewissen kreative Pausen. Nach einer Auszeit kehren Sie energiegeladen zurück.

Vergessen Sie die analoge Welt nicht. Gehen Sie zu Netzwerktreffen und Konferenzen, veranstalten Sie Events und laden Sie Multiplikatoren zu einem Blick hinter die Kulissen ein. Welche Arten von Influencern es gibt, wofür Sie Influencer-Marketing nutzen können und wie Sie passende Influencer am besten ansprechen, erklären wir in Kapitel 4. Auf Veranstaltungsformate wie einen Instawalk gehen wir in Kapitel 9 ein.

Tipp ▶ Die jährliche Internetkonferenz *re:publica* hat Beiträge zu Social Media im Programm. Die unkonventionelle Tagung gilt als »Klassentreffen« der Digitalarbeitenden und eignet sich gut zum Netzwerken. Darüber hinaus haben sich die *Social Media Week* und die *Social Media Conference* etabliert sowie die *Allfacebook-Konferenz*. Auch regional finden Sie Webmontage, Social-Media-Stammtische, Barcamps sowie interessante Events der lokalen Chapter von Social Media Clubs. Saugen Sie Wissen auf, teilen Sie Ihr Wissen und vernetzen Sie sich!

Durch gute digital-analoge Kontakte werden Ihre Inhalte weitergetragen, und Sie haben starke Fürsprecher, falls Probleme auftauchen. Außerdem ist das Wissen heute enorm schnelllebig und umfangreich. Verabschieden Sie sich von dem Ehrgeiz, alles zu wissen und zu beherrschen. Umso wichtiger ist es, bilateral oder öffentlich Fragen stellen zu können und Expert:innen zu ausgefallenen Themen zu finden. Leben Sie das Motto »Sharing is caring«, denn die Zeit von Silodenken und Herrschaftswissen ist vorbei.

Zusammenfassung

Millionen Menschen in Deutschland nutzen Social Media. Social Media Marketing ist eine ausgezeichnete Möglichkeit, um als Unternehmen und Marke in Kontakt mit (potenziellen) Kund:innen zu treten. Hören Sie den Communitys zu und stellen Sie hochwertige sowie relevante Inhalte zur Verfügung. Damit machen Sie Ihre Marken bekannt, generieren Leads und stoßen Onlinediskussionen an. Zu den bekanntesten Social-Media-Plattformen, auf denen laufend Gespräche stattfinden und Botschaften vermittelt werden, zählen Twitter, Instagram, LinkedIn und Facebook. Videoplattformen wie YouTube, Twitch oder TikTok wachsen rasant und sind ebenfalls sehr beliebt. All diese Plattformen sowie Pinterest beeinflussen auch die Ergebnisse der Suchmaschinen. Messenger-Dienste wie WhatsApp und der Facebook Messenger werden von allen Altersgruppen rege genutzt.

Definieren Sie eine Strategie und identifizieren Sie Ihre Ziele und Zielgruppen. Nehmen Sie regelmäßig Erfolgskontrollen vor. So können Sie nachbessern, wenn Sie Ihre Zielgruppe nicht erreichen oder Ihr Content auf geringes Interesse stößt. Für die Erfolgsmessung im Social Media Marketing sind neben quantitativen Aspekten wie der Reichweite die Qualität und Tonalität der Gespräche relevant. Die qualitative Analyse ist auch für die Onlinereputation und die Krisenprävention wichtig.

Der interne Social Media Manager sollte in KMUs ein Allroundtalent sein, das die strategischen und operativen Fäden in der Hand hält. Wer im Bereich Social Media Marketing erfolgreich sein will, muss trotz guter *Basisausbildung* auf dem Laufenden bleiben und sich durch die passende Lektüre und den Besuch von Seminaren und Barcamps weiterbilden.

Um für das Social Media Marketing bereit zu sein, müssen Sie sich Zeit nehmen und sich auf die unterschiedlichen Gesprächs- und Kommunikationsformen auf den Social-Media-Plattformen einlassen. Wer wie über Ihr Unternehmen und Ihre Produkte wo spricht, das können Sie nur zum Teil beeinflussen. Dennoch ist es wichtig, sich an diesen Diskussionen zu beteiligen und sich Fans und Fürsprecher aufzubauen. In den folgenden Kapiteln werden wir uns ansehen, welche Strategien, Kanäle und Content-Formate dafür am wirkungsvollsten sind.

KAPITEL 2

Eine Social-Media-Strategie entwickeln

Bevor Sie nun im Social Web durchstarten, sollten Sie sich gut überlegen, was Sie erreichen möchten. Worauf möchten Sie hinarbeiten? Möchten Sie von mehr Menschen wahrgenommen werden? Wenn ja, von wem genau? Wollen Sie die Umsätze in Ihrem Webshop oder die Nachfrage nach Ihren Dienstleistungen steigern? Welche Voraussetzungen müssen Sie dazu in Ihrem Unternehmen schaffen, und wie gelingt es Ihnen, alle ins Boot zu holen? In diesem Kapitel zeigen wir die grundlegenden Schritte für Ihre Social-Media-Strategie.

Die sozialen Netzwerke und Dienste sind so angelegt, dass Sie mit wenigen Handgriffen ein Profil erstellen und loslegen können. Sobald Sie sich jedoch aus unternehmerischen Gründen mit sozialen Medien beschäftigen, sollten Sie einige Überlegungen voranstellen. Eine konkrete Zielsetzung erleichtert Ihnen den Zugang zu Social Media, und sie lässt Sie Ihre Aktivitäten planen und messen. Die Strategie für Social Media sollte sich in Ihre unternehmerische Gesamtstrategie einfügen. Sie werden Zeit, Geld und Personalressourcen einsetzen müssen. Das erfordert einen Plan.

Auch Ihre Kund:innen und Ihre Mitarbeitenden erwarten einen professionellen Auftritt – möglichst von Anfang an. Wenn Sie loslegen, ohne sich über Ihre Erwartungen und Ihr Vorgehen Gedanken zu machen, sind Enttäuschungen oder ist gar Ihr Scheitern vorherbestimmt. Hinzu kommt, dass im Social Web normalerweise niemand darauf wartet, dass Sie die Bühne betreten. Es mangelt im Social Web nicht an Neuigkeiten, Informationen und Unterhaltung. Die Herausforderung besteht vielmehr darin, sichtbar, nützlich und interessant genug zu werden und sich so die konstante Aufmerksamkeit zu sichern. Ihr Fahrplan zur Strategieentwicklung besteht im Wesentlichen aus sechs Bausteinen, für die Sie sich selbst jeweils einige Fragen beantworten müssen (siehe Abbildung 2-1).

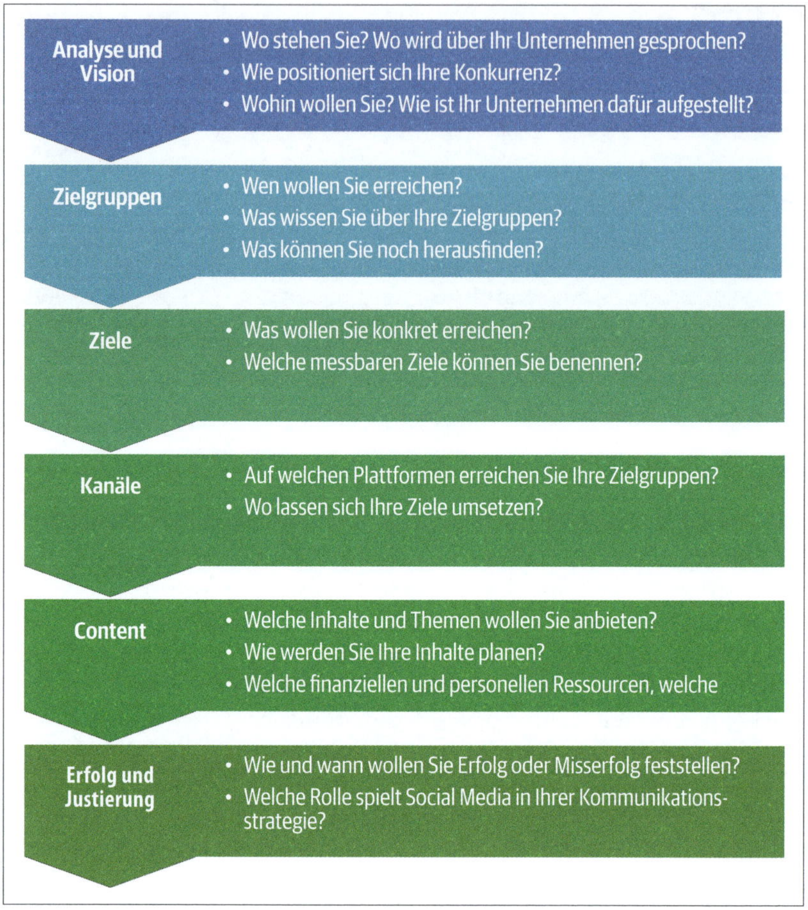

Abbildung 2-1 ▶ Fahrplan zur Social-Media-Strategie. Wie jeder gute Fahrplan sollte er nicht für die Ewigkeit geschrieben, sondern permanent feinjustiert und an neue Anforderungen und Erfahrungen angepasst werden.

Ihre Social-Media-Strategie ist nicht nur wichtig, um der Konkurrenz etwas entgegenzusetzen oder sich den Kund:innen zielgerichtet zu präsentieren. Social Media wirken in alle Abteilungen hinein, und ihre neue Art der Kommunikation verändert das ganze Unternehmen. Insofern dient eine Social-Media-Strategie auch dazu, innerhalb des Unternehmens klar formulieren zu können, für wen, womit, wie, wo, warum und mit welchem Erfolg das Unternehmen im Social Web aktiv ist und welchen Anteil einzelne Teammitglieder daran möglicherweise haben. Die viel beschworene Transparenz ist nicht nur nach außen nötig, sondern auch nach innen.

Und wenngleich die Schritte auf dem Weg zu einer Social-Media-Strategie bei allen Unternehmen nahezu die gleichen sind, werden Ihre Strategie und Ihre Aktivitäten im Web hoffentlich einzigartig sein. »Hoffentlich« deshalb, weil Ihre Präsenz in den sozialen Medien so unverwechselbar sein sollte wie Ihre Marke, Ihre Produkte und Ihre Dienstleistungen, um wahrgenommen und wiedererkannt zu werden.

Wenn Sie herausfinden wollen, auf welche Weise Sie die Menschen am besten ansprechen, sind Recherche und sorgfältige Planung notwendig. Steigen Sie dagegen unreflektiert und rücksichtslos mit Werbe- und Verkaufsbotschaften ins Spiel ein, kann das negative Folgen für Ihre Reputation und Ihre Marke haben. Die Menschen da draußen im Social Web können sich schließlich aussuchen, wem sie zuhören und wen sie ignorieren. Und sie sind längst nicht mehr sehr empfänglich für reine Werbung, das steht unumstößlich fest. Wenn es Ihnen nur um Klicks geht und Sie nie etwas mit Wert ins Netzwerk zurückgeben, werden Sie sehr schnell scheitern. Diese und andere Überlegungen, auf die wir im Folgenden eingehen werden, fließen in Ihre Strategie ein.

Analyse und Vision

Möglicherweise haben Sie längst Kundenstimmen zu Ihrem Unternehmen gefunden, sind vielleicht auch schon über Erwähnungen bei Twitter oder Facebook gestolpert oder haben eine Google-Rezension erhalten. Oder aber Sie lesen regelmäßig, was im Social Web über Ihre Themen, Ihre Branchen und Märkte, über Wettbewerber geäußert wird – sind aber selbst noch nicht (wesentlich) in Erscheinung getreten. Oder haben Sie bereits einige Experimente im Social Web hinter sich, aber noch nicht den roten Faden gefunden?

Am Anfang Ihrer Strategieplanung sollte eine Bestandsaufnahme stehen. Beginnen Sie damit, den Ist-Zustand zu erfassen, wie in Abbildung 2-2 dargestellt:

Sammeln Sie alles, was Sie über sich finden, und wenden Sie sich dann Ihrer Konkurrenz zu. Analysieren Sie, wie Ihre wichtigsten Wettbewerber in den sozialen Medien agieren. Notieren Sie, was Ihnen und was den Kunden Ihres Wettbewerbers gefällt – aber auch, worauf dieser schlechte oder keine Resonanz bekommt. Lernen Sie Ihre potenziellen Kundinnen und Auftraggeber etwas besser kennen: Auf welchen Plattformen sprechen sie miteinander, gibt es beliebte Tageszeiten? Welche Fragen stellen sie häufig, was kritisieren sie? Eine klassische SWOT-Analyse[1], mit der Sie Ihre Stärken und Schwächen, Ihre Chancen und Risiken in einer Matrix aufschlüsseln, kann Ihnen die richtige Struktur für diese erste Etappe liefern.

---

1 *https://de.wikipedia.org/wiki/SWOT-Analyse*

Abbildung 2-2 ▲
Nehmen Sie sich die Zeit einer ausführlichen Bestandsaufnahme – und beantworten Sie sich diese Fragen von oben nach unten.

Während der Gespräche und Recherchen bekommen Sie eine Idee davon, in welche Richtung Sie Ihren Social-Media-Auftritt entwickeln wollen. Fragen Sie sich, was Ihnen im Moment fehlt oder was Sie verbessern wollen. Finden Sie erste Antworten auf die Frage: »Was wünschen wir uns von unserem Engagement in sozialen Netzwerken?«

Tipp ▶ Möchten Sie zu dieser Fragestellung Ihr Team einbeziehen (was sich als sehr nützlich erweisen kann!), dann stellen Sie die Frage nicht im Plenum, sondern lassen Sie sich die Antworten individuell oder verdeckt geben, auch wenn dies zu Dopplungen führen wird. Auf diese Weise erhalten Sie so viele und so unterschiedliche Perspektiven wie möglich und können außerdem die Ziele und Wünsche der Mehrheit priorisiert berücksichtigen.

Aus den gesammelten Rechercheergebnissen, Einschätzungen und Wünschen entwickeln Sie schließlich eine Vision. Diese kann zum Beispiel lauten: »Wir wollen von mehr Menschen unserer Region wahrgenommen werden.« Oder: »Wir werden der erste Ansprechpartner für das Thema XY.« Ihre Vision ist die Basis für Ihre Ziele und für konkrete Zielsetzungen – darauf gehen wir im Verlauf dieses Kapitels noch genauer ein. Vorab möchten wir Ihre Aufmerksamkeit noch auf grundlegende Aspekte des Social Media Marketing richten: die veränderte Kommunikation im Social Web und wie Sie das Zusammenspiel mit Ihrem Gegenüber, den Menschen in den sozialen Netzwerken, gestalten können.

Die Angst vor Kontrollverlust überwinden

In Kapitel 1 haben wir kurz angesprochen, was Unternehmen in Social Media fürchten: *die Kontrolle über ihre Botschaft zu verlieren*. In traditionellen Medien ging die Kommunikation nur in eine Richtung: Sie sagten etwas, und das Publikum lauschte. Heute hat sich die Kommunikation drastisch geändert. Unternehmen sind im Web mit Millionen von Menschen konfrontiert, die etwas zu einer Marketingbotschaft beitragen und sich zu ihr verhalten können. Somit ist Social Media Marketing inhärent *sozial*. Und der Dialog geht in beide – tatsächlich sogar viele verschiedene – Richtungen, da jetzt nicht mehr nur Marketingexpertinnen und PR-Profis sprechen, sondern auch jeder Einzelne im Publikum eine Stimme hat. Es besteht ein Gleichgewicht der Kräfte zwischen Ihnen (dem Vertreter der Marke) und den anderen (den Vertretern des Markts). Und zwar dauerhaft und permanent. Dieses veränderte Kommunikationsverhalten zu verinnerlichen, ist von wesentlicher Bedeutung für Ihre tägliche Arbeit.

Über Ihre Marke, Ihre Produkte oder Dienstleistungen wurde vermutlich schon immer gesprochen. In sozialen Medien haben Sie nicht nur die Möglichkeit, diese Meinungen und Bewertungen zu finden, meist können Sie mit Ihren Kunden auch direkt Kontakt aufnehmen oder auf Empfehlungen und Kritikpunkte öffentlich eingehen. Sie können Teil der Gespräche in Social Media werden und daraus wertvolle Erkenntnisse für Ihre unternehmerischen Aktivitäten ziehen.

Schauen Sie sich beispielsweise die Amazon-Website an: Amazon bietet Millionen von Produkten an, und jedes kann bewertet und kommentiert werden. Diese Bewertungen fließen nachweislich in die Kaufentscheidung von Verbrauchern ein.[2] Und zwar so entscheidend, dass das Bundeskartellamt bereits die Funktionsweisen von Bewertungssystemen untersuchte und Tipps für Verbraucher veröffentlichte.[3]

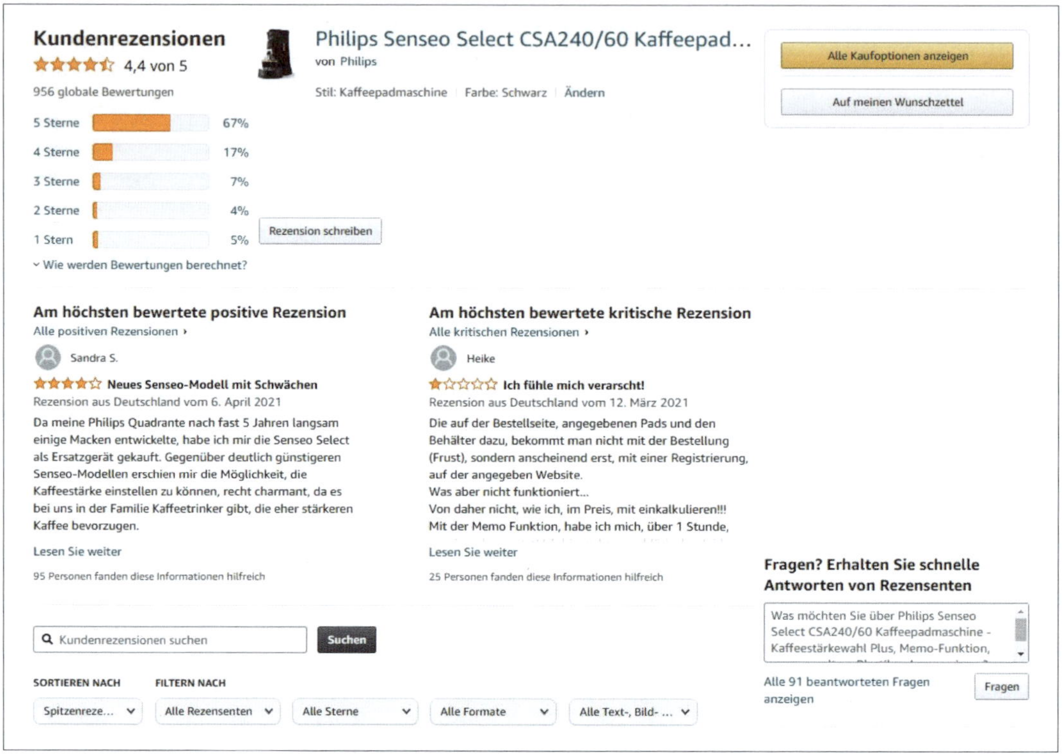

Abbildung 2-3 ▲
Hunderte von Kunden bewerten Produkte im Internet. In der Rubrik »Fragen« geben sie sich zusätzlich gegenseitig Tipps – ganz ohne offiziellen Kundendienst.

Dreh- und Angelpunkt für Kundenbewertungen ist Google: Wann immer Menschen einen Ort besuchen, bittet die Schon-lange-viel-mehr-als-nur-eine-Suchmaschine um deren Einschätzung und die netztypische Sternebewertung. Sie können Ihre Kund:innen oder Geschäftspartner aktiv bitten, eine Bewertung für Sie zu hinterlassen. Anders als Amazon bietet Google die Möglichkeit, auf Rezensionen einzugehen und das Gespräch mit Rezensent:innen suchen. Pflegen Sie dazu Ihren *Google My Business*-Eintrag. Wie genau, beschreiben wir Ihnen in Kapitel 12.

Auch anderswo im Internet finden lebhafte Diskussionen statt. Ein Kunde, der sich über schlechten Service ärgert (zum Beispiel über eine

2 »Onlinebewertungen sind wichtigste Kaufhilfe« (*https://www.bitkom.org/Presse/Presseinformation/Online-Bewertungen-sind-wichtigste-Informationsquelle*).

3 *https://www.bundeskartellamt.de/SharedDocs/Meldung/DE/Pressemitteilungen/2020/06_10_2020_SU_Nutzerbewertungen.html*

unsachgemäße Paketlieferung oder einen unhöflichen Kundensupport), kann beispielsweise per Twitter seinen Frust äußern und damit binnen kürzester Zeit eine Reihe anderer Menschen erreichen. Umgekehrt haben zufriedene Kund:innen schon vielfach Instagram-Stories hochgeladen, um ihre Begeisterung für eine geschätzte Marke, gekaufte Produkte oder segensreiche Dienstleistungen zu zeigen. Darüber hinaus gibt es Websites, die allein zur Bewertung von Produkten und Unternehmen existieren. In Kapitel 12 behandeln wir auch diese genauer.

Eines ist klar: Soziale Netzwerke bringen Erfahrungen mit Unternehmen und Meinungen zu Produkten an die Öffentlichkeit. Ob gewünscht oder nicht. Daher ist es für Unternehmen sinnvoll, die sozialen Medien mindestens im Blick zu behalten – und sich bestenfalls selbst dort zu engagieren. Sie erhalten unverfälschtes Feedback und können eigene Argumente im Dialog mit Kunden überprüfen. Achten Sie darauf, *mit* den Menschen zu sprechen anstatt *zu* ihnen. Eine wertschätzende Kommunikation kann bares Geld wert sein, da sie sich nicht selten auf Kaufentscheidungen auswirkt. Das bedeutet aber, dass Unternehmen lernen müssen, diese Gespräche zuzulassen. Dazu zählen Zuhören und auch das Zulassen von Kritik und anderen Meinungen.

Identität zeigen

Social Media Marketing steht und fällt mit Ihrer Offenheit und Transparenz. Wenn Sie geradlinig mit Ihren Zielen und Werten umgehen, keine falschen Versprechungen machen und Ihr Publikum souverän wissen lassen, was Sie in Ihrem Unternehmen richtig und vielleicht auch mal falsch machen, haben Sie in den sozialen Medien wenig zu befürchten. Die Basis authentischer und glaubwürdiger Social-Media-Aktivitäten legen Sie idealerweise schon viel früher, lange bevor Sie LinkedIn oder Instagram zum ersten Mal aufrufen. Dann nämlich, wenn Sie Aussagen zur Identität Ihres Unternehmens formulieren und die Werte, die Sie vertreten, sowie die Kultur, die Sie leben wollen, definieren – konkret: in Worte fassen und verbindlich festlegen. Spätestens jetzt, wenn Sie an Ihrer Ist-Analyse arbeiten, sollten Sie sich mit Ihrer (gewünschten und tatsächlichen) Firmenkultur und Ihren Leitlinien auseinandersetzen.

Im Social Web lassen sich Freude und Begeisterung, aber auch Spannungen und Unstimmigkeiten nicht verbergen. Bevor Sie sich im Social Web engagieren, sollten Sie also Ihre Unternehmenskultur prüfen. Sie und alle, die sich für das Unternehmen in den sozialen Medien äußern, müssen wissen, in welchem Ton und mit welchen Verantwortlichkeiten Sie sprechen können. Auch hier können Sie niemanden (langfristig) täuschen, gerade weil im Social Web unmittelbar und in Echtzeit kommuniziert wird. Am besten vergleichbar ist das mit der Begegnung am Messestand oder im Ladengeschäft. Kunden nehmen wahr, wenn der Haussegen schief hängt, und gehen beim nächsten Mal lieber zur Konkurrenz.

The Golden Circle

Um ihre Identität klar zu definieren, zogen vielen Unternehmen in den vergangenen Jahren den sogenannten Golden Circle nach Simon Sinek zurate. Der Unternehmensberater und Autor erklärte in einem viel zitierten TED-Talk[4], dass alle herausragenden und inspirierenden Führungspersönlichkeiten und Organisationen der Welt – ganz gleich, ob Apple, Martin Luther King oder die Brüder Wright[5] – nach dem gleichen Muster denken, handeln und kommunizieren. Dies stünde aber im kompletten Gegensatz zu dem Denken und Agieren aller anderen.

Im Zentrum des von ihm entschlüsselten Musters – er nennt es den goldenen Kreis – steht die Frage nach dem »Warum« (WHY). Denn während die meisten Menschen, Unternehmen oder Organisationen in erster Linie betonen, was sie tun (oder noch offensiver: was sie verkaufen), und vielleicht noch ergänzen, wie sie das umsetzen, vergessen sie zu sagen, welche Gründe sie eigentlich antreiben. Mehr noch: Oft beschäftigen sie sich nicht einmal selbst mehr damit und können die Frage nach dem Warum nicht beantworten – weder als Führungskraft noch als Mitarbeitender. Sinek regte nun an, das Warum in den Mittelpunkt zu stellen und davon ausgehend die eigene Firmenkultur aufzuspüren, zu entfalten und zu leben.

Fragen Sie sich (und Ihre Angestellten oder Kolleg:innen) also erst einmal: Warum tun wir das, was wir hier täglich tun? Welcher Gedanke treibt uns jeden einzelnen Morgen dabei an, was ist unsere intrinsische Motivation? Entdecken Sie Ihre Unternehmensidentität, bringen Sie sie auf den Punkt und schreiben Sie sie auf – für alle Beschäftigten, sogar für die künftigen. Das hilft Ihnen auch bei der Formulierung Ihrer Social Media Guidelines[6] sowie bei der Auswahl Ihrer Inhalte und Ihrer Kundenansprache.

Tipp ▶ Fragen Sie Freunde, Bekannte, Geschäftspartner und Kolleg:innen, wie sie Ihr Unternehmen wahrnehmen. Gibt es ein klares Bild Ihrer Markenpersönlichkeit? Wie klingt Ihr Unternehmen, welche Themen schreibt man Ihnen zu, und wo würde man Sie erwarten? Social Media bieten eine Chance, sich viele Fragen zur Markenidentität noch mal (oder erstmals) zu stellen. Denn je stimmiger Ihr Auftritt ist, desto besser können sich Ihre Kunden, aber auch Ihre Mitarbeiter:innen damit identifizieren.

Bleiben Sie also ehrlich, widerstehen Sie der Versuchung, sich und anderen etwas vorzumachen. Transparenz und Ehrlichkeit sollten sich zwingend durch Ihre Social-Media-Strategie ziehen: Wenn Sie mit gefälschten Identitäten arbeiten, Fehler oder Missstände verheimlichen wollen, mangelhafte Produkte anbieten oder in anderer Weise unehr-

4 *https://www.youtube.com/watch?v=qp0HIF3SfI4*

5 Die Luftfahrtpioniere, die zu Beginn des 20. Jahrhunderts weltweit erstmals gesteuerte Flüge mit einem von einem Motor angetriebenen Flugzeug absolvierten.

6 Social Media Guidelines erleichtern Ihrem Team die Kommunikation im Social Web. Wir gehen in Kapitel 4 ausführlicher darauf ein.

lich sind, laufen Sie Gefahr, dass Ihnen irgendwann – und das Tempo, in dem der Zeitpunkt »irgendwann« erreicht ist, erhöht sich im Social Web nahezu täglich – jemand auf die Schliche kommt. Sie werden dann viel Mühe haben, den Scherbenhaufen zusammenzukehren.

Man spricht in diesem Zusammenhang von einem *Shitstorm*, einer Welle der Entrüstung, die sich in den sozialen Medien entlädt. Selbst wenn Sie Ihre Reputation im Web nicht dauerhaft schädigen, kostet es Sie viel Zeit und Mühe, Ihren guten Ruf wiederherzustellen. Diese Zeit könnten Sie besser für konstruktive Gespräche mit Ihren Kunden nutzen, in denen Sie deren Bedürfnisse erfragen und ernst nehmen und in der Folge schließlich auch Ihr Produkt verbessern. (Konkrete Tipps für den Krisenfall erhalten Sie in Kapitel 4.)

Auf Kritik reagieren: Humanic im Shitstorm

Für den 14. November 2020 kündigte die Schuhhandelskette Humanic kurzfristig per Newsletter an ihre Stammkundschaft eine offensive Preisaktion an: »50 % auf alles« – nur an einem Tag, nur im stationären Handel. Man könnte denken, dass sich damit positive Resonanz erzeugen ließe. Tatsächlich lockte Humanic Hunderte Menschen in – und in langen Schlangen auch vor – ihre Läden. Problematisch jedoch: Österreich befand sich an diesem Herbstsamstag wegen hoher Corona-Inzidenzen unmittelbar vor einem (mindestens) dreiwöchigen harten Lockdown.

Entsprechend entrüstet reagierten zahlreiche Österreicher über alle großen Netzwerke hinweg – manche nannten es pandemietreibend und fahrlässig, andere fragten, ob Humanic von ihren Erlösen Beatmungsgeräte spenden würde. Noch am Samstagabend dankte das Unternehmen seinen Kund:innen für den Besuch in den Geschäften, ergänzt durch eine Entschuldigung an all jene, die die Aktion kritisierten. Humanic erklärte, sie hätten nicht auf der Winterware sitzen bleiben, sondern ihren Kund:innen lieber eine Freude machen wollen. Dieses Posting wurde unter anderem mit dem Hashtag *#staypositive* versehen – eine mindestens ungeschickte Formulierung, die inmitten einer Pandemie zweideutig verstanden wurde (und vielleicht auch werden sollte). Zwar bekam das Unternehmen weiterhin viel Aufmerksamkeit, man befeuerte mit diesem Posting den Shitstorm jedoch zusätzlich.

Aus unserer Sicht fügte das Unternehmen mit seinem Verhalten der Marke Humanic einen Schaden zu, der länger nachwirken dürfte, als dass sich der besagte Samstagsumsatz positiv in der Bilanz hätte zeigen können: In den Kommentaren riefen die Menschen zum Boykott der Handelskette auf und bezeichneten die Erklärung des Unternehmens, Saisonware verkaufen zu wollen, als haltlos – der Winter käme schließlich jedes Jahr, und die Aktion hätte auch ausschließlich im Onlineshop laufen können. Nachdem die Presse ebenfalls über den Fall berichtet hatte und die Kritik nicht abnahm, setzte am folgenden Tag die Wende ein: Humanic veröffentlichte nun eine glaubwürdigere Entschuldigung, außerdem untermauerte Unternehmenschef Michael Rumerstorfer in einem Interview mit dem Kurier die Beweggründe[7]: »Die Winterware ist bestellt, unsere Lager sind voll, die Geschäfte ab morgen zu.«

→

7 *https://kurier.at/wirtschaft/humanic-chef-zu-aktionen-es-geht-um-liquiditaet/401099520*

▼ Abbildung 2-4

Fehler gehören zum Marketing, sie sollten jedoch auch mit Fingerspitzengefühl kommuniziert werden.

HUMANIC
14. November 2020

Ziemlich viel los heute...nicht nur in unseren Shops...

DANKE, dass ihr heute vor und in unseren Filialen so diszipliniert gewesen seid! SCHÖN, dass ihr mit unserem Offer so viel Freude habt! SORRY an die, die die Initiative weniger gut finden! Ganz ehrlich: Vor der Wahl, auf unserer Winterware sitzen zu bleiben oder damit Menschen noch eine Freude vor dem nächsten Lockdown zu machen, haben wir uns für Letzeres entschieden. Und nach all der Verunsicherung scheint das bei vielen wirklich willkommen gewesen zu sein.

#MACHTDASBESTEAUSDEMLOCKDOWN #KOMMTGUTDURCHDIENÄCHSTENWOCHEN

2.367 · 2.094 Kommentare · 132 Mal geteilt

HUMANIC
15. November 2020

Es gibt nichts schönzureden.
Wir entschuldigen uns.

Die Kritik schmerzt und sie ist berechtigt! Wir entschuldigen uns für unsere kurzfristige – und wie wir eingestehen müssen kurzsichtige – Aktion am Samstag.

Es gibt nichts schönzureden. Wir sind ein österreichisches Traditionsunternehmen mit 2.200 MitarbeiterInnen und wie viele andere in der aktuellen Situation sehr herausgefordert. Wir machen unsere Umsätze derzeit überwiegend noch im stationären Geschäft.

Wir haben kurzfristig einen Newsletter an die Mitglieder des Kundenclubs versandt, ohne weitere Marketingmaßnahmen zu setzen.

Die Resonanz darauf haben wir völlig unterschätzt. Mit einem derartigen Ansturm war auch aufgrund aller uns vorliegenden Erfahrungswerte nicht im Entferntesten zu rechnen. Wir bedauern diesen Fehler zutiefst und möchten uns bei allen, bei denen durch den großen Andrang Irritationen entstanden sind, in aller Form entschuldigen.

Wir und auch zahlreiche weitere österreichische Unternehmen leben vom Saisongeschäft. Es gibt ein Zeitfenster, in dem die Bevölkerung saisonale Winterartikel kauft. Das ist üblicherweise genau jetzt.

Wir arbeiten an neuen Rabattangeboten für den Onlineshop, die wir in den nächsten Tagen auf www.humanic.net veröffentlichen werden.

Wir bitten im Namen aller österreichischen Online-Anbieter darum, die heimischen Angebote anzunehmen, weil nur sie auch heimische Unternehmen und Arbeitsplätze sichern.

1.683 · 1.029 Kommentare · 108 Mal geteilt

Dennoch: So nachvollziehbar die wirtschaftlichen Zwänge sind, die Krisenkommunikation Humanics zeigte sich alles andere als durchdacht. Eine halbherzige Entschuldigung, versehen mit einem taktlosen Hashtag, wird einen Shitstorm niemals beruhigen können. (Schon gar nicht, wenn Sie für ein Schuhgeschäft sprechen und nicht für einen Punkrockstar, zu dem ein wenig rotzige Attitüde passt.)

Zuhören und auf Kritik eingehen

Sicher brennen Sie darauf, bald mit eigenen Inhalten loszulegen. Verbreiten Sie jedoch niemals nur Ihre Botschaft, sondern hören Sie auch zu, wenn über Ihr Kernthema und insbesondere Ihre Produkte und Ihre Marke geredet wird. Versuchen Sie, sich einen Überblick darüber zu verschaffen, in welchem Ton und in welchem Zusammenhang diese Gespräche stattfinden. So erhalten Sie Hinweise dazu, wie Sie selbst am geschicktesten kommunizieren sollten. Klar: Wenn Sie nur zuhören, werden Sie nicht bemerkt. Nur durch Antworten und passende Beiträge können Sie eine Beziehung zu Ihrem Publikum aufbauen und es wissen lassen, dass Sie seine Meinung wertschätzen und ein hilfreicher Gesprächspartner sind.

Ganz gleich, ob Sie sich für oder gegen Social Media entscheiden, sprechen wird man auf jeden Fall über Sie. Es ist besser, sich auf einen gegenseitigen Dialog einzulassen, der Ihnen wichtige Erkenntnisse liefert. Sie erhalten Einblick in das Denken Ihrer Kunden und können dies als Grundlage für eine kundenzentrierte Entwicklung Ihrer Produkte und Dienstleistungen nutzen.

Der Preis des Schweigens: Dell

Bereits 2005 gelang es den sozialen Medien, allmählich Einfluss auf Kundenbeziehungen auszuüben. Als einmal der Laptop des einflussreichen Bloggers Jeff Jarvis Probleme machte, verlieh er in seinem Blog seiner Unzufriedenheit über den schlechten Kundendienst von Dell Ausdruck. Er verfasste mehrere Blogbeiträge zu dem Thema, doch Dell reagierte nicht auf seine Bitten um Hilfe, und Jarvis war frustriert. Schließlich schrieb er in seinem Blog einen offenen Brief an den CEO des Unternehmens.[8] Binnen kurzer Zeit erreichte sein Blogbeitrag 10.000 Besucher, und es gingen mehr als 700 Kommentare dazu ein, viele von Nutzern, die ebenfalls das Gefühl hatten, vom PC-Hersteller schlechten Support bekommen zu haben. Als die Medien auf Jarvis' harsche Kritik aufmerksam wurden, kontaktierte Dell ihn schließlich und erstattete ihm das Geld für seinen defekten Rechner.

Mit dieser Aktion zeigte das Unternehmen Dell dann doch noch, dass es dazu in der Lage war, auf Kundenkritik einzugehen. Nach dem Zwischenfall mit Jarvis startete Dell sein *Direct2Dell*-Blog, später die Plattform *IdeaStorm.com*, mit der es aktiv Rat und Feedback seiner Kunden einholt und diese zur Produktentwicklung nutzt. Ähnlich wie Dell setzen inzwischen sehr viele Unternehmen, insbesondere Start-ups, diese Formen nutzergetriebener Unternehmens- und Produktentwicklung ein. Das Schlagwort »Co-Creation« steht für die frühzeitige intensive Zusammenarbeit zwischen Unternehmen und Kunde.

Ihre Zielgruppe erforschen

Sie haben alle Aspekte aus Abbildung 2-2 für Ihr Unternehmen beantwortet und damit eine Grundlage für Ihre Strategie geschaffen? Dann richten wir nun den Blick auf Ihr Gegenüber: Überlegen Sie, an welche Zielgruppen Sie sich wenden. Wen möchten Sie erreichen, und wo finden Sie diese Menschen? Mit wem haben Sie im Tagesgeschäft üblicherweise zu tun, welche Gruppen werden auf Ihr Unternehmen oder Ihre Marke aufmerksam? Je genauer Sie diese Fragen beantworten können, desto besser werden Sie die geeigneten Plattformen identifizieren können – und desto relevanter und nützlicher werden auch die Inhalte sein, die Sie für Ihre Zielgruppen erstellen.

Ihr Zielpublikum hat auch unabhängig von Ihrem Angebot Wünsche und Bedürfnisse. Es liegt in Ihrem Interesse, diese sorgfältig zu untersuchen. Sie erfahren dadurch, wie Sie Ihre Social-Media-Strategie gestal-

8 *http://www.buzzmachine.com/2005/08/17/dear-mr-dell*

ten müssen, um wahrgenommen zu werden und eine befriedigende Wirkung zu erzielen. Ganz konkret sollten Ihnen die Eigenschaften Ihrer Zielgruppe(n) allerspätestens dann bekannt sein, wenn Sie Werbeanzeigen schalten. Bei Facebook und Instagram beispielsweise lassen sich bezahlte Kampagnen sehr genau adressieren – etwa nach Alter, Herkunft oder Beruf – und damit Streuverluste vermeiden.

Sie sollten

- die demografischen Daten Ihrer Zielgruppe kennen,
- ihre Vorlieben und Abneigungen kennen,
- ihre Rituale, ihre Sprache und Codes kennen,
- ihre Kernthemen identifizieren,
- ihre Bedürfnisse erkennen,
- sich für Ihre Zielgruppe interessieren und
- sich selbst aktiv einbringen.

Von Zielgruppen zu Personas

Wie gehen Sie vor? Zunächst identifizieren Sie Ihre Zielgruppen. Dazu nutzen Sie am besten die aus dem Marketing bekannte Segmentierung der Kundengruppen nach verschiedenen Kriterien zur Person selbst sowie zu ihrer Lebensweise.

Abbildung 2-5 ▶ Diese Matrix zur Marktsegmentierung hilft im ersten Schritt, sich der Zielgruppe (oder den Zielgruppen) anzunähern.

Auch wenn Sie für ein B2B-Unternehmen arbeiten, können Sie Merkmale Ihrer Zielgruppe sammeln. Recherchieren Sie zu Ihren Geschäftskunden beispielsweise:

- die organisatorischen Merkmale: Wie viele Niederlassungen und Mitarbeiter:innen gibt es in dem Unternehmen? Wo liegt der Unternehmenssitz? In welchen Märkten ist es unterwegs? Wie groß ist der Marktanteil?

- die ökonomischen Merkmale: Welchen Jahresumsatz hat das Unternehmen? Sind Bilanzen verfügbar, und, wenn ja, was sagen diese über die Finanzen des Unternehmens aus? Wie wird die Bonität des Unternehmens bewertet?
- das Kaufverhalten des Unternehmens: Gibt es eine zentrale Einkaufsabteilung und feste Lieferantenverträge? Wann wird üblicherweise über Anschaffungen entschieden?
- die Charakteristika der Entscheidungsträger im Unternehmen: Wie innovationsfreudig ist die Geschäftsleitung? Welche Informationen braucht derjenige, der Kaufentscheidungen fällt?

Achten Sie darauf, sich nicht nur in die naheliegendste Zielgruppe, etwa die der Endkunden, zu vertiefen. In aller Regel kommunizieren Unternehmen gleichzeitig mit ganz unterschiedlichen Gruppen. Neben den Kund:innen in all ihren Facetten können das auch potenzielle, aktuelle und ehemalige Angestellte, Journalist:innen und Medienvertreter, Influencer und Meinungsführer Ihrer Branche, Verbände, Gewerkschaften und gemeinnützige Organisationen, Investoren, Zulieferer, Branchenmitglieder oder schlichtweg die Nachbarn Ihres Firmengeländes sein.

◀ Hinweis

Eine Segmentierung von Kundengruppen kann immer nur ein Instrument sein. Vergessen Sie niemals, dass Ihre Kunden echte Menschen sind, die in ihren Eigenschaften eine große Vielfalt widerspiegeln. Das Cluetrain-Manifest, das wir Ihnen in Kapitel 4 näher vorstellen, sagt dazu: »Die Märkte bestehen aus Menschen, nicht aus demografischen Segmenten.«

Verinnerlichen Sie auch, dass es mehrere Kundentypen gibt. Um deren Merkmale wiederum zu konkretisieren, erstellen viele Unternehmen sogenannte Buyer Personas. Dafür wird ein idealtypischer Vertreter der Zielgruppe mit seinen relevanten Merkmalen und einem klaren Profil beschrieben. Denken Sie an eine Geburtstagskarte: Fällt es leichter, die Karte für Tante Jutta zu formulieren oder an eine Person zu schreiben, die Sie nicht kennen? Bei Tante Jutta haben Sie sofort ein Bild vor Augen, wissen, wie alt sie ist, kennen ihre Vorlieben und Gewohnheiten.

Stellen Sie sich nun typische Kunden Ihres Unternehmens bildlich vor: Handelt es sich um einen Mann oder eine Frau? Wie alt ist er oder sie? Lebt Ihre Kundin auf dem Land? Welche Kleidung trägt er, welche Filme schaut sie? Außerdem geht es um Eigenschaften: Ist Ihr Kunde aufgeschlossen und neugierig oder zurückhaltend und skeptisch? Ist sie konservativ oder risikofreudig? Sparsam oder genussorientiert und großzügig? Als Hilfestellung können Sie das *Modell der Sinus-Milieus*[9] und die *Limbic Map*[10] nach Hans Georg Häusel heranziehen.

Tipp ▶ Es gibt eine Reihe regelmäßig veröffentlichter Studien oder einzelner Umfragen, in denen Sie die (sich jeweils verändernden) Eigenschaften und Gewohnheiten diverser Kundengruppen erfahren. Die jährlich erscheinende ARD/ZDF-Onlinestudie, die wir auch in diesem Buch immer wieder heranziehen, gibt etwa Aufschluss darüber, wie häufig, wie lange und mit welchen Geräten sich die Deutschen durch das Internet bewegen. Der Verband Bitkom e.V. erstellt Umfragen zum E-Commerce, andere Verbände veröffentlichen Befragungsergebnisse zum Konsum- oder Freizeitverhalten, zu Mobilitätsgewohnheiten oder zur Markenbindung. In der Langzeitstudie »Leben in Deutschland« (auch bekannt unter SOEP, *Sozio-oekonomisches Panel*) erhalten Sie Daten aus vielen Lebensbereichen von 32.000 regelmäßig befragten Menschen in Deutschland – beispielsweise zu ihrem Einkommen, ihrer Gesundheit oder ihrer Bildung. Richten Sie sich (auch dazu) am besten einen Google Alert ein, um stets auf dem Laufenden zu bleiben und Ihre Erkenntnisse nicht nur auf persönliche Erfahrungen, sondern auch auf repräsentative Erhebungen zu stützen.

Anhand der Ausprägung der genannten Merkmale lässt sich eine *Buyer Persona* bestimmen. Der Steckbrief einer prototypischen Kundin eines Friseursalons könnte beispielsweise so aussehen:

Lisa Müller

Demografische Daten und Lebenssituation
Alter: 19 Jahre
Geschlecht: weiblich

Lisa hat gerade ihr Abitur gemacht und wird in Kürze mit einem Sonderpädagogik-Studium beginnen. Sie lebt bei ihren Eltern in einem Einfamilienhaus in Saarbrücken-Dudweiler. Ihr Vater ist Bauunternehmer, die Mutter Zahnärztin. Die Eltern kommen für Lisas Lebensunterhalt inklusive der Kosten für Smartphone, Kleidung und Bücher auf. Ihren darüber hinaus gehenden persönlichen Bedarf, etwa zum Ausgehen und Reisen, finanziert sie mit Nachhilfestunden. Lisa fährt einen fünf Jahre alten VW up!, den ihre Eltern ihr geschenkt haben.

Sinus-Milieu
Liberal-Intellektuelle

Eigenschaften nach Limbic® -Map
Balance-Typ (Sicherheit, Familie, Verlässlichkeit, Offenheit, Geselligkeit, Tradition)

Hobbys und Freizeitverhalten
Lisa tanzt seit ihrer Kindheit Mitglied beim örtlichen Faschingsverein. Dort hat sie ihren Freund kennengelernt, mit dem sie bald zusammenziehen möchte.

Lisa gehört der katholischen Gemeinde ihres Heimatortes an, betreut eine Pfadfinder-Gruppe und begleitet jedes Jahr eine Sommerfreizeit. Außerdem strickt Lisa gern, dieses Hobby teilt sie mit ihrer Mutter.

Lebensmotto
"Willst du glücklich sein im Leben, trage bei zu anderer Leute Glück. Denn die Freude, die wir geben, kehrt ins eigene Herz zurück."

Wünsche und Bedürfnisse
Lisa ist legt Wert auf ein gepflegtes, natürlich wirkendes Äußeres. Sie bevorzugt unkomplizierte, zeitlose Frisuren. Aktuell trägt sie schulterlanges, glattes Haar in ihrer Naturfarbe. Sie lehnt chemische Haarbehandlungen ab,trägt keinen Nagellack, möchte aber Make up-Tipps erhalten.

Friseurbesuche plant sie in einem Abstand von zwei Monaten. Sie ist wenig experimentierfreudig, wünscht aber Pflegebehandlungen. Lisa ist nicht preissensibel.

Konsumverhalten
Lisa geht gern shoppen, sie fährt dazu nach Stuttgart, Frankfurt oder ins nahegelegene Frankreich. Bevorzugt kauft sie klassische, hochwertige Kleidung, die sie mit modischen Accessoires und selbstgestrickten Schals selbst aufpeppt. Sie kauft gezielt, recherchiert in der Regel vorab und nimmt sich bei größeren Anschaffungen 5-7 Tage Zeit für eine Kaufentscheidung.

Medienverhalten
Lisa nutzt ihr iPhone, um mit ihrem Freund, ihren Eltern sowie ihrem großen Kreis an Bekannten im Gespräch zu bleiben. Außerdem liest sie damit täglich Mode-Blogs und verfolgt Instagram-Kanäle zu den Themen Fitness, Gesundheit und Mode.

Abbildung 2-6 ▲
Beispiel einer Persona, für dieses Buch erstellt von einem (fiktiven) Friseursalon in Saarbrücken (Copyright für das Foto: averie woodard/Unsplash)

9 *https://www.sinus-institut.de/sinus-loesungen/sinus-milieus-deutschland/*
10 *https://www.nymphenburg.de/limbic-map.html*

Genauso können Sie auch eine typische B2B-Persona beschreiben. Dazu richten Sie den Blick auf Ihren typischen Ansprechpartner in einem Unternehmen – genauer gesagt: den Menschen, der dort arbeitet. Haben Sie vorrangig mit der Einkäuferin in einem Unternehmen zu tun? Oder eher mit einem Techniker? Beantworten Sie zu dieser Person folgende Fragen:

- Welche demografischen Eigenschaften hat Ihr Gegenüber?
- Welche Ausbildung bzw. welche berufliche Qualifikation bringt er oder sie mit? Welche beruflichen Ambitionen hat die Person?
- Welche Position im Unternehmen hat die Person inne, wie groß ist ihre Entscheidungsbefugnis? Mit wem muss sie sich abstimmen?
- Mit welchen Aufgaben sieht sich die Person konfrontiert?
- Welche Wünsche, Ängste oder Sorgen bringt die Person mit? (bezogen auf ihr Tätigkeitsfeld, aber auch auf die Branche)
- Welche Werte sind der Person wichtig? Denkt sie innovativ oder konservativ und sicherheitsbezogen? Trifft sie mutige Entscheidungen und ist auch zu Experimenten bereit?
- Wie kommuniziert die Person üblicherweise – per Mail oder telefonisch, sehr förmlich oder eher salopp?
- Wie informiert sich die Person über Entwicklungen ihres Fachgebiets und ihrer Branche?

Auch hier lassen sich verschiedene Persona-Steckbriefe skizzieren.

▼ **Abbildung 2-7**
Fiktives Beispiel einer Persona im B2B-Umfeld (Copyright für das Foto: LinkedIn Sales Solutions/Unsplash)

Steffen Friedrichs

Demografische Daten und berufliche Situation
Alter: 45 Jahre
Geschlecht: männlich

Steffen Friedrichs ist Einkaufsleiter bei einem mittelständischen Automobilzulieferer. Nach einer kaufmännischen Ausbildung hat er Wirtschaftsingenieurwesen studiert. Er steuert ein Team aus vier Einkäufern und berichtet direkt an die Geschäftsführung. Steffen Friedrichs hat Budgetverantwortung.

Ebene im Unternehmen
Mittleres Management

Aufgaben
Steffen Friedrichs ist für die Beschaffung aller Komponenten und Betriebsmittel zuständig, die das Unternehmen nicht selbst herstellen kann.

Wünsche und Sorgen
Die digitale Transformation des Unternehmens begleitet und gestaltet Steffen Friedrichs sehr aufmerksam, er schätzt die Chancen, die sich durch Technologie ergeben. Sorgen bereitet ihm die Veränderung des Automobilmarkts und die Abhängigkeit des Unternehmens vom Erfolg großer Hersteller.

Kommunikation
Herr Friedrichs ist während der üblichen Bürozeiten telefonisch und per Mail erreichbar. Auf Rückrufbitten reagiert er zügig, E-Mails beantwortet er innerhalb weniger Stunden. Er ist stets freundlich und verbindlich, sein Schriftverkehr bleibt förmlich. Persönliche Treffen meidet er, sie erscheinen ihm zu ineffizient.

Werte und Erwartungen
Steffen Friedrichs ist neugierig, ambitioniert und arbeitet zielstrebig und lösungsorientiert.

Er erwartet, dass Liefertermine penibel eingehalten und bei unerwarteten Auftragsspitzen auch kurzfristige Bestellungen erfüllt werden können.

Preissensibilität und Zahlverhalten
Steffen Friedrichs zeigt sich in Preisverhandlungen fair. Er ist bereit, für Qualität und Zuverlässigkeit einen höheren Preis zu zahlen. Forderungen begleicht er mit Ausnutzung des Skonto sofort.

Informationsverhalten
Herr Friedrichs hat ein Online-Abo des Handelsblatts, blättert regelmäßig durch Fachzeitschriften und tauscht sich per LinkedIn mit Geschäftspartnern und Branchenkollegen aus.

Steffen Friedrichs hat für seine Familie ein Eigenheim am Stadtrand finanziert. Er plant für die nächsten fünf Jahre keinen Jobwechsel und fühlt sich in seiner aktuellen Position sehr wohl.

Die Persona-Methode ist nicht unumstritten, unter anderem weil viele Unternehmen sie wie Kaffeesatzleserei betreiben oder sich von Anfang an auf einen Kundentyp konzentrieren, den sie unter Umständen gern hätten, aber gar nicht (mehr) erreichen. Je realistischer die zusammengetragenen Informationen sind, desto besser können Sie Ihre Maßnahmen später auf Ihren Kunden abstimmen. Wenn Sie auf Content Marketing setzen, sind beispielsweise zielgruppengenaue Inhalte erfolgsentscheidend. Deshalb gehen wir in Kapitel 5 auch noch einmal darauf ein. Und wenn Sie Anzeigenschaltungen im Social Web planen, sind Sie zwingend auf aktuelle und zutreffende Charakteristika Ihrer Zielgruppe angewiesen, da sich diese bei Facebook, Instagram oder auch XING beispielsweise über den Wohnort, das Alter, den Arbeitgeber oder die Ausbildung des Users steuern lassen.

Zugegeben: Die Erstellung von Personas erfordert Fleiß. Zapfen Sie dennoch alle zur Verfügung stehenden Quellen an. Belastbare Firmendaten über Ihre Geschäftskunden etwa finden Sie über die Handelsregister und Wirtschaftsauskunfteien. Typische demografische Daten Ihrer Kundinnen und Kunden kann womöglich Ihre Vertriebsabteilung liefern (natürlich anonymisiert, lassen Sie den Datenschutz nicht außer Acht) und Einschätzungen zu persönlichen Vorlieben und Werten die Kolleginnen, die Ihre Produkte entwickeln und deshalb eine hohe Kenntnis der Zielgruppe haben dürften, oder die Kollegen am Point of Sale: Handelspartner etwa, wenn Sie Produkte für Endverbraucher herstellen. Holen Sie die Informationen bei den Personen ein, die im direkten Kontakt mit Ihren Kunden stehen. Und: Wenn Sie bereits einen festen Kundenstamm und Kontakte zu Multiplikatoren haben, fragen Sie diese doch ganz einfach direkt – zum Beispiel welche Websites sie ansurfen und welchen Communitys sie angehören. Dazu können Sie Einzelgespräche führen, Onlineumfragen erstellen oder etwas Geld in eine Marktforschung investieren, bei der Kundengruppen repräsentativ zu konkreten Aspekten befragt werden.

Schauen Sie sich die spezifischen (mutmaßlichen) Bedürfnisse Ihrer Kunden an: Können sie einen Twitter-Kanal mit reiner Kundendienstfunktion am dringendsten brauchen? Oder können Sie sie mit TikTok-Postings begeistern? Fehlt ein Blog, das genau die Themen aufgreift, die zum Kerngeschäft Ihres Unternehmens gehören? Durchstöbern Sie Ihre Kundenzuschriften und weiteres Feedback, das Sie erhalten, und versuchen Sie, sich in Ihre Kunden hineinzuversetzen.

Zielgruppen und (Buyer) Personas zu bestimmen, ist kein einmaliger Vorgang. Es ist vielmehr essenziell, mithilfe von Erfolgskontrollen laufend zu prüfen, wer sich für die Inhalte interessiert. Ihre Produktpalette und Ihre Serviceleistungen ändern sich möglicherweise im Laufe der

Zeit, sodass Sie zum Beispiel auf einmal verstärkt ältere (oder jüngere) Menschen ansprechen. Gleichzeitig können sich neue Zielgruppen für Ihre Produkte interessieren. E-Bikes beispielsweise interessieren nicht mehr nur Senioren, sie werden inzwischen auch begeistert von jungen Stadtbewohnern genutzt.

Wie verhalten sich Ihre Zielgruppen im Web?

Haben Sie mehr über Ihre Zielgruppen herausgefunden, lohnt es sich, die gewonnenen Informationen zu bündeln. Richten Sie dabei unter anderem den Fokus auf folgende Aspekte, die für Ihre Strategieplanung nützlich sein könnten:

- *Frequentierte Websites und Communitys*: Sind unter den Websites, die Ihre potenziellen Kund:innen besuchen, soziale Netzwerke, Foren oder Blogs? Genau diese sollten Sie ins Visier nehmen. Sie werden feststellen, dass es für buchstäblich jedes Interessengebiet Websites und Communitys gibt. Die Communitys, in denen Ihr Zielpublikum zusammenkommt, samt ihren Regeln zu verstehen, ist die halbe Miete. Hören und sehen Sie deshalb genau hin. Wenn Sie dort Social Media Marketing betreiben wollen, sollten Sie in Stil und Ton hineinpassen und kein Fremdkörper sein.
- Hervorragend gelang dies beispielsweise dem Pizzalieferdienst Domino's (siehe Abbildung 2 8), als sich zu Jahresbeginn 2019 Hunderte Studierende in den Lernräumen und Bibliotheken der RWTH Aachen auf den nahenden Prüfungszeitraum vorbereiteten. Im sozialen Netzwerk *Jodel*, einer Plattform, auf der vorrangig Studierende kommunizieren, fragte Domino's an, in welches Unigebäude sie kostenfreie Pizzen bringen sollten. Umgehend hagelte es Kommentare: Skeptiker riefen »Paulaner«, ein im Social Web gebräuchlicher Ausdruck für Fake oder Lüge (vielleicht kennen Sie noch den Werbespot aus den Neunzigern mit den »Geschichten aus dem Paulanergarten«). Andere nannten ihren Aufenthaltsort nebst Lieblingspizza. Domino's hielt Wort, lieferte einen ganzen Stapel frischer Pizzen aus und dokumentierte auch dies bei Jodel. Eine denkbar kostengünstige und sympathische Werbeaktion, die drei Dinge voraussetzt: a) Bei Domino's weiß man von Jodel und dass sich eine wichtige Zielgruppe dort tummelt, b) Domino's kennt Gewohnheiten und Sprache der Zielgruppe, und c) es gibt ganz offenbar eine Firmenkultur, die Aktionen dieser Art ermöglicht. Die Jodler »feierten Domino's« daraufhin mit positiven Kommentaren und Upvotes, um in der Sprache des Netzwerks zu bleiben. In Kapitel 4 erfahren Sie mehr darüber, wie Sie sich an einer Community beteiligen und sich als angesehenes Mitglied etablieren.

Abbildung 2-8 ▶ Simpel und effektiv: Diese Social-Media-Aktion trägt die Handschrift authentischer Begeisterung für das Social Web.

- *Themen und Emotionen*: Worüber reden »Ihre« Communitys? Versuchen Sie, die Stimmung zu erfassen und Themen zu scannen. Dieses Zuhören hilft Ihnen bei der Planung Ihres eigenen Contents. Sie sollten ein Verständnis für die emotionale Dynamik entwickeln: Ehe Sie ins Wasser springen, müssen Sie schwimmen lernen. Irgendwann sind Sie dann bereit, zu antworten. Recherchetools und -techniken, mit deren Hilfe Sie Gespräche im Web aufspüren können, behandeln wir in Kapitel 3.
- *Werkzeuge*: Welche Tools und Dienste werden von meinem Zielpublikum regelmäßig verwendet? Vielleicht können Sie selbst nützliche Tools entwickeln (lassen) oder hilfreiche Informationen über sie veröffentlichen und sich so bei Ihrem Zielpublikum ins Gespräch bringen. Angenommen, Ihr Zielpublikum bestünde aus Grafikern, die gern Anwendungen nutzen, die direkt im Browser eingebettet sind. Dann könnten Sie eine Liste mit den besten Tools zusammenstellen. Mit solchen kleinen Aufmerksamkeiten können Sie jede Menge Pluspunkte für Ihre Reputation ernten!
- *Inhaltsformen*: Welchen Content schätzt mein Zielpublikum am meisten? Eine Anwältin ist vielleicht daran gewöhnt, detaillierte, längere Berichte zu lesen. Andere Nutzer bevorzugen dagegen reich bebilderte Inhalte mit witzigen Überschriften und kurzen Erklärungen. (Was nicht zwingend heißt, dass Sie mit Ihren Botschaften an der Oberfläche bleiben sollten.) Wenn Sie beobachten, welcher Content im Social Web wohlwollend aufgenommen wird, bekommen Sie ein Gefühl dafür, wie Sie Ihre Inhalte gestalten müssen. Haben Sie bereits Kontakte in der Community geknüpft, können Sie natürlich auch einfach fragen, was sich die Leute wünschen oder was sie mögen.

Vergessen Sie jedoch nicht: Besteht Ihre Strategie darin, die Community nur zu infiltrieren, um Ihre Werbebotschaft loszuwerden, werden Sie wenig Zuspruch finden und Ihrer Marke mehr schaden als nützen. Möglicherweise säen Sie statt Vertrauen und Wertschätzung Argwohn und Missachtung. Deshalb sind die sozialen Medien nicht der geeignete Ort für Marketing und PR im klassischen Sinn. Die Community wird Ihre Kenntnisse und Fragen anders beurteilen, wenn Sie als höflicher, fachkundiger und hilfsbereiter Mensch auftreten.

Erst wenn Sie diese Fragen wirklich geklärt haben, können Sie ein Gefühl für die richtigen Ideen für Ihre Zielgruppe entwickeln, ganz gleich, ob Sie ein Blog starten, eine Videoreihe produzieren, einen Podcast anbieten, einen fundierten Artikel schreiben oder eine Kombination aus mehreren Medien gestalten.

Ziele für Ihr Engagement im Social Web setzen

Die eigenen Erwartungen zu klären, schützt Sie nicht nur vor Enttäuschungen, sondern hilft Ihnen auch dabei, Ihre Aktivitäten im Social Web professionell zu planen. Deshalb ist die klare Definition von Zielen für den Erfolg Ihrer Strategie wesentlich.

Manches Engagement entsteht aus dem Bedürfnis, negative Bewertungen aus den Suchmaschinen zu verdrängen – die konkrete Zielsetzung lautet dann: besseres Reputationsmanagement. Vielleicht stellen Sie auch fest, dass wenig oder nicht über Ihre Marke gesprochen wird. In diesem Fall wäre Ihr Ziel, Ihre Marke bekannter zu machen und Gespräche darüber in Ihrer Zielgruppe anzustoßen. Und da es nicht allein ausreicht, dass über Ihre Marke gesprochen wird, definieren Sie als weiteres Ziel, dass diese Gespräche ein möglichst positives Bild Ihrer Marke vermitteln sollten.

Es gibt vielfältige Ziele, die Sie sich setzen können (Abbildung 2-9).

Einige Ziele stellen wir Ihnen im Folgenden genauer vor, und wir schauen uns Szenarien an, die zu diesen Zielen passen könnten.

Reichweite und Absatz

Social Media Marketing kann sowohl mithilfe langfristigen Engagements als auch durch kurzfristige Werbeaktionen die Nachfrage nach Leistungen und Produkten ankurbeln. Verinnerlichen Sie aber: Es gibt weitaus rentablere, direkter und zügiger wirkende Maßnahmen zur Absatzsteigerung. Versprechen Sie sich selbst und versprechen Sie vor allem auch Ihrer Geschäftsführung keine unrealistischen Ergebnisse. Im Social Web geht es in erster Linie um Kommunikation, nicht um Werben und Verkaufen. Wenn Sie Ihr Publikum aber dazu bringen, sich mit Ihren Inhalten zu beschäftigen, Bewertungen für Ihre Produkte abzugeben und über diese zu sprechen, werden mehr Menschen von Ihrem Angebot erfahren, was sich letztlich auf den Erfolg auswirken wird.

Abbildung 2-9 ▲
Typische Ziele von Social Media Marketing

Reichweite steigern

Gerade am Anfang der Aktivitäten wünschen sich die meisten Unternehmen einen Zuwachs an Follower:innen. Am besten jene, die auch gern und häufig interagieren, über die Marke sprechen und schließlich zu Kunden werden. Je origineller, nützlicher und zielgruppengerechter Ihre Postings sind, desto eher lässt sich die Fangemeinde erweitern. So weit, so schwer. Und doch gelingt dies mit schöner Regelmäßigkeit Unternehmen und Organisationen – und zwar selbst dann, wenn kein oder nur sehr wenig Werbebudget vorhanden ist.

In Abbildung 2-9 sehen Sie ein Posting der Stadtbücherei Weimar auf Instagram. Das Team der Bücherei nimmt jeweils freitags am sogenannten *#bookfacefriday* teil, bei dem Tausende User weltweit Buchcover in Szene setzen. Die dabei erstellten Fotografien sind ausnahmslos sehr attraktiv gestaltet, ein wirklicher Blickfang im Instagram-Feed, bei dem User gern hängen bleiben. Instagram bewertet diese längere Betrachtungszeit des Posts wiederum positiv und spielt den Beitrag häufiger aus.

◀ Abbildung 2-10
Stadtbücherei Weimar: Instagram Bookface Friday

Und wie ist die Resonanz der Follower? »Wirklich super«, berichtet uns Mitarbeiterin Isabell Winn. »Wir erreichen andere Bibliotheken, Leser und Interessierte, ernten Lob und machen auf uns und unsere Veranstaltungen sowie auf alles, was hier passiert, aufmerksam. Mittlerweile sind wir hier ein kleines Team von vier bis fünf Leuten, die sich Sachen ausdenken und umsetzen. Wir bringen immer reichlich Requisiten für die Bookfaces mit und suchen natürlich die passenden Bücher aus. Noch haben wir kein professionelles Equipment, sind aber sehr erfinderisch und lernen stets dazu. Wir haben wirklich viel Spaß an dem Ganzen und sehen ja auch, dass sich der Aufwand wirklich lohnt.«

Seit Dezember 2019 ist die Stadtbücherei Weimar auf Instagram aktiv, ihre Follower-Zahl stieg auf inzwischen rund 1.300. Wie äußern sich denn die Nutzer:innen vor Ort, wollen wir wissen. Lässt sich auch die Zahl der Besuche in der Bibliothek steigern? »Unsere Leserinnen und Leser sagen wirklich nur Positives. Aufgrund unserer Stories und Beiträge kommen sie öfter zu uns. Wir posten regelmäßig zu unseren Aktionen und Neuerwerbungen, zeigen Themenregale in der Kinderbibliothek, bewerben Leseausweisgutscheine, Veranstaltungshinweise und vieles andere mehr. Natürlich kommt es dann auch zu Neuanmeldungen in der Stadtbücherei. Das freut uns sehr und zeigt, dass wir mit Social Media transparent für unsere Leserschaft sind.«

Mehr Zugriffe auf Ihre Website

Je mehr Besucher Sie auf Ihrer Website begrüßen können, desto mehr potenzielle Kunden lernen Ihre Leistungen kennen – das leuchtet ein. In der Regel knüpfen Sie an diese Besuche auch Erwartungen: gesteigerte Anmeldezahlen für Ihren Newsletter, die Nutzung Ihres Kontaktformulars oder Ihrer Kontaktadressen und natürlich auch den Kauf von Produkten in Ihrem Shop. Diese sogenannten *Conversions* können Sie konkret messen.

Der Haken an der Sache: Wenn Besucher auf Ihrer Website nicht den erwarteten Inhalt finden oder Ihre Website nicht zu Ihren Social-Media-Präsenzen passt, ist die Absprungrate sehr hoch. Es mag also beispielsweise für einen IT-Dienstleister verlockend sein, die allseits beliebten Katzenvideos auf seiner Website einzubinden und über Twitter zu streuen, seine Leistungen und Kenntnisse rückt er damit aber nicht ins Scheinwerferlicht, und die allermeisten der Besucher werden unmittelbar nach Ansehen der Videos wieder verschwinden. Noch unrentabler wird es, wenn Sie einen externen Autor für Blogbeiträge oder einen Videojournalisten für YouTube-Filme bezahlen, die vielleicht sehr witzig oder auch reißerisch sind und damit viele Klicks erzeugen – aber für Ihre Kunden nicht nützlich sind. Und geradezu schädlich wird es, wenn Authentizität und Image Ihrer Marke durch Schnellschüsse leiden, beispielsweise weil die Tonalität oder der Inhalt der Seriosität Ihrer Marke widerspricht.

Sie werden nie aus allen Fans und Followern Ihrer Social-Media-Präsenzen auch treue Besucher Ihrer Website machen. Viele Nutzer informieren sich dort über Marken, Unternehmen und Produkte, wo sie sich ohnehin aufhalten, und das sind eben auch die sozialen Netzwerke. Ihre Website bleibt dennoch Basisstation im Internet, auf der Sie die Informationen zu Ihren Produkten, Ihrer Marke und Ihrem Unternehmen zugänglich machen – und die Sie durch exklusiven, aber zu Ihrem Unternehmen und Ihrer Gesamtstrategie passenden Content und Service aufwerten können. Die Menschen mögen an Social Media das Ungewöhnliche, doch wenn der Content selbst gar nichts mit Ihrer Website zu tun hat, wird das Ihre Besucher irritieren, und Sie werden nicht ihr Vertrauen gewinnen. Statt eines Katzenvideos könnte der IT-Dienstleister deshalb eher in anschauliche Videos mit Installationsanleitungen investieren.

Bereiten Sie sich auf den Erfolg vor: Wenn Sie Kampagnen planen, bei denen ein sprunghafter Anstieg der Website-Aufrufe zu erwarten ist, sprechen Sie vorab mit Ihrem Webhosting-Provider. Bandbreite und Serververfügbarkeit sind technisch gut in den Griff zu bekommen, Ihr Dienstleister oder Ihre IT-Abteilung sollte jedoch auch die Chance haben, geeignete Vorbereitungen zu treffen oder zusätzliche Rechenleistung zu integrieren. Jegliche Bemühungen, die Sie in Ihre Social-Media-Promotion stecken, bleiben fruchtlos, wenn Ihre Website den Traffic einfach nicht bewältigen kann.

◀ **Tipp**

Besseres Suchmaschinenranking

Eine erfolgreiche Social-Media-Marketing-Kampagne kann Hunderte von Verlinkungen erzeugen, wenn Besucher Ihre Website im Social Web weiterempfehlen. Und je mehr Links auf Ihre Seiten verweisen, desto wahrscheinlicher ist es, dass Sie im Ranking der Suchmaschinen aufsteigen. Hinzu kommt, dass Suchmaschinen die Relevanz von Inhalten aus sozialen Netzwerken hoch einstufen. User erhalten personalisierte Ergebnisse, die sich nach Empfehlungen Ihrer Kontakte oder Ihrem Standort richten.

Warum sind Suchmaschinen für das Social Media Marketing wichtig?

Suchmaschinen sollen die vielfältigen Informationen des World Wide Web strukturieren und leichter auffindbar machen. Marketingleute wollen natürlich detailliert verstehen, nach welchen Regeln eine Suchmaschine dabei vorgeht – und wie sie dieses Wissen für sich nutzen können. Ziel ist es, die Inhalte der eigenen Website auf die erste Seite der Suchergebnisse zu bringen.

Das Suchmaschinenmarketing (*Search Engine Marketing*, kurz SEM) umfasst folgende Komponenten:

- Suchmaschinenoptimierung (*Search Engine Optimization*, SEO) teilt sich auf in die beiden Hauptkategorien Onpage- und Offpage-Optimierung. Die *Onpage-Optimierung* bezieht sich auf Maßnahmen, die der Website-Betreiber auf seiner eigenen Website durchführt. Hierzu gehört, den Quellcode inklusive der Seitenelemente wie Title-Tag und Metadaten zu optimieren. Außerdem sollte der Content mit den für die Nutzer relevanten Keywords versehen werden, und eine gute interne Verlinkung der Website ist ebenfalls hilfreich. Die *Offpage-Optimierung* fokussiert sich auf das Link-Building, also darauf, dass andere, möglichst relevante und häufig besuchte Websites auf die eigene Webpräsenz verlinken, um so das Ranking in den Suchmaschinen zu verbessern.
- Suchmaschinenwerbung (*Search Engine Advertising*, SEA) sind Werbeanzeigen innerhalb von Suchmaschinen oder auf Content-Seiten. Das bekannteste Programm dieser Art ist Google Ads, bei dem die Anzeigen neben oder über den organischen Suchergebnissen in Google sowie auf anderen Websites oder etwa in Smartphone-Apps erscheinen. Üblicherweise geben werbende Unternehmen ein Budget an, das sie pro Tag investieren wollen. Für jeden Klick auf die Anzeige wird dann etwas vom Budget abgezogen (*Pay-per-Click*). Je mehr Geld Sie in die Kampagne investieren, desto besser wird die Sichtbarkeit.

Um das Suchmaschinenranking zu verbessern, sollten Sie zunächst sicherstellen, dass Ihre Inhalte eine eindeutige URL haben und problemlos mit einem klaren Titel, einem Erklärungstext und einem Bild in den sozialen Netzwerken geteilt werden können. Erstellen Sie Inhalte, die für Ihr Publikum nützlich, wertvoll und/oder unterhaltsam sind. Prüfen Sie, ob es bereits weiterführende oder ergänzende Inhalte im Internet gibt, und verlinken Sie diese gegebenenfalls. Probieren Sie unterschiedliche Formate aus, um Ihren Inhalt bestmöglich zu präsentieren. Experimentieren Sie mit Multimedia-Formaten und vergessen Sie dabei nicht die Metainformationen (Schlagwörter und Beschreibungen), die für die Suchmaschinenindexierung wesentlich sind.

Vernetzen Sie sich im Vorfeld rechtzeitig mit Influencern, die über Ihr Thema bloggen oder in sozialen Netzwerken beliebt und geachtet sind. Erklären Sie ihnen, was Sie vorhaben, und bitten Sie sie darum, Ihre Inhalte zu teilen. Vergessen Sie nicht, auch Ihrerseits interessante Links zu teilen, denn Sie wissen ja: Im Social Web geht es um Geben und Nehmen.

Mehr Umsatz

Dies wollen Geschäftsführungen in der Regel sofort wissen: Verkaufen wir mehr, wenn wir auf Facebook oder Instagram vertreten sind? Durchaus: Mit einigen Social-Media-Marketing-Aktionen können Sie das Interesse an Ihren Produkten oder Dienstleistungen steigern, zum Beispiel durch die Zusammenarbeit mit einem Influencer, der Ihre Produktneuheit in seinem Kanal vorstellt, durch nutzergenerierte Bewertungen, durch Produktvideos, durch die Anbindung des Kanals an Ihren Onlineshop und durch bezahlte Postings und Werbeanzeigen bei Instagram oder Facebook. Natürlich schieben Kampagnen im Social Web auch alle anderen Marketingmaßnahmen Ihres Unternehmens an, wie kurzfristige Sales-Aktionen oder Ihren Auftritt auf einer Messe.

Marke

»Wir wollen bekannter werden«, »Wir haben das Gefühl, die Menschen wissen gar nicht, was wir alles können« oder »Immer wird nur unser Wettbewerber genannt«: Dies sind die typischen Aussagen von Unternehmen, die mit Social Media Marketing beginnen wollen. Erfolgreiches Social Media Marketing kann sich massiv auf die Bekanntheit einer Marke auswirken. Durch einen Auftritt in den (passenden) sozialen Netzwerken sowie durch die aktive Beteiligung an den Gesprächen im Social Web können Sie sich und Ihre Leistungen darstellen und im Marktumfeld positionieren. Achten Sie dabei auf eine saubere Markendarstellung und passen Sie Content, Tonalität und Design sorgfältig an Ihre gesamte Marketingstrategie an.

Markenbekanntheit steigern

Möchten Sie neue Zielgruppen erreichen? Ein erfolgversprechender Ansatz besteht darin, sich mit Menschen im Social Web zu vernetzen, die sich für Ihre Produkte und Dienstleistungen interessieren (könnten) und möglicherweise sogar schon über diese sprechen. Gehen Sie in den Austausch mit ihnen – immerhin teilen Sie ein Interessen- oder Fachgebiet, eine Branchenzugehörigkeit oder ein Hobby – und fragen Sie, welche Anforderungen oder Bedürfnisse sie an Ihre Marke haben. Bringen diese Menschen eine eigene, nennenswerte Reichweite mit, oder sind sehr gut vernetzt? Dann könnten Sie sie als Fürsprecher für Ihre Marke gewinnen. Dabei müssen Sie nicht unbedingt einen Influencer für seine Berichterstattung oder auch nur die Nennung Ihres Unternehmens bezahlen. Es gilt zunächst, alle Menschen, die im Social Web aktiv sind und in Zusammenhang mit Ihrem Unternehmen stehen, als Botschafter ins Auge zu fassen und ernst zu nehmen.

◀ **Abbildung 2 11**
Influencer-Marketing steigert Ihre Reichweite. Das Instagram-Profil der begeisterten Radsportlerin Alina Jäger überzeugt durch seine herausragende Bildsprache sowie informative, spannende Begleittexte, in denen Werbung kaum stört, sondern sogar als nützlich empfunden werden kann. Ihr wichtigstes Pfund ist ihre Glaubwürdigkeit.

Markenbotschafter sind unglaublich wertvoll, denn sie unterstützen Kaufentscheidungen und können bei Kritik oder Shitstorms vermitteln. Sie genießen das Vertrauen der Konsumenten und stehen gleichzeitig dem Unternehmen als Gesprächspartner zur Verfügung. Auch Ihre eigenen Mitarbeiter:innen können Markenbotschafter sein, die Sie beispielsweise bei der Suche nach Personal unterstützen, weil sie authentisch und glaubwürdig ihre Erfahrungen teilen.

Markenbotschafter und Influencer

Markenbotschafter nehmen Ihr Produkt ernst, sie benutzen es intensiv, und es gefällt ihnen gut. Sie möchten, dass Ihre Marke Erfolg hat. Und deshalb kann man sie auch in der Wildnis des Social Web ausfindig machen: Wenn Markenevangelisten predigen, merken Sie das. Da sie Teil Ihres Zielpublikums sind, kennen sie es häufig sogar besser als Sie selbst. Es wäre verrückt, solche Nutzer:innen zu ignorieren.

Um Markenbotschafter zu finden, müssen Sie zuerst feststellen, wer sie sind. Vielleicht bloggen sie über Ihr Produkt oder verschaffen sich in der Diskussion besonderes Gehör und zeigen in YouTube-Videos oder Instagram-Stories Begeisterung für Ihr Produkt. Sprechen Sie sie freundlich und auf Augenhöhe an. Wenn Sie sie ausfindig gemacht haben, finden Sie heraus, was sie an Ihrer Marke so gut finden und was ihnen in Ihrer Produktentwicklung noch fehlt. Nehmen Sie ihr Feedback ernst, um bessere Produkte bzw. Dienstleistungen zu entwickeln. Binden Sie sie an Ihre Marke, indem Sie ihnen den Zugriff auf exklusive Informationen, Erlebnisse oder Produkte gewähren. Zeigen Sie ihnen Ihre Wertschätzung und beziehen Sie sie in Entscheidungen ein. Fördern Sie den Austausch unter Ihren Markenevangelisten. Damit bauen Sie sich eine wertvolle Community auf.

Ein *Influencer* ist jemand, dessen Wissen, Sachkenntnis oder auch Lifestyle ihn unter seinesgleichen als Experten oder Expertin ausweist. Das kann die Umweltaktivistin sein, die via Instagram von Demonstrationen berichtet, Einkaufstipps gibt und zu Müllsammelaktionen am Meer einlädt. Oder der Barista, der täglich seine Kaffeekreationen postet, neue Kaffeesorten und Espressomaschinen testet sowie Tipps zum Mahlen und Brühen von Kaffeebohnen gibt. Oder auch die modebegeisterte Mittzwanzigerin, die von Shoppingtouren berichtet, eigene Modeskizzen anfertigt und ihre Follower über die besten Stoffläden informiert. Influencer verfügen über eine sehr hohe Glaubwürdigkeit – das ist das Pfund, mit dem sie wuchern. In den vergangenen Jahren haben sie genau dies allerdings immer häufiger aufs Spiel gesetzt: Viele von ihnen sprechen allzu häufig und offensiv Kaufempfehlungen aus, wählen ihre Werbepartner anscheinend ohne Bedacht und verlieren so ihre Glaubwürdigkeit und die Nähe zu ihren Followern.

Influencer finden Sie ganz leicht, sobald sie in den sozialen Netzwerken nach Ihrer Branche und Ihren Produkten recherchieren. Bevor Sie einen Influencer kontaktieren, sollten Sie nicht nur dessen Reichweite, sondern auch die veröffentlichten Inhalte und seinen Stil prüfen. Nur wenn er oder sie zu Ihrem Haus passt, kann eine fruchtbare Zusammenarbeit entstehen.

Wir gehen in Kapitel 4 gesondert auf Influencer-Marketing ein.

Kundenservice

Ihre Kund:innen sind Ihre wichtigste Zielgruppe überhaupt: Sind sie nicht zufrieden mit Ihrem Unternehmen und Ihren Produkten, werden sie Sie weder weiterempfehlen noch ihre eigene Kaufentscheidung wiederholen. Denken Sie daher konsequent aus Kundensicht – auch und besonders bei der Planung und Umsetzung Ihrer Social-Media-Strategie. Überlegen Sie stets, wie Sie die vielfältigen Kontaktpunkte mit Ihren Kund:innen gestalten, möglichen Fragen und Unsicherheiten vorbeugen und Feedback aktiv einholen und umsetzen können. Nutzen Sie die vielfältigen Möglichkeiten, im Social Web mit Ihren Kunden in den Austausch zu treten.

Kundenzufriedenheit erhöhen

Ihr Kundendienst bricht unter der Last der Anfragen zusammen? Sie möchten nicht immer die gleichen Fragen beantworten? Eine gepflegte Social-Media-Präsenz kann viele Fragen vermeiden und Unklarheiten beseitigen. Erledigen Sie Ihre grundlegenden Hausaufgaben: Tragen Sie sämtliche Kerninformationen wie Anschrift, Anfahrt, Öffnungszeiten, Angebot oder Ansprechpartner in den Infobereich der von Ihnen bedienten sozialen Netzwerke ein. Facebook oder LinkedIn bieten dazu recht viel Platz. Auf Instagram oder TikTok bietet es sich an, einen Link zu einer entsprechenden Infoseite auf Ihrer Website einzufügen.

▼ Abbildung 2-12
Links: Ein Supermarkt informiert über Coronaregeln. Rechts: Ein Industrieunternehmen befragt seine Follower zu gewünschtem Content. Interaktive Elemente erhöhen durch die Mitwirkung Ihrer Follower die Sichtbarkeit Ihres Eintrags.

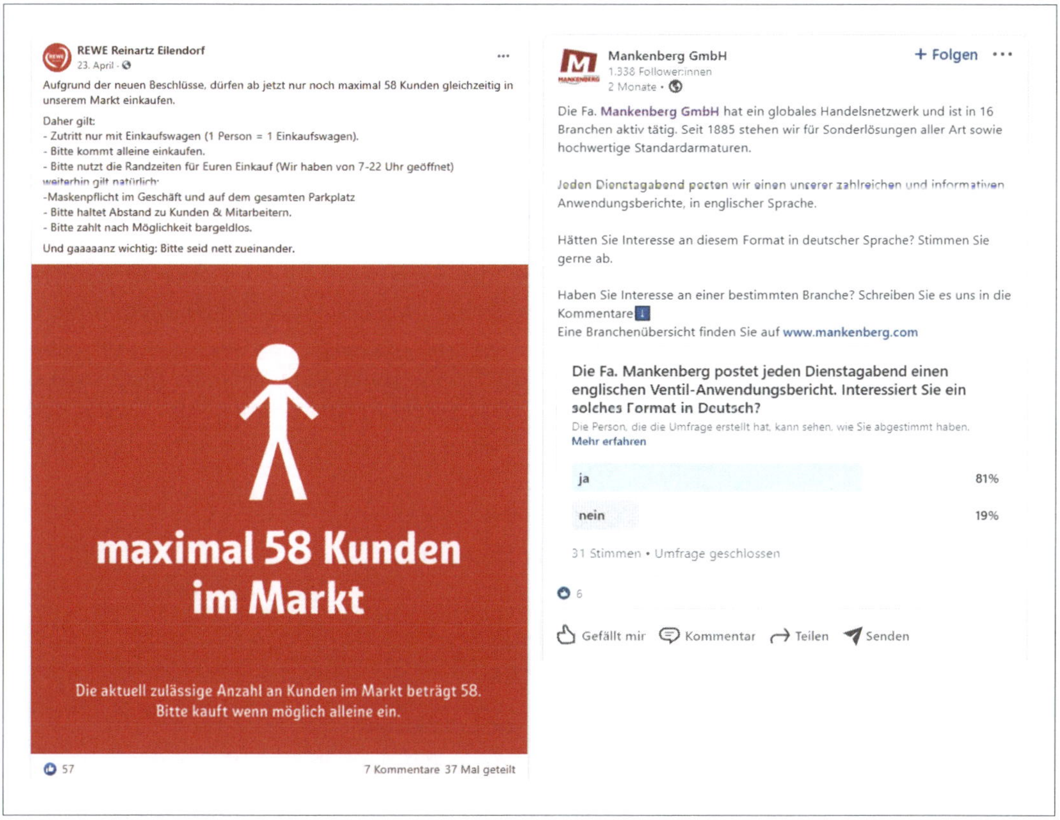

Informieren Sie über aktuelle Veranstaltungen, erklären Sie das Handling neuer oder komplexer Produkte, geben Sie Tipps oder definieren Sie schwierige Begriffe. Inhaltliche Inspiration erhalten Sie direkt bei Ihrem Kundendienstteam: Lassen Sie sich die fünf häufigsten Fragen der Kund:innen geben und beantworten Sie diese im Social Web. Fragen Sie auch, was Ihre Follower:innen und Fans interessiert – die meisten Netzwerke bringen ein Umfragetool gleich mit! Sie werden sehen, die Fragen an Ihr Unternehmen werden sich verringern, die Zufriedenheit Ihrer Kundinnen und Kunden wird sich aber erhöhen.

Kundendienst verbessern

Einige große Unternehmen mit vielen Endkunden haben eigens für den Kundendienst gesonderte Social-Media-Kanäle angelegt. Ähnlich einem Callcenter beantwortet ein Team aus Kundendienstmitarbeiter:innen die vielfältigen Anfragen von Kunden und informiert gegebenenfalls über Störungen oder Änderungen im Service. Weitere typische Inhalte wie Produktankündigungen oder Hintergrundberichte werden dagegen meist nicht veröffentlicht, die Kundendienstkanäle dienen ausschließlich der Bearbeitung von Anfragen.

Als Vorreiter gilt hierzulande die Deutsche Telekom, die bereits 2010 entschied, mit ihrem Kundendienstteam im Social Web – damals in erster Linie auf Twitter – aktiv zu werden. Unter der Bezeichnung *Telekom hilft* reagierten Kundenberater:innen, die zuvor etwa im Callcenter Rede und Antwort gestanden haben, nun per Tweet auf Nachfragen und technische Probleme. Inzwischen ist aus *@telekom_hilft* eine eigene Community entstanden, die ihren Dreh- und Angelpunkt wiederum auf einer Website fand: *telekomhilft.telekom.de*. Die Kundenberater:innen sind sowohl auf dieser Seite als auch auf Twitter, Facebook und Instagram aktiv. Schlüssel zum Erfolg ist der Austausch der Mitglieder untereinander: Nicht nur das Telekom-Team antwortet, auch jedes Mitglied kann helfen. Ein fairer und respektvoller Umgang ist dabei oberstes Gebot.

Für dieses Buch haben wir mit Maik Lohse gesprochen, Leiter »Social Media im Service« bei der Deutschen Telekom.

Interview

Abbildung 2-13 ▲ »Wie können wir von der Community lernen?« – eine der Fragen, die die Arbeit und Vision von Maik Lohse, Leiter Social Media bei der Telekom Deutschland, steuert

Die Telekom-hilft-Community

»Wir setzen auf Engagement und Interaktion.«

Ein Interview mit Maik Lohse über Kundendienst im Social Web.

Herr Lohse, »Telekom hilft« setzt sehr grundlegend an. Statt einfach nur Kundenanfragen in verschiedenen Kanälen zu beantworten, hat Ihr Haus eine eigene Community ins Leben gerufen und sich die große Aufgabe gestellt, die Menschen auch miteinander ins Gespräch zu bringen.

Maik Lohse: Die Telekom-hilft-Community ist das Herzstück unserer Arbeit: entstanden aus einem Onlineforum und inzwischen mit rund 1,7 Millionen Usern die größte Servicecommunity in Europa. Grundsätzlich versuchen wir, unseren Service auf vielen Kanälen anzubieten. Man findet uns sowohl bei Twitter, Facebook und Instagram wie auch auf zahlreichen anderen Plattformen. Wir verfolgen im Hintergrund jegliche Kommunikation mit Kunden, beispielsweise die Kampagnen unserer Marketingabteilung, und reagieren auch dort auf Serviceanfragen. Sobald ein Kunde ein Anliegen hat, versuchen wir, eine Lösung zu finden.

Mehr und mehr gehen wir auch auf Drittplattformen, etwa Foren und Frage-und-Antwort-Portale wie gutefrage.net. Wir wollen die Menschen einfach dort abholen, wo sie sind. Mit den Menschen ins Gespräch kommen, die im Netz über, aber bislang nicht mit uns reden. Lösungen anbieten, wenn Kunden enttäuscht sind oder über uns schimpfen. Dazu nutzen wir Social-Listening-Tools.

Aktiv auf Kund:innen und Kritiker:innen zugehen: Das ist aus unserer Sicht ein Ziel, das viele Unternehmen liegen lassen – bewusst oder unbewusst, aus Kostengründen oder weil sie das Potenzial nicht erkennen. Wir wissen aber: »Märkte sind Gespräche«[11], und auch wenn die kleineren und mittleren Unternehmen nicht über die gleichen Kapazitäten wie der Telekom-Konzern verfügen, ist der direkte, offene Austausch im Web dennoch möglich.

Maik Lohse: Absolut. Für uns, da sind wir uns konzernweit einig, geht es darum, Communitys aufzubauen. Bei »Telekom hilft« steht der Service im Mittelpunkt. Mit dieser Community schaffen wir eine Verbindung zu uns, unseren Werten, unseren Produkten und unserer Marke. Darüber lassen sich mittel- und langfristig auch Kaufentscheidungen beeinflussen. Es ist schon lange nicht mehr damit getan, einfach nur Werbung zu machen. Gerade jüngere Käuferschichten entscheiden anders. Haben sie eine Beziehung zum Produkt oder zur Marke, wirkt sich das positiv auf den Geschäftserfolg des Unternehmens aus. Ein gutes Beispiel dafür ist die BVG Berlin mit »Weil wir dich lieben«[12].

Sind für Sie dann auch weitere Communitys in anderen Geschäftsbereichen – zum Beispiel für das Recruiting – denkbar?

Maik Lohse: Unter Communitys verstehe ich nicht nur Angebote wie unsere Servicecommunity mit 1,7 Millionen Mitgliedern. Eine Community ist ganz simpel eine Gruppe von Menschen, die sich mit einem Thema identifiziert. Mit ihnen wollen wir in den Dialog kommen. Statt unseren Kunden einfach Produkte anzupreisen, wollen wir uns austauschen. Dazu gehört auch, auf kritische Kommentare einzugehen.

Damit ist Social Media Marketing abteilungsübergreifend relevant.

---

11 Cluetrain-Manifest, siehe Kapitel 4

12 »Weil wir dich lieben« behandeln wir auch in den Kapiteln 7 und 9.

Maik Lohse: Exakt – unsere Social-Media-Aktivitäten gliedern sich so: Die Marketingabteilung kümmert sich um Produktkommunikation, sie veröffentlicht Postings, Kampagnen und andere klassische Marketing- und Vertriebsaktionen. Die Konzernkommunikation bringt unternehmens- und markenbezogene Inhalte. In der Mitte sind wir – der Kundendienst mit Servicecommunity. Wir reagieren auf Serviceanfragen, die aus Marketingkampagnen entstehen, und wir interagieren auf den Kanälen der Konzernkommunikation, beispielsweise auf dem Instagram-Kanal *@deutschetelekom*. Die Gespräche und Chancen, die daraus entstehen, haben ein großes Potenzial, das wir noch weiter ausbauen möchten.

Beim Aufbau der Telekom-hilft-Community ist Ihnen etwas ganz Besonderes gelungen: Sie konnten einzelne sehr engagierte Mitglieder als Community Guides[13] *gewinnen.*

Maik Lohse: Wir sind sehr stolz auf diese Menschen, die in ihrer Freizeit und komplett intrinsisch motiviert anderen Usern helfen, gerade bei technischen Fragen. Sie sind Bindeglied zwischen Unternehmen und Kund:innen. Einmal jährlich ehren wir sie für ihr Engagement. Ein Teil unserer Community ist das »Telekom-hilft-Labor«. Hier können sogenannte Heavy User vor Markteinführung Produkte testen. Sie füllen Fehlerprotokolle aus und berichten von Erfahrungen – all das hat einen unschätzbaren Wert und fließt in die Produktentwicklung ein. Auch so kann man von Communitys profitieren. Es entsteht auch eine sehr starke Bindung, wenn ich Kund:innen signalisiere, dass sie gehört werden und mitmachen dürfen.

Ihr Team arbeitet damit kanal- und themenübergreifend. Wie koordinieren Sie das?

Maik Lohse: Ein Tool verwaltet die Anfragen und relevanten Diskussionen, die in den Plattformen auftauchen, und ordnet sie den etwa 140 Teammitgliedern zu. Über diesen reinen Kundendienst hinaus gehen wir mit eigenen Inhalten in den Instagram-Kanal der Konzernkommunikation *@deutschetelekom*. Wir haben uns hier übrigens aktiv gegen einen eigenen Kanal @telekom_hilft entschieden, um das Social-Media-Angebot der Telekom nicht noch weiter zu fragmentieren. Für eine gute Sichtbarkeit ist zudem bei Instagram mehr Content nötig, als wir liefern könnten. Daher ist es für uns der beste Weg, den Kanal nun gemeinsam mit der Konzernkommunikation zu bespielen.

Die Anforderungen an Mitarbeiter:innen erscheinen uns sehr vielschichtig – sowohl inhaltlich und kommunikativ als auch technisch. Wie schulen Sie Ihr Team?

---

13 *https://telekomhilft.telekom.de/t5/Community-Guides/ct-p/CommunityGuides*

Maik Lohse: Für die technische Seite gibt es regelmäßige Schulungen, in denen das Tool eingeführt wird. Die kommunikativen Anforderungen vermitteln wir ebenfalls in Seminaren, an deren Konzeption wir aktiv mitarbeiten. Wir aktualisieren die Inhalte fortlaufend, und jedes Teammitglied durchläuft dieses Training einmal jährlich.

Das Thema Fachlichkeit ist ein sehr vielfältiges. Alle unsere Mitarbeiter:innen haben Anspruch auf vier Tage Training im Jahr. Wie sich diese zusammensetzen, ist dabei sehr individuell. Neben dem klassischen Präsenztraining (aktuell alles virtuell) zu Themen wie Produkten, Kommunikation und Systemschulung, kommen viele kleinere und kurze Websessions hinzu. Diese werden entweder als reine Selbstlerneinheit durchgeführt oder mit Begleitung eines Trainers (je nach Inhalt). Diese Formate weiten wir aktuell sogar aus, sodass Mitarbeiter:innen nach eigenem Bedarf Websessions auswählen dürfen, die wiederum von anderen Fachcoaches durchgeführt werden. So wollen wir die Eigenverantwortung beim Thema Fachlichkeit steigern. Lernen gehört in unserem dynamischen Umfeld einfach zur täglichen Basis. Unsere Fachcoaches (das sind operative Mitarbeiter:innen mit Zusatzskills) unterstützen auch den Teamleiter bei der täglichen Coaching-Arbeit.

Zunehmend schwierig empfinden wir die veränderte, manchmal feindselige Diskussionskultur im Social Web. Wie bereiten Sie Ihre Mitarbeiter:innen darauf vor?

Maik Lohse: Wir bieten immer an, dass Mitarbeiter sich eine zweite Meinung holen. Erfahrungsgemäß bekommen sie aber sehr schnell ein gutes Gespür dafür, wohin sich eine Diskussion entwickelt. Häufig hängt es auch vom Kanal ab, auf Facebook beispielsweise hat man gewöhnlich eine herausforderndere Stimmung als auf Twitter. Man erkennt auch gut, ob sich jemand mit dem Thema intensiv auseinandergesetzt und sich die Mühe gemacht hat, einen verständlichen Post zu formulieren – oder ob jemand nur Dampf ablassen möchte. Auf jedem Kanal finden wir eine andere Struktur: Facebook-User sind zum Beispiel älter, und Twitter-User stellen mehr technikbezogene Anfragen. Instagram ist deutlich jünger, auch dies zeigt sich in der Kommunikation. Gesellschaftlich finde ich das persönlich sehr spannend. Und unser Team muss sich natürlich darauf einstellen.

Wir müssen uns aber auch vergegenwärtigen, dass wir rund 90 Prozent aller Kundenanfragen positiv lösen. Die laut schimpfenden User sind in der Unterzahl.

Wie messen Sie den Erfolg Ihrer Arbeit?

Maik Lohse: Klassische Maßstäbe wie die Conversion-Rate oder den Umsatzanstieg können wir für »Telekom hilft« nicht nutzen. Wir zeigen unseren Erfolg zum Beispiel über die Engagementrate und – ganz entscheidend – über unsere Lösungsquote. Wie schnell und wie zufriedenstellend wir die Anliegen unserer Kund:innen lösen können: Das ist für uns hoch relevant.

Kommen wir noch einmal zum Kundendienstteam: Zu den etwa 140 Menschen im Telekom-hilft-Social-Media-Team kommt ein Vielfaches an Servicemitarbeitern.

Maik Lohse: Insgesamt arbeiten rund 30.000 Menschen im Service der Deutschen Telekom, darunter auch viele Callcenter-Angestellte oder Techniker im Außendienst. Das Social-Media-Team sitzt an drei Standorten deutschlandweit, wobei diese pandemiebedingt dezentralisiert wurden. De facto haben wir zu Beginn der Pandemie innerhalb von drei Tagen rund 20.000 Menschen ins Homeoffice geschickt.

Das heißt, Ihr Team hält sich nicht nur an diesen drei Standorten auf, sondern an drei Standorten mal x?

Maik Lohse: Genau – die Mitarbeiter:innen haben ihr Equipment eingepackt und arbeiten nun zu Hause. Ein riesiger Kraftakt, den ich positiv bewerte. Die Präsenzkultur lag mir persönlich nie, als Führungskraft bin ich daran interessiert, dass alle ihre Aufgaben erfüllen – ob zu Hause oder im Büro. Dennoch müssen wir Strukturen finden, weiter in einem intensiven Austausch miteinander zu bleiben. Teamgefüge etwa lässt sich virtuell nur schwer nachbilden, dieses »neue Arbeiten« müssen wir lernen. Gut wären künftig ein bis zwei Tage pro Woche, die als Teamtage im Büro stattfinden, in denen wir miteinander interagieren können, in denen Informationen auch mal persönlich und nicht über Webex fließen.

Herr Lohse, wir danken für den spannenden Einblick!

Recruiting: Personal finden

Volle Auftragsbücher, aber kein Personal: Viele Unternehmen sind händeringend auf der Suche nach Mitarbeiter:innen. Dabei setzen sie verstärkt auf die Personalsuche im Social Web und schreiben offene Stellen in sozialen Netzwerken wie XING, LinkedIn oder auf Facebook aus. Viele Konzerne quer durch alle Branchen und sogar Behörden unterhalten eigene Recruiting-Seiten im Social Web, als Beispiel seien hier nur Daimler[14], der Versandhandel OTTO[15] oder die Stadt München[16] ge-

14 *https://twitter.com/Daimler_career*

15 *https://www.facebook.com/OTTOJobs*

16 *https://www.instagram.com/stadtmuenchen_karriere*

nannt. Darüber hinaus gibt es reine Karrierenetzwerke wie Experteer[17] oder die an XING angedockte Plattform kununu[18], über die Jobsuchende und Unternehmen zusammenfinden können.

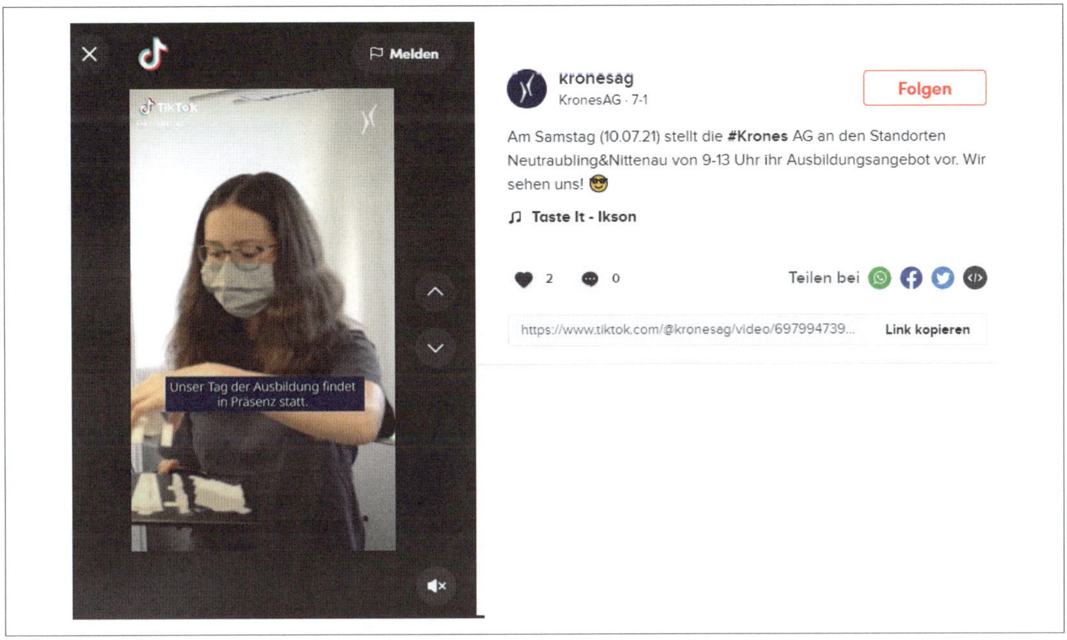

▲ **Abbildung 2-14**
Die Krones AG veröffentlicht unter anderem auf TikTok und YouTube kurze Filme, mit denen sie auf Stellenangebote und Karriereoptionen aufmerksam macht.

Wenn es also Ihr Ziel ist, regelmäßig neue Fachleute oder Auszubildende für Ihr Unternehmen zu finden, eignet sich das Social Web allein schon wegen seiner Reichweite ganz hervorragend. Durch eine aktive Vernetzung Ihrer Personaler lassen sich außerdem Kontakte zu Experten und interessanten potenziellen Mitarbeiter:innen aufbauen, und Sie können diese direkt ansprechen, wenn eine Position im Unternehmen frei wird. Sofern Sie gleichzeitig dafür sorgen, dass sich die verschiedenen Mitarbeitergruppen – Azubis, Forschungsabteilung, Vertrieb – auf Ihren Social-Media-Plattformen wiederfinden, wird das auch Ihre bestehende Belegschaft positiv an Sie binden. Einige Unternehmen stellen beispielsweise immer wieder ihr Team im Corporate Blog vor, geben ihrem Haus damit ein Gesicht und unterstreichen öffentlich, dass ihnen ihre Mitarbeiterinnen und Mitarbeiter am Herzen liegen.

17 *https://www.experteer.de*
18 *https://www.kununu.com/*

PR und Reputation

Unersetzlich sind Social-Media-Kanäle als Sprachrohr und offizieller Kommunikationskanal: Unternehmen und Organisationen können ihre eigenen Botschaften aussenden, Themen platzieren und bei Fragen oder Kritik die eigene Position darlegen. Sie können sich vernetzen und austauschen sowie ihr Image pflegen.

Offizielle Informationen

Im Social Web gibt es zahlreiche Akteure, die alle ihre eigene Agenda verfolgen. Zusätzlich haben wir seit einigen Jahren mit einer zunehmenden Fake-News-Problematik zu kämpfen. Ob es um politische Ereignisse oder die Herkunft eines Lebensmittels geht, zu jeder Thematik gibt es unzählige Stimmen und Meinungen, und es wird für die Rezipienten – also uns alle – immer schwieriger, wahr und falsch zu unterscheiden und Fakten aus den vielfältigen Gerüchtewolken herauszufiltern.

Tipp ▶ Wie gut können Sie Falschmeldungen, Desinformation oder Verschwörungsmythen erkennen? Die Deutsche Welle lässt Sie beim *Digger Project*[19] ihre Sinne trainieren. Oder Sie schlüpfen in einem witzigen Onlinespiel unter *getbadnews.de*[20] selbst in die Rolle des Bösewichts. Einige Unternehmen schulen bereits ihre Mitarbeitenden. Im Frühjahr 2021 nahmen beispielsweise Volkswagen und Evonik an dem Pilotprojekt *Business Council for Democracy* (BC4D)[21] teil.

Geschieht etwas, zu dem Menschen Fragen haben, und pflegen diejenigen, die seriös und verlässlich antworten könnten, keinen eigenen Kanal, dann wenden sich diese Menschen möglicherweise unseriösen Quellen zu. Ein Beispiel? Stellen Sie sich vor, Sie sind Hersteller von Milchprodukten. Einige Kund:innen bemerken, dass sich der Geschmack eines Joghurts geändert hat. Auf Instagram tauschen sie sich nun mit anderen aus, und jemand vermutet, Ihr Unternehmen setze dem Joghurt seit Kurzem schädliche Konservierungsstoffe zu, die den Geschmack stören. Sie können, sofern Sie nicht selbst an diesen Gesprächen teilnehmen, nur von außen zusehen, wie Ihr Produkt von Menschen beschrieben wird, die Ihre Produktionshalle vermutlich noch nicht einmal von außen gesehen haben. Ähnliche Fälle können wir jeden Tag im Social Web beobachten.

19 *https://digger-project.com/sharpen-your-senses/*

20 *https://www.getbadnews.de/*

21 *https://www.bc4d.org/*

Wie unglaublich nützlich und wichtig es insbesondere für Behörden und Ämter ist, eigene Social-Media-Kanäle zu pflegen, lässt sich immer wieder in Krisen- und Notsituationen erkennen. Als sich im Sommer 2021 eine Explosion im Leverkusener Chempark ereignete, konnten Anwohner auch über die sozialen Netzwerke gebeten werden, ihre Fenster zu schließen. Infolge der Hochwasserkatastrophe im Ahrtal, in Stolberg, Erftstadt und an vielen anderen Orten kämpften Behörden (und viele Bürger:innen) ständig mit Gerüchten und Falschmeldungen. Auch hier war es unter anderem für die Polizei sehr hilfreich, mit eigenen Social-Media-Kanälen reagieren zu können.

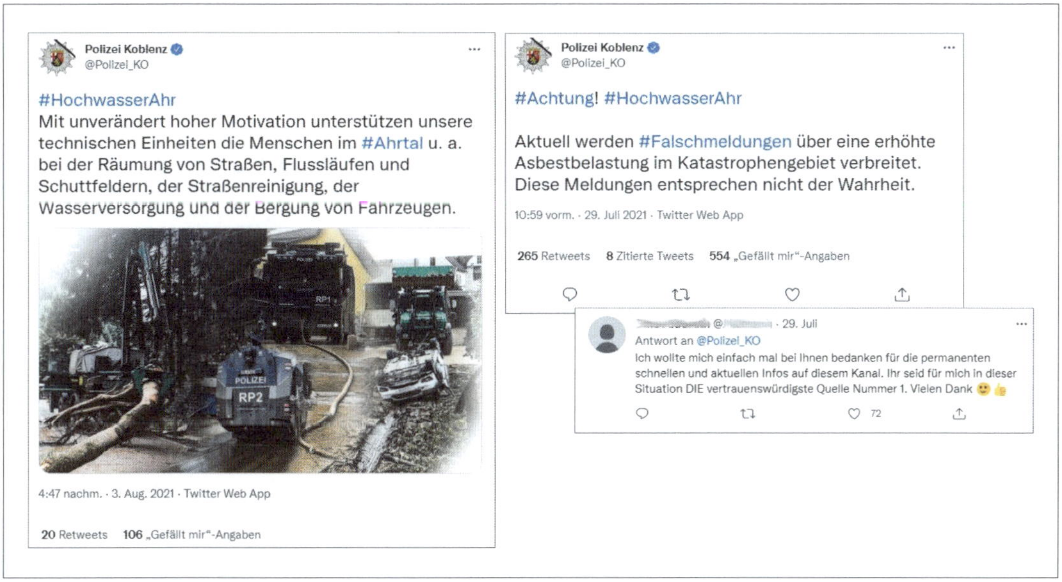

▲ **Abbildung 2-15**
Die Polizei Koblenz informierte über Aufräumarbeiten und warnte vor Fake News.

Reputationsmanagement

Mithilfe eines gezielten Social Media Marketing verschaffen Sie sich nicht nur innerhalb der sozialen Medien eine höhere Reichweite und Glaubwürdigkeit, Ihr Engagement spiegelt sich auch außerhalb der sozialen Medien wider – etwa in den Suchergebnislisten bei Google. Wenn Sie Inhalte schaffen und verbreiten, die gern gelesen, als bereichernd wahrgenommen, kommentiert und verlinkt werden, werden die Suchmaschinen diese ebenfalls höher ranken. Negative Resultate wie kritische Bewertungen zu Ihrem Unternehmen lassen sich durch gute Inhalte nach und nach auf hintere Ergebnisseiten in den Suchmaschinen verdrängen.

Abbildung 2-16 ▶
Wer nach Berlins ältestem Restaurant googelt, bekommt neben Adresse und Speisekarte auch Kundenrezensionen und Pressestimmen sowie Profile in sozialen Netzwerken angezeigt. Wer als Unternehmen vielfältigen Content anbietet, der zudem gut aufgenommen wird, kann so die erste Suchergebnisseite bei Google weitestgehend mit eigenen Inhalten und Links bestücken.

Suchmaschinenrankings sind allerdings nur ein Teil der Gleichung. Durch geschicktes Reputationsmanagement können Firmen PR-Katastrophen abwenden, indem sie negative Erfahrungen in positive verwandeln. Hierzu gehört auch ein souveräner Umgang mit Kritik und Krisenfällen (mehr dazu in Kapitel 4). So gelingt es, negative Vorfälle der Vergangenheit in positive Erfahrungen für Firmen und ihre Marken umzumünzen.

Szenario: In den ersten vier Suchergebnissen zu Ihrem Firmennamen tauchen negative Erwähnungen auf

Wenn negative Beiträge über Ihre Marke in den Suchmaschinen dominieren, kann das Ihren guten Ruf und damit Ihren Umsatz beeinträchtigen. Kunden, die in Suchmaschinen nach Produkten suchen, wählen dann das Angebot eines Wettbewerbers, der keine negativen Suchergebnisse hat. Was tun?

- Recherchieren Sie, wer die negativen Beiträge verfasst hat, suchen Sie den Kontakt und haken Sie nach. Häufig können Sie direkt unter dem Beitrag kommentieren, etwa bei der Employer-Branding-Seite kununu oder bei Google-Bewertungen. (Amazon erlaubt diese Kommentarfunktion dagegen inzwischen nicht mehr.) Ihre Erklärung hilft nicht nur anderen Kunden weiter, sie zeigt auch Ihr Interesse an den Meinungen und Einschätzungen Ihrer Kunden.
- Falls Sie noch kein Profil in einem sozialen Netzwerk haben, sollten Sie jetzt eines anlegen. Vernetzen Sie sich mit Meinungsführern und suchen Sie das Gespräch. Werden Sie ein wertvoller Bestandteil der Community, indem Sie Wissen teilen und dabei hilfsbereit und höflich sind.
- Schaffen Sie nützliche und unterhaltsame Inhalte auf Ihrer Website und teilen Sie diese in sozialen Netzwerken. Achten Sie darauf, dass die Beiträge einen Bezug zu Ihrer Marke haben und ähnliche Themen behandeln wie die negativen Ergebnisse, die Sie verdrängen wollen.
- Gehen Sie offen und souverän mit negativen Bewertungen um. Greifen Sie Kritik in eigenen Beiträgen auf und zeigen Sie, dass Sie lernbereit sind. Sollte an der Kritik etwas dran sein, bleibt Ihnen nur eins: Verbessern Sie Ihr Produkt und kommunizieren Sie das. Bitten Sie Nutzer, ihre Erfahrungen und Meinungen beizusteuern. So wird sich Ihr Beitrag noch besser herumsprechen und damit in den Suchmaschinen nach oben rutschen.
- Überprüfen Sie regelmäßig die Ergebnisse in den Suchmaschinen daraufhin, ob sich Verbesserungen ablesen lassen.

Das sind wirkungsvolle Möglichkeiten, um am Meinungsaustausch teilzuhaben und ihn zu beeinflussen. Und das Beste ist, dass schon bald die negativen Suchergebnisse nach unten rücken und Platz machen für Social-Media-Stories und -Profile, die Ihr positives Engagement dokumentieren.

Warum sollten Sie mit jemandem reden, der schlecht über Ihr Unternehmen, Ihre Marke, Ihr Produkt spricht? Menschen, die so engagiert sind, dass sie den Lesern ihre Unzufriedenheit kundtun wollen, suchen auch Menschen, die bereit und willens sind, zuzuhören. Sie haben die Energie und den Mut aufgebracht, sich zu beschweren. Sie treibt das Bedürfnis an, eine unbefriedigende Situation zu verbessern. Wenn Sie diese Menschen ansprechen und mit Respekt behandeln, motivieren Sie sie dazu, sich noch intensiver mit Ihrer Marke zu beschäftigen – und diesmal mit einer wohlwollenderen Grundhaltung. So können Sie diese Personen letztlich zu Mitgliedern jener Gruppe machen, von der sie ursprünglich am weitesten entfernt waren: den Markenevangelisten. Bedenken Sie: Wer sich beklagt, spricht ohnehin bereits über Ihre Marke, also warum ihn nicht dazu bewegen, es in einem positiveren Geist zu tun? Es ist erstaunlich, wie viel Sie erreichen können, einfach indem Sie mit Menschen reden.

Als Experte positionieren und vernetzen

Die Beteiligung in sozialen Medien kann Ihnen dabei helfen, die eigene Kompetenz unter Beweis zu stellen und sich als anerkannte Expertin Ihres Fachs oder gar als Meinungsführer zu etablieren. Besonders bei erklärungsbedürftigen Produkten oder Leistungen dürfte es keine Schwierigkeiten geben, genügend Stoff zu finden und gleichzeitig auf dankbare Kunden zu treffen. Auch Journalist:innen freuen sich stets über kompetente Gesprächspartner, die mit Zitaten die Debatte bereichern.

Abbildung 2-17 ▶ Das Businessnetzwerk LinkedIn eignet sich perfekt, wenn man ein Nischenthema im B2B-Umfeld vertritt. Innerhalb von drei Tagen wurde dieses Posting knapp 1.000-mal angezeigt, und jede Interaktion mit dem Beitrag trug es in weitere Follower-Netzwerke, nämlich in diejenigen der Follower, die kommentierten oder ein Like vergaben.

Um sich als Experte zu positionieren, sollten Sie in erster Linie bereit sein, Ihr Wissen freigiebig zu teilen: Veröffentlichen Sie zum Beispiel Präsentationen oder Anleitungen, laden Sie Tutorials bei YouTube hoch oder engagieren Sie sich auf geeigneten Frage-und-Antwort-Portalen (wie beispielsweise *Stackoverflow*, einer Website für Programmierer). Sie können auch Webinare anbieten oder Videos mit Ihren Vorträgen hochladen. Erläutern Sie in Ihren Social-Media-Profilen, welche Themen Sie interessieren und worin Sie sich gut auskennen. Scheuen Sie sich nicht, auch Position zu beziehen. Das verleiht Ihnen nicht nur Aufmerksamkeit, sondern grenzt Sie auch von Konkurrenten ab. Wer es schafft, sich selbst als Influencer:in zu etablieren, kann Freundschaften und Geschäftsbeziehungen zu Kunden oder Kollegen aufbauen, die PR-Strategie des eigenen Unternehmens unterstützen, dessen Image schärfen oder verbessern und letztlich auch die Meinung der eigenen Kunden beeinflussen.

Szenario: Sie möchten als Experte für Ihr Fach wahrgenommen werden

Sie verfügen über gefragtes Spezialwissen und möchten es nicht für sich behalten:

- Sie haben Ihr Juraexamen abgeschlossen und verfügen über spezielle Kenntnisse, zum Beispiel in Medienrecht.
- Von Betriebswirtschaft verstehen Sie mehr als alle anderen in Ihrer Interessengruppe.
- Sie können hervorragend kochen und erfinden mit Vorliebe neue Rezepte.
- Sie arbeiten seit 25 Jahren in einer Autowerkstatt und verfügen über einen reichen Erfahrungsschatz, was häufige (und auch seltenere) Pannen angeht.
- Sie arbeiten in einem Bauunternehmen, das sehr viel Spezialwissen im Bereich der Niedrigenergiehäuser vorzuweisen hat.

Sollten Sie zu einer dieser Gruppen gehören, verfügen Sie über Wissen, das andere händeringend suchen. Die Menschen suchen Rat im Internet und stellen Fragen, die Sie vielleicht direkt beantworten könnten (oder womöglich schon beantwortet haben). Sie sollten deshalb darüber nachdenken, beispielsweise ein Blog zu starten.

▼ Abbildung 2-18
Kompetenz und Persönlichkeit zeigt das Blog des Musikhändlers Thomann. Ein gelungener Auftritt, der Stallgeruch vermittelt, die Kompetenz der eigenen Beschäftigten zeigt und zudem Entwicklungen im Einzelhandel, sich nur über den Preis definieren zu müssen, etwas entgegensetzt.

→

Sollten Sie zu einer dieser Gruppen gehören, verfügen Sie über Wissen, das andere händeringend suchen. Die Menschen suchen Rat im Internet und stellen Fragen, die Sie vielleicht direkt beantworten könnten (oder womöglich schon beantwortet haben). Sie sollten deshalb darüber nachdenken, beispielsweise ein Blog zu starten.

Dadurch, dass Sie in Ihrem Blog etwa technische Fragen beantworten, Geschäftstipps geben, kostenlose Rezepte anbieten, einfache Autoreparaturen erklären oder bei der Bauplanung helfen, können Sie sich als Experte auf einem bestimmten Gebiet positionieren und Ihre noch begrenzte geografische Reichweite um ein Vielfaches vergrößern. Wenn Sie Ihr Blog regelmäßig aktualisieren, eröffnen sich möglicherweise weitere Chancen – denn etablierte Fachleute werden als Referenten zu Messen und Konferenzen eingeladen, in Büchern zitiert und von Journalisten um medientaugliche Beiträge gebeten. Und es kann Mitarbeiter:innen, die eine Autorität auf ihrem Gebiet sind, die Möglichkeit geben, für ihr Unternehmen auf eine Weise einzutreten, die früher undenkbar gewesen wäre.

Grundsätzlich eignen sich auch andere Plattformen dazu, Ihr Expertenwissen zu zeigen – es gibt Ärzte und Anwälte, die sehr erfolgreich auf TikTok aktiv sind, und ebenso erfolgreiche Naturwissenschaftlerinnen und Politikerinnen, die auf Instagram oder YouTube ihr Wissen teilen. Sie alle profitieren sehr stark von der Reichweite des jeweiligen Netzwerks. Ein auf Ihrem Server installiertes Blog zahlt wiederum auf die Auffindbarkeit Ihrer Website in den Suchmaschinen ein.

Nutzen Sie die üblichen Social-Media-Plattformen zum Teilen Ihrer Beiträge. Prüfen Sie, ob Sie nützliche Dokumente wie E-Books, Whitepaper, Anleitungen oder Präsentationen nicht auch auf Slideshare oder Issuu verfügbar machen können. Auf Pinterest, einem sozialen Netzwerk zum Teilen von Bildern und Videos, können Sie für Infografiken, Erklärvideos oder Rezeptfotos ein interessiertes Publikum finden. Versäumen Sie auch nicht, nach passenden Foren für Ihr Thema zu suchen (ja, es gibt sie durchaus noch) oder nach passenden Gruppen bei Facebook, XING oder LinkedIn. Wie Sie sehen, haben Sie zahlreiche Möglichkeiten, sich mit Ihrem Wissen als Experte zu positionieren.

SMARTe Ziele setzen

Wie definieren Sie Ihre Ziele nun so, dass sie Ihnen für Ihre Social-Media-Strategie als Leitlinie dienen? Im Marketing sollten Ihre Ziele konkret, messbar, erreichbar, realistisch und zeitlich klar definiert sein. Dafür steht die Abkürzung SMART: *Specific*, *Measurable*, *Achievable/Attractive*, *Realistic*, *Timely*. Das richtige Vorgehen für das Formulieren solche Ziele wird in den folgenden Abschnitten erklärt.

Konkret

Definieren Sie klar, was Sie erreichen wollen. Ihre Ziele sollten konkret und für alle verständlich sowie im Einklang mit Ihrer Gesamtstrategie formuliert werden. Im Social Media Marketing ist das Ziel, neue Abonnenten zu gewinnen, vielleicht zu unspezifisch; legen Sie stattdessen eine bestimmte Anzahl neuer Abonnenten fest und definieren Sie zusätzlich, welche Kriterien diese neuen Abonnenten erfüllen sollten. Wenn Sie eine Lokalzeitung sind, die 1.000 Abonnenten für Ihren Newsdienst per WhatsApp hinzugewinnen möchte, ist das schon ein konkretes Ziel. Aber zugleich sollten Sie anstreben, dass es Abonnenten sind, die einen Bezug zu Ihrer Region haben. Oder sind Sie ein Stoffhändler, der auf Instagram 500 potenzielle Kunden gewinnen möchte, dessen Onlineshop aber nur innerhalb Deutschlands liefert? Dann sind für Sie zunächst auch nur Follower aus Deutschland (umsatz-)relevant. Das ist der qualitative Aspekt, den Sie in Social Media nicht außer Acht lassen sollten. Was in sozialen Medien stattfindet, sind Beziehungsaufbau und -pflege. Diese lassen sich allein mit quantitativen Werten nur unzureichend messen.

Messbar

Was Sie nicht messen können, können Sie nicht managen. Also müssen Sie konkrete Kriterien für die Messbarkeit festlegen. Man spricht hier auch von KPIs (*Key Performance Indicators*). Vielleicht definieren Sie ein Benchmark für Ihr angestrebtes Ziel und versuchen dann, es in einem bestimmten Zeitraum zu erreichen. Möchten Sie zum Beispiel mehr Seitenaufrufe generieren, sollten Sie regelmäßig einen Blick auf die Statistik Ihrer Website werfen. Viele Social-Media-Sites liefern Ihnen mehr oder weniger umfangreiche Statistiken, die Sie für die Messung Ihrer Ziele nutzen können. Kapitel 3 dieses Buchs beschäftigt sich ausführlich mit Kennzahlen und Tools, die Ihnen helfen, Ihren Erfolg zu messen.

Erreichbar (und attraktiv)

Formulieren Sie ein motivierendes Ziel, das Sie und Ihr Team herausfordert – bei dem Sie aber gleichzeitig davon überzeugt sind, dass es Ihrem Unternehmen hilft. Idealerweise müssen Sie sich auf dem Weg zum Ziel zwar ordentlich anstrengen, glauben aber von Anfang an Ihren Erfolg.

Realistisch

So ambitioniert Ihre Ziele auch sind, sie sollten erreichbar sein. Wenn Sie in fünf Jahren für Ihr Onlinemagazin nur 500 Abonnenten gewinnen konnten, ist ein Ziel von 500.000 Abonnenten in fünf Monaten utopisch. Die Erfahrungen, die Sie im Laufe der Zeit im Social Web machen, helfen Ihnen bei der Einschätzung. Berücksichtigen sollten Sie auch, was in Ihrem Segment möglich ist. Es bedeutet natürlich einen Unterschied, ob Sie eine Nische oder den Massenmarkt bedienen.

Ihre Ziele sollten machbar sein, legen Sie die Latte aber hoch genug, um wirklich etwas zu verändern und bei einem Erfolg ein Siegesgefühl zu verspüren.

Zeitlich klar definiert

Wenn Sie sich Ziele setzen, müssen Sie auch Termine für Ihre Ziele festlegen. Wenn Sie sagen, Sie streben binnen Jahresfrist 5.000 neue Abonnenten für Ihr Blog an, sind Sie eventuell nicht allzu motiviert, diese Aufgabe auch anzugehen. Ist das Jahr erst vorbei, kann die mangelnde Motivation Sie veranlassen, das Ziel noch weiter hinauszuschieben. Nehmen Sie sich ein konkretes Datum vor, um einen Meilenstein zu erreichen. Und los geht's!

Hinweis ▶ Das Akronym SMART wird in der Literatur unterschiedlich aufgelöst. Das A steht dabei unter anderem für »Achievable«, »Attractive« oder »Attainable«. Das R kann für »Realistic« und für »Relevant« stehen. Im Grunde geht es aber immer um das Gleiche: Sie brauchen ein ehrgeiziges Ziel, an das Sie und Ihr Team glauben, das sich in einem festgelegten Zeitrahmen erreichen und dessen Erfolg sich gut messen lässt und dass auf Ihre Unternehmensziele einzahlt.

Die passenden Kanäle und Plattformen wählen

Der vermutlich einfachste Part: Wählen Sie aus dem breiten Angebot des Social Web die Kanäle aus, auf denen Sie sich engagieren wollen. Inzwischen haben Sie schon so viel über Ihre Zielgruppen und Ziele gelernt, dass einige wenige Fragen Sie recht schnell zu einem ersten Ergebnis führen sollten:

- Wo befinden sich Ihre (potenziellen) Kunden, wo kommunizieren Ihre Wettbewerber?
- Über welche dieser Plattformen erreichen Sie auch eine kritische Masse an Kunden? (Sie werden nicht auf allen Netzwerken gleichzeitig aktiv sein können, sondern sich in aller Regel auf einige wenige Plattformen beschränken müssen.)
- Welche Ziele wollen Sie erreichen, mit welcher Plattform schaffen Sie das? (Ein Unternehmen mit dem Ziel, hoch qualifiziertes Personal zu akquirieren, wird sich auf die beruflichen Netzwerke LinkedIn und XING konzentrieren, ein Unternehmen, das Azubis sucht, könnte Instagram und TikTok auswählen.)
- Welche Inhalte und Beitragsformen sind typisch für die infrage kommenden Netzwerke? Und ganz zentral: Haben Sie das entsprechende Equipment und das Know-how bzw. genügend Budget, diese Inhalte zu erstellen und zu beschaffen? (Wenn Sie beispielsweise auf YouTube aktiv sein wollen, werden Sie kaum um eine hochwertige Kamera, Schnittsoftware sowie gegebenenfalls Ton- und Lichtequipment

herumkommen – genauso wenig wie um entsprechende Skills, dieses Equipment professionell einzusetzen.)

- Welche Regeln gelten innerhalb des einzelnen Netzwerks, welche Eigenschaften hat es? In welcher Frequenz müsste mindestens Content hochgeladen werden, wie zügig erwarten die User eine Antwort auf ihre Fragen?

Treten Sie erst einmal vorbehaltlos an das breite Angebot sozialer Netzwerke heran, indem Sie sich das Social-Media-Prisma aus Kapitel 1 noch einmal vornehmen. Achten Sie darauf, dass Sie sich nicht sofort auf die großen Bekannten – Facebook, Twitter oder Instagram – versteifen, sondern auch kleinere Foren oder Special-Interest-Kanäle prüfen. Gerade in den vergangenen Jahren wurden die sozialen Medien nahezu mit Facebook gleichgesetzt. Dabei ist das Netzwerk insbesondere bei den jüngeren Menschen unter 25 Jahren längst nicht mehr so beliebt, und auch im B2B-Bereich ist Facebook nicht die erste Wahl.

Detaillierte Hinweise zu den einzelnen Plattformen erhalten Sie in den nächsten Kapiteln. Dort gehen wir auch vertiefend auf typische Eigenschaften, Content-Formen und Anforderungen ein. Vorab geben wir Ihnen in Abbildung 2-19 einen groben Überblick über die wesentlichen Unterschiede der größten Netzwerke.

Und wieder: SMARTe Ziele setzen

Sobald Sie wissen, welche Plattformen Sie künftig bespielen wollen, sollten Sie Ihre Zielsetzung noch einmal exakter und kleinteiliger formulieren – nämlich wie schon oben besprochen: konkret, messbar, erreichbar, realistisch und zeitlich klar definiert.

Achten Sie bei der Formulierung der Ziele auf Messbarkeit: Die pauschale Aussage »Wir wollen mit unserer Facebook-Seite den Umsatz steigern« ist nicht konkret genug. Nutzen Sie KPIs – *Key Performance Indicators*– zur Erfolgsmessung.

Zum Beispiel:

- Innerhalb von sechs Monaten möchten wir 200 Follower auf Twitter haben.
- Unser Facebook-Auftritt soll innerhalb von zwölf Monaten 20 Prozent mehr Zugriffe auf unseren Onlineshop erzeugen.
- Über unser Corporate Blog wollen wir innerhalb von sechs Monaten 500 neue Newsletter-Abonnenten gewinnen.
- Wir möchten, dass innerhalb von zwölf Monaten 250 Menschen (potenzielle Mitarbeiter:innen) unserem Businessprofil auf XING folgen.

Facebook
- 28 Millionen Deutsche nutzen Facebook täglich oder wöchentlich
- Über Facebook lassen sich auch ältere Zielgruppen sehr gut erreichen
- Anzeigen mit genauem Targeting möglich (und für Reichweite nötig)

Instagram
- 26 Millionen Deutsche nutzen Instagram mindestens wöchentlich
- in der täglichen Nutzung und bei unter 29-Jährigen liegt Instagram vor Facebook
- wird mobil genutzt und setzt auf starke Bilder, hohe Interaktionsrate, Anzeigen möglich

Twitter
- 1,4 Millionen Deutsche nutzen Twitter täglich, 4 Millionen mindestens wöchentlich
- Schwerpunkt bei Nachrichten, Meinung, Politik, Tagesgeschehen
- Wegen vieler Meinungsführer hat Twitter trotz geringer Verbreitung eine hohe Relevanz

YouTube
- 40 Millionen Deutsche rufen YouTube mindestens wöchentlich auf
- Die Videoplattform weltweit, hohe Verweildauer
- YouTube-Videos tauchen in der Google-Suche auf, hohe Sichtbarkeit

TikTok
- 9 Millionen Deutsche nutzen TikTok mindestens wöchentlich, 40% sind unter 29 Jahre alt
- User verbringen durchschnittlich 50 Minuten pro Tag auf TikTok
- Kurze Videos, Storytelling spielt eine große Rolle

Snapchat
- 10 Millionen Deutsche nutzen Snapchat wöchentlich
- Hohe Kenntnis der Gepflogenheiten notwendig

Twitch
- 5 Millionen Deutsche nutzen Twitch mindestens wöchentlich
- 36 Prozent der User sind zwischen 14 und 29 Jahre alt
- Live-Streaming-Videoportal mit dem Schwerpunkt auf Gaming, Lifestyle oder Unterhaltung

XING
- Businessnetzwerk für die DACH-Region mit etwa 8 Millionen Nutzern in Deutschland, tägliche Nutzung: 1 Million
- Nützlich zur Kontaktpflege (erweitertes Adressbuch) und zum Austausch
- Unternehmensseiten, Recruiting, Arbeitgeberbewertung über kununu.com, Eventorganisation

LinkedIn
- Internationales Businessnetzwerk mit mehr als 720 Millionen Nutzern weltweit, etwa 15 Millionen im deutschsprachigen Raum. Tägliche Nutzung in Deutschland: 1 Million
- Nützlich zur Vernetzung und zum Austausch, Unternehmensseiten
- Läuft XING den Rang als wichtigstes Businessnetzwerk ab

Corporate Blog
- Etwa 8 Prozent der deutschen Unternehmen setzen Blogs ein
- Blogs dienen als Content-Zentrale: für Erklärstücke, zum Aufgreifen wichtiger Themen, Produktvorstellung etc.
- Blogs zahlen auf die Sichtbarkeit Ihrer Website in Suchmaschinen ein

Podcast
- 36 Prozent der Deutschen zwischen 14 und 29 Jahren hören Podcasts, 12 Prozent aller Deutschen (aller Altersgruppen ab 14) mindestens wöchentlich
- Im Unternehmensumfeld eher eine Nische, Koops möglich

▲ Abbildung 2-19
Die wichtigsten Plattformen im Überblick (Zahlen aus 2021, User ab 14 Jahre, Quelle: überwiegend ARD/ZDF-Onlinestudie) sowie *https://blog.hubspot.de/marketing/social-media-in-deutschland*

All diese Ziele lassen sich durch technische Hilfsmittel wie beispielsweise Statistik-Plug-ins in Ihrem Website-CMS oder durch an den Link angehängte Tracking-Codes bzw. durch die Statistikfunktion der Netzwerke einfach und zweifelsfrei messen. Sind die jeweils gesetzten Zeiträume abgelaufen, können Sie die Ziele justieren oder komplett neu setzen. Bleiben Sie dabei beweglich und experimentieren Sie mit überschaubaren Zeitspannen.

Die richtigen Inhalte

Jetzt dürfen Sie sich austoben: Nachdem Sie nun einerseits wissen, wie Ihre Zielgruppen ticken, wo sie sich aufhalten und welche Inhalte sie bevorzugen, und gleichzeitig auch sicher sind, was Sie genau auf welcher Plattform erreichen wollen, können Sie das »Wie« in Angriff nehmen. Überlegen Sie, welche Inhalte das gewählte Netzwerk voraussetzt: Wollen Sie beispielsweise eine Instagram-Präsenz starten, geht nichts ohne ausdrucksstarke Fotos – inklusive gründlicher Hashtag-Recherche. Überlegen Sie auch, in welcher Frequenz Sie Beiträge veröffentlichen wollen (oder zugunsten der Sichtbarkeit müssen). Möchten Sie bloggen? Dann sammeln Sie schon einmal Themen und die Namen potenzieller Autoren, die Ihre gewünschte Botschaft transportieren und so zum Erreichen Ihres Ziels beitragen können.

Erstellen Sie Vorlagen für einen Kommunikationsplan, der knapp und übersichtlich über die gewünschten Botschaften, Teilziele, Verantwortlichkeiten und Termine informiert. (Vorlagen gibt es bei mehreren Anbietern zum kostenfreien Download.) Achten Sie darauf, diesen Plan jederzeit Ihrem Team zugänglich zu machen. Bei remote arbeitenden Kollegen bietet sich etwa die Plattform Google Drive oder ein anderes über das Internet zugängliches Collaboration-Tool an. Arbeiten Sie gemeinsam in einem Büro, erfüllt eine große Magnettafel oder ein Whiteboard häufig den gleichen Zweck. In den Kapiteln zu den jeweiligen Plattformen und Netzwerken gehen wir noch einmal gezielt auf die Content-Planung ein. Überlegen Sie aber schon jetzt, wie sich die Maßnahmen auf verschiedenen Netzwerken gegenseitig stützen oder sogar befeuern lassen – etwa durch geschickte zeitliche Planung.

◀ Tipp

Ausführliche Tipps und Hinweise zur Content-Erstellung geben wir Ihnen in den Kapiteln zu den einzelnen Netzwerken, da diese jeweils sehr unterschiedliche Merkmale haben und Anforderungen an Sie stellen. Kapitel 5 führt außerdem gezielt in das Content Marketing ein und liefert Ihnen daher konkrete Tipps etwa zur Redaktionsplanung.

Bevor Sie Ihre Strategie umsetzen

Nun geht es an die Umsetzung Ihrer Ideen. Einige Fragen sollten Sie im Vorfeld beantworten.

Werden Sie auch mit Rückschlägen fertig?

Am Anfang dieses Kapitels haben wir darüber gesprochen, dass einige Unternehmen Social Media scheuen, weil sie sich vor Kontrollverlust oder negativer Resonanz fürchten. Das müssen auch Sie bedenken, bevor Sie sich in die tiefen Wasser der sozialen Medien vorwagen. Wenn Sie sich auf Ihren Social-Media-Präsenzen nicht an Diskussionen beteiligen, können Sie Kritik dafür ernten, dass Sie auf Probleme nicht eingehen. Doch wenn Sie darauf eingehen, können Sie ebenso Kritik dafür ernten, dass Sie es falsch gemacht haben. Hier brauchen Sie sowohl Erfahrung als auch einen Plan für die Kommunikation in Krisenfällen. (Keine Angst, wir beschäftigen uns in Kapitel 4 noch damit!)

Zugleich ist es wichtig, zu erkennen, dass ein sympathisches, ernsthaftes Engagement die Stimmung in der Community positiv beeinflussen kann und dass Unternehmen aus negativer Resonanz viel lernen können. Viel schwieriger ist es, wenn niemand Sie und Ihr Engagement bemerkt. Oft liegt das an mangelnder Vernetzung, an nicht auf die Bedürfnisse der Zielgruppe abgestimmten oder lieblosen Inhalten und an der fehlenden Integration von Social Media in die Gesamtstrategie des Unternehmens.

Verfügen Sie über Geduld und einen langen Atem?

Jede Marketingmaßnahme erfordert Geduld und Mut zum Experimentieren. Das gilt auch für die sozialen Medien. Sie haben es schließlich mit Individuen zu tun, die auf Ihre Bemühungen irgendwie reagieren werden. Wenn Sie beim ersten Mal scheitern, werden Sie es dann erneut versuchen? Haben Sie den Willen, an Ihren Fehlern zu wachsen? Haben Sie den Willen, Verbesserungen und Anpassungen zu akzeptieren?

Der Aufbau eines hochwertigen Netzwerks und das Erreichen von Aufmerksamkeit kosten Zeit und Mühe. Niemand hat auf Sie gewartet, und die Wertschätzung in der Community will ehrlich verdient werden. Ohne Frage: Es gibt sie, die sensationellen viralen Erfolge von Social-Media-Kampagnen. Oft steckt aber ein großes Budget dahinter, manchmal ist es eine Kombination aus Glück und Budget, selten ist es einfach nur Glück, dass eine Kampagne die Community begeistert.

Sie sollten daher keine Wunder erwarten und bereit sein, geduldig in Erfahrung zu bringen, womit Sie die Menschen in den sozialen Medien für sich einnehmen können und wie Sie sich als sympathischer, nützlicher Gesprächspartner unentbehrlich machen.

Sind Sie bereit, Beziehungen zu pflegen?

Vergegenwärtigen Sie sich, dass Sie mit Menschen in Kontakt treten werden, nicht mit Websites und auch nicht mit Smartphones. Der Erfolg Ihrer Strategie wird von den Reaktionen der Menschen auf Ihre Initiativen abhängen und von der Bereitschaft, Ihre Botschaften und Inhalte weiterzuverbreiten. So gut wie immer sind Sie vom Wohlwollen einer Community abhängig. Ein gut funktionierendes Netzwerk ist daher von unschätzbarem Wert. Sie sollten sich also Gedanken darüber machen, wie Sie dieses Netzwerk aufbauen und nachhaltig pflegen können.

Beziehungen in sozialen Medien unterscheiden sich gar nicht so sehr von denen in der realen Welt: In beiden haben Sie es mit Menschen zu tun. Wenn diese in ihren Social-Media-Beziehungen auf dem falschen Fuß erwischt werden, brechen sie den Kontakt vielleicht ab, wie auch im wirklichen Leben eine Beziehung scheitern kann. Und gerade bei der Kommunikation per Web können unangenehme Missverständnisse entstehen. Texte und Bilder – auch Emojis – können falsch verstanden werden.

Ihr Auftritt in den sozialen Medien sollte zu Ihrer Unternehmenskultur passen. Es ist schön, wenn Sie Ihre Kunden in Social Media positiv überraschen können. Sind diese jedoch etwas völlig anderes von Ihnen gewohnt, kann das auch irritierend wirken. Andersherum werden Sie feststellen, dass Ihre Aktivitäten in Social Media Erwartungen an Ihr Unternehmen wecken können. Wenn Sie in Social Media betont lässig unterwegs sind, sollten Sie bei Begegnungen auf Messen oder Kongressen nicht zu steif auftreten.

Networking ist sowohl online als auch offline sehr lohnenswert. Tatsächlich sind Aufbau und Pflege von Netzwerken wohl der wichtigste Teil der Social-Media-Gleichung. Der Schlüssel zu effizientem Netzwerken ist, die geeigneten Communitys aufzuspüren, sie zu verstehen und sich mit einer klaren Markenidentität einzubringen. Ein gutes Netzwerk hilft Ihnen, sich selbst in Social Media zu etablieren und Ihrer Marke ein Gesicht zu geben.

Können Sie großzügig sein?

Netzwerke wachsen, weil Menschen anderen Menschen helfen und sich über gemeinsame Interessen austauschen. Ohne echtes Interesse an den Menschen in der Community und die Bereitschaft, Wissen oder Anteilnahme beizusteuern, werden Sie es schwer haben, als Teil des Netzwerks akzeptiert zu werden. Dazu gehört auch, dass Sie zunächst mehr an Wissen, Zeit und Interesse investieren müssen, als Sie (zurück)bekommen. Im Laufe der Zeit wird sich ein Gleichgewicht einstellen, aber Sie sollten nie darin nachlassen, der Community einen Mehrwert zu geben.

Zugegeben, das kostet Zeit und Mühe. Doch der Aufbau eines hochwertigen Netzwerks lohnt sich, wie Sie in diesem Kapitel erfahren haben. Wenn Sie immer zuerst an die Community denken und erst in zweiter Linie an den Nutzen, werden Sie letztlich all Ihre Ziele erreichen können, und das in einer Weise, die Ihnen die Achtung und das Vertrauen Ihrer Zielgruppen einbringt.

Ist Ihre Unternehmenskultur reif für Social Media?

»Da bekommen wir dann nur schlechte Bewertungen!«

»Und wie soll der Chef genehmigen, was ihr im Marketing bei Facebook schreibt?«

Und sogar: »Unsere Kunden sind ja nicht besonders gebildet, am Ende schaden die uns noch!«

Diese Stimmen hörten wir in den vergangenen Jahren immer wieder bei Unternehmen, die vor einem Engagement im Social Web zurückschreckten. Dabei führen angstgetriebene Entscheidungen selten zu Erfolgen. Ernst nehmen wollen wir alle Bedenken dennoch, denn natürlich kann Social Media Marketing aufs Glatteis führen – in einigen Konstellationen, Branchen und Märkten schneller, in manchen weniger schnell. Eine politische Partei wird auf ihrer Facebook-Seite mit Gegenpositionen und Einflussnahme rechnen müssen – und im Zweifel auch mit rechtswidrigen Kommentaren anderer Menschen, auf die reagiert werden muss. Ein Einzelhändler wird sich kritischen Fragen zur Herkunft und Qualität seiner Produkte stellen und ein Freizeitpark Kritik zu einer angekündigten Preiserhöhung einstecken müssen.

Sorgen Sie dafür, dass die Teammitglieder, die täglich via Twitter Kundenanfragen beantworten, regelmäßig und umfassend geschult werden, um beispielsweise nicht das Blaue vom Himmel herunter zu versprechen und gleichzeitig wirklich hilfreiche Antworten zu geben. Und selbst die Unternehmen, die sich recht sicher fühlen, ein Blumengeschäft etwa, das »nur« seine aktuellen Angebote bei Facebook teilt, oder ein Tourismusbüro, das die schönen Seiten seiner Heimatstadt auf Instagram postet, sollten wissen, wie sie im Krisenfall agieren: wen sie intern informieren, welche Aussagen sie bedenkenlos treffen dürfen und welche sie besser vorab klären. Denn Shitstorms sind nicht zwingend selbst verursacht und natürlich garantiert nicht absichtlich. Im Blumenladen etwa kann eine Kundin stürzen und sich schließlich bei Facebook Luft machen. Und in der Stadt, die auf Instagram ausschließlich romantische Altstadtbilder postet, kann es dennoch Wohnungsnot geben, die im Social Web debattiert wird.

Abbildung 2-20
Die Berliner Verkehrsbetriebe setzen auf Selbstironie: Mit einer großen Portion Humor spielen sie nicht nur mit ihren Schwächen, sie stellen sie fast aggressiv in den Mittelpunkt und stoßen auf sehr positive Resonanz (mehr dazu in Kapitel 9). Eines ist klar: Für Kampagnen dieser Art braucht es eine mutige, offene Unternehmenskultur.

Social Media Guidelines: Leitplanken für das Agieren in den sozialen Medien

Sehr empfehlenswert sind »Social Media Guidelines«, also unternehmensinterne Richtlinien für den Umgang mit den verschiedenen Social-Media-Kanälen. Diese sollten sich an alle Beschäftigten richten, auch an die, die nur privat Facebook, Twitter oder andere Dienste nutzen oder noch gar nicht aktiv sind. Zwar können Sie Ihren Beschäftigten nicht vorschreiben, ob und in welcher Form sie sich im Social Web austoben, jedoch helfen grundlegende Verhaltenstipps dabei, auf beiden Seiten mehr Sicherheit zu schaffen. Alle Beschäftigten sollten darüber informiert sein, was das eigene Unternehmen im Social Web tut und vorhat.

Bedenken Sie: Aus der allgemein etablierten »One-Voice-Policy« ist in den sozialen Medien mit der Zeit eine »Many-Voices-Policy« geworden. Es liegt an Ihnen, die Stimmen Ihrer Beschäftigten für sich zu gewinnen.

Durch den Dschungel der Bürokratie

Gleichzeitig müssen Sie sich noch durch das Bürokratiegeflecht in Ihrem Unternehmen kämpfen. Vielleicht muss Ihr Engagement in den sozialen Medien von der Rechtsabteilung abgesegnet werden? Ist sich diese der Vor- und Nachteile der geplanten Aktivitäten bewusst? Oder ist Ihr Vorgesetzter noch nicht vollständig davon überzeugt, dass Sie und andere einen Teil der Arbeitszeit künftig bei Instagram, LinkedIn oder TikTok verbringen? Oder hat er etwa die glorreiche Idee, sich künftig alle Tweets zur Absegnung vorlegen zu lassen?

Das Problem mit der Bürokratie in Unternehmen ist, dass die Verrenkungen, die Sie machen müssen, Ihre Arbeit und Ihre Entwicklung behindern und letztlich eine echte Bürde darstellen. Ihre Marke wird in der Öffentlichkeit diskutiert, ganz gleich, ob Geschäftsleitung und Rechtsabteilung grünes Licht geben oder nicht. Es ist wichtig, die Menschen in Ihrem Unternehmen darin zu schulen, Missionen und Ziele sachlich, aufrichtig und transparent darzustellen. Benennen Sie klar, welche Chancen Ihre Social-Media-Strategie bietet, und auch, welche Gefahren bei fehlendem Engagement drohen.

Technik oder Zauberei?

Es kursiert immer noch die Mär, dass Social Media nichts koste. In der Tat sind viele soziale Medien kostenlos nutzbar – relevante Reichweiten erhält man aber beispielsweise bei Instagram und Facebook nur noch durch ein ergänzendes Werbebudget. Sicherlich ist der finanzielle Aufwand im Vergleich zu anderen Kommunikationsmaßnahmen im Unternehmen zunächst überschaubar. Wer aber nützliche Inhalte liefern, mit den Communitys in den Austausch gehen und sämtliche Social-Media-Aktivitäten auswerten und überprüfen will, muss einiges an Zeit und Mühe und damit personellen Ressourcen investieren.

Ein wichtiger Bestandteil wird bei aller Begeisterung für Technologien jedoch oft übersehen: die technische Ausstattung. Unmittelbare Kommunikation in Echtzeit erfordert, dass ein stabiles Internet (dazu gehört auch ein ordentliches Datenvolumen für unterwegs), ein leistungsfähiger Computer sowie wenigstens ein mobiles Gerät – Tablet oder Smartphone – vorhanden sind. Das klingt banal, wird aber mitunter tatsächlich übersehen. Doch wie sollen Mitarbeitende von einer Konferenz twittern oder Instagram Stories von der aktuellen Branchenmesse senden, wenn ihnen das Equipment fehlt? Auch eine rasche Reaktion auf Kundenanfragen bewerkstelligen Sie mit einem leistungsstarken mobilen Gerät besser.

Sinnvoll ist auch die Anschaffung einer geeigneten Digitalkamera, wenn Sie regelmäßig Videos produzieren, sowie zusätzliches Bild-/Tonequipment mit der passenden Schnittsoftware.

Planen Sie darüber hinaus Zeit ein: Sie werden sich in Tools und Gadgets einarbeiten müssen. Außerdem entstehen im Social Web laufend neue Dienste, mit denen es zu experimentieren gilt. Sowohl der Zugang zu Tools und Netzwerken als auch die Bereitschaft, diese auszuprobieren, sind für den Erfolg des Social Media Marketing grundlegend. Hier entscheidet sich: Vertraut Ihr Unternehmen seinen Mitarbeiter:innen? Können und wollen diese sich weiterbilden, und ist der Stellenwert von Social Media für alle geklärt?

Lernen oder untergehen: Fortbildungen

Der Zuwachs an Wissen in den letzten 100 Jahren war enorm. Immer schneller kommen neue Technologien auf den Markt, mit denen wir uns auseinandersetzen müssen, weil sie unsere Arbeit und unser Leben verändern. Wir sind eine lernende Gesellschaft, in der es selbstverständlich geworden ist, dass auch Erwachsene nach Abschluss ihrer Ausbildung ihr Leben lang weiterlernen.

Im Unternehmen werden Sie immer Mitarbeiter:innen haben, die sich begeistert auf neue Herausforderungen stürzen und sich in Routinen rasch langweilen, und auf der anderen Seite welche, die Veränderungen als bedrohlich empfinden und einen verlässlichen Rahmen für ihre Arbeit brauchen. Natürlich gibt es auch Menschen, die Veränderungen gleichmütig hinnehmen und sich ebenso gelassen Neuerungen aneignen.

Für die sozialen Medien brauchen Sie forsche Spürnasen und unerschrockene, routinierte Dranbleiber, die sich gern Neues ansehen und dafür Ideen entwickeln. Die Spaß an Netzkultur und der Kommunikation mit Menschen haben und gleichzeitig nie das Unternehmensziel aus den Augen verlieren.

Ein entscheidender Faktor, der Ihre Social-Media-Strategie nicht unwesentlich beeinflussen wird, ist, inwieweit das stete Lernen ermöglicht und unterstützt wird. Auch Unternehmen müssen hier oft umdenken und eine Haltung zur Fort- und Weiterbildung Ihres Teams entwickeln. Denn das teuerste Videobearbeitungstool und das mächtigste Social-Media-Dashboard bleiben stumpfe Instrumente, wenn niemand sie bedienen kann. Da braucht es Schulungen und regelmäßige Qualifizierungen. Wenn ein Unternehmen daran interessiert ist, Social Media klug und effizient einzusetzen, tut es gut daran, seinen lernwilligen Mitarbeitenden entsprechende Voraussetzungen dafür zu schaffen.

Tipp ▶ Wenn Sie in Social Media auf dem Laufenden bleiben wollen, sollten Sie den Austausch mit Menschen suchen, die sich ebenfalls für oder in Unternehmen mit Social Media beschäftigen. Gerade der branchenübergreifende Austausch ist sehr wertvoll. Hier empfiehlt sich der Besuch von Barcamps (sogenannten »Unkonferenzen« mit offener Agenda) oder lokalen Treffen von Social-Media-Leuten, die es in vielen größeren Städten gibt. Unter dem Begriff *Social Media Club* finden B2B-Treffen statt, bei denen kurze Vorträge aus der Praxis und das Netzwerken im Mittelpunkt stehen. Werfen Sie auch einen Blick auf die Angebote des *Bundesverbands Community Management* (BVCM e.V., *https://www.bvcm.org/*). Und recherchieren Sie selbst in den Netzwerken: Gerade auf Facebook gibt es eine ganze Reihe von Gruppen zu Social Media Marketing, Facebook-Werbung und einzelnen Tools. Schließen Sie sich interessanten Gruppen an und tragen Sie selbst zum Austausch bei.

Welche Mitarbeiter:innen benötigen Sie?

Wie jede Form von Kommunikation bedeutet auch die Social-Media-Kommunikation Einsatz und Arbeit, so einfach und kostengünstig sie erscheinen mag. Haben Sie in Ihrem Unternehmen Mitarbeiter:innen, die in Social Media bereits aktiv sind oder sich ein neues Themenfeld erarbeiten möchten? Oder müssen Sie zusätzliche Kräfte einstellen?

Sie müssen entscheiden, ob Sie die Aufgabe mit eigenen Mitteln bewältigen oder sich Hilfe von außen holen möchten. Das hängt natürlich in erster Linie von der Größe Ihres Unternehmens, dem zur Verfügung stehenden Budget und dem Umfang Ihrer Social-Media-Pläne ab. Auch Ihre Vorkenntnisse bzw. die Ihrer Mitarbeiter spielen eine Rolle.

Hinweis ▶ Gelegentlich werden Praktikantenstellen oder Aushilfen für Social-Media-Aktivitäten ausgeschrieben. Dies mag kostengünstiger sein als eine Vollzeitkraft, birgt aber hohe Risiken. Die Community gewöhnt sich an die Menschen, die in den sozialen Medien für ein Unternehmen sprechen. Wenn der Repräsentant des Unternehmens alle drei oder sechs Monate wechselt, schafft das nicht unbedingt Vertrauen. Es sollte jemand sein, der sich auch in schwierigen Gesprächssituationen geschickt verhält, im Unternehmen gut vernetzt ist und sich zudem mit Ihrer Unternehmenskultur identifizieren kann. Oder würden Sie einem Praktikanten die Stelle als Unternehmenssprecher anbieten?

Vielleicht sollten Sie bestimmte Aufgaben in Social Media auch komplett outsourcen. Manch einer mag argumentieren, das sei nicht ideal, weil Sie selbst der glühendste Verfechter Ihres Produkts sind. Unterstützung von außen kann aber nicht nur den Einstieg in die sozialen Medien erleichtern, sie kann Ihrem Unternehmen und den Menschen, die darin arbeiten, auch dabei helfen, den Mitgliedern der Community die bestmögliche Botschaft zu vermitteln. Im Idealfall arbeitet ein Unternehmen mit externen Fachleuten Hand in Hand.

Möglicherweise entscheiden Sie sich für einen Mittelweg: Sie können eine externe Beraterin für Ihre internen Social-Media-Aktivitäten und Schulungen anheuern. Vielleicht bietet sich eine Kooperation mit Agenturen und Beratern an, die sich im Social-Media-Umfeld und Ihren Communitys gut auskennen. Sie können Ihnen bei der Ideenfindung helfen, die Kontaktaufnahme zu Influencer:innen vereinfachen und eine virale Marketingstrategie entwerfen, die den Übergang zu einem ausgereiften Social Media Marketing in Ihrem Unternehmen erleichtert.

Zusätzlich können Sie aus webaffinen Mitarbeiter:innen ein Team bilden, das mit einem Berater zusammen eine Social-Media-Strategie entwickelt und umsetzt, oder einen Social Media Manager bestimmen, der im Umgang mit der Community die Zügel in der Hand behält. Das allein ist oft schon eine Vollzeitbeschäftigung. In jedem Fall ist es aber notwendig, dass Sie im Unternehmen und mit Blick auf Ihre Gesamtstrategie erarbeiten, wie Sie im Social Web auftreten möchten, was Sie erreichen wollen und wer wofür zuständig ist. Nur so können Sie bzw. die Social Media-Beauftragten souverän und schnell im Social Web agieren und reagieren. Daher sind in jeder Social-Media-Kampagne Training und Abstimmung wichtig, sowohl für Ihre Mitarbeiter als auch für Externe, sofern Sie welche engagieren.

In kleineren Unternehmen ist die Social-Media-Kommunikation in dieser Hinsicht etwas einfacher: Hier werden die Social-Media-Aktivitäten oft vom vorhandenen Personal in den Abteilungen Marketing, PR und/oder Kundendienst übernommen. Nicht selten füttert sogar nur ein einziger Mitarbeiter täglich die sozialen Netzwerke und behält damit natürlich wunderbar den Überblick über alle jemals kommunizierten Inhalte und erhaltenen Meinungsäußerungen. Bedenken Sie jedoch, dass auch dieser Mitarbeiter einmal Urlaub hat oder kurzfristig ausfallen kann – soll dann auch gleich Ihre komplette Kommunikation im sozialen Netz brachliegen? Besser ist es, zumindest eine zweite Person einzuarbeiten und alle wichtigen Leitlinien, Inhalte und – ganz wichtig – Zugangspasswörter bei diesem Mitarbeiter oder einer Vorgesetzten zu hinterlegen.

Bei Social-Media-Teams sollten Sie ganz genau bestimmen, wer welche Kanäle standardmäßig bewacht und bedient und wie im Krisenfall die Kommunikationswege aussehen. Natürlich sollten Sie auch Ihre »Öffnungszeiten« im Social Web und den Umgang mit der Arbeitszeit Ihres Social-Media-Beauftragten an den Abenden und am Wochenende klären.

Social Media Manager:innen

Wenn Sie die Social-Media-Strategie in Ihrem Unternehmen konsequent weiterentwickeln, sollten Sie eine Position schaffen: die des Social

Media Manager und/oder der Community-Managerin, der bzw. die entweder eine Stabsstelle einnimmt oder im Marketing- oder PR-Team arbeitet. Diese Person ist die Stimme des Unternehmens im Social Web und tritt auch persönlich mit Kunden, Multiplikatoren und Geschäftspartnern in Kontakt. Zugleich vermittelt sie Wünsche und Meinungen der Kunden ins Unternehmen. Aus diesem Grund ist es von großer Wichtigkeit für den Erfolg in Social Media, dass Social Media Manager:innen sowohl intern als auch extern gut vernetzt und anerkannt sind.

Tipp ▶ In Kapitel 14 zeigen wir Ihnen einige Ausbildungswege für Social Media Managerinnen und Manager.

Ihr Social Media Manager sollte ein kommunikationsstarker Teamplayer mit Begeisterung für Ihre Marke in Ihre Branche sein. Die Person sollte in der Lage sein, mit gesundem Menschenverstand und zwischen den Zeilen lesend auf unterschiedliche Menschen in den sozialen Medien zu reagieren und eine sympathische, »echte« Sprache zu finden, frei von Marketing- und PR-Floskeln. Ihre Äußerungen sollen sich am Interesse der Community ausrichten und keine kommerziellen Untertöne haben.

Eine gewisse Lebenserfahrung bzw. Erfahrung im Umgang mit Menschen kann durchaus von Vorteil sein. Schließlich gilt es, etwa in Krisen mit einem kühlen Kopf, gewissem Pragmatismus und hoher Zielorientierung vorzugehen. Ein Zertifikat kann Ihnen bei der Auswahl helfen, aber letztlich brauchen Sie jemanden, der Ihre Marke gelassen, sachlich und möglichst heiter auch durch schweres Fahrwasser führt.

Der oder die Social Media Manager:in übernimmt die Aufgabe, im Social Web stabile Beziehungen aufzubauen und das Netzwerk zu pflegen. Im Idealfall ist es jemand, der selbst bereits im Social Web anerkannt ist und sich mit den Regeln dort auskennt. Er beteiligt sich an Barcamps und Social-Media-Treffen, besucht Konferenzen und schafft Möglichkeiten für die Community, sich auch offline zu treffen. Die Person sollte gern mit Menschen arbeiten, persönlich, umgänglich und humorvoll sein und die Herausforderung lieben. Schließlich hat sie die wichtige Aufgabe, dem Unternehmen ein menschliches Gesicht zu verleihen, und »lohnen« soll es sich auch noch – deshalb darf sie die Ziele nicht aus dem Blick verlieren und muss die Fortschritte verfolgen und dokumentieren.

Social Media Manager:innen beobachten den Meinungsaustausch im Web und nehmen regelmäßig daran teil. Sie richten die Präsenzen des Unternehmens auf relevanten Social-Media-Sites ein und behalten deren Entwicklung im Blick. Anhand ihrer Beobachtungen analysieren sie

Auffälligkeiten, Muster und Trends, die bedeutungsvoll sein könnten, und kommunizieren sie ins Unternehmen.

Gleichzeitig sollten sie feststellen können, wer Fürsprecher des Produkts oder der Marke ist. Wer stellt die Firma in einem außerordentlich positiven Licht dar, wer nicht? Wie kann man das Gespräch mit den Kritiker:innen suchen und sie möglicherweise zu Fürsprechern machen?

Social Media Manager:innen sind die Experten für Social Media Marketing in ihren Unternehmen. Sie müssen jederzeit die Initiative ergreifen dürfen, um für ihr Unternehmen die Stimme zu erheben. Dafür brauchen sie das Vertrauen der Geschäftsleitung und den Freiraum, im Sinne des Unternehmens ohne vorherige Absprache zu kommunizieren.

Im Laufe der Zeit sollten Social Media Manager:innen die Mission des Unternehmens wirkungsvoll formulieren und dessen Bekanntheit steigern. Die Verantwortung für das Social-Media-Management muss nicht unbedingt bei einem Einzelnen liegen. Es kann durchaus sinnvoll sein, aus Mitarbeitenden ganz unterschiedlicher Abteilungen ein Social-Media-Team zu bilden.

Erfolge messen und Strategie evaluieren

Ob Ihre Social-Media-Strategie erfolgreich ist, lässt sich konkret messen – anhand der SMART-Ziele, die Sie sich vorgenommen haben. Zentrale KPIs im Social Media Marketing stellen wir Ihnen in Kapitel 3 dieses Buchs vor, ebenso die dafür nötigen Tools und Methoden.

Wesentlich an dieser Stelle ist: Nehmen Sie sich überschaubare Zeiträume vor, prüfen Sie die Ergebnisse und bleiben Sie beweglich genug, um Ihre Strategie immer wieder zu justieren. Widerstehen Sie aber der Versuchung, wild durch Kanäle und Inhalte zu hüpfen – damit vermitteln Sie nicht nur Konzeptlosigkeit, Sie haben gleichermaßen auch zu wenig Zeit, sich bei Ihren Zielgruppen bekannt zu machen und zu beweisen. Sie werden nicht innerhalb weniger Wochen herausfinden, ob sich die gewählte Plattform für Sie eignet, oder nach nur einem veröffentlichten YouTube-Video wissen, ob Ihre Kunden diesen Inhalt als nützlich einstufen. Ein wenig Durchhaltevermögen – unserer Einschätzung nach von mindestens sechs bis neun Monaten bei gleichzeitig kontinuierlichem Engagement – ist schon gefragt.

Bleiben Sie Ihrer Identität und Ihrer Linie treu und experimentieren Sie innerhalb dieses Terrains – mit einer stets klaren Zielsetzung vor Augen.

Zusammenfassung

Social Media ist mehr als nur eine Kampagne oder ein weiterer Kanal und verlangt nach einer Strategie, die in Ihre Gesamtstrategie integriert ist. Ermitteln Sie daher zunächst Ihre Ziele, Zielgruppen sowie deren Gewohnheiten, Bedürfnisse und Eigenschaften, Ihre Inhalte und Themen sowie die Plattformen und Dienste, die sich für den Austausch mit Ihren Zielgruppen eignen. Ihre Ziele im Social Media Marketing sollten klug und SMART gewählt sein: spezifisch, messbar, erreichbar, realistisch und zeitlich klar definiert.

Legen Sie sich die Latte nicht zu hoch, sonst bekommen Sie Schwierigkeiten, realistische Ergebnisse zu erzielen. Kombinieren Sie quantitative und qualitative Messwerte für Ihre Ziele und prüfen Sie diese in regelmäßigen Intervallen.

Recherchieren Sie Markenbotschafter:innen und Influencer:innen, überlegen Sie, wie Sie mit der Community ins Gespräch kommen und welche nützlichen, unterhaltsamen und/oder wertschöpfenden Inhalte Sie ihr bieten können.

Überwinden Sie Ängste und Vorbehalte gegenüber sozialen Medien. Um souverän und professionell in Social Media agieren zu können, sollten Sie sich mit Kontrollverlust, Verantwortlichkeiten und Zuständigkeiten auseinandersetzen. In vielen Fällen empfiehlt sich die Festlegung von »Social Media Guidelines« für Ihre Mitarbeitenden. Oft ist es auch sinnvoll, einen Social Media Manager zu ernennen oder einzustellen. Dieser kümmert sich um die Kommunikation zwischen dem Unternehmen und den verschiedenen Stakeholdern des Unternehmens sowie Kunden, Bloggern, Journalisten, Geschäftspartnern etc. Für diese Rolle eignen sich Personen, die Menschen sowie Herausforderungen mögen und souverän kommunizieren können.

Integrieren Sie Ihr Social-Media-Engagement in die Kommunikationsstrategie Ihres Hauses und sorgen Sie für alle personellen und finanziellen Ressourcen, die für die erfolgreiche Umsetzung Ihrer Strategie nötig sind.

In sozialen Medien sprechen Menschen mit Menschen, nicht mit Marken. Machen Sie sich bewusst, dass Sie dort Gespräche auf Augenhöhe führen und in vielerlei Hinsicht in Vorleistung gehen werden, um vertrauensvolle und wertschätzende Beziehungen aufzubauen. Es ist unklug, erst dann in Social Media einzusteigen, wenn es gilt, Schaden zu begrenzen oder ein Produkt bekannt zu machen. Ein treues Netzwerk und ein gutes Verhältnis zu einflussreichen Persönlichkeiten in Social Media können Sie unterstützen, aber beides müssen Sie sich zunächst erst einmal aufbauen.

KAPITEL 3

Social Media Listening und Analytics

In diesem Kapitel:

- Einführung: Monitoring/Listening und Analytics
- Wichtige Kenngrößen
- Ihr Werkzeugkasten
- Zusammenfassung

Im letzten Kapitel haben Sie erfahren, welche Fragen Sie stellen müssen, um Ihre Social-Media-Strategie zu planen. All diese Fragen drehen sich um das Zuhören und Kommunizieren, um Gespräche. Nur wenn Sie konsequent und regelmäßig diesen Gesprächen lauschen und sich an ihnen beteiligen, können Sie Social Media für Ihr Unternehmen effektiv nutzen, also neue Kunden gewinnen, Kunden binden und damit letztlich Umsätze generieren. Dafür müssen Sie in Erfahrung bringen, wo diese Gespräche stattfinden und an welchen Orten im Social Web Sie Ihr Zielpublikum antreffen.

In diesem Kapitel stellen wir Ihnen nun einige Methoden und Tools des Social Media Listening (bekannt auch unter dem Begriff Social Media Monitoring) vor. Und wir kommen noch einmal auf Ihre Ziele zurück: Wie können Sie diese messen, um Ihren Erfolg zu evaluieren? Welche Werkzeuge können dabei helfen? Für beide Aufgaben – das Zuhören und die Analyse – steht eine Reihe praktischer Tools bereit, von kleinen Apps bis zu ausgewachsenen Dashboards, die Ihnen zudem bei der Veröffentlichung Ihrer Postings unter die Arme greifen. Auch diese Dashboards stellen wir Ihnen vor.

Einführung: Monitoring/Listening und Analytics

Social Media Listening bzw. Monitoring ist unerlässlich – ganz gleich, ob Sie nur passiver Zuschauer im Social Web sind, gelegentlich auf Anfragen reagieren oder bereits auf vielen Plattformen aktiv eigene Inhalte veröffentlichen. Alles beginnt und endet damit, dass Sie Gespräche und Erwähnungen im Web verfolgen, daraus Ihre Schlüsse ziehen und gegebenenfalls darauf reagieren. Wenn Sie für die Pressearbeit zuständig sind, erstellen Sie längst einen regelmäßigen Pressespiegel, der alle Erwähnungen Ihres Unternehmens in den Medien erfasst – mit Social Media Listening weiten Sie diese Recherche auf das Web aus. Es spielt auch keine Rolle, wie weit Sie Ihre Social-Media-Strategie schon umgesetzt haben: Es geht nicht ohne Zuhören – zu jedem Zeitpunkt Ihrer Social-Media-Arbeit.

Hinweis ▶ Neben *Monitoring* und *Analytics* schwirren weitere Begrifflichkeiten durch die Social-Media-Sphäre: *Social Media Listening* beispielsweise, das als Synonym von Social Media Monitoring die Erwähnungen einer Marke in den vielfältigen Kanälen des Social Web mitschneidet. Außerdem wird vorrangig im amerikanischen Sprachraum der Begriff *Social Media Measurement* verwendet, das wiederum näher an der tatsächlichen »Vermessung« des Erfolgs – den Analytics – ist. Weil die Teilbereiche inhaltlich sehr oft ineinandergreifen, geraten auch häufig die Begrifflichkeiten durcheinander. Lassen Sie sich davon nicht abschrecken und verinnerlichen Sie einfach die grobe Daumenregel: Mit Social Media Listening hören Sie, was gesprochen wird, erfahren, wer über Sie spricht, oder zählen mit, wie häufig Ihr Name fällt. Und mit Social Media Analytics messen Sie konkret, wie viele Menschen Ihnen zuhören, wie oft Sie zitiert werden und wie viele Menschen Ihnen schließlich folgen (oder sogar mit Ihnen reden, Sie besuchen oder bei Ihnen kaufen). Zudem gilt: Listening bezieht sich auf das gesamte (Social) Web, während Social Media Analytics immer auf die eigenen Social-Media-Kanäle (und die der Wettbewerber) beschränkt ist.

Erwähnungen, Reaktionen oder Kommentare können praktisch überall stattfinden, von Bewertungswebsites bis hin zu Blogs und sozialen Netzwerken. In jeder Sekunde laden Social-Media-Anwender:innen Millionen Fotos, Nachrichten, Videos oder Meinungsbeiträge hoch, einige davon bleiben für immer im Web, andere – wie Stories auf Snapchat oder Instagram – sind nach 24 Stunden wieder verschwunden. Einige sind öffentlich einsehbar, andere befinden sich in geschlossenen Netzwerken, wie beispielsweise in nicht öffentlichen Facebook-Gruppen, oder werden über Messenger wie WhatsApp getauscht.Es ist unmöglich, überall zugleich zu sein. Und es ist ebenso unmöglich, alles mitzubekommen. Dennoch können und sollten Sie versuchen, mit den verfügbaren Mitteln und einem vertretbaren Aufwand die Quellen zu durchsuchen, an die Sie herankommen.

Auch die Erfolgsbewertung beginnt nicht etwa erst, wenn Sie die ersten Postings veröffentlicht haben, wie Sie aus Kapitel 2 wissen. Sie müssen sich von Anfang an konkrete Ziele setzen, diese benennen und beziffern sowie mit einem Zeitraum belegen. Im nächsten Schritt überlegen Sie, wie Sie diese Ziele messen, dokumentieren und einordnen (und auch, an wen im Unternehmen Sie Ihre Ergebnisse berichten). Während sich das Listening also vorrangig mit den Äußerungen Dritter im Social Web beschäftigt, nimmt der Bereich Analytics Ihre eigene Performance in den Blick. Dabei gibt es auch Überschneidungen, etwa dann, wenn Sie messen, wie häufig Ihr Unternehmen in einem bestimmten Zeitraum von anderen gelobt oder kritisiert wird. Wichtig ist: Beides sind zentrale Aufgaben des Social Media Marketing, die Sie nicht vernachlässigen dürfen. Und ein Punkt trifft ebenfalls auf beide Aufgaben zu: Sie können auf Tools zurückgreifen, die Ihnen beim Zuhören und Auswerten helfen, oft können diese sogar beide Aufgaben für Sie erledigen.

Werkzeuge, die Sie durch den kompletten Prozess des Social Media Marketing begleiten und im Alltag unterstützen, nennt man Social-Media-Dashboards. Es gibt sie in diversen Ausführungen und Preisklassen – in abgespeckter Variante sogar kostenfrei. Und sollten Sie sich dazu entschieden haben, ein Dashboard zu nutzen, können wir Ihnen in diesem Kapitel auch ein wenig bei der Auswahl helfen. Neben den vielfältigen Listening- und Analytics Funktionen überzeugen sie nämlich mit einem weiteren sehr nützlichen Argument: Mit Dashboards können Sie auch Ihren Content planen und veröffentlichen, auf Anfragen reagieren, Gespräche moderieren und Ihre Community betreuen – über sämtliche Netzwerke hinweg. Das macht sie zu einer Schaltzentrale für Ihren Auftritt im (Social) Web.

Am Ende dieses Kapitels stellen wir Ihnen eine Auswahl dieser Tools vor. Sie konzentrieren sich alle auf die drei Bausteine Listening, Publishing und Analytics, wie in Abbildung 3-1 gezeigt wird. Der Bereich Publishing ist dabei in den Dashboards inkludiert.

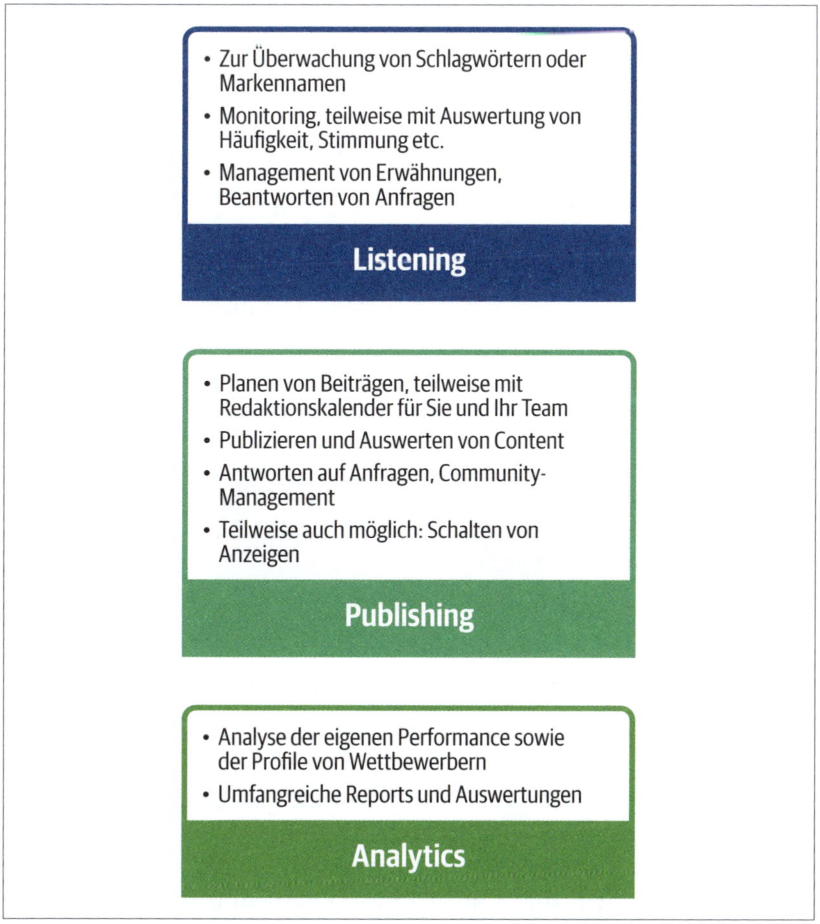

◀ **Abbildung 3-1**
Die Tools in diesem Kapitel beschäftigen sich mit dem Mitschneiden, dem Veröffentlichen und der Analyse von Social-Media-Inhalten und -Profilen.

Doch von vorn: Gehen wir zunächst auf die grundlegenden Begriffe, Kennzahlen und Fragen ein, die Sie vor der Arbeit mit Tools kennen und verstehen müssen.

Was erreichen Sie durch Social Media Listening und Analytics?

Die Aufgabenbereiche Listening und Analytics helfen Ihnen, die Präsenz Ihres Unternehmens in den sozialen Medien zu messen, Trends zu erfassen, Themen für Ihre eigenen Kanäle zu recherchieren und Meinungsbilder einzuholen. Wollen Sie Ihre Vorgesetzten davon überzeugen, das Unternehmen in die sozialen Medien zu bringen, helfen Ihnen bestimmte Kennzahlen, eine (positive) Wirkung auf Ihr Unternehmen zu belegen. Nicht zuletzt werden Sie die Effektivität Ihres Engagements in Social Media besser einschätzen können.

Mit Listening und Analytics erhalten Sie Aufschluss darüber,

- wie (und ob) Ihre Marke wahrgenommen und von Kunden bewertet wird,
- wie häufig über Ihre Marke gesprochen wird und welche Stimmung dabei vorherrscht,
- ob etwas im Gange ist, das Ihren Ruf schädigen könnte, beispielsweise ein negativer Blogeintrag eines verärgerten Kunden, aus dem heraus sich ein Shitstorm zusammenbrauen könnte,
- welche Themen in Ihrer Branche gerade heiß diskutiert werden und was sich daraus zu einem wirtschaftlich wichtigen Trend entwickeln könnte,
- welche Personen in Ihrer Branche als Expertinnen und Meinungsführer im Web anerkannt sind,
- welche Netzwerke und Formate bei Ihren Zielgruppen beliebt sind,
- wer und was außerhalb Ihrer Branche für Ihr Zielpublikum als einflussreich angesehen wird,
- was Ihre Konkurrenz unternimmt,
- was potenzielle Kunden von Ihnen erwarten und
- wie erfolgreich (oder erfolglos) Ihre eigenen Kanäle im Social Web sind.

Die meisten Punkte dienen Ihrem Reputationsmanagement und Ihrer Marktforschung; Sie können PR-Krisen vermeiden, Ihre Kunden besser kennenlernen und damit Ihre Produkte verbessern. Überlegen Sie sich daher eine Reihe von Stichwörtern, nach denen Sie das Web regelmäßig durchsuchen wollen: die Namen Ihres Unternehmens, Ihrer Marken und Ihrer Produkte genauso wie die Ihrer Konkurrenz und wichtiger Personen sowie die Bezeichnungen relevanter Technologien und Trends in Ihrer Branche. Bedenken Sie, dass Sie mit keinem Tool – ob kostenfrei oder kostenpflichtig – sicher sein können, wirklich alles zu finden. Daher sollten Sie relevante Fachforen und -medien immer auch manuell überwachen und regelmäßig mit Meinungsführer:innen sprechen.

Einige der oben genannten Punkte geben konkrete Impulse für Ihr Social Media Marketing. Sie helfen bei der Themensuche – beispielsweise für Ihre PR- und Marketinginstrumente wie eine Kundenzeitschrift oder auch ein Corporate Blog – sowie dabei, den geplanten Content an die Vorlieben Ihrer Kunden anzupassen und im richtigen Format zu entwickeln. Und schließlich geht es darum, den Erfolg des eigenen Engagements zu bewerten. Für alle Ziele, besonders aber für die Evaluation Ihres Marketings, ist es von zentraler Bedeutung, dass Sie Social Media Listening regelmäßig durchführen und fortlaufend dokumentieren. Kontinuität verschafft Ihnen ein umfassendes Bild und das gewisse Gefühl für Ihre Zielgruppe – und bewahrt Sie davor, aus einem Impuls heraus Entscheidungen mit langfristigen Folgen zu treffen.

Denn: Das Social Web ist per se Veränderungen unterworfen. Netzwerke, die heute beliebt sind, können morgen schon abgelöst sein. Und Influencer, die heute über viele Fans verfügen, können morgen ihre Glaubwürdigkeit verspielt haben. Wer dranbleibt, bekommt ein gutes Gespür für sich anbahnende echte Trends, ohne sich zu stark von Einzelphänomenen in den Bann ziehen zu lassen.

Die richtigen Suchbegriffe

Natürlich forschen Sie schon längst in den Suchmaschinen nach Nennungen Ihrer Marke – doch wie kommen Sie weiteren ebenso wichtigen Erwähnungen auf die Spur? Probieren Sie die Namen Ihrer Produkte, Ihrer Geschäftsführer oder Ihrer Konkurrenten – kurz: alle Begriffe und Wortgruppen, die in einem direkten Zusammenhang mit Ihrem Unternehmen stehen. Und versuchen Sie es stets mit mehreren Schreibweisen – Sie wissen sicherlich, dass Kunden Ihren Firmennamen gelegentlich falsch schreiben und auf welche Weise. Wenn Sie Trends und Entwicklungen Ihrer Branche entdecken wollen, sollten Sie versuchsweise verschiedene Schlagwörter in die Suchmaschinen eintippen. Fragen Sie auch Ihr Team, Ihre Kundschaft und Geschäftspartner, welche Begriffe sie mit Ihrem Unternehmen und Ihrer Branche in Verbindung bringen. Als Bindeglied zum Markt können Ihre Kolleg:innen aus dem Vertrieb sicherlich hilfreiche Antworten liefern. Sie sollten sie also immer einbeziehen.

Oft weichen die Begriffe, die innerhalb eines Unternehmens und einer Branche benutzt werden, von denen ab, nach denen mögliche Kundschaft sucht. Wenn Sie einen Blick in Ihr Website-Analysetool werfen, können Sie meist erkennen, wonach Kund:innen gesucht haben, um auf Ihre Website zu gelangen, oder nach welchen Begriffen sie auf Ihrer Site gesucht haben. Das kann Ihnen wichtige Hinweise dazu liefern, wie Sie relevanten Gesprächen im Social Web auf die Spur kommen. Gleichzeitig dienen Keyword-Tools als Ideengeber für Ihren Content.

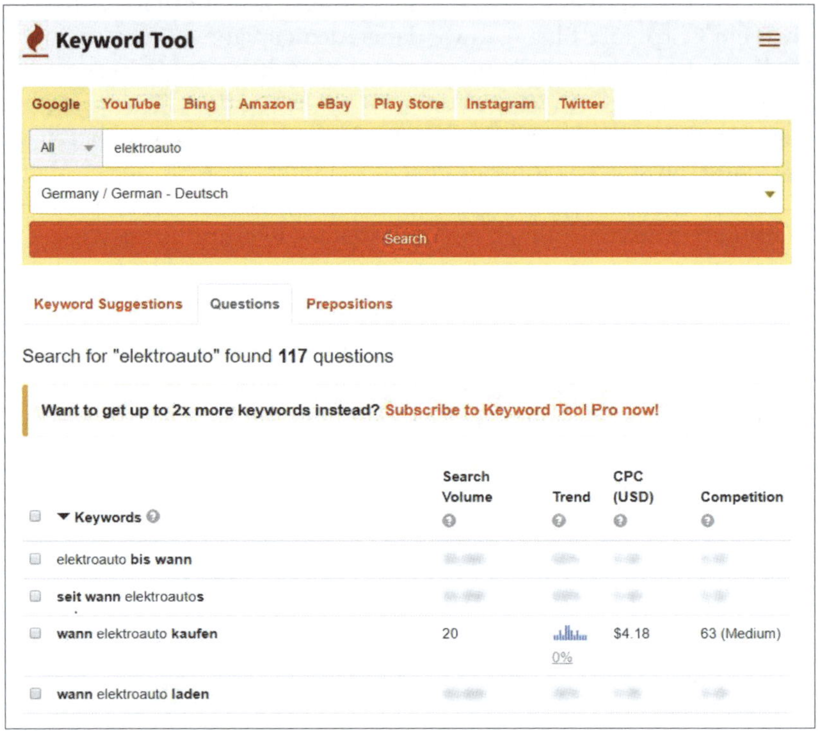

Abbildung 3-2 ▶ Mit dem Keyword Tool (*https://keywordtool.io/*) können Sie ähnliche Begriffe und typische Suchanfragen zu Ihrem Suchwort recherchieren. Gegen eine jährliche Gebühr ab 70 US-Dollar bekommen Sie weitere Funktionalitäten. Auch Googles Keyword Planner ist ein probates Werkzeug, hierzu müssen Sie sich allerdings registrieren.

Die richtigen Kennzahlen

Wie beim klassischen Marketing und Onlinemarketing gibt es auch beim Social Media Marketing feste Kennzahlen, die bei der Einschätzung von Monitoring-Ergebnissen helfen. Da Social-Media-Marketing-Aktivitäten üblicherweise langfristig gedacht sind – meist angelegt auf den Ausbau eines Netzwerks und den Aufbau von Beziehungen, die Bekanntmachung der Marke und die Stärkung des Images –, können selten sofort Umsatzzuwächse oder andere positive Entwicklungen ausgemacht werden. (Anders sieht es bei Kampagnen aus, die etwa ein neues Produkt einführen und bewerben und sinnvollerweise mit umfassenden klassischen Marketingaktivitäten verbunden sein sollten.)

Wie ordnet man also Blogtreffer, Diskussionsbeiträge oder Produktbewertungen ein? Sind möglichst viele Instagram-Follower entscheidend, oder ist es ihre Reichweite und Relevanz? Ist ein häufig geteilter Tweet in Einzelfällen mehr wert als ein ausführlicher Artikel auf einem weniger gelesenen Blog? Und wie erfahren Unternehmen, ob die Anzahl positiver Meinungsäußerungen zunimmt?

Im Wesentlichen geht es darum, rein quantitative Zählweisen – beispielsweise die Zahl der Follower – mit qualitativen – beispielsweise der Relevanz der Follower – zu kombinieren. Dazu nutzt man in der Regel die aus dem (Online-)Marketing bekannten KPIs (*Key Performance Indicators*), ergänzt um Kenngrößen, die an soziale Medien angepasst sind. Sie beziehen sich zum Beispiel auf die Aufmerksamkeit, die Unternehmen erzeugen, die Aktivität Ihrer Zielgruppe sowie den Einfluss, den ein Unternehmen auf seine Kunden hat. Mithilfe der KPIs formulieren Sie für Ihre SMARTen Ziele (siehe Kapitel 2) nun qualitativ oder quantitativ messbare Größen, anhand deren Sie nachvollziehbar Ihren Erfolg über einen bestimmten Zeitraum einschätzen und dokumentieren können. Die Zielgröße, die Sie für jeden KPI festlegen, wird Benchmark genannt. Dabei spielt es keine Rolle, ob sich der Benchmark in Zahlen – wie der Anzahl von Fans – darstellen lässt oder ob es sich um eine qualitative Größe – wie die Loyalität Ihrer Kunden zur Marke – handelt.

Die verschiedenen sozialen Netzwerke und auch die Werkzeuge bieten dabei teilweise verschiedene Kenngrößen; manche von ihnen lassen sich direkt ablesen, andere werden über Formeln errechnet.

Etablierte Kenngrößen sind zum Beispiel:

Tabelle 3-1
Etablierte Kenngrößen in Social Media Marketing

Bezogen auf Interaktion		
KPI	**Erklärung**	**Beispiel**
Likes	Anzahl der Gefällt-mir-Klicks auf einen Beitrag oder auf Ihre Seite/Ihr Profil.	Ihre Instagram-Postings erhalten durchschnittlich 30 Likes, d. h., 30 Menschen gefällt durchschnittlich Ihr Posting.
Klicks	Anzahl der Klicks auf einen Beitrag.	Wie häufig wurde ein Foto bei Facebook angeklickt?
Shares/Retweets	Anzahl der Retweets (Twitter) oder Shares (Klick auf *Teilen*) bei Facebook oder in anderen sozialen Netzwerken, die diese Funktion anbieten.	Ihr Posting auf LinkedIn wird von Ihren Followern durchschnittlich fünfmal geteilt. (Sie könnten sich vornehmen, diesen Wert in einem bestimmten Zeitraum zu verdoppeln.)
Kommentare	Anzahl der Kommentare pro Posting.	Ihr neues Blogposting erhält drei Kommentare innerhalb der ersten 24 Stunden nach Erscheinen.
Erwähnungen	Anzahl der Mentions (Erwähnungen) des Seitennamens/Profilnamens.	Jemand twittert über eines Ihrer Produkte und verlinkt dabei Ihr Twitter-Profil.

→

Tabelle 3-1 ▶ Etablierte Kenngrößen in Social Media Marketing (Fortsetzung)

Bezogen auf Reichweite		
KPI	**Erklärung**	**Beispiel**
Follower/Fans	Anzahl der Profile, die Ihrem Profil bzw. Ihrer Seite folgen, vergleichbar mit Abonnenten.	Sie haben 2.500 Facebook-Fans.
Impressions	Häufigkeit, in der ein Posting angezeigt wird.	Sie haben 2.500 Facebook-Fans – nicht alle dieser Fans bekommen Ihre Beiträge aber angezeigt. Das kann etwa daran liegen, dass einige Fans über längere Zeit nicht eingeloggt waren oder dass Facebook das Posting als irrelevant einstuft. Die Impressions geben Aufschluss über die wirkliche Reichweite eines Postings.
Share of Voice	Anteil der Erwähnungen in einem bestimmten Markt.	Ihr Unternehmen ist eine überregionale Drogeriekette. Mit dem Share of Voice ermitteln Sie, wie häufig Ihre Marke verglichen mit Rossmann, dm, Müller und den anderen Marktteilnehmern im Social Web erwähnt wird.
Buzz	Häufigkeit, in der ein bestimmter Suchbegriff gefunden wird.	Sie sind Eiscremehersteller und zählen täglich, wie häufig Ihre Marke bei Twitter erwähnt wird.
Sentiment/Tonalität	Anteil negativer, positiver oder neutraler Meinungsäußerungen.	Sie messen die Reaktionen, die Sie auf Postings bei Facebook erhalten: Zeigen Ihre Fans den »Daumen nach oben«, wählen sie ein trauriges oder ein wütendes Gesicht, ein Herz oder ein »Wow«? Oder Sie werten konkret die Wortbeiträge aus – hier unterstützt Sie auch die künstliche Intelligenz der Dashboards.
Bezogen auf Leads		
KPI	**Erklärung**	**Beispiel**
Click-through-Rate (CTR)	Anteil der Klicks, die direkt auf die Website führen.	Sie veröffentlichen einen Blogbeitrag, der Ihre aktuelle Bademodenkollektion vorstellt. Zwei Prozent derjenigen, die den Beitrag sehen (Impressions/Beitragsaufrufe), klicken auf den Link und landen in Ihrem Shop.
Conversion-Rate	Anteil der Klicks, die direkt auf Ihr Ziel und den dazugehörigen Benchmark einzahlen – die also unmittelbar Umsätze generieren oder die Kundenbindung festigen.	Ein Prozent derjenigen, die den Bademodeneintrag sehen, klickt auf den Link zum Onlineshop und kauft etwas. Oder: Nach einem Posting, das Ihren neuen Newsletter vorstellt, wird dieser von zehn Prozent abonniert.

Sie können die Kenngrößen noch exakter an Ihre Ziele anpassen. Wenn Sie beispielsweise Ihre Social-Media-Aktivitäten starten, um höher qualifizierte Bewerber:innen für Ihre Stellenausschreibungen zu gewinnen, können Sie den Dialog mit potenziellen Mitarbeiter:innen auf LinkedIn oder XING in den Fokus rücken: Wie viele Gespräche mit jungen Talenten gibt es, wie viele Rückmeldungen bekommen Sie, und schaffen Sie es, die Zahl der Bewerbungsgespräche zu erhöhen?

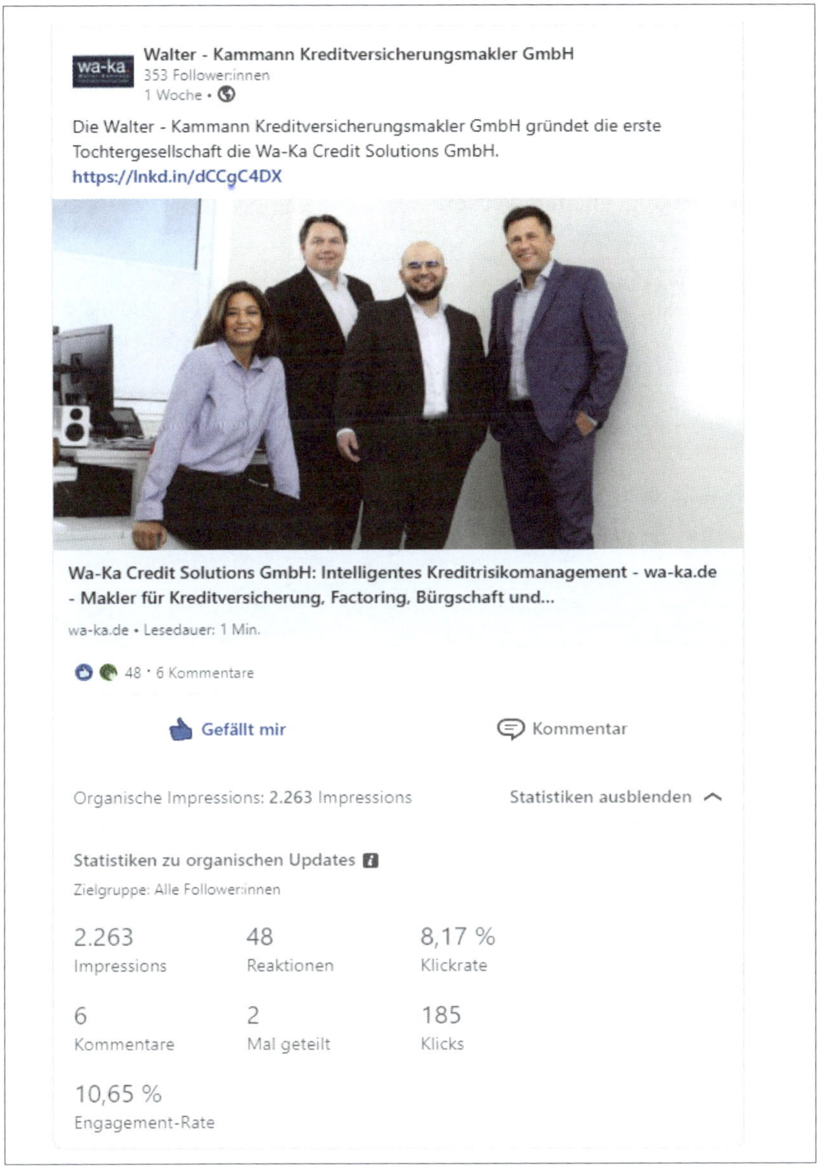

Abbildung 3-3
LinkedIn erleichtert die Erfolgskontrolle, indem es Seiten-Admins die wesentlichen Statistiken gleich unter dem Posting anzeigt. Hier sehen Sie, wie eine Seite mit 353 Followern innerhalb von einer Woche 2.263 Impressions erzeugen konnte.

Oder Ihr Ziel lautet, den Kundendienst zu verbessern: Dann können Sie messen, wie viele Kunden sich über den Facebook-Chat melden oder wie schnell Ihr Kundendienst reagiert.

Für die Bewertung Ihrer eigenen Strategie ist also absolut entscheidend, was Sie sich vorgenommen haben: Haben Sie es geschafft, die Zahl Ihrer Twitter-Follower um 20 Prozent zu steigern? Oder die Zahl negativer Bewertungen zu verringern, indem Sie einen besseren Kundendienst via Twitter eingerichtet haben? Stieg mit der Zahl der Klicks auf Ihre Seite auch die Zahl der Online- oder Newsletter-Bestellungen?

Die allermeisten sozialen Netzwerke, aber auch Dashboards und Monitoring-Dienstleister, werten darüber hinaus grundlegende demografische Daten aus. Natürlich sind diese für Ihre Strategie zentral – und sollten immer wieder mit den auf dem Papier umrissenen Personas (siehe Kapitel 2) abgeglichen werden.

Tipp ▶ Damit Sie Entwicklungen rechtzeitig ablesen und entsprechend reagieren können, ist eine regelmäßige Dokumentation unerlässlich. Ebenso hilfreich ist es, neben der Dokumentation der quantitativen Zahlen und qualitativen Faktoren eine persönliche Einschätzung zu verfassen, die die erhobenen Kennzahlen in einen Zusammenhang bringt und wichtige Ereignisse berücksichtigt, die einen Einfluss auf die Ergebnisse hatten.

Im Folgenden beschäftigen wir uns mit den Tools, die Ihnen bei der Recherche und Auswertung Ihrer Erwähnungen in sozialen Medien helfen können.

Ihr Werkzeugkasten

Es gibt verschiedene Tools, die Sie darin unterstützen, Erwähnungen Ihres Firmennamens oder Produkts oder eines bestimmten Trends im Web zu verfolgen. Einige von ihnen sind kostenlos, können aber Inhalte nur in beschränktem Umfang erfassen. Andere überwachen verschiedenste Medien sehr komfortabel und automatisiert, kosten aber eine monatliche Gebühr.

Prinzipiell ist es mit kostenfreien Tools möglich, einen Großteil der Erwähnungen aufzuspüren und wichtige KPIs auszuwerten. Dies kann jedoch eine arbeits- und personalintensive Aufgabe werden, denn abhängig von der Anzahl der Suchbegriffe sowie der auszuwertenden Kanäle und Kennziffern müssen Sie mehrere Anbieter parallel nutzen, um die gewünschten Ergebnisse zu erhalten. Den Tools liegen unterschiedliche Algorithmen zugrunde, sodass eine Kombination aus zwei oder drei verschiedenen Diensten sinnvoll ist. Die Erfahrung zeigt leider auch, dass nicht alle Dienste alle Erwähnungen zuverlässig entdecken. So finden manche Twitter-Apps bisweilen mehr relevante Treffer als die Suchfunktion von Twitter.com, andere Dienste können nur schlecht filtern und überschütten Sie deshalb mit unübersichtlichen Ergebnislisten. Testen Sie deshalb regelmäßig neue Tools und seien Sie wachsam, wenn sich beispielsweise die Menge der Suchtreffer plötzlich verringert.

Im nächsten Schritt müssen Sie sich überlegen, wie Sie die erfassten Daten in eine Übersicht bringen, sei es für die persönliche Dokumentation oder für die Kommunikation innerhalb des Unternehmens. Um den Aufwand in Grenzen zu halten, sollten Sie versuchen, einige Suchabfragen mithilfe von RSS- und Alert-Abonnements so weit wie möglich zu automatisieren und die anschließende Dokumentation von Anfang an zu standardisieren.

Kostenfreie Tools stellen eine gute Möglichkeit dar, das Ohr auf die Schienen des Social Web zu legen und herauszufinden, wonach Sie Ausschau halten sollten. Sie sind deshalb ein perfekter Einstieg in das Social Media Listening. Vielleicht stellen Sie nach einer Weile fest, dass Sie ein kostenpflichtiges, mächtigeres Tool benötigen. Dann kommen Ihnen die Erfahrungen mit den kostenlosen Tools zugute, denn Sie können Ihre Anforderungen inzwischen besser formulieren. Im Folgenden stellen wir Ihnen eine Auswahl hilfreicher Werkzeuge vor.

◀ Hinweis

Die meisten Tools verlangen einen Zugriff auf Ihren Account, beispielsweise bei Twitter. Gehen Sie achtsam mit dieser Freigabe um und nehmen Sie die Berechtigungen zügig zurück, wenn Sie das Tool nicht einsetzen. Jede Freigabe ist immer auch eine Sicherheitslücke und sollte daher mit Bedacht vergeben werden. Prüfen Sie bei neu auf dem Markt erscheinenden Tools gründlich deren Seriosität – und ob sie die Bedingungen der DSGVO erfüllen.

Websuche und Alerts

Eine schlichte Websuche fischt ganz unkompliziert eine große Anzahl an Erwähnungen ab: Suchen Sie deshalb sowohl zum Einstieg als auch fortlaufend bei Google nach Ihren Keywords. Vereinfachen Sie sich die regelmäßige Suche, indem Sie Alerts abonnieren, die Sie automatisch über neue Erwähnungen auf dem Laufenden halten. Berücksichtigen Sie dabei auch beliebte Falschschreibungen Ihres Firmennamens.

Google Alerts (https://www.google.com/alerts) | *kostenfrei*

Google Alerts liefert Ihnen die neuesten Ergebnisse, die Google für einen bestimmten Suchbegriff auf verschiedenen Kanälen gefunden hat: Nachrichten der Tagespresse, Videokommentare, Blogpostings, Forenbeiträge, Rezensionen und Seiten der Google-Websuche. Sie können einen Google Alert zum Beispiel für Ihren Firmennamen einrichten (verwenden Sie Anführungszeichen, wenn der Firmenname aus mehreren Begriffen besteht). Dann empfangen Sie Alerts in Ihrem Posteingang, sobald es ein neues Suchergebnis für Ihren Firmennamen gibt. Google Alerts ist sicherlich der unkomplizierteste Dienst, auf den Sie zurückgreifen können. Einen Google-Account dürften die meisten Menschen ohnehin längst haben.

Tipp ▶ Google bietet Sucheinstellungen, die Ihnen eine bessere Kontrolle über die Suchergebnisse ermöglichen. Diese funktionieren auch bei Google Alerts. Wenn Sie zum Beispiel einen Alert abonnieren möchten, der Ihnen Bescheid sagt, wenn jemand eine Verlinkung auf Ihre Firmenwebsite einrichtet, erstellen Sie einen Alert für *link: http://www.meinefirmenwebsite.de*. Vielleicht verlinken einige Nutzer auf diese Seite, ohne Ihren Firmennamen im Ankertext zu nennen. Daher ist diese Methode sinnvoll, um festzustellen, wie Interessierte auf Ihre Website finden.

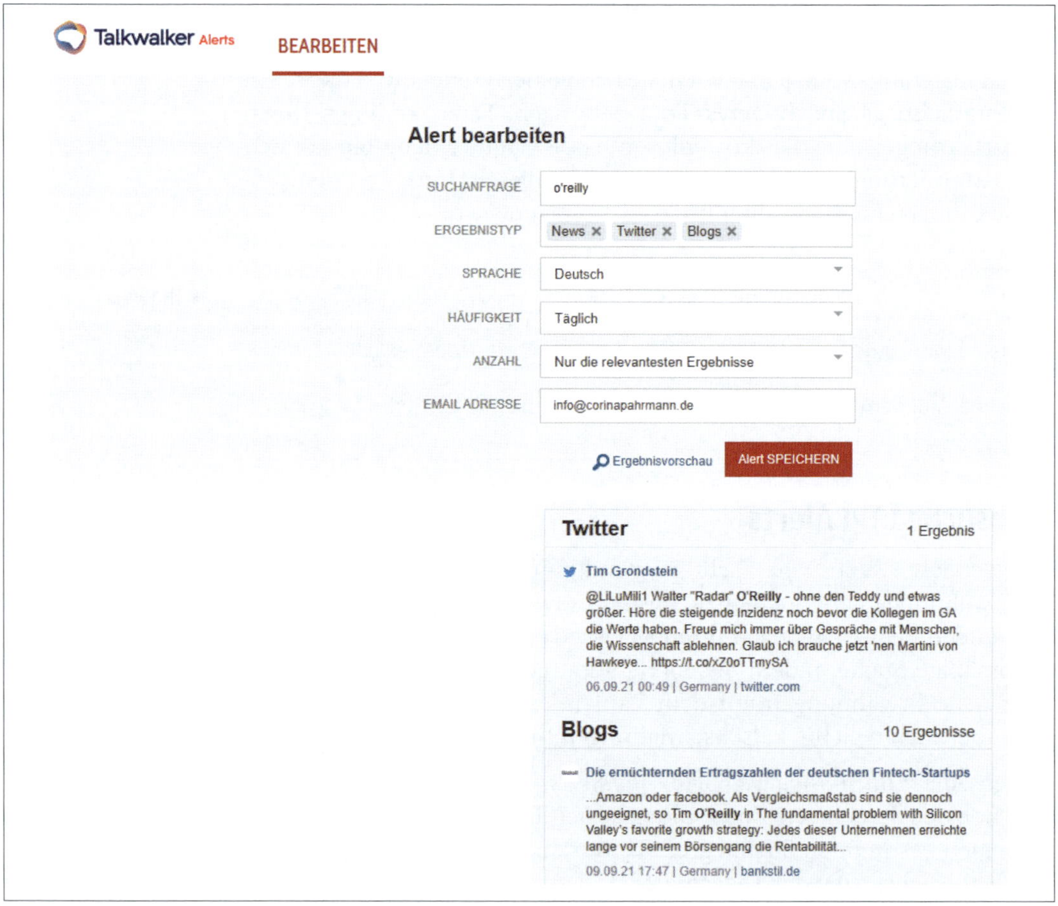

Abbildung 3-4 ▲ Einen Alert einrichten, hier über Talkwalker

Talkwalker Alerts (https://www.talkwalker.com/de/alerts) | kostenfreie Basisversion

Die Alternative zu Google Alerts: Talkwalker ist ein deutschsprachiger Service, mit dem Sie automatisiert News, Twitter, Forumsdiskussionen und Blogs durchsuchen können. Die Ergebnisse kommen in Ihr E-Mail-Fach – wählen Sie als Versandfrequenz vorzugsweise »täglich« aus. Außerhalb der kostenfreien Alert-Funktion bietet Talkwalker ein vollumfängliches Social-Media-Dashboard, wir stellen das Tool deshalb etwas später in diesem Kapitel noch ausführlicher vor.

Mention (https://web.alert.io/) | kostenfreie Basisversion
: Sehr umfangreiche Suchfunktionen bietet Ihnen Mention. Hier können Sie nicht nur verschiedene Schreibweisen Ihres Markennamens hinterlegen oder ausschließen, Sie können auch nach Sprachen, Ländern und Quellen filtern. In der kostenfreien Basisversion durchsucht Mention parallel Instagram, Twitter, Foren, Blogs, Videos, Nachrichten sowie das Netz allgemein. Gegen Gebühr kommen noch Pinterest, TikTok, YouTube, Facebook sowie Radio und TV hinzu. Außerdem können Sie – ebenfalls kostenfrei – einzelne Twitter- und Facebook-Profile, Bewertungsportale sowie URLs gezielt überwachen. (Die Bewertungsportale behandeln wir in Kapitel 12.)

ORM Center (https://orm-center.de/) | kostenfreie Basisversion
: ORM Center tritt als Dienstleister für Reputationsmanagement auf und bietet unter anderem an, Firmen bei der Löschung schädlicher Rezensionen zu unterstützen. Das Alerts-Tool ist für ein Keyword kostenfrei nutzbar. Ab 19 Euro pro Monat erhalten Sie einen größeren Funktionsumfang.

Suche innerhalb der sozialen Netzwerke

Die erste Anlaufstelle für Ihre Suche ist das jeweilige Netzwerk selbst. Facebook, Twitter, Instagram, LinkedIn und fast alle anderen sozialen Netzwerke enthalten eine mehr oder minder brauchbare Suchfunktion und bieten häufig auch statistische Erhebungen, mit denen Sie Ihr eigenes Engagement mitschneiden und bewerten können. Auf diese »hauseigenen« Statistikfunktionen gehen wir in den jeweiligen Kapiteln genauer ein.

Twitter-Suche (https://twitter.com/explore) | kostenfrei
: Twitter (siehe Abbildung 3-5) kann sich als Goldgrube für Informationen über Ihr Unternehmen erweisen. Es ist der perfekte Ort, um darauf zu lauschen, wie Ihre Marke wahrgenommen wird und wie man über Sie als Wirtschaftsunternehmen denkt.

  Über die Twitter-Suche können Sie Ihre Marke in Echtzeit verfolgen, zugelassen sind auch boolesche Operatoren – verwendet beispielsweise in dieser Suchanfrage: »oreilly -bill«, bei der wir nach allen Erwähnungen von »oreilly« suchen, aber Treffer, die auch den Vornamen der US-Fernsehbekanntheit Bill O'Reilly enthalten, ausklammern. Sämtliche verfügbaren Suchoptionen liefert Ihnen Twitter über die erweiterte Suche (*https://twitter.com/search-advanced?*).

Leider ist die Suche nur auf den ersten Blick praktikabel, denn ein automatisches Abonnement von Suchtreffern bringt Twitter nicht (mehr) mit. Sie können es aber mit Twilert (*https://www.twilert.com*) versuchen, einem Anbieter, der Ihnen die Treffer in Ihr E-Mail-Postfach liefert. Das funktioniert fast genauso wie bei Google Alerts. Twilert bietet einen abgespeckten kostenfreien Account sowie einige umfangreichere Pakete ab etwa 20 Dollar pro Monat (*https://twilert.com/pricing/*).

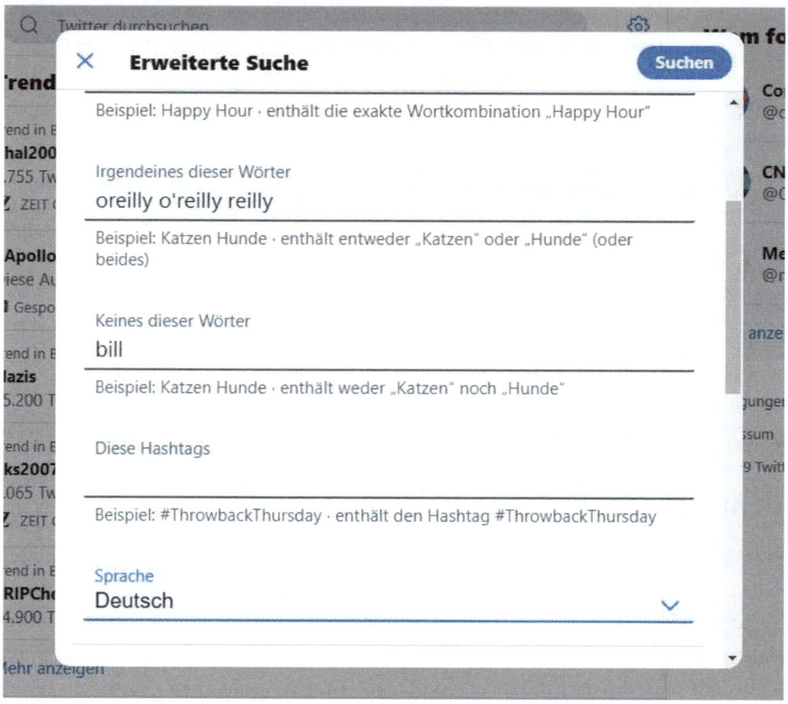

Abbildung 3-5 ▶ Die Twitter-Suche ist sehr komfortabel geworden, nur ein automatisierter, permanent laufender Scan fehlt ihr leider. Außerdem aufgepasst: Unsere Erfahrung hat leider gezeigt, dass sie nicht immer alle Erwähnungen anzeigt. Nutzen Sie daher auch alternative Dienste, beispielsweise andere Twitter-Apps.

Twitter Analytics (https://analytics.twitter.com/) | kostenfrei
Wenn Sie wissen wollen, wie Sie selbst abschneiden, greifen Sie auf Twitter Analytics zu. Hier liefert Twitter Kennzahlen wie die Impressions Ihrer Tweets, die Zahl der Zugriffe auf Ihre Profilseite oder die Anzahl von Followern und Interaktionen.

Facebook-Suche (https://www.facebook.com/) | kostenfrei
Die Facebook-Suchfunktion steht jedem eingeloggten User zur Verfügung und wirkt auf den ersten Blick nützlich, sie ist aber recht hakelig: Zwar können Sie in der Suchleiste beliebige Begriffe eingeben und dann nach Personen, Beiträgen, Seiten, Orten und anderen Faktoren filtern – die Ergebnisse sind dennoch eher unübersichtlich, Suchabfragen lassen sich auch nicht speichern. Hier ist also Fleißar-

beit gefragt. Und nicht vergessen: Was in geschlossenen oder geheimen Gruppen sowie auf nicht öffentlichen persönlichen Profilen gepostet wird, taucht auch nicht in der Suche auf. Was aus Nutzersicht absolut logisch und richtig ist, sollten Sie aus Unternehmersicht niemals vergessen.

Facebook Insights (https://business.facebook.com/insights/overview/) | *kostenfrei*

Facebook selbst liefert tagesaktuell Statistiken zu Ihren Unternehmensseiten auf Facebook und Instagram. Hier lassen sich Entwicklungen und Reichweite ablesen, Top-Postings identifizieren, die Seiten der Konkurrenz im Vergleich zur eigenen Seite verfolgen und vieles andere mehr.

Darüber hinaus lohnt eine Recherche auf Video- und Bilderportalen wie YouTube oder Instagram (mehr darüber erfahren Sie in den betreffenden Kapiteln), in Wikipedia und in den für Sie relevanten Webforen. In der Wikipedia (*https://de.wikipedia.org/*) können Sie einzelne Seiten beobachten und RSS Feeds der Änderungen an bestimmten Seiten abonnieren. (Wikipedia wird in Kapitel 12 ausführlicher behandelt.)

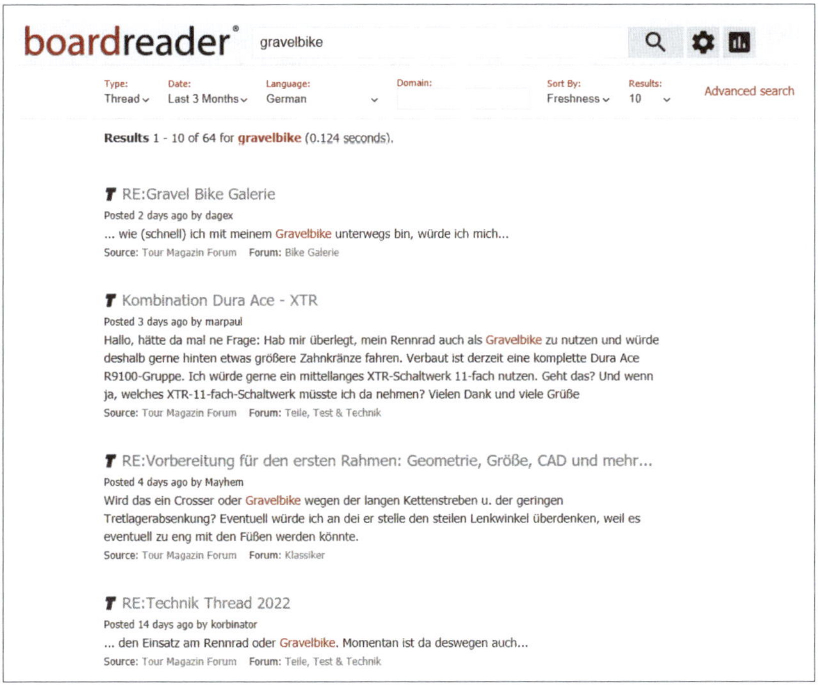

◀ Abbildung 3-6
Die Suche nach »gravelbike« bei BoardReader führt zu relevanten Foren für Fahrradfans.

Webforen mag das Image der späten Neunzigerjahre anhaften, dennoch können sie für einzelne Branchen oder Fachgebiete sehr relevant sein, zum Beispiel Motor-Talk.de (*https://www.motor-talk.de/*), die wohl größte Community für Fans von Autos, Motorrädern, Booten und Eisenbahnen, oder urbia (*https://www.urbia.de/forum*), die größte Familiencommunity Deutschlands. Spüren Sie für Sie relevante Foren auf und lesen Sie sie aufmerksam. Wenn Sie vorhaben, als Unternehmen in den Foren aktiv zu werden, achten Sie unbedingt auf Transparenz: Melden Sie sich als Person an und erklären Sie Ihren Hintergrund. Laufende Diskussionen lassen sich kostenfrei mit dem BoardReader (*https://boardreader.com/*) beobachten, es ist jedoch nicht transparent, welche Foren der Dienst erfasst.

Tools für schnelle Antworten

Manchmal gibt es sie noch: kleinere Tools, die Ihnen ganz unkompliziert nützliche Extra-Features bieten – etwa die Visualisierung von Hashtag-Trends. Einen kleinen Wermutstropfen haben wir an dieser Stelle. In den vergangenen Jahren mussten viele kleinere Dienstleister aufgeben oder ihre Leistung einschränken, weil die Netzwerke – insbesondere Twitter – ihnen die Entwicklerschnittstelle abklemmten. Andere wie etwa Fanpage Karma oder Crowdfire haben ihr ehemals simples, zweckgebundenes Tool zu einem ausgewachsenen Monitoring-Tool oder gar Social-Media-Dashboard ausgebaut, weshalb wir sie nun unter dieser Überschrift etwas weiter unten in diesem Kapitel vorstellen.

Union Metrics (https://unionmetrics.com/free-tools/) | kostenfrei
: Dieses Tool könnte einigen Marketingleuten noch als Tweetreach in Erinnerung sein, inzwischen wurde der Funktionsumfang jedoch erheblich erweitert. Drei kostenfreie Tools bietet Union Metrics noch an: Twitter Assistant, Twitter Snapshot Reports und Instagram Checkup. So können Sie beispielsweise auswerten, zu welcher Tageszeit Ihre Tweets am erfolgreichsten sind. Die Union-Metrics-Tools können durchaus hilfreich sein, allerdings müssen Sie den Zugriff auf Ihre Profile erlauben. Denken Sie also daran, diese Berechtigung wieder zu entziehen, wenn Sie nicht von Union Metrics überzeugt sind.

Mentionmapp (https://mentionmapp.com/) | kostenfrei
: Mit diesem Tool können Sie die Vernetzung von Twitter-Accounts und die Nutzung von Hashtags visualisieren. Sie sehen beispielsweise, mit welchen Usern Sie häufig kommunizieren und welche Themen dabei im Vordergrund stehen. Das Ergebnis wird jeweils tagesaktuell erstellt. Wenn Sie das Tool regelmäßig nutzen, können Sie Entwicklungen und Ereignisse recht gut mitschneiden. Auch hier ist eine Autorisierung notwendig.

Google Trends (https://trends.google.com/) | kostenfrei
: Google Trends hilft Ihnen dabei, die Verbreitung neuer Technologien oder die Bekanntheit Ihrer Marke einzuschätzen: Es stellt grafisch

dar, wie häufig ein bestimmter Begriff bei Google gesucht wurde – in welchem Zeitraum und in welchen Ländern.

Das richtige Tool auswählen

Mit dem richtigen Werkzeugkasten lassen sich Listening und Analytics zwar nicht vollständig automatisieren, aber deutlich vereinfachen. Doch wie können Sie sich Ihre persönliche Toolbox zusammenstellen? Und welche Kosten kommen dabei auf Sie zu? Die Antworten auf diese und weitere Fragen lieferte uns der Digitalberater Stefan Evertz. Stefan Evertz veröffentlicht mit dem MonitoringMatcher (*https://www.monitoringmatcher.de*) ein Onlinemagazin für digitales Monitoring. Außerdem organisiert er regelmäßig Barcamps, darunter das Monitoringcamp.

Interview

Ein eigenes Set aus Zielen und Maßnahmen entwickeln

Ein Interview mit Stefan Evertz

▲ **Abbildung 3-7**
Stefan Evertz, Digitalberater elbespace (Foto: Ellen Hempel)

Herr Evertz, dass Listening bzw. Monitoring und Analytics fest zur Social-Media-Strategie gehören, darin sind wir uns sicher einig. Gibt es Kenngrößen, die jedes Unternehmen im Blick haben sollte?

Stefan Evertz: In jedem Fall sind sie theoretisch zentraler Bestandteil, auch wenn es in der Praxis leider immer noch oft Luft nach oben gibt. Kenngrößen für die Social-Media-Strategie richten sich dabei in erster Linie natürlich immer nach den Zielen der Strategie. Erst wenn man diese Ziele klar definiert hat, kann man überhaupt sinnvoll KPIs – also Key Performance Indicators bzw. Leistungskennzahlen – messen.

Wer beispielsweise als Ziel die *Reichweite* steigern möchte, kann dies durchaus über die Zahl der Fans und Follower messen. Noch genauer wird es, wenn man die tatsächliche Reichweite von Beiträgen (also Impressions) erfasst. Diese Kennzahl ist vermutlich die älteste im Social-Media-Bereich, bei genauerer Betrachtung zeigt sich aber, dass diese Metrik oft nicht auf konkrete Ziele einzahlt. Und es ist eben – für sich genommen – kein valides Ziel, 10.000 Fans bei Facebook haben zu wollen.

Eine wachsende *Interaktionsrate* kann ein Indikator sein, wenn das Ziel eine gesteigerte Kundenbindung oder eine bessere Markenwahrnehmung ist.

Sehr spannend ist immer auch ein Blick auf eine mögliche Conversion, z.B. Klicks, die von Social-Media-Plattformen auf die eigene Website fuhren, oder auch Downloads, Newsletter-Anmeldungen oder sogar tatsächliche Verkäufe über einen Onlineshop. Dies kann man dann in

Form der *Klickrate* oder auch *Conversion-Rate* messen und damit sogar Auswirkungen auf Unternehmensziele wie die Umsatzsteigerung nachvollziehbar machen.

Wer darüber hinaus den Wettbewerb im Blick behalten will, sollte sich außerdem mit dem *Share of Buzz* (oder auch Share of Voice) auseinandersetzen. Hierbei werden durch Social-Media- und Online-Monitoring die Erwähnungen des eigenen Unternehmens bzw. der eigenen Produkte erfasst sowie die Erwähnungen von Wettbewerbern und ihren Produkten. Daran kann man erkennen, über welche Marken am häufigsten und in welchem Kontext gesprochen wird. Der Share of Buzz bezeichnet dann den Anteil der Erwähnungen des eigenen Unternehmens an allen Erwähnungen und gibt in der Regel auch Auskunft darüber, welches Unternehmen besonders beliebt oder sogar Marktführer ist.

Insgesamt zeigt sich aber: Die konkreten Kennzahlen und deren Mix sind so vielfältig und unterschiedlich wie die Unternehmen da draußen. Es lohnt sich daher immer, auch für das eigene Unternehmen sehr genau hinzuschauen und ein eigenes Set aus Zielen und Maßnahmen zu entwickeln und zu definieren.

Die Bandbreite der Tools ist enorm groß. Es gibt sehr spezialisierte Tools, die häufig nur eine einzige Aufgabe erledigen können – wie die Schlagwortsuche. Dann liefern die Netzwerke selbst Statistiken – wie Facebook Insights. Und es gibt die Dashboards, mit denen sich nicht nur Kenngrößen erfassen und vergleichen, sondern auch historische Daten visualisieren oder aussagekräftige Analysen erstellen lassen. Wie können sich Unternehmen in diesem Angebotsdschungel zurechtfinden und die für sie richtigen Tools auswählen?

Stefan Evertz: Wichtig ist zunächst immer, klar zu definieren, welche Aufgaben ein Tool erfüllen soll und welche Funktionen dafür absolut unerlässlich sind.

Mithilfe von *Analytics-Tools* lassen sich oftmals Nutzerstatistiken aus unterschiedlichen Social Networks zusammenführen und grafisch darstellen. Wer nur einen Kanal nutzt, kann dies häufig über die plattformeigenen Statistiken und mithilfe von Excel schon gut abbilden. Aber wer mehrere Accounts auf unterschiedlichen Plattformen zusammenführen und analysieren möchte, spart mit einem Analytics-Tool schnell auch Zeit allein für die Datensammlung und -analyse.

Monitoring-Tools helfen wiederum dabei, Gesprächen im Netz zuzuhören. Dies ist aber nur sinnvoll, wenn man als Unternehmen überhaupt zuhören will und auch Mitarbeiter hat, die die Analyse und Einordnung dieser Gespräche übernehmen können. Auch bei der Früherkennung möglicher Krisenthemen kann das Monitoring sehr hilfreich sein, setzt dann aber voraus, dass auch tagtäglich mit den Monitoring-Daten gearbeitet wird. Gerade viele kostenlose Tools können in diesem Bereich ein Einstieg sein, sind auf Dauer aber keine zuverlässige Lösung, da sie in ihrem Funktionsumfang und besonders bei den verfügbaren Daten oftmals sehr eingeschränkt sind.

Als dritten Bereich gibt es *Publishing-* und *Engagement-Tools*, die bei der Redaktionsplanung und dem Community-Management helfen können, insbesondere bei der Arbeit im Team. Diese Lösungen enthalten oftmals auch eine Analytics-Komponente, zeigen also beispielsweise die Interaktionen auf den eigenen Social-Media-Accounts.

Insgesamt ist aber für eine erfolgreiche Toolauswahl ein gewichtetes Anforderungsprofil unerlässlich. Dabei gilt es, alle abzudeckenden Arbeitsfelder, Plattformen und weiteren Anforderungen zu bündeln. Hierbei können auch unterschiedliche Unternehmensbereiche ihren Bedarf einbringen. Das so entstehende Anforderungsprofil muss dann von allen internen Beteiligten der Toolauswahl (z.B. Social Media, Marketing, Unternehmenskommunikation) gemeinsam gewichtet (»priorisiert«) werden. Denn nur so kann am Ende das für das Unternehmen passende Tool (oder können die passenden Tools) gefunden werden. Ohne eine solche Prioritätenliste ist es schlicht unmöglich, aus der Vielzahl von denkbaren Tools die passenden herauszufiltern und dann genauer in Augenschein zu nehmen.

Die Monitoring- und Analytics-Tools haben sich in den vergangenen Jahren professionalisiert, sind aber auch deutlich teurer geworden. Sind sie für kleinere Unternehmen oder Freelancer denn überhaupt erschwinglich bzw. wirtschaftlich? Gibt es eine Formel (oder Daumenregel) dazu, welcher Anteil des Social-Media-Budgets in Monitoring fließen sollte?

Stefan Evertz: Eine erste wichtige Faustregel besteht darin, dass Monitoring-Tools (die oft auch im Bereich Analytics eingesetzt werden können) in aller Regel spürbar teurer sind als »reine« Analytics-Tools. Wird also nur Analytics gebraucht, lohnt die kritische Prüfung, ob es wirklich das vielfach leistungsfähigere Monitoring-Tool sein muss. So lässt sich oft schon Geld sparen, denn während ein Analytics-Tool schon ab 150 Euro im Monat zu haben ist, fangen Monitoring-Tools in aller Regel bei 300 bis 600 Euro im Monat an.

Insgesamt sollte man immer sehr genau hinsehen, was genau erreicht und was entsprechend gemessen und analysiert werden soll. Generell kann man sagen, dass Analytics zur Analyse und Optimierung der eigenen Social-Media-Aktivitäten (inklusive eines Blicks in die Aktivitäten des Wettbewerbs) eigentlich immer unverzichtbar ist, während der Einsatz von Monitoring oft erst bei größeren Unternehmen und Marken Sinn ergibt.

In der Praxis sind Social-Media-Budgets immer noch verhältnismäßig klein. Allein vom Budget her ist ein umfängliches Monitoring deshalb bei vielen, gerade kleineren Unternehmen nur schwer umsetzbar. Denn zu den Toolkosten kommt ja auch noch der Personalaufwand hinzu. Einen Großteil des Budgets für ein Tool auszugeben, mit dem dann nicht gearbeitet wird, ist aber eben auch nicht sinnvoll. Deshalb sollte man gut überlegen, wofür ein Tool eingesetzt wird und wer damit arbeiten soll, um dann abzuwägen, inwiefern eine Toolanschaffung sinnvoll ist.

Wer jemals in Excel-Sheets und Datenbankabfragen abgetaucht ist, weiß, dass Auswertungen auch immer recht viel Zeit erfordern. Aus Ihrer Erfahrung als Berater: Sind Unternehmen bereit, diese Zeit zu investieren? Und wie lassen sich beispielsweise Marketingleiter oder Geschäftsführer davon überzeugen, dass die Erfolgskontrolle ein wesentlicher Baustein der Social-Media-Strategie ist, für den Personalkosten eingeplant werden müssen?

Stefan Evertz: Viele Unternehmen zögern immer noch, Zeit und Ressourcen in umfangreiche Auswertungen und Analysen zu investieren. Oft genug funktioniert es ja auch ohne irgendwie. Der Stellenwert solcher Analysen ist zudem häufig nicht besonders hoch und führt vielfach zu einem verstaubten Archiv von Reportings, mit denen niemand arbeitet.

Mit der Professionalisierung der Social-Media-Kommunikation geht aber auch einher, dass Social Media – ähnlich wie andere Kommunikationsmaßnahmen – hinterfragt und immer mehr an ihrem Erfolg gemessen werden. Deshalb ist es ja gerade so wichtig, Ziele im Vorfeld festzulegen, weil man nur dann auch schauen kann, ob diese Ziele überhaupt erreicht wurden.

Letztlich ist daher das Thema Erfolgsmessung in Social Media vergleichbar mit vielen anderen Bereichen eines Unternehmens. Dort wird ja auch sehr genau geschaut, welchen ROI (*Return on Investment*) einzelne Maßnahmen bringen. Und ohne eine Buchhaltung geht es bei keinem Unternehmen! Das lässt sich auf Social-Media-Maßnahmen übertragen: Um zu wissen, was dem Unternehmen wirklich etwas bringt, braucht man natürlich entsprechende Daten – und die Zeit sowie die Kompetenz, diese Daten auszuwerten und daraus Handlungsempfehlungen für die Entwicklung weiterer Maßnahmen abzuleiten.

Häufig überschätzen Mitarbeiter die Möglichkeiten der Tools. Es wird davon ausgegangen, dass es ausreicht, das jeweilige Tool zu bezahlen, und dass dieses Tool dann quasi wie von selbst aussagekräftige Erkenntnisse und exzellente Handlungsempfehlungen bereitstellen wird. Ich vergleiche diese Situation gerne mit einem anderen bekannten Softwareprodukt. Wir alle haben Microsoft Word im Einsatz, und trotzdem kommt niemand auf die Idee, dass das ausreicht, um ein gutes Buch schreiben zu können. Es sind eben nur Werkzeuge, die ich bedienen können muss und für die ich auch Zeit brauche.

Kommen wir noch einmal zurück zu den Tools: Welche Fragen beantworten diese bislang nicht, und welche Trends sehen Sie für die Zukunft?

Stefan Evertz: Da beim Monitoring nur öffentlich zugängliche Inhalte erfasst werden können, ist es kein Ersatz für die klassische repräsentative Marktforschung, sondern nur eine Ergänzung. Denn repräsentativ sind die Daten, die sich über Social Media gewinnen lassen, in aller Regel nicht.

Allgemein kann man seit einiger Zeit auch einen Wandel in der Social-Media-Nutzung beobachten: Immer weniger Gespräche finden öffentlich statt. Gruppen und Messenger sind inzwischen weit wichtiger für die meisten Nutzer als der Newsfeed. Die Inhalte, die beispielsweise in Facebook-Gruppen oder über WhatsApp geteilt werden, finden aber eben auch außerhalb der Wahrnehmung von Unternehmen statt. Auch Tools haben auf diese Gespräche keinen Zugriff. Je mehr Menschen also auf die geschlossene Kommunikation setzen, umso schwieriger wird das Monitoring wieder. Und diese Blackbox wächst, weil immer mehr außerhalb unserer Wahrnehmung stattfindet. Es gibt zwar inzwischen erste Lösungen für die Videoanalyse in Social Media, aber Stories auf Facebook oder Instagram und TikTok-Videos können bisher nicht flächendeckend von Tools erfasst werden. Dementsprechend gibt es auch keine Möglichkeit, diese Inhalte auszuwerten.

Viel verspricht man sich oft vom Einsatz künstlicher Intelligenz, durch den die Auswertung von Daten automatisiert werden soll. Doch leider ist die Technologie immer noch nicht so weit, dass dies wirklich in der Breite und vor allem auch mit kleineren Datenmengen (z.B. einigen Tweets oder Facebook-Postings) funktioniert. Inhalte zu verstehen und zu analysieren, bleibt daher weiter die Paradedisziplin für Menschen, nicht für Tools. Oder wie ich schon seit Jahren in Seminaren und Vorträgen sage: Menschen analysieren, Tools helfen nur.

Insgesamt kann man einen gewissen Wandel auf der Seite der Unternehmen und Agenturen beobachten. Nachdem es jahrelang immer mehr und gerne auch immer lautere Inhalte gab (Stichwort »Content-Flut«), fangen Unternehmen inzwischen an, die bloße Reichweite in Social Media zu hinterfragen, und setzen verstärkt auf Relevanz und Qualität statt auf schiere Masse. Denn in den letzten Jahren hat sich gezeigt, dass die reine Quantität als Erfolgsfaktor zunehmend ausgedient hat.

Dieses neue Verständnis und das entsprechende Vorgehen können zwar dazu führen, dass die Reichweitenzahlen zurückgehen, aber Bindung und Auseinandersetzung mit Unternehmensinhalten steigen dadurch eher wieder an. Deshalb wird es auch immer wichtiger, die Wirkung von Social Media über Reichweiten und Interaktionsraten hinaus messbar zu machen und gleichzeitig mögliche Grenzen bei der Messbarkeit zu berücksichtigen. Denn um ein weiteres älteres Zitat zu bemühen: Nicht alles, was man zählen kann, zählt. Andererseits kann man auch nicht alles zählen, was zählt. Letztendlich muss eben die Kommunikation und auch deren Analyse und Optimierung zu den Kunden und zum Unternehmen passen.

Wir danken für das Gespräch.

Monitoring-/Social-Listening-Plattformen

Wissen, was gesagt wird. Wie es gesagt wird. Von wem und wie häufig. Alle diese Informationen sind ein zentraler Grundstein für Ihre Social-Media-Strategie. Wenn Sie die Suche nach Gesprächen über Ihre Marke(n) vereinfachen und automatisieren wollen, können Sie auf eine ganze Reihe professioneller Monitoring- bzw. Social-Listening-Tools zurückgreifen. Sie liefern Ihnen nicht nur die jeweiligen Fundstellen, sondern heben sich auch durch nützliche Analysefunktionen sowie zeitsparende, teilweise durch KI gestützte Suchalgorithmen ab. Dabei untersuchen diese sehr leistungsstarken Dienste die gefundenen Erwähnungen nach Inhalten und Themen und filtern Schlagwörter, Sprachbesonderheiten und Sentiment – das heißt, die Emotionen, die in ihnen mitschwingen.

Leider können die Tools gerade wegen ihres Funktionsumfangs zunächst überfordern, außerdem sind sie bisweilen sehr teuer und kommen für Freelancer und kleinere Unternehmen deshalb nicht infrage. Wir empfehlen Ihnen zunächst, mit den kostenfreien Funktionen zu arbeiten. Konnten Sie hilfreiche Erkenntnisse gewinnen? Dann beantragen Sie einen kostenfreien Testaccount, den die meisten Plattformen für 14 Tage bieten. Nehmen Sie diesen genau unter die Lupe, bevor Sie einen (teilweise hochpreisigen) Vertrag unterzeichnen. Kalkulieren Sie ein, dass Sie natürlich genügend Zeit haben müssen, um mit dem Tool zu arbeiten.

Wir stellen Ihnen nun einige Tools vor, die umfangreiche Monitoring-Funktionen anbieten – und die meisten von ihnen sogar noch mehr als das.

Social Searcher (https://www.social-searcher.com/) | kostenfrei mit Einschränkungen

Social Searcher durchsucht das Web, Twitter, Facebook, YouTube, Instagram, Reddit, Dailymotion, Tumblr, Vimeo, VKontakte und Flickr gleichzeitig nach Ihrem Suchbegriff. (Einige der Quellen sind insbesondere für den deutschen Markt nicht relevant.) Sie haben die

Möglichkeit, einzelne Websites oder Medientypen aus der Suche auszublenden, außerdem lässt sich nach der Stimmung (Sentiment: positiv, neutral, negativ) des Beitrags filtern. Um Ihre Suchanfrage zu individualisieren und beispielsweise bestimmte Sprachen auszufiltern, müssen Sie sich jedoch registrieren. 100 Suchanfragen pro Tag und zwei E-Mail-Alerts sind kostenfrei, wer mehr braucht, kann auf verschiedene Preismodelle ab 3,50 Euro pro Monat zurückgreifen. Im Vergleich ist Social Searcher damit ein sehr günstiges Tool und für ein erstes Ausprobieren sicherlich nützlich.

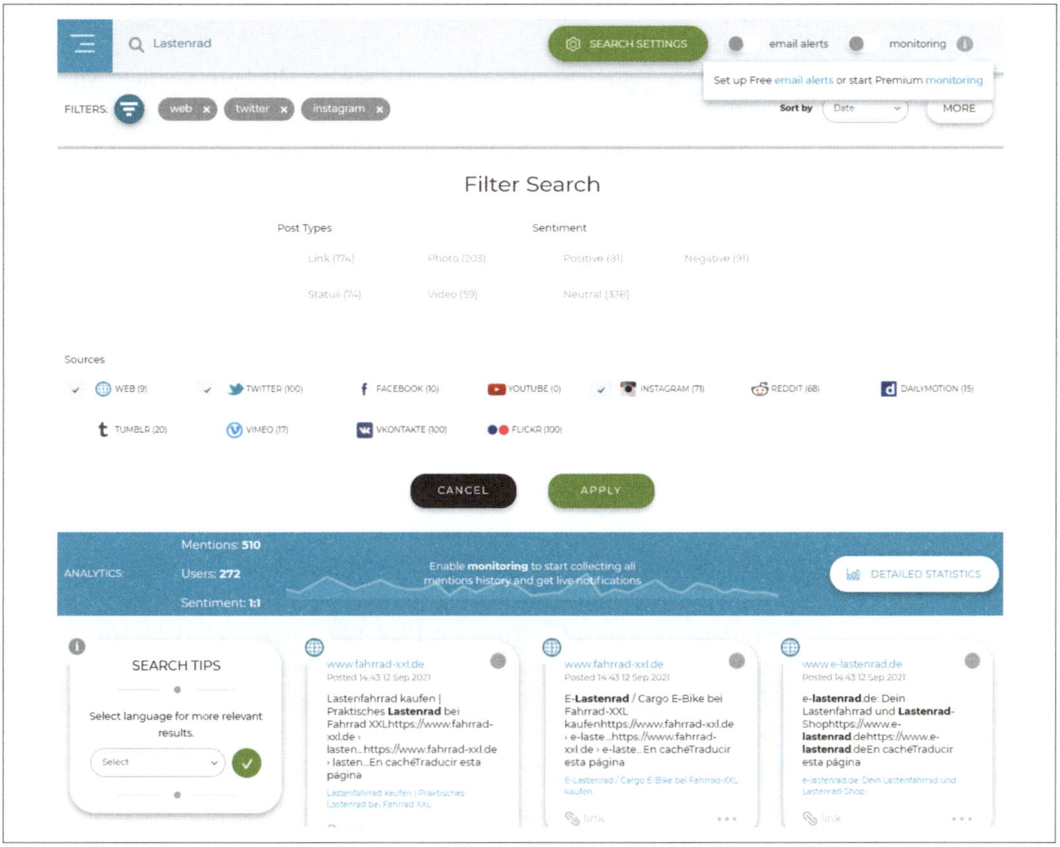

▲ Abbildung 3-8
Simples, zuverlässiges Listening-Tool: Der Social Searcher bietet eine Reihe nützlicher Suchfunktionen und analysiert die Suchergebnisse sogar in der kostenfreien Version.

BuzzSumo (https://buzzsumo.com/) | kostenfrei mit Einschränkungen

Auch BuzzSumo durchsucht kostenfrei diverse Onlinequellen nach Ihren Suchbegriffen. Sehr schön: BuzzSumo kann die Suchtreffer nach der Anzahl der Engagements (Shares, Likes, Kommentare) sortieren. Sie erhalten damit einen guten Überblick darüber, welche Inhalte – etwa Zeitungsartikel – zu Ihrem Suchbegriff innerhalb der vergangenen zwölf Monate den meisten »Buzz« erhalten haben. Außerdem können Sie mit BuzzSumo nach Influencern recherchieren oder die populärsten Suchbegriffe verschiedener Netzwerke durchforsten. Sie haben zehn kostenfreie Suchanfragen pro Monat – dies genügt maximal zu einem ersten Test. Die weiteren sehr vielfältigen Funktionen und Filter sind leider erst in der Bezahlversion zugänglich. Kostenpunkt: ab 99 US-Dollar pro Monat (*https://buzzsumo.com/pricing/*). Dann verspricht der Dienst aber insbesondere auf Facebook und YouTube zugeschnittene Analysefunktionen, die Ihnen helfen sollen, die Interaktionen auf Ihrer Seite zu erhöhen. BuzzSumo gehört zur Branchengröße Brandwatch.

Brandwatch (https://www.brandwatch.com/de/) | Kosten: auf Anfrage, ab 600 Euro pro Monat

Ein Schwergewicht: Brandwatch durchsucht laut eigenen Angaben mehr als 95 Millionen verschiedene Quellen und bietet dabei professionelle, umfangreiche Analysemethoden. Brandwatch gilt als einer der führenden internationalen Anbieter für Social Media Monitoring/Social Listening und Social Analytics. Hunderte Markenunternehmen und Agenturen nutzen die Tools für Erkenntnisse über Marke, Trends und den Social-Media-Buzz im Internet. Mit Tabellen, Diagrammen oder Wordclouds, die wiederum gefiltert werden können, werden die Daten übersichtlich dargestellt. Die Preisgestaltung richtet sich nach der Zahl der monatlichen Erwähnungen sowie nach den jeweils von Ihnen gewünschten Modulen. Brandwatch wurde vom PR-Giganten Cision übernommen und wird wiederum in deren Produkte integriert.

Awario (https://awario.com/) | ab 24 Euro pro Monat

Awario will professionelles Monitoring und Analytics auch für kleinere Unternehmen erschwinglich machen. Und tatsächlich bietet es umfangreiche Monitoring- und Analysefunktionen. Über den »Boolean Search Mode« lassen sich auch sehr komplexe individuelle Abfragen umsetzen, ab Buchung des Pro-Pakets für 74 Euro pro Monat lassen sich die Ergebnisse auf Knopfdruck exportieren.

Mention (https://mention.com/) | kostenfrei mit Einschränkungen

Mention haben wir bereits unter den Alerts erwähnt – wegen seines Funktionsumfangs gehört es aber auch in die Auswahl der Monitoring-Dienste. Sie können verschiedene Onlinequellen permanent durchsuchen, Beiträge, die Sie als Spam markieren, merkt sich Mention – und wird so immer treffgenauer. Einziges Manko: In der kostenfreien Version sind die Suchtreffer auf einen Alert mit 1.000 Suchtreffern pro Monat beschränkt. Wenn Sie also mit Ihrem Suchwort viel Buzz erzeugen, müssen Sie nachkaufen. Es stehen Pakete zwischen 29 und 199 Euro zur Verfügung.

Meltwater (https://www.meltwater.com) | Preis auf Anfrage

Meltwater ist ein professioneller Medienbeobachter und bietet unter anderem modular anpassbares Social Listening für alle Unternehmensgrößen. Das Unternehmen hat Büros weltweit, ein deutschsprachiger Kundendienst gewährleistet enge Betreuung. Vorteilhaft: Wenn Sie gleichzeitig klassische Medien beobachten wollen, bekommen Sie hier alles aus einer Hand.

Talkwalker (https://www.talkwalker.com) | ab 6.000 Euro pro Jahr

Talkwalker ist ein Social-Media-Tool, das sehr umfängliche und aussagekräftige Monitoring- und Analysefunktionen an Bord hat. Den dazugehörigen Talkwalker Alert haben wir Ihnen bereits empfohlen. Das mehrfach ausgezeichnete Talkwalker hat Ihre Erwähnungen im Blick, bewertet nach Sentiment, identifiziert wichtige Themen und Influencer und vergleicht Ihr Engagement mit dem Ihrer Wettbewerber.

Digimind Social (https://www.digimind.com/de/social-listening/) | (Preis auf Anfrage)

Digimind bietet Monitoring und Analytics unter Zuhilfenahme von Methoden der künstlichen Intelligenz. Die Stärke des weltweit agierenden Unternehmens liegt in der Markt- und Konkurrenzanalyse. Über eine Anbindung an Hootsuite können Sie auch mit Ihren Followern und Fans interagieren.

Dashboards

Sie kennen nun einige Tools, die Ihnen die Arbeit in den sozialen Medien erleichtern. Mit den folgenden Diensten kommen Sie auf das nächste Level, denn diese bieten Listening, Analytics und Publishing aus einer Hand. Social-Media-Dashboards sind Ihre Kommandozentrale, über die Sie Ihre Accounts beobachten und bewerten, mit Inhalten bestücken und über die Sie an Gesprächen teilnehmen können. Gerade im Social Web neigt zwischenmenschliche Kommunikation dazu, wegen vieler parallel aktiver Diskussionsstränge schlecht überschaubar abzulaufen. Dashboards helfen Ihnen, den Überblick zu behalten, um auf wichtige Ereignisse reagieren zu können.

Was sind Social-Media-Dashboards?

Stellen Sie sich vor, Sie müssten Twitter, Facebook, Instagram, LinkedIn oder Ihr WordPress-Blog nicht mehr einzeln aufrufen, sondern könnten von einer Basisplattform aus Ihre Inhalte schreiben, planen und posten. Sie könnten auf einen Streich eine Handvoll Postings schreiben und dann einstellen, an welchen Tagen und zu welchen Zeiten sie nacheinander veröffentlicht werden – den Blogartikel über Ihr Firmenjubiläum, das Facebook-Posting mit dem Gewinnspiel oder die Vorstellung Ihrer neuen Auszubildenden auf Instagram beispielsweise. Statistiken zeigen Ihnen an, zu welchen Tageszeiten Sie Ihr Publikum am zuverlässigsten erreichen und mit welchen Posting-Arten – wie Text, Bild oder Video – Sie die höchste Reichweite erzielen.

Hinweis ▶ Wer aufmerksam gelesen hat, wird sich fragen: Kann automatisiertes Veröffentlichen von Postings noch der Kommunikation »auf Augenhöhe« gerecht werden? Ein wenig Skepsis ist völlig berechtigt. Denn auch wenn Sie sich die Arbeit natürlich erleichtern sollten, bleibt es wichtig, dass Sie alle großen Netzwerke auch regelmäßig direkt besuchen – und nicht einfach alles über Ihr Dashboard streuen. Bei zu viel Automatisierung laufen Sie zudem Gefahr, eines Tages Inhalte zu veröffentlichen, die Sie zwar vorab geplant hatten, die aber wegen aktueller Ereignisse absolut deplatziert wirken. Stellen Sie sich beispielsweise vor, Sie posten ein attraktives Foto, das Ihr Team beim letzten Sommerfest vor einem Lagerfeuer zeigt. Unter normalen Umständen ist dies sicher ein schöner Schnappschuss, der viele Likes generiert. Ganz anders sieht es aber aus, wenn just an dem Tag der Veröffentlichung ein großer Waldbrand tobt, der Ihre ganze Region in Atem hält. Deshalb sollten Sie auch bei vorab geplanten Postings immer ein waches Auge auf Ihre Zielgruppe sowie die aktuellen Diskussionen und Ereignisse haben.

Das klingt traumhaft, oder? Und tatsächlich: Mit Social-Media-Dashboards erleichtern Sie sich die Arbeit erheblich. Und wie Sie vermutlich ahnen, sollten Sie wie bei Ihren Zielen, Ihrer Strategie, Ihrem Monitoring und der Auswahl Ihrer Plattformen und Tools zunächst überlegen, welche Anforderungen ein Dashboard für Sie erfüllen soll:

- Welche und wie viele Plattformen wollen Sie vom Dashboard aus bedienen können? Twitter und Facebook können fast alle, aber Pinterest, Ihr Blog oder andere Netzwerke schränken die Auswahl ein.
- Wird sich nur eine Person um Social Media kümmern, oder brauchen Sie ein Dashboard mit Teamfunktionen?
- Wie umfangreich sollte das Monitoring sein? Soll beispielsweise auch klassische Presse abgedeckt werden? Brauchen Sie regelmäßig Volltexte, an die Sie aber nur mit einem Abo oder per Ausschnittdienst kommen?
- Welche Statistiken oder Reports benötigen Sie? Wie müssen diese aufbereitet sein, um in Ihrem Unternehmen leicht weiterverarbeitet werden zu können?
- Nutzen Sie Social Media für Ihren Kundenservice? Wollen Sie das Dashboard auch für CRM (*Customer Relationship Management*) nutzen, und möchten Sie es an andere im Unternehmen genutzte Software anbinden?

- Wie steht es um den Datenschutz? Im Zuge der DSGVO ist es wesentlich, welche Daten Sie welchem Anbieter freigeben und was dieser mit den Daten macht.
- Und natürlich: Wie viel darf das Tool kosten, welcher Preis ist für Ihren Bedarf angemessen?

Wie bei vielen Diensten im Internet sind auch bei den Dashboards Funktionen in den Basisversionen kostenfrei, oder es wird ein kostenloser Testzeitraum angeboten. Die meisten Dienste erweisen sich jedoch erst in der kostenpflichtigen Version als wirkungsvolle Instrumente. Am besten testen Sie einige Dashboards und dokumentieren Ihre Erfahrungen. Möglicherweise müssen Sie auch Dashboards kombinieren.

◀ **Tipp**

Wer bislang nur Facebook und Instagram pflegt, kann die Aufgaben Publishing und Analyse schon sehr komfortabel über Facebook selbst erledigen (und auf ein weiteres Tool vorerst verzichten). Die Business Suite enthält bereits einen Kalender, in dem sich Postings anlegen und planen lassen, und auch der Analytics-Bereich »Insights« ist recht aussagekräftig. Ein ausgefeiltes Social Listening und das gerade für Instagram wichtige Influencer Monitoring fehlen dagegen noch.

Die hier vorgestellten Werkzeuge stellen lediglich eine Auswahl dar. Darüber hinaus gibt es noch viele weitere Dashboards für jeden Bedarf und jede Firmengröße (und jedes Budget), behalten Sie dazu die Fachpresse wie das t3n-Magazin und Websites wie *InternetWorld.de* im Blick. Allgemeine Informationen und Kundenbewertungen zu zahlreichen Tools erhalten Sie auch auf der Website Capterra.com[1].

Schauen wir uns nun einige ausgewählte Dashboards genauer an.

Hootsuite (https://hootsuite.com/) | kostenfrei mit Einschränkungen

Hootsuite ist ein komplexes Social-Media-Dashboard, mit dem Sie nicht nur Ihre Social-Media-Accounts verwalten, sondern auch unkompliziert Themen, Hashtags und andere Accounts verfolgen können. Viele Agenturen und Unternehmen setzen Hootsuite wegen der umfassenden Teamfunktionen ein. Sie können einzelnen Mitgliedern Rechte einräumen, Aufgaben erstellen und verfolgen sowie es mit anderen Diensten wie MailChimp für Newsletter, Soundcloud für Musik, Sounds oder Podcasts, Instagram für Fotos, Tumblr fürs Bloggen oder Evernote für Notizen verbinden.

Zunächst koppeln Sie Ihren Hootsuite-Zugang mit den gewünschten Profilen, die Sie pflegen möchten. Achten Sie darauf, gegebenenfalls nicht nur Unternehmensseiten einzubinden – gerade im beruflichen

1 *https://www.capterra.com/social-media-analytics-tools-software/*

Umfeld kann es auch sinnvoll sein, wenn Sie Ihr persönliches LinkedIn-Profil integrieren. Sie müssen dazu alle Passwörter bereithalten und den Zugriff von Hootsuite auf Ihre Inhalte und Follower erlauben. Danach sortieren Sie in einzelnen Spalten, was Sie sehen möchten: den Twitter-Stream, einzelne Listen, Nennungen bei Twitter oder Instagram oder den Newsfeed von LinkedIn. Von Hootsuite aus posten, kommentieren, teilen oder retweeten Sie dann. Außerdem können Sie Posts anlegen und planen sowie – in der Bezahlversion – auch Anzeigen schalten.

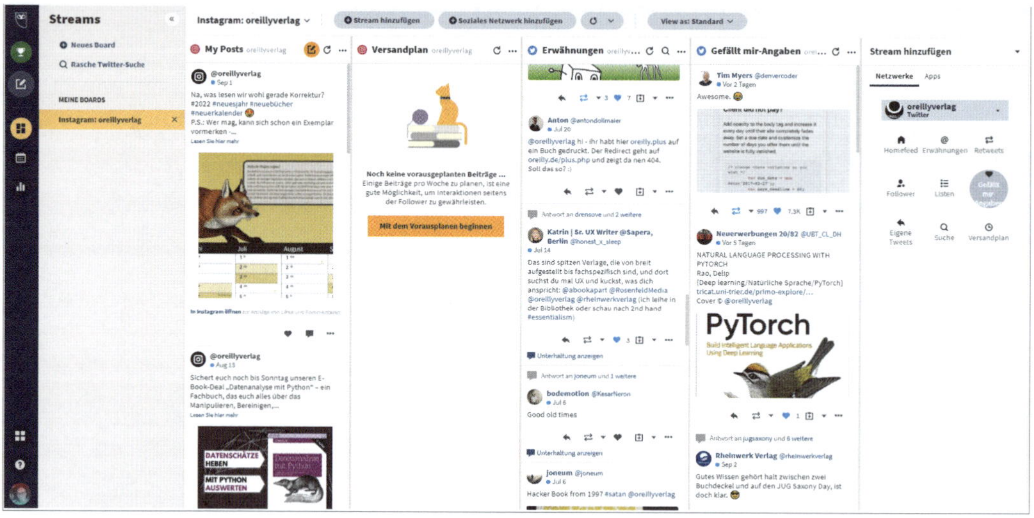

Abbildung 3-9 ▲ Die Free-Variante von Hootsuite mit dem Instagram- sowie dem Twitter-Account von O'Reilly

Hootsuite ist wie viele Tools in der Basisversion kostenlos, und deshalb ist es sozusagen das Goldkind vieler Social Media Manager: Es eröffnet die Funktionalität eines mächtigen Social-Media-Dashboards, ist aber auch für Freelancer, kleine und mittlere Unternehmen realistisch (und selbst in der Bezahlversion durchaus für viele Unternehmen erschwinglich).

Die Basisversion (etwas schwer zu finden: *https://www.hootsuite.com/plans/free-signup*) ermöglicht Ihnen das Einbinden von zwei Social-Media-Profilen (beispielsweise Ihres Instagram- und Ihres LinkedIn-Accounts). In der kostenpflichtigen Version entfaltet Hootsuite sein ganzes Potenzial, es unterstützt mehr Social-Media-Profile, bietet ausgeklügeltere Funktionen – und ist ab 39 Euro pro Monat zu haben. Da die allermeisten Unternehmen sicherlich mehr als zwei Profile und Seiten betreiben, empfehlen wir die Bezahlvariante, sobald Sie sich ein wenig eingearbeitet haben.

Fanpage Karma (https://www.fanpagekarma.com) | kostenfrei mit Einschränkungen

Fanpage Karma ist einst als (sehr gefragtes) Tool zur Analyse von Facebook-Seiten gestartet, und genau hier spielt es auch noch immer seine Stärken aus. Inzwischen bietet es zudem vollumfängliches Monitoring, Analytics und Social Media Publishing. Bereits mit dem kostenfreien Account erfahren Sie, an welchen Wochentagen und zu welcher Tageszeit Ihre Postings besonders erfolgreich waren, welche Beiträge floppten und wie sich beispielsweise Ihre Fanzahlen entwickeln. Sehr nützlich sind die Konkurrenzanalysen, und zwar neben Facebook auch für Twitter, Instagram, YouTube, LinkedIn, TikTok und Pinterest.

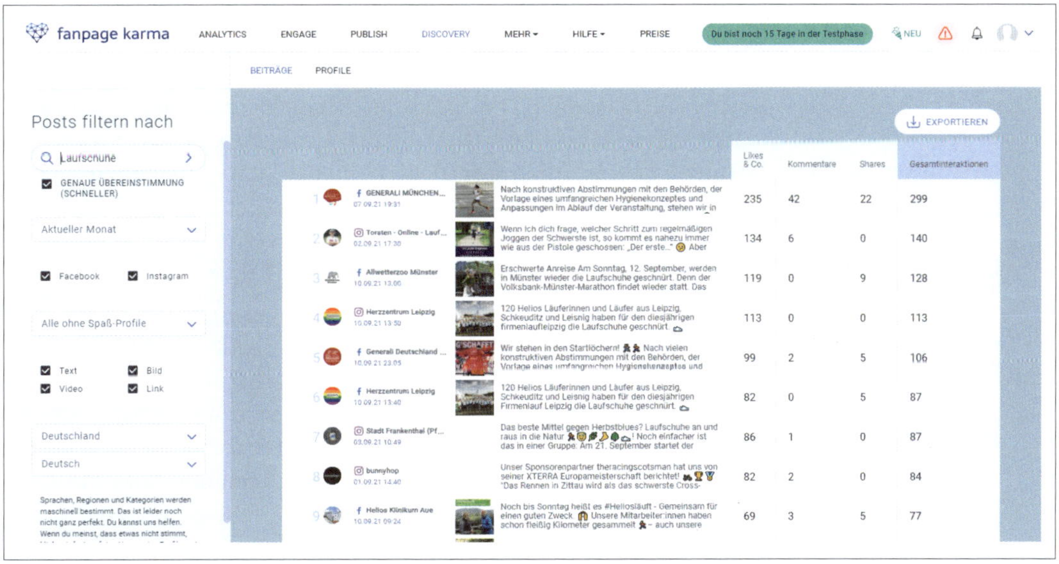

▲ **Abbildung 3-10**
Fanpage Karma durchsucht soziale Netzwerke nach gewählten Schlagwörtern. Außerdem erhalten Sie umfangreiche Statistikdaten – auch für die Accounts Ihrer Konkurrenz.

Fanpage Karma bietet eine kostenfreie Testversion, nach 15 Tagen müssen Sie sich entscheiden, welches Paket Sie in welchem Umfang benötigen. Der kostenfreie Account ist – leider – kaum nützlich, da sich mit ihm nur ein einziger Facebook-Account bearbeiten lässt. Die Erkenntnisse, die sich daraus gewinnen lassen, erhalten Sie längst von Facebooks eigener Statistikabteilung »Insights«. Für 149 Euro pro Monat können Sie aber mehr Netzwerke einbinden und profitieren von aussagekräftigen Auswertungen. Ebenfalls in diesem »Silber-Paket« enthalten ist ein Redaktionskalender mit der Möglichkeit, Posts zu planen und zu veröffentlichen.

Facelift Cloud (https://www.facelift-bbt.com/de) | auf Anfrage

Facelift Cloud ist ein komplettes Social-Media-Marketing-Tool, mit dem Sie sämtliche Aufgaben aus einer Software heraus erledigen können – beispielsweise integriert es auch den Werbeanzeigenmanager von Facebook. Der Allrounder ist dazu Partnerschaften mit anderen Dienstleistern wie etwa Talkwalker oder Brandwatch eingegangen. Das Rundum-sorglos-Paket überzeugt zudem mit einer deutschsprachigen Oberfläche, besonderer Fürsorge für die IT-Sicherheit (zertifiziert nach ISO 27001) und den Datenschutz (DSGVO-konform) und einem Kundendienst. Auf Anfrage gibt es einen kostenfreien Testaccount sowie konkrete Preisinformationen. Facelift Cloud eignet sich insbesondere für Agenturen und große Unternehmen, da sich eine Vielzahl von Accounts bequem steuern lässt.

Cision (https://www.cision.com/de/) | modulweise buchbar, Kosten auf Anfrage

Cision spielt seine Stärken als global agierender, erfahrener PR-Spezialist aus: Über die Cision Communications Cloud können Sie aus der ganzen Bandbreite professioneller Medienbeobachtung wählen: Monitoring, Publishing und umfassende Analyse von Print-, Online- und sozialen Medien. Das Social-Listening-Modul basiert auf Brandwatch, das seit 2021 zu Cision gehört. In einem Kalender lassen sich Postings übersichtlich bearbeiten, planen und aussenden – hier kommt das Können des ebenfalls zu Cision gehörenden Tools Falcon.io ins Spiel. Das Analytics-Dashboard wertet die Ergebnisse anschaulich aus und bietet Ihnen so nützliche Erkenntnisse.

Die Cision Communications Cloud überzeugt mit ihrer Funktionsvielfalt, sie setzt quasi an jedem Punkt des Social Media Marketing an. Statt morgens alle Plattformen einzeln aufzurufen, erhalten Sie einen Komplettüberblick über alle relevanten Erwähnungen Ihres Unternehmens sowie über Themen der Wettbewerber und Trends Ihrer Branche. Das Tool vereinfacht tägliche Aufgaben und hilft, Ihren Erfolg zu bewerten.

Cision möchte für jedes Budget und für jede Anforderung gezielt Pakete schnüren. Interessierte sollten eine Demoanfrage stellen. Auch für Agenturen gibt es einen Zugang, mit dem zwischen einzelnen Aufträgen und Kunden sauber getrennt werden kann.

Falcon.io (https://www.falcon.io/) | ab 129 Euro

Das Einsteigerpaket von Falcon.io ist auf Start-ups und kleinste Unternehmen ausgelegt, für alle mittelständischen und großen Unternehmen gibt es umfassendere Pakete. Für den Bereich Social Listening ist Falcon.io eine Kooperation mit Brandwatch eingegangen, deshalb profitieren Sie hier von einer sehr professionellen Monitoring-Funktionalität. Eine Benchmark-Funktion hilft bei der Erfolgsmessung und zeigt Ihnen, welche Bereiche Ihrer Strategie Sie verbessern sollten. Die Plattform selbst ist aufgeräumt und bietet alle wesentlichen Features und Statistiken. Sie können wichtige Themen, Schlagwörter und Personen beobachten und Erwähnungen bzw. Kommentare managen.

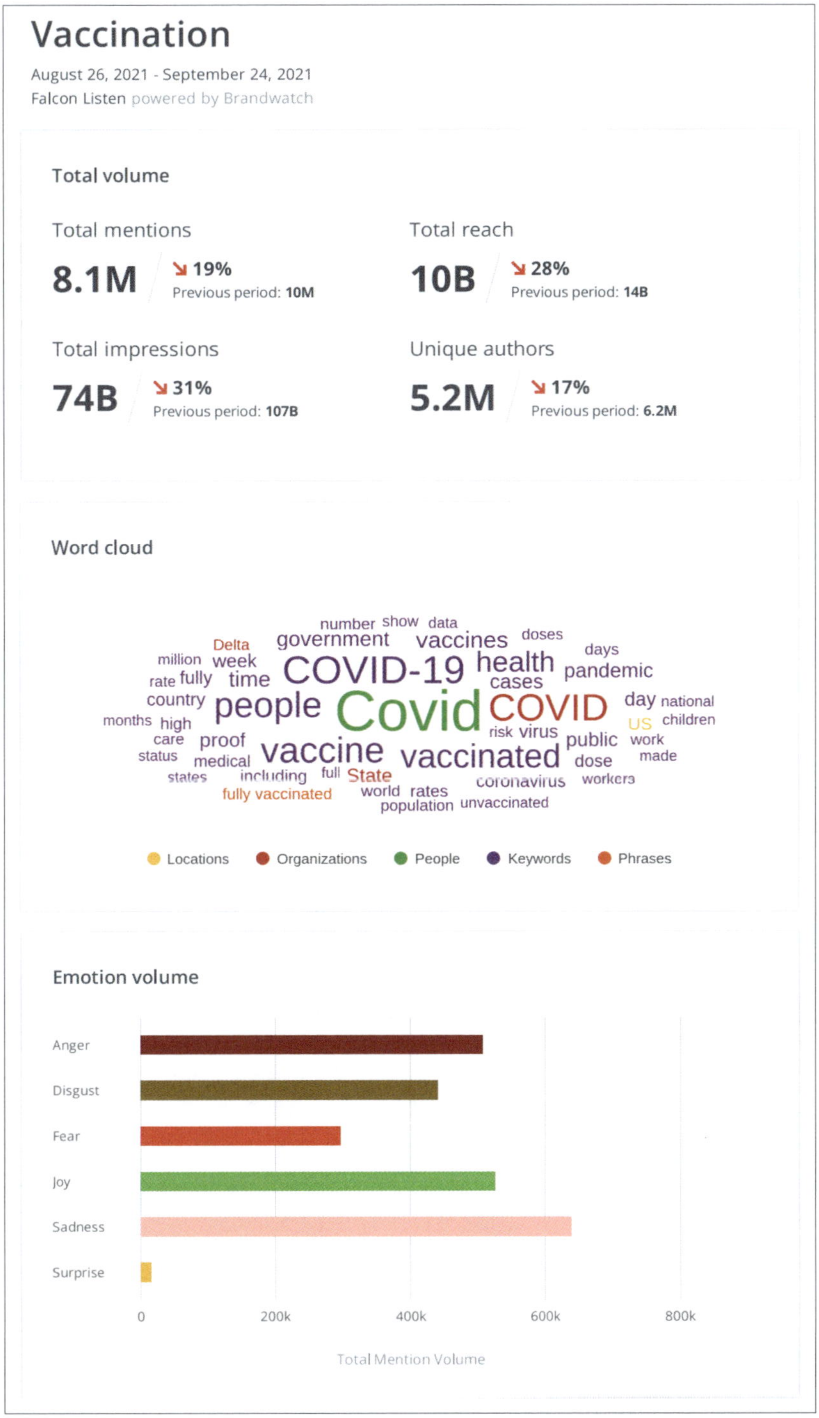

Abbildung 3-11
Auszüge aus dem Social-Listening-Dashboard von Cision, beispielhaft für den Suchbegriff »Vaccination«

Ihre Beiträge erstellen, planen, prüfen und veröffentlichen Sie ebenfalls über ein Dashboard, in das auch ein Freigabeprozess für die Zusammenarbeit im Team integriert ist. Aus Ihren Beiträgen legt Falcon.io automatisch einen sogenannten Content Pool an. Auch das Schalten von Werbeanzeigen über Facebook ist möglich. Und wenn Sie mehr über Ihre Zielgruppen wissen möchten, hilft Falcons Feature »Audiences«: Hier analysiert das Tool, wer genau über Ihre Themen schreibt. Eine gute Grundlage für Ihren Persona-Entwurf!

Swat.io (https://swat.io/de/) | ab 300 Euro pro Monat

Swat.io hilft Social-Media-Verantwortlichen, den Überblick über Kanäle und Content zu behalten, Anfragen und Kommentare systematisch zu beantworten und den eigenen Erfolg mitzuschneiden und zu bewerten. Auch die Zusammenarbeit im Team wird vereinfacht. Mit Swat.io können Sie aktuell Facebook, Instagram, Twitter, LinkedIn, YouTube, Pinterest, WhatsApp, Facebook Messenger und sogar Google MyBusiness steuern, mit Inhalten befüllen und pflegen. Damit ist Swat.io ein solides Social-Media-Management-Tool, auf das viele Unternehmen zurückgreifen.

SocialHub (https://socialhub.io/de/) | auf Anfrage

SocialHub ist vielen Marketingprofis und -einsteigern sicher durch ihr empfehlenswertes Blog[2] und ihr Magazin[3] bekannt.

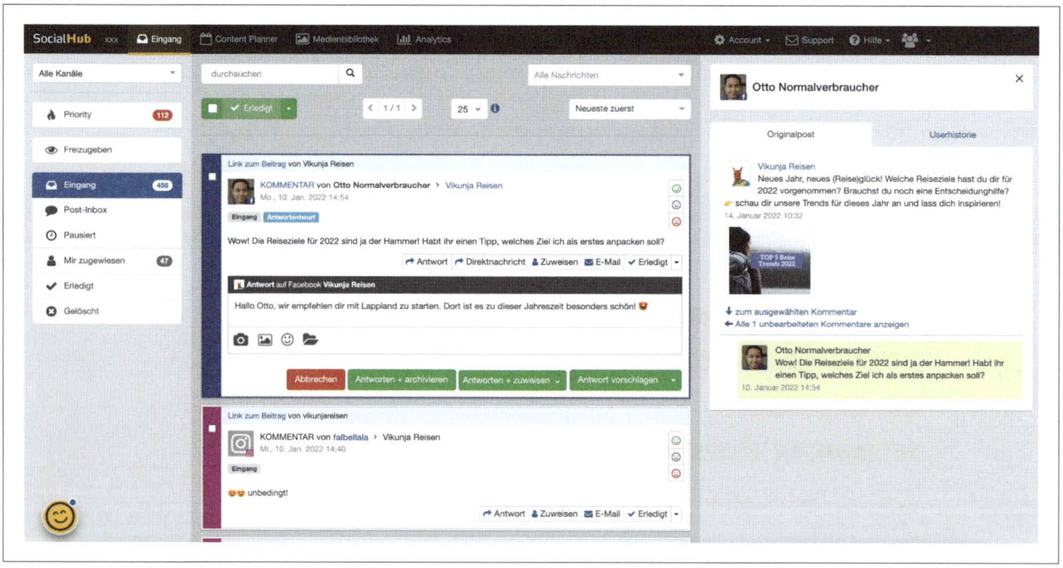

Abbildung 3-12 ▼ Content- und Community-Management mit SocialHub

2 *https://blog.socialhub.io/social-media-wissen/*

3 *https://socialhub.io/de/mag/*

Die Social-Media-Experten aus dem bayerischen Ingolstadt geben jedoch nicht nur Wissen weiter – Herzstück des Unternehmens ist das eigene Social-Media-Management-Tool. Mit SocialHub können Sie über alle großen Netzwerke hinweg Inhalte planen und veröffentlichen, Statistiken abrufen, im Team Communitys betreuen oder Ihr Social Media Monitoring automatisieren. SocialHub schnürt ein individuelles Leistungspaket, das sich nach Ihren Anforderungen richtet und dessen Preis von der Anzahl der User und der zu verwaltenden Social-Media-Kanäle abhängt. Ein wesentlicher Pluspunkt dürfte gerade für Einsteiger:innen die telefonische Erreichbarkeit sein, außerdem hat SocialHub verglichen mit internationalen Anbietern bei datenschutzrelevanten Fragen die Nase vorn und stellt sich als ISO-27001-zertifiziertes Unternehmen auch unerschrocken der Frage »Social Media und DSGVO?«.

Buffer (https://buffer.com/) | kostenfrei mit Einschränkungen

Mit Buffer können Sie Ihren Content unkompliziert auf Twitter, Facebook, LinkedIn oder in verschiedene Apps wie Flipboard oder Evernote teilen. Postings lassen sich zeitlich planen, dabei schlägt Buffer mithilfe der Statistiken von Twitter, Facebook und LinkedIn den bestmöglichen Zeitpunkt für eine Veröffentlichung vor. Mithilfe einer Analysefunktion haben Sie auch Ihren Erfolg im Blick. Der Schwerpunkt liegt hier auf Publishing und Analytics, Monitoring ist jedoch ebenfalls enthalten. Ein kostenfreier Basisaccount bietet Platz für drei Accounts, ab 5 US-Dollar erhalten Sie einen größeren Funktionsumfang. Besonders kleine Unternehmen können hier für wenig Geld ein nützliches Tool erhalten.

Social Studio/Salesforce (https://www.salesforce.com/de/products/marketing-cloud/social-media-marketing/) | auf Anfrage

Social Studio startete unter dem Namen Radian6 als Social-Media-Monitoring-Tool, inzwischen ist es Teil der Marketing-Cloud bei Salesforce. Es bietet die Überwachung von Millionen verschiedener Social-Media-Marketing-Kanäle, von Blogs über Foren bis hin zu sozialen Netzwerken. Sie können Ihre Inhalte bequem in sämtlichen großen Netzwerken veröffentlichen und anhand mächtiger Analysewerkzeuge, Diagramme und Trendanalysen den Erfolg Ihrer Social-Media-Kampagnen auswerten.

Sprout Social (https://sproutsocial.com/) | ab 89 US-Dollar pro Monat

Eine ansprechende Benutzeroberfläche gibt einen Überblick über Ihre Social-Media-Aktivitäten: Neben Streams aus sozialen Netzwerken können Sie RSS-Feeds einbinden, eigene Beiträge posten sowie Inhalte teilen, retweeten und kommentieren. Es gibt umfangreiche Funktionen für die Arbeit im Team. Sprout Social bildet außerdem die Kommunikation mit einzelnen Kontakten jederzeit nachvollziehbar ab, weshalb dieses Dashboard besonders nützlich für Unternehmen ist, die Social Media für den Kundenservice einsetzen. Interessant sind die übersichtlich aufbereiteten Monitoring-Reports und Auswertungen, mit denen Sie Ihre Aktivitäten wie auch die Ihrer Kontakte analysieren und so die tatsächlichen Daten mit Ihren Zielen und Ihrer Zielgruppe abgleichen können.

Agorapulse (https://www.agorapulse.com/de/) | kostenfrei mit Einschränkungen

Agorapulse lässt Sie Ihren Content planen, Beiträge auswerten und Reports ausstellen. Der Einsteigeraccount für bis zu drei Social-Media-Profile ist kostenfrei, ab 79 Euro pro Monat können Sie bis zu zehn Profile pflegen und überwachen und unbegrenzt viele Postings publizieren – für kleine und mittlere Unternehmen dürfte dies genügen. Agorapulse hat eine deutschsprachige Oberfläche und bietet unter anderem in einem Blog ausführliche Tipps und Ressourcen.

Crowdfire (https://www.crowdfireapp.com/) | kostenfrei mit Einschränkungen

Crowdfire startete vor einigen Jahren als simpler, funktionaler Follow-Unfollow-Checker, mit dem sich auf die Schnelle überprüfen ließ, welcher Twitter-Freund neu hinzugekommen oder gerade abtrünnig geworden ist. Heute bietet Crowdfire sowohl Publishing-Funktionen als auch die bekannte Analyse der eigenen Reichweite – und ebenfalls für andere Plattformen, zum Beispiel für Instagram. Das Besondere: Crowdfire ist eine App und daher besonders praktisch für das Social-Media-Management via Smartphone. Die Basisversion ist kostenfrei, wer mehr möchte, kann zwischen drei Paketen von 7,50 bis 75 US-Dollar monatlich wählen.

Es gibt zahlreiche in Deutschland ansässige Agenturen, die ebenfalls eigene Tools und eine umfassende Beratung sowie die komplette Übernahme der Social-Media-Überwachung und -Analyse für Unternehmen anbieten. Außerdem können sie dabei helfen, ein passendes Tool auszuwählen und zu implementieren, sowie Sie und Ihr Team in der Benutzung schulen.

Zusammenfassung

Social Media Listening und Analytics sind wesentliche Bestandteile Ihrer Social-Media-Strategie. Sie können (und sollten) genau hinhören und erfassen:

- Wo wird über mein Unternehmen geredet?
- Wer redet worüber und in welchem Tonfall?

- Wie fasst die Community meine Aussagen, Produkte und Dienstleistungen auf?
- Welchen Stellenwert hat die Konkurrenz in der Community?
- Welche Trends werden diskutiert?
- Welche Meinungen herrschen vor?
- Wer hat in der Community die Meinungsführerschaft?
- Was verändert sich, wenn ich mich in Social Media für mein Unternehmen engagiere?

Unter Berücksichtigung Ihrer Ziele, Ihrer Zielgruppe und Ihrer Inhalte können Sie Kennzahlen festlegen, mit denen Sie Social Media langfristig messbar machen. Ohne Analytics bleibt Ihr eigenes Engagement in Social Media ein Stochern im Nebel, bei dem nur der Zufall über Erfolg und Misserfolg entscheidet.

Bei Social Media Listening und Analytics geht es um mehr als das Erheben von Daten. Es geht darum, dass Sie die erhobenen Daten in einen Zusammenhang bringen und anhand Ihrer konkret formulierten Ziele und Erwartungen auswerten – und entsprechende Konsequenzen daraus ziehen.

Dazu stehen viele Tools zur Verfügung, von simplen, zweckgebundenen Anwendungen bis hin zu umfangreichen Dashboards mit vielfältigen Funktionen. Wenn Sie professionelles Social Media Marketing umsetzen wollen, brauchen Sie einen Werkzeugkoffer mit Tools und Diensten, die Ihnen die Arbeit erleichtern. Im Zentrum sollte immer Ihre Social-Media-Strategie stehen und der Blick darauf, wie sich diese Werkzeuge am besten für ihre Umsetzung nutzen lassen. Probieren Sie einige Werkzeuge aus und setzen Sie diejenigen ein, die Ihnen den Alltag oder die Lösung praktischer Probleme wirklich erleichtern, Ihrer Positionierung nützen und Ihnen beim Auffinden von guten Inhalten oder zur Inspiration dienen.

Ihren Werkzeugkasten müssen Sie sich letztendlich ebenso individuell zusammenstellen wie Ihre Social-Media-Strategie: abgestimmt auf Ihre Ziele, Ihre Zielgruppen und Ihre Inhalte.

KAPITEL 4

Communitys, Influencer und Reputation

In diesem Kapitel:

- Märkte sind Gespräche: das Cluetrain-Manifest
- Communitys nachhaltig aufbauen
- Größere Markenbekanntheit und Imagewechsel dank Social Media
- Kundenwünsche herausfinden und Mitmachkampagnen veranstalten
- Strategien für Social-Media-Communitys
- Kleine und mittelständische Unternehmen in Social Media
- Praxisbeispiel: Das MuseumsCafé & Hofladen Zeisset
- Influencer-Marketing
- Corporate Influencer
- Reputationsmanagement
- Krisenmanagement
- Zusammenfassung

Für erfolgreiches Marketing mit Social Media hören Unternehmen zu, lassen sich auf einen Dialog ein und beziehen ihre Zielgruppen ein. Eine Marke, die sich im Community-Building mit echtem Meinungsaustausch engagiert, führt zu begeisterten und loyalen Fans. Durch die starke Verbindung mit der Community, die auf einer gewachsenen Beziehung und Vertrauen basiert, kann sich das Unternehmen Markenfürsprecher aufbauen. Wir zeigen Ihnen Unternehmen, die durch ihr Engagement in Social Media mit Kund:innen, Fans und Mitarbeitenden erfolgreich eine aktive Community aufbauen. Außerdem erfahren Sie, wie Sie Reputationsschäden mithilfe von Social Media vermeiden oder in den Griff bekommen.

Märkte sind Gespräche: das Cluetrain-Manifest

Das *Cluetrain-Manifest* nahm in 95 Thesen das Social Media Marketing von heute vorweg. Die Botschaft ist einfach und genial. In Märkten geht es darum, miteinander zu sprechen. Anders ausgedrückt: Märkte sind Gespräche.

▼ **Abbildung 4-1**
Vorspann des Cluetrain-Manifests mit der wichtigsten Aussage laut David Weinberger, einem der Autoren)

Wenn Du heute nur Zeit hast für eine Einsicht, dann sollte es diese sein ...

Wir sind keine Zuschauer oder Empfänger oder Endverbraucher oder Konsumenten.
Wir sind Menschen - und unser Einfluß entzieht sich eurem Zugriff.

Kommt damit klar.

Aufrichtiger und wertvoller Meinungsaustausch bleibt der Garant für erfolgreiches Social Media Marketing trotz aller Diskussionen um Follower-Zahlen, die richtigen KPIs und die Conversion-Optimierung.

Tipp ▶ Das zeitlose Cluetrain-Manifest finden Sie online unter *http://www.cluetrain.com/auf-deutsch.html.*

Social Media erleichtern die Kommunikation zwischen Unternehmen und (potenziellen) Kund:innen. Das ist wichtig, denn die Erwartung der Verbraucher:innen ist gestiegen. Äußern sie sich zu Produkten und zum Unternehmen in Social Media, rechnen sie mit einer zügigen und ebenso öffentlichen Rückmeldung. Stimmen Sie als Unternehmen die Prozesse Ihrer Kommunikation darauf ab und planen Sie auch als Soloselbstständige genügend Ressourcen ein.

Die Autoren des Cluetrain-Manifests kritisieren, dass ihre Kernthese »Märkte sind Gespräche« immer noch zu wenig verinnerlicht wird. Doc Searls über die Unternehmen: »Sie betreiben Tracking und Targeting, sie fangen und akquirieren, managen und verwalten ›ihre‹ Kunden, als ob wir Sklaven oder Vieh wären«.[1]

In den 121 *New Clues* (*http://newclues.cluetrain.com/*) warnen sie vor der fortschreitenden Kommerzialisierung. Sie erinnern an den wichtigsten Fortschritt durch das Internet: die direkte Verbindung von Menschen. Transparenz und Authentizität sind entscheidend: Die Menschen müssen jederzeit wissen, wann und in welcher Funktion Unternehmensvertreter mit ihnen kommunizieren.[2]

Communitys nachhaltig aufbauen

Fördern Sie das passende Mindset in Social Media. Auch die Geschäftsführung braucht ein grundsätzliches Verständnis, um fundiert über Budget und Personalressourcen entscheiden zu können. Die Führungsetage muss sich daran gewöhnen, dass es nicht mehr ausreicht, mit würdiger Miene Quartalszahlen zu verkünden. Kund:innen möchten die Menschen hinter dem Unternehmen und der Marke kennenlernen. Sind Führungskräfte in Social Media aktiv und ansprechbar, kommt das gut an. Ein Profil bei XING oder LinkedIn ist ein sinnvoller Anfang. Noch besser ist es, wenn der Chef Blogbeiträge schreibt und twittert oder die Chefin in

1 *https://www.brandeins.de/magazine/brand-eins-wirtschaftsmagazin/2012/markenkommunikation/habt-geduld*

2 *https://www.brandeins.de/magazine/brand-eins-wirtschaftsmagazin/2015/marketing/the-internet-is-us-connected*

einem Video über die jüngsten Entwicklungen spricht. Die Geschäftsführung kann zum inspirierenden Vorbild werden, was auch in einer Krise hilfreich ist. Wir stellen Ihnen in diesem Kapitel *Social CEOs* vor.

Bieten Sie wirklichen Austausch und gehen Sie mutig voran, falls Ihre Branche in Social Media noch wenig aktiv ist. Befürchten Sie, dass Sie in Ihrem Geschäftsfeld zu spät kommen? Seien Sie unbesorgt, das Social Web bietet jedem Unternehmen die Chance, seine individuelle Seite zu zeigen.

Mitwirkung ist Marketing

Chris Heuer, Experte für New Media Marketing, prägte den Ausspruch »Marketing ist Mitwirkung«. Heuer betont, dass sich die besten Köpfe im Marketing an den Communitys ihrer Kund:innen beteiligen. Schließlich seien Unternehmen dazu da, Menschen bei Fragen und Problemen zu helfen. Aggressives Marketing für den Verkauf von Waren und Dienstleistungen ist überholt: Die Menschen haben es satt, immer die gleiche Werbebotschaft zu hören.

»Marketing ist Mitwirkung« funktioniert in beide Richtungen. Bringen sich Marketers in Communitys ein, lässt sich das als »Mitwirkung ist Marketing« übersetzen. Dieser zwischenmenschliche Dialog gibt dem Unternehmen ein menschliches Gesicht und ist nicht nur profitgetrieben. Community-Mitglieder finden es interessant, wenn Unternehmen an der Kommunikation teilnehmen und ihr Wissen teilen. Zwingen Sie der Community Ihre Botschaft nicht auf. Loyalität entsteht, wenn Sie authentische Beziehungen mit der Community aufbauen, zuhören und einen echten Beitrag leisten.

Bauen Sie Ihre Community strategisch auf und bringen Sie Geduld mit. Der Aufbau von Beziehungen braucht Zeit. Wächst die Community zu schnell, kann das Gefühl der Gemeinsamkeit verloren gehen. Vertrauen ist nicht durch Geld zu erwerben. Statt Gewinnspiele und Rabattaktionen inflationär einzusetzen, basiert erfolgreiches Marketing in Social Media auf vertrauensvollen Beziehungen.

◀ Tipp

Seit 2007 findet jährlich in Berlin das CommunityCamp[3] statt. Bei diesem etablierten Themen-Barcamp tauschen sich Community und Social Media Manager:innen zu Community-Management und Monitoring aus. Der Bundesverband Community Management e.V. (BVCM) organisiert bundesweit Stammtische rund um Community-Management und strebt an, das Berufsbild weiter zu professionalisieren.[4]

3 *https://www.communitycamp.berlin/*

4 *https://www.bvcm.org/*

Ihnen ist vielleicht der Begriff *Social Selling* schon begegnet. Wie das Wort »Selling« andeutet, stehen kommerzielle Absichten im Fokus. Der Begriff »Social« signalisiert den Bezug zu Social Media. Damit ist gemeint, in den Aufbau einer vertrauensvollen Beziehung zu investieren und das eigene Netzwerk sowie neue Beziehungen für den Verkaufsprozess zu nutzen. Wer seinen Kontakten in LinkedIn regelmäßig hochwertigen Content anbietet, wird für diese auch zum fachlichen Ansprechpartner und kann einen Expertenstatus aufbauen. Mehr dazu erfahren Sie in Kapitel 11.

Wer steckt hinter Ihrer Marke: exklusive Einblicke für Ihre Community

Entwickeln Sie eine umfassende Strategie für die Community, in der Ihre Produkte diskutiert werden. Zeigen Sie transparent, wer oder was sich hinter Ihrer Marke verbirgt. Stellen Sie hochwertige Marmeladen her? Posten Sie nicht nur schöne Werbefotos Ihrer Marmeladengläser. Knipsen Sie den Blick in die großen Töpfe der Herstellung. Berichten Sie, wie viele Tonnen Obst jährlich angeliefert werden, oder erzählen Sie von der Arbeit Ihres Entwicklungslabors. Laden Sie einmal pro Jahr ausgewählte Kund:innen und Fans zu einer exklusiven Verkostung ein.

Als kleine Fahrschule können Sie:

- irrsinnige Straßenführungen und seltene Verkehrsschilder in Ihrer Umgebung fotografieren,
- Ihre Fahrlehrerinnen und Fahrlehrer vorstellen und
- Übungsmaterial für Ihre Fahrschüler:innen bereitstellen.

Liefern Sie den exklusiven Blick hinter die Kulissen. Veröffentlichen Sie Informationen mit Mehrwert und zeigen Sie, dass die Werte Ihres Unternehmens gelebt werden. Auch Ihre Emotionen und Ihre Meinung sollten nicht fehlen, um den Dialog mit der Community zu beginnen und permanent zu befeuern.

Sie betreiben ein kleines Café?

- Stellen Sie Ihre Räume, Ihre Konditor:innen und Ihre Torten vor.
- Interviewen Sie treue Stammgäste.
- Berichten Sie über Ihr soziales Engagement, wenn Sie Ihre Produkte an die Tafel geben oder Obdachlosen Kaffee und Kuchen spendieren.

Heute sind nicht nur Unternehmen in Social Media vertreten, sondern auch Vereine, Politiker oder öffentliche Institutionen wie die Stadtverwaltung, der lokale Energieversorger oder die Stadtbücherei. Feuerwehr und Polizei nutzen in immer mehr Städten die schnelle Informationsweitergabe auf Twitter, um die Bevölkerung zu informieren. Auch auf

Facebook, Instagram und anderen Social-Media-Plattformen präsentieren sie ihre Arbeit und stellen sich dem Dialog mit den Menschen. Dabei lösen manche ihrer Themen Diskussionen aus und locken auch Trolle und Hater an.

Die Polizei Frankfurt und der Trollkragenpullover

Das Social-Media-Team der Polizei in Frankfurt am Main besteht aus Polizist:innen, die sich in Social Media weiterbilden und an dem Thema Freude haben. Sie informieren auf Twitter über Bombenentschärfungen und Demonstrationen oder begleiten Fußballspiele. Die Community hilft sich untereinander, und aufmerksame Follower beantworten Fragen anderer Teilnehmenden. Das Social-Media-Team der Polizei hat ein Auge auf die Antworten und greift ein, falls diese falsch oder unvollständig sind. Die niedrigschwellige digitale Kommunikation und der schnelle Draht zur Polizei können dazu führen, dass manche Menschen das Angebot übermäßig nutzen. Wer wissen will, warum der Polizeihubschrauber kreist, hätte früher nicht angerufen: Auf Twitter nachzufragen, geht schnell und ist bequem. Dazu kommen Menschen, die beleidigen und ihrem Ärger Luft machen wollen – oder gar trollen.

◀ **Definition**

Bei einem *Troll* handelt es sich um einen Störenfried im Internet. Er hat kein Interesse an einer Diskussion, sondern sabotiert diese und provoziert Mitglieder der Community. Die wichtige Regel lautet daher: »Do not feed the troll!«, was bedeutet, dass ihnen möglichst wenig Aufmerksamkeit geschenkt werden sollte. Reagiert niemand auf die nervigen User, »trollen« sie sich meist schnell wieder.

Auf Twitter wurde die Frankfurter Polizei für die Wortschöpfung *#Trollkragenpullover* gelobt und gefeiert. Selbst der Dudenverlag wurde auf die kreative Wortschöpfung aufmerksam. Ein schönes Beispiel, wie mit der nötigen Portion Humor auch Trolle in ihre Schranken verwiesen werden können.

▼ **Abbildung 4-2**
Mit dem #Trollkragenpullover reagierte die Polizei Frankfurt humorvoll auf pöbelnde Zeitgenossen.

Für die Frankfurter Polizei überwiegen die Vorteile, denn sie bekommt viel Lob, aber auch konstruktive Kritik. Der interessierte Nachwuchs stellt Fragen zum Job, sodass der Kanal das Employer Branding unterstützt. Die Polizei erreicht mit ihrem Engagement in Social Media die Bevölkerung einfach und schnell.

PR-Profis werden Teil der Community

Die PR erlebte in den letzten Jahren einen Paradigmenwechsel. Die alleinige Ansprache per Pressemitteilung, Telefon oder E-Mail ist weitgehend passé. Gemäß dem Motto »Marketing ist Mitwirkung« müssen auch PR-Profis echte Beziehungen zur Öffentlichkeit aufbauen. Social-Media-Kanäle sind für viele Menschen einflussreicher als traditionelle Medien. In der Coronakrise bekamen jedoch der öffentlich-rechtliche Rundfunk und seriöse Medien wieder Auftrieb. Auch Facebook, YouTube & Co. achteten stärker auf die Qualität und Richtigkeit von Meldungen.

Eine erfolgreiche und viral gehende Social-Media-Kampagne kann von einem Moment auf den anderen ein Produkt bekannt machen. Social-Media-Nutzer:innen suchen nicht nach einer PR-Nachricht, sondern nach Informationen, die ihnen weiterhelfen. Sie verlassen sich auf Beiträge in angesehenen Communitys und folgen Empfehlungen aus ihrem Netzwerk, auch von Influencer:innen. Der ideale PR-Profi nimmt aufmerksam, empathisch und aktiv an der Community teil und veröffentlicht nicht nur eine Botschaft, die im schlimmsten Fall niemanden interessiert. Journalist:innen nutzen Social Media zur Recherche, besonders die schnelle Plattform Twitter wird rege genutzt, um Trends und Themen aufzuspüren.

Größere Markenbekanntheit und Imagewechsel dank Social Media

Ein klassisches Beispiel für eine Marketingkampagne mit Social-Media-Engagement war »Old Spice«. Um nicht mehr als »Altherrenduft« wahrgenommen zu werden, entstand ein Werbevideo mit dem ehemaligen Footballstar Isaiah Mustafa. Er sprach die Frauen an, denen der Duft an ihrem Mann gefallen soll. Das Video »The Man Your Man Could Smell Like«[5] kam gut an, ging auf YouTube viral und wurde über 59 Millionen Mal angeschaut. Im zweiten Schritt beantwortete er Fragen der Fans in persönlichen Videos. Die Markenbekanntheit stieg

5 *http://www.youtube.com/watch?v=owGykVbfgUE*

durch die erfolgreiche Kampagne deutlich, das Image wurde modernisiert, und die virale Verbreitung führte zu medialer Aufmerksamkeit. Bis heute werden Kampagnen dieser Art fortgeführt.

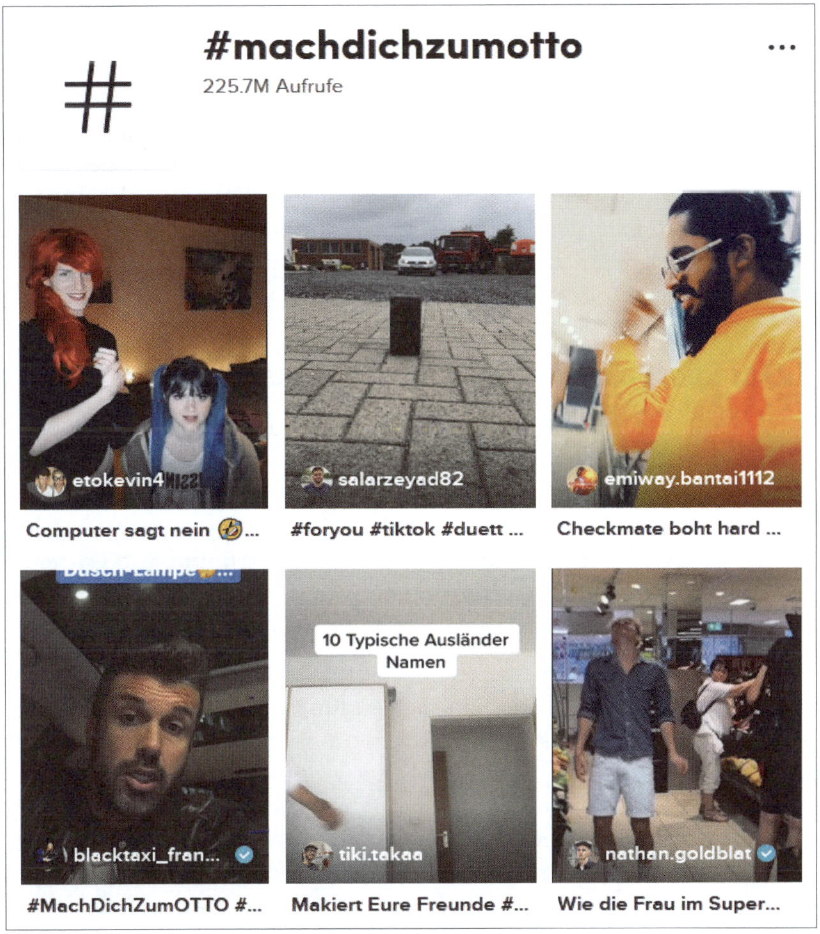

◀ **Abbildung 4-3**
Die Hashtag-Kampagne der OTTO GmbH & Co KG auf TikTok

Einen Imagewechsel nahm auch die Traditionsmarke OTTO mithilfe der Videoplattform TikTok vor. Dort bekam die Hashtag-Kampagne *#MachdichzumOtto* 226 Millionen Aufrufe. Wagen sich Unternehmen auf eine Plattform wie TikTok, ist es wichtig, dass sie die Sprache der Nutzer:innen verstehen und dass ihre Marke nativ in die Sprache der Creators integriert wird. Speziell die Generation Z reagiert empfindlich auf unkreative und aufdringliche Werbung sowie plumpe Anbiederung. Mangelt es dann noch am Storytelling, wie bei congstar mit seiner dritten Hashtag-Kampagne *#likeacongstar*, erreicht die Kampagne nicht ihr Ziel. Die TikToker kritisierten die offensichtliche Werbung, die übertriebene Anzahl an Botschaften und wenig glaubwürdige Creators.

Gleichzeitig ist congstar ein gutes Beispiel, da es sich um eines der ersten Unternehmen handelte, die auf TikTok aktiv wurden. Als Early Adopter bekam ihre erste Hashtag-Kampagne *#Dancefordata* 216 Millionen Aufrufe.

Kundenwünsche herausfinden und Mitmachkampagnen veranstalten

Konsumenten versuchen, über Social Media Einfluss zu nehmen. Unternehmen können gewinnen, wenn sie online vorgetragene Kundenwünsche ernst nehmen. Welche Mitmachkampagnen im Netz gut ankommen, zeigen unsere Praxisbeispiele.

Ritter Sport aktiviert und involviert seine Fans

Die Wünsche der Fans zu hören und sie an der Produktentwicklung teilhaben zu lassen, ist für Ritter Sport gängige Praxis. Im Blog können die Fans über Sprüche auf Plakaten abstimmen, die an großen Bahnhöfen aufgehängt werden. Pro Motiv bekommen sie zwei oder drei Headlines zur Auswahl, dürfen für ihren Favoriten voten und ihre Entscheidung in den Kommentaren begründen. Damit bindet Ritter Sport seine Fans ein, bekommt Feedback und kostenfreie Marktforschung.

Schokoladenfans dürfen über Rezepturen und Verpackung abstimmen oder Vorschläge einreichen. Natürlich gibt es Grenzen, und die Liste der Zutaten ist eingeschränkt, was Ritter Sport aber vorbildlich transparent kommuniziert. Über die Seite *https://www.ritter-sport.de/sortenkreation/#/start* sind Schokoladenfans aufgerufen, auf die Produktentwicklung Einfluss zu nehmen, Ideen vorzuschlagen und zum Chocolatier zu werden. Zu den Tausenden von Vorschlägen für Namen zählen kreative Varianten wie »Germknödel«, »Saure Explosion« oder »Schokoladenfondue«.

Ritter Sport kommuniziert auf Twitter, Pinterest, Facebook, Instagram und YouTube, bietet relevante Inhalte und Hintergrundwissen und generiert echte Fans – auch für den Krisenfall. Doch selbst eine *Love Brand* wie Ritter Sport ist nicht vor Kritik gefeit. Als der Schokoladenhersteller auf Wunsch der Community die limitierte Sorte »Ritter Sport Einhorn« auf den Markt brachte, unterschätzte er die Nachfrage. Innerhalb weniger Minuten stürmten die Schokoladenfans den Onlineshop und kauften 300.000 Tafeln. Dieser Andrang zwang den Server in die Knie, was zu kritischen Kommentaren führte, insbesondere auf Facebook. Letztlich war die Aufmerksamkeit höher zu bewerten als die negativen Kommentare derer, die leer ausgingen. Was eingeschränkt verfügbar ist, wirkt attraktiv und weckt Begehrlichkeiten. Deshalb gab es als würdigen Nachfolger die noch stärker limitierte Sorte »Schoko und Gras« zum Welt-Cannabis-Tag. Auch diese Sorte war in kürzester Zeit ausverkauft.

▼ **Abbildung 4-4**
Das Ritter-Sport-Blog mit Mitmachaktionen

Mitmachkampagnen in Social Media

Wenn Sie Mitmachaktionen planen: Versprechen Sie nichts, was Sie nicht halten können. Sonst geht es Ihnen wie der Henkel-Marke »Pril« mit ihrem »Hähnchenduft« im Wettbewerb für eine Sonderedition. Das Ergebnis sorgte für Spott.[6]

6 *http://www.spiegel.de/netzwelt/netzpolitik/soziale-netzwerke-pril-wettbewerb-endet-im-pr-debakel-a-763808.html*

Dass Mitmachkampagnen besser verlaufen können, hat Fanta bewiesen. Die Community durfte mit Beiträgen in Snapchat, Instagram und Facebook entscheiden, welche Geschmacksrichtung zur Fanta-Sommersorte werden sollte. Dann wurden die Fans über Snapchat zu einem Wettbewerb aufgerufen, um Plakate für die gewählte Sommersorte Fanta Wildberries zu entwerfen. Elf der mehr als 1.500 Plakatentwürfe wurden für die Kampagne verwendet. Der YouTuber und Influencer Julien Bam warb für die Kampagne und animierte die Snapchatter, User-generated Content zu produzieren.[7] Transparente Rahmenbedingungen und die Zusammenarbeit mit einem beliebten Influencer führten zum Erfolg.

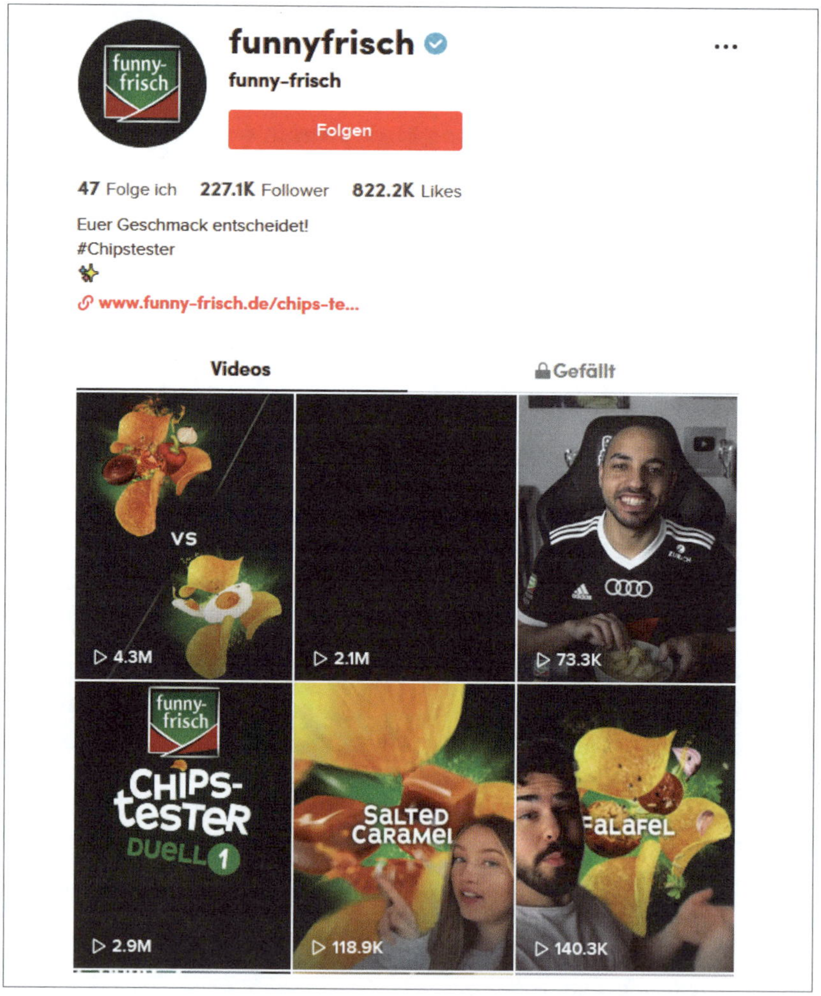

Abbildung 4-5 ▶ Sollen Chips lieber nach Spiegelei oder eher nach Falafel schmecken?

7 *https://www.wuv.de/marketing/fanta_macht_teenager_zu_kreativdirektoren*

Coca-Cola führte die Kampagne »Fanta X You« mit einem Designwettbewerb fort. Bei der Co-Creation-Kampagne »Shake to Design« gestalteten die Teens das Fanta-Label mit ihren eigenen Moves. Aus den über 3.000 Fanta-Designs wählte eine Jury 27 Gewinnerdesigns aus. Diese zierten deutschlandweit ausgewählte Flaschen und Dosen von Fanta.

Funny frisch nutzt TikTok, um seine Fans auf witzige Weise über potenzielle neue Sorten abstimmen zu lassen. Im Chipstester-Duell dürfen sich die TikToker zwischen teils exotischen Geschmacksrichtungen entscheiden. Hier stellt sich auch schon mal die Frage, ob Chips mit Spiegeleigeschmack lecker sein können. Den Favoriten »Hot Chili Mayo Style« brachte funny-frisch im März 2022 auf den Markt. Das Hashtag *#chips tester* wurde in TikTok schon über 33 Millionen Mal aufgerufen.

Funny-frisch macht auf TikTok mehr richtig, als nur eine witzige Kampagne zu starten. Die Marke kümmert sich intensiv um seine Community. Das greift der reichweitenstarke TikToker *@Markefritz* humorvoll auf. In einem TikTok wendet er sich direkt an funny-frisch, weil diese bei so vielen Accounts liken und kommentieren. Er macht sich ein wenig darüber lustig, dass bei funny-frisch offenbar jemand für das Community-Management bezahlt wird. Deshalb bewirbt er sich als Chipstester. Ein paar TikToks später stellt er sein Testpaket aus neuen Chipssorten vor.

Strategien für Social-Media-Communitys

Es ist sinnvoll, auf mehreren Social-Media-Plattformen Profile zu pflegen. Sie können dadurch in verschiedener Weise kommunizieren und Fotos, Videos, Stories, Dokumente oder Links teilen. Um Content für die wachsende Anzahl Ihrer Accounts vorzuhalten, kann ein Blog sinnvoll sein.

Ihr Blog ist Ihr Kommunikationsknotenpunkt

Ihr Blog wird zum Zentrum Ihrer Kommunikation im Social Web. Sie allein bestimmen über Inhalte und Hausregeln – einen Algorithmus gibt es nicht. Sie können unabhängig von sozialen Netzwerken Ihre Inhalte zugänglich machen und dauerhaft erhalten. Diese lassen sich in Rubriken einsortieren und mit Tags versehen. Besucher:innen können sich Artikelserien ansehen und ältere Beiträge über Rubriken und Tags auch nach längerer Zeit noch problemlos finden. Ihre Blogbeiträge können Sie über Ihre Social-Media-Kanäle teilen. Auf vielen Social-Media-Plattformen finden Sie einen Codeschnipsel, mit dem Sie Posts in Blogs und Websites einfügen können. Über Bloggen sprechen wir ausführlich in Kapitel 6.

Profile in Social Media anlegen

Registrieren Sie sich mit Ihrem Unternehmens- oder Markennamen auf allen Social-Media-Sites, die Ihnen für Ihre Ziele und Zielgruppen sinnvoll erscheinen. Das gilt auch, wenn Sie erst zu einem späteren Zeitpunkt aktiv werden wollen. Halten Sie sich alle Optionen offen: Sollte Ihnen jemand zuvorkommen, wird es mühsam, das Recht auf den Benutzernamen geltend zu machen. Meist kontaktieren betroffene Unternehmen zunächst den Betreiber des Accounts, schalten dann die Plattform ein und suchen Rechtsbeistand, falls diese Schritte kein zufriedenstellendes Ergebnis bringen.

Sie müssen nicht auf allen Social-Media-Plattformen Teil der Community werden. Je nach Ziel und Zielgruppe können Sie Schwerpunkte setzen. YouTube, das zu LinkedIn gehörende Slideshare oder SmugMug (Flickr) werden Sie schätzen lernen, um Videos, Präsentationen und Fotos zu zeigen. Über Twitter schaffen Sie Reichweite und erreichen Fachleute und Medienvertreter. Auf Facebook und Instagram treffen Sie die breite Masse Ihrer (potenziellen) Kund:innen, und für das Employer Branding bieten sich Businessnetzwerke wie XING und LinkedIn an. Ihre junge Zielgruppe treffen Sie in TikTok, Twitch oder Snapchat. Livestreams sind über YouTube, Facebook, Instagram, LinkedIn und TikTok möglich.

Beschränken Sie sich nicht auf eine Plattform

Alles auf eine Karte zu setzen, ist selten klug. Es mag zwar einfacher sein, Experte auf einem einzigen Social-Media-Kanal zu werden, aber versuchen Sie trotzdem, auf mehreren Plattformen aktiv zu sein. Sie machen Ihre Social-Media-Aktivitäten sonst zu abhängig von der Funktionsfähigkeit und dem Fortbestand eines Kanals. Fehlen Ihnen Wissen und personelle Ressourcen, holen Sie sich intern oder extern Verstärkung und verteilen die Aufgaben auf mehrere Schultern. Vielleicht ist einer Ihrer Mitarbeitenden versiert in Foto- und Videoproduktion, während ein anderer gut zu texten versteht. Unterschätzen Sie dabei nicht den Zeitaufwand, die Fäden in der Hand zu behalten, wenn Sie Aufgaben delegieren.

Setzen Sie Social Media innerhalb des Unternehmens ein. Verbessern Sie die Kommunikation in Projektgruppen mit einem Social Intranet, einer geheimen Gruppe bei Facebook oder einem geschlossenen sozialen Netzwerk.

Kleine und mittelständische Unternehmen in Social Media

Die meisten Unternehmen können spannende Geschichten erzählen, das gilt auch für kleine oder lokal tätige Unternehmen oder Soloselbstständige. Das Motto »Marketing ist Mitwirkung« gilt für Unternehmen aller Größenordnungen. So hat auf TikTok ein Edeka-Supermarkt am Bodensee schon über 400.000 Fans. Als Mercedes-Benz auf TikTok die Konkurrenz von BMW willkommen hieß, kommentierte *@edekaesslinger* ganz keck. Dem Kommentar »Flotte Kisten haben wir auch« folgte als Emoji ein Einkaufswagen. Mit über 1.000 Likes kam der Spruch gut an und erregte Aufmerksamkeit. Im Gegensatz zur Arbeit im Konzern veröffentlichte vermutlich ein Mitarbeiter den Spruch spontan – ganz ohne Freigabeschleifen.

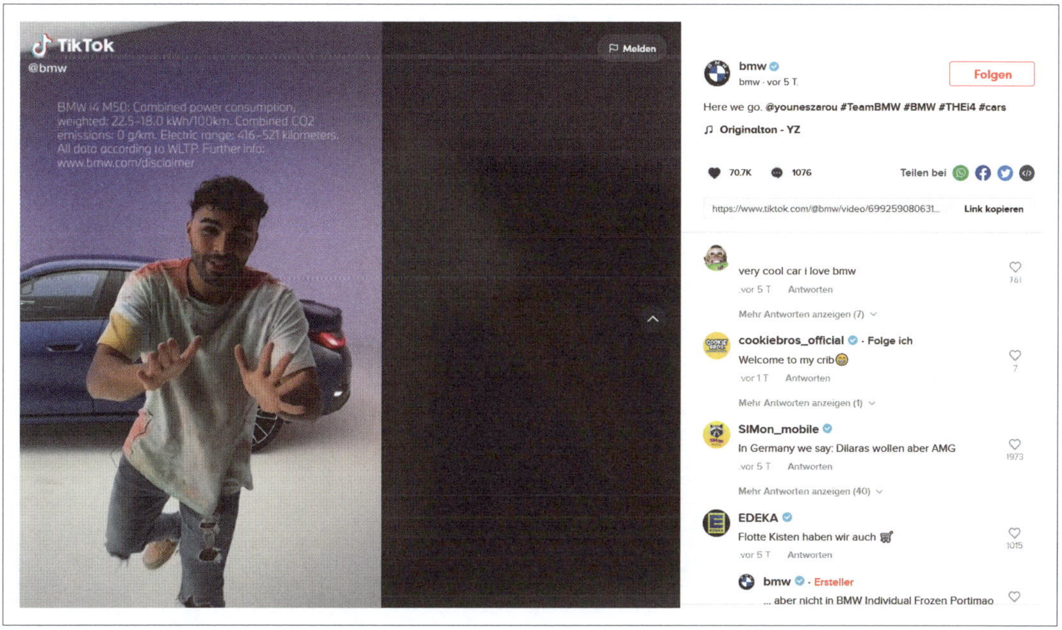

▲ **Abbildung 4-6**
Der kleine Edeka-Shop am Bodensee profitiert von der Aufmerksamkeit für BMW.

Ein Edeka-Supermarkt aus Bremen wurde bekannt, weil sein Inhaber unter *www.shopblogger.de* und in Social Media über das Geschäft und seinen Alltag mit Kund:innen, Lieferant:innen und Produkten berichtet.

Auch lokal tätige Handwerksunternehmen profitieren von Social Media. Malermeister Volker Geyer präsentiert sein Unternehmen und seine Mitarbeitenden im Blog[8] und nutzt Facebook, Instagram, YouTube,

8 *https://www.malerische-wohnideen.de/blog-uebersicht-wandgestaltung-fassadengestaltung-bodengestaltung-frankfurt-wiesbaden-mainz.html*

Pinterest und Twitter. Er twittert über seine Projekte, gibt Tipps und führt fachliche Dialoge. Sein Account *@SchoeneWaende* hat Zehntausende Follower. Auf Facebook verfolgen mehr als 37.000 Fans seine »Malerischen Wohnideen«, was für einen regional tätigen Handwerksbetrieb bemerkenswert ist.

Als Speaker gibt er sein Wissen an Kolleginnen und Kollegen im Handwerk weiter. Sein Beispiel zeigt, dass es wichtig ist, mit der Community in einen regen Austausch zu treten. Trotz der großen Reichweite reagiert Geyer, wenn er angesprochen wird, und verteilt auf Twitter fleißig den Gruß *Follow Friday (#ff)*. Auch auf Instagram folgt er den Gepflogenheiten der Plattform und bedankt sich höflich für positive Kommentare.

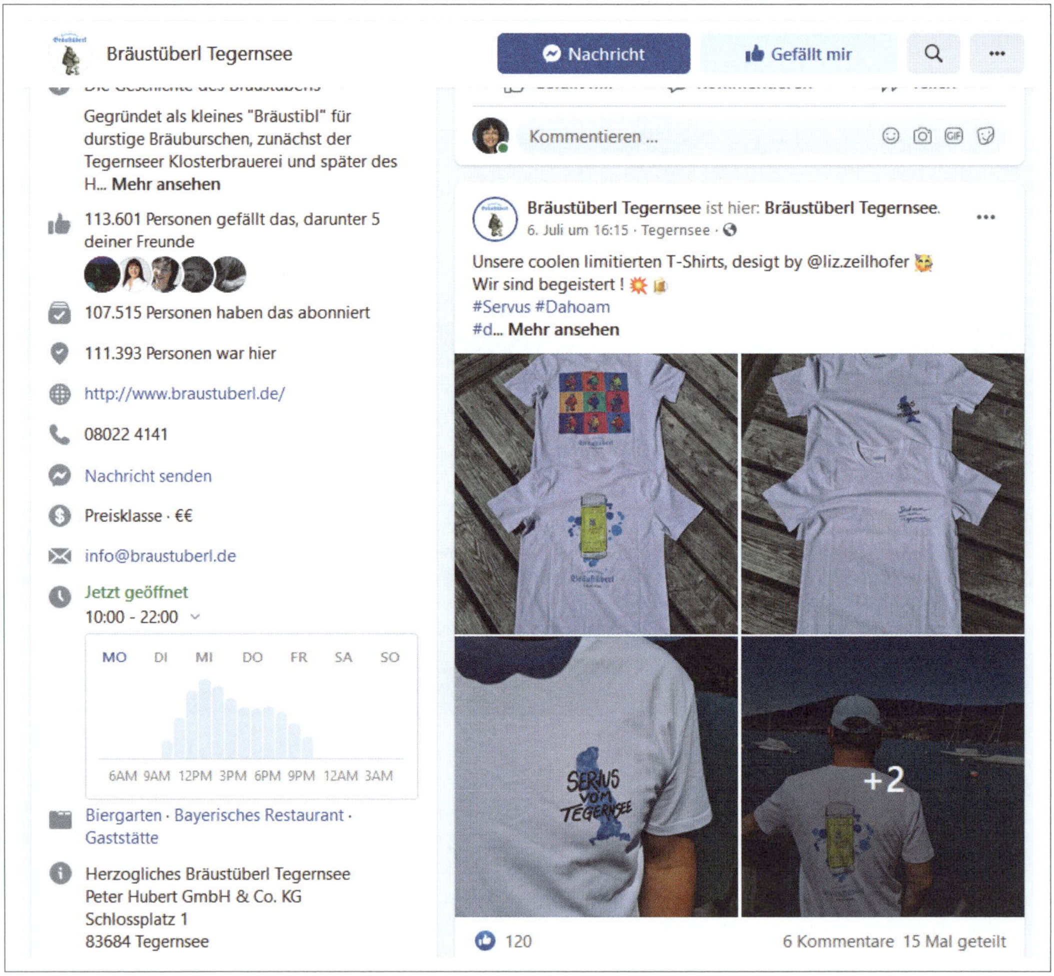

Abbildung 4-7 ▼
Mehr als 110.000 Likes: Beim Bräustüberl am Tegernsee funktioniert Social Media Marketing.

In Kapitel 9 lernen Sie Fliesenlegermeister Johnnes Münkel kennen, der seine handwerkliche Kunst in Social Media zeigt und dafür sogar von Fans in Asien gefeiert wird.

Das Braustüberl Tegernsee (*https://www.facebook.com/Braustuberl*) hat eine erfolgreiche Facebook-Präsenz. Zudem präsentiert sich das Restaurant auf Instagram, Pinterest und YouTube. Lediglich das Profil auf Twitter passte nicht mehr in die Social-Media-Marketing-Strategie und wurde eingestellt. Das Bräustüberl informiert über neue Angebote, die Speisenkarte, lädt zu Veranstaltungen ein, verlost Gutscheine und veröffentlicht aktuelle Fotos. Sind auf den Bildern die eigenen Gerichte zu sehen, passt das beliebte Hashtag *#foodporn*. Dann verbreitet sich das Bild der Schweinshaxe mit Knödeln um die Welt, sodass Touristen die Gaststätte schon kennen, bevor sie das erste Mal an den Tegernsee reisen.

Gastronomie, Einzelhandel und Handwerk profitieren davon, dass sie in Social Media schnell reagieren können. Statt ihre Website neu bestücken und dafür gar auf den Webdesigner warten zu müssen, können sie mit einem Post über neue Angebote, Öffnungszeiten oder Abholmodalitäten informieren. Speziell in der Coronakrise war das hilfreich, weil sich die Regeln häufig änderten.

Ein Restaurant, das seine Tagesgerichte und die Herkunft seiner Lebensmittel postet, hebt sich gegenüber Wettbewerbern ab. Neben produktbezogenen Inhalten bieten sich interessante Geschichten aus dem Unternehmensalltag an, der klassische Blick hinter die Kulissen. Kleine und mittlere Unternehmen wollen mit ihrer Marke, ihren Produkten und Dienstleistungen bekannter werden, neue Kund:innen gewinnen und Kundenbeziehungen optimieren. Dazu lassen sich Social Media und Onlinecommunitys hervorragend nutzen. Auch die quantitative und qualitative Auswertung zur Messung und Optimierung des Contents ist wichtig.

Praxisbeispiel: Das MuseumsCafé & Hofladen Zeisset

Die Erfolgsstory eines KMU liefert Jutta Zeisset. Für das *MuseumsCafé & Hofladen Zeisset*, ein ländlich gelegenes Familienunternehmen, wurde sie in den sozialen Medien aktiv. Mittlerweile hat sie 30 Mitarbeitende, und ihr Geschäft floriert trotz der abgelegenen Lage. Sie ruht sich nicht auf ihren Erfolgen in Social Media aus, geht mutig voran und entwickelt sich ständig weiter. Dabei probiert sie neue Plattformen und Tools aus. Mittlerweile berät sie KMUs zu Social Media, besonders im landwirtschaftlichen Bereich.

Ihr Einstieg in Social Media war unbeschwert und experimentell. Sie hat einfach gemacht, ausprobiert – geschaut, was gut läuft, und das, was nicht so gut gelaufen ist, gelassen. Anfangs waren Facebook und Twitter die stärksten Plattformen. Nach und nach kamen Plattformen und verschwanden auch wieder. Instagram, Snapchat, Pinterest, YouTube, alle Plattformen haben ihre Berechtigung und werden von ihr je nach Nachfrage gepflegt. Im Moment steht Instagram im Vordergrund. Wie sich ihr Engagement in Social Media auf den Umsatz auswirkt, erklärt uns die Unternehmerin.

Jutta Zeisset: Wir haben mit unseren Aktivitäten ganz klar eine Umsatzsteigerung erzielt. Festmachen kann man das an unserem Frühstücksbuffet, das jeden Sonntag ausgebucht ist, seit wir es auf Facebook aktiv bewerben. Die Kanalbetreuung für die Seite MuseumsCafé & Hofladen Zeisset übernehme ausschließlich ich. Meine Mitarbeitenden sind gedanklich auch dabei und freuen sich, wenn ihr Produkt auf Facebook, Instagram & Co. erscheint.

Die Kund:innen des Cafés können per digitalen Sprachassistenten fragen, welche Kuchensorten es heute gibt, und gleich einen Tisch reservieren.

Jutta Zeisset: Unser Alexa Skill ist für mich ein wichtiges Signal, zu zeigen, dass wir Antworten geben und nicht Fragen stellen. Wir wollen Vorreiter in Sachen Digitalisierung sein, da musste selbstverständlich auch ein Alexa Skill erstellt werden. Es geht immer weiter, und wir dürfen uns nicht auf Bewährtem ausruhen. Außerdem agieren wir sehr aktiv über Messenger aller Art – unsere Kund:innen können darüber ihren Tisch reservieren oder uns Anfragen senden. Wir müssen es ihnen einfach machen, uns zu erreichen. Da ist ein Mix sehr wichtig.

Jutta Zeisset ist mittlerweile als Beraterin für andere KMUs im ländlichen Raum tätig. Dabei stößt sie auf Vorurteile gegenüber einer Social-Media-Nutzung, die sie zu entkräften versucht.

Jutta Zeisset: »Social Media ist ein Zeitfresser«, »Man bekommt schnell einen Shitstorm« – diese Aussagen begegnen mir am häufigsten. Durch aktives miteinander Arbeiten und ganz praktische Geschichten aus meinem Leben kann ich die Leute beruhigen und für das Thema begeistern.

Influencer-Marketing

Influencer-Marketing ist für viele Unternehmen fester Bestandteil der Unternehmenskommunikation und beansprucht bis zur Hälfte des Marketingbudgets. Influencer-Marketing hat sich professionalisiert und kann nicht mehr nebenbei vom Praktikanten erledigt werden. Instagram, YouTube und TikTok zählen zu wichtigen Plattformen für Kampagnen und Kooperationen mit Influencer:innen.[9] Für klassisches B2C, aber auch für B2B, bieten sich Influencer Relations an. Denken Sie nicht in einmaligen Kampagnen, sondern bauen Sie eine langfristige Beziehung auf und pflegen Sie diese. Im Idealfall sollte eine Win-win-Situation entstehen, bei der Unternehmen die Influencerinnen und Influencer authentisch einbinden.

◀ Definition

Ein *Influencer* ist ein digitaler Meinungsführer. Die Spitzenreiter der »Instagram Rich«-Liste können sechs- bis siebenstellige Beträge für ein Posting verlangen, wie Cristiano Ronaldo mit 300 Millionen Fans oder Mitglieder der Kardashian-Familie. *Makro-Influencer* oder einfach *Influencer* zeichnen sich durch eine große Reichweite und einen hohen Bekanntheitsgrad aus, gleichzeitig ist die Engagementrate ihrer Fans eher niedrig. *Mikro-Influencer* haben weniger Fans, doch sind diese häufig engagierter und interessieren sich sehr für das Nischenthema. *Markenfans* finden eine Marke so genial, dass sie diese intrinsisch motiviert in Social Media erwähnen, auch wenn sie dafür nur ein Produkt kostenfrei testen dürfen.

Influencer sind für ihr Thema Expertin, Coach oder Erklärer. Sie haben eine hohe Reichweite und kommunizieren intensiv über ihre bevorzugten Social-Media-Kanäle. Manche inspirieren dabei durch ihren Stil oder sind Unterhalter. Auch wenn Influencer-Marketing im Trend liegt, ist das Konzept nicht neu. Schon immer wurde in der Werbung mit Testimonials gearbeitet und die Prominenz von Schauspielerinnen, Sängern oder Sportlerinnen für die Produktwerbung genutzt.

Heute haben digitale Meinungsführer und Markenbotschafter nicht zwangsläufig bereits eine Karriere. Bekannte Influencer bekommen manchmal kleine Filmrollen, Moderationsjobs oder die Möglichkeit, Musik zu veröffentlichen. Früher bekamen die Stars in der Werbung einen Spruch vorgegeben, den sie brav aufsagten. Influencer hingegen kreieren eigenen Content und mögen keine zu engen Vorgaben. Vertrauen Sie als Unternehmen einem erfahrenen und professionellen Influencer. Sie oder er kennt die eigenen Fans am besten und kann gut einschätzen, was funktioniert und ankommt.

Insbesondere jüngere Menschen lassen sich hervorragend über Influencer erreichen, die sie als glaubwürdig und sympathisch wahrnehmen. Influencer übersetzen Produkte und Marken in ihre Sprache und damit die Sprache ihrer Fans. Sie fungieren als Botschafter zwischen ihren Fans und den Unternehmen.

9 *https://www.wiwo.de/unternehmen/handel/social-media-mit-instagram-geld-verdienen-so-werden-sie-influencer-/27201868.html*

The Perfect Fit: die Auswahl passender Influencer

Achten Sie darauf, dass die Influencerin oder der Influencer zu Ihrer Marke und Ihren Produkten passt, also der *Brandfit* stimmt. Wichtig ist zudem, dass sie authentisch sind. Springen Influencer zwischen Themen und Unternehmen hin und her, büßen sie an Glaubwürdigkeit ein. Sie folgen scheinbar dem höchsten Gebot und suchen weniger nach Produkten, mit denen sie sich identifizieren können. Influencer verfügen idealerweise über eine einheitliche Bildsprache, die sie wiedererkennbar macht und von der Masse abhebt.

Wichtige Kenngrößen bei der Auswahl sind ihre Reichweite und die Engagementrate ihrer Fans. Bedenken Sie bei der Reichweite, dass sich für kleines Geld Fans kaufen lassen. Zudem folgen viele Fans Influencern nur wegen ihrer Prominenz. An ihren Inhalten oder den beworbenen Produkten sind sie nicht immer interessiert. Auf Instagram bestimmt nicht nur die Zahl der Fans die Sichtbarkeit der Posts. Interessierte suchen gegebenenfalls nach einem Hashtag und stoßen auf Beiträge von Instagrammern, denen sie nicht folgen.

Vertrauen, Glaubwürdigkeit, Relevanz und Interaktion sind bei der Beurteilung eines Influencers ebenso wichtige Faktoren wie die Reichweite. Besetzt der Influencer die richtige Nische und weist eine spitze Zielgruppe auf, spielt die Qualität seiner Fans eine größere Rolle als ihre schiere Anzahl. Eine wichtige Kennzahl ist die Engagementrate, die bei Mikro-Influencern meist höher ist als bei Makro-Influencern.

Definition ▶ Die *Engagementrate* ist das Verhältnis der Interaktionen in Form von Likes, dem Teilen und dem Kommentieren von Beiträgen zur Anzahl der Follower und Fans. Für ihre Berechnung gibt es verschiedene Varianten. Meist wird die Engagementrate nach Posts ermittelt, wie in unserem Rechenbeispiel. Alternativ können die Reichweite oder die Impressionen als Referenzgröße dienen.

Kanal A hat 1.000 Fans: Reagieren auf einen Post 100 Fans mit Likes und Kommentaren, beläuft sich die Engagementrate auf 100/1000 = 10 Prozent.

Kanal B hat 100.000 Fans: Reagieren auf einen Post 1.000 Fans mit Likes und Kommentaren, beläuft sich die Engagementrate auf 1000/100000 = 1 Prozent.

Alternativ kann die Zahl der Interaktionen ins Verhältnis zu den Impressionen gesetzt werden. Schließlich kann ein Instagram-Nutzer nur auf jene Posts reagieren, die für ihn sichtbar sind. Interessieren sich alle Fans für die Themen, sind 1.000 Likes trotzdem besser als 100.

Immer mehr Unternehmen kooperieren mit *Mikro-Influencern*, die als glaubwürdiger gelten. Sie sind authentisch, haben eine spitze Zielgruppe und fordern bezahlbare Honorare. Damit Unternehmen deren Professionalität einschätzen können, sollten sie folgende Fragen klären:

- Produzieren die Influencer regelmäßig und verlässlich relevanten Content mit Wiedererkennungseffekt?
- Sind sie stets auf dem neuesten Stand zu rechtlichen Fragen, SEO und den Richtlinien der Plattformen?

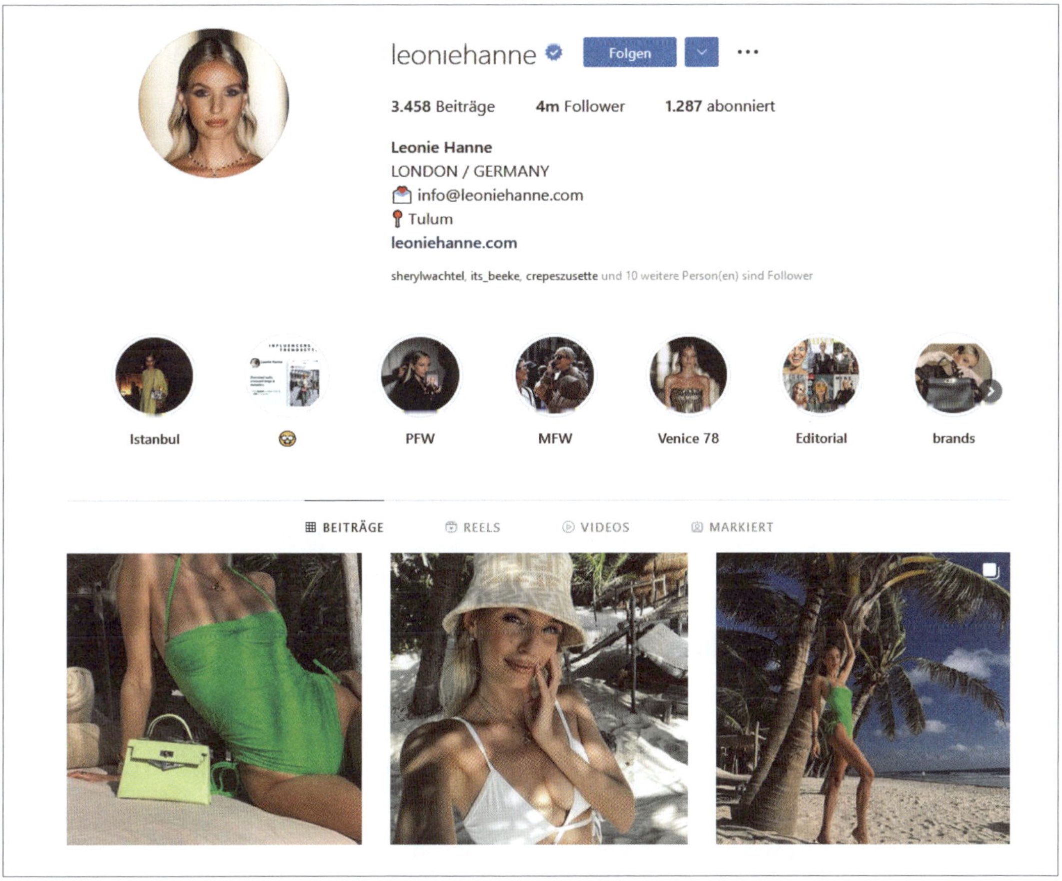

▲ **Abbildung 4-8**
Die Influencerin Leoni Hanne hat einen Markenwert von über zehn Millionen Euro.[10]

Mit ausreichend Budget können Sie eine Agentur wie HitchOn oder ein Vermarktungsnetzwerk beauftragen, für Sie passende Influencerinnen oder Influencer zu identifizieren. Mittlerweile haben sich einige Agenturen auf die Vermittlung spezialisiert. Lassen Sie sich eine Auswahl präsentieren, aber entscheiden Sie unbedingt selbst.

Auch einige Onlineplattformen unterstützen dabei, passende Influencer zu finden, zu monitoren und zu bewerten, manche sogar kostenfrei.

10 *https://www.faz.net/aktuell/stil/trends-nischen/das-sind-die-wertvollsten-deutschen-influencer-ganz-vorne-nur-frauen-17684153.html*

Wir fassen zusammen, was Sie im Hinblick auf einen Influencer prüfen sollten:

- Wie oft und wie verlässlich produziert sie oder er Content?
- Wie relevant ist der Content?
- Wie sehr interessieren sich die Influencer:innen für ihr Hauptthema oder das Thema des Unternehmens – und wie gut kennen sie sich darin aus?
- Passen Stil und Qualität der Inhalte zu Ihrer Marke, Ihren Produkten und Dienstleistungen?
- Wie authentisch sind die Influencer:innen, und wie glaubwürdig binden sie Produkte ein?
- Erzählt er oder sie eine überzeugende Geschichte?
- Sind Marke und Stil unverwechselbar – oder sind die Posts beliebig und austauschbar?
- Sind die Influencer mit rechtlichen Rahmenbedingungen, den Anforderungen der Suchmaschinen und den Algorithmen von Social Media vertraut?
- Achten die Influencerinnen darauf, die Kampagnen und Vertragspartner sinnvoll abzugrenzen, sodass sie nicht zwei Werbepostings verschiedener Unternehmen an einem Tag veröffentlichen?

Mit Influencern arbeiten

Kommunizieren Sie auf Augenhöhe und verwenden Sie keine Textbausteine für Ihre Anfrage. Bedenken Sie, dass bekannte Influencer:innen ständig Kooperationsanfragen erhalten. Heben Sie sich also von der Masse ab, um ihre Aufmerksamkeit zu gewinnen. Zeigen Sie Interesse für ihre Arbeit und unterstreichen Sie, dass Sie sich mit den Beiträgen beschäftigt haben. Klären Sie im Briefing transparent den Rahmen der Zusammenarbeit. Sagen Sie Ihrem zukünftigen Kooperationspartner:

- wie viele Postings Sie erwarten,
- in welchem Zeitraum,
- mit welchen Hashtags und
- auf welchen Kanälen.

Legen Sie offen, welche exklusiven Inhalte Sie bieten, und schlagen Sie ein faires Honorar vor.

Abhängig von Branche, Marke und Thema kann es sinnvoll sein, auf einen reichweitenstarken Influencer zu setzen und mit diesem exklusiv zusammenzuarbeiten. Mitunter bietet es sich auch an, nicht nur eine Influencerin zu engagieren, sondern mit mehreren mittelgroßen (Mikro-)Influencern zu kooperieren.

Manche Marken arbeiten für eine effektive und erfolgreiche Kampagne mit einer großen Zahl an Mikro-Influencern oder *Markenfans*. Insbesondere Markenfans erhalten kein Honorar, sondern lediglich kostenfrei Ihre Produkte. Sie zu betreuen, wird durch automatisierte Social-Media-Tools erleichtert. Um den persönlichen Kontakt zu pflegen, bieten sich Community-Events an. Zur Planung solcher Veranstaltungen erfahren Sie mehr in Kapitel 9.

Diese Strategie hat zwei Vorteile:

- Sie können ein hohes Engagement der Influencer erwarten, da diese wachsen wollen.
- Diese Influencer:innen sind besonders authentisch, da sie ohne (oder mit geringem) Honorar nur Produkte auswählen, die zu ihnen passen oder sie wirklich interessieren.

Gefällt den Markenfans das Produkt nicht, können sie ihre kritische Meinung öffentlich teilen. Ohne Bezahlung hat das Unternehmen keine Handhabe, Art und Inhalt des Contents zu beeinflussen. Sollten Influencer und Markenfans konstruktive und berechtigte Kritik äußern, gehen Sie professionell und wertschätzend damit um. Gelingt es Ihnen, sachlich und empathisch die Kritik anzunehmen und Nachbesserung in Aussicht zu stellen, können Sie aus Kritikern Fans machen. Sind diejenigen bereit, sich auf einen zweiten Test des verbesserten Produkts einzulassen, und loben es nun, generieren Sie Aufmerksamkeit und zeigen der Community, dass Sie zuhören und kritikfähig sind.

Influencer-Kampagnen im B2C

Influencer-Kampagnen für Love Brands sind anspruchsvoll, stellen aber eine lösbare Aufgabe dar. Doch auch bei trockenen Themen kann die Zusammenarbeit gut funktionieren, wie das Beispiel der Teambank mit ihrem Produkt »easy credit« zeigt. Zur Initiative »Finanzielle Bildung fördern« engagierte die Teambank Alexander Giesecke und Nicolai Schork vom YouTube-Kanal TheSimpleClub. TheSimpleClub ist eine Lernplattform, die auf YouTube Hunderttausende Fans hat. Auch auf Instagram, Facebook und Twitter sind die erfolgreichen Jungstars vertreten. Wenn sie in Videos erklären, wie sie ihr Geld verwalten, hören junge Menschen eher zu, als wenn die würdige Bankdirektorin auftritt.

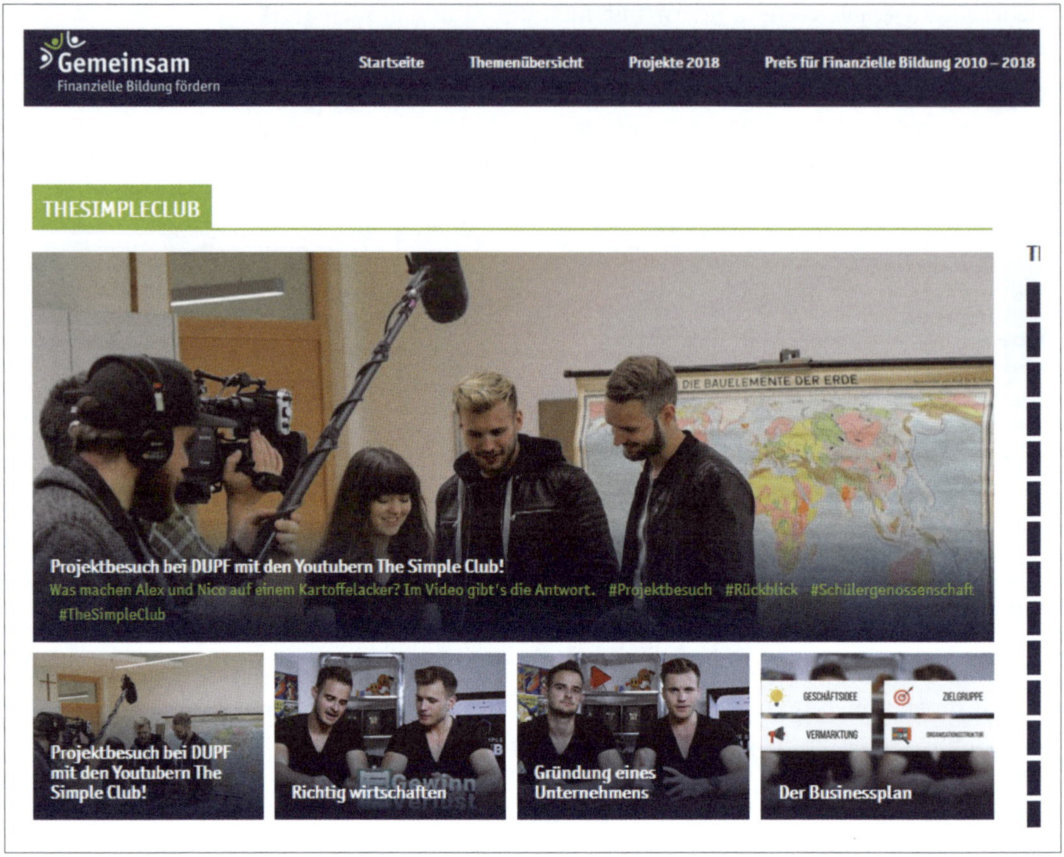

Abbildung 4-9 ▲ Die Kampagne »Finanzielle Bildung fördern« mit den Influencern von TheSimpleClub

Warum es wichtig ist, sich Gedanken über Ziele und Zielgruppen zu machen und Influencer anzusprechen, die gut zur Marke passen, zeigt das Beispiel Coral. Wie authentisch können Influencer zeigen, dass sie ihr Waschmittel gern haben? Die Instagram-Aktion *#coralliebtdeinekleidung* wurde als wenig glaubwürdig kritisiert. Über Instagrammer, die sich mit der Waschmittelflasche im Bett ablichten ließen, wurde viel gespottet. Darauf angesprochen, erwähnte Unilever überraschenderweise die kreative Umsetzung und die hohe Reichweite.[11]

Trittbrettfahrer nutzten das Hashtag, um von der Aufmerksamkeit zu profitieren. Im mittleren Bild unten in Abbildung 4-10 zeigt und sagt eine Instagrammerin kritisch, was sie von der Kampagne hält. Dafür bekam sie 262 Likes bei gerade einmal 200 Fans und löste eine lebhafte Diskussion aus. Trotz der geringen Zahl an Fans wurde ihr Beitrag über das Hashtag der Kampagne leicht gefunden.

---

11 *https://www.wuv.de/digital/instagram_kampagne_das_sagt_coral_zur_kritik*

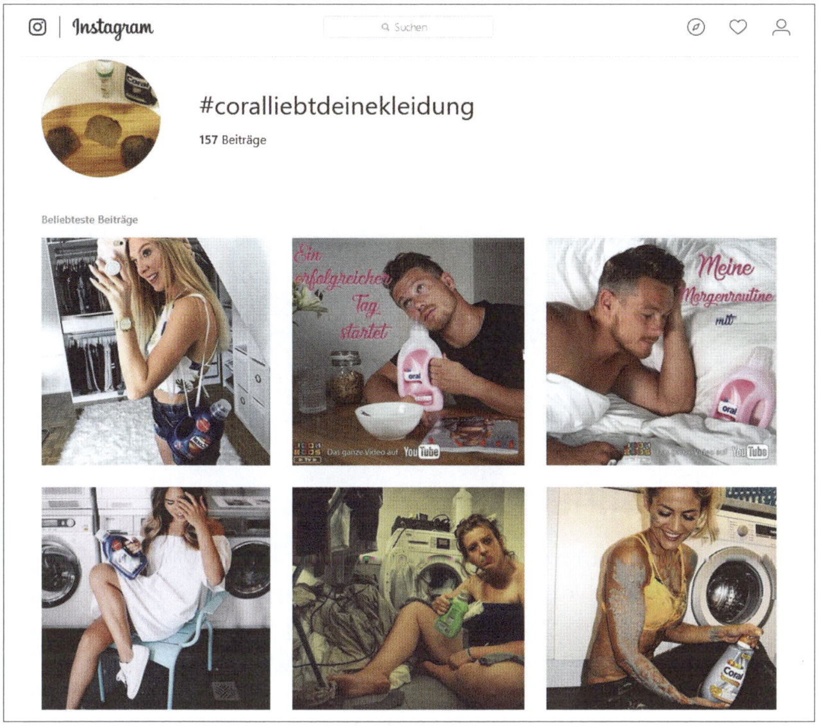

◀ Abbildung 4-10
Screenshot der beliebtesten Beiträge zur Instagram-Aktion #coralliebtdeinekleidung

---

◀ Tipp

Finden Sie heraus, welche einflussreichen Meinungsführer:innen Ihre Produkte verwenden, Ihre Marke empfehlen oder gar Ihr Unternehmen kritisieren. Sprechen Sie mit ihnen, bieten Sie Informationen zu Ihren Produkten an und laden Sie zu einem Blick hinter Ihre Kulissen ein. So können Sie aus einem Kritiker einen Fürsprecher machen oder einem Fan noch mehr Enthusiasmus entlocken – und zwar öffentlich.

Achten Sie auch darauf, ob Influencer:innen Themen Ihrer Branche aufgreifen. Damit kommen sie als Kooperationspartner infrage, und Sie können mit ihnen öffentlich über Ihre Themen diskutieren.

Warum ein Influencer nicht zwingend aus Fleisch und Blut sein muss, zeigt das Beispiel des Instagram-Accounts *@lilmiquela* in Kapitel 13.

Influencer-Kampagnen im B2B

Auch im B2B lässt sich hervorragend mit Influencern arbeiten. Zu den reichweitenstarken B2B-Influencern zählt beispielsweise Dr. Thomas Hillig, der als *@THEnergyNet* rund um den Klimawandel für über 53.000 Follower twittert.

Kevin O'Donovan beschäftigt sich mit der Energietransition und bezeichnet sich als Technology Evangelist. Ihm folgen auf Twitter 14.000

Accounts. Mit ihren Energiethemen hat die Professorin Claudia Kemfert (@*CKemfert*) schon über 48.000 Follower für ihre Themen begeistern können.

Für Dell produzieren Influencer eine Podcast-Reihe, und bei 3M gibt es Podcasts zu wissenschaftlichen Themen. Die Softwarefirma Prophix stellt in Kooperation mit Influencern neue Anwendungen für die Finanzbranche vor

Auf LinkedIn hat Jake Hall schon über 38.000 Follower. Als *#TheManufacturingMillennial* teilt er in Videos sein Wissen zum Thema Industrie 4.0 mit Robotics und künstlicher Intelligenz. Damit möchte er die Zukunft der verarbeitenden Industrie zeigen und den Nachwuchssorgen der Branche begegnen.

Corporate Influencer

Interne Influencer:innen (*Corporate Influencer*) oder interne Markenbotschafter:innen werden für die Vermittlung der Werte eines Unternehmens immer wichtiger, denn sie wirken nach außen und nach innen. Marken und Unternehmen werden häufig als abstrakt und unpersönlich wahrgenommen. Kommen die gleichen Inhalte über Corporate Influencer, stoßen sie auf mehr Interesse und werden greifbarer. Corporate Influencer fördern den Austausch im Unternehmen und zeigen nach außen die Vielfalt des Unternehmens. Die Bindung der Corporate Influencer an die Arbeitgeber verstärkt sich.

Mit Corporate Influencern kann ein Unternehmen seinen Kulturwandel vorantreiben und einen Mehrwert bieten. Die Inhalte und Persönlichkeiten der Markenbotschafter zahlen auf die Unternehmensziele und die Arbeitgebermarke ein. Das Social Recruiting lässt sich mit Corporate Influencern verbessern. Microsoft und OTTO haben Prozesse entwickelt, um Mitarbeitende zu Corporate Influencern und Markenbotschafter:innen zu machen. Diese posten auf ihren privaten Social-Media-Kanälen über ihren Arbeitgeber und seine Produkte. Neben dem positiven Effekt für die Marke wird das Employer Branding verbessert. Die Telekom hat seit 2015 mit *#Werkstolz* und *#LoveMagenta* das größte und bekannteste Programm für interne Markenbotschafter:innen aufgebaut. Mehr als 220 Mitarbeitende aus über 15 Ländern engagieren sich freiwillig als Botschafter:innen der Telekom. Viele suchen sich dafür Freiraum oder verlagern Aktivitäten in die Freizeit. In einigen Geschäftsbereichen besteht sogar die Möglichkeit, 80/20 zu arbeiten. Damit können Mitarbeitende bis zu einem Fünftel ihrer Arbeitszeit für Aktionen von *#Werkstolz* investieren.

Abbildung 4-11
Die Markenbotschafter der Telekom im #TeamMagenta und mit #Werkstolz

Zu Corporate Influencern gehören Social CEOs sowie Mitarbeitende, die als Markenbotschafter:innen fungieren und das Employer Branding stärken können. Im Idealfall unterstützt die Geschäftsführung das Programm, geht mit gutem Beispiel voran und animiert die Mitarbeitenden, sich zu beteiligen. Damit wird auch klar, dass es nicht um ein Freizeitthema geht, sondern zur Arbeitszeit gehört. Auch introvertierte Menschen können als Markenbotschafter:innen fungieren. Sie verfügen oft über eine besonders hohe Fachkompetenz und können ein bekanntes Thema um ihren persönlichen Blickwinkel ergänzen.

Praxisbeispiele von Corporate Influencern

Abbildung 4-12 zeigt den Twitter-Account von Anne-Lena Müller, die 2021 zu Siemens wechselte. Schon aus ihrer Zeit bei VW und Microsoft bringt sie eine starke digitale Präsenz mit. Auf LinkedIn folgen ihr über 28.000 Menschen. Ähnlich sichtbar ist Stephanie Tönjes, die über 18.000 Follower auf LinkedIn hat und als *@coffeeandsteph* einen erfolgreichen Twitter-Account bespielt.

Positioniert sich ein Unternehmen über seine Mitarbeitenden (inklusive Geschäftsführung), wird dies *Employee Advocacy* genannt. Siemens erklärt, dass bei ihnen die Rechnung aufgeht, da die Engagementrate der Corporate Influencer jene des Konzerns deutlich übersteigt.[12] Das unterstreicht, wie wichtig es für Unternehmen ist, ein menschliches Gesicht zu zeigen.

12 *https://www.linkedin.com/pulse/wie-wir-bei-siemens-social-media-machen-patrick-naumann*

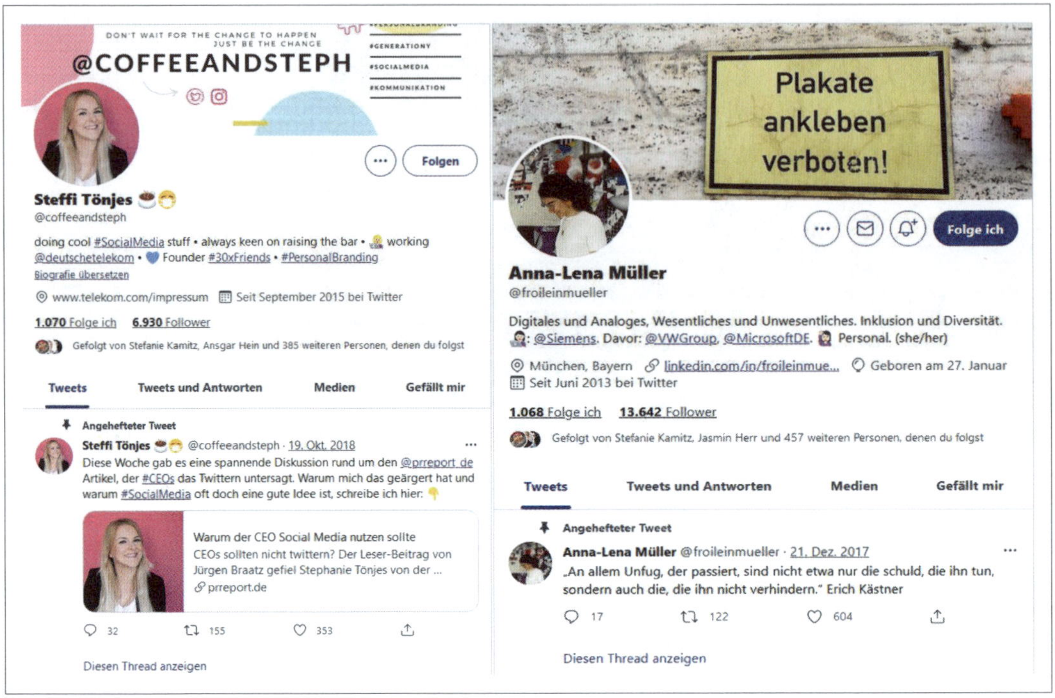

Abbildung 4-12 ▲
Reichweitenstarke Corporate Influencerinnen bei der Telekom und Siemens

Zwingen Sie Ihre Mitarbeitenden dennoch nicht zu ihrem Glück. Es ist nicht jedermanns Sache, sich im Netz zu äußern und zu präsentieren. Die Verkehrsgesellschaft Frankfurt VGF verfügt mit dem »Bahnbabo« über einen außergewöhnlichen Corporate Influencer. Peter Wirth übt seine Arbeit als Straßenbahnfahrer mit Herzblut aus und versucht, junge Leute für den Beruf zu begeistern. Zudem versteht er sich als Brückenbauer zwischen den Kulturen und Generationen der Mainmetropole. Dabei schreckt er vor sportlichen Einlagen wie einem beeindruckenden Spagat nicht zurück, der sich auf Instagram und weiteren Plattformen wiederfindet.[13]

Dass sich der Bahnbabo auch als »Bürgerbabo« präsentiert, zeigt, dass Mitarbeitende ihren Bekanntheitsgrad als Markenbotschafter auch für ihre eigene Agenda nutzen können. Der sportliche Straßenbahnfahrer mit Herz und großem Bizeps sammelt Geld für gute Zwecke und ist Aushängeschild von Kampagnen wie *#cleanffm*. Außerdem wollte er in Frankfurt Oberbürgermeister werden. Neben Twitter und Facebook ist der Bahnbabo als Minderheit der Altersgruppe Ü50 auf der anonym und lokal ausgerichteten Social-Media-App Jodel vertreten und sehr beliebt. In der App veröffentlichen Nutzer:innen ihre Jodels, also Bilder,

13 *https://www.59plus.de/mit-dem-bahnbabo-fahren-sie-in-frankfurt-stabil-strassenbahn/*

Videos und Texte. Diese werden auf virtuellen Pinnwänden gespeichert. Andere Nutzer:innen können die Beiträge kommentieren und mit einem Upvote oder Downvote versehen. Je mehr Upvotes, desto mehr Sichtbarkeit.

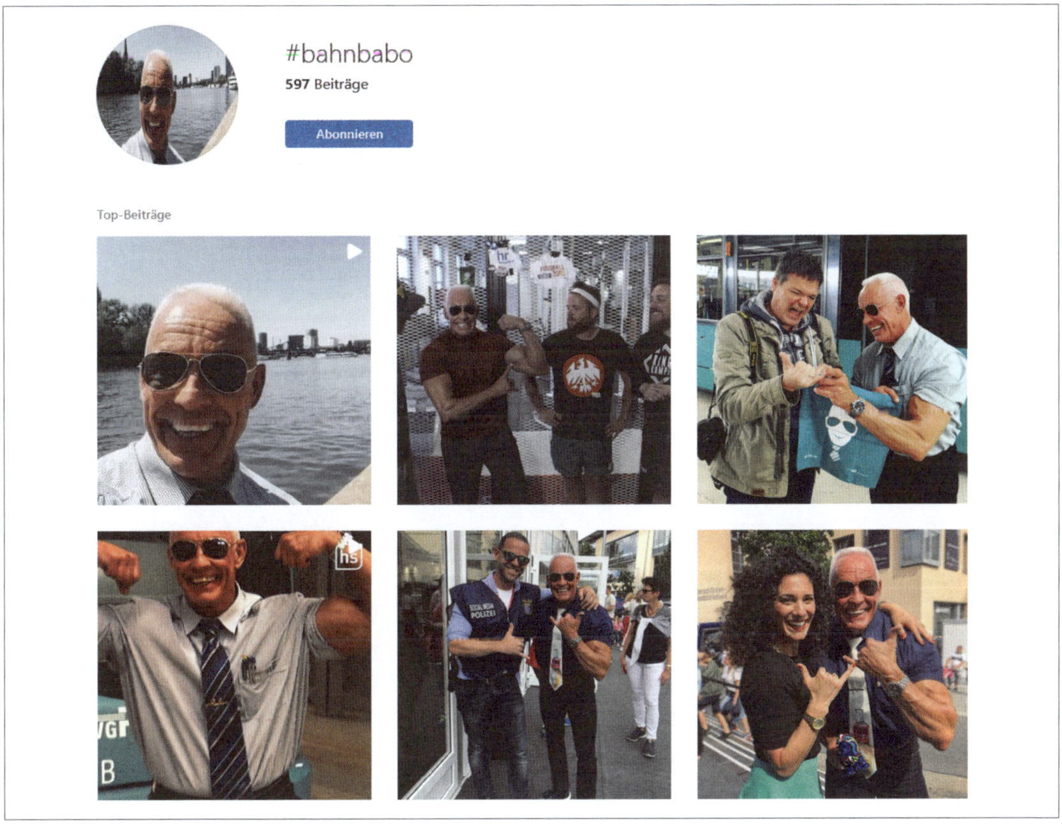

▲ **Abbildung 4-13**
Der Bahnbabo übt den Beruf des Straßenbahnfahrers mit großer Leidenschaft aus.

Haben Sie einen Social CEO?

Von den CEOs der DAX-Konzerne nutzt die Hälfte aktiv LinkedIn. Auf Twitter tummeln sich nur wenige Konzernlenker:innen. Belén Garijo ist seit 2021 CEO des DAX-Konzerns Merck und auf LinkedIn sehr aktiv. Auch Herbert Diess twitterte in seiner Zeit als CEO von VW erfolgreich. Diess postete abwechslungsreich und mischte geschickt berufliche, lehrreiche und werbliche Themen mit persönlichen Einblicken und einer Prise Humor. Dabei stellte er sich nicht allein in den Vordergrund, sondern band Kolleg:innen und andere CEOs ein. Auch Christian Klein hat als CEO von SAP würdig die Nachfolge seines Twitter-starken Vorgängers Bill McDermott angetreten. Im internationalen Kontext sind Elon Musk, Satya Nadella oder Tim Cook reichweitenstarke Social CEOs.

Im Fall von Elon Musk ist das häufig Fluch und Segen für Tesla. Die Apollo GmbH & Co KG hat mit ihrem Geschäftsführer Dr. Jörg Ehmer eine Social-Media-affine Leitung. Er bespielt nicht nur LinkedIn, Facebook und Instagram, sondern bloggt auch.

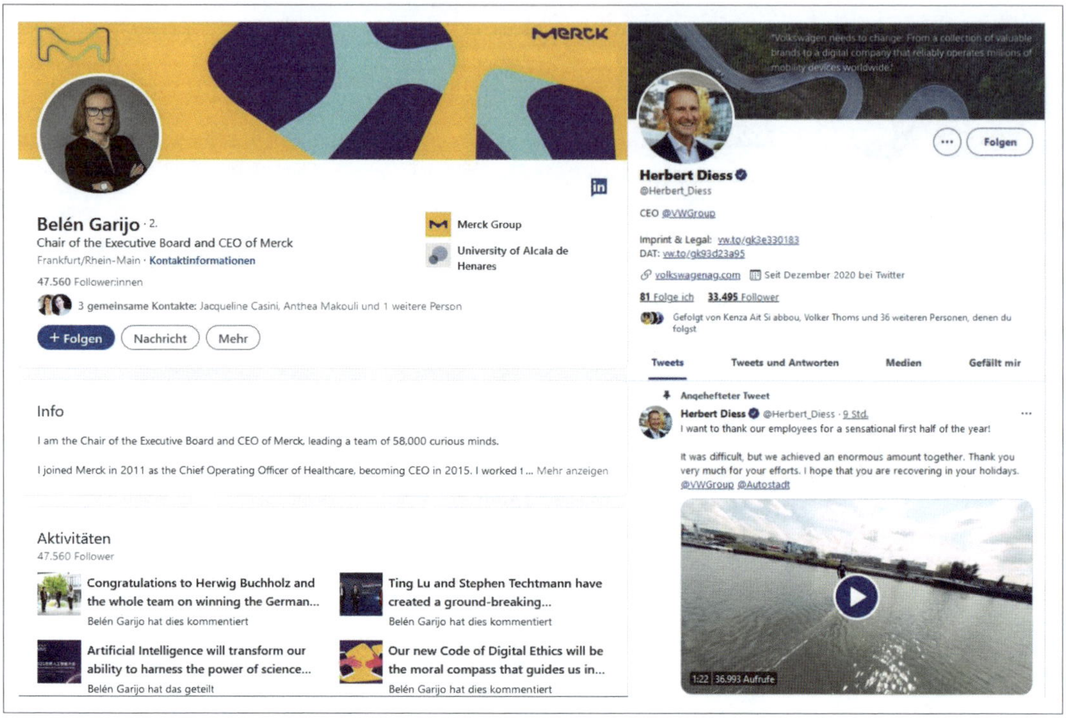

Abbildung 4-14 ▲
Twitternde CEOs

Reichweite und Reputation des *Social CEO* hängen an der handelnden Person, was bei einem Wechsel knifflig werden kann. Dies zeigte sich bei Karl-Thomas Neumann, der während seiner Vorstandstätigkeit für Opel erfolgreich twitterte. Nach seinem Weggang existiert der Account nicht mehr, sodass weder Opel noch Neumann selbst davon profitiert.

Idealerweise begleitet und unterstützt die Kommunikationsabteilung die twitternden CEOs. Dieses Teamwork ist unerlässlich. Nehmen CEOs an einer wichtigen Vorstandssitzung teil, können sie nicht gleichzeitig die Reaktionen auf ihre Posts verfolgen und angemessen reagieren. Tätigen sie kritische Aussagen, bekommt das Unternehmen schnell viel Aufmerksamkeit. Dabei muss nicht jeder CEO auf LinkedIn posten oder twittern, sondern nur jene Entscheider, die gern und geübt mit Social Media hantieren.

Damit nicht zu viel von einer Person abhängt, bietet es sich an, die Runde auf die *C-Suite* zu erweitern. Dann kommunizieren auch CTO oder CFO zu ihren Fachthemen – und geben dem Unternehmen ein weiteres menschliches Gesicht. Der Begriff Social CEO erweckt den Eindruck, dass sich diese Art der Kommunikation nur für Konzerne eignet. Weit gefehlt, auch bei einem inhabergeführten Mittelständler kann die Geschäftsführung in Social Media präsent sein – um Erfolge zu feiern, einen Ausblick zu geben oder auch mal von einem Rückschlag zu berichten.

Die Social Media Guideline

Verbieten Sie Ihrer Belegschaft nicht, über Ihre Marke und Ihr Unternehmen zu sprechen, aber geben Sie ihnen Richtlinien an die Hand. Besprechen Sie ein respektvolles und glaubwürdiges Onlineverhalten und zeigen Sie, wie Ihre Produkte oder Dienstleistungen im Netz korrekt genannt werden. Damit sich die in Social Media aktiven Mitarbeitenden mit den Richtlinien der Plattformen sowie rechtlichen Rahmenbedingungen auskennen, bieten die Unternehmen idealerweise Schulungen an und benennen Ansprechpartner:innen. Stellen Sie alle Dos und Don'ts in einem kurzen und übersichtlichen Regelwerk zusammen. Solche *Social Media Guidelines* oder eine *Social Media Policy* sollte jedes Unternehmen haben.

Auf dem Blog von Christian Buggisch finden Sie eine Sammlung von Social Media Guidelines deutscher Unternehmen: *https://buggisch.wordpress.com/2011/10/12/deutsche-social-media-guidelines/*. Bedenken Sie, dass ein solches Regelwerk individuell auf Ihr Unternehmen zugeschnitten werden muss. Lassen Sie sich also inspirieren, aber bitte schreiben Sie nicht ab! ◀ **Tipp**

Die Tonalität der Social Media Guideline sollte freundlich sein und die Mitarbeitenden zu einem Engagement im Netz ermuntern. Zeigen Sie gleichzeitig auf, welche Gefahren bestehen und welche Grenzen die Mitarbeitenden nicht überschreiten sollten.

Wichtige Inhalte und Gebote einer Social Media Guideline sind:

- Authentisch und transparent sollte erkennbar sein, ob sich Mitarbeitende als Privatpersonen äußern oder in der Funktion, die sie im Unternehmen ausüben.
- Eine private Meinung sollte mit »ich« statt mit »wir« formuliert werden.
- Mitarbeitende dürfen keine Interna ausplaudern oder Fotos sicherheitsrelevanter Einrichtungen veröffentlichen.
- Die Mitarbeitenden sollten wichtige Grundlagen des Persönlichkeits- und Markenrechts sowie des Wettbewerbs- und Urheberrechts kennen.

- Ein respektvoller Umgang und die Einhaltung der Netiquette sowie des Verhaltenskodex der entsprechenden Plattform sind unverzichtbar.
- Die Regeln zur dienstlichen und privaten Nutzung von Social Media sollten klar definiert sein.
- Für Fragen sollte ein gut erreichbarer Ansprechpartner in der Kommunikation genannt werden.

Reputationsmanagement

Was unternehmen Sie, wenn jemand auf seinem Blog oder in Social Media schlecht über Ihr Unternehmen spricht? Lehnen Sie sich zurück und warten ab, bis sich die Wogen geglättet haben? Auch wenn sich im Internet Informationen leicht verbreiten, ist dieser Ansatz bei kleinen Empörungswellen eine gute Wahl. In der Regel ist es aber besser, zu reagieren, sofern es sich nicht um Trolle handelt. Das sind Menschen, die am Nörgeln Freude haben, aber keine konstruktive Kritik äußern.

Die Messung der Onlinereputation erfasst fortlaufend, was Kund:innen und Fans über Ihr Unternehmen, Ihre Marke und Ihre Botschaften sagen. Werden Ihre Marke oder Ihre Produkte mit einer positiven oder negativen Tonalität erwähnt? Geben Sie mit durchdachten Antworten und Aktionen das passende Feedback zu negativen Äußerungen. Damit können Sie ein Problem im Keim ersticken, bevor es geschäftsschädigend werden kann.

Die Beispiele in Abbildung 4-15 zeigen verschiedene Arten, mit Kritik umzugehen. Das Restaurant im ersten Beispiel lässt seiner Wut freien Lauf. Das ist verständlich, aber wenig klug. Das Gegenbeispiel zeigt, dass man sein Unverständnis auch charmanter verpacken kann. Zudem zeigt die Rückfrage Empathie.

Der gute Ruf ist eine empfindliche Sache. Er kann Schaden nehmen, wenn Kund:innen oder der Wettbewerb das Internet nutzen, um Ihr Unternehmen in den Schmutz zu ziehen. Da sich Inhalte im Internet schnell verbreiten, kann eine einzige üble Geschichte zum Flächenbrand werden. Unternehmen, die darauf nicht reagieren, riskieren einen Vertrauensverlust und können schlimmstenfalls Marktanteile einbüßen. Soziale Medien sind nicht nur ein Risiko, sondern vor allem ein kostengünstiger und empfehlenswerter Weg, um Reputationsmanagement-Fiaskos zu bekämpfen.

4,2 ★★★★★ 64 Rezensionen

K
9 Rezensionen
★★★★★ vor 10 Monaten

Als Ehemaliger örtlicher Stammgast kann ich jetzt nach dem Eigentümer / Pächterwechsel dieses Lokal nicht mehr empfehlen. Völlig überteuert !!! Stammessen z.B. eine Kraupensuppe mit dürftiger Eilage und Salat für knapp 13€, (die meisten Örtlichen Lokale bieten ein Tagesmenue incl. Suppe , Hauptgang und Nachtisch unter 10€ an) das Fassbier 0,5L knapp 5€ und für ein Stück Frankfurter Kranz ca. 4,60€ , man wird sich sehr wundern wenn die üblichen Stammgäste wegbleiben, insbesondere unter der Woche bei schlechtem Wetter. Diese Stammgäste werden in Zukunft nur noch 1 mal kommen, und sich nicht mehr blicken lassen. Dann bleiben nur noch die wenigen auswärtigen Ausflügler, die sich dorthin verirren.

1

Antwort vom Inhaber vor 9 Monaten
Sehr geehrte Frau oder Herr K. hiermit möchte ich mich bei Ihnen entschuldigen dass ich in keine McDonald's beziehungsweise Burger King Filiale aufgemacht habe wo sie für circa 5 € nahrhafte und reichhaltige Mittags-Menü inklusive einem frischen Zuckershake erhalten. Im Wirtshaus wird mit frischen Produkten gearbeitet, es wird Fleisch aus der Region verarbeitet was zur Folge hat, dass schon der Einkauf höhere Preise hat als wenn sie TK Ware beziehungsweise Fleisch aus Groß-Schlachtbetrieben kaufen. Ich würde mir an Ihrer Stelle Gedanken machen, warum immer mehr Gastronomen in der Taunus Region die Pforten schließen. Dies liegt sehr wahrscheinlich an der „Geiz ist geil Mentalität" der Gäste. Unsere Preise sind nicht überteuert sondern der Ware entsprechend angemessen. Da Sie sich nur über die Preise negativ geäußert haben gehe ich davon aus, dass das was sie zu essen bekommen haben sehr gut geschmeckt hat oder waren Sie gar nicht bei uns ? Genau daran erkennen Sie den Unterschied zwischen Billigware und guter Ware und wenn diese Ware noch professionell verarbeitet wird erhalten Sie ein Geschmackserlebnis was natürlich teurer ist als bei McDonald's oder Burger King.
Zu unseren Bierpreisen möchte ich Sie darauf hinweisen, dass Sie bei uns ein handgemachtes Bier aus Oberfranken bekommen , welches mit Biohopfen gebraut wird .
In Frankfurt zahlen Sie für so ein Bier 6€ für 0,33l.
Wir würden uns freuen, wenn Sie sich darüber mal Gedanken machen und sich Ihre Einstellung uns gegenüber ändern würde - Ihr -Team

C
4 Rezensionen
★★★★★ vor einem Monat

Essen überteuert, kalt gewesen, geschmacklich öde, Portion klein

Gefällt mir

Antwort vom Inhaber vor einem Monat
Lieber ,
Danke das du dir die Zeit genommen hast um uns zu besuchen und zu bewerten,
wir möchten deiner Kritik nachgehen und gerne erfahren was du bestellt hattest.

Unsere Preise sind bodenständig und im mittleren Bereich.

Um der Lage sowie Miete, Personalkosten und sämtlichen Betriebskosten gerecht zu werden ist dieses auch erforderlich.

Mit freundlichen Grüßen

◀ **Abbildung 4-15**
Die obige Antwort ist ein Fail, wohingegen das Restaurant im unteren Beispiel klug reagiert.

Der Einfluss von Social Media auf Suchmaschinenergebnisse

Die Fallstudie zu Café und Hofladen von Jutta Zeisset zeigt, dass die Existenz mehrerer Social-Media-Profile beim Reputationsmanagement helfen kann. Jutta Zeisset pflegt neben Twitter einen YouTube-Kanal, eine Facebook-Seite, Instagram, Snapchat und Pinterest. Dank dieses Engagements und der Vernetzung fördert die Google-Suche nach »Museumscafe Zeisset« nicht nur die Homepage zutage, sondern auch die Profile auf Facebook und YouTube sowie Bewertungen und Berichte von anderen über das Café.

Social Media Marketing eignet sich gut, das Reputationsmanagement zu unterstützen und negative Suchergebnisse zu relativieren. Das regelmäßige Engagement in Social Media trägt dazu bei, die Suchmaschinenergebnisse positiv zu beeinflussen. Die Strategie funktioniert, weil soziale Netzwerke als vertrauenswürdig gelten und von anderen Websites und Newssites verlinkt werden.

Definition ▶ Die *universelle Suche* von Google schließt Videos, Bilder, Bücher, Geschäftsdaten, Landkarten, Produkte und Nachrichten in die Suchergebnisseiten ein.

Die Suchergebnisse für das Schlüsselwort »Café Zeisset« in Abbildung 4-16 zeigen, dass nutzergenerierter Content ein hohes Ranking bekommt. Durch die universelle Suche rücken bei Google Beiträge aus Social Media in die Gruppe gut sichtbarer Links auf der Ergebnisseite der Suchmaschine.

Ihre Social-Media-Profile können helfen, Ihren Ruf im Internet zu pflegen. Aktive und reichweitenstarke Profile mit relevantem Content ranken vorne in den Suchergebnissen bei Google & Co. und rücken Negativkommentare in den Hintergrund. Auf Websites wie *http://namechk.com* oder *http://knowem.com* erkennen Sie, auf welchen Social Sites Sie Ihren Markennamen registrieren sollten. Sie können herausfinden, welche Benutzernamen noch zu haben sind. Besetzen Sie alle relevanten und reichweitenstarken Social-Media-Kanäle für Ihre Marke oder Ihr Unternehmen, auch für erst später geplante Aktivitäten.

Bieten Sie den Communitys in Ihren öffentlichen Social-Media-Profilen regelmäßig etwas Wertvolles und engagieren Sie sich. Das verbessert Ihr Ranking und macht es anderen schwer, Ihren guten Ruf zu gefährden. Aktive Teilnehmende Ihrer Communitys sowie Blogger, Influencer und Journalisten setzen zudem Links auf Ihr Social-Media-Profil.

Social-Media-Kanäle und Blogs bieten allen Menschen die Möglichkeit, Ereignisse zu kommentieren und zu kritisieren. Unternehmen sollten aufmerksam zuhören und kritische Äußerungen ernst nehmen. Dazu gehört auch, sich der Kritik an den Orten zu stellen, an denen sie geäußert wird.

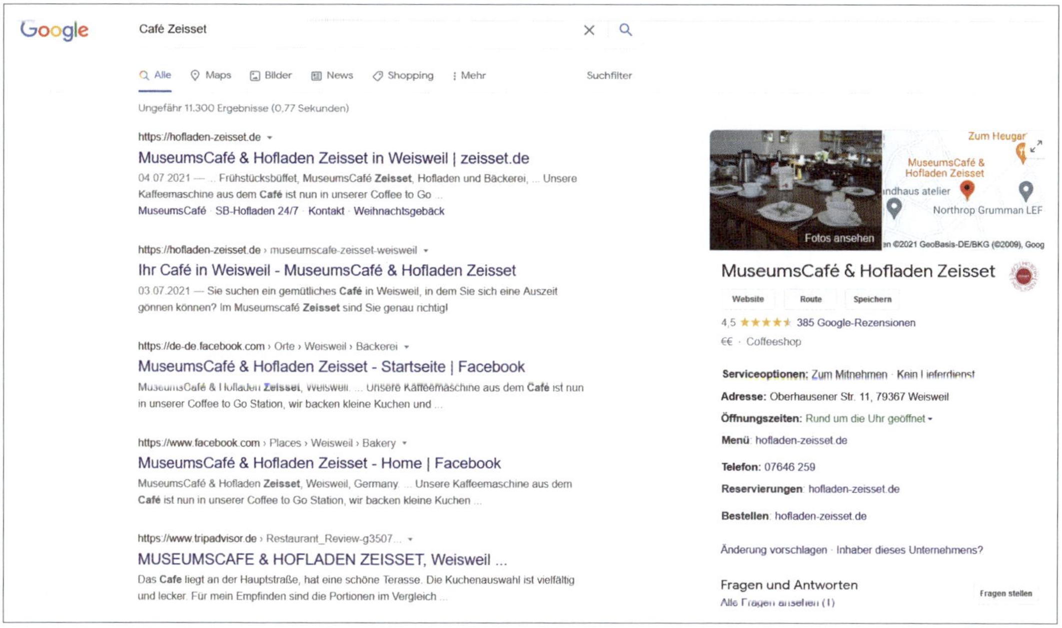

▲ **Abbildung 4-16**
Suchergebnisse in Google für das Café Zeisset

Reputation Management Monitoring

Um Ihre Onlinereputation zu managen, sollten Sie einige Faktoren aktiv beobachten. Richten Sie bei Google oder Talkwalker Alerts unter den nachfolgend genannten Aspekten ein.

- Ihr Name bzw. Firmenname: Was sagen die Menschen in Social Media über Sie und Ihre Produkte?
- Ihr Markenname und Claims: Behalten Sie Ihre Marke(n) und Botschaften im Blick.
- Was sagt das Netz über Ihre Geschäftsleitung, Ihre Kommunikationsprofis und Ihre Corporate Influencer?
- Wettbewerber und Ihre Branche: Profitieren Sie von dem, was Ihre Konkurrenz veröffentlicht, und behalten Sie Branchentrends im Blick.
- Ihre Schwächen: Wer übt wo und warum Kritik an Ihren Produkten und Serviceleistungen?

- Behalten Sie Ihre Geschäftspartner:innen im Blick. Bleiben Sie über positive und negative Entwicklungen informiert.
- Haben Sie ein Auge auf Ihre Warenzeichen und Copyrights und achten Sie auf eine missbräuchliche Verwendung.

Krisenmanagement

Fehler können in jedem Unternehmen passieren, egal wie sorgfältig dieses das Personal auswählt und seine Prozesse organisiert. Zücken Kund: innen ihr Smartphone und machen den Vorfall über ihre Social-Media-Kanäle öffentlich, hat das Unternehmen ein Problem. Dann entscheidet die Reaktion darüber, ob es die Empörungswelle eindämmt oder weiter ins Rollen bringt. Reagieren Sie zeitnah, aufrichtig und empathisch – und lassen Sie die richtige Person kommunizieren.

Tipp ▶ Ein regelmäßiges Social Listening, bei Bedarf unterstützt durch ein Tool wie Cision, Talkwalker oder Brandwatch, kann helfen, frühzeitig aufkommende Krisen in Social Media zu identifizieren.

Während der Coronapandemie beobachteten die Menschen genau, wie sich Unternehmen verhielten. Entstand der Eindruck, dass ein Unternehmen den Umsatz vor den Schutz vor der Ausbreitung des Virus setzte, bekam es schnell Gegenwind. Die Parfümeriekette Douglas (siehe Abbildung 4-17) hat einiges richtig gemacht. Mit der Marketing-Ikone Tina Müller hat sich kein Pressesprecher, sondern direkt die CEO zu Wort gemeldet. Zudem bittet sie um Entschuldigung. Was fehlt, ist die Erklärung, dass Douglas die Entscheidung bereut. Es wird nur abstrakt davon gesprochen, dass für »Viele« die Entscheidung schwer nachvollziehbar war. Wer »Viele« sind und wie das Unternehmen selbst rückblickend die Entscheidung bewertet, wird nicht klar.

Auch Lieferando rudert beim *#Aufzuggate* erst zurück, als sich Kund: innen kritisch äußern und sich der Unmut in Twitter verbreitet. Zuvor hatte sich ein Kunde darüber beschwert, dass der Pizzabote seinen privaten Aufzug benutzt hat, um Pizza in seine Wohnung zu liefern. Dass sich Lieferando nur »missverständlich ausgedrückt« hatte, glaubten die wenigsten.

Tina Mueller @TMuellerDouglas

Für Viele war die Entscheidung, einige Filialen mit Drogeriesortimenten offenzuhalten, nicht nachvollziehbar. Ab heute bleiben alle deutschen Filialen b.a.W. geschlossen. Wir bitten alle um Entschuldigung, die wir mit unserem Vorgehen befremdet oder vor den Kopf gestoßen haben.

7:20 vorm. · 17. Dez. 2020 · Twitter Web App

57 Retweets 100 Zitierte Tweets 557 „Gefällt mir"-Angaben

Bettina Schöbitz @schoebitz · 7 Std.
Antwort an @TMuellerDouglas
DAS hattet ihr vorher ahnen und berücksichtigen müssen. Da kann ich jetzt - nachdem es Druck von draussen gab - nix mehr entschuldigen. So verspielt ein Unternehmen das Vertrauen vieler (potentieller) Kunden.
34

Tobias Weidemann @netzjournalist · 7 Std.
Antwort an @TMuellerDouglas
Ihr habt mit der Geschichte ein Beispiel für die Lehrbücher geliefert, wie schnell man monate- oder jahrelanges Bemühen um #purpose oder #Haltung kaputt machen kann. Wenig schlau und ziemlich vorhersehbar.
1 34

Gehirnschmalz @Gehirnschmalz · 3 Std.
Und nicht das erste Mal in diesem Jahr, wo das nötige Fingerspitzengefühl fehlte...

Tina Mueller @TMuellerDouglas · 1. Juli
Danke für die Reaktionen zum Thema #Mehrwertsteuer. Wir haben euer Feedback auf unsere Regelung zur Weitergabe der #MwSt-Senkung gehört und nehmen es ernst! Daher werden wir ab morgen die 3%-Differenz direkt beim Einkauf an der Kasse abziehen. Der Kunde steht bei uns im Fokus!

1 4

Antworten anzeigen

Christian Lipp #OMT Experte @SEMgalore · 5 Std.
Antwort an @TMuellerDouglas
Parfümgeruch lässt sich durch Beatmungsmaske nicht riechen. Von daher: Gute Entscheidung.

Abbildung 4-17
Empörung über das Verhalten von Douglas zu Beginn der Pandemie

Abbildung 4-18 ▶ Lieferando rudert erst zurück, nachdem heftig Gegenwind auf Social Media aufkam.

Lieferando.de
@lieferando

Hallo! Bestimmt habt Ihr alle schon den Tweet gelesen.

Wir entschuldigen uns bei allen LieferantInnen!
Natürlich stehen wir hinter Euch.

Es tut uns leid, dass wir uns missverständlich ausgedrückt haben.

Selbstverständlich können Hilfsmittel beim Ausliefern genutzt werden.

11:18 vorm. · 29. Mai 2021 · Twitter Web App

26 Retweets 51 Zitierte Tweets 698 „Gefällt mir"-Angaben

Ein gutes Krisenmanagement hat Kaufland gezeigt. Eine Kampagne mit Schlagersänger Michael Wendler lief an und zeigte in Social Media positive Resonanz. Ein paar Stunden später nahm das Unheil seinen Lauf. Wendler postete in seiner Instagram-Story krude Verschwörungstheorien. Kaufland reagierte schnell und konsequent. Die komplette Kampagne wurde eingestampft, und der Wendler-Content verschwand. Was Kaufland twitterte, zeigt Abbildung 4-19.

Abbildung 4-19 ▶ Kaufland reagierte auf Twitter schnell und konsequent.

Kaufland
@kaufland

Bei unserem Video mit Michael Wendler ging es um Spaß & Ironie. Die Grenze ist jedoch erreicht, wenn mit der Sicherheit & Gesundheit von Menschen gespielt wird. Daher haben wir den ganzen Wendler-Content gelöscht & distanzieren uns von seinen Aussagen. #nichtegal

9:51 nachm. · 8. Okt. 2020 · Twitter Web App

4.249 Retweets 1.095 Zitierte Tweets 47.207 „Gefällt mir"-Angaben

Die Community reagierte überwiegend sehr positiv auf die Haltung von Kaufland.

United Airlines erlitt einen Reputationsschaden, als Mitarbeitende sorglos mit Gepäck umgingen. Dabei zerbrach die Gitarre eines Musikers, und seine Beschwerde wurde ignoriert. Sein Video mit dem Song »United breaks guitars« ging auf YouTube viral und wurde über 20 Millionen Mal angeschaut.[14] Die Fluggesellschaft entschuldigte sich und ersetz-

14 *http://bit.ly/2DKUpdd*

te den Schaden. Hat das Unternehmen daraus gelernt, den Kundenservice verbessert und einen Krisenplan griffbereit? Um die Pointe vorwegzunehmen: Das war nicht der Fall.

▲ Abbildung 4-20
Die erste Reaktion von United Airlines kam nicht gut an, die vom CEO schon besser.

Infolge einer Überbuchung kam es Jahre später zu tumultartigen Szenen an Bord eines Flugzeugs von United Airlines. Ein Gast wurde durch Sicherheitskräfte rabiat aus dem Flugzeug geschleift, und Videos der Passagiere landeten in Social Media. Das Unternehmen reagierte zunächst nicht. Auf Nachfragen twitterte United Airlines, dass sie sich für die Überbuchung entschuldigten, und sprachen von einem »removed customer«, was die Empörung weiter anheizte. Erst als die Kritik in Social Media immer lauter wurde, entschuldigte sich der Vorstandsvorsitzende persönlich. Die Entschuldigung des höchsten Chefs kam gut an, wie die Reaktionen auf Twitter zeigten.

Die beliebte Traditionsmarke LEGO® hatte sich einen *Shitstorm* eingehandelt. Die Werbung für einen Lego-Kran wurde bestenfalls als hoffnungslos altmodisch und schlimmstenfalls als sexistisch eingestuft. Bei dem Versuch, besonders Männer anzusprechen, kam es zu missglückten Postings wie: »So kompliziert wie eine Frau. Aber mit Bedienungsanleitung.« Auf die heftige Kritik in Social Media reagierte LEGO®, indem der Spielzeughersteller die Kampagne zurückzog und sich öffentlich entschuldigte.[15]

Auf Facebook postete LEGO®: »(...) Für die Form der Umsetzung möchten wir uns ausdrücklich entschuldigen. Wir führen die Social-Media-

15 *https://www.horizont.net/marketing/nachrichten/nach-sexismus-vorwuerfen-lego-zieht-social-media-kampagne-zurueck-170467*

Kampagne nicht fort. Das wertvolle Feedback, das wir erhalten haben, werden wir bei künftigen Aktionen berücksichtigen.«

Drei Erkenntnisse sind an diesem Beispiel wichtig:

- LEGO® hat auf die Kritik reagiert und die Kampagne zurückgezogen.
- LEGO® hat sich entschuldigt und die Kritik als wertvolles Feedback bezeichnet.
- LEGO® zeigte, dass das Unternehmen seine Fans ernst nimmt.

Leider hat LEGO® bald danach falsch gemacht, was man nur falsch machen kann. LEGO® suchte sich als Endgegner ausgerechnet den bekannten YouTuber Thomas Panke alias *Held der Steine*. Dieser war großer Fan von LEGO® und verkaufte die Steine in seinem Shop in Frankfurt. Dann bekam er eine Abmahnung, weil der Spielzeugkonzern seine Wortmarke bedroht sah. Panke hatte in seinen Videos auch Steine anderer Hersteller als »Legosteine« tituliert und sollte nun die Videos löschen. Mittlerweile preist er andere »Klemmbausteine« an und kritisiert regelmäßig vor Tausenden Fans in YouTube oder Twitch neue Produkte von LEGO®.

Abbildung 4-21▼ Wie aus einem Lego-Enthusiasten der Held der Klemmbausteine wurde

Hootsuite zog 2021 Ärger auf sich, als der Anbieter eine drastische Preiserhöhung vornahm. Für die Nutzer:innen spielte es keine Rolle, dass der bisherige Preis auffallend günstig war. Eine öffentliche Diskussion

der Entscheidung wollte Hootsuite offenbar vermeiden. Auch auf die Kritik reichweitenstarker Social-Media-Accounts reagierte das Unternehmen nur verhalten. Bedauerlich, wenn aus einem früheren Brand Ambassador nun ein Kritiker wird – und diesem auf Twitter 12.000 Menschen folgen. Hier wäre eine Antwort seitens Hootsuite hilfreich gewesen, um die Empörungswelle einzudämmen.

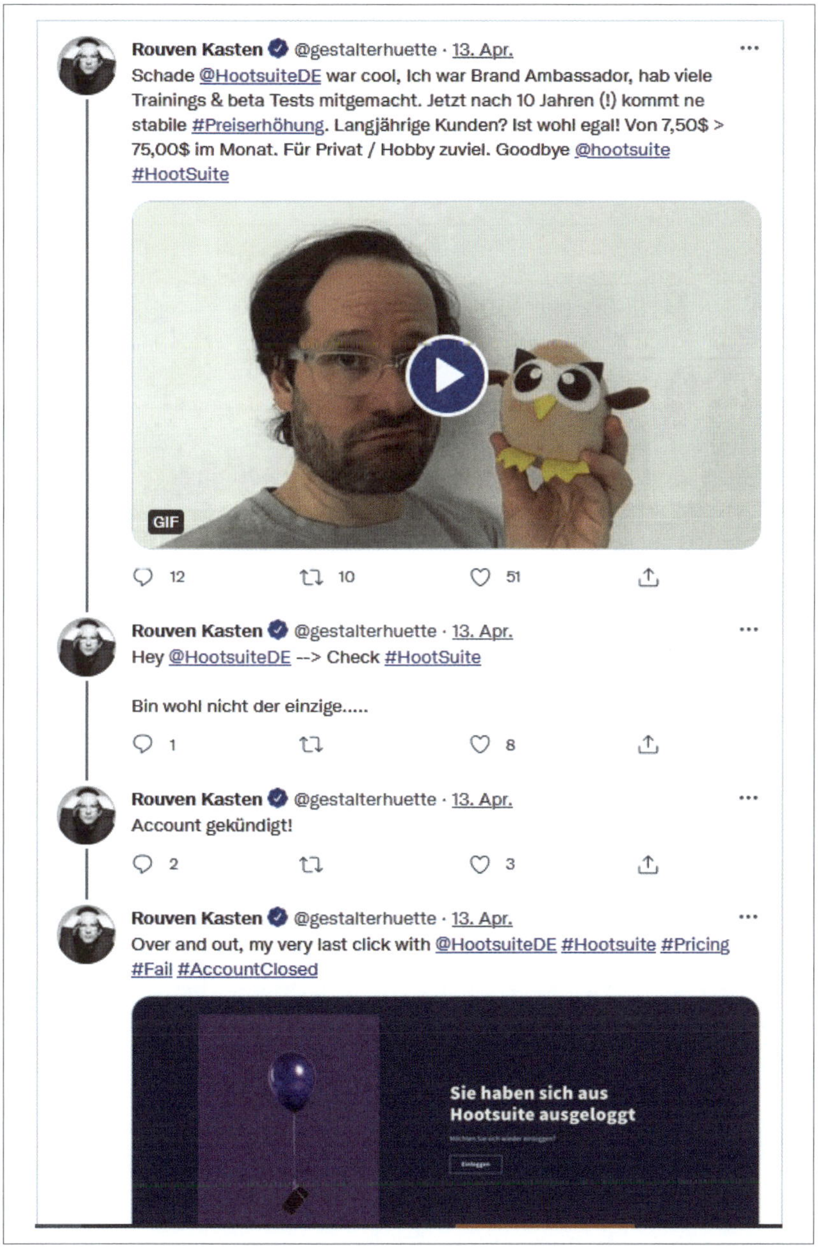

◀ **Abbildung 4-22**
Wie aus einem Brand Ambassador ein Kritiker wurde

Kommunikationskrisen in Social Media: transparent, authentisch und schnell reagieren

Erlebt Ihr Unternehmen eine Reputationskrise, ist es Ihre Aufgabe, schnell und richtig zu reagieren, auch durch Maßnahmen in Social Media. Bedenken Sie, dass Sie schon in einem schlechten Licht wahrgenommen werden. Gehen Sie mit Reputationskrisen professionell um und reagieren Sie nicht zu emotional. Kommunizieren Sie aufrichtig und umfassend, statt eine Hinhaltetaktik zu betreiben.

Eine Reputationsstrategie sollte langfristig angelegt sein, und sie benötigt Zeit sowie Ressourcen. Ein regelmäßiges Social Media Monitoring, wie in Kapitel 3 beschrieben, ist dabei unerlässlich.

Tipp ▶ Mit Social Listening bemerken Sie die Anfänge einer Empörungswelle und können diese verhindern oder abschwächen. Falls sie sich nicht mehr aufhalten lässt, haben Sie zumindest zeitlichen Vorlauf, um eine Strategie zu entwickeln. Schalten Sie dazu Verbündete aus Ihrem Netzwerk ein.

Bei einer Unternehmenskrise zählen Engagement, Transparenz und Schnelligkeit. Stellen Sie die Krise ehrlich dar und geben Sie den Fehler zu. Wenn eine Kreditkartengesellschaft ein Sicherheitsleck hat, wollen die Karteninhaber:innen wissen, dass ihre Daten sicher sind. Zumindest aber wollen sie schnell informiert werden, sollte es nicht mehr der Fall sein. Natürlich ist es wichtig, dass das Unternehmen Maßnahmen ergreift, um das Problem aus der Welt zu schaffen und eventuell die Kund:innen zu entschädigen. Es kommt gut an, wenn sich ein Mitglied der Unternehmensführung persönlich und schnell entschuldigt und nicht seine:n Pressesprecher:in schickt. Seien Sie präsent, um auf Fragen und Beschwerden persönlich einzugehen, und bieten Sie verschiedene Kommunikationskanäle an. Findet die Community, dass die Situation mit der öffentlichen Entschuldigung noch nicht bereinigt ist, geben Sie ihr einen Ort, an dem sie weiterdiskutieren kann.

Intern können Sie aus diesen Erfahrungen lernen. Direkt nach der Krise ist ein guter Zeitpunkt, um Ihre Mitarbeitenden über die Wichtigkeit der öffentlichen Wahrnehmung aufzuklären. Verdeutlichen Sie, dass nur der beste Service angeboten werden darf, weil die Menschen ihre Unzufriedenheit mit Ihrem Support oder Service an die Öffentlichkeit tragen können.

Tipp ▶ Um im Fall der Krise schnell reagieren zu können, sind kurze Abstimmungswege und klar geregelte Prozesse wichtig. Die Kommunikationsabteilung hat idealerweise den direkten Draht zur Geschäftsführung.

Trolle und Hate Speech

Chronisch unzufriedene Menschen gab es schon immer – im Internet werden sie zu *Trollen* und *Hatern*. Die *Hate Speech* (Hassrede) wird im Web zu einem immer größeren Problem. Erschreckend ist bei diesem Phänomen, dass Menschen sich nicht mehr unbedingt hinter einem anonymen Avatar verbergen, wenn sie angreifen und beleidigen. Ganz offen äußern sie rassistische, frauenfeindliche oder transphobe Meinungen. Sowohl Privatpersonen als auch Unternehmen kann es passieren, dass ihre Seite ungewollt zum Mittelpunkt einer hässlichen Diskussion wird. Dafür reicht es oft schon, bei politischen oder sozialen Themen klare Kante zu zeigen. Doch auch scheinbar harmlose Themen können eskalieren. Dabei ignorieren Nörgler und Trolle meist die Fakten, reagieren auf Reizwörter und versuchen, die Interpretationshoheit zu erlangen.

Die Regel »Do not feed the troll« hilft oft auch im Umgang mit Hatern. Dennoch sollten Störenfriede faktenorientiert und in sachlichem Ton konsequent in ihre Schranken verwiesen werden, möglichst ohne ihnen eine Plattform zu bieten. Ein Beispiel: Sie werden auf Twitter zu Unrecht angegriffen und retweeten mit einem entsprechenden Kommentar. Sie haben damit Ihre Meinung kundgetan, aber zugleich dem Angreifer weitere Aufmerksamkeit und Reichweite verschafft.

Als Unternehmen haben Sie eine Verantwortung für die Diskussionskultur auf Ihrer Seite und sollten keine zu passive Haltung einnehmen. Haben Sie keine Ressourcen, um Kommentare in Blogs und Social Media kontinuierlich zu überwachen, kann es eine Option sein, diese abzuschalten – zumindest vorübergehend.

◀ Definition

Die *Netiquette* enthält Spielregeln für den Umgang in einem Forum oder einem sozialen Netzwerk. Das Kofferwort leitet sich aus Net und Etikette ab, überträgt also Höflichkeitsregeln in die Onlinewelt. Wer Foren, eine Facebook-Gruppe oder andere Orte des Austauschs anbietet, ist gut beraten, eine Netiquette zu definieren. Verstoßen Teilnehmende dagegen, können Sie mit Verweis darauf die Beiträge löschen.

Nutzen Sie die Möglichkeiten, die Ihnen die jeweiligen Plattformen bieten. In Twitter, Instagram und Facebook können Sie Fans und Follower stumm schalten, blockieren oder melden. In Facebook können Sie einen Filter für vulgäre Ausdrücke einschalten. Damit verhindern Sie, dass Trolle mit Kraftausdrücken um sich schmeißen – Trolle sind ohnehin nicht an einem ernsthaften Austausch interessiert. Facebook definiert, welche Ausdrücke als vulgär gelten. Zusätzlich können Sie eigene Ausdrücke festlegen, bei deren Verwendung der Kommentar nicht mehr angezeigt wird.

Sie können auch einzelne Kommentare löschen. Kommentare zu löschen, führt häufig zu Diskussionen, selbst wenn die Netiquette dies rechtfertigt. Daher bietet es sich an, einen Kommentar auszublenden. Damit ist er noch für den Verfasser und dessen Freunde sichtbar, aber nicht mehr für weitere Seitenbesucher:innen. Dies ist keine Option, wenn es sich um potenziell strafrechtlich relevante Äußerungen handelt.

Was Sie zu Meinung versus Tatsachenbehauptung beachten müssen und warum durch die Urheberrechtsreform das bekannte Haftungsprivileg »notice and take down« praktisch aufgehoben wurde, erfahren Sie in unserem umfangreichen Kapitel 15 zu rechtlichen Fragen am Ende des Buchs.

Das NetzDG und seine Folgen

In Deutschland gilt das *Netzwerkdurchsetzungsgesetz (NetzDG)*.[16] Das Gesetz soll Hetze und Hass im Internet verhindern und führt gelegentlich zu Überreaktionen der Plattformen. In vorauseilendem Gehorsam und nicht immer zu Recht sperren oder löschen sie Beiträge und Nutzerkonten. Grund sind hohe Bußgelder, die den Plattformbetreibern drohen, sofern sie ihrer Pflicht nicht nachkommen, »offensichtlich rechtswidrige Inhalte« innerhalb von 24 Stunden zu löschen oder zu sperren. Zu offensichtlich rechtswidrigen Inhalten zählen zum Beispiel:

- die Anleitung zu schweren Straftaten,
- Volksverhetzung und
- die Verbreitung verbotener Symbole.

Werden den Plattformen »nicht offensichtlich rechtswidrige Inhalte« gemeldet, verlängert sich die Frist auf sieben Tage. Social-Media-Plattformen ermöglichen es, Beiträge oder Konten mit Verweis auf das Gesetz zu melden. Wer bei Twitter einen offensichtlich rechtswidrigen Tweet melden möchte, wählt »Fällt unter das Netzwerkdurchsetzungsgesetz« als Meldegrund aus. Das bedeutet aber auch, dass beispielsweise ein politisch missliebiger Twitterer mundtot gemacht wird, wenn sich einige gegen ihn verschwören und seine Tweets entsprechend klassifizieren. Nach 24 Stunden hat sich das Dilemma zwar wahrscheinlich aufgeklärt, aber bis dahin kann sich derjenige nicht zu Wort melden.

Wer im Internet und in Social Media recherchiert, sollte genau prüfen, ob eine Quelle echt und unabhängig ist. Ziehen Sie im Zweifel mehrere Quellen heran und vergleichen Sie diese miteinander. *Fake News* ent-

16 *https://www.gesetze-im-internet.de/netzdg/BJNR335210017.html*

halten Lügen und Propaganda sowie Behauptungen statt belegter Tatsachen. In ihrer Aufmachung versuchen sie den Eindruck zu erwecken, echte und verlässliche Nachrichten zu sein. Solche »gefälschten Nachrichten« verbreiten sich innerhalb mancher Filterblasen im Internet mit unglaublichem Tempo, teilweise unterstützen Bots die Verbreitung. Dabei werden Unwahrheiten verbreitet, reißerische Fotos in einen falschen Zusammenhang gesetzt und Privatpersonen, Prominente, Politiker oder Unternehmen verleumdet. Hier ist ein ähnliches Vorgehen wie beim Hate Speech gefragt. Auch Internetkriminelle verwenden Fake News, um beispielsweise *Phishing* zu betreiben.

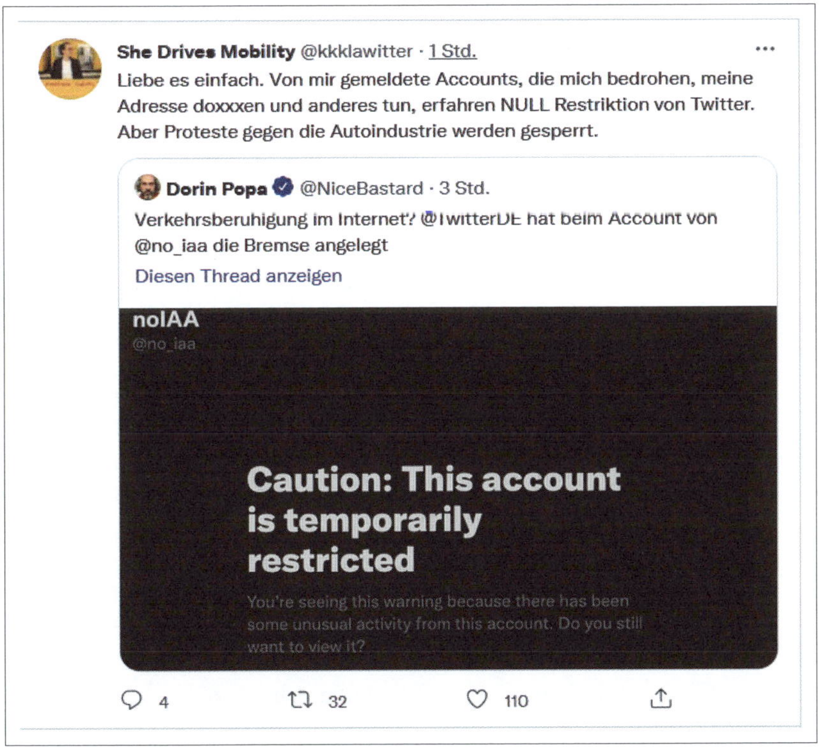

Abbildung 4-23 Die Zukunftsaktivistin Katja Diehl setzt sich für die Verkehrswende ein.

Zusammenfassung

Schon das *Cluetrain-Manifest* spielte auf das heutige Phänomen von Social Media an: Unternehmen sprechen mit ihren Kund:innen. Märkte sind Gespräche, und soziale Medien geben Verbraucher:innen die Möglichkeit, direkt mit ihren bevorzugten Marken zu sprechen.

Marketing ist Mitwirkung: Als Marketingexperte sollten Sie eine aktive Rolle in den Social-Media-Netzwerken übernehmen und sich auf glaubwürdige Weise an den Gesprächen beteiligen. Fanta, funny-frisch und Ritter Sport sowie weitere Marken und Unternehmen zeigen, dass der Trend, Marketing als Mitwirkung zu definieren, positive Ergebnisse hervorrufen kann. Auch kleine und lokal agierende Unternehmen können enormen Gewinn aus dem Dialog mit ihren Kund:innen ziehen.

Social Media Marketing kann auch dem *Reputationsmanagement* auf die Sprünge helfen, und zwar auf zwei Arten. Wenn ein Unternehmen am Meinungsaustausch teilnimmt, kann es die Eindrücke, die das Publikum von ihm bekommt, mitformen und bestimmen – normalerweise zum Besseren. Durch Zuhören und Ernstnehmen kann eine negative Stimmung in eine positive oder zumindest neutrale umgewandelt werden. Kommt es dennoch zu einer Krise, gilt es, authentisch zu kommunizieren und schnell zu reagieren.

Die zweite Art, wie soziale Medien das Reputationsmanagement erleichtern können, ist die Erstellung von Social-Media-Profilen. Unternehmen können Profile auf Social-Media-Plattformen für ihre Marke erstellen und mit relevantem Content ihre Erwähnung in den Suchmaschinenergebnissen verbessern. Ausdauerndes, sinnvolles Engagement ist vonnöten, damit die Crawler der Suchmaschinen die Profilseiten finden, auf ihnen häufige Aktivitäten erkennen und diese Seiten in den Suchergebnissen weiter oben platzieren, weil sie sie als relevant erachten.

Influencer sind digitale Meinungsführer und Influencer-Marketing längst fester Bestandteil der Unternehmenskommunikation. Kooperationen mit Influencern werden insbesondere in Instagram, YouTube und TikTok realisiert. Dabei sind der *Brandfit* und die sorgfältige Auswahl glaubwürdiger und relevanter Influencer wichtig. Eine langfristige und vertrauensvolle Zusammenarbeit und das Zahlen fairer Honorare bilden die Basis für erfolgreiches Influencer-Marketing. Dabei geht der Trend zu den besonders glaubwürdigen Mikro-Influencern und Corporate Influencern, also Mitarbeitenden, die freiwillig zu Markenbotschafter:innen werden. Geht die Geschäftsführung in Social Media mutig voran, sprechen wir von Social CEOs.

KAPITEL 5

Content Marketing

In diesem Kapitel:

- Wie wirkt Content Marketing?
- Content-Marketing-Strategie
- Relevanten Content generieren
- Content Marketing in Social Media
- Content-Management-Systeme
- Dos und Don'ts im Content Marketing
- Monitoring und Erfolgskontrolle
- Praxisbeispiele: Content Marketing im B2C und B2B
- Zusammenfassung

Wie wirkt Content Marketing?

Der Begriff *Content Marketing* ist gut zwei Jahrzehnte alt, das Konzept dahinter älter. Als frühes Beispiel gilt Dr. Oetker. Auf die Packungen ihres Backpulvers druckte die Bielefelder Firma Ende des 19. Jahrhunderts Kuchenrezepte. Später erweiterte das Unternehmen diesen Ansatz zu einem umfangreichen Merchandising: Viele Generationen lernten mit dem Backbuch von Dr. Oetker die ersten Schritte in der Küche. Statt Werbesprüche für das langweilige Produkt »Backpulver« zu entwickeln, bestand der clevere Schachzug darin, den Kund:innen nützliche Tipps an die Hand zu geben. Über die kostenfreien Rezepte freuten sich die Menschen und assoziierten diese positiv mit der Marke Dr. Oetker.

Content Marketing hat längst seinen festen Platz in der Unternehmenskommunikation. Kund:innen haben eine Abneigung gegen Werbung im Internet entwickelt und können mit Werbeblockern umgehen. Sie erwarten zudem jederzeit relevante, aktuelle und auf ihre Bedürfnisse zugeschnittene Informationen. Das verursacht Kosten für hochwertige Texte, attraktive Fotos, gelungene Videos und unterhaltsamen Ephemeral Content. Idealerweise identifizieren und nutzen Unternehmen die Schnittstelle zwischen dem, was die Marke ausmacht, und dem, was ihre Kund:innen interessiert.

Hinweis

Um Relevanz zu schaffen, müssen Sie Ihre Follower:innen gut kennen und verstehen. Sie sollten wissen, auf welchen Plattformen die Fans sich tummeln, welche Content-Formate sie bevorzugen und welche Sprache sie sprechen.

Wertvoller Content allein genügt nicht, er muss auch geplant und über die passenden Kanäle verbreitet werden. Wir schauen uns in diesem Kapitel an, wie Sie Ihren Content strategisch planen und einsetzen können. Ergänzend zeigen wir, welche Rolle *Content Seeding*, *Content Curation* und *Content Refresh* im Content Marketing spielen. Der Aufwand für die Produktion von Content lässt sich durch *künstliche Intelligenz* (KI) reduzieren. Dazu gehören heute schon Routineaufgaben wie die automatische Verschlagwortung von Content, die Auswahl von Bildern oder das Verfassen einfacher Beiträge. Mit KI lassen sich Texte für Landingpages erstellen, und KI wird im E-Mail-Marketing eingesetzt. Wer regelmäßig im eigenen Fundus oder einer externen Bilddatenbank nach passenden Motiven sucht, entwickelt ein Verständnis für den Wunsch nach Automatisierung. Die KI kann dank Gesichtserkennung zum Beispiel darauf trainiert werden, Fotos zu identifizieren, auf denen die Geschäftsführerin oder der Pressesprecher abgebildet sind. Über KI sprechen wir in Kapitel 13.

Kennen Sie die Customer Journey Ihrer Kund:innen?

Die *Customer Journey* (Reise des Kunden) wird auch Buyer's Journey genannt. Sie beschreibt den Weg der Kund:innen vom Beginn ihrer Suche über den ersten Kontakt mit dem Unternehmen bis zur Entscheidung, das Produkt zu kaufen. Finden Sie durch Marktforschung und eigene Analysen heraus, wie die Customer Journey Ihrer (potenziellen) Kund:innen verläuft, und platzieren Sie hochwertigen, aktuellen und relevanten Content an den entsprechenden Touchpoints (Kontaktpunkten).

Definition ▶ An einem *Touchpoint* oder Kontaktpunkt kommen Menschen mit Produkten, Unternehmen oder Marken in Berührung. Zu den digitalen Touchpoints zählen Suchmaschinenwerbung, Social-Media-Postings, Blogbeiträge, eine Website oder Social Ads. An den Kontaktpunkten sollte eine positive Kundenerfahrung (*Customer Experience*) stattfinden. Damit lassen sich Bestandskunden halten und neue Kunden gewinnen.

Wer im Internet recherchiert, beginnt seine Customer Journey fast immer über eine Suchmaschine. Die Suchergebnisse sind häufig der erste Touchpoint. Daher sollten Sie die Keywords kennen, mit denen Ihre (künftigen) Kund:innen zu Ihren Themen suchen. Sonst bieten Sie hervorragenden Content, den niemand findet. Berücksichtigen Sie, dass Begriffe regional unterschiedlich gebraucht werden und verschiedene Altersgruppen nicht den gleichen Sprachschatz haben.

Tipp ▶ Denken Sie auch an umgangssprachliche Synonyme für Fachbegriffe. Die Menschen sagen »Solar« statt Fotovoltaik und »Plastik« statt Kunststoff.

Weitere wichtige Touchpoints sind die Suche in Pinterest oder YouTube, in Beiträgen auf der Website und dem Blog oder im Onlineshop Ihres Unternehmens. Ebenfalls dazu zählen Posts auf Social Media, Bewertungsportalen, Empfehlungen durch Influencer:innen oder andere Kund:innen und der bilaterale Kontakt durch E-Mails oder Gespräche am Messestand.

Verstehen Sie die Bedürfnisse Ihrer Kund:innen?

Für ein erfolgreiches Content Marketing sollten Sie die Gewohnheiten Ihrer Kund:innen kennen und deren Verhalten analysieren. Durch Corona hat die Bedeutung des Onlineshoppings weiter zugenommen. Wer die Ware vorab nicht anfassen und ausprobieren kann, informiert sich vor dem Kauf umfassender. Dabei wünschen sich die Kund:innen individuell auf ihre Bedürfnisse zugeschnittene Inhalte.

Treten Sie Ihren Leser:innen wertschätzend entgegen und berücksichtigen Sie ihre Bedürfnisse. Bieten Sie über Social Media oder die Website, Ihren Webshop oder das Blog Informationen mit Mehrwert an. Ihre Beiträge sollten gut strukturiert und mit regelmäßigen Zwischenüberschriften angenehm lesbar sein.

▼ **Abbildung 5-1**
Tipps für das erfolgreiche Texten von Onlinecontent

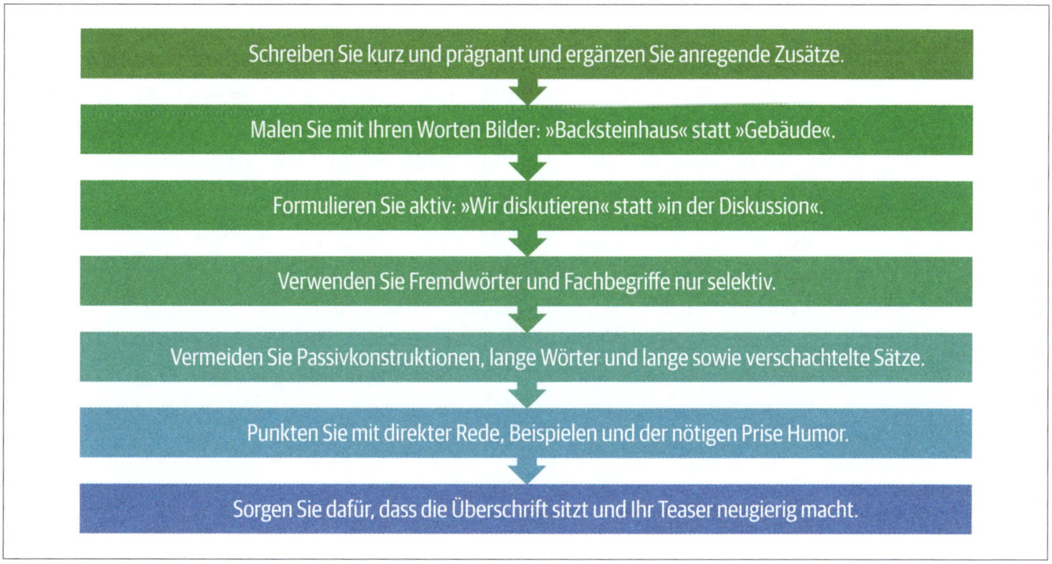

◀ **Tipp**

Sprachassistenten und künstliche Intelligenz beeinflussen das Content Marketing. Prüfen Sie Ihren Content auf seine Voice-Kompatibilität. Wenn Sie auf verschlungene Satzkonstruktionen verzichten und mehr Orientierung durch Zwischenüberschriften in Ihren Texten bieten, kommt das auch »normalen« Lesern zugute.

Gestalten Sie Ihre Beiträge abwechslungsreich und verwenden Sie Fotos, Videos, Infografiken, Praxisbeispiele, Case Studies (Fallstudien) oder Interviews.

Auch Webinare und Tutorials gehören zu beliebten Inhalten. Ein Tutorial unterstützt Kund:innen, die nicht sicher sind, ob das Produkt für sie das richtige ist, bei der Meinungsbildung. Erklären Sie in einem How-to-Video auf einfache Weise, wie das Produkt genutzt wird, kann das die Kaufentscheidung positiv beeinflussen. Größere Unternehmen entwickeln Formate wie Kundenmagazine, um ihre Themen attraktiv und mit Wiedererkennungseffekt aufzubereiten. Hierzu schauen wir uns in diesem Kapitel Praxisbeispiele an.

Definition ▶ Im *Native Advertising* werden redaktionelle Beiträge mit Mehrwert so aufbereitet, dass die Leser:innen sie nicht unmittelbar als Werbung wahrnehmen. Dazu zählen auch gesponserte Tweets oder Posts auf Facebook und Instagram. Damit es nicht zu Verwechslungen kommt, muss Native Advertising gekennzeichnet werden, zum Beispiel mit »Anzeige« oder »Gesponsert«. Die Weiterentwicklung des klassischen Advertorials kennen Sie noch aus Printmedien als Werbeanzeige mit redaktionellem Touch.

Native Advertising sind bezahlte Beiträge, also Content, der in den Bereich Paid Media gehört, wenn ihr Inhalt eher sachlich und informativ als vorrangig werblich gestaltet ist. Ein Nachteil von Native Advertising gegenüber dem klassischen Content Marketing besteht darin, dass es kostspielig ist und Sie das exakte Targeting einem Drittanbieter überlassen. Sie müssen also darauf vertrauen, dass Sie über den Publisher gezielt Ihre Wunschkund:innen erreichen.

Beim strategischen Content Marketing geht es darum, auf die Zielgruppe zu schauen und zu ihren Interessen, Fragen und Problemen passende Themen zu entwickeln. Danach entscheiden Sie, in welchen Formaten und über welche Kanäle Sie diese veröffentlichen. Der Content sollte die Markenbindung stärken, authentisch, verständlich und exklusiv sein. Arbeiten Sie dabei mit den Mechanismen des (visuellen) Storytellings.

Definition ▶ Worauf es beim *visuellen Storytelling* ankommt, erklären die O'Reilly-Autorinnen Petra Sammer und Ulrike Heppel: »Schärfen Sie Ihre Wahrnehmung für Worte und Bilder. Denn genau darum geht es beim visuellen Storytelling. Geschichten zu erzählen, die mit packenden Worten und faszinierenden Bildern ein Publikum in ihren Bann ziehen können. Geschichten zu erzählen, die haften bleiben, und vor allem Geschichten zu erzählen, die weitererzählt werden.«[1]

1 »Visual Storytelling« von Petra Sammer und Ulrike Heppel, O'Reillys basics, Seite X im Vorwort.

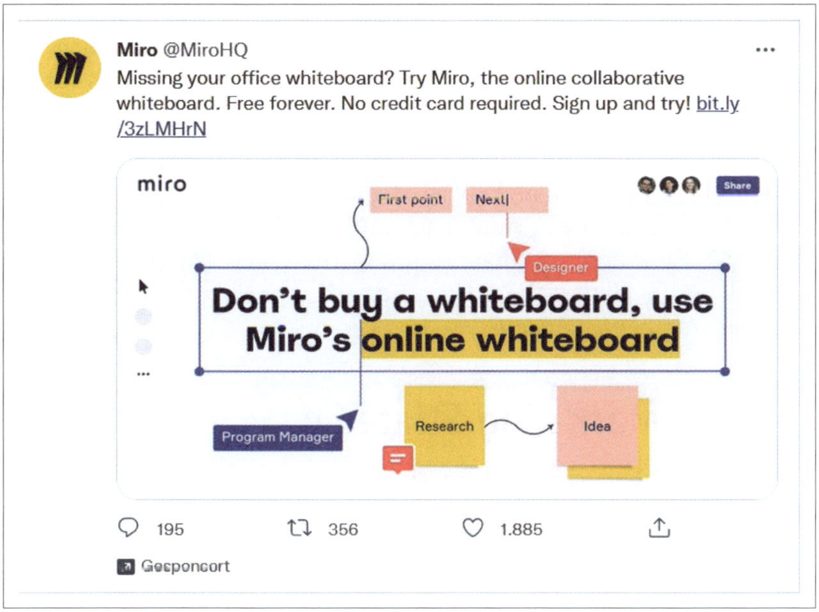

◀ **Abbildung 5-2**
Ein gesponserter Tweet als Beispiel für Native Advertising auf Twitter[2]

Content Marketing im Unternehmen verankern

Durch das Internet lassen sich Informationen einfacher und transparenter vergleichen, sodass Vertrauen und echter Mehrwert eine immer größere Rolle spielen. Gelingt es dem Unternehmen, durch seriöse Inhalte nachhaltig Vertrauen zu gewinnen, wirkt sich dies positiv auf die Kundenbindung aus, und die Marke wird gestärkt. Bewertungen und Gütesiegel sind im Internet wichtig, weil sie Vertrauen aufbauen und Leistungen unterscheidbar machen. Auf Bewertungen gehen wir in den Kapiteln 11 und 12 näher ein.

Content Marketing eignet sich für B2C und B2B. Erklärungsbedürftige Produkte im B2B profitieren von Content Marketing, da die Entscheidungsprozesse der Einkäufer oft langwierig sind. Der Entscheider hat immer wieder Fragen und sucht nach weiteren Informationen, weil ein Kollege oder die Vorgesetzte in die Verhandlung einsteigt. Individuell zugeschnittener Content sollte berücksichtigen, dass es unterschiedliche Bedürfnisse gibt. Die Technikerin kann jede Menge Details vertragen, während sich der Geschäftsführer für das »Big Picture« interessiert.

Wichtig ist, die Frage zu klären, in wessen Verantwortung das Content Marketing liegt. Hat der Social Media Manager das Sagen, die PR-Spezi-

2 Abrufdatum: 11.01.2022

alistin, oder gibt es einen Content-Manager? Die Entscheidung hängt von der Vielfalt und Menge an Content ab, den Sie veröffentlichen. Zudem sollte ein Content Manager gleichermaßen ein Händchen für die strategische und operative Seite des Content Marketing haben.

Zentral verantwortliche Content-Manager arbeiten abteilungsübergreifend mit PR, Marketing und Social Media sowie mit Vertrieb und Personalabteilung zusammen. Auch nach außen halten sie die Fäden in der Hand. Sie garantieren Aktualität und Qualität der Beiträge sowie eine einheitliche Tonalität. Außerdem sind sie Ansprechpartner für *Content Curation* und *Native Advertising*.

Content-Marketing-Strategie

Zur Frage, wie Unternehmen am besten ihre Content-Marketing-Strategie entwickeln und warum es einer sauberen Trennung von Content-Strategie und Content-Marketing-Strategie bedarf, haben wir uns mit Robert Weller unterhalten. Als Content Experience Designer, Keynote Speaker und Autor hat er es sich zur Aufgabe gemacht, Menschen durch den Zugang zu Wissen und Erfahrung in ihrer persönlichen und beruflichen Entwicklung voranzubringen.

Interview

Abbildung 5-3 ▲
Robert Weller, Speaker und Autor für Themen rund um Content, Design und Marketing

»Content (Marketing) wirkt vor allem langfristig.«

Ein Interview mit Robert Weller, Autor und Speaker an der Schnittstelle zwischen Content, Design und Marketing

Bitte beschreiben Sie für unsere Leserinnen und Leser eine typische Herausforderung, die Unternehmen bei der Entwicklung ihrer Content-Strategie haben.

Robert Weller: Das Problem, das mir vielleicht am häufigsten begegnet, ist das fehlende Verständnis für die Unterschiede zwischen einer Content-Strategie und einer Content-Marketing-Strategie. Da das Thema »Content« meist aus der Marketingabteilung heraus angetrieben wird, ist die Gleichsetzung nicht verwunderlich. Doch es besteht das Risiko, dass die strategische im Sinne einer langfristig wirkenden Komponente zugunsten eines kurzfristigen, operativen Nutzens vernachlässigt wird.

So wird oft die Traffic- oder Leadgenerierung als Ziel der »Content-Strategie« definiert, und entsprechende Maßnahmen innerhalb eines begrenzten Zeitraums werden beschlossen. Das ist grundsätzlich nicht verkehrt und kann sehr gut funktionieren, greift aber im Sinne einer übergreifenden Content-Strategie zu kurz. Eine solche dient im Idealfall der Orientierung für das gesamte Unternehmen, abteilungsübergreifend und zeitlich uneingeschränkt. Sie ergänzt in gewisser Weise die einzelnen Teilstrategien für Marke, Marketing, Vertrieb etc. um die Komponente des Contents. Content kann mehr als nur Marketing und wirkt am stärksten bei einem integrierten Ansatz. Er hat sogar das Potenzial, im Kern eines Geschäftsmodells zu stehen: entweder als Produkt selbst, zum Beispiel in Form von kostenpflichtigen E-Books oder Inhalten, die sich hinter einer Bezahlschranke befinden, oder als Grundlage für Einnahmen aus Werbung oder Sponsoring.

Plakativ dargestellt, verhält sich das so:

Content Marketing: »Wir publizieren jede Woche zwei Blogartikel, um für relevante Keywords in der Suche sichtbar zu werden und Interessenten auf unsere Website zu ziehen.« (Kanal → Nutzen)

Content-Strategie: »Wir wollen über (unsere) Geschichten mit unseren Zielgruppen in Kontakt treten. Blogartikel eignen sich gut als Grundlage für Diskussionen, die aber auch in Social Media stattfinden können.« (Ziel → Format → Kanal)

Wie gehen Unternehmen vor, die Content erfolgreich einsetzen?

Robert Weller: Betrachten wir Unternehmen, die Content erfolgreich einsetzen, etwa Hornbach, L'Oréal, Adobe, Nike oder auch lokale Fallbeispiele wie CURVED (Telefónica) oder das TURN ON Magazin (Saturn), dann fällt auf, dass sich diese – mal mehr, mal weniger – zu »Content Brands« gewandelt haben. Die Marke wird nicht mehr ausschließlich mit den angebotenen Produkten assoziiert, sondern auch mit den Geschichten, die sie umgeben, ergo dem digitalen Informations- und Unterhaltungsangebot. Das hat auch zur Folge, dass diese Content-Plattformen nicht mehr ausschließlich dem Zweck der Produktwerbung dienen (im Fall von TURN ON sind das etwa Technikprodukte aus dem Saturn-Shop), sondern zusätzliche neue Erlösquellen schaffen – beispielsweise das Angebot von kostenpflichtigen Advertorials für Marken, die Integration von Werbeformaten wie Displayanzeigen oder Native Ads, um die eigene Reichweite zu monetisieren, oder exklusive Inhalte wie Testberichte, Reports oder Ähnliches, die sich direkt an den Konsumenten richten.

Content spielt insbesondere bei der Markenbildung eine entscheidende Rolle. Doch genauso wie eine Marke nicht von heute auf morgen entsteht, wirkt Content (Marketing) vor allem langfristig. Diese Weitsicht und Geduld sollten Unternehmen mitbringen und bereit sein, in ihre Zukunft zu investieren. Ähnlich, wie es beim Aufbau eines Unternehmens erforderlich ist.

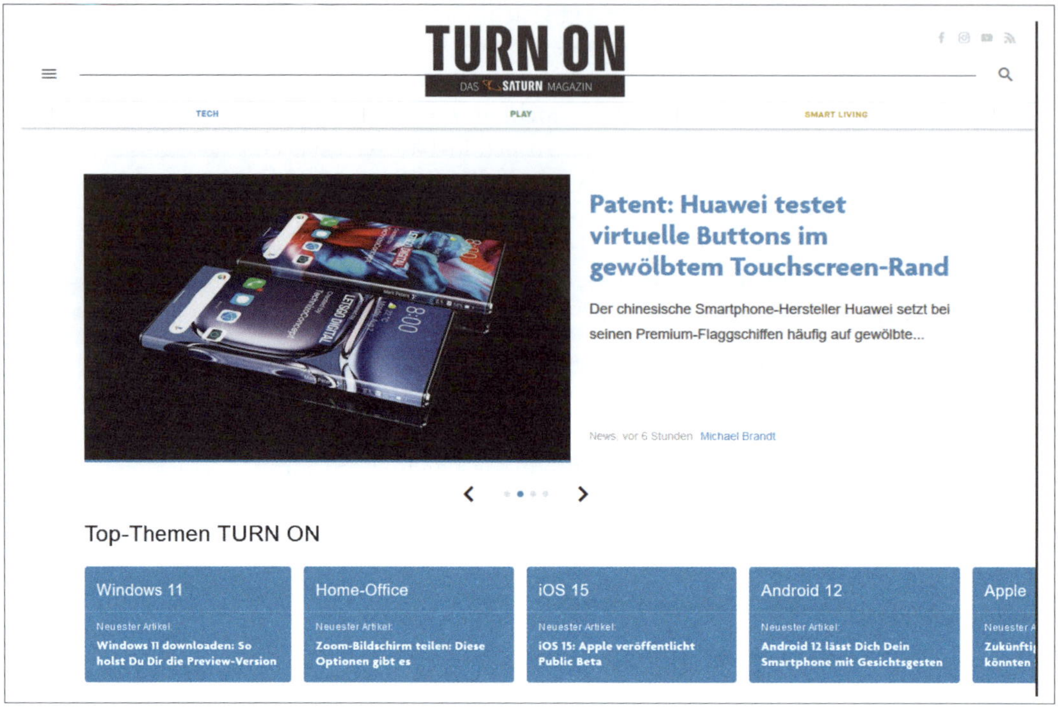

Abbildung 5-4 ▲
TURN ON heißt das Onlinemagazin von Saturn Hansa.

Welche Fragen stellen Sie einem Unternehmen, das vor der Entscheidung steht, mit internen oder externen Produzenten von Content zu arbeiten?

Robert Weller: Ich lege viel Wert darauf, Verantwortliche in Unternehmen auf dem Weg in ihre Eigenständigkeit zu begleiten. Das heißt, ich stelle anfangs viele Fragen zur Ausgangssituation – von den verfügbaren finanziellen oder zeitlichen Ressourcen bis hin zur eigenen, das heißt persönlichen Motivation und den gesteckten Zielen. Entsprechend diesen Informationen unterstütze ich Unternehmen dann bei der besagten Entscheidung.

Haben sie beispielsweise grundsätzlich zu wenig Personalressourcen verfügbar, aber ausreichendes Budget, dann ist die Beauftragung externer Produzenten die zunächst sinnvollste Lösung. Dennoch würde ich in einer solchen Situation nicht alles – in diesem Fall alles Geld – in die externe Produktion investieren, sondern zumindest einen kleinen (und *notwendigen*) Anteil investieren, um Personalressourcen zur Verfügung zu stellen. Das kann in Form von Prozessoptimierung, Tools zur Automatisierung oder auch Schulungen erfolgen. In meinen Augen ist das gleichzeitig der erste Schritt in die Koproduktion und langfristig die eigenständige Inhouse-Produktion. Empfehlenswert ist außerdem, die ausgelagerte Produktion stets durch eine interne Koordinationsstelle zu begleiten, um die Effektivität mit Blick auf die Strategie zu gewährleisten.

Wie sollte das Unternehmen vorgehen, wenn es wenig Budget, aber ausreichend personelle Ressourcen hat?

Robert Weller: Hat ein Unternehmen ausschließlich Personalressourcen zur Verfügung, würde ich gegebenenfalls einen externen »Content-Coach« vorschlagen. Dieser unterstützt die Verantwortlichen dabei, ihre Arbeit bestmöglich und perspektivisch immer besser und eigenständig zu erledigen, sodass sowohl sie als auch das Unternehmen ihre durch Content verfolgten Ziele erreichen. Ich habe beispielsweise schon mit Content-Führungskräften in der Form zusammengearbeitet, dass wir gemeinsam mögliche Content-Ziele – von der rein internen »Content-as-a-Service«-Funktion bis hin zum eigenen Umsatzkanal – im Zeitverlauf priorisiert und in den Gesamtkontext der Wachstumsstrategie eines Unternehmens integriert haben. Auf dieser Basis konnten wir die Anforderungen an den notwendigen Content sowie das Team besser definieren und die Teamstruktur optimieren.

Am Ende ist es meines Erachtens keine Entweder-oder-Frage, sondern eine Wann-was-Frage. Mit externer Unterstützung zu beginnen, ist meist dann sinnvoll, wenn Personal oder Expertise fehlt. Langfristig sollte dadurch aber keine Abhängigkeit entstehen, sondern stets auf die Eigenständigkeit hingearbeitet werden. Die spannende Frage ist also vielleicht eher die nach dem zeitlichen Rahmen, doch die Antwort darauf ist sehr individuell.

Bilder erregen mehr Aufmerksamkeit als Text, und Bewegtbilder sind anziehender als Fotos. Diese Aussage lässt jene verzweifeln, die trockene oder schlecht sichtbare Themen zu bieten haben. Was schlagen Sie in solchen Fällen vor, und kennen Sie ein besonders gelungenes Beispiel?

Robert Weller: Nun, grundlegend geht es hierbei, glaube ich, nicht ausschließlich um visuell *wahrgenommene*, sondern auch visuell *verarbeitete* Inhalte. Neben (Bewegt-)Bild spielt zum Beispiel Storytelling eine wichtige Rolle, weil dadurch unser Kopfkino aktiviert wird und wir uns Dinge bildlich vorstellen. Die Wirkung ist zwar nicht dieselbe, aber ähnlich. Vor diesem Hintergrund gibt es meiner Meinung nach also keine per se trockenen Themen, sondern nur trocken aufbereitete.

Ein Extrembeispiel ist »Vorsorge Weitblick«, ein Portal der Versicherung LV 1871, das sich um den Tod und damit um für die Versicherung relevante Themen wie Nachlass, Bestattung oder eben auch Sterbegeld dreht. Was sich beim Stöbern in den Artikeln erkennen lässt, ist, dass der Betreiber es immer wieder schafft, Texte durch Bild oder Video zu ergänzen – durch die Visualisierung von Daten (Stichwort:

Infografik) oder Bildergalerien mit Motiven, die das Thema von einer anderen, stimmungsvolleren Seite betrachten. Ein Beispiel für Ersteres ist der Artikel über die Vorsorge für die eigene Beerdigung,[3] ein Beispiel für Letzteres der Beitrag zur Grabbepflanzung im Wechsel der Jahreszeiten.[4]

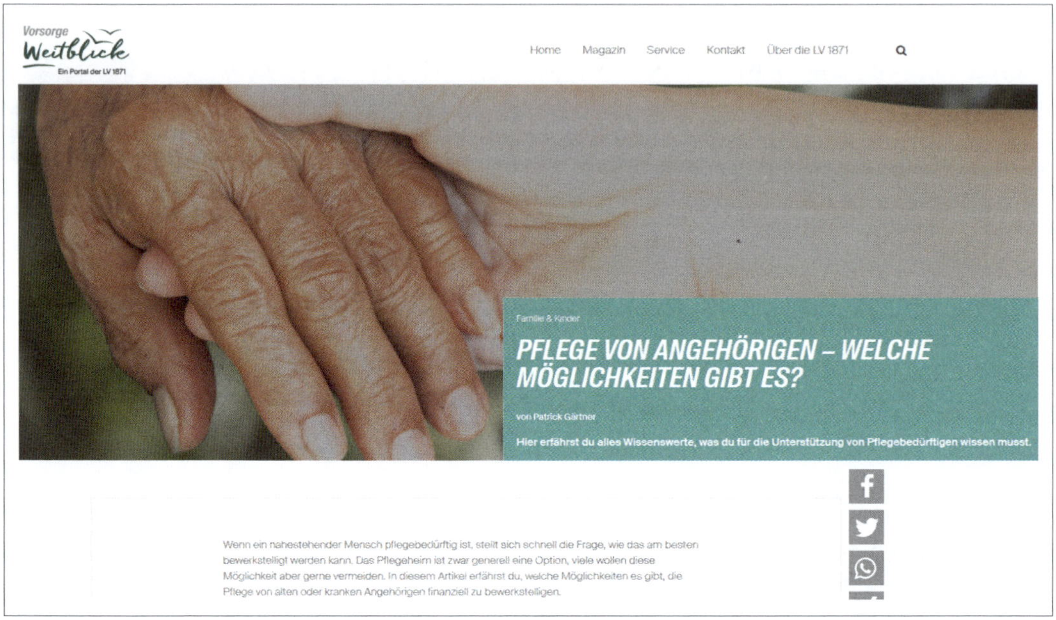

Abbildung 5-5 ▲
»Vorsorge Weitblick« klärt über die Rechte von Pflegenden und Pflegebedürftigen auf.

Wer mit Bildern arbeitet, sollte sich ihrer Wirkung bewusst sein. Es muss nicht immer eine Eins-zu-eins-Darstellung des eigentlichen im Text beschriebenen Motivs sein, sondern darf gerne auch eine Metapher darstellen oder schlicht die gewünschte emotionale Stimmung erzeugen. Am Ende geht es bei visuellem Content vielleicht sogar weniger um das Motiv selbst als mehr um das Gefühl, das durch die Betrachtung erzeugt wird, und die Assoziationen, die dabei entstehen. Gerade bei Personenmarken spielt außerdem die Persönlichkeit eine starke Rolle. Ein schönes Beispiel ist der Rechtsanwalt Christian Solmecke, der über den YouTube-Kanal seiner Kanzlei[5] vermeintlich trockene Rechtsthemen durchaus unterhaltsam aufbereitet und damit Millionen Nutzer:innen erreicht.

3 *https://www.vorsorgeweitblick.de/2016/12/14/umfrage-so-denken-die-deutschen-ueber-ihr-begraebnis/*

4 *https://www.vorsorgeweitblick.de/2018/09/19/jahreszeitliche-grabbepflanzung-friedhofs-blumen-im-herbst/*

5 *https://www.youtube.com/user/KanzleiWBS*

▲ **Abbildung 5-6**
Die Kanzlei von Christian Solmecke ist auf YouTube sehr erfolgreich.

Messenger-Dienste werden immer wichtiger, und die meisten Menschen verbringen viel Zeit mit WhatsApp, Facebook Messenger oder WeChat. Wie sollten Unternehmen auf diese Entwicklung reagieren?

Robert Weller: Experimentieren! Gerade in Deutschland schauen Unternehmen viel zu lange nur passiv zu und warten darauf, dass jemand anderes – nicht selten ist es dann die direkte Konkurrenz – die aufwendige Pionierarbeit leistet und sie selbst nur die Learnings abgreifen und Bewährtes kopieren können. Doch gerade in der heutigen Zeit kann genau dieser Vorsprung, so marginal er auch sein mag, den Unterschied zwischen Erfolg und Untergang ausmachen. Kodak ist in dieser Hinsicht eines meiner Lieblingsbeispiele, weil sie sich aufgrund ihres fehlenden Muts und dem stoischen Festhalten an dem, was in der Vergangenheit oder bisher funktioniert, ins Abseits bugsiert haben – trotz Innovation.

Unternehmen hingegen, die wirklich offen sind für die vielen Neuerungen und ehrlich interessiert sind an dem, was Konsument:innen beschäftigt, werden künftig die Nase vorn haben. Sofern sie sich trauen, Neues zu wagen. Denn einfach einen Chatbot zu programmieren, der genau dasselbe leistet wie die Chatbots der Konkurrenz, wird keine Konsument:innen und potenziellen Kund:innen überzeugen. Unternehmen müssen lernen, selbst zu verstehen, wie sie Märkte für sich gewinnen können.

Können Sie beispielhaft ein Unternehmen nennen, das durch Offenheit und Lernbereitschaft erfolgreich wurde?

Robert Weller: Der Spieleentwickler Zynga stellte beispielsweise in seinen frühen Jahren unzählige Analysten ein, um jeden Klick der Spieler:innen zu verstehen und daraus neue Ideen fürs Spiel und das Business zu generieren. Mitbewerber schüttelten damals nur mit dem Kopf ob dieser Überinvestition, doch Zynga nutzte den Hype um Facebook und den »Play everywhere«-Gedanken erfolgreich – indem sie ständig Neues testeten und positiv bewertete Ideen sehr schnell skalierten.

Ein anderes Beispiel ist die Suchmaschine DuckDuckGo, die der Gründer Gabriel Weinberg in der Zeit nach dem Verkauf seines ersten Start-ups von zu Hause aus entwickelte. Sehr früh ging er damit an die »digitale Öffentlichkeit« (vorrangig in spezielle Foren für Webentwickler), um sich Feedback einzuholen. Nur dadurch stieß er, lange bevor es ein national und international prekäres Thema wurde, auf den Aspekt des Datenschutzes, was ihm ermöglichte, sich, lange bevor das öffentliche Interesse explodierte, als die datenschutzkonforme Alternative zu Google zu positionieren.

Also, Unternehmen sind gut beraten, ihre Konsument:innen, ihre Märkte und eben auch neue Technologien, Plattformen oder Verhaltenstrends zu verstehen. Denn nur durch dieses ganzheitliche Verständnis ist Innovation in eben dieser Schnittmenge möglich. Das ist der erste Schritt. Der zweite Schritt ist, dieses Wissen *ergebnisoffen* anzuwenden und eigene Erfahrungen zu sammeln! Das gilt übrigens für die Geschäftsentwicklung und die Produktentwicklung gleichermaßen wie für Content Marketing.

Herr Weller, ich danke Ihnen herzlich für das Gespräch und Ihre wertvollen Impulse zum Thema Content-Marketing-Strategie.

Ziele und Zielgruppen im Content Marketing

Content Marketing rückt die Menschen in den Mittelpunkt und spricht sie mit einzigartigen, relevanten, unterhaltsamen und nützlichen Inhalten an. Begeistert das Unternehmen als Quelle von Content mit Mehrwert die Zielgruppe, gelingt es längerfristig meist auch, sie als Kundinnen und Kunden, Geschäftspartner:innen oder Mitarbeitende zu gewinnen.

Startet das Unternehmen neu mit Content Marketing, sollte es sich als Erstes über die Ziele klar werden, die es damit verfolgt. Welche dies sein können, zeigt Abbildung 5-7.

◀ Abbildung 5-7
Ziele im Content Marketing

Diese beispielhaften Ziele machen deutlich, dass Content Marketing ein ressortübergreifendes Thema ist, das PR, (Social Media) Marketing, Sales und HR betrifft.

Hilfreicher Content zeichnet sich dadurch aus, dass er für die spitz definierte Zielgruppe relevant ist. Doch wer gehört zu Ihrer Zielgruppe, wer sind Ihre *Content Stakeholder*? Dabei kann es sich um die Gruppen in Abbildung 5-8 handeln:

◀ Abbildung 5-8
Beispiele für Content Stakeholder

Buyer Personas helfen, sich die Zielgruppe vorzustellen, um sie gezielt anzusprechen. Starten Sie dafür eine Umfrage auf Ihrer Website oder nutzen Sie Informationen aus Ihrer Marktforschung. Die Persona ist ein idealtypischer Vertreter mit seinen relevanten Merkmalen und einem klaren Profil. Denken Sie an eine Geburtstagskarte: Fällt es leichter, die Karte für Tante Jutta zu formulieren oder an eine Person zu schreiben, die Sie nicht kennen? Bei Tante Jutta haben Sie ein Bild vor Augen: Sie wissen, wie alt sie ist, kennen ihre Vorlieben und Gewohnheiten. In Kapitel 2 zur Strategie gehen wir detailliert auf das Thema Persona ein.

Abbildung 5-9 ▶ Beispiel für eine Persona

Beispiel einer Persona

- Alter: 43 Jahre
- Geschlecht: weiblich
- Beruf/Ausbildung: gut ausgebildet, in gehobener Position
- Interessen: Kultur, Politik, Natur
- Mediennutzung und Informationsquellen: Internet, Tageszeitung
- Tagesablauf: eng getaktet, gestresst
- Familiäre Situation: verheiratet, ein Kind
- Herausforderung im Alltag: Karriere und Familie unter einen Hut bringen
- Lebensstil/Wertvorstellungen: sozial, ökologisch

Zielgruppen und (Buyer) Personas zu bestimmen, ist kein einmaliger Vorgang. Prüfen Sie laufend durch Erfolgskontrollen, wer sich für Ihre Inhalte interessiert. Ihre Produktpalette und Serviceleistungen ändern sich im Laufe der Zeit, sodass Sie zum Beispiel auf einmal verstärkt ältere (oder jüngere) Menschen ansprechen. Gleichzeitig können sich neue Zielgruppen für Ihre Produkte interessieren. E-Bikes unterstützen nicht mehr nur ältere Menschen, sondern werden begeistert von jüngeren Stadtbewohner:innen genutzt. Mehr als die Hälfte der Menschen mit E-Bikes sind jünger als 50 Jahre.

Content-Planung

Um die Ausgangssituation zu analysieren, sichten und bewerten Sie bestehende Inhalte im Rahmen eines *Content-Audits*, einer Inventur für Inhalte. Möglicherweise eignen sie sich zur weiteren Verwendung, sollten aber aktualisiert und überarbeitet werden. Eventuell müssen Keywords eingearbeitet und der Content muss SEO-optimiert werden. Zugleich offenbart diese Bestandsaufnahme, welche Inhalte und Formate fehlen.

Entdecken Sie Nischenthemen, in denen Sie nicht mit der Fülle an Content der Wettbewerber konkurrieren. Außerdem bieten sich Themen an, zu denen die Mitarbeitenden besonderes Know-how und viel Erfahrung mitbringen. Damit können Sie Ihre *Unique Selling Proposition* (USP) definieren und den Kund:innen einen echten Mehrwert anbieten.

Durch die Auswertung von Zugriffszahlen auf Social Media, Websites, Blogs und Webshops können Sie eine Fülle von Daten analysieren. Sie erkennen, welche Beiträge wie lange von vielen Menschen angeschaut werden und wo die Absprungrate auffällig hoch ist. Je nach Budget empfiehlt es sich, mit einer kostenpflichtigen Social-Analytics-Anwendung den Prozess zu vereinfachen. Mehr dazu in Kapitel 3.

◀ Tipp

Eine hohe Absprungrate kann aus einer geringen Qualität des Contents resultieren. Denkbar ist auch, dass Sie die Nutzer durch schlecht gewählte Keywords auf eine falsche Fährte gelockt haben und diese enttäuscht wieder abspringen.

Denken Sie nicht zu kompliziert und berücksichtigen Sie bewährte Tools wie den E-Mail-Newsletter. Selbst wenn dessen Abonnentenzahlen gering sind: Bei Ihrem E-Mail-Newsletter haben Sie das Hausrecht. Lesen Sie in Kapitel 15, wie Sie DSGVO-konform an E-Mail-Adressen kommen. Social-Media-Plattformen können über Nacht ihre Regeln ändern oder schlimmstenfalls verschwinden. Über Ihren E-Mail-Verteiler erreichen Sie Ihre Kundschaft und Ihre Fans dann immer noch.

Scheuen Sie sich nicht, einen Blick nach rechts und links zu werfen, um herauszufinden, mit welchem Content vergleichbare Unternehmen Ihrer Branche arbeiten. Bitte nicht falsch verstehen: Wir wollen Sie keinesfalls animieren, Konzepte Ihrer Konkurrenz zu kopieren. Sie bekommen aber ein Gefühl dafür, welcher Content Ihrer Wettbewerber gut oder weniger gut ankommt. Deren Kundinnen und Kunden ticken vermutlich ähnlich wie Ihre. Facebook lädt in seinen Seitenstatistiken Insights dazu ein, über die Funktion *Seiten im Auge behalten* die eigene Seite mit ähnlichen Seiten zu vergleichen. So können Sie bequem Ihre Wettbewerber auf Facebook beobachten und von deren Erfahrungen profitieren.

Der Redaktionsplan

Bevor es mit Content Marketing richtig losgeht, gilt es, Themen zu recherchieren, die auf Ihre Ziele einzahlen. Diese können Sie in einem Themenplan strukturieren. Für eine gute Übersicht darüber, wann welcher Content veröffentlicht werden soll, arbeiten Sie idealerweise mit einem *Redaktionsplan*, auch *Content-Kalender* genannt. Befüllen Sie diesen für Wochen bis Monate im Voraus. Mit dem Redaktionsplan lässt sich das Content Marketing zeitlich und inhaltlich fundiert planen, kanalübergreifend und crossmedial. Ergänzend können Sie einen Produktionskalender führen, der die geplanten Themen konkret in Postings und Blogbeiträge überführt.

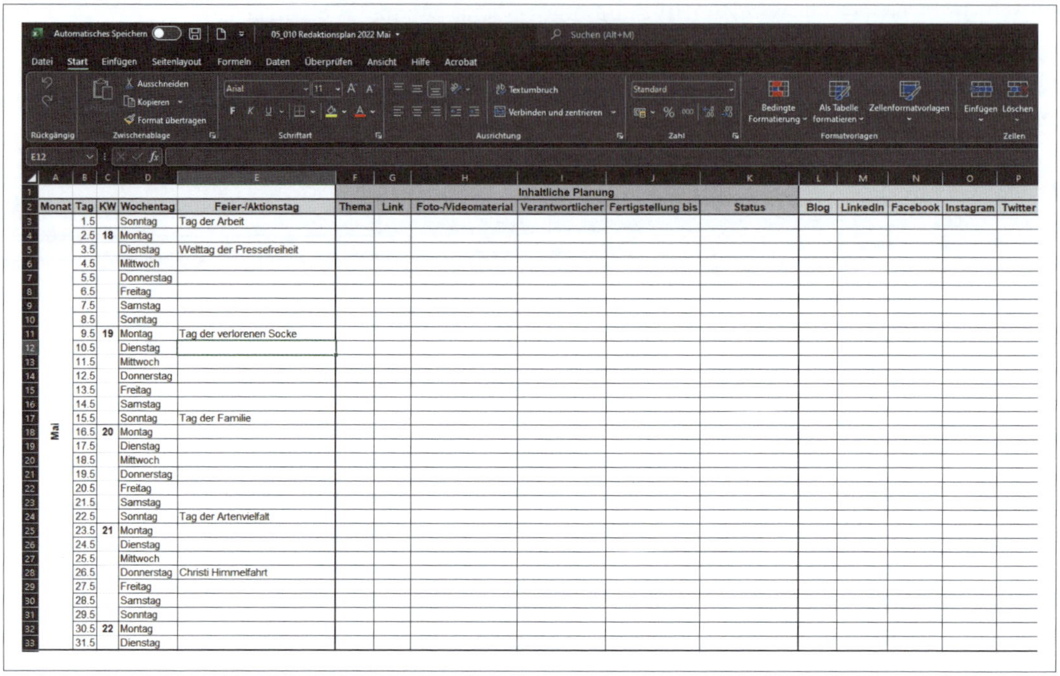

Monat	Tag	KW	Wochentag	Feier-/Aktionstag	Thema	Link	Foto-/Videomaterial	Verantwortlicher	Fertigstellung bis	Status	Blog	LinkedIn	Facebook	Instagram	Twitter
					Inhaltliche Planung										
Mai	1.5		Sonntag	Tag der Arbeit											
	2.5	18	Montag												
	3.5		Dienstag	Welttag der Pressefreiheit											
	4.5		Mittwoch												
	5.5		Donnerstag												
	6.5		Freitag												
	7.5		Samstag												
	8.5		Sonntag												
	9.5	19	Montag	Tag der verlorenen Socke											
	10.5		Dienstag												
	11.5		Mittwoch												
	12.5		Donnerstag												
	13.5		Freitag												
	14.5		Samstag												
	15.5		Sonntag	Tag der Familie											
	16.5	20	Montag												
	17.5		Dienstag												
	18.5		Mittwoch												
	19.5		Donnerstag												
	20.5		Freitag												
	21.5		Samstag												
	22.5		Sonntag	Tag der Artenvielfalt											
	23.5	21	Montag												
	24.5		Dienstag												
	25.5		Mittwoch												
	26.5		Donnerstag	Christi Himmelfahrt											
	27.5		Freitag												
	28.5		Samstag												
	29.5		Sonntag												
	30.5	22	Montag												
	31.5		Dienstag												

Abbildung 5-10 ▲ Beispiel für einen Redaktionsplan

Mit einer soliden Planung entwickeln Sie einen roten Faden für Ihren Content und vermeiden, dass sich Themen und Inhalte wiederholen. Unternehmensintern gilt es, Zuständigkeiten festzulegen, damit Mitarbeitende wissen, wann und an wen sie welche Inhalte liefern müssen. Planen Sie ein, dass Beiträge nicht rechtzeitig fertig werden. Es empfiehlt sich, zeitlosen Content bereitzuhalten.

Als zeitloser Content eignen sich Porträts und Interviews. Sie können zum Beispiel eine Interviewreihe anlegen, in der die gleichen Fragen immer wieder neuen Menschen gestellt werden im Stil von »Drei Fragen an …«.

Planen Sie die Veröffentlichung des Contents wie in Abbildung 5-11.

Greifen Sie neue Entwicklungen und aktuelle Themen auf, auch wenn diese nicht im Redaktionsplan stehen.

Tipp ▶ Für den Redaktionsplan sowie für den Produktionskalender finden Sie Vorlagen im Internet. Außerdem gibt es verschiedene Software, zum Beispiel Trello oder für kleine Teams das WordPress-Plug-in Editorial Calendar.

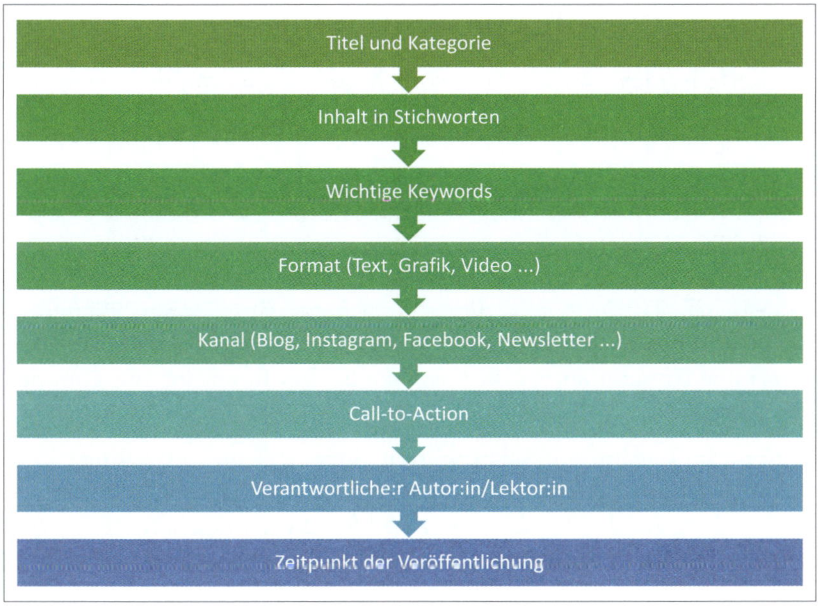

◀ Abbildung 5-11
Wichtige Komponenten der Content-Planung

Kleine Unternehmen oder Soloselbstständige können die Planung auch in einem Excel-Sheet betreiben. Content sollte an einem zentralen Ort verwaltet werden. Beim parallelen Zugriff ist eine Versionskontrolle hilfreich: Wer hat wann was geändert? Dann gibt es kein Durcheinander bei Fragen wie »Wo steht die neueste Version des Texts xyz?«. Im Firmennetzwerk oder für den gemeinsamen Zugriff von Freelancern, Agenturen und Mitarbeiter:innen kann die Datei über Microsoft-SharePoint oder Google Drive allen Beteiligten zur Verfügung gestellt werden. Mit Airtable gibt es eine App besonders für die mobile Nutzung. Das Tool ähnelt Excel, gilt aber als komfortabler zu bedienen.

Um beim Posten der Inhalte Zeit sparen und vorplanen zu können, bieten sich Automatisierungstools an. Dazu zählen Fanpage Karma, Hootsuite, Buffer und Scompler.

◀ Tipp

Erstellen Sie einen *Content-Leitfaden* für externe Dienstleistende und für intern zuliefernde Teammitglieder. Listen Sie wichtige Keywords auf, definieren Sie die gewünschte Tonalität und Qualität und geben Sie die Schreibweise häufig verwendeter Begriffe und Produkte vor.

Wollen Sie das Content-Management an eine Agentur outsourcen? Planen Sie ein entsprechendes Budget ein und berücksichtigen Sie, dass Externe weniger nah an Ihren Themen sind als Ihre Mitarbeitenden. Daher sind umfangreiche und präzise Briefings sowie ein regelmäßiger enger Informationsaustausch essenziell.

Relevanten Content generieren

Die Kernidee des Content Marketing besteht darin, mit den Augen der (potenziellen) Kund:innen auf die eigenen Produkte und Serviceleistungen zu schauen. Überlegen Sie, welche Fragen und Probleme die Nutzerinnen und Nutzer Ihrer Produkte haben, und beantworten Sie diese kompetent und verständlich. Fragen Sie direkt, wo ihnen der Schuh drückt. Beobachten Sie zudem die Diskussionen in Social Media, Foren und Expertenblogs. Kennen Sie Ihre Kund:innen und verstehen, wie diese ticken, fällt es leicht, deren Bedürfnisse zu erkennen. Bieten Sie dafür hilfreichen, aktuellen, gut verständlichen und bestenfalls unterhaltsamen Content an, merken sich die Nutzer Ihre Seite und kommen immer wieder.

Werten Sie die interne Suchfunktion Ihrer Website oder Ihres Webshops aus. So erkennen Sie, welche Inhalte die Menschen vermissen oder nicht gefunden haben – und können diese Informationen gezielt anbieten. Weitere Anregungen bekommen Sie im Austausch mit Ihrem Serviceteam sowie dem Vertrieb. Stellt Ihre Kundschaft der Hotline immer wieder die gleichen Fragen und äußern ähnliche Wünsche, ist eine Antwort darauf einen Beitrag wert. Sie entlasten Ihr Serviceteam, und die Kund:innen freuen sich über leicht verständliche Informationen. Fragen Sie Ihr Serviceteam gezielt danach, wie sich die Menschen ausdrücken. Häufig etablieren sich Namen und Bezeichnungen, die weit von dem korrekten Produktnamen entfernt sind. Diese Begriffe sollten Sie sich als Keywords merken.

Passende Inhalte finden

Content Marketing hat idealerweise nur einen geringen werblichen Anteil, und dieser sollte nicht auf den ersten Blick zu erkennen sein. Wer das journalistische Handwerk beherrscht und prägnant zu texten gelernt hat, ist als Content-Marketing-Experte im Vorteil.

Verkauft die Meier GmbH Wanderstöcke, kann sie Wissenswertes rund um das Wandern veröffentlichen. So könnte das Unternehmen Wanderwege vorstellen und Tipps zur passenden Ausrüstung geben. Gelegentlich darf es auch direkt um das Produkt gehen. So erklärt der Hersteller, wie die korrekte Größe von Wanderstöcken ermittelt wird oder wie sich Wanderstöcke auf eine Flugreise mitnehmen lassen.

Die meisten Menschen zeichnen sich durch eine gewisse Neugier aus. Punkten Sie mit einem Blick hinter die Kulissen Ihres Unternehmens und Ihrer Produkte. Die Kund:innen interessieren sich für die Menschen hinter der Marke, egal ob es sich um die Geschäftsführerin, den leitenden Ingenieur oder das Empfangspersonal handelt. Auch die Gründung des Unternehmens oder die Entwicklung eines Produkts sind dankbare Themen. Damit werden Ihre Marke und Ihre Produkte unverwechselbar, denn die Menschen verbinden mit ihnen Gesichter und eine Geschichte.

◀ **Abbildung 5-12**
Themenvorschläge

Um Themen zu finden, die Ihre Kund:innen interessieren, hilft eine Keyword-Analyse. In Social Media trendende Hashtags zu identifizieren oder ausgewählten Hashtags dauerhaft zu folgen, kann ebenfalls hilfreich sein. In den *LinkedIn-News* können Sie von der Redaktion ausgewählte Beiträge entdecken und auf ein heiß diskutiertes Thema stoßen. Neben klassischen Medien können auch Blogger, Influencerinnen und weitere Meinungsführer interessant sein, um Themen zu finden. Folgen Sie diesen oder vernetzen Sie sich. Außerdem bietet sich die Lektüre fachlich passender Blogs, Onlinemagazine und Fachzeitschriften an. Schauen Sie sich zudem in Foren und Gruppen um, die zu Ihren Themen und Produkten passen.

Interaktion durch relevanten Content

Mit welchem Content gelingt es, die Konsument:innen dazu zu motivieren, sich zu engagieren und mitzudiskutieren? Interpretiert Facebook Ihren Content als relevant, wird er mehr Nutzern angezeigt, ist stärker sichtbar und verbreitet sich schneller. Facebook beurteilt die Relevanz der Inhalte anhand grober Kriterien und berücksichtigt die Reaktion der Nutzer:innen. Kommentieren, teilen und liken diese fleißig, ist das ein Signal, dass der Content attraktiv und relevant ist. Hinweise zu den Algorithmen von LinkedIn, Twitter, Facebook, Instagram, YouTube und TikTok finden Sie in den Kapiteln 7 bis 11.

Haben Sie ein Auge auf aktuellen Entwicklungen und prüfen Sie, ob Sie ein Thema aufgreifen, also *Newsjacking* betreiben können. Sofern ein Thema zu Ihren Produkten und Ihrer Marke passt, spricht auch nichts dagegen, sich näher mit *Real-Time-Marketing* zu befassen. Dabei gilt es, jene Themen herauszupicken, die im Trend, aber noch nicht zu abgegriffen sind, sodass sie von Ihrer Community angenommen werden. Prüfen Sie, ob die Themen positiv belegt sind. Beispielsweise kann ein Thema intensiv im Netz diskutiert werden, aber möglicherweise nur, weil sich immer mehr Menschen empören. Es gilt also, mit einem Social-Listening-Tool das Sentiment der Diskussion auszuwerten, sprich die Tonalität.

Content-Formate

Arbeiten Sie mit Storytelling und nutzen Sie die Bandbreite der Content-Formate. Dazu zählen Texte und Bilder, Erklärvideos, Tutorials, Podcasts, Blogbeiträge, Whitepapers sowie gut recherchierte und verständliche Infografiken.

Definition ▶ Eine *Infografik* erklärt einen komplexen Sachverhalt mit möglichst wenig Text. Sie ordnet ein, vereinfacht, fokussiert und dient als Eyecatcher. Mit professioneller Software oder mithilfe von mindestens in der Basisversion weitgehend kostenfreien Onlinediensten wie *Canva*, *Piktochart* oder *infogr.am* können auch Ungeübte eine attraktive Infografik erstellen.

Diese Formate haben den Vorteil, dass sie für längere Zeit genutzt und bei Bedarf aktualisiert werden können. Für spielerischen und unterhaltsamen Content bieten sich Cartoons, GIFs und Onlinespiele an. Die Liste möglicher Content-Formate ist lang und umfasst auch E-Books, Landingpages, Produktbeschreibungen, FAQs oder Webinare. Mit einer intelligenten Content-Marketing-Strategie etablieren Sie einen Expertenstatus, besonders bei erklärungsbedürftigen oder exotischen Produkten. Priorisieren Sie für Ihre hochwertigen Inhalte Ihre eigenen Kanäle wie Blog oder Webshop. Von dort können Sie den Content in Social Media teilen.

Keywords und Tonalität

Denken Sie von Ihrer Zielgruppe aus und machen Sie sich Gedanken über die passende Sprache. Welche Fachbegriffe kennen die Menschen? Fließen in den Content jene Begriffe ein, die potenzielle Kund:innen bei ihrer Suche verwenden, finden sie die Beiträge leichter. Gleichzeitig werden Inhalte mit relevanten Keywords von den Suchmaschinen höher gerankt. Durch Keyword-Tools wie den *Google Keyword-Planer*, *Google Trends*, *Google Suggest*, *Ubersuggest* oder *Hypersuggest* lassen sich verwandte Begriffe finden.

Ergänzend hilft die Recherche in Social Media und der wache Blick für trendende Hashtags und rege diskutierte Beiträge. In Social Media sehen Sie, in welchen Zusammenhängen ein Suchbegriff auftaucht, und finden verwandte Themen. Ein Beispiel für die Suche in Google sowie Instagram, Twitter und Pinterest zeigt Abbildung 5-13. Auch die *YouTube Trends* können Sie zu neuen Themen inspirieren. Zu guter Letzt ist es hilfreich, regelmäßig Onlinemagazine wie onlinemarketing.de oder t3n.de zu lesen sowie sich in Nischenforen oder in Reddit umzuschauen.

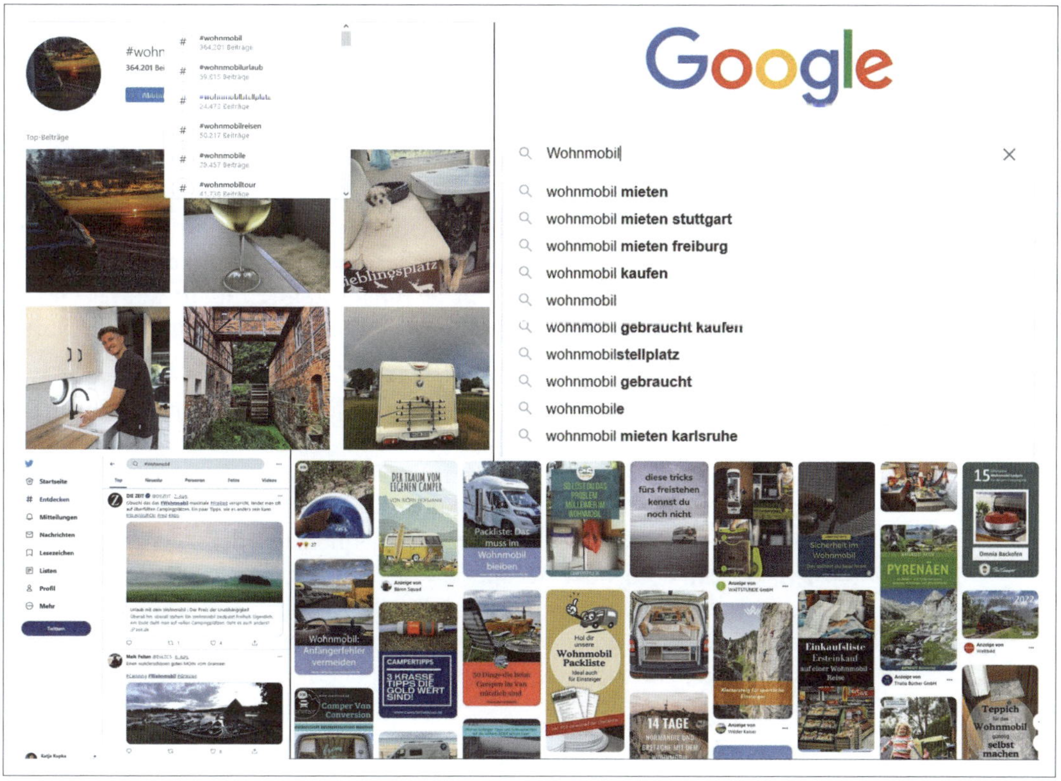

▲ Abbildung 5-13
Keyword-Recherche in Google, Twitter, Instagram und Pinterest am Beispiel von »Wohnmobil«

Arbeiten Sie mit Unique Content, den Sie SEO-optimieren und spezifisch auf Ihre Zielgruppe zuschneiden. Seit sich das Internet zum semantischen Web entwickelt hat, unterscheiden sich die Bedürfnisse von Suchmaschinen und die Ihrer menschlichen Zielgruppen kaum noch. Gut strukturierte und angenehm lesbare Texte, die relevant und aktuell sind, erfreuen beide gleichermaßen.

Content Marketing in Social Media

Als Schaltzentrale für das Content Marketing nutzen Sie idealerweise einen Content-Hub, in dem Sie das Hausrecht haben, zum Beispiel ein Blog, eine Website oder Ihren Webshop. Wie in Kapitel 6 beschrieben, können Sie von Ihrem Blog aus die SEO-optimierten Inhalte in Ihre Social-Media-Kanäle ausspielen.

Die richtige Social-Media-Plattform für Ihren Content

Auf welchen Social-Media-Plattformen ist Ihre Zielgruppe aktiv? Je heterogener sie ist, desto mehr Plattformen nutzt sie. Ihre Ressourcen werden es kaum erlauben, sämtliche Social-Media-Kanäle zu bespielen und alle Communitys zu betreuen sowie zu monitoren. Bei der Auswahl der Kanäle ist weniger in jedem Fall mehr. Bevor Sie eine Plattform nach kurzer Zeit wieder einschlafen lassen, sollten Sie hier besser gar nicht erst starten.

Die Frage, wo Sie in Social Media vertreten sein sollten, lässt sich mit Blick auf die Zielgruppe beantworten. Treppenlifte nutzen Menschen aller Altersgruppen, sofern sie Unterstützung beim Treppensteigen benötigen. Die Statistik zeigt jedoch einen Schwerpunkt in der Altersgruppe Ü70. Daher erreichen die Hersteller mit ihrem Content auf Snapchat kaum Interessenten. Verbreiten sie hingegen ihre Inhalte auf Facebook, sehen ihn dort potenzielle Kund:innen. Die Best Ager und Silver Surfer sind auf Facebook aktiv vertreten.

Pflegen Sie Ihr Blog als Content-Hub und verteilen Sie von dort die Inhalte in die sozialen Medien. Wir raten davon ab, neue Blogbeiträge automatisiert auszuspielen. Berücksichtigen Sie die Besonderheiten der Social-Media-Plattformen und teasern Sie die Blogbeiträge in Twitter, Facebook und LinkedIn individuell an. Weisen Sie in passenden Fachgruppen von XING, LinkedIn oder Facebook auf neue Beiträge hin. Für Instagram können Sie ein besonders gelungenes Foto oder ein Kurzvideo verwenden. Nutzen Sie auch die Stories auf Instagram und Facebook, um auf neue Inhalte hinzuweisen. Auf Stories gehen wir in Kapitel 10 ein.

Wann ist Ihre Zielgruppe aktiv?

Um den optimalen Wochentag und die Uhrzeit für Postings zu bestimmen, sollten Sie die Gewohnheiten Ihrer Zielgruppen kennen und berücksichtigen. Empfehlungen mit dem Hinweis, dass Facebook-Posts in der zweiten Wochenhälfte nachmittags besonders gut laufen, sind zu allgemein und wenig hilfreich. Die entscheidende Frage ist, wie der typische Tagesablauf Ihrer Zielgruppe aussieht. Wann ist sie auf Facebook, Instagram oder Twitter aktiv, und greift sie eher mobil oder stationär zu?

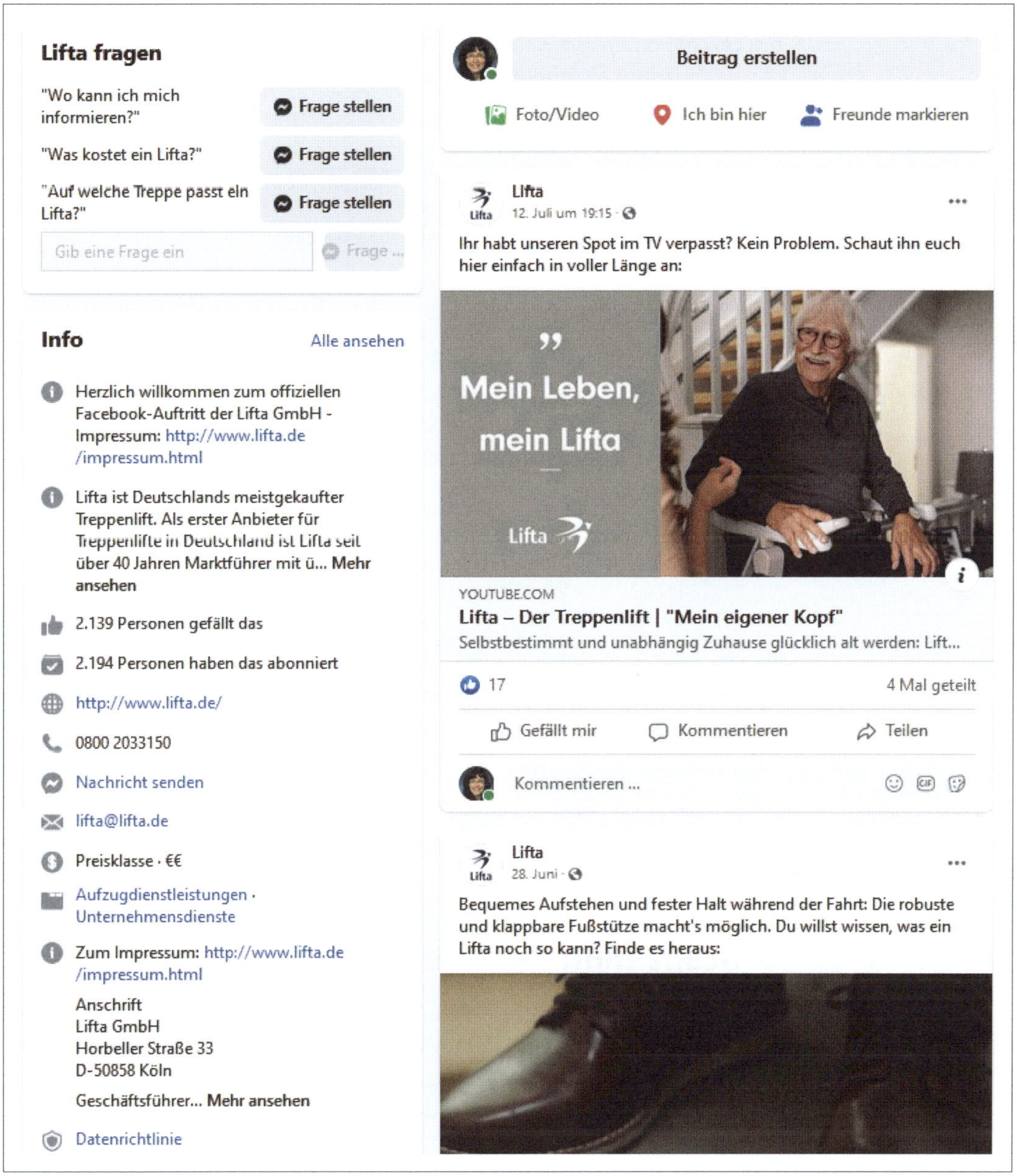

▲ Abbildung 5-14
Die Firma Lifta informiert auf Facebook über ihre Treppenlifte.

Der Umfang und die Art der Nutzung stehen in engem Zusammenhang mit demografischen Daten, wie zum Beispiel dem Lebensalter. Die Statistikfunktionen der Social-Media-Kanäle zeigen, wann Ihre Zielgruppe dort aktiv ist. Auch an den Reaktionen auf TikToks, Tweets, Facebook-Posts oder Instagram Stories lässt sich ablesen, wann die Nutzer besonders rege sind.

Nehmen Sie auf Ihrer Website oder in Social Media A/B-Tests vor. Damit vergleichen Sie verschiedene Inhalte, Formate oder Veröffentlichungszeitpunkte miteinander und finden heraus, was wann am besten ankommt. Verändern Sie beispielsweise die Farbe eines Call-to-Action-Buttons auf Ihrer Website und prüfen Sie, wie sich diese Veränderung auf die Conversion-Rate auswirkt. Handelt es sich um das Abonnement Ihres Newsletters, können Sie nachvollziehen, ob die neue Farbe mehr Besucher ermuntert, Ihren Newsletter zu lesen.

Content Seeding

Zur Content-Marketing-Strategie gehört gleichfalls, über Kooperationspartner nachzudenken. Auch wenn es manchmal scheint, als würden sich Inhalte ohne große Mühe viral verbreiten, weil das Unternehmen eine zündende Idee hat, so steckt doch viel Arbeit dahinter.

Definition ▶ *Content Seeding* ist eine Marketingstrategie, um Inhalte über passende Partner in Social Media zu platzieren. Bestehende Kontakte zu reichweitenstarken Meinungsführern aus dem Netzwerk werden genutzt, damit diese den Inhalt empfehlen und teilen.

Zu den Kooperationspartnern im Content Seeding können auch Influencer:innen zählen. Wie Sie Influencer-Marketing strategisch planen und zielführend umsetzen, erfahren Sie in Kapitel 4.

Wie Themen und Formate ankommen, muss überwacht werden. Nur so lässt sich die Strategie weiter verfeinern, und Sie können die Inhalte gezielter auf die Bedürfnisse Ihrer Zielgruppe zuschneiden. Nehmen Sie sich regelmäßig Zeit für eine Erfolgsanalyse.

Content-Management-Systeme

Damit Sie Inhalte jederzeit aktualisieren und ergänzen können, ist ein unkompliziertes *Content-Management-System*, kurz *CMS*, unerlässlich. Ohne große Programmierkenntnisse können Sie mit dem Redaktionssystem Texte, Fotos, Videos und weitere Formate einbinden und veröffentlichen. Klären Sie die Fragen aus Abbildung 5-15 vor der Anschaffung eines CMS.

Neben kostenpflichtigen CMS gibt es im Netz eine große Auswahl von Open-Source-Software. Manche Designvorlagen, also Templates, kosten Geld. Andere stellt die große Zahl an Experten in der Community kostenfrei zur Verfügung. Bei der Verwendung von Templates oder selbstständigen Helferprogrammen wie Plug-ins und Widgets ist die Sicherheit der Website im Auge zu behalten.

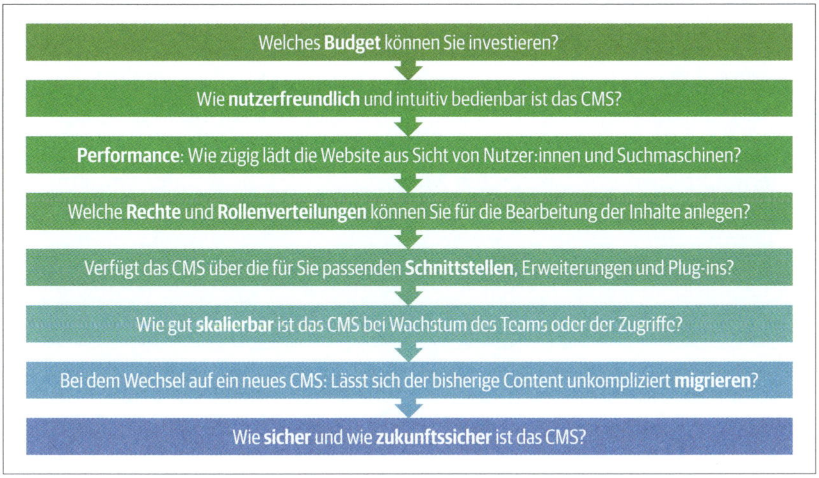

◀ **Abbildung 5-15**
Entscheidungshilfe bei der Wahl des CMS

◀ **Definition**

Plug-ins dienen dazu, ein CMS wie WordPress um Funktionen zu erweitern. In WordPress können Sie passende Plug-ins auswählen, wie zum Beispiel das beliebte SEO-Tool Yoast. Bei *Widgets* handelt es sich um Bausteine des CMS, wie zum Beispiel die Tag-Wolke oder den Kalender.

Ziehen Sie im Zweifel erfahrene Programmierer:innen zurate, um Sicherheitslücken zu verhindern. Zu den bekanntesten und meistverbreiteten quelloffenen CMS, also Open-Source-CMS, zählen WordPress, Drupal, TYPO3, Jimdo und Joomla!.

Dos und Don'ts im Content Marketing

Authentizität ist ein wichtiger Aspekt für das erfolgreiche Content Marketing. Springen Sie nicht wahllos auf Trends auf und versuchen Sie nicht, jedes Erfolgskonzept der Wettbewerber zu kopieren. Bleiben Sie bei Ihren Wurzeln und stehen Sie zu Ihren Stärken.

Weniger ist mehr! Achten Sie auf die Qualität Ihres Contents, statt pausenlos neue Inhalte zu veröffentlichen. Arbeiten Sie selbst im Kleinen möglichst fehlerfrei. Auch wenn Sprache und Umgangston in Social Media locker sind, sollten Sie als Unternehmen Tippfehler vermeiden. Lassen Sie vor der Veröffentlichung eine zweite Person über das Posting schauen und nutzen Sie eine Rechtschreibprüfung wie den Duden-Mentor.[6]

6 *https://www.duden.de/rechtschreibpruefung-online*

Sorgen Sie für Barrierefreiheit: Ergänzen Sie Ihre Fotos durch sinnvolle Alt-Texte und achten Sie auf gute Kontraste sowie eine intuitiv nutzbare Navigation. Videos sollten Untertitel haben und im Idealfall Audiodeskriptionen und eine Übersetzung in die Gebärdensprache. Denken Sie daran, dass im Jahr 2025 das Barrierefreiheitsstärkungsgesetz in Kraft tritt. Zudem hilft Barrierefreiheit allen Menschen und schadet niemandem.

Definition ▶ Das *Alt-Attribut* dient dazu, ein Bild innerhalb des HTML-Codes zu markieren. Der Alt-Text beschreibt den Suchmaschinen, was auf dem Bild zu sehen ist. Menschen mit Sehbehinderung können sich den Text von ihrem Screenreader vorlesen lassen.

Lässt der Bekanntheitsgrad noch zu wünschen übrig, sind bezahlte Anzeigen in Suchmaschinen oder Social Ads eine hilfreiche Ergänzung zum Content Marketing. Auf Social-Media-Plattformen wie Facebook lässt sich mittlerweile nur noch schwer eine vernünftige Sichtbarkeit generieren, ohne ergänzende Anzeigen zu schalten.

Content Curation

Sie fragen sich, wie es Ihnen gelingen soll, ständig hochwertigen und einzigartigen Content zu generieren? Wir haben die erfreuliche Nachricht, dass Sie sich helfen lassen können: Das Zauberwort heißt *Content Curation*. Statt nur eigene Inhalte zu schaffen, weisen Sie mit Angabe der Quelle auf ausgewählte fremde Inhalte hin und kommentieren diese fachkundig und persönlich. Achten Sie auf eine korrekte Quellenangabe und eine intelligente inhaltliche Auseinandersetzung und verlinken Sie auf den Originalbeitrag. Stehen eigene und fremde Inhalte in einem angemessenen Verhältnis, können Sie sich auf die Zitierfreiheit im Urheberrecht berufen.

Mit Content Curation schlagen Sie drei Fliegen mit einer Klappe:

- Sie haben mit wenig Mühe einen großen Fundus, aus dem Sie schöpfen können, ohne den Content immer selbst produzieren zu müssen.
- Sie etablieren sich als Expertin oder Experte für Ihr Themengebiet, da Sie den Markt überblicken. Sie nehmen eine Auswahl fremder Inhalte vor, ordnen diese ein und bieten somit eine gesicherte Qualität.
- Sie vertiefen die Bindung zu Ihrem Netzwerk. Empfehlen Sie Inhalte anderer, revanchieren diese sich und verweisen ebenfalls auf Ihren Content, denn: Sharing is Caring!

Es geht nicht darum, Arbeit zu sparen und Content zu »stehlen« – hierbei handelt es sich vielmehr um eine klassische Win-win-Situation. Ihre Website, Ihr Blog oder Ihre Social-Media-Kanäle werden zu einer Quelle relevanter Inhalte. Wählen Sie den Content sorgfältig aus und lesen Sie ihn, bevor Sie ihn sichtbar machen und teilen.

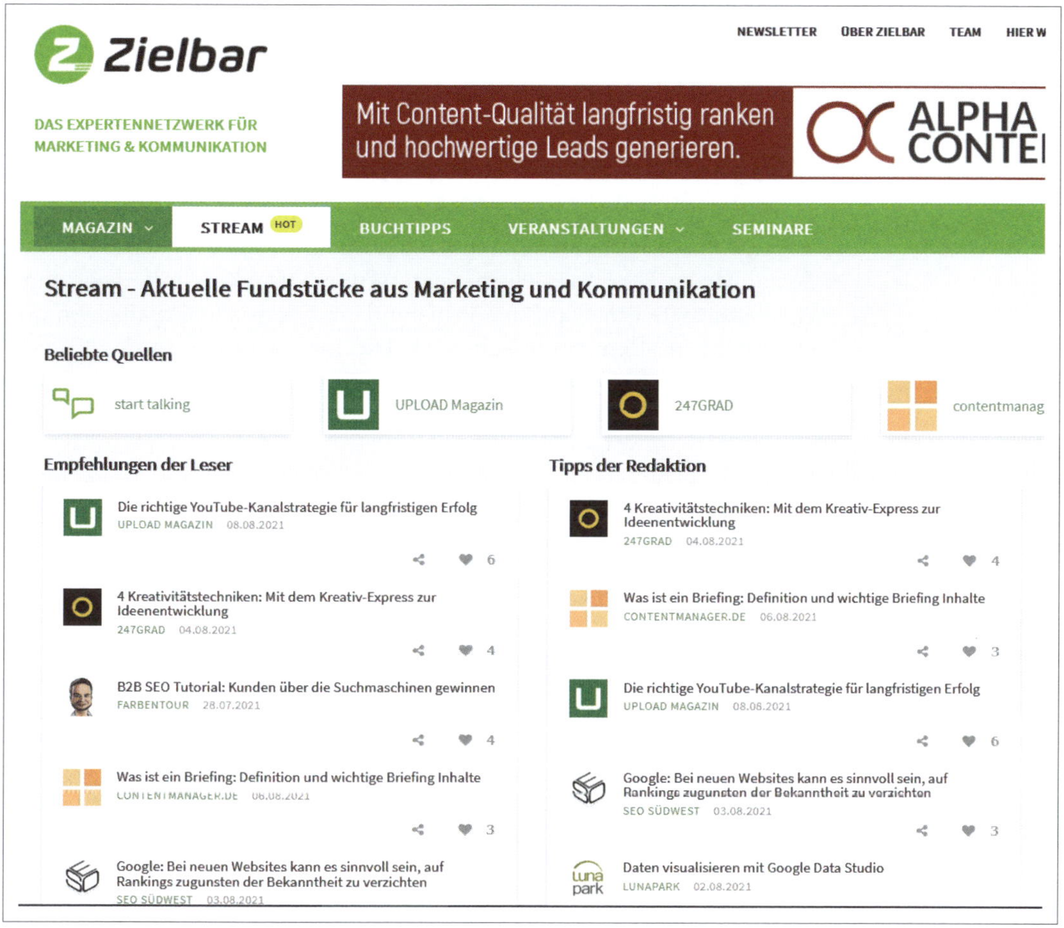

▲ **Abbildung 5-16**
Das Expertennetzwerk Zielbar betreibt Content Curation zu Marketing und Kommunikation.

Durch Ihre Curation bekommt die Quelle, die Sie zeigen oder verlinken, mehr Reichweite. Sie ordnen das Thema ein, ergänzen und kommentieren die Beiträge und schaffen einen Mehrwert für Ihre Leser:innen. Diese freuen sich, dass sie auf Ihrer Seite gebündelt verlässliche Informationen zu einem Thema vorfinden. Sie selbst profitieren von größerer Reichweite und besserem Ranking durch die Suchmaschinen – vorausgesetzt, der kuratierte Inhalt ist hochwertig und enthält passende Keywords.

Bauen Sie Beziehungen zu Blogger:innen und Influencer:innen auf und bitten Sie Ihre Kontakte, einen Gastbeitrag zu verfassen. Ist Ihre Reichweite hoch, kann die Veröffentlichung zu einer Win-win-Situation werden. Ist dies nicht der Fall, bieten Sie reichweitenstarken Bloggerinnen und Bloggern ein faires Honorar an. Neben hochwertigem Content bringen diese Fans und Follower mit. Umgekehrt können Sie für ein anderes Blog einen Gastbeitrag verfassen. Somit werden Sie in einem neuen Zusammenhang und für eine neue Zielgruppe sichtbar – und können sich als Experte positionieren.

Content Refresh

Neue, hochwertige und kreative Inhalte zu produzieren, bedeutet viel Arbeit, und sie geraten bei der Schlagzahl an neuen Blogbeiträgen oder Social-Media-Posts schnell in Vergessenheit. Der Gedanke liegt nahe, existierende Beiträge auf den Prüfstand zu stellen, zu aktualisieren und sie erneut ins Rennen zu schicken. Die Idee dahinter ist das *Content Recycling*, auch *Content Refresh* oder *Content Republishing* genannt. Suchmaschinen sind süchtig nach neuen Inhalten. Erkennen die Crawler von Google & Co., dass Sie regelmäßig neue Inhalte veröffentlichen, kommen sie öfter zu Besuch und belohnen die Website mit einem höheren Ranking. Natürlich muss es sich um Unique Content handeln, denn Duplicate Content mögen die Suchmaschinen nicht.

Zeitloser *Evergreen Content* erfreut sich in Form von Ratgeberbeiträgen, Interviews, Tutorials und Whitepapers großer Beliebtheit. Prüfen Sie regelmäßig, ob die Informationen noch aktuell sind. Arbeiten Sie rechtliche Änderungen oder neue Erkenntnisse ein.

Tipp ▶ Denken Sie crossmedial und an die Bedürfnisse von Menschen mit unterschiedlicher Mediennutzung. Verwerten Sie den Inhalt eines Videos als Blogbeitrag oder die Tonspur als Podcast. Vielleicht können Sie populäre Blogbeiträge zu einem E-Book zusammenfassen oder einen beliebten Blogbeitrag in einer Infografik darstellen. Auch Slideshare-Präsentationen bieten sich an, um hochwertige Inhalte zu veröffentlichen.

Planen Sie zu überarbeitende Beiträge in Ihren Redaktionsplan ein und führen Sie das im Abschnitt *Content-Planung* auf Seite 198 beschriebene Content-Audit nicht nur einmalig, sondern regelmäßig durch.

Monitoring und Erfolgskontrolle

Content Marketing kostet Ressourcen. Daher ist eine Erfolgskontrolle unerlässlich, das *Content Controlling*. Es gilt, leicht abgewandelt, die alte Fußballerweisheit: »Nach der Erfolgskontrolle ist vor der Erfolgskontrolle.« Monitoring und Erfolgskontrolle sind kontinuierliche Prozesse, die auf die Planung des Contents einwirken. Reagiert Ihre Zielgruppe stärker auf Videos als auf Fotos, sind Videos das Mittel der Wahl, um sie zu erreichen. Doch selbst diese Erkenntnis ist nicht in Stein gemeißelt. Mit der Zeit können sich die Interessen und Vorlieben ändern. Welche Tools für die Erfolgskontrolle am besten geeignet sind, lesen Sie in Kapitel 3.

Werten Sie regelmäßig die Reichweite Ihrer Beiträge aus, die Verweildauer der Besuchenden, die Konversions- und die Absprungrate. Zudem ist es wichtig, bestehende Tools regelmäßig auf den Prüfstand zu stellen und neue Plattformen und Software auszutesten.

Welche *Key Performance Indicators* (KPIs) sind hilfreich, um den Erfolg des Content Marketing zu überprüfen? Sie sollten SMART (*Specific*, *Measurable*, *Achievable/Attractive*, *Realistic*, *Timely*) sein, also konkret, messbar, erreichbar, realistisch und zeitlich klar definiert. Mehr zu smarten Zielen erfahren Sie in Kapitel 2.

Beispiele für KPIs des Content Marketing:

- Reichweite erhöhen: Seitenaufrufe/Unique Visitors[7]
- Verweildauer erhöhen
- Absprungrate verringern
- Click-through-Rate erhöhen
- Mehr Interaktionen in Social Media: liken, teilen, kommentieren
- Konversionsrate erhöhen
- Neue Kund:innen gewinnen
- Zahl und Qualität der Bewerbungen erhöhen

Die Geschäftsführung wünscht sich meist handfeste Zahlen, um das Budget für Content Marketing zu rechtfertigen. Reichweite ist ein wichtiger Indikator, denn wenn der Content zu wenige Menschen erreicht, steht der Aufwand in keinem vernünftigen Verhältnis.

Neben quantitativen Kennzahlen gilt es auch Umfang und Qualität der Interaktion, die der Content auslöst, im Auge zu behalten. Nehmen Sie sich Zeit, um das Feedback auf Ihren Content zu analysieren. Welche Fragen und welche Kritik entnehmen Sie den Kommentaren? Achten Sie auf die Tonalität von Kommentaren und Kritik. Selbst die besten Social-Listening-Tools haben immer noch Schwierigkeiten, Ironie oder Sarkasmus zweifelsfrei zu erkennen. Lässt sich erkennen, was Ihren Kundinnen und Kunden fehlt oder was sie abschreckt? Mit Erfahrung im Community-Management grenzen Sie ernst gemeintes Feedback von Trollen ab, die lediglich um Aufmerksamkeit buhlen.

7 Bei Unique Visitors handelt es sich um die einzeln gezählten Besucher einer Website innerhalb eines bestimmten Zeitraums, auch wenn diese mehrfach die Website aufrufen. Anhand der IP-Adresse lassen sich wiederholte Besuche ausfiltern.

Praxisbeispiele: Content Marketing im B2C und B2B

Gute Beispiele für Content Marketing gibt es in den unterschiedlichsten Branchen und sowohl von internationalen Großunternehmen als auch lokalen KMUs. Websites und Webshops sind heute nicht mehr nur das Onlineschaufenster der Hersteller. Viele Unternehmen haben erkannt, wie wichtig gutes Content Marketing für die Beziehung zu ihren Kund:innen ist. Sie bieten Inhalte, die ihre Produktwerbung sinnvoll ergänzt.

Manche Website wird zu einem Onlinemagazin, das nebenbei die eigenen Produkte bewirbt. Etabliert sich eine solche Seite als Ankerpunkt für relevante Inhalte, entdecken die Menschen über kurz oder lang dort auch die entsprechenden Produkte. Voraussetzung sind suchmaschinenoptimierte Texte, attraktive Bilder und ansprechende Videos und Grafiken.

Die Firma Lautsprecher Teufel GmbH aus Berlin produziert seit 1979 Audioprodukte und vertreibt diese über Onlineshops sowie eigene Geschäfte. Ihr Blog lesen über 200.000 Menschen pro Monat. Das Erfolgsrezept ist die Mischung aus eigenen Beiträgen und Artikeln von Fans.

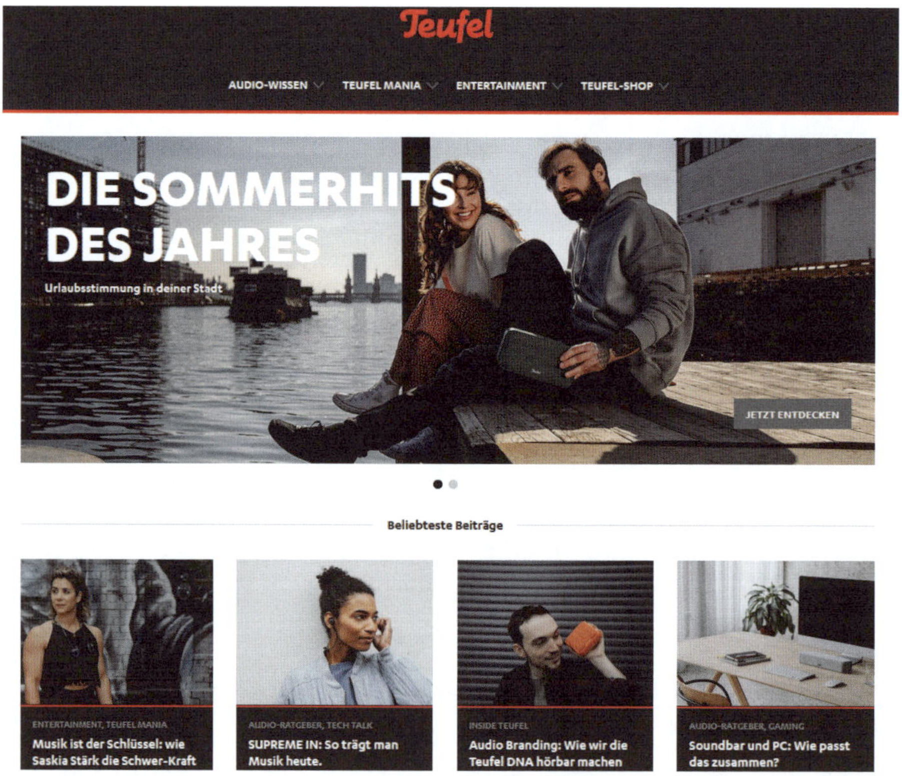

Abbildung 5-17 ▼
Das Blog der Lautsprecher Teufel GmbH

In den Blogbeiträgen stellt Teufel Produkte vor, gibt Tipps und präsentiert neue Hi-Fi-Trends. *Teufel-Mania* bietet einen Blick hinter die Kulissen, von der Lautsprecherentwicklung bis zum Flagship Store, aber auch über das gesellschaftliche Engagement des Unternehmens.

Neben dem Blog begeistert Teufel seine Fans in Social Media. Dort tummelt sich der Lautsprecherspezialist auf Facebook, YouTube, Twitter, Instagram, Pinterest und TikTok.

▼ Abbildung 5-18
Die Lautsprecher Teufel GmbH auf Instagram

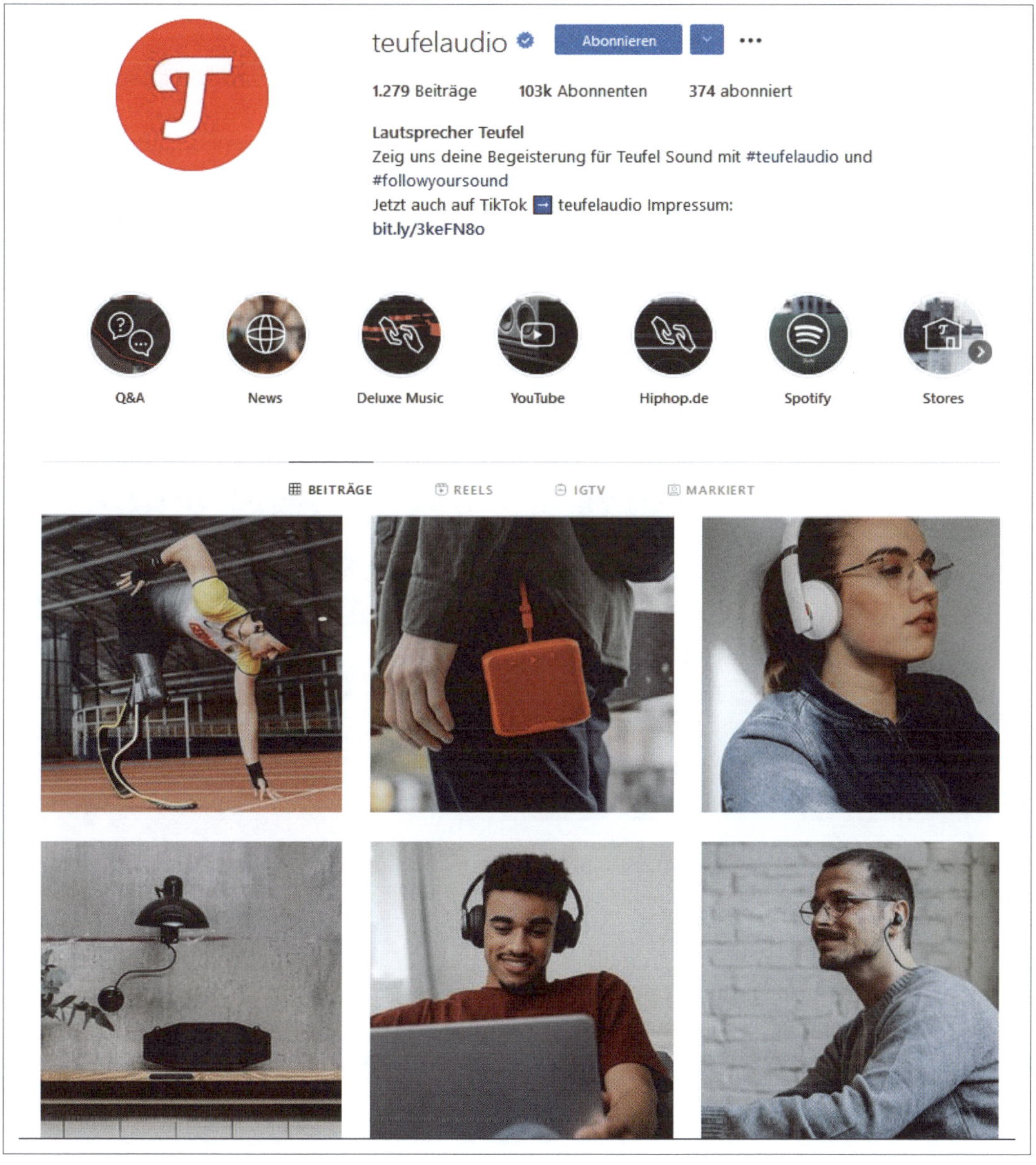

Geschickt Informationen und Produktempfehlungen kombinierend, bietet die Baumarktkette Hornbach (*https://www.hornbach.de/*) Artikel und Praxistipps rund um Haus und Garten.

Der Anbieter von Naturtextilien, hessnatur, bindet in seinem Onlinemagazin *https://www.hessnatur.com/magazin/* Gastbeiträge von Blogger:innen und Influencer:innen ein. Das ist eine gute Möglichkeit, den Content abwechslungsreicher und authentischer zu gestalten und die Zielgruppe der Familien durch Kooperationen mit »Mamabloggerinnen« anzusprechen.

Content Marketing unterstützt auch B2B. Die Evonik Industries AG ist ein weltweit führendes Unternehmen der Spezialchemie. Das klingt erst mal nicht so sexy, aber dem deutschen Unternehmen gelingt es, seine Fachkompetenz und seine Inhalte durch das themenübergreifende und hochwertig gestaltete Onlinemagazin »Elements« mit Blogbeiträgen und einem ergänzenden Newsletter zu vermitteln.

Abbildung 5-19 ▲
Das B2B-Unternehmen Evonik bietet vielfältigen Content.

Seinen Content verteilt das Chemieunternehmen zudem über seine Social-Media-Kanäle in Facebook, Twitter, YouTube LinkedIn und Instagram. Dabei stellt sich Evonik auf seine unterschiedlichen Zielgruppen ein und stellt zum Beispiel auf Instagram die Menschen und das Hashtag *#humanchemistry* in den Vordergrund.

Die Versicherung Cosmos Direkt bietet auf ihrer Website zahlreiche Ratgeberbeiträge für missliche Situationen des Alltags. Natürlich verweist das Unternehmen an passender Stelle auf seine Angebote, aber nicht aufdringlich, sondern eher dezent.

▲ **Abbildung 5-20**
Der Instagram-Account der Evonik Industries AG

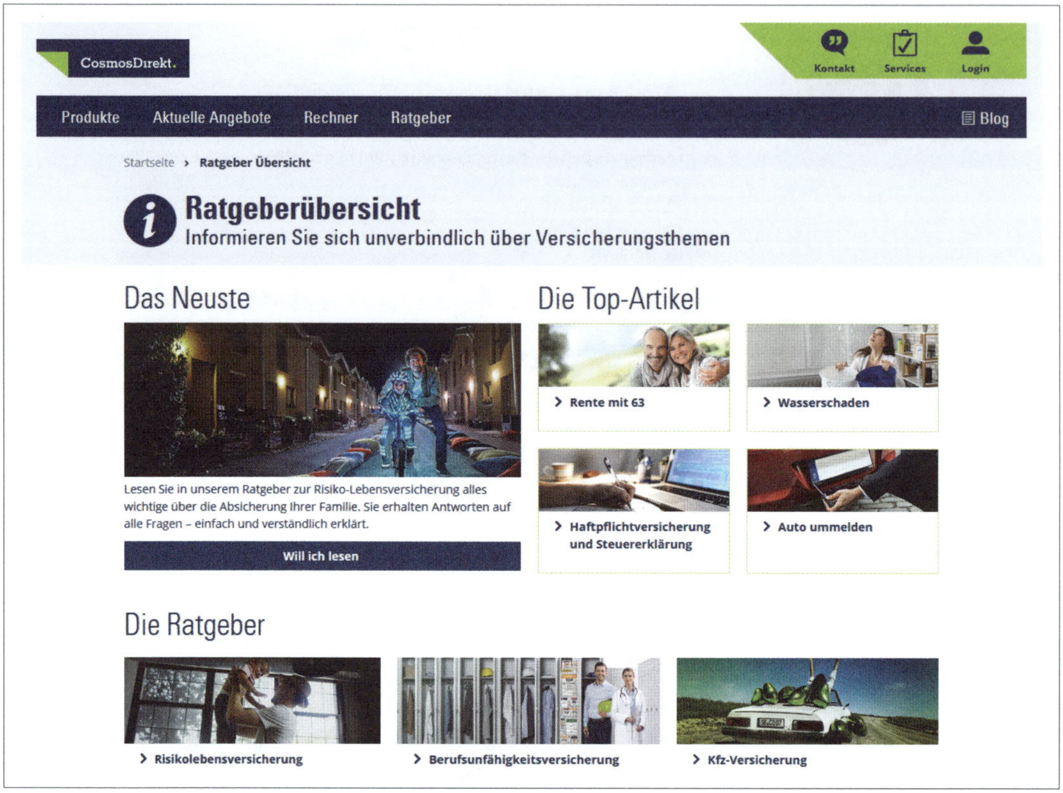

Abbildung 5-21 ▲ Cosmos Direkt bietet hilfreichen Content zu Alltagsthemen.

Bewahren Sie sich Ihre Neugier und informieren Sie sich über Expertenseiten, Blogs, Fachmagazine oder Veranstaltungen zu neuen Trends im Content Marketing Ihrer Branche.

Tipp ▶ Sie wollen beim Content Marketing am Ball bleiben? Besuchen Sie das jährlich in Darmstadt-Dieburg stattfindende Content Strategy Camp #cosca. Dieses Barcamp dreht sich um Content-Strategie und Content Marketing. Etwas kostspieliger ist die Teilnahme an der CMCX in München: *content-marketing-conference.com/*. Robert Weller haben Sie als klugen Gesprächspartner in diesem Kapitel kennengelernt. Sein Blog *https://www.toushenne.de/* bietet hilfreiche Beiträge rund um Content-Strategien.

Zusammenfassung

Klassische Werbung hat weitgehend ausgedient: Content Marketing ist das Mittel der Wahl, um Vertrauen aufzubauen und sich als Expert:in zu positionieren. Mit hochwertigen, informativen und unterhaltsamen Inhalten, die für Ihre Zielgruppe relevant sind, erreichen Sie Kundinnen und potenzielle Kunden an den Touchpoints ihrer Customer Journey.

Planen Sie Ihre Inhalte strategisch und bessern Sie kontinuierlich nach, wenn einzelne Themen oder Formate auf wenig Resonanz stoßen. Monitoring und Erfolgskontrolle mit den richtigen KPIs helfen Ihnen, Schwachstellen und Erfolgsmodelle zu identifizieren.

Verbreiten Sie Ihren Content in jenen Social-Media-Kanälen, in denen Ihre Zielgruppen aktiv sind. Schneiden Sie den Inhalt und seine Aufbereitung auf die jeweilige Plattform zu. Mit dem passenden Content verbessern Sie gleichzeitig Ihre Sichtbarkeit in den Suchmaschinen und für die Algorithmen von Social Media. Regen Ihre Inhalte dazu an, in Social Media geteilt zu werden, wirkt sich dies auch positiv auf das Ranking bei den Suchmaschinen aus.

Regelmäßig hochwertigen Content zu produzieren, bindet Ressourcen im Unternehmen. Nutzen Sie daher Strategien wie Content Curation, um mit geringerem Aufwand relevanten Content zu erstellen und gleichzeitig Ihr Netzwerk auszubauen. Dank Content Refresh kann ihr Inhalt in eine attraktive Zweitverwertung gehen.

Arbeiten Sie mit Buyer Personas und verwenden Sie die richtigen Keywords. Achten Sie mit guter Navigation und Alt-Tags für Bilder auf die Barrierefreiheit Ihres Contents. Werden Sie obendrein zum Early Adopter für neue Tools, Plattformen und Formate.

KAPITEL 6

Blogs und Podcasts

In diesem Kapitel:

- Inhalte und Formate
- Mit dem Publikum interagieren
- Blogging: Konzeption, Content-Ideen, Schreibtipps und Software
- Ein Interview über Corporate Blogging
- Podcasting: Einsatz im Unternehmen, Konzeption, Aufnahme und Schnitt, Hosting-Anbieter
- Zusammenfassung

Sie berichten gerne etwas ausführlicher über die Entwicklungen Ihres Unternehmens und Ihrer Branche? Sie haben ein recht erklärungsbedürftiges Produkt, agieren in einem hoch innovativen Umfeld oder erzählen einfach gern über die Themen, die Sie beschäftigen? Dann sollten Sie sich die Formate Blog und Podcast ansehen.

◀ **Definition**

Blog ist die Abkürzung für *Weblog*. Ein Blog ist eine Website, auf der regelmäßig neue Artikel veröffentlicht werden. Ein *Podcast* ist ein regelmäßiges, meist periodisch in einzelnen Episoden erscheinendes Hörformat – vergleichbar mit wortstarken Radiosendungen. Podcasts können über verschiedene Kanäle bzw. Podcast-Anbieter auf Abruf per Web gehört werden, und das werden sie mit steigendem Interesse! Beide Formate werden von einzelnen Personen, von Gruppen, Organisationen und Firmen veröffentlicht.

Blogs und Podcasts eignen sich beide ganz hervorragend dazu, die persönliche Note und den besonderen Charakter Ihres Unternehmens zu transportieren und gleichzeitig inhaltlich in die Tiefe zu gehen. Es mag Sie überraschen, dass wir beide Formate in einem Kapitel vorstellen. Aber obwohl sich ein Blog eher an Menschen richtet, die gern lesen und ein Podcast ausschließlich auf der Tonspur läuft, haben beide Formate einiges gemeinsam:

- Idealerweise haben sie einen Seriencharakter, es gibt regelmäßig neue Folgen bzw. Artikel.
- Sie erfordern eine gewisse Zeit, sowohl in der Konzeption und Erstellung der Inhalte als auch bei der Rezeption.
- Leser:innen und Hörer:innen sind aufmerksamer und konzentrierter – im Gegensatz zu flüchtigen Postings bei Twitter, Instagram oder TikTok, die häufig nebenbei konsumiert werden.

- Beiträge haben eine deutlich längere Halbwertszeit, aufwendig produzierte Inhalte bleiben im Archiv und können – bei entsprechendem Nutzwert – noch lange hohe Abrufzahlen generieren.
- Blogs haben feste Autor:innen und Podcasts feste Hosts. Diese werden als Personen sichtbar und schaffen daher eine feste Bindung zur Leser- bzw. Hörerschaft.
- Sie bauen sich ein Stammpublikum auf, eine feste Community, die Ihre Inhalte abonniert oder ihre Beiträge regelmäßig liest. Ihr Blog oder Podcast kann bestenfalls zur festen Routine Ihrer Zielgruppe werden.
- Beide Formate bieten Anlässe zum Vernetzen, indem beispielsweise Gäste eingeladen werden.
- Bei beiden Formaten müssen Sie bereit sein, Ihre Themen gründlicher zu erschließen.

Ohne Zweifel: Wer regelmäßig spannende Podcast-Episoden oder nützliche Blogartikel veröffentlichen will, muss eine Menge Arbeit investieren und viel Durchhaltevermögen zeigen. Sie sollten daher definitiv entweder eine Affinität zum Schreiben (und ein entsprechendes Talent) oder eine Affinität zum Sprechen (und am besten eine gute Stimme) mitbringen. Lassen Sie in Ihre Entscheidung, ob und welches Format Sie ausprobieren wollen, unbedingt einfließen, wofür Sie sich wirklich *begeistern*. Von Ihren Beiträgen können Sie dann aber in vielerlei Hinsicht profitieren:

Sie können Themen besetzen und vorgeben (Agenda-Setting).
: Blogs und Podcasts eignen sich hervorragend dazu, in einen offenen Dialog mit Kund:innen, Geschäftspartner:innen und Journalist:innen zu treten, um so frühzeitig Branchenentwicklungen zu begleiten und Produkttrends zu besetzen. Besonders Letzteres hilft dabei, sich vom Wettbewerb zu unterscheiden.

Sie können eine Community aufbauen.
: Wenn Sie regelmäßig guten Content liefern, wird sich das herumsprechen – Ihre Kunden, Geschäftspartner und natürlich auch die Suchmaschinen werden Ihnen neue Leser:innen auf Ihr Blog und Hörer:innen zu Ihrem Podcast bringen, bei denen Sie wiederum das Interesse an Ihren Inhalten, Dienstleistungen und Produkten entfachen können.

Sie können das Vertrauen Ihrer Kunden in Ihre Marke stärken und die Kundenzufriedenheit erhöhen.
: Indem Sie aktiv eine Diskussion Ihrer Produkte anregen, zeigen Sie, dass Sie sich für das Feedback Ihrer Kunden interessieren. Wenn es

Ihnen gar gelingt, Kunden in die Produkt- und Unternehmensentwicklung einzubeziehen, lernen Sie mehr über deren Anforderungen, und Ihre Produkte sind schließlich näher an den Kundenwünschen – Stichwort: Co-Creation, die Methode der Produktentwicklung, die Ihren Kunden hervorragende Produkte und Ihnen hervorragende Geschäftsergebnisse bescheren kann.

Sie können Expertise vermitteln.

Blogger und Podcaster, die wertvollen Content liefern, werden oft als Expert:innen ihres Fachs angesehen. Dies macht sie zu begehrten Ansprechpartner:innen für die traditionellen Medien. Mehr denn je werden im Web sichtbare Persönlichkeiten heute in Nachrichtenartikeln zitiert oder in TV-Sendungen eingeladen. Und dieses Phänomen verstärkt sich noch: Expert:innen, die sich regelmäßig zu bestimmten Themen äußern, erscheinen ganz oben in den Ergebnislisten der Suchmaschinen und werden so – auch von Journalistinnen und Redakteuren – problemlos gefunden.

Sie können Ihre Reputation stärken.

Ein Blog oder ein Podcast kann für den Aufbau einer Marke von unschätzbarem Wert sein. Mit gutem Content und dem richtigen Herangehen an Ihr Publikum können Sie starke Bindungen knüpfen, die Ihnen dabei helfen, einen soliden Ruf aufzubauen und als Meinungsführer:in wahrgenommen zu werden.

Sie können einen Draht zu (künftigen) Mitarbeitenden aufbauen.

Dass ein Radiosender eine ganze Truppe zusammenhalten kann, wissen wir von der Bundeswehr und ihrem Sender Radio Andernach. Während der Coronapandemie hat der Versicherungskonzern Allianz Suisse es mit einem Podcast geschafft, Kontakt zu den rund 3.800 Mitarbeitenden im Homeoffice zu halten.[1] Auch die Audi AG leistet sich seit 2019 ein »Radio für Audianer«.

Sie können Ihre Sichtbarkeit erhöhen.

Ein regelmäßig gepflegtes Blog wird natürlich auch häufiger von den Suchmaschinen besucht und kann Ihre Website im Ranking nach oben klettern lassen. Ein Podcast kann, wenn er über die bekannten Plattformen verbreitet wird, neue Zielgruppen erreichen.

1 *https://www.linkedin.com/pulse/radio-allianz-verbindet-die-mitarbeitenden-der-schweiz-andreas-jäggi/*

Abbildung 6-1 ▶ Der Podcast AOK Praxis-Talk richtet sich explizit an medizinisches Fachpersonal.

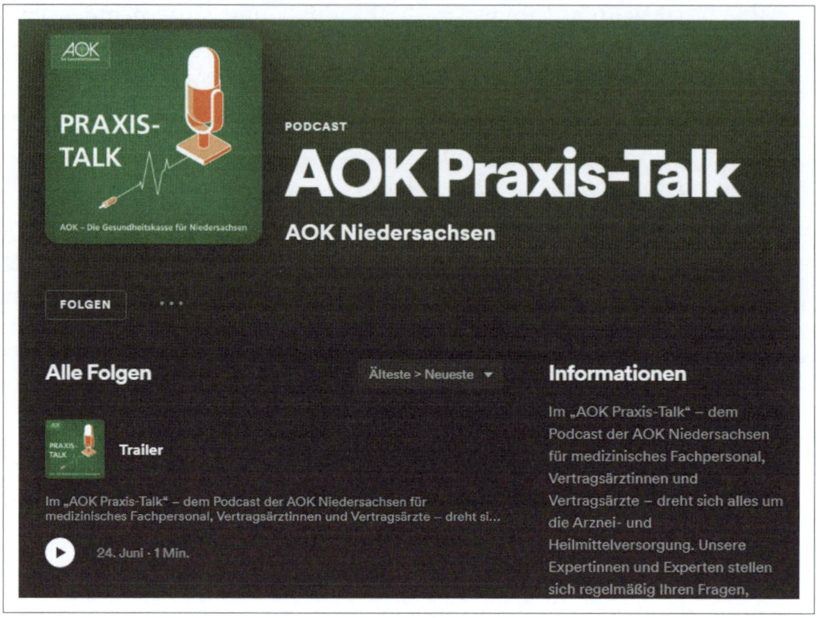

Abbildung 6-2 ▶ Podcasts als Mittel der internen Unternehmenskommunikation, hier bei Audi

Vor dem Start sollten Sie überlegen, welches der oben genannten Ziele Sie vorrangig erreichen wollen. Häufig entwickelt sich ein individuelles Ziel aus einem Defizit: Sind Sie beispielsweise einer großen Kritik von Kund:innen ausgesetzt, können Sie ein Blog dazu nutzen, mit ihnen in einen Dialog zu treten, um konkret zu erfahren, welche Dienstleistungen und Produkte sie sich von Ihnen wünschen. Werden Sie dagegen als gesichtsloser Konzern wahrgenommen, konnte es Ihr Primarziel sein, die Menschen hinter Ihrem Unternehmen mit all ihren Aufgaben und Kompetenzen glaubwürdig darzustellen. Dann könnten Sie beispielsweise einen Podcast starten, der in mehreren Episoden Persönlichkeiten Ihres Unternehmens vorstellt.

Inhalte und Formate

Bleiben wir weiterhin bei den Gemeinsamkeiten. Wer bloggt oder podcastet, braucht Leidenschaft – für seine Themen, seine Branche und seine Kunden. Mit einer gewissen emotionalen Verbundenheit zu Ihrem Unternehmen schaffen Sie es spielend, Ihr Blog oder Ihren Podcast glaubwürdig zu präsentieren. Aber auch nur dann. Denken Sie über Ihre Umsatzziele und Marketingpläne hinaus und überlegen Sie, wie Sie mit Ihrer Community in Kontakt treten können. Verzichten Sie auf sperrigen Firmenjargon und sprechen Sie wie ein Mensch.

Mit einem Blog oder einem Podcast können Sie sich mit einem breiteren Publikum austauschen, Schwerpunkte und besondere Qualitäten Ihres Unternehmens transportieren und sich mit Gleichgesinnten vernetzen. Doch woher holen Sie sich Inspiration und Ideen für neue Inhalte? Schauen wir uns an, wie Sie Ihr Blog oder Ihren Podcast mit Leben füllen können.

Einen Blick hinter die Kulissen ermöglichen

Ihre erste Quelle ist Ihr Unternehmen, also die Kolleg:innen aus allen Abteilungen. Hören Sie genau zu, haken Sie nach. Halten Sie Augen und Ohren offen, dann stoßen Sie mit Sicherheit auf spannende Themen aus Ihrem Unternehmen. In Hintergrund-Stories können Sie den Geschäftsgegenstand veranschaulichen und die Menschen hinter Ihrem Unternehmen vorstellen. Nutzen Sie die Formate, um den besonderen Charakter Ihres Unternehmens unverfälscht und direkt zu zeigen.

Informative Artikel mit Tipps und Tricks schreiben

Erklären Sie in einzelnen Podcast-Episoden schwierige Themen oder verfassen Sie Service- und Ratgeberartikel. So erfährt Ihr Publikum mehr über Ihr Metier, und Sie werden neue Kund:innen hinzugewinnen. Auch wenn Ihr Publikum dazulernt, Ihr Status als Expertin oder Experte ist dadurch nicht gefährdet – schließlich verfügen Sie über jahrelange Erfahrung.

Erzähltechniken nutzen

Locken Sie Leser an, indem Sie eine Geschichte über sich selbst erzählen. Präsentieren Sie nicht einfach nur eine neue Dienstleistung oder ein neues Produkt, sondern betten Sie es in eine Story ein: Wie sind Sie auf die Idee zu diesem Produkt gekommen? Wer in Ihrem Haus war an dessen Entwicklung beteiligt? Wie lange haben Sie an Ihrer neuen Dienstleistung herumgefeilt, und welche Hürden mussten Sie überwinden?

Für Abwechslung sorgen

Blättern Sie doch mal durch die Tageszeitung – Sie werden feststellen, dass es verschiedene Textgattungen gibt, mit denen sich Inhalte transportieren lassen. Zu den sogenannten journalistischen Darstellungsformen gehören neben Nachrichten und Berichten unter anderem die erzählerisch starken, ausführlicheren Reportagen sowie meinungsstarke Kommentare und Glossen. Lassen Sie sich inspirieren und fragen Sie sich immer wieder, welche Textformen sich für Ihr Blog eignen. Auch Podcasts sollten nicht ausschließlich aus Monologen bestehen. Überlegen Sie, ob Sie Elemente wie Interviews, O-Töne oder Einspieler einbinden können. Sowohl Blogs als auch Podcasts werden reizvoller und vielseitiger, wenn Sie mehr als nur einen Autor bzw. Host verpflichten können. Ist dies aus personellen Gründen nicht möglich, können Sie Ihre Beiträge durch Gäste bereichern.

Tipp ▶ Erstellen Sie einen Redaktionsplan, in dem Sie Themen im Voraus festlegen. (Blättern Sie dazu zurück zu Kapitel 5 zum Thema Content Marketing: Dort liefern wir Ihnen einige Tipps zur redaktionellen Planung.) Bedenken Sie, dass spontan ganze Artikel bzw. Themen hinzukommen oder wegbrechen könnten. Legen Sie daher auch immer einige zeitlose Artikel »auf Halde« bzw. überlegen Sie, wie Sie Ihre Podcast-Episode füllen könnten, wenn beispielsweise einmal ein Interviewpartner ausfällt.

Gäste einladen

Lassen Sie in Ihrem Blog oder Podcast auch andere Gesprächspartner zu Wort kommen. So könnte zum Beispiel einer Ihrer Vertriebspartner aus seinem Alltag berichten, oder ein Prüfinstitut könnte die Methoden vorstellen, mit denen es Ihre Produkte unter die Lupe nimmt. Sie bieten ihren Gesprächspartner:innen Reichweite und Publikum, erhalten gleichzeitig neue Inhalte aus anderer Perspektive – und bei Mut zur Kontroverse auch mehr Leben in Blog oder Podcast! Die meisten Interviews generieren zudem eine Menge Traffic und Links.

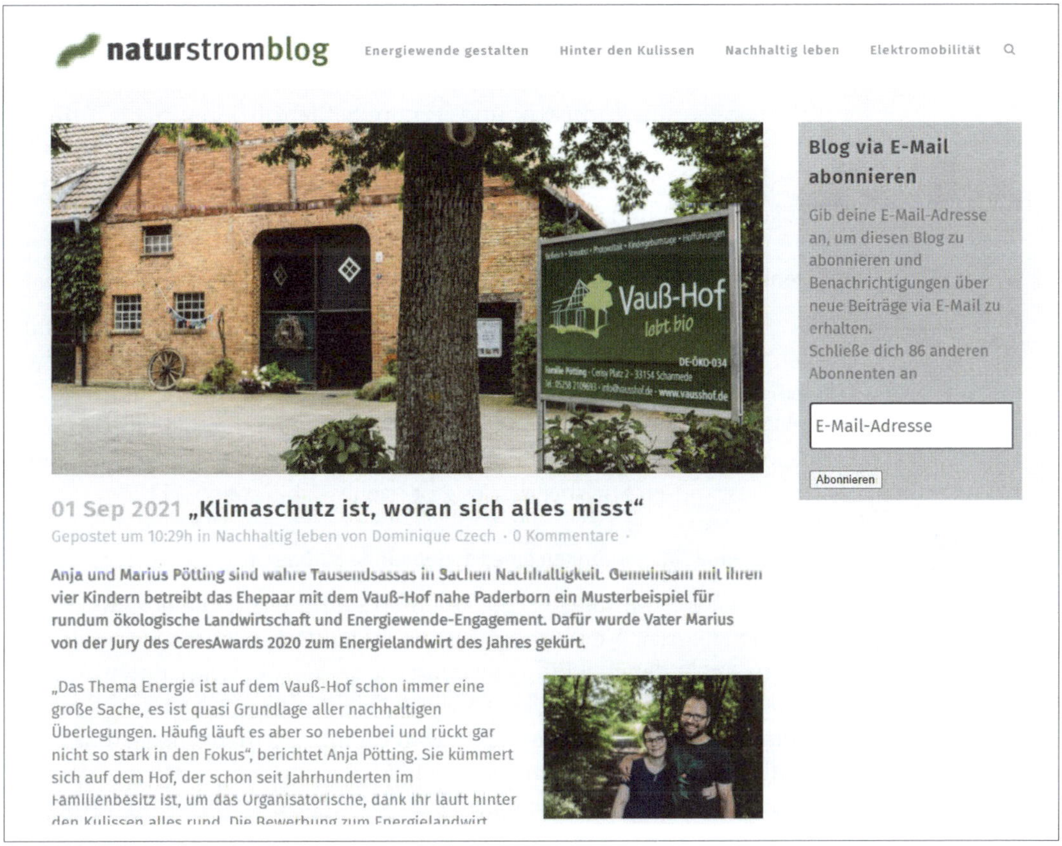
naturstromblog

Energiewende gestalten | Hinter den Kulissen | Nachhaltig leben | Elektromobilität

Blog via E-Mail abonnieren

Gib deine E-Mail-Adresse an, um diesen Blog zu abonnieren und Benachrichtigungen über neue Beiträge via E-Mail zu erhalten.
Schließe dich 86 anderen Abonnenten an

E-Mail-Adresse

Abonnieren

01 Sep 2021 „Klimaschutz ist, woran sich alles misst“

Gepostet um 10:29h in Nachhaltig leben von Dominique Czech · 0 Kommentare ·

Anja und Marius Pötting sind wahre Tausendsassas in Sachen Nachhaltigkeit. Gemeinsam mit ihren vier Kindern betreibt das Ehepaar mit dem Vauß-Hof nahe Paderborn ein Musterbeispiel für rundum ökologische Landwirtschaft und Energiewende-Engagement. Dafür wurde Vater Marius von der Jury des CeresAwards 2020 zum Energielandwirt des Jahres gekürt.

„Das Thema Energie ist auf dem Vauß-Hof schon immer eine große Sache, es ist quasi Grundlage aller nachhaltigen Überlegungen. Häufig läuft es aber so nebenbei und rückt gar nicht so stark in den Fokus“, berichtet Anja Pötting. Sie kümmert sich auf dem Hof, der schon seit Jahrhunderten im Familienbesitz ist, um das Organisatorische, dank ihr läuft hinter

▲ **Abbildung 6-3**
Der Energieanbieter Naturstrom spricht in seinem Blog mit einem Ehepaar, das einen Ökohof betreibt. Darin geht es nicht um die Produkte und Leistungen des Energieanbieters, sondern ausschließlich um die Familie und ökologische Landwirtschaft. Entstanden ist ein sehr lesenswertes, persönliches Interview, das die Leserbindung zum Blog sicherlich erhöht.

Interessante Produkte und Dienstleistungen vorstellen

Reden Sie über Produkte, die Ihre Leser- bzw. Hörerschaft interessieren, besonders solche, die den Menschen das Leben erleichtern können. Wenn Sie beispielsweise ein Rechtsanwalt sind oder für eine Werbeagentur arbeiten: Welche Software nutzen Sie zum Schreiben von Rechnungen und zur Buchhaltung? Welche Apps helfen Ihnen, Ihren Arbeitstag und Ihre Aufgaben zu strukturieren? Oder als Handwerker: Welche Werkzeuge empfehlen Sie? Lassen Sie Ihre Leser:innen an Ihrer Erfahrung teilhaben.

Nachrichten verfolgen

Suchen Sie auf Nachrichtenwebsites nach relevanten News zu Ihrem Spezialgebiet. Achten Sie dabei auf einen klaren Fokus, beliebige Newssites gibt es genügend. Werten Sie die Nachricht immer mit einer persönlichen Note auf – etwa durch Ihre Einschätzung zu den Folgen einer Nachricht. Eine gute Quelle für Nachrichten sind Aggregatoren wie Google

News[2] oder themenspezifische Sites wie Heise.de[3], T3N News[4] oder Netzpolitik[5]. IDW Online[6] bringt Wissenschaftsnews, Kunstforum.de[7] bedient Maler oder Galeristen, und unter VDI Nachrichten[8] erhalten Sie Meldungen aus Industrie und Technik. Identifizieren Sie die für Ihr Unternehmen relevanten Nachrichtenseiten und Blogs, abonnieren Sie Feeds und Newsletter, richten Sie sich Google Alerts ein und halten Sie Augen und Ohren offen.

Trends aufspüren

Google Trends[9] sagt Ihnen, wonach die Menschen suchen, und zeigt dabei, was in der Welt gerade »in« ist. Sie können zwei oder drei Suchbegriffe in einer Suche kombinieren. Detaillierte Aufschlüsselungen lassen erkennen, wann bestimmte Suchen am häufigsten durchgeführt wurden, welche Länder einen bestimmten Begriff am häufigsten suchen und welche verwandten Suchbegriffe es gibt (siehe Abbildung 6-11).

Mit regelmäßigen Rubriken eine Fangemeinde aufbauen

Regelmäßige Aufmacher zu einem bestimmten Thema können den Traffic steigern. Vielleicht haben Sie eine Sektion namens »Fragen Sie Herrn X«, in der eine Führungskraft die Fragen der Leser:innen aufgreift und offen und aufrichtig beantwortet. Vielleicht überlegen Sie, quartalsweise die wichtigsten Entwicklungen Ihrer Branche zusammenzufassen. Vielleicht veröffentlichen Sie jeden Mittwoch eine Buchbesprechung. Das lässt Ihre Fangemeinde im Laufe der Zeit wachsen. In »Fest und flauschig«, einem der populärsten deutschsprachigen Podcasts, krönen Jan Böhmermann und Olli Schulz beispielsweise regelmäßig »Die Großen 5« – ein klassisches Listicle mit wechselnden, teilweise von der Hörerschaft vorgegebenen Themen wie »Die großen 5 Fertiggerichte« oder »Die großen 5 unangenehmen Dinge, die einem im Urlaub passieren können«. Blogger setzen wiederum häufig auf die Teilnahme an Blog Memes wie »WMDEDGT?«. Dabei beschreiben sie an jedem Fünften eines Monats, wie ihr Tag verlaufen ist. (Wir gehen in diesem Kapitel noch näher darauf ein.)

---

2 *https://news.google.com*

3 *https://www.heise.de/*

4 *https://t3n.de/news*

5 *https://netzpolitik.org/*

6 *https://idw-online.de/de*

7 *https://www.kunstforum.de/nachrichten/*

8 *https://www.vdi-nachrichten.com/*

9 *https://trends.google.de/trends/*

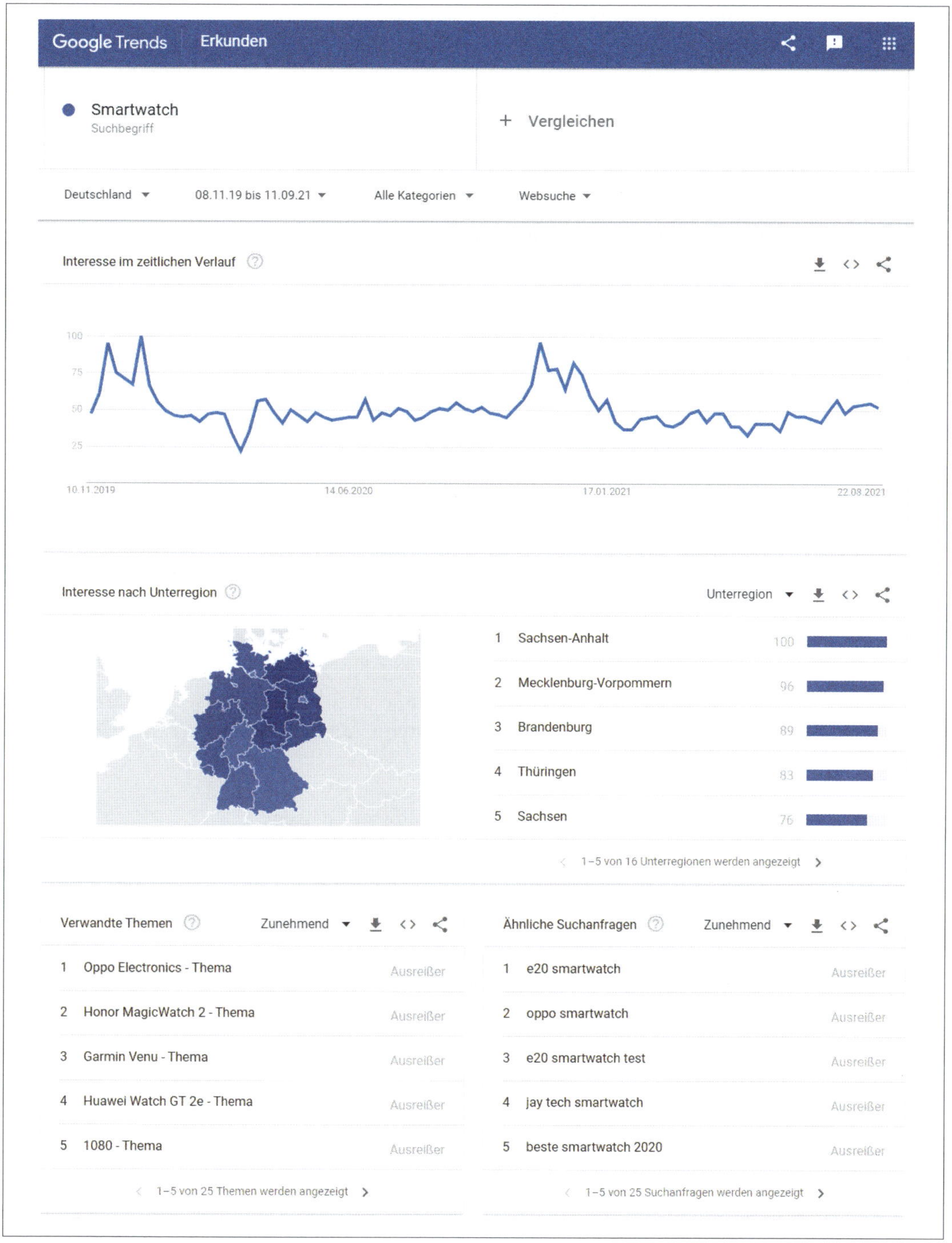

▲ Abbildung 6 4
Recherche nach dem Begriff »Smartwatch« in Google Trends

Ihre Community fragen

Gehen Ihnen die Ideen aus? Dann richten Sie Fragen an Ihre Leser:innen und Hörer:innen. Die eingegangenen Antworten können Sie dann wiederum in einer Episode oder einem Artikel aufgreifen. Diese Strategie können Sie auch umkehren und die Leser auffordern, Ihnen eine Frage zu stellen. Das ist Ihre Chance, die Vorteile eines neuen Produkts zu beleuchten, eine Firmenstrategie zu erklären oder sich auf einer persönlicheren Ebene auszutauschen.

Umfragen und Erhebungen durchführen

Sie können auch Umfragen zu einem Thema veranstalten. Blogger können mithilfe eines Tools wie *CrowdSignal*[10] oder *Survey Monkey*[11] Fragen auf ihrer Website einbinden, Podcaster könnten Hörer:innen hinzuschalten oder um Sprachnachrichten zu einem bestimmten Thema bitten. (Aber – wir müssen wiederholen: Auch hier sammeln Sie persönliche Daten, beachten Sie deshalb die DSGVO sowie die aktuelle Rechtsprechung.)

Andere Blogs und Podcasts

Unter den Blogs und Podcasts, die bereits existieren, sind bestimmt einige, die dasselbe Thema beackern wie Sie. (Stöbern Sie dazu auch unter Reddit.com[12] oder Rivva.de[13].) Nutzen Sie sie als Inspiration. Aber Vorsicht: Um sich von der Masse abzuheben, müssen Sie eigene Meinungen und Einsichten vermitteln. Achten Sie darauf, Ihre Quellen zu zitieren und zu verlinken.

Mit anderen Bloggern und Podcast-Hosts vernetzen

Verlinken Sie Ihre Blogbeiträge großzügig und angemessen mit externen Quellen – und auch mit älteren Artikeln Ihres eigenen Blogs. Das generiert Trackbacks, und Sie werden als Blogger zur Kenntnis genommen. Identifizieren Sie wichtige Branchenblogger und kommentieren Sie deren Beiträge. Sprechen Sie andere Podcaster an, vielleicht können Sie sich gegenseitig in Ihren Episoden besuchen oder eine Sendung gemeinsam gestalten?

10 *https://crowdsignal.com/*

11 *https://de.surveymonkey.com/*

12 *https://www.reddit.com/*

13 *https://rivva.de/*

Abwesenheiten überbrücken

Wenn Sie Ihr Blog oder Ihren Podcast wegen Urlaub oder Abwesenheit für längere Zeit nicht aktualisieren können, informieren Sie Ihre Community darüber. Blogger könnten Ihre Leser:innen einladen, Gastbeiträge einzureichen, um die Zeit bis zu Ihrer Rückkehr zu füllen. Honorieren Sie das Engagement Ihrer Gastautor:innen – mindestens durch Warengutscheine oder eine kleine Aufmerksamkeit. Das bloße Abgreifen von Texten gegen »Reichweite« ist in den letzten Jahren zunehmend – und zu Recht – verpönt geworden.

◀ Tipp

»Wie häufig sollten Blogs aktualisiert werden?«, lautet eine nicht unberechtigte Frage. Corporate Blogs veröffentlichen durchschnittlich zwei- bis dreimal pro Woche einen neuen Beitrag. Wenn Sie das nicht schaffen: Mindestens einmal pro Woche sollten Sie etwas posten, um die Google-Bots bei Laune zu halten und Ihre Sichtbarkeit in Google-Suchtreffern zu erhalten.

Podcasts werden ebenfalls in einer gewissen Regelmäßigkeit veröffentlicht. Dabei gibt es aber mehr Optionen: Manchmal werden Podcasts von vornherein nur für eine feste Anzahl von Episoden geplant und produziert. Auch Staffeln – ähnlich der TV-Serien bei Netflix –mit jeweils einer festen Anzahl von Einzelfolgen sind gebräuchlich. Wie Sie dies gestalten, ist Ihnen überlassen. In jedem Fall sollten Sie die Erscheinungsweise aber gut kommunizieren, um sich eine Stammhörerschaft aufzubauen.

Gewinnspiele veranstalten

Gewinnspiele und Verlosungen sind ein gutes – wenn auch strapaziertes – Mittel, um Publikum zu gewinnen. Am besten gelingt ein Gewinnspiel, wenn Ihr Blog oder Ihr Podcast bereits etwas an Schwung und eine treue Fangemeinde gewonnen hat. Bieten Sie attraktive Preise an: vielleicht ein Jahr kostenlosen Service oder ein Produkt. Eventuell können Sie Sponsoren dazu bewegen, Preise zu spenden.

Mit dem Publikum interagieren

Denken Sie daran: Sie wollen einen Dialog eröffnen. Ihr Publikum ist Ihr größtes Kapital. Daher ist es sinnvoll, es zur Mitarbeit aufzufordern und die Hilfe der Leser- bzw. Hörerschaft in Anspruch zu nehmen. Haben Sie keine Angst vor Kritik – erinnern Sie sich: Wenn Sie authentisch und persönlich kommunizieren und sich Fragen und Urteilen überlegt stellen, lassen sich Shitstorms sogar frühzeitig verhindern.

Hören Sie auf Ihr Publikum

Wenn Sie schon mit dem Bloggen oder Podcasten begonnen haben, bekommen Sie durch erste Kommentare einen Einblick in das, was Ihr Publikum über Sie denkt. Nutzen Sie dieses Feedback. Erwecken Sie nicht den Eindruck, durch Ihr Blog oder Ihren Podcast sorgfältig ausformulierte Marketingbotschaften verbreiten zu wollen, die von zig internen Abteilungen abgesegnet worden sind.

Seien Sie offen für Kommentare

Geben Sie Ihrer Community die Möglichkeit, aktiv zu werden, eigene Ideen beizusteuern und sich mit Ihnen und untereinander auszutauschen. Blogger sollten die Kommentarfunktion angeschaltet lassen, Podcaster eine E-Mail-Adresse nennen sowie per Facebook, Twitter oder andere soziale Netzwerke mit ihrer Hörerschaft kommunizieren. Wann immer es möglich ist, sollten Sie den Meinungsaustausch verfolgen und sich an Diskussionen beteiligen.

Sorgen Sie für eine gute Kommentarhygiene:

- Lassen Sie Kommentare zu, moderieren Sie sie aber. Filtern Sie insbesondere unerlaubte Werbung heraus. (Diese kommt oft versteckt als scheinbar harmloser Kommentar, der jedoch mit einem Link auf einen Onlineshop »angereichert« ist.)
- Installieren Sie ein Plug-in auf Ihrer Website, das Sie vor Spam schützt (beispielsweise *Antispam Bee*).
- Formulieren Sie Kommentarrichtlinien, die Ihre Vorgehensweise für Ihre Leser transparent machen.

Social-Media-Buttons

Platzieren Sie Share- bzw. Tweet-Buttons für Facebook, Twitter, WhatsApp und andere relevante Netzwerke neben Ihren Artikeln und Podcast-Folgen, damit Ihre Leser interessante Inhalte bequem weiterverteilen können.

Hinweis ▶ Vorsicht: Beachten Sie dabei zwingend die Datenschutzvorschriften. Seit Inkrafttreten der Datenschutz-Grundverordnung sind die allermeisten Buttons, die Sie von den sozialen Netzwerken oder Content-Management-Systemen als Codeschnipsel nutzen dürfen, endgültig nicht mehr zugelassen. Eine Alternative sind die Share-Buttons des Plug-ins *Shariff Wrapper*[14], das unter anderem für WordPress kostenfrei zur Verfügung steht.

14 *https://de.wordpress.org/plugins/shariff/*

Und nun geht es an die Details: Steigen wir in die Welt des Bloggens sowie – gleich im Anschluss – in die Welt des Podcastings ein.

Blogging

Auf einem Blog publizieren Personen, Gruppen oder Firmen ihre Botschaften, Überzeugungen, Neuigkeiten oder Erfahrungen für eine breite Leserschaft.

Was ist ein Blog?

Ein typisches Blog enthält Textbeiträge, die oft mit Grafiken und Videos sowie mit einer Kommentarfunktion versehen sind. Das gesamte Blog wird »traditionell« in umgekehrter chronologischer Reihenfolge angezeigt, sodass die neuesten Einträge ganz oben stehen. Ergänzend zur rein chronologischen Darstellung hat sich zunehmend ein Layout durchgesetzt, das an Magazine erinnert. Neben einer attraktiven Gestaltung mit größeren Aufmacherbildern bringt dies den Vorteil, dass zentrale Artikel nicht nur hervorgehoben werden, sondern auch längerfristig an prominenter Stelle stehen bleiben – statt mit jedem neu erscheinenden Artikel weiter nach unten zu rutschen und irgendwann nicht mehr sichtbar zu sein.

◀ Tipp

Der oder das Blog? Immer wieder streiten sich Blogger über den richtigen Artikel vor dem Wort »Blog«. Als Ableitung der Begriffe »Logbuch« oder »Tagebuch« sagte man zunächst *das* Weblog bzw. Blog. Im Laufe der Zeit nutzten einige Blogger jedoch auch den maskulinen Artikel – offenbar wegen der Ähnlichkeit des Begriffs zu »der Block« oder »der Notizblock«. Die entstehenden Grabenkämpfe löste der Duden schließlich ganz nonchalant mit »das Weblog, auch der«. Sprich, erlaubt ist beides. Wir empfehlen Ihnen die sächliche Form – das Weblog. Die meisten Fehler passieren übrigens beim Deklinieren. Denken Sie also daran, dass Sie *ein* Blog betreiben – und nicht *einen*.

Im Zentrum eines Blogs stehen ganz klar die Artikel oder Beiträge. International spricht man wie im gesamten Social-Media-Universum von Blogpost(ing) oder Post bzw. Posting. Im Lifestyle-Bereich gehen einige Blogger dazu über, ihre Artikel als »Stories« zu bezeichnen. Manche Unternehmen wiederum nennen sie schlichtweg »Nachrichten« und ihr Blog »Aktuelles«.

Jeder Artikel hat eine feste URL, unter der er immer aufrufbar ist. Dieser sogenannte Permalink ist meist so aufgebaut: *www.[blogbezeichnung].de/das-ist-die-Überschrift/*. Über viele Jahre hinweg enthielt der Permalink auch das Veröffentlichungsdatum des Artikels. Dies ist nicht mehr ratsam, weil es sich nachteilig auf Ihr Google-Ranking auswirkt und die Aktualisierung älterer Artikel erschwert.

Hinweis ▶ Achten Sie darauf, den Permalink nach der Veröffentlichung des Beitrags nicht mehr zu verändern – Sie gefährden sonst die Auffindbarkeit des Artikels über Suchmaschinen und soziale Netzwerke, in denen der Artikel geteilt wurde.

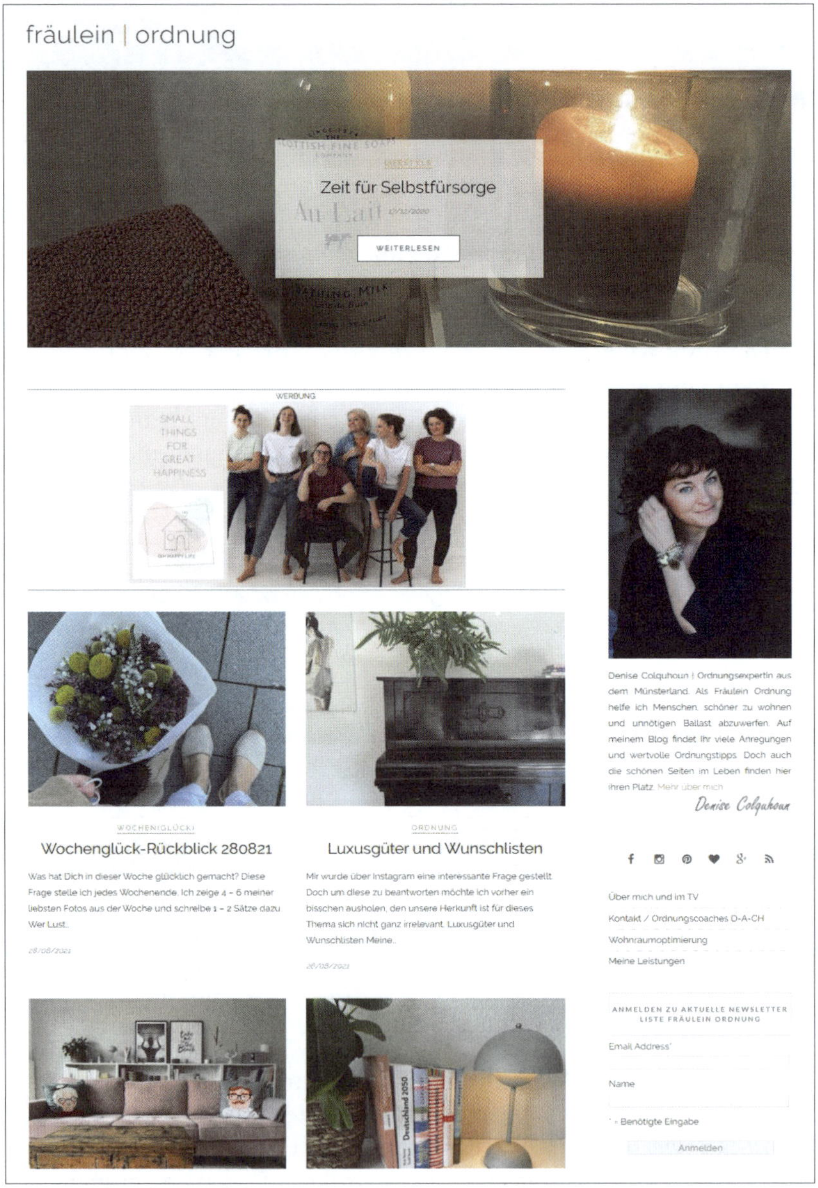

Abbildung 6-5 ▶ Die Aufräumexpertin Denise Colquhoun bloggt unter fraeulein-ordnung.de. Auf der Startseite ihres Blogs hebt sie in einem Slider einzelne Artikel grafisch hervor.

Jeder Artikel kann mit Schlagwörtern (auch: Tags) und einer oder mehreren Kategorien versehen werden. Beides hilft Ihren Leser:innen bei der Suche nach relevanten Inhalten – und beides gehört fest zur Typologie von Weblogs. Über die Kommentarfunktion können Ihre Leser direkt mit Ihnen in Kontakt treten, und über sogenannte Pingbacks und Trackbacks erfahren Sie, wenn eine andere Website einen Ihrer Blogbeiträge verlinkt hat. Sie könnten dann Ihrerseits erneut Bezug nehmen oder auf der betreffenden Website kommentieren.

Auf der Startseite eines Blogs finden sich häufig Elemente wie Informationen über das Blog und dessen Autoren, Links zu Social-Media-Accounts, ein Artikelarchiv, ein Suchfeld und/oder ein Kategorienverzeichnis. Etwas aus der Mode gekommen, aber dennoch charakteristisch für ein Blog ist außerdem die sogenannte Blogroll – darin verlinken Blogger die Blogs, die sie selbst gern lesen – und die Tagcloud, eine »Wortwolke«, die die häufigsten Schlagwörter der Blogartikel visualisiert. Zwingend vorhanden müssen ein Impressum und eine Datenschutzerklärung sein.

Ihre Startseite ist Ihr Aushängeschild, denn viele Leser:innen wählen sie direkt an, um nach Neuigkeiten zu schauen. Alternativ abonnieren manche Blogleser neue Artikel über den RSS- oder Atom-Feed des Blogs. Andere kommen über die Google-Funktion *Discover*, die Android-User informiert, wenn es neue Artikel auf häufig gelesenen Blogs gibt. Und wieder andere nutzen Apps wie *Feedly*[15] oder *Flipboard*[16], die geräte- und softwareübergreifend über neue Blogartikel informieren.

◀ **Definition**

RSS (*Really Simple Syndication*) und *Atom* sind Dateiformate zum Veröffentlichen von Inhalten, die häufig aktualisiert werden, wie Blogbeiträge und Kommentare, Nachrichten und Podcasts. Abonniert ein Blogleser diese Feeds, kann er die Bloginhalte mithilfe von Readern, im Browser oder auch mit einem Standard-E-Mail-Programm gebündelt lesen und sich automatisch über Aktualisierungen informieren lassen. Standard-Blogging-Software erstellt automatisch RSS- und Atom-Feeds.

Blogbeiträge verbreiten sich außerdem stark über angeschlossene Social-Media-Kanäle. Blogleser abonnieren also nicht das Blog, sondern den jeweils dazugehörigen Twitter-Kanal bzw. die Facebook- oder Instagram-Seite. Damit erfahren sie aus erster Hand und unmittelbar, wann ein neuer Beitrag veröffentlicht wurde. Auch die Diskussionen rund um Beiträge finden dann im Social Web statt. Darüber hinaus bieten viele Blogger:innen inzwischen klassische Newsletter an, über die sie häufig gebündelt über die neuesten Artikel informieren.

15 *https://feedly.com*
16 *https://flipboard.com/*

Wer schreibt Blogs?

Blogs gibt es bereits seit Mitte der 1990er-Jahre, und mittlerweile wird ihre Anzahl auf mehr als anderthalb Milliarden weltweit geschätzt. Weder für die weltweite Verbreitung noch für Deutschland hat man jedoch verlässliche Zahlen – und da viele soziale Netzwerke ein Blogwerkzeug integrieren und ständig neue Mischformen entstehen, wird dies auch künftig so bleiben. Ohnehin geht es aber nicht darum, zu wissen, wie viele Blogs es gibt. Entscheidend ist, dass Sie die Blogs kennen, die in Ihrer Branche oder Ihrem Fachgebiet präsent sind oder gar zur Meinungsbildung oder Kaufentscheidung von Konsumenten beitragen.

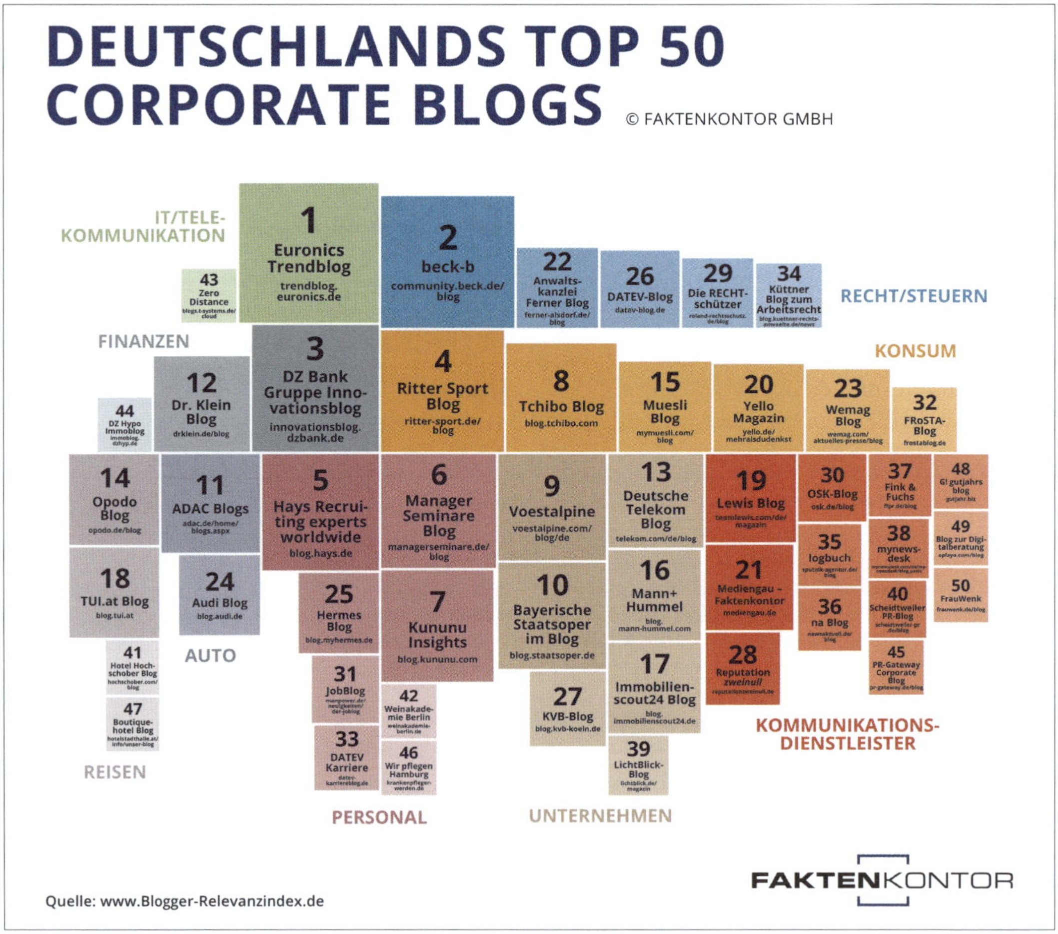

Abbildung 6-6 ▼
Die Agentur Faktenkontor wertet Corporate Blogs aus – und listet hier die erfolgreichsten.[17]

17 *https://www.faktenkontor.de/pressemeldungen/content-ist-king-in-der-top-50-der-corporate-blogs-deutschlands/*, Abbildung mit freundlicher Genehmigung durch Faktenkontor GmbH.

In der Vielfalt des Social Web und des Marketings spielen klassische Blogs inzwischen eine untergeordnete Rolle – die mediale Vielfalt ist schlichtweg zu groß. Blogs finden heute auch in vielen Mischformen und Varianten statt: Aus der Fashion-Bloggerin ist die Instagram-Influencerin geworden, aus dem Tech-Blogger ein YouTuber, und die Umweltaktivistin liefert per Twitter-Live-Videos frischen Content direkt von der Demonstration. Dennoch gibt es zahlreiche Blogger:innen, darunter auch Unternehmen, die seit Jahren sehr erfolgreich aus ihrem Alltag berichten.

Welche Akteure, Themen und Tools spielen eine Rolle, und welchen Einfluss haben sie auf die traditionellen Medien? Im unternehmerischen Umfeld relevant sind vorrangig diese Blogger:innen:

Freelancer, Selbstständige, Unternehmen
: In diese Gruppe gehören beispielsweise Gewerbetreibende, die über Themen aus ihrer Branche bloggen, oder Freiberufler wie Anwälte oder Journalistinnen, die sich als Expert:innen positionieren und mit anderen Vertretern ihres Fachgebiets diskutieren wollen. Auch Unternehmen betreiben sehr erfolgreich sogenannte Corporate Blogs. Sie begleiten das Unternehmensgeschehen und möchten unter anderem ihre Produkte und Leistungen darstellen.

Special-Interest-Blogger, Influencer, Profiblogger
: Diese Gruppe steckt mehrere Stunden Arbeit pro Woche in ihr Blog. Ihr Blog kommt einem Magazin sehr nahe. Viele Blogger:innen dieser Gruppe möchten mit ihrem Blog Einnahmen erzielen und widmen sich vorzugsweise den Themen, die sich durch Produktempfehlungen monetarisieren lassen – wie Mode, Reisen, Sport und Fitness. Andere Blogger:innen konzentrieren sich auf Bereiche, in denen sie etwas bewirken wollen – etwa das »BILDBlog«[18], in dem mehrere Autoren medienkritische Postings zu Veröffentlichungen der Boulevardpresse (konkret: der Bild Zeitung) verfassen.

◂ Hinweis

Blogger:in oder Journalist:in? Viele Blogs haben sich in den vergangenen Jahren so sehr professionalisiert oder sind gar von vornherein professionell aufgezogen worden, dass sie sich nur schwer von einer klassischen Nachrichtenseite oder einem Onlinemagazin abgrenzen lassen. »Viele der prominenteren Technik-, Mode-, Koch- oder Reiseblogs« seien journalistische Blogs, stellte eine Studie der Otto-Brenner-Stiftung fest, »weil sie publizistische Kriterien wie redaktionelle Autonomie, Aktualität oder Periodizität erfüllen«. Für die Studie befragte man unter anderem 936 professio-

18 *https://bildblog.de/*

nelle Journalist:innen und 463 journalistische Blogger:innen zu ihrer Haltung gegenüber PR und Werbung, zu ihrer Ausbildung und zu der Zeit, die sie zum Recherchieren und Schreiben aufwenden.[19]

Manchmal bringen Blogs Nachrichten schneller als traditionelle Medien, in den allermeisten Fällen sind ihre Artikel persönlicher und/oder meinungsfreudiger. Blogger:innen nutzen ihre öffentliche Stimme, um die Themen, die ihnen unter den Nägeln brennen, sichtbar zu machen und bestenfalls einen breiten gesellschaftlichen Diskurs anzustoßen. Einige Blogs wie beispielsweise Abgeordnetenwatch[20] oder Netzpolitik[21] sind optisch einer Nachrichtenseite zwar näher als einem Blog, bedienen sich aber der klassischen Blogelemente.

Wegen der geringeren Reichweite, die diese Blogs im Vergleich zu klassischen Medien haben, ist es für Blogger naturgemäß schwerer, Themen zu lancieren und ihre Vorhaben voranzubringen. Dennoch werden ihre Postings auch von traditionellen Medien zur Unterstützung eigener Recherchen genutzt.

Wenn Sie sich als Unternehmen unter die Blogger:innen mischen, haben auch Sie die Möglichkeit, als Gesprächspartner:in wahr- und ernst genommen zu werden. Vielleicht gelingt es Ihnen sogar, von Journalisten zitiert oder als Interviewpartnerin angefragt zu werden, weil Sie in Ihrem und anderen Blogs aus Ihrer persönlichen Sicht aktuelle Fragen kommentiert oder komplizierte Inhalte anschaulich erklärt haben.

Einige Unternehmen beauftragen etablierte Blogger:innen als (feste und gelegentliche) Gastautor:innen für ihr Corporate Blog. Ein gutes Beispiel ist das Fashionblog Soulfully[22], das vom Versandhändler Otto betrieben wird (siehe Abbildung 6-7). Bei Soulfully – einem Blog, das an Kundinnen mit Interesse an Plus-Size-Mode adressiert ist – schreiben mehrere erfolgreiche Bloggerinnen nicht nur über Kleider, Shirts und Schuhe, sondern eben auch über persönliche Themen wie Selbstakzeptanz und das Älterwerden, über Sport, Familie und Beruf. Die Autorinnen bringen dabei nicht nur eine enorme Authentizität und Glaubwürdigkeit, sondern auch ihre jeweils eigene Leserschaft mit.

19 *https://www.otto-brenner-stiftung.de/fileadmin/user_data/stiftung/02_Wissenschaftsportal/03_Publikationen/AH94_Blogger_Hoffjann.pdf*

20 *https://www.abgeordnetenwatch.de/blog*

21 *https://netzpolitik.org/*

22 *https://www.otto.de/soulfully/*

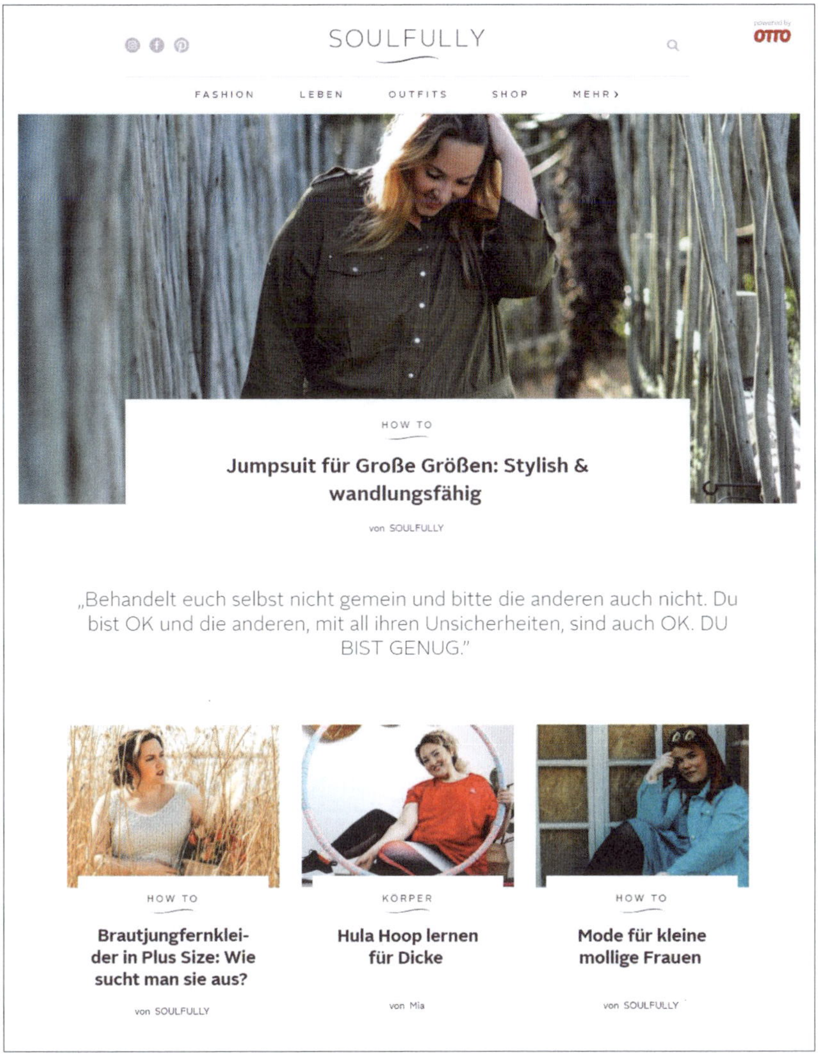

◀ Abbildung 6-7
Soulfully – das Otto-Blog für Plus-Size-Fashion – überzeugt durch Persönlichkeiten, die glaubwürdig sind und auch Stellung beziehen. Die Leserin bekommt nicht nur einfache Produktempfehlungen, sondern konkrete, redaktionell aufbereitete Styling-Tipps, die zudem häufig in eine persönliche Geschichte eingebettet sind.

Blogging im Unternehmen

Warum ist Bloggen für Unternehmen interessant? Ganz einfach: Die Menschen reden über Ihr Unternehmen und Ihre Produkte, auch wenn Sie gerade nicht aktiv an diesem Austausch teilnehmen. Gerade Nischenblogger genießen in ihrer Leserschaft dabei über eine sehr hohe Glaubwürdigkeit. Unternehmen sollten die für sie relevante Blogosphäre daher mindestens beobachten und sich bei Beiträgen über Ihre Produkte oder Ihr Unternehmen per Kommentar zu Wort melden.

Noch bessere Chancen auf Sichtbarkeit und Reputation erhalten Sie, wenn Sie sich aktiv in die Blogosphäre einbringen – sei es durch das Kommentieren in anderen Blogs, auch wenn es nicht direkt um Ihr Unternehmen geht, oder durch das Angebot eines eigenen Corporate Blog. Aus Blogs erfahren Sie, was die Menschen über Ihr Unternehmen sagen; Sie können aktiv einen Dialog anstoßen, der Ihre Firma und Ihre Produkte und Dienstleistungen stärkt, und Sie können Ihren Kunden ermöglichen, Feedback zu liefern oder sich auf Ihrer Website zu Fragen zu äußern. Ihr Blog und Ihre Stimme können Kunden auf Ihre Marke aufmerksam machen und sie dazu veranlassen, über Ihre Firma zu sprechen.

Ein wesentlicher Vorteil eines Blogs besteht darin, dass Sie die volle Hoheit über Technik, Inhalte und Gestaltung haben, sofern Sie Ihr Blog auf Ihrem eigenen Server hosten (was technisch kaum eine Hürde darstellt und daher die Regel sein sollte). Anders als etwa bei Facebook oder Instagram geben Sie die Rechte Ihrer Inhalte nicht ab. Sie müssen auch nicht fürchten, dass Ihre Seite irgendwann gelöscht wird, weil der entsprechende Dienst eingestellt wird. Die Verbreitung der Inhalte können Sie selbst steuern. Gleichzeitig unterstützt ein Blog Ihr Google-Ranking unter anderem auch weil Sie ständig neue (und bestenfalls relevante) Inhalte auf Ihrer Website veröffentlichen.

Nur für große Unternehmen?

Sie denken, *Corporate Blogs* sind nur etwas für große Konzerne mit leistungsstarker PR-Abteilung und einer per se größeren Bekanntheit? Natürlich sind viele bekannte Firmen mit Corporate Blogs vertreten. Interessante Wege sind aber vor allem kleine Unternehmen gegangen: So bloggt etwa der Besitzer eines Bremer Supermarkts seit vielen Jahren sehr erfolgreich als Shopblogger (*shopblogger.de/blog/*), und auch einige Freiberufler wie der Anwalt Thomas Schwenke (*drschwenke.de/blog/*) oder die PR-Expertin Kerstin Hoffmann (*kerstin-hoffmann.de/pr-doktor/*) positionieren sich sehr erfolgreich mit einem Blog.

Gerade kleineren Unternehmen, deren Entscheidungswege kürzer und deren einzelne Mitarbeiter:innen generell näher am Geschehen sind, kann es deutlich leichter fallen, Themen zu finden und diese ansprechend aufzubereiten. Eine enorme Chance stellt das Bloggen für all jene Unternehmen dar, die sehr erklärungsbedürftige Produkte oder Leistungen anbieten. Sie finden in der Regel eine ganze Reihe von Themen und Fragen, die sich in einem Blog ausführlich darstellen lassen – dazu müssen sie schlichtweg die Fragen sammeln, die sie ihren Kunden am häufigsten beantworten müssen. Ein Beispiel ist der Versicherungsmakler Sven Hennig (*online-pkv.de*), der seit Jahren freundlich und anschaulich durch »ungeliebte« Themen wie die private Krankenversicherung und Berufsunfähigkeit lotst.

Ohne Zweifel: Ein Blog aufzubauen, regelmäßig zu befüllen und es schließlich als Anlauf- und Knotenpunkt des Unternehmens zu etablieren, bedeutet eine Menge Arbeit. Als Königsdisziplin Ihrer PR-Arbeit bietet es aber auch die besten Chancen, sich unabhängig und authentisch an ein breites Publikum zu wenden.

»Ein Blog ist perfekt«

Ein Interview mit Daniela Sprung

▲ **Abbildung 6-8**
Daniela Sprung ist die Gründerin von Blog4Business, einem Konferenzcamp für Corporate Blogger, und des Corporate Blog Barcamp. (Foto: Anke Sundermeier)

Daniela Sprung ist Bloggerin, Kommunikationswissenschaftlerin, Dozentin und Speakerin. Auf bloggerabc (*https://www.bloggerabc.de/*) schreibt sie über alle Themen rund um Corporate Blogs. Sie teilt dort ihr Know-how sowie ihre Erfahrungen mit Blogmarketing, Content Marketing, der Suchmaschinenoptimierung und ganz besonders dem Bloggen für kleine und mittlere Unternehmen, Selbstständige und Freiberufler. Mit der Blog4Business hat sie die erste Konferenz für Corporate Blogger und mit dem Corporate Blog Barcamp das erste Barcamp zum Thema veranstaltet. Wir haben uns mit ihr über Corporate Blogging unterhalten.

Liebe Frau Sprung, Sie schreiben nicht nur selbst, sondern verhelfen unter anderem Unternehmen und Unternehmern zu ihrem Corporate Blog. Welche Eigenschaften muss für Sie ein Blog haben, damit Sie ihn abonnieren?

Daniela Sprung: Ein Blog, das für mich interessant ist, sodass ich es sowohl abonniere als auch weiterempfehle, muss mir Inhalte vermitteln, die für mich relevant sind, mich unterhalten und schnell zu erfassen sind. Das heißt, die Texte sind so strukturiert, dass ich sie gut überfliegen kann und dass sie mich durch gute Zwischenüberschriften und Hervorhebungen abholen. Ein *tl;dr* (*too long;didn't read*), also eine kleine Zusammenfassung oder ein Fazit am Ende, hilft mir immer sehr und gibt Pluspunkte.

Gibt es Unternehmensblogs, die Sie regelmäßig lesen?

Daniela Sprung: Ja, unbedingt. Ganz vorne mit dabei sind das Blog von Hubspot und das Karriereblog der LVQ (*https://www.lvq.de/karriereblog/*). Hier schreiben jeweils die Mitarbeiter – und keine Kommunikationsabteilung schaut drüber und korrigiert. Echter geht es schon nicht mehr, und ich empfehle sie als Best-Practice-Beispiele gern in meinen Vorträgen und Workshops. Um mich selbst im Bereich SEO, Facebook und Content Marketing auf dem Laufenden zu halten, lese ich sehr gern die Blogs von Seokratie (*https://www.seokratie.de/blog/*), Thomas Hutter (*https://www.thomashutter.com/*) und Hubspot (*https://blog.hubspot.de/marketing*) bzw. Unbounce (*https://unbounce.com/de/blog/*). Diese Blogs kann ich sehr empfehlen.

Wenn Unternehmen fragen, warum sie bloggen sollten – was entgegnen Sie ihnen?

Daniela Sprung: Eine Menge. Blogs bieten hervorragende und umfassende Möglichkeiten, um die eigene Kommunikation und Marke zu stärken. Beispielsweise macht man sich durch das eigene Bloggen unabhängig von der journalistischen Berichterstattung. Eigene Statements können direkt veröffentlicht werden, und wenn die Artikel gut sind, können Unternehmen ihre eigenen Geschichten direkt erzählen und müssen nicht warten, bis die Presse es aufnimmt.

Ein Blog ist perfekt, um mit Kunden und Interessierten in den Dialog zu gehen, einen Expertenstatus online aufzubauen, seine Produkte und Dienstleistungen zu zeigen, Employer Branding zu betreiben und sich gleichzeitig unabhängig von sozialen Netzwerken und der Presse zu machen. Gleichzeitig habe ich keine Zeichenlimitierung wie bei Twitter, keinen geschlossenen Kanal wie bei sozialen Netzwerken. Und ich bin in der Lage, verschiedenste Medienformate auf einer Plattform einzubinden. Ein Blog bietet so viel Potenzial. Warum also Budget in fremde Kanäle investieren, wenn ich ein eigenes Blog für mich nutzen kann?

Und die Unternehmen antworten dann: Aber warum reicht es denn nicht, einfach weiter Anzeigen zu schalten oder Rabattcoupons auszuteilen? Das »Haben wir doch immer so gemacht«-Argument ...

Daniela Sprung: Klar, kann man so machen. Aber was machen Unternehmen mit Kunden, die Anzeigen nicht mehr erreichen und die Rabattcoupons gar nicht nutzen? Fakt ist, mit den nachfolgenden Generationen ändern sich die Nutzererwartungen. Ein Beispiel: Rund 5 Milliarden Menschen nutzen ein Mobiltelefon, und ca. 4,5Milliarden der weltweiten Bevölkerung sind im Internet[23], Tendenz steigend. Printanzeigen und Rabattcoupons sind per se nicht falsch. Sie helfen in einigen Branchen, die weiterhin offline unterwegs sind, die Kunden anzusprechen. Die Frage ist nur, wie lange diese Branchen bestehen bleiben. Wesentlich besser ist es, sich digital aufzustellen und das vorhandene Budget in die eigenen Plattformen zu investieren. Über diesen Weg kann ich meine Kunden zu meinen Produkten, zu Shops oder zum Vertrieb lenken –und zwar dauerhaft, unabhängig von Zeitverschiebungen –, und es lässt sich nachvollziehen, woher die Kunden konkret kommen. Darauf aufbauend, kann dann auch das Marketing angepasst und optimiert werden.

Nun ist Content Marketing – Texte, Videos, Podcasts – aber sowohl konzeptionell aufwendiger als auch in der Produktion teurer als beispielsweise ein Satz Flyer. Wer kann sich ein Unternehmensblog leisten?

Daniela Sprung: Jeder, der bereit ist zu investieren. Ein Blog schreibt sich nicht von allein, es braucht eine Strategie und muss kontinuierlich bespielt werden. Das kostet Geld. Wer sich nicht im Vorfeld genau Gedanken darüber macht, welche Ziele das Blog unterstützen soll, der sollte gar nicht erst damit starten. Unter Umständen kann es sich auch

23 *https://datareportal.com/*

lohnen, die operative Arbeit an einem Blog auszulagern und seine Kernkompetenzen anderweitig einzusetzen. Wichtig ist aber, dass das Unternehmen bei der strategischen Planung dabei ist, beispielsweise in Form von Workshops, um zu erarbeiten, was das Blog leisten soll und wie. Nur so kann ein Blog das Unternehmen widerspiegeln und der Verantwortliche entsprechend arbeiten.

Wie lässt sich Corporate Blogging messen – kann es zu Conversions, zu Umsätzen, zu führen, oder soll das gar nicht im Mittelpunkt stehen?

Daniela Sprung: Meiner Meinung nach ist das Blog in erster Linie ein dialogorientierter Kanal, der zur Unternehmensstrategie passen muss. Natürlich lässt sich messen, ob über einen Artikel vermehrt auf Whitepapers oder den Shop zugegriffen wurde. Aber wenn ein Unternehmen nur das Ziel hat, Umsätze über das Blog zu steigern, hat es meines Erachtens das Bloggen nicht verstanden. Ein Blog bietet so viel mehr und hat ein enormes Potenzial, die eigene Onlinereputation zu optimieren, Vertrauen aufzubauen und Transparenz zu zeigen, was in Krisenzeiten nicht zu unterschätzen ist. Ein Blog allein macht noch keinen Umsatz. Ein Shop, der einfach allein ins Netz gestellt wird, aber auch nicht. Es ist die Kombination aus mehreren Wegen, die zum Erzielen von Umsätzen gegangen werden. Das Blog kann den Vertrieb, das Marketing und die PR-Abteilung hervorragend unterstützen. Die Voraussetzung dafür ist, dass es strategisch geplant und umgesetzt wird.

Sie nennen das Stichwort »dialogorientiert«. Da möchten wir auf eine sehr zentrale Aufgabe eines Corporate Blog zu sprechen kommen: das Gespräch anzubieten und zu suchen. Wie schaffen es Firmenblogger denn, ihre Insel zu verlassen und sich mit anderen Bloggern und Meinungsmachern zu vernetzen?

Daniela Sprung: Indem sie prüfen, wo sich die Blogger und die für sie relevanten Meinungsmacher aufhalten, und dorthin gehen. Hört sich simpel an und ist es im Grunde auch. Der erste Schritt ist, zunächst online den Menschen zu folgen, die für einen relevant sind, ihnen zuzuhören bzw. ihre Texte zu lesen. Dann geht es darum, sich ganz klassisch in den Dialog einzubringen, wenn es etwas gibt, zu dem man eine Meinung, einen Tipp oder anderen Input beisteuern kann. Wie im echten Leben – da spricht man in der Regel auch mit den Menschen, die man trifft.

Der nächste Schritt ist dann, sich persönlich kennenzulernen. In Zeiten einer Pandemie eher in Form eines Onlinetreffens oder live unter den vorgegebenen Hygienebestimmungen. Wichtig ist, persönlich miteinander zu sprechen und sich kennenzulernen. Das Credo mancher Unternehmen, um den Austausch der Mitarbeitenden zu unterstützen lautet »Never lunch alone«. Diese gemeinsamen Pausen lassen sich auch digital durchführen. Man trifft sich mit Menschen zum Mittagessen, lernt sich kennen, wenn man noch nicht viel Kontakt miteinander hatte, und tauscht sich aus. Genauso funktioniert das auch mit anderen Bloggern und Meinungsmachern. Lars Hahn von der LVQ nennt es »systematisch Kaffee trinken«. Man verabredet sich auf einen Kaffee und schnackt. Es gibt viele Barcamps und Social-Media-Veranstaltungen, auf denen man sich treffen kann. Das setzt natürlich voraus, dass man auf diese Veranstaltungen fährt – und an dieser Stelle scheitert es bei vielen Bloggern. Entweder sie bekommen Veranstaltungsbesuche und damit Netzwerktätigkeiten nicht oder nur begrenzt vom Unternehmen bezahlt, oder aber diese Events finden nach der Arbeitszeit statt, und sie möchten ihre Freizeit nicht opfern. Dann wird es schwierig.

Meine Erfahrung ist: Wer wirklich Lust hat und das nicht nur unter dem Aspekt Job sieht, der findet Menschen und Kontakte, die weit über aktuelle Jobinteressen hinausgehen. Solche Vernetzungen sind sehr wertvoll und vor allem langfristig spannend. Manch einer hat schon mehrfach den Job gewechselt, aber immer noch hervorragende Kontakte zu Bloggern und Meinungsmachern. Und das sage ich aus Erfahrung, denn bei mir war es nicht anders.

In den vergangenen 20 Jahren ist eine so große Anzahl neuer Medien und Kommunikationskanäle entstanden, dass es häufig schwierig erscheint, in dieser Gemengelage überhaupt gehört zu werden. Insbesondere mit den Podcasts ist gerade in den vergangenen Jahren ein weiteres inhaltsstarkes Format beliebter geworden. Gleichzeitig sinkt die Aufmerksamkeitsspanne der Menschen. Wie sehen Sie in Anbetracht dieser Faktoren die Zukunft von Corporate Blogs?

Daniela Sprung: Google+ ist weg, von Ello spricht niemand mehr, und Facebook wird regelmäßig totgesagt. Fakt ist: Blogs sind beständig. Und sie entwickeln sich weiter. Das Daimler-Blog ist dafür das beste Beispiel. Es wurde im November 2019 komplett eingestellt, stattdessen ist ein Magazin an seine Stelle getreten. Für das DATEV-Blog wurde angekündigt, den gleichen Weg zu gehen.

Klassische Blogs mit ihren chronologischen Beiträgen werden nach und nach verschwinden und neuen Formaten, wie eben Magazinen, Platz machen. Blogs sind damit nicht tot, sie erscheinen nur in einem anderen Format und erhalten sich im besten Fall das, was sie so besonders macht: das Persönliche. Dabei ist und bleibt wichtig, dass die Inhalte für die Leser relevant sind. Damit schafft man eine gute Basis für ein erfolgreiches Corporate Blog bzw. Corporate Magazin, das gern konsumiert wird.

Liebe Daniela Sprung, wir danken sehr für den praxisnahen Einblick.

Ihr Corporate Blog

Vorüberlegungen

Wenn Sie vom Bloggen überzeugt sind, sollten Sie sich einige Punkte schon vor Beginn überlegen:

Wer könnte bloggen?

Ein Corporate Blog darf keine reine Marketingveranstaltung sein. Am besten ist es, wenn es Ihnen gelingt, alle Bereiche des Unternehmens einzubeziehen – von der Führungsetage bis zur Entwicklungsabteilung, vom Außendienst bis zur Produktion. Ermutigen Sie alle, ihren Teil beizutragen – und begleiten Sie das Bloggen mit einem gründlichen Briefing aller Beteiligten. Dazu gehört auch die Erstellung von allgemeinen Richtlinien sowie Tipps zu einer guten Schreibe.

Benennen Sie ein oder zwei Mitarbeitende, die sich um die Organisation des Blogs kümmern: Dazu gehören die Akquise von Autoren, die Pflege eines Redaktionsplans sowie ganz praktische Aufgaben wie das Prüfen von Texten auf inhaltliche und sprachliche Korrektheit und auf den Einsatz der richtigen Schlagwörter für die Suchmaschinenoptimierung oder die Aktualisierung der Software. Besprechen Sie vorab, wer eingehende Kommentare prüft – auch an den Wochenenden oder während der Urlaubszeit.

◀ Hinweis

Einige Unternehmen ziehen in Betracht, externe Autoren oder Agenturen mit der Führung eines Blogs zu beauftragen. Dazu ist – wie bei allen Social-Media-Marketing-Aktivitäten – jedoch nur zu raten, wenn diese externen »Unternehmenssprecher« über alle Abläufe, die Firmenkultur, aktuelle Themen, wichtige Aufträge, Kunden und Produkte informiert sind. Sollen Externe authentisch für Ihr Unternehmen bloggen, müssen sie Zugang zu allen wesentlichen Informationen haben – und im besten Fall sogar gelegentlich Zeit im Unternehmen verbringen, um die Geschichten überhaupt erst einmal zu erfahren, über die sie im Blog berichten können. Planen Sie also unbedingt genügend Zeit für das Briefing Externer ein. In jedem Fall lohnenswert kann es aber sein, externe Hilfe für das Redigieren der Texte, das Beschaffen der Bilder und die Pflege der Website einzukaufen.

Worüber soll gebloggt werden?

Viele Blogging-Anfänger haben Angst vor einem Mangel an Themen. Sowohl bei der Themenfindung als auch zur Vermeidung von Beliebigkeit ist es sinnvoll, Themencluster zu entwickeln. Nehmen Sie sich für den Anfang also zwei bis drei Hauptschwerpunkte vor und deklinieren Sie dafür etwa zehn mögliche Blogbeiträge durch. Dies lässt sich ganz unkompliziert mithilfe einer Mindmap planen. Davon ausgehend können Sie die Ausrichtung Ihres Blogs anpassen, ohne Ihre Aussagen zu verwässern.

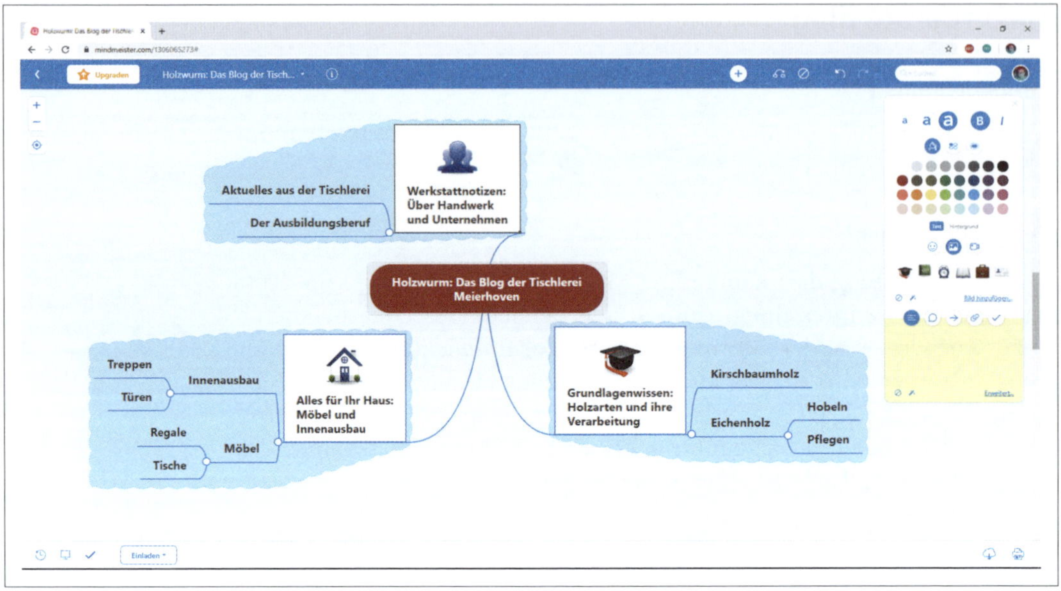

Abbildung 6-9 ▲ Vertrauen Sie auf Ihr Know-how und Ihre Erfahrung: Als Experte sind Sie Meister Ihres Fachs und finden sicherlich zügig Artikelideen. Eine Mindmap – hier mit dem Onlinedienst Mindmeister.com erstellt – hilft Ihnen, eine erste Struktur zu entwickeln. (Dazu reicht auch ein Schmierzettel.)

Wie soll das Blog heißen?

Geben Sie Ihrem Blog einen einprägsamen, unverwechselbaren Namen. Checken Sie diesen vorher gründlich via Google, aber auch in den Markendatenbanken des Deutschen Patent- und Markenamts.[24]

Die technische Seite

Sicherlich hält Ihr Unternehmen längst eine eigene Website vor. Im ersten Schritt sollten Sie daher prüfen, wie diese um eine Blogfunktionalität erweitert werden kann. Vorteil: Sie steigern so automatisch die Zugriffe auf Ihre Firmenwebsite, was Google entsprechend belohnt. Außerdem bündeln Sie Ihre Inhalte an einer Stelle, und Ihre Kunden finden sich leichter zurecht.

Tipp ▶ Wenn Sie mehrere Autor:innen haben, benötigen Sie ein leistungsstarkes System, das unterschiedliche User und Rollen/Rechte berücksichtigen kann und dessen Grundfunktionen wie das Einstellen von Texten selbsterklärend sind.

24 *https://register.dpma.de/DPMAregister/marke/einsteiger*

Falls Ihre aktuelle Website kein Blogging erlaubt, können Sie sich Ihren Anforderungen entsprechend eine Blogging-Plattform auswählen. Alle Plattformen erlauben es, Inhalte schnell und professionell auf Webseiten zu veröffentlichen. Links und Bilder lassen sich auch ohne nennenswerte Vorkenntnisse in HTML einfügen. Auch Texte können Sie recht einfach gestalten, da jeder größere Anbieter nutzerfreundliche WYSIWYG-Editoren mitbringt (WYSIWYG steht für *What You See Is What You Get*).

Übliche Bestandteile und Funktionalitäten von Blogs, wie die Vergabe von Schlagwörtern und Kategorien oder die Einrichtung von Permalinks, sind in sämtlicher Blogging-Software bereits integriert – Sie können also sofort loslegen. Außerdem sorgt die Software durch Pinging auch für ein Update der Feedreader (oder »Aggregatoren«) und zeigt Ihren Leser:innen immer die aktuellsten Inhalte an. Das wird auch von den Suchmaschinen registriert, die mit ihren Spidern deutlich häufiger vorbeikommen als bei statischen Websites.

Blogging-Software

Erste Wahl für ein Corporate Blog ist sicherlich ein Content-Management-System (CMS), das Sie auf Ihrem Webserver installieren und auf Ihre Bedürfnisse anpassen können. Dies kennen Sie möglicherweise auch schon von der Pflege Ihrer Website. Extern gehostete Blogging-Plattformen und soziale Netzwerke kommen dann ins Spiel, wenn Sie sich mit keinerlei technischen Aspekten auseinandersetzen wollen oder können – und auch keine Hilfe beim Administrieren Ihres Blogs in Anspruch nehmen möchten.

Im unternehmerischen Umfeld empfehlen wir Ihnen wärmstens, das Blog direkt in Ihre bestehende Website zu integrieren. Nur so lassen sich alle Vorteile mitnehmen.

◀ Tipp

Von Suchmaschinen am leichtesten gefunden und am höchsten bewertet werden Blogs, die Sie selbst auf einer Subdomain oder in einem Verzeichnis Ihrer Firmenwebsite hosten, z.B. *https://blog.firma.de* oder *https://www.firma.de/blog*. Auf diese Art und Weise bringen Sie auch gleich noch Traffic auf Ihre Homepage. Eine eigens dafür neu gekaufte URL wie *www.firma-blog.de* muss sich dagegen erst durchsetzen und hat schlechtere Ausgangschancen.

Hier sehen Sie im Überblick einige der beliebtesten Plattformen für jeden Anspruch.

Auf dem eigenen Webspace

WordPress (https://de.wordpress.org/)

WordPress (siehe Abbildung 6-10) ist die beliebteste Plattform. Die kostenfrei verfügbare Open-Source-Software ist anpassungsfähig, und Tausende von Entwicklern kümmern sich um ihre Weiterentwicklung und Ergänzung. Sie können WordPress einfach herunterladen und auf Ihrem Webserver installieren. Direkt nach der Installation ist Ihr WordPress vollständig modifizierbar. Passen Sie die Website an das Corporate Design Ihres Unternehmens an und statten Sie es nach Lust und Laune mit Features und Funktionalitäten aus.

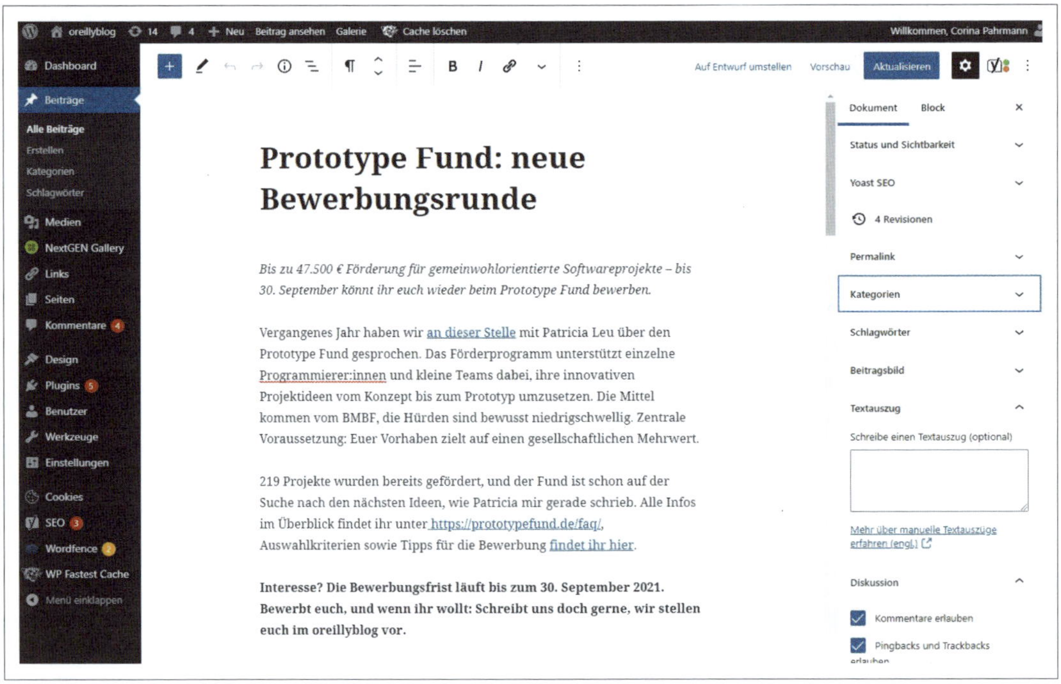

Abbildung 6-10 ▲ Ähnlich einfach und intuitiv wie bei einem Textverarbeitungsprogramm: Blogartikel einstellen und formatieren mit WordPress

Das Schöne: Sie müssen das Rad nicht neu erfinden, sondern dürfen auf ein bereits entworfenes, programmiertes und erprobtes Layout zurückgreifen. Viele dieser sogenannten Themes – also Vorlagen – sind kostenfrei oder zu sehr erschwinglichen Lizenzgebühren erhältlich. Eine Anlaufstelle ist WordPress.org[25], ein bekannter Shop für Premium-Themes ist beispielsweise Themeforest.net[26]. Hilfeforen und Vorschauwebsites geben einen guten Überblick darüber, wozu das jeweilige Theme imstande ist. Zusätzlich können Sie Ihr Blog mit

25 *https://de.wordpress.org/themes/*

26 *https://themeforest.net/category/wordpress*

Plug-ins ergänzen. Nützlich sind Tools wie *Yoast*, das Ihre Texte auf Suchmaschinenoptimierung prüft, oder *Imagify*, das automatisiert die Dateigröße Ihrer Grafiken verkleinert, oder auch *W3 Total Cache*, das die Ladegeschwindigkeit Ihrer Website erhöht.

WordPress ist mächtig, aber dennoch intuitiv und schnell erlernbar. Zudem gibt es viele Anleitungen sowie Hilfestellung im Web etwa in Foren, auf Blogs oder in Facebook-Gruppen sowie offline bei WordPress-Meet-ups in vielen deutschen Städten.[27]

◀ Hinweis

Einen Nachteil hat WordPress allerdings: Als äußerst populäres Tool ist es immer wieder Angriffen durch Hacker ausgesetzt. Wenn Sie nicht selbst tief in die Administration und Netzwerksicherheit einsteigen wollen oder können, holen Sie sich technische Hilfe ins Boot. Sofern Ihr Unternehmen über eine:n IT-Verantwortliche:n oder sogar eine ganze IT-Abteilung verfügt, sollten Sie die Installation, Konfiguration und Datensicherung an Ihre Kolleg:innen abgeben. Alternativ können Sie einen externen Admin beauftragen, der sich zumindest um die System-Updates und -Backups, also die Sicherheitskopien Ihrer Inhalte kümmert. Dies sollte sehr zuverlässig und regelmäßig (mindestens einmal monatlich) geschehen, kalkulieren Sie das in Ihre Budgetplanung ein. Außerdem sollte ein Admin kurzfristig helfen können, wenn Ihr Blog doch einmal angegriffen wird oder aus anderen Gründen nicht erreichbar ist.

TYPO3 (https://typo3.org/)

Ebenfalls Open-Source-Software und ebenfalls sehr leistungsstark: TYPO3 eignet sich quasi für alle Unternehmens- und Projektgrößen und läuft daher auf einigen Hunderttausend Websites weltweit. Gehört auch die Website Ihres Unternehmens dazu? Dann haben Sie vielleicht schon festgestellt, dass TYPO3 eine Blogfunktion nicht von Haus aus mitbringt. Glücklicherweise gibt es aber sehr viele frei verwendbare Extensions[28], von denen sich einige auch zum Bloggen eignen – etwa *T3Blog* oder *News*. Ohne technische Unterstützung (oder eigene Vorkenntnisse) geht es bei TYPO3 kaum, dafür läuft das System sehr stabil und ist auch nicht erstes Ziel bei Hackerangriffen. Beispiele für ein Corporate Blog mit TYPO3 sind das Verlagsblog von Piper[29] oder der Bereich *Aktuelles* auf der Website der Welthungerhilfe.[30]

Drupal (https://www.drupal.org/)

Drupal wird vor allem von sehr komplex aufgebauten und/oder stark frequentierten Websites genutzt und verfügt über einen sehr

27 *https://www.meetup.com/de-DE/topics/wordpress/de/*

28 *https://extensions.typo3.org/*

29 *https://www.piper.de/blog*

30 *https://www.welthungerhilfe.de/aktuelles/*

schlanken Kern, der sich mit sogenannten Modulen erweitern lässt. Eine weltweite Entwicklercommunity kümmert sich um das Open-Source-Tool, insbesondere die Installation und Konfiguration von Drupal ist allerdings nicht trivial – hier ist also technischer Support vonnöten.

Joomla! (https://www.joomla.de/)
: Joomla! ist ein beliebtes CMS, dessen Nutzung ebenfalls kostenfrei ist. Wenn Ihre Website auf Joomla! läuft, können Sie eine Blog-Extension[31] installieren. Beliebt ist die Extension »Easyblog«[32], für die Sie jedoch 79 Dollar Jahresgebühr einkalkulieren müssen. Alternativ richten Sie ein sogenanntes Kategorieblog ein, dies lässt sich mit dem vorhandenen Joomla!-Baukasten und etwas Zeit und Anleitung selbst realisieren. Auch mit Joomla! lassen sich so Beiträge anlegen, mit Schlagwörtern versehen und veröffentlichen. Außerdem verfügt Joomla! ebenfalls über einen intuitiv nutzbaren Editor und ist durch verschiedene Module erweiterbar.

Contao (https://contao.org/de/)
: Das CMS Contao eignet sich für kleine bis mittelgroße Websites und hat auch eine Newsfunktion an Bord, mit der recht schnell ein Blog aufgesetzt sowie Beiträge geschrieben, mit Tags versehen und veröffentlicht werden können. Dazu bringt Contao auch einen Feed, die Kommentarfunktion, ein Archiv und andere typische Bestandteile mit. Contao ist für Einsteiger leicht verständlich, wer sein Blog jedoch mit mehr Funktionen und optischen Finessen ausstatten will, muss dann etwas tiefer einsteigen.

Administration und Sicherheit

Bekannte Plattformen wie WordPress geben regelmäßig Updates heraus, da sie aufgrund ihrer großen Verbreitung häufigen Angriffen ausgesetzt sind. Achten Sie unbedingt darauf, Ihr System – inklusive der verwendeten Plug-ins – aktuell und geschützt zu halten. Viele Systeme bieten Erweiterungen, mit denen Sie Ihr Blog abschotten können. Zusätzlich können Sie die Standardbezeichnungen von Log-in-Seiten und Benutzernamen verändern und verschleiern – indem Sie beispielsweise darauf verzichten, einen User namens »Admin« einzurichten, der dann auch noch alle Rechte hat. IT-Sicherheit ist weder trivial noch zu vernachlässigen, investieren Sie ausreichend Zeit und Mühe. Besprechen Sie außerdem zu erwartende Zugriffsschwankungen – etwa durch Werbeaktionen – mit Ihrem IT-Verantwortlichen oder dem Webhost.

31 *https://extensions.joomla.org/category/authoring-a-content/blog/*

32 *https://stackideas.com/easyblog*

Auf externem Webspace

WordPress (https://de.wordpress.com/)

Eine andere WordPress-Version (nicht zu verwechseln mit der zuvor beschriebenen) ist die zentralisierte, gehostete Lösung auf der offiziellen Website von WordPress. Sie richtet sich an Nutzer, die nicht über eine eigene Domain bzw. eigenen Webspace verfügen. Interessenten können sich – gegen eine Gebühr bis maximal 45 Euro monatlich – binnen Sekunden registrieren und ein Blog einrichten. Da diese Lösung auf den Servern von WordPress gehostet wird, bietet sie weit weniger Flexibilität in Bezug auf Anpassung, Plug-ins und Themes. Außerdem führt sie nicht (oder nur über Umwege) zu höheren Zugriffen auf Ihre eigene Firmenwebsite, da der Inhalt auf einem fremden Server liegt. Dafür müssen Sie sich aber auch nicht selbst um Administration und Datensicherheit kümmern.

Medium (https://medium.com/)

Medium ist ein externer Anbieter, mit dessen Hilfe jedermann ohne umfangreiche Vorkenntnisse schnell und unkompliziert zum Publizisten werden und dank der Reichweite des Anbieters neue, internationale Zielgruppen erreichen kann. Medium überzeugt wegen seines minimalistischen, sauberen Layouts, seiner klaren Ordnung in einzelne Themenressorts wie »Politics« oder »Technology« sowie aufgrund der simplen Anwendung. Und so veröffentlichen auf Medium.com regional bekannte Blogger neben großen, internationalen Zeitungen und Persönlichkeiten wie der New York Times oder Tim Berners-Lee. Die Nutzung ist kostenfrei.

Tumblr (https://tumblr.com/)

Für alle, denen ein Blog zu aufwendig oder zu »groß« und Twitter wiederum zu »klein« ist, gibt es Tumblr. Seine Funktionalität liegt genau zwischen Blogging und Microblogging. Ganz simpel lassen sich Texte, Fotos, Videos und andere Inhalte teilen. Tumblr-Blogs werden daher häufig als Materialsammlung verwendet. In der Netzgemeinde beliebt sind besonders spottende Tumblr-Blogs wie *https://worstofchefkoch.tumblr.com*. Tumblr überzeugt durch hohe Benutzerfreundlichkeit. Der Registrierungsprozess dauert nur wenige Sekunden, direkt danach können Sie Ihr persönliches Tumblr-Blog einrichten und es füttern. Neben vielen Templates bietet es die Möglichkeit, ein komplett eigenes Design zu nutzen. Dies macht es auch für Unternehmen mit vorgegebenen Corporate-Design-Richtlinien nutzbar.

Bloggen innerhalb sozialer Netzwerke

Auch soziale Netzwerke – allen voran LinkedIn und Facebook – bieten das Veröffentlichen längerer Beiträge an. Besonders Freelancer nutzen beispielsweise die Blogging-Funktion des Businessnetzwerks LinkedIn, um so ihr Expertentum unter beruflichen Kontakten zu präsentieren und sich regelmäßig ins Gespräch zu bringen. Eine durchaus sinnvolle Entscheidung, denn sie profitieren nicht nur von einer größeren Reichweite, sondern müssen sich auch hier nicht um technische Fragen kümmern.

Beachten Sie aber: Sie sind vom Goodwill der Netzwerke abhängig. Ob und wie häufig Ihr Beitrag etwa innerhalb Ihres Netzwerks angezeigt wird, wird von Algorithmen gesteuert, deren Regeln nicht transparent sind und sich jederzeit ändern können. Und: Die Blogging-Funktion oder das ganze Netzwerk kann offline gehen, wenn der Betreiber dies entscheidet – ohne dass Sie vorher gefragt werden. Dann sind gegebenenfalls nicht nur die Kontakte, sondern auch sämtliche Inhalte im virtuellen Papierkorb pulverisiert.

Abbildung 6-11 ▼ LinkedIn mit seiner komfortablen, leicht zugänglichen Möglichkeit, längere Artikel zu veröffentlichen

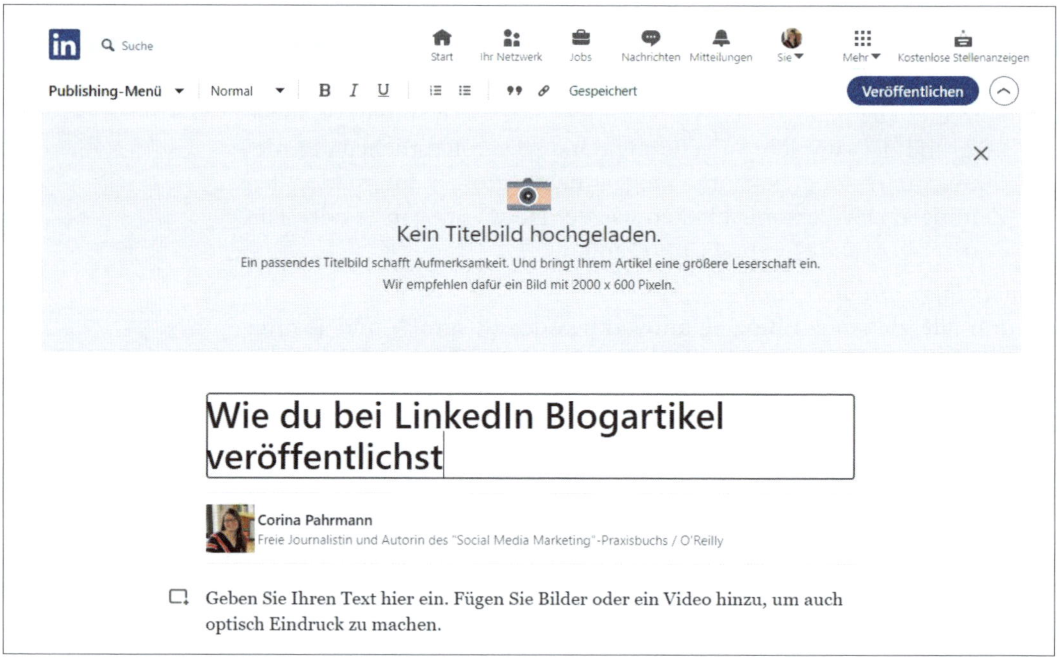

Blogdesign

Moderne Blogging-Software bietet Hunderte von Möglichkeiten: vom schlichten, tagebuchähnlichen Design über dreispaltige Layouts bis hin zu komplexen Websites, die auf den ersten Blick kaum ihren Blogging-

Charakter verraten. Schauen Sie sich in der Blogosphäre um und überlegen Sie dann, was Sie benötigen: zwei Spalten für Ihre Beiträge und ein paar Links oder mehrere Unterseiten für viele Kategorien? Beachten Sie, dass das Bloglayout mit dem Corporate Design Ihres Unternehmens und Ihrer Website korrespondieren muss.

Skizzieren Sie für den Anfang Ihre Bedürfnisse, das erleichtert Ihnen später, aus dem riesigen Angebot verfügbarer Blogdesigns auszuwählen. Denken Sie an unverzichtbare Bestandteile wie *Impressum*, *Datenschutzerklärung* und eine *About*-Seite. Achten Sie darauf, Ihr Blog nicht zu überfrachten, sondern Ihren Besuchern eine möglichst klare und einleuchtende Struktur zu bieten.

◀ **Hinweis**

Laut Telemediengesetz besteht für fast alle Webangebote eine *Impressumspflicht* – ausgenommen sind faktisch nur noch rein private Websites. Unternehmensblogs müssen ein Impressum integrieren und eine *Datenschutzerklärung* abgeben. Hilfreich sind Mustergeneratoren wie der Datenschutzgenerator (*https://datenschutz-generator.de/*) des Juristen Thomas Schwenke sowie der Impressumsgenerator der Münchner IT-Recht Kanzlei (*https://www.it-recht-kanzlei.de/Tools/Impressum/generator.php*). Lesen Sie auch Kapitel 15 in diesem Buch mit aktuellen Rechtstipps des Anwalts Thomas Schwenke.

Bei allen großen Blogsystemen gibt es Layoutvorlagen, entweder komplett kostenfrei oder häufig zu einem geringen Preis. Die größte Auswahl finden Sie, wenn Sie sich für ein selbst gehostetes WordPress entscheiden, aber auch für die anderen Systeme lassen sich stilsichere Layouts ausfindig machen.

Das *Theme*, wie die Designvorlage bei WordPress heißt, legt sich über die Installation Ihres Content-Management-Systems. Achten Sie darauf, dass es aus einer verlässlichen, sicheren Quelle kommt und alle erwünschten Funktionalitäten mitbringt. Dazu gehört ein responsives Webdesign, das gewährleistet, dass Ihr Blog auf allen Endgeräten unabhängig von deren Bildschirmgröße sauber dargestellt wird. Zwar versprechen dies heutzutage die allermeisten Themes, nicht immer glückt die entsprechende Umsetzung jedoch. Manchmal hüpfen beispielsweise Menüpunkte allzu wild auf dem Smartphone-Screen umher und erfordern einiges Geschick – bzw. Kenntnisse in CSS, der Sprache für Web-Stylesheets –, um sie unter Kontrolle zu bringen. Ein Blick in die Beschreibung, die Bewertungen und die FAQ des Bloglayouts kann Sie vor einem Stundengrab durch ein schwer anpassbares Bloglayout bewahren.

Manche Themes bringen einen riesigen Funktionsumfang mit, bei ihnen können Sie über Menüs noch die Farbe des kleinsten Pixels anpassen. Andere sind sehr schlicht, mit diesen kommen gerade Anfänger sehr gut zurecht. Auch Layoutvorlagen können noch weiter angepasst werden, wenn Sie direkt in die sogenannten *Stylesheets* eingreifen – dazu ist dann aber wirklich zumindest grundlegendes Webdesignwissen gefragt. Und eine Sicherheitskopie! Am Anfang dieses Kapitels nannten wir zudem ein Archiv und eine Suchfunktion als typische Blogcharakteristika. Diese Bestandteile werden ebenfalls im Backend – also der Benutzeroberfläche Ihrer Blogsoftware – über sogenannte Widgets integriert.

Welche Software sollten Sie verwenden?

Wissen Sie schon, wo Sie Ihr Blog hosten wollen? Bevor Sie diese Entscheidung treffen, sollten Sie Ihren Bleistift spitzen und die Antworten auf einige Fragen notieren.

Legen Sie Ihre Ziele fest:

- Will ich das Blog langfristig betreiben? Oder benötige ich es zeitlich befristet, beispielsweise nur zur Begleitung einer Veranstaltung?
- Werde ich es für mich selbst oder für mein Unternehmen nutzen?
- Möchte ich bestimmte Funktionalitäten vorhalten, und welches System bringt diese gleich mit – wenigstens als Erweiterung?

Legen Sie Ihr Budget fest:

- Verfüge ich über ein Budget für das Hosting und die Registrierung eines Domainnamens?
- Habe ich das Budget für ein persönliches Design?
- Was kosten Einrichtung und Installation des Servers und der Software? Welche Kosten fallen für die Software selbst sowie für den Support regelmäßig an?

Checken Sie die Technik – und Ihr Know-how:

- Überzeugt mich die Benutzeroberfläche? Wie intuitiv lassen sich Autorenprofile, Kategorien und Kommentare pflegen, wie geschmeidig Artikel schreiben und veröffentlichen?
- Stehen passende und attraktive Layoutvorlagen (Themes) zur Verfügung? Wie gut lässt sich die Software erweitern, sollten sich später einmal meine Bedürfnisse ändern?
- Welche Kompetenzen muss ich bei mir selbst oder bei meinen Kolleg:innen noch aufbauen, um das System einzusetzen? (Experimentieren Sie an dieser Stelle ausgiebig mit den Testversionen.)

- Schätzen Sie Ihre technischen Fähigkeiten ein: Wenn das Blog plötzlich nicht mehr richtig funktioniert, kann ich es reparieren? Wo finde ich niedrigschwellig Hilfe, etwa in Sicherheitsfragen? Wenn ein wichtiges Sicherheitsupdate herauskommt, kann ich es sofort installieren, oder muss ich erst zur IT-Abteilung?

Anhand Ihrer Antworten können Sie sich eine Meinung darüber bilden, welche Software die richtige für Sie ist. Gerade für Unternehmensblogs empfiehlt sich eine Blogging-Software, die Sie selbst verwalten, pflegen und anpassen können. Zwar sind gehostete Blogs zunächst leichter zur realisieren, der eigene Server wirkt aber professioneller. Außerdem haben Sie so die volle Kontrolle über Software, Design und Inhalte. Kalkulieren Sie in diesem Fall aber genügend Zeit und/oder Budget für eventuelle technische Unterstützung ein.

Schreiben für ein Blogpublikum

Weil es beim Bloggen nicht mit 280 Zeichen getan ist, geben wir Ihnen nun ein wenig Handwerkszeug, mit dem Sie Ihre Texte strukturieren, gestalten und aufpolieren können.

Wichtigste Leitlinie: Nutzen Sie Ihr Corporate Blog nicht als ausgelagerte Produktbroschüre. Zeigen Sie stattdessen die persönliche, menschliche Seite Ihres Unternehmens und kommunizieren Sie informeller und persönlicher. Beziehen Sie Ihre Leser:innen ein, erlauben Sie Kommentare und nehmen Sie Hinweise konstruktiv auf.

Daimler Blog: ein Vorbild

Ein besonders wegen der Einbeziehung der Mitarbeitenden hochgelobtes Blog war das des Automobilherstellers Daimler. Darin schrieben einige Hundert Daimler-Mitarbeiter über ihren Alltag im Unternehmen: Sie verbloggten ihre Vorstellungsgespräche und Doktorandenzeiten, berichteten von Dienstreisen und testeten schon mal Daimler-Autos, vom Truck bis zum Sportwagen. Auch Kunden kamen zu Wort.

Uwe Knaus, der das Daimler Blog im Jahr 2007 ins Leben rief und für Daimlers komplette Social-Media-Strategie verantwortlich ist, nannte »Transparenz« als das Hauptziel des Blogs: Mit der Hilfe vieler Autoren aus der Belegschaft könne die Blackbox eines großen Konzerns menschlich und einsehbar gemacht werden, erläutert er in einem Interview für berufebilder.de.

Das Daimler Blog wurde mehrfach national und international ausgezeichnet und in Rankings der besten Corporate Blogs verzeichnet.[33] Im Oktober 2019 gab Knaus bekannt, das Daimler Blog nun zu schließen und in ein »Daimler Magazin« (*https://www.daimler.com/magazin/*) umzuarbeiten.

33 *http://berufebilder.de/2010/interview-knaus-manager-daimler-blogs-dialog-suppe/*

Sauber und anschaulich schreiben

Texte, die im Web veröffentlicht und damit an Bildschirmen unterschiedlicher Größe gelesen werden, brauchen vor allem eines: Struktur. Selbst mit wenigen Sätzen haben Sie schnell einen screenfüllenden Absatz geschrieben, und genau das strengt das Auge der Lesenden an. Wahrscheinlich werden Sie Ihre Artikel an einem Notebook oder PC schreiben. Prüfen Sie aber regelmäßig, wie gut Ihr Blog auf dem Smartphone lesbar ist.

Wenn Sie möchten, dass Ihr Artikel bis zum letzten Satz und mit Genuss gelesen wird, sollten Sie zudem einige Schreibregeln beachten. Keine Angst, Sie werden diese peu à peu verinnerlichen, je mehr Übung Sie bekommen.

- Gliedern Sie die Beiträge inhaltlich logisch in knappe, gut lesbare Absätze (Regel: ein Gedanke pro Absatz).
- Ergänzen Sie aussagekräftige Zwischenüberschriften. Das dient auch der Suchmaschinenoptimierung.
- Heben Sie zentrale Aussagen durch Fett- oder Kursivschrift hervor – auch dies gefällt Suchmaschinen, die fett ausgezeichneten Text als relevanter einstufen.
- Fokussieren Sie sich auf die Kernidee Ihres Beitrags, schreiben Sie präzise und belästigen Sie Ihre Leser nicht mit irrelevanten Informationen oder zu vielen Buzzwords.
- Ergänzen Sie bei längeren Texten die geschätzte Lesedauer in Minuten.[34] Bei sehr langen, vertiefenden Informationsangeboten hat sich der Hinweis »Longread« bewährt.
- Achten Sie auf aktive, lebendige Formulierungen.
- Nutzen Sie starke Verben statt werbender Adjektive.
- Variieren Sie die Länge der einzelnen Sätze.
- Recherchieren Sie gründlich und achten Sie auf die richtige Schreibweise sämtlicher Namen, Orte und sonstiger Bezeichnungen.
- Beachten Sie, dass auch für Blogger die journalistische Sorgfaltspflicht gilt. Sichern Sie Ihre Erkenntnisse daher immer ab, checken Sie Rechercheergebnisse immer gegen.
- Abgeschlossene Blogbeiträge sollten Sie nicht sofort veröffentlichen. Atmen Sie erst mal tief durch und lesen Sie später noch einmal Korrektur.

---

34 Es gibt dafür Tools, beispielsweise das WordPress-Plug-in Reading Time WP. Der Anbieter Medium.com errechnet die Lesedauer für jeden Artikel.

Brauchen Sie einen elektronischen Korrekturleser? Glücklicherweise gibt es einige Tools, mit denen Sie Ihre Texte optimieren und prüfen können. ◀ **Tipp**

- **Duden-Online-Wörterbuch**: Hier können Sie einfach nachschlagen, wenn Sie sich bei einer Schreibweise unsicher sind.
- **Duden Mentor** (*https://mentor.duden.de/*): Textschnipsel in das Eingabefeld einfügen, Fehler direkt erkennen. Das Tool ist für kleine Textmengen kostenfrei.
- **Language Tool** (*https://www.korrekturen.de/rechtschreibpruefung.shtml*): Auch hier weist Sie das Tool auf mögliche Rechtschreib- oder Grammatikfehler hin. Die betreffenden Wörter werden rot unterkringelt.
- **Wortliga Textanalyse** (*https://wortliga.de/textanalyse/*): Am gründlichsten und am strengsten ist das Textanalysetool von Wortliga. Gnadenlos – aber eben auch sehr hilfreich – weist es Sie zurecht, wenn Sie zu häufig im Passiv formulieren, zu viele Substantivierungen verwenden, Tippfehler eingebaut haben oder anderes mehr. Sie müssen nicht auf alle Ratschläge hören, lernen aber einiges hinzu.
- **Yoast SEO** (*https://yoast.com/wordpress/plugins/seo/*): Wenn Sie das WordPress-Plug-in Yoast nutzen, haben Sie eine Lesbarkeitsprüfung gleich mit an Bord. (Wir beschreiben Yoast im Abschnitt »Sichtbar werden« noch genauer.) Das Tool checkt die Verständlichkeit nach dem sogenannten Flesch-Reading-Ease und meldet unter anderem zurück, wenn Sie zu viele Passivkonstruktionen verbaut oder lange Sätze verschachtelt haben.

Alle Tools können kostenfrei genutzt werden, meist ist die Textmenge, die Sie auf einmal prüfen können, jedoch begrenzt. Premiumvarianten mit vollem Funktionsumfang sind aber durchaus erschwinglich. Testen Sie doch einfach aus, was Ihnen zusagt.

Starke Überschrift, griffiger Vorspann, Zusammenfassung

Starke Überschriften wecken die Aufmerksamkeit des Publikums und können Aufhänger sein, um Leser anzuziehen. Ihre Überschriften sollten provozieren, konfrontieren und den Leser unmittelbar ansprechen. Nehmen Sie Abstand von sogenannten Clickbaiting-Überschriften wie »Was dieses Produkt leistet, hätten Sie nie gedacht« oder »10 Beweise, dass Sie Ihr Leben vergeuden«. Damit generieren Sie – vielleicht – kurzfristig Klicks, binden aber keine Leser an Ihr Blog. Im Gegenteil: Diese werden sich eher enttäuscht von Ihnen abwenden – und Ihrem Firmenimage tun Sie mit Clickbaiting auch keinen Gefallen.

Beginnen Sie Ihren Blogbeitrag außerdem mit einem Vorspann. Dieser sollte in etwa 200 Zeichen zusammenfassen, was den Leser erwartet. Sie geben hier außerdem ein Versprechen ab, das Sie im Text dann auch erfüllen sollten.

Manche Bloggerinnen und Blogger fügen am Ende eines sehr langen Artikels ein Abstract hinzu, das sie mit *<tldr>* kennzeichnen: *too long, didn't read*. In diesem Abstract fassen sie die wesentlichen Aussagen des Artikels zusammen, sodass sich auch die Leser:innen, die keine Zeit zur Lektüre des Volltexts haben, über den Inhalt informieren können.

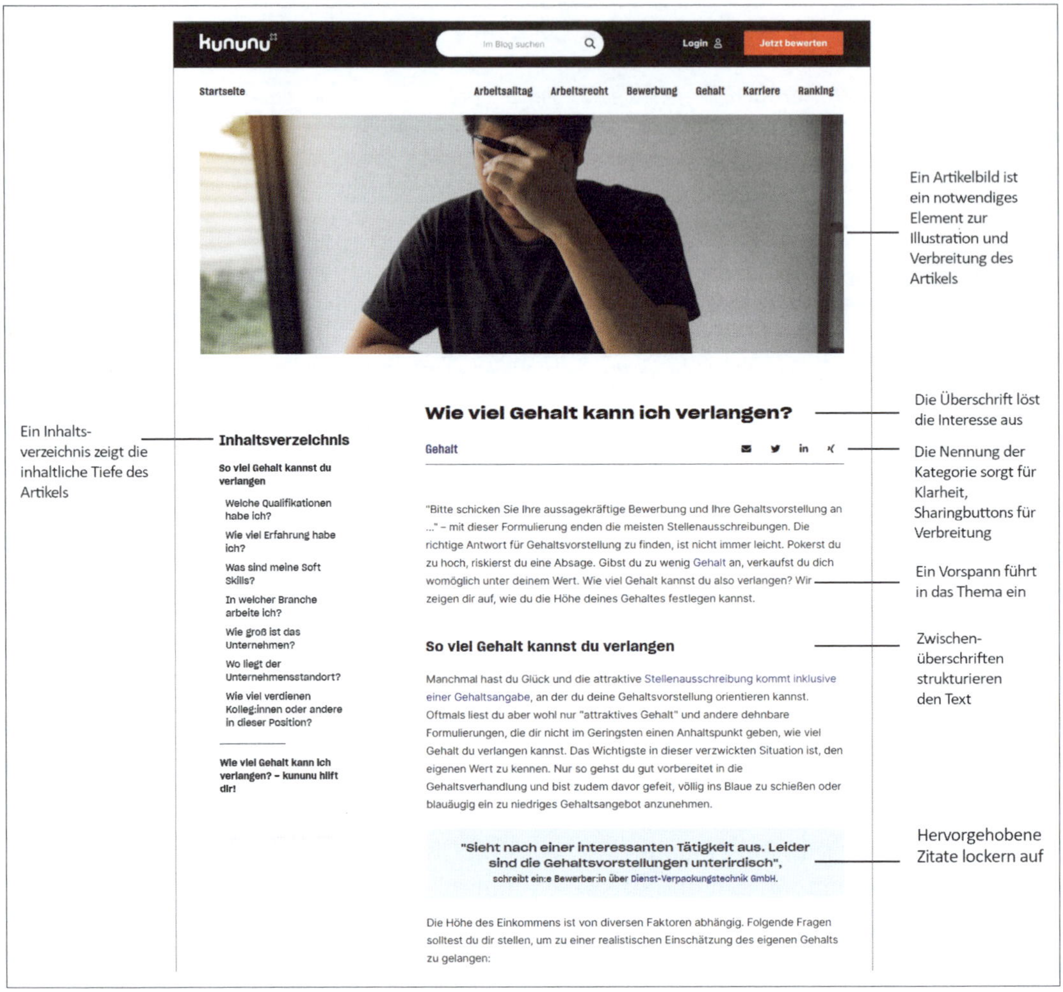

Abbildung 6-12 ▲
Einige typische Blogelemente im kununu-Blog. Der Artikel löst eine klare Erwartungshaltung aus – und erfüllt sie.

Ohne Bilder geht nichts

Locken Sie Leser:innen an, indem Sie ihnen etwas fürs Auge bieten: Putzen Sie Ihre Blogbeiträge durch Bilder, Icons, Grafiken, Diagramme und andere visuelle Elemente heraus. Mit den richtigen Illustrationen erwecken Sie bei neuen Lesern einen starken ersten Eindruck, der zugleich Unterhaltungswert hat.

Jedem Beitrag sollte ein attraktives, packendes Beitragsbild zugeordnet sein, das als Vorschaubild angezeigt wird – im Blog sowie in den sozialen Netzwerken, in denen Sie Ihren Artikel teilen. Facebook etwa senkt die Visibilität Ihres Postings massiv, wenn der Vorschaulink kein Bild enthält, und im Twitter-Stream werden Sie ohne Artikelfoto ebenfalls kaum wahrgenommen. Die Größe der verwendeten Bilder sollte in einem Bildbearbeitungsprogramm skaliert werden, um sie dem Bloglayout anzupassen.

Kommen wir zu der spannenden Frage: Woher nehmen, wenn nicht stehlen? Sie können nun zu jedem Artikel selbst ein Bild erstellen, beispielsweise indem Sie das beschriebene Produkt in Szene setzen und fotografieren. Oder Sie entwerfen eine Infografik anhand der im Text vermittelten Fakten – Statistiken etwa bieten sich regelrecht an, als Diagramm dargestellt zu werden. Vorteil dieser Lösung: Niemand kann Sie wegen unerlaubter Nutzung verklagen, die Urheberrechte selbst erstellter Fotos oder Grafiken liegen bei Ihnen. Auch die unverwechselbare, persönliche Note spricht natürlich für diese Lösung. Nachteil: ein etwas größerer Aufwand.

Alternativ können Sie eine Bilddatenbank bemühen. Neben den kommerziellen Anbietern wie Shutterstock oder Adobe gibt es Plattformen, die lizenzfreie Fotos oder nach Creative Commons lizenzierte Fotos vertreiben. Anlaufstellen sind unter anderem Unsplash[35], Pixabay[36] und Wikimedia[37]. Wichtig: Schauen Sie dennoch genau hin, um sicherzugehen, dass das gewählte Bild für alle Zwecke – oder vielleicht doch nur für nicht kommerzielle? – freigegeben ist. Prüfen Sie durch eine Rückwärtssuche bei Google, ob die Angaben zum Urheber stimmen können. Auch in freien Bilddatenbanken haben sich schon unrechtmäßig hochgeladene Fotografien wiedergefunden. In ihren AGB entbinden sich die Anbieter von dieser Verantwortung, wenn Sie aber ein Foto – auch unwissentlich – ohne Erlaubnis nutzen, können Sie immer haftbar gemacht werden.

Sobald Sie Ihren Artikel in sozialen Netzwerken teilen – oder andere das tun –, verbreitet sich das Artikelfoto ebenfalls weiter. Vergewissern Sie sich, dass die Lizenz auch diese Rechte erteilt.

Und das Motiv? In den vergangenen Jahren haben wir alle so viele typische Stockfotos (Beispiele: Mann springt von Berggipfel zu Berggipfel, Frau posiert am Strand, Businesspärchen an Kaffeetasse und Notebook) gesehen, dass Sie versuchen sollten, nicht das erstbeste Bild aus der Bilddatenbank zu fischen. Setzen Sie lieber auf originelle, aus dem Einerlei polierter Hochglanzfotografien hervorstechende Illustrationen. Die dürfen ruhig auch unperfekt sein, wenn sie dafür die richtige Stimmung vermitteln.

35 *https://unsplash.com/*

36 *https://pixabay.com/*

37 *https://commons.wikimedia.org/wiki/Hauptseite*

Hinweis ▶ Unter der *Creative-Commons-Lizenz* stehende Bilder dürfen Publisher ohne restriktive Durchsetzung von Copyright-Ansprüchen weitergeben. Wenn Sie ein unter den Creative Commons lizenziertes Bild nutzen möchten, müssen Sie aber darauf achten, die Lizenzanforderungen zu erfüllen. Derzeit unterscheidet man folgende Lizenzmöglichkeiten mit ihren jeweiligen Pflichten:

by-sa	Namensnennung, Weitergabe unter gleichen Bedingungen
by-nd	Namensnennung, keine Bearbeitung
by-nc	Namensnennung, nicht kommerziell
by-nc-sa	Namensnennung, nicht kommerziell, Weitergabe unter gleichen Bedingungen
by-nc-nd	Namensnennung, nicht kommerziell, keine Bearbeitung

Abbildung 6-13 ▶ Weitere Informationen über die Creative-Commons-Lizenzierung finden Sie unter *https://creativecommons.org/*.

Videoinhalte nutzen

Bewegtbild transportiert immer auch Emotionen. Binden Sie ruhig mal Videos – eigene und fremde – in Ihre Blogbeiträge ein, den nötigen Einbettungscode liefert Ihnen beispielsweise YouTube über einen Klick auf *Teilen/Link teilen/Einbetten*. Achten Sie darauf, die Anforderungen der DSGVO zu erfüllen – mehr dazu lesen Sie in Kapitel 15 zu rechtlichen Fragen von Thomas Schenke am Ende dieses Buchs.

Leserfreundliche Listen einfügen

Listen sind einfacher zu verdauen als normale Absätze. Sie werden häufig als wertvoll eingeschätzt und eher weiterverlinkt und geteilt. Und: Sie halten auch die Blogleser bei der Stange, die Inhalte nur schnell überfliegen (können). Artikel, deren zentraler Inhalt eine Liste ist, werden *Listicle* genannt. Darin geht es etwa um »Die fünf wichtigsten Plugins für WordPress« oder »Die zehn Orte, die du bis zum 30. Geburtstag besucht haben solltest«. Sie versprechen Information auf den Punkt, Zeitvertreib und Unterhaltung. Wegen ihrer hohen Klickrate wurden sie von sämtlichen Onlinemedien derart kleinteilig durchdekliniert, dass sie heute eher abgegriffen wirken. Dennoch kann man gelegentlich auf diesen Kniff zurückgreifen.

Alte Artikel nicht vergessen machen

Achten Sie darauf, dass Ihre Leser:innen auch die vor einiger Zeit veröffentlichten Artikel finden, die nicht mehr ganz oben auf Ihrer Seite oder im Feed auftauchen: Vergeben Sie viele passende Schlagwörter, denn die erleichtern nicht nur die Orientierung, sondern werden auch von Suchmaschinen mit einem höheren Ranking belohnt. Sortieren Sie Ihre Beiträge in passende Kategorien ein und bieten Sie eine Suchfunktion an.

Trainieren Sie suchmaschinenoptimiertes Schreiben

Kümmern Sie sich nicht nur um aussagekräftige Texte, sondern auch um deren Auffindbarkeit im Web. Achten Sie darauf, die wichtigsten Schlagwörter zu Ihrem Blogbeitrag zu nennen, und recherchieren Sie Synonyme. Dazu können Sie auf den *Google Keyword Planer*[38] zurückgreifen, der zu Google Ads gehört. Weitere Anlaufstellen zur Schlagwortrecherche sind *Keyword Tool*[39] und *HyperSuggest*[40]. Eine Reihe weiterer praktischer Hinweise liefern wir Ihnen später in diesem Kapitel im Abschnitt »Sichtbar werden«. Geraten Sie aber nicht in Versuchung, Ihren Text mit Marketing-Keywords zuzupflastern. Denken Sie daran: In erster Linie sind Sie ein Mensch, der für andere Menschen schreibt.

Sichtbar werden

Bei Millionen von Blogs ist es wichtig, dass Ihr neues Blog auch gefunden wird. Dazu sollten Sie es zunächst einmal in all Ihren üblichen Publikationen erwähnen bzw. verlinken: Nehmen Sie es auf Ihre Website, in E-Mail-Signaturen, in Newsletter, in Anzeigen und in Kataloge auf. Berichten Sie firmenintern sowie im Gespräch mit Kunden und Geschäftspartnern von Ihren Blogging-Aktivitäten. Das ist Ihre wichtigste Hausaufgabe!

Wir zeigen Ihnen nun, welche Hebel Sie außerdem ansetzen können und sollten.

Reichweite messen und erhöhen

Um Ist- und Sollzustand Ihrer Blogging-Reichweite überhaupt einschätzen zu können, müssen Sie den Erfolg oder Misserfolg Ihres Blogs sowie einzelner Beiträge mitschneiden. Kennzahlen sind etwa die Anzahl der

38 *https://ads.google.com/intl/de_de/home/tools/keyword-planner/* (im Englischen »Google Keyword Planner«)

39 *https://keywordtool.io/*

40 *https://www.hypersuggest.com/de/*

Besuche, die Verweildauer, die Anzahl der Kommentare und Backlinks, die Resonanz in sozialen Netzwerken sowie der Status Ihres Google-Rankings. Es gibt eine Reihe von Plug-ins, die dies erledigen. Außerdem bietet sich die übliche Webstatistiksoftware, etwa Google Analytics, an. Prüfen Sie vorab, ob die ausgewählten Dienste den Datenschutzbestimmungen Deutschlands, Österreichs bzw. der Schweiz entsprechen, und ergänzen Sie Ihre Datenschutzerklärung entsprechend.

Achten Sie darauf, Ihren Content für Suchmaschinen auswertbar zu machen. Dazu können Sie simple Regeln der Suchmaschinenoptimierung anwenden.

- Das wichtigste Schlagwort, um das es in Ihrem Blogartikel geht, sollte in der Überschrift, im Direktlink zum Beitrag und in sämtlichen beschreibenden Metainformationen enthalten sein.
- Vergeben Sie aussagekräftige Tags, auch abseits eigener Denkroutinen. Versuchen Sie, sich in andere Menschen hineinzuversetzen: Mit welchen Begriffen könnte noch nach Ihren Inhalten gesucht werden? Probieren Sie selbst verschiedene Suchbegriffe aus und schauen Sie nach, wie relevanter Content anderer Websites verschlagwortet ist.
- Nutzen Sie *Googles Keyword Planer*[41], um die am häufigsten gesuchten Begriffe Ihres Fachgebiets zu ermitteln (funktioniert leider nur nach Anmeldung).
- Tags sollten immer vereinheitlicht und nach festgelegten Regeln gebraucht werden, z.B. stets im Singular, also beispielsweise »Konferenz« statt »Konferenzen«, auch wenn es im Beitrag um die Teilnahme an mehreren Konferenzen geht.
- Verlinken Sie Ihre Beiträge in angemessenem Umfang mit themenverwandten Blogbeiträgen und nehmen Sie auch Bezug auf eigene Artikel – soweit es thematisch sinnvoll ist.

SEO-Tools einsetzen

Inzwischen gibt es eine ganze Reihe sehr nützlicher Tools, die Ihnen beim Verfassen suchmaschinenoptimierter Texte helfen. Das bekannteste ist das Plug-in *Yoast SEO*[42] (für WordPress und TYPO3[43]).

---

41 *https://ads.google.com/*

42 *https://yoast.com/wordpress/plugins/seo/*

43 *https://docs.typo3.org/typo3cms/extensions/yoast_seo/*

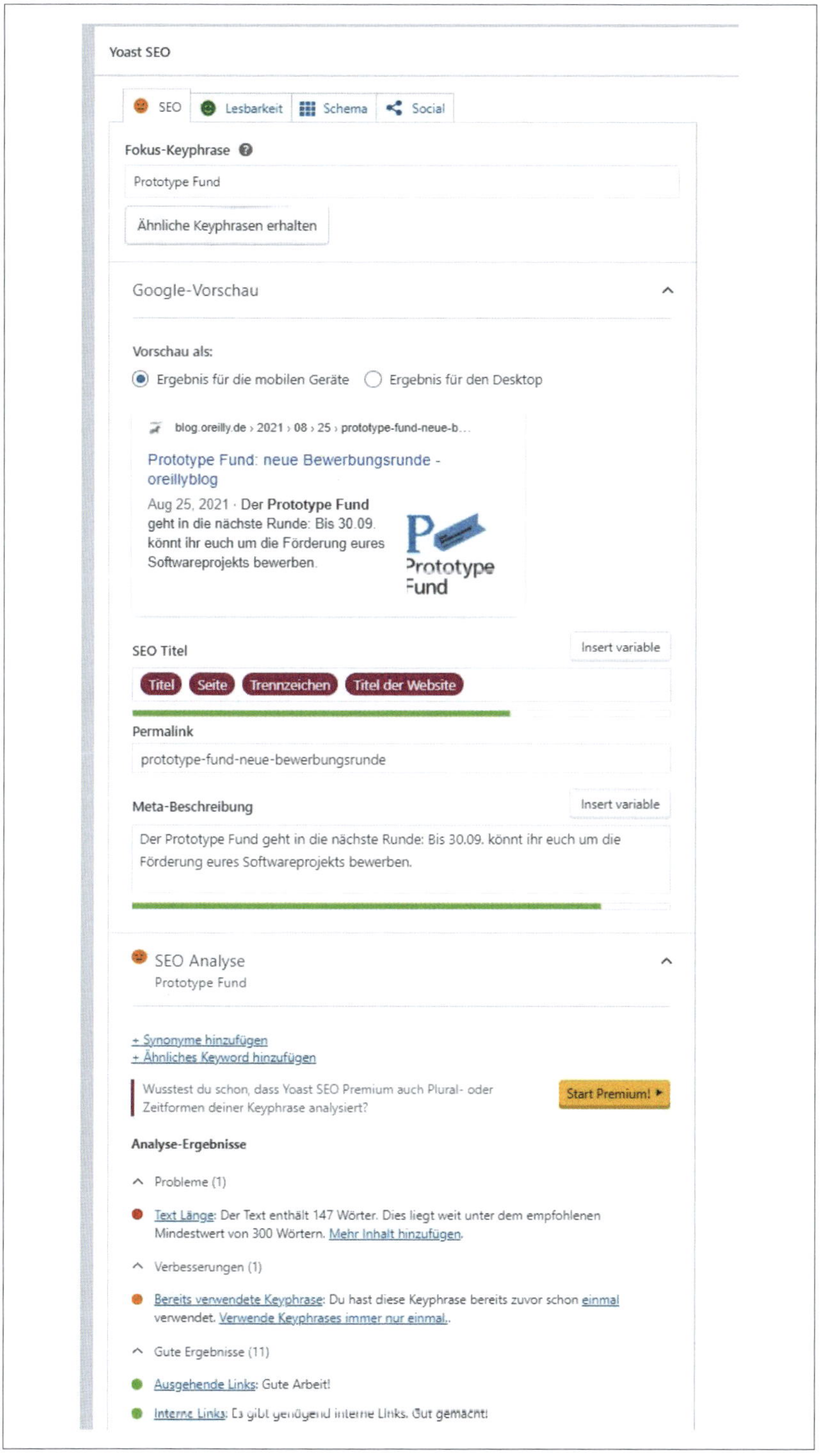

◀ Abbildung 6-14
Das Ampelsystem von Yoast veranschaulicht die Suchmaschinenoptimierung, konkrete Empfehlungen vereinfachen sie.

In einer bereits nützlichen Basisversion ist es kostenfrei erhältlich, die Premiumversion schlägt mit jährlich 79 Euro zu Buche. Nach der Installation hängt sich Yoast automatisch in die Backend-Artikelansicht unter das Texteingabefeld. Dort wertet es die Suchmaschinentauglichkeit des Beitrags aus und liefert konkrete Empfehlungen dazu, wie Sie Ihren Text optimieren können. Zunächst ist es wichtig, dass Sie eine sogenannte Keyphrase vergeben. Das ist das Suchwort, das ein Leser beispielsweise bei Google eintippt und mit dem er dann genau auf Ihrem Text landen soll. Versetzen Sie sich also in Ihren Leser und überlegen Sie, was dieser suchen würde, wenn er Ihren Inhalt benötigt. Nutzen Sie auch dazu die oben genannten Keyword Planer. Yoast ermittelt, wie der Text angepasst werden müsste, damit der Leser mit seinem Suchbegriff Ihren Artikel in den Suchergebnislisten angezeigt bekommt. Empfehlungen könnten sein, die entsprechende Keyphrase noch häufiger zu erwähnen oder mehr Wörter zu schreiben, weil der Text noch nicht lang genug ist. Außerdem erinnert Yoast Sie daran, Ihrem Artikel ein Google-Snippet zu verpassen – das sind die wenigen Wörter, die unter einem Suchtreffer auf Google angezeigt werden –, und bewertet die Lesbarkeit Ihres Texts anhand sprachlicher Kriterien. Falls Sie beispielsweise sehr viele Passivkonstruktionen verwenden, ermahnt Yoast Sie, aktiver zu schreiben, und markiert auch gleich die betreffenden Textstellen.

Yoast ist ein sehr hilfreiches Tool, dem Sie wiederum aber auch nicht zu viel Bedeutung beimessen sollten. Es assistiert, aber es tut dies aus maschineller Sicht. Ihre Texte werden immer noch von Menschen gelesen. Wenn Yoast also beispielsweise von Ihnen möchte, dass Sie die Keyphrase ein weiteres Mal im Text unterbringen, dies aber Ihrem Eindruck nach den Lesefluss stören würde, hören Sie besser auf Ihr Sprachgefühl. Keine Sorge: Wenn Sie eine Weile mit Yoast gearbeitet haben, entwickeln Sie ein gutes Gespür dafür, welchen Tipps Sie folgen sollten – und welchen nicht.

Wenn Sie noch etwas tiefer in die Suchmaschinenoptimierung einsteigen wollen, gibt es auch dazu nützliche Tools. Die meisten liefern bereits in einer kostenfreien Kurzabfrage erste Erkenntnisse, beispielsweise das *WDF*IDF-Tool*[44] oder *Sistrix Smart*[45].

---

44 *https://www.wdfidf-tool.com/*

45 *https://www.sistrix.de/*

Für Barrierefreiheit sorgen

Ein gutes Blog steht allen Menschen offen, zum Beispiel auch denen, die wegen einer Sehschwäche weder Buchstaben lesen noch Bilder erkennen können – oder zumindest nicht gut. Fügen Sie daher auf jeden Fall Ihren Grafiken Bildbeschreibungen hinzu, sodass gängige Vorlesesoftware diese Bildinhalte mit erfassen kann. Mehr Informationen finden Sie im Web unter den Stichwörtern »Accessibility« und »barrierefreie Websites«.

Mit anderen vernetzen

Sie sollten Ihr Blog natürlich dort bekannt machen, wo Sie eventuell schon Publikum haben: bei Ihren Twitter-Followern, auf Ihrem Facebook-Profil oder unter Ihren XING- und LinkedIn-Kontakten. Wenn Sie sichergehen wollen, dass Ihr Beitrag auf allen Netzwerken sauber dargestellt wird, sollten Sie das für jedes einzelne Netzwerk händisch erledigen. (Mehr dazu erfahren Sie in Kapitel 7.)

Und ganz wichtig: Lesen Sie auch andere Blogs und beteiligen Sie sich an Gesprächen. Geben Sie einen Link auf Ihr Blog an, wo es Ihnen notwendig oder angebracht erscheint und sie etwas zur Diskussion beitragen können, und natürlich nicht nur, um sich selbst zu vermarkten.

Blogverzeichnisse und Rankings

Sie können Ihr Blog aktiv promoten, indem Sie es in Blogverzeichnisse aufnehmen lassen. Umfassende Blogverzeichnisse, wie es sie vor Jahren noch gab, sind gerade für Unternehmensblogs nicht unbedingt relevant. Aber häufig gibt es spezifischere Verzeichnisse für einzelne Zielgruppen, Branchen, Orte oder Interessen, und gelegentlich veröffentlichen Fachmagazine auch branchen- oder themenbezogene Rankings. In einzelnen Special-Interest-Magazinen werden immer wieder Blogs vorgestellt – vorrangig für die Bereiche Lifestyle, Fitness, Living (Möbel und Inneneinrichtung), Reisen oder Mode. Hier lohnen sich eine gezielte Recherche und die persönliche Kontaktaufnahme.

Blogparaden und Memes

An einer *Blogparade* nehmen Sie teil, indem Sie zu einem bestimmten vorgegebenen Thema einen Beitrag verfassen und diesen entsprechend verlinken. Blogparaden sind inzwischen rar gesät, und für Firmenblogs sind zudem selten passende Themen dabei. Aber wenn Sie etwas finden, das zu Ihnen passt, sollten Sie zugreifen. Sie können so mehr Öffentlichkeit bekommen und ein Netzwerk aufbauen.

Auch mit *Memes* lässt sich die Bekanntheit steigern. Memes bestehen normalerweise aus einer Kette von Beiträgen, die von einer gemeinsamen Quelle ausgehen (siehe Abbildung 6-15). Bekannte Memes sind *12 von 12* – ein Meme, bei dem die Beteiligten immer am 12. eines Monats 12 Fotos auf ihrem Blog veröffentlichen, initiiert von Anne Häusler (Draußen nur Kännchen[46]) – und *WMDEDGT* (Was machst du eigentlich den ganzen Tag?), bei dem »Frau Brüllen«[47] aufruft, ein Tagesprotokoll zu schreiben.

Ruhr Nachrichten

ZWÖLF AM ZWÖLFTEN

Ein Tag im Leben von Redakteurin Iris Müller - beendet um 21.00 Uhr

„Zwölf am zwölften", das heißt, wir begleiten Menschen, die in Castrop-Rauxel leben, arbeiten oder sich engagieren durch den Tag - anhand von zwölf Fotos. Heute: Redakteurin Iris Müller.

von Iris Müller

Castrop-Rauxel, 12.02.2019 / Lesedauer: 2 min

Abbildung 6-15 ▶ 12 von 12 ist ein Meme, bei dem die Beteiligten des Blogs am 12. eines Monats 12 Fotos veröffentlichen – so entstehen über das Jahr hinweg 144 besondere Einblicke in ihr Leben. Die Ruhr Nachrichten (*https://www.ruhrnachrichten.de*) greifen diese Idee hier auf.

46 *https://draussennurkaennchen.blogspot.com/*

47 *https://bruellen.blogspot.com/*

Checkliste: Der Weg zum Corporate Blog

- Ziel und Hauptaussagen sowie Zielgruppe des Blogs definieren.
- Hauptverantwortliche bestimmen.
- Idee firmenintern vorstellen und bei der Geschäftsleitung verankern.
- Budget festlegen.
- Anforderungen für Technik, Design und Funktionalität klären, Software auswählen und gegebenenfalls technische Unterstützung suchen.
- Namen für das Blog finden.
- Layout skizzieren, Themen und Kategorien festlegen.
- Feststehende Bestandteile des Blogs texten bzw. vorbereiten: Impressum, Datenschutzerklärung, About-Seite, Autorenprofile (soweit bereits bekannt), Blogroll, gegebenenfalls Netiquette und FAQ.
- Technische Umsetzung: Blog installieren und einrichten bzw. an entsprechende Spezialisten weitergeben.
- Autoren suchen.
- Redaktionsplan erstellen.
- Etwa zehn erste Blogbeiträge »auf Vorrat« texten und ins System einstellen, sukzessive veröffentlichen.

Blog bekannt machen: Erwähnung in Newslettern und E-Mail-Signaturen, auf Visitenkarten, der Website und allgemeinen Werbematerialien des Unternehmens, eventuell Pressemitteilung versenden, in öffentlich zugänglichen Geschäftsräumen Plakate aufhängen, Flyer verteilen, Social-Media-Angebote und Blogverzeichnisse nutzen, auch firmenintern bekannt machen.

Ohne eigenes Blog in die Blogosphäre

Auch wenn Sie kein eigenes Blog eröffnen möchten, können Sie Verbindungen zu Bloggern aufzubauen (Stichwort *Blogger Relations*).

An Gesprächen beteiligen

Viele Blogger schreiben regelmäßig über Produkte und Marken: Sie berichten, welche Hersteller sie bevorzugen – und welche sie aus welchen Gründen boykottieren –, bewerten Produkte und geben allgemeine Informationen über Firmen weiter. Lesen Sie aufmerksam, welche Themen in welcher Art und Weise besprochen werden, welche Positionen und Gegenpositionen es gibt und im Speziellen wie Ihr Unternehmen, Ihre Marke, Ihre Produkte und Ihre Mitarbeiter:innen wahrgenommen werden (falls sie wahrgenommen werden).

Dazu müssen Sie die Meinungsäußerungen natürlich auch finden – einige Tipps dazu haben wir in Kapitel 3 unter »Monitoring« aufgeführt. Um außerdem wichtige Trends und kontroverse Diskussionen nicht zu verpassen, die Ihr Fachgebiet, aber nicht unbedingt Ihr Unternehmen betreffen, sollten Sie die Meinungsführer identifizieren und deren Beiträge regelmäßig lesen.

Und was können Sie tun, wenn der Worst Case eintritt und jemand negativ über Sie berichtet? Zunächst sollten Sie Ruhe bewahren und auf der Grundlage der Erfahrungen, die Sie durch regelmäßiges Bloglesen gemacht haben, die Brisanz der Meinungsäußerung einschätzen. Berichtet etwa eine bloggende Mutter, sie habe Glassplitter in einem Babygläschen Ihrer Marke gefunden, sollten Sie natürlich sofort handeln, um weitere Gefahren abzuwenden. Geht es »nur« um ein falsch geliefertes Produkt, können Sie Ihren Kundendienst informieren, der sich um alles Weitere kümmert. In jedem Fall sollten Sie direkt im jeweiligen Blog Stellung dazu nehmen, wie Sie über die Kritik denken und was Sie zur Lösung beitragen können. (Mit Krisenkommunikation beschäftigen wir uns in Kapitel 4.)

Mit dem Bloggen Geld verdienen

Einige Blogger – vor allem natürlich private Blogger oder Freelancer – wollen mit dem Bloggen auch Geld verdienen. Dies versuchen sie über Bannerschaltungen oder Google Ads, sehr beliebt ist außerdem die Teilnahme an Affiliate-Programmen, wie z.B. Amazon sie anbietet. Eine Form der bezahlten Werbung sind auch *Sponsored Posts*, die jedoch häufig wenig glaubwürdig wirken.

Für Corporate Blogs sind Finanzierungsmodelle dieser Art nicht relevant, denn natürlich sollen Blogs ein kostenfreies Angebot an die eigenen Kunden sein. Wenn Sie sich aber mit anderen Blogs vernetzen, sind diese und ähnliche Werbekooperationen überlegenswert – insbesondere wenn die Blogger eine passende und gegebenenfalls große Leserschaft um sich scharen.

Dabei sollten Sie guten Stil bewahren, auch wenn Sie sich eventuell zu Unrecht angegriffen fühlen. Bleiben Sie sachlich und lösungsorientiert, zeigen Sie Interesse am Sachverhalt und gleichzeitig Bemühen, alles aufzuklären. Nur so können Sie Ihre Glaubwürdigkeit wahren und Ihren schon fast verloren gegangenen Kunden vielleicht behalten – sowie viele weitere hinzugewinnen.

Wenn Sie keine Rolle spielen

Und was ist, wenn Ihr Unternehmen in relevanten Blogs bisher gar nicht wahrgenommen wird? Wenn Sie die Bekanntheit eines neuen oder verbesserten Produkts erhöhen wollen? Natürlich können Sie auf übliche Werbeformate wie Banner zurückgreifen. Oder Sie streben die Zusammenarbeit mit Influencern an, wie wir es in Kapitel 4 erläutern. Entscheidend und unverzichtbar für die Glaubwürdigkeit des Blogs ist hier die klar erkennbare Trennung zwischen redaktionellem und werblichem Inhalt.

Wenn Sie möchten, dass eines Ihrer Produkte besprochen wird, können Sie auch sogenannte Sponsored Posts kaufen. Diese Beiträge stellen das Produkt ausführlich vor und werden von den Blogbetreibern persönlich geschrieben. Vorteil: Die Kritik wird in jedem Fall positiv ausfallen, dafür zahlen Sie schließlich. Nachteil: Die Beiträge sind als Werbung gekennzeichnet und werden daher als das wahrgenommen, was sie sind: eben Werbung, der – das ist in jedem Medium so – üblicherweise nicht allzu viel Glauben geschenkt wird.

Eine erfolgversprechendere und nachhaltigere Taktik ist, Blogger direkt um Meinungen und um einen Dialog zu bitten. Diese Vorgehensweise hat jedoch einen Haken. Die meisten bekannten Blogger bekommen ständig Angebote, auch »Pitches« genannt, neue Produkte und Dienstleistungen vorzustellen. Um sich zu behaupten, sollten Sie eine personalisierte, kurze und sachliche Anfrage stellen. Machen Sie sich unbedingt die Mühe, vorab mehr über den Blogger, seine Lebensumstände und seine Interessen zu erfahren. Sprich: Lesen Sie sein Blog und nehmen Sie ernst, was darin gegebenenfalls über die Zusammenarbeit mit Unternehmen und Werbung steht!

Eine seriöse Möglichkeit, an Produkttester zu kommen, bieten Word-of-Mouth-Plattformen wie *trnd.com*, die oben genannten Blogvermarkter oder auch einzeln agierende Spezialisten für Influencer Marketing. Wir gehen auf diese Anbieter in Kapitel 12 ausführlicher ein.

Podcasting

Totgesagte leben länger: Bereits Anfang bis Mitte der 2000er-Jahre – parallel zum Aufkommen der ersten iPods – erlebten Podcasts einen ersten Boom. Ausgehend von den USA, schwappte der Medientrend auch nach Europa, und es entstanden erste Sendeformate, darunter die ersten Unternehmenspodcasts. Dann jedoch versanken sie einige Jahre wieder in einem Nischendasein, nur um seit einigen Jahren wieder deutlich an Relevanz aufzuholen.

Was ist ein Podcast?

Ein Podcast ist im Kern eine regelmäßige Radiosendung, die über das Web verbreitet wird. Die einzelnen Folgen – oder Episoden – stehen meist als MP3-Datei zum Download zur Verfügung. Podcasts werden von Privatpersonen, Künstler:innen, Journalist:innen, Unternehmen und vielen anderen publiziert. Auch große Rundfunkanstalten stellen ihre Features und Radiosendungen sehr häufig als Podcast ins Web.

Der Vorteil gegenüber der ausschließlichen Ausstrahlung per Sendeantenne liegt auf der Hand: Ein Podcast kann on demand gehört werden, wann immer die Menschen Zeit und Lust haben. Dennoch haben Podcasts in der Regel einen festen Seriencharakter, das heißt, die Episoden erscheinen regelmäßig an einem bestimmten Tag in der Woche oder im Monat.

Wer veröffentlicht Podcasts, und wer hört sie?

Neben klassischen Radiosendungen, die von den großen Rundfunkanstalten ins Netz gestellt werden, podcasten auch viele Einzelpersonen und einige Unternehmen.

Das Angebot verfügbarer Podcasts überzeugt durch seine hohe Diversifikation. Von Anfang an gab es Podcasts mit sehr hohem Bekanntheitsgrad, darunter waren Dave Winer und innerhalb Deutschlands beispielsweise der sehr persönlich gehaltene Podcast »Schlaflos in München«, den die Journalistin Annik Rubens viele Jahre veröffentlichte. Und: viele, viele Podcasts mit nur geringer Reichweite, dafür aber häufig umso höherer Relevanz für den einzelnen Hörer. Ganz klar, Podcasts haben Raum für Nischiges.

Einigen Podcastern ist es gelungen, zu Meinungsführern zu werden. Der Podcast »Zur Lage der Nation«[48] thematisiert wöchentlich aktuelle politische Fragen und erreicht damit nicht nur eine große Hörerschaft, sondern erhält auch enorm viele Kommentare und ein Echo in den klassischen Medien. In den USA sind es die Podcasts »Serial«[49] und »The Daily«[50], die Woche für Woche bzw. Tag für Tag von Hunderttausenden eingeschaltet werden.

Abbildung 6-16 ▼ Sie gehören zu den bekanntesten Podcasts in Deutschland. Doch nicht nur Reichweite zählt, auch in Nischen können Podcasts sehr erfolgreich sein.

48 *https://www.kuechenstud.io/lagedernation/*

49 *https://serialpodcast.org/*

50 *https://www.nytimes.com/column/the-daily*

Hierzulande steigen die Hörerzahlen ebenso: Einer Studie[51] des Branchenverbands Bitkom zufolge hören inzwischen 33 Prozent der Deutschen zumindest hin und wieder Podcasts. Rund 8 Prozent schalten täglich teilweise mehrfach ein. Unter den 14- bis 29-Jährigen geben sogar 40 Prozent der Befragten an, Podcasts zu hören.

Dass Podcasts im zweiten Anlauf noch einmal beliebter geworden sind, liegt an der Verbreitung des Smartphones, insbesondere des iPhones – denn Apple selbst pflegt das weltweit umfassendste Podcast-Verzeichnis. Sämtliche Befragungen kommen zu dem Schluss, dass die Mehrheit der Hörer unterwegs und/oder von mobilen Geräten aus auf die Audiofiles zugreift. Die Menschen haben ihr Radio also in der Hosentasche und scheinen sich zu freuen, nun auch lästige Wartezeiten in der Bahn überbrücken oder sich während einer längeren Laufrunde ablenken zu können. Nicht nur für Radiosender ist dies ein Gewinn: Letztlich erreichen alle Medienmacher mit Podcasts nun auch die Menschen, die nicht an einem festen Ort situiert sind oder beispielsweise während der Autofahrt ins Büro keine Texte lesen oder Videos schauen können.

Seit Beginn der Coronapandemie gelang es den Podcasts, ein drittes großes Revival hinzulegen. Zahlreiche neue Gesprächsformate entstanden, in denen besonders Medienschaffende und Künstler:innen versuchten, trotz allgemeiner »Stay at home«-Losung kreativ zu arbeiten und mit ihrem Publikum in Kontakt zu bleiben.

◀ Tipp

Mit zahlreichen Podcast-Anspieltipps, den Trends der Podcasting-Szene und einer wirklich plausiblen Einordnung der Podcasting-Welt versorgt Sie alle zwei Wochen das Deutschlandfunk-Kultur-Format »Über Podcast«. Hören Sie mal rein: *https://www.deutschlandfunkkultur.de/ueber-podcast.4037.de.html*!

Podcasting im Unternehmen

Podcasting ist vielleicht nicht allein den sozialen Medien zuzurechnen (abgesehen von den Hörerkommentaren nach der Veröffentlichung), hat aber in den letzten Jahren seinen festen Platz im Web gefunden und kann sich auch wunderbar zur Kommunikation eines Unternehmens oder einer Organisation mit Kunden, Freunden und Partnern eignen.

Wer an den Dudelfunk üblicher Radiosender gewöhnt ist, wird zunächst überrascht sein: Podcasts haben einen enorm hohen Wortanteil, gehen nicht selten über 60 bis 80 Minuten (und mehr) und nehmen sich dabei auch die Zeit für vertiefende – und gelegentlich sogar versandende – Diskussionen. Ihre Hörer sind bereit, längere Episoden zu hö-

51 *https://www.bitkom.org/Presse/Presseinformation/Podcast-Boom-haelt-an*

ren, selbst wenn es sich dabei nur um einen Monolog ohne Einspieler handelt. Eine Entwicklung, die Radiomacher wohl vor Jahren noch vehement abgestritten hätten, dezimierte sich die Anzahl der Wortbeiträge in den Rundfunkanstalten doch zunehmend.

Auch für Unternehmen öffnet sich hier ein Fenster, denn analog zum Bloggen haben sie auch beim Podcast die Zeit, komplexe Sachverhalte zu veranschaulichen. Sie stoßen bei Podcast-Hörern auf eine erhöhte Bereitschaft zur Aufmerksamkeit – sowohl was die Themen als auch was die Hördauer angeht. Und: Sie erreichen die Menschen, die sich aktiv für Ihre Inhalte interessieren. Schließlich müssen die Folgen gefunden, angeklickt und heruntergeladen werden, bevor überhaupt das erste Wort durch die Kopfhörer wabern kann.

Abbildung 6-17 ▶ Natascha Wegelin erklärt die komplexe Materie Finanz- und Altersvorsorge in ihrem Podcast »Madame Moneypenny«. Sie zeigt nicht nur ihre Kompetenz, es gelingt ihr aufgrund ihres authentischen, persönlichen Auftretens auch, ihre Marke zu stärken und eine Bindung zu ihrer Community aufzubauen.

Wie jede Art von Onlinekommunikation funktioniert auch Podcasting am besten, wenn Sie auf Ihr Publikum achten und es in Ihr Programm einbeziehen. Allerdings hat das gesprochene Wort nicht denselben Grad an Interaktivität wie das geschriebene, zumal Podcasts häufig nebenbei gehört werden: im Fitnessstudio, auf dem Weg zur Arbeit und beim Einschlafen. Außerdem schrecken viele Menschen noch vor Podcasts zurück, weil man bei gesprochenen Informationen schneller den Faden verliert, etwa wenn man kurz abgelenkt ist.

Daher ist Podcasting nur ein kleiner Ausschnitt aus dem Marketing, aber wenn Sie sympathisch rüberkommen und viel zu sagen haben (und kamerascheu sind), sind Podcasts vielleicht geeignet, Ihre Marketingaktivitäten überzeugend zu ergänzen. Oder mit einer persönlicheren Note zu versehen: Auch einige Führungskräfte wagten den Schritt ans Mikrofon, um von ihren Plänen und Visionen zu erzählen. (Wie ein sogenannter »Social CEO« auf Ihre Marke einzahlt, zeigen wir in Kapitel 4.)

Ihr Unternehmenspodcast

Podcasts lassen sich ganz einfach bei Gesprächen oder Telefonaten über Onlinedienste wie Skype oder Facetime aufnehmen. Manche Podcasts sind sehr erfolgreich und haben Hunderttausende von Hörern, doch auch Podcasts mit geringerer Reichweite können Sie dabei unterstützen, Ihre Meinungsführerschaft und Ihre Marke zu stärken. Wenn Sie die Zeit und Hingabe aufbringen, einen regelmäßigen Podcast aufzunehmen und zu pflegen, und das Gefühl haben, dass Sie Ihrem Publikum mit Ihren Hörbeiträgen einen Mehrwert bieten können, sollten Sie es mit diesem Medium versuchen. Und vielleicht finden Sie ja auch einen Mitstreiter in Ihrem Unternehmen, der Sie technisch oder inhaltlich unterstützen möchte.

Trauen Sie sich? Wir zeigen Ihnen nun, wie simpel der Einstieg ins Podcasting ist.

Vorüberlegungen

Bevor Sie loslegen, sollten Sie einige Dinge zumindest grob überlegen.

Wer könnte podcasten?

Ganz einfach: jedes Unternehmen, das etwas erzählen kann. Das es versteht, seine Botschaften in Geschichten mit einer gewissen Dramaturgie zu verpacken. Und das Lust auf ein Audioformat hat, bei dem sich eine interessierte, aufgeweckte Hörerschaft akquirieren lässt. Ein weiterer Vorteil: Allzu viele Unternehmen mit Podcast gibt es noch nicht, wahrscheinlich ist Ihr Wettbewerber noch nicht auf Sendung.

Podcasting wird den Unternehmer:innen leichtfallen, die daran gewöhnt sind, Inhalte und Themen mündlich zu präsentieren. Natürlich ist es vorteilhaft, wenn Sie eine angenehme Stimme haben, flüssig formulieren, leicht verständlich sprechen und schlagfertig reagieren können. Außerdem sollten Sie darin geübt sein, Pausen zu füllen und Gespräche zu moderieren. All das lässt sich aber lernen und trainieren!

Einige Unternehmen beauftragen auch professionelle Podcaster oder Hörfunkmoderatoren als Host für Ihren Unternehmenspodcast. Der Vorteil liegt auf der Hand: Diese Personen bringen Sachkompetenz und Erfahrung aus Moderation und Tontechnik mit. Oftmals sind sie auch bereits mit dem nötigen Equipment ausgestattet und vertraut – und natürlich formulieren und sprechen sie souverän und eloquent ins Mikro.

Abbildung 6-18 ▶ Die Baumarktkette Hornbach hat den erfahrenen Hörfunkmoderator Holger Klein beauftragt. Eine kluge Wahl: Bei den Werkstattgesprächen stehen Inhalte und lockere Gespräche im Vordergrund, Klein führt unterhaltsam und gefällig durch die Episoden.

Worum soll es gehen?

Ein Podcast bietet Raum für mehr, und diesen sollten Sie ausschöpfen. Reden Sie über das, was Sie in Ihrem Unternehmen bewegt (und was an die Öffentlichkeit gelangen darf). Erzählen Sie von Besuchen auf Tagungen und welche Erkenntnisse Sie dort gewinnen konnten. Erwähnen Sie, welche Nachrichten Ihre Branche bewegen (als Recherchetools eignen sich auch hier Google Alerts und die sozialen Netzwerke). Plaudern Sie von dem Kollegen, der gerade nach mehreren Jahrzehnten Betriebszugehörigkeit in den Ruhestand gegangen ist, oder erzählen Sie Näheres über die Kollegin, die jüngst für einige Jahre zum Austausch in eine andere Niederlassung ins Ausland wechseln konnte. Und ja: Berichten Sie auch von neuen Produkten und Dienstleistungen. Verpacken Sie dies aber mithilfe fundierter, nützlicher Fakten: Was ist der technologisch interessante oder neuwertige Aspekt Ihrer Entwicklung? Welche Probleme können Sie nun lösen? Und welche Experimente mussten Sie machen, um zu dieser Lösung zu gelangen?

Ein wenig fühlt sich ein Podcast an wie ein Gespräch, das Sie im Zug belauschen: Sie erfahren dabei auch die Details, die eben nicht im Produktdatenblatt oder in der Hochglanzbroschüre stehen. Plumpe Werbung sollten Sie logischerweise unterlassen.

Wie soll Ihr Podcast heißen?

Suchen Sie nach einem griffigen Namen, der gut zu Ihnen und/oder Ihrem Unternehmen passt. Wichtig: Der Name muss sich nicht nur gut schreiben lassen, sondern auch leicht auszusprechen und ebenso leicht akustisch zu verstehen sein. Achten Sie außerdem darauf, dass der gewahlte Name in einem winzigen Quadrat – dem Icon, das in den Podcast-Verzeichnissen oder Playern angezeigt wird – leserlich abgebildet werden kann. Notfalls können Sie auch eine Abkürzung für das Icon wählen.

Die technische Seite

Einen Podcast können Sie mit sehr geringen Investitionen starten – theoretisch brauchen Sie noch nicht mal ein Mikro, denn Ihr Smartphone bringt von Haus aus eine Aufnahmefunktion mit. Ihre Hörer werden es Ihnen aber danken, wenn Sie ein paar Euro in Ihr Equipment investieren.

Mikrofon

Einen deutlichen Qualitätssprung erreichen Sie mit einem Mikrofon ab etwa 150 Euro aufwärts. Denken Sie dabei auch an ein zweites Mikrofon für eventuelle Gäste. Zusätzlich können Sie Ansteckmikros anschaffen, wenn Sie beispielsweise von Konferenzen oder anderen Veranstaltungen podcasten möchten.

Mikrofonhalterung

Eine Mikrofonhalterung kostet wenig, bringt aber viel – nämlich freie Hände und damit weniger Raschel- und andere Störgeräusche. Neben einfachen Halterungen gibt es auch bewegliche Mikrofonarme, mit denen sich das Mikro frei und vor allem geräuschlos positionieren und arretieren lässt. Gut sind Mikrofonhalterungen mit Stoßdämpfern, die Nebengeräusche zusätzlich sehr effektiv verhindern.

Pop-Schutz

Halten Sie sich Ihre Hand vor den Mund und sprechen Sie die Laute P, T und K. Spüren Sie den Wind? Leider wird er auch zu hören sein – investieren Sie also am besten in einen Pop-Schutz. Diese Blende lenkt die Luftströme vom Mikro weg.

Kopfhörer

Kennen Sie von virtuellen Meetings und Onlinekonferenzen: Um Rückkopplungen zu vermeiden, sollten Sie während der Aufnahme geschlossene Kopfhörer tragen.

PC mit Aufnahme-/Schnittsoftware

Zur Aufnahme können Sie jede simple Recording-Software nutzen, die es als Smartphone-App oder als kostenfreies Programm für den PC gibt. Gäste können Sie über Skype dazuholen.

Die Software *Alitu*[52] bietet Aufnahme und Schnitt in einem Paket, auch Gespräche mit zugeschalteten Gästen sind möglich. Im Nachhinein können Sie die Aufnahmen verbessern und abmischen und Soundeffekte hinzufügen. Darüber hinaus bietet eine Reihe von Podcast-Hosting-Anbietern – Beispiele nennen wir Ihnen am Ende dieses Kapitels – ebenfalls gleich eine Aufnahmefunktion.

Eines der besten Tools zur Postproduktion Ihrer MP3-Datei ist *Audacity*[53]. Das ist ein kostenloses Programm, mit dem Sie den Stream direkt auf Ihren Computer einspielen und schneiden können. Audacity gibt es für Windows, Mac und Linux. Apple-User können alternativ die App *Garageband*[54] nutzen.

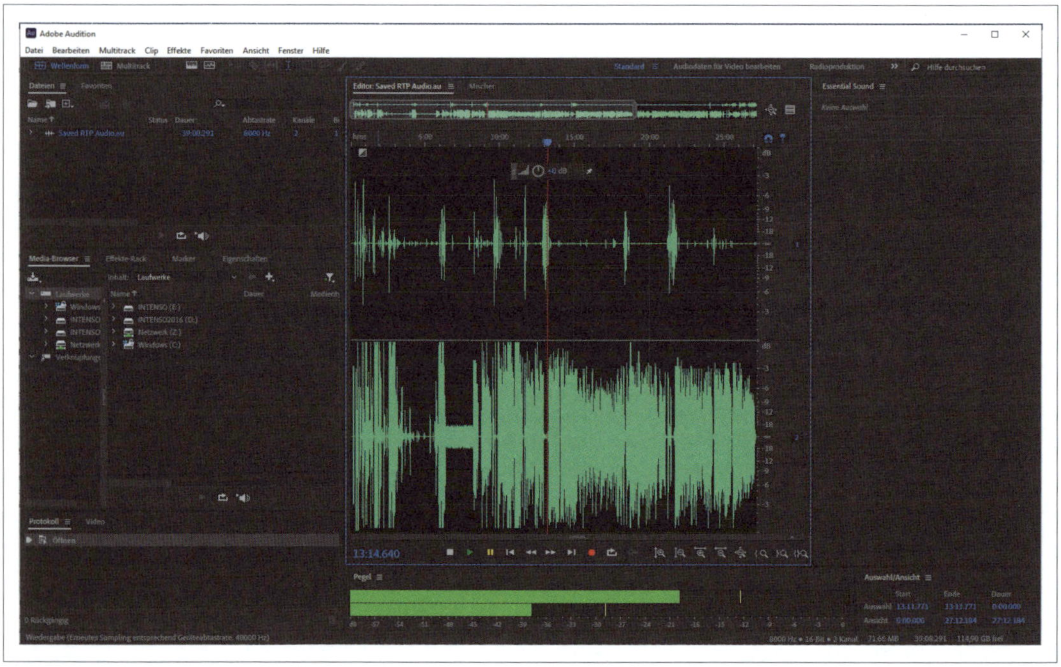

Abbildung 6-19▼
Adobe Audition ist Teil der Creative Cloud.

52 *https://alitu.com/*

53 *https://www.audacityteam.org/*

54 *https://apps.apple.com/de/app/garageband/id408709785*

Erste Wahl für professionelle Podcaster ist Adobes *Audition*[55]: Die Software bietet umfangreiche Funktionen zum Bearbeiten und Abmischen von Audiodaten sowie beispielsweise eine Bibliothek an Soundeffekten. Den Nachteil können Sie sich denken: Es fallen monatliche Abogebühren an, für Einzelanwender:innen um die 24 Euro, Agenturen und KMUs zahlen knapp 30 Euro. Laden Sie sich aber ruhig einmal die kostenfreie Testversion herunter und nutzen Sie das Podcast-Tutorial.

Podcast-Mischpulte

Wenn Sie Gefallen am Podcasten gefunden haben, könnten Sie ein Mischpult anschaffen. Einfache Podcasting-Mischpulte ermöglichen, direkt während der Aufnahme Lautstärke und Klang über Regler anzupassen, unterschiedliche Audioeingänge abzumischen und Soundschnipsel wie Jingles oder Klangeffekte einzufügen. Per USB-Schnittstelle landet eine fast sendefertige Audiodatei auf Ihrem Computer. Bewährt hat sich beispielsweise das *Røde Caster Pro* für etwa 500 Euro.

◀ Tipp

Wenn Sie sich noch nie mit Podcasting beschäftigt haben, sollten Sie vor dem Start eine »Pilotfolge« aufnehmen. Diese erste Aufzeichnung fungiert im Grunde als Probelauf, der Ihnen dazu dient, Ihren Podcast zu hören und technische Fehler sowie potenzielle Probleme auszubügeln, bevor er an die Öffentlichkeit gelangt. Achten Sie dabei darauf, unter wirklich sehr realistischen Bedingungen zu proben, um den Ablauf der Sendung aktiv durchzuspielen.

Das Sounddesign Ihres Podcasts

Genau so, wie Ihr Blog ein Layout bekommen muss, so muss auch Ihr Podcast ein – in diesem Fall akustisches – Gerüst erhalten, das ihm einen Wiedererkennungswert verleiht und dem Hörer Orientierung gibt. Durch Jingles (Melodien) geben Sie einer Folge durch einen prägnanten Anfang und ein Ende Struktur, im Verlauf der Aufzeichnung können Sie auch feste Rubriken mit Soundschnipseln ankündigen oder (dosiert) Hintergrundmusik einspielen. Diese Jingles können Sie selbst komponieren, von freien Musiker:innen komponieren lassen oder für wenig Geld einkaufen.

Es gibt Datenbanken für Songs, die Sie ohne Lizenzgebühren nutzen dürfen. Ähnlich den Bilddatenbanken für Stockfotos bietet unter anderem der Dienst Premiumbeat[56] die Möglichkeit, Lizenzen zum Abspielen von Musikstücken zu erwerben. Vorteilhaft sind hier die riesige

55 *https://www.adobe.com/de/products/audition.html*

56 *https://www.premiumbeat.com/*

Auswahl und eine sehr leistungsstarke Suche nach Genre, Stimmung oder Schlagwörtern. Weitere Anbieter sind beispielsweise bei Epidemic Sound[57] oder AudioJungle[58].

Außerdem benötigen Sie eine Podcast-Grafik, die ähnlich einem Plattencover in den Podcast-Verzeichnissen (und beim Hören im Player des Smartphones) eingeblendet wird. Sie muss unverwechselbar und in mehreren Größen (auch fingernagelwinzigklein als Icon in der Smartphone-App) gut erkennbar sein.

Zum Design Ihres Podcasts gehört ebenfalls, dass Sie eine regelmäßige Veröffentlichung festlegen. Ihre Hörer:innen sollten sich darauf verlassen können, an welchem Tag eine neue Episode erscheint.

Die Aufnahme

Ihre Hörer sind bereit, sich für Sie und Ihr Unternehmen Zeit zu nehmen. Tun Sie das unbedingt auch – bei der inhaltlichen Konzeptionierung, der Vorbereitung und der Produktion der Folgen.

Das Thema

Bereiten Sie sich gut vor, ganz besonders dann, wenn Sie Gäste begrüßen. Notieren Sie sich Namen, Orte, Jahreszahlen und andere Fakten.

Es kann sein, dass sich sehr leicht ein Gespräch zwischen Ihnen und Ihrem Gast entwickelt. Rechnen Sie aber damit, dass es zäh werden könnte, etwa weil Ihr Gast sehr nervös ist. Es ist Ihre Aufgabe, das Gespräch in Gang zu bringen. Überlegen Sie sich genügend Interviewfragen, geben Sie Anekdoten zum Besten und recherchieren Sie vorab ausreichend Fakten und Statistiken zum Thema, sodass Ihre Hörer:innen etwas lernen können.

Das Sprechen

Viele Menschen mögen es nicht, sich selbst auf Tonaufzeichnungen zu hören. Woran liegt das? Nun, wir sind kritisch, weil wir kleine Aussprachefehler wahrnehmen, uns unser Dialekt stört oder weil wir deutlich häufiger »äh« sagen, als uns lieb ist. Das Gute ist: Sprechen lässt sich üben.

- Nehmen Sie einen Weinkorken oder einen Tischtennisball in den Mund und lesen Sie einen beliebigen Text laut und so verständlich wie möglich vor. Diese Übung treibt Ihnen das Nuscheln wirksam aus!

---

57 *https://www.epidemicsound.com/*

58 *https://audiojungle.net/*

- Üben Sie die richtige Aussprache von Fremd- und Lehnwörtern sowie, ganz wichtig, von Namen.
- Tragen Sie grobe Ausspracheschnitzer mit sich herum, etwa eine »th«-Schwäche bei englischen Begriffen oder die im Rheinland sehr verbreitete Verwechslung von »ch« und »sch«? Es ist nicht ganz leicht, diese Aussprachefehler loszuwerden. Nehmen Sie gegebenenfalls Hilfe durch Sprechtrainer oder Logopäden in Anspruch.
- Professionelle Kurse und Videotrainings beziehen auch Stimm- und Atemübungen ein. Dies ist durchaus sinnvoll, wenn Sie Ihre Stimme festigen und insgesamt souveräner wirken wollen.
- Vor einer längeren Aufnahme kann es hilfreich sein, die Gesichtsmuskeln zu lockern. Das ist ganz einfach, Sie müssen nur ein paar Grimassen schneiden.
- Nehmen Sie während der Aufnahme eine bequeme Position ein. Wenn möglich, bleiben Sie stehen. Ihre Atmung ist dann freier und der Klang Ihrer Stimme klarer.
- Ganz wichtig: Sprechen Sie langsam und genehmigen Sie sich Pausen. Galoppieren Sie Ihren Hörer:innen nicht davon.

Die Sprache

Die meisten Podcast-Hörer:innen sind parallel mit anderen Dingen beschäftigt: Sie machen Sport, kochen oder fahren mit dem Auto. Aus dem klassischen Hörfunk wissen wir, dass die Sprache in Radiobeiträgen – und damit auch in Podcasts – zum Gehörtwerden formuliert sein muss. Erfolgsentscheidend ist ein leicht zu erfassender Satzbau. Verzichten Sie daher auf Schachtelsätze und Partizipialkonstruktionen.

Ein Beispiel? Dieser Satz:

> *Der Hund, der gerade ein Eichhörnchen gesehen hatte, rannte aus dem Hoftor hinaus.*

... lässt sich besser verstehen, wenn Sie ihn so formulieren:

> *Der Hund rannte aus dem Hoftor hinaus. Er hatte gerade ein Eichhörnchen gesehen.*

Bevorzugen Sie Hauptsätze, setzen Sie die zentralen Informationen an den Anfang und wiederholen Sie sie bei Bedarf, damit sie beim Hörer leichter hängen bleiben.

Stellen Sie sich einen guten Freund oder eine Kollegin vor, die Ihrer Hörerschaft ähnlich ist – und reden Sie in Gedanken mit dieser Person. ◀ **Tipp**

Die Tonalität

»In radio, you have an audience of one«, besagt eine alte BBC-Regel.[59] Sie befinden sich in einer Eins-zu-eins-Situation, in der gerade beim Podcasting sogar eine gewisse Intimität und eine Vertraulichkeit mitschwingen können. Sprechen Sie Ihren Hörer, Ihre Hörerin daher immer im Singular an. (Ob Sie duzen oder siezen, bleibt Ihnen überlassen.) Wie bei jeglicher Kommunikation nach außen muss die Tonalität einfach zum Markenkern und zum Charakter Ihres Hauses passen. Ein Forschungsinstitut wird sich naturgemäß anders anhören als ein Nachtklub.

Denken Sie nun an die Vorlesewettbewerbe Ihrer Grundschulzeit: Ein Text konnte spannend, witzig, dröge oder hochseriös wirken – je nachdem, wer ihn wie gelesen hat. Nutzen Sie die Möglichkeit, mit Betonung und Sprachmelodie Ihren Texten einen unverwechselbaren Klang zu verleihen. Sie können das üben, indem Sie Ihre Sprechtexte vorab laut lesen. Und jetzt kommt die Einschränkung: Versuchen Sie dennoch, spontan und locker zu bleiben. Keine Angst, Sie werden mit jeder Episode geübter.

Das Manuskript

Planen Sie den Verlauf der Aufzeichnung nach Inhalten und Themen, der benötigten Sprechdauer sowie nach den Elementen, die Sie integrieren wollen. Legen Sie sich Formulierungen zurecht, sodass Sie sichergehen können, wichtige Schlagworte oder Botschaften Ihres Unternehmens nicht zu vergessen. Aber Achtung: Raschelnde Zettel sind kontraproduktiv. Hängen Sie sich Ihre Notizen gut sichtbar auf, kleben Sie sie auf die Tischplatte oder nutzen Sie einen Screen.

Die Umgebung

Während der Aufnahme sollten Sie sich in einer geräuscharmen Umgebung befinden. Das Café nebenan mag Ihnen eine gute Atmosphäre liefern, die Ohren Ihrer Hörer aber werden sehr wahrscheinlich schmerzen, wenn sie permanent Geschirrgeklapper filtern müssen. Ein häufiges Problem ist auch zu viel Hall. Wenn Sie kein kleines, akustisch gedämmtes Zimmer zur Verfügung haben, können Sie sich mit Decken behelfen, die Sie zum Beispiel an einem Flipchart oder Aufsteller befestigen und um sich herum drapieren. Eine Testaufnahme schadet nie!

59 Zitat aus: »Einführung in den praktischen Journalismus«, Walther von La Roche.

Der Schnitt

Wenn Ihre Aufzeichnung fertig ist, sollten Sie die »Ähs« und »Öhs« sowie peinliche Pausen herauslöschen. Gleichen Sie die Lautstärke aller Elemente und Gesprächspartner:innen an und filtern Sie Störgeräusche heraus. Fügen Sie Jingles und Soundeffekte hinzu. Überfrachten Sie Ihren Podcast jedoch nicht.

Die Shownotes

Legen Sie für jede Folge sogenannte Shownotes – Sendungsnotizen – an. Dies sind weiterführende Quellen und Hintergründe, mit deren Hilfe jeder Leser einzelne Aspekte noch einmal gründlich nachlesen kann. Gerade bei langen Folgen kommen Sie Ihren Hörer:innen auch sehr entgegen, wenn Sie Zeitstempel setzen, über die sie direkt an eine bestimmte Stelle springen können. Diese hinterlegen Sie ebenfalls bei den Shownotes.

Sie können auch den gesamten Podcast zusammenzufassen oder sogar transkribieren. Besonders nützlich ist das für Menschen, die hörgeschädigt sind oder lieber lesen. Und fur Ihr Suchmaschinenranking!

Die Metadaten

Bereiten Sie zu jeder Episode die folgenden Metadaten vor: Titel, Episodenbeschreibung, Zusammenfassung in einem Satz, gegebenenfalls den Namen des Gasts, Veröffentlichungsdatum.

Zu Gast in anderen Podcasts

Falls Sie sich nicht zutrauen, regelmäßig einen eigenen Podcast zu produzieren, können Sie auch überlegen, in anderen thematisch passenden Podcasts Werbung zu schalten. Podcast-Vermarkter bieten feste Werbeformate, und natürlich können Sie auch direkt Kontakt zu den Podcastern Ihrer Branche aufnehmen. Vielleicht ergibt sich ein reger inhaltlicher Austausch, vielleicht können Sie auch einmal Gast in einem Podcast sein.

Eine sehr spannende – und verglichen mit Werbung nachhaltigere – Option ist es, als Gesprächspartner in Podcasts zu Gast zu ein. Gerade Führungskräften bietet sich hier eine gute Möglichkeit, die Visionen, Ansichten und Pläne des eigenen Unternehmens persönlich in einem tiefgründigen Gespräch bei gleichzeitig hoher Reichweite bekannter Podcasts vorzustellen. Das Pharmaunternehmen Merck etwa hat nicht nur einen eigenen Podcast,[60] es schickte seinen ehemaligen CEO Stefan Oschmann auch häufig in andere Formate. Beispielsweise kam Oschmann bei »Handelsblatt Disrupt« und »Die Stunde Null« von ntv und Capital zu Wort. Auch Daimler-Vorstandschef Ola Källenius spricht im hauseigenen Podcast sowie bei anderen Hosts.

60 *https://www.merckgroup.com/de/future-talk/*

Sichtbar werden: Ihren Podcast verbreiten

Nun haben Sie Ihre finale Audiodatei plus Shownotes und Metadaten – und es folgt der Schritt in die Öffentlichkeit. Wenn Sie wahrgenommen werden und Hörer:innen finden wollen, müssen Sie Ihre Episoden nicht nur auf Ihrer Website einbinden, sondern auch an die gängigen Podcasting-Plattformen liefern. Relevant sind Amazon Music, Spotify, Deezer und YouTube sowie Google Podcasts, Apple Podcasts und Podimo.

Podcast-Hosting-Anbieter

Hosting-Anbieter verbreiten Ihre Episoden automatisiert auf allen gängigen Podcasting-Plattformen. Außerdem können Sie Postings in sozialen Netzwerken steuern, Audiofiles optimieren, Coverbilder erstellen, auf umfangreiche Abrufstatistiken zugreifen und vieles mehr.

Anbieter sind beispielsweise:

- *Podigee*[61], Kosten: ab 12 Dollar pro Monat.
- *Buzzsprout*[62], kostenfrei in einer sehr begrenzten Variante, ab 12 Dollar pro Monat mit sinnvollem Funktionsumfang – etwa einem Transkriptionsservice, der automatischen Vergabe von Metadaten und anderem.
- *Blubrry*[63], ab 12 Dollar pro Monat.
- *PodBean*[64], Basic-Version kostenfrei, danach ab 9 Dollar pro Monat.
- *Anchor*[65] ist der Podcasting-Dienst von Spotify. Funktionalität und Handhabung überzeugen, Sie veröffentlichen jedoch exklusiv bei Spotify.
- *SoundCloud*[66], Basic-Version kostenfrei, danach ab ca. 8 Euro pro Monat. SoundCloud richtet sich vorrangig an Musiker, die Songs hochladen wollen.

Podcasting-Software wie *WaveLab Cast*[67] erleichtert nicht nur den Schnitt, sondern auch die Veröffentlichung Ihres Audiofiles, indem es jede neue Episode automatisch an die großen Plattformen verteilt. Die Software kostet einmalig rund 70 Euro.

61 *https://www.podigee.com/*

62 *https://www.buzzsprout.com/*

63 *https://www.blubrry.com/*

64 *https://www.podbean.com/*

65 *https://anchor.fm/*

66 *https://soundcloud.com/*

67 *https://www.steinberg.net/de/wavelab/cast/*

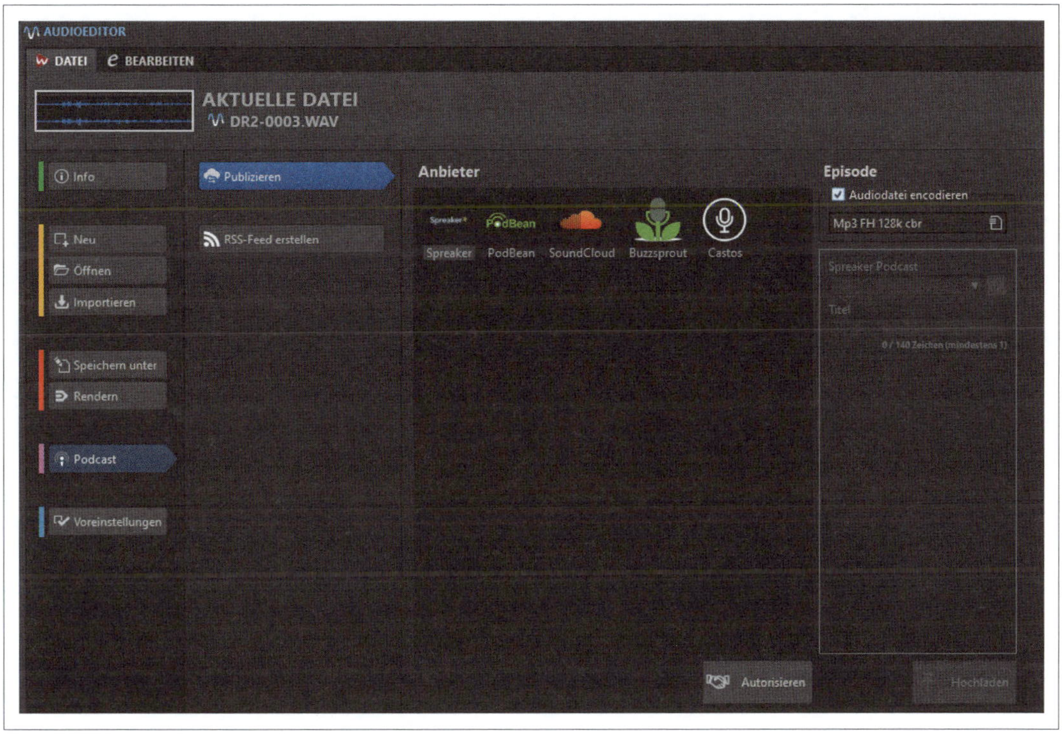

▲ **Abbildung 6-20**
WaveLab Cast verteilt direkt über Hosting-Anbieter wie Buzzsprout.

Natürlich können Sie sich auch individuell bei den Diensten registrieren, bei denen Sie vertreten sein wollen, und Ihre Episoden händisch hochladen.

Podcasting-Verzeichnisse

Tragen Sie Ihren Podcast darüber hinaus in die großen Verzeichnisse *podcast.de* und *podster.de* ein.

Website und Social Media

Binden Sie Ihre Podcasting-Episoden auf Ihrer Website ein und teilen Sie sie über die sozialen Netzwerke. Die im Zusammenhang mit anderen Medien bereits erwähnten Promotion-Taktiken gelten auch für das Podcasting. Spannen Sie Ihre Freunde, Ihre Familie und Ihr soziales Netzwerk ein, um Ihrem Podcast etwas Schwung zu verleihen. Laden Sie Kenner der Materie ein, daran teilzunehmen.

Ob Ihr Podcasting-Engagement erfolgreich ist, können Sie in Downloadzahlen messen – alle Anbieter liefern aussagekräftige Details zu Abrufen.

Abbildung 6-21 ▶
Der Schweizer Lebensmittelhändler Migros widmet sich in seinem Podcast »Chrut und Rüebli« praktischen Fragen einer nachhaltigen Lebensweise. Alle Folgen finden sich auch auf der Website.

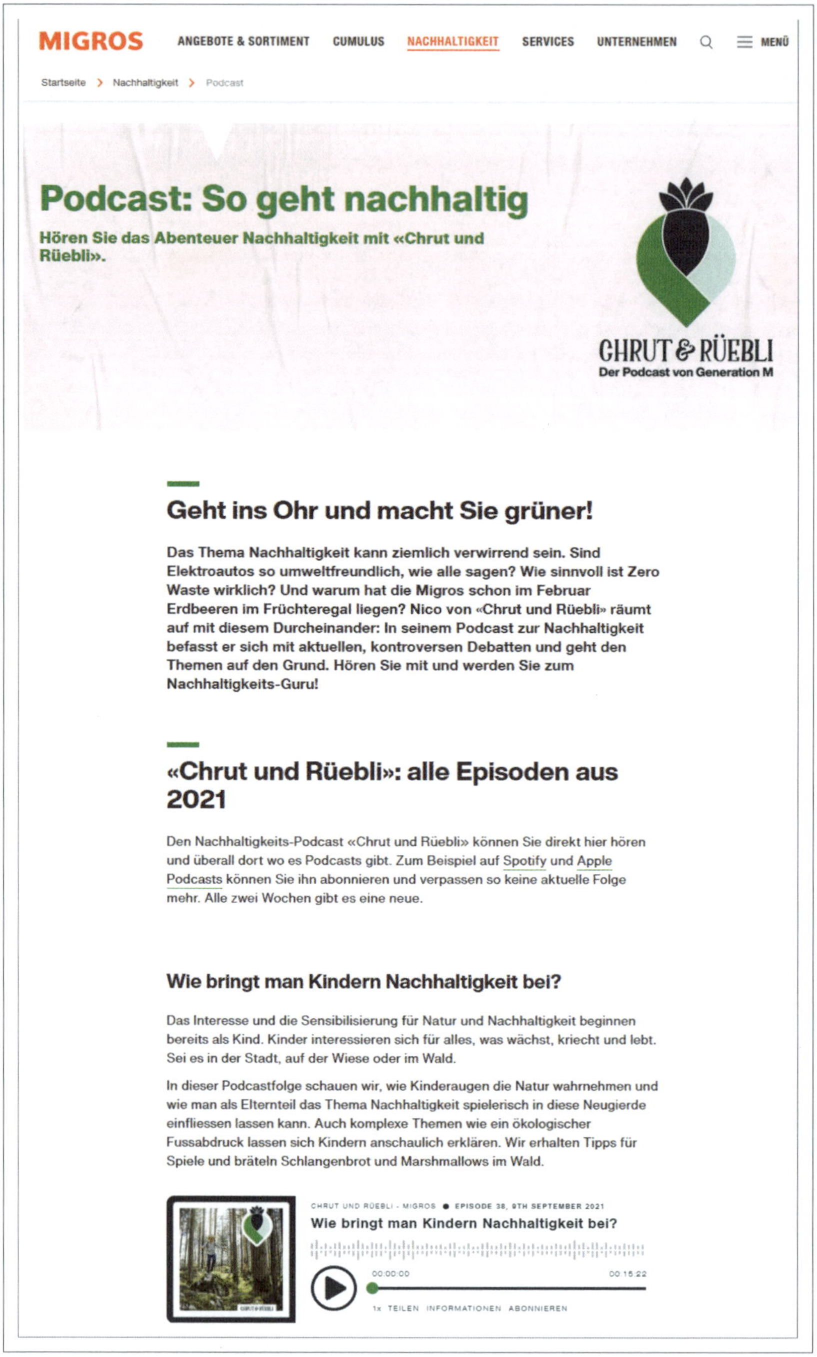

Zusammenfassung

Mit Blogging und Podcasting kann es Unternehmen gelingen, ausführliche Hintergrundinformationen kombiniert mit einer persönlichen Note einem zugewandten, aufmerksamen Publikum nahezubringen. Beide Medienformen erlauben es, auch komplexe Themen zu veranschaulichen und sich so eine Reputation als Experte aufzubauen.

Vergessen Sie dabei die reinen Marketingbotschaften, liefern Sie stattdessen Zusammenhänge und Hintergründe. Laden Sie auch Interviewpartner ein, die Ihren Podcast oder Ihr Blog mit ihren eigenen Geschichten und ihrer eigenen Stimme bereichern und aufwerten. Nutzen Sie die Rückmeldungen Ihrer Hörer- bzw. Leserschaft, indem Sie deren Fragen aufgreifen und beantworten – das sorgt für neue Inhalte und Einflüsse und für die enorm wichtige Interaktion.

Für Unternehmen sind Blogs und Podcasts ein sehr gutes Mittel, um mit einem Publikum in einen direkten und persönlichen Kontakt zu treten und Kunden und Menschen anzuziehen, die der betreffenden Marke bereits treu sind.

In diesem Kapitel haben wir über Inhalte, Tonalität sowie über geeignete Techniken zum Verfassen von Beiträgen und Aufnehmen von Podcasts gesprochen. Sie haben erfahren, wie Sie spannende Inhalte aufspüren und weiterentwickeln und mithilfe welcher Tools Sie sich Ihre Arbeit erleichtern und professionalisieren können.

KAPITEL 7

Microblogging mit Twitter

In diesem Kapitel:

- Die Geschichte von Twitter
- Die Terminologie
- Twitter im Unternehmen
- Twitter richtig verwenden
- Tools für Twitter
- Zusammenfassung

Twitter ist ein kostenloser Microblogging-Dienst, dessen Nutzer:innen über kurze Textnachrichten von anfangs 140, inzwischen maximal 280 Zeichen Länge kommunizieren. Jedem Tweet kann zusätzlich ein Video, ein Bild oder ein Link hinzugefügt werden. Der 2006 gestartete Dienst hat rund 199 Millionen registrierte täglich aktive User.[1] Von insgesamt 5,2 Millionen deutschsprachigen Accounts werden etwa 3,5 Millionen zumindest wöchentlich bespielt. Etwa 1,4 Millionen Deutsche nutzen Twitter täglich.[2]

Twitter überzeugt seit Jahren durch große Bekanntheit und vergleichsweise hohe Relevanz etwa in der politischen Diskussion. Auch die Nutzerzahlen steigen kontinuierlich, verglichen mit Facebook oder Instagram sind sie aber deutlich kleiner.

Als Informations- und Kommunikationskanal sowie Resonanzraum öffentlicher Debatten hat sich der Dienst jedoch etabliert. Tweets verbreiten sich rasend schnell – und ihre Aussagen werden diskutiert, zerpflückt und finden sich regelmäßig in traditionellen Medien wieder. Dies liegt auch daran, dass einige Meinungsführer:innen aus Politik, Gesellschaft, Kultur und Unterhaltung sehr aktiv auf Twitter sind. Andererseits sorgten Ereignisse der Zeitgeschichte dafür, dass über die Jahre hinweg immer mehr Menschen auf den Dienst aufmerksam wurden: Von Revolutionen wie dem Arabischen Frühling bis zu Präsidentschaftswahlen in den USA, von Kampagnen gegen sexuelle Belästigung – unter dem Hashtag *#MeToo* – bis zur Coronapandemie und dem Krieg in der Ukraine spiegelt sich ein beachtlicher Teil jeweils aktueller Themen

1 Maßgeblich ist die Zahl der täglich aktiven »monetarisierbaren« User (*Average Monetizable DAU, mDAU*), die Twitter regelmäßig in ihrem Shareholder-Report bekannt gibt: *https://investor.twitterinc.com/financial-information/quarterly-results/default.aspx*.

2 *https://www.kontor4.de/beitrag/aktuelle-social-media-nutzerzahlen.html*

auf Twitter. Gegenüber Analysten bestätigte Firmengründer Jack Dorsey die besondere Bedeutung von Großereignissen wie Sportevents und Preisverleihungen sowie von Ereignissen aus News und Politik für Twitters Erfolg.

Die zahlenmäßig meisten Twitter-User leben in den USA und in Indien. Die jeweilige Durchdringung der Länder hängt aber von vielen Faktoren ab, unter anderem von der Netzabdeckung im ländlichen Raum. In einigen Ländern – beispielsweise Russland und Nordkorea – wurde der Dienst vorübergehend oder auch dauerhaft gesperrt.

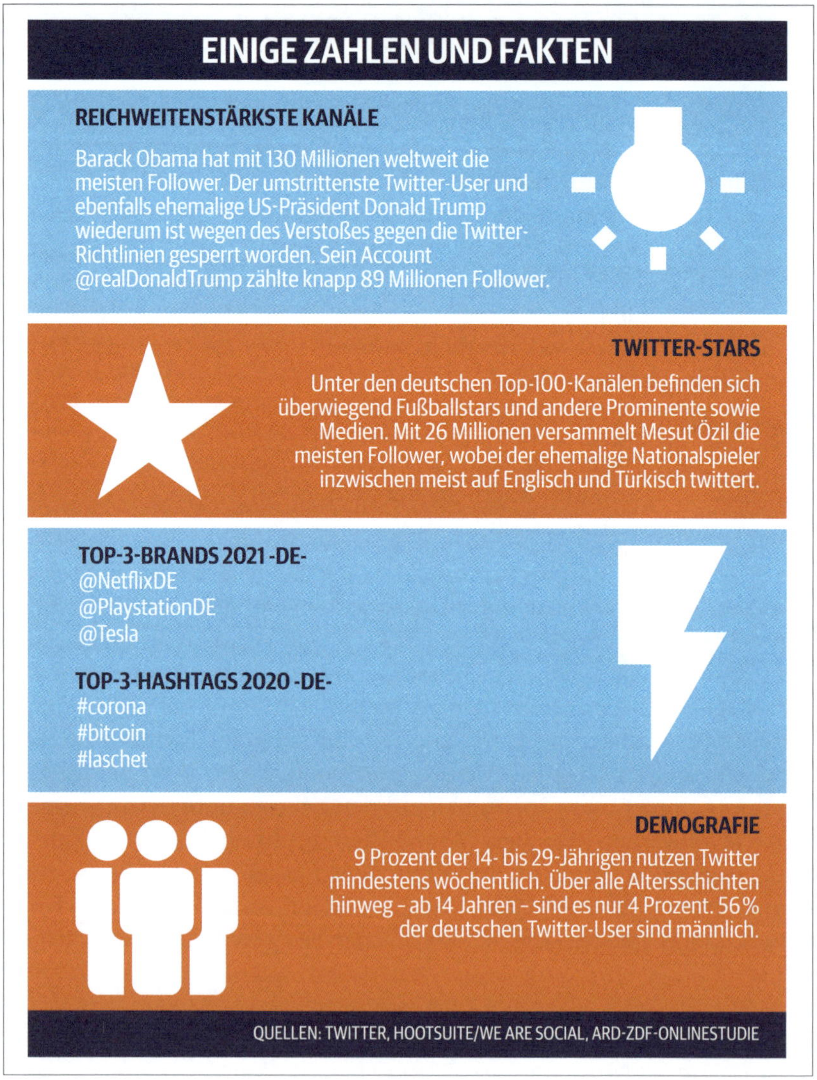

Abbildung 7-1 ▶ Twitter in Zahlen

Die Geschichte von Twitter

Ursprünglich sollte Twitter eine Plattform sein, auf der Nutzer die Frage »Was tust du gerade?« beantworten. Und als der Dienst 2006 an den Start ging, waren dies auch die vorherrschenden Botschaften: Die Nutzer verkündeten, was sie zu Abend aßen, wohin sie gingen und wen sie trafen. Anfangs wurde das häufig als sinnlose Zeitverschwendung wahrgenommen, zunehmend erkannten die Menschen jedoch die besondere Stärke des Diensts, sich unkompliziert miteinander zu vernetzen.

Das Unternehmen hinter Twitter

Twitter startete als Nebenprojekt der kalifornischen Podcast-Firma Odeo. Deren Mitarbeiter Jack Dorsey, Biz Stone, Evan Williams und Noah Glass sollten ein Tool zur einfacheren Kommunikation innerhalb des Unternehmens entwickeln. Etwa 7.500 Mitarbeitende stehen heute, 15 Jahre nach Dorseys erstem Tweet (»Just setting up my twttr«), hinter dem Dienst. 2021 lag der Umsatz des Konzerns bei rund 5 Milliarden Euro. Ende April 2022 gab Tesla-Chef Elon Musk bekannt, Twitter für rund 44 Milliarden Dollar kaufen und von der Börse nehmen zu wollen. Auch brachte Musk statt der Werbefinanzierung ein Abomodell ins Gespräch. Vorbehaltlich der Zustimmung der Aktionäre kommen demnach einige Änderungen auf die Plattform zu.

Mitte 2007 erlebte Twitter seinen ersten Boom, als es den Teilnehmenden an der SXSW-Konferenz(*South by Southwest*) ermöglichte, die vielen Sessions zu verfolgen und zugleich persönliche Treffen zu verabreden. Twitter wurde – auch aufgrund seiner klaren Struktur und Funktionalität – zu einem viel genutzten Werkzeug.

Twitter in Notfällen

Twitter wird auch dazu genutzt, Nachrichten über brandaktuelle Geschehnisse zu verbreiten. Ein Ereignis, das die Qualitäten von Twitter als Kommunikationsmittel in der Krise offenbart hat, war das Erdbeben mit anschließender Nuklearkatastrophe in Japan im März 2011. Während Anrufe und SMS wegen Netzüberlastung nicht mehr durchkamen, informierten viele Menschen über Twitter ihre Angehörigen über ihren Verbleib. Im Sekundentakt gingen außerdem Tweets mit Augenzeugenberichten, Suchmeldungen, Hilfsangeboten und aktuellen Informationen ein. Catherine M. Vera-Burgos und Donyale R. Griffin Padgett veröffentlichten im Herbst 2020 einen Forschungsbericht[3], der den Einsatz von Twitter zur Krisenkommunikation untersuchte. Die Wissenschaftlerinnen kamen zu dem Schluss, dass eine kluge Nutzung von sozialen Medien den Opfern von Naturkatastrophen Information, Orientierung, Beruhigung und Hoffnung geben kann. Besonders hilfreich sei die Hashtag-Funktion.

Auch frühere Studien – und Ereignisse wie das Erdbeben in Haiti oder Wirbelstürme in den USA – zeigten, dass Twitter in Katastrophenfällen ein ungemein starkes Kommunikationsmittel ist, das sogar Leben retten kann.

3 *https://www.sciencedirect.com/science/article/pii/S2405844020316479*

In der Folge entdeckten immer mehr Menschen die Möglichkeiten von Twitter. Meinungsführer begannen, sich an Diskussionen zu beteiligen. Marketingexpertinnen bemerkten, wie wertvoll es war, mit anderen Branchenteilnehmern in Verbindung zu treten. Firmen freuten sich, direktes Feedback zu ihren Produkten und Marken zu bekommen. Zudem stellten Twitter sowie viele freie Webentwickler:innen immer mehr Dienste und Apps zur Verfügung, mit denen sich Tweets leichter absetzen und weiterverbreiten ließen. Nützliche Drittdienste wie Tweetdeck oder Vine kaufte Twitter dann schlichtweg auf – und wertete sich damit weiter auf.

Die Terminologie

Bevor wir uns Twitter im unternehmerischen Umfeld ansehen, klären wir zunächst die Begrifflichkeiten. Lassen Sie sich nicht abschrecken: Twitter erschließt sich sehr schnell, und je mehr Übung Sie darin haben, in 280 Zeichen zu schreiben, desto mehr Spaß macht das Twittern.

Ein *Tweet* ist die Meldung, die Sie in das Feld »Was passiert gerade?« (oder über den Webzugang »Was gibt's Neues?«) eintragen. Ein Tweet ist auf 280 Zeichen begrenzt.

Tweets können als *Retweet* an die eigenen Follower weitergegeben werden – vergleichbar mit dem Weiterleiten einer E-Mail. Wahlweise können Sie Ihren Retweet noch durch einen Kommentar versehen (*Tweet zitieren*).

Following und *Follower* definieren Ihr Netzwerk: Unter *Following* bzw. *Folge ich* finden Sie die Zahl derer, denen Sie folgen, unter *Follower* die Zahl derer, die Ihnen folgen. Lange Zeit bot es sich an, all jenen zurückzufolgen, die einem selbst folgten, denn nur so war es möglich, Direktnachrichten zu tauschen. Inzwischen können Sie Ihr Profil für private Nachrichten aller User öffnen. Gleichzeitig etablierte sich für Unternehmen ein eher vorsichtiges Zurückfolgeverhalten. Die meisten Unternehmen haben daher deutlich mehr Follower als Followings. So kann man einerseits den Twitter-Stream besser verfolgen, andererseits entsteht nicht der Eindruck eines Spam-Accounts, der nur folgt, um zurückverfolgt zu werden.

Andere Unternehmen folgen prinzipiell allen »echten Twitterern« zurück, reine Spam-Accounts natürlich ausgenommen. Das unterstreicht den Respekt vor dem Kunden und dessen Interesse am Unternehmen – Dialog braucht schließlich immer beide Seiten. Der Nachteil: Je nach Anzahl der verfolgten Kontakte ist es nahezu unmöglich, deren Updates zu überblicken. Als Hilfestellung sollten Sie sich themenbasierte *Listen* anlegen. Diese Listen können sowohl öffentlich als auch privat sein. Öffentliche Listen können Sie als Service für Ihre Follower aktiv pflegen und verteilen. Private Listen eignen sich beispielsweise, um Konkurrenten zu folgen, ohne Ihre Kunden mit der Nase auf diese zu stoßen. Einige Poweruser legen sich auch Zweitaccounts an, mit denen sie ausschließlich den Top-Twitterern folgen.

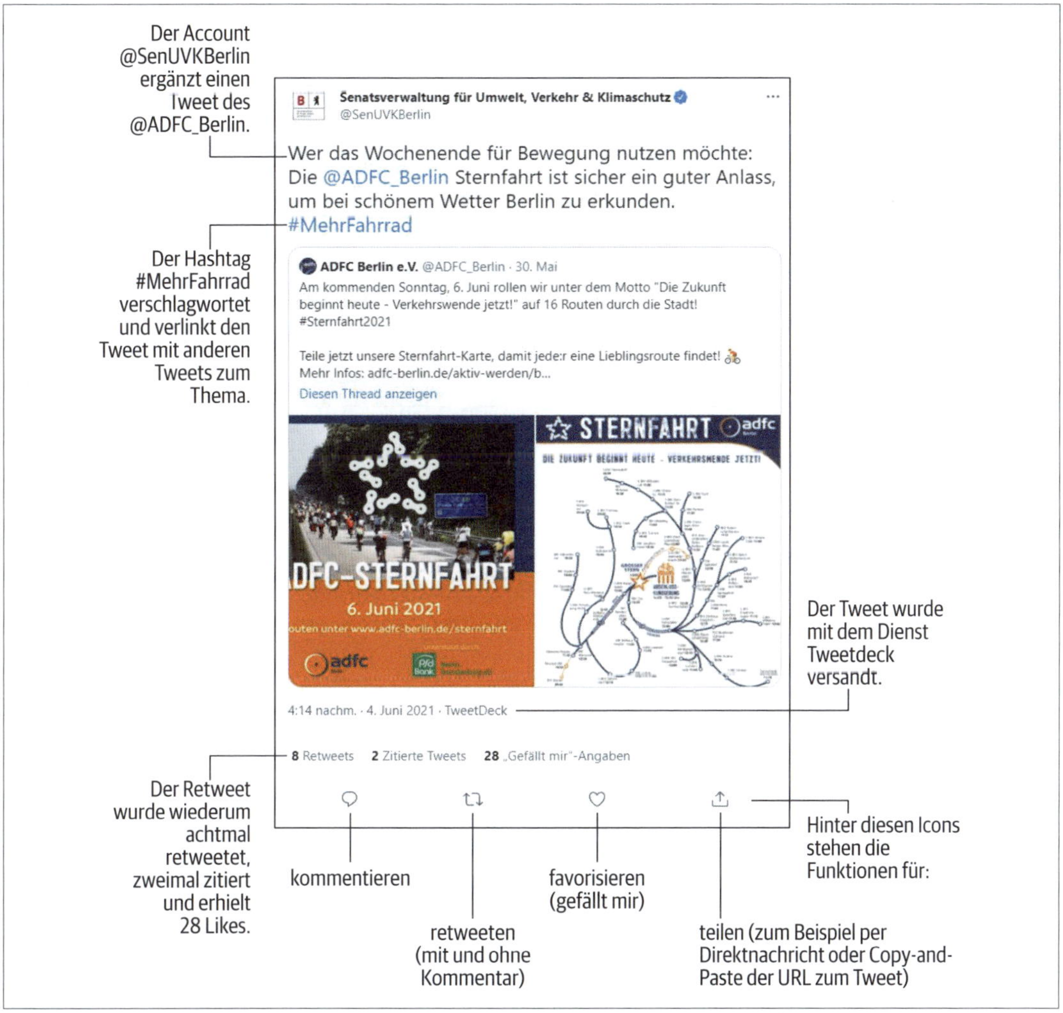

▲ Abbildung 7-2
Regt den Austausch weiter an: Der Original-Tweet von @ADFC_Berlin bekommt einen Kommentar vorangestellt. Außerdem lassen sich Tweets über die Schaltflächen unten kommentieren, retweeten, mit »Gefällt mir« markieren oder über andere Kanäle teilen.

Nachdem Sie verschiedenen Twitter-Usern gefolgt sind, erhalten Sie deren Tweets automatisch, sobald Sie Twitter öffnen. Sie finden sie in Ihrer *Timeline* – auch *Twitter-Stream* genannt – untereinander angeordnet. Ihren Stream können Sie sowohl chronologisch sortieren als auch durch Twitters Algorithmus kuratieren lassen. Tippen Sie dazu auf das Sternchensymbol rechts über Ihrem Stream.

Unter dem Punkt *Mitteilungen* bzw. dem Glöckchen-Icon in der App finden Sie die Tweets, die direkt an Sie gerichtet wurden, etwa als Antwort auf einen Ihrer Tweets, sowie weitere Benachrichtigungen wie die von Twitter empfohlenen Tweets. Hier teilt Twitter auch mit, wenn einer Ihrer Tweets favorisiert oder retweetet wurde. Unter *Erwähnungen* (*Mentions*) sind zusätzlich sämtliche Antworten oder direkt an Sie gerichtete Tweets versammelt. Möchten Sie jemandem auf seinen Tweet antworten, klicken Sie auf *antworten* bzw. in der App auf das Sprechblasensymbol. Wollen Sie einen Tweet an jemanden direkt richten, beginnen Sie Ihren Tweet mit *@Benutzername*. Der Tweet landet dann automatisch bei der genannten Person sowie bei allen anderen Twitter-Usern, die Ihnen beiden gleichzeitig folgen. Möchten Sie jemanden in Ihrem Tweet nur erwähnen, die Nachricht aber dennoch an all Ihre Follower senden, beginnen Sie Ihren Tweet mit einem Punkt, zum Beispiel ».*@oreillyverlag Wann erscheint das neue Social-Media-Marketing-Buch?*«, oder Sie setzen den Account-Namen nicht an den Anfang des Tweets: »*Wann erscheint das neue Social-Media-Marketing-Buch? @oreillyverlag*«

Twitters Herzchen bedeuten – analog zu Facebook – *Gefällt mir*. Hier können Sie unkompliziert eine positive Rückmeldung zu einem Tweet geben. Praktische Begleiterscheinung außerdem: Tweets mit Links zu Artikeln, die Sie später lesen wollen, finden Sie unter Ihren Favoriten in der Spalte *Gefällt mir* natürlich leichter wieder.

Eine Möglichkeit, einzelne Tweets mit einem Downvote abzuwerten, testet Twitter während der Arbeit an diesem Buch bei einzelnen Usern aus. Sollte sich die Funktion bewähren, hätten User künftig deutlichen Einfluss auf die Sichtbarkeit von Tweets. Ebenfalls in Planung ist eine (bei den Usern Twitters seit Jahren ersehnte) *Edit-Funktion*, mit der sich nach dem Absenden eines Tweets noch lästige Tippfehler korrigieren lassen.

Mit *Direktnachrichten* (*DM*, *Direct Message*) können Sie sich auch hinter den Kulissen austauschen – sozusagen privat. Voraussetzung: Sie müssen den Empfang von Direktnachrichten in ihren Einstellungen erlauben.

Bei Unternehmensaccounts sollte man immer dann in den privaten Bereich gehen, wenn Kundendaten oder ähnliche sensible Angaben ins Spiel kommen. Direktnachrichten sind nicht auf 280 Zeichen begrenzt, hier bleibt also genügend Platz für Anrede- und Abschiedsformeln sowie natürlich für ausführliche Erklärungen, falls nötig.

Hashtags sind Schlagwörter, die Ihre Aussage prägnant unterstützen und für Auffindbarkeit sorgen. Sie können mit ihnen auf ein Thema verweisen, ohne es lange erklären zu müssen. Wenn Sie zum Beispiel die Landtagswahlen 2022 verfolgen möchten, suchen Sie nach *#ltw22*. An Sonntagabenden wimmelt es von *#tatort*-Tweets, und auch bei Fußballfinalspielen oder anderen Großereignissen können Sie über die zugehörigen Hashtags stolpern. Die Begriffe nach dem # sind verlinkt. Klickt man darauf, bekommt man umgehend alle Tweets mit dem entsprechenden Hashtag angezeigt.

Übrigens: Hashtags lassen sich auch »muten«, also stumm schalten. Immer dann, wenn ein User eine Hashtag-Kampagne für unpassend oder uninteressant hält oder gar als störend empfindet, kann er so sämtliche Tweets mit diesem Hashtag in seinem Twitter-Stream unterbinden.

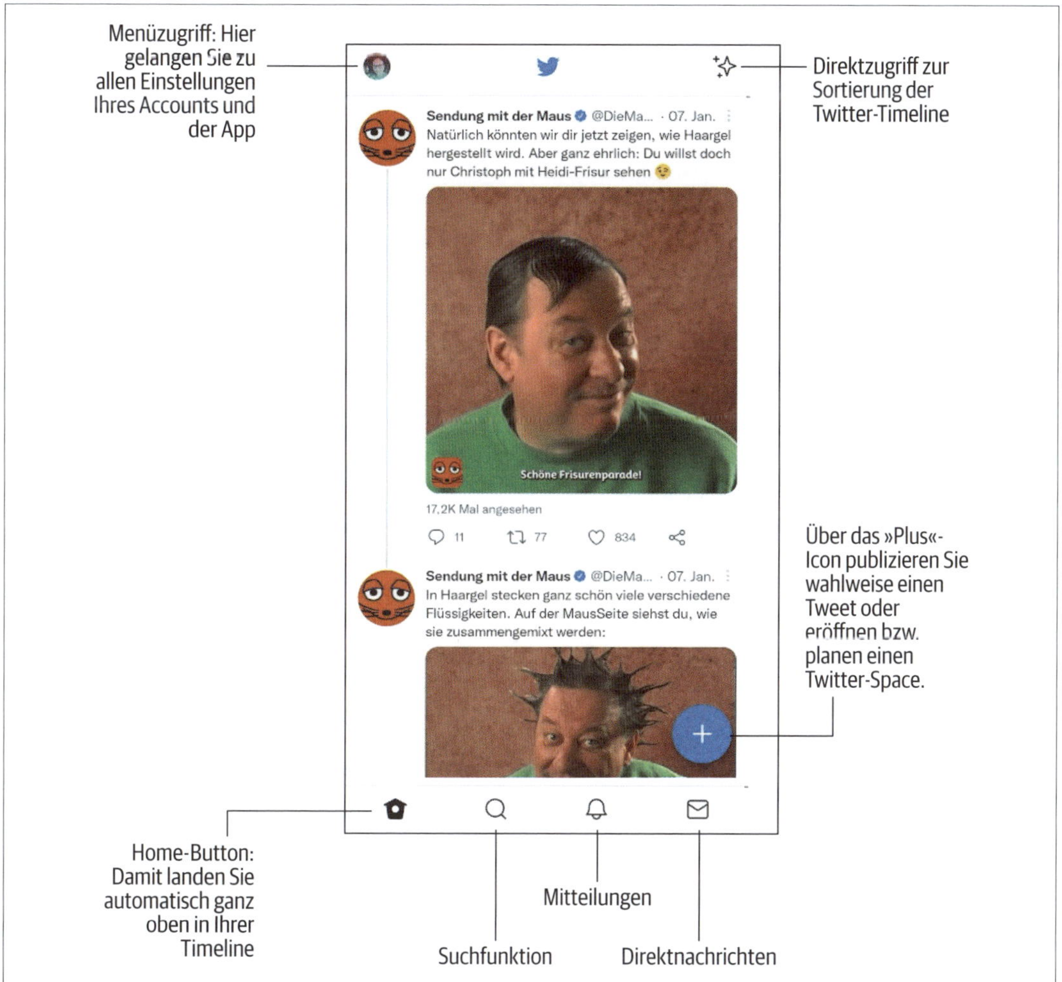

▲ Abbildung 7-3
Twitter-App: Am einfachsten bedienen Sie Twitter per Smartphone-App.

Spaces sind die Antwort Twitters auf den im Winter 2020 kurzzeitig sehr populär gewordenen Dienst Clubhouse. Einen Space können Sie sich als virtuellen Raum vorstellen, zu dem Sie bis zu zehn Gäste einladen dürfen. Per Audiofunktion sprechen sie dann live miteinander, eine unbegrenzte Anzahl anderer Twitter-User kann zuhören. Einen Space eröffnen Sie ganz einfach über das Pluszeichen in der Twitter-App.

Twitter Live: Trauen Sie sich eine Live-Übertragung zu? Wenn Sie über die Funktion *Twittern* das Foto-Icon und schließlich *Live* auswählen, können Sie per Bild und Ton direkt mit Ihren Followern sprechen. Diese Funktion erfordert etwas Kameraübung, aber sie ermöglicht beispielsweise, von einem Konzert oder einer Konferenz zu berichten. Die aufgenommene Sequenz wird schließlich als Broadcast getwittert. Auch Nachbearbeitungen sind möglich. Und: Sie können Gäste zuschalten.[4]

Hashtag-Kampagnen

Obwohl *Hashtags* und deren Funktionalität ursprünglich von Twitter entworfen und angeboten wurden, sind sie längst Bestandteil aller sozialen Netzwerke. Hilfestellung bei der Wahl des passenden Hashtags finden Sie unter anderem bei *Ritetag*[5] und *Hashtagify*[6] – beide Dienste liefern unkompliziert die passenden Schlagwörter samt geografischer Verbreitung, anderen Schreibweisen und Influencern, die sie benutzen. Wertvolle Tools, die Sie vielleicht nicht bei jedem Tweet, aber bei längerfristig angelegten Kampagnen unbedingt konsultieren sollten.

Beliebte Hashtags landen in den Twitter-Trends, und damit bekommen sie auch Macht: Sie verstärken ein Thema und können sogar zu einer ganzen Bewegung werden – wie die Hashtags *#BlackLivesMatter* oder *#stayhome.* Aus *#MeToo* entstand ausgehend von der Schauspielerin Alyssa Milano eine weltumspannende Bewegung gegen Sexismus und sexualisierte Gewalt. Das wirkte sich schließlich nicht nur im virtuellen, sondern auch im realen Raum aus: Es folgten Festnahmen und Gerichtsprozesse gegen Täter sowie ein Austausch darüber, wie sich Belästigungen vermeiden lassen.

Gelingt es einem Unternehmen, ein Hashtag erfolgreich zu lancieren, kann sich ein unvergleichlicher Verbreitungsprozess in Gang setzen. Wie wichtig dabei die geschickte Wahl des Hashtags ist, konnte man in der Vergangenheit an einigen Success-, aber auch Fail-Stories beobachten: So erzielte der Sportartikelkonzern Nike mit dem Hashtag *#makeitcount* Zehntausende von Tweets und steigerte seine Follower-Zahl um eine halbe Million innerhalb von drei Monaten. Nike befeuerte die Hashtag-Kampagne dabei mit einer groß angelegten Werbekampagne in sozialen Netzwerken sowie in traditionellen Massenmedien, beispielsweise durch TV-Spots.

Die Berliner Verkehrsbetriebe entwickelten aus ihrem Hashtag *#weilwirdichlieben* eine medienübergreifende Kampagne und legten dazu den Twitter-Channel namens »Weil wir dich lieben« unter dem Twitter-Handle *@BVG_Kampagne* an. Inhalt: vornehmlich selbstironische Tweets, die sehr häufig Bezug auf aktuelle Ereignisse in der Stadt nehmen. Auch wenn manchen der Humor gelegentlich etwas zu brachial ist – die Kampagne wurde mehrfach ausgezeichnet.

Was passiert, wenn man mit der Wahl des Hashtags allzu unbesorgt umgeht, zeigt das Beispiel Susan Boyle: Die PR-Firma der britischen Sängerin tat sich nämlich keinen Gefallen, als sie das Hashtag *#susanalbumparty* für eine Albumveröffentlichung entwarf und wegen seiner glücklosen (schlüpfrigen) Silbenzusammenstellung nur Spott und Häme erntete. Eine ähnliche Erfahrung machte das christliche Missionswerk *@ERFMedien_DE* im Mai 2021 mit dem Hashtag *#WCHSN.*[7] Problematisch sind Hashtag-Aktionen auch, wenn Sie mit viel Kritik rechnen müssen. Prüfen Sie Ihr Hashtag daher unbedingt auf Doppel- und Fehldeutungen sowie bei internationaler Reichweite Ihrer Kampagne, ob es für den Begriff vielleicht eine unpassende Bedeutung in der jeweiligen Landessprache gibt.

4 Mehr dazu unter *https://help.twitter.com/de/using-twitter/twitter-live.*

5 *https://ritetag.com/*

6 *https://hashtagify.me*

7 *https://pixelpastor.com/medien-mission/wchsn-die-wahre-story/*

Fleets waren Twitters Versuch, kurze Statusmeldungen ähnlich den Instagram Stories einzubinden. Diese Postings konnten aus Text, Bild oder Videos bestehen. Nach 24 Stunden löschten sie sich automatisch. Das Experiment wurde nach wenigen Monaten 2021 wieder eingestellt, aber wer weiß: Vielleicht begegnen sie uns eines Tages wieder?

Communitys führte Twitter im Herbst 2021 ein. Hierbei können Twitter-User feste Gruppen bilden, in denen sie sich zu einem Thema austauschen. Die Inhalte der Gruppen sind öffentlich sichtbar.[8]

Das Handwerkszeug kennen Sie jetzt – widmen wir uns nun der Ziel- und Umsetzung Ihres Auftritts bei Twitter.

Alternativen zu Twitter

Im Zuge von Twitters Triumphzug sind zunächst etliche Klone entstanden – durchsetzen konnte sich aber keiner davon. Yammer (*https://www.yammer.com/*) beispielsweise ist als ein auf Unternehmen ausgerichteter Dienst gestartet, inzwischen gehört er als Collaboration Tool zum Microsoft-Universum.

Mastodon (*https://joinmastodon.org/*) und Gnu Social (*https://gnu.io/social/*) sind in der IT-Branche bekannt. Weil der Quellcode beider Dienste unter einer Open-Source-Lizenz veröffentlicht ist, können seine Nutzer es auch auf einem eigenen Server installieren und so selbst ein soziales Netzwerk anlegen.

Und dann gibt es noch ein Twitter-Derivat, das Millionen von Usern hat, das hierzulande aber kaum jemand kennt: Weibo (*https://www.weibo.com*). Dabei handelt es sich um einen chinesischen Microblogging-Dienst, denn sämtliche uns bekannten Dienste wie Facebook, WhatsApp, YouTube und eben Twitter sind in der Volksrepublik staatlich blockiert.

Twitter im Unternehmen

Unternehmen setzen sich unterschiedliche Ziele für ihre Twitter-Kanäle. Erfolgsentscheidend sind der Vernetzungsgrad und die Art und Weise, wie mit den Followern kommuniziert wird. Wie in anderen sozialen Netzwerken darf auch bei Twitter nicht die Interaktion mit Followern vernachlässigt werden. Die Konkurrenz in der Twitter-Timeline ist enorm, und man kann davon ausgehen, dass ein Tweet bereits etwa 20 Minuten nach Veröffentlichung nicht mehr wahrgenommen wird. Twitterer sind zudem vergleichsweise kritisch. Anders als bei Instagram oder Facebook lässt sich fehlende Reichweite über Werbeanzeigen zudem (noch) nicht zufriedenstellend herstellen. Wer also wirklich einen Fußabdruck bei Twitter hinterlassen will, sollte die Bedürfnisse und Wünsche seiner Community kennen und auch flink genug sein, in passende Trends und Hashtags einzusteigen, ohne die eigene Identität und

8 Stöbern Sie unter *https://twitter.com/i/communities/suggested.*

Glaubwürdigkeit zu gefährden. Natürlich verbessert es auch die Reputation, wenn Kundenanfragen via Twitter zügig und unkompliziert beantwortet werden.

Viele Unternehmen twittern inzwischen seit Jahren sehr erfolgreich. In diesem Kapitel gehen wir zunächst auf Best Practices ein, bevor wir uns Ihrer eigenen Twitter-Präsenz widmen.

Geschäftliche Ziele mit Twitter verfolgen

Mit Twitter können Sie ein breites Publikum ansprechen, Kund:innen binden und die eigenen Marken und Produkte bekannt machen. Anhand der folgenden Beispiele werden Sie sehen, wie Firmen Twitter erfolgreich einsetzen.

Eine Marke etablieren

Als aktive soziale Plattform eignet sich Twitter, um eine Marke aufzubauen. Je regelmäßiger und relevanter Ihre Tweets sind, desto wahrscheinlicher ist es, dass Sie als führender Kopf in Ihrer Branche oder Ihrem Fachgebiet wahrgenommen werden.

Sehr gut gelungen ist das der Augsburgerin Sina Trinkwalder[9], die unmittelbar mit der Gründung ihres Unternehmens Manomama im Jahr 2010 auf die Kommunikation in sozialen Medien setzte. Per Twitter begleitet sie ihren Firmenalltag, berichtet von den Schwierigkeiten genauso authentisch wie von Erfolgserlebnissen, bittet um Feedback und gibt Auskünfte an Kund:innen. Stück für Stück verbreitete sich dabei der Name Manomama mitsamt den Prinzipien und Produkten dahinter. Sina Trinkwalder hat dabei den Mut, ihre Positionen zu vertreten, und ist nicht zuletzt deshalb eine nachgefragte Interviewpartnerin in klassischen Medien.

Ihr Beispiel zeigt auch, wie eng die Sichtbarkeit und Ansprechbarkeit einer Person an den Erfolg einer Twitter-Strategie gekoppelt ist. In allen sozialen Medien stehen die Menschen im Vordergrund. Bei Twitter gilt dies in besonderem Maße: Es kann gelingen, eine Marke bekannt zu machen, es gelingt aber gut, wenn Sie gleichzeitig die Menschen hinter dem Account zeigen. Und noch besser gelingt es, wenn gleich ein Mensch als Marke etabliert wird. Dies machen sich Politiker:innen und Prominente zunutze, die mithilfe von Twitter ihre Botschaften, Programme und Produkte verbreiten.

Pandemiebedingt gelangte 2020 eine Berufsgruppe zu besonderer Twitter-Prominenz: Wissenschaftlerinnen und Virologen wie Christian Drosten,

---

9 *https://twitter.com/manomama*

Melanie Brinkmann oder Mai Thi Nguyen-Kim konnten ihre Reichweite deutlich erhöhen. Sie überzeugten durch fundierte Informationen und Einschätzungen – und waren sich auch nicht zu schade, Fragen zu beantworten oder ihre Haltung zu vertreten.

Grundsätzlich kann man insbesondere die Menschen, die freie Berufe ausüben – Anwältinnen, Journalisten, Künstlerinnen, Autoren und andere –, zu einem Engagement bei Twitter ermutigen. Ihnen winkt die Chance, ihre Expertise bekannt zu machen, potenzielle Auftraggeber zu erreichen und sich innerhalb ihrer Branche zu vernetzen. Und wer viel allein arbeitet, kann bei Twitter auch die Plauderei an der Kaffeemaschine simulieren – inklusive wertvoller Impulse. Die richtige Timeline macht's.

Markenbekanntheit und Reichweite steigern

In Zeiten von Disruption und Digitalisierung sind alle gut beraten, weitere Zielgruppen anzusprechen und hinzuzugewinnen. Weil auf Twitter das Tagesgeschehen eine große Rolle spielt, nutzen einige Politiker:innen Twitter, um in den direkten Austausch mit Wähler:innen zu gehen und Stellung zu beziehen. Ihr Engagement stärkt ihre Marke, Reichweite und Relevanz im öffentlichen Diskurs. Aber bleiben wir bei den Unternehmen. Twitter liefert Ihnen viele Möglichkeiten, Ihre Firma mit den Menschen und Zielen dahinter einer breiten Öffentlichkeit darzustellen. Auch wenn es anfangs schwierig ist, in der Community wahrgenommen zu werden: Sie können es versuchen, indem Sie Mehrwerte schaffen und sich authentisch und zugewandt zeigen.

Einige Unternehmen laden für einen abgesteckten Zeitraum andere Twitterer zur Übernahme ihres Accounts ein. Das Handelsunternehmen Kaufland etwa übertrug seinen Twitter-Account für eine Woche dem Social-Media-Experten und Videoblogger Robert Michel, nachdem dieser vorab durchblicken ließ, dass er Stammkunde sei. Unter seinem Account *@robvegas* genießt Michel hohes Ansehen, bereits Mitte der 2000er-Jahre machte er mit einer Satireshow im Web auf sich aufmerksam. Kaufland profitiert nicht nur von seinem Talent, sondern auch von seiner enormen Reichweite und Popularität – mit mehr als 42.000 Followern auf Twitter –und seiner Glaubwürdigkeit. Nach der Gastspielwoche schließlich setzte man die Zusammenarbeit fort – *@robvegas* gehört inzwischen fest zum Social-Media-Team.[10] Im Frühjahr 2022 reagierten Rob Vegas und das Kaufland-Team auf eine seit Jahren auf Twitter geäußerte Bitte und nahmen in Kooperation mit Dr. Oetker eine Fischstäbchen-Pizza in ihr Sortiment auf – was wiederum viel Buzz erzeugte.

10 *https://www.presseportal.de/pm/111476/4925610*

Eine weitere spannende Methode für große Konzerne, die von Konsumenten bisweilen als gesichtslos wahrgenommen wurden, ist *Rotation Curation*. Dabei darf in wechselnden Zyklen ein:e Mitarbeiter:in aus dem Unternehmen berichten – in einer Woche die Leiterin der Forschungsabteilung, in der nächsten der Vertriebsassistent im Außendienst, in der darauffolgenden der Azubi im Einkauf. So entsteht ein umfassendes und abwechslungsreiches Bild. Erfolgreiche *#RoCur*-Accounts betrieben beispielsweise der RWE-Konzern und Vodafone, genau wie das Land Schweden, das mit *@sweden* als Wegbereiter der Methode gilt.

Geradezu prädestiniert für dieses Modell sind aus unserer Sicht Verbände, Organisationen oder lose Vereinigungen. Das Tourismusmarketing nutzt das Phänomen rotierender Account-Betreuung bereits, um etwa das Leben in ihren Regionen aus verschiedenen Blickwinkeln zu präsentieren. Auch unabhängige Bewegungen können ihre Themen mithilfe von Rotation Curation öffentlich sichtbar machen, wie die Projekte »Real Scientists« (siehe Abbildung 7-4) oder »mein Engagement« zeigen: Unter *@realsci_DE* berichten wöchentlich Wissenschaftler etwa aus Biologie, Astrophysik oder Kunst. Der Kanal *@meinEngagement* bietet Menschen und Organisationen, die sich gesellschaftlich engagieren, eine Bühne auf Zeit. Und wer weiß: Vielleicht finden Sie ja eine neue Methode, Ihr Unternehmen oder Ihre Organisation bei Twitter authentisch und unverwechselbar zu präsentieren?

Abbildung 7-4 ▶ Die Rotation-Curation-Accounts @meinEngagement und @realsci_DE

Wenn Sie sich sachlich und interessiert in die Gespräche einbringen, selbst Diskussionsimpulse liefern und andere von Ihrem Expertenwissen profitieren lassen, sind Sie auf dem richtigen Weg. Sie werden nicht nur Follower:innen gewinnen, sondern erhöhen auch die Chance, dass klassische Medien auf Sie aufmerksam werden und Sie in Fachartikeln zitieren oder zu Fernsehsendungen einladen. Oder dass Entscheider in Ihrem Markt oder Ihrer Region Ihnen bereitwillig zuhören. Oder dass Absolventinnen sich bei Ihnen bewerben, weil Sie Mut zu Transparenz und Authentizität bewiesen haben.

Twitter als offizieller Kommunikationskanal

Twitter kann Ihnen als Sprachrohr für sämtliche Nachrichten aus dem Unternehmen dienen. Denken Sie über reine Produkt-PR hinaus an all die Anlässe, bei denen ein Unternehmen die Öffentlichkeit direkt informieren möchte – von Firmenjubiläen über die Suche nach neuen Angestellten bis zu Fachartikeln zu aktuellen Branchenfragen.

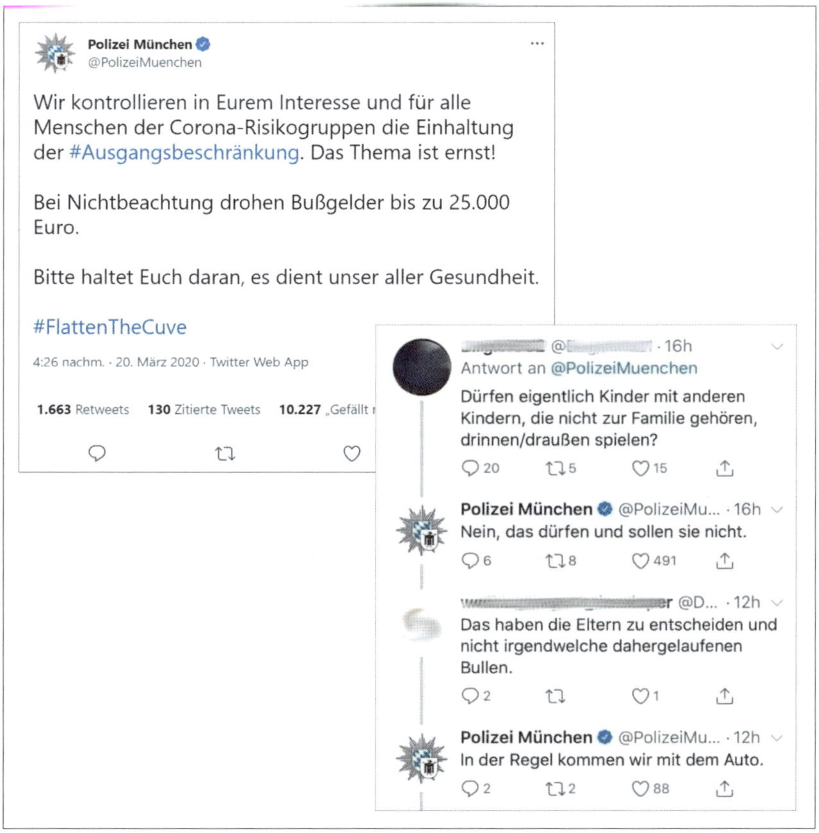

◀ **Abbildung 7-5**
Rettungsdienste auf Twitter: Wie hier im Bild haben bereits viele Feuerwehren und Polizeidienststellen erkannt, dass sie mithilfe sozialer Netzwerke den Menschen nicht nur ihren Arbeitsalltag vorstellen, sondern auch aktuelle Informationen verbreiten können. Dabei ist gerade auf Twitter auch eine informelle Tonalität möglich, die etwa in Pressemeldungen undenkbar wäre.

Öffentliche Einrichtungen und Organisationen wie die Polizei oder die Feuerwehr nutzen Twitter, um Hinweise und Warnungen zu veröffentlichen. Eine offizielle Meldung via Twitter oder gar ein offizieller (und als solcher auch erkennbarer) Twitter-Kanal kann Unsicherheiten der Bevölkerung früh entgegenwirken, auch Falschmeldungen kann so vorgebeugt werden.

Natürlich kann eine Twitter-Präsenz gerade für Institutionen wie die Polizei den Alltag in der Dienststelle konkret und vielseitig darstellen und so auf die Reputation positiv einzahlen. Dabei muss es in der Kommunikation auf Twitter nicht so bierernst zugehen, wie es eine Behörde zunächst vermuten lässt. Ganz im Gegenteil, einige Social-Media-Teams der Polizei etwa in München, Frankfurt oder Berlin bewiesen in der Vergangenheit Schlagfertigkeit und Witz.

Nicht immer sind die Grenzen zwischen Humor, Frotzelei und Unhöflichkeit oder gar Beleidigung aber klar. Dahinter steckt das alte Problem schriftlicher Kommunikation im Netz: Zwischentöne und Stimmlagen zur Einschätzung des Gesagten gibt es nicht, und Anonymität verführt schneller zu unüberlegten Aussagen, die wiederum kaum rückgängig gemacht werden können, sobald sie einmal in der Welt sind. So ging es dem Paketdienstleister DHL. Auf die Beschwerde eines Kunden, der vergeblich auf die Zustellung eines Pakets gewartet hatte, schrieb einer der etwa 50 Mitarbeiter des Social-Media-Kundendienstteams zurück:

Abbildung 7-6 ▶ Humor oder Frechheit? Darüber ist sich die Twitter-Sphäre uneinig. Der Ursprungstweet von ShortByte (@shortbyteyt)[11] wurde schnell gelöscht.

@DHLPaket

Sofort entbrannte ein großer Streit, der Sachverhalt wurde auch in klassischen Medien besprochen. Manche äußerten Verständnis für die überlasteten Paketboten, andere forderten die Entlassung des twitternden Mitarbeiters. Und: Einige Unternehmen versuchten, auf den Tweet auf-

11 *https://twitter.com/shortbyteyt*

zuspringen und so Aufmerksamkeit zu generieren: Die Stiftung Warentest äußerte Verständnis, Lieferando schlug ein Versöhnungsessen vor, und ein Twitterer verlangte, den Mitarbeiter sofort in das Team von *@BVG_Kampagne/#weilwirdichlieben* aufzunehmen. Als sich DHL für den Ton des Mitarbeiters entschuldigte, kam auch das nicht gut an: Viele User verlangten, dass sich ein Arbeitgeber selbstverständlich vor seinen Angestellten zu stellen hat.

Einen ganz ähnlichen Shitstorm erlebte Lieferando im Frühsommer 2021. Alles begann recht harmlos mit dem Tweet eines Users, der sich beschwerte, die Pizza-Lieferanten würden entgegen seiner Bitte den Aufzug seines Hauses benutzen. Lieferando reagierte mit einer standardisierten Antwort – und diese beschwor dann den Zorn der Twittersphere herauf (siehe Abbildung 7-7).

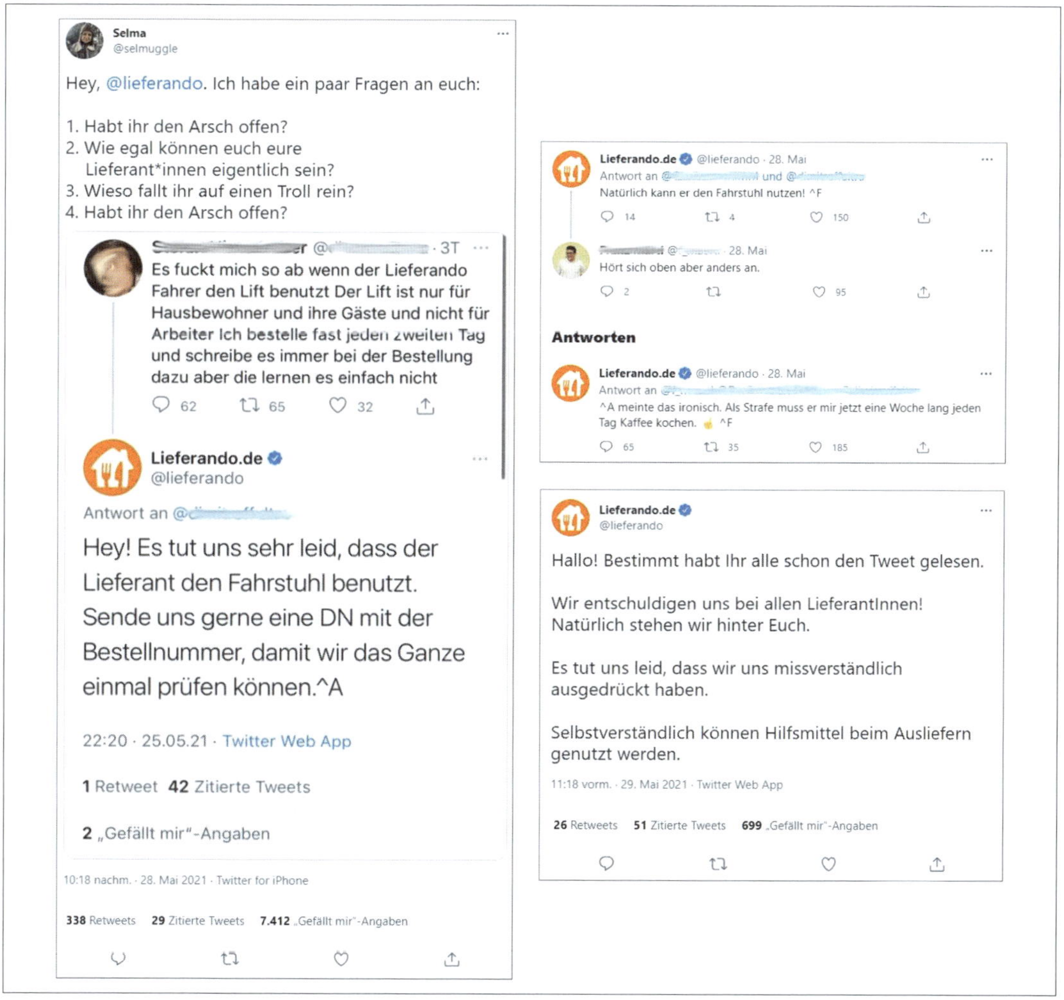

▼ Abbildung 7-7
Gerade in textbasierten Netzwerken wie Twitter fällt es mitunter schwer, zwischen Provokation und Ironie zu unterscheiden – und gleichzeitig selbst immer den richtigen Ton zu treffen.

Hier sind nun gleich mehrere Punkte schiefgelaufen: Der Ursprungstweet kommt von einem wenig aussagekräftigen Account. Es ist nicht ersichtlich, ob der Tweet satirisch gemeint ist – noch nicht einmal, ob es eine konkrete Bestellung oder ein Haus mit Aufzug überhaupt gibt oder gab. Lieferando wagt sich dennoch aufs Glatteis. Das ist riskant, besonders riskant aber, weil sich das Social-Media-Team nicht die Mühe macht, individuell – eventuell sogar ebenfalls frotzelnd – zu antworten. Die Standardantwort lässt eher vermuten, Lieferando stünde nicht hinter seinen Mitarbeitenden. Und genau dies sorgte nun für einen immensen Reputationsverlust. Da half auch eine Entschuldigung oder das Ausweichen auf vermeintliche Ironie nicht mehr. Lieferando-Gags und Bezüge auf den Vorfall zogen sich über mehrere Tage sehr intensiv durch die deutschsprachige Twitter-Community, auch Promis wie Jan Böhmermann griffen den Fall auf. Die Bekanntheit des Diensts erhöhte sich sicherlich, die Chance, den Shitstorm witzig und eloquent abzuwenden oder gar umzukehren, ließ man jedoch liegen.

Twittern für den Kundendienst

Die eben besprochenen Beispiele – DHL und Lieferando – führen uns zu einem weiteren Ziel, das Unternehmen auf Twitter verfolgen können: dem Kundendienst. Denn ganz gleich, ob Sie sich in sozialen Medien engagieren oder nicht, es wird über Sie diskutiert. Besonders wenn Sie zu einem etablierten Unternehmen gehören, fördert eine Twitter-Suche wahrscheinlich Hunderte, wenn nicht Tausende von Resultaten zutage. So bekommen Sie unmittelbar Feedback von Ihren Kunden und können genau herausfinden, was diese über Ihre Service- oder Produktangebote denken. Ein reiner Kundendienstkanal lohnt sich sicherlich nur für große Unternehmen mit zahlreichen Einzelkunden. Bei Unternehmen, die lediglich eine kleine bis mittlere Zahl an Endkunden bzw. Endkundenanfragen verzeichnen, sollten Sie die Kundendienstfunktion in den Hauptkanal integrieren.

@Telekom_hilft

Die Deutsche Telekom twittert seit 2010 mit einem reinen Kundendienstkanal – und hat seitdem rund 700.000 Tweets abgesetzt und sich mehr als 66.000 Follower aufgebaut. Ein Team von etwa 130 Mitarbeiterinnen und Mitarbeitern in vier deutschen Städten stellt einen beispielhaften Kundendienst auf die Beine: An sieben Tagen die Woche kümmern sie sich um die Anfragen der (manchmal auch nur potenziellen) Telekom-Kunden, die inzwischen auch aus anderen sozialen Netzwerken wie Facebook kommen. Auf einer eigens angelegten Community-Seite[12] helfen sie bei Netzstörungen und informieren darüber, wie die

12 *https://telekomhilft.telekom.de/*

defekte FRITZ!Box ersetzt werden kann oder wo sich der nächste Wi-Fi-Hotspot befindet.

So sorgte das Engagement der *Telekom_hilft*-Berater:innen nicht nur für viele zufriedene Kund:innen sowie Erwähnungen in Blogartikeln und traditionellen Medien, sondern veranlasste auch andere Unternehmen dazu, diesem Beispiel zu folgen. (Lesen Sie dazu in Kapitel 2 unser Interview mit Maik Lohse, Leiter Social Media der Deutschen Telekom.)

Auch die Deutsche Bahn nutzt Twitter (und andere soziale Netzwerke) sehr erfolgreich. 26 Mitarbeiter:innen antworten zwischen 6 bzw. 10 und 22 Uhr auf Anfragen aller Art, machen aber auch Produktwerbung und geben Reisetipps. Das Team wird ebenfalls im Web vorgestellt.[13]

Die öffentliche Wahrnehmung des Twitter-Engagements ist positiv: Rund 120.000 Menschen folgen *@DB_Bahn*. Und nicht wenige ratsuchende Onliner auf Reisen werden wohl erst einen Tweet absetzen, bevor sie einen Zugbegleiter suchen.

Kundenakquise und Umsatzsteigerung

Diese Frage interessiert letztlich jede Geschäftsführung am meisten: Kann Twitter dabei helfen, neue Kunden zu gewinnen und Umsätze zu generieren? »Es ist kompliziert«, würde man im Social Web wohl pointiert antworten. Denn natürlich können Sie durch Ihr Engagement Neukunden auf sich aufmerksam machen – etwa indem Sie sich in Gespräche einbringen und Ihre Services höflich anbieten. Richten Sie dazu relevante Produktbezeichnungen sowie die Namen Ihrer Wettbewerber als feste Suchaufträge ein. So können Sie im passenden Moment reagieren. Sie sind beispielsweise ein kommunaler Energieversorger und bemerken, dass ein Bürger Ihrer Stadt einen Anbieter sucht? Dann steigen Sie beratend in die Diskussion ein. Versuchen Sie nicht gleich als Erstes, offen etwas zu verkaufen, sondern bieten Sie zuerst Ihre Hilfe an.

Darüber hinaus lassen sich klassische Verkaufsförderungsmaßnahmen natürlich auch auf Twitter adaptieren: Rabattcodes, Verlosungen oder angepasste Produktwerbung. Achten Sie darauf, dass Sie Ihre Follower nicht vergrätzen. Publizieren Sie beispielsweise inhaltsstarke Infografiken, die die Vorteile Ihres Produkts kennzeichnen. Bieten Sie nützliche Erklärungen und exklusive Services. Und: Bleiben Sie ansprechbar und hilfsbereit.

Wer wirklich nachhaltig Erfolg auf Twitter haben will, sollte den Dienst als Werkzeug zur Kommunikation und allenfalls Verkaufsanbahnung verstehen. Gesteigerter Umsatz wird sich dann indirekt einstellen.

---

13 *https://inside.bahn.de/db-bahn-social-media-team/*

Sofortiges Feedback bekommen

Sobald Sie eine aktive, treue Fangemeinde bei Twitter aufgebaut haben, zeigt sich einer der größten Vorteile dieses Diensts: Wenn Sie Ihre Follower zu ihren Bedürfnissen und Wünschen befragen, werden Sie in der Regel zügig Rückmeldungen bekommen. Die Menschen teilen ihre Gedanken mit oder können Ihnen zumindest in dringenden Angelegenheiten wichtige Hinweise geben. Ist dieses Farbschema gut? Was denkt ihr über unser neues Produkt? Diese Informationen können Ihnen wertvolle Einblicke bieten und Anregungen für künftige interne oder externe Projekte geben.

Dass es erfolgversprechend sein kann, seine Kund:innen von Anfang an oder auch nur punktuell in die Produktentwicklung einzubeziehen, beschäftigt seit einigen Jahren unter dem Schlagwort *Customer Value* bzw. *Customer Value Co-Creation* die Unternehmenswelt. Dabei stehen nicht die Ideen des Unternehmens oder die Eigenschaften des Produkts, sondern die Bedürfnisse der Kund:innen im Mittelpunkt – mit dem Ziel, für diese die perfekte Lösung zu finden. Und was liegt näher, als Kunden dazu direkt zu befragen?

Twitter-User sind in der Regel recht meinungsstark und -freudig – und geben Ihnen die Chance, ihre Vorlieben und Abneigungen kennenzulernen. Sie können Produktwünsche aufdecken und Feedback zu Ihrer Geschäftsstrategie erhalten. Eine einfache Möglichkeit bietet Ihnen die Funktionalität *Umfrage*: Sie formulieren eine Frage, geben bis zu vier Antwortoptionen vor und setzen eine bestimmte Laufzeit fest.

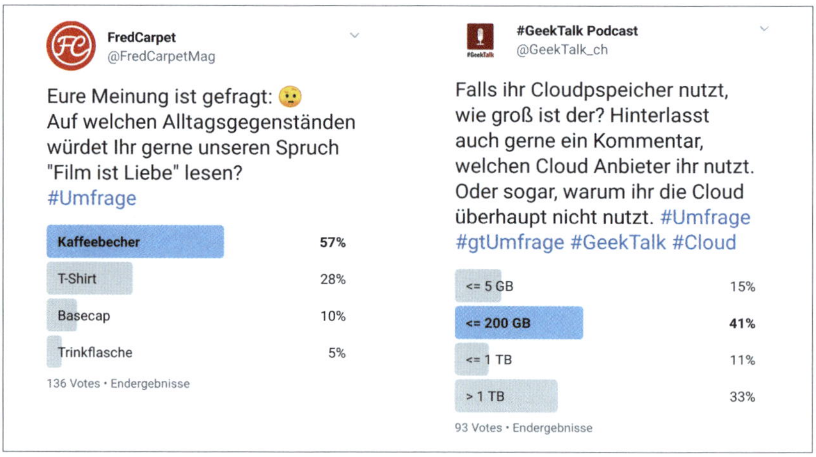

Abbildung 7-8 ▶ Zwei Beispiele für unkomplizierte Abfragen unter Followern, mit der Twitter-eigenen Poll-Funktion zügig umgesetzt

Sicher, Twitter kann keine breit angelegte, repräsentative und durchdachte Marktstudie ersetzen. Es kann Ihnen aber sowohl einige wertvolle Einschätzungen liefern als auch Ihr Image stärken, wenn Sie Ihre Follower:innen in den Innovationsprozess einbeziehen. Beachten Sie an dieser Stelle, dass Sie durch das Hinzufügen relevanter Hashtags die Beteiligung an der Umfrage erhöhen können. Orientieren Sie sich dazu auch an den Twitter-Trends[14], denn nicht selten liefern sie einen guten Anlass, ihre Community zu einzelnen Themen gezielt zu befragen – und gleichzeitig neue Follower anzuziehen.

Oder Sie laden mithilfe von Twitter Spaces gleich live zum Gespräch. Als Freelancer könnten Sie beispielsweise gemeinsam mit einigen Berufskolleginnen ein Expertengespräch zu einem aktuellen Thema ansetzen. Als Reiseanbieter können Sie sich mit einigen ausgewählten Geschäftspartnern und Stammkundinnen über beliebte Ziele austauschen. Oder als Forschungsinstitut eine Q&A-Sprechstunde anbieten, bei der Sie sich mit Journalistinnen und Investoren über eine neue Technologie unterhalten.

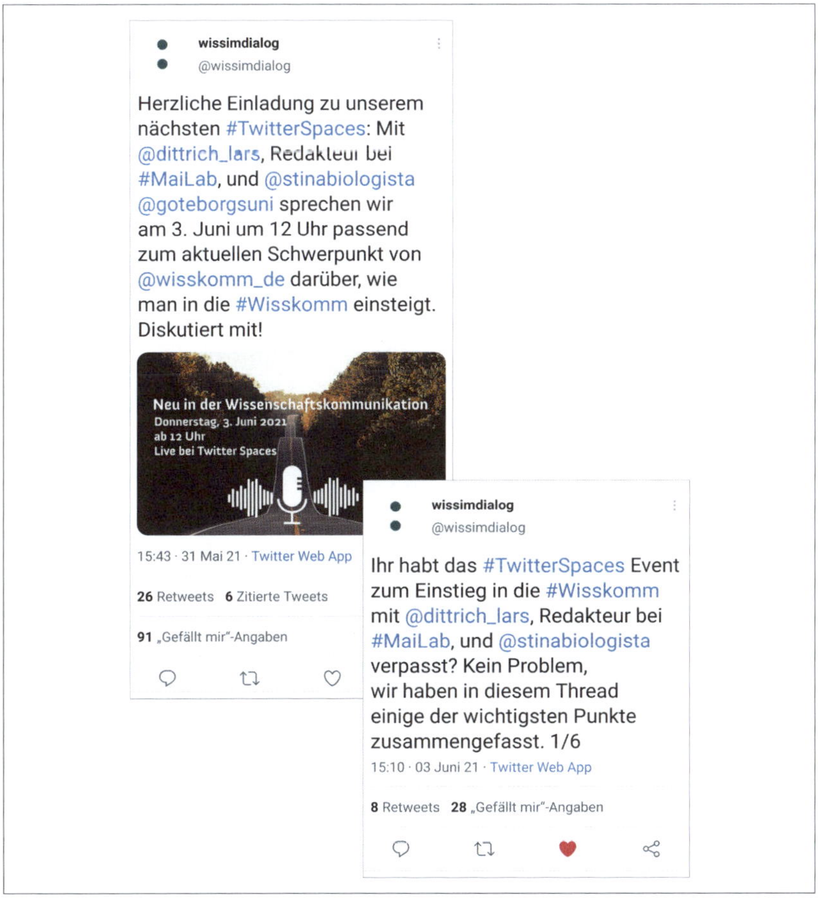

◀ Abbildung 7-9
Für Twitter Spaces brauchen Sie eine gute inhaltliche Vorbereitung, spannende Gäste, etwas Werbung vorab und Ihr Smartphone. (Die Funktion gibt es bislang nur per Twitter-App.)

14 Schauen Sie auch mal bei Trendsmap (*https://www.trendsmap.com/map/*) vorbei. Der Dienst bereitet die aktuellen Trends auf einer Weltkarte auf. Eine kleine Spielerei, die Ihnen aber die für Sie geografisch relevanten Trends auf einen Blick darstellt.

Ein Netzwerk von Gleichgesinnten

Ermitteln Sie Suchbegriffe zu Ihren Interessengebieten (zum Beispiel Suchmaschinenoptimierung, Kleinunternehmen, IT, Grafikdesign oder Kombinationen aus verschiedenen Begriffen) und folgen Sie selbst Teilnehmern, die Tweets mit für Sie interessanten Inhalten veröffentlichen. Sie müssen nicht alle Kontakte selbst anbahnen, Nutzer:innen werden auch auf Sie aufmerksam. Sorgen Sie nur dafür, dass Ihr Twitter-Stream aussagekräftig und interessant bleibt, damit die anderen Nutzer genau wissen, mit wem sie da Kontakt aufnehmen.

Events mit Twitter begleiten

Eine besondere Stärke spielt Twitter bei Events aus. Veranstalter teilen den Start des Ticketverkaufs mit, Künstlerinnen geben ihre Teilnahme bekannt, Konferenzbesucher twittern aus Vorträgen, und im Nachgang melden Blogger:innen ihre Beiträge – alle unter dem Hashtag der Veranstaltung. Dessen kluge Auswahl und rechtzeitige Bekanntgabe ist deshalb zentral. Nur wenige Veranstaltungen benötigen einen eigenen Twitter-Account, ein Hashtag sollten Veranstalter aber immer formulieren und nennen.

Diesen sollten Sie von Anfang an bei all Ihren Tweets einsetzen. Empfehlenswert ist es zudem, das Hashtag auf Anzeigen, Flyer oder Konferenzprogramme zu drucken und vor Ort auszuhängen. Nennen Sie das Hashtag zur Begrüßung Ihrer Besucher und laden Sie sie ein, dieses bei all ihren Social-Media-Postings zu nutzen. Warum? Nun, einerseits lassen sich durch Antippen des Hashtags alle relevanten Tweets suchen und gefiltert darstellen – eine sehr praktische Funktion für alle, die wissen wollen, was über oder von dieser Veranstaltung getwittert wird –, und zum anderen werden auch andere Twitterer auf Ihre Konferenz oder Ihr Konzert aufmerksam, wenn sich Tweets unter einem bestimmten Hashtag häufen.

Etabliert hat sich eine Kombination aus (gekürzter) Veranstaltungsbezeichnung und Jahreszahl, beispielsweise *#rp22* für re:publica im Jahr 2022. Bei kleineren Konferenzen könnte auf die Jahreszahl verzichtet werden.

Und: Twitter eignet sich auch selbst als Veranstaltungsort. Mit Ihrem Account können Sie live gehen und direkt zu Ihren Followern sprechen. Oder aus Ihrem Buch lesen. Oder – wie es der Pianist Igor Levit während der Coronapandemie tat – gleich ganze Konzerte für Ihre Follower geben. Eine wunderbare Möglichkeit, mit Ihren Fans in Verbindung zu bleiben, finden Sie nicht?

Abbildung 7-10
Igor Levit führte seine Fans mit seinen zeitweise täglichen Hauskonzerten durch die Pandemie. Aufzeichnungen finden Sie unter *https://twitter.com/igorpianist*.

Twitter richtig verwenden

Im Grunde gelten für Twitter die gleichen Regeln wie für alle Social-Media-Kanäle – und die oberste Regel lautet: Seien Sie authentisch. Twitter dient in erster Linie dazu, auf Augenhöhe zu kommunizieren.

Vorüberlegungen

Über einige Fragen sollten Sie sich vorab Gedanken machen – blättern Sie dazu auch noch einmal in das Strategie-Kapitel 2 zurück.

Wer twittert mit?

In vielen Unternehmen sind mehrere Mitarbeitende mit der Pflege des Twitter-Kanals betraut. Damit Ihre Follower immer wissen, mit wem sie reden, haben sich Kürzel etabliert, mit denen jeder Tweet markiert wird, z.B. *^mk* oder */mk* für Mathilda Koch – auf der Profilseite kann der Kunde dann nachschauen, wer sich genau hinter dem Kürzel verbirgt. Wenn Sie allein twittern, genügt die Namensnennung in der Kurzbeschreibung.

Inhalte, Anrede und sprachlichen Stil festlegen

Überlegen Sie, wie Sie als Unternehmen auftreten möchten: Wollen Sie Ihre Follower duzen? Möchten Sie aktuelle Nachrichten aus der Branche anbieten oder vielleicht einen reinen Kundendienst? In welchem sprachlichen Stil soll getwittert werden? Ab wann werden Vorgänge privat, schon aus datenschutzrechtlichen Gründen? Welche Inhalte und Themen werden per Twitter (nicht) besprochen?

Brauchen Sie offizielle Geschäftszeiten?

Wenn Sie einen reinen Kundendienstkanal eingerichtet haben oder generell viele Anfragen per Twitter bekommen, ist es notwendig, mehrere Schichten einzurichten, um für die Kunden rund um die Uhr ansprechbar zu sein. Sie müssen natürlich selbst entscheiden, ob das für Ihre Branche sinnvoll ist und Ihre Kund:innen es überhaupt erwarten. Viele Unternehmen haben sich für feste Geschäftszeiten wie 8 bis 20 Uhr entschieden und geben das auch auf ihren Profilseiten bekannt.

Angestellte zu Fürsprechern machen

Wenn einzelne Mitarbeiter:innen Ihres Unternehmens privat twittern, wird die Sache komplizierter, denn natürlich darf man das weder verbieten noch inhaltlich beeinflussen. Vielmehr gilt es, die eigenen Mitarbeiter zu Fürsprechern und Multiplikatoren zu machen und sie zudem vor juristischen Fallstricken zu warnen. Hier ist es sinnvoll, die Initiative zu ergreifen, um die Sachlage zu klären: Wie wäre es beispielsweise mit einer Twitter-Schulung für Angestellte?

So richten Sie einen Firmenaccount ein

Der Einstieg in Twitter ist leicht: In wenigen Sekunden können Sie ein Benutzerkonto einrichten und gestalten. Twitter unterscheidet nicht zwischen Unternehmens- und Privataccounts.

Gehen wir die folgenden Schritte einzeln durch:

E-Mail-Adresse

Wählen Sie zur Registrierung eine E-Mail-Adresse, auf die alle beteiligten Kolleg:innen zugreifen können. Am besten lassen Sie sich einen Alias wie *twitter@unternehmenxy.de* (oder *social@unternehmenxy.de* für alle Kanäle) einrichten, über den eintreffende Nachrichten automatisch an alle eingebundenen Personen verteilt werden. Vorteil: Diese Adresse wird auch abgerufen, wenn Sie gerade im Urlaub sind. Und Sie können sie an Ihre Follower weitergeben, um komplexe Anliegen per Mail zu klären.

Profilnamen und Bio

Überlegen Sie sich einen leicht einzuprägenden Profilnamen.[15] Wenn Sie bereits auf anderen Kanälen im Social Web aktiv sind, übernehmen Sie diesen. Unternehmen wählen natürlich ihren Firmen- oder Markennamen. Achten Sie darauf, dass der Profilname nicht zu lang wird. Twitter lässt insgesamt 50 Zeichen zu. Unter *Biografie* schreiben Sie eine Kurzbeschreibung zu Ihrem Unternehmen und nennen die Person, die twittert – keine leichte Aufgabe bei 160 verfügbaren Zeichen!

Ihr Profilbild

Laden Sie ein Foto oder ein Logo als Profilbild hoch. Achten Sie darauf, dass dieses Bild auch auf Smartphones in winziger Darstellung noch gut erkennbar ist – zu viele Details sind kontraproduktiv. Twitter akzeptiert die Formate JPG, PNG und GIF, ideal sind die Abmessungen 400 × 400 Pixel.

Ihr Header

Laden Sie eine Header-Grafik hoch, die Ihr Unternehmen repräsentiert. Verwenden Sie keine oder wenige Schriftelemente, da diese in den unterschiedlichen Darstellungen auf Desktop-PCs, Tablets und Smartphones verdeckt oder überschrieben werden könnten. Achten Sie außerdem darauf, dass die untere linke Ecke keine wichtigen Details enthält, denn hier setzt Twitter automatisch Ihr Profilbild auf die Header-Grafik. Twitter empfiehlt für den Header eine Größe von 1.500 × 500 Pixeln, akzeptierte Dateiformate sind JPG, PNG und GIF. Vorlagen bietet Twitter auf Flickr an.[16]

Richten Sie sich ein

Statten Sie Ihr Profil weiter aus: Überlegen Sie, ob Sie einen Tweet dauerhaft ganz oben im Twitter-Stream anheften möchten. Speichern Sie wichtige Suchanfragen, die Sie häufig durchführen, ab, füllen Sie persönliche Informationen wie Ort und Zeitzone auf und ergänzen Sie einen Link zu Ihrem Impressum.

---

15 Es gibt die Option *Verifiziertes Konto*: Wenn Sie sich bei Twitter dieses »blaue Häkchen« besorgen, wissen Ihre Follower, dass hinter dem Avatar auch wirklich die genannte Firma bzw. die Person steckt. Vor allem prominente Personen greifen darauf zurück, seitdem in einigen Fällen mit gefälschten Accounts Schindluder getrieben wurde. Alle Informationen dazu erhalten Sie unter *https://help.twitter.com/de/managing-your-account/twitter-verified-accounts*.

16 *https://www.flickr.com/photos/twitteroffice/sets/72157643560484885/*

Folgen und gefolgt werden

Dann können Sie anfangen, anderen zu folgen. Stöbern Sie durch Trendthemen und lassen Sie sich von Twitter Accounts vorschlagen, die zu Ihren Interessen passen. Ihre Vorlieben können Sie direkt angeben, Twitter entnimmt sie aber auch den Profilen, denen Sie bereits folgen.

Wollen Sie zunächst schauen, wer von Ihren Freunden und Kolleginnen auf Twitter ist? Die Funktion *Freunde finden* vergleicht Ihr Mailadressbuch mit Twitters Nutzerdatei, sie ist aus Datenschutzgründen allerdings nicht zu empfehlen. Suchen Sie besser händisch nach Bekannten, Kolleg:innen und Köpfen Ihrer Branche. Durchstöbern Sie die Followings dieser Personen, bestimmt sind für Sie spannende Twitter-Empfehlungen darunter. Viele Twitterer kuratieren selbst eigene, thematisch sortierte Following-Listen.

Natürlich können Sie auch Twitters Suche verwenden: Geben Sie Suchbegriffe ein, die Sie interessieren, und folgen Sie den Nutzern, deren Aktivitäten Sie ansprechen. Wahrscheinlich werden Sie massenhaft Nutzer mit ähnlichen Hobbys und geschäftlichen Verbindungen finden. Abonnieren Sie ruhig großzügig, wofür Sie sich interessieren. Aus Unternehmenssicht sind auch Geschäftspartner, Kunden und natürlich Wettbewerber folgenswert.

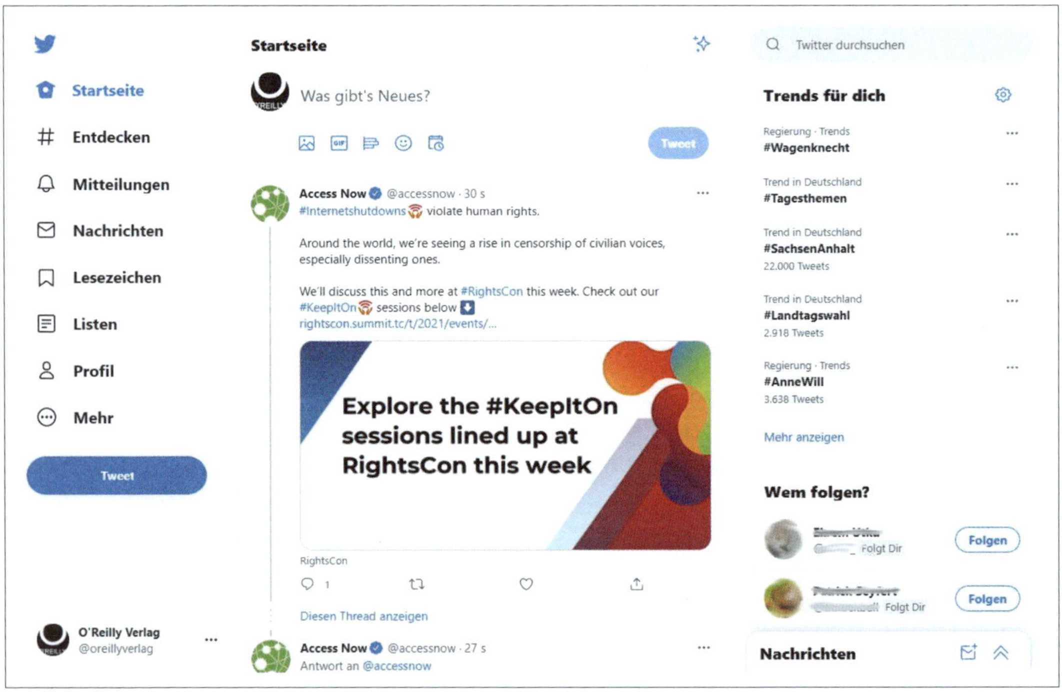

Abbildung 7-11 ▼ Die Benutzersicht des O'Reilly-Twitter-Kanals, Screenshot aus der Twitter-Webansicht

Wie können Sie nun eigene Follower anlocken? Die beste Methode ist, sich zu engagieren. Schauen Sie, was andere Menschen zwitschern, und tun Sie Ihre Gedanken kund. Helfen Sie bei Fragen zu Ihren Spezialthemen, berichten Sie von Erfahrungen, bringen Sie sich konstruktiv und sachlich in Gespräche ein. Haben Sie keine Angst: Auch andere engagieren sich bei Twitter, weil sie sich vernetzen wollen. In der Regel sind sie daher für Ihre Kontaktaufnahme offen.

Follower finden und weiterempfehlen

Etwas in die Jahre gekommen, aber noch immer erwähnenswert ist die Twitter-Tradition des *FollowFriday*. Dabei empfehlen sich immer wieder freitags Twitter-User gegenseitig: Versehen mit dem Hashtag *#ff*, weisen sie auf interessante Twitterer hin. Sie können dies einerseits nutzen, um Follower zu finden, und andererseits, um selbst auf folgenswerte User hinzuweisen. Dies ist der einfachste Weg, um Teil der Community zu werden.

Manchmal werden Sie auch auf sogenannte Twitter-Zeitungen wie *paper.li* [17] stoßen: Darin sammeln Twitter-User die Stories, die ihnen an einem Tag als besonders interessant erschienen sind, auf einer Website. Wirklich durchsetzen konnten sich diese Funktion jedoch nicht, und echte Vernetzung sieht anders aus, als ohne jegliche inhaltliche Einbettung Tweets zu sampeln.

Ebenfalls weniger geworden sind Offlinetreffen von Twitter-Usern in einzelnen Städten – spannend sind sie aber unbedingt. Erste Anlaufstelle ist *Meetup.org*, eine Website, die eine sehr breite Auswahl an Treffen zu allen möglichen Themen listet. Falls es in Ihrer Region einen *Twitterstammtisch* oder ein *Twitter-Meet-up* gibt: Nehmen Sie die Chance wahr. Sie werden sich bei einem lockeren Treffen wiederfinden, bei dem Sie unkompliziert in den Austausch mit anderen Twitterern gehen können. Nicht wenige Freelancer haben so schon Aufträge, Firmenchefs ihre Kooperationspartner und alle zusammen gute Freunde gefunden. (Die Zeit der Twittagessen und Twittwochs ist leider vorbei – aber vielleicht laden Sie ja die örtliche Twitter-Gemeinde mal zu einem Essen in Ihr Unternehmen ein?) Zur Eventplanung eignen sich unter anderem twtvite (*http://www.twtvite.com*), Meetup.com (*https://www.meetup.com/*) und XING Events (*https://www.xing-events.com/*).

Darüber hinaus empfehlen inzwischen einige Fachzeitschriften und Branchenmagazine in eigenen Rubriken Twitter-User mit besonders kreativem oder informativem Content.

Was twittern?

»Was soll ich denn bloß schreiben?«, fragen sich viele Twitter-Anfänger. Eine Sorge, die zunächst nachvollziehbar ist – von der Sie sich aber nicht einschüchtern lassen sollten. Grundsätzlich hängen die Inhalte von dem Unternehmen hinter dem Account ab. Eine Bank wird andere Themen und eine andere Sprache wählen als ein Café, und das wiederum agiert anders als eine Bildungseinrichtung. Entscheidend ist auch, welches Ziel Ihr Twitter-Account hat. Bei einem reinen Kundendienst-

17 *http://paper.li/*

kanal twittern Sie nur wenige eigene News, der große Teil der Kommunikation besteht aus dem Beantworten von Kundenanfragen. Bei klassischen Unternehmensaccounts werden Sie eine Mischkultur entwickeln, deren Inhalte sich aus verschiedenen Inhalten zusammensetzen.

Abbildung 7-12 ▲ Typische Inhalte für Twitter: Wichtig ist eine gute Abwechslung.

Reichern Sie Ihre Tweets mit Links und/oder Bildern an. Sie nehmen dann mehr Platz im Screen Ihres Followers ein, werden besser wahrgenommen, häufig auch noch einmal angeklickt, eine Interaktion, die sich auf Ihre Twitter-Statistik positiv auswirkt.

Hinweis ▶ Was sind Twitter Cards?

Wenn Sie einen Link zu Ihrer Website twittern, können Sie dafür sorgen, dass diese URL mit einem Bild oder einem längeren Vorschautext abgebildet wird. Dazu bietet Twitter sogenannte Cards an: Summary Cards mit und ohne Bild, App Cards zum Hervorheben einer App und Player Cards zum Hervorheben von Audio- und Videoformaten. Sie legen jeweils im Quellcode Ihrer Website fest, welche Inhalte Twitter anzeigen soll. Hört sich kompliziert an? Muss es gar nicht: Basiert Ihre Website beispielsweise auf WordPress, gibt es eine Reihe von Plug-ins, die Ihnen die Arbeit erleichtern – darunter das bekannte SEO-Plug-in Yoast. Dort stellen Sie ein, welche Card Sie einrichten möchten und welche Inhalte Twitter einbinden soll. Mithilfe des Validator-Tools auf Twitter prüfen Sie schließlich, ob alles richtig dargestellt wird.

Für ein klassisches »In-Stream-Foto« verlangt Twitter mindestens 440 × 220 Pixel, da diese Bilder aber durch Anklicken bzw. Drauftippen vergrößert werden, orientieren Sie sich besser an der maximalen Größenempfehlung von 1.024 × 512 Pixeln. Achten Sie aber darauf, keine wichtigen Botschaften im oberen oder unteren Bereich der Grafik abzubilden. Das im Twitter-Stream sichtbare Bild wird auf 506 × 253 Pixel gekürzt – oben und unten.

So machen Sie sich unbeliebt

Leider gibt es viele schreckliche Unarten unter Twitter-Usern. Wenn Sie nicht gleich unangenehm auffallen wollen, vermeiden Sie Folgendes:

- Kein klares Profil, aber viele Postings
  Spammer gibt es, seit es Twitter gibt. Als größte Unsitte galt etwa die automatisierte Begrüßungsnachricht an jeden neuen Follower. Glücklicherweise hat Twitter diese Funktion inzwischen abgeschaltet. Noch immer gibt es aber Accounts, die wahllos Nachrichten senden und Links schleudern. Liefern Sie Ihren Followern besser eine gut überlegte Auswahl an wirklich relevanten Inhalten. Und: Sollten Sie wegen eines besonderen Anlasses wie des Besuchs einer Konferenz ungewöhnlich viele Tweets absetzen wollen, bieten Sie Ihren Stamm-Followern ein Hashtag an, den sie stumm stellen können.
- Zu viele Hashtags
  #Sie #wollen #unbedingt #Aufmerksamkeit: Twitterer, die alle verfügbaren Zeichen mit Hashtags ausfüllen. Dies dient weder der Lesbarkeit, noch erhöht es die Relevanz der Inhalte. Beschränken Sie sich auf maximal drei wirklich passende Hashtags.
- Follower kaufen
  Es gab sie sehr schnell, diese Anbieter: »Kaufen Sie 1.000 Follower für xxx Dollar!« Sie haben kein erfolgreiches Twitter-Konto, nur weil Sie viele Follower haben. Es geht wie bei allen Kontakten viel mehr darum, passende Follower zu haben, mit denen Sie sich auch austauschen.
- Folgen/Entfolgen
  Ebenfalls ein beliebtes Spiel: folgen, warten, bis man zurückgefolgt wird, und dann wieder entfolgen. Die Erfahrung mag zeigen, dass die meisten dennoch Follower bleiben – doch ist das ein manipulatives und ziemlich unsympathisches Verhalten. Zu einem guten Ruf als angesehener Teil der Twitter-Community werden Sie so nie kommen.

◀ Tipp

Da sich die Maße auch ändern können, legen Sie sich am besten den Link *https://makeawebsitehub.com/social-media-image-sizes-cheat-sheet/* in Ihren Bookmarks ab. Dort werden alle Grafikformate und -spezifikationen der großen sozialen Netzwerke aktuell und übersichtlich dargestellt.

Wann twittern?

Am besten twittern Sie während der Zeit, in der Ihr Unternehmen arbeitet, sprich: in der das Büro besetzt bzw. der Laden geöffnet ist. Dass zu üblichen Geschäftszeiten montags bis freitags zwischen 9 und 18 Uhr auch die meisten Menschen auf Twitter aktiv sind, bestätigen einige

Studien. Wenn Sie jedoch für eine Diskothek oder eine Bäckerei twittern, verschieben sich die Zeiten entsprechend nach hinten oder nach vorn.

Verschiedene Erhebungen und auch unsere Erfahrung ergeben, dass viele Twitterer zu klassischen Pendel- und Pausenzeiten aktiv sind: werktags zwischen 8 und 10 Uhr, 11 und 13 Uhr sowie 16 und 19 Uhr.[18] Für die Kommunikation mit Konsumenten (B2C) ist zudem das Wochenende relevant. Der Dienst Hootsuite, über den weltweit täglich Zigtausende Tweets versandt werden, schätzt die Zeit zwischen 6 und 9 Uhr als wichtigste Twitter-Zeit des Tages ein. Die Menschen würden sich nach dem Aufstehen über die sozialen Netzwerke informieren, während sie später am Tag eher in ihre Arbeit vertieft seien.[19]

Abgesehen von den Kernzeiten sollten Sie unternehmensintern regeln, wer Twitter auf Rückmeldungen und Erwähnungen hin »überwacht«. Falls sich abends um 22 Uhr ein Kunde beschwert, müssen Sie gegebenenfalls eingreifen, bevor daraus ein Shitstormentsteht. Sie sollten daher immer einen »diensthabenden Verantwortlichen« benennen, der in dringenden Fällen einen Notfallplan anstoßen kann.

Und zu guter Letzt: Setzen Sie auf Regelmäßigkeit. Niemand erwartet, dass Sie in einem festen zeitlichen Schema Tweets veröffentlichen, die im Zweifel inhaltsleer und wenig nutzbringend sind. Aber Ihre Follower möchten dennoch immer wieder von Ihnen hören. Blog2Social stellte in seiner Untersuchung fest, dass die Halbwertszeit eines Tweets bei rund 18 Minuten liegt – und wichtige Nachrichten daher bis zu vier Mal wiederholt werden sollten. Behalten Sie diese Empfehlung im Hinterkopf, halten Sie sich aber nicht sklavisch daran.

Wann und wie häufig Tweets abgesetzt und Inhalte wiederholt werden sollten, hängt vielmehr sehr stark von Ihren Followern, Ihrer Twitter-Blase ab. Kommentieren sie Tweets in den Abendstunden aktiver als Tweets am späten Vormittag? Reagieren sie sehr schnell mit Unwillen, wenn sie mehrfach auf einen Artikel oder ein Produkt hingewiesen werden? Prüfen Sie Ihre eigene Twitter-Statistik, um die Nutzungsgewohnheiten Ihrer Zielgruppe zu ermitteln. Nur diese sollten Ihr Maßstab sein.

---

18 *https://www.blog2social.com/en/blog/a-complete-guide-to-social-media-sharing-what-when-how-to-share/* und *https://blog.hubspot.de/marketing/social-media-post-zeiten*

19 *https://blog.hootsuite.com/de/die-beste-zeit-fuer-social-media-posts/#Die_beste_Zeit_um_auf_Twitter_zu_posten*

Hilfe: Was tun bei Gegenwind?

Ob nun Shitstorm oder -störmchen: Mit Gegenwind müssen Sie insbesondere als Unternehmens-Twitterer immer rechnen. Dies gilt für alle sozialen Netzwerke, auf Twitter kann man aber schon mal etwas intensiver zerpflückt und seziert werden – öffentlich lesbar. In Kapitel 4 haben wir Ihnen veranschaulicht, wie sich Protestwellen aufbauen und wie Unternehmen klug darauf reagieren sollten. Ein erster Impuls auf öffentliche Kritik ist sicherlich, den betreffenden Tweet einfach löschen zu wollen, ein zweiter, sofort in Gegenwehr zu gehen und die eigene Haltung vehement zu verteidigen.

Beides sind keine empfehlenswerten Wege: Atmen Sie stattdessen erst einmal durch, reflektieren Sie die Situation und Ihre Meinung, hören Sie den Kritikern wirklich zu und hinterfragen Sie sich bewusst. Wenn Sie dann immer noch hinter Ihrem Tweet stehen (oder als PR-Verantwortliche möglicherweise eine unpopuläre Entscheidung oder Haltung eines Unternehmens nun einmal vertreten müssen), antworten Sie Ihren Kritiker:innen sachlich und persönlich. In manchen Fällen kann es nötig werden, dafür die immer gleichen Textbausteine zu verwenden, weil diese juristisch sicher sind. Versuchen Sie dennoch, Ihren Kritikern zu zeigen, dass Sie sie ernst nehmen. Denn wenn diese den Eindruck haben, Sie hätten ihre Argumente nicht einmal gründlich gelesen, wird Ihre weitere Kommunikation den Shitstorm noch anfachen.

Welche Dynamiken dann wirken, können Sie sich am Beispiel in Abbildung 7-13 ansehen: Ein Arzt berichtete per Twitter, dass eine seiner erwachsenen Patientinnen in Begleitung ihrer Mutter zur Sprechstunde erschien. Anfangs erhielt seine Verwunderung noch Zustimmung, schließlich erntete er aber massive Kritik in Form von knapp 1.000 Kommentaren innerhalb von drei Tagen. Zentraler Vorwurf: Ein Arzt, der seine Patienten in sozialen Netzwerken abwertet, verspiele das nötige Vertrauensverhältnis. Nun mag jeder seine eigene Meinung zur Beobachtung des Arztes haben, eines ist dennoch klar: Die Stärken des Arztes liegen sicherlich nicht im souveränen Umgang mit Shitstorms. Denn statt sachlich und deeskalierend auf die Argumente einzugehen, antwortete er fast ausschließlich nur denjenigen, die ihm zustimmten, und drohte Kritikern zwei Tage später gar mit rechtlichen Schritten. Das geht besser.

Sollten Sie zu dem Schluss kommen, dass Ihr Ursprungstweet zu Recht kritisiert wird und auch besser gelöscht werden sollte: Tun Sie dies nicht unkommentiert. Geben Sie Ihren Fehler zu und erklären Sie, dass Sie den Tweet löschen werden. Es wird weiterhin Screenshots dieses Tweets geben, und es wird Menschen geben, die diese verbreiten. Sie haben aber Haltung gezeigt, indem Sie den Fehler zugegeben und Ihre Konsequenzen transparent umgesetzt haben.

Abbildung 7-13 ▶ Wenn ein Tweet zum Shitstorm führt

Ihren Twitter-Kanal bekannt machen

Nutzen Sie alles, was Sie haben: von der Website bis zur Visitenkarte, vom Newsletter bis zur E-Mail-Signatur, von der Pressemitteilung bis zu Plakaten und Flyern. Informieren Sie Ihre Kunden, Geschäftspartner:innen und Mitarbeitenden auf allen erdenklichen Wegen über Ihre Twitter-Präsenz.

Hinweis ▶ Twitter stellt einige Widgets zur Verfügung, über die Ihre Tweets automatisiert auf Ihrer Website dargestellt werden können.[20] Seit Inkrafttreten der DSGVO können wir von der Einbindung eines solchen Widgets aber nur abraten – ganz abgesehen davon, dass es sich auf den allerwenigsten Websites wirklich harmonisch in das Layout einfügt.

Folgen Sie anderen Twitterern Ihrer Branche oder Ihres Orts. Und nicht zuletzt: Twittern Sie. Und twittern Sie so, dass Sie gern retweetet werden!

20 *https://developer.twitter.com/en/docs/twitter-for-websites/timelines/overview.html*

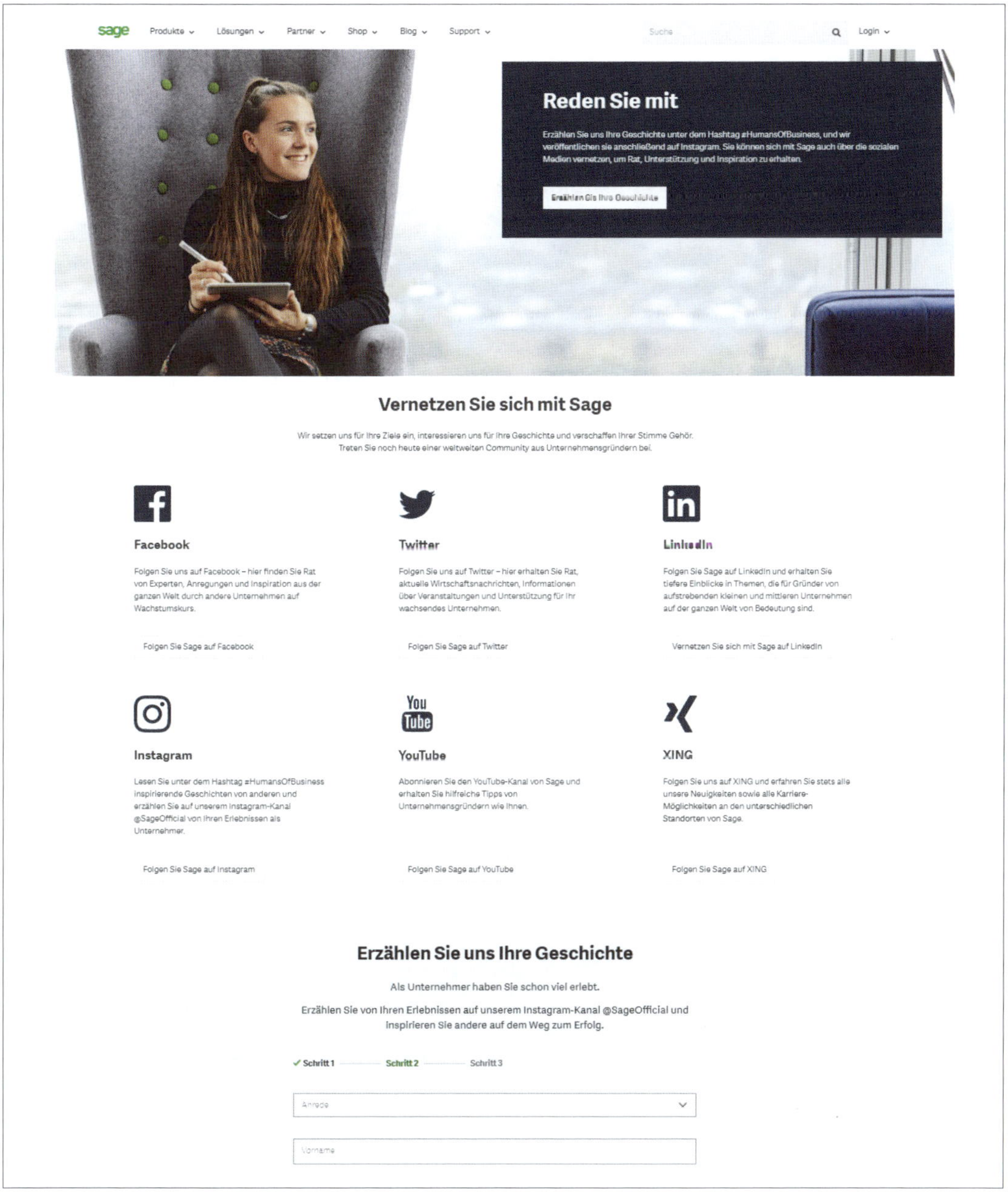

▲ **Abbildung 7-14**
Gut in Szene gesetzt und mit einem klaren Call-to-Action versehen: die Social-Media-Angebote des Softwarehauses Sage

Erfolgsmessung

Follower-Zahlen sind wahnsinnig wichtig, nicht zuletzt weil man bei entsprechend gutem Ergebnis auch hoch in den Twitter-Charts einsteigt und damit einen noch stärkeren Werbeeffekt erzielt. Lassen Sie sich dennoch nicht unter Druck setzen – Sie twittern dann erfolgreich, wenn Sie nicht nur senden, sondern sich mit Ihren Followern auch intensiv austauschen.

Wenn Sie eine Weile twittern, entwickeln Sie von allein ein gutes Gespür dafür, ob Sie in der Community angekommen und angesehen sind. Dennoch werden Sie, nicht zuletzt in der Argumentation mit der Geschäftsführung, Kennziffern benötigen, die den Erfolg Ihres Twitter-Engagements hieb- und stichfest beweisen. Wie für alle anderen sozialen Netzwerke ermitteln Sie diese anhand der Anzahl und des Zuwachses der Follower sowie der Replys, Retweets und Gefällt-mir-Klicks:

Tabelle 7-1 Kennziffern für Ihr Twitter-Engagement

Fragestellung	Metrik
Wie viele Antworten erhalten Sie auf Ihre Tweets durchschnittlich in einem festgelegten Zeitraum?	Interaktionsrate
Wie viele Follower haben Sie? (Und auch: Wie viele derjenigen, denen Sie folgen, folgen auch Ihnen?)	direkte Reichweite (potenziert sich, wenn ein Follower retweetet)
Wie häufig werden Ihre Tweets mit *Gefällt mir* versehen, und wie häufig werden sie geteilt?	Likes und Shares

Abbildung 7-15 Twitter-Statistik

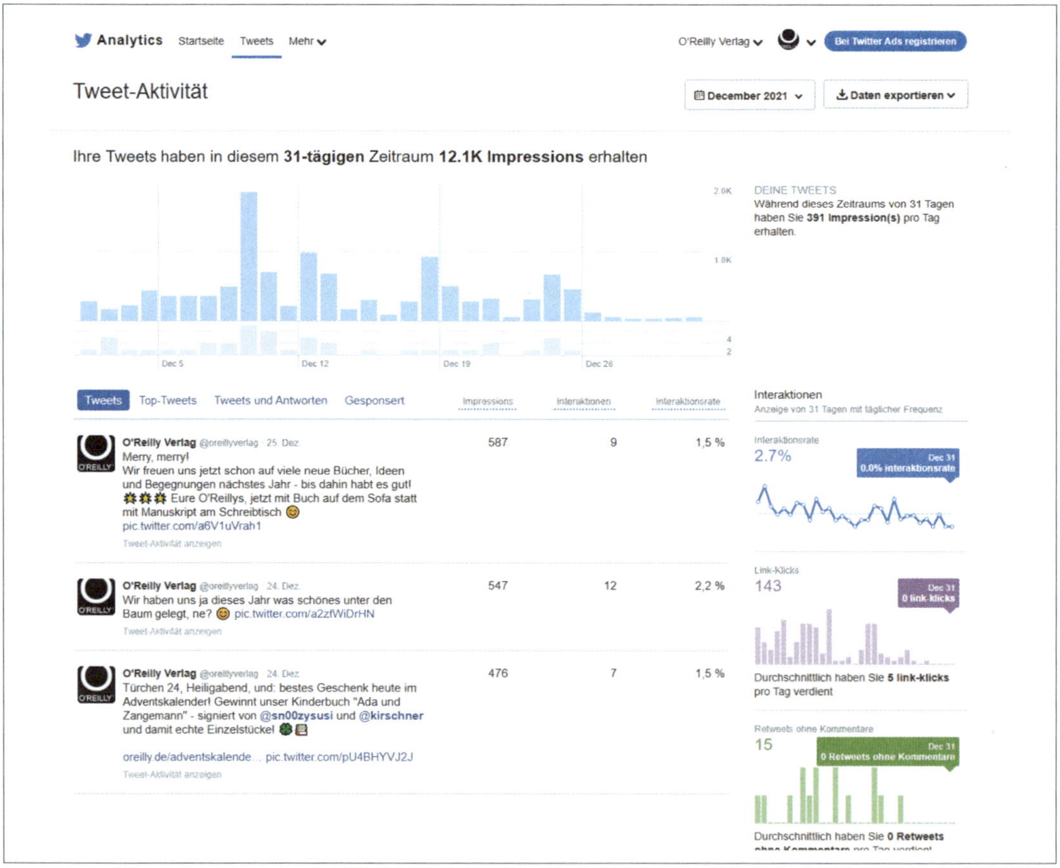

Die Twitter-Statistik gibt über einige Kenngrößen Aufschluss. Sie liefert nicht nur die erfolgreichsten Tweets pro Monat, sondern auch, wie sich die Anzahl der Follower verändert hat, für welche Themen sich Ihre Zielgruppen interessieren und wie hoch die Interaktionsrate der einzelnen Tweets war. Diese Kennzahlen erhält jeder Twitter-User kostenfrei.

Wer ein leistungsstarkes Analysetool zur Verfügung hat, wird auch Angaben dazu erhalten, wie Ihre Tweets aufgenommen werden (Sentiment) – mehrheitlich positiv oder sehr kritisch? Außerdem sollten Sie ermitteln, zu welchen Tageszeiten Ihre Tweets besonders gut oder schlecht abschneiden.

Diese Kenngrößen entsprechen in der Regel den KPIs, die wir Ihnen in Kapitel 3 erläutert haben.

Es gibt noch weitere Tools, mit denen Sie mehr über sich und die anderen Twitterer erfahren können, beispielsweise TweetStats (*http://www.tweetstats.com*) und Manageflitter (*https://www.manageflitter.com/*). Diese Dienste liefern umfassende Daten: Wie viele Tweets senden Sie jeden Tag? Wie viele Antworten verfassen Sie? Was ist Ihr Lieblingsinterface für Twitter? Zu welchen Zeiten sind Sie am aktivsten?

Anzeigen und bezahlte Postings

Bei einigen Tausend Tweets, die in jeder Sekunde rund um den Globus gepostet werden, kann es durchaus sinnvoll sein, die eigenen Botschaften hervorzuheben, Veranstaltungen anzukündigen oder Gewinnspiele oder Sonderaktionen bei neuen Zielgruppen zu bewerben. Unter dem Schlagwort »Twitter Ads« finden Sie eine Reihe von Werbemöglichkeiten. So können Sie beispielsweise klassische Anzeigen schalten, die dann im Twitter-Stream einer vorab ausgewählten Zielgruppe landen. Oder Sie unterstützen mit ein paar Euros die Sichtbarkeit einzelner Tweets (*Sponsored Tweets*) oder Hashtags (*Sponsored Hashtags*).

Twitters Anzeigenbereich (*https://ads.twitter.com*) ist recht intuitiv und selbsterklärend aufgebaut, und wenn Sie schon einmal Anzeigen bei Facebook oder auch Google geschaltet haben, werden Sie sich schnell zurechtfinden. Das Tool bittet zunächst darum, ein Kampagnenziel festzulegen: die Steigerung von Website-Besuchen oder mehr Interaktionen bezogen auf einen Tweet beispielsweise. Danach können Sie eine Laufzeit und ein maximales Tagesbudget angeben, anhand demografischer Merkmale und Interessen die gewünschten Zielgruppen auswählen und die Anzeige erstellen (achten Sie auf einen klaren Call-to-Action) oder die zu bewerbenden Tweets anklicken.

Zur Erfolgsmessung Ihrer Twitter Ads eignen sich die Werte *Cost-per-Follow* (Gesamtausgaben der Kampagne geteilt durch die Anzahl neuer Follower) und *Cost-per-Click* (Gesamtausgaben der Kampagne geteilt durch die Gesamtzahl der Klicks).

In Twitters freier Wildbahn sieht man leider sehr häufig missglückte Werbeanzeigen, meist, weil sie völlig falsch adressiert sind oder ihr Anzeigentext an den Haaren herbeigezogen wirkt. Wenn Sie in Twitter Ads investieren wollen, denken Sie an die kritische Twitter-Community – und mit welchen Inhalten Sie Ihre Anzeige verknüpfen sollten, um nicht negativ aufzufallen.

Tools für Twitter

Es gibt eine Reihe mehr oder weniger populärer Tools, die in der Twitter-Community zum Einsatz kommen. Seit Twitter vor einigen Jahren begann, seine Schnittstellen (APIs) für Drittanbieter zu schließen, ist die Auswahl jedoch deutlich geringer geworden. Eine Tatsache, die in der Twittersphere bedauert wird, schließlich machte die Offenheit Twitters für externe Entwickler und ihre Tools einen besonderen Reiz aus und unterstützte seine Verbreitung.

Warum also machte Twitter dicht? Nun, der wichtigste Grund ist sicherlich, dass das Unternehmen Twitter Geld verdienen muss. Werbeeinblendungen in der Twitter-App sollen dazu beitragen, die Einnahmen werden aber wesentlich geschmälert, wenn Drittanbietertools dies nicht unterstützen oder ihre Werbefreiheit sogar als besonderen Vorteil verkaufen. Twitter setzt also alles daran, die eigenen User auch in die eigenen Tools zu holen. Es zwang Drittanbieter immer wieder dazu, die Funktionalität ihrer Apps empfindlich einzuschränken, außerdem kostet die API-Nutzung inzwischen eine recht hohe Gebühr für externe, freie Entwickler. Hinzu kommt die Verunsicherung vieler User, ob ihre Lieblings-App irgendwann eingestellt werden muss.

Dass Twitter handeln musste, ist jedoch nicht nur mit Gewinnstreben zu erklären. Wie alle sozialen Netzwerke musste es seine gesellschaftliche und politische Macht anerkennen und negativen Auswüchsen wie Spam, gehackten Accounts oder moralisch und juristisch fragwürdigen Inhalten, die häufig durch Bots vertrieben wurden, einen Riegel vorschieben. Als beispielsweise der Account von Donald Trump und diverse weitere prominente Accounts gehackt wurden, stellte sich sehr schnell heraus, dass die entsprechende Sicherheitslücke bei einem Drittanbieterdienst zur Follower-Verwaltung lag.

Follower und Followings verwalten

Wer folgt Ihnen neu, und wer folgt Ihnen nicht mehr? Welchen Usern folgen Sie, ohne dass diese zurückfolgen? Eine regelmäßige Follower-Hygiene ist mehr als nur Ego-Streichelei. Es ist schlichtweg sehr aufschlussreich, die eigenen Follower:innen regelmäßig zu analysieren. Problem: Zwar bieten alle größeren (und kostenpflichtigen) Social-Media-Dashboards diese Funktion, kleinere, kostenfreie Apps gibt es jedoch kaum noch. Auch hier schlug die Sperrpolitik zu, denn die Dienste verlangten in der Regel per Passworteingabe Zugriff auf den Twitter-Account. Und genau dies führte – leider – zu vielfachen Hacks und Passwortdiebstahl. Dennoch gibt es vereinzelt wieder Tools, die den Follower-Check anbieten. Unser Rat: Bleiben Sie vorsichtig.

Einige vor Jahren beliebte Tools wie etwa Linkverkürzer sind wiederum nahezu überflüssig geworden, da Twitter diese Funktionalitäten inzwischen selbst bietet. Andere gern genutzte Apps wie Tweetdeck wurden schlichtweg von Twitter aufgekauft.

◀ Tipp

Der Linkverkürzer *bit.ly* ist zwar in seiner Grundfunktion – das Einsparen von Zeichen einer URL – unnötig geworden, dennoch kann es sinnvoll sein, ihn einzusetzen, denn er liefert zusätzlich Statistikfunktionen. Jeder mit bit.ly versendete Link hat seine eigene Informationsseite, die an Ihren Account gebunden ist (sofern Sie sich anmelden). Auf dieser Seite können Sie detaillierte Statistiken einsehen, zum Beispiel die Anzahl und den Ursprung von Klicks und die dazugehörige Diskussion. Außerdem zeigt Ihnen bit.ly, welche anderen Nutzer:innen des Diensts dieselbe URL abgekürzt haben.

Es gibt aber weiterhin Tools, die Ihnen das Twittern erleichtern können. Einige stellen wir hier vor. Achten Sie darauf, Zugangsdaten und Zugriffsberechtigungen nur an sehr ausgewählte Dienste zu vergeben, und räumen Sie in Ihrem Twitter-Profil unter dem Menüpunkt *Apps und Sitzungen* regelmäßig auf.[21] Immer wieder werden Twitter-Profile gekapert und dann Spam-Botschaften in großer Zahl über bislang seriöse Accounts verschickt. Das bedeutet für Sie und Ihre Follower:innen jede Menge Ärger und liegt nicht selten daran, dass User allzu unvorsichtig mit ihren Zugangsdaten umgegangen sind. Sorgen Sie also vor – und bleiben Sie trotz aller Neugier sehr kritisch.

Komfortabler twittern: Clients

Um auf Twitter zuzugreifen, können Sie mehrere Wege beschreiten – vom Webinterface (unter *http://twitter.com*) über die klassische Twitter-App bis hin zu Desktopanwendungen. Einige Tools überzeugen außerdem mit Spezialfeatures wie Suchfunktionen und der Unterstützung weiterer Social-Media-Anwendungen.

Einige Clients kennen Sie bereits aus Kapitel 3. Empfehlenswert sind die folgenden:

TweetDeck (https://tweetdeck.twitter.com/)
: TweetDeck ist ein leistungsstarker Webclient. Der Dienst stellt Timeline, Erwähnungen sowie Direktnachrichten in einzelnen Spalten übersichtlich nebeneinander dar. Außerdem können Sie Spalten für frei gewählte Suchbegriffe anlegen und damit in Echtzeit überwachen, ob jemand Ihren Firmennamen oder Ihre Wettbewerber erwähnt, ob es Tweets zu Ihren Fachgebieten oder Ihrer Branche gibt.

---

21 *https://twitter.com/settings/applications*

Sie können außerdem Ihre Tweets planen und automatisch veröffentlichen lassen. Theoretisch sind mehrere Accounts erlaubt, praktisch ist das aber nicht immer empfehlenswert: Wer Zugang zu TweetDeck hat, hat dann auch Zugang zu allen eingerichteten Twitter-Accounts.TweetDeck unterstützt beispielsweise auch Facebook und ist kostenfrei sowohl für den Desktop als auch für mobile Geräte und den Browser erhältlich. Der Dienst gehört inzwischen zu Twitter.

Hootsuite (https://hootsuite.com/)
: Hootsuite ist ein vollumfängliches Social-Media-Dashboard, mit dem Sie auch Ihren Twitter-Kanal pflegen können: Die Anwendung läuft im Browser, sortiert Ihre Accounts spaltenweise inklusive Erwähnungen und Direktnachrichten und ermöglicht auch den Zugriff auf Facebook, Instagram und andere Netzwerke. Ein Rundumtalent für Unternehmen – die kostenfreie Version (etwas schwieriger zu finden: *https://hootsuite.com/create-free-account*) ist jedoch sehr abgespeckt und für den Gebrauch im Unternehmen meist zu limitiert. Für die kostenpflichtigen Versionen erhöhte Hootsuite in den vergangenen Jahren mehrfach die Preise. Hootsuite gibt es auch als App für Smartphones und Tablets.

Tweetbot (https://tapbots.com/)
: Das beliebteste Drittanbietertool in der iOS-Welt: Tweetbot ist einer der wenigen Twitter-Clients, die trotz aller Einschränkungen durch Twitter nicht aufgegeben haben. Tweetbot ist werbefrei und lässt dem User viel Gestaltungsfreiraum. Dafür ist Tweetbot kostenpflichtig.

Abbildung 7-16 ▼
TweetDeck liefert Ihnen den kompletten Überblick über eingehende Tweets, Kommentare und Nachrichten – und erlaubt Ihnen, ständig bestimmte Suchbegriffe zu scannen.

Übrigens: Empfehlungen für andere Clients erhalten Sie von Twitter selbst. Nach einer längeren Pause ergänzt Twitter wieder unter jedem Tweet, über welches Interface oder welche App er verfasst wurde. Achten Sie mal drauf und testen Sie doch auch mal einen Client.

Checkliste: Der Weg zum eigenen Twitter-Kanal

- Ziel, Inhalte und sprachlichen Stil des Twitter-Kanals festlegen.
- Twitter-Team zusammenstellen und mindestens eine gemeinsame Schulung veranstalten, um alle in die benötigten Tools sowie die Besonderheiten der Kommunikation mit 280 Zeichen einzuführen. Wenn Sie allein twittern: Überlegen Sie sich trotzdem schon eine Vertretung für Krankheits- und Urlaubszeiten bzw. andere Abwesenheiten.
- Geschäftszeiten einrichten: Beschränken Sie sich auf Ihre üblichen Bürozeiten? Oder twittern Sie auch »nach Feierabend«? Wie können Sie zügige Reaktionszeiten gewährleisten? Weisen Sie auf Ihrer Twitter-Seite auf Einschränkungen hin (»Wir sind montags bis freitags von 8 bis 20 Uhr für Sie erreichbar.«).
- Unterstützende Tools und Dienste auswählen und gegebenenfalls technische Unterstützung suchen.
- Quellen für außergewöhnliche und interessante Inhalte recherchieren und Kolleg:innen aus allen Unternehmensbereichen um Infos, Fotos und Eindrücke aus ihren aktuellen Projekten bitten.
- Kanal einrichten und interessanten Menschen folgen.
- Kanal bekannt machen: Erwähnung in Newslettern, in E-Mail-Signaturen, auf der Website und in den allgemeinen Werbematerialien des Unternehmens, eventuell Pressemitteilung versenden, in öffentlich zugänglichen Geschäftsräumen Plakate aufhängen, Flyer verteilen und Social-Media-Verzeichnisse nutzen, auch firmenintern bekannt machen.
- Erfolgsmessung: Welche Inhalte laufen gut, wie viele Follower erreichen Sie? Justieren Sie Ihre Strategie entsprechend, bleiben Sie aber authentisch.

Zusammenfassung

Twitters große Community und seine kurze, bündige Art machen es zu einem praktischen Dienst für die Interaktion mit Kund:innen. Und ganz allgemein erleichtert Twitter die Pflege erfolgreicher Geschäftsbeziehungen. Da Twitter so schnell ist und Ihre Aussagen quasi in Echtzeit übermittelt, ist es zu einem der wichtigsten Mittel zur Krisenkommunikation geworden. Die Deutsche Telekom und andere Unternehmen nutzen es, um ihre Kunden zufriedenzustellen, und das weitaus schneller, als es mit dem üblichen Telefonsupport möglich wäre. Zu alledem kann Twitter auch zur Stärkung von Marken beitragen und ein mächtiges Verbreitungsmedium sein, unter anderem in Krisenfällen. Twitter bietet auch andere Nutzungsmöglichkeiten für Firmen: Es erleichtert den Aufbau einer persönlichen Marke, sorgt für sofortiges Feedback und schafft Netzwerke zwischen Menschen. Unternehmen können auf

Twitter für ihre Kund:innen da sein, Soloselbstständige wie Künstler:innen, Anwält:innen oder Autor:innen können ihre Bekanntheit steigern, sogar Aufträge an Land ziehen und so ihren Umsatz steigern.

KAPITEL 8

Facebook und soziales Netzwerken

In diesem Kapitel:

- Einführung in soziale Netzwerke
- Facebook: Das digitale Du
- Facebook im Unternehmen nutzen
- Eine Seite anlegen und mit Leben füllen
- Mit anderen vernetzen
- Werbung schalten
- Zusammenfassung

Soziale Netzwerke verbinden Menschen mit ähnlichen Interessen, aber auch gleichen Wohnorten, Familiensituationen oder Berufen miteinander. Und längst nutzt man sie auch im unternehmerischen Umfeld – zur Vernetzung, zur Bekanntmachung einer Marke oder eines Produkts oder zur Kundenbindung. In diesem Kapitel liefern wir Ihnen einige Zahlen und Fakten, die für alle sozialen Netzwerke gelten, und gehen dann auf das Netzwerk Facebook ein. Im weiteren Verlauf des Buchs erfahren Sie schließlich, wie Sie Netzwerke wie LinkedIn, Instagram oder YouTube zum Marketing einsetzen.

Einführung in soziale Netzwerke

Unter dem Begriff »soziale Netzwerke« werden Websites zusammengefasst, auf denen die Nutzer:innen persönliche Profile anlegen und mit ihren Interessen, Fotos und biografischen Daten anreichern können. Soziale Netzwerke unterstützen User dabei, sich zu vernetzen, Neuigkeiten miteinander zu teilen und Beziehungen aufzubauen. Welche Funktionen das jeweilige Netzwerk im Einzelnen mitbringt, ist eher zweitrangig: Social Networking ist vor allem eine Frage der Haltung. Menschen wollen sich verbinden – und meist auch längerfristig verbunden bleiben.

Soziale Netzwerke sind weltweit das beliebteste Angebot im Internet:

- Insgesamt 87 Prozent der Internetnutzer sind in mindestens einem sozialen Netzwerk angemeldet, bei den 14- bis 29-Jährigen sind es sogar satte 98 Prozent. Durchschnittlich ist jeder Internetnutzer bei drei Diensten registriert. (BITKOM)
- Durchschnittlich knapp zweieinhalb Stunden pro Tagverbringen die Nutzer:innen weltweit in sozialen Netzwerken. (GWI/Hootsuite[1])

1 *https://datareportal.com/reports/digital-2021-july-global-statshot*

- Der wichtigste Grund, warum sich Menschen in einem sozialen Netzwerk registrieren: Sie wollen mit ihrem Freundes- und Familienkreis in Kontakt bleiben. (GWI/Hootsuite)
- 28 Prozent aller Deutschen ab 14 Jahren nutzen mindestens einmal in der Woche Facebook (ARD/ZDF-Onlinestudie), 32 Millionen Deutsche sind einmal monatlich aktiv – so viel wie bei keiner anderen Plattform.
- 35 Prozent der 14- bis 29-Jährigen sind einmal pro Woche auf Facebook aktiv. Im Jahr 2020 waren es noch 44 Prozent. (ARD/ZDF-Onlinestudie)
- Bei der täglichen Nutzung holte Instagram im Jahr 2020 erstmalig Facebook auch über alle Altersgruppen hinweg ein: 15 Prozent aller Deutschen scrollten sich täglich durch die Bilderplattform, während nur noch 14 Prozent täglich Facebook aufriefen. (ARD/ZDF-Onlinestudie)

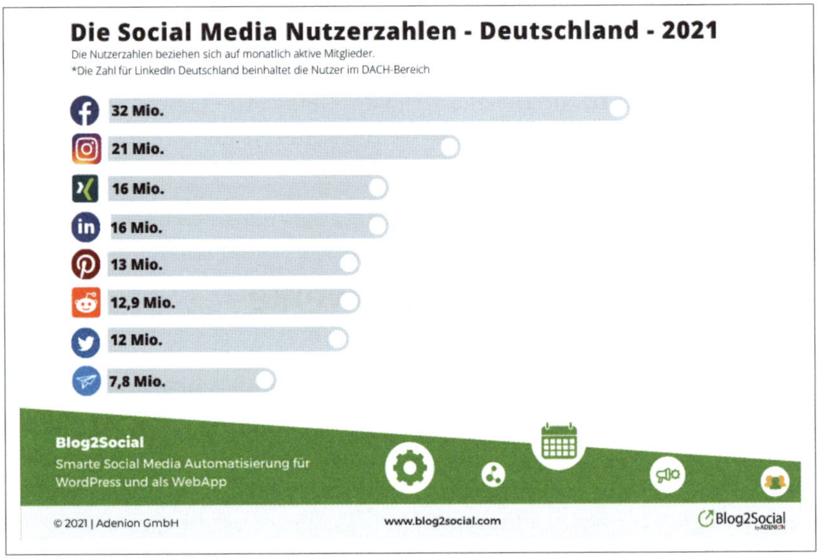

Abbildung 8-1 ▶ Facebook ist nach wie vor stärkstes Netzwerk. Quelle: *https://www.blog2social.com/de/blog/social-media-nutzer/*

Halten wir fest: Facebook hat eine zentrale Rolle inne, verlor zuletzt aber an Marktmacht. Eine Reihe von Faktoren hat den Beliebtheitsverlust verursacht:

- Große Innovationen ließen lange auf sich warten, Trends wie Stories ließ Facebook zunächst an sich vorbeiziehen.
- Ein undurchsichtiger Algorithmus, der allzu häufig Postings kommerzieller Seiten anzuzeigen und dafür Postings von Facebook-Freunden zu verbergen schien, vergrätzte User.

- Ein zu spätes und nicht ausreichend wirksames Reagieren auf Fake News, die sich über die Plattform verbreiteten, brachte enorme Kritik und einen Verlust an Seriosität, Glaubwürdigkeit und Relevanz ein.
- Die Diskussionskultur auf Facebook ist bisweilen recht harsch, dies mindert die Aufenthaltsqualität.
- Seitenbetreiber zeigen sich seit Jahren enttäuscht über die geringe organische Reichweite, die sie häufig mit ihren Beiträgen nur noch erreichen können.
- Auch das Handling für Seitenbetreiber ist verbesserungswürdig, allzu oft hakt es hinter den Kulissen. Bisweilen sind Funktionen, die heute noch funktionieren, morgen kaputt oder verschwunden.

▼ **Abbildung 8-2**
Gerade bei den Jüngeren ist Facebook nicht mehr Nummer 1. Quelle: ARD/ZDF-Onlinestudie, 2021

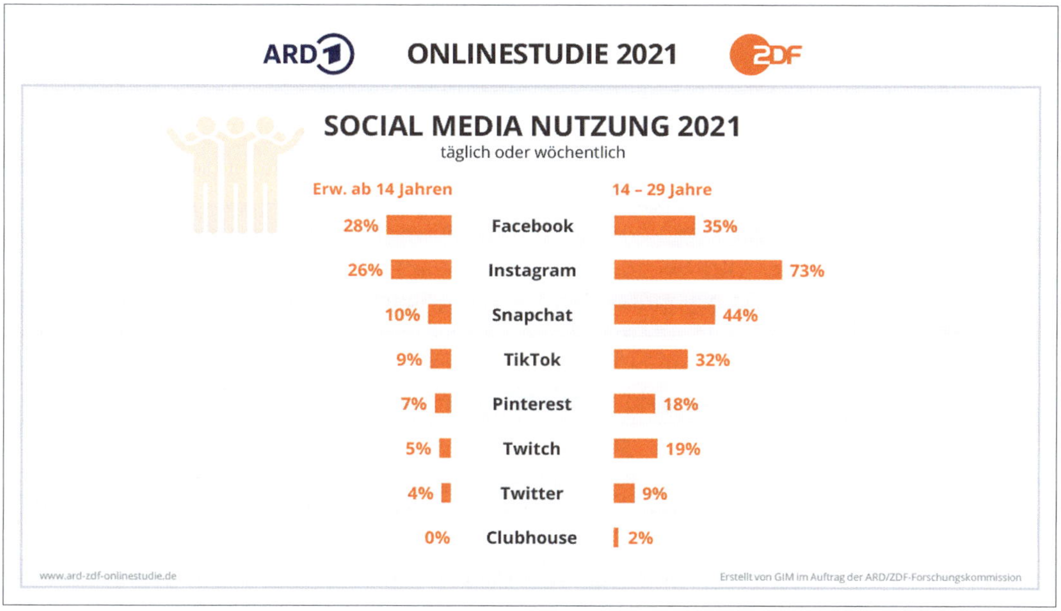

Dennoch gibt es nach wie vor gute Gründe, sich auf Facebook zu vernetzen, Gespräche anzustoßen und Werbung zu schalten. Einer dieser Gründe ist, dass Facebook das Netzwerk ist, das alle Schichten unabhängig von Alter, Herkunft, Einkommen, Beruf oder Bildung anspricht. Das Netzwerk hat sich in der breiten Bevölkerung durchgesetzt. Gerade im Bereich lokaler und regionaler Vernetzung ist Facebook nach wie vor stark, was etwa den mitgliederstarken Gruppen zu verdanken ist.

Für alle Netzwerke gilt, dass Nutzer:innen ein Profil erstellen und mit persönlichen Informationen anreichern. Sie können sich über das Profil mit anderen vernetzen, eigene Inhalte hochladen und die Inhalte anderer kommentieren, bewerten und wiederum in das eigene Netzwerk weitergeben. Als Eigentümer des Profils haben Sie weitestgehend die Kontrolle darüber, was auf Ihrer Profilseite angezeigt wird. In vielen sozialen Netzwerken können Sie auch Gruppen erstellen und Seiten für Ihr Unternehmen anlegen.

Viele Menschen zögern, sich mit ihrem Namen und einem erkennbaren Profilfoto in sozialen Netzwerken anzumelden. Die Diskussionen um Datenschutz und Privatsphäre gehören inzwischen zu unserem digitalisierten Leben dazu, ob Sie nun Facebook, die Routenplanung bei Google, Amazons Alexa oder ein Fitnessarmband nutzen. Dies erfordert sowohl aus privater als auch aus unternehmerischer Perspektive die Kenntnis der Rechtslage, ein verantwortungsvolles und regelmäßiges Justieren der Privacy-Einstellungensowie eine gesunde Portion Achtsamkeit. (Aus Angst resultierende Ablehnung bringt Sie dagegen kaum weiter.)

Wenn Sie sich entscheiden, aus unternehmerischen Gründen in sozialen Netzwerken aktiv zu sein, werden Sie wie im Geschäftsalltag und im Umgang mit Kund:innen und Geschäftspartner:innen genau überlegen müssen, welche Informationen über Ihre Person und Ihr Unternehmen angemessen sind. Bedenken Sie bei aller nachvollziehbaren Vorsicht, dass Sie kein Vertrauen aufbauen werden, wenn Sie sozusagen mit einer Papiertüte über dem Kopf im Social Web Kontakte knüpfen wollen. Ein korrekt benanntes Profil, ein Profilbild, auf dem Sie zu erkennen sind, und einige Informationen, die Sie als Mensch begreifbar machen, fördern den Aufbau von zwischenmenschlichen Beziehungen. Und genau darum geht es in sozialen Netzwerken, ob nun im digitalen Raum oder auf Messen, Tagungen oder im Ladengeschäft.

Überlegen Sie, ob Sie selbst einen Gast in Ihr Wohnzimmer lassen würden, der sich nicht vorstellen möchte, sein Gesicht verbirgt und als Erstes mit Werbebotschaften herausplatzt. Die meisten sozialen Netzwerke werden in erster Linie für private Zwecke genutzt. Daraus ergeben sich durchaus Möglichkeiten für Sie als Unternehmen, denn wie im Kaffeehaus, am Tresen oder bei einem gemütlichen Beisammensein im Vereinslokal sind Menschen auch in sozialen Netzwerken durchaus empfänglich für Empfehlungen und nützliche, informative oder unterhaltsame Inhalte.

Mithilfe der zahlreichen Ausdrucksmöglichkeiten durch unterschiedliche Medienformate wie Text, Bild, Ton und Bewegtbild können Sie im digitalen Raum sogar sehr präsent sein, was für den Aufbau von wertschätzenden Beziehungen zwischen Menschen und Unternehmensvertretern außerordentlich wichtig ist. Menschen möchten schließlich nicht mit Marken sprechen, sondern mit Menschen.

Lokale Netzwerke

Unter jungen Menschen – insbesondere Studierenden – besonders beliebt ist *Jodel*. Auf dieser Plattform unterhalten sich die User einer Stadt oder einer bestimmten Region in einzelnen Threads miteinander. Diese Themen sind meist in Kategorien (Channels) wie *Fitness*, *Politik* oder auch *Freundefinden* einsortiert. Jodel hat seinen besonderen Reiz für User sicherlich auch darin, dass es komplett anonym ist. Einzig, wenn jemand strafbare Handlungen vornimmt – beispielsweise Drohungen an reale Personen ausspricht –, kann Jodel den User identifizieren. Die User legen keine Profile an – und damit fehlt der Plattform ein wesentliches Merkmal sozialer Netzwerker. Jodel ist für den schnellen, häufig informellen Austausch, nicht aber für dauerhafte Verbindungen konzipiert. In Diskussionen sind User entweder der Thread-Ersteller – der sogenannte »OJ« – oder durchnummerierte Kommentatoren. Sie können einander mit *@OJ* oder *@1*, *@2* etc. markieren. Unternehmen bietet Jodel sicherlich eine interessante Zielgruppe, es lässt sich jedoch keine nachhaltige Präsenz oder gar Community aufbauen. Sie können sich jedoch über bezahlte Werbeanzeigen (*https://advertising.jodel.com/jodel-ads*) einkaufen. Dabei ist es entscheidend, die Werbeanzeige auf die Zielgruppe der 18- bis 30-Jährigen anzupassen. Im Vorfeld der Bundestagswahlen bot Jodel zudem den Kandidaten verschiedener Parteien an, sich über das typische Jodel-Format *#ama* (»Ask me anything«) Fragen der User zu stellen. Auf diese Weise konnten beispielsweise Christian Lindner oder Cem Özdemir live im Videotalk (*https://jodel.com/wahl/*) für sich werben. In Kapitel 2 zeigten wir Ihnen außerdem ein gelungenes Beispiel von Guerilla Marketing durch Domino's Pizza – man muss jedoch bedenken, dass man immer nur in einem begrenzten lokalen Gebiet sichtbar ist. Absolut empfehlenswert ist Jodel übrigens, wenn Sie Ihr Ohr an die junge Zielgruppe halten möchten: Sowohl Sprache und Diskussionskultur als auch Themen und Inhalte geben sehr schnell Aufschluss über das, was unter jungen Menschen unter 30 angesagt ist.

Andere jeweils lokale aktive Netzwerke sind Nebenan.de (*https://nebenan.de/*) bzw. international Next Door (*https://nextdoor.de/*). Gewerbetreibende können ein Profil hinterlegen – eine hohe Relevanz für das Social Media Marketing sehen wir allerdings aktuell (noch) nicht.

An dieser Stelle möchten wir noch einmal an das bereits in Kapitel 4 erwähnte Cluetrain-Manifest[2] erinnern. Sich dessen 95 Thesen zu verinnerlichen, hilft Ihnen, die sozialen Netzwerke und den Umgang miteinander in diesen Communitys besser zu verstehen. Allein die ersten fünf Thesen haben es bereits in sich:

1. Märkte sind Gespräche.
2. Die Märkte bestehen aus Menschen, nicht aus demografischen Segmenten.
3. Gespräche zwischen Menschen klingen menschlich. Sie werden mit einer menschlichen Stimme geführt.

2 *https://www.cluetrain.com/auf-deutsch.html*

4. Ob es darum geht, Informationen oder Meinungen auszutauschen, Standpunkte zu vertreten, zu argumentieren oder Anekdoten zu verbreiten – die menschliche Stimme ist offen, natürlich und unprätentiös.
5. Menschen erkennen sich am Klang dieser Stimme.

Diese Thesen rütteln am Selbstverständnis mancher Unternehmen. In den sozialen Medien begeben Sie sich als Unternehmen jedoch zu den Menschen, nicht umgekehrt. Sie kommunizieren also zu anderen Bedingungen, als Sie es möglicherweise gewohnt sind, was sich auch auf Ihre interne Kommunikation auswirken kann. Aber das muss nichts Nachteiliges sein, oder was meinen Sie?

Facebook: Das digitale Du

Zunächst als Netzwerk für Studierende gegründet, öffnete sich Facebook im Jahr 2006 für jedermann – und eroberte erst die USA und dann seit den Jahren 2008/2009 kontinuierlich auch Europa. Seither ist Facebook omnipräsent, auch wenn in der klassischen Medienberichterstattung häufiger von Problemen mit dem Datenschutz, von der unzulässigen Beeinflussung politischer Wahlen und von Konflikten die Rede ist als vom Reiz des Austauschs und der Vernetzung der Menschen untereinander.

Facebook gehört zum festen Marketingportfolio vieler Unternehmen. Manche, wie die Deutsche Telekom oder die Deutsche Bahn, bieten über Facebook Kundenservice an, andere, zum Beispiel das Versandunternehmen Otto oder die Krones AG, nutzen Facebook auch für die Rekrutierung von Fachkräften und Auszubildenden. Veranstalter von Messen, Konferenzen oder Konzerten vermarkten über die Plattform ihre Events.

Im Prinzip ist Facebook ein Allrounder: Weil es so viele Menschen erreicht, bleibt es für nahezu alle Unternehmen, die Social Media Marketing betreiben wollen, relevant – sogar im B2B-Geschäft. Beispiele für Ausnahmen gibt es sehr wenige: etwa wenn Ihre Hauptzielgruppe jünger als 18 Jahre ist oder wenn Ihre wichtigsten Kund:innen in China sitzen – einem Land, in dem Facebook vom Staat gesperrt ist.[3] Sobald Ihre Zielgruppe(n) aber unter den rund 32 Millionen Deutschen zu finden sind, die sich monatlich bei Facebook einloggen, müssen Sie die Plattform zumindest im Blick behalten.

---

3 In manchen Ländern ist die Nutzung von Facebook wie auch von weiteren sozialen Medien wie Instagram, Twitter oder YouTube verboten oder eingeschränkt. Manchmal gibt es dafür andere soziale Medien, die in diesen Ländern sehr populär sind, in China heißt das Pendant zu Facebook (inklusive der Funktionalitäten, die wir von WhatsApp, Instagram und anderen kennen) beispielsweise WeChat. In Russland nutzt man vk.com.

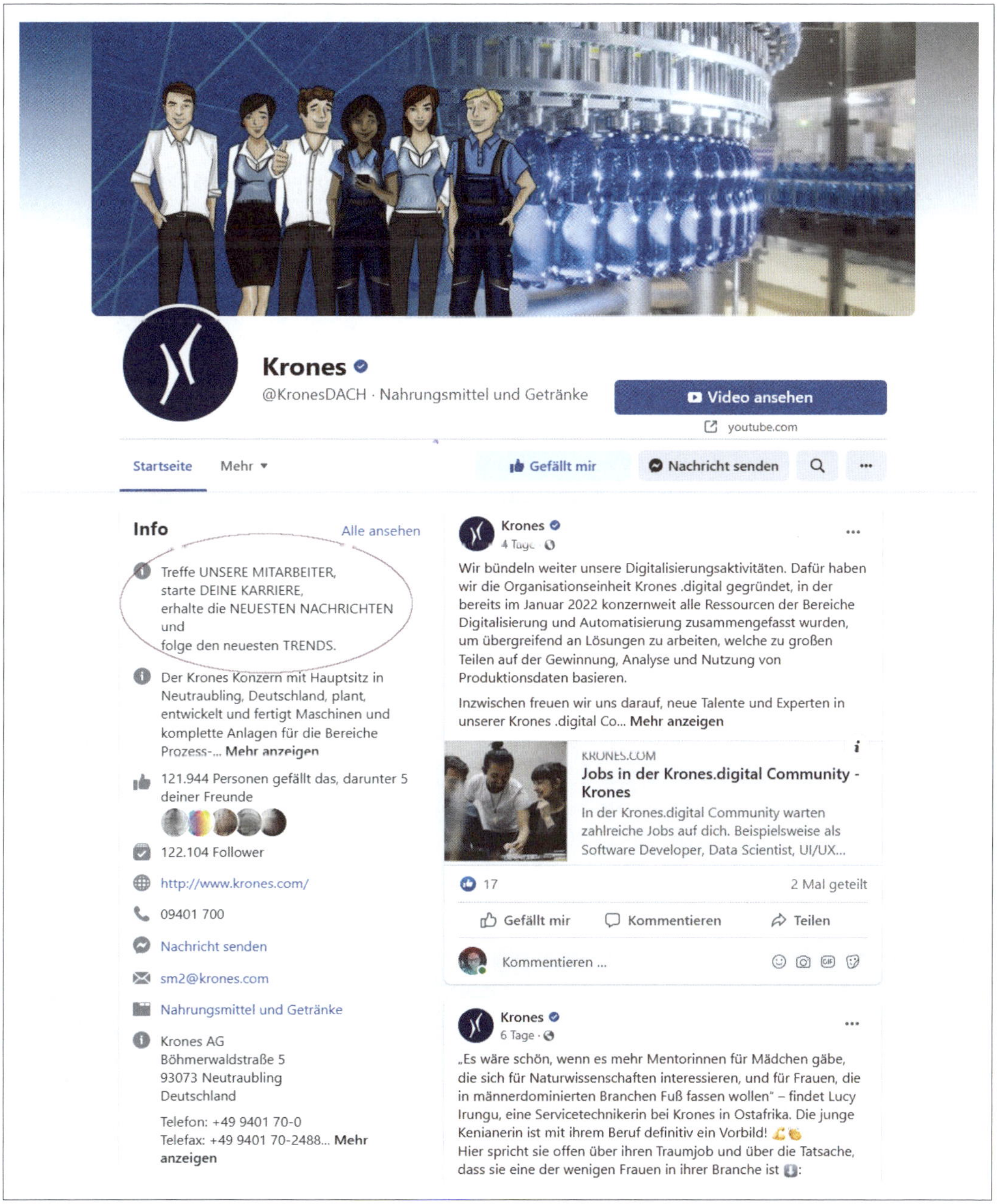

▲ Abbildung 8-3
Das Industrieunternehmen Krones nutzt Facebook unter anderem aktiv zum Social Recruiting.

Facebook baute sein Angebot mehr und mehr aus – im ersten Schritt zu einem »Internet im Internet«, indem es seinen Nutzer:innen kontinuierlich Funktionen bereitstellte, mit denen sie ihre persönlichen Profile inklusive Adressbuch unterfüttern, über den Messenger Nachrichten schreiben, Fotos und Videos hochladen, chatten, spielen, bewerten und kommentieren sowie Informationen zu Unternehmen, Produkten und Marken abrufen konnten. Und schließlich begann man durch den Zukauf anderer Unternehmen wie etwa WhatsApp und Instagram, populäre, jüngere Dienste mitsamt ihren Nutzer:innen an den Facebook-Konzern zu binden.

Facebook hat daher als Werbemedium ein gewaltiges Potenzial. Gehen Sie dabei aber mit Taktgefühl und gesundem Menschenverstand vor. Seien Sie ein angenehmer, aber nicht aufdringlicher Gesprächspartner – wie abseits des Screens auch. Und: Erwarten Sie keine Wunder. Der Aufbau und die Pflege von zwischenmenschlichen Beziehungen brauchen Geduld und Fingerspitzengefühl. Die vergangenen Jahre haben zudem gezeigt, dass es für Unternehmen klug ist, nicht allein auf Facebook zu setzen, um sich nicht von nur einer Plattform abhängig zu machen. Bauen Sie sich über verschiedene Kommunikationsformen ein stabiles Netzwerk von Kontakten auf und behalten Sie im Blick, wo sich Ihre Community aufhält.

Ihr persönliches Profil

Um bei Facebook aktiv werden zu können, benötigen Sie ein persönliches Profil – ohne dieses können Sie die meisten Inhalte kaum oder nur mit störenden Pop-up-Fenstern überhaupt sehen. Und erst danach dürfen Sie eine Seite für ein Unternehmen erstellen und/oder Administrator:in einer Seite werden. Übrigens soll diese seit Jahren insbesondere im beruflichen Umfeld störende Verquickung von persönlichen (privaten) Profilen und unternehmerischen Seiten bald ein Ende haben: Im Laufe des Jahres 2022 will Facebook sogenannte »Work Accounts« einführen. Ein absolut begrüßenswerter Fortschritt, der das tägliche Handling der Facebook-Seite erleichtert und sicherer gestaltet.

Hinweis ▶ Begehen Sie nicht denselben Fehler wie viele andere Unternehmen: Legen Sie Ihr Unternehmen nicht als persönliches Profil an. Ein derart falsch genutztes Profil widerspricht nicht nur den Nutzungsbedingungen von Facebook und kann daher jederzeit gesperrt werden, es sind auch viele Funktionen, die für Unternehmen sehr nützlich sind, nicht verfügbar: Werbeanzeigen, Seitenstatistiken, das Hinterlegen mehrerer Administratoren und die Integration von Anwendungen bzw. Apps. Wir empfehlen Ihnen, sich die Nutzungsbedingungen[4] vor dem Einrichten Ihres Profils durchzulesen, damit Sie später keine Schwierigkeiten bekommen.

Ein persönliches Profil ist in der Anzahl der Kontakte limitiert: Mehr als 5.000 Freunde können Sie nicht »sammeln«, während eine Seite von beliebig vielen Facebook-Nutzern »gelikt« werden kann. Facebook unter-

4 *https://www.facebook.com/legal/terms?locale=de_DE*

sagt die kommerzielle Nutzung von Personenprofilen, wobei sich gerade Selbstständige hierbei oftmals in einer Grauzone bewegen.

So statten Sie Ihr Profil aus

Mit Ihrem Namen und weiteren Angaben legen Sie Ihr Profil an. Facebook fordert dabei Ihren Klarnamen. Fantasienamen oder Abwandlungen wie »Tho Mas« oder »Su Sanne«, unter denen viele Facebook-User registriert sind, bergen dagegen ein hohes Risiko: Weil dies gegen die Nutzungsbedingungen verstößt, kann Facebook das Profil sperren. In der Folge verlieren Sie den Zugang zu der oder den Unternehmensseiten, die von Ihrem Profil aus administriert werden. Sie können auf Ihrer Profilseite öffentlich machen, für welches Unternehmen Sie arbeiten oder welche Unternehmensseite Sie betreuen – müssen dies aber nicht.

Ihr Profil können Sie anreichern, sodass Sie als Person wiedererkennbar sind. Verwenden Sie ein Profilbild, mit dem Sie sich wohlfühlen und auf dem Sie weder unnötig formell noch allzu leger wirken. Vermeiden Sie Profilbilder, auf denen mehr als eine Person abgebildet ist – insbesondere solche mit Kindern. Zusätzlich können Sie Ihr Personenprofil mit einem Titelbild personalisieren.

◀ Tipp

Wie groß Ihr *Profil* – und Ihr *Titelbild* sowie die *Bilder für Postings* jeweils sein müssen, erfahren Sie ständig aktuell und übersichtlich unter *https://allfacebook.de/pages/bildgroessen-facebook-twitter-google-pinterest*. Legen Sie sich diesen Link einfach in Ihren Bookmarks ab, so können Sie die Angaben regelmäßig nachschlagen und prüfen.

Außerdem gibt es zahlreiche Informationen, die Sie angeben können: von Ihrer aktuellen Beschäftigung, Ihrem Karriereweg und Ihrer Ausbildung über Ihre Interessen, Hobbys und Lieblingsfilme bis hin zu Ihrer Religionszugehörigkeit und Ihrem Familienstand. Überlegen Sie sich, welche Angaben sinnvoll sind und wie viel Sie über sich öffentlich preisgeben wollen. Alle Informationen können Sie später noch ergänzen oder ändern, und Sie können in den Privatsphäreeinstellungen festlegen, ob sie öffentlich oder nur einem eingeschränkten Personenkreis in Ihrem Netzwerk zugänglich sind. Sie selbst haben in der Hand, welchen ersten Eindruck Ihre Kund:innen, Geschäftspartner:innen und Kolleg:innen von Ihnen erhalten.

Insbesondere wenn Sie vorhaben, Gruppen beizutreten oder gar welche zu gründen, sollten Sie Ihren bestehenden und künftigen Kontakten die Möglichkeit geben, Sie zuzuordnen – zumal Sie für geschlossene Gruppen von den Administrator:innen freigeschaltet werden müssen. Aufgrund der Häufigkeit von Spam- und Fake-Accounts werden Sie möglicherweise erst gar nicht in eine Gruppe gelassen, um dort Kontakt mit den Mitgliedern aufzunehmen, wenn Sie gar nichts von sich preisgeben.

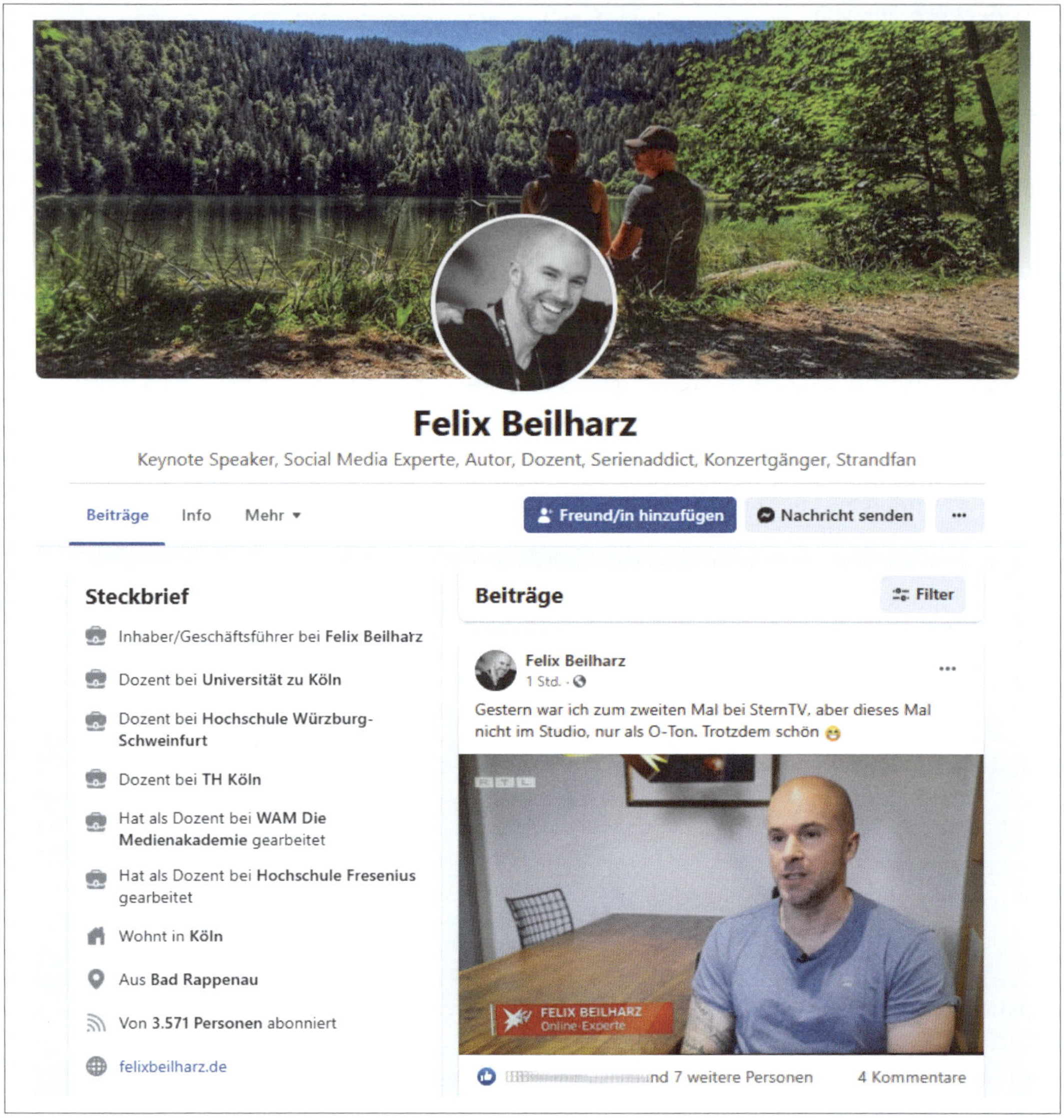

Abbildung 8-4 ▲
Der Social-Media-Profi Felix Beilharz macht es hier ganz richtig: ein gut erkennbares, freundliches Profilfoto, einige persönliche Informationen, mit deren Hilfe man ihn gut finden kann, und der Verweis auf seine Unternehmensseite.

Ein Profil ist also für eine natürliche Person vorgesehen und kann auch nur von einer Person verwaltet werden. Zusätzlich können Sie für Ihr persönliches Profil die Möglichkeit eines Abonnements freischalten, sodass diejenigen Menschen, die sich scheuen, Ihnen eine Freundschaftsanfrage zu stellen, Ihre öffentlichen Postings ebenfalls erhalten können. Das setzt natürlich voraus, dass Sie auch etwas öffentlich posten, ansonsten ergibt die Freigabe eines Abonnements wenig Sinn.

Bevor Sie weitermachen: Schützen Sie jetzt Ihr Profil vor unbefugtem Zugriff. Unter *Einstellungen/Sicherheit und Login* sollten Sie die Zweifaktorauthentifizierung aktivieren und regelmäßig prüfen, welche Geräte in Ihrem Facebook-Profil eingeloggt sind. Gerade weil an persönlichen Profilen auch Unternehmensaccounts hängen, müssen Sie diesen Punkt sehr ernst nehmen.

◀ **Hinweis**

So vernetzen Sie sich mit anderen und nehmen am Gespräch teil

Facebook wird Sie nun auffordern, sich mit anderen zu vernetzen – oder wie Facebook es nennt: Freunde hinzuzufügen. Verbinden Sie sich mit bereits bekannten Menschen oder interessant wirkenden Profilen, erhalten Sie deren freigegebene Profilangaben. Ihre Kontakte erhalten wiederum Ihre Neuigkeiten, und manchmal sehen Sie auch, wenn jemand aus Ihrem Netzwerk eine weitere Seite oder einen Beitrag mag oder kommentiert – dann können Sie sich in die Diskussion einklinken.

Mit Ihrem Profil können Sie auch Gruppen beitreten oder selbst eine oder mehrere Gruppen zu Ihren Interessen, Hobbys oder anderen Themen, die Sie betreffen, gründen. Gruppen lassen sich öffentlich (für jeden lesbar) oder geschlossen (nur Mitglieder sehen die Inhalte) anlegen, außerdem können Sie wählen, ob die Gruppe über die Suche auffindbar oder verborgen sein soll.

Die Möglichkeiten, sich auf Facebook auszudrücken, sind sehr vielseitig, und insbesondere die Kommunikations- und Sprachgewohnheiten verändern sich ständig. Vernetzen Sie sich daher gerade zu Beginn mit Menschen, die schon länger oder stärker aktiv sind. Schauen Sie nach, ob es wichtige Köpfe Ihrer Branche oder Ihrer Region gibt, die auf Facebook aktiv sind. Wie nutzen diese die Plattform? Mit wem sie sprechen, mit welchen Seiten und Profilen interagieren sie? Welche Inhalte teilen sie? Sie werden feststellen, dass Menschen Facebook ganz verschiedenartig handhaben. Es macht einen Unterschied aus, ob Sie Facebook nur privat oder ausschließlich unternehmerisch nutzen. Zugegebenermaßen hat sich der berufliche Austausch inzwischen mehr zu LinkedIn verschoben, wenn Sie aber beispielsweise einen kleinen Blumenladen betreiben oder Musiker:in sind, finden Sie Ihre Kund:innen und Fans sicherlich eher auf Facebook als auf der Businessplattform LinkedIn. Auch einzelne Branchen gehen noch immer stärker auf Facebook in den Austausch.

Sehen Sie sich die Seiten Ihrer Konkurrenz an und suchen Sie nach bekannten Marken oder Unternehmen aus Ihrem direkten Umfeld. So bekommen Sie allmählich ein Gespür dafür, wie Sie selbst auftreten wollen, wie Sie Ihre Marke am besten präsentieren und welche Rolle Facebook im Rahmen Ihrer Social-Media-Strategie spielen kann.

Facebook-Hilfe im Internet

Es gibt einige nützliche Anlaufstellen im Web, die sich aktuellen Fragen zur Verwendung von Facebook widmen und über neue Entwicklungen informieren:

- Erste deutschsprachige Anlaufstelle ist sicherlich *https://allfacebook.de/*. Hier finden Sie nicht nur Tipps und Anleitungen, die Website liefert auch aktuelle Zahlen und Neuigkeiten – sowohl für den privaten als auch für den geschäftlichen Gebrauch. Weltweite Nutzerzahlen finden sich auch auf *https://datareportal.com/essential-facebook-stats*.
- Das Magazin FutureBiz (*https://www.futurebiz.de/artikel/category/facebook/*) lässt Sie mithilfe vieler Blogbeiträge und frei herunterladbarer Whitepapers tief in Facebook einsteigen: vom Aufbau von Seiten bis zur Programmierung von Apps etc. Auch Statistiken zur Nutzung in einzelnen Ländern sind hier regelmäßig zu finden. Des Weiteren lohnt sich immer der Blick in Fachmagazine wie t3n, OnlineMarketing.de oder Internet World.
- Der Schweizer PR-Profi Thomas Hutter beschäftigt sich unter *https://www.thomashutter.com/themen/facebook-socialmedia/* regelmäßig mit Facebook als Marketingwerkzeug und bietet zudem vertiefende Kurse. Best Practices und Neuigkeiten liefert auch Felix Beilharz unter *https://www.facebook.com/felixbeilharz.de*.
- Es gibt einige Facebook-Gruppen, in denen Social Media Manager untereinander Tipps und Erfahrungen austauschen; eine dieser Gruppen sowie eine eigene Facebook-Seite betreibt unter anderem die Facebook-Expertin Katrin Hill unter *https://www.facebook.com/KatrinHillcom, eine andere große Gruppe ist »Fanpage Admins« via https://www.facebook.com/groups/pageadmins.de/ von Thomas Hutter*.
- Nicht zuletzt bietet Facebook unter *https://www.facebook.com/help* und *https://developers.facebook.com/* selbst Nachrichten und Hilfestellungen (teilweise auf Englisch) an.

Die Postings aller Personen und Seiten sowie die Diskussionsbeiträge aus Gruppen, die Sie abonnieren – all diese Inhalte landen im zentralen Bereich Ihrer Facebook-Startseite, dem *Newsfeed*. Er sorgt immer wieder für Ärger, denn hier regiert der berüchtigte Facebook-Algorithmus. Allzu oft filtert dieser spannende Nachrichten von Freunden oder witzige Postings von Seiten heraus, während er wiederum subjektiv als langweilig empfundene News doppelt anzeigt. Sie können versuchen, Ihren Newsfeed ein wenig zu dressieren: Unter *Einstellungen* und dann *Privatsphäre/News Feed-Einstellungen* können Sie bis zu 30 Personen und Seiten festlegen, deren Postings bevorzugt angezeigt werden. Außerdem gibt es weitere Optionen wie das ständige Ausblenden bestimmter Seiten. Facebook selbst lernt ebenfalls ein wenig dazu. Seiten, deren Postings Sie häufig liken, schiebt der Algorithmus mit der Zeit nach vorne. Ganz nach Ihrem Gusto werden Sie den Newsfeed dennoch nicht zusammenstellen können – Sie werden (leider) feststellen, dass Facebook immer wieder Postings unterschlägt und Sie Nachrichten verpassen.

Stöbern Sie nun ein wenig durch Ihren Newsfeed, abonnieren Sie weitere Seiten und lassen Sie sich Kontakte, Gruppen und Events vorschlagen. Nehmen Sie sich Zeit, Ihre Startseite zu individualisieren, spannende Inhalte, Formate und Methoden aufzuspüren – kurz gesagt: Schnuppern Sie Facebook-Atmo!

Jedes Posting Ihrer Kontakte oder der Seiten, denen Sie folgen, können Sie mit einer sogenannten Reaktionmarkieren – *Gefällt mir* (Like), *Love*, *Umarmung*, *Haha*, *Wow*, *Wütend*, *Traurig* –, kommentieren oder teilen. Für jede Regel gibt es eine Ausnahme: Wenn die Privatsphäreeinstellungen einen Inhalt nur einem eingeschränkten Netzwerk zugänglich machen, werden Sie diesen auch nur eingeschränkt teilen oder kommentieren können. Das sollten Sie bedenken, wenn Sie möchten, dass sich Inhalte verbreiten.

Dann beginnt der wirklich interessante Teil: Sie bringen sich ein. Dies geschieht zum einen, indem Sie interessante, nützliche und unterhaltsame Inhalte posten – ein Foto, einen Text, eine kurze Nachricht, ein Video oder einen Link –, und zum anderen, indem Sie die Inhalte der anderen Mitglieder lesen und teilen.

Abbildung 8-5
Reaktionen wie »Haha« oder »Wow«: Das sind die Währungen für Interaktion auf Facebook.

Die Seite für Ihr Unternehmen

Sie haben ein Profil angelegt und begonnen, sich in Facebook umzusehen und zu vernetzen. Für Ihr Unternehmen müssen Sie nun eine Seite einrichten. Dort geben Sie Ihren Zielgruppen – Mitarbeitenden und Kund:innen, Journalist:innen, Geschäftspartner:innen und allen anderen Interessierten – die Möglichkeit, mit einem *Gefällt mir* die Neuigkeiten und Inhalte Ihrer Unternehmensseite zu abonnieren. Sie können Statusmeldungen posten, Fotos und Videos hochladen und die Inhalte von anderen teilen.

Hinweis ▶ Im Oktober 2021 verkündigte Facebook-Gründer Mark Zuckerberg, dass der Facebook-Konzern ab sofort unter Meta Platforms, Inc. firmiert. Unter dem Dach von Meta bleiben die Namen der konzerneigenen Dienste – wie Facebook, Instagram oder WhatsApp – bestehen. Für User ändert sich dadurch an der Facebook-Oberfläche (aktuell) nichts. Wenn Sie jedoch ein Unternehmensprofil erstellen, werden Sie Inkonsistenzen und Umbenennungen feststellen: Die einst als »Facebook Business Suite« bezeichnete zentrale Oberfläche heißt nun beispielsweise »Meta Business Suite«. Die Hilfeseiten für Unternehmen hören zwar auf den Namen »Meta for Business«, liegen aber während der Arbeit an diesem Buch noch unter *https://www.facebook.com/business/*. Es ist zu erwarten, dass Facebook einige Tools strafft, umsortiert, eingliedert oder umbenennt. Dies hat leider auch zur Folge, dass einige Links oder Screenshots in diesem Buch schneller als üblich veralten. Alle Links werden nach unserer bisherigen Erfahrung aber weitergeleitet und die Icons und Bezeichnungen der Apps nur jeweils ausgetauscht.

So richten Sie die Seite für Ihr Unternehmen ein

Mit seinen Seiten gibt Facebook Unternehmen, Produkten, Marken, Dienstleistungen, Initiativen und Personen des öffentlichen Lebens eine kostenfreie Möglichkeit, im weltweit beliebtesten Social Network vertreten zu sein. Mit einer Facebook-Seite können Sie eine bessere Wahrnehmung Ihres Unternehmens erreichen. Dazu sollten Sie die Erwartungen und Bedürfnisse Ihrer Kundschaft sehr gut kennen – etwa ob diese vor allem Informationen zu Produkten sucht oder ob sie viele Fragen hat, die sie von einem professionellen, zügig und verbindlich agierenden Kundendienst beantwortet haben möchte.

Eine sorgfältige Strategieplanung ist daher wesentlich für Ihre Facebook-Präsenz. Machen Sie sich (erneut) bewusst, dass Facebook von den meisten Usern privat genutzt wird. Als Unternehmen sollten Sie daher mit Fingerspitzengefühl, Professionalität und souveränem Geschick vorgehen.

Wir empfehlen Ihnen einige Vorüberlegungen:

- Wie wollen Sie sich darstellen? Welche Aussage wollen Sie treffen? Wie wollen Sie wirken? An wen wollen Sie sich wenden? Welchen

Nutzen soll die Seite Ihren Kund:innen bzw. Fans bringen? Warum sollten Ihre Kund:innen Fans werden wollen? Was könnten diese überhaupt von Ihnen erwarten?

- Wer könnte Sie unterstützen? Haben Sie Facebook-erfahrene Kolleg: innen oder Mitarbeiter:innen? Benötigen Sie eventuell den fachlichen Rat einer Marketingagentur?
- Welche Inhalte möchten und können Sie bereitstellen? Was ist für Ihre Zielgruppe nützlich, unterhaltsam oder sinnstiftend? Wie können Sie diese Inhalte planen, beschaffen und kreieren?
- Welche Themen wollen Sie besprechen, welche bewusst ausklammern?
- Wie wollen Sie Ihre (Neu-)Kunden ansprechen: siezen oder duzen? (Duzen hat sich bei Facebook-Seiten durchgesetzt, im direkten Individualkontakt über Direktnachrichten wechseln Unternehmen häufig wieder zum Sie.) In welchem sprachlichen Stil sollen die Posts gehalten sein?
- Wie wollen Sie mit Kommentaren umgehen, vor allem wenn sie Kritik enthalten?
- In welchem zeitlichen Rahmen soll die Seite aufgesetzt sein? Gibt es spezielle Termine wie Messen, die Sie nutzen können, um für Ihre Seite zu werben? Oder steht gar der Launch eines neuen Produkts bevor, der Ihnen einen Termin vorgibt?

Am hilfreichsten ist es, wenn Sie sich zunächst selbst ausgiebig auf Facebook umschauen. Das Netzwerk und damit auch das Marketing sind kein Teufelswerk. Schauen Sie sich andere Profile und Seiten an, lassen Sie sich von deren Inhalten inspirieren, lesen Sie nach, wie andere mit der Kommentarfunktion umgehen, und profitieren Sie von den Erfahrungen, die andere bereits auf Facebook gemacht haben. Und versuchen Sie dann, die oben genannten Fragen durch ein Brainstorming zu beantworten.

◀ Hinweis

Die Nutzung von Facebook an sich ist zwar kostenlos, aber Sie sollten ein monatliches Budget (ab dreistellig aufwärts) für Anzeigenwerbung und Marketingkampagnen in Facebook bereithalten. Nach Änderungen im Algorithmus von Facebook vor einigen Jahren ist die Visibilität von Seiten und deren Posts stark eingebrochen. Mit den vielfältigen Werbemöglichkeiten von Facebook können Sie dem entgegenwirken. Mehr noch: Sie werden sie brauchen, um in halbwegs passabler Zeit Reichweite aufzubauen und mit Ihren Inhalten sichtbar zu sein.

Sobald Sie Ihren Fahrplan zum Aufbau einer Facebook-Seite angelegt haben, können Sie loslegen. Es empfiehlt sich, die Pflege von Unternehmensseiten auf ein Team zu verteilen und entsprechend mehrere Administrator:innen zu hinterlegen. Wenn Sie keine Mitarbeitenden einsetzen können oder wollen, wählen Sie eine vertrauenswürdige Person aus Ihrem Umfeld als »Sicherung«. Admins können Sie jederzeit hinzufügen und entfernen und ihnen verschiedene Rechte einräumen.

Haben Sie Ihre Vorüberlegungen abgeschlossen, können Sie über den Link *https://www.facebook.com/pages/creation/* nun eine Seite erstellen. Der Einstieg ist denkbar einfach: Sie geben einen Namen, eine Kategorie (Facebook schlägt Ihnen hier zahlreiche Optionen vor – von Abschleppdienst bis Zauberkünstler) und eine Kurzinfo ein und bestätigen dies.

Im nächsten Schritt werden Sie gebeten, ein Titelbild und ein Profilbild hochzuladen. Achten Sie darauf, ein unverwechselbares Profilbildauszuwählen. Es sollte 180 × 180 Pixel messen, wobei es dann jedoch kreisrund dargestellt wird – Facebook schneidet die Ecken ab. Das Profilbild sollte natürlich einen hohen Wiedererkennungswert haben, insbesondere dann, wenn es auf dem Smartphone nur sehr klein abgebildet ist. Wie im persönlichen Profil sollten Sie zudem ein markantes Titelbild für den Kopf Ihrer Seite auswählen. Nehmen Sie die Möglichkeit wahr, mithilfe dieses Bilds eine angenehme, einladende Atmosphäre zu schaffen, die den Geist Ihres Unternehmens widerspiegelt.

Beim Titelbild wird es leider etwas kompliziert, denn Facebook empfiehlt gleich mehrere Größen – oder auch gar keine. Das ist unverständlich? Ja, da müssen wir Ihnen leider recht geben. Der Grund für Facebooks unklare Ansage liegt in den enorm vielen Varianten von Endgeräten, mit denen User inzwischen Facebook aufrufen. Während Sie eine Facebook-Seite sehr wahrscheinlich am Notebook oder PC einrichten und damit über den Browser auf Facebook zugreifen, tippen und wischen andere über ihr Smartphone oder ihr Tablet. Und allein diese gibt es mit den unterschiedlichsten Bildschirmgrößen. Wie also soll ein Titelbild einheitlich gestaltet sein? Tatsächlich läuft es darauf hinaus, dass Sie sich zwischen einer für die Darstellung am PC optimierten Größe von 851 × 315 Pixeln und einer für die Darstellung am Smartphone bzw. Tablet optimierten Größe entscheiden müssen: 640 × 340 Pixel. (Behalten Sie dabei Ihre Hauptzielgruppe im Blick.) In beiden Fällen schneidet Facebook die Grafik dann einfach automatisch auf das passende Endgerät zu. Informieren Sie Ihren Grafiker über Facebooks Vorgehen, dann kann der Entwurf von vornherein so angelegt werden, dass die Grafik in verschiedenen Formaten[5] gut wirkt. Lassen Sie, wenn möglich, Textinhalte ganz weg oder platzieren Sie sie mittig, damit sie nicht abgeschnit-

5 Hilfreich an dieser Stelle ist ein Artikel von Allfacebook.com mit nützlichen Handlungsweisen: *https://allfacebook.de/features/facebook-verrat-die-perfekte-einstellung-furs-cover-foto.*

ten werden. Achten Sie auf eine ausreichende Schriftgröße, die auch auf dem Smartphone lesbar ist.

Außerdem raten wir Ihnen auch hier zum Experimentieren: Wenn Sie eine Grafik bei Facebook hochladen – und dazu kann sie in nahezu beliebiger Größe vorliegen –, lässt sie sich einfach hin und her schieben, sodass Sie den perfekten Bildausschnitt festlegen können. Viele Unternehmen setzen beispielsweise auf Landschafts- oder Architekturaufnahmen ohne Schrift, die in jedem Bildausschnitt und in jeder Größe eine starke Wirkung erzielen. Als Dateiformate akzeptiert Facebook JPG und PNG – auch hier gibt es aber einige Erfahrungswerte. PNGs, die mehr als 1 MByte groß sind, rechnet Facebook automatisch herunter. Dies gilt es zu vermeiden, ein sichtbarer Qualitätsverlust ist nahezu immer die Folge. Legen Sie die Datei lieber gleich so an, dass sie diese Größe nicht überschreitet, oder komprimieren Sie sie mit Ihrer Grafiksoftware. Bei JPGs rechnet Facebook stets herunter, prüfen Sie die Datei daher immer.

Sie können Ihr Titelbild übrigens nach Belieben ändern. Sogar Video Content ist möglich, hier gelten allerdings wieder andere Anforderungen: 1.250 × 312 Pixel und mindestens 20 und maximal 90 Sekunden Länge.[6]

Achtung: Nach dem Upload der Bilder veröffentlicht Facebook Ihre Seite sofort. Falls Sie lieber noch ein wenig im Hintergrund agieren und ausführlich testen wollen, können Sie die Veröffentlichung über *Seiteneinstellungen/Allgemein/Sichtbarkeit der Seite* zurücksetzen. Eine Schritt-für-Schritt-Anleitung[7] zur Erstellung von Seiten liefert Facebook auch auf seinen eigenen Hilfeseiten.

Die Facebook-Seite personalisieren

Nun ist wieder Fleiß gefragt: Füttern Sie Ihre Seite mit sämtlichen grundlegenden Daten, die für Ihre Kundschaft von Belang ist – beispielsweise Ihren Öffnungszeiten. In Abbildung 8-6 sehen Sie, wie Facebook Sie durch den Prozess führt. Alle Angaben lassen sich auch später anpassen und ändern – mit Ausnahme des Benutzernamens, den Sie einmalig vergeben und deshalb auch mit Bedacht auswählen sollten. (Dazu kommen wir gleich noch.)

Für Unternehmen gilt auch bei Facebook eine Impressumspflicht. Ihr Impressum sollte mit maximal zwei Klicks erreichbar sein, entweder über einen Link zum Impressum auf Ihrer Website oder in einem eigenen Menüpunkt.

6 *https://www.facebook.com/help/132465104004008*

7 *https://www.facebook.com/help/135275340210354/*

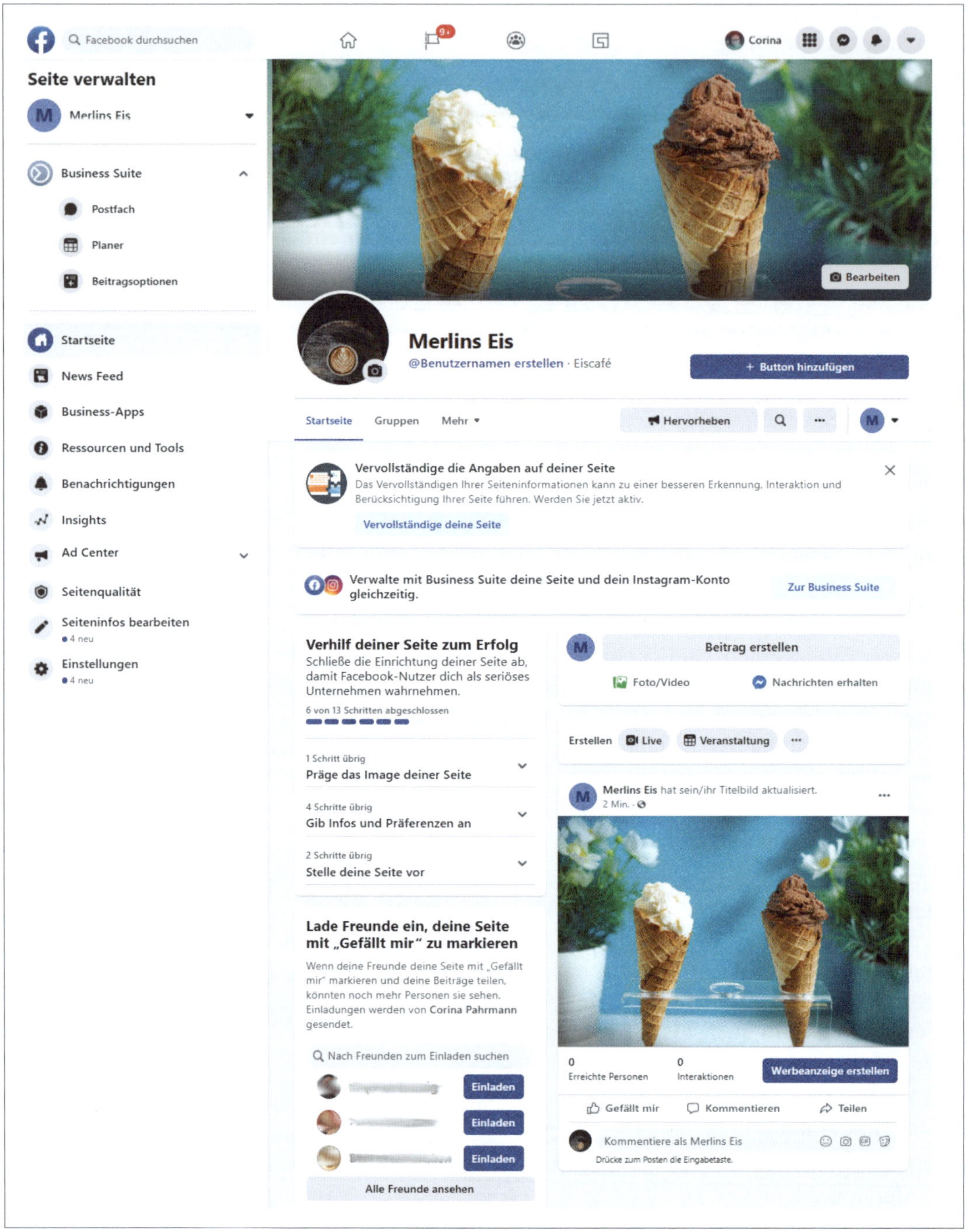

▲ **Abbildung 8-6**
Facebook schlägt Ihnen diverse Eintragungen vor und erinnert auch regelmäßig daran, die Seite weiter zu vervollständigen.

Neben den Basisinformationen sollten Sie Ihre Seite mit einem sogenannten Button ausstatten. Dieser enthält einen Call-to-Action – also eine Handlungsaufforderung für Ihre Kunden. Zur Wahl stehen 15 verschiedene Buttons von *Jetzt buchen* über *Registrieren* bis *Auf Website shoppen*.

◀ Hinweis

Denken Sie bei der Gestaltung Ihrer Facebook-Präsenz und Ihrer Inhalte immer daran, dass die meisten Menschen Facebook inzwischen mobil abrufen. Prüfen Sie, ob das auch für Ihre Zielgruppen passt (Abweichungen kann es beispielsweise im B2B-Geschäft geben). Wenn ja, gilt: Mobile First. Ihre Fotos müssen auf Smartphones und Tablets gut wirken, ihre Texte auf kleinen Screens gut zu erfassen sein. Und nie vergessen: Sie wollen Menschen erreichen.

Die Seite feinjustieren

Nachdem Sie sich schon ein wenig in Facebook bewegt haben, wartet noch eine zentrale und sehr verantwortungsvolle Aufgabe auf Sie: Sie müssen einen aussagekräftigen Namen für Ihre Seite vergeben (direkt auf Ihrer Startseite unter dem Profilfoto: *Benutzername für Seite erstellen*). Dieser Name gibt Ihre Facebook-URL (*Vanity-URL*) vor, Sie sollten ihn also sorgsam auswählen. Wollen Sie ihn später ändern, muss dies immer von Facebook geprüft und bestätigt werden. Versuchen Sie deshalb, sofort den perfekten Namen finden.

Natürlich sollte er als Ihr Unternehmensname erkennbar sein, und wenn Sie bereits andere soziale Netzwerke nutzen, empfiehlt es sich, auf allen Portalen den gleichen Namen in der gleichen Schreibweise zu verwenden. Viele Unternehmen wählen die Form *www.facebook.de/firmenbezeichnung.de* – Punkte innerhalb des Namens sind erlaubt. Auf diese Weise können Sie en passant die URL Ihrer Website bewerben. Ein Beispiel dafür ist *facebook.com/oreilly.de*. Oder Sie markieren die jeweilige Niederlassung mit einem Kürzel, wie es der Schokoladenhersteller Milka umsetzt: *https://www.facebook.com/MilkaDACH*.

Da die Auswahl eines Nutzernamens zentrale Bedeutung für Ihre künftige Auffindbarkeit hat, stellt Facebook ausführliche Informationen in der Hilfe zur Verfügung: *https://www.facebook.com/help/105399436216001*.

Dann wird es Zeit, unter die Motorhaube zu schauen. Kleine Vorwarnung: Leider verfügt Facebook über zahlreiche, wirklich sehr zahlreiche Rädchen, an denen Sie diverse Einstellungen verändern können. Leider befinden sich diese Rädchen in sehr vielen Untermenüs, und teilweise werden Sie von der Facebook-Oberfläche zum Admin-Tool, der Business Suite – und wieder zurück – springen. Aber keine Angst, wir lotsen Sie durch.

Wenn Sie noch einmal in Abbildung 8-6 schauen, sehen Sie in der linken Spalte die Punkte unter *Business Suite* sowie weiter unten die Punkte *Seiteninfos bearbeiten* und *Einstellungen*. Klicken Sie zunächst auf *Einstellungen*. Sie landen in einem sehr fein gegliederten Menü, in dem Sie diese wesentlichen Angaben machen sollten:

- *Allgemein*: Stellen Sie hier ein, ob Sie von allen Facebook-Usern kontaktiert werden dürfen oder ob Ihre Seite nur in bestimmten Ländern oder für bestimmte Altersgruppen sichtbar sein darf.
- *Nachrichten*: Möchten Sie Ihren Seitenbesucher:innen die Kontaktaufnahme erleichtern? Dann können Sie hier eine automatische Begrüßung per Chat inklusive einiger Standardantworten einrichten. (Vorsicht, dies wird schnell als Spam wahrgenommen.)
- *Seiteninfos*: Diese sollten bereits vollständig sein.
- *Vorlagen und Tabs*: Welche Module sollen auf Ihrer Seite verfügbar sein: ein Shop, Bewertungen oder Jobausschreibungen? Wählen Sie einfach das Passende aus, aber überfrachten Sie Ihre Seite nicht.
- *Benachrichtigungen*: Damit Ihnen keine Kommentare oder Anfragen entgehen, sollten Sie sich benachrichtigen lassen.
- *Rollen für die Seite*: Welche Personen dürfen die Seite mit Ihnen administrieren? Diese sollten Sie hier zügig hinterlegen.

Abbildung 8-7 ▼
Sie können für die Betreuung Ihrer Seiten mehrere Rollen vergeben. Wenn Sie eine Seite im Team mit mehreren Personen pflegen, sollten Sie sich überlegen, wie Sie die Identitäten transparent darstellen. Etabliert hat sich die Kennzeichnung der Beiträge mit Kürzeln wie ^VN (= Vorname Nachname), die im Infofeld für die Seite aufgeschlüsselt werden.

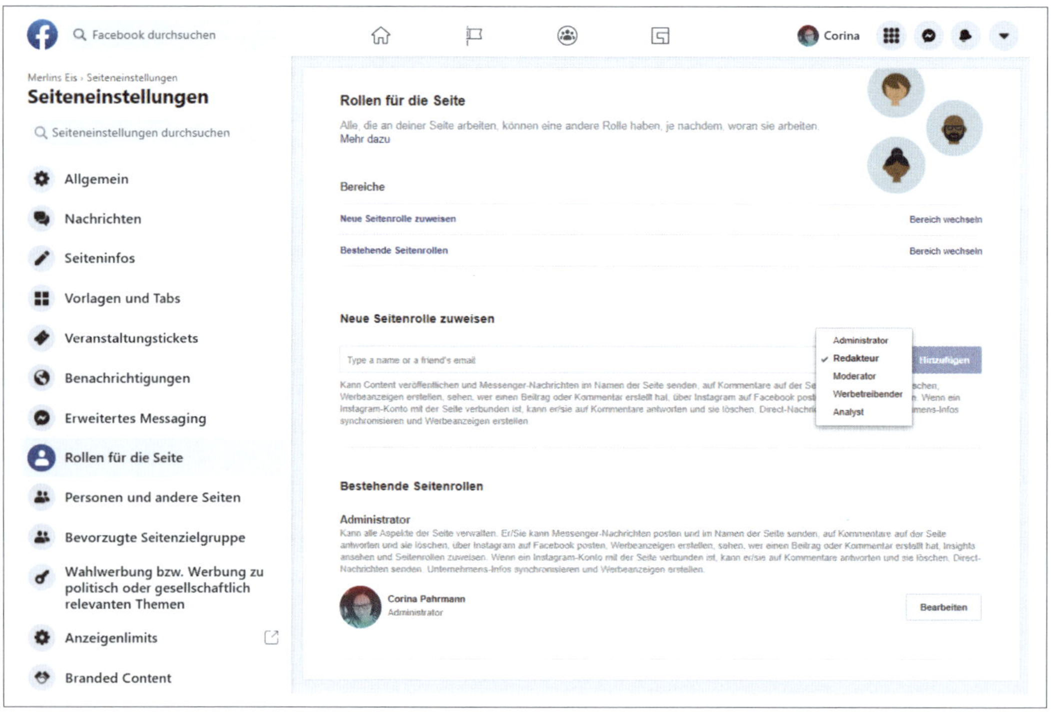

Alle weiteren Menüpunkte wie etwa die Verknüpfung mit Ihrem Instagram-Account oder die Angabe von Zahlungsinformationen können Sie getrost verschieben, bis Sie sie benötigen.

Die Facebook Business Suite kennenlernen

Kommen wir nun zur Business Suite, die Sie – schauen Sie auf Abbildung 8-6 – oben links anklicken oder über *https://business.facebook.com/* direkt anwählen können. Diese Anwendung hilft Ihnen, Ihre Seite zu administrieren, Postings vorzubereiten, Werbeanzeigen zu planen und Statistiken abzurufen.

◀ Hinweis

Die Business Suite steht auch als mobile App zur Verfügung. Sie sollten sie sich auf Ihrem Smartphone installieren, damit Sie auch unterwegs auf Anfragen reagieren können.

Rufen Sie die Business Suite auf und wählen Sie dann in der oberen Menüleiste aus einem Drop-down-Menü Ihre Facebook-Seite aus. In der linken Menüleiste sammelt Facebook alle wesentlichen Punkte zur Ihrer Seite:

- Sie können alle eingegangenen Nachrichten und Benachrichtigungen einsehen, mit Labels versehen und verwalten sowie beantworten.
- Sie können die bereits veröffentlichten Beiträge inklusive ihrer Reichweite sehen.
- Sie können neue Beiträge anlegen und planen.
- Sie können bereits geschaltete Werbeanzeigen ansehen und neue Werbeanzeigen schalten (darauf gehen wir später ein).
- Sie können unter *Insights* Statistiken zu Ihrer Seite abrufen.
- Sie finden Direktlinks zu Ihrer Seite, zu den Seiteneinstellungen sowie zum Werbeanzeigenmanager.

Machen Sie sich ein wenig mit der Business Suite vertraut. Sie werden dabei feststellen, dass Sie einige Punkte auch an anderen Stellen finden. Lassen Sie sich davon nicht beeindrucken – die Business Suite hat den großen Vorteil, dass sie eine Schaltzentrale für all Ihre Facebook-Seiten plus die eventuell verknüpften Instagram- und WhatsApp-Accounts ist. Wenn Sie sich erst einmal zurechtgefunden haben, kann die Suite Ihnen den Alltag sehr erleichtern.

Hinweis ▶ Facebook arbeitet fortlaufend an der Business Suite. Viele Unternehmen haben vorher mit dem sogenannten Business Manager gearbeitet, der nun aber in die Suite überging. Einige Seitenbetreiber vermissen immer noch Funktionen, bei anderen haken einige wiederum nachhaltig. Hier werden die hohen Nutzerzahlen weltweit ein Problem: Bis Facebook eine neue Funktion auf alle Konten ausgerollt hat, dauert es meist mehrere Monate.

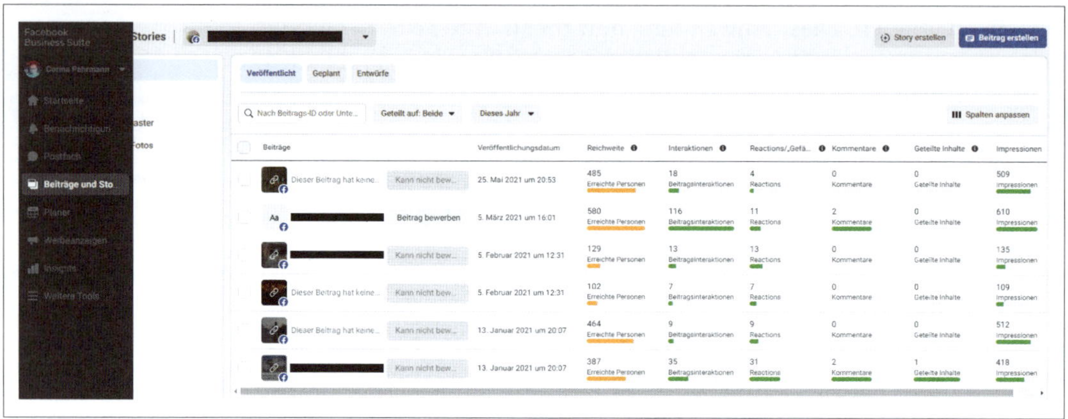

Abbildung 8-8 ▲ Facebook baut die Business Suite zum zentralen Werkzeug für Seiten-Admins aus.

Die Facebook-Seite bewerben

Wie verkünden Sie nun der Welt die Existenz Ihrer Facebook-Seite? Nutzen Sie dafür vorhandene Kanäle, zum Beispiel Ihren Firmen-Newsletter, Ihre persönlichen Facebook-Kontakte (aber nur die, die daran wirklich interessiert sein könnten), die Signatur in Ihrer E-Mail, Ihre Accounts bei anderen sozialen Netzwerken, Ihr Blog oder Ihre Website.

Integrieren Sie Buttons auf Ihrer Website, die zur Facebook-Seite verlinken. Etabliert hat sich mindestens ein kleines blaues »f« – die Grafik erhalten Sie von Facebook – im Footer der Website. Setzen Sie außerdem *Sharing-Buttons* auf möglichst viele Unterseiten, wie einzelne Blogartikel, Produktseiten und andere Inhalte. Bitte beachten Sie, dass alle von Facebook bereitgestellten Social Plugins mit dem Datenschutzrecht in Deutschland, Österreich und der Schweiz kollidieren. Wir empfehlen, sogenannte 2-Klick-Lösungen zu verwenden, bei denen Ihre Website-Besucher der Verwendung selbst zustimmen müssen. Bitte prüfen Sie vor dem Einsatz die aktuelle Rechtsprechung und lesen Sie die Hinweise des Anwalts Thomas Schwenke am Ende dieses Buchs sowie in seinem Blog[8].

Beachten Sie bei allen Aktionen die Nutzungsbedingungen von Facebook, insbesondere die Richtlinien für die Durchführung von Werbeak-

8 *https://drschwenke.de/blog/*

tionen (*Promotions*). Bei einem Verstoß gegen die Richtlinien laufen Sie Gefahr, dass Ihre Facebook-Seite gesperrt wird. Deshalb sollten Sie sich einige Minuten Zeit nehmen, um sich auf den aktuellen Stand zu bringen: *https://www.facebook.com/policies/pages_groups_events/*.

Die richtigen Inhalte bieten

Gestalten, planen und veröffentlichen können Sie Ihre Beiträge mit der Business Suite. Einige Seitenadministrator:innen arbeiten auch mit dem Creator Studio[9] – einem Tool, das vor dem Ausbau der Business Suite bereits sehr nützliche Funktionen wie das gemeinsame Veröffentlichen von Postings auf Instagram und Facebook bot. Inzwischen hat die Business Suite nahezu nachgezogen, und Sie können getrost auf sie setzen.

Bei Ihrer Content-Planung gibt es gleich mehrere Herausforderungen:

- *Sie müssen den so intransparenten wie kritischen Facebook-Algorithmus davon überzeugen, dass Ihre Postings überhaupt angezeigt werden.* Der Algorithmus bewertet die (vermutete) Relevanz von Inhalten für die Nutzer:innen, er berücksichtigt dabei unter anderem die Interaktionsrate der Seite, die Aktualität und die Art des Postings (Video, Link, Text). Mehr als 100.000 Faktoren sollen eine Rolle spielen. Von Facebook als für den Nutzer relevant eingestufte Beiträge werden bevorzugt im Newsfeed angezeigt, wobei die Auswahl auch bei den langmütigsten Facebook-Nutzern immer wieder für Irritationen sorgt. Inzwischen kommt man als Unternehmen um Werbeanzeigen zur Verbesserung der Auffindbarkeit kaum mehr herum.
- *Sie müssen Ihren Kund:innen nützliche, spannende und/oder unterhaltende Informationen bieten, und das in der richtigen Tonalität und Frequenz sowie zum richtigen Zeitpunkt.* Um herauszufinden, was genau für Ihre Kund:innen fesselnd ist, sollten Sie sich eingehend mit Ihrer Zielgruppe und ihren Bedürfnissen befassen. Wen genau sprechen Sie in Facebook an? Und welche Inhalte sind für Ihre Zielgruppe nützlich oder wertvoll? Je mehr Sie sich für Ihre Zielgruppe interessieren, desto genauer werden Sie Inhalte planen können, die auch gut ankommen.
- *Sie müssen die Botschaften unterbringen, die Ihre Marketingstrategie vorsieht* – ohne zu werblich zu sein und damit Ihre Abonnenten zu vergrätzen. Bei einer Befragung nannten Facebook-User unter anderem folgende Gründe dafür, dass sie das Abonnement einer Seite durch einen Klick auf *Gefällt mir nicht mehr* wieder gekündigt ha-

9 *https://business.facebook.com/creatorstudio/home*

ben: Seite postet zu häufig, zu viele Wiederholungen/langweiliger Content, zu viel Werbung.[10]

Tipp ▸ »Text mit Bild«, »Videos, aber nicht zu lang!«, »Nur keine Links!« – welche Inhalte der *Facebook-Algorithmus* hoch oder niedrig gewichtet, darüber diskutieren Social Media Manager:innen fortlaufend. Sicher wissen wir, dass Seiten, deren Beiträge viele Interaktionen (insbesondere mehr als das klassische *Gefällt mir*) erzeugen oder auf denen die Facebook-User länger verweilen – wie eben spannende Videos oder beeindruckende Fotos –, von Facebook bevorzugt werden.

Manch einer glaubt darüber hinaus, Facebook würde seine User nicht vom Newsfeed ablenken wollen und schenke Postings, die einen Link streuen, deshalb weniger Beachtung. Manch einer meint, beobachtet zu haben, dass sich der Facebook-Algorithmus überlisten ließe, wenn dem Link manuell ein Bild hinzugefügt wird. Wieder andere glauben, den Algorithmus durch Ergänzung von Hashtags zu beeinflussen, und andere empfehlen Seitenbetreibern, sich unbedingt in Gruppen zu engagieren. Wir empfehlen, Beobachtungen dieser Art regelmäßig zu verfolgen und mit ihnen zu experimentieren. Es ist aber auch unumstößlich, dass es sich dabei nur um Vermutungen mit begrenzter Haltbarkeit handeln kann. Der Algorithmus entwickelt sich immer weiter, und er lässt sich nicht von uns in die Karten schauen. Für Ihren Erfolg ist es wesentlich, dass Sie Ihre eigenen Statistiken auswerten – wir kommen in diesem Kapitel noch darauf. Prüfen Sie, zu welchen Zeiten Ihre Fans auf Facebook sind, welche Postings sie bevorzugen und wie häufig sie interagieren. Und: Vergessen Sie nicht, dass Sie in erster Linie für Ihre Kunden schreiben und posten – Ihre Aufgabe lautet, diese von der Nützlichkeit und Relevanz Ihrer Inhalte zu überzeugen. Ermutigen Sie Ihre Fans zu Kommentaren und bitten Sie sie darum, Ihre Unternehmensseite im Newsfeed zu priorisieren.

Zuallererst sollten Sie sich nun an Ihre Social-Media-Strategie aus Kapitel 2 erinnern und unsere Hinweise zum Content Marketing aus Kapitel 4 berücksichtigen. Auch das Social Listening – siehe Kapitel 3 – kann Ihnen Anhaltspunkte dazu geben, welche Themen Ihre Fans interessieren. Vergegenwärtigen Sie sich, wen Sie mit welchen Inhalten zu welchem Zweck erreichen wollen und über welche Themen in Ihrer Zielgruppe derzeit gesprochen wird. Beobachten Sie eine Weile, wie Ihre Kontakte miteinander (und mit Facebook) umgehen, und sehen Sie sich Seiten anderer Unternehmen, Medien und Organisationen an.

Überlegen Sie dann, welche Inhalte Sie posten können, und gruppieren Sie diese gedanklich in bestimmte Kategorien wie Abbildung 8-9.

Seien Sie unbesorgt: In einem offenen Brainstorming bekommen Sie eine Menge Ideen – die Kunst ist es, die Inhalte in eine gute Balance zu bringen und sich von Wettbewerbern abzuheben. Überlegen Sie, wie Sie Ihre Inhalte verpacken: Welche Texte, welche Bilder benötigen Sie?

10 *https://de.slideshare.net/mfredactie/social-break-up-report-8-exact-target-cotweet*

Woher bekommen Sie diese, und könnte auch jemand Videos erstellen? Welche Inhalte könnten Sie in einem wiederkehrenden Format veröffentlichen?

▼ **Abbildung 8-9**
Inhalte für Ihren Facebook-Auftritt

◀ **Hinweis**

85 Prozent der Facebook-User spielen Videos ohne Ton ab.[11] Fügen Sie Ihren Videoinhalten also unbedingt Untertitel hinzu. Außerdem müssen Sie direkt in den ersten Sekunden überzeugen – und beachten Sie auch hier wieder, dass sich die allermeisten Facebook-User über ihr Smartphone einloggen. Ihre Videos sollten dementsprechend im Hochformat oder wenigstens quadratisch sein. Weitere Bewegtbild-Inhalte wie das Facebook-Livestreaming erklären wir in Kapitel 10.

11 *https://digiday.com/media/silent-world-facebook-video/*

Einen Redaktionsplan zu führen, hat sich bewährt – auch für Facebook. Er hilft Ihnen dabei, den Überblick zu behalten und Inhalte für Ihre unterschiedlichen Kanäle im Voraus zu planen und so vorzubereiten, dass sich Ihre Kanäle gegenseitig sinnvoll ergänzen und nicht kannibalisieren. Sie können einen umfassenden Plan für all Ihre Social-Media-Aktivitäten anlegen (wie in Kapitel 5 erklärt), oder aber Sie erstellen nur eine kleine Tabelle für Facebook.

Tragen Sie feststehende Termine direkt ein, beispielsweise einen geplanten Messeauftritt oder den Launch-Termin eines neuen Produkts. Auch Feiertage kommen bekanntlich selten überraschend – sie können daher schon vorab eingeplant und entsprechende Postings können gestaltet werden. Anlässe für Social-Media-Postings liefern übrigens Content-Kalender, wie es sie beispielsweise bei onlinemarketing.de gibt.[12] Ergänzen Sie dann weitere Inhalte, bis Sie für einige Wochen im Voraus ungefähr wissen, welche Postings Sie planen. Das verschafft Ihnen genügend Zeit, spannende Texte zu verfassen und nach attraktiven Bildern und Videos zu recherchieren bzw. diese selbst zu erstellen.

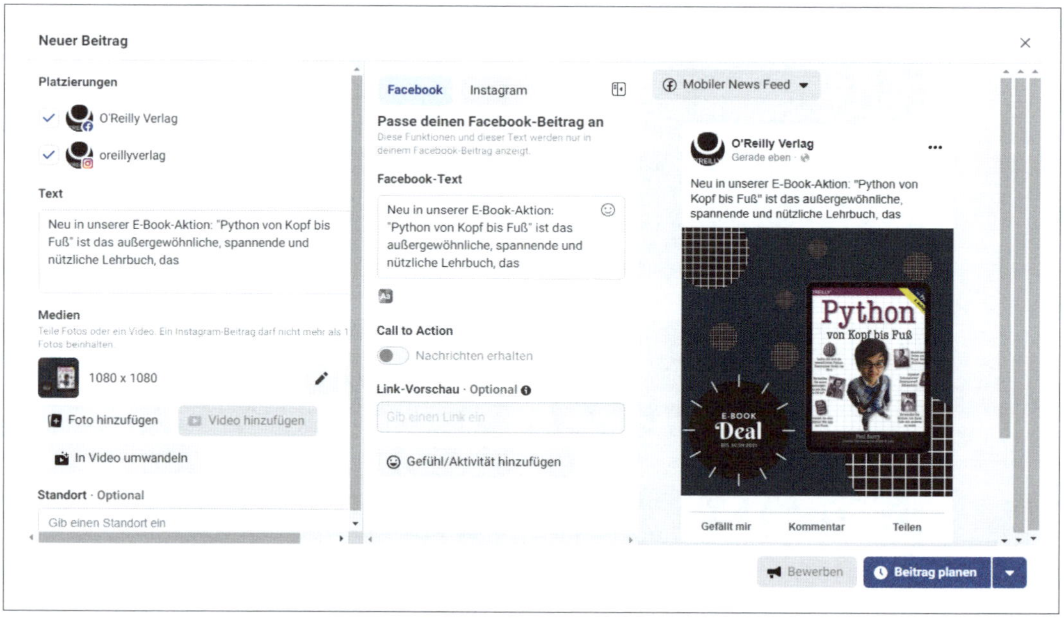

Abbildung 8-10 ▼ Ihre Beiträge können Sie vorab in der Business Suite einstellen und konfigurieren. Sie können hier gleich prüfen, ob alle Elemente – Text, Bild, Video, Emojis, Verlinkungen, Erwähnungen und Hashtags – sauber dargestellt werden, mobil, in der App oder am Desktop.

Auch auf die Inhalte anderer Kanäle können Sie über Facebook aufmerksam machen, zum Beispiel durch einen Link auf Ihr Unternehmensblog oder auf ein neues Angebot Ihrer Website. Aber fügen Sie niemals den Originaltext von Pressemeldungen, Newslettern und anderen

12 Für 2022 hier: *https://onlinemarketing.de/social-media-marketing/content-kalender-2022* – eine Google-Suche bringt Sie zügig zur aktuellen Variante.

PR-Kanälen ein. Auf Ihrer Facebook-Seite tummeln sich Menschen, die Sie schätzen, Sie sollten sie daher individuell und persönlich ansprechen. Das darf und sollte ruhig auch etwas weniger förmlich sein.

◀ **Abbildung 8-11**
Trolle und Shitstorms, dafür ist Facebook leider ebenfalls bekannt. Bei offenen Beleidigungen dürfen auch Unternehmen deutliche Worte finden, wie es hier die Deutsche Telekom vormacht. Wenn Ihre Facebook-Seite für alle – Ihre Mitarbeiter:innen und Ihre Kund:innen – ein guter Ort sein soll, dürfen und sollten Sie sogenannten Hatern Grenzen setzen.

Wie oft Sie bei Facebook Inhalte veröffentlichen, kommt auf Ihr Unternehmen, Ihre Branche, Ihre Ziele, Ihre Gewichtung und darauf an, wie häufig Sie an interessanten, neuen Content kommen. Über die Facebook-Seiten einer Tageszeitung werden selten weniger als drei neue Statusmeldungen pro Tag gepostet, manches mittelständische Unternehmen kommt nur auf ein Posting pro Woche. Wer zu selten postet, läuft Gefahr, in Vergessenheit zu geraten. Umgekehrt kann zu häufiges Posten die Fans aber auch nerven, insbesondere wenn es immer um dieselben Inhalte geht. Die wichtigste Regel ist Kontinuität. Posten Sie also einigermaßen regelmäßig, und falls Sie doch einmal eine längere Pause machen müssen, kündigen Sie diese an.

Tipp ▶ Seien Sie nicht übertrieben selbstreferenziell, sondern teilen Sie auch bemerkenswerte Inhalte von Kund:innen, Geschäftspartner:innen oder anderen Facebook-Seiten und Blogs, also all das, was für Ihre Zielgruppe spannend sein könnte. Es gibt kaum etwas Ermüdenderes als einen Gesprächspartner:innen, der sich immer nur um sich selbst dreht.

Und wenn es mal zu Kritik kommt? Wie in allen sozialen Netzwerken gilt es, eine souveräne und professionelle Haltung zu wahren. Auf sachliche Kritik sollten Sie ebenso sachlich und zugewandt antworten, und auch wenn feste Textbausteine Ihnen das erleichtern: Bei Facebook-Usern kommen diese zunehmend schlechter an. Zeigen Sie etwas mehr Engagement und formulieren Sie, wenn möglich, persönliche Antworten. Beobachten Sie aber beispielsweise, dass Sie oder einige Ihrer Fans von anderen beleidigt oder beschimpft werden, können Sie auch von Ihrem Hausrecht Gebrauch machen, die betreffenden Personen ermahnen, Kommentare löschen und gegebenenfalls sogar einzelne Personen sperren.

Mit anderen Seiten interagieren

Jede Seite hat – wie ein persönliches Profil – die Möglichkeit, anderen Seiten zu folgen, deren Neuigkeiten in einem Newsfeed angezeigt zu bekommen und mit ihnen zu interagieren. Sie finden Ihren Seitenfeed in der linken Menüleiste, nachdem Sie auf Ihre Seite geklickt haben – oder per Direktlink unter *https://www.facebook.com/SEITENNAME/news_feed*. Facebook schlägt Ihnen Seiten vor, die Sie abonnieren können. Alternativ wählen Sie einzelne Seiten an und klicken dann auf *Als deine Seite mit »Gefällt mir« markieren*. Der Seitenfeed wurde viele Jahre sehr stiefmütterlich behandelt, kann mit der neuen Business Suite nun aber offenbar wieder zuverlässig genutzt werden. (Nichtsdestotrotz hakte die Funktion während der Arbeit an diesem Buch noch.)

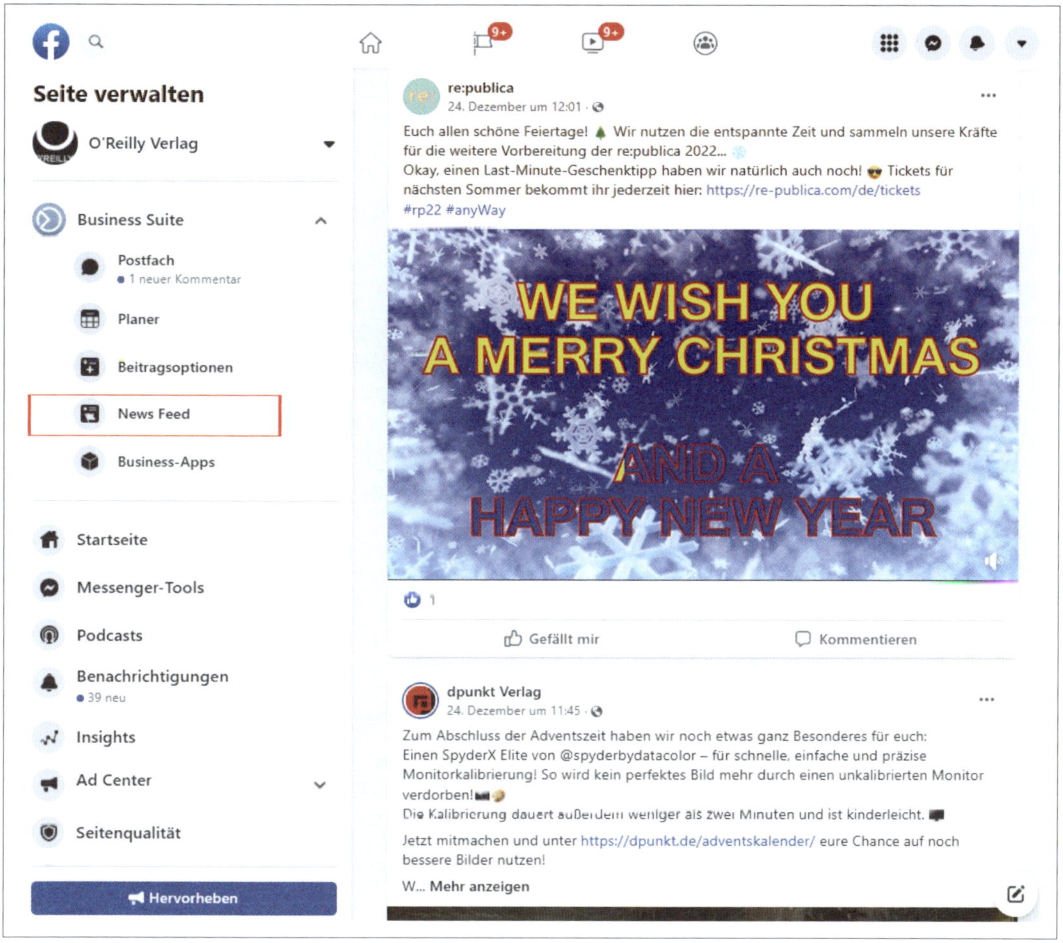

▲ **Abbildung 8-12**
Der Seitenfeed ist eine simple Methode, um die eigene Sichtbarkeit zu erhöhen und Kontakte zu anderen aufzubauen (und Firmen, mit denen man zusammenarbeitet, zu unterstützen).

Gruppen

Auch Facebook-Gruppen eignen sich zum Aufbau einer Community rund um eine Marke. Sie können bestehende Gruppen besuchen, um sich dort zu Fachthemen auszutauschen. Oder Sie gründen selbst Gruppen für Ihre Geschäftspartner oder Ihre treuesten Fans. Vielleicht möchten Sie als Franchisegeber all Ihre Partner über Neuigkeiten informieren und zum Austausch über erfolgreiche Unternehmensstrategien animieren? Oder möchten Sie von einer Firmenzentrale aus mit allen Filialen kommunizieren? Oder einen Kundenstamm zu exklusiven Veranstaltungen einladen? Es gibt eine Reihe guter Gründe, sich in Facebook-Gruppen zu vernetzen.

Sehr lange waren Gruppen nur Personen vorbehalten, und die einzige Möglichkeit für Unternehmen und Freiberufler, an Gruppen teilzuhaben, bestand darin, als Person um Aufnahme zu bitten. Seitdem Facebook das Einrichten von Gruppen vereinfacht und für Unternehmen geöffnet hat, sind sie als Netzwerktool auch für Unternehmen sehr attraktiv geworden.

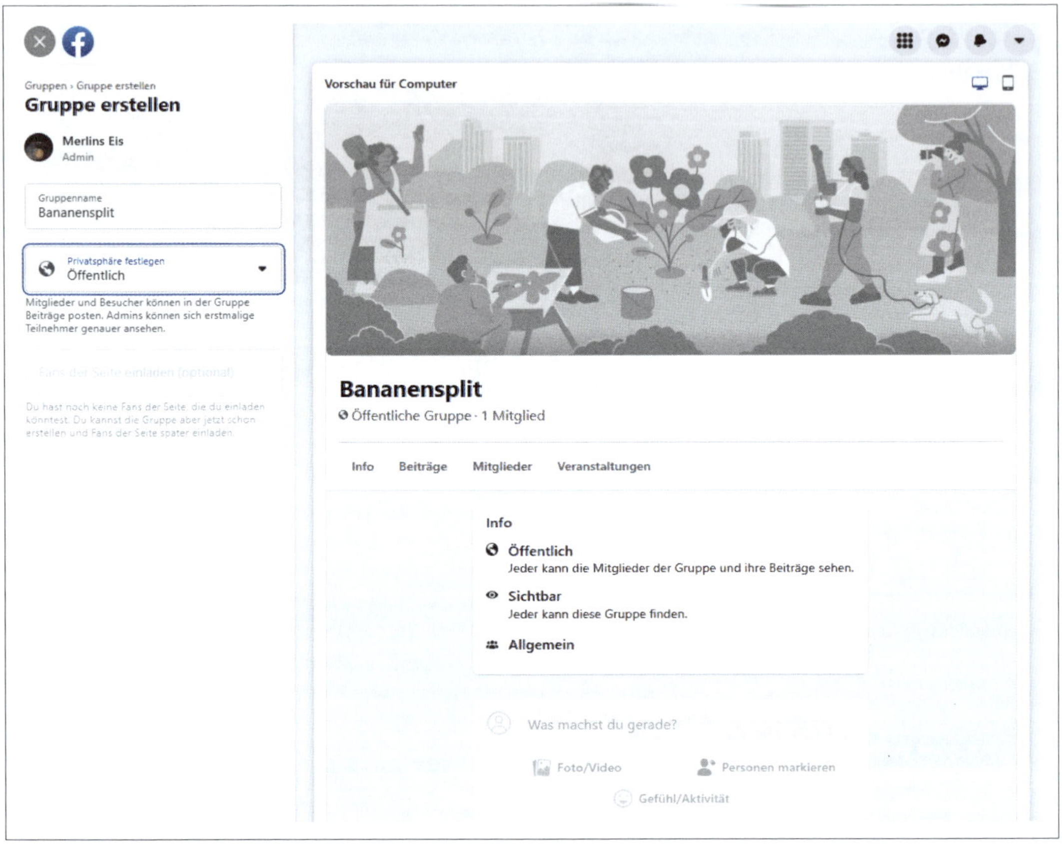

Abbildung 8-13 ▲
In Gruppen erreichen Sie teilweise deutlich mehr Interaktion als auf Seiten – auch weil hier der Algorithmus nicht die Sichtbarkeit Ihrer Beiträge beeinflusst.

Eine Gruppe ist einfach einzurichten. Aktivieren Sie unter *Seiteneinstellungen/Vorlagen und Tabs* den Punkt *Gruppen*. Klicken Sie dann Ihre Seite an und wählen Sie den Tab *Gruppen* aus (oder alternativ: *https://www.facebook.com/SEITENNAME/groups*). Vergeben Sie einen Namen, laden Sie erste Mitglieder der Gruppe ein – und fertig. Ob Sie die Gruppe öffentlich anlegen, sodass jeder die Mitglieder sehen und Beiträge lesen kann, als private Gruppe, deren Beiträge nur Mitglieder lesen können, ob Ihre Gruppe in der Suche öffentlich oder verborgen bleiben soll – all das bleibt Ihnen je nach Zielsetzung überlassen.

Zur Interaktion untereinander stehen außerdem die bekannte Pinnwand inklusive Kommentarfunktion und das Einbinden von Dateien, Fotos, Videos, Fragen und Links zur Verfügung. Eine Besonderheit der Gruppen ist, dass gemeinsam einfache Textdokumente erstellt und bearbeitet werden können. Gruppen konzentrieren sich in ihrer Funktion auf etwas sehr Wichtiges: den Austausch und die Diskussion von Menschen, die sich für dasselbe interessieren.

Veranstaltungen bewerben

Nützlich ist die Anwendung *Veranstaltungen*, durch die Sie Events jeglicher Art und Größe ankündigen können: von exklusiven Fantreffen für einige wenige Personen über Lesungen bis hin zu Rockkonzerten. Sowohl über Profile als auch über Seiten können Sie mit wenigen Klicks und Eingaben eine Veranstaltung anlegen, Informationen über diese teilen und Ihre Kontakte zur Teilnahme einladen. Auf der entstandenen Veranstaltungsseite können Sie regelmäßig Nachrichten hinterlassen – beispielsweise einige Wochen vor einem »Tag der offenen Tür« den detaillierten zeitlichen Ablauf. Oder am Tag vor einem Konzert Hinweise zur Parkplatzsituation. Oder Sie fragen nach einer Konferenz, wie es Ihren Teilnehmern gefallen hat. Es gibt viele praktische Informationen oder andere Gesprächsanlässe, über die Sie schon im Vorfeld engeren Kontakt zu Ihren Teilnehmern knüpfen können.

Nicht zu unterschätzen ist der virale Charakter: Klickt Klaus Müller auf Ihre Einladung zum Event XY *Ich nehme teil* an, erhalten gleichzeitig seine Freunde die Meldung »Klaus Müller nimmt an Event XY teil« – selbstverständlich mit entsprechenden Links versehen. (Auch hier schlug zuletzt immer mehr der Algorithmus zu. Die Meldungen gehen langst nicht mehr an alle Freunde heraus – dennoch sollten Sie diese Chance auf virale Verbreitung nicht ungenutzt lassen.) Auf jeder Veranstaltungsseite zeigt eine Liste, wie viele und welche Facebook-User an dieser Veranstaltung interessiert sind, eine Teilnahme beabsichtigen oder verneinen. Sieht Klaus Müller also beispielsweise, dass seine Freunde Thomas Meier und Sabine Schulze am Tag der offenen Tür der Flora Köln teilnehmen, fühlt er sich eventuell angesprochen und plant ebenfalls einen Besuch. Diesen Entscheidungsweg können Sie also ebnen, indem Sie eine Veranstaltungsseite bei Facebook als obligatorisches To-do Ihrer Eventplanung verstehen. Zudem übernimmt Facebook öffentlich geteilte Veranstaltungen in sein Verzeichnis, das jeder User nach Ort und Interessen durchstöbern kann bzw. aus dem Facebook jedem User passende Events vorschlägt.

◄ Hinweis

Nicht unpraktisch sind die *Veranstaltungsseiten* auch, um Ihre Besucherfrequenzen abzuschätzen. Dabei dürfen Sie die Teilnehmerzahlen gemäß einer Veranstaltungsseite bei Facebook jedoch nicht allzu wörtlich nehmen. Denn erstens sind zwar viele, aber eben längst nicht alle Menschen auf Facebook – und noch weniger tragen in ihr Facebook-Profil ein, zu welchen Veranstaltungen sie gehen –, und zweitens sind die Angaben natürlich unverbindlich. Dennoch hilft es, die tendenzielle Beliebtheit einer Veranstaltung einzuschätzen.

Abbildung 8-14 ▶ Vom Tag der offenen Tür bis zur Konferenz: Unternehmen und Organisationen, die eine Veranstaltung organisieren, sollten die kostenfreien Werbemöglichkeiten Facebooks nutzen.

Diese Funktionalität ist kostenfrei, Sie müssen nur ein wenig Arbeit investieren!

Auch andere soziale Netzwerke bieten Veranstaltungsseiten, unter anderem das Businessnetzwerk XING.[13] Der Dienst unterscheidet kostenfreie Basisevents und sogenannte Event-Plus-Pakete (29,95 Euro pro Monat und Event). Dafür bietet XING auch Unterstützung beim Ti-

13 *https://www.xing.com/events*

cketverkauf – recht komfortabel und erprobt inklusive Zahlungsabwicklung – sowie bei der Organisation und der Vermarktung des Events. XING-Events hat dabei ausschließlich die Businessevents im Blick: Tagungen, Kongresse, Messen, aber auch kleinere Veranstaltungen von Firmen oder Organisationen.

Und wenn die Veranstaltung gerade läuft? Überlegen Sie, wie Sie über Social Media Interessierte, die nicht vor Ort sind, digital teilhaben lassen können: Vielleicht berichten Sie in einer Story von Ihrem Sommerfest? Konferenzveranstalter könnten beispielsweise Ihren Keynote-Speaker via Facebook-Livestream übertragen. Als Minimalausstattung genügen inzwischen ein Smartphone und eine stabile Internetverbindung. Ein Stativ sowie professionelles Licht- und Tonequipment sind natürlich vorteilhaft, aber nicht zwingend notwendig. Während der Aufnahme können Ihre Zuschauer:innen kommentieren und Reaktionen abgeben, was zusätzliche Gesprächsanlässe mit Ihrer Community schafft. Bitten Sie dazu auch Kolleg:innen um Hilfe, die Sie bei vielen Anfragen und/oder technischen Problemen unterstützen. Die Aufzeichnung selbst wandert schließlich in Ihre Facebook-Chronik und kann auch nach der Veranstaltung noch gesehen, kommentiert und geteilt werden.

Erfolgskontrolle

Nachdem Sie Ihre Seite angelegt, erste Fans gefunden, regelmäßig Neuigkeiten veröffentlicht und Gespräche aufgebaut haben, geht es an die Erfolgskontrolle. Natürlich können Sie einfach die Anzahl Ihrer Fans beobachten, doch Facebook-Seiten bieten mehr: Über den Punkt *Insights* erhalten Sie detaillierte kostenlose Statistikenzur Anzahl der Seitenaufrufe pro Tag, zu demografischen Daten und zu beliebten Inhalten. Sie erfahren, zu welchen Uhrzeiten Ihre Fans bevorzugt auf Facebook sind, welche Posting-Typen sie bevorzugen (Bild, Link oder Text?), und auch, wie die Performance Ihrer Konkurrenten aussieht.

Die Statistiken sind für jeden Seitenadministrator einsehbar. Die Werte können außerdem als XLS- oder CSV-Dateien exportiert werden. Da Facebook die Daten nicht unendlich lange zur Verfügung stellt, ist es sinnvoll, die Werte regelmäßig herunterzuladen und lokal zu speichern. So können Sie auch nach längerer Zeit Entwicklungen ablesen und Ihre Schlüsse aus Ihren Auswertungen ziehen.

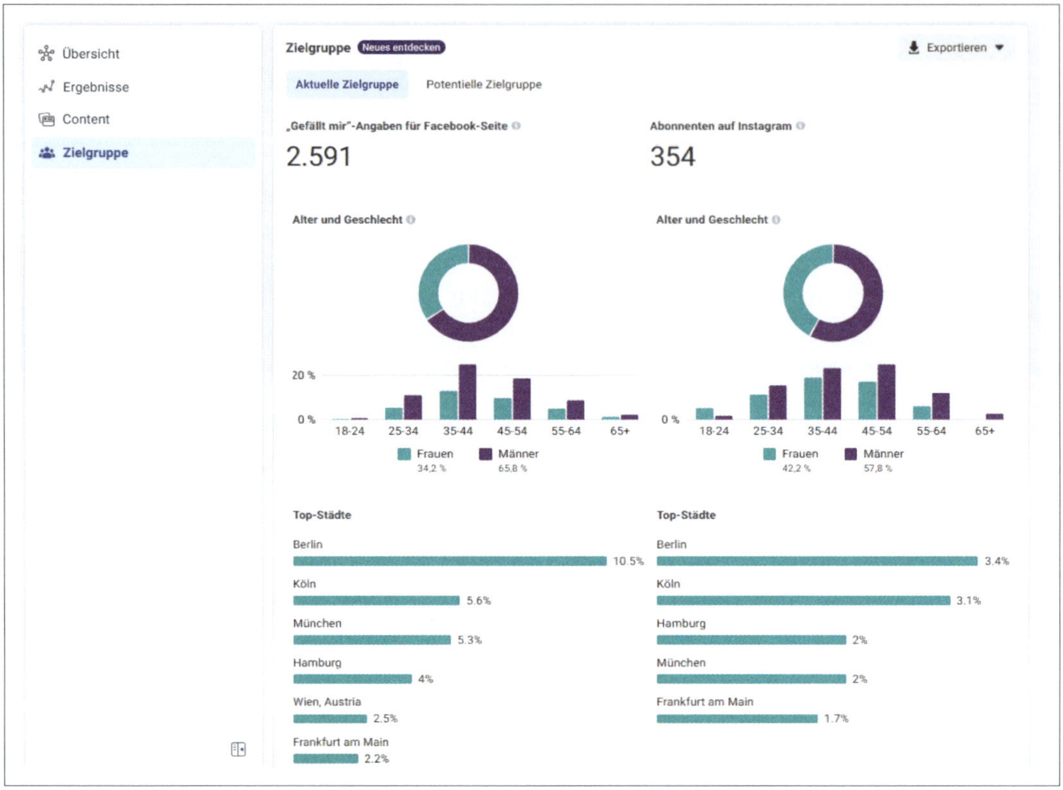

Abbildung 8-15 ▲
Die Zahlen, die Facebook Ihnen unter Insights liefert, helfen Ihnen, Ihre Zielgruppe genauer zu umreißen und Inhalte zu planen. Wichtig sind diese Funktionen auch als Vorbereitung für die Mediaplanung – sprich, welche Facebook Ads Sie für welche Zielgruppen schalten.

Mit diesen Informationen bewaffnet, können Sie, sofern Sie Kosten auf sich nehmen wollen, Ihre Leser:innen mit gezielter Werbung ansprechen. Diese Werbeanzeigen sind nützlich, weil die Nutzer von Facebook meist detaillierte und aktuelle demografische Daten preisgeben, was Facebook zu einer starken Werbeplattform macht. Werbeanzeigen lassen eine genaue Zielgruppenauswahl und -ansprache zu. Wie bei Google Ads legen Sie Ihr Budget selbst fest und können Ihre Kosten damit gut kontrollieren. Über die *Insights* sehen Sie dann, wie viele neue Fans Sie über Ihre Anzeigen dazugewinnen konnten.

Bezahlte Werbung bei Facebook

War es lange Zeit möglich, allein über gute Inhalte bei Facebook hohe Reichweiten zu erzielen, kommen Sie mittlerweile kaum mehr ohne flankierende Werbeanzeigen aus, wenn Sie mehr Fans erreichen wollen. Kalkulieren Sie etwas Zeit ein, die Sie zur Planung, Gestaltung und Erfolgsmessung von Anzeigen benötigen – sowie natürlich Geldmittel, um diese zu bezahlen.

Fordern bzw. planen Sie von Anfang an *Budget* ein. Etwa 100 bis 200 Euro pro Monat sind für kleinere Unternehmen ein guter Richtwert, wobei dieser Betrag natürlich sehr vom Umfang Ihrer Zielgruppe und der Anzahl der geschalteten Anzeigen abhängt. Es hilft Ihnen langfristig nicht, wenn Sie diese Kosten unter den Tisch fallen lassen, ohne etwas Werbebudget verpuffen in den allermeisten Fällen auch die besten Inhalte. Sie werden gleich sehen, dass sich Facebook-Anzeigen recht genau auf einzelne Zielgruppen ausrichten und zudem die Kosten individuell begrenzen lassen. Kleinere Unternehmen fahren gut damit, nur phasenweise Anzeigen zu schalten: etwa wenn sie gerade mit dem Aufbau einer Facebook-Community beginnen oder einzelne Aktionen wie einen Sale oder die Einführung einer neuen Produktreihe bei Facebook flankieren wollen.

◀ **Tipp**

Werbeanzeigen laufen bei Facebook über den sogenannten *Werbeanzeigenmanager*[14]. Das Tool geht inzwischen fast vollständig in der Business Suite auf. In Abbildung 8-16 sehen Sie eine typische Facebook-Anzeige bestehend aus Text, Link mit Vorschaubild, Call-to-Action-Button *Jetzt kaufen* und Kommentarfunktion bzw. der Möglichkeit, eine Reaktion zu hinterlassen. Warum Facebook-User eine bestimmte Anzeige sehen, verraten ihnen die drei kleinen Pünktchen rechts oben in der Anzeige. Klickt man darauf, erfährt man unter »Warum sehe ich diese Anzeige?« die ausgewählte Zielgruppe. Im Fall der in Abbildung 8-16 gezeigten Werbeanzeige lautet sie »Personen ab 18 Jahren« und »Personen mit Hauptstandort in Deutschland«. Dies ist natürlich sehr grob gefasst.

Klicken Sie doch einmal die Werbeanzeigen an, die Facebook Ihnen anzeigt – und schauen Sie nach, warum sie an Sie ausgespielt werden. Im nächsten Schritt werfen Sie einen Blick auf Ihre Wettbewerber: Auf jeder Facebook-Seite gibt es unter dem Punkt *Seitentransparenz* (in der linken Spalte der Desktopansicht) Informationen zu gerade laufenden Werbekampagnen inklusive der investierten Kosten.

◀ **Tipp**

Facebook bietet verschiedene Anzeigentypen, und auch wenn es anfangs schwierig zu überblicken sein mag: Im Werbeanzeigenmanager[15] werden Sie recht sanft durch den Prozess der Zielgruppenerstellung, Kampagnenplanung und Anzeigengestaltung geführt. Die Anzeigenplanung müssen Sie am Computer erledigen. Bedenken Sie dabei jedoch, dass Sie die Anzeigen selbst auch für die Ansicht am Smartphone optimieren sollten.

Unter Ihren Postings bietet Facebook ebenfalls jeweils eine Schaltfläche *Posting bewerben*. Von diesem Einstieg raten wir allerdings ab, denn hier gab es in der Praxis immer wieder Probleme bei der Zielgruppeneinstellung.

◀ **Hinweis**

14 Auch als Ad Center oder Ads Center geläufig.

15 *https://www.facebook.com/ads/manager/accounts/*

Abbildung 8-16 ▶ Werbeanzeigen erscheinen im Newsfeed des Facebook-Users und sind auf den ersten Blick wie native Postings aufgebaut. Eindeutig als Werbung identifizierbar sind sie durch die Zeile »Gesponsert«.

Zielgruppe festlegen

Werbeanzeigen sind personalisiert, aber nicht persönlich. Das bedeutet, dass Sie als Unternehmen Werbeanzeigen auf bestimmte Profileigenschaften hin schalten können. Das reicht von Geschlecht, Alter, Wohnort und Interessen bis hin zu sehr kleinteiligen Eigenschaften: zum Beispiel ob jemand Fan einer bestimmten Seite ist. Außerdem können (und sollten) Sie einzelne Nutzergruppen ausschließen, um Streuverluste zu vermeiden.

Erinnern Sie sich noch einmal gut an die in Kapitel 2 erstellten Personas: Welche Kund:innen mit welchen Interessen, Wohnorten und Sprachen möchten Sie erreichen? Welche Magazine lesen diese Menschen, an welche Orte reisen sie, welche Veranstaltungen besuchen sie? Jetzt können Sie Ihre Erkenntnisse in eine Facebook-Zielgruppe einfließen lassen.

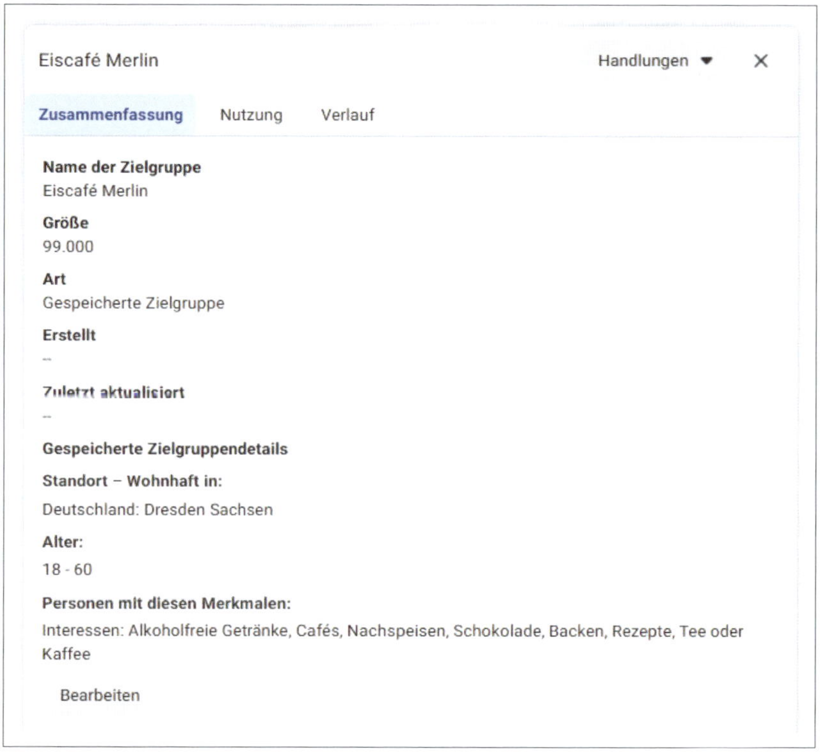

◀ **Abbildung 8-17**
Eine oder mehrere verschiedene Zielgruppen für Ihre Anzeigen legen Sie unter »Zielgruppe erstellen« fest. Diese »von Hand verlesenen« Zielgruppen bezeichnet Facebook als Core Audiences.

Am besten legen Sie sich unter *Zielgruppe erstellen/Gespeicherte Zielgruppe* im Werbeanzeigenmanager[16] zuerst feste Zielgruppen – sogenannte *Core Audiences* – für Ihre Seite an, die Sie beim Schalten der Anzeigen dann einfach auswählen können. Versuchen Sie, Ihre Zielgruppe so scharf wie möglich zu umreißen. Wenn Sie mehrere Zielgruppen haben, legen Sie diese getrennt an. Als Fahrschule haben Sie beispielsweise mindestens zwei Zielgruppen:

- 15- bis 18-Jährige, die in Ihrer Stadt oder Region leben.
- Eltern dieser potenziellen Fahrschüler, die naturgemäß zur Altersgruppe der 40- bis 55-Jährigen gehören und häufig die Auswahl der Fahrschule und die Anmeldung übernehmen sowie für die Kosten des Führerscheins aufkommen.

16 *https://www.facebook.com/adsmanager/audiences*

Beide Zielgruppen würden Sie sowohl inhaltlich als auch sprachlich anders adressieren. Außerdem können Sie überlegen, ob auch Erwachsene, die in Jugendfreizeiteinrichtungen oder Schulen arbeiten, erreicht werden sollen. Wenn Sie Fahrstunden für Menschen mit Behinderungen anbieten, sind Mitarbeiter:innen von Einrichtungen oder Vereinen für behinderte Menschen eine mögliche Zielgruppe. Und wenn mehrsprachige Fahrlehrer:innen bei Ihnen beschäftigt sind, die Unterricht beispielsweise in Türkisch oder Spanisch durchführen können, sollten Sie dies ebenfalls in Ihren Zielgruppen und Anzeigen berücksichtigen.

Hinweis ▶ Auch nachdem Sie Werbeanzeigen geschaltet haben, sollten Sie Ihre Zielgruppen entsprechend der Performance der Anzeigen immer wieder prüfen und feinjustieren. Ist das sogenannte *Targeting* nicht perfektioniert, verlieren Sie beim Anzeigenschalten nicht nur Reichweite, sondern auch bares Geld.

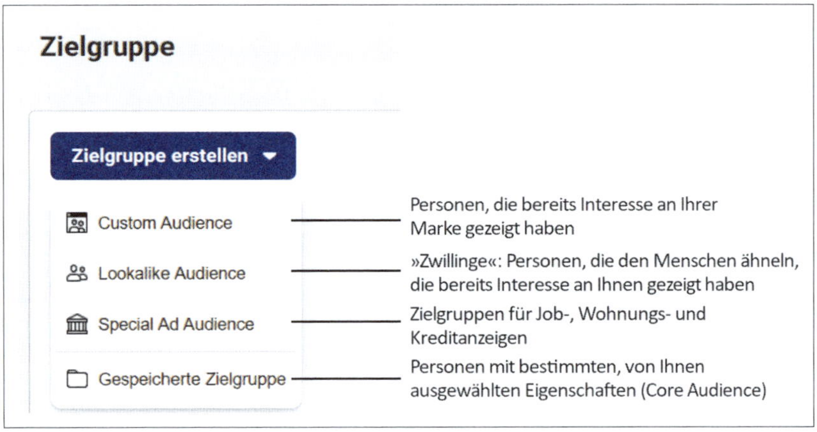

Abbildung 8-18 ▶ Die verschiedenen Zielgruppentypen, die Sie bei Meta für Facebook (und Instagram) hinterlegen können

Neben geografischen, demografischen oder interessenbezogenen Merkmalen können Sie Ihre Zielgruppe auch durch sogenannte *Custom Audiences* und *Lookalike Audiences* auswählen – bzw. targeten, wie Facebook-Marketingprofis sagen. Bringen wir etwas Licht ins Dunkel:

Eine *Custom Audience* besteht aus Facebook-Usern, die bereits in irgendeiner Weise mit Ihrem Unternehmen in Kontakt war. Sie lässt sich aus vorhandenen Kundendaten anlegen, beispielsweise aus Ihrer lokalen Kundendatei, die Sie als Excel-Sheet hochladen. Sie ahnen es sicher schon: aus datenschutzrechtlicher Sicht höchst bedenklich und deshalb zumindest innerhalb der EU nicht empfehlenswert. Als Quellen gelten aber auch Aktivitäten der User – etwa ob sie Ihre App nutzen oder auf Instagram oder Facebook mit Ihnen interagiert (beispielsweise einen Link angeklickt) oder Ihre Website besucht haben.

- Sehr häufig genutzt wird die Option einer *Website Custom Audience*. Dazu bauen Sie das sogenannte Facebook-Pixel auf Ihren Webseiten ein. Besucht ein Kunde nun Ihren Shop und schaut sich einzelne Produktseiten an, ohne aber etwas zu kaufen, können Sie diesem Kunden gezielt Werbung in seinen Newsfeed spielen, die ihn zum Kaufabschluss animiert. Diese Methode kennen Sie sicherlich unter dem Begriff *Retargeting* (siehe Abbildung 8-17). Rufen Sie dazu im Werbeanzeigenmanager oder über die Business Suite den *Events Manager* auf und wählen Sie *Datenquellen verbinden/Web*. Facebook führt Sie durch den Prozess *Pixel erstellen*, an dessen Ende Sie etwas Code in der Programmiersprache JavaScript erhalten. Fügen Sie diesen in den Quellcode Ihrer Website ein. Dazu benötigen Sie unter Umständen die Hilfe Ihres Website-Administrators. In Ihrem Werbeanzeigenmanager legen Sie dann die *Website Custom Audience* an und lassen Ihr Pixel die entsprechenden Daten sammeln. Wenn die Zielgruppe angewachsen ist, verfügen Sie über eine sehr praktische Datenbasis von Personen, die bereits auf Ihrer Website waren und nun über Facebook wieder an Ihr Unternehmen erinnert werden können. Achtung: Damit das Facebook-Pixel datenschutzkonform ist, müssen Sie einige Vorgaben einhalten – beispielsweise ein Cookie-Banner auf Ihrer Website haben.

◀ Definition

Das *Facebook-Pixel*[17] ist ein Codeschnipsel in der Skriptsprache JavaScript. Diese Sprache ist Teil sämtlicher zeitgemäßen Websites und sorgt unter anderem dafür, dass Inhalte im Hintergrund nachgeladen oder aktualisiert werden. Bei Facebook unterstützt das Pixel exaktes Zielgruppen-Targeting und hilft durch Conversion Tracking bei der Erfolgsbewertung.

- Die *App Audience* funktioniert ähnlich – hier nutzen Sie allerdings statt eines Pixels die Funktion *App Events*. Mit diesem Facebook-eigenen Tool können Sie beispielsweise analysieren, wie häufig Kundinnen und Kunden etwas in den Einkaufswagen Ihrer App legen, aber nicht kaufen. Anhand dieser und anderer erhobenen Daten erfährt Facebook, welche User die App aktiv nutzen. Diese User bekommen dann entsprechend Werbeanzeigen ausgespielt. Technisch gehen Sie ganz ähnlich wie bei der *Website Custom Audience* vor: Zunächst wählen Sie auch hier über den *Events Manager* die Funktion *Datenquellen verbinden* aus. Klicken Sie dann auf *App* und folgen Sie dem Prozess. Wenn Sie *App Events* bislang noch nicht für Ihre App eingerichtet haben, können Sie dies gleich mit erledigen. Wer davor zurückscheut, den Code manuell in die App einzufügen, kann ihn

17 Mehr dazu auch unter *https://www.facebook.com/business/help/742478679120153*.

von der Facebook-Entwicklungsplattform (Facebook SDK) installieren lassen. Außerdem ist es nötig, dass Sie die App mit Ihrem Werbekonto verbinden. Achtung: Auch hier werden Sie möglicherweise etwas Unterstützung benötigen – am besten von der Person, die ihre App programmiert hat.

Hinweis ▶ Werbekampagnen mit *Custom* oder *Lookalike Audiences* können sehr effektiv sein. Sie erreichen damit die Kund:innen, die bereits mit Ihrer Marke Kontakt hatten oder sehr wahrscheinlich an Ihrer Marke interessiert sind. Dazu ist es aber nötig, dass Sie in irgendeiner Art und Weise Daten an Facebook übertragen – seien es auch »nur« Pixel. Dabei kann es sich sehr schnell um persönliche Daten handeln. Sie sollten daher unbedingt darauf achten, dass Sie die Zustimmung Ihrer Kund:innen haben und den Datenschutz einhalten. Holen Sie sich gegebenenfalls eine rechtliche Einschätzung und/oder technische Unterstützung ein. Außerdem ist es ratsam, Gesetzeslage und Rechtsprechung im Blick zu behalten.

- Als heiliger Gral gelten sicherlich *Lookalike Audiences*. Sie sind quasi die Blaupause echter Kund:innen und Fans. Facebook erstellt basierend auf vorhandenen Fans und/oder Usern, die bereits mit Ihnen agiert haben (*Source Audience*), eine Gruppe von Personen, die diesen ähneln und sich deshalb vermutlich auch für Ihr Angebot interessieren (*Lookalike Audience*). Dazu ist es nötig, bereits über eine aussagekräftige Fanbasis zu verfügen, die als Quelle Ihrer Zwillingsgruppe dient. Und in diesem Fall sind wir erneut bei datenschutzrechtlichen Hürden: Was technisch möglich ist, ist in Deutschland nicht gleichzeitig erlaubt.
- Ausschließlich für die Unternehmen, die in den Bereichen Finanzdienste und -produkte, Jobangebote und Recruiting sowie Wohnen inserieren möchten, sind *Special Ad Audiences* relevant. Diese Anzeigen klammern bestimmte Zielgruppeninformationen aus. Warum? Facebook möchte damit gegen Diskriminierung vorgehen: Eine Person soll beispielsweise nicht von Werbern aufgrund ihres Alters oder ihres Wohnorts von Kredit-, Wohnungs- oder Jobangeboten ausgeschlossen werden. Ihre Anzeige lässt sich damit nicht so genau aussteuern. Aber Achtung: Wenn Ihr Unternehmen in diese Branche gehört und Sie dennoch nicht diese Anzeigenkategorie auswählen, kann es passieren, dass Facebook Ihre Anzeige mit Verweis auf die Richtlinien nicht freischaltet.

Kampagne erstellen

Bevor es an die Gestaltung einer Anzeige geht, legen Sie eine Kampagne an. Innerhalb dieser Kampagne lassen sich dann unterschiedliche Anzeigen an unterschiedliche Zielgruppen zu unterschiedlichen Zeitpunkten gemäß unterschiedlichen Budgets ausspielen. Zunächst müssen Sie entscheiden, welches Ziel Sie verfolgen – beispielsweise dass mehr Menschen auf Ihre Website klicken (siehe Abbildung 8-19) –, oder Sie möchten Ihre Interaktionen steigern – dazu gehören Kommentare, das Teilen von Beiträgen, *Gefällt mir*-Angaben oder Antworten auf Eventeinladungen. Viele Seitenbetreiber wünschen auch Traffic auf ihrer Website oder Conversions wie Newsletter-Bestellungen oder gar Kaufabschlüsse im Shop.

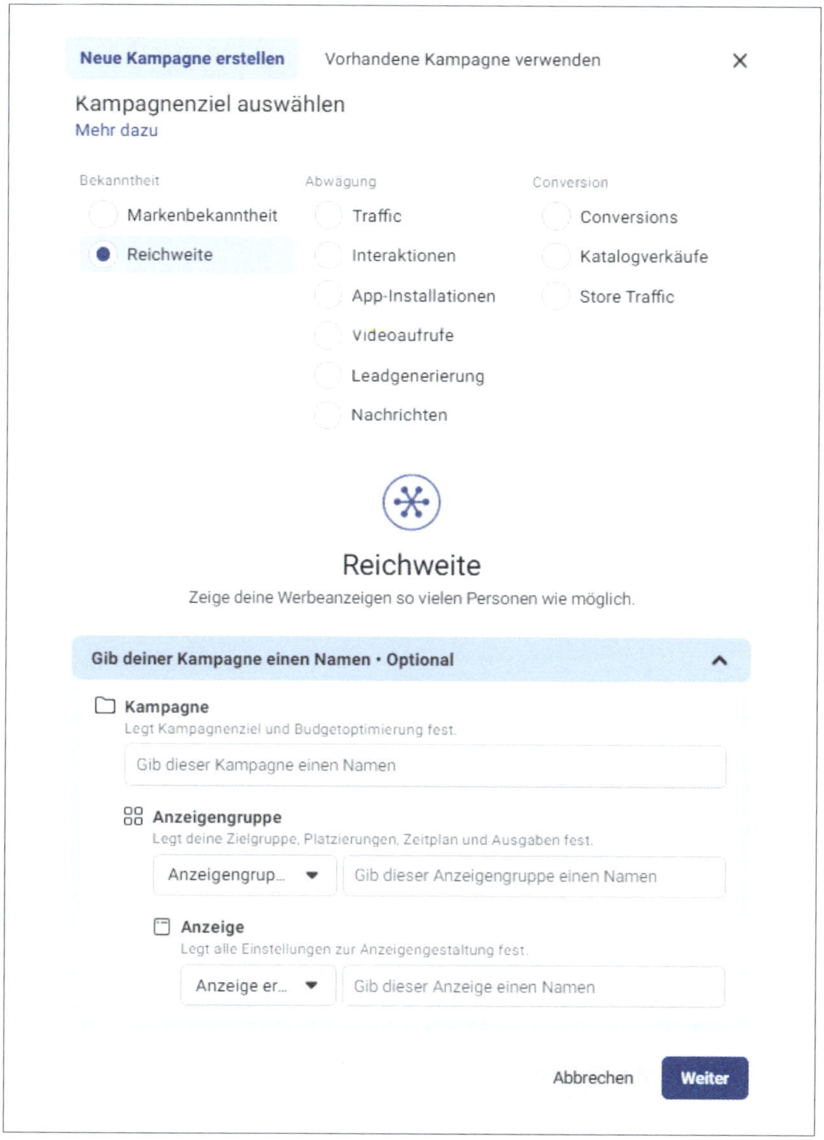

◀ **Abbildung 8-19**
Eine Kampagne bei Facebook anlegen: Kampagnenziel festlegen

Hinweis ▶ Die Struktur der Kampagnenziele bei Facebook folgt im Wesentlichen der sogenannten *Buyer's Journey*: Zunächst wird der Kunde auf Ihr Produkt oder Ihre Marke aufmerksam (*Awareness*, *Bewusstseinsphase*). Facebook bildet dies mit den beiden Zielen *Markenbekanntheit* und *Reichweite* ab. Im nächsten Schritt (*Consideration*) soll der Kunde sich mit Ihrem Unternehmen und Ihrem Angebot auseinandersetzen. Für diese Phase der »Erwägung« bzw. *Abwägung*, wie Facebook es nennt, stehen die meisten Zielsetzungen zur Verfügung – von *Traffic* bis *Nachrichten*. Möchten Sie dieses Ziel erreichen, sollte Ihre Anzeige neugierig auf Ihre Website, Ihre App oder andere Angebote machen. Und im letzten Schritt – Facebook nennt diesen *Conversion* – folgt (idealerweise) die Entscheidung des Kunden für ein Angebot Ihres Unternehmens (*Decision*). Ihre Anzeige sollte dann beispielsweise die besonderen Vorteile Ihres Produkts herausstellen oder mit einem Preisangebot locken.

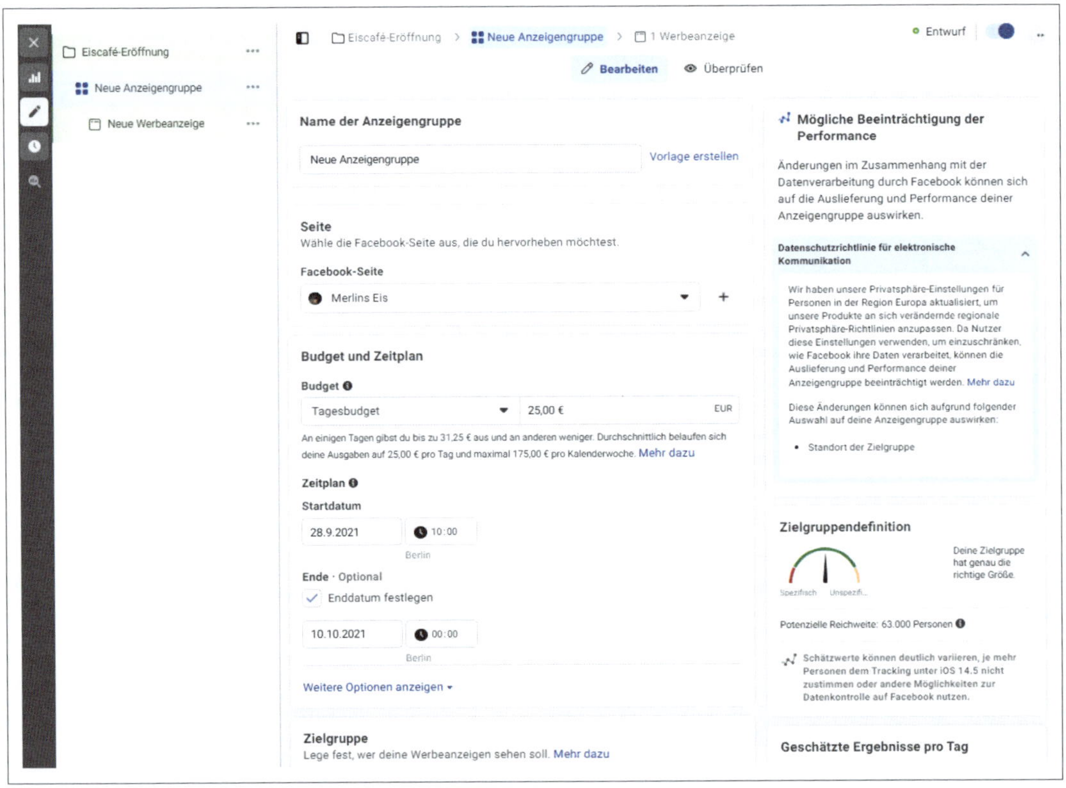

Abbildung 8-20 ▲
Eine Anzeigengruppe innerhalb der Kampagne anlegen

Nachdem Sie Ihr Ziel festgelegt haben, führt Sie Facebook automatisch weiter zur Auswahl der Zielgruppen – hier können Sie die vorab eingerichteten Zielgruppen auswählen und neue Zielgruppen targeten. Facebook fragt ab, ob Sie Ihre Anzeigen automatisch oder manuell platzieren möchten, beispielsweise nur auf mobilen Endgeräten oder auch bei Instagram. Im Regelfall fahren Sie am besten, wenn Sie sich an Facebooks Empfehlung – die automatische Platzierung – halten. Schließlich geben Sie noch ein, über welche Zeitspanne Ihre Kampagne laufen soll, und legen Ihr Budget fest. Sie können zwischen einem Tagesbudget und einem Laufzeitbudget wählen. Das Mindesttagesbudget liegt bei 5 Euro pro Tag. Facebook-Anzeigen werden dann entweder pro Klick oder pro Impression abgerechnet – wie Sie es für Ihr Kampagnenziel bevorzugen. (Über die Kennwerte im Social Media Marketing haben wir in Kapitel 3 detaillierter gesprochen.)

Werbeanzeigen gestalten

Nun geht es ins Detail: Sie legen Ihre Werbeanzeige an. Facebook bietet Ihnen dazu einige Vorlagen, beispielsweise können Sie ein *Carousel* mit mehreren Bildern oder Videos anlegen (die jeweils direkt auf Ihre Produktseite im Shop verlinken können), ein einzelnes Bild oder Video zum Mittelpunkt Ihrer Anzeige machen oder in einer Sammlung – wie in einem Album – mehrere Bild- und Videoelemente hochladen.

Geben Sie alle notwendigen Daten ein. Achten Sie dabei besonders

- auf den *Text der Anzeige*: Holen Sie Ihre Leser:innen ab, sprechen Sie sie direkt an, nennen Sie die wichtigsten Benefits Ihres Produkts und lockern Sie den Post je nach Zielgruppe mit Emojis auf.[18] Prüfen Sie im Vorschaufenster rechts, wie Ihr Text wirkt. Verzichten Sie auf Clickbaiting (»Dieses Buch ist gerade erschienen, und Sie glauben nicht, was Sie darin lernen«), damit vergraulen Sie Kunden, statt sie zu gewinnen.
- auf das *Bild*: Passen Sie es an die verschiedenen Bildschirmgrößen an und wählen Sie jeweils den attraktivsten Bildausschnitt.
- den *Call-to-Action-Button* (nicht bei allen Anzeigentypen vorhanden): Facebook gibt Ihnen verschiedene Varianten vor, unter anderem *Mehr dazu*, *Registrieren* und *Abonnieren*. Er sollte natürlich Ihr Kampagnenziel berücksichtigen.

Checken Sie anhand der Vorschauoptionen, wie Ihre Anzeige auf verschiedenen Screens bzw. Geräten dargestellt wird. Priorität Nummer eins muss hier die mobile Ansicht haben, auch wenn Sie die Anzeige am Computer gestalten.

18 Emojis hat Facebook an dieser Stelle nicht eingebunden, Sie können sie daher nicht einfach anklicken. Sie können sie sich aber beispielsweise per Copy-and-paste von Websites wie *http://getemoji.com/* fischen. Windows-User rufen durch die Kombination Windows-Logo-Taste + Punkt (.) oder Semikolon (;) aus jeder Anwendung ein Emoji-Menü auf, Mac-User nutzen Ctrl + Cmd + Leertaste.

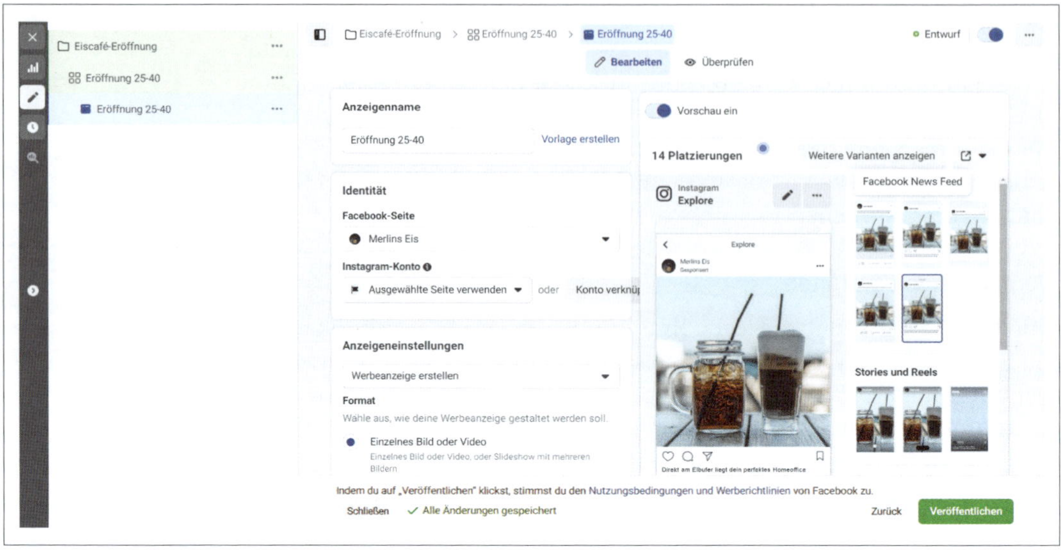

Abbildung 8-21 ▲
Eine Anzeige gestalten und an Facebook sowie Instagram ausspielen

Wenn Sie die Gestaltung der Anzeige abgeschlossen haben, können Sie noch einmal alle Einstellungen von der Zielgruppe über das Budget bis zum Anzeigenlayout prüfen und den Anzeigenentwurf speichern. Sie finden den Entwurf in Ihrem Werbeanzeigenmanager und können die Anzeigenschaltung dann jederzeit starten, pausieren lassen, verändern und beenden.

Performance bewerten

Um die Wirksamkeit Ihrer Werbung zu beurteilen, finden Sie in Ihrem Werbeanzeigenmanager detaillierte Messwerte, zum Beispiel die Gesamtzahl der Klicks, die durchschnittlichen Kosten pro Klick (CPC) sowie drei durch Facebook vorgegebene Kriterien: die *Qualitäts-Einstufung*, die *Einstufung der Interaktionsrate* und die *Einstufung der Conversion Rate*. Werfen Sie direkt nach Veröffentlichung Ihrer Anzeigen regelmäßig einen Blick auf die Statistik und justieren Sie Ihre Anzeigen nach, wenn Sie mit der Performance nicht zufrieden sind – beispielsweise wenn Facebook die Interaktionsrate als unterdurchschnittlich einschätzt.

Hinweis ▶ Wie immer bei Onlinewerbung gilt auch hier: Sie brauchen zunächst ein wenig Erfahrung, um Ihre Anzeigen effektiv auszuspielen und den Erfolg zu bewerten. Nehmen Sie sich diese Zeit – oder holen Sie sich Unterstützung von Dienstleistern, die sich auf Werbung mit Facebook spezialisiert haben.

Tipps für einen gelungenen Facebook-Auftritt

Richtig angefasst, können Unternehmen enorm vom Facebook-Marketing profitieren – zum Beispiel mit ihren Postings nützliche Inhalte bieten oder sich für ihre Kund:innen zügig ansprechbar und hilfsbereit zeigen. Deshalb fassen wir an dieser Stelle noch einmal einige Best Practices und Methoden für Ihren Facebook-Auftritt zusammen.

- Reagieren Sie zügig auf Anfragen. Kommentare und Anfragen sollten Sie rasch, höflich und mit Mehrwert für den Fragenden und möglichst ohne leere Worthülsen beantworten. Das steigert nicht nur die Zufriedenheit Ihrer Kund:innen, sondern auch die von Facebook automatisch bewertete Reaktionsrate. Bei vorbildlicher Reaktionsgeschwindigkeit erhalten Sie Facebooks Gütesiegel: *Hohe Reaktionsfreudigkeit auf Nachrichten*. (Achten Sie darauf, erhaltene Kommentare und Nachrichten als gelesen zu markieren – dies funktioniert nicht immer automatisch und senkt dann Ihre Reaktionsrate.) Aktivieren Sie die Einstellung *Personen können meine Seite privat kontaktieren*. Ein Chatbot – ein Chatfenster, das sich automatisch öffnet, wenn ein Kunde Ihre Seite aufruft – kann zusätzlich Gesprächsbereitschaft signalisieren.
- Geben Sie auf Ihrer Facebook-Seite an, an welchen Tagen und zu welchen Zeiten Ihr Facebook-Team erreichbar ist – dies zeigt Ihren Kunden transparent, wann sie mit einer Antwort rechnen dürfen.
- Achten Sie auf strukturierte Content-Planung, sprechen Sie Ihre Fans direkt an und binden Sie sie auch gelegentlich ein, indem Sie sie aktiv um Ihre Meinung bitten. (Gewinnspiele sind dagegen ein alter Hut – wenn überhaupt, sollten Sie nur noch sparsam auf sie zurückgreifen und vorher Facebooks Richtlinien checken.) Halten Sie sich selbst viel auf Facebook auf, um die richtige Tonalität zu treffen und Trends in Inhalt und Gestaltung von Postings zeitnah mitzubekommen.
- Experimentieren Sie mit Bewegtbild-Inhalten. Sowohl bei Facebook-Usern als auch bei Facebook selbst kommen visuelle Reize deutlich besser an als reine Textinhalte. Facebook liefert Ihnen Vorlagen und belohnt Ihren Mut mit höherer Visibilität.
- Schließen Sie sich Facebook-Gruppen an, in denen Sie sich mit anderen Facebook-Admins austauschen können. So erfahren Sie zügig von neuen Funktionen und wie Sie sie am besten einsetzen. Sie können um Rat bei kleinen technischen Hakeleien oder bei einem drohenden Shitstorm fragen und natürlich selbst Hilfsbereitschaft zeigen.

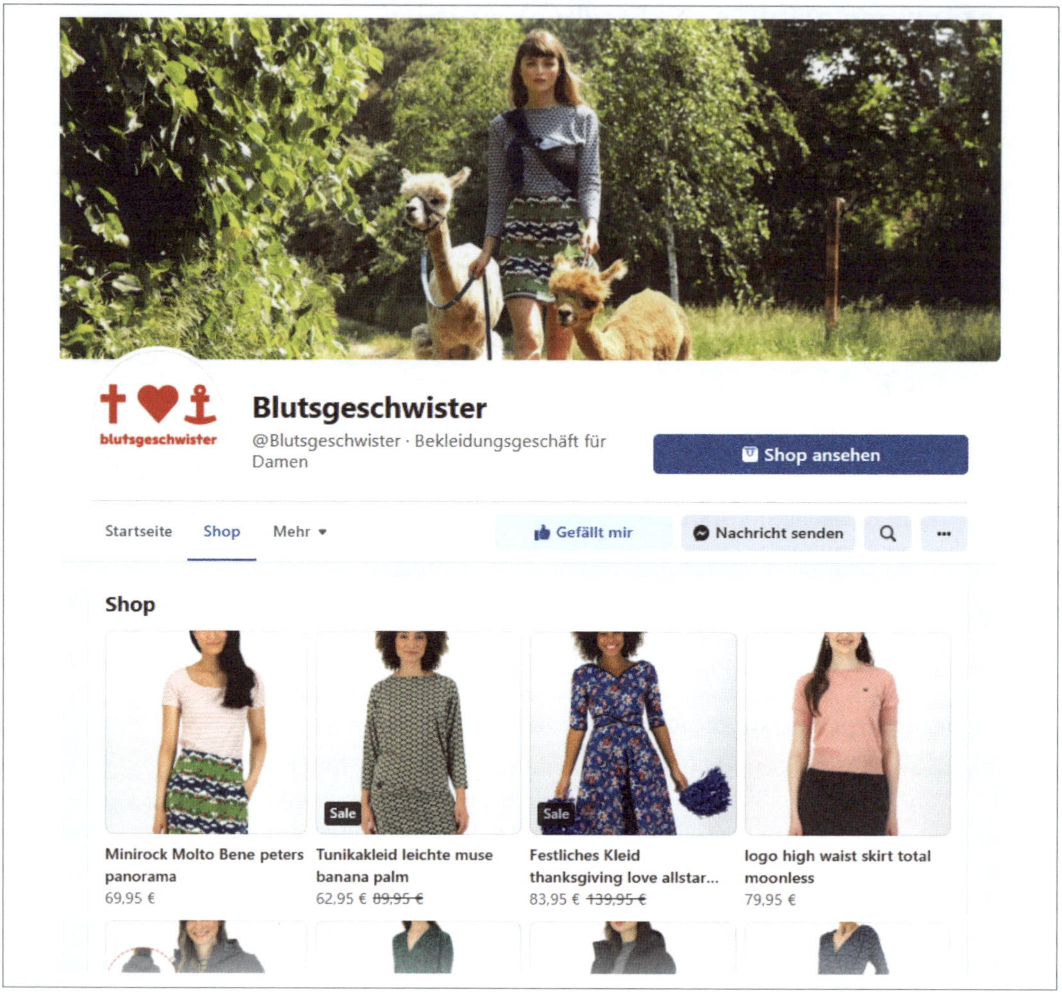

Abbildung 8-22 ▲
Produktanzeigen im Shop des Facebook-Auftritts: Beim Kaufentschluss wird die Blutsgeschwister-Kundin direkt auf die jeweilige Produktseite der Website weitergeleitet. Facebook bietet über die Shopfunktion aber auch den Direktverkauf an. Manche Händler schließen ihre bestehende E-Commerce-Plattform (beispielsweise Shopify) an Facebook an.

- Welche Features können Sie Ihren Kund:innen bieten? Möchten Sie Ihre Produkte in einem eigenen Shop bei Facebook einstellen? Oder die Standorte Ihrer Filialen auf einer Karte einbinden? Eine Umfrage oder ein Newsletter-Abonnement einbinden oder gar komplette Papers und Unterlagen hinterlegen? Überlegen Sie genau, mit welchen Inhalten und Funktionen Sie Ihre Kund:innen näher an sich binden können. Deaktivieren Sie dagegen unter *Template und Tabs* die Funktionen, die Sie gar nicht benötigen.
- Arbeiten Sie aktiv mit den Insights: Veröffentlichen Sie immer zum perfekten Zeitpunkt, nämlich dann, wenn Ihre Zielgruppe am ehesten online ist. Prüfen Sie genau, welche Postings Ihre Zielgruppe bevorzugt.

Auch in der Facebook-Familie: WhatsApp und Instagram

In den vergangenen Jahren hat Mark Zuckerberg einige Web- und Mobile-Dienste erworben, die über eine besondere Technologie oder eine vielversprechende Reichweite verfügten. So geschah es auch bei dem Instant-Messenger *WhatsApp*, der allein in Deutschland 97 Prozent der 18- bis 29-Jährigen erreicht. Zwar fehlen WhatsApp die klassischen Elemente eines Social Network – es gibt keine Timeline, und die Optionen, um ein Nutzerprofil zu pflegen, sind mit Foto, Info und Status schnell erschöpft. Dennoch erleichtert es seinen Usern aufgrund einer simplen Bedienoberfläche, Texte, Bilder, Tonaufzeichnungen und Videos an ihre Kontakte zu senden oder in Gruppen zu posten. Diese Gruppen können ebenfalls sehr schnell erstellt werden. Geeignet sind sie für kleinere Freundeskreise und den privaten Austausch genauso wie für Vereine und Orte, deren Mitglieder bzw. Bewohner miteinander diskutieren wollen. Über die Marketingmöglichkeiten von WhatsApp schreiben wir in Kapitel 13.

Instagram gehört ebenfalls seit einigen Jahren zur Facebook-Familie. Den Einsatz von Instagram erklären wir ausführlich in Kapitel 9. Wenn Sie Instagram für Ihr Unternehmen einsetzen, sollten Sie das Profil mit Ihrer Facebook-Seite verbinden. So können Ihre Facebook-Abonnenten auch zu Ihrem Instagram-Account finden, und: Beiträge und Werbeanzeigen können leichter abgestimmt und veröffentlicht werden.

Zusammenfassung

In Deutschland sind Facebook (mit Instagram) sowie LinkedIn und XING im Businessbereich die sozialen Netzwerke mit der höchsten Aufmerksamkeit und Aktivität. Zwar funktionieren viele Dienste in Social Media auch als soziale Netzwerke, bei Facebook und den Businessnetzwerken stehen die Bildung von Gemeinschaften und die Verbindung mit anderen Menschen jedoch klar im Vordergrund. Alle drei Netzwerke haben jeweils viele Millionen Nutzer und geben Ihnen die Möglichkeit, ein Profil zu erstellen und sich mit anderen Menschen zu vernetzen, mit denen Sie Kontakt halten möchten, die ähnliche Interessen oder einen ähnlichen beruflichen Hintergrund haben.

Facebook ist – allen Hürden zum Trotz – das nach wie vor reichweitenstärkste soziale Netzwerk. Für viele Nutzer ist Facebook das Synonym für Social Media, und es eignet sich für nahezu jedes Unternehmen. Selbst im B2B-Bereich kann eine Facebook-Seite erfolgreich sein.

Neben einem persönlichen Profil stehen Ihnen Seiten, Gruppen und Werbeanzeigen für die Vermarktung zur Verfügung.

Ein Profil ist genau wie eine Seite rasch eingerichtet. Sie brauchen jedoch eine Strategie dafür, welche Inhalte Sie für wen kommunizieren wollen, wie Sie sich sinnvoll vernetzen und welche Ziele Sie verfolgen. Wenn Sie dies für Ihr Unternehmen skizziert haben, können Sie eine Seite anlegen und diese mit nützlichen Informationen sowie einem attraktiven Titel- und Profilfoto anreichern. Mithilfe eines Redaktionsplans können Sie Ihre Beiträge planen, um sie dann sogar mit etwas Vorlauf als Entwurf anzulegen und automatisiert zu veröffentlichen. Setzen Sie hierbei auf visuell starke Bild- und Videoformate.

Eine Facebook-Seite bietet hervorragende Chancen, sich mit relevanten Zielgruppen zu vernetzen. Dazu stehen Ihnen auch Gruppen zur Verfügung, die Sie selbst gründen oder in die Sie eintreten.

Sie können mit einer Facebook-Seite heute kaum noch Reichweite aufbauen, ohne sie mit Anzeigen zu unterstützen. Es ist wichtig, dass Sie Zeit und Budget dafür einplanen, diese Anzeigen inklusive einer exakten Zielgruppenplanung zu gestalten, zu überwachen und bei Bedarf zu verändern. Gelingt es Ihnen, die richtigen Anzeigen an die passenden Zielgruppen auszuspielen, können Sie beispielsweise Leads generieren (wie Klicks auf Ihre Website) oder die Anzahl Ihrer Facebook-Fans erhöhen.

Wenn Sie die verfügbaren Facebook-Statistiken (Insights) sowie die Auswertungen Ihrer Facebook-Anzeigen regelmäßig überprüfen, können Sie Ihre Performance anhand umfassender und aussagekräftiger Messwerte überwachen. Der beste Garant für Erfolg ist nach wie vor eine zielgruppengerechte Ansprache mit nützlichen, witzigen oder informativen Inhalten sowie eine hohe Kundenorientierung, die sich insbesondere in Ihrer Interaktionsrate niederschlägt.

KAPITEL 9

Bilder in Instagram, Pinterest, Snapchat & Co.

In diesem Kapitel:

- Social Media Marketing mit Bildern
- Instagram: die (meist) freundliche Plattform
- Snapchat: flüchtiger Snackable Content
- Pinterest: die vielseitige Suchmaschine
- Flickr (SmugMug): klassisches Fotosharing mit langer Tradition
- Weitere Fotoportale
- Zusammenfassung

Ein Bild sagt mehr als tausend Worte: Damit meinen wir lebendige, aussagekräftige und abwechslungsreiche Aufnahmen – keine austauschbaren 08/15-Stockfotos.

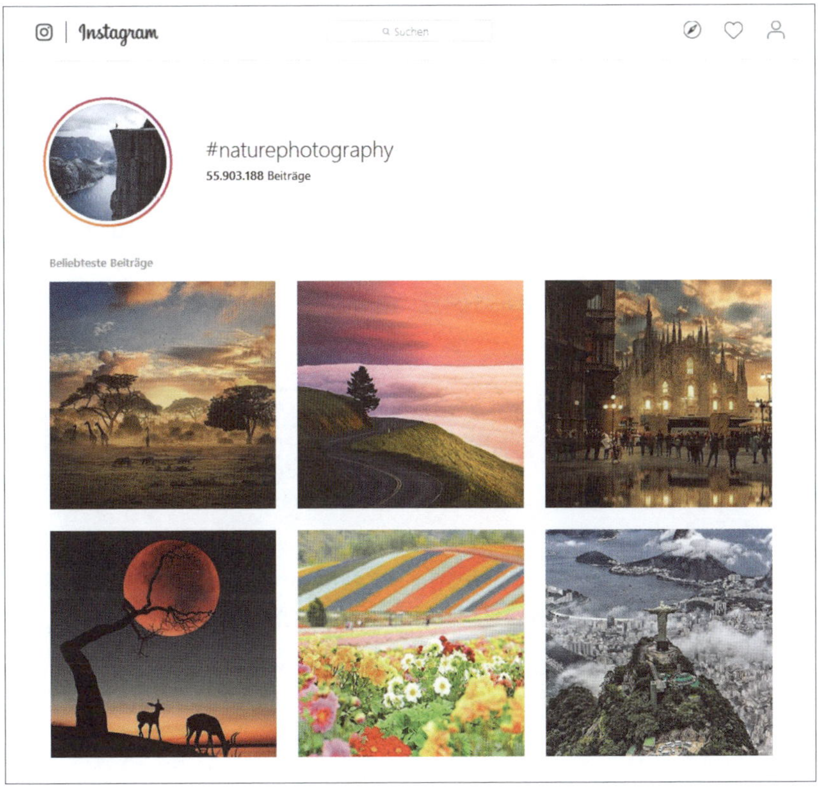

◀ **Abbildung 9-1**
Naturfotografen zeigen auf Instagram ihr Können.

Bilder eignen sich hervorragend für das visuelle Storytelling: Sie erregen Aufmerksamkeit und wecken Emotionen. Wer diese Aussage bezweifelt, kann den Erfolg reiner Textbeiträge in Social Media mit den Interaktionen vergleichen, die Beiträge mit Text und Bild bewirken. Fotos rufen oft sogar mehr Interaktionen hervor als Videos.

Social Media Marketing mit Bildern

Über Fotosharing-Portale wie SmugMug (früher Flickr) können Sie Bilder Ihres Unternehmens, Ihrer Produkte und Veranstaltungen mit (potenziellen) Kund:innen und Geschäftspartner:innen teilen. Fotoplattformen sind suchmaschinenrelevant. Mit Kategorien, Alben und Suchbegriffen recherchieren die Menschen dort nach Fotos und lassen sich inspirieren.

Achtung ▶ Nicht alle Bilder dürfen Sie auf Ihrer Website einbinden. Sichern Sie sich zum Urheber- und Persönlichkeitsrecht ab sowie zu Fragen des Jugendschutzes. Hinweise zu Rechtsfragen im Social Web finden Sie in Kapitel 15.

Durch den Fokus auf Bilder in Social Media ist die Bedeutung reiner Fotoplattformen zurückgegangen. Fotos lassen sich in Blogs sowie Social-Media-Plattformen wie Facebook, Instagram oder Snapchat teilen, auch in den Businessnetzwerken LinkedIn und XING sowie auf Twitter. Pinterest wird zur Inspiration und der Suche nach Produkten genutzt. Darüber hinaus tauschen die Menschen in WhatsApp, dem Facebook Messenger und weiteren Messenger-Diensten Fotos bilateral oder in Gruppen aus.

Hinweis ▶ Bieten Sie Ihre Inhalte barrierefrei an. In Social Media können Sie meist einen beschreibenden Alternativtext (Alt-Text) für Ihre Bilder ergänzen. Blinde oder sehbehinderte Menschen profitieren von einer kurzen Beschreibung für den Screenreader. Erklären Sie treffend und präzise, was die Fotos zeigen, und beschreiben Sie den Kontext.

Die richtigen Motive für das Marketing mit Bildern

Wie kommen Sie an attraktives Bildmaterial mit prägnanten Motiven, das über die Hochglanzfotos Ihrer Werbeprospekte hinausgeht? Binden Sie Ihre Kolleg:innen aus allen Abteilungen ein. So finden Sie passionierte Hobbyfotograf:innen, die gute Ideen für außergewöhnliche Motive einbringen. Schaffen Sie ein Bewusstsein für attraktive und spannende Themen. Diese gibt es überall im Unternehmen, wie Abbildung 9-2 zeigt.

Abbildung 9-2
Beispiele für Motive im Unternehmen

Laden Sie Ihre Kolleginnen und Kollegen ein, ihren Arbeitsalltag oder besondere Erlebnisse mit dem Smartphone zu dokumentieren.

Hinweis

High-End-Kameras für Profis können einige Tausend Euro kosten. Für den Einsatz in Social Media genügt eine Smartphone-Kamera mit guter Qualität.

Grafiken werden in Social Media häufiger kommentiert und geteilt als reiner Text. Sie können Ihre Textbotschaften visualisieren, wenn es zum Medium und zur Zielgruppe passt. Achten Sie auf einen guten Kontrast von Bild und Text. Dafür können Sie beispielsweise die Schattenfunktion in Canva nutzen.

Beobachten Sie aufmerksam und entwickeln Sie ein Gespür dafür, welche Motive und Art von Bildern zu Ihrer Zielgruppe und der jeweiligen Plattform passen. Eine Grafik mit fachlichen Tipps mag auf LinkedIn und Twitter gut funktionieren – auf Instagram kann es damit schwieriger werden. Achten Sie darauf, dass der Hintergrund nicht zu sehr von Ihrem Motiv ablenkt. Eine einheitliche Farbfläche lässt den Hintergrund ruhiger wirken und erhöht die Lesbarkeit.

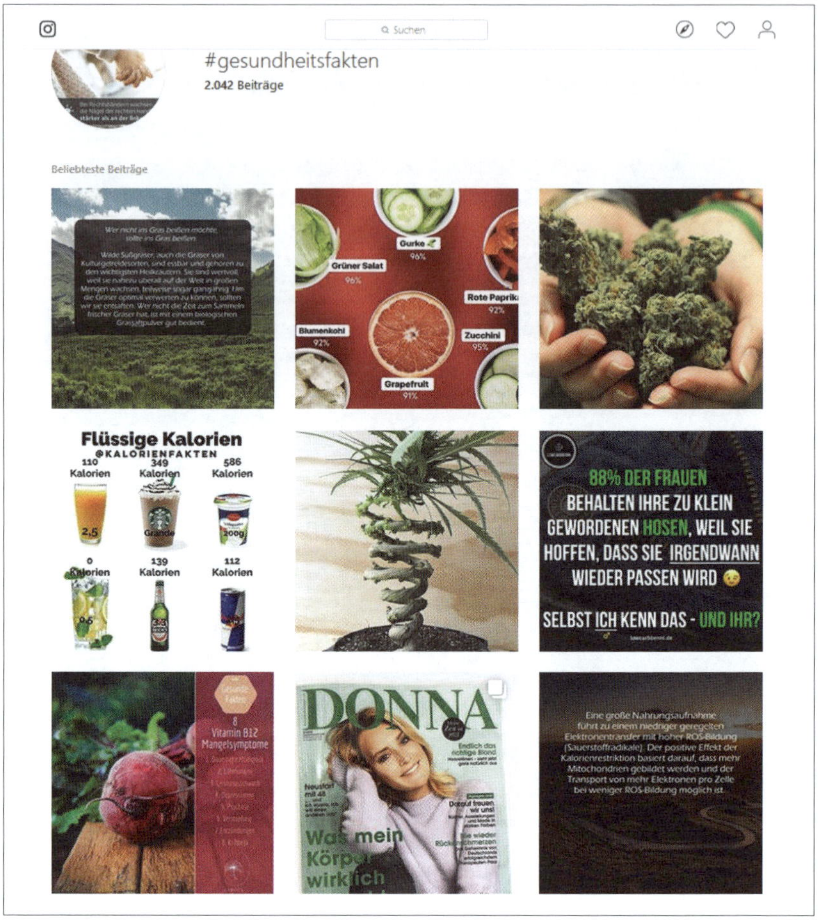

Abbildung 9-3 ▶ Tipps zur Gesundheit in Bild und Text auf Instagram

Die eigene Bildsprache entwickeln

Heben Sie sich von der Bilderflut durch eine individuelle Bildsprache und visuelle Identität ab. Dazu gehören eine Gesamtästhetik und die zu Ihren Produkten und Themen passende Farbpalette. So sorgen Sie für einen Wiedererkennungseffekt. Arbeiten Sie mit Wasserzeichen, damit niemand Ihre Fotos unrechtmäßig verwenden kann. Eine Komprimierung verhindert, dass das Foto unerlaubt für einen Druck verwendet wird.

Tipp ▶ Schützen Sie Ihre Bilder mit Ihrem *Logo* und/oder einem *Wasserzeichen*. Für ein solches Erkennungsmerkmal gibt es kostenfreie Anwendungen wie *eZy Watermark Lite* und *iWatermark* (jeweils iOS) oder die Apps *Photo Watermark* und *Add Watermark Free* für Android. Mit Photoshop können Sie Wasserzeichen produzieren, das Gleiche gilt für die Bildbearbeitungssoftware GIMP.

Einen hundertprozentigen Schutz vor Raubkopierern gibt es nicht. Es verhält sich ähnlich wie mit der Sicherung des Eigenheims. In letzter Konsequenz schaffen es Einbrecher immer, die Tür zu öffnen. Erschweren Sie ihnen den Vorgang, ist die Wahrscheinlichkeit groß, dass sie unverrichteter Dinge wieder abziehen – oder es bei Ihren Nachbarn probieren.

◀ **Tipp**

Für das Posten in Social Media sollten Sie die aktuell gültigen Bildgrößen kennen. Jedes Netzwerk hat individuelle Vorgaben. Eine übersichtliche Quelle für die Formate der wichtigsten Plattformen finden Sie bei Allfacebook.de.[1]

Instagram: die (meist) freundliche Plattform

Bei Instagram handelt sich um eine App für mobile Endgeräte, mit der Sie Fotos machen, bearbeiten und dann veröffentlichen können. Das 2010 gegründete Instagram wurde 2012 von Facebook übernommen und hat sich zu einer der beliebtesten Social Media-Plattformen gemausert. Die Plattform wächst schnell, hat zuletzt aber junge Nutzer:innen an TikTok verloren. Weltweit hat Instagram gut 1,2 Milliarden aktive Nutzer:innen, davon über 21 Millionen in Deutschland.[2] Laut Statista nutzen 80 Prozent der User im Alter zwischen 16 und 29 Jahren die Plattform. Selbst 15 Prozent der über 60-Jährigen erreichen Sie auf Instagram.[3]

Weltweit gibt es über 180 Millionen Unternehmensaccounts auf Instagram, und die meisten Nutzer:innen sind Fans von Unternehmen. Marketingfachleute aufgepasst! Vier von fünf Instagram-Mitgliedern folgen einer Marke und informieren sich vor einem Kauf über deren Produkte. Monatlich wählen 130 Millionen Nutzer:innen einen Shoppingbeitrag aus, Tendenz steigend.[4]

Das gemeinsame Erleben von Bildern steht im Fokus, aber Videos und Stories haben an Bedeutung gewonnen. Auf Stories und Bewegtbilder gehen wir in Kapitel 10 ein. Instagram ist eine wichtige Plattform für Influencer. Influencer Marketing besprechen wir in Kapitel 4.

1 *https://allfacebook.de/pages/bildgroessen-facebook-twitter-google-pinterest*

2 *https://www.internetworld.de/social-media-marketing/social-community/aktuelle-social-media-nutzerzahlen-in-deutschland-weltweit-2649131.html*

3 *https://de.statista.com/statistik/daten/studie/691584/umfrage/anteil-der-nutzer-von-instagram-nach-alter-in-deutschland/*

4 *https://allfacebook.de/instagram/instagram-nutzer-deutschland*

Abbildung 9-4 ▶
Das Wichtigste zu Instagram auf einen Blick

Instagram: die ersten Schritte

Die Registrierung ist einfach: Sie laden die App herunter, wählen Ihren Benutzernamen und legen ein Passwort fest. Sollen im beruflichen Kontext mehrere Menschen das Konto nutzen, verwenden Sie am besten eine Admin-E-Mail-Adresse. Laden Sie dann Ihr Foto oder Logo als Profilbild hoch. Anschließend füllen Sie Ihre Kurzbiografie (Bio) aus, die bei Instagram *Steckbrief* heißt.

Wer weniger als 10.000 Abonnenten hat, kann nur im Steckbrief einen klickbaren Link einbauen. Der Link sollte auf Ihre Instagram-Landingpage, Ihr Blog oder Ihren Webshop verweisen oder auf das Impressum Ihrer Website. Sofern Sie nicht unmittelbar auf das Impressum verlinken, muss dieses mit einem weiteren Klick direkt erreichbar sein. Näheres zur Impressumspflicht in Social Media finden Sie in Kapitel 15.

Lesen Sie gründlich die aktuellen Nutzungsbedingungen[5] und die Community-Richtlinien[6], bevor Sie loslegen.

Tipp ▶ Bleiben Sie bei Instagram auf dem Laufenden. Die Veranstalter der Allfacebook-Konferenz besprechen Trends und Entwicklungen auf ihrem Blog *https://allfacebook.de/*. Instagram selbst informiert über *https://business.instagram.com/blog*. In Facebook können Sie sich zum Beispiel in den Gruppen »Instagram Marketing Deutschland« und »Alles rund um Instagram« austauschen.

5 *https://bit.ly/3KkSryn*

6 *https://bit.ly/3hJwA7E*

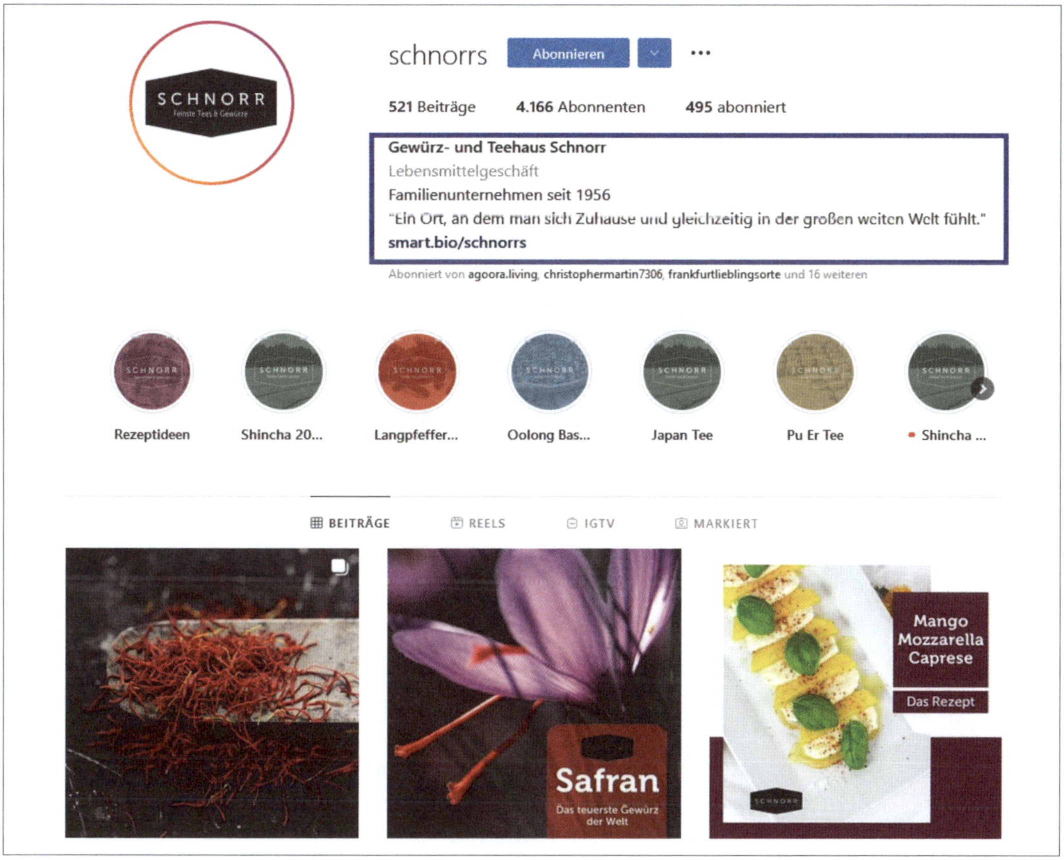

▲ Abbildung 9-5
Eine knackige und angenehm lesbare Kurzbiografie (siehe Kasten)

Sind Sie Administrator einer Facebook-Seite, können Sie diese mit Instagram verknüpfen. Instagram übernimmt automatisch alle relevanten Informationen, um das Unternehmenskonto zu befüllen.

Über *Einstellungen/Zu professionellem Konto wechseln* wandeln Sie Ihren privaten Account in ein Unternehmenskonto um. Wählen Sie die Kategorie oder Branche aus, die Ihr Business am besten beschreibt. Mit dem Unternehmenskonto haben Sie Zugriff auf Statistiken für die Erfolgskontrolle. Sie sehen die Zahl an Impressionen für Beiträge und Stories, Profilaufrufe, Webseitenklicks sowie die beliebtesten Beiträge mit Reichweite und Interaktion. Prominente, Künstler und Creators können aus ihrem privaten Profil ein Creator-Profil machen.

◀ Tipp

Im Businessprofil können Sie als Kontaktoptionen eine Telefonnummer, Ihre E-Mail-Adresse oder die Adresse Ihres Ladengeschäfts angeben. Instagram legt die Daten hinter einen Kontakt-Button. Action-Buttons sind zum Beispiel für ein Restaurant interessant, das die Tischreservierung über Instagram anbieten möchte. In diesem Fall muss das Restaurant ein Konto bei einem Anbieter wie opentable oder Yelp haben.

Nachdem Sie Ihr Profil eingerichtet haben, können Sie nach anderen Profilen suchen, um ihnen zu folgen – bei Instagram *abonnieren* genannt. Dazu bietet Instagram Vorschläge an, wie Abbildung 9-6 zeigt.

Abbildung 9-6 ▶ Neue Kontakte in Instagram suchen

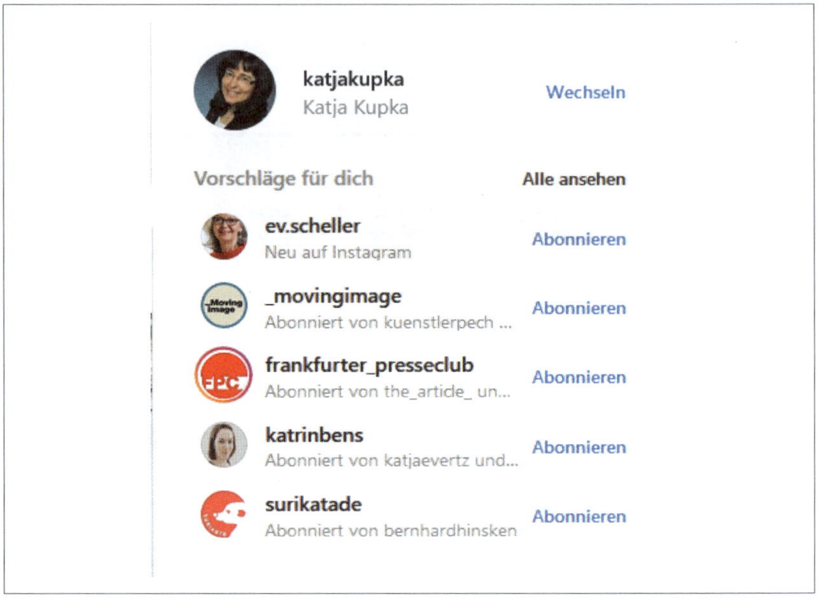

Wir raten davon ab, eine Verknüpfung mit dem Telefonbuch oder den Facebook-Freunden vorzunehmen. Wählen Sie Kontakte selektiv aus. Kündigen Sie auf Ihren anderen Social-Media-Profilen an, dass Sie nun auf Instagram aktiv sind. Das dürfte Ihnen einige Follower:innen bescheren.

Tipp ▶ Über das Webprofil von Instagram sehen Internetnutzer:innen öffentlich geteilte Fotos, auch wenn sie kein Profil haben. Beispiel: Das Webprofil von Coca-Cola können Sie über *https://www.instagram.com/cocacola/ betrachten*. Wer ein Instagram-Konto hat, kann über den Webzugriff Fotos, Videos und Stories ansehen, liken und kommentieren, das Profil bearbeiten sowie folgen oder entfolgen.

Dank der einfach zu bedienenden Bildbearbeitung und den Filtern zaubern auch Laien mit Instagram schnell attraktive Fotos. Warten Sie, bis Sie ein paar Bilder hochgeladen haben, damit Ihr Profil nicht »leer« aussieht. Für die ersten Schritte können Sie den Account auf privat stellen. Andere Accounts müssen dann eine Anfrage stellen. Erst wenn Sie diese bestätigen, folgen sie Ihnen und sehen Ihre Fotos. Klopfen Sie nur als Privatperson bei Profilen an, die für den öffentlichen Zugriff gesperrt sind. Ein Firmenprofil sollte den Wunsch nach Privatsphäre respektieren und nicht darum bitten, folgen zu dürfen.

Das komplette Angebot an Funktionen zur Bildbearbeitung lässt sich nur nutzen, wenn Sie die Fotos über die App veröffentlichen. Über einen Umweg können Sie Fotos auch vom PC hochladen.[7]

◀ **Tipp**

Later ist offizieller Partner von Instagram (und Pinterest) und ermöglicht, Posts und Stories bequem vorzuplanen, auch am PC. In geringem Umfang kann Later kostenfrei genutzt werden. Für Unternehmen betragen die Kosten ab 15 Dollar pro Monat, abhängig von der Anzahl der Nutzer und der Häufigkeit der Postings.

Mit Hashtags können Sie nach Ihrem Markennamen oder Ihren Produkten suchen. Accounts, die Hashtags mit Ihren Markennamen verwenden, sind potenziell als Kund:innen oder Kooperationspartner:innen interessant. Schauen Sie sich an, wer Ihren Wettbewerbern folgt und dort kommentiert oder Herzchen verteilt. Diese Accounts könnten für Sie ebenfalls interessant sein.

Instagram: der Algorithmus

Instagram hat nicht nur einen Algorithmus, sondern mehrere. Dabei gibt es einen Algorithmus für den Feed, einen für die Explore-Seite und einen für die Instagram Reels. Der Algorithmus für den Feed filtert keine Beiträge heraus. Wenn Sie geduldig Ihre Timeline weiterscrollen, sehen Sie langfristig alle Fotos und Videos von Instagrammern, denen Sie folgen. Priorisiert zeigt Instagram Beiträge, die für Sie relevant sind oder sein sollten.

◀ **Abbildung 9-7**
Wie tickt der Algorithmus von Instagram?

7 *https://www.heise.de/tipps-tricks/Instagram-Fotos-vom-PC-hochladen-so-geht-s-4951685.html*

Das neue Bild eines Freundes, von dem Sie alle Fotos liken, sehen Sie eher als den Beitrag eines Unternehmens, mit dem Sie seltener interagieren. Je mehr Accounts Sie folgen, desto stärker wählt der Algorithmus aus. Außerdem spielt es eine Rolle, wie häufig und wie lange Sie aktiv sind und ob Sie eher mobil oder via Desktop zugreifen. Instagram baut gezielt Werbung in die Timeline ein. Ein Werbepost wird insbesondere jenen angezeigt, die durch ihre Interaktionen potenziell Interesse für das Thema gezeigt haben.

Passende Hashtags für Instagram

Wählen Sie Ihre Hashtags sorgfältig und reizen Sie die Obergrenze von 30 nicht aus. Mit idealerweise drei bis fünf und maximal zehn klug gewählten Hashtags sind Sie gut im Rennen. Wer auf Instagram nach einem Hashtag sucht, findet zahlreiche Beiträge unterschiedlicher Accounts.

Definition ▶ Bei einem *Hashtag* handelt es sich um das Rautezeichen oder Doppelkreuz. Das englische Wort dafür ist »hash«, das mit »tag«, also Markierung, verbunden wird. In Social Media wird das Hashtag Begriffen ohne Leerstelle vorangestellt. So wird ihre Bedeutung unterstrichen, und der Beitrag verschlagwortet. Dabei kann es sich um einen Ort, ein Produkt oder eine Person handeln oder um zusammengesetzte Wörter wie *#daslebenistschön*.

Arbeiten Sie mit einer Mischung aus häufig verwendeten Hashtags, Nischen-Hashtags und Eigenkreationen. In jedem Fall sollten die Hashtags relevant sein. Der besseren Übersicht wegen können Sie einige oder sogar alle Hashtags in einen Kommentar auslagern.

Abbildung 9-8 ▶ Kategorien von Hashtags

Prüfen Sie durch die Eingabe eines Hashtags in die Suchfunktion, wie häufig dieser verwendet wird. Der Einsatz von Hashtags, die millionenfach im Einsatz sind, wie *#instagood*, ist wenig sinnvoll. Zwar suchen viele Menschen nach diesem bekannten Hashtag, gleichzeitig verwenden ihn aber so viele Accounts, dass Ihr Beitrag in der Bilderflut untergeht.

◀ Tipp

Wenn Sie einen Begriff eingeben, zeigt Ihnen Instagram automatisch dazu passende Begriffe und wie häufig sie verwendet werden.

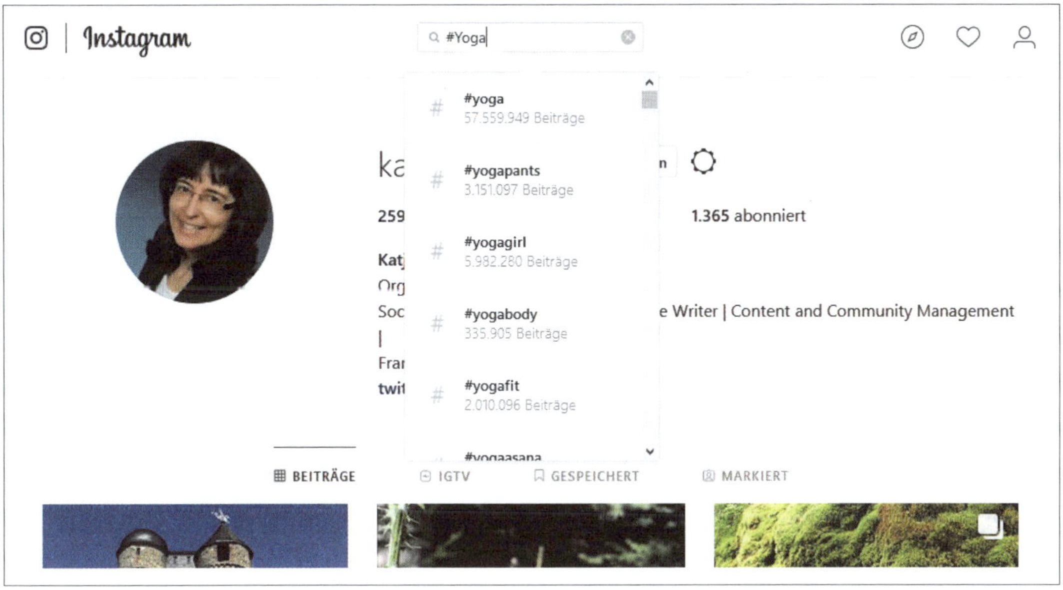

▲ Abbildung 9-9
Wer auf Instagram nach Yoga sucht, sieht auch verwandte Begriffe.

Prüfen Sie, wie Ihr Wunsch-Hashtag verwendet wird und ob es eine weitere Bedeutung oder Interpretation des Begriffs gibt. Sonst suchen die Menschen nach Ihnen und landen schlimmstenfalls auf zwielichtigen Seiten. Es kann vorkommen, dass pornografische Accounts ein Hashtag kapern. Bis Instagram diese Konten entdeckt und sperrt, erscheinen Ihre Fotos in einem bedenklichen Zusammenhang. Verwenden Sie zudem keine von Instagram gesperrten Hashtags, weil sonst die Sichtbarkeit Ihres Beitrags eingeschränkt wird. Sie müssen die Hashtags immer wieder aufs Neue prüfen, da Instagram regelmäßig neue Begriffe zensiert.

Verwenden Sie *Nischen-Hashtags* und möglichst konkrete Begriffe: statt *#food* besser *#nosugar* oder statt *#smoothies* konkreter *#greensmoothies*.

◀ Tipp

Die Königsdisziplin besteht darin, eigene und gut verständliche Hashtags zu kreieren. Für ihre Verbreitung bietet sich ein Wettbewerb an, eine sogenannte Challenge. Sie stellen Ihrer Community eine Frage oder Aufgabe, und bei deren Beantwortung soll das Hashtag verwendet werden. Widmen Sie den Gewinnern Aufmerksamkeit, machen Sie auf deren Accounts und ihre Fotos aufmerksam und gewähren Sie als besonderen Preis den exklusiven Blick hinter die Kulissen Ihres Unternehmens.

Tipp ▶ Für eine *Challenge* auf Instagram sollte das Hashtag spezifisch sein (statt *#hessen* lieber *#hessenkulinarisch*). Außerdem darf es nicht zu Verwechslungen mit anderen Produkten, Kampagnen und Unternehmen kommen. Tipps für rechtssichere Wettbewerbe gibt Dr. Thomas Schwenke in Kapitel 15.

Da auf Instagram Hashtags abonniert werden können, stoßen Menschen leichter auf Ihr Profil, wenn Sie passende Hashtags verwenden.

Hashtags erfolgreicher Accounts könnten Ihre Liste erweitern. Darüber hinaus hilft eine Keyword-Analyse, zum Beispiel ganz klassisch mit dem *Keyword-Planer* von Google. Die Performance von Hashtags lässt sich über kostenpflichtige Tools wie *Iconosquare* (mit kostenfreier Testversion), *Hootsuite* und *Talkwalker* messen sowie mithilfe der kostenfreien Tools oder Basisvarianten von *FanpageKarma*, *Sistrix*, *Buffer* oder *Simply Measured*.

Instagram: Interaktion mit der Community

Unsere wichtigste Empfehlung für erfolgreiches Social Media Marketing lautet: Zuhören lernen! Sie sollten aufmerksam zuschauen, zuhören, Bräuche und Tonalität kennenlernen und von der Community lernen. Greifen Sie Trends und Themen auf. Ihr Unternehmen hat ein Treppenhaus mit außergewöhnlicher Architektur? Zeigen Sie es am *#treppenhausfreitag* oder *#staircasefriday*. Ihre Lampen sind außergewöhnlich schön? Das wäre etwas für den *#Lampenmittwoch* oder *#lampwednesday*. Die Liste lässt sich mit *#traveltuesday*, *#throwbackthursday*, *#diewocheaufinstagram* oder *#quoteoftheday* beliebig fortsetzen.

Werden Sie zum Trendsetter und etablieren Sie ein neues Thema. Verwenden die Nutzer:innen das zugehörige Hashtag und taggen Ihren Account, erklären sie sich mit einem Repost einverstanden. Achten Sie darauf, dass Ihr Thema genug Stoff hergibt und Ihnen nicht nach drei Bildern die Ideen ausgehen. Accounts wie *@igmasters* oder *@ig_shots* veranstalten regelmäßig Wettbewerbe und wählen unter jenen Bildern aus, die das Hashtag verwenden.

Interaktion ist in Instagram wichtig. Liken und kommentieren Sie fleißig, wenn Ihnen die Beiträge anderer Accounts gefallen oder Sie eine Vernetzung anstreben. Reposten Sie mit der App *Repost for Instagram* und bitten Sie die Urheber vorab um Erlaubnis. Wie Sie Bilder mit »Embedding« rechtssicher einbinden können, erklärt Ihnen Dr. Thomas Schwenke in Kapitel 15.

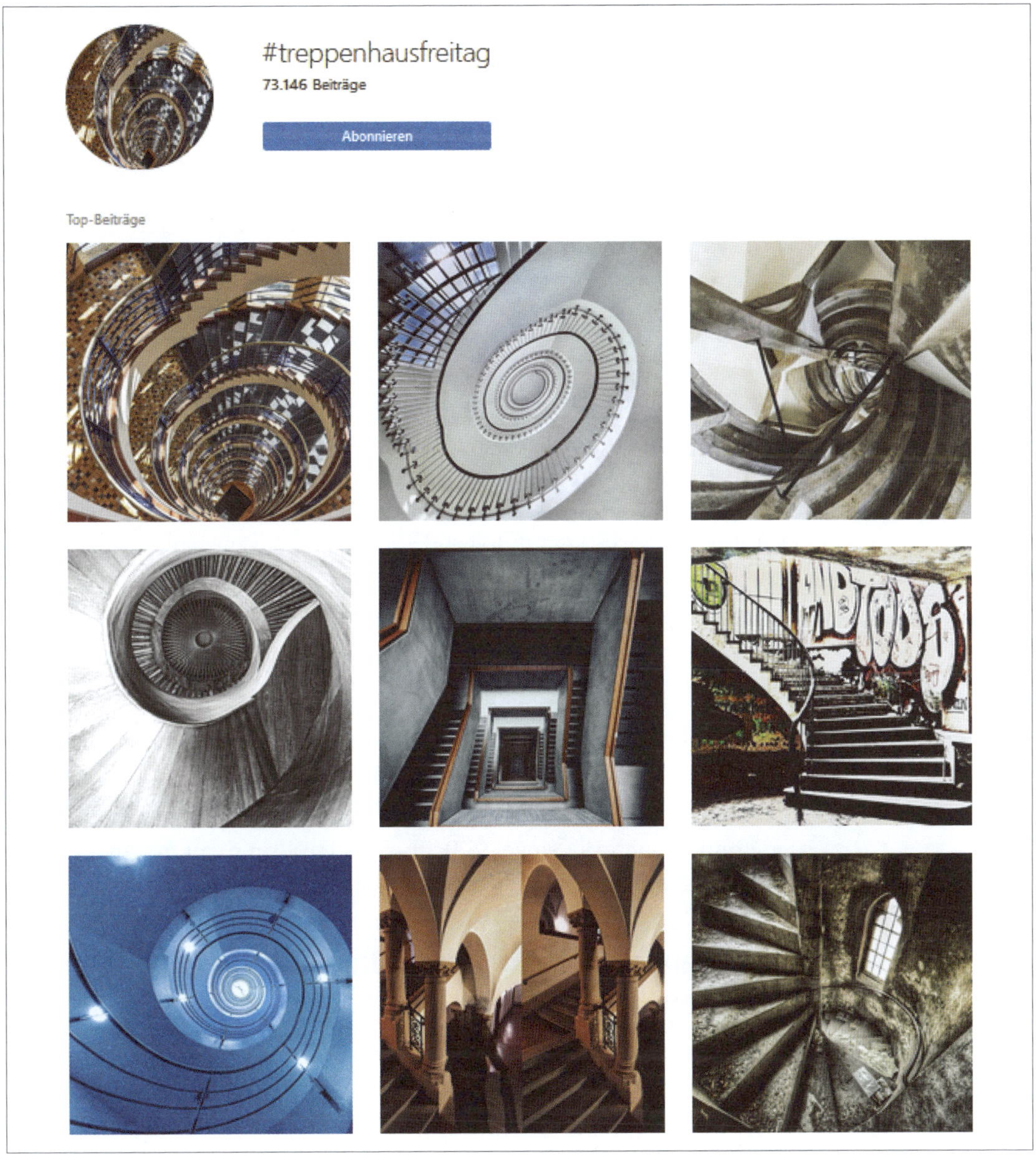

▲ **Abbildung 9-10**
Kreative Umsetzung des #treppenhausfreitag auf Instagram

Ermuntern Sie Ihre Abonnenten, Kommentare zu schreiben. Die ungeschriebenen Regeln auf Instagram erwarten, dass Sie auf jeden Kommentar antworten und sich mindestens bedanken. Daran erkennen Sie, dass

Sie für das Community-Management viel Zeit investieren sollten. Das Engagement hilft Ihnen jedoch, sich auf der Plattform zu etablieren.

Kaufen Sie keine Follower:innen und arbeiten Sie nicht mit automatisierten Like-Apps. Das übermäßige Folgen, Liken und Kommentieren vieler Accounts in zu kurzer Zeit kann von Instagram als Spam interpretiert werden. Schlimmstenfalls wird dann Ihr Account vorübergehend gesperrt. Wir empfehlen die Strategie »Qualität vor Quantität«. Wachsen Sie lieber langsamer und dafür mit den richtigen Followern. Qualität und Engagement zahlen sich langfristig aus.

Achtung ▶ Im Netz finden Sie verlockend viele Apps von Drittanbietern, die Ihnen scheinbar das Leben auf Instagram erleichtern. Seien Sie vorsichtig und verwenden Sie nur Drittanbieter-Apps, die als offizielle Partner von Instagram akzeptiert werden. Andernfalls laufen Sie Gefahr, dass Ihr Konto gesperrt wird.

Auch wenn es sich bei Instagram um ein freundliches Netzwerk handelt, gibt es vereinzelt Probleme mit Trollen und Hatern. Kommentare zu löschen, kommt selten gut an und sollte die Ausnahme bleiben. Sie können aber einzelne Kommentare ausblenden. Über *Einstellungen/Kommentareinstellungen* bietet Instagram folgende Varianten, um mit unliebsamen Meinungsäußerungen umzugehen:

- Kommentare von bestimmten Nutzer:innen blockieren.
- Wählen Sie pauschal *beleidigende Kommentare verbergen*, zeigt Instagram entsprechend klassifizierte Kommentare nicht mehr an.
- Über einen manuellen Filter können Sie Wörter, Wortgruppen oder Sätze festlegen, die einen Alarm auslösen. Tauchen sie in einem dieser Kommentare auf, wird dieser automatisch verborgen.

Sie können auch für einzelne Beiträge keine Kommentare zulassen, zu empfehlen ist diese Vorgehensweise aber nicht.

Mit eigenem Stil und Storytelling erfolgreich auf Instagram posten

Starten Sie die App, wählen Sie Ihr Motiv und fotografieren Sie. Anschließend bearbeiten Sie zum Beispiel mit den Funktionen *Kontrast*, *Struktur* und *Schärfe* nach oder legen einen Filter über Ihr Bild. Überfrachten Sie Ihre Bilder nicht mit Filtern und Rahmen. Sie können auch Fotos posten, die Sie weder über die App noch über Ihr Handy fotografiert haben. Achten Sie dabei auf Authentizität. Instagram ist ein soziales Netzwerk: Ihre Fans wollen nicht nur hochauflösende Profifotos sehen.

Entwickeln Sie einen eigenen Stil mit einer unverwechselbaren Bildsprache. Produzieren Sie interessante, unterhaltsame und inspirierende Beiträge. Mit künstlerisch drapierten und außergewöhnlich inszenierten Produkten schärfen Sie Ihr Profil und erhöhen den Wiedererkennungswert. Achten Sie auf die Balance zwischen authentischen und professionellen Aufnahmen, also Hochglanz mit Gefühl!

Haben Sie zu einem Ereignis mehrere Fotos, wollen aber nicht zu oft posten? Sie können über die Funktion *Bildergalerie* bis zu zehn Fotos in einem Post zeigen. **◄ Tipp**

Storytelling ist gefragt! Texten Sie eine knackige Bildunterschrift, erzählen Sie eine ansprechende Geschichte oder stellen Sie Fragen. Bauen Sie aussagekräftige Hashtags ein und markieren Sie abgebildete Personen, sofern sinnvoll. Fügen Sie den Ort der Aufnahme hinzu: Geotagging erhöht die Interaktion, und Sie sorgen für ein zusätzliches Erkennungsmerkmal.

Anfangs diente Instagram dazu, spontane Momente aus dem Leben festzuhalten, mittlerweile hat sich dies auf die Stories verlagert. Auf Stories gehen wir in Kapitel 10 ein. Die Fotos erfolgreicher Accounts von privaten Instagrammern, Influencern und Unternehmen sind von hoher Qualität. Ein beachtlicher Teil wird mit einer digitalen Spiegelreflexkamera aufgenommen und mit professioneller Bildbearbeitung optimiert.

Um die Belichtung anzupassen oder störende Bildelemente zu entfernen, können Sie Software zur Bildbearbeitung nutzen. Die kostenfreie Open-Source-Software GIMP bietet eine gute Qualität, und die Funktionen kommen denen von Photoshop nahe. Pixlr oder Canva reicht für die einfache Anwendung in Social Media aus. Neben der kostenfreien Basisversion gibt es Canva Pro, das für gemeinnützige Organisationen und das Bildungswesen sogar kostenfrei angeboten wird. Bei der kostenpflichtigen Bildbearbeitungssoftware punktet die Affinity Suite durch ihren günstigen, einmaligen Kaufpreis – im Gegensatz zu den kostspieligen Abonnements der Adobe Creative Suite. Weitere kostenpflichtige Anbieter sind Corel Paint Shop Pro und PhotoDirector. Einfache Funktionen der Bildbearbeitung bietet auch XnView, das sich eignet, um Bilder zu sortieren. Für die Anwendung am Smartphone werden gerne Lightroom und Snapseed verwendet.

Die teuerste Kamera und die kostspieligste Bildbearbeitung helfen wenig, wenn das Foto kein interessantes Motiv zeigt und der Bildausschnitt schlecht gewählt wurde. Lassen Sie sich von den Galerien erfolgreicher Instagrammer inspirieren, aber kopieren Sie deren Stil nicht. Die Regeln für gute Fotografie gelten auch für Instagram. Konzentrieren Sie sich auf ein zentrales Motiv aus einem interessanten Blickwinkel. Beachten Sie bei der Bildaufteilung die Drittelregel und den Goldenen Schnitt.

Tipp ▶ Profifotografen von *National Geographic* teilen in einem Fotoguide ihr Wissen zur Digitalfotografie: *https://www.nationalgeographic.de/fotografie/tipps-fuer-digitalfotografie.*

Mit dem Posten auf Instagram können Sie die Fotos gleichzeitig über Ihre Profile auf Facebook, Tumblr und/oder Twitter veröffentlichen. Die Zeichenbegrenzung in Twitter schneidet Teile der Bildbeschreibung ab, und auf Facebook wirkt der Post durch die Hashtags wie ein Fremdkörper. Verwenden Sie Ihre Fotos lieber individuell und zugeschnitten für die jeweilige Plattform.

Tipp ▶ Möchten Sie mangels Ressourcen dennoch Ihre Instagram-Posts automatisch teilen? Halten Sie Ihre Bildunterschrift knapp und nutzen Sie wenige Hashtags. Weitere oder gar alle Hashtags können Sie in einem Kommentar ergänzen. So werden Ihre Fotos auf Instagram gefunden und wirken trotzdem in Twitter und Facebook attraktiv und gut lesbar.

Eine Umfrage unter deutschen KMUs fand heraus, dass 40 Prozent der Befragten die Steigerung ihrer Umsätze auf Instagram zurückführen. Mehr als jedes zweite KMU meinte, dass seine Marke durch die Nutzung von Instagram mehr Aufmerksamkeit erhalten hat. Viele Start-ups verzichten sogar auf eine Website und konzentrieren sich auf Instagram.[8] Wir empfehlen jedoch, mit einem Blog oder Webshop als Schaltzentrale des Contents unabhängig zu bleiben, statt nur auf Social Media zu setzen.

Erfolgreiche Praxisbeispiele in Instagram

Das vegane Kosmetik-Start-up »Lethal Cosmetics« hat ohne Werbeanzeigen und unterstützt durch eine Werkstudentin bei Instagram Furore gemacht. Auf TikTok hat das Unternehmen sogar recht zügig die Millionengrenze an Fans geknackt. Der Inhalt zeigt häufig in Bildern und kurzen Filmen die Herstellung seiner Produkte.

Der Fliesenlegermeister Johannes Münkel hat mit Einblicken in seinen Handwerkeralltag schon Zehntausende Fans gewonnen. Seine digitale Berühmtheit bringt ihm deutlich mehr Anfragen und Aufträge ein, und ein Teil seiner Fans kommt sogar aus entfernten Ländern. Da er seine

8 *https://www.internetworld.de/online-marketing/instagram/instagram-only-kleine-unternehmen-plattform-nutzen-1731251.html*

Bilder nachbearbeitet, kostet ihn sein Engagement auf Instagram einige Zeit.

▲ **Abbildung 9-11**
Das Start-up Lethal Cosmetics hat stark auf Social Media gesetzt.

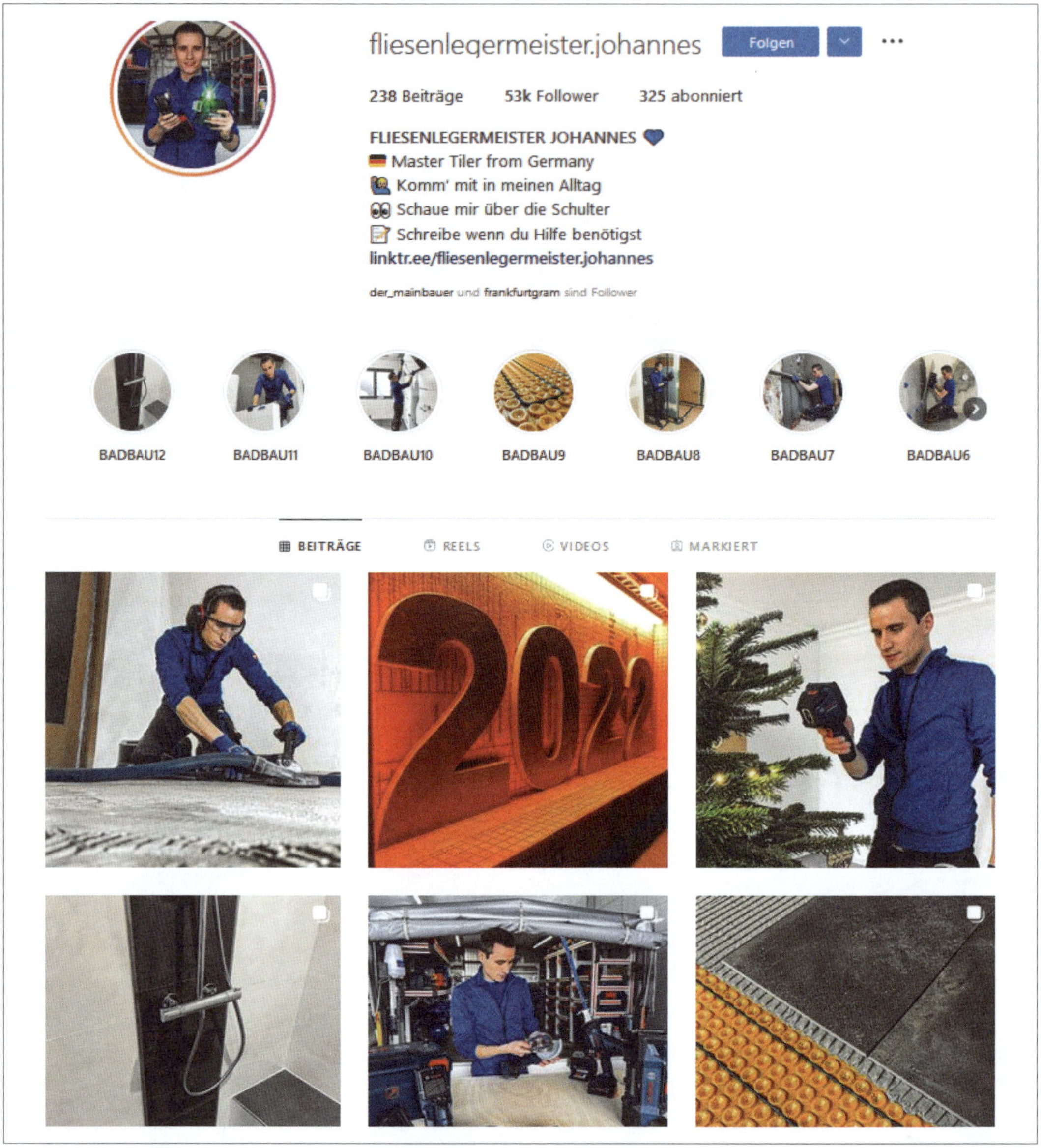

Abbildung 9-12 ▲ Fliesenlegermeister Johannes Münkel auf Instagram

Wie Abbildung 9-13 zeigt, veröffentlicht die Dachdeckerin Chiara Monteton regelmäßig die beliebten Kurzvideos Reels. Als Dachdeckermeisterin will sie später den Familienbetrieb übernehmen. Um Nachwuchskräfte wird sie sich vermutlich wenig Sorgen machen müssen. Als Gesellin ist sie als Ausbildungsbotschafterin tätig. Über ihren Instagram-Account vermittelt sie interessierten Jugendlichen, wie ihr Arbeitstag ungeschönt aussieht.

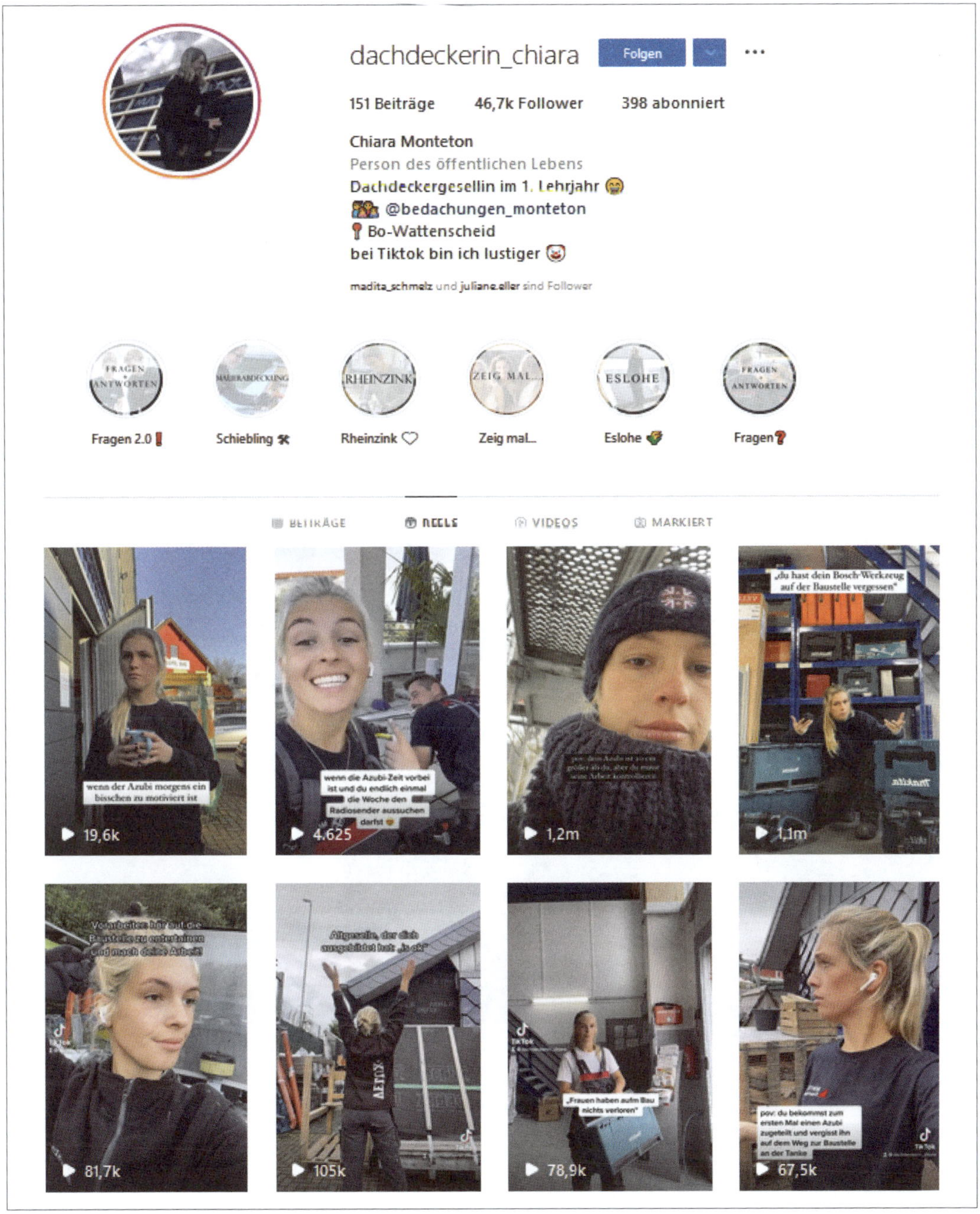

Auch die Krankenschwester Franziska Böhler hat den Anspruch, die schönen und weniger schönen Seiten ihres Arbeitsalltags zu zeigen. Ihrem Instagram-Account *@thefabulousfranzi* folgen schon 300.000 Menschen.

▲ **Abbildung 9-13**
Die Dachdeckerin Chiara dokumentiert ihren Tag mit Instagram Reels.

Das hat ihr einen Buchvertrag und den Platz auf der Spiegel-Bestsellerliste eingebracht.

Abbildung 9-14 ▲ Krankenschwester Franziska Böhler alias @thefabulousfranzi

Um potenzielle Nachwuchskräfte anzusprechen, hat die Deutsche Bahn einen Instagram-Filter entworfen, der Nutzerinnen und Nutzer hinter das Steuer eines Comic-ICE setzte. Generell setzt die DB auf Humor und Blicke hinter die Kulissen für ihr Employer Branding.

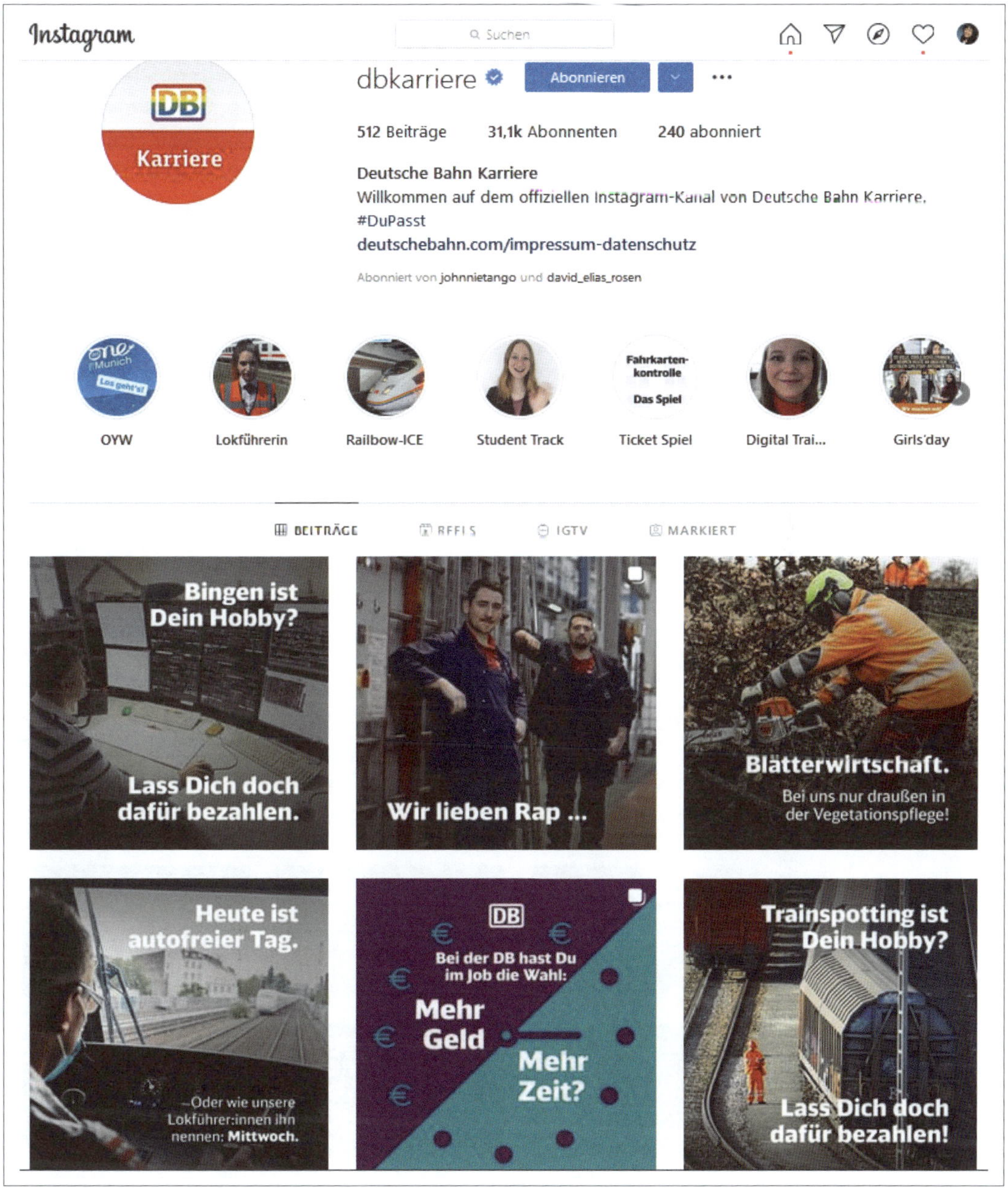

▲ Abbildung 9-15
Die Deutsche Bahn mit ihrem Karrierekanal auf Instagram

Instagram im Marketingeinsatz

Registrieren Sie sich und besetzen Sie Ihren Unternehmens-, Marken- und/oder Produktnamen, selbst wenn Sie noch keine Strategie für Instagram haben oder keine Ressourcen zur Verfügung stehen. Gegen die

Nutzung von Instagram kann der Aufwand sprechen, einen weiteren Kanal zu bespielen. Für Instagram spricht, dass es sich um ein reichweitenstarkes und überwiegend freundliches Netzwerk handelt. Trotzdem steht auch Instagram immer wieder in der Kritik, zum Beispiel beim Thema »Schönheitswahn« und der Gefahr für junge Nutzer:innen. Auf Instagram können Sie international Kund:innen ansprechen, da die Sprache der Bilder universell ist und viele Hashtags in englischer Sprache verwendet werden. Instagram ist keine reine Fotoplattform mehr. Sie können mit Stories arbeiten sowie kurze (Reels genannt) oder längere Videos veröffentlichen.

Über alle Wirtschaftszweige hinweg beobachtet Socialinsider einen leichten Zuwachs an Interaktionen auf Instagram, wobei Stories eine immer größere Rolle spielen. Die persönlicher wirkenden Stories stellen digitale Nähe her und ermöglichen den direkten Dialog. Bilder sind nach dieser Analyse weiterhin die wichtigste Art von Social-Media-Content.[9]

Über die Einbetten-Funktion können Sie Ihre Instagram-Fotos in Ihre Website einbinden. Die Einbetten-Funktion minimiert rechtliche Risiken bei der Nutzung fremder Bilder. Lesen Sie hierzu Kapitel 15. Durch das Einbetten locken Sie Kund:innen auf Ihr Instagram-Profil, da sie mit Klick auf das Bild dorthin geleitet werden.

Abbildung 9-16 ▶ Tipps für Instagram »in a nutshell«

Hilfreich für die Planung von Content sind die Statistiken (Insights) Ihres Unternehmenskontos über Ihre Fans und deren demografische Merkmale. Die Insights zeigen, an welchen Tagen und zu welcher Uhr-

9 *https://www.socialinsider.io/blog/social-media-industry-benchmarks/#4*

zeit die Follower:innen aktiv sind, was sie anklicken und was ihnen gefällt. Ergänzend zu den kostenfrei verfügbaren Statistiken bieten sich Analysetools wie Hootsuite oder Iconosquare an.

Auf Basis dieser Daten können Sie die Frequenz und den idealen Zeitpunkt Ihrer Posts festlegen. Allgemeingültige Regeln gibt es nicht: Entscheiden Sie mit Blick auf Ihre Zielgruppe. Wählen Sie die goldene Mitte zwischen »in Vergessenheit geraten« und »den Fans auf die Nerven gehen«. Als Daumenregel sind drei bis sechs Beiträge (Foto oder Video bzw. Reels) und Stories pro Woche ein guter Rhythmus.

Unternehmen nutzen die Plattform, um ihre Zielgruppe direkter zu erreichen und die Markenbindung zu erhöhen. Nicht nur Firmen laden Produktfotos hoch, auch ihre Kund:innen (siehe Abbildung 9-17). Bei der Schokoladencreme Nutella handelt es sich um eine *Love Brand*, die viele Menschen seit ihrer Kindheit kennen und schätzen. Daher verwundert es wenig, dass das Hashtag *#Nutella* auf Instagram millionenfach verwendet wird. Neben den Posts des Herstellers greifen Fans auf der ganzen Welt den Namen der Marke auf.

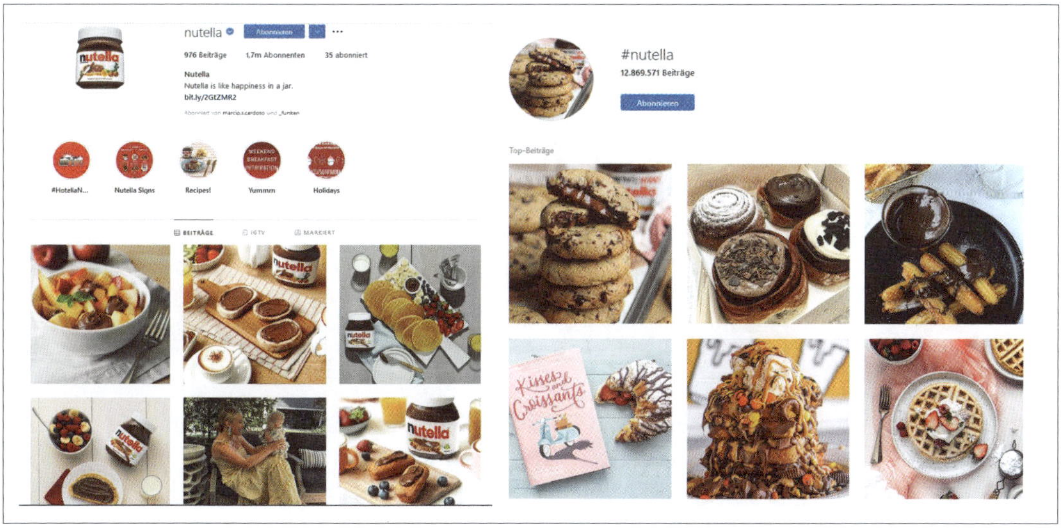

▲ **Abbildung 9-17**
Nutella postet zu seinem Produkt, aber auch Fans der Marke (rechts).

Mit den Instagram Guides können Privatpersonen und Unternehmen in einem eigenen Tab eine Art Unterseite erstellen. Darin können sie eigene und fremde Beiträge zusammenfassen und empfehlen, also Content Curation betreiben. Die Guides gibt es zu Beiträgen, Produkten und Orten.

Eine Ausstellung speziell für die Bedürfnisse von Instagrammern zeigte das Pop-up-Museum *Supercandy* in Köln bis zum Frühjahr 2022. In normalen Museen stören schlechte Lichtverhältnisse oder das Verbot zu fotografieren den Spaß der Instagrammer. In der Ausstellung »Made-For-Instagram« konnten sie sich austoben, wie Abbildung 9-18 zeigt.

Abbildung 9-18 ▶ Das Pop-up-Museum Supercandy in Köln

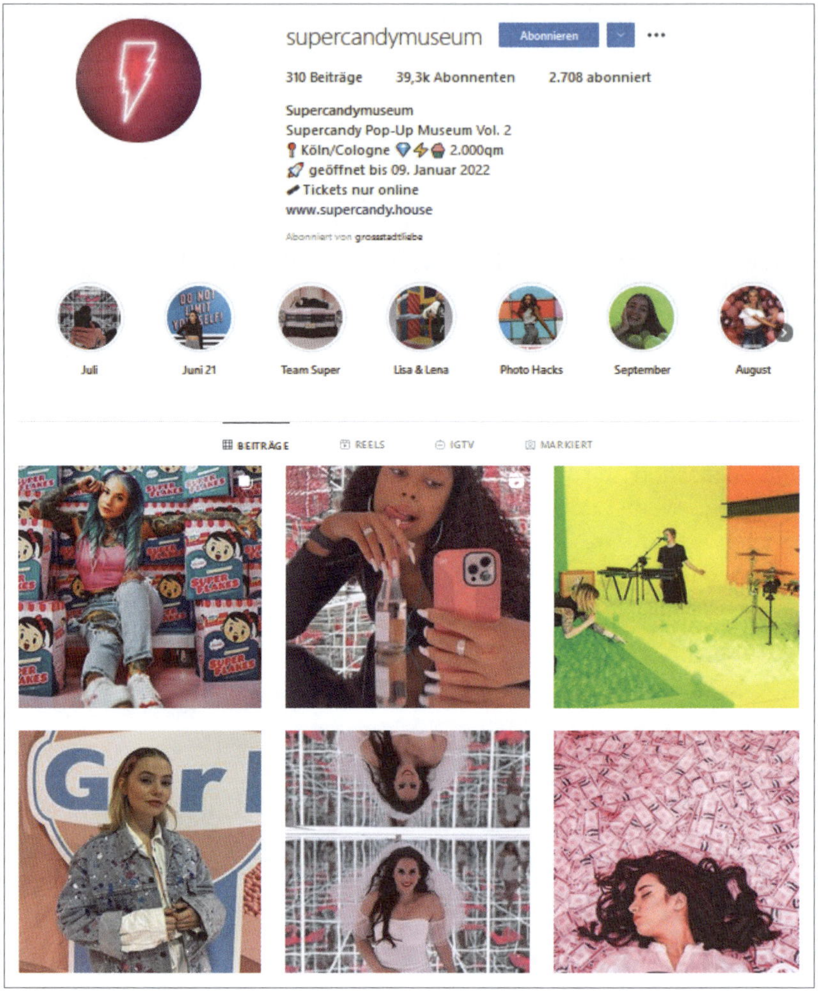

Je nach Thema und Produkt bietet sich Instagram für eine Zusammenarbeit mit Influencern als Markenbotschafter:innen an. Auf Influencer-Marketing und Influencer Relations gehen wir in Kapitel 4 ein.

User-generated Content und Take-overs

Als die *Umweltbehörde Hamburg* zu einer Fotoaktion aufrief, beteiligten sich zahlreiche Instagrammer mit kreativen Beiträgen. Mit dem Kampagnen-Hashtag *#kehr_wieder* wiesen sie auf die Benutzung umweltfreundlicher Mehrwegbecher hin. Die Aufgabe der Challenge bestand darin, den Becher im beliebigen Zusammenhang zu fotografieren – auch als Selfie.

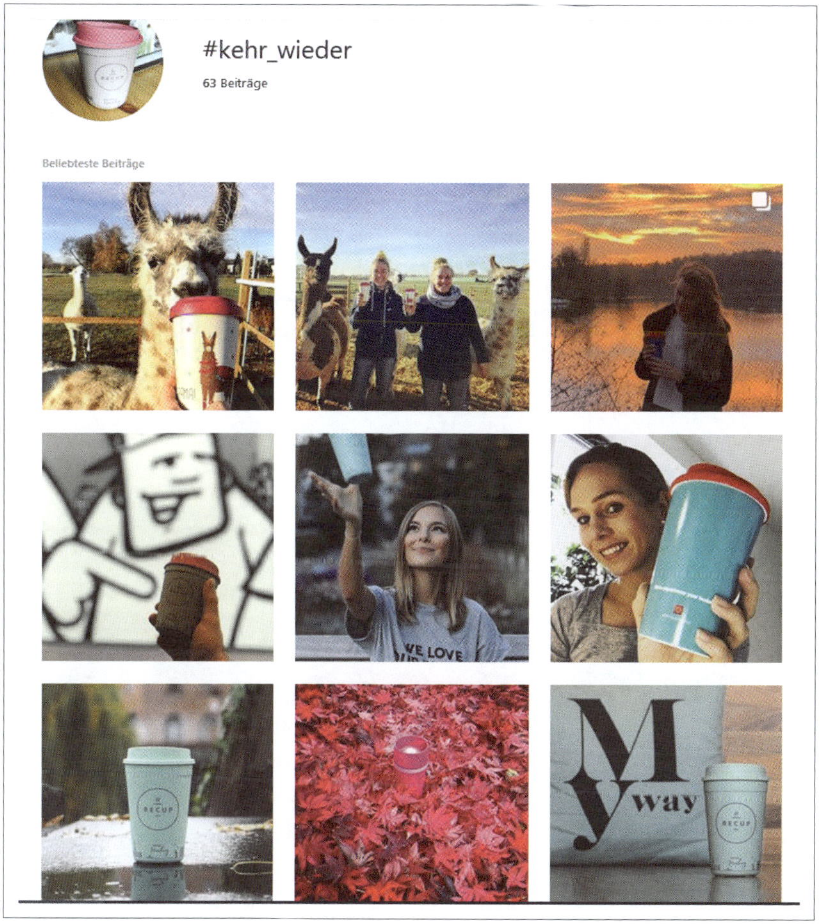

Abbildung 9-19
Kreative Beiträge der Kampagne #kehr_wieder bei Instagram

Die schönsten Motive wählte eine Jury der Umweltbehörde und druckte sie auf Plakate der Kampagne »Mehrweg statt Einweg«. Hobbyfotografen erfüllt es mit Stolz, wenn sie ihre Aufnahmen Familie und Freunden mitten in der Stadt zeigen können. Die Behörde hat mehrere Ziele erreicht. Sie hat den eigenen Instagram-Kanal bekannter gemacht, der Kampagne und dem Anliegen Reichweite verschafft und gleichzeitig gute Motive für ihre Plakate bekommen. Bereits zwei Monate zuvor hatte die Umweltbehörde zu einem Instawalk mit exklusivem Blick hinter die Kulissen eingeladen. Einige der Gäste beteiligten sich auch an der Fotoaktion.

Take-overs sind eine beliebte Methode, sich enger mit der Community zu verbinden und weniger Arbeit in die Erstellung von Content zu investieren. Für einen Abend, einen Tag oder eine Woche trifft das Unternehmen eine Vereinbarung mit einem vertrauenswürdigen Instagrammer. Dieser übernimmt den Unternehmensaccount und zeigt der

Community seine Fotos. Wählen Sie die Influencer sorgfältig aus: Ihr Content sollte gut zum Unternehmen und zur Marke passen oder einen Imagewandel unterstützen. Besonders im touristischen Bereich oder im Städtemarketing wird gern mit Take-overs gearbeitet.

Der öffentliche Personennahverkehr ist für Großstädte essenziell, um den Verkehrskollaps abzuwenden und die Luftqualität zu verbessern. Überfüllte Züge, unfreundliche Busfahrer oder verdreckte Stationen rufen Unmut hervor, auch wenn diesen Negativbeispielen viel Positives gegenübersteht. Leider neigt der Mensch selten dazu, auf Twitter zu verkünden, dass der Zug pünktlich ist. Über Verspätungen wird sich hingegen gern beschwert.

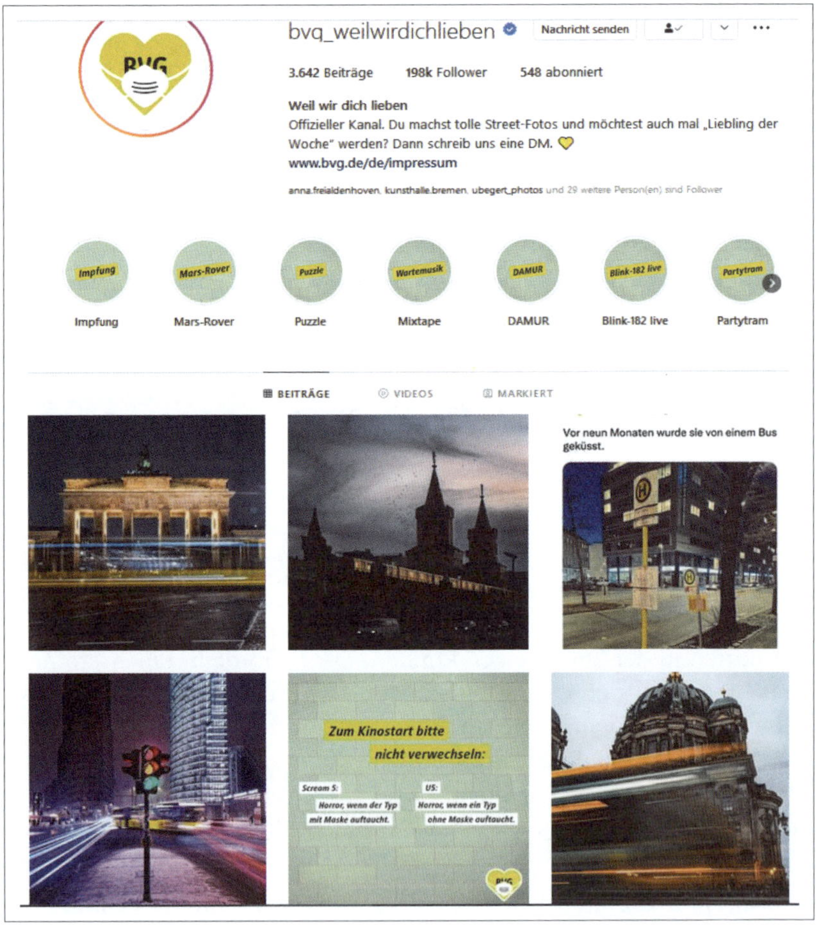

Abbildung 9-20 ▶ Die Berliner Verkehrsbetriebe (BVG) haben auf Instagram sieben Jahre lang Beiträge von Fans als »Liebling der Woche« vorgestellt.

Die Berliner Verkehrsbetriebe (BVG) nutzen Social Media intensiv, um zeitnah zu informieren sowie Image und Reputation zu verbessern. Sie sind auch auf Instagram aktiv. Mit Start der Imagekampagne *#weilwir* *dichlieben* rief das Unternehmen sein sehr beliebtes Format »Liebling der Woche« ins Leben. Über sieben Jahre hinweg übergab die BVG wöchentlich einem Instagrammer den Account, der meist fünf Postings lieferte. In dieser Zeit haben über 350 Nutzer:innen ihre Sicht auf die BVG und Berlin gezeigt, bunt und vielfältig.

Wir wollten wissen, nach welchen Kriterien die BVG Instagrammer für die Take-overs auswählte, welche Vereinbarungen sie traf und welche Regeln galten. Dazu erklärt Manja Helm vom Social-Media-Team der BVG: »Inhaltliche und visuelle Klammer waren Street-Fotos, die etwas mit der BVG zu tun haben. Dabei spielten Ästhetik und ein immer neuer Blickwinkel auf die BVG und Berlin eine große Rolle. Ein Bildkonzept und Reichweite waren wichtig, aber nicht zwingend. Wir gaben vor, wie viele Bilder gepostet werden dürfen (fünf bis zehn). Die Instagrammer waren in ihrer Motivwahl frei. Wir schritten nur ein, wenn Kennzeichen von Pkws gezeigt wurden, Alkohol oder mit Graffiti besprühte Züge. Die Instagrammer erlaubten uns, ihre Bilder für Marketingzwecke auf sozialen Netzwerken zu nutzen. Dabei wurden sie namentlich genannt, und wir verlinkten auf ihren Account.« Seit Anfang 2022 bespielt die BVG ihren Kanal mit dem Format TAG des TAGES. Dabei wird aus unzähligen Bildern, in denen sie vertaggt ist, täglich das schönste Bild gewählt und in einem Repost veröffentlicht. Auch der neue Ansatz bleibt eine klassische Win-win-Situation.

Online meets offline: das Community-Event Instawalk

Bei einem Instameet oder Instawalk treffen sich Instagrammer, um gemeinsam zu fotografieren und zu filmen. Ihre Bilder und Videos laden sie nach der Veranstaltung hoch und begleiten das Event durch Stories. Dabei können Sie die Menschen hinter den Instagram-Accounts kennenlernen und von deren Erfahrung profitieren.

Die Bandbreite reicht von lokalen Treffen über weltweite Instameets bis zu Unternehmensveranstaltungen. Je nach Thema nehmen zum Beispiel Kultur-, Architektur-, Food- oder Outdoor-begeisterte Hobbyfotograf:innen teil. Soll die Veranstaltung auch Menschen ansprechen, die bloggen, twittern, snappen oder auf YouTube und TikTok aktiv sind, werden Begriffe wie *Community Event*, *Social Walk*, *Social Media Walk* oder *Social Media Tag/Abend* verwendet. Damit wachsen Tweetups, Instawalks und Bloggertreffen zu einem Event für Social-Media-Enthusiasten zusammen.

Vielleicht weist Ihr Firmengebäude eine besondere Architektur auf, oder die Produktionshalle bietet außergewöhnliche Fotomotive. Planen Sie einen Instawalk selbst oder laden Sie die Community über die Kooperation mit einer regionalen Gruppe ein.

Hinweis ▶ In vielen Städten gibt es Ableger der weltweiten Community Igers. Unter *@igersfrankfurt* oder *@igershamburg* stoßen Sie auf lokale Gruppen von Instagrammern, die gern ihre Fans und Mitglieder für die Teilnahme an Ihrem Community-Event gewinnen. Auch lokale Fotogruppen und Social Media Clubs sind geeignete Ansprechpartner.

Der Instawalk ermöglicht einen vielseitigen Blick auf Ihre Produkte und Ihre Marke. Sie können über den authentischen Content Ihrer Teilnehmenden neue Zielgruppen erreichen. Kritische Beiträge Ihrer Gäste können Sie nicht verhindern. In der Realität tritt das Problem eher selten auf.

Abbildung 9-21 ▶ Die Stadt Aschaffenburg veranstaltete in Kooperation mit dem Social Media Club Frankfurt den Social Media Walk #aschaffenburg_smcffm. Das Foto zeigt die Teilnehmenden im Rathaus von Aschaffenburg. (Foto: Stadt Aschaffenburg/Björn Friedrich)

Sie können Ihr Event mit ausgewählten Gästen exklusiv planen oder eine bunte Gruppe von Mikro- und Makro-Influencern, Markenfans sowie enthusiastischen Einsteigern einladen. Wie sich diese Gruppen unterscheiden und mehr zum Thema Influencer-Marketing besprechen wir in Kapitel 4 im Abschnitt *Influencer-Marketing* auf Seite 156.

Tipp ▶ Die reine Zahl ihrer Follower:innen sagt wenig darüber aus, wie engagiert Teilnehmende im Nachgang über ein Event berichten. Bedenken Sie, dass erfolgreiche Instagrammer regelmäßig zu hochkarätigen Veranstaltungen eingeladen werden und manchmal weder das Interesse noch die Zeit haben, sich über die Maßen ins Zeug zu legen. Mikro-Influencer, Nano-Influencer und Markenfans bringen mitunter mehr Enthusiasmus und Engagement mit: Sie wollen schließlich wachsen und sich weiterentwickeln.

Klären Sie rechtliche Aspekte bei der Anmeldung. Lassen Sie die Teilnehmenden einwilligen, dass von ihnen Fotos und Filmaufnahmen im

Internet und in Printmedien veröffentlicht werden. Treffen Sie eine wasserdichte Vereinbarung, wenn Sie den User-generated Content digital und für Printprodukte nutzen möchten. Reichweitenstarke Instagrammer aus anderen Städten erwarten möglicherweise die Übernahme ihrer Kosten für Anreise und Übernachtung.

Planen Sie den Ablauf luftig, damit genug Zeit für Austausch und Vernetzung bleibt. Laden Sie Ihre Gäste nach dem offiziellen Teil zu Getränken und Häppchen ein. Wählen Sie hübsch angerichtetes Fingerfood statt langweilige Konferenzbrötchen. Ist das Angebot »instagramable«, entstehen auch vom Get-together Bilder und Stories. Nutzen Sie die Gelegenheit, um mit den Instagrammern in Kontakt zu treten und über mögliche Kooperationen zu sprechen. Namensschilder erleichtern den Gesprächseinstieg zwischen den Teilnehmenden.

Legen Sie frühzeitig ein Hashtag für die Veranstaltung fest: Über die Werbung für das Event und die Reaktionen der Teilnehmenden kann sich dieses im Vorfeld etablieren. Zudem erleichtert es, die Bilder der Veranstaltung zusammenzuführen. Das Hashtag sollte nicht zu lang, leicht verständlich und aussagekräftig sein.

Achten Sie darauf, dass es nicht zu Verwechslungen mit etablierten Hashtags kommt. Verwenden Sie das Hashtag auch für Ihre Kommunikation auf TikTok, Twitter, LinkedIn oder Facebook. Veranstaltungen wie die Frankfurter Buchmesse oder die re:publica haben etablierte Hashtags, denen jedes Jahr die aktuelle Jahreszahl beigefügt wird – etwa *#fbm23* für die Buchmesse im Jahr 2023 oder *#rp23* für die re:publica 2023.

◀ Tipp

Nutzen Sie eine *Instagram-Wall*, eine *Twitter-Wall* oder eine *Social-Media-Wall*, um die Inhalte der Fotocommunity sichtbar zu machen. Eine Social-Media-Wall ist eine digitale Wand, die aktuelle Posts aus verschiedenen Social-Media-Kanälen zeigt. Hierbei ist Vorsicht geboten, da erfolgreiche Hashtags gelegentlich gekapert werden, um von der Aufmerksamkeit zu profitieren. Sie werden dann für Bilder verwendet, die keinen Bezug zu der Veranstaltung haben. Erwägen Sie daher, die Beiträge manuell freizuschalten.

Viele Instagrammer inszenieren sich oder andere gern vor entsprechender Kulisse. Bieten Sie dafür Raum und eventuell passende Utensilien – vielleicht engagieren Sie sogar Models.

Werbung und Sales in Instagram

Mit Werbung in Instagram können Sie eine Branding-Kampagne unterstützen oder in einer Performancekampagne Leads und Conversions anstreben. Instagram bietet zahlreiche Werbeformate wie Foto- oder Video-Ads, Instagram Story Ads, Collection Ads und Carousel Ads. Die Werbung spielt Instagram mit intelligenten Algorithmen aus, sodass sie die Nutzer:innen zum richtigen Zeitpunkt und im passenden Zusammenhang erreichen sollte. Von einem Businessaccount aus lassen sich Posts mit der Funktion *Hervorheben* bewerben – wie bei Facebook.

Um auf Instagram Werbung zu schalten, brauchen Sie ein Instagram-Konto, das Sie Ihrem Business Manager hinzufügen können. Daneben ist es möglich, Ihr Instagram-Konto mit Ihrer Facebook-Seite zu verbinden. Prinzipiell lässt sich Werbung sogar auf Instagram schalten, wenn Sie nur einen Account auf Facebook haben. Sie können dann die Instagram-Anzeige über Ihre Facebook-Seite schalten. Ob das sinnvoll ist, hängt vom Einzelfall ab.

Auf Instagram pflegen die Menschen Kontakte, interessieren sich für neue Marken, entdecken Produkte und lassen sich inspirieren. Die Coronakrise hat dem Social Commerce und dem Instagram Shopping weiteren Auftrieb verliehen. Immer mehr Unternehmen nutzen Instagram als Shoppingplattform, steuern also den direkten Abverkauf über den Kanal. Über Fotos, Videos und Stories gelangen die Nutzer:innen zu einem Shop. Dort können sie ihr Wunschprodukt kaufen. Mit *Collections* können die Unternehmen ihre Produkte zu Themengruppen ordnen.

Früher konnten Creators und Unternehmen nur auf einen Shop verlinken und vielleicht einen Rabattcode anbieten. Damit Nutzer:innen nicht zwischen Plattformen wechseln müssen, bietet Instagram mittlerweile das In-App-Shopping an. So können die Fans auf ein von der Influencerin präsentiertes Kleid klicken und es dank Instagram-Check-out direkt auf der Plattform kaufen. Dieser Trend verhindert Brüche in der Customer Journey.

Liveshopping ist ein interessantes Feature. Wer noch das Teleshopping kennt, wird sehen, dass sich die Verkäufe über Instagram deutlich persönlicher und ansprechender gestalten lassen. Es geht nicht nur um den kurzfristigen Verkauf, sondern um den Aufbau einer loyalen Community. Unternehmen und Creators können ihre Produkte markieren und zu einer Collection hinzufügen, wenn sie live gehen. Während der Liveübertragung können sie einzelne Artikel auf dem Bildschirm fixieren und gezielt empfehlen. Die Zuschauenden können auf die empfohlenen Produkte tippen und so weitere Informationen abrufen oder die Produkte kaufen.

Snapchat: flüchtiger Snackable Content

Die 2011 gegründete App *Snapchat* ist eine Social-Media-Plattform rund um Fotos und Videos. Als flüchtige Inhalte (*Ephemeral Content*) löscht Snapchat die Beiträge nach kurzer Zeit, abhängig von der gewählten Einstellung des Absenders. Durch die kurze Verfügbarkeit der Inhalte sind die Nutzer:innen häufiger auf der Plattform aktiv – um nichts zu verpassen.

◀ **Definition**

Bei *Ephemeral Content* handelt es sich um flüchtige Inhalte, die nach wenigen Sekunden oder mehreren Stunden wieder verschwinden. Snapchat war der Vorreiter dieser Art zu kommunizieren.

Als Marken- und Branding-Kanal ist Snapchat für jene interessant, die junge Menschen erreichen möchten. Auch für das Employer Branding und die Suche nach Auszubildenden hat sich das Engagement in Snapchat bewährt. Auf das Social Recruiting mit Snapchat gehen wir in Kapitel 11 ein.

◀ **Abbildung 9-22**
Die Techniker-Krankenkasse auf Snapchat

Das Kopieren der Geschäftsidee durch die Stories in Instagram (und später in Facebook) versetzte Snapchat einen Schlag. Längst hat sich die Plattform davon erholt und zeigt steigende Nutzerzahlen. Weltweit nennt Snapchat über 300 Millionen aktive Nutzer:innen.[10] Sie öffnen die App im Durchschnitt 30-mal pro Tag. In Deutschland hat Snap über 13 Millionen monatlich aktive Nutzer:innen. Fast drei von vier davon sind jünger als 24 Jahre und nur 13 Prozent älter als 35 Jahre.[11] Sie genießen es, in der App weitgehend unter sich zu sein.[12] Viele der jungen Menschen auf Snapchat finden Sie weder auf Facebook noch auf Twitter und möglicherweise auch nicht mehr auf Instagram.

Erste Schritte in Snapchat

Bevor Sie auf Snapchat aktiv werden, lesen Sie bitte gründlich die Nutzungsbedingungen (*https://www.snap.com/de-DE/terms/#terms-row*)[13] und die Datenschutzbestimmungen[14]. Informieren Sie sich zu Namens- und Markenrecht sowie der Impressumspflicht in Kapitel 15.

Planen Sie Zeit ein, um mit der Plattform vertraut zu werden. Sie ist weniger intuitiv nutzbar als Instagram. Wählen Sie einen nicht zu komplizierten Nutzernamen, damit Sie gefunden werden. Wenn Sie Ihr Nutzerkonto eingerichtet haben, bestimmen Sie, wie lange Ihre Adressaten den Snap, also den Schnappschuss, sehen dürfen. Vergessen Sie nicht, dass es immer Möglichkeiten gibt, die Bilder zu archivieren. Veröffentlichen Sie nur Dinge, zu denen Sie auch nach Ablauf von zehn Sekunden oder Minuten noch stehen.

Ihre kreative und innovative Ansprache sollte auf Snapchat zugeschnitten sein. Verkaufen Sie Golfschläger oder Treppenlifte, können Sie auf ein Engagement eher verzichten. Suchen Sie Auszubildende und junge Fachkräfte, könnte Snapchat Ihnen helfen. Bedenken Sie, dass dort noch immer vergleichsweise wenige Unternehmen vertreten sind. Bei Produkten, die speziell junge Leute nutzen, bietet sich Snapchat an, um die Markenbekanntheit zu erhöhen und Aufmerksamkeit zu generieren.

Templates in Snapchat können mit eigenen Elementen angepasst werden. Statt Bilder Ihrer Website für Snapchat zu nutzen, können Sie zum Beispiel Content von Instagram (Videos, Stories, Bilder) oder TikTok verwenden. Am besten sind aber Inhalte, die Sie auf Snapchat zuschneiden.

---

10 *https://investor.snap.com/financials/quarterly-results/default.aspx*

11 *http://www.futurebiz.de/artikel/snapchat-statistiken-nutzerzahlen/#.XWpCP3tCSM8*

12 *https://www.futurebiz.de/artikel/snapchat-statistiken-nutzerzahlen/*

13 Die Quelle gilt für Privatpersonen und Unternehmen außerhalb der USA.

14 *https://www.snap.com/de-DE/privacy/privacy-policy/*

▲ **Abbildung 9-23**
Wichtige Fakten zu Snapchat auf einen Blick

Social Videos dürfen auf Snapchat maximal zehn Sekunden lang sein. Reicht das nicht aus, lassen sich mit dem »langen Snap« fortlaufende Video-Snaps erstellen. Werden Snaps in eine Story integriert, sind sie dort bis zu 24 Stunden sichtbar. Snaps sind zwar flüchtige Inhalte, lassen sich aber zur erneuten Verwendung in den Memorys speichern.

Snapchat Spotlight ist der neue vertikale Videofeed für Creator Content. Es soll die Verweildauer für den Konsum der Inhalte von Influencern erhöhen. Spotlight Challenges belohnen bereits besonders gute Beiträge. Für Creators, die im Rahmen von Challenges ein Spotlight-Video posten, hat Snapchat schon Preise ausgelobt.

Die Snap Map nutzen inzwischen über 250 Millionen Snapchatter monatlich. Über 30 Millionen Unternehmen nutzen die Snap Map bereits für das lokale Marketing.

Linsen, Filter und die Spectacles

Snapchat-Stories teilen sich auf in öffentliche und private Stories. Im Vergleich zu TikTok ist Snapchat eine privatere Plattform, eher eine Art Messenger. Auch die Anzahl der Likes wird nicht angezeigt. In Snapchat stehen Unterhaltung, Aufnahmen aus dem Alltag und außergewöhnliche Inhalte von besonderen Momenten im Vordergrund.

Snapchat spricht eine junge Zielgruppe an, was auch die spielerischen Komponenten wie Linsen und Effekte erklärt. Der Content hat einen authentischen und humorvollen Charakter, und die Nutzer:innen gestalten mithilfe verschiedener Linsen und Filter kreativ ihre Fotos. Mittlerweile gibt es zwei Millionen Snapchat-Linsen, um die sich eine aktive Community aus Creators gebildet hat.

Die Nutzer:innen können ihr Foto, ihren Snap, durch ein Overlay in Form eines Filters verändern. Dabei wählen sie aus unzähligen Vorgaben aus oder designen ihren eigenen Filter. Auch mit Effekten können sie ihr Gesicht verändern und Effekte der *Augmented Reality* (AR) nutzen. Mit AR beschäftigen wir uns in Kapitel 13. *3D Bitmoji* in Profilen ermöglichen Snapchattern zudem, eine 3-D-Version ihres digitalen Avatars zu erstellen.

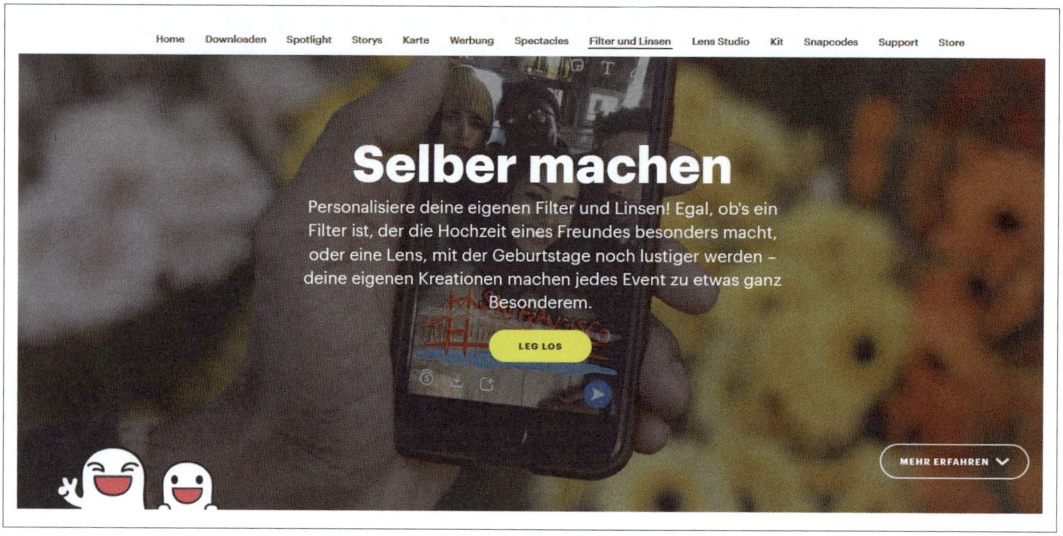

Abbildung 9-24 ▲ Auf Snapchat können die Nutzer:innen kreativ werden und ihre eigenen Filter und Linsen gestalten.

Snap verkauft wasserdichte Kamerabrillen, die *Spectacles*. Dank der Sonnenbrille mit besonderen Features als stylishes Wearable können die Nutzer:innen authentische und persönliche Einblicke in ihr Leben geben. Statt für einen Schnappschuss umständlich das Smartphone aus der Tasche zu ziehen, drücken sie die Taste an der Brille, um unkompliziert Fotos oder Videos aufzunehmen. Die Filme und Bilder aus ungewöhnlichen Perspektiven sind auf Snapchat beliebt.

Werbung in Snapchat

Bevor Sie Budget investieren, sollten Sie überlegen, welche Ziele Sie mit der Werbung in Snapchat verfolgen. Mit unterschiedlichen Anzeigenformaten können Unternehmen ihre Botschaften im Bereich *Discovery* oder zwischen den Live-Stories platzieren sowie Linsen oder Filter sponsern. Snapchat verspricht ein zielgenaues Publikum, das nach demografischen Merkmalen, Interessen und Konsumgewohnheiten gefiltert wird.

Inhalte im vertikalen Format sind das Kernelement erfolgreicher Snapchat-Anzeigen. Vertikale Videos und Stories sorgen für mehr Aufmerksamkeit und bessere Ergebnisse. Snapchat-Ads dürfen bis zu drei Minuten lang sein. Es gibt zahlreiche Werbemöglichkeiten der Hauptkategorien *Snapchat Anzeige* (*Snap Ad*) als Single Image oder Video, *Snapchat Story Anzeige*, *Collection Ads* und *Snapchat Filter Anzeige* sowie das Sponsern von Linsen und AR-Filtern.

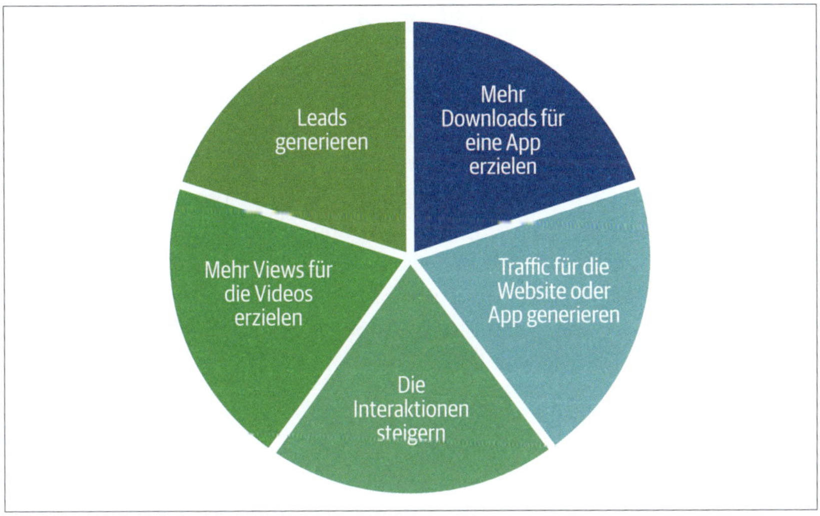

Abbildung 9-25
Ziele für Werbeanzeigen in Snapchat

Das Mindestbudget für die Werbung liegt bei fünf Euro pro Tag. Sie können wählen zwischen *instant create* (vereinfachter und schneller Modus) und *advanced create*. Letztere Variante hat den Vorteil, dass ausführlichere Tests möglich sind. Die Targeting-Optionen sind weniger umfangreich als bei Facebook, aber Sie können nach Interessen und Verhalten, Standort und demografischen Daten unterscheiden.

Da sich die Werbeformate stetig weiterentwickeln, informieren Sie sich idealerweise regelmäßig auf der Plattform *https://forbusiness.snapchat.com/advertising* über die aktuell gültigen Formate sowie auf *https://www.snap.com/de-DE/ad-policies/* über die Werberichtlinien.

Praxisbeispiele: Social Media Marketing mit Snapchat

Um Nachwuchskräfte zu finden, kreierte die Bundeswehr eine Snapchat-Linse. Wer sie in eine Variante mit Nachtsicht umwandelte, lernte die Wüste von Mali mit Wüstenuniform und Helm kennen. Über zwei

Millionen Snapchatter nutzten den Filter *Einsatz sagt mehr als tausend Worte*.[15] Mit der Aktion wollte die Bundeswehr auf ihre Social-TV-Serie »Mali« aufmerksam machen, die acht Soldatinnen und Soldaten während ihres Einsatzes begleiteten. Zusätzlich gab es mit dem »Mali-Bot« einen Chatbot im Facebook Messenger, der Nachrichten in Echtzeit verschickte.[16]

Auch Unternehmen wie The North Face, DIO oder die Deutsche Bahn haben Snapchat schon eingesetzt. Die Deutsche Bahn hat einen immensen Bedarf an Mitarbeitenden und zahlreiche Ausbildungsplätze sowie Stellen für Nachwuchskräfte zu besetzen. Daher ist die DBKarriere auch in Snapchat aktiv. Dort zeigt sie den Berufsalltag der Mitarbeitenden und berichtet live von DB-Events.

Der Bundesligaverein Borussia Mönchengladbach gehört zu der wachsenden Zahl an Fußballklubs, die über Snapchat mit ihren Fans kommunizieren und exklusive Einblicke gewähren. Über Snapchat *#vflborussia 1900* können die Fans verfolgen, was sich bei dem Traditionsverein tut. Gelegentlich übernimmt ein Spieler den Snapchat-Kanal und veröffentlicht Fotos und Videos mit exklusiven Einblicken darin, was im Trainingslager abläuft. Im Rahmen eines Take-over übernahm auch der Spieler László Bénes vorübergehend den Snapchat-Kanal. Beim FC Ingolstadt übernehmen regelmäßig Spieler den Snapchat-Kanal *#fcingolstadt04*.

Die Deodorantmarke 8x4 lud zu einem digitalen Festival ein, bei dem Snapchat eine wichtige Rolle spielte. Im Rahmen der Mitmachkampagne *Snap dich rein* sprach die Beiersdorf-Marke Jugendliche an. Fünf Star-Influencer waren die Headliner des Festivals. Sie animierten im Vorfeld die Fans, sich die eigens designten *Beauty Linsen* zu holen. Diese Limited Edition konnten sich die Fans über die Snapchat-Codes auf den Deodorantdosen besorgen.

Wer die Linsen auf Snapchat einsetzte, bekam Zugang zum Festival und damit zu den exklusiven Inhalten der bekannten Influencer. Ein cleveres Konzept, in dem offline und online kombiniert wurde und die Jugendlichen auf ihrer Customer Journey über ihre bevorzugten Kanäle angesprochen wurden.[17]

In Deutschland zählen große Medienhäuser wie Spiegel, Burda und Bild zu Content-Partnern von *Snapchat Discover* und haben dort einen eigenen Kanal. International zählen CNN, Buzzfeed und National Geographic zu den Medienpartnern von Snapchat. Spiegel hat sich zufrieden

---

15 *https://www.wuv.de/digital/so_setzt_die_bundeswehr_snapchat_ein*

16 *https://www.wuv.de/marketing/neue_bundeswehr_serie_mali_folgt_auf_die_rekruten*

17 *https://www.beiersdorf.de/presse/pressemitteilungen/local/de/pressemitteilungen/2018/03/26-8x4-laedt-seine-fans-zum-ersten-digital-festival-ein*

geäußert und freut sich, über das »Labor für mobiles Storytelling« monatlich über vier Millionen Nutzer:innen zu erreichen, die auch fleißig interagieren.[18]

◀ **Abbildung 9-26**
Das Onlinefestival von 8x4

◀ **Abbildung 9-27**
Spiegel Online erschließt sich über seinen Discover-Kanal bei Snapchat eine junge Zielgruppe.

In den drei- bis fünfminütigen *Snapchat Shows* bieten Medienhäuser Unterhaltung, aber auch Informationen zu Themen wie Ernährung oder Umwelt für eine sehr junge Zielgruppe. Mit Fokus TV wird sogar eine Nachrichtenshow angeboten.

18 *https://www.wuv.de/medien/erwartungen_erfuellt_spiegel_online_verlaengert_mit_snapchat_discover*

Tipp ▶ Um über Snapchat auf dem Laufenden zu bleiben, empfehlen wir den Newsroom von Snap: *https://newsroom.snap.com/*.

Pinterest: die vielseitige Suchmaschine

Pinterest ist ein soziales Netzwerk, vor allem aber eine Suchmaschine für Bilder und ein Social-Bookmarking-Dienst sowie ein wichtiger und nachhaltiger Traffic-Bringer für Websites und Webshops. Knapp eine halbe Milliarde Menschen nutzen Pinterest, bis zu 80 Prozent davon mobil. Das 2010 gegründete US-amerikanische Unternehmen veröffentlicht keine Nutzerzahlen für Deutschland. Aus dem Pinterest-Anzeigenmanager abgeleitet, nutzen in Deutschland über 15 Millionen Menschen Pinterest.[19]

Nach dem anfänglichen Fokus auf Rezepten und Bastelideen sind in Pinterest mittlerweile nahezu alle Themen und Produkte vertreten. Pinterest ist interessant für Unternehmen und Soloselbstständige. Selbst wenn Sie noch keinen Account dort haben, können Sie Traffic bekommen, nämlich dann, wenn Nutzer:innen Ihre Inhalte pinnen und damit teilen.

Abbildung 9-28 ▼ Ein erster Blick auf Pinterest

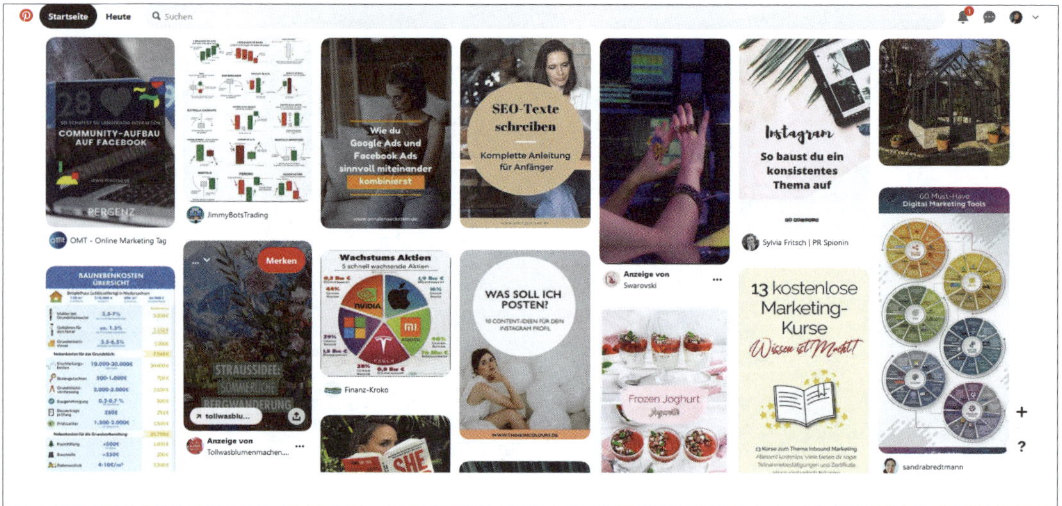

Pinterest galt lange als »Frauenplattform«, verzeichnet zuletzt aber hohe Zuwachsraten bei Männern und der Generation Z. Die männlichen Nutzer holen sich zum Beispiel Tipps und Inspiration für das Heimwerken. Auf Facebook stoßen die Menschen eher nebenbei auf Inhalte von

19 *https://www.futurebiz.de/artikel/pinterest-statistiken/*

Unternehmen oder neue Produkte. Wer in Pinterest unterwegs ist, sucht aktiv nach Tipps und Ideen.

Pinterest ist eine hilfreiche *Inspirationsquelle*, selbst wenn Sie sich gegen einen aktiven Einsatz entscheiden. Hier lernen Sie viel über Ihre Kund:innen und was sie gerade beschäftigt. Es gibt Abertausende toller Fotografien, Tipps und Diagramme: Stöbern Sie ausgiebig, es lohnt sich! ◀ **Tipp**

Dabei suchen die Menschen zunächst ergebnisoffen: Die meisten Anfragen enthalten keinen Markennamen. Damit haben auch kleine Marken eine gute Chance, entdeckt zu werden. In einer Umfrage gaben über 70 Prozent der deutschen Nutzer:innen an, dass sie neue Marken oder Produkte auf Pinterest kennengelernt haben. Pins dienen häufig als Lesezeichen, um zu einem späteren Zeitpunkt ein Produkt wiederzufinden.

Die ersten Schritte in Pinterest

Pinterest ist ein Kunstwort aus »Pin« und »Interest« – und pinnen ist die Kernfunktion. Nach der Registrierung als privates Profil oder Unternehmenskonto tragen Sie Ihre Informationen ein, legen Pinnwände an und abonnieren andere Nutzer:innen oder ausgewählte Pinnwände.

Für Einsteiger ist die Pinterest-Bibliothek der Online-Marketing-Expertin Barbara Riedl-Wiesinger interessant: *https://www.kaleidocom.at/pinterest-bibliothek/*. Sie veranstaltet den *Pinterest Marketing Tag*, an dem sie mit weiteren Expert:innen ihr Wissen teilt. Zudem bietet sie regelmäßig Pinterest-Workshops für Einsteiger an: *https://www.kaleidocom.at/pinterest-kurs/*. ◀ **Tipp**

Sobald Sie einen Account in Pinterest angelegt haben, können Sie die ersten Pinnwände (Boards) kreieren. Ihr Benutzerprofil darf bis zu 500 Pinnwände umfassen. In den Pinnwänden sammeln und organisieren Sie Ihre Pins, also Ihre visuellen Lesezeichen. Jede Pinnwand steht idealerweise für ein gut abgegrenztes Thema, Produkt oder wichtiges Keyword und gibt Ihrem Profil Struktur. So kann Pinterest Ihre Inhalte besser kategorisieren und gezielt ausspielen. Nutzer:innen können Ihrem gesamten Profil mit allen Pinnwänden folgen oder sich eine Pinnwand aussuchen, deren Thema sie interessiert.

Likes und Kommentare sind in Pinterest möglich sowie das Schreiben von Direktnachrichten. Der Algorithmus von Pinterest achtet auf die Qualität des Netzwerks. Folgen Sie zu schnell zu vielen Accounts oder posten Sie den gleichen Kommentar zu häufig, kann dies eine vorübergehende Sperre Ihres Accounts auslösen.

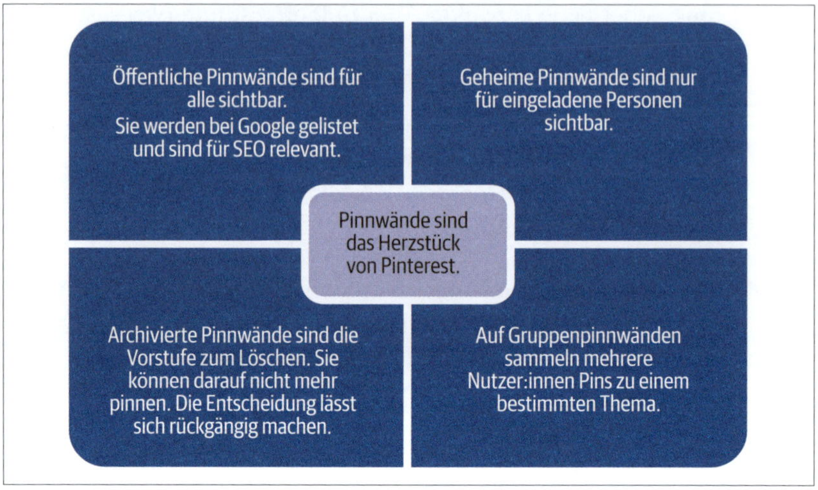

Abbildung 9-29 ▶ Diese Arten von Pinnwänden gibt es auf Pinterest.

Öffentliche Pinnwände sind der Standard. Alle Nutzer:innen von Pinterest können sie sehen, und die Suchmaschinen indexieren die Pinnwände. Bevor Sie eine Pinnwand löschen, können Sie sie archivieren. Dann sind die Pinnwand und ihre Pins nur noch für Sie sichtbar. Neue Pins können Sie nicht mehr hinzufügen. Sie können dann in Ruhe entscheiden, ob Sie die Pinnwand löschen oder erneut aktivieren wollen.

Tipp ▶ *Geheime Pinnwände*, also *Secret Boards*, sind nur auf Einladung sichtbar. Sie anzulegen, bietet sich an, wenn Sie zunächst einige Pins sammeln wollen, bevor Sie Ihre Boards der Öffentlichkeit präsentieren.

Legen Sie eine Marken-Pinnwand an, auf der Sie ausschließlich eigene Pins mit Ihrem Haupt-Keyword pinnen, die zu Ihren Blogbeiträgen oder in Ihren Webshop führen. Daneben können Sie Hauptpinnwände anlegen, die zu Ihrem Kernthema passen. Betrachten Sie dort Ihr Thema feingliedriger und teilen Sie es in Kategorien ein. Auf Nebenpinnwänden können Sie auch fremde Pins veröffentlichen, die für Ihre Zielgruppe interessant sind.

Mit Qualität und Strategie pinnen

Teilen Sie interessante und attraktive Fotografien oder Grafiken auf Ihren Pinnwänden. Versehen Sie gepinnte Fotos mit einer Beschreibung, Hashtags und einem Link. Achten Sie darauf, dass der Link zur richtigen Seite führt, also zur gewünschten Landingpage, zum passenden Blogbeitrag oder direkt zum Point of Sale des Produkts in Ihrem Onlineshop. Dabei sollten die Inhalte halten, was der Pin verspricht. Andere Nutzer:innen können diese Bilder auf ihren Pinnwänden erneut teilen. Dieser Vorgang nennt sich *re-pinnen*.

Mit vornehmer Zurückhaltung kommen Sie nicht weiter: Pinnen Sie, was das Zeug hält, und Sie werden mit Reichweite belohnt. Probieren Sie aus, welches Verhältnis von eigenen zu fremden Pins bei Ihren Themen und Ihrer Zielgruppe am besten ankommt. Verwenden Sie auf jeden Fall deutlich mehr eigene als fremde Pins.

◀ **Tipp**

Pro Produkt oder Thema sollten Sie mehrere Pins veröffentlichen. Passen Sie Ihre Pins an das Design Ihrer Website an, um einen stimmigen Gesamteindruck zu hinterlassen.

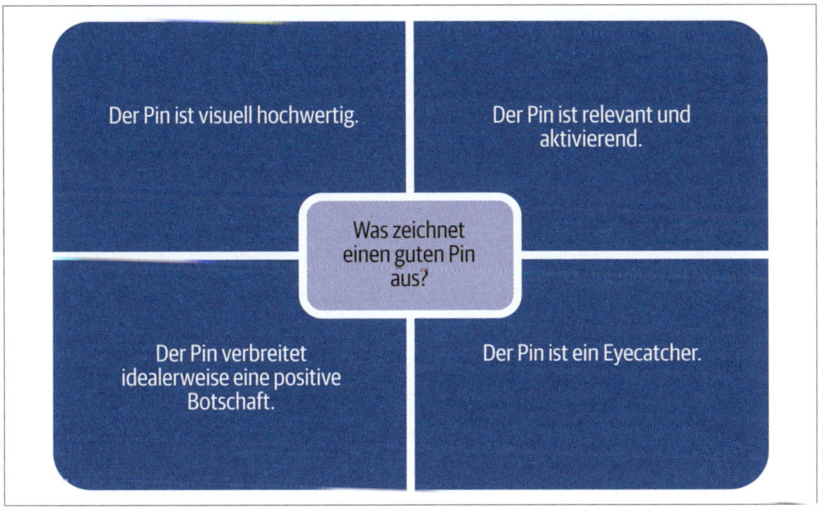

◀ **Abbildung 9-30**
Tipps für einen attraktiven Pin

Arbeiten Sie lieber mit 10 gut bespielten Pinnwänden als mit 30, die wenig bepinnt werden. Pinnen Sie regelmäßig und stellen Sie dabei Qualität vor Quantität. Starten Sie auf der relevantesten Pinnwand und sorgen Sie für mehrere Tage Abstand, bis Sie den Pin auf der nächsten Pinnwand veröffentlichen. Damit helfen Sie dem Algorithmus, das Thema zu erfassen.

Frische Pins mit hochwertigen Inhalten sollten nur auf die thematisch passenden Pinnwände verteilt werden. Pinnen Sie auf die relevanteste Pinnwand zuerst. Pinterest empfiehlt, die Verteilung auf maximal drei Pinnwände zu beschränken. Bedenken Sie beim Text-Overlay, dass vier von fünf Menschen Pinterest mobil nutzen. Ihr Text sollte mit einer leserlichen Schriftgröße auch auf dem Smartphone angenehm lesbar sein. Und vergessen Sie Ihren Call-to-Action auf den Pins nicht.

Sie wollen Zeit sparen beim Erstellen von Pins? Nutzen Sie Canva und arbeiten Sie mit Pin-Vorlagen. Dabei erstellen Sie mehrere Designvorlagen und passen diese für das jeweilige Produkt oder Thema an. Erstellen Sie pro Produkt mehrere Pins. Testen Sie, welche Vorlagen, Bilder und Beschreibungen gut ankommen.

◀ **Tipp**

Auf den meisten sozialen Netzwerken ist Reichweite eine wichtige Währung und die Zahl der Fans und Follower wichtig. In Pinterest geht es darum, gute und interessante Inhalte zu empfehlen, weniger um die klassische Vernetzung. Daher ist die Zahl der Fans von geringerer Bedeutung als die Zugriffe und die Click-through-Rate. Sorgen Sie sich also nicht, wenn Ihnen nicht sofort Scharen anderer Nutzer:innen (zurück-)folgen.

Definition ▶ Die *Click-through-Rate* (*CTR*) beschreibt das Verhältnis von Klicks zu Impressionen (Einblendungen). Sehen 100 Nutzer:innen ein Werbebanner und zwei davon klicken es an, würde die CTR zwei Prozent betragen.

Suchen Sie beliebte Gruppenpinnwände, die zu Ihrem Thema passen und von mehreren Nutzer:innen bearbeitet werden. Fragen Sie höflich, ob Sie Zugang zu dem Board erhalten dürfen. Auf Gruppenpinnwänden werden gemeinsam Pins zu einem Thema gesammelt.

Tipp ▶ Nutzen Sie als Freiberufler:in Pinterest, um in einem Board Ihr Portfolio aus Blogbeiträgen, Fotos, Grafiken oder Videos zu präsentieren. Denken Sie bei Ihren Blogbeiträgen bereits an Pinterest und bauen Sie visuelle Elemente ein, die Sie im Anschluss pinnen können.

Der Algorithmus von Pinterest berücksichtigt Ihre Interessen und Ihr Verhalten auf der Plattform. Abhängig davon bekommen Sie in Ihrem Homefeed passende Pins angezeigt. Neben organischen Inhalten zeigt Ihnen Pinterest auch *Promoted Pins*, für die Unternehmen bezahlt haben, also Werbeanzeigen.

Was das Urheberrecht in den USA erlaubt, kollidiert mitunter mit dem deutschen oder europäischen Recht. Zum Urheberrecht erfahren Sie Wissenswertes in Kapitel 15. Jedes Foto, das Sie auf Pinterest hochladen, wird laut AGB zum »User Content« und darf innerhalb der Plattform beliebig weiterverbreitet und sogar verändert werden. Als Urheber behalten Sie dennoch alle Rechte, die Bilder werden nicht prinzipiell gemeinfrei. Einige Unternehmen verzichten aus Angst vor Abmahnungen auf Pinterest. So weit müssen Sie nicht gehen, beachten Sie aber die Vorgaben der Plattform und die rechtlichen Rahmenbedingungen.

Hinweis ▶ Studieren Sie gründlich die *Datenschutzrichtlinien* von Pinterest[20] sowie die *Richtlinien für die Community* (*https://policy.pinterest.com/de/community-guidelines*). Beachten Sie außerdem die *AGB* für Unternehmen, bevor Sie auf der Plattform aktiv werden.[21]

20 *https://policy.pinterest.com/de/privacy-policy*

21 *https://business.pinterest.com/de/business-terms-of-service*

Pinterest als wichtiger Bestandteil des Marketing-Mix

Schauen Sie sich die Plattform gründlich an und prüfen Sie, ob eine Einbindung in Ihr Marketing sinnvoll ist. Je nach Branche und Marke kann sich Pinterest zu einem wertvollen Lieferanten von Traffic entwickeln, da unter dem gepinnten Foto die Original-URL hinterlegt ist. Auch nicht auf Pinterest angemeldete Nutzer:innen klicken auf gepinnte Bilder und landen in Ihrem Webshop. Mittlerweile finden sich auf Pinterest nahezu alle Themen: Besonders stark vertreten sind die Bereiche Food, Fashion, Home, DIY, Kunst und Beauty.

Geht es um Konsumentscheidungen, nutzen viele Menschen Pinterest zur Recherche. Mit einer Präsenz in Pinterest bieten Unternehmen den Konsument:innen, insbesondere im B2C, auf deren Customer Journey passende Inhalte an.

Abbildung 9-31
Wichtige Fakten über Pinterest auf einen Blick

Als Unternehmen haben Sie Interesse daran, dass sich Ihre Botschaften rege verbreiten. Daher werden Sie der Community gern die Erlaubnis geben, Ihre Fotos auf Pinnwände zu heften. Registrieren Sie sich und sichern Sie sich Ihren Benutzernamen, auch wenn Sie aktuell noch kein Konzept oder keine Ressourcen für die Plattform haben.

Nach der Registrierung als Unternehmen verifizieren Sie Ihre Website. Dazu erhalten Sie eine Datei, die Sie auf Ihren Webserver laden müssen. Danach bekommen Sie eine sprechende URL sowie Buttons, die Sie in Ihre Unternehmenswebsite einbauen können und die das Pinnen Ihrer Bilder auf Pinterest erleichtern. Außerdem haben Sie Zugriff auf die Analytics, können Ads schalten und Katalog-Uploads nutzen. Der Speicherplatz ist unbegrenzt: Sie können so viele Bilder pinnen, wie Sie möchten.

Hinweis ▶ *Achtung, Datenschutz*: Die Pinterest-Buttons sammeln Daten Ihrer Website-Besucher. Nehmen Sie ihre Verwendung daher in Ihre Datenschutzerklärung auf (wie alle anderen Plug-ins sozialer Netzwerke). Lesen Sie dazu die Hinweise in Kapitel 15.

Für das Content Marketing ist Pinterest eine wichtige Plattform, die Traffic für Websites und Webshops generiert und Ihre Bilder besser bei den Suchmaschinen positioniert. Nutzer:innen suchen auf Pinterest Ideen und Lösungen. Sie lassen sich gern inspirieren, auch wenn es um Urlaubsziele oder Kaufentscheidungen geht. Die Plattform lädt zum digitalen Schaufensterbummel ein – bequem vom heimischen Sofa aus.

Abbildung 9-32 ▼ Wer einen Apfelkuchen backen möchte, ist auf Pinterest genau richtig.

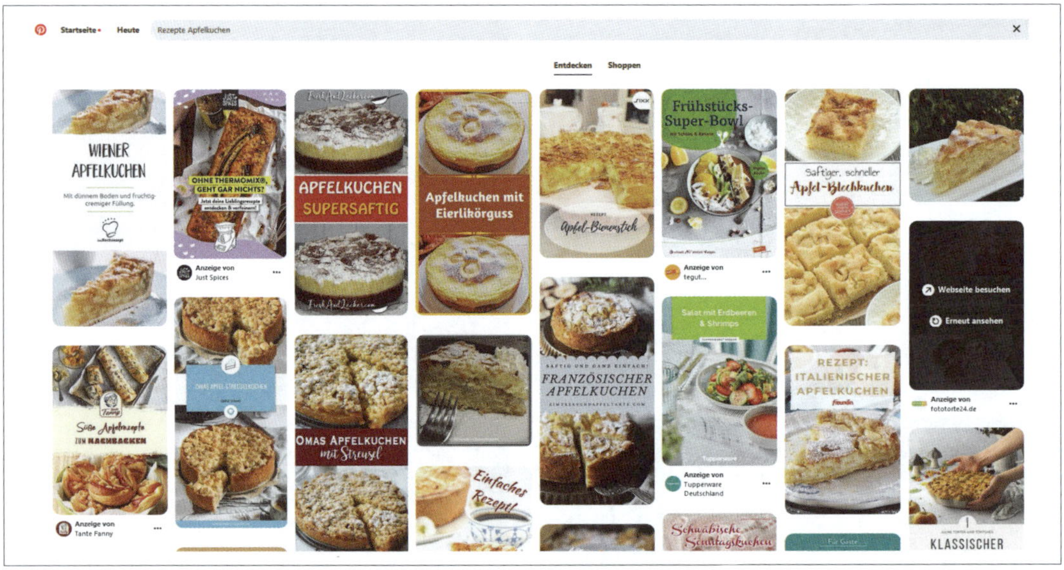

Hinweis ▶ Sie können sich für das *Verified Merchant Program* von Pinterest bewerben. Als verifizierter Händler wird Ihr Account mit einem blauen Häkchen ausgezeichnet. Große Konzerne wie Vogue oder Douglas sowie Prominente verifiziert Pinterest mit einem roten Haken.

Der Aufwand für den Kanal ist nicht zu unterschätzen. Trotzdem besteht der klare Vorteil darin, dass Sie nicht ständig mit Community-Management beschäftigt sind. Sie können sich auf das regelmäßige und reichliche Pinnen konzentrieren. Hinzu kommt die Kanalpflege inklusive Ausmisten nicht mehr relevanter Inhalte.

◀ **Tipp**

Sorgen Sie für ein Branding Ihrer Pin-Grafiken mit

- bis zu vier Farbtönen,
- ein bis zwei Schriftarten (die zweite für Akzente) und
- zu Ihnen/Ihren Produkten passenden Bildern.

In Pinterest mit der Harmonie aus Bild und Text punkten

Visueller Content steht bei Pinterest im Vordergrund, aber vernachlässigen Sie nicht den begleitenden und erklärenden Text. Achten Sie beim Pinnen auf eine aussagekräftige und gut formulierte Beschreibung der Pins sowie passende Tags. Auch mit Bildüberschriften, Board-Titeln und Kurzbiografien werden die Beiträge besser gefunden. Geben Sie zudem Ihren Fotos einen individuellen Dateinamen mit relevanten Keywords.

Nehmen Sie eine gründliche Keyword-Analyse vor. Platzieren Sie die Keywords im Titel und wählen Sie aussagekräftige Namen für Ihre Pinnwände. Integrieren Sie wichtige Keywords in die Beschreibung der Pinnwände. Achten Sie auf einen guten Lesefluss und reihen Sie nicht einfach Keywords aneinander. Das Board-Cover macht das Profil übersichtlicher und sollte ein einheitliches Design mit Markenfarben, Schriftarten und zwei bis drei Keywords enthalten.

Da Sie jedes Foto mit einer eigenen URL versehen können, gelangen Ihre Kund:innen direkt von Pinterest in Ihren Onlineshop oder auf die Landingpage für das Produkt. Die Entwicklung des Social Traffic zeigte in den letzten Jahren, dass mehr Menschen von Pinterest in einen Onlineshop finden als von Facebook aus. Dieser Trend wird sich fortsetzen.

◀ **Tipp**

Als Inhaber eines Businessprofils können Sie mit *Pincodes* die Nutzer:innen Ihrer Produkte auf Ihre Präsenz bei Pinterest locken. Pincodes platzieren Sie beispielsweise auf der Verpackung Ihres Produkts oder in einer Zeitschrift. Auch für Displays im Einzelhandel lässt sich der Pincode nutzen. Im Gegensatz zu einem QR-Code deutet der Pincode bereits an, um welches Produkt es sich handelt. Wer die Smartphone-Kamera auf den Pincode hält und die Pinterest-App offen hat, sieht die verknüpften Bilder einer Pinnwand oder das Unternehmensprofil.

Dank Rich Pins können Sie ein Produkt mit aktuellen Informationen präsentieren. Mit der Funktion *Shop-Pins* werden bis zu 24 Produkte zusammen angezeigt und verlinken auf einen Shop. Diese Funktion eignet sich gut für Kollektionen oder Kategorien. Mit der Funktion *Kataloge* können Sie einen Produktfeed verknüpfen, der alle aktuellen Produkte anzeigt.

Definition ▶ Ein *Rich Pin* wird mit Echtzeitdaten der verknüpften Website gefüttert, zapft also deren Metadaten an, ähnlich wie die Suchergebnisse von Google. Damit wird ein Produkt-Pin noch attraktiver dargestellt. Er zeigt, ob ein Produkt verfügbar ist, seinen aktuellen Preis und weitere Kaufinformationen.

Was können Sie auf Pinterest veröffentlichen? Produktfotos sind bei Pinterest hochwertiger als in anderen sozialen Netzwerken und selten einfache Handyfotos. Strapazieren Sie Ihre Community nicht übermäßig mit Werbung. Liefern Sie auch nützliche Inhalte wie Tipps und Infografiken.

Thematisch bietet es sich an, Anlässe einzubeziehen. Das kann Weihnachten oder Muttertag sein, aber auch persönliche Lebensereignisse. Oder verpacken Sie Ihre Werbung in subtilere Fotografien, bei denen Ihr Produkt nicht die Hauptrolle spielt.

Tipp ▶ Optimieren Sie Ihre Bilder für Pinterest. Pinnen Sie Bilder mit Gefühl oder Lifestyle-Aufnahmen statt nur freigestellte Produktbilder. Heben Sie den Kundennutzen, die Lösung oder die Empfindung hervor. Sie verkaufen kein Mountainbike, sondern das Gefühl, sich frei in der Natur bewegen zu können.

Tailwind ist offizieller Pinterest-Marketing-Partner. Sie können mit dem Tool professionell und regelmäßig ihre Pins vorplanen und automatisch veröffentlichen. Tailwind identifiziert die erfolgreichsten Pins. Sie können damit Ihre Strategie optimieren und tiefer in die Analyse Ihres Unternehmenskontos einsteigen.

Stellen Sie sicher, dass Inhalte weitergepinnt werden dürfen, also rechtefrei sind. Behalten Sie das geltende Urheberrecht im Blick. Achten Sie darauf, ob jemand einen Pin-it-Button auf seiner Website eingebunden hat oder mit Creative-Commons-Lizenzen arbeitet.

Möchten Sie Ihre organischen Beiträge durch Werbung verstärken, hängen die Kosten dafür davon ab, ob die Abrechnung per Klick, per Impression oder per Aktion erfolgt. Eine Aktion wäre zum Beispiel: Der Nutzer klickt auf den gesponserten Pin. Nähere Informationen zu den Werbemöglichkeiten erläutert Pinterest unter *https://help.pinterest.com/de/business/topics/advertise-on-pinterest*.

Stellen Sie Ihre Strategie für Pinterest regelmäßig auf den Prüfstand. Es gibt ständig neue Empfehlungen dazu, wie sich am besten auf Pinterest erfolgreiches Marketing betreiben lässt.

Praxisbeispiele für Pinterest

Erfolgversprechend kann das Engagement auf Pinterest sein, wenn Sie über attraktives Bildmaterial verfügen. Legen Sie als Modeunternehmen Pinnwände nach Typ, Saison oder Stil an oder als Inneneinrichter Pinnwände mit von Ihnen gestalteten Räumen. Als Medienunternehmen könnten Sie herausragende Infografiken, Comics oder Fotografien veröffentlichen. Stöbern Sie auf den Pinnwänden anderer User, liken Sie deren Beiträge und posten Sie Ihre Fotos auf öffentlichen Pinnwänden. Kurz: Bringen Sie sich aktiv in die Community ein.

Die Follower-Zahlen sind auf Pinterest weniger wichtig als auf Plattformen wie Facebook oder Instagram. Trotzdem signalisiert eine große Zahl von Follower:innen dem Algorithmus, dass Ihre Inhalte hochwertig sind. Auch Nutzer:innen fühlen sich von reichweitenstarken Profilen stärker angezogen. Trotzdem sagen die Betrachter pro Monat mehr über die Reichweite eines Pinterest-Kanals aus.

In Abbildung 9-33 sehen wir die Marke Nivea auf Pinterest. Nivea setzt auf eine Mischung aus werblichen Produktfotos, Beautytipps und weiterem Content rund um das Thema Beauty. Dabei werden auch thematisch passende, aber nicht produktbezogene Boards eingesetzt.

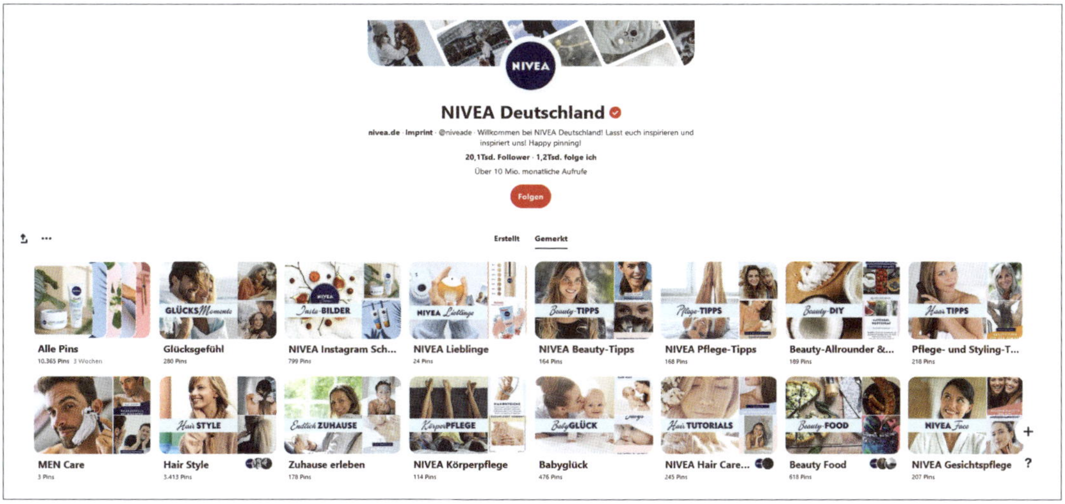

▲ Abbildung 9-33
Der Pinterest-Auftritt von Nivea

Die Firma HelloBody vertreibt eine natürliche Hautpflegemarke. Über die Social-Media-Kanäle Facebook, Instagram, Pinterest und YouTube generiert das Unternehmen Traffic für seinen Onlineshop. Der Content besteht nicht nur aus Produktpräsentationen. Bei der Kampagne *#Break Conventions* standen die Unternehmenswerte Vielfalt, Inklusion und Authentizität im Zentrum.

Pinterest spielt im Marketing-Mix von HelloBody eine wichtige Rolle und hilft, den Umsatz zu steigern. Mit bezahlter Werbung in Form von Videos und Static Ads generierte HelloBody nach eigenen Angaben 35 Prozent mehr Neukunden als durch andere Kanäle, und der Wert des Warenkorbs stieg im Durchschnitt um ein Viertel.[22]

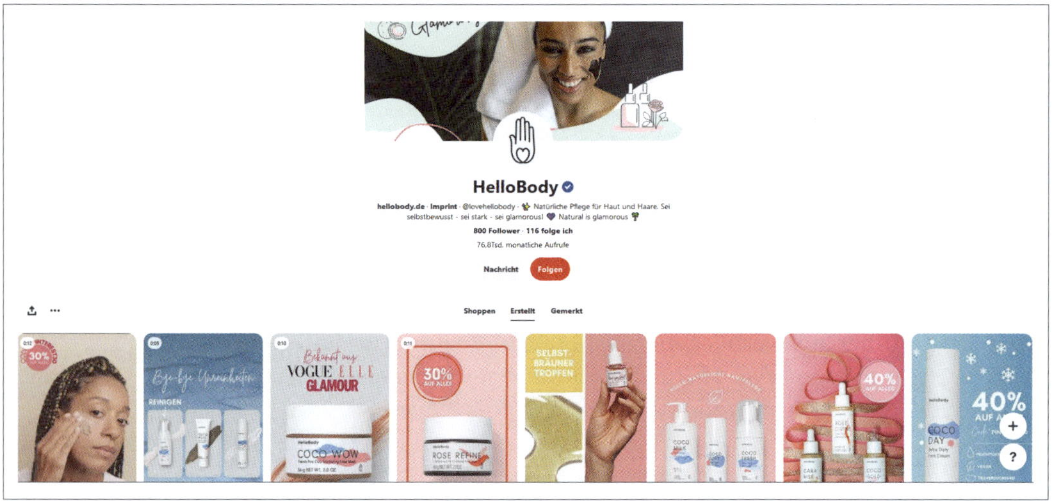

Abbildung 9-34 ▲ HelloBody auf Pinterest

Für Springlane ist Pinterest klar der Kanal, über den die meisten Käufe generiert werden. Der Anbieter von Küchenprodukten integrierte schon früh den Merken-Button, der auch die vertikalen Bildformate anbietet. Durch ergänzende Texte (Text-Overlays) und Branding erhalten die Pins mehr Aufmerksamkeit und Interaktion. Über Rich Pins stellt Springlane direkt im Pin zusätzliche Informationen bereit, zum Beispiel wie lange es dauert, das Rezept nachzukochen.

Tipp ▶ Lassen Sie sich auf der Seite *https://business.pinterest.com/de/success-stories* von den Erfolgsgeschichten weiterer Unternehmen inspirieren. Dort finden Sie Praxisbeispiele, die Sie nach Branche und Ziel filtern können.

---

22 *https://business.pinterest.com/de/success-stories/hellobody*

Das Praxisbeispiel Tourismus Nordrhein-Westfalen auf Pinterest

Zur erfolgreichen Nutzung von Social Media und insbesondere Pinterest in der Tourismusbranche haben wir mit dem Social-Media-Team von DeinNRW/Tourismus NRW gesprochen. Der touristische Dachverband für Nordrhein-Westfalen ist mit mehr als 125.000 Fans auf Facebook und über 39.000 auf dem Instagram-Kanal *@deinnrw* in Social Media bestens sichtbar. Eine weitere wichtige Plattform ist Pinterest.

Interview

»Wir setzen auf crossmediale Kampagnen«

Ein Interview mit dem Redaktionsteam Social Media von DeinNRW/Tourismus NRW

Das Thema Tourismus spricht nahezu alle Zielgruppen an. Differenzieren Sie die Ansprache unterschiedlicher Zielgruppen über die Kanäle, oder sprechen Sie auf einer Plattform verschiedene Personas an?

Social-Media-Team: Wir differenzieren die Ansprache in den unterschiedlichen Kanälen. Die Inhalte ähneln sich, werden aber pro Kanal zielgruppenspezifisch aufbereitet und verbreitet. So versuchen wir, die Nutzer:innen bestmöglich mit Inspiration und Information zu versorgen. Selbstverständlich haben wir auch einen Blick darauf, wer uns auf welchem Kanal folgt. So ist die Ansprache auf jedem Kanal auch etwas anders.

Haben sich Ihre Strategie für und Ihre Aktivitäten in Social Media durch Corona verändert? Falls ja, was waren Ihre Learnings aus der Pandemie?

Social-Media-Team: In Zeiten von Corona haben wir die Posting-Frequenz noch weiter erhöht. Wir haben stark mit den Themen »Sehnsucht« und »Träum dich nach …« gespielt, um das Reiseland NRW in den Köpfen unserer Follower:innen präsent zu halten, auch wenn das Reisen nicht jederzeit problemlos möglich war. Ebenfalls haben wir häufiger auf Foto-Challenges in Facebook und Instagram gesetzt und gemerkt, dass unsere Community den Austausch – gerade in dieser Zeit – sehr schätzt. Zudem mussten wir noch agiler im Umgang mit unserem Content sein. Wir haben vermehrt Orte fernab der touristischen Highlights beworben, um so mit der Social-Media-Arbeit Einfluss auf die Besucherströme zu nehmen. Zu Beginn und während der Pandemie haben wir innerhalb kürzester Zeit bestehende und neu entwickelte virtuelle Erlebnisse kuratiert und für die Website aufbereitet.

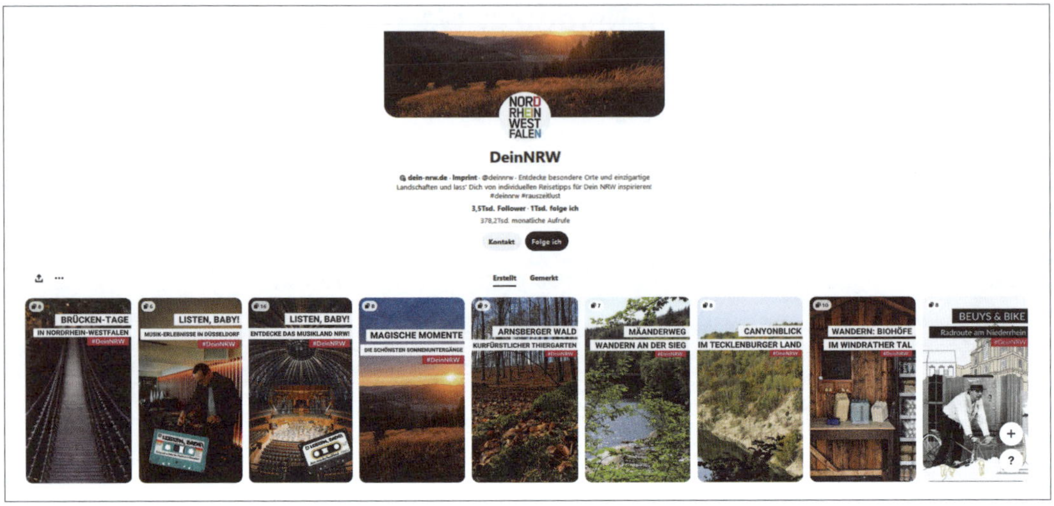

Abbildung 9-35 ▲ Tourismus NRW auf Pinterest

Seit wann sind Sie auf Pinterest aktiv, welche Ziele verfolgen Sie für Pinterest, und wie nehmen Sie dort eine Erfolgskontrolle vor?

Social-Media-Team: Richtig aktiv sind wir auf Pinterest seit Ende 2016. Oberstes Ziel dort, wie auch in unseren anderen Social-Media-Kanälen, ist die Inspiration und Information sowie die Traffic-Steigerung für unsere Webseite *dein-nrw.de*. Die Erfolgskontrolle erfolgt über Analytics von Pinterest sowie über die Auswertung unserer Webseite mit Google Analytics. So können wir genau nachvollziehen, welche Inhalte bei den Nutzer:innen funktionieren, welche sie inspiriert haben, auf den Link zu klicken, bei uns auf der Webseite eine Handlung auszulösen usw. Dementsprechend können wir immer wieder experimentieren und je nach Ergebnis optimieren.

Wonach entscheiden Sie, in welchen Social-Media-Kanälen Sie aktiv sind?

Social-Media-Team: Zu Beginn unserer Social-Media-Arbeit haben wir uns alle Kanäle genau angeschaut und analysiert, was zu uns passt und was nicht. Natürlich müssen wir immer die personellen Kapazitäten im Blick haben. Wir können mit einem kleinen Team nicht auf allen Kanälen vertreten sein. Zu Beginn haben wir mit Snapchat geliebäugelt, mussten uns dann aber eingestehen, dass der Aufbau sowie die regelmäßige und sinnvolle Pflege des Kanals unsere Ressourcen übersteigen würden. Generell experimentieren wir gern, wenn die Zeit es zulässt, und schauen uns nach neuen Wegen und Möglichkeiten um.

Unser letzter Social-Media-Neuzugang war LinkedIn.Dort geht es um die Kommunikation von Branchenthemen, die für Entscheider und Leistungsträger im Tourismus interessant ist. So bleibt es immer wieder spannend, und wir erfinden uns in regelmäßigen Abständen neu. Zudem haben wir uns auch in Form von Ads-Schaltungen auf TikTok ausprobiert, ohne dort einen eigenen Account zu haben. Unser Ziel war es, die sehr junge Zielgruppe im Alter von 18 bis 24 Jahren zu erreichen. Dabei konnten wir eine sehr hohe Reichweite bei dieser Zielgruppe generieren: Auch die CPC waren günstiger als die durchschnittlichen CPC bei Facebook und Instagram Ads. Die Interaktionen unter den Videos ließen jedoch zu wünschen übrig. Auch Link-Klicks, die wir erzielen wollten, um auf die Inhalte unserer Website aufmerksam zu machen, waren eher rar. Wir sind froh, uns auf der Plattform ausprobiert zu haben. Uns ist dabei noch klarer geworden, dass sich die Community stark von anderen Kanälen unterscheidet und dass der gespielte Content, ob bezahlt oder nicht, noch stärker an die Zielgruppe angepasst werden muss.

Haben Sie in der Vergangenheit einen Kanal an den Nagel gehängt? Stellen Sie regelmäßig Ihre existierenden Präsenzen auf den Prüfstand?

Social-Media-Team: Foursquare war ein Thema, das wir angefangen haben, dann blieben aber Erfolg und Reichweite aus, und wir haben uns davon wieder verabschiedet. Dasselbe ist mit Google+ passiert, dort hatten wir unseren Account lange vor der offiziellen Schließung aufgegeben, weil Aufwand und Nutzen nicht mehr im Verhältnis standen. Zudem beobachten wir stetig, wie sich Reichweite und Interaktionen auf den Kanälen verhalten, und versuchen, durch etwaige Neujustierungen immer den größtmöglichen Nutzen der Kanäle sicherzustellen.

Welche Ihrer Social-Media-Kampagnen war bislang am erfolgreichsten, und was waren rückblickend betrachtet die entscheidenden Erfolgsfaktoren?

Social-Media-Team: Unsere Kampagne *One Night Stand – Deine Nacht mit NRW* hatte Instagram als Leitmedium. Sie richtete sich an fotoaffine Menschen. Wir geben darin Tipps für besondere Fotospots, binden User-generated Content ein und setzen in den Werbemaßnahmen auf alle gängigen Formate und Möglichkeiten, die Instagram bietet. Flankierend haben wir die Kampagne auch auf Facebook ausgespielt. Dieser Fokus auf Social Media hat uns in den ersten acht Wochen Laufzeit eine Reichweite von vier Millionen beschert – ein riesiger Erfolg, mit dem wir nicht gerechnet hatten. Auch für künftige Kampagnen möchten wir Learnings dieser Kampagne anwenden, das heißt Content sehr spitz für die Zielgruppe aufbereiten, sich auf Kanäle fokussieren und den Mut haben, Neues zu wagen.

Liebes Social-Media-Team, wir danken Ihnen herzlich für das Gespräch und den Blick hinter die Kulissen von DeinNRW/Tourismus NRW.

Auch wenn es Pinterest schon seit 2010 gibt, ist die Plattform zuletzt stärker in den Fokus des Social Media Marketing gerückt. Seit die Sichtbarkeit auf Facebook und Instagram durch Veränderungen im Algorithmus leidet, suchen viele Unternehmen nach Alternativen. Pinterest präsentiert sich als verlässlicher Lieferant für Traffic und zeigt Produktfotos in einem angenehmen Umfeld. Erleichtern Sie Ihren Nutzer:innen das Pinnen, indem Sie den Merken-Button in Ihre Website oder Ihren Webshop einbinden.

Tipp ▶ Wer bei neuen Trends für Pinterest vorne dabei sein möchte, sollte regelmäßig auf der Seite *https://business.pinterest.com/de/content/pinterest-predicts/* vorbeischauen. Pinterest prognostiziert dort die Trends von morgen.

Flickr (SmugMug): klassisches Fotosharing mit langer Tradition

Als Portal zum Teilen von Fotos gegründet, ist Flickr mittlerweile eine der größten Websites für Foto- und Videofans mit professionellem Anspruch sowie für Unternehmen.

Im Jahr 2018 verkaufte Yahoo! die Fotoplattform an *SmugMug*. SmugMug ist ein 2002 gegründeter professioneller Fotosharing-Dienst für visuelle Storyteller, die ihre Arbeit präsentieren und über die Plattform Fotos verkaufen.

Abbildung 9-36 ▼ Flickr ist Fotoplattform, Suchmaschine und soziales Netzwerk in einem.

Für Ihr Marketing profitieren Sie von einer internationalen Community. Weltweit zählt Flickr 100 Millionen monatliche Nutzer:innen. Flickr ist auch eine Suchmaschine für Fotos und mit zwei Millionen Gruppen eine Social Community, in der geteilt, bewertet und kommentiert wird. Sie können als Privatperson und Unternehmen auf Flickr Ihre Bilder publizieren und den Kanal für die Berichterstattung über Veranstaltungen nutzen.

Im Rahmen der kostenfreien Basismitgliedschaft können Sie bis zu 1.000 Fotos oder Videos ablegen. Dabei gelten Beschränkungen hinsichtlich der Dateigrößen, und auf dem Account wird Werbung angezeigt.

Flickr im Marketingeinsatz

Flickr eignet sich, um eigene Fotos und Videos zu verbreiten sowie als Inspiration und Recherchewerkzeug, wenn Sie Bildmaterial für Ihr Social Media Marketing suchen.

Wahlen Sie für Ihr Profil Ihren üblichen Benutzernamen sowie das Profilbild, das Sie auch in anderen Netzwerken verwenden, damit die Nutzer:innen Sie wiedererkennen. Flickr erzeugt eine personalisierte URL (*http://www.flickr.com/photos/ihrname*), die Sie nicht mehr ändern können. Nach der Anmeldung können Sie Bilder hochladen und Ihr Profil ausfüllen. Schauen Sie parallel, welche anderen Accounts Sie auf der Plattform bereits kennen.

Beachten Sie die Community-Regeln, die sich für Basis- und Premiummitglieder unterscheiden.[23] Um sich vorzustellen und für die eigenen Produkte zu werben, ist Ihre Profilseite der richtige Ort, sofern Sie die kostenpflichtige Premiummitgliedschaft *flickrpro* abschließen. Mit ihr profitieren Sie von unbegrenztem und werbefreiem Speicherplatz sowie von Statistiken und Rabatten auf Adobe-Software.

◀ Tipp

Wer zu Flickr auf dem Laufenden bleiben möchte, kann das offizielle Blog lesen: *http://blog.flickr.net/en*. Hilfreich sind auch die Diskussionen im deutschsprachigen Forum: *https://www.flickr.com/help/forum/de-de/*.

Versehen Sie Ihre Fotos mit einer aussagekräftigen Beschreibung sowie relevanten Keywords. Recherchieren Sie vorab, welche Begriffe (Tags) in den Communitys Ihrer Zielgruppen verwendet werden. Tags, die bei Flickr beliebt sind, finden Sie unter *http://www.flickr.com/photos/tags*. Sie können Ihre Bilder zu einem *Album* (im Englischen *set*) zusammen-

23 *https://www.flickr.com/help/guidelines/*

fassen. Gestalten Sie ein Album mit Produktbildern oder für eine Community-Veranstaltung in Ihrem Unternehmen.

Tipp ▶ Bei *Flickr-Gruppen* (*http://www.flickr.com/groups*) handelt es sich um Alben, zu denen alle Mitglieder etwas beisteuern können (während zu Ihren persönlichen Alben nur Sie beitragen können). In den Gruppen wird auch diskutiert. Sie können selbst Gruppen gründen und andere User zum Mitsammeln aufrufen.

Durch seine breite Zielgruppe hat Flickr Potenzial, wird aber noch immer wenig für die Markenbildung eingesetzt. Wer hochwertige Fotos zu bieten hat, ohne gleich die »Werbekeule« zu schwingen, kann auf Flickr Reichweite generieren. Auch Medienvertreter nutzen Flickr, um über Unternehmen und Marken zu recherchieren.

Die Creative Commons bei Flickr

Auf Flickr können Sie Bilder mit einer Creative-Commons-Lizenz versehen. So entsteht ein großer Pool an frei verwendbaren Fotografien. Auf die *Creative Commons*, kurz CC, gehen wir in Kapitel 6 ein.

Die CC-Lizenzen haben für Sie als Unternehmen ein interessantes Potenzial:

- Sie können aus Millionen gemeinfreier Fotos jene heraussuchen, die Sie für Ihr Social Media Marketing gut nutzen können. Achten Sie dabei immer auf die Lizenzbedingungen der Weitergabe.
- Sie möchten, dass sich die Fotos Ihrer Produkte, Veranstaltungen oder Ihrer neuen, witzigen Werbekampagne verbreiten? Dann wählen Sie mit Bedacht die richtige CC-Lizenz.

Als Tourismusverband oder Amt für Stadtmarketing können Sie attraktive Bilder von Sehenswürdigkeiten oder Landschaften Ihrer Region hochladen und zur Nutzung freigeben. Als Biobauer zeigen Sie Pflanzen und Erde im Wechsel der Jahreszeiten und als Autohersteller Maschinen, Roboter und Fabrikhallen. All das lässt sich gut in Szene setzen: Gehen Sie mit offenen Augen durch Ihren Unternehmensalltag.

Weitere Fotoportale

Die App *Vero* wurde 2018 als Konkurrenz von Instagram diskutiert. Seither ist von Vero nur noch wenig zu hören. Die App verfolgt den Ansatz, keinen Algorithmus zu installieren, keine Nutzerdaten zu verkaufen und keine Werbung zu schalten. Vero fristet – ähnlich wie die sozialen Netzwerke Ello oder Mastodon – weiter ein Nischendasein.

Auf weiteren Fotoportalen können Sie Bilder einstellen, sich mit anderen Fotograf:innenen austauschen oder nach Fotos für Ihr Social Media Marketing suchen.

Photobucket (http://www.photobucket.com)
: In der kostenfreien Nutzung von *Photobucket* können Sie bis zu 250 Fotos ablegen. Im Rahmen kostenpflichtiger Abomodelle können Sie Fotos verlinken und die Bilder auf Seiten von Drittanbietern verwenden, etwa auf Marktplätzen oder in Blogs und Foren.

Ipernity (http://www.ipernity.com/)
: *Ipernity* versteht sich als nicht kommerzielle Alternative zu Flickr und größten Onlinefotoklub der Welt. Seit 2017 wird die Plattform als Non-Profit-Organisation geführt. Neben drei Varianten der kostenpflichtigen Mitgliedschaft (Basis/Standard/Plus) gibt es eine kostenfreie mit der Einschränkung, maximal 100 Bilder hochladen zu können. Mit Standard und Plus können Sie Ihre Seite individuell gestalten.

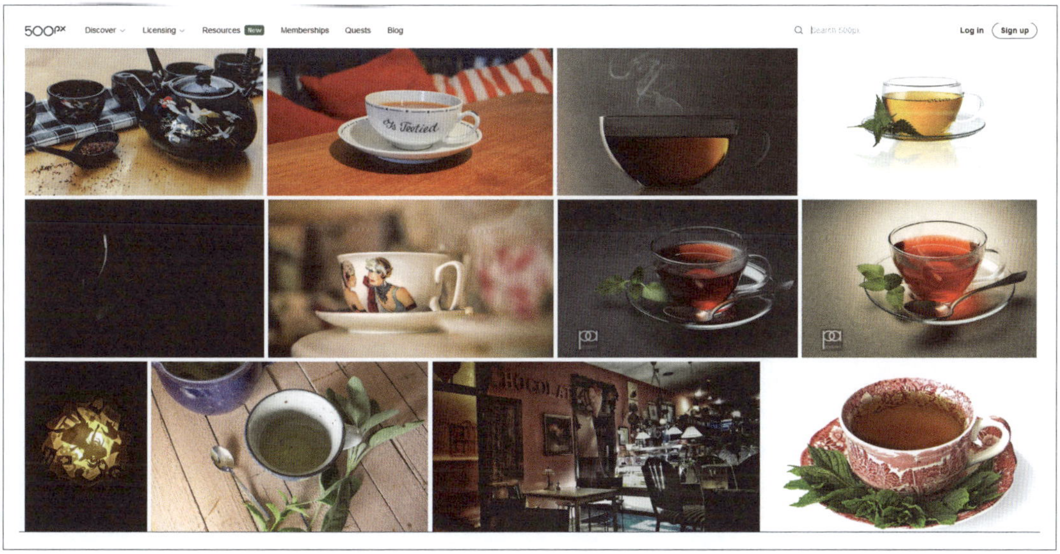

▲ Abbildung 9-37
Die beispielhafte Suche nach »Teetasse« bei 500px

500px (https://500px.com/)
: Das Motto der Fotocommunity lautet: »In der *500px*-Community kann man sein Netzwerk erweitern, sich fotografisch weiterentwickeln und nebenbei noch Geld verdienen.« Für Einsteiger:innen gibt es eine kostenfreie Mitgliedschaft und für professionelle Nutzer:innen eine Premiummitgliedschaft in den Varianten Awesome und Pro. Die Foto-Uploads für nicht zahlende Mitglieder sind begrenzt.

Unsplash (https://unsplash.com/)

Unsplash ist eine kleinere Fotoplattform mit einem breiten Angebot kostenfreier und hochwertiger Fotos. Besonders Stillleben und Naturaufnahmen werden in großer Vielfalt angeboten.

fotocommunity (https://www.fotocommunity.de/)

Die *fotocommunity* nutzen professionelle und Hobbyfotografen, um ihre Fotos zu zeigen und zu verkaufen. Die Plattform hat eine kostenfreie und verschiedene Premiummitgliedschaften (Basic/Pro/World). Premiummitglieder können mehr Fotos hochladen und profitieren beispielsweise von Onlinefotokursen.[24]

Pixabay (https://pixabay.com/de/)

Die Fotoplattform *Pixabay* bietet mehr als eine Million hochwertige Bilder und Videos. Diese werden kostenfrei unter der Creative-Commons-Lizenz CC0 zur Verfügung gestellt. Sie können damit auch für kommerzielle Zwecke genutzt werden. Ein Rechtsrisiko bleibt, da möglicherweise Fotos eingestellt werden, ohne dass der Fotograf und Urheber der gemeinfreien Verwendung zustimmte. Rechtliche Risiken bestehen auch, wenn Personen oder öffentliche Gebäude zu sehen sind.

Adobe Stock (https://stock.adobe.com/de/)

Adobe erwarb 2015 *Fotolia* und konsolidierte das Angebot, sodass die meisten Fotolia-Bilder transferiert wurden. Adobe bietet kostenpflichtige Abonnements und Credit-Packs für Stockfotos an.[25]

Shutterstock (https://www.shutterstock.com/de/)

Shutterstock ist ein kostenpflichtiger Anbieter von Stockfotos. Shutterstock bietet verschiedene Pakete mit Bildern für Einzelpersonen, Teams oder Konzerne an.

Google Photos (https://www.google.com/photos/about/)

Google Photos bietet kostenfrei unbegrenzt Speicherplatz für Bilder und Videos und sortiert sie automatisch. Sie können die Fotos bearbeiten und Ihre Alben mit anderen Nutzern teilen. Über Ihr Google-Konto können Sie von überall über die App oder den Browser darauf zugreifen.

Pexels (https://www.pexels.com/de-de/)

Die deutsche Plattform *Pexels* bietet kostenfreie Stockfotos, bei denen eine Namensnennung des Fotografen nicht erforderlich ist. Die Fotos eignen sich als Hintergrundbilder oder Coverfotos, und Sie finden dort attraktive Porträtfotos.

---

24 *https://www.heise.de/tipps-tricks/7-Flickr-Alternativen-4924174.html*

25 *https://stock.adobe.com/de/plans*

iStock by Getty Images (https://www.istockphoto.com/de)

Bei *iStock* handelt es sich um eine kostenpflichtige Plattform für Stockfotos, -grafiken und -videos. Sie können ein Abonnement abschließen oder ein Credit-Paket kaufen.

Denken Sie daran, dass Fotoplattformen auch Suchmaschinen sind. Achten Sie auf die Lizenzierung, damit Sie bei der Verwendung von Fotos, beispielsweise Stockbildern, in Social Media keine rechtlichen Probleme bekommen. Was Sie dabei beachten müssen, erfahren Sie in Kapitel 15.

Zusammenfassung

Aussagekräftige Bilder mit attraktiven Motiven wecken Emotionen und ermöglichen visuelles Storytelling. In jedem Unternehmen finden sich außergewöhnliche Motive – nutzen Sie den Ideenreichtum Ihrer Kolleginnen und Kollegen. Ihr Fotomaterial können Sie durch Bilder von Fotosharing-Sites ergänzen, achten Sie auf die nötigen Lizenzen und verzichten Sie auf langweilige und austauschbare Stockfotos.

Beim visuellen Social Media Marketing geht es darum, dass Sie Ihren eigenen Stil finden. Ihre Bilder sollten einen hohen Wiedererkennungswert bieten, sodass Sie nicht mit Wettbewerbern verwechselt werden. Posten Sie nicht nur stylishe Produktbilder, sondern gewähren Sie auch einen Blick hinter die Kulissen. Zeigen Sie Menschen und Gesichter sowie Ihre Produkte im Einsatz.

Haben Sie ein Auge darauf, welche Plattformen Ihre Community nutzt. Qualitativ hochwertige Fotos sind besonders interessant für das soziale Netzwerk Instagram und die »soziale Suchmaschine« Pinterest. Für »Quick-and-dirty«-Fotos aus dem Unternehmensalltag haben sich die flüchtigen Stories auf Instagram und Facebook etabliert. Auf Snapchat können die Aufnahmen spielerisch und spontan gestaltet werden, da es sich um Ephemeral Content handelt. Flickr und weitere Fotosharing-Sites lassen sich für die Verwaltung von Fotos und den Austausch mit anderen Fotograf:innen nutzen.

Fotoplattformen bieten die Möglichkeit, Bilder weiterzugeben. Achten Sie auf die Nutzungs-, Werbe- und Community-Regeln der einzelnen Plattformen. Berücksichtigen Sie gleichzeitig die »ungeschriebenen« Regeln der Social-Media-Kanäle, damit die Community Sie akzeptiert. Wie Sie in den Praxisbeispielen gesehen haben, ist die Interaktion mit Fans und Influencer:innen sowie die Verknüpfung von online und offline wichtig für ein erfolgreiches Social Media Marketing. Laden Sie Ihre Fotos auch auf Ihrer eigenen Website oder in Ihr Blog hoch.

KAPITEL 10

Social Video Marketing: Videos, Stories und Livestream

In diesem Kapitel:

- Marketing mit Videos
- YouTube: der Marktführer für Videos
- TikTok
- Twitch: nicht mehr nur für Gamer
- Weitere Videoportale
- Instagram: Videos, Ephemeral Content und Livestream
- Facebook: Live, Stories und Watch
- LinkedIn: Videos und Livestream
- Twitter: Videos und Live
- Zusammenfassung

Menschen lieben es, Inhalte zu hören und zu sehen. Bei der Untersuchung von 105 Millionen Facebook-Posts durch Quintly waren Videos die klare Nummer eins, was die wichtige Währung der Interaktionen anbelangt.[1] Mit einem fesselnden Einstieg, der richtigen (Werbe-)Botschaft und kreativem Storytelling verankern Videos Ihre Inhalte schnell und nachhaltig. Sie stärken die Marke und machen sie erlebbar. Dabei lösen *Social Videos* Emotionen aus, und die Zuschauenden teilen die Filme mit ihrem Netzwerk. Kreative und authentische Videokünstler:innen sind Superstars auf Plattformen wie YouTube, TikTok oder Instagram.

In diesem Kapitel zeigen wir, wie wichtig Videos für das Social Media Marketing sind. Wir schauen uns an, was es für die Produktion erfolgreicher Videos zu beachten gilt. Neben dem Marktführer YouTube betrachten wir TikTok und Twitch sowie Videos, Livestreaming und Stories auf weiteren Social-Media-Plattformen. Entscheiden Sie sich für Social Video Marketing, wenn sich Ihre Produkte und Serviceleistungen gut in Bewegtbilder umsetzen lassen. Sie können Videos in Ihre Website einbinden, für Facebook nutzen oder einen Kanal bei YouTube oder TikTok aufbauen. Verzetteln Sie sich nicht und starten Sie zunächst auf einer Plattform.

Haben Sie eine junge Zielgruppe, kommen Sie an Videos kaum vorbei. Doch haben Sie auch eine Fülle von Ideen, oder geht Ihrer Kreativität nach einigen Videos die Luft aus? Zudem lässt sich nur mit genau definierten Zielen entscheiden, welche Inhalte in welcher Form präsentiert werden sollen. Livestreams führen häufig zu einer längeren Verweildauer und mehr Interaktion.

1 *https://www.wuv.de/digital/facebook_videos_ein_muss_fuer_hohe_interaktion*

Tipp ▶ Von wenigen Ausnahmen abgesehen empfehlen sich kurze Videos. Vermitteln Sie darin den Zuschauenden in den ersten drei Sekunden Ihre Botschaft oder zeigen Sie Ihr Produkt.

Mit der erschwinglichen und einfach verfügbaren Basisausrüstung können selbst kleine Unternehmen und Soloselbstständige Video-Content produzieren. Der Startpunkt ist wieder die durchdachte Strategie.

Marketing mit Videos

Erarbeiten Sie eine langfristig angelegte Strategie und analysieren Sie, ob und wie Video-Content zu Ihren Marketingzielen passt. Wollen sie Ihre Marke stärken, Mitarbeitende gewinnen oder Kund:innen anlocken? Wir empfehlen, mit Personas zu arbeiten, um Ihre Zielgruppe klarer vor Augen zu haben und gezielt anzusprechen.

Hinweis ▶ In Kapitel 2 nennen wir Merkmale, anhand deren Sie eine Persona bestimmen können. Mit Blick auf Zielgruppe und Persona wird klar, welche Videoformate, Themen und Plattformen sich am besten eignen.

Videos sind beliebt, um schnell Unterhaltung und Informationen zu konsumieren, sofern ihre Qualität stimmt und sie für die Zuschauenden relevant sind. Der Platzhirsch YouTube hat sich zur Hauptanlaufstelle und zum Gattungsbegriff von Bewegtbild-Content gemausert.

Abbildung 10-1 ▶ Wer schaut Videos?[2]

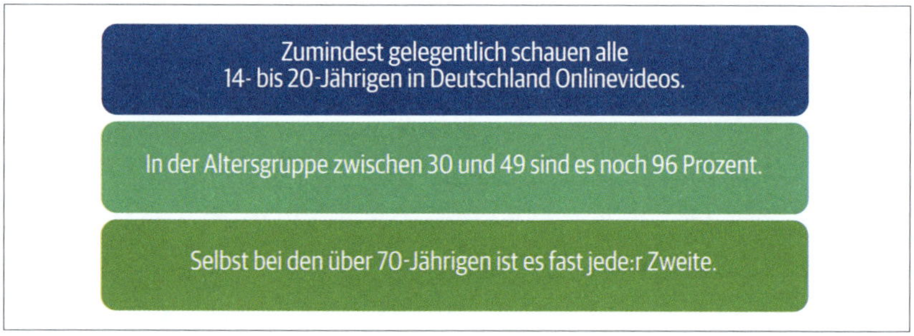

Die Bedeutung des linearen Fernsehens geht zurück. Insbesondere jüngere Menschen bevorzugen Streaming-Plattformen und Mediatheken oder schauen Videos auf YouTube, TikTok, Instagram, Snapchat oder Twitch. Im Vergleich zu teurer Werbung im TV zeichnen sich Onlinevideos durch geringere Streuverluste aus. Fernsehzuschauer unterhalten sich zudem oft in Werbepausen, füllen Chips auf oder gehen ins Bad.

2 *https://www.ard-zdf-onlinestudie.de/ardzdf-onlinestudie/videonutzung-online/*

Verkaufen Sie erklärungsbedürftige Produkte, ist ein knackiges Ratgebervideo oder eine filmische Gebrauchsanweisung anschaulicher als langwierige Texte. Stellen Sie Wissen für Ihre Zielgruppe bereit, zum Beispiel als Tutorial.

◀ **Tipp**

Binden Sie Videos klug in Ihr Content Marketing ein und setzen Sie Filme gezielt für Touchpoints auf der Customer Journey Ihrer Kund:innen ein.

Sie sind nicht sicher, ob Ihr Unternehmen über geeignete Inhalte verfügt, um erfolgreich Videos zu produzieren? Führen Sie intern ein Brainstorming durch und sammeln Sie Themen. Wie wäre es mit folgenden Ideen:

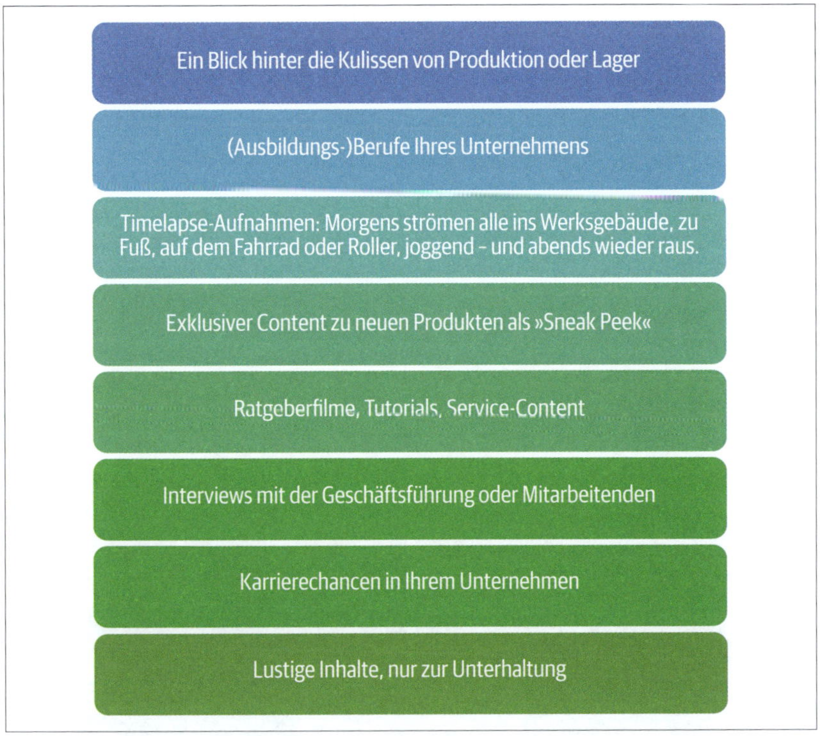

◀ **Abbildung 10-2**
Ideensammlung für Unternehmensvideos

Auf Facebook starten Videos unvermittelt durch die Funktion *Autoplay*. Wird die Botschaft sofort klar und macht neugierig, schauen die Menschen zu, ansonsten klicken sie schnell wieder weg. Wer auf Ihrer Website ein Video anklickt, bringt Ihren Themen bereits Interesse entgegen und hat mehr Geduld.

Informieren Sie sich rund um Videos zum Urheber- und Persönlichkeitsrecht sowie zu Jugendschutzfragen. Hinweise zu Rechtsfragen im Social Web finden Sie im letzten Kapitel dieses Buchs.

◀ **Achtung**

Wie erstelle ich ein Video?

Sie brauchen eine durchdachte Strategie und das Verständnis für Ihre Zielgruppe. Außerdem hilft Spaß am Videodreh sowie eine kreative und möglichst neue Idee und die passende Ausrüstung, um sie umzusetzen. Finden Sie als Soloselbstständige:r heraus, was für ein Typ Sie sind: eine »Rampensau« oder eher ein zurückhaltender Charakter?

Tipp ▶ Zeigen Sie in Ihren Videos einen aufgeräumten Hintergrund mit Elementen, die Sie und Ihre Marke stärken. Ein guter Ton wirkt professionell und verschafft Ihnen Glaubwürdigkeit.

Für einen guten Ton empfiehlt sich:

- Richtmikrofon, Tisch- oder Ansteckmikrofon mit Kabel.
- In einem ruhigen Raum reicht ein gutes Smartphone-Mikrofon aus.
- Nutzen Sie bei Bedarf Schaumstoff als Schallabsorber.

Tipp ▶ Wählen Sie für Außenaufnahmen einen bewölkten Tag oder gehen Sie in den Schatten. Drehen Sie im Innenraum, stellen Sie am besten eine Tageslichtlampe vor die sprechende Person.

Das Filmen ist mit überschaubaren Investitionen möglich, wie die Hinweise zur Ausrüstung in Abbildung 10-3 zeigen.

Abbildung 10-3 ▶ Welche Ausrüstung brauchen Sie für den Videodreh?

Schnittprogramme gibt es für jedes Budget, von kostenfreien oder günstigen Lösungen wie Movie Maker oder DaVinci Resolve bis zu einer Anwendung für Profis wie *Adobe Premiere Pro*.

◀ **Hinweis**

Für eine gute Beleuchtung empfiehlt sich:

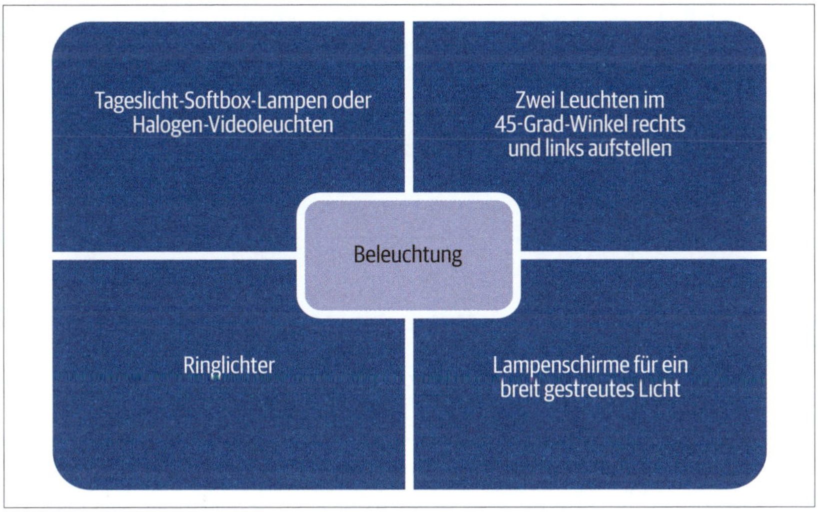

◀ **Abbildung 10-4**
Die passende Beleuchtung für den Videodreh

Ringlichter eignen sich für Brillenträger etwas weniger gut. Probieren Sie daher Ringlichter mit dimmbarer Helligkeit und einstellbarer Farbtemperatur.

◀ **Tipp**

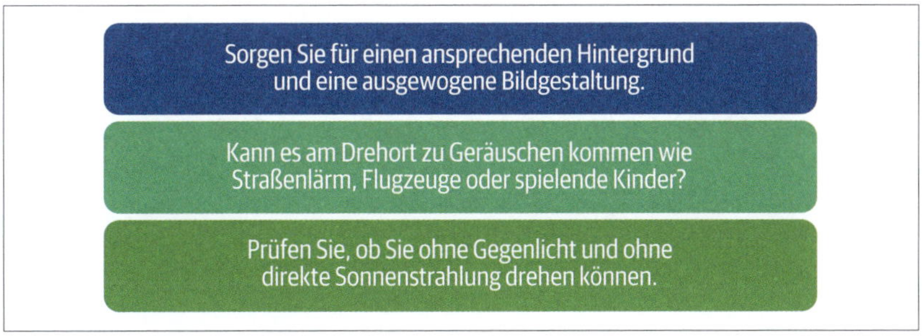

◀ **Abbildung 10-5**
Der Außendreh

Das Set für den Innendreh einrichten

- Schaffen Sie einen gut unterscheidbaren Vorder- und Hintergrund mit homogenen Farben und einen ruhigen Bildaufbau.
- Arbeiten Sie mit dem gleichen Set für alle Videos. Das Set sollte Ihr Thema widerspiegeln und für einen Wiedererkennungseffekt sorgen.

Professionelle externe Unterstützung

Profis erstellen Ihnen technisch einwandfreie Aufzeichnungen. Das fertige Produkt muss authentisch sein: Das Video wird nur erfolgreich, wenn Ihre Handschrift erkennbar ist. Von einer komplett externen Produktion ist daher meist abzuraten.

Der Blick hinter die Kulissen

Ob Fabrik, Theater oder Einzelhandel: Bieten Sie den exklusiven Blick hinter die Kulissen. Begleiten Sie das Firmensommerfest, den ersten Einsatz eines Roboters, den Bezug neuer Firmenräume – oder erzählen Sie die Geschichte der Unternehmensgründung in mitreißenden Bildern. Stellen Sie interessante Cases Ihrer Kundschaft vor oder außergewöhnliche Hobbys Ihrer Mitarbeitenden.

Tipp ▶ Mitarbeitende sind gute Markenbotschafter und haben oft hervorragende Ideen. Vielleicht gibt es ein bislang unentdecktes Talent, das sich gut mit Videos auskennt?

Drehbuch und Storyboard vorbereiten

Mit ausreichend Budget können Sie sich beim Schreiben des Drehbuchs unterstützen lassen. Gehen Sie alle Szenen durch und überlegen Sie, welche Akteure und welches Equipment Sie benötigen. Legen Sie Drehorte fest, organisieren Sie Genehmigungen und prüfen Sie Lichtverhältnisse und Akustik.

Die hohe Kunst des Storytellings

Spannende Geschichten erzählten sich bereits die Urmenschen am Lagerfeuer. Ansprechende und leicht verständliche Erzählungen transportieren Emotionen und brennen sich direkt in Herz und Gehirn. Menschen merken sich den Inhalt und die Botschaft besser und machen ihre Freunde auf die Geschichte aufmerksam. Die Geschichte sollte nicht zu vorhersehbar verlaufen, sondern etwas Dramatisches beinhalten, zum Beispiel einen Konflikt mit einem Gegenspieler, den der Held der Geschichte löst.

Hinweis ▶ Beachten Sie, dass Videos überwiegend am Smartphone geschaut werden, und verwenden Sie eher das als dynamisch geltende Hochformat. Im Querformat können Sie in die Breite gestikulieren und Ihre Umgebung wirken lassen. Das Querformat wirkt näher und transportiert mehr Emotionen. Sie können als Kompromiss auch ein quadratisches Video erstellen.

Welche Länge sollten Videos haben?

Zuschauende haben eine kurze Aufmerksamkeitsspanne, und die Konkurrenz durch andere Videos ist groß. Sorgen Sie in den ersten drei Sekunden für einen fesselnden Einstieg und erklären Sie, worum es in dem Video geht. Für ein Servicevideo bringen die Menschen wenig Geduld mit und suchen die schnelle Antwort. *How-to-Videos* dürfen länger sein, wenn sie leicht verständlich und Schritt für Schritt erklären. Gut gemachte Vlogs, Shows, Comedy und Diskussionsrunden können ebenfalls länger sein. Das gilt für alle Geschichten und Inhalte, die sich tragen und nicht in die Länge gezogen werden. Beschränken Sie sich auf eine kurze und knappe Hauptaussage. Vermitteln Sie Ihre Kernbotschaft dreimal: zu Beginn, im Verlauf und am Ende. So bleibt sie im Gedächtnis der Zuschauenden haften. Achten Sie auf die Laufzeit erfolgreicher Videos der Konkurrenz. Experimentieren Sie mit der Laufzeit und testen Sie, welche Länge bei Ihrer Zielgruppe am besten ankommt.

▲ **Abbildung 10-6**
Die YouTube-Videos der Zeitschrift »kraut und rüben« geben Tipps für Hobbygärtner.

An Untertitel denken

Viele Menschen schauen Videos unterwegs und ohne Ton. Für Facebook wurde ermittelt, dass 90 Prozent Videos ohne Sound ansehen. Das mag damit zusammenhängen, dass die Standardeinstellung der meisten Social-Media-Plattformen Videos ohne Ton abspielt. Untertitel helfen zudem Menschen, die gehörlos, schwerhörig oder keine Muttersprachler:innen sind.

◀ **Tipp**

Für die Barrierefreiheit können Sie neben Untertiteln eine Audiodeskription ergänzen und das Video in die deutsche Gebärdensprache übersetzen. Weitere Tipps für barrierefreie Videos finden Sie bei Aktion Mensch: *https://www.aktion-mensch.de/inklusion/barrierefreiheit/barrierefreier-videoplayer/4-tipps-fuer-dein-barrierefreies-video.*

YouTube, Facebook, TikTok und Instagram erstellen Untertitel aus der gesprochenen Sprache. Prüfen und korrigieren Sie die automatisch generierten Texte. Instagram hat 2022 automatische und KI-gestützte Untertitel für Videos im Feed gelauncht.

Der Call-to-Action (Cta) und die Endcard

Inspirieren Sie Ihre Zuschauenden bis zum Ende des Videos, damit diese auf Ihren CtA reagieren. Abhängig von Ihren Zielen führen Sie die Nutzer:innen zu einer Landingpage, Ihrer Website oder Ihrem Webshop – oder fordern sie auf, Ihren Kanal zu abonnieren. Wählen Sie den wichtigsten CtA, der gut zu dem Video passt. Überfordern Sie die Zuschauenden nicht mit mehreren Appellen. Betten Sie Ihre URL zu Beginn und am Ende des Videos ein und verweisen Sie auch in der Abmoderation auf Ihre Website oder Ihren Webshop.

Achtung ▶ Seien Sie sparsam mit Verlinkungen auf Ihre Website oder Ihren Webshop. Verlassen Zuschauende über diese Links zu häufig die Plattform, könnte YouTube die Sichtbarkeit des Videos beschränken.

Ist Ihnen Interaktion besonders wichtig, können Sie in der Endcard Fragen stellen oder um Kommentare bitten.

Definition ▶ Die *Endcard* erscheint optional am Ende des Videos und soll zur Zuschauerbindung beitragen. Animieren Sie die Zuschauenden, Ihre Website zu besuchen, Ihren Kanal zu abonnieren oder das Video zu bewerten, zu teilen oder zu kommentieren. Die Endcard kann aus einem Standbild bestehen, ein Video als Hintergrund haben oder einen externen Link enthalten. Sie können auf weitere Videos oder Ihre Playlist verweisen. Variieren Sie die Endcard, wenn Sie viele Videos hochladen. Bei einem Video pro Woche oder einer selteneren Frequenz sorgt die gleiche Endcard für den Wiedererkennungseffekt.

Erfolgskontrolle für Videos

Die Statistikfunktionen der Plattformen zeigen, wann Ihre Zielgruppe online ist und wann die meiste Interaktion erfolgt. Nutzen Sie die *Analytics* in YouTube oder die *Insights* in Facebook und Instagram, um zu prüfen, welche Videos gut angenommen werden. Analysieren Sie, ob die Zuschauenden das Video bis zum Ende betrachten, und, falls nicht, an welcher Stelle sie abspringen.

Wie häufig sollten Sie Videos veröffentlichen?

Auf jeden Fall regelmäßig. Ein Video pro Woche ist eine gute Frequenz, um sich Reichweite aufzubauen und nicht in Vergessenheit zu geraten. Bei einem Wochenrhythmus empfiehlt es sich, den gleichen Wochentag zu wählen. Welcher Tag sich dafür am besten eignet, hängt von Ihrer Zielgruppe ab. Bei einer monatlichen Frequenz ist es ebenfalls sinnvoll, die Veröffentlichung für einen festen Tag zu planen.

Werbevideos ja – aber bitte nicht zu werblich!

Die Menschen klicken weg, wenn Produkte zu offensichtlich vermarktet werden. Sie wollen einen Mehrwert, wobei lustige Inhalte gut funktionieren. So hat Conrad Electronics Millionen für seinen »Anti-Weihnachts-Spot« begeistern können. Doch machen wir uns nichts vor, hinter solchen Videos stecken teuer bezahlte kreative Köpfe und einiges an Budget. Möchte Ihr Unternehmen Interessenten einer Nische erreichen und kein Massenpublikum ansprechen, müssen Sie nicht so viel Aufwand betreiben.

Der Wiedererkennungseffekt

Als Soloselbstständige:r sind Sie Ihre Marke. Dazu können neben dem Set ähnliche Kleidung, Ihr Logo, gleiche Farben oder Motive beitragen. Das gleichbleibende Intro sollte kurz und prägnant sein, farblich ansprechend und mit den gleichen Tönen/der gleichen Musik unterlegt.

◄ Achtung

Wenn Sie Ihre *Videos mit Musik* untermalen wollen, sichern Sie sich in der DACH-Region die Rechte bei den Verwertungsgesellschaften GEMA (*https://www.gema.de/musiknutzer.html*), AKM (*http://www.akm.at/Musiknutzer/*) oder SUISA (*http://www.suisa.ch/de/kunden/*) oder besorgen Sie lizenzfreie Musik. Mehr zu den rechtlichen Aspekten der Creative-Commons-Lizenzen finden Sie in Kapitel 15.

Die Kunst des Videobloggens

Das Gespräch von Angesicht zu Angesicht ist wirkungsvoller als das geschriebene Wort. Deshalb hat sich das Videobloggen zu einer wichtigen Marketingstrategie entwickelt. Es gibt videobloggende Journalisten wie Tilo Jung (*https://www.youtube.com/c/tilojung*), Beautybloggerinnen wie Julia Beautx mit ihrem Kanal BeautxVlogs[3] oder DIY-Videoblogs. Der Naturwissenschaftler Marcel hat sich mit seinen Experimenten auf dem Chemievlog *Techtastisch* (*https://www.youtube.com/user/Techtastisch*) eine große Fangemeinde aufbauen können.

Videoblogs bieten sich für erklärungsbedürftige Produkte oder Dienstleistungen an. Wir wissen durch die »Sendung mit der Maus«, dass Menschen neugierig sind und gern etwas lernen. Alt und Jung schauen begeistert zu, wenn sich die Maus exklusiv Herstellungsprozesse anschaut.

Für KMUs und Soloselbstständige sind YouTube, TikTok, Twitch und Instagram geeignete Plattformen für Bewegtbilder. Dem YouTube-Kanal »Der Wandprofi«[4] des Handwerkers und Malers Andreas Neufeld folgen über 67.000 Fans. In seinen Videos stellt er anschaulich Fachthe-

3 *https://www.youtube.com/c/BeautxVlogs/*

4 *http://bit.ly/2Uhdg57*

men vor und gibt seinen Zuschauern Tipps. Noch flotter präsentiert sich der Maler und Lackierer Florian Heise alias *@DerMaler* auf YouTube. Mit seinem unkonventionellen Auftreten hat er über 170.000 Abonnenten gewonnen: Seine Videos mit Tipps zum Heimwerken sehen Hunderttausende.

Abbildung 10-7 ▲ Der Naturwissenschaftler Marcel zeigt auf YouTube Experimente.

Der Tischlermeister Jonas Winkler präsentiert sich mit seinen YouTube-Videos potenziellen Kund:innen als kompetenter Schreiner. Auf seinem Hauptkanal zeigt er Projekte und gibt Tipps. Dazu gehören Themen wie »Wie baue ich ein Hochbeet?« oder »Wie verwerte ich Restholz?«. Bei Restaurierungen erzählt er die spannende Geschichte eines Werkstücks. Jonas Winkler hat mit *@Werktag* einen zweiten Kanal aufgebaut, um als Vlogger einen ehrlichen Einblick in seinen Berufsalltag zu geben.

Auf TikTok vloggt der Anwalt Tim Hendrik Walter als *@HerrAnwalt* und erklärt in *#1MinuteJura* unterhaltsam rechtliche Themen. Das hat ihm schon weit über fünf Millionen Follower beschert. Auch auf YouTube und Instagram vermittelt er erfolgreich juristisches Fachwissen.

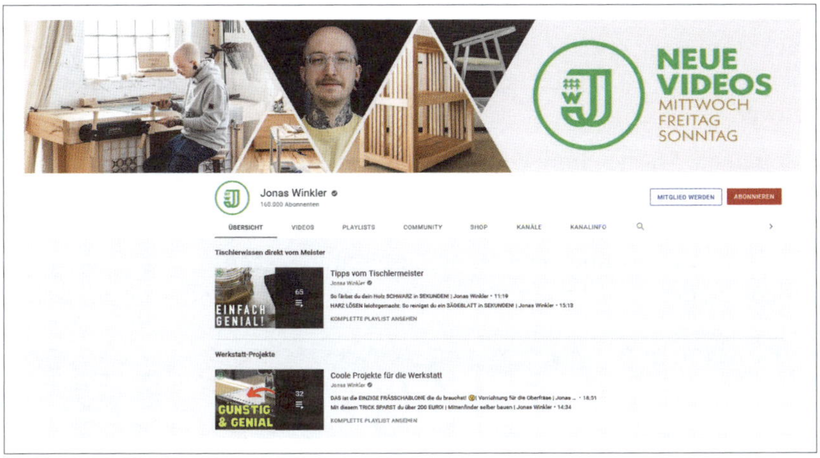

◀ **Abbildung 10-8**
Der Tischlermeister @JonasWinkler mit seinem YouTube-Kanal[5]

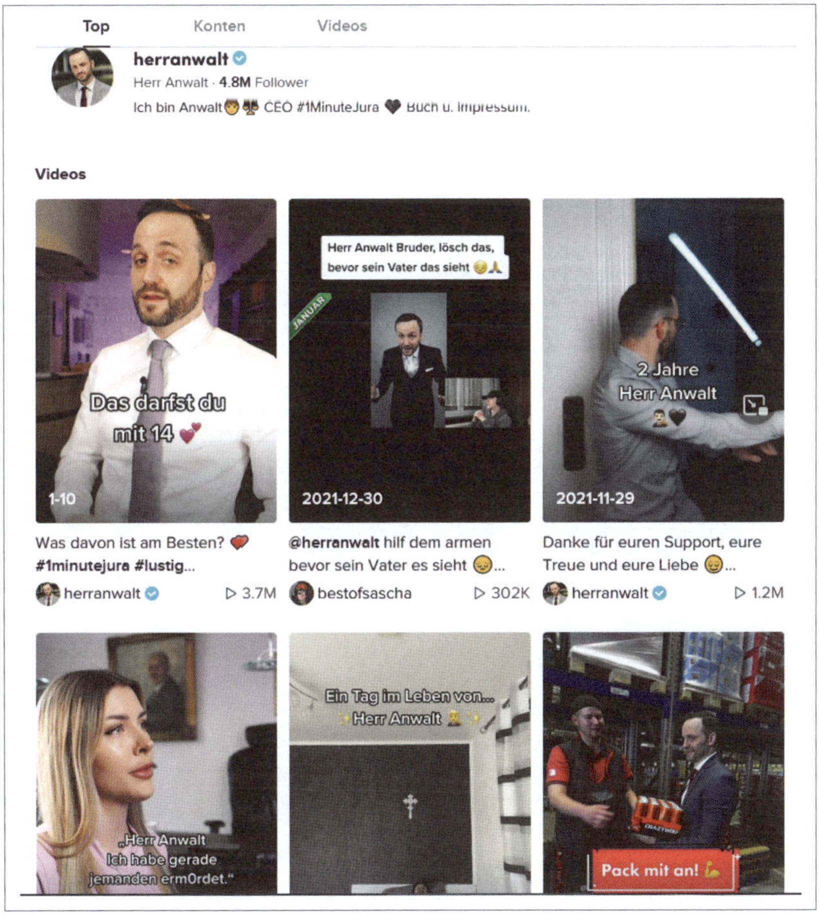

◀ **Abbildung 10-9**
Herr Anwalt auf TikTok

5 *https://bit.ly/3AxXLKt*

Erfolgreiche Videoblogger haben nicht nur kreative Ideen und einen innovativen Ansatz, sie kennen auch ihr Publikum und wissen, was dieses sucht. Zudem ist Durchhaltevermögen wichtig, denn aller Anfang ist schwer.

Mit seinen Mathe- und Physikvideos hat *#LehrerSchmidt* schon weit über eine Million Fans eingesammelt. Dank seiner ruhigen und netten Art hat er sich eine stabile Community aufgebaut. Darin beantworten die Schülerinnen und Schüler wechselseitig Fragen und verlinken auf Videos, in denen Kai Schmidt das Phänomen oder die Formel erklärt.

Abbildung 10-10 ▼ #LehrerSchmidt erklärt Mathe und Physik.[6]

Erfolgreiche Videoblogger interessieren sich für das, was ihre Fans tun, und reden mit ihnen, als seien sie im wirklichen Leben Freunde.

Tipp ▶ Machen Sie sich mit der Situation vor der Kamera vertraut: Üben Sie vor dem Spiegel oder nehmen Sie sich mit der Selfie-Funktion auf. Sie bekommen schnell ein Gefühl dafür, wo Sie hinschauen müssen und wie Sie wirken.

---

6 *https://bit.ly/3CyzVPr*

Geben Sie nicht zu viel auf Kritik und lassen Sie Beleidigungen nicht an sich heran. Sie wollen und müssen nicht jedem gefallen. Mit wachsender Reichweite hören Sie widersprüchliche Meinungen, aber Ihre Fangemeinde wird Sie auch gegen Kritiker verteidigen.

Trainieren Sie eine entspannte bis lebhafte Stimme. Sprechen Sie Ihr Publikum an, suchen Sie Blickkontakt und verstellen Sie sich nicht. Sorgen Sie für eine ruhige Kamera und einen satten Ton. ◀ **Tipp**

Sehen Sie das Videobloggen als regelmäßige Herausforderung, die Spaß macht, nicht als lästige Pflicht. Betrachten Sie es als Mittel, um mit Ihrer Zielgruppe (fast) von Angesicht zu Angesicht in Kontakt zu kommen. Das gelingt am besten, wenn Sie offen, authentisch und sympathisch wirken.

Die Community

Selbst wenn Sie mit Ihrer Marke (noch) nicht in Social Media aktiv sind, Ihre Kund:innen sind es längst. Überwachen Sie regelmäßig Videoportale, auch wenn Sie dort (noch) nicht aktiv sind.

Zeigen Sie Wertschätzung, wenn die Menschen filmen, wie sie Ihre Produkte anwenden. Die zehnjährige Bria Loveday schlug dem E-Auto-Hersteller Tesla vor, die inoffiziellen Werbevideos zu würdigen, die Teslafans gedreht haben. Elon Musk war von der Idee begeistert. Das »Projekt Loveday« startete mit einem Videowettbewerb, und Tesla zeigte große Wertschätzung den Fans gegenüber.

Bedenken Sie, dass die Community mit ihren Videos ein Unternehmen in Schwierigkeiten bringen kann. Heute haben die meisten Menschen ihr Smartphone griffbereit und filmen, sobald etwas Lustiges, Interessantes oder Schlimmes passiert. In Kapitel 4 lernen Sie Reputationskrisen von United Airlines kennen. Im ersten Fall war das professionell produzierte Video einer Band der Auslöser, im zweiten Fall viele kleine Filme, die in Social Media geteilt wurden.

YouTube: der Marktführer für Videos

Für viele Zuschauende ersetzen YouTube-Videos das klassische Fernsehen. Schauen wir uns nun den Marktführer YouTube und das Video-Marketing auf der Plattform genauer an. Das zum Alphabet-Konzern[7]

7 Aus Google wurde Alphabet: Die börsennotierte Holding wurde 2015 gegründet, und ihre bekannteste Tochtergesellschaft ist Google.

gehörende YouTube ist eine Videoplattform, ein soziales Netzwerk und nach Google die zweitgrößte Suchmaschine der Welt. Bei den Nutzerzahlen liegt die Videoplattform in Deutschland knapp vor Facebook.[8]

Die Menschen suchen gezielt nach Themen oder folgen einer Empfehlung aus ihrem Netzwerk. YouTube versucht, die Besucher lange auf der Seite zu halten. Endet ein Video, startet automatisch der nächste Film. Die Plattform wird überwiegend mobil genutzt. Trotzdem kommt das Querformat etwas besser an als Filme im Hochformat. Der Videoplayer der YouTube-App passt sich an alle Formate zwischen 9:16 (Hochformat, also vertikal) und 16:9 (Querformat) an.

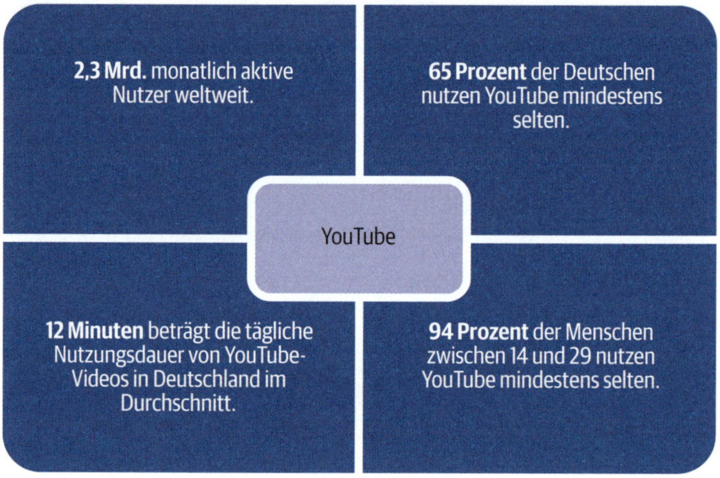

Abbildung 10-11 ▶ Daten zu YouTube weltweit und in Deutschland

Die durchschnittliche Verweildauer liegt bei den reinen Videoplattformen YouTube und TikTok vor Facebook und Instagram. Inhalte werden auf YouTube nicht nur im Vorübergehen gestreift, sondern nachhaltig konsumiert. Dazu gehören auf YouTube klassische How-to-Videos, Tutorials (»Wie flicke ich meinen Fahrradschlauch?«), Videoblogs (Vlogs) sowie Shows und Werbespots. Die durchschnittliche Videolänge liegt im niedrigen zweistelligen Bereich. Filme zwischen fünf und zwölf Minuten Länge funktionieren besonders gut.

Die Größe und Reichweite der Plattform hat auch Nachteile. Um bei der gigantischen Zahl neuer Beiträge aufzufallen, benötigen Sie hervorragende Inhalte und einen hohen Bekanntheitsgrad. Sarah Kübler führt die Agentur für YouTube- und Influencer-Marketing HitchOn. Sie bestätigt aus ihrer Erfahrung, dass es nach wie vor möglich ist, einen You-

8 *https://www.kontor4.de/beitrag/aktuelle-social-media-nutzerzahlen.html*

Tube-Kanal vollständig organisch aufzubauen – und Erfolg zu haben. Dies erfordert allerdings ein hohes zeitliches Engagement und regelmäßig hochwertigen und relevanten Content, den es kontinuierlich auf den Algorithmus zu optimieren gilt. Letzterer ändert sich regelmäßig: Behalten Sie die Entwicklungen im Blick.

Neben dem immer zu empfehlenden Beobachten und Ausprobieren helfen folgende Quellen: das offizielle YouTube-Blog *https://blog.youtube/* sowie der von YouTube-Mitarbeiter:innen betriebene Kanal *Creator Insider* (*https://bit.ly/2peDG95*). ◀ **Tipp**

Einen YouTube-Kanal eröffnen

Versuchen Sie erstmals, ein Video hochzuladen, fordert YouTube Sie auf, einen Kanal zu erstellen. Mit Ihrem Google-Konto können Sie ihn einrichten und verwalten. Zunächst übernimmt YouTube den Namen und das Foto Ihres Google-Kontos. Wollen Sie den Kanal für Ihr Unternehmen einrichten, klicken Sie auf *Unternehmensname/Sonstiger Name*. Der YouTube-Kanal sollte zur Corporate Identity Ihres Unternehmens und Ihrer Marke passen, damit Ihre Fans Sie wiedererkennen.

Verzichten Sie im Profilbild auf zu viel Schrift. Schrift kann stören, wenn das Profilbild nur klein angezeigt wird – beispielsweise wenn Sie kommentieren. ◀ **Tipp**

Laden Sie Ihr Hintergrundbild (Kanalbanner) und das Profilbild hoch.

Bauen Sie einen informativen Kanalbanner mit: ◀ **Tipp**

- dem Thema des Kanals,
- Angaben zur Frequenz des Uploads neuer Videos,
- Statements über Ihr Unternehmen und Ihre Produkte,
- der Vorstellung der Protagonisten Ihrer Videos sowie
- einem Bild, das Emotionen weckt, und Ihrem Logo.

Das Profilbild kann Ihr Logo, ein Avatar oder bei Soloselbstständigen Ihr Foto sein. Das Profilbild ist unter dem Kanalbanner und unter jedem Video zu sehen.

Abonnieren Sie andere Kanäle und beteiligen Sie sich an der Kommunikation. Holen Sie sich in den YouTube-Trends (*www.youtube.com/feed/trending*) Anregungen, welche Themen diskutiert werden und welche Videos viral gehen. Lernen Sie von den Besten.

Tipp ▶ Sie brauchen Ideen und wollen sich von YouTube-Videos inspirieren lassen? *YouTube Suggest* ist eine gute Quelle. Ähnlich wie Google Suggest geben Sie einen Suchbegriff oder Teile davon ein und schauen, wie diese vervollständigt werden. YouTube schlägt häufig verwendete Suchbegriffe vor, die mit den gleichen Buchstaben oder Wortbestandteilen beginnen.

Abbildung 10-12 ▶ Die ersten Schritte für Ihren YouTube-Kanal

YouTube Analytics zeigen, wer sich Ihr Video wie lange ansieht. Die Plattform prüft die Watchtime und welchen Anteil die Nutzer:innen geschaut haben. Somit sollte der Film möglichst bis zum Ende fesseln. Weitere Fragen sind: Von wo kommen die Zuschauenden, und sind sie neu oder wiederkehrend? Die Performance des Videos wird nach Abrufen, Erwähnungen, Zeitpunkt des Ausstiegs und demografischen Kriterien aufgeschlüsselt. Näheres zur Erfolgsanalyse finden Sie in Kapitel 3 zum Monitoring.

Sie können neben der zu- und abnehmenden Popularität erkennen, wer Ihre Videos ansieht. Vielleicht haben Sie eine Fangemeinde in einem fernen Land, oder Ihr Produktvideo gefällt den Eltern der Jugendlichen, die Sie zu erreichen versuchen. Wenn Sie regelmäßig Videos einstellen, ermöglicht Ihnen das Zahlenmaterial, noch besseren Content für Ihre Zielgruppe zu produzieren. Die Daten sind ebenfalls nützlich, um den besten Zeitpunkt für die Veröffentlichung zu wählen.

Tipps für die Video-Promotion bei YouTube

Einer der meistbesuchten Bereiche bei YouTube ist die Titelseite mit den beliebtesten Beiträgen. Landet Ihr Video unter den *Suggested Videos*, sind Ihnen zahlreiche weitere Views sicher. Wie verschaffen Sie Ihren Videos einen Platz an vorderster Stelle?

Engagement auf YouTube

Häufiges Engagement trägt zum nachhaltigen Erfolg bei. Haben Sie Freunde in diesem Netzwerk? Verfügt Ihr Kanal schon über Abonnenten, und werden Ihre Videos tatsächlich angeschaut? Dann ist die Wahrscheinlichkeit höher, dass Ihr neues Video ein Erfolg wird.

▼ **Abbildung 10-13**
Unter *https://www.youtube.com/feed/explore* neue Videos entdecken

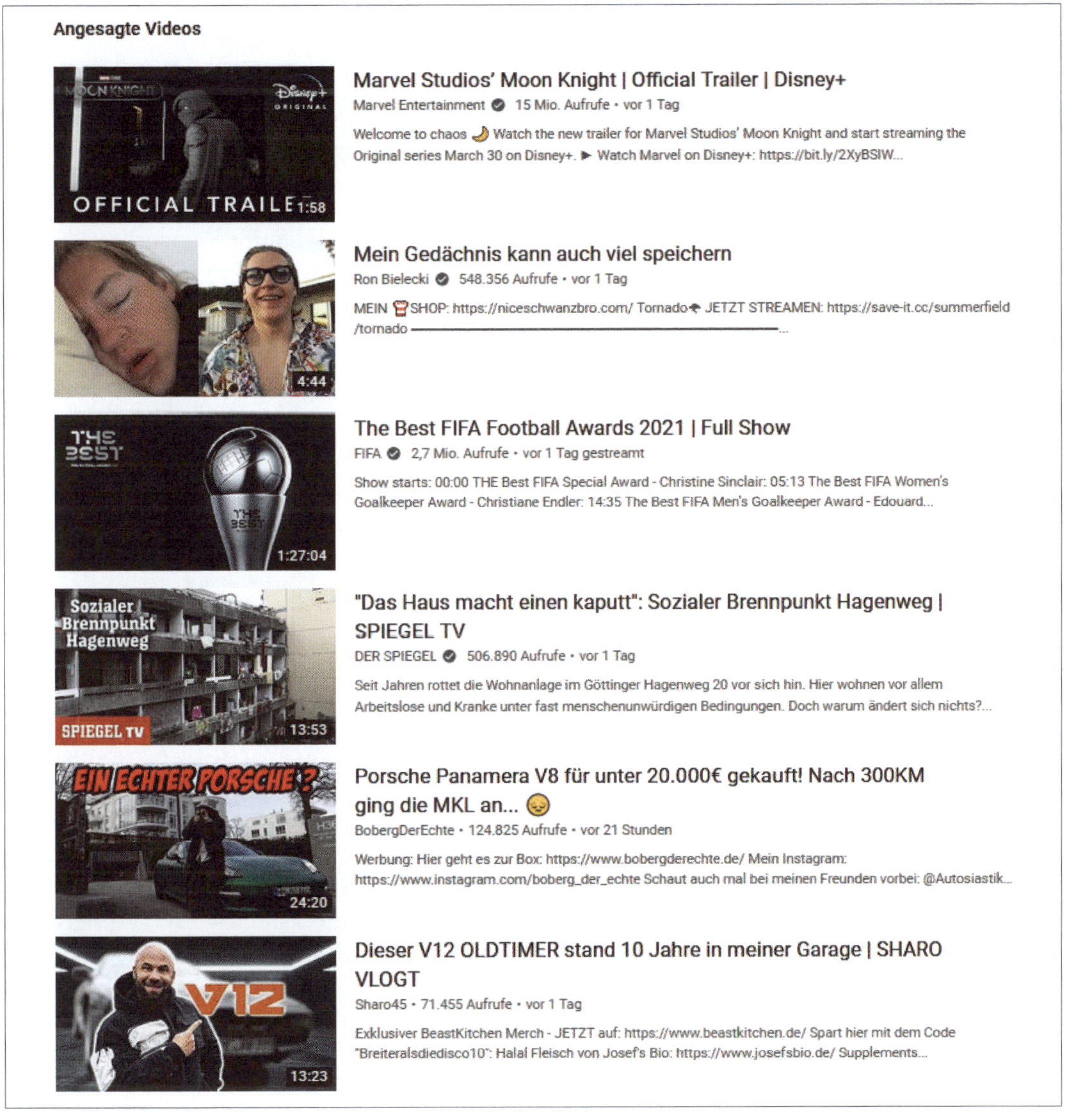

Zeitpunkt der Veröffentlichung

Bei YouTube entscheidet sich das Schicksal eines Videos meist in den ersten 24 bis 48 Stunden nach dem Upload. Erleben Videos dann keine Initialzündung, werden sie möglicherweise nie populär.

Ausnahmen bestätigen die Regel: Haben Sie ein tolles Video, für das die Zeit reif ist? Laden Sie es noch einmal hoch. Überprüfen Sie anhand der *YouTube Analytics*, an welchem Wochentag und zu welcher Uhrzeit Ihre Fans aktiv sind – und richten Sie den Zeitpunkt des Uploads daran aus. Wollen Sie eine neue Zielgruppe ansprechen, beobachten Sie zunächst, wann diese online ist. Über die Schaltfläche *Vergleich* im erweiterten Modus der Analytics zeigt YouTube die Performance von Videos in den ersten 24 Stunden. Dabei lassen sich Videos der letzten Monate vergleichen und hilfreiche Schlüsse auf die beste Uploadzeit ziehen.

Video-SEO: Titel und Beschreibung

Formulieren Sie in maximal 75 Zeichen einen attraktiven und leicht verständlichen Videotitel. Er sollte das Haupt-Keyword enthalten und weitere relevante Suchbegriffe, idealerweise nicht mehr als drei. Vermeiden Sie Keyword-Stuffing. Texten Sie zudem eine verständliche, knackige und aussagekräftige Beschreibung, die neugierig macht. Der wichtigste Aspekt mit dem Haupt-Keyword sollte am Anfang stehen. Die Beschreibung kann Links zu Ihrem Webshop oder Ihrer Website enthalten.

Hinweis ▶ Die Beschreibung wird von den Zuschauern selten gelesen. Sie liefert aber dem Algorithmus wertvolle Hinweise. Verwenden Sie darin möglichst oft das Haupt-Keyword und weitere Wörter aus dem Titel.

Video-SEO: Keywords und Tags

Ihren Erfolg bei YouTube unterstützen ausgewählte Schlagwörter und Tags, die gut zum Inhalt passen. Optimieren Sie auf Ihr Haupt-Keyword. Filmen Sie die Produktion Ihres Craft-Biers, können Sie Zutaten und deren Herkunft sowie die Brautechnik nennen. Identifizieren Sie Begriffe, mit denen Interessierte suchen würden – wie bei klassischer SEO. Ihr Keyword sollte eine hohe Suchrelevanz haben und möglichst wenig Konkurrenz. Nehmen Sie eine Keyword-Recherche vor und schauen Sie, welche Schlagwörter erfolgreiche Wettbewerber verwenden. Nutzen Sie bei den Tags die 500 Zeichen nach Möglichkeit aus. Die Zuschauer sehen die Tags nicht, diese füttern einzig den Algorithmus von YouTube.

Tipp ▶ Planen Sie mehrere Videos ähnlicher Art, markieren Sie jeden Upload mit spezifischen Tags, damit der Abschnitt *Ähnliche Videos* bei YouTube auch Ihre anderen Filme anzeigt. Sind Ihre Tags zu allgemein und zu sehr verbreitet, finden die Besucher Ihren Content schwerer wieder und sehen stattdessen ähnliche Videos von Wettbewerbern.

Das attraktive Vorschaubild (Thumbnail) als Eyecatcher

Mit einer Kurzbeschreibung und einem Vorschaubild (Thumbnail) wird das YouTube-Video in den Suchergebnissen von Google & Co. angezeigt. Kontrastreiche und nicht zu kleinteilige Vorschaubilder werden häufiger angeklickt als zu textlastige.

◀ Tipp

Thumbnails, also Vorschaubilder, sollten den Inhalt des Videos widerspiegeln und eine Geschichte erzählen. Dabei funktionieren Gesichter besser als abstrakte Gegenstände. Das attraktive Design des Thumbnails sollte für einen Wiedererkennungseffekt sorgen.

Haben Sie Ihren Kanal durch Ihre Telefonnummer bestätigt, können Sie das Vorschaubild individuell wählen und sind nicht mehr auf die drei Vorschläge von YouTube beschränkt. Interaktionen auf YouTube verbessern das Google-Ranking Ihrer Unternehmenswebsite, wenn Sie das Video dort eingebunden haben.

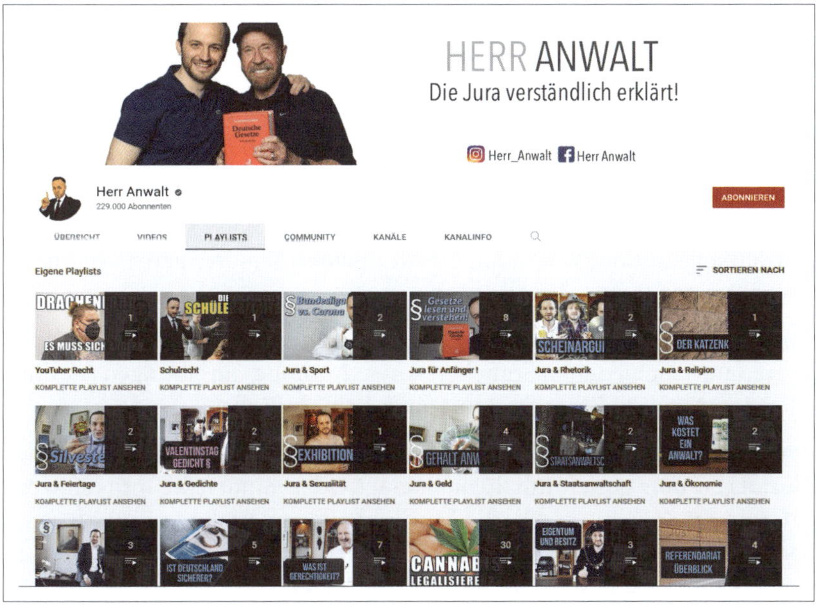

◀ Abbildung 10-14
Herr Anwalt sortiert seine unterhaltsamen Erklärvideos in Playlists nach Rechtsgebieten.

Playlist

Nutzen Sie Playlists, um ihre Videos nach Themen zu ordnen. Außerdem können Sie auf fremde Videos aufmerksam machen, also Content Curation betreiben. Dadurch etablieren Sie sich als Expertin oder Experte für Ihr Thema, erweitern Ihr Netzwerk und werden im Gegenzug ebenfalls empfohlen. Platzieren Sie Ihre wichtigsten eigenen Videos dort prominent.

YouTube im Marketingeinsatz

Mit einem kreativen Video können Sie schnell Tausende Zuschauer gewinnen. Wenn etwas außergewöhnlich, witzig, informativ oder völlig unerwartet ist, kann Ihre Marketingbotschaft einschlagen. Doch selbst wenn Sie an den richtigen Stellschrauben drehen und Ihr Video weit streuen, lässt sich Viralität im Web zwar planen, aber es gibt keine Erfolgsgarantie. Ausdauer, hohe Qualität und die richtigen Kontakte gehören dazu, wenn Sie nachhaltig erfolgreich werden möchten.

Seit 2021 tritt YouTube mit seinen maximal 60 Sekunden langen *Shorts* in Konkurrenz zu TikTok und den Reels von Instagram. Die vertikalen Kurzvideos Shorts können direkt in der YouTube-App erstellt werden. Die Auswahl von YouTube-Musik ermöglicht, zahlreiche Lieder in die Kurzvideos zu integrieren. Zudem können die Shorts mit Text, Stickern, Filtern und weiteren Effekten angereichert werden. Auch auf Kommentare kann mit einem Shorts geantwortet werden. Um die Kurzvideos zu etablieren, hat YouTube sich nicht lumpen lassen und einen Fonds über 100 Millionen US-Dollar für die erfolgreichsten Shorts Creators ausgelobt. Der Trend zum in-App-Shopping macht auch vor den Kurzvideos nicht halt. So hat YouTube 2022 damit begonnen, das Einkaufen direkt aus den Kurzfilmen heraus zu ermöglichen. Auch Branded Content und Super Chats sowie mehr Videoeffekte und Bearbeitungstools machen die Shorts noch attraktiver.

Liveformate haben sich auch auf YouTube immer stärker etabliert. Mittlerweile können dort auch Creator gemeinsam live gehen und noch interaktivere Streams erstellen.

Das neue *Multi-Audio-Tool* von YouTube ermöglicht mehrere Audiospuren in verschiedenen Sprachen sowie Audiobeschreibungen für blinde Menschen und Menschen mit einer Sehschwäche.

Platzieren Sie mit der in Kapitel 5 beschriebenen Marketingstrategie des *(Social) Seeding* gezielt Inhalte in Social Media. Binden Sie Ihr Netzwerk ein, um über reichweitenstarke Multiplikator:innen deren Fans zu erreichen. Setzen Sie auf die richtigen Meinungsmacher, gelingt es Ihnen in vielen Fällen, die Lawine ins Rollen zu bringen.

Hinweis ▶ Im Vergleich zu Ihrer eigenen Website erreichen Sie auf YouTube ein Vielfaches der potenziellen Interessenten. Und weil YouTube als Netzwerk organisiert ist, multiplizieren sich die Zuschauenden durch Teilen und Empfehlen weiter. Die Bekanntheit Ihres YouTube-Kanals steigert auch Ihr Google-Ranking. YouTube stellt zudem kostenfrei eine hervorragende technische Infrastruktur zur Verfügung. Von YouTube aus lassen sich die Videos bequem auf Websites einbetten, wobei Sie die DSGVO berücksichtigen müssen.

Sie können Werbeanzeigen mit einem sinnvollen Targeting Ihrer Zielgruppe schalten. Bei TrueView-Videoanzeigen fallen erst Kosten an, wenn Nutzer:innen sich die Videoanzeige wenigstens eine halbe Minute lang anschauen (kürzere Anzeigen vollständig) oder auf die Anzeige klicken. Weitere Möglichkeiten sind Google Ads für Videos. Dazu gehören (überspringbare) In-Stream-Anzeigen, Out-Stream-Anzeigen, Video-Discovery-Anzeigen, Masthead-Anzeigen und Bumper-Anzeigen. Sofern die Anzeigenvideos auf YouTube gehostet werden, werden sie dort oder auf Websites von Videopartnern und in Apps im Google-Displaynetzwerk ausgeliefert. Aktuelle Informationen zu Werbung auf YouTube finden Sie hier: *https://www.youtube.com/intl/de/ads/*.

Best-Practice-Beispiele für den erfolgreichen Einsatz von Videos

Die Berliner Verkehrsbetriebe (BVG) haben Sie in Kapitel 9 mit ihren Instagram-Take-overs kennengelernt. Das Unternehmen ist auch auf YouTube mit seinem Kanal »Weil wir dich lieben« erfolgreich vertreten. Die beliebtesten Kurzfilme werden millionenfach aufgerufen. Die BVG präsentiert eine Vielfalt an Themen und nutzt die Videos für eine Imagekampagne, aber auch um Ausbildungsplätze zu bewerben.

Manchmal zeigen Mitarbeitende ebenfalls ihr Gesicht und lesen sogar böse Tweets vor, die genervte Bahnfahrende an die BVG adressiert haben. Der feine Humor zeigte sich auch bei dem Coronafilm »BVG-Wir fahren allein«. Dort sehnt sich ein Busfahrer singend danach, dass seine Fahrgäste wieder die Türen blockieren – und er nicht länger allein durch die Nacht fahren muss.

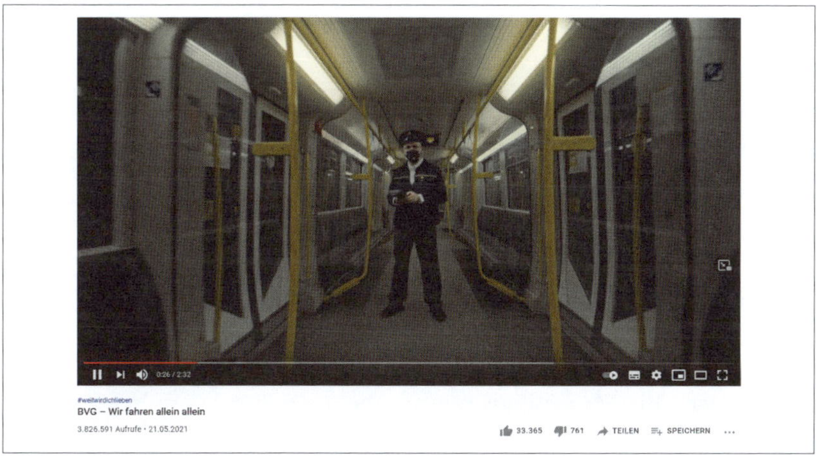

Abbildung 10-15 Busfahrer und Kontrolleure der BVG vermissen während der Pandemie ihre Fahrgäste.[9]

9 *https://bit.ly/36KNfSJ*

YouTube eignet sich hervorragend für das Produktmarketing. Selbst klassische Werbespots verbreiten sich leicht, wenn ihnen ein gutes *Storytelling* zugrunde liegt und sie Emotionen wecken. Auf YouTube schauen Millionen Menschen kommerzielle Werbevideos und verbreiten sie weiter. Die Lebensmittelhandelskette Edeka landet regelmäßig virale Volltreffer. So wurde der emotionale Weihnachtsclip *#Heimkommen* über 67 Millionen Mal angeschaut. Im zweiten Jahr der Coronapandemie drehte Edeka mit dem französisch-amerikanischen Musiker und Improvisationskünstler Marc Rebillet den Werbespot *#SuperMarc*.

Abbildung 10-16 ▶ Edeka hat mit Marc Rebillet wieder einen erfolgreichen Spot gedreht.[10]

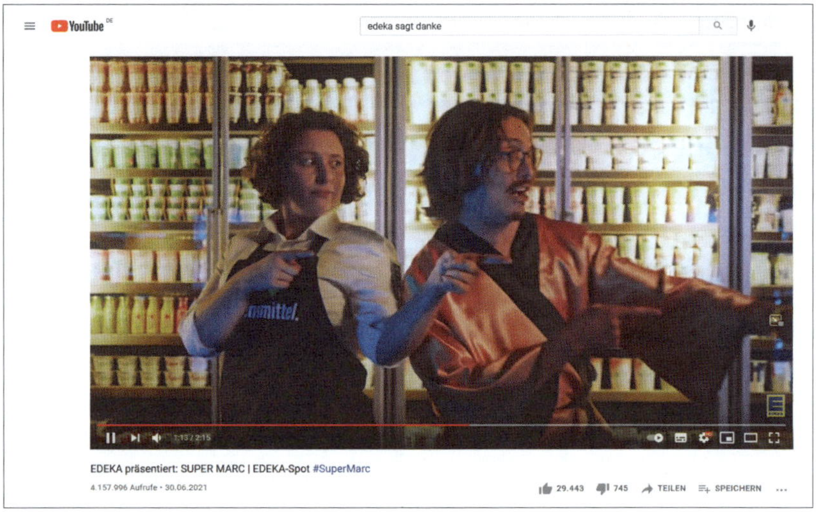

In millionenfachen Aufrufen verfolgten die Menschen auf YouTube, wie Marc nachts im Edeka verzweifelt ruft: »I am looking for that god dammned Schmand«. Die Frage nach dem Schmand beantwortet die Verkäuferin übrigens elegant mit »it's where the Milchprodukte are«.

Definition ▶ Mit *viralem Marketing* ist die schnelle Verbreitung in Social Media gemeint. Gefällt einem Nutzer Ihr Video, wird er es seinen Freunden empfehlen, diese empfehlen es ihren Freunden und so weiter. Sie profitieren von Empfehlungsmarketing, das in Windeseile – eben viral – um sich greifen kann. Entscheidend für den Erfolg ist Ihre Idee: je außergewöhnlicher, desto besser.

Zwischen den Einzelhandelsketten hat sich geradezu ein Wettbewerb entwickelt, wer die meisten viral gehenden Werbespots ins Netz stellt. Die Discounter Lidl und Netto haben ebenfalls einige Hits gelandet. Dabei setzen die Marketingverantwortlichen teilweise auf bewährte In-

10 *https://www.youtube.com/watch?v=vhn02_mB_lU*

halte wie kleine Kinder (die Gemüse verabscheuenden *#Nettobabys*[11]) und Katzen, wie Abbildung 10-17 zeigt.

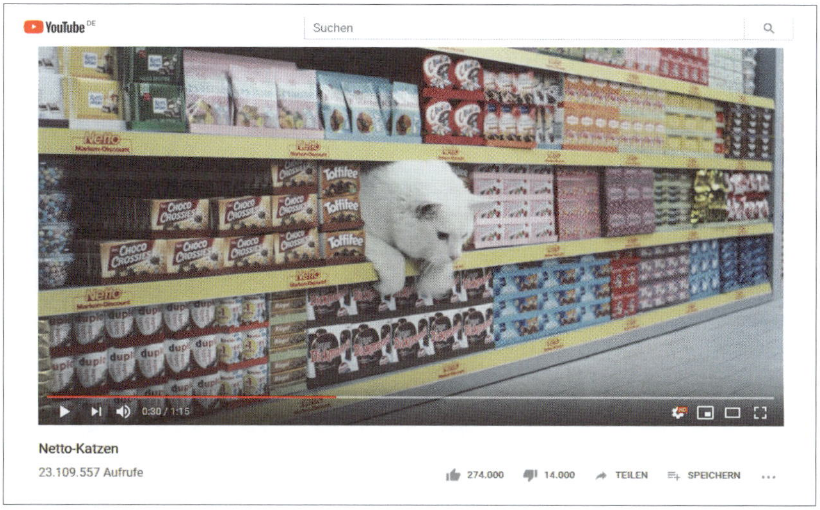

Abbildung 10-17
Über 26 Millionen Menschen haben die shoppenden Netto-Katzen gesehen.[12]

Für den Bereich B2B sind die Grimme Landmaschinen ein schönes Beispiel. Ihrem YouTube-Kanal folgen einige Zehntausende. Neben ihren Kunden aus der Landwirtschaft sprechen sie auch (potenzielle) Mitarbeitende und Auszubildende an. Das Video aus Abbildung 10-18 ist kein Hochglanzprodukt, stattdessen erzählt der Auszubildende recht ungeskriptet, worin seine täglichen Aufgaben bestehen.

Abbildung 10-18
Die Firma Grimme lässt ihren Auszubildenden von seinem Arbeitsalltag erzählen.[13]

11 *http://bit.ly/2KwtIcS*
12 *http://bit.ly/2zo2QqW*
13 *https://www.youtube.com/watch?v=pEvCllahots*

Wer sich weitere Anregungen holen möchte, kann jährlich die populärsten Werbevideos anschauen, die YouTube im Rahmen des *YouTube Ads Leaderboard*[14] veröffentlicht. Der Fokus liegt nicht auf künstlerischem Anspruch oder besonderer Technik, es werden die Spots mit den meisten Zuschauenden identifiziert. Die ausgewählten Werbevideos bestimmt ein Algorithmus von Google, der organische und bezahlte Views, Sehzeit und Zuschauerbindung berücksichtigt.

Netzwerkpflege auf YouTube

YouTube ist ein soziales Netzwerk. Die Nutzer:innen kommentieren, teilen, liken und disliken. Seit 2021 ist dabei nur noch die Zahl der Likes sichtbar, nicht mehr die Zahl der Dislikes. Das scheint zu sachlicheren Diskussionen und weniger Bashing zu führen. Wer als Unternehmen oder Soloselbstständige:r auf YouTube aktiv ist, sollte Zeit für das Community-Management einplanen. Reagieren Sie auf Kommentare und kommunizieren Sie mit Ihren Fans ehrlich und aktiv auf Augenhöhe. Nehmen Sie Kritik ernst und antworten Sie darauf. Damit erhöhen Sie die Bindung der Fans zu Ihrer Marke: Sie fühlen sich ernst genommen und freuen sich über das öffentliche Feedback. Ignorieren Sie Trolle und Hater.

Der Community-Tab
: Über den Tab *Community* können Sie sich regelmäßig mit Ihren Fans austauschen. Der Charme der Funktion besteht darin, dass Sie zwischen den Veröffentlichungen neuer Videos das Gespräch in Gang halten. Sie können fragen, welche Themen die Zuschauenden interessieren, veröffentlichte Videos erneut teilen oder Einblicke in das Making-of eines Videodrehs geben. Das Verlinken und Anteasern weiterer Beiträge ist ebenfalls möglich.

Tipp ▶ Haben Sie keine ausreichenden Ressourcen, um die Community-Seite zu betreuen, ist es ratsam, die Kachel *Community* zunächst nicht zu aktivieren.

Informieren Sie Ihr Netzwerk über neue Inhalte
: Pflegen Sie Ihr Netzwerk und kontaktieren Sie Blogger und Social-Media-Influencer, die über die Themen Ihrer Videos schreiben. Beim Upload können Sie angeben, auf welcher Ihrer Social-Media-Plattformen Sie das Video verbreiten wollen. Auf Nummer sicher gehen Sie, wenn Sie das Video hochladen, Beschreibungen und Tags ergänzen, testen und erst danach die Angaben zur Verbreitung ergänzen.

14 *https://www.youtube.com/ads/news-and-inspiration/ads-leaderboard/*

Animieren Sie Ihr Netzwerk zu Kommentaren und Likes
: Für eine erfolgreiche Initialzündung sollte Ihr Video in den ersten Stunden nach dem Upload aufgerufen werden und Likes sowie Kommentare bekommen. Zeigen Sie das Video ihrem Netzwerk und teilen Sie es auf Facebook, Twitter und LinkedIn, in Messenger-Diensten oder auf Pinterest. Ermutigen Sie Zuschauende, Ihr Video auf eigenen Websites einzubetten. Fragen Sie Ihre Fans, ob sie eine Fortsetzung wünschen und inhaltliche Vorschläge haben. Gehen Sie im nächsten Video darauf ein.

Nutzen Sie die Stories auf Facebook, Instagram oder Snapchat für Anekdoten zu den Dreharbeiten und Hintergrundinformationen. ◀ **Tipp**

Kooperation mit YouTubern

Von dem Zugang zu neuen Zielgruppen durch die Influencer:innen können Unternehmen mit Kooperationen profitieren. Nehmen Sie Kontakt zu relevanten und reichweitenstarken YouTubern und Videobloggern auf. Signalisieren Sie Ihr Interesse und sorgen Sie mit dem Angebot exklusiven Contents für eine Win-win-Situation.

Vorsicht: Auch hier gilt es, die Community erst kennenzulernen. YouTuber reagieren verständlicherweise pikiert, wenn sie merken, dass Sie sich nicht einmal die Mühe gemacht haben, ihre Videos anzusehen. In welcher Höhe ein Honorar gezahlt wird, hängt von dem Grad an Professionalität und der Reichweite des Influencers ab.

Vor der Zusammenarbeit mit YouTubern gilt es einige *Kennzahlen* zu prüfen. Dazu zählen die in Abbildung 10-19 genannten.

◀ **Abbildung 10-19**
Wichtige Kennzahlen für YouTube

Die Engagementrate drückt aus, wie aktiv die Fans den Kanal verfolgen und sich mit den Inhalten auseinandersetzen. Entscheidend ist jedoch, dass ein Influencer zum Profil der Marke passt und die richtigen Fans mitbringt. Bei Love Brands ist der Brandfit einfacher als zum Beispiel bei medizinischen Produkten.

Mit Bibis Beauty Palace und Julienco, LaserLuca, Gronkh oder Julien Bam gibt es große deutschsprachige YouTube-Stars, die besonders bei jungen Menschen beliebt sind.

Professionell agierende und glaubwürdige YouTuber sind als Werbepartner für Unternehmen attraktiv. Dazu gehört, dass sie sich mit SEO und den Richtlinien der Plattformen auskennen, rechtssicher handeln und Produktwerbung entsprechend kennzeichnen.

Idealerweise entdecken Unternehmen oder Agenturen Influencer:innen, die stark wachsen, über eine gute Reichweite verfügen und professionell auftreten, bevor sie sich in die hochpreisigen Regionen von Bibi & Co. verabschieden. Mikro-Influencer und Nano-Influencer wirken authentischer und bringen in ihrer Nische eine spitze Zielgruppe und eine hohe Engagementrate der Fans mit. Tipps für das erfolgreiche Influencer-Marketing finden Sie in Kapitel 4.

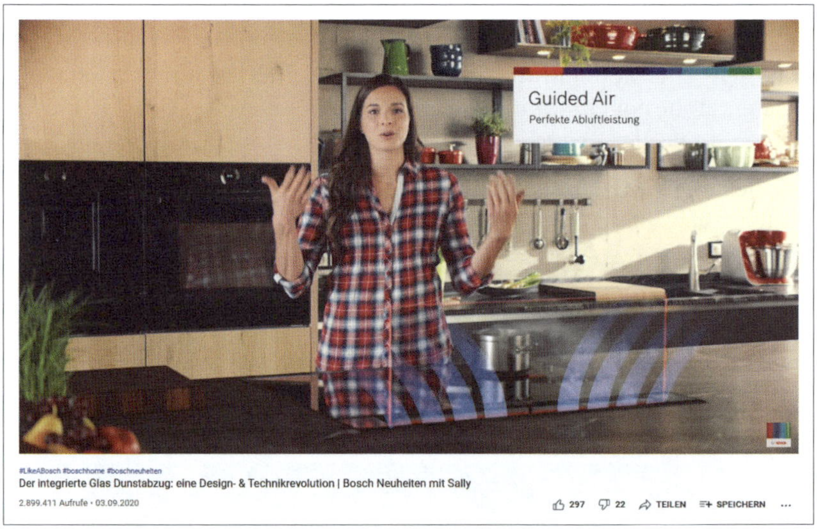

Abbildung 10-20 ▶ Die Influencerin Sally geht eine Kooperation mit Bosch ein.[15]

Die Robert Bosch GmbH ist überwiegend im B2B tätig. Ihre Hausgeräte kaufen auch Verbraucher direkt. Daher hat Bosch mit der Influencerin Sally von Sallys Welt zusammengearbeitet. Zum Vergleich: Der Kanal

15 *https://www.youtube.com/watch?v=85LQMaLDKAs*

Bosch Home Deutschland hat auf YouTube gut 20.000 Abonnenten und Sally zwei Millionen. Da bei ihr das Kochen und Backen im Mittelpunkt steht, ist sie eine authentische Influencerin, wenn es um Küchengeräte geht. Was es für eine erfolgreiche Zusammenarbeit mit Influencern zu beachten gilt, besprechen wir im Interview mit Sarah Kübler.

Interview

»Nur wenn beide Seiten bei der Kooperation gewinnen, ist es ein perfekter Match«

Ein Interview mit Sarah Kübler, Geschäftsführerin der Agentur HitchOn

▲ **Abbildung 10-21**
Sarah Kübler, Gründerin und Geschäftsführerin der Agentur HitchOn (Foto: Sandra Zaitsev)

Wir haben mit Sarah Kübler über Influencer und Videos gesprochen. Sie ist Gründerin und Geschäftsführerin der Full-Service-Agentur HitchOn. Bei ZDF Enterprises leitete sie als Managerin Digital Channels die YouTube-Aktivitäten der ZDF-Tochter.

Videos werden immer beliebter und sind längst ein gesetzter Bestandteil des Marketing-Mix vieler Unternehmen. Kleine und mittlere Unternehmen schrecken bei dem Thema mitunter zurück, da sie die Kosten und den zeitlichen Aufwand als zu hoch erachten. Welchen Einsteigertipp können Sie unseren Lesern geben, die erstmals mit Videos arbeiten wollen?

Sarah Kübler: Ob in Zusammenarbeit mit Influencern auf YouTube, TikTok oder Instagram oder auf einem eigenen Brand-Channel – auch für kleinere Unternehmen ist Marketing in Form von Videos eine Option. Je nach Budget unterscheiden sich die Möglichkeiten. Je größer das Budget, desto mehr Reichweite kann meist kurzfristig generiert werden. Doch auch mit geringerem Budget lässt sich mit etwas Geduld ein erfolgreicher Branded Channel aufsetzen. Dieser wird ohne Werbebudget zu Beginn vermutlich keinen Schnellstart hinlegen, ist aber, wenn gut gemacht, langfristig oft ein zuverlässiger Traffic-Lieferant. Zudem lassen sich erste Kampagnen mit »kleineren« YouTubern oder TikTokern umsetzen. Dies gilt insbesondere, wenn die Zielgruppen der Influencer spitz und damit wenig Streuverluste zu erwarten sind. Um die Produktionskosten gering zu halten, kann es günstiger sein, einen versierten Influencer für Fotos oder Videos zu buchen und diese zu erwerben, als bei klassischen Produktionsfirmen einen Film oder Fotos zu beauftragen.

Instagram bietet die Möglichkeit, Videos bis zu einer Länge von einer Stunde zu veröffentlichen. Gleichzeitig tritt die Plattform mit Reels in Konkurrenz zu TikTok. Werden YouTube, TikTok und Instagram weiter den Kuchen aufteilen und wechselseitig auf Trends reagieren? Was empfehlen Sie Unternehmen, die Social Media Marketing mit Videos betreiben wollen, aber keine Ressourcen für alle drei Plattformen haben?

Sarah Kübler: YouTube ist als größte Videoplattform mit enormer Vielfalt weltweit ein großer Konkurrent für Instagram. Dennoch bieten sich Videos für Unternehmen, die hauptsächlich auf Instagram präsent sind, gut an, denn die Marke kann auf ihre Bekanntheit bei Instagram in Form von Videos aufbauen, ohne eine neue Community auf der Plattform YouTube aufbauen zu müssen. Bei den meisten Unternehmen nehmen aber ehrlicherweise Instagram Stories und Postings, ob in Video- oder Bildform, (noch) den deutlich größeren Stellenwert ein. Auffällig ist, dass zum einen YouTube mit seinem Shorts-Format stark auf Snackable Content setzt, und zum anderen, dass TikTok mit Lives und Zehnminütern sich an längere Formate herantraut. Der Wettbewerb zwischen den drei Plattformen bleibt also spannend. Die Wahl der besten Plattform für ein Unternehmen, das sich zwischen den drei Anbietern entscheiden muss, hängt insbesondere vom Alter der Zielgruppe und der thematischen Nische ab. Mittels konkreter Potenzialanalysen können wir bestimmen, welche Plattform die vielversprechendsten Möglichkeiten für eine Brand bietet.

HitchOn bringt Influencer mit werbenden Unternehmen zusammen. Bei der Auswahl der Influencer als Markenbotschafter berücksichtigen Sie quantitative und qualitative Faktoren. Können Sie uns anhand eines Beispiels erläutern, wie Sie vorgehen?

Sarah Kübler: Die Auswahl der Influencer hängt stark von den Wünschen des Kunden ab. In Bezug auf YouTube sind vor allem die durchschnittlichen Views eines Kanals relevant, da sie unabhängig von der Abonnentenzahl zeigen, wie ein Kanal wirklich performt. Hierzu gehören aber auch die Like/Dislike-Ratio, die Interaktionsrate und natürlich der Content der YouTuber. Auch die Wachstumsraten schauen wir uns genau an! Bei speziellen Themen kann es relevant sein, woher der Influencer seine Zuschauer gewinnt: Ist dieser besonders stark und gut in der Suche vertreten? Dafür schauen wir uns auf YouTube die Traffic Sources an. Bei unseren Kampagnen und in der Zusammenarbeit mit Influencern ist es uns sehr wichtig, dass die Platzierung oder das Werbevideo authentisch ist und zu dem Influencer und seinem Kanal passt. Deshalb stimmen wir uns bereits im Vorfeld mit dem Unternehmen und dem Influencer ab. Nur wenn beide Seiten bei der Kooperation gewinnen, ist es ein perfekter Match.

Ihnen ist die inhaltliche Qualität der Beiträge wichtig, gleichzeitig lassen sich die meisten Influencer ungern Vorschriften machen und wünschen sich viel kreative Freiheit. Wie gehen Sie in der Praxis damit um?

Sarah Kübler: Bei unseren Kampagnen ist es wichtig, dass sich die Influencer an das vorab vereinbarte Briefing halten, wichtige Rahmenbedingungen berücksichtigen und die vereinbarten Inhalte umsetzen. Dennoch sind der individuelle Content und die kreative Gestaltung der Videos, zum Beispiel bei einer Produktplatzierung, dem Influencer selbst überlassen. Die Videos und auch andere Beiträge der Kampagnen werden vor dem Upload von uns und dem Kunden abgenommen. Dabei achten wir insbesondere auf die korrekte rechtliche Werbekennzeichnung, die bereits im Vorfeld vertraglich festgelegt und in Spezialfällen anwaltlich nochmals abgesichert wurde.

◀ **Abbildung 10-22**
HitchOn brachte den Reifenhersteller Vredestein mit dem Landwirt und YouTuber »Schnacki zeigt LohnerVLOG's« für eine Kampagne zusammen. Der Influencer platzierte die Traktorreifen von Vredestein in seinem Vlog, wodurch der Kunde gezielt Agrar-Interessierte ansprechen konnte.[16]

Nachdem etablierte Influencer immer bekannter und teurer werden, wird mittlerweile viel auf Mikro-Influencer gesetzt. Sie gelten als authentischer und ihre Follower als homogener, sodass die Unternehmen gezielt eine Nische erreichen. Welcher Art von Unternehmen empfehlen Sie eine Zusammenarbeit mit Mikro-Influencern?

Sarah Kübler: Besonders kleineren und lokalen Unternehmen empfehlen wir die Zusammenarbeit mit Mikro-Influencern, da diese nicht nur zum Budget eines kleinen Unternehmens passen, sondern auch eine lokale oder in anderer Hinsicht fest umrissene Zielgruppe erreichen können. Die Authentizität eines Influencers ist nicht unbedingt an seine Reichweite gekoppelt. Dennoch lässt sich sagen, dass Mikro-Influencer aufgrund ihrer Größe intensiver mit ihrer Community interagieren und somit eine starke Zuschauerschaft bilden können. Wichtig ist aber: Allein klein ist kein Qualitätsmerkmal. Mikro-Influencer sind dann spannend, wenn sie eine spezielle und ideal zum eigenen Produkt passende Zielgruppe abdecken und so für geringe Streuverluste sorgen.

---

16 *https://bit.ly/3tRoRcY*

Liebe Frau Kübler, wir danken Ihnen herzlich für das Gespräch und die wertvollen Hintergrundinformationen zu Video- und Influencer-Marketing.

Prüfen Sie, ob Video-Content in Ihren Marketing-Mix gehört. Wählen Sie abhängig von Ihren Themen und Ihrer Zielgruppe das passende Videoportal. Die breite Masse finden Sie auf YouTube. Als schnell wachsende Konkurrenz hat sich TikTok etabliert. Die Plattform ist bei einer jungen Zielgruppe sehr beliebt, spricht aber auch längst viele Menschen im Alter Ü25 an.

TikTok

Die Videoplattform TikTok spricht besonders eine junge Zielgruppe an und tritt in Konkurrenz zu YouTube, Instagram und Snapchat. Die rasant wachsende Plattform hat weltweit über eine Milliarde monatlich aktive Nutzer:innen und in Europa über 100 Millionen.

Hinweis ▶ Die App *musical.ly* erfreute sich ab 2014 bei Jugendlichen mit eigenproduzierten Musikvideos hoher Beliebtheit. Für die sogenannte *Lipsync*-App filmten sie sich, während sie ein Lied im Vollplayback nachsangen. Ähnlich wie bei Snapchat erschloss sich dies nur wenigen Menschen der Altersgruppe 30+. Nach dem Kauf durch die chinesische Medienfirma Beijing Bytedance Technology wurde musical.ly 2018 in *TikTok* umbenannt.

Junge Menschen wollen unter sich bleiben und sind für Marketingstrategen und Recruiter schwer zu erreichen. Statt auf Twitter oder Facebook auf ihre Familie und viel Werbung zu treffen, tummeln sie sich lieber auf TikTok. Dabei schauen sie 39 Minuten pro Tag Kurzvideos und öffnen TikTok dafür achtmal.[17] Die Nutzergruppe erweitert sich sukzessive altersmäßig, ähnlich wie es bei Instagram zu beobachten war.

TikTok bietet eine hohe Reichweite, da jeder die Videos anschauen kann, auch ohne auf der Plattform angemeldet zu sein. Sind Videos erfolgreich, verteilen sie sich auf anderen Plattformen weiter und sorgen für eine noch größere Sichtbarkeit. Das Motto »Content findet Nutzer« ist für TikTok sehr wichtig. Es bedeutet, dass der Algorithmus den Newsfeed nach Relevanz und Attraktivität der Videos zusammenstellt. Ein bisher unbekannter Creator mit wenigen Followern kann also auf Anhieb Millionen von Views einsammeln, wenn sein Kurzvideo kreativ genug ist.

17 *http://netzfeuilleton.de/tiktok-nutzer-in-deutschland/*

Auf TikTok leben Jugendliche und (junge) Erwachsene ihre Kreativität aus und nutzen für ihre Kurzvideos Filter, Effekte und Musik. Die Nutzer:innen posten Filme aus den Bereichen Sport, Gaming, Reisen und Comedy sowie zu jedem beliebigen anderen Thema. Mit Videos von mittlerweile bis zu zehn Minuten Länge attackiert TikTok den Platzhirsch YouTube.

Ein Livestream ist ebenfalls möglich. Mit dem Tool *Live Events* können Live-Videos geplant, verwaltet und beworben werden. Neben Kommentaren können die Zuschauenden auch über *Live Q&A* Fragen stellen. Auch für TikTok werden Live-Übertragungen immer wichtiger. Das neue *TikTok Agency Center* bietet sogar den Creators Training und Unterstützung für Liveformate an.

Gehören junge Menschen als Kund:innen oder Mitarbeitende zu Ihrer Zielgruppe, kann ein Engagement auf TikTok sinnvoll sein. Unternehmen können die App für das Influencer-Marketing nutzen und um das eigene Image zu verjüngen. Dabei sollten sie ihren Content auf TikTok zuschneiden und keine Inhalte anderer Plattformen recyceln. Starten Sie nicht überhastet, sondern prüfen Sie genau, ob die Plattform, ihre Nutzer:innen und die dort vertretenen Influencer:innen zu Ihrer Marke passen. Zu den reichweitenstärksten deutschen TikTokern zählt Younes Zarou mit über 45 Millionen Followern.

Die Arbeit der Creators in Social Media gewinnt immer mehr an Bedeutung. Unternehmen suchen Partnerschaften mit ihnen, um zum Beispiel auf TikTok den Einstieg zu finden oder ein Re-Branding vorzunehmen.

◀ Tipp

Bekommen Sie und Ihre Kolleg:innen keinen rechten Zugang zu einer Plattform wie TikTok, können Sie eine Agentur beauftragen. Binden Sie alternativ Ihre Auszubildenden, Werkstudent:innen oder sonstige Mitarbeitende im Alter U30 ein und hören sich deren Ideen zu TikTok an.

TikTok: erfolgreiche Praxisbeispiele

Das Krankenhaus in Dortmund (*@klinikumdo*) feiert auf TikTok große Erfolge.[18] Die Social-Media-affine Klinik ist zudem auf Instagram, Snapchat, Twitter und Facebook aktiv: in Zeiten der Nachwuchssorgen bei Pflegepersonal eine richtig gute Idee. Für ihr »Tiny Hospital«, in dem sie als Live-Event einen OP-Roboter im Einsatz zeigten, wurde das Klinikum in Dortmund mit dem Deutschen Preis für Onlinekommunikation ausgezeichnet.

18 *https://www.tiktok.com/@klinikumdo*

Abbildung 10-23 ▶ Das Klinikum Dortmund auf TikTok

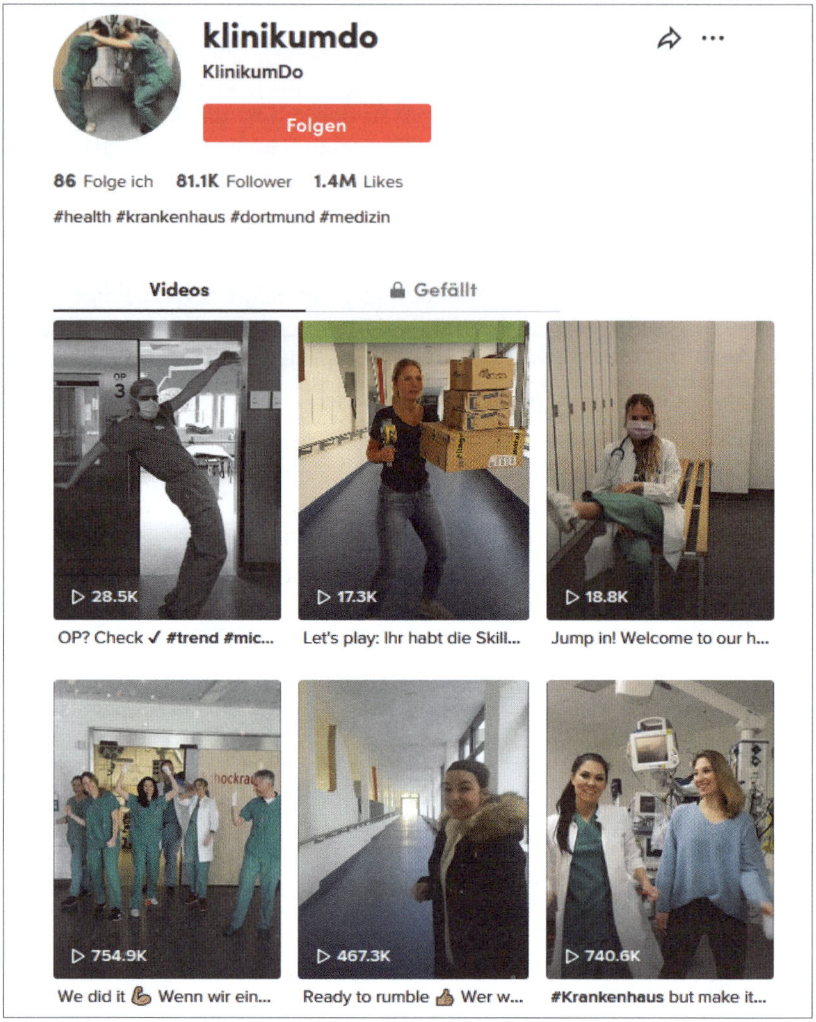

Die Kampagne *#MachDichzumOtto* des gleichnamigen Handelskonzerns sorgte in TikTok für Aufrufe im dreistelligen Millionenbereich. Die klassische Re-Branding-Kampagne zeigte, dass sich Otto weiterentwickelt und modernisiert. Hashtag-Kampagnen funktionieren gut, wenn sie die TikToker nicht zu sehr in ihrer Kreativität beschränken. Außerdem sollte die Story der Kampagne überzeugen und mit nicht zu vielen Botschaften verwirren.

Borussia Dortmund war der erste strategische Partner von TikTok in Deutschland, längst sind die Konkurrenten Bayern München und der HSV dort ebenfalls erfolgreich online. TikTok kooperierte auch schon mit der Technopop-Band Scooter, was zeigt, dass die App nicht mehr nur die unter 25-Jährigen erreichen möchte.

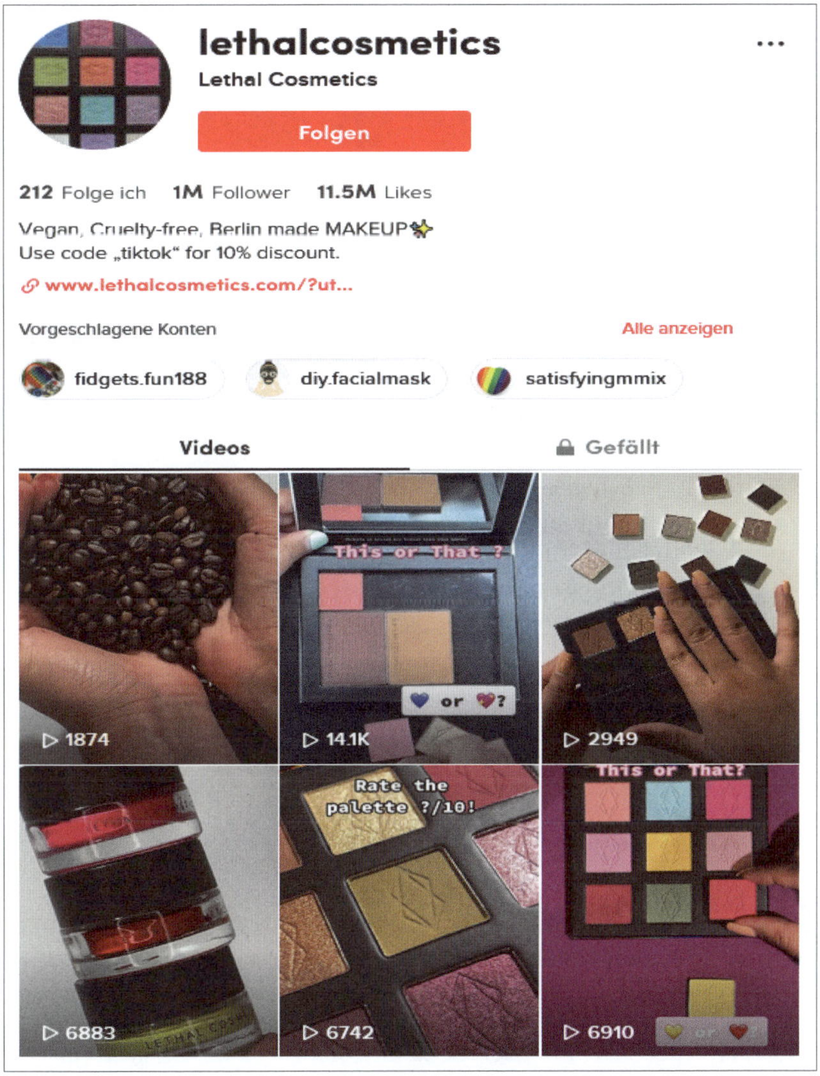

Abbildung 10-24
Lethal Cosmetics

Auch scheinbar unspektakuläre Filme kommen auf TikTok gut an, wie das Beispiel *Lethal Cosmetics* in Abbildung 10-24 zeigt. Das Start-up hat die Millionengrenze an Followern geknackt, indem es zeigt, wie seine vegane Kosmetik produziert und verpackt wird.[19]

Auch wenn es auf den ersten Blick scheint, dass TikTok überwiegend aus Tanzvideos und Klamauk besteht, ist dort Micro Learning angesagt. So hat die altehrwürdige Tagesschau schon über eine Million Follower und schafft es, seriöse Nachrichten in Snackable Content zu verpacken.

19 *https://omr.com/de/lethal-cosmetics/*

Abbildung 10-25 ▶
Die Tagesschau auf TikTok

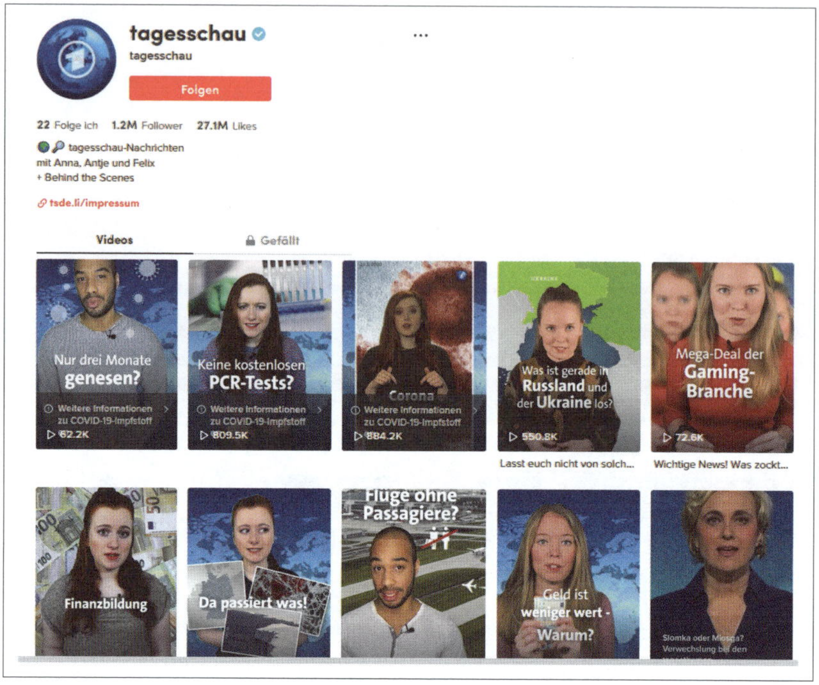

Natürlich zählen am Ende des Tages auch Verkaufszahlen. So hat die Hashtag-Kampagne *#pinkdrink* auf TikTok nicht nur über 250 Millionen Views generiert, sondern auch dafür gesorgt, dass der Verkauf bei Volvic um bis zu 150 Prozent gesteigert wurde.[20]

Die Community auf TikTok

Fans und Follower zu sammeln, spielt auf TikTok weniger stark eine Rolle als auf Facebook, Twitter oder Instagram. Die App stellt automatisch Inhalte zusammen und lernt, die Interessen ihrer Nutzer:innen zu verstehen. Wer sich anmeldet, bekommt sofort einen Newsfeed präsentiert und muss sich diesen nicht mühsam zusammenstellen. Als Unternehmen ist es trotzdem wichtig, in das Community-Management zu investieren. Funny-frisch nimmt diese Aufgabe sehr ernst und wird dafür von der TikTok-Community gefeiert.

Kreative und unterhaltsame Videos mit relevantem Content belohnt die Plattform mit Aufmerksamkeit, auch wenn Sie noch keine große Community aufgebaut haben. Der Algorithmus von TikTok stellt daher eine Chance für Unternehmen mit kleinem Marketingbudget und guten Ide-

---

20 *https://newsroom.tiktok.com/de-de/tiktokmademebuyit-tiktok-community-sorgt-fuer-ausverkaufte-volvic-regale*

en dar. Dabei liegt in der Kürze die Würze. Mit jedem Video muss erneut der Funke überspringen, sonst erlischt das Interesse der Nutzer:innen wieder. Die Plattform profitiert davon, dass sich die TikToker mit jedem neuen Video wieder besonders anstrengen müssen. Die Nutzer:innen bekommen attraktive Inhalte geboten, und die Unternehmen werden mit Reichweite belohnt. Auch wenn Sie eine Challenge durch bezahlte Hashtag-Anzeigen pushen können, sollten Sie die Community pflegen.

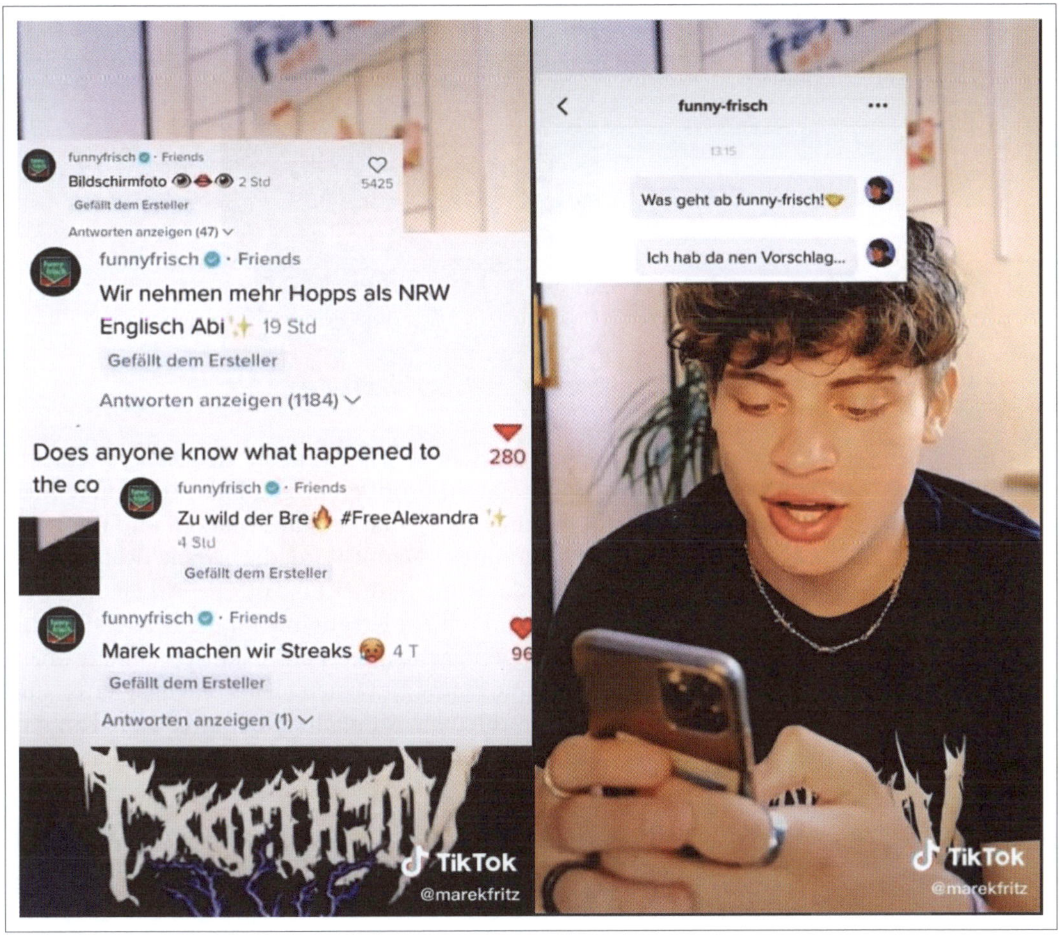

▲ **Abbildung 10-26**
Funny-frisch kommentiert fleißig, was den TikToker @marekfritz begeistert.

Starten Unternehmen eine kreative und exklusive Hashtag-Challenge, sorgen sie für eine höhere Brand Awareness. Dabei empfiehlt sich die Kooperation mit einem glaubwürdigen Influencer, der zur Marke und den Produkten passt.

Abbildung 10-27 ▶ Der Influencer @itsdyma nimmt auf TikTok an der Hashtag-Challenge #Ortefüralle der Aktion Mensch teil.

Unternehmen schließen mit Creators in TikTok Partnerschaften, um von deren kreativem Content zu profitieren. Die Plattform unterstützt dabei und bringt auf ihrem Creator Marketplace Marken und erfolgreiche Influencer:innen zusammen. Damit wird die Arbeit der Creators stark aufgewertet. Außerdem unterstützt TikTok die Arbeit der Creators durch Auszahlungen aus einem Kreativitätsfonds. Das Abomodell für Creators ermöglicht zudem, zahlenden Fans exklusive Inhalte anzubieten. Mit dem Programm *Creator Next* bietet TikTok engagierten und erfolgreichen Creators verschiedene Möglichkeiten, ihren Kanal zu monetarisieren. Neben dem Creator Marketplace und dem Kreativitäts-Fonds gehören dazu Trinkgeld, sowie Video- und Live-Geschenke.

Sorgen Sie dafür, dass Sie die Nutzer:innen auf Ihre Seiten holen. Blenden Sie am Ende Ihrer Videos als Call-to-Action einen Link ein, der zur Landingpage, dem Webshop oder dem Blog führt.

Werbung auf TikTok

Die auf TikTok stark vertretene GenZ mag eigentlich keine Werbung. Daher hat Werbung nur dann eine Chance, wenn sie kreativ und unterhaltsam ist – und authentisch. Das Unternehmen kann mit nativen Videoanzeigen werben, gesponserten Linsen oder Brand-Take-over-Anzeigen.

Auch wenn sich TikTok besonders für die Awareness eignet, gewinnt das Thema Social Commerce an Relevanz. Mit dem Klick auf eine Collection Ad entdecken die Nutzer:innen auf einer Gallery Page eine kuratierte Zusammenstellung von Produkten. Für den Kauf mussten die TikToker bislang noch in den Onlineshop wechseln. Nun wird ein dem Check-out vergleichbares Format mit Shopping-Tab als In-App-Shopping angeboten. Social Commerce und Liveshopping gewinnen in TikTok immer mehr an Bedeutung, was sich auch an der Kooperation mit Shopify zeigt.

Twitch: nicht mehr nur für Gamer

Auch Twitch erreicht als wichtige Zielgruppe die jüngere Generation, wird aber schon längst von allen Altersgruppen genutzt. Das 2011 gegründete und 2014 von Amazon gekaufte Livestreaming-Portal fokussierte sich anfangs auf Gaming und E-Sport. Die Gaming-Branche setzt in Deutschland Milliarden um: Veranstaltungen des E-Sports finden in großen Hallen statt. Als Konkurrenten der Plattform gelten YouTube Gaming und Facebook Gaming. Auf Twitch verfolgen mitunter Hunderttausende Gaming-Streams. Mit Sponsoring und Abonnements sowie Werbeeinblendungen können Gamer und Creators für andere Themen im Partnerprogramm ihren Kanal monetarisieren.

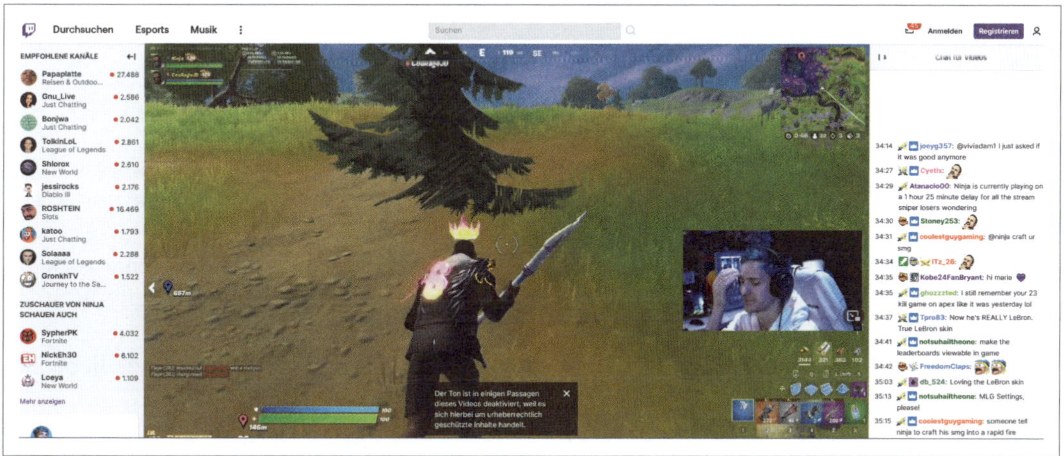

Knapp drei von vier Twitch-Nutzer:innen sind jünger als 35 Jahre. Die Reichweite dieser vielfach Gaming-affinen und durchaus zahlungskräftigen Nutzer:innen ist hoch, sodass Marketingverantwortliche Twitch auf dem Schirm haben sollten. Wie Sie wissen, kann es sich lohnen, zu den Early Adoptern zu zählen. Marken wie Netflix, Vodafone, McDonalds oder die Sparkassen waren bereits auf Twitch vertreten. Die Plattform vermeldet im Durchschnitt 30 Millionen tägliche Besucher.

▲ Abbildung 10-28
Ninja zählt mit 17 Millionen Followern zu den Stars unter den E-Sportlern auf Twitch.

Zu reichweitenstarken und populären deutschen Twitch-Streamern zählen MontanaBlack88, Trymacs, TheRealKnossi und Gronkh. Die Zuschauenden können ihre Lieblingsstreamer abonnieren, wenn diese Twitch-Affiliate oder Twitch-Partner sind. Thematisch hat sich Twitch ausgeweitet, und es gibt Beiträge zu Cosplay, Kunst, Programmierung und vielem mehr. Der Kanal von Olga Scheps (siehe Abbildung 10-29) gehört in die Kategorie IRL-Channel – dabei steht IRL für »In Real Life«. Sie filmt sich beim Üben für ihre Auftritte. Ähnliches gibt es in Bereichen wie Kochen oder Fitness sowie zu Do-it-yourself-Themen. Beliebte und profitable Kategorien sind zudem »Just Chattin«, »Slot-Spiele« oder sogar »Schach«.

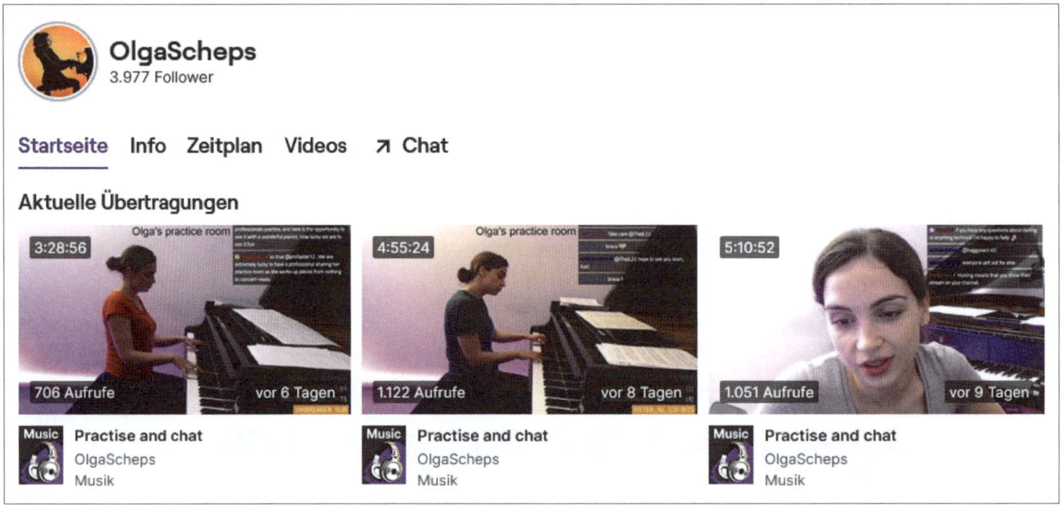

Abbildung 10-29 ▲
Auch klassische Musik findet in Twitch Fans, wie das Beispiel der Pianistin Olga Scheps zeigt.

Twitch gilt ein wenig als das Fernsehen der GenZ. Für die soziale Komponente sorgt der Chat, in dem ein sehr reger Austausch stattfindet. Die Verweildauer ist hoch: Im Durchschnitt verbringen die Nutzer:innen knapp zwei Stunden pro Tag auf der Plattform. Das ist wenig verwunderlich, da sehr ausdauernd und mitunter mehrere Stunden am Stück übertragen wird. Selbst beim Schlafen können die Fans manchen ihrer Lieblingsstreamer:innen zuschauen. Von der üblichen Schnelllebigkeit in Social Media ist bei Twitch wenig zu spüren.

Als Tochter von Amazon ist die Anbindung an die E-Commerce-Plattform eng. Dazu gehört die Verknüpfung eines Amazon-Kontos mit Twitch Prime, um Streaming ohne Werbung zu ermöglichen und Preisnachlässe beim Kauf von Spielen auf Amazon zu gewähren. Streamer können auf Twitch durch ein Premium-Abo Geld verdienen.

Twitch hat sich zu einem wichtigen Kanal für Creators entwickelt. Über sieben Millionen veröffentlichen mindestens einmal im Monat Livestreams. Empfehlen sie Produkte in ihren Streams, werden diese nach Angaben der Plattform von 64 Prozent der Zuschauenden gekauft.[21] Das Twitch-Partnership-Team bietet Unternehmen an, für sie passende Partner unter den erfolgreichen Streamern zu suchen

Der Lego-Influencer *Held_der_Steine* streamt auch auf Twitch. Nachdem er schon lange auf YouTube erfolgreich war, kam er schnell auf sechsstellige Follower-Zahlen. Warum er mittlerweile auf andere Anbieter von Klemmbausteinen umgestiegen ist, erfahren Sie in Kapitel 4.

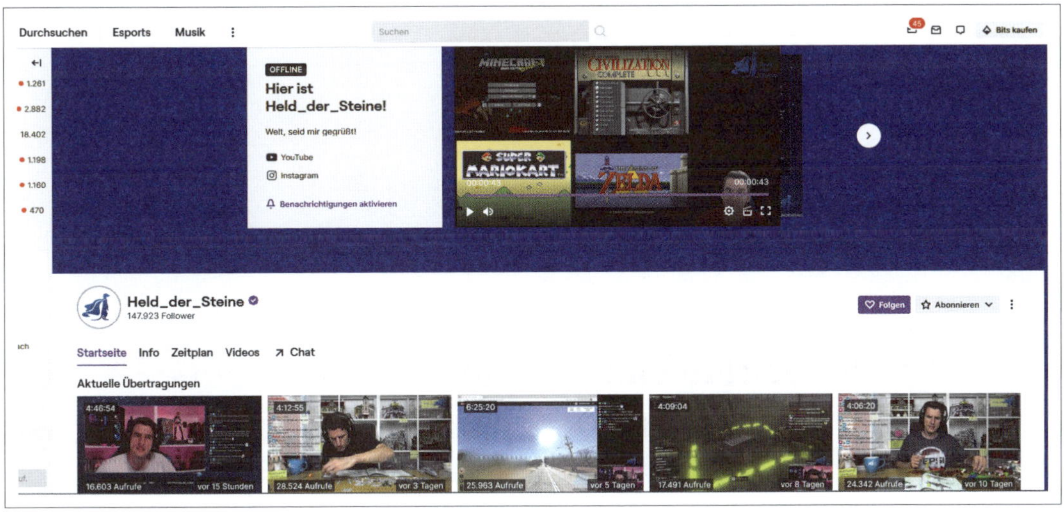

▲ **Abbildung 10-30**
Der Held der Steine auf Twitch

Die Präsenz auf Twitch kann dazu dienen, einen Expertenstatus aufzubauen, Leads zu generieren oder den Abverkauf zu fördern. Auch sachliche Themen können gut funktionieren – wie der Account *digitalerarchitekt* mit seiner Reihe »Onlinemarketing am Morgen«. Als Early Adopter konnte er schon nach kurzer Zeit einen Sponsor für sein Angebot gewinnen.

Der Kanal *#Finanzfluss* der gleichnamigen Berliner Firma hat schon über 48.000 Follower gewonnen. Im Livestream von Twitch gehen Thomas Kehl und sein Team auf die im Chat gestellten Fragen ein. Auf YouTube hat Kehl mit Erklärungen zur Anlage am Kapitalmarkt schon die Grenze von einer Million Abonnent:innen geknackt.

21 *https://twitchadvertising.tv/audience/*

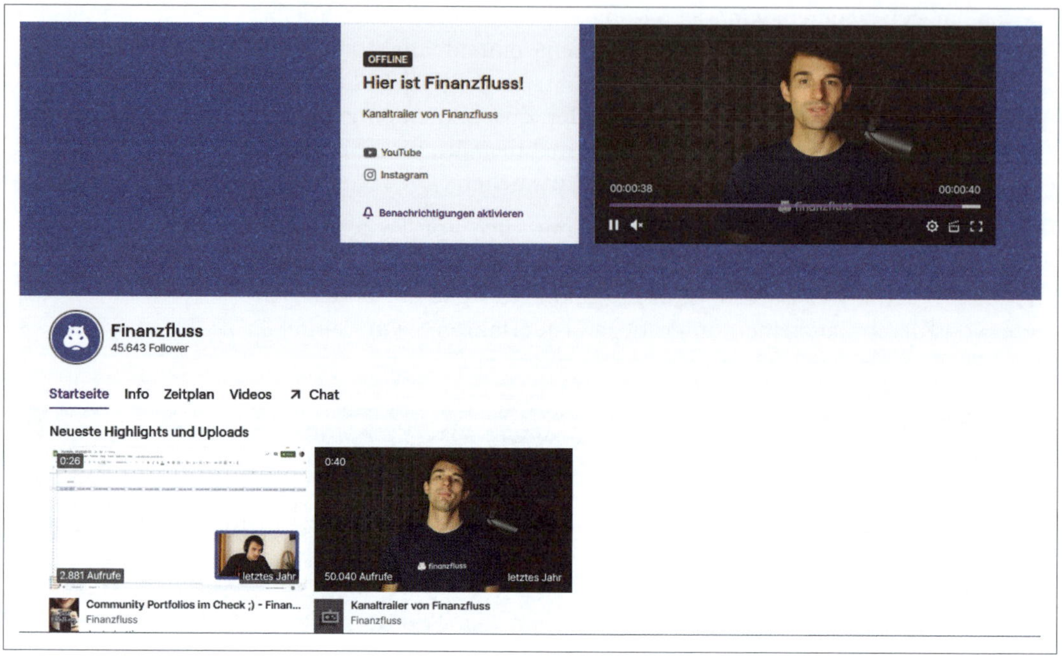

Abbildung 10-31 ▲
Der Kanal Finanzfluss auf Twitch

Weitere Videoportale

Je nach Zielgruppe erreichen Sie Ihre Nische (auch) auf den folgenden Videoportalen gut.

DailyMotion (http://www.dailymotion.com)
Die 2005 gegründete französische Plattform zieht mit ihrem übersichtlichen Layout nach eigenen Angaben weltweit über 300 Millionen Nutzer:innen an. In Deutschland ist die Videoplattform weniger bekannt, kann aber trotzdem für Unternehmen interessant sein. Dass sich die Oberfläche wenig von YouTube unterscheidet, ist als Vorteil zu sehen – die Zuschauenden müssen sich nicht groß umgewöhnen. Zu Länge und Volumen der Videos sind die Vorgaben weniger streng als bei YouTube.

Vimeo (http://vimeo.com)
Auf dem kostenpflichtigen US-amerikanischen Videoportal dürfen nur jene Menschen Videos hochladen, die an ihrer Produktion wesentlich beteiligt waren oder darin auftreten und über alle nötigen Rechte verfügen. Vimeo-Pro- und Business-Mitglieder dürfen auch Videos hochladen, die sie nicht selbst erstellt haben, sofern sie über die erforderlichen Rechte verfügen. Auf Vimeo treffen Sie eine kleine, aber sehr interessierte und professionelle Community, die künstlerisch anspruchsvolle Videos veröffentlicht und ansieht. Insbesonde-

re die Kunst-, Kreativ- und Filmszene findet sich auf der ansprechend und übersichtlich gestalteten Videoplattform. Unternehmen nutzen Vimeo häufig für Videos, die sie auf ihrer Website einbinden, aber auch für künstlerische Videos und Markeninhalte. Auf Vimeo lässt sich das Layout besser gestalten als auf YouTube, und die Plattform eignet sich gut für bezahlte Inhalte.

Wistia (https://wistia.com/)

Bei Wistia handelt es sich ebenfalls um eine interessante Nische. Die kostenpflichtige Plattform bietet leistungsstarke Analysetools und Gating-Funktionen. Das Gating kann zur Leadgenerierung eingesetzt werden, wenn Zuschauende ihre E-Mail-Adresse angeben müssen, um sich für ein Video anzumelden. Außerdem erlaubt Wistia, den Videoplayer im Corporate Design anzupassen. Häufig wird Wistia für Webinare und Landingpage-Videos verwendet, aber auch für Sales- und Marketing-Content.

Instagram: Videos, Ephemeral Content und Livestream

In Kapitel 9 stellen wir die Fotofunktion von Instagram vor. Instagram bietet auch Ephemeral Content in Form von Stories sowie Videos inklusive Livestream. Haben Sie sich für eine Präsenz auf Instagram entschieden, sollten Sie zumindest punktuell alle Funktionen nutzen.

Manche Videoklassiker sind Jahre alt und werden auf YouTube immer noch gern angeschaut. In Social Media gibt es jedoch auch einen Hang zu flüchtigen Momenten, Ephemeral Content genannt. Dabei kann es sich um Fotos oder Videos handeln, die in einer Story in Instagram nur kurz sichtbar sind und anschließend gelöscht werden.

◀ Tipp Auf Instagram können erfolgreiche Stories in den Highlights archiviert werden. Auch in Facebook können sie archiviert und wiederverwendet werden.

Instagram Stories

Täglich verwenden über 500 Millionen Nutzer:innen *Stories* mit Fotos, Text, Musik und Videos. Als Ephemeral Content sind sie nur für 24 Stunden sichtbar. Kommen Stories gut an, können Sie diese in Ihre Highlights aufnehmen. Stories haben einen spielerischen Charakter und nicht den Anspruch, perfekt zu sein. Dennoch sollten Unternehmen die Fotos sorgfältig auswählen, eine Geschichte mit rotem Faden anbieten und idealerweise einen Call-to-Action platzieren.

Bieten Sie Mehrwert durch exklusive Einblicke. So kann ein Museum zum Beispiel zu einer interaktiven Führung einladen. Auch können Sie hervorragend in den Dialog mit Ihren Fans treten und in der Story Fragen stellen oder über etwas abstimmen lassen. Neben dem Dialog über Direktnachrichten sind seit 2022 auch direkte Likes für die Story möglich.

Abbildung 10-32 ▶ Das lokale Start-up »Mainbauer« fragt in der Instagram-Story seine Kund:innen nach ihren Wünschen für die nächste Gemüsekiste.

Die Story sollte unterhalten und nicht mehr als vier bis sechs Bilder beinhalten. Der Wechsel zwischen Fotos und Videos ist möglich – und sorgt für Abwechslung. Wenn Sie ein Produkt bewerben, vergessen Sie nicht, den Link zu Ihrem Webshop einzubauen.

Videos für Instagram

Auch wenn Instagram im Jahr 2021 Instagram TV (IGTV) wieder abgeschafft hat, dürfen »normale« Videos auf der Plattform weiter bis zu einer Stunde lang sein. Im Gegensatz zum Querformat auf YouTube funktionieren auf Instagram Filme im Hochformat oder im quadratischen Format (1:1) besser. Dank der neuen automatischen Untertitel wird der Inhalt auch ohne Ton gut verständlich.

Wir empfehlen, die Aufmerksamkeitsspanne Ihrer Fans zu berücksichtigen. Fokussieren Sie sich auf kurze und knackige Beiträge. Es gibt Formate, die auch als längere Filme gut funktionieren. Bevor Sie Ihr Video posten, wählen Sie Ihr Titelbild sorgfältig aus den zur Verfügung stehenden Standbildern aus. Dieses Bild wird dem Video vorangestellt, die Startszene selbst ändert sich dadurch nicht.

Instagram Reels

Die Funktion *Reels* ist in Deutschland seit 2020 verfügbar. Als Reaktion auf den Erfolg von TikTok ermöglicht Instagram, Videos zu veröffentlichen, die seit 2022 bis zu 90 Sekunden lang sind. Da die Auswahl an Reels groß ist, sollten Sie auf den Einstieg achten. Die ersten drei Sekunden entscheiden darüber, ob die Nutzer:innen sich das Reel anschauen. Dabei setzt Instagram mittlerweile auch starker auf die TikTok-Strategie »Content findet Nutzer«.

Reels sollten originären und interaktiven Content enthalten, der die Fans zum Mitmachen anregt. Um keine rechtlichen Probleme zu bekommen, sollte die Reels Music Library genutzt werden. AR-Effekte kommen gut an und es lohnt sich, bei neuen Trends mitzumachen. Halten Sie die Beschreibung möglichst knapp, idealerweise maximal 55 Zeichen. Sollte die Bildsprache des Videos nicht sofort die Botschaft erklären, kann ein kurzer Text gleich zu Beginn hilfreich sein. Wählen Sie die Hashtags sorgfältig aus und kombinieren Sie reichweitenstarke mit Nischen-Hashtags und Eigenkreationen.

Instagram Live

Berichten Sie mit *Instagram Live* von Ihrem Messestand, der Präsentation eines neuen Produkts oder der Eröffnung eines neuen Standorts. In einem Live-Video können Sie Fragen der Community beantworten oder einen exklusiven Blick hinter die Kulissen ermöglichen. Planen Sie die Inhalte mit einem Storyboard und machen Sie sich Gedanken über die ersten Sätze.

Ein stabiles WLAN am Veranstaltungsort vorausgesetzt, können Sie mit einem hochwertigen Smartphone übertragen, idealerweise im Hochformat oder als quadratisches Video. Achten Sie auf eine gute Beleuchtung und vermeiden Sie Hintergrundgeräusche. Sehen oder hören Ihre Fans Sie schlecht, schalten sie den Livestream schnell wieder ab.

Laden Sie vorab die Akkus aller benötigten Geräte und halten Sie eine Powerbank griffbereit. Entscheiden Sie im Anschluss, ob Sie das Live-Video speichern wollen oder es für weitere 24 Stunden in der Story sichtbar machen möchten. Ebenso ist es möglich, eine kurze Zusammenfassung des Live-Videos in der Story zu ergänzen.

Berücksichtigen Sie die geringe Aufmerksamkeitsspanne der Nutzer:innen und beobachten Sie während Ihres Livestreams das Kommen und Gehen Ihrer Zuschauenden. Scheuen Sie keine Wiederholungen und erläutern Sie immer wieder, wer Sie sind, was gerade passiert und was Sie zeigen.

Facebook: Live, Stories und Watch

In Kapitel 8 lernen Sie Facebook kennen. Facebook ist das größte soziale Netzwerk der Welt und für Fans von Videos eine wichtige Plattform.

Videos und Reels für Facebook

Facebook sollte ein fester Bestandteil Ihres Video-Content-Marketings werden, sofern Ihre Zielgruppe zu den Nutzer:innen zählt.

Tipp ▶ Der Algorithmus von Facebook bevorzugt eigene Videos gegenüber Links. Daher ist es grundsätzlich besser, Videos auf Facebook direkt hochzuladen – und nicht nur den YouTube-Link zu posten. Trotzdem kann Ihnen das gelegentliche Teilen eines YouTube-Links auf Facebook weitere Zuschauer verschaffen.

Videos für Facebook dürfen unglaubliche vier Stunden lang sein oder als Facebook Reels nur bis zu 60 Sekunden. Facebook Reels werden auch in *Facebook Watch* ausgespielt, was den Trend zu kürzeren Videoformaten unterstreicht. Wenn die Tests für 90-sekündige Instagram Reels erfolgreich sind, werden die Facebook Reels sicher nachziehen.

Von zu langen Videos raten wir ab, egal wie gut Ihre Geschichte ist! Haben Sie schon mit 360-Grad-Videos experimentiert, diese gar von einer Drohne anfertigen lassen? Damit lässt sich das Motiv aus unterschiedlichen Perspektiven zeigen.

Facebook Live

Nutzen Sie *Facebook Live*, kündigen Sie die Liveübertragung vorher an und erstellen dafür ein Facebook-Event. Wählen Sie das Vorschaubild sorgfältig aus, wenn Sie den Livestream nach der Übertragung speichern wollen. Ein attraktives Vorschaubild sollte neugierig machen, zu Ihrem Corporate Design passen und leicht verständlich sein. Auch die Beschreibung ist wichtig, um im Feed der Fans Interesse zu wecken und zu erklären, worum es im Video geht.

Arbeiten Sie beim Livestreaming mindestens zu zweit. Eine Person moderiert, und eine zweite überwacht die Fragen und reagiert auf Kommentare der Fans. Denken Sie daran, dass die Kommentare mit Verzögerung bei Ihnen sichtbar werden. Kommentare sind wichtig und pushen die von Facebook gewünschten »Meaningful Interactions«. Sorgen Sie mit einer Abstimmung für noch mehr Interaktion und verkünden Sie die Ergebnisse in der Liveübertragung. Im Anschluss an den Livestream können Sie entscheiden, ob Sie das Video archivieren oder es löschen wollen.

▲ Abbildung 10-33
Der Zürich Social Media Gipfel wird live in Facebook übertragen und ermöglicht eine rege Diskussion.

Facebook Watch

Das Videoportal *Facebook Watch* ist ein Teil der Facebook-App. Facebook bündelt damit die Videos an einem Ort und greift den Konkurrenten YouTube an. Facebook Watch hat sich als Konkurrent zum etablierten TV-Angebot positioniert und konnte diverse Produktionspartnerschaften mit klassischen TV-Medien wie ProSiebenSat.1 oder RTL2 eingehen.[22] Es will das klassische Fernsehprogramm personalisieren. Watch-Partys betonen den sozialen Aspekt.

In Werbepausen werden Spots geschaltet und die Erlöse zwischen den Videoproduzenten und Facebook aufgeteilt. Die Nutzerzahlen für Facebook Watch sind gestiegen, wobei vielen Facebook-Nutzern nicht einmal auffallen dürfte, dass sie ein Video auf Facebook Watch sehen.

Facebook Stories

Die *Facebook Stories* sind mittlerweile mit über 500 Millionen Zuschauern weltweit pro Tag ähnlich beliebt wie die Stories auf Instagram. Der Grund für Platz zwei könnte sein, dass häufig eine Instagram Story erstellt und als Cross-Posting auf Facebook veröffentlicht wird. Wer das bemerkt, schaut sich die Story kein zweites Mal an.

22 *https://blog.hubspot.de/marketing/facebook-watch*

Abbildung 10-34 ▶ Facebook Stories sollten Aufmerksamkeit erregen, denn die Konkurrenz ist groß.

Werbetreibende können in den Facebook Stories auch Werbevideos buchen. Unter einer Länge von 15 Sekunden werden sie in voller Länge abgespielt, sonst in einzelne Story-Karten unterteilt.

LinkedIn: Videos und Livestream

LinkedIn ist eher ein Spätzünder in Sachen Video. Mittlerweile haben sich kurze Filme und Liveübertragungen jedoch als Content-Formate etabliert. Mit Audio-Rooms sind im Jahr 2022 Live-Übertragungen als Audio-Stream dazugekommen.

Videos für LinkedIn

Gewähren Sie in einem Video einen authentischen Blick hinter die Kulissen Ihres Arbeitsalltags. Dazu können Erfolge wie neue Projekte und Unternehmenskunden gehören, aber auch Empfehlungen, das Teilen von Wissen und Learnings aus einem Missgeschick. Bereiten Sie den Inhalt unterhaltsam auf und bieten Sie einen Mehrwert, denn LinkedIn ist eine Businessplattform. Das Video sollte unmittelbar Aufmerksamkeit erregen – und für einen guten Spannungsbogen sorgen.

Das Format Stories hatte auf LinkedIn nur eine kurze Lebensdauer. Gut ein Jahr konnten Nutzer:innen auf einer Länge von maximal 20 Sekunden Bilder, Kurzvideos, Text und Sticker kombinieren. Im Oktober 2021 wurde das lockere und flüchtige Format wieder eingestampft.

LinkedIn Live

In LinkedIn können Sie auch live übertragen. Die Plattform erteilt Profilen und Unternehmensseiten auf Antrag die Genehmigung für Livestreams. Dabei prüft LinkedIn, ob das Profil oder die Seite bereits über Erfahrung verfügt und eine gewisse Reichweite mitbringt.

Twitter: Videos und Live

Die Plattform Twitter stellen wir in Kapitel 7 näher vor. Videos dürfen auf Twitter maximal zwei Minuten und 20 Sekunden lang sein.

Auch Twitter bietet die Möglichkeit, einen Livestream zu nutzen. Sofern Sie Twitter den Zugriff auf Kamera und Mikrofon erlauben, trennen Sie nur zwei Klicks von der Übertragung mit *Twitter Live*. Beschreiben Sie mit einem kurzen Text, worum es in Ihrem Livestream geht, und starten den Stream. Falls Sie zwischenzeitlich auf eine reine Tonübertragung umschalten wollen, tippen Sie auf das Mikrofonsymbol.

Die Live-Videos veröffentlicht Twitter automatisch eingebettet in einen Tweet. Damit werden sie auch gespeichert und sollten bei Bedarf aktiv gelöscht werden. Sie können den Titel oder das Miniaturbild des gespeicherten Videos im Nachhinein verändern, Gleiches gilt für den Startpunkt.[23] Bislang wird die Livestreaming-Funktion von Twitter nur von wenigen genutzt und erhält daher mehr Aufmerksamkeit.

Ähnlich wie LinkedIn hatte sich auch Twitter mit seinen Fleets am Format »Story« probiert – und es ebenfalls wieder eingestampft. Durch die

23 *https://help.twitter.com/de/using-twitter/twitter-live*

große Menge an kleinen Content-Pieces und die schnelle Verbreitungsgeschwindigkeit können Tweets mitunter wie flüchtige Inhalte wirken, auch wenn sie dauerhaft erhalten bleiben.

Checkliste: Der Weg zum Video

- Ziele und Inhalte definieren: Welche Bilder und Botschaften wollen Sie transportieren, welche Kundengruppen erreichen?
- Prüfen Sie, für welche Plattformen Ideen und Inhalte vorliegen und wo der Start unternehmerisch sinnvoll ist.
- Richten Sie Ihren Unternehmenskanal auf einer oder mehreren Plattformen ein. Mit der unternehmenskonformen Gestaltung erkennen Ihre Kund:innen Sie wieder, und Ihre Markenbekanntheit wird gesteigert.
- Beginnen Sie, anderen Nutzer:innen zu folgen, und beteiligen Sie sich an Diskussionen.
- Kümmern Sie sich um Mitstreiter, die nötige Ausrüstung oder um die Kulisse für eine regelmäßig produzierte Show.
- Klären Sie rechtliche Fragen und sorgen Sie für lizenzfreie Musik.
- Sorgen Sie für die Verbreitung Ihres Angebots! Das beginnt bei den Tags, passenden Partnern für Seeding und Influencer-Marketing und endet bei der Integration des Videokanals auf Ihren Websites und in Social Media.
- Reagieren Sie auf Kommentare und stellen Sie selbst Fragen. So stärken Sie die Beziehung mit den Zuschauenden und sichern ihre Verweildauer.
- Nutzen Sie die Statistiktools der Anbieter, um Ihren Erfolg oder Misserfolg zu analysieren.
- Bewerben Sie Ihre Videos in Newslettern, Messenger-Diensten und E-Mail-Signaturen sowie auf der Website.

Zusammenfassung

Videos sind im Netz beliebt und eignen sich sehr gut für das Content Marketing. Kurze und knackige Videos mit einem fesselnden Einstieg und einem klugen Storytelling verankern Inhalte und Werbebotschaften schnell und nachhaltig. Eine durchdachte Strategie und eine kreative Idee sind dabei wichtiger als eine teure Ausrüstung.

Nutzen Sie Ihr Netzwerk und Ihre Präsenz in anderen Social-Media-Plattformen für die (virale) Verbreitung des Videos. Arbeiten Sie auch mit Ephemeral Content wie Stories und binden Sie Influencer:innen ein. Die dadurch generierte Aufmerksamkeit hilft Ihnen beim Vermarkten Ihrer Produkte und Dienstleistungen. Was Videos betrifft, ist YouTube das beliebteste Portal. Auch andere Plattformen bieten einen vergleichbaren Service – allerdings bei geringerer Reichweite. Besonders bei einer jüngeren Zielgruppe könnten TikTok oder Twitch für Sie interessant sein.

Auf YouTube und anderen Videoportalen haben Sie viele Möglichkeiten, Ihrem Video zu mehr Bekanntheit zu verhelfen. Dazu zählen die sorgfältige Auswahl von Titeln, Beschreibungen und Tags im Rahmen der Video-SEO sowie das gezielte Weiterverbreiten von Videos über Social Media. Ihr Video sollte nicht zu lang sein, weil die Aufmerksamkeitsspanne der meisten Zuschauenden kurz ist. Qualität und Relevanz sind wichtig, da Sie mit dem Überangebot an Content um die Aufmerksamkeit des Publikums konkurrieren.

Um mit Ihren Nutzer:innen »persönlich« in Kontakt zu treten, ist Videoblogging gut geeignet. Am wirkungsvollsten ist es, wenn Vlogger einfach sie selbst bleiben: Ein regelmäßiges, authentisches und unterhaltsames Videoblog erobert Ihnen einen Platz in den Herzen Ihrer Kund:innen. Und zu guter Letzt: Denken Sie an Ihren Call-to-Action am Ende Ihrer Videos.

KAPITEL 11

Employer Branding und Social Recruiting

In diesem Kapitel:

Wer Mitarbeiter:innen gewinnen möchte, kommt an einer Präsenz in Social Media kaum noch vorbei. Bewerberinnen und Bewerber informieren sich dort über das Unternehmen und die potenziellen Kolleg:innen. Bedenken Sie, dass der Arbeitsmarkt durch den Fachkräftemangel teilweise ein Arbeitnehmermarkt geworden ist. Wer in Social Media nicht oder lieblos vertreten ist, wirkt als künftiger Arbeitgeber wenig attraktiv.

Mit *Employer Branding* soll die Arbeitgebermarke eines Unternehmens geschaffen werden. Sie zeigt authentisch und konsistent die Werte des Unternehmens, welche Unternehmenskultur gelebt wird und warum es ein attraktiver Arbeitgeber ist. Statt austauschbarer Imagekampagnen zeigt das Unternehmen, warum es einzigartig ist. ◀ **Definition**

Für das Employer Branding arbeiten idealerweise Kommunikation, Marketing, Personal und Unternehmensstrategie über eingespielte Schnittstellen Hand in Hand.

Employer Branding strategisch angehen

Mit einem strategischen Employer Branding lässt sich die Qualität und Anzahl von Bewerbungen erhöhen. Welche Themen interessieren Menschen auf Jobsuche? Sie möchten wissen, wie sich ihr künftiger Arbeitgeber beispielsweise zu den Themen in Abbildung 11-1 positioniert.

Abbildung 11-1 ▶ Beispiele für die Employer Value Proposition

Mitarbeiterinnen und Mitarbeiter können als vertrauenswürdige Corporate Influencer ein authentisches Bild ihres Arbeitgebers vermitteln. Verbreiten Mitarbeitende über ihre Social-Media-Profile die Stellenanzeigen ihres Arbeitgebers, steigen die Chancen, dass latent Stellensuchende die Anzeigen sehen. *Employee Advocacy* wird der Teil des Employer Branding genannt, der Mitarbeitende in Social-Media-Aktivitäten einbindet.

Definition ▶ *Corporate Influencer* sind Mitarbeitende, die als Markenbotschafter:innen für ihr Unternehmen nach innen und außen wirken. Corporate Influencer finden sich auf allen Hierarchieebenen. In Kapitel 4 lernen Sie Social CEOs und den Straßenbahnfahrer *Bahnbabo* kennen.

Das Internet ist mobil geworden, und viele Menschen möchten die Jobsuche auf ihrem Smartphone erledigen. Statt langwierige Onlineformulare auszufüllen und ein Anschreiben zu formulieren, wünschen sie sich eine *One-Click-Bewerbung*, die ihre Daten bequem aus XING oder LinkedIn übernimmt. Einige Unternehmen arbeiten bereits mit ähnlich vereinfachten Verfahren. In China ist diese Form der Bewerbung gängiger Alltag.

Unternehmen können für die Kommunikation in Social Media und auf Messenger-Plattformen Chatbots einsetzen. Wer sich zeitlich flexibel um eine Bewerbung kümmern möchte, freut sich über den 24/7 möglichen Dialog. Ohne größere Investitionen in künstliche Intelligenz nimmt die Software überwiegend Datenbankabfragen vor. Anders ausgedrückt: Übermäßig kompliziert sollten die Fragen nicht sein. Das Unternehmen wird trotzdem als innovativer Arbeitgeber wahrgenommen, und Standardfragen belasten nicht mehr die Personalabteilung.

Zu Employer Branding und Social Recruiting werfen wir mit Anne Engelshowe einen Blick aus der Vogelperspektive auf dieses Thema. Sie ist Gründerin des SALON DER GUTEN, eines Netzwerks für Arbeitgeberattraktivität und erfolgreiches Employer Branding. Sie bloggt unter *www.salonderguten.de*, hält Vorträge und berät Unternehmen.

Interview

»Kein Employer Branding ohne Strategie«

Ein Interview mit der Expertin für Employer Branding, Anne Engelshowe

▲ **Abbildung 11-2**
Anne Engelshowe, Gründerin und Initiatorin des SALON DER GUTEN

Hidden Champions und KMUs haben es oft schwer, mit bekannten und internationalen Unternehmen zu konkurrieren. Wie können kleinere Unternehmen mit einem begrenzten Budget sichtbar werden und dem Fachkräftemangel trotzen?

Anne Engelshowe: Ich erlebe regelmäßig Geschäftsführer:innen und Personaler:innen von KMUs, die frustriert sind, weil sie händeringend Personal suchen. Der Schlüssel liegt im Employer Branding, der strategischen Positionierung des Unternehmens als attraktiver Arbeitergeber. Betreibe ich Employer Branding gewissenhaft und nachhaltig, geht es nicht darum, einem Wettbewerber oder großen, bekannten Marken nachzueifern, sondern sich auf die eigenen Stärken zu besinnen. Im Zuge der Positionierung sollte herausgearbeitet werden, was das Unternehmen als Arbeitgeber auszeichnet, was es einzigartig und für die Zielgruppen attraktiv macht.

Schnell wird deutlich, dass ein familiengeführtes mittelständisches Unternehmen Vorteile und Chancen bietet, wo große Unternehmen nicht mithalten können. Diese Herangehensweise zahlt auf meine Glaubwürdigkeit als Arbeitgeber ein, was für ein erfolgreiches Employer Branding unabdingbar ist. Schließlich will ich Mitarbeitende nicht mit realitätsfernen Versprechungen gewinnen, sondern sie langfristig an mein Unternehmen binden.

Welche Rolle spielt das Employer Branding mithilfe von Businessnetzwerken wie XING und LinkedIn?

Anne Engelshowe: Social Media bieten Unternehmen die Chance, im Sinne der erforderlichen Authentizität sichtbar zu werden und die Employer Brand mit Leben zu füllen. Eine Social-Media-Strategie gehört zu jedem professionellen Employer Branding. XING und LinkedIn sind als Businessnetzwerke für viele Unternehmen der Einstieg in die

Personalgewinnung über Social Media. Hier sollte ich mit einem aussagekräftigen Unternehmensprofil und Mitarbeitenden punkten, die als Botschafter:innen des Unternehmens mit Position und Kontaktdaten sichtbar und ansprechbar sind. Wer über diese Netzwerke aktiv nach Kandidat:innen sucht, sollte darauf achten, dass die Ansprache ein positives Kandidatenerlebnis im Sinne der Employer Brand erzeugt.

Unternehmen sind nicht immer dort vertreten, wo ihre Zielgruppe aktiv ist. Das gilt zum Beispiel für Instagram oder Snapchat. Was raten Sie Unternehmen, die einen großen Bedarf an Nachwuchskräften haben, aber davor zurückschrecken, sich auf diesen Plattformen zu engagieren?

Anne Engelshowe: Ein professioneller Employer-Branding-Prozess beinhaltet die Auseinandersetzung mit den wichtigsten Zielgruppen. Das Engagement in Social Media sollte weniger auf allgemeinen Trends, sondern vielmehr auf strategischen Überlegungen basieren. Ich muss dort als Arbeitgeber sichtbar und aktiv sein, wo meine Zielgruppe ist. Für viele Unternehmen bedeutet dies, sich intensiv mit Portalen wie Instagram, Snapchat oder TikTok auseinandersetzen zu müssen, zum Beispiel für die Gewinnung von Azubis und Nachwuchskräften. Ich kann nur an eine strategische Herangehensweise appellieren. Bevor ich mir als Arbeitgeber vorschnell ein Profil anlege und Glaubwürdigkeit verspiele, sollte ich die personellen Ressourcen für die professionelle Pflege der Kanäle prüfen. Statt Mitarbeitende zu verdonnern, in Social Media aktiv zu sein, gewinnen Sie jene, die mit Freude und Engagement dort aktiv sind. Sie sind intrinsisch motiviert, das Unternehmen zu repräsentieren. So entsteht ein authentischer Einblick, der auf meine Employer Brand einzahlt.

In Unternehmen ist häufig Employer Branding und Personalmarketing in der Personalabteilung angesiedelt, während Content-Planung und Strategie für Social Media im Bereich Kommunikation verortet werden. Welche Probleme erwachsen daraus, und wie lassen sich diese lösen?

Anne Engelshowe: Auch wenn das Engagement zum Employer Branding häufig aus der Personalabteilung kommt, appelliere ich daran, Employer Branding als gesamtstrategische Aufgabe zu betrachten. Verschiedene Bereiche müssen Hand in Hand arbeiten, allen voran die Geschäftsführung, die Rückendeckung gibt und als Vorbild agiert. Wenn es um die operative Umsetzung der Social-Media-Aktivitäten geht, wird deutlich, dass die Kompetenzen häufig in unterschiedlichen Bereichen organisiert sind. Wenn ich Personal, Marketing und Unternehmenskommunikation regelmäßig an einen Tisch bekomme, zum Beispiel für die Redaktionssitzung, kann ich auf Synergien zurückgreifen und konsistent im Sinne meiner Arbeitgebermarke kommunizieren.

Mit welchen Content-Formaten lässt sich die Arbeitgebermarke am besten erlebbar machen?

Anne Engelshowe: Im Employer Branding soll vermittelt werden, wie es sich anfühlt, im Unternehmen zu arbeiten. Über Storytelling in Social Media gelingt das besonders gut. Da Bild und Video mehr sagen als geschriebene Worte, sind diese Formate unabdingbar in der Kommunikation der Arbeitgebermarke. Die oberste Maxime ist die Authentizität. Das Material muss zum Unternehmen passen.

Wie professionell muss ein Video gestaltet sein?

Anne Engelshowe: Wenn mein Unternehmen in der Außendarstellung auf Style und Perfektion getrimmt ist, muss mein Content diesen Eindruck ebenfalls vermitteln. Bei einem bodenständigen Handwerksbetrieb würde ein Hochglanzformat unglaubwürdig wirken. Grundsätzlich empfehle ich, die Mitarbeitenden, die mit den Social-Media-Kanälen betraut sind, regelmäßig zu schulen und ihnen Guidelines, die auch visuelle Vorgaben enthalten, an die Hand zu geben. Wird ein Account von mehreren Mitarbeitenden gepflegt, kann ich somit Konsistenz in der Kommunikation herstellen und meine Arbeitgebermarke erfolgreich in den Köpfen der Zielgruppe verankern.

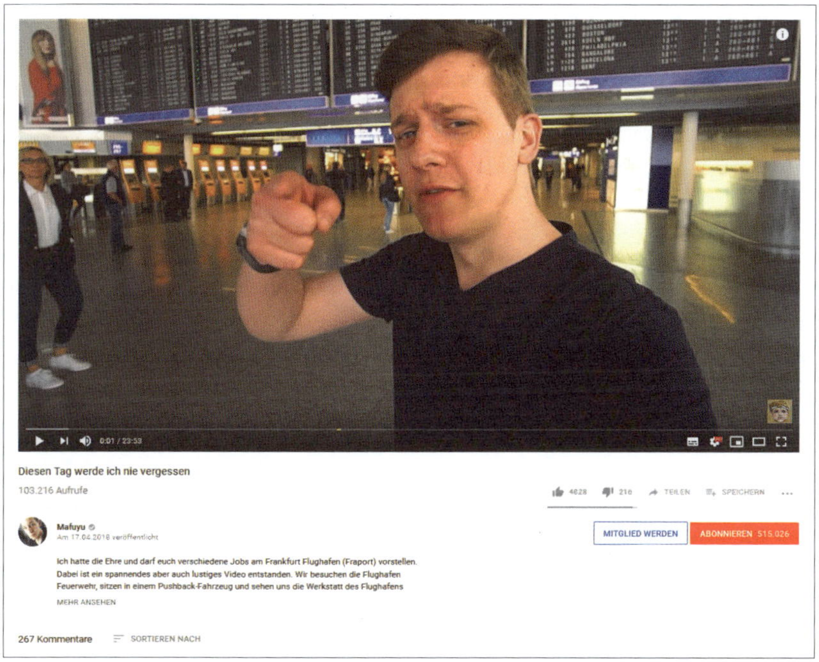

◀ Abbildung 11-3
Der YouTuber Mafuyu zeigt seinen Fans den Frankfurter Flughafen.[1]

1 *http://bit.ly/2ArwOdn*, mehr zu diesem Praxisbeispiel erfahren Sie im Abschnitt *Social Recruiting mit Influencern* auf Seite 515.

Wer einen Arbeitgeber empfiehlt, obwohl er nicht dort angestellt ist, wirkt wenig glaubwürdig. Wie lässt sich glaubwürdig mit Influencern arbeiten – oder sind Mitarbeitende als Markenbotschafter:innen besser geeignet?

Anne Engelshowe: Es ist nur zielführend, Influencer:innen, womöglich für viel Geld, zu verpflichten, wenn ich damit meine Zielgruppe erreiche. Dann bedarf es einer guten Content-Strategie. Dass Influencer:innen nur ihr Gesicht in die Kamera halten und für einen Arbeitgeber werben, ist unglaubwürdig. Hier muss gemeinsam eine Story geschrieben werden, die einen Mehrwert für die Community bietet und positiv auf die Employer Brand des Unternehmens einzahlt. Die Fraport AG und der EnBW-Konzern haben gezeigt, wie die Arbeit mit Influencer:innen gelingen kann.

Bevor ich über den Einsatz eines Influencers nachdenke, würde ich intern alle Potenziale heben und Mitarbeitende zu Markenbotschafter:innen machen. Ihre Glaubwürdigkeit ist durch niemand Externes zu übertreffen. Wichtig ist, dass die Mitarbeitenden intrinsisch motiviert das Unternehmen empfehlen und nicht, weil es Geld dafür gibt. Ist diese Voraussetzung erfüllt, kann ein professionelles Mitarbeiterempfehlungsprogramm via Smartphone-App genutzt werden, das alle Social-Media-Kanäle berücksichtigt (zum Beispiel Talentry, Firstbird oder XING). Gute Beispiele im Bereich Job-Influencer sind Otto und Microsoft. Sie arbeiten nicht mit einer Incentivierung, schulen ihre Mitarbeitenden aber umfassend in Social-Media-Kommunikation, Personal Branding oder mit Recruiting-Know-how.

Frau Engelshowe, wir danken Ihnen herzlich für das Gespräch.

Ein schlechtes Kandidatenerlebnis schadet der Arbeitgebermarke, und das Unternehmen verliert gute Bewerber:innen. Die Candidate Journey sollte von der ersten Ansprache bis zum Onboarding attraktive Touchpoints bieten. Social Media und Content Marketing tragen dazu einen wichtigen Teil bei.

Bewertungsplattformen für Arbeitgeber

Die Bedeutung von Bewertungen hat zugenommen. Unternehmen müssen es sich gefallen lassen, dass (ehemalige) Mitarbeitende auf Bewertungsportalen für Arbeitgeber ein Urteil über sie fällen. Die Portale sehen auch vor, dass Kandidaten öffentlich Feedback zu ihrem Bewerbungsprozess geben. Im deutschsprachigen Raum haben *kununu* sowie die US-amerikanische Konkurrenz *Glassdoor* die Nase vorn. Daneben halten sich Nischenwettbewerber wie *meinChef.de*. Auch die Onlinejobbörse *StepStone* ermöglicht die Bewertung von Arbeitgebern.

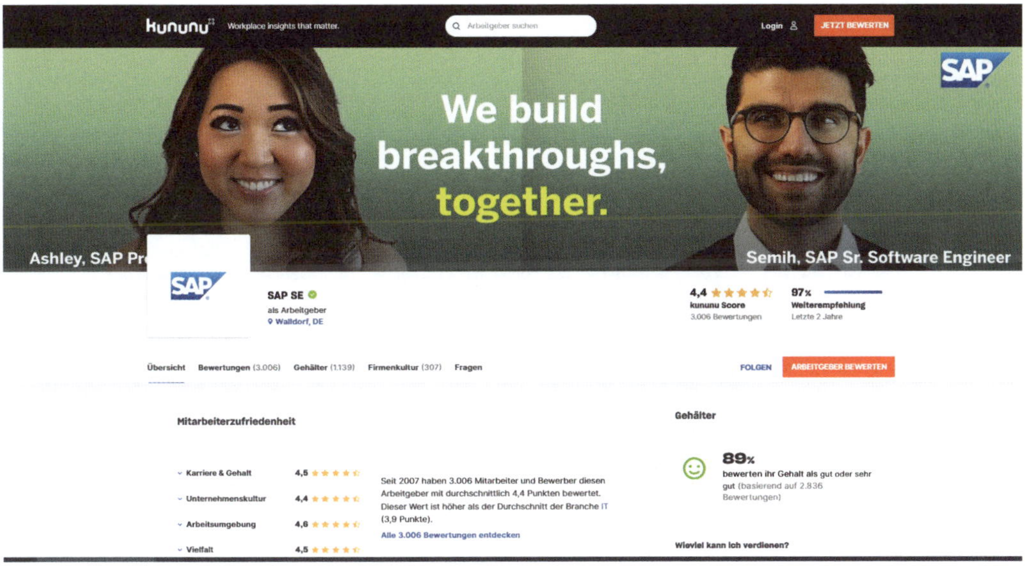

▲ **Abbildung 11-4**
SAP auf kununu

Unternehmen sollten Arbeitgeberbewertungsplattformen kontinuierlich überwachen und auf konstruktive Kritik ebenfalls öffentlich reagieren. Kommentiert ein Unternehmen kritische oder falsche Bewertungen nicht, scheinen diese wahr zu sein. Eine weitere Interpretation könnte sein, dass das Unternehmen verschnupft reagiert oder zu altmodisch ist, um die Kommunikation auf Augenhöhe zu verstehen. Keine der Schlussfolgerungen wirft ein gutes Licht auf den potenziellen Arbeitgeber.

Zeigen Sie, dass Sie berechtigte Kritik ernst nehmen, klären Sie (vermeintlich) falsche Sachverhalte und widerlegen Sie diese mit sachlichen Argumenten. Bleiben Sie authentisch, kommunizieren Sie freundlich und vermeiden Sie Standardfloskeln. Bieten Sie auch einen persönlichen Dialog auf einem alternativen Kanal (Telefon/E-Mail) an und nennen Sie die Kontaktdaten von Ansprechpartnern in Ihrem Unternehmen.

Die Bank ING bietet Mitarbeitenden und Bewerber:innen, die die Bank negativ bewerten, ein Gespräch an. Sympathisch daran ist, dass sich nicht der gleiche Textbaustein wiederholt, sondern das Angebot zum Dialog sprachlich variiert, wie Abbildung 11-5 zeigt.

Zudem wirkt der Text emphatisch, und die ING lädt sogar zu einem anonymen Feedback ein.

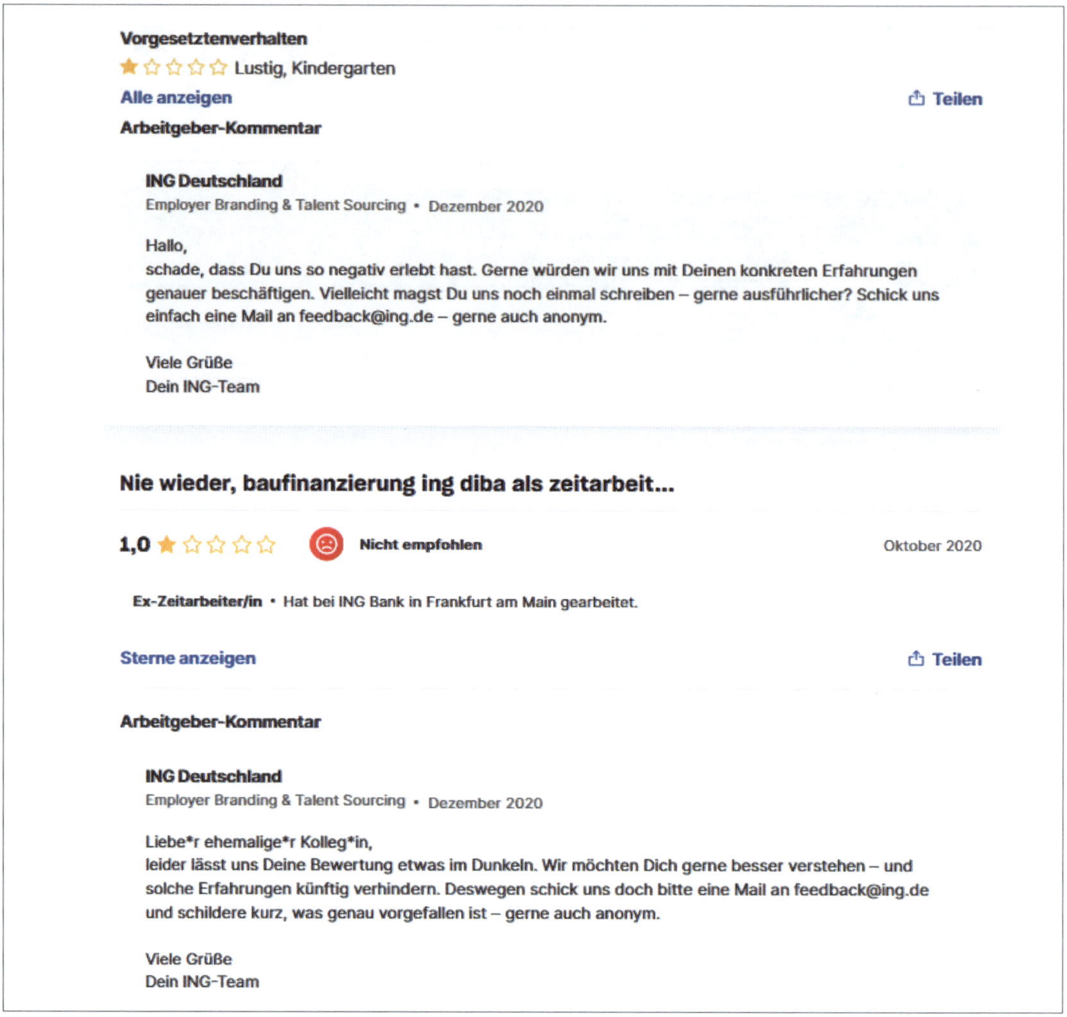

Vorgesetztenverhalten

★☆☆☆☆ Lustig, Kindergarten

Alle anzeigen — Teilen

Arbeitgeber-Kommentar

ING Deutschland
Employer Branding & Talent Sourcing • Dezember 2020

Hallo,
schade, dass Du uns so negativ erlebt hast. Gerne würden wir uns mit Deinen konkreten Erfahrungen genauer beschäftigen. Vielleicht magst Du uns noch einmal schreiben – gerne ausführlicher? Schick uns einfach eine Mail an feedback@ing.de – gerne auch anonym.

Viele Grüße
Dein ING-Team

Nie wieder, baufinanzierung ing diba als zeitarbeit...

1,0 ★☆☆☆☆ **Nicht empfohlen** — Oktober 2020

Ex-Zeitarbeiter/in • Hat bei ING Bank in Frankfurt am Main gearbeitet.

Sterne anzeigen — Teilen

Arbeitgeber-Kommentar

ING Deutschland
Employer Branding & Talent Sourcing • Dezember 2020

Liebe*r ehemalige*r Kolleg*in,
leider lässt uns Deine Bewertung etwas im Dunkeln. Wir möchten Dich gerne besser verstehen – und solche Erfahrungen künftig verhindern. Deswegen schick uns doch bitte eine Mail an feedback@ing.de und schildere kurz, was genau vorgefallen ist – gerne auch anonym.

Viele Grüße
Dein ING-Team

Abbildung 11-5 ▲
ING auf kununu

Kununu spürt Fake-Bewertungen auf

Wir wollten von der österreichischen Bewertungsplattform kununu wissen, wie Unternehmen mit kritischem Feedback umgehen.

Yenia Zaba, Director Global Communications & Brand der Bewertungsplattform kununu:

> »Der Umgang mit Reviews auf kununu ist sehr unterschiedlich. Es gibt immer noch Unternehmen, die nicht sachlich mit negativer Kritik umgehen und deren Glaubwürdigkeit in Zweifel ziehen. Aber die Zahl der Arbeitgeber, die konstruktiv auf Bewertungen reagieren und versuchen, daraus hilfreiche Hinweise herauszuziehen, wächst stark. Die meisten Unternehmen haben verstanden, dass ein offener und trans-

parenter Umgang mit Kritik der beste Weg ist – und das wird auch von Mitarbeitenden und potenziellen Bewerber:innen wertgeschätzt.«

Frau Zaba, wie wirkt sich die öffentliche Reaktion der Unternehmen aus?

»Arbeitgeber sind gut beraten, konstruktiv, offen und ernsthaft mit Feedback umzugehen. Konkret heißt das: Sie sollten die Funktion der Stellungnahme nutzen, um auf die angesprochenen Punkte zu antworten. Das ist der glaubwürdigste und wirkungsvollste Weg, um auf Kritik zu reagieren. Am Ende ist oft gar nicht entscheidend, ob eine Bewertung positiv oder kritisch ausfällt. Maßgebend ist der richtige Umgang damit.«

Löschen Sie bei kununu Bewertungen?

»Wir löschen keine Bewertungen, nur weil Unternehmen das einfordern – solange alle relevanten kununu-Kriterien erfüllt und gesetzliche Richtlinien eingehalten werden. Gibt es berechtigten Grund, an der Authentizität einer Bewertung zu zweifeln, fordern wir einen entsprechenden Nachweis ein. Im Übrigen können wir Fake-Bewertungen oder Reviews, die nicht unseren Vorgaben entsprechen, durch Algorithmen und unsere Mitarbeitenden effizient vorab filtern – beispielsweise wenn eine Bewertung Rückschlüsse auf konkrete Personen zulässt. Der Anteil der Bewertungen, die aufgrund von Verstößen offline genommen werden, ist jedoch verschwindend gering.«

Auf *www.kununu.com* wurden schon über fünf Millionen anonyme Erfahrungsberichte über Betriebsklima und Bewerbungsprozesse zu rund einer Million Unternehmen abgegeben.

StepStone prüft Bewertungen

Eine Arbeitgeberplattform lebt von der Glaubwürdigkeit ihrer Bewertungen. Wir haben gefragt, wie StepStone eingehende Bewertungen prüft und welche Kriterien es für deren Freigabe anwendet.

StepStone: »Jede eingegangene Review wird von einem dedizierten Expertenteam seitens StepStone geprüft, bevor sie online erscheint. Grundsätzlich glauben wir, dass man ein Unternehmen nicht einfach mit einem oder fünf Sternen bewerten kann, sondern eine differenzierte Sicht geben muss. Menschen finden ein Unternehmen aus unterschiedlichen Gründen gut oder schlecht: Das kann nicht pauschalisiert werden. Deshalb ist es wichtig, die spezifische Sicht des Nutzers abzufragen. Ist die Bewertung nicht konstruktiv, fundiert oder bietet sie keinen Mehrwert für Kandidat:innen, wird sie nicht veröffentlicht – unabhängig davon, ob sie positiv oder negativ ist.«

Nicht veröffentlicht werden von StepStone Bewertungen, die

- lediglich Phrasen beinhalten,
- kein konstruktives Feedback enthalten,

- die Nennung von natürlichen Personen enthalten oder Informationen, anhand deren natürliche Personen identifizierbar sind.

Der Gedanke, zu filtern und damit Qualitätsmanagement zu betreiben, ist gut, allerdings bieten Begriffe wie »konstruktives Feedback« Interpretationsspielraum. Nicht jeder versteht darunter das Gleiche.

Active Sourcing mit Strategie

Active Sourcing gewinnt im Zeitalter des Fachkräftemangels an Bedeutung. Statt nur jene anzusprechen, die aktiv eine Stelle suchen, identifizieren Headhunter auch latente Jobsucher und analysieren systematisch alle Spuren, die potenzielle Mitarbeitende im Web hinterlassen. Aktuell finden sich diese meist in Businessnetzwerken wie XING oder LinkedIn.

Definition ▶ Mit *Active Sourcing* oder *Direct Sourcing* ist die Suche nach geeigneten Kandidaten und deren Ansprache in Businessnetzwerken und Social Media gemeint. Wollen Unternehmen oder Headhunter Stellen in Mangelberufen besetzen, ergänzt dies sinnvoll Stellenanzeigen.

Um aus dem »War for Talents« siegreich hervorzugehen, sprechen Unternehmen bereits Jugendliche und Studierende an, um rechtzeitig die Weichen zu stellen. Junge Menschen sind oft noch nicht auf klassischen Businessnetzwerken vertreten. Aus den Zielen im Recruiting kann das Unternehmen die passende Plattform und den Content ableiten, der für die Zielgruppe relevant ist.

Strategisch die passende Social-Media-Plattform auswählen

Vor dem überhasteten Start in Social Media sollte gründlich analysiert und eine nachhaltige Strategie erarbeitet werden. Wir empfehlen, mit hochwertigen Inhalten auf ausgewählten Plattformen zu starten. Riskieren Sie keinen Imageschaden, indem Sie wahllos überall vertreten sind. Hinterfragen Sie regelmäßig kritisch die Auswahl der Kanäle und führen Sie kontinuierlich Erfolgskontrollen durch.

Die Außenwirkung sollte authentisch sein und mit dem Unternehmensalltag in Einklang stehen. Gelten in einer konservativen Unternehmenskultur strenge Social Media Guidelines und existiert kein Social Intranet, wäre es falsch, den Eindruck zu vermitteln, dass das Unternehmen den offenen Dialog pflegt. Lassen sich in der Konsequenz Stellen schwer besetzen, gehört die Unternehmens- und Kommunikationskultur auf den Prüfstand.

Abbildung 11-6
Auf TikTok suchen Unternehmen Auszubildende.

Auf welchen Plattformen tummeln sich potenzielle Bewerbende? Fachkräfte mit Berufserfahrung sind mit hoher Wahrscheinlichkeit auf LinkedIn und/oder XING aktiv. Menschen, die in den Beruf einsteigen oder einen Ausbildungsplatz suchen, lassen sich leichter über Polywork, TikTok, Snapchat, Twitch, Instagram oder YouTube ansprechen. Abbildung 11-6 zeigt Unternehmen, die auf TikTok Azubis suchen und sich auf den witzig-kreativen Charakter der Plattform einlassen.

Hilfreich ist ein Mitglied der Geschäftsführung, das in Social Media mutig vorangeht. Kommuniziert ein Digital Leader im Unternehmen und außerhalb authentisch, verleiht die Führungskraft dem Unternehmen ein menschliches Gesicht. Nur wenige CEOs der DAX-40-Unternehmen verfügen bislang über einen Twitter-Account. Mehr zu Social CEOs finden Sie in Kapitel 4.

Tipp

Prüfen Sie für das Social Recruiting, über welche Kanäle die aussichtsreichsten Kandidat:innen kamen, wie gut sie später wirklich waren und wie hoch ihre Fluktuationsrate ist.

Der Blick hinter die Kulissen für Bewerbende

Wer eine Stelle sucht, möchte viel über den potenziellen Arbeitgeber erfahren und sein menschliches Gesicht kennenlernen. In XING und LinkedIn sehen Sie, wie sich das Wunschunternehmen darstellt und wer dort arbeitet. Unter den Beschäftigten finden Sie möglicherweise direkte Kontakte oder Kontakte zweiten Grades. Diese anzusprechen, erlaubt einen persönlichen Einblick.

Die Liste der Mitarbeitenden lässt sich filtern, sodass Menschen auf Jobsuche ihre direkten Kontakte auswählen können – oder jene, die sie über einen Netzwerkpartner ansprechen können. Dadurch kommen Kontakte ans Tageslicht, von denen die Jobsuchenden nicht wussten, dass diese Personen dort beschäftigt sind. XING zeigt zudem, wie sich die Mitarbeitenden auf Altersgruppen und Karrierestufen verteilen und wie lange sie im Unternehmen tätig sind. Außerdem wird die durchschnittliche Bewertung des Unternehmens bei kununu angezeigt.

Vernetzung in der DACH-Region mit XING

Das deutsche Unternehmen XING ist mit 20 Millionen Mitgliedern in der DACH-Region eines der bekanntesten Netzwerke für Unternehmen, Soloselbstständige und Angestellte. XING wird auch für die Vermarktung und das Ticketing von Veranstaltungen genutzt.

In XING vernetzen sich Menschen mit Kolleg:innen und Geschäftspartner:innen. Kritische Stimmen beklagen die schwindende Interaktion, und manche sehen die Plattform nur noch als Adressdatenbank. So pauschal möchten wir dieser Kritik nicht zustimmen – und was ist gegen ein gut gepflegtes Adressbuch einzuwenden?

In Formaten wie *Zukunft.machen*, das frühere *Klartext*, tauschen sich Menschen aus, und es kommt zu kontroversen Diskussionen. Wissenschaftler:innen, Influencer:innen und weitere Expert:innen veröffentlichen dort Inhalte. Diese sind für alle XING-Nutzer sichtbar und können abonniert, geteilt oder kommentiert werden.

Ende 2021 hat XING einen Relaunch vorgenommen und zeigt seither einen moderneren Auftritt. Erstaunlicherweise hat sich XING auch an das Format *Story* gewagt, das LinkedIn und Twitter im Jahr 2021 mangels Erfolg wieder abgeschafft hatten. Statt der von Instagram bekannten 24 Stunden bleiben die XING-Stories sieben Tage sichtbar. Die Story kann Videos von bis zu 60 Sekunden Länge enthalten. Ein längeres Video wird auf mehrere Stories aufgeteilt.

Der neue XING Guide liefert den Nutzer:innen persönlich relevante Impulse zur Optimierung ihres Profils oder dem perfekten Netzwerken.

Bei einer Bewerbung oder dem Start eines neuen Jobs empfiehlt der XING Guide Personen aus dem neuen Unternehmen. Premiummitglieder von XING profitieren von neuen Funktionen wie dem digitalen Self-Assessment sowie Lern- und Analyseangeboten.

Sie können sich und Ihr Unternehmen in XING professionell präsentieren und Ihr Fachwissen teilen. Die Präsenz auf XING bietet die Möglichkeit, sich fachlich auszutauschen, Mitarbeitende und Kooperationspartner:innen zu finden und das Employer Branding zu stärken. Relevanter Content kann wiederum das Social Selling unterstützen.

XING unterscheidet zwischen persönlichen Profilen und Unternehmensprofilen. Wir gehen zunächst auf Personenaccounts ein und danach auf die Angebote für Unternehmen.

Persönliches Profil in XING einrichten

Angestellte, Selbstständige und Studierende können in XING Kontakte knüpfen und pflegen, auf Jobsuche gehen und sich fachlich austauschen. Mit Ihrer E-Mail-Adresse und einigen persönlichen Daten legen Sie ein kostenfreies Basisprofil an. Um die Plattform professionell zu nutzen, sollten Sie ein ansprechendes Bewerbungsfoto hochladen, das im Einklang steht mit Ihrer jetzigen Branche oder Ihrer Wunschbranche.

Sie können Ihren Lebenslauf, Ihre Erfahrungen, Ihre Mitgliedschaft in Verbänden, Auszeichnungen sowie Fertigkeiten und Fähigkeiten darstellen. Auch für private Interessen ist Platz, um Ihr Profil abzurunden. Verwenden Sie in den Feldern *Ich biete* und *Ich suche* konkrete Schlagwörter und haben Sie Mut zu eigenen Formulierungen, die Sie unverwechselbar machen. Lassen Sie sich von Begriffen inspirieren, die Mitglieder Ihres Netzwerks verwenden.

Stärken Sie Ihre Sichtbarkeit in den Suchmaschinen. XING-Profile werden bei der Suche nach einem Namen in den Trefferlisten angezeigt, sofern Ihre Privatsphäreeinstellung es erlaubt. Sind Sie auf Stellensuche, sollten Sie es Ihrem potenziellen Arbeitgeber leicht machen, Sie zu finden. Weitere Tipps bekommen Sie von XING-Expertin Ute Blindert, mit der wir in diesem Kapitel sprechen.

XING-Nutzer auf Jobsuche finden Anzeigen nach Aufruf des Menüpunkts *Stellenmarkt*. Dort erhalten Jobsuchende durch die Kulturinformationen Einblicke, ob die Kultur des Unternehmens eher traditionell oder eher modern ist. Sie können damit frühzeitig einschätzen, ob ihre Wertvorstellungen mit jenen des Unternehmens übereinstimmen. XING postet zudem Stellenanzeigen auf der Startseite der Nutzer:innen und erreicht damit Menschen, die nicht aktiv nach einer Stelle suchen. Ein Anwalt aus Düsseldorf sollte Anwaltskanzleien im Rheinland sehen, die Unternehmensberaterin aus München Jobangebote von Consulting-Firmen in Süddeutschland.

Personalmanager und Headhunter nutzen XING zum *Active Sourcing*, sodass Sie die Chance haben, mit einem gut gepflegten Profil angesprochen zu werden. Halten Sie Ihre beruflichen Stationen auf dem neuesten Stand und ergänzen Sie neu abgelegte Prüfungen und neu erworbene Kenntnisse. Neben dem Lebenslauf können Sie sich im Portfolio freier präsentieren. Laden Sie Fotos, Videos oder Präsentationen hoch. Premiummitglieder haben dabei mehr Möglichkeiten.

Basis- oder Premiummitgliedschaft?

Mit der Basismitgliedschaft können Sie wichtige Funktionen nutzen. Die kostenpflichtige Premiummitgliedschaft bietet einige Extras, wie Abbildung 11-7 zeigt.

Abbildung 11-7 ▶ Vorteile als Premiumkunde von XING

Darüber hinaus gibt es weitere Formen der Mitgliedschaft oder ergänzende Pakete wie die *XING ProJobs* oder *Pro Business* sowie für Coaches *XING Coaches & Trainer*. Die genauen Preise sind der Seite nicht leicht zu entlocken. XING erklärt, dass es keine allgemeingültige Preisübersicht geben kann, da die Preise von Laufzeit und Rechnungsland abhängen. Fairerweise ergänzen wir, dass die Transparenz bei LinkedIn in diesem Punkt auch nicht wesentlich höher ist.

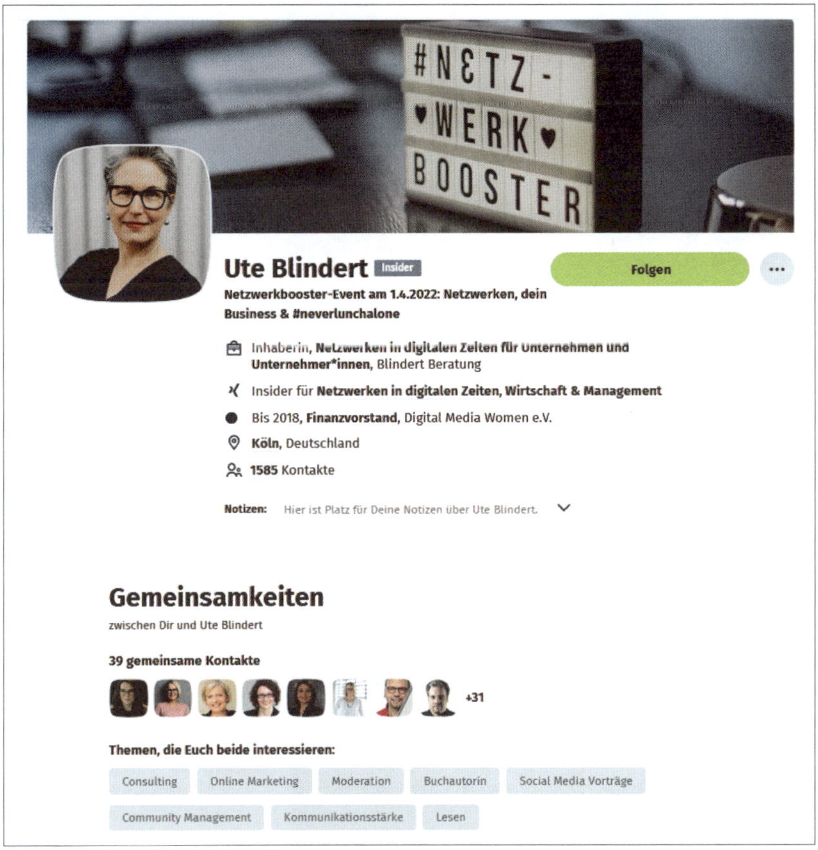

◀ Abbildung 11-8
Als Premiummitglied lässt sich das Hintergrundbild individuell gestalten.

In XING können Sie einstellen, ob niemand, nur Ihre direkten Kontakte oder alle Mitglieder Ihre Aktivitäten und Ihre Kontaktliste sehen dürfen.

Kontakte pflegen und Austausch in Gruppen

Finden Sie über die Suche eine Kollegin oder einen Geschäftspartner, schicken Sie eine Kontaktanfrage. Als Premiummitglied können Sie unter dem Punkt *Erweiterte Suche* auch nach Hochschulen, Orten, Tätigkeitsfeldern und Branchen Ausschau halten.

Überlegen Sie gut, welche Menschen Ihnen weiterhelfen und wem Sie Rat geben können. Das reine Sammeln von Kontakten kommt Ihrer Reputation nicht zugute. Verwenden Sie bei einer Kontaktanfrage keine Textbausteine und stellen Sie einen schlüssigen Bezug her. Dieser sollte über schwammig formulierte Synergieeffekte hinausgehen.

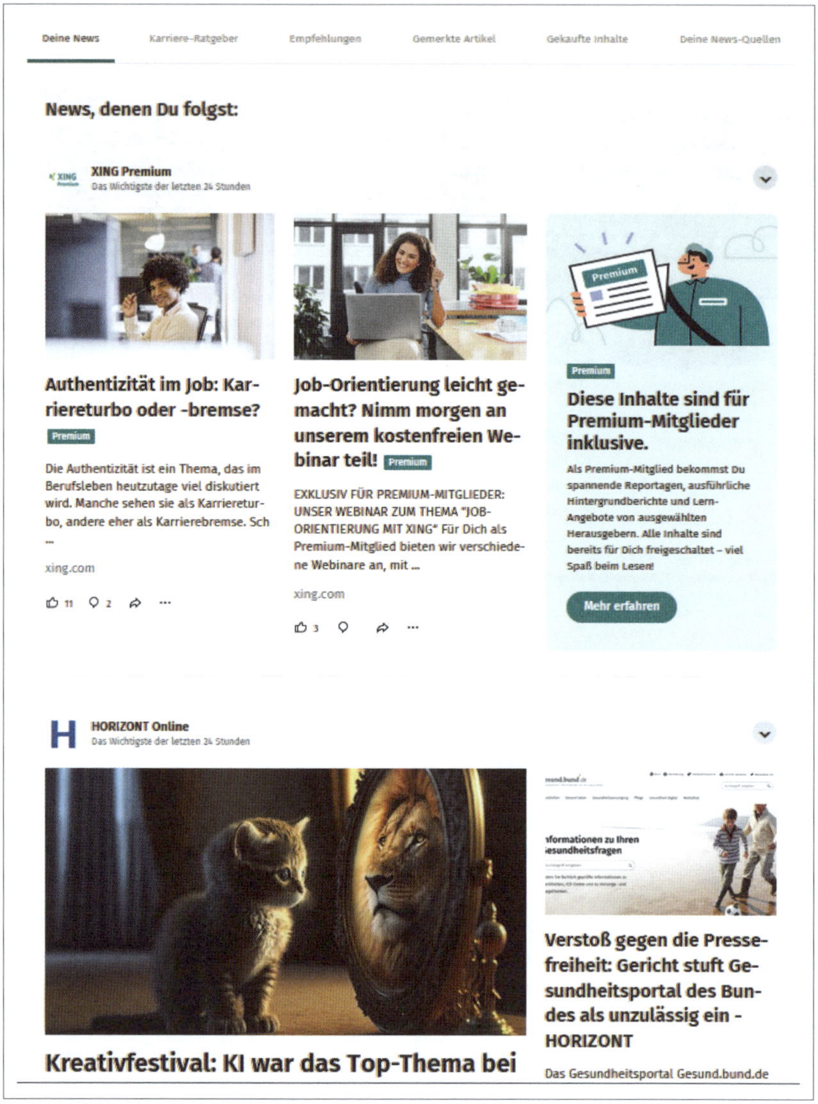

Abbildung 11-9 ▶ XING lässt sich als Nachrichtenquelle nutzen

Im Januar 2023 hat XING das Zeitalter der Gruppen für beendet erklärt. Überlebt haben lediglich die Angebote der offiziellen XING Ambassador-Gruppen. Diese gibt es lokal für verschiedene Städte sowie für Themen wie Social Media oder Content Management.

Ein Profil für das Unternehmen einrichten

Unternehmen können ihr Profil für das Employer Branding nutzen. Ein Basisprofil für Unternehmen ist bei XING kostenfrei. Es wird automatisch generiert, wenn mehr als fünf Mitarbeitende denselben Firmennamen als Arbeitgeber und den Beschäftigungsstatus *bis heute* eingetragen haben. Für die Zuordnung muss die Schreibweise des Firmennamens exakt gleich sein. Wird das Profil nicht automatisch erstellt, gehen Sie von Ihrem persönlichen Konto auf die Seite *Unternehmen/Arbeitgeberprofil anlegen*. Anhand des Firmennamens in Ihrem Profil legt XING das kostenfreie Arbeitgeberprofil an. Beschreiben Sie die Philosophie Ihres Unternehmens und hinterlegen Sie grundlegende Informationen inklusive Logo. Falls Sie im XING-Jobportal freie Stellen gemeldet haben, werden diese mit Ihrem Basisprofil verlinkt.

Das Unternehmen kann Stellenausschreibungen posten sowie News verfassen und diese mit seinen Follower:innen teilen. Die alternativ zur Wahl stehenden kostenpflichtigen Varianten sehen Sie in Abbildung 11-10.

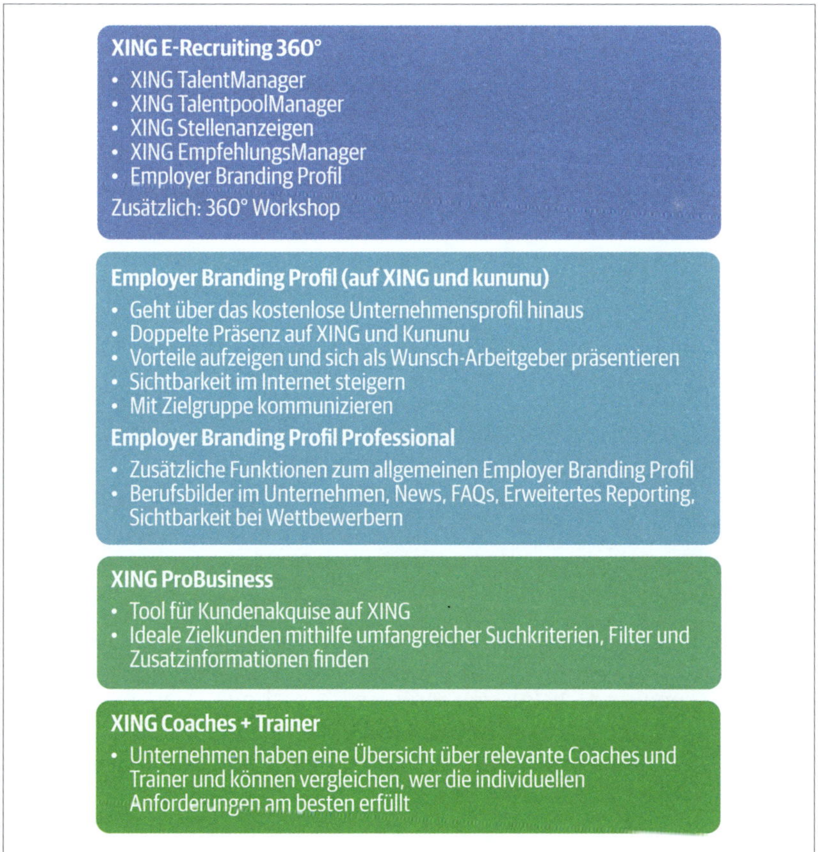

Abbildung 11-10
Vergleich der Profiltypen für Unternehmen (Quelle: XING)

Um dem Unternehmensprofil Bilder, Videos, Logos, Auszeichnungen oder Präsentationen hinzuzufügen, freie Suchbegriffe zu definieren und Gütesiegel einzubinden, brauchen Sie das kostenpflichtige *Employer Branding Profil*. Mit diesem individuell gestaltbaren Profil für XING und kununu kann das Unternehmen Werbung schalten. Diese erscheint auf dem Profil von Wettbewerbern, die ein kostenloses Unternehmensprofil haben. Umgekehrt bleibt das eigene Profil frei von Werbung anderer Unternehmen. Zudem erhält das Unternehmen umfangreiche Statistiken mit Analysen der Besucher:innen und des Traffics.

Werbeformate in XING

Neben den Community-Funktionen bietet XING Native Advertising mit XING Ads, XING Video Ads und XING Content Ads. XING Mailings werden direkt an die E-Mail-Postfächer potenzieller Neukund:innen geschickt. Mit dem *XING User Network* werden die XING-Nutzer:innen auch angesprochen, wenn sie sich nicht auf der Plattform befinden. Zudem bietet XING Werbung im Newsletter. Für Unternehmen bieten sich vielfältige Möglichkeiten. Dazu zählen exklusive Kooperationen, etwa als Partner am XING-Premium-Vorteilsprogramm mit Angeboten für Premiummitglieder teilzunehmen. Außerdem können Unternehmen individuelle Content-Marketing- und Produktmarketingkampagnen für XING anfragen.

International netzwerken mit LinkedIn

Der zu Microsoft gehörende amerikanische XING-Konkurrent LinkedIn bietet ein soziales Netzwerk für Angestellte, Soloselbstständige und Unternehmen. Weltweit hat LinkedIn über 800 Millionen Mitglieder, davon über 17 Millionen im deutschsprachigen Raum.[2]

In LinkedIn können Sie mit (ehemaligen) Kolleg:innen und Personen Ihrer oder verwandter Branchen Beziehungen knüpfen, sich als Expert:in positionieren und sich fachlich austauschen. LinkedIn eignet sich für das Social Selling und um (potenzielle) Kund:innen, Dienstleister:innen und Fachleute rund um den Globus zu identifizieren. Headhunter und Personaler nutzen die Plattform, um Active Sourcing zu betreiben. Arbeitnehmer loten neue berufliche Möglichkeiten aus.

LinkedIn bietet persönliche Profile, Unternehmensprofile und Gruppen. Das Businessnetzwerk ähnelt optisch und in den Möglichkeiten der Verlinkung und Diskussion ein wenig Facebook. Vor diesem Hintergrund findet auf LinkedIn auch deutlich mehr Austausch als auf XING statt. Als weiterer Vorteil lassen sich vielfältige Content-Formate inklusive Videos und Livestreaming sowie Newsletter nutzen.

2 *https://www.futurebiz.de/artikel/linkedin-statistiken/*

Das persönliche Profil bei LinkedIn einrichten

LinkedIn bietet ein kostenfreies Basisprofil und kostenpflichtige Premiummitgliedschaften. Mit dem Basisprofil können Sie Ihre beruflichen Stationen sowie ehrenamtliches Engagement darstellen. Laden Sie ein ansprechendes Profilfoto hoch und gestalten Sie den Hintergrund mit einem passenden Bild. Nehmen Sie sich Zeit, um einen knackigen Profilslogan zu formulieren. Er sollte Ihre Kompetenz ausdrücken und Interesse für Ihre Person wecken. Der Slogan wird auch sichtbar, wenn Sie unter den Beiträgen anderer kommentieren.

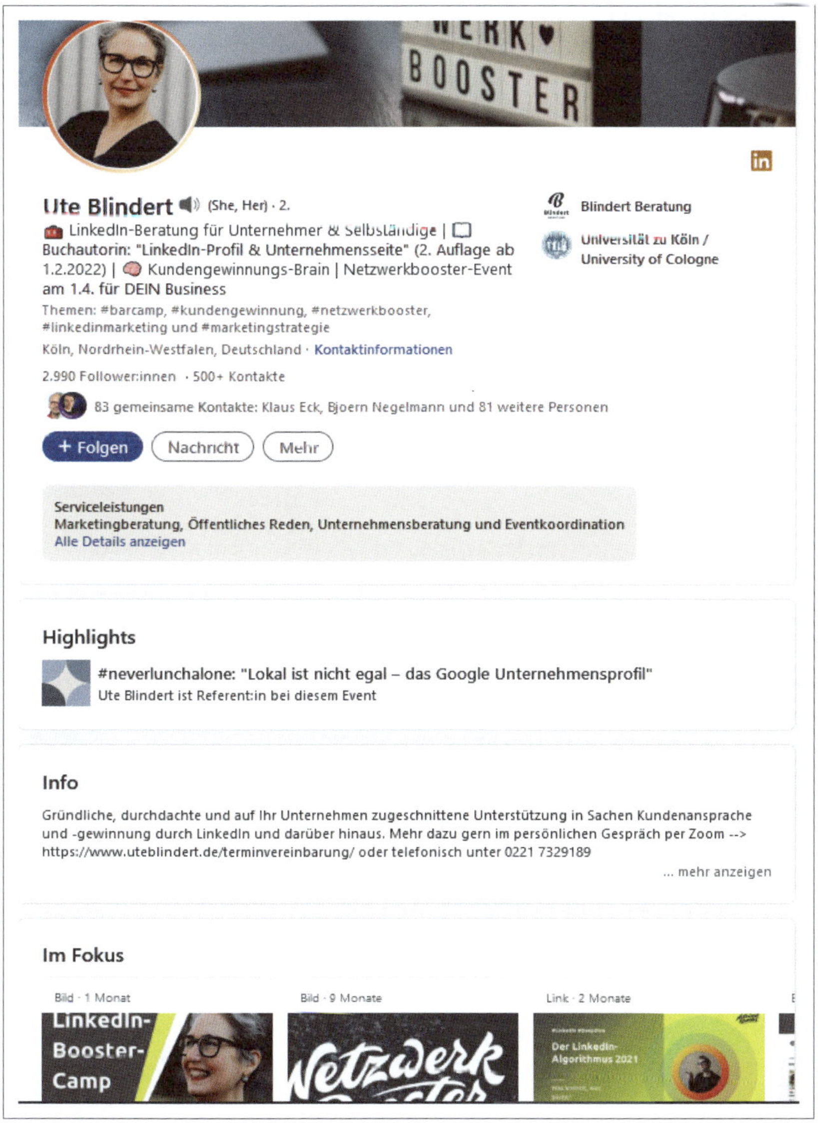

Abbildung 11-11
Das persönliche Profil in LinkedIn am Beispiel der Beraterin Ute Blindert

Als Selbstständige können Sie Ihre Serviceleistungen anbieten. Diese Dienstleistungen können Ihre Kund:innen bewerten. Dafür stehen die klassischen 1 bis 5 Sterne zur Auswahl sowie die Möglichkeit, ergänzend etwas zu schreiben. Interessant daran ist, dass die Bewertungen öffentlich sichtbar sind: Auch Personen ohne LinkedIn-Profil können sie sehen.

Entscheiden Sie, wie Nichtmitglieder und Suchmaschinen Ihr Profil außerhalb von LinkedIn sehen. Innerhalb des Businessnetzwerks können Sie festlegen, ob andere Mitglieder Ihre Kontaktliste und Ihren vollständigen Namen sehen dürfen, solange sie kein direkter Kontakt sind. Sie können auch bestimmen, wer sehen darf, ob Sie gerade auf LinkedIn aktiv sind. Suchen Sie nach einer Stelle, können Sie Ihren Status oder Beiträge mit dem beliebten Hashtag *#OpenToWork* kennzeichnen.

Hinweis ▶ Die Funktion der *Cover Story* erlaubt, die eigene Geschichte oder besondere Fähigkeiten in einem kurzen Video darzustellen.

Mitglieder können sich gegenseitig empfehlen oder Kenntnisse bestätigen. Bitten Sie Kolleg:innen, Vorgesetzte oder Geschäftspartner:innen um eine Empfehlung, die als *Referenz* unter Ihrem Profil erscheint. Leben Sie den Netzwerkgedanken und empfehlen Sie Ihnen bekannte LinkedIn-Mitglieder. Neben der persönlichen Empfehlung in eigenen Worten gibt es als Alleinstellungsmerkmal von LinkedIn die Bestätigung von Kenntnissen mit einem Knopfdruck. Diese können Sie Ihrem Profil hinzufügen und von Ihrem Netzwerk bestätigen lassen.

Tipp ▶ Mit einem Klick können Sie das eigene Profil als PDF herunterladen. Wer auf die Schnelle einen aktuellen Lebenslauf benötigt, kann diese Funktion nutzen. Eine Bearbeitung des PDF ist nicht möglich.

Sie können für Ihr Profil den *Creator Modus* einschalten. Diese Funktion ist sinnvoll, wenn Sie auf LinkedIn regelmäßig posten und Ihr Netzwerk weiter ausbauen möchten. Verlinken Sie in Ihren Beiträgen nur moderat auf externe Quellen, um Ihre Sichtbarkeit nicht zu gefährden. Im Profil können Sie einen Folgen-Button sowie Hashtags mit Ihren Skills und Interessen hinzufügen. Ihre Beiträge werden dann prominenter angezeigt. Im Bereich *Im Fokus* können Sie eine Auswahl Ihrer Beiträge hervorheben oder auf Websites verlinken.

Nutzen Sie LinkedIn für den Aufbau Ihrer Personenmarke, also zum Personal Branding . Dabei ist es von Vorteil, sich inhaltlich auf ein bis maximal drei Themen zu spezialisieren, um einen Expertenstatus aufzubauen.

Kommentieren Sie fleißig bei anderen. Wertschätzend und mit Mehrwert können Sie Ihre Erfahrungen teilen und beispielsweise erklären, was Sie aus Fehlern gelernt haben.

◀ **Tipp**

Auf Twitter empfehlen die Nutzer:innen andere Accounts mit *#Follow Friday*. In Anlehnung an diese Tradition hat sich auf LinkedIn der *#LinkedFriday* etabliert, um für Kontakte aus dem Netzwerk eine Empfehlung auszusprechen. Austausch und Wissen zu teilen sind wichtig in LinkedIn. Bieten Sie Hilfe und Ihr Know-how an.

Die Mitgliedschaft für Angestellte, Selbstständige, Vertriebler und Recruiter

Im Profil können Sie Projekte und ehrenamtliches Engagement zeigen sowie Arbeitsproben hinterlegen.

Daneben bietet LinkedIn kostenpflichtige Premiummitgliedschaften, die Abbildung 11-12 zeigt.

Premium Career	Premium-Business	Sales Navigator	LinkedIn Recruiter Lite für Recruiter	LinkedIn Learning
Um Personalentscheider auf sich aufmerksam zu machen. Mit den LinkedIn Premium News können Sie ausgewählten Content abrufen.	Um das berufliche Netzwerk auszubauen. Sie können mit In-Mails Nicht-Kontakte anschreiben und haben Zugriff auf Business Insights und Videokurse.	Um als Vertriebler:innen oder Selbstständige effizienter Leads für das Social Selling zu generieren und Kund:innen im Zielmarkt zu finden.	Um Top-Kandidaten schneller zu finden und direkt zu kontaktieren.	Bietet zahlreiche Kurse zur beruflichen Weiterbildung.

◀ **Abbildung 11-12**
Premiummitgliedschaften von LinkedIn

Mit LinkedIn Learning versucht LinkedIn, sich als führende E-Learning-Plattform zu etablieren.

Kontakte und Gruppen finden

Mit der kostenfreien Basismitgliedschaft können Sie Kontaktanfragen stellen. Eine begleitende Nachricht ist keine Pflicht, aber eine freundliche Geste, um das Gespräch in Gang zu bringen.

Wie kommen Sie in Kontakt? Vorschlag 1: Kontaktieren Sie nach einer Veranstaltung Vortragende oder Teilnehmende und nehmen Sie auf das Event Bezug. Vorschlag 2: Liken und kommentieren Sie bei interessanten Menschen, folgen Sie ihnen und stellen Sie danach Ihre Kontaktanfrage. Vorschlag 3: Sprechen Sie Kontakte aus Ihren LinkedIn-Gruppen an.

◀ **Tipp**

Mit *In-Mails* Nichtkontakte anzuschreiben, ist zahlenden Mitgliedern vorbehalten. Arbeiten Sie selektiv mit dieser Funktion, damit Sie keine potenziellen Kontakte verärgern. Schauen Sie sich das jeweilige Profil gründlich an und schreiben Sie persönlich und zielgerichtet. Sofern Sie an ein Premiummitglied schreiben wollen, das die Open-Profile-Funktion aktiviert hat, ist dies ebenfalls möglich. In LinkedIn gibt es zahlreiche Gruppen, denen Sie für einen Austausch unter Expert:innen und Interessierten beitreten können. Über die Suchfunktion können Sie nach den Namen von Gruppen oder nach Stichwörtern suchen. Anschließend können Sie den Filter *Gruppen* setzen, der unter dem Suchfeld auftaucht.

Unternehmensprofil einrichten

Die Seite für ein Unternehmen lässt sich in LinkedIn unkompliziert anlegen. Denken Sie daran, weitere Admins hinzuzufügen. Sind Sie nicht da, können diese weiter auf die Seite zugreifen. Abbildung 11-13 zeigt, dass LinkedIn verschiedene Zugriffsrechte für Admins ermöglicht.

Abbildung 11-13 ▶ Admin-Rollen bei LinkedIn

Erstellen Sie als Unternehmen eine Fokusseite mit speziellen Inhalten für eine definierte Zielgruppe, können Sie darüber auch passende Keywords positionieren. Die Fokusseite wird als »verbundene Seite« angezeigt und als Unternehmensseite behandelt. Die Fokusseite bietet sich an, wenn Sie sehr unterschiedlich Geschäftsbereiche oder Produktgruppen haben. Schauen Sie sich als Beispiel Microsoft an, stellen Sie fest, dass zu dem Konzern nicht nur die Office-Welt gehört, sondern auch Cloud-Dienste und die Angebote der Konzerntöchter Skype und LinkedIn. Diese Themenvielfalt lässt sich schwer in einem Profil unterbringen. Daher bieten sich Fokusseiten an, die zur Microsoft-Seite gehören.

Fokusseiten sind interessant für Unternehmen, die zwei oder mehr Hauptthemen oder unterschiedliche Zielgruppen haben. Inhalte können darüber zielgruppengenau ausgespielt werden. Fokusseiten können auch für die Kommunikation in verschiedenen Sprachen genutzt werden.

◀ **Tipp**

Das Unternehmensprofil in LinkedIn hilft, potenziellen Bewerber:innen das Unternehmen schmackhaft zu machen und Karrierechancen aufzuzeigen. Gleichzeitig können Unternehmen mit relevanten und vielfältigen Inhalten die Markenbekanntheit steigern und potenzielle Kund:innen auf Serviceleistungen und Produkten aufmerksam machen.

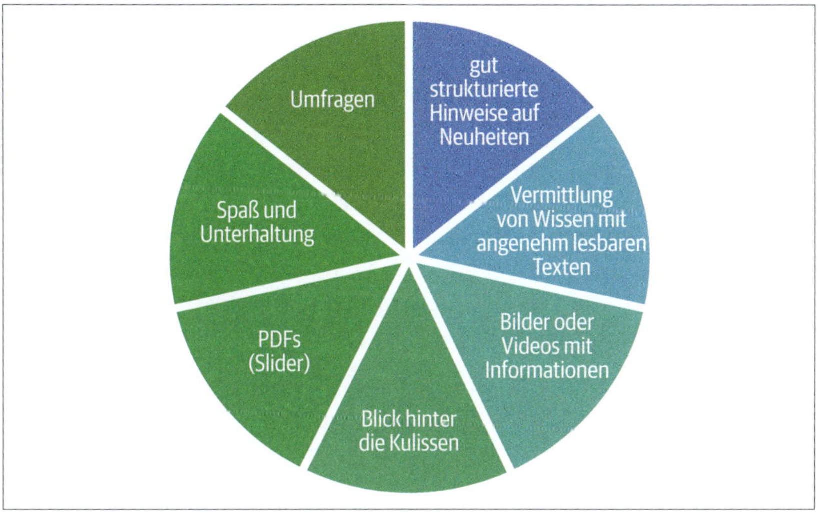

◀ **Abbildung 11-14**
Empfehlenswerter Content-Mix für LinkedIn

Der Algorithmus von LinkedIn bevorzugt eigene Texte, Fotos oder Videos statt Links, die von der Plattform wegführen.

Wählen Sie maximal drei bis vier passende Hashtags für Ihre Beiträge. Arbeiten Sie mit Nischenhashtags sowie Eigenkreationen. Über Hashtags finden Sie zudem Gruppen und interessante Themen. An der Zahl der Follower:innen eines Hashtags können Sie die Relevanz eines Themas einschätzen.

◀ **Tipp**

Kommentare und weitere Reaktionen (Teilen, Liken) sind wichtig. Solche Interaktionen werden vom Algorithmus belohnt . Klicken die Nutzer:innen in einem Beitrag auf *mehr* und verweilen länger, ist das für den Algorithmus wertvoller als ein Like. Es zeigt, dass der Beitrag interessant ist und sich die Menschen näher damit beschäftigen. Daher kann es hilfreich sein, Personen oder Unternehmen zu taggen und diese gezielt anzusprechen. Nutzen Sie diese Funktion selektiv und taggen Sie nur, wenn es einen Bezug gibt oder Sie eine konkrete Frage stellen.

Auch mit der Umfragefunktion können Sie eine lebhafte Diskussion anstoßen.

Informieren Sie Ihre Mitarbeitenden darüber, wenn Sie als Unternehmensseite einen neuen Beitrag veröffentlichen. Gegebenenfalls animiert das diese, den Beitrag in ihrem Netzwerk zu teilen.

Neben relevanten und attraktiven Inhalten, einer guten Vernetzung und der schnellen Reaktion auf Kommentare ist auch der Zeitpunkt Ihrer Veröffentlichung wichtig. Der Algorithmus zeigt den Content zunächst einer kleinen »Testgruppe« an. Löst er zahlreiche Interaktionen aus, sehen den Inhalt in der Konsequenz mehr Menschen. Je besser Sie Ihre Zielgruppe kennen, desto genauer können Sie einschätzen, wann diese online sind. Probieren Sie zudem verschiedene Wochentage und Uhrzeiten aus.

Content für LinkedIn

LinkedIn bietet zahlreiche Möglichkeiten, um Content auszuspielen. Entwickeln Sie aus Ihrer Content-Strategie Inhalte, die auf Ihre Ziele einzahlen und mit denen Sie Ihre Zielgruppen erreichen. Dabei sollte der Content zu Ihnen als Person oder Unternehmen passen. Schreiben Sie nicht gern, können Sie beispielsweise Ihre Inhalte über Videos oder Infografiken transportieren.

Im klassischen Format *Beitrag* haben Sie 3.000 Zeichen zur Verfügung. Da auch auf LinkedIn Menschen nicht gerne viel lesen und die mobile Nutzung dominiert, sollten Sie sich kurz fassen. Strukturieren Sie Ihren Beitrag gut und reichern Sie ihn mit ausgewählten Hashtags und Emojis an. Hängen Sie bis zu neun Fotos oder ein Video an oder starten Sie eine Umfrage.

Über die *Publishing Plattform* (früher: LinkedIn Pulse) können Sie einen Artikel veröffentlichen. LinkedIn bietet dafür attraktive Möglichkeiten der Formatierung. Die Blogfunktion wirkt positiv auf das Ranking bei Google und ermöglicht eine gute Sichtbarkeit der Artikel. Ein Artikel lässt sich als Beitrag teilen und anteasern. Viele Nutzer:innen schätzen LinkedIn als Quelle aktueller und relevanter Geschäftsnachrichten mit einer aktiven Community. Über die Artikel-Funktion können Sie seit 2022 einen Newsletter anbieten. Damit erreichen Sie Menschen in LinkedIn, die sich nicht auf Ihre Website verirrt hätten, um dort einen Newsletter zu abonnieren. Gleichzeitig begeben Sie sich in eine weitere Abhängigkeit von der Plattform. Klassische E-Mail-Newsletter haben den Vorteil, dass sie dort das »Hausrecht« haben. Würden alle Social-Media-Plattformen verschwinden, bleibt Ihnen darüber der direkte Kundenkontakt.

Abbildung 11-15 Die ING Deutschland tut Gutes und spricht in LinkedIn darüber.

Mit seinen Stories ist LinkedIn Plattformen wie Instagram und Facebook gefolgt. Allerdings hat sich das verspielte Feature auf der Businessplattform nicht etablieren können – und wurde 2021 wieder abgeschafft. Dafür hat sich im gleichen Jahr XING entschieden, den Stories im Businesszusammenhang eine Chance zu geben.

Um einen Livestream anbieten zu können, müssen Sie sich als Mitglied oder Administrator einer Unternehmensseite bei LinkedIn für die Funktion bewerben. Legen Unternehmen Events an, kann das zu einer hohen Sichtbarkeit führen. Um die No-Show-Rate zu drücken, können Sie verlangen, dass Teilnehmende bei der Anmeldung ihre E-Mail-Adresse angeben. Leider fehlt die von XING bekannte Ticketing-Funktion.

Zur neuen interaktiven Event-Plattform von LinkedIn gehören neben Live-Video-Diensten auch Live-Audio-Events. Damit hat LinkedIn auf die stark gestiegene Nachfrage nach virtuellen Live-Events reagiert. Außerdem baut LinkedIn ein internes Podcast-Netzwerk auf. In dem neuen Format werden Themen rund um Tech, Entrepreneurship, Mental Health und Personal Development behandelt.

Social Selling in LinkedIn

Das Thema *Social Selling* statt anstrengender Kaltakquise gewinnt immer stärker an Bedeutung. Einkäufer im B2B nutzen LinkedIn, um Informationen für ihre Kaufentscheidung zu sammeln. Wichtig zu wissen: Social Selling ist trotzdem keine Vertriebsmethode. In LinkedIn lassen sich durch den langfristigen Aufbau einer vertrauensvollen Beziehung Leads generieren. Dem geht voraus, sich behutsam zu vernetzen, mit hochwertigem Content einen Status als Experte aufzubauen und mit »Sharing is caring« sein für die Branche relevantes Wissen zu teilen.

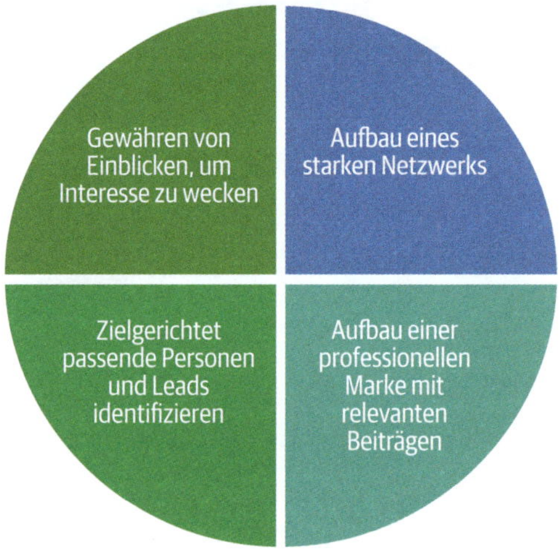

Abbildung 11-16 ▶ Kriterien des Social Selling Index in LinkedIn

Der *Social Selling Index* (SSI) in LinkedIn kann maximal 100 erreichen. LinkedIn errechnet dafür, wie gut Mitglieder in den in Abbildung 11-16 genannten Kriterien abschneiden. Je höher der SSI, desto mehr Kontakte aus dem eigenen Netzwerk sehen die Beiträge. Zum Druckzeitpunkt hatte LinkedIn bereits angekündigt, den Social Selling Index durch ein neues Messverfahren zu ersetzen. Der Fokus auf einer guten Vernetzung und relevanten Beiträgen wird sicher beibehalten.

Werbeformate in LinkedIn

In LinkedIn können Unternehmen über den Kampagnen-Manager Werbeanzeigen schalten. Mit *Sponsored Content* bewerben Unternehmen LinkedIn-Posts und können so für mehr Engagement sorgen. Bei der Variante *Direct Sponsored Content* sieht die Werbeanzeige wie ein normaler Beitrag aus, erscheint aber nicht auf der Unternehmensseite und wird als Werbung gekennzeichnet. Message Ads landen direkt im Postfach der Mitglieder. Des Weiteren gibt es *Text Ads* und *Dynamic Ads*.

Letztere werden den Nutzer:innen mit einer persönlichen Ansprache angezeigt. Über das LinkedIn Audience Network kann die Werbung auch außerhalb der Plattform Menschen ansprechen.

LinkedIn wächst schneller als XING und ist ein wichtiger Wettbewerber im deutschsprachigen Raum. Noch sind viele Menschen auf beiden Plattformen vertreten. Wer an internationalen Unternehmen, einer international ausgerichteten Stelle oder international geführten Diskussionen interessiert ist, kommt an LinkedIn nicht vorbei. Auf der moderner wirkenden Plattform LinkedIn finden mehr Diskussionen statt, und die Reaktionszeit der Mitglieder ist schneller.

Das persönliche Profil in XING oder LinkedIn als Teil der Personal Brand

Die Businessnetzwerke XING und LinkedIn eignen sich für Angestellte und Soloselbständige, um ihre Personal Brand aufzubauen. Lernen Sie auf den Plattformen, stellen Sie Fragen, bieten Sie Ihre Unterstützung an und bitten Sie selbst um Hilfe. Je konkreter Ihre Fragen sind, desto eher profitieren Sie von hilfreichen Antworten.

◀ Tipp

Brauchen Sie eine Entscheidungshilfe zur Frage XING oder LinkedIn? Wer nur auf einen Kanal setzt, kann in die Bredouille kommen, wenn sich deren Regeln verändern oder im schlimmsten Fall der eigene Account gesperrt wird.

Neben Ihrem persönlichen Netzwerk aus Freuden und Verwandten können Sie XING und LinkedIn nutzen, um Ihr operatives sowie Ihr strategisches Netzwerk aufzubauen und zu pflegen. Das Netzwerk ist ein Baustein für Ihre Personal Brand.

- Das operative Netzwerk besteht aus Kolleg:innen und bei Selbstständigen aus Geschäftspartner:innen und Kund:innen.
- Das strategische Netzwerk umfasst Menschen, die Ihre Ziele schon erreicht haben. Durch die Vernetzung partizipieren Sie von deren Erfahrungen – eine Art implizites Mentoring-Programm.

Unternehmen und Headhunter nutzen LinkedIn und XING, um nach Kandidaten zu suchen oder Informationen über identifizierte Kandidat:innen zu erhalten. Manche Unternehmen durchstöbern sogar Facebook, Twitter und Instagram oder Blogs und Foren. Der in Social Media gewonnene Eindruck kann im Extremfall dazu führen, einem Bewerber abzusagen.[3]

3 *https://www.bitkom.org/Presse/Presseinformation/Zwei-von-drei-Personalern-informieren-sich-online-ueber-Bewerber.html*

Abbildung 11-17 ▶ Klaus Eck veröffentlicht regelmäßig Beiträge auf LinkedIn.

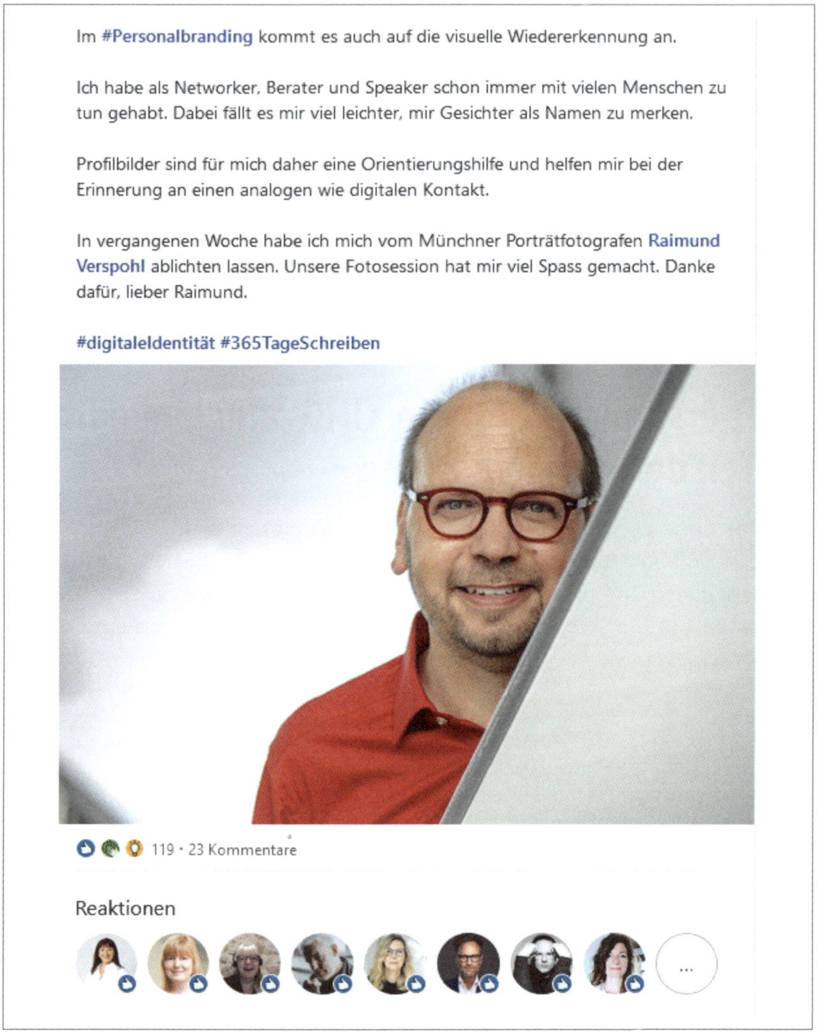

Teamfähigkeit, Agilität und Kreativität sind gefragte Eigenschaften. Wie lässt sich prüfen, ob Eigen- und Fremdbild beim Bewerber zusammenpassen? Qualität und Quantität der Beiträge und Kontakte in einem sozialen Netzwerk, Auftreten und Interaktionen sagen mitunter mehr aus als Arbeitszeugnisse und austauschbare Bewerbungsschreiben.

Daher ist es wichtig, dass Angestellte ihre Personal Brand über Businessplattformen und andere Social-Media-Kanäle steuern. Das Gleiche gilt für Selbstständige, die von Auftraggebern gefunden werden möchten.

Zeigen Sie, was Sie können oder anbieten, aber auch, was Sie bewirken. Was passt zu Ihnen und Ihren Zielen? Die Personal Brand braucht nicht perfekt zu sein, da sie sich mit der Zeit entwickelt und verändert. Entdecken Sie Ihren persönlichen Dreiklang aus Ihren Zielen, Zielgruppen und Ihrem Schwerpunkt. Fokussieren Sie sich idealerweise auf zwei bis maximal drei Themen, die auf Ihre Ziele einzahlen.

◀ Tipp

Haben Sie Angst, in Social Media zur Selbstdarstellerin oder zum Selbstdarsteller zu werden? Ich kann Sie beruhigen: Wenn Sie sich diese Frage stellen, gehören Sie vermutlich nicht in die Kategorie geltungssüchtiger Menschen. Nutzen Sie Social Media, um zu diskutieren, wertschätzend zuzuhören und respektvoll voneinander zu lernen. Diese Prozesse sind hilfreich für Ihre Personal Brand, und Sie bauen nebenbei Ihr Netzwerk weiter aus.

XING oder LinkedIn oder beides?

Für einen Vergleich von XING und LinkedIn sprechen wir mit der Netzwerkexpertin Ute Blindert. Sie weiß, wie sich diese Netzwerke strategisch zur Kundengewinnung und Mitarbeiteransprache nutzen lassen.

Interview

»Wenn es um die Mitarbeitersuche geht, ist XING im deutschsprachigen Raum immer noch eine gute Wahl«

Ein Interview mit der Beraterin und Autorin Ute Blindert

▲ Abbildung 11-18
Beraterin Ute Blindert aus Köln (Foto: Linda Grigo Businessportraits)

Derzeit beschäftigt viele Menschen die Frage, auf welches Businessnetzwerk sie setzen sollen. LinkedIn wächst stärker, aber XING hat im deutschsprachigen Raum immer noch eine hohe Relevanz. Was empfehlen Sie Ihren Kund:innen in Bezug auf diese Entscheidung?

Ute Blindert: Als Kölnerin sage ich immer: »Et kütt drop an!« (Es kommt drauf an!), wen genau meine Kund:innen erreichen wollen. Wenn es um die Mitarbeitersuche geht, kann XING nach wie vor eine gute Wahl sein. Auch die Möglichkeiten, Veranstaltungen darüber zu planen und zu bewerben, sind gut. Was mir ebenfalls gefällt, ist die zielgerichtete Möglichkeit, Werbung zu schalten. Außerdem: Wenn man weiß, wie, kann man bei XING die eigenen Themen in einem sehr guten Umfeld platzieren und damit – allen Unkenrufen zum Trotz – auch Reichweite erzielen.

Mit meinen Kund:innen schaue ich sehr genau, wo und vor allem wie sie ihre Zielgruppe am besten erreichen können. LinkedIn ist in den letzten beiden Jahren noch mal rasant gewachsen und von Hause aus schon internationaler aufgestellt. Auch die Dynamik und Interaktion bei LinkedIn macht richtig Spaß. LinkedIn ist ein bisschen wie ein »Facebook für Business«, man tauscht sich aus, Beiträge erreichen zahlreiche Menschen – man bekommt den Eindruck, es sei der »place to be«. Wenn ich meine Kund:innen dazu berate, schauen wir sehr genau, ob sich eines der beiden Onlinebusinessnetzwerke komplett ausschließt. Ist das nicht der Fall, rate ich dazu, bei beiden zumindest ein sehr ordentliches Profil anzulegen – sodass der Name und damit die Domain gesichert sind. Wie aktiv diese ausgestaltet werden, schauen wir uns dann immer wieder neu an.

In XING lassen sich die Felder »Ich suche« und »Ich biete« mit passenden Kennwörtern befüllen. Sollten dies gängige Begriffe sein, die Menschen mit ähnlichem Profil verwenden, oder ist es sinnvoll, individuelle Formulierungen zu verwenden, um den Wiedererkennungseffekt zu erhöhen?

Ute Blindert: Die wichtige Frage ist: Nach was würde mein Kunde suchen? Welche Begriffe würden von vielen am ehesten verwendet werden? Diese Begriffe müssen sich in den unterschiedlichsten Formen bei *Ich biete* finden lassen, am besten auch in englischer Sprache. Wenn ich mich mit »Scrum« auskenne, muss dieser Begriff in ein Feld, aber auch »Projektmanagement« (sowie in Englisch als »project management«), »agil« etc. Natürlich können Sie auch Begriffe wie »Kommunikationsfähigkeit« oder »Teamfähigkeit« zusätzlich einfügen, danach suchen würde man allerdings eher selten, oder? Denn diese Suche ergäbe ungefähr acht Millionen Treffer. Außerdem muss man mit im Blick haben, dass XING – genau wie LinkedIn – Informationen zu Ihnen braucht, um Ihr Profil oder auch Ihre Beiträge zielgerichtet(er) ausspielen zu können.

Im Feld *Ich suche* können Sie etwas freier agieren, hier würde ich aber auch ein paar Schlagwörter verwenden. Wer zum Beispiel gern im Mittelstand oder mit Start-ups arbeiten möchte, kann das vermerken. Wenn ich dann nach Dienstleistern suche, würde ich immer nach jemandem suchen, der gern mit kleinen Unternehmen arbeitet.

Gibt es aus Ihrer Erfahrung eine sinnvolle Unter- oder Obergrenze für die Anzahl der Schlagwörter?

Ute Blindert: Ich finde schon. Wenn ich sehr wenige Schlagwörter verwende, gebe ich XING wenig an die Hand, wofür ich gefunden werden kann. Daher sollte das gesamte Profil so ausgerichtet sein, dass ich zu den Begriffen gefunden werde, zu denen ich gefunden werden möchte. Am besten ist es, einfach selbst den Test zu machen: Suchen Sie nach sich selbst! Wenn Sie dann zum Beispiel als »Organisationsentwickler« und »Köln« erst an 20. Stelle auftauchen, sollten Sie Ihr Profil dringend optimieren! Wie ich schon gesagt hatte: Vergessen Sie auch die englischen Begriffe nicht! Bei LinkedIn gilt übrigens das gleiche Prinzip: Mein Profil muss mit den Begriffen gefüllt werden, für die ich gefunden werden möchte!

Auf LinkedIn sind Empfehlungen gängige Praxis. Was sollten Mitglieder tun, die gern eine solche Empfehlung hätten, aber nicht recht wissen, wen sie aus ihrem Netzwerk darum bitten können?

Ute Blindert: Zunächst einmal muss ich mit der Person vernetzt sein, die ich um eine Empfehlung bitte. In der Regel würde ich Kund:innen, Vorgesetzte und Kollegen darum bitten. Eine Empfehlung ist ein großer Vertrauensbeweis – und macht auch ein bisschen Arbeit. Was sehr gut funktioniert, ist die Bestätigung der Kenntnisse. Hier spielt es aber auch eine Rolle, wer diese bestätigt. Am besten ist es, wenn es Menschen aus der entsprechenden Branche oder mit ähnlichen Kenntnissen sind. LinkedIn »belohnt« es also, wenn Fachleute Kenntnisse bestätigen.

Für Selbstständige hat LinkedIn eine interessante Erweiterung ins persönliche Profil gebracht: Serviceleistungen mit Bewertungen. Hier können mir meine Kund:innen nach einem Sternesystem 1 bis 5 Sterne vergeben und eine kurze Erläuterung abgeben. Das macht Serviceleistungen verschiedener Anbieter besser vergleichbar. Da diese Änderung noch relativ neu ist, lohnt es sich, hier jetzt Engagement zu zeigen.

Frau Blindert, wir danken Ihnen herzlich für das Gespräch und die wertvollen Tipps zu XING und LinkedIn.

Polywork und weitere Netzwerke für das Social Recruiting

Seit dem Sommer 2021 ergänzt Polywork das Karrierenetzwerk-Duo aus XING und LinkedIn. Gründer Peter Johnsten sagt dazu: »Im Kern basiert Polywork auf der Idee, dass Menschen mehr sind als die Etiketten, die die Gesellschaft ihnen auferlegt.« Statt nur die Ausbildung und berufliche Stationen aufzulisten, spielen die zahlreichen persönlichen und beruflichen Projekte und Aktivitäten eine wichtige Rolle. Daran zeigt sich, dass das Netzwerk besonders auf die Bedürfnisse der Generationen Y und Z ausgerichtet ist. Der Austausch ohne Likes bezieht sich auf Inhalte, und die Menschen suchen Kooperationspartner:innen. Mit der Suchfunktion der Plattform können Sie nach anderen Mitgliedern, Berufsgruppen oder den Badges der Mitglieder suchen. Im Gegensatz zu Plattformen mit klassischen Lebensläufen sind die Badges flexibler und individueller. Sie zeigen Erfahrungen und Fähigkeiten aus allen Bereichen, belegt durch Projekte und Praxis.

Social-Media-Plattformen wie Facebook, Instagram, YouTube, TikTok, Twitch, Snapchat oder Twitter sind auch für Social Recruiting und Employer Branding interessant. Jüngere Menschen haben meist eine Vorliebe für Videos und Stories. Typischerweise suchen Bewerberinnen und Bewerber in ihren bevorzugten sozialen Netzwerken nach Informationen über den neuen Arbeitgeber und die künftigen Kolleg:innen. Daher ist eine Präsenz auf jenen Plattformen sinnvoll, auf denen sich potenzielle Mitarbeitende tummeln. Das gilt besonders für Hidden Champions mit einem geringeren Bekanntheitsgrad, die vielleicht noch an einem wenig attraktiven Standort Mitarbeitende suchen.

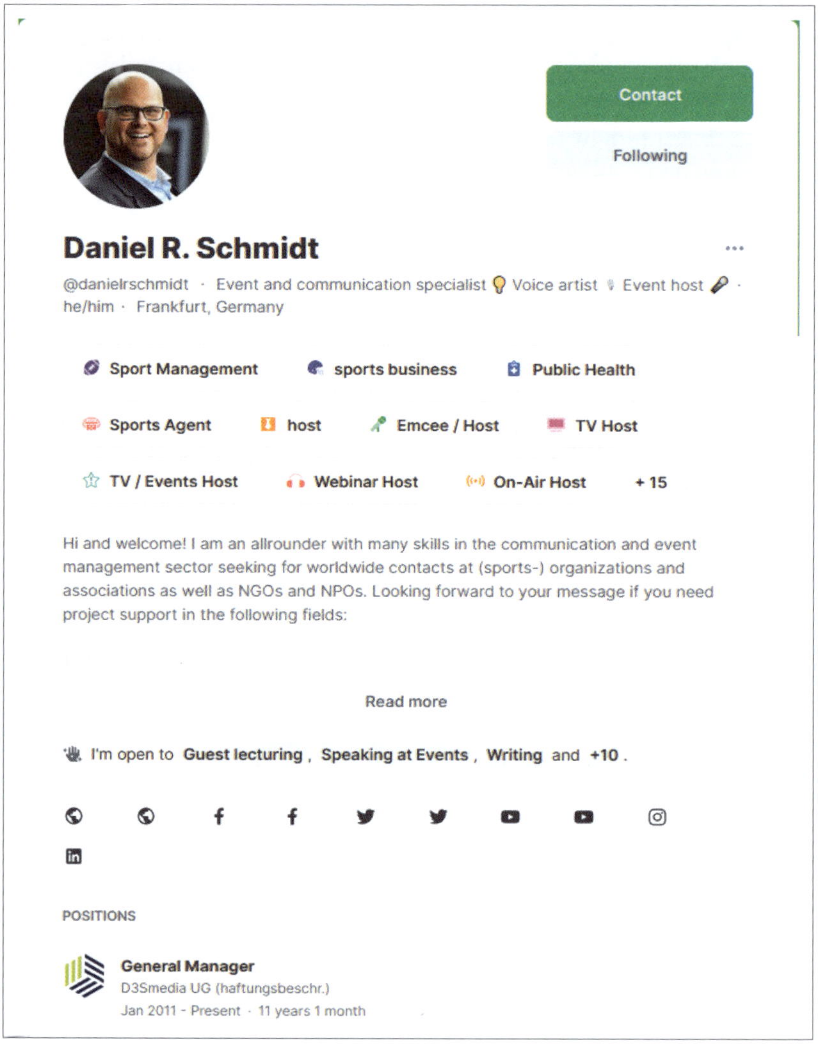

Abbildung 11-19 ▶ Allrounder wie Daniel R. Schmidt passen gut zu Polywork.

Unternehmen, die jährlich viele Nachwuchskräfte einstellen oder speziell Auszubildende suchen, sollten nicht vor Instagram, Snapchat, TikTok oder Twitch zurückschrecken. Das setzt die Bereitschaft voraus, sich näher mit der jeweiligen Plattform auseinanderzusetzen und die dortigen Gepflogenheiten kennenzulernen. Auf TikTok, Instagram und Twitch tummeln sich viele Jugendliche und junge Erwachsene, die potenziell einen Ausbildungsplatz suchen. Auszubildende posten aus ihrem Arbeitsalltag und verwenden Hashtags wie *#inderAusbildung*, *#LiebezumBeruf*, *#stolzaufmeinenBeruf* oder einfach *#Ausbildung*. Sind Ihre Auszubildenden auf TikTok oder Instagram aktiv, könnten Sie mit deren Unterstützung einen Kanal aufbauen.

Praxisbeispiele Social Recruiting mit Instagram, Snapchat und TikTok

Die Bundespolizei hat sich mit Abonnenten im sechsstelligen Bereich auf Instagram mit ihrem Karrierekanal (*https://www.instagram.com/bundespolizeikarriere/*) erfolgreich platzieren können. Dabei setzt sie stark auf die bei jüngeren Menschen beliebten Videos und bietet auf Instagram und YouTube die Serie »Im Einsatz mit« an.

Wie Abbildung 11-20 zeigt, verwenden viele Unternehmen auf Instagram das Wort Ausbildung in Kombination mit dem aktuellen Jahr als Hashtag, zum Beispiel *#ausbildung2022*, um nach Auszubildenden zu suchen. Teilweise bieten die Unternehmen sogar an, dass sich Bewerbende per Direktnachricht melden können, statt sich per E-Mail zu bewerben.

Abbildung 11-20
Auch auf Instagram werden Ausbildungsplätze angeboten.

Auch kleine Unternehmen können mit wenig Aufwand auf sich aufmerksam machen. Das mittelständische Gartencenter Steul in Rheinfelden erreicht seine Fans durch authentische Bilder und unterhaltsame Texte. Gelegentlich sucht das Unternehmen über Instagram neue Mitarbeitende oder verkündet, dass es freie Ausbildungsplätze zu bieten hat. Auf Fotos mit Hashtags wie *#traumjob* und *#wirbildenaus* folgen schnell zahlreiche Likes und begeisterte Kommentare.[4]

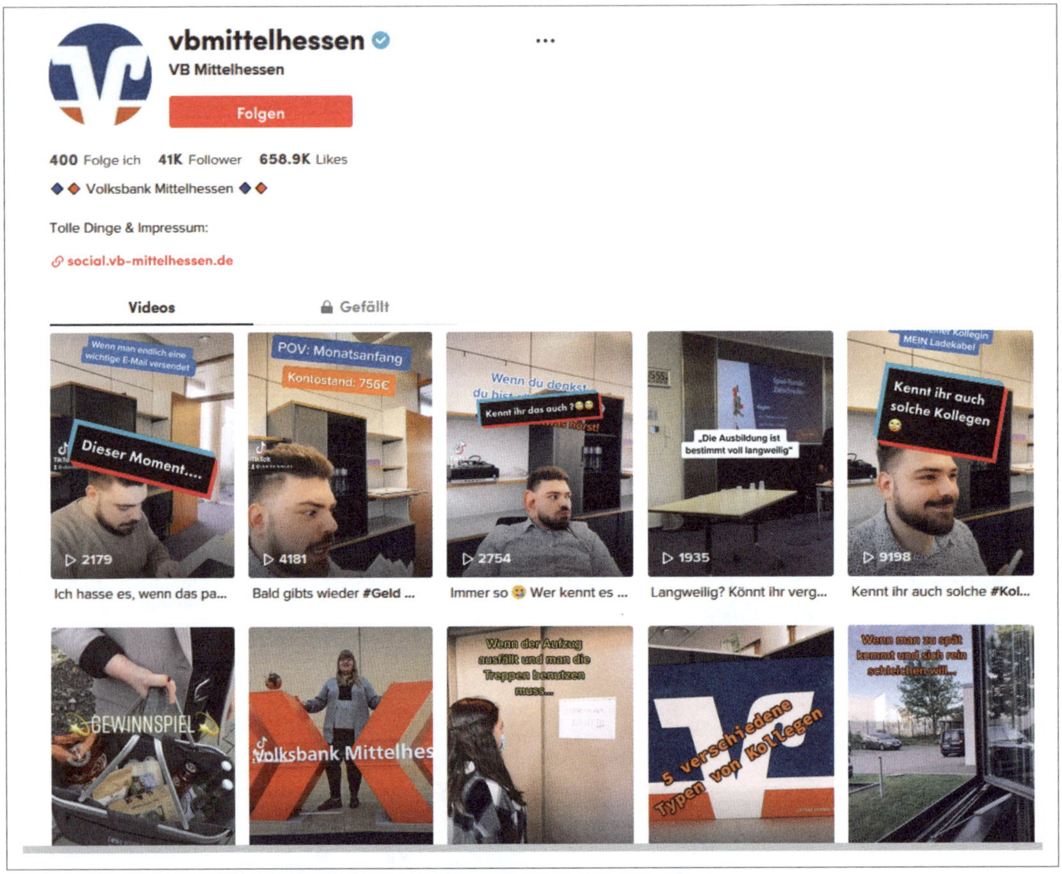

Abbildung 11-21 ▲ Die Volksbank Mittelhessen auf TikTok

Da Handwerksbetriebe Nachwuchssorgen und Schwierigkeiten haben, ihre Ausbildungsplätze zu besetzen, rief der Bayerische Handwerkstag die Social-Recruiting-Kampagne *Macher gesucht!* ins Leben. Auf YouTube gab es Videos der ausbildenden Unternehmen zu sehen, und künftige Auszubildende konnten sich einen Monat lang schnell, unkompliziert und kreativ über Snapchat bewerben. Statt eines aufwendig formulierten Anschreibens reichten ein oder mehrere Snaps. In ihnen erklärten

4 *https://www.instagram.com/blumensteul/*

die Jugendlichen, warum sie glaubten, für die handwerkliche Ausbildung geeignet zu sein. Die Zahl der Bewerbungen war nicht der alleinige KPI. Es war ebenfalls wichtig, auf die Ausbildung im Handwerk aufmerksam zu machen und die Arbeitsplätze als modern zu präsentieren. In Kapitel 9 stellen wir Ihnen Handwerker vor, die als Influencer in Instagram ihren Arbeitsalltag zeigen.

Wer keine Scheu vor TikTok hat, kann die Plattform nutzen, um Nachwuchskräfte anzusprechen. Die Volksbank Mittelhessen bespielt seit 2020 die Plattform und sorgt mit witzigen Videos für Furore. Die Marketingabteilung der regional tätigen Bank hat sich mutig vorgewagt und präsentiert sich humorvoll. Dabei spielt der Kanal mit Klischees und widerlegt Vorurteile gegenüber verstaubten Bankern. Damit werden potenzielle Auszubildende angesprochen, aber auch junge Kund:innen.

Social Recruiting mit Influencern

Die ersten Unternehmen setzen Influencer:innen ein, um gezielt Nachwuchskräfte anzusprechen. Die Strategie bietet sich an, wenn Ausbildungsberufe weniger bekannt sind oder als nicht besonders attraktiv gelten. Die Auswahl passender Influencer ist nicht trivial, denn ihr Einsatz für das Unternehmen muss authentisch sein. Da die Meinungsführer das »Produkt« Arbeitsplatz nicht selbst nutzen, spielt die Glaubwürdigkeit ihrer Aussagen eine größere Rolle als bei einer Urlaubsreise.

Die Fraport AG kooperierte mit dem YouTuber Mafuyu (Dennis Werth). Viele seiner Fans sind im Alter zwischen 15 und 25 Jahren. Das Unternehmen wollte bei Schüler:innen und jungen Erwachsenen Interesse für ihre technischen Berufe wecken. Die Kampagne[5] war ein großer Erfolg, da Mafuyu ehrliches Interesse an der Arbeit am Flughafen zeigte und dies seinen Fans authentisch vermitteln konnte. Neben hohen Zugriffen auf das YouTube-Video wurde auch die Karrierewebsite der Fraport häufig aufgerufen. Die Fraport AG setzt für das Employer Branding darüber hinaus auf ihre Mitarbeitenden. Sie sind Markenbotschafter:innen, um die Fraport als attraktiven Arbeitgeber zu repräsentieren oder über Empfehlungen neue Mitarbeitende zu gewinnen.

Viele Menschen verbringen mehr Zeit mit ihren Kolleg:innen als mit der Familie. Daher ist es nicht verwunderlich, dass sie auf ihren Social-Media-Kanälen über ihren Arbeitgeber sprechen. Sie freuen sich auf die anstehende Firmenparty, ärgern sich über ihre Kolleg:innen oder sind stolz, an der Entwicklung des erfolgreichen neuen Produkts mitgewirkt zu haben. Die Glaubwürdigkeit ihrer Aussagen ist in der Onlinewelt

5 *https://www.youtube.com/watch?v=4NPurG7GKfc*

hoch, denn wer kann besser hinter die Kulissen blicken als die eigenen Mitarbeitenden. Mehr zu Corporate Influencern erfahren Sie in Kapitel 4.

Mit welchem Content erreichen Sie die Bewerbenden?

Um Bewerberinnen und Bewerber für das Unternehmen zu begeistern, benötigen Sie hochwertigen, aktuellen und relevanten Content in Wort und Bild auf den richtigen Plattformen. Der originellste Content verpufft wirkungslos, wenn ihn niemand findet. Daher sollten Sie die Keywords kennen, mit denen die Zielgruppe auf ihren liebsten Kanälen nach Inhalten zum Thema »Karriere« suchen. Denken Sie aus Sicht der Bewerbenden und überlegen Sie, welche Fragen und Nöte ihnen am Herzen liegen.

Kommunizieren Sie authentisch, begeistern Sie die Zielgruppe für Ihr Unternehmen und nutzen Sie ansprechende Texte, Aufmerksamkeit erregende Fotos und unterhaltsame Videos. Denken Sie auch an Mitarbeitende als Markenbotschafter. Niemand zeigt authentischer, dass es Spaß macht, bei Ihnen zu arbeiten, als Ihre Mitarbeitenden.

Für den passenden Content muss sich auch ein KMU nicht verschulden. Drücken Sie Ihren Auszubildenden eine Kamera in die Hand und rufen Sie das Projekt aus, einen Film für neue Auszubildende zu drehen. Wenn es Ihnen gelingt, in dem Film Emotionen zu vermitteln und gleichzeitig Informationen zu transportieren, bieten Sie mit kleinem Budget einen guten Einblick in Ihre Branche oder den Ausbildungsberuf.

All diese Mühe fruchtet nicht, wenn am Ende die Bewerbenden mit unhandlichen Formularen gequält werden, die sie aufwendig ausfüllen müssen. Die Bewerberseite sollte bestens mobil optimiert sein und die Candidate Experience an allen Touchpoints zu einem guten Erlebnis führen.

Zusammenfassung

XING und LinkedIn werden vornehmlich zum beruflichen Netzwerken und für das Social Recruiting genutzt. Zudem findet ein Austausch in Fachgruppen statt. Voraussetzung sind persönliche Profile und Unternehmensprofile. Mithilfe von XING Events können Sie unkompliziert Veranstaltungen planen und das Ticketing durchführen. LinkedIn bietet vielfältige Möglichkeiten, Content zu veröffentlichen – und sogar einen Livestream für Video und Audio. Seit Sommer 2021 ergänzt

Polywork die Familie der Businessnetzwerke. Zielgruppe sind die Generationen Y und Z.

Die Businessnetzwerke geben ihren Millionen Nutzer:innen die Möglichkeit, ein Profil zu erstellen und sich mit Interessierten zu vernetzen, die ähnliche Interessen oder einen vergleichbaren beruflichen Hintergrund haben.

In der DACH-Region werden daneben auch Facebook sowie Instagram und TikTok für das Employer Branding und das Social Recruiting genutzt.

Suchen Sie Auszubildende oder möchten bevorzugt jüngere Mitarbeitende gewinnen, sollten Sie TikTok, Twitch und Snapchat, aber auch YouTube und Instagram im Blick haben.

Ein persönliches Profil genau wie eine Seite für Unternehmen ist in allen sozialen Netzwerken rasch eingerichtet. Sie brauchen jedoch eine Strategie, die vorgibt, welche Inhalte Sie kommunizieren wollen, wie Sie sich sinnvoll vernetzen und welche Ziele Sie verfolgen. Als Erstes gilt es folglich auch hier zu hinterfragen, auf welchen Kanälen Sie Ihre Zielgruppen der potenziellen Mitarbeitenden antreffen.

Hinterfragen Sie die Auswahl der Social-Media-Kanäle für das Employer Branding im Rahmen eines regelmäßigen Monitorings kritisch. Entscheiden Sie basierend auf Nutzerzahlen und Interaktion, ob Sie existierende Plattformen noch pflegen möchten oder neue Präsenzen anstreben. Prüfen Sie, über welche Kanäle die aussichtsreichsten Kandidat:innen zu Ihnen finden. Dabei gilt es, die Fluktuationsrate einzubeziehen und wie zufrieden Sie mit den jeweiligen Mitarbeitenden sind.

KAPITEL 12

Soziale Netzwerke für Wissen und Empfehlungen

In diesem Kapitel:

- Die Wikipedia
- Eigene Wikis erstellen
- Dokumente sharen
- Frage- und Antwort-Dienste
- News und Booksmarks teilen
- Meinungs- und Bewertungsplattformen
- Google My Business
- Zusammenfassung

Abseits der klassischen Netzwerke wie Instagram oder LinkedIn bedienen sich auch andere Dienste der Mechanismen und Vorzüge des Social Web. Sie setzen darauf, dass ihre User Profile anlegen, sich vernetzen und sich miteinander austauschen. Sie adaptieren die Funktionalitäten der sozialen Netzwerke – posten, kommentieren, einander folgen – und integrieren diese Funktionen in ihre Plattformen zum Austausch von Wissen, Meinungen oder Empfehlungen. Einige dieser Communitys sind – in der zeitlichen Dimension des World Wide Web betrachtet – schon steinalt. Die Wikipedia etwa, die weltweit bekannteste Enzyklopädie, gilt als Wegbereiter der gemeinschaftlichen Zusammenarbeit. Unter dem Schlagwort *Wisdom of the Crowds* begeisterte sich nicht nur die Webcommunity Mitte der 2000er-Jahre von dieser revolutionären Idee. Wir alle können seitdem gemeinsam an Lexika schreiben, Paper veröffentlichen oder Hilfesuchenden Ratschläge erteilen. Und das ganz einfach, indem jeder sein Spezialwissen einbringt.

◄ Definition

Der Begriff *Wisdom of the Crowds* geht auf James Surowiecki und sein Meisterwerk »Die Weisheit der Vielen« (Original »The Wisdom of Crowds«, 2004) zurück. Surowieckis Buch vertritt die These, dass Gruppen, wenn die Umstände stimmen, bemerkenswert intelligent sein können – oft sogar klüger als der Klügste von ihnen. Das Prinzip der Crowd Intelligence – auf Deutsch als Schwarmintelligenz bekannt – wurde auch auf andere Bereiche übertragen. Ein Beispiel ist das Crowdsourcing, das sich der Arbeitsleistung einer großen Gruppe bedient. Das heißt, im Gegensatz zum Outsourcing wird nicht ein Unternehmen oder eine externe Einzelperson dafür bezahlt, Leistungen zu erbringen, sondern man bittet eine unbegrenzte Gruppe an Menschen um (meist unentgeltliche) Mitarbeit an einem Projekt – beispielsweise als kreative oder tatkräftige Unterstützung bei der Produktentwicklung. Diese Methode wendeten einige Unternehmen mehr oder weniger glorreich auch im Social Web an, beispielsweise Ritter Sport (sehr häufig und erfolgreich bei der Kreation neuer Schokoladensorten)[1] oder

1 *https://www.ritter-sport.de/sortenkreation/#/start*

Pril (wenig erfolgreich beim Design von Spülmittelflaschen)[2]. Auch das sogenannte Crowdfunding basiert auf der Idee, Menschen unkompliziert zusammenzubringen, um gemeinsam einen großen Plan zu verfolgen: Dabei sammelt man statt Leistung aber Geld zusammen, mit dem beispielsweise Start-ups, aber auch künstlerische Werke wie Musikalben oder Anschaffungen für die Gemeinschaft wie ein neues Spielgerät für die Grundschule finanziert werden. Beliebte Crowdfunding-Plattformen sind *Startnext*[3] und *Kickstarter*[4].

Heute sind wir etwas ernüchtert: Wir mussten erkennen, dass gerade der Austausch von Wissen oft zu Machtkämpfen führt. Wir haben die Erfahrung gemacht, dass längst nicht alle User ihre Erfahrungen und ihr Know-how ganz altruistisch teilen wollen, sondern manche auch bewusst in die Irre führen. Wir haben im Netz Menschen kennengelernt, die sich profilieren wollen und entschlossen die Meinungsführerschaft übernehmen, während andere sich nicht einbringen – sei es aus Zurückhaltung oder weil sie gar keinen Zugang zum Web haben. Und überhaupt: Herauszufinden, ob Informationen aus dem Web richtig (oder eben Fake News) sind, und die Relevanz und Seriosität ihrer Quelle zu beurteilen, gehört sicherlich zu den schwierigsten Herausforderungen unserer Zeit.

Dennoch halten wir die vielfältigen Chancen, wie sich Expert:innen ihres Fachs in Wissensnetzwerke oder Ratgebercommunitys einbringen können, nach wie vor für sehr wertvoll. Denn wenn wir alle zu ihnen beitragen, anstatt Wikipedia & Co. einigen wenigen Menschen zu überlassen, wird die Qualität der Inhalte automatisch steigen. Auch wenn es – wie es beispielsweise bei der Wikipedia in den vergangenen Jahren deutlich wurde – sehr zäh sein kann, möglicherweise tendenziöse Überarbeitungen anderer immer im Blick zu behalten.

Für Unternehmen und insbesondere Freelancer kommt natürlich die Selbstvermarktung als Argument hinzu. Wer immer wieder wertvolle Beiträge leistet, wird belohnt: mit einem gestärkten Image, mit nützlichem Feedback und mit bereichernden Kontakten. Zudem sind nutzergenerierte Informationsportale trotz aller Kritik nach wie vor populär, weil sie oft sehr präzise und detaillierte Informationen geben, die auf anderen Websites nicht zur Verfügung stehen.

Begeben wir uns gemeinsam an einige Plätze, die sich dem Austausch von Informationen und Meinungen widmen.

---

2 *https://www.wiwo.de/erfolg/trends/crowdsourcing-pr-gau-mit-haehnchen-spuelmittel/5820982-3.html*

3 *https://www.startnext.com/*

4 *https://www.kickstarter.com/discover/countries/DE?lang=de*

Wissen ist Macht

Wenn Sie etwas wissen, sollten Sie keine Scheu haben, es mitzuteilen. Viele Menschen machen sich Sorgen, dass es ihrem Geschäft schaden könnte, wenn sie auf ihren Websites zu viele Informationen umsonst anbieten. Doch aller Wahrscheinlichkeit nach wird man Ihnen gerade wegen des Contents auf Ihrer Website oder wegen Ihrer Präsenz im Social Web gern Aufträge geben, weil Sie als tatkräftiger Mensch wahrgenommen werden, der bestimmt noch mehr Wissen zu bieten hat, als er schon gezeigt hat. Sie haben bereits in Kapitel 5 vieles über die Vorteile inhaltlich starken Marketings gelernt. Auch in Kapitel 6 legen wir Ihnen nahe, Blogs und Podcasts wegen ihrer Chance zur inhaltlichen Tiefgründigkeit und Ausführlichkeit zu prüfen.

Wenn Sie viel Wissen weitergeben, bekommen die Menschen, die Ihre Informationen zu schätzen wissen, eine hohe Meinung von Ihnen, und Ihre Glaubwürdigkeit wächst. Das ist ein großer Vorteil. Möchte man lieber als jemand gelten, der kompetent und offen ist, oder als Geheimniskrämer, der alles Wissenswerte für sich behält? In der Mentalität des modernen Social Media Marketing ist Wissen Macht, und alle Beteiligten können davon profitieren.

Inhaltlich starke Beiträge sorgen zudem dafür, dass andere Menschen auf Ihre Profile in den sozialen Medien oder auf Ihre Website aufmerksam werden und Ihre Beiträge wiederum teilen und kommentieren. Im besten Fall entspinnt sich eine Diskussion auf Ihrem Blog oder bei Facebook, LinkedIn oder Twitter, in der auch Sie weitere Erkenntnisse gewinnen. Das ist der Boden, auf dem soziale Medien gedeihen: Der Einzelne und die Community teilen etwas miteinander.

Je mehr Links Sie bekommen, desto besser werden Sie auch in den Suchmaschinen sichtbar. Stellen Google und Bing fest, dass verschiedene Links von unterschiedlichen Quellen auf Ihre Website verweisen, beginnen auch sie, Ihnen als Content-Autor zu vertrauen. Das macht sich im Suchmaschinenranking positiv bemerkbar. So hat sich beispielsweise die *Wikipedia* ihr hohes Google-Ranking erworben: Das in ihr enthaltene Wissen hat sich durchweg als wertvoll für Millionen von Nutzern und Content-Erstellern im gesamten Internet erwiesen.

Wenn Sie Ihr Know-how also großzügig teilen, können Sie sich selbst als Marke etablieren und Ihre Reputation als echter Meinungsführer ausbauen.

Wikipedia: die lebende Enzyklopädie

Seit Wikipedia 2001 an den Start gegangen ist, hat sich die Enzyklopädie zum größten Onlinenachschlagewerk im Internet gemausert, das in rund 300 Sprachen abrufbar ist und weltweit Platz 13 der meistbesuchten Websites belegt. Die deutsche Wikipedia (*https://de.wikipedia.org/*) umfasst mehr als 2,6 Millionen Artikel. Design und Struktur der Website muten seit mehr als 20 Jahren nahezu gleich an. Das heißt auch, dass bereits eine ganze Generation mit der Wikipedia, wie wir sie kennen, aufgewachsen ist.

Der Name »Wikipedia« setzt sich aus zwei Begriffen zusammen: aus »Wiki«, der mit dem hawaiischen Wort für »schnell« bezeichneten Technologie zur kollektiven Erstellung von Internetseiten, und »Encyclopedia«, dem englischen Wort für Enzyklopädie. Wikipedia macht diesem Namen Ehre – mit Millionen von Beitragsverfassern in aller Welt und Hunderten von Administratoren, die aktiv auf der Seite patrouillieren, um Missbrauch zu verhindern und sicherzustellen, dass alle Einträge regelkonform sind.

Hinweis ▶ Obwohl die Wikipedia von vielen Menschen genutzt wird, wollen Jahr für Jahr weniger an ihr mitarbeiten: Von rund 8.500 monatlich aktiven Redakteur:innen im Jahr 2007 schrieben und überarbeiteten 2021 noch rund 6.000[5] Personen deutschsprachige Wikipedia-Artikel. Darunter befinden sich zudem heute mehr Menschen, die dies nicht ehrenamtlich tun, sondern beispielsweise gegen Bezahlung versuchen, unliebsame Kritik aus Artikeln herauszulöschen. Auch wegen der Zusammensetzung ihrer Autorenschaft steht die Wikipedia in der Kritik, denn diese ist mit rund 90 Prozent überwiegend männlich. Zudem wird immer wieder vermutet und kritisiert, dass sie auch bezogen auf andere demografische Faktoren wenig divers sei. Diese recht homogene und zudem schrumpfende Gruppe gestaltet somit ein offen zugängliches Nachschlagewerk, das sich an 132 Millionen Menschen richtet, die Deutsch als Muttersprache oder Fremdsprache verwenden[6]. Sollte dies nicht ein ausreichender Grund sein, sich an der Wikipedia zu beteiligen? Profiwissen aus den Fachbereichen einzubringen, in denen man sich wirklich auskennt?

Wikipedia ist als sehr offene Plattform konzipiert, zu der jeder etwas beitragen darf, ganz gleich, ob er einen Account hat oder nicht. Allerdings berechtigt das Anlegen eines Accounts Nutzer:innen, eine eigene Profilseite anzulegen. Diese sogenannte Benutzerseite kann die Glaubwürdigkeit der Person unterstützen. Wenn Sie noch kein Benutzerkonto haben und Änderungen an einer Seite vornehmen, zeigt die Versionsgeschichte Ihre IP-Adresse an. In der Versionsgeschichte (siehe Abbildung 12-1) sind Personen mit Benutzernamen die Mitglieder der Website, während die

5 *https://stats.wikimedia.org/v2/#/de.wikipedia.org*

6 *https://de.wikipedia.org/wiki/Wikipedia:Sprachen*

IP-Adressen mit Nutzern verbunden sind, die einen Artikel einfach nur bearbeitet haben, ohne sich anzumelden.

Nun ist die Wikipedia zwar offen, ihre Nutzung aber ist nicht unbeschränkt. Eine der wichtigsten Wikipedia-Regeln besagt, dass die Seite nur Artikel über Menschen, Orte und Objekte einer gewissen Relevanz enthält. Das bedeutet, dass der Gegenstand des Artikels in zuverlässigen, von diesem Gegenstand unabhängigen Quellen ausführlich behandelt worden sein muss.[7] Die Wikipedia ist – wie es wortwörtlich in den Richtlinien[8] steht – »kein allgemeines Personen-, Vereins-, Organisationen- oder Firmenverzeichnis«.

Diese Relevanzkriterien sind es, die der deutschen Wikipedia-Community regelmäßig Kritik[9] einbringen: Zwar lassen sich die Überarbeitungen und Löschungen einzelner Artikel nachverfolgen, die Entscheidungen der Redakteur:innen sind jedoch nicht immer nachvollziehbar. Achtet jemand einfach nur ganz besonders streng auf Relevanz und versteckte Werbung, oder verfolgen die Redakteure eigene Ziele – nämlich die Deutungshoheit darüber zu behalten, welche Informationen verbreitet werden und welche nicht?

Eine weitere Anforderung ist die, dass Wikipedia Fakten und nichts als Fakten präsentieren will. Die Einträge sollen absolut neutral und unvoreingenommen sein. Jeder Kommentar, der eine bestimmte Meinung widerspiegelt oder allzu werbliche Formulierungen enthält, wird von den Wikipedia-Administrator:innen und -Nutzer:innen herausgefiltert und umgeschrieben. Auch an diesen hohen Idealen ist die Wikipedia in der Vergangenheit immer wieder gescheitert. Politische Gruppierungen versuchten, ihre Vertreter in den Himmel zu loben, während sie die Beiträge ihrer Gegner negativ beeinflussten. Immer wieder streuten User gezielt Falschinformationen und fälschten gar Belege. Und natürlich ist auch das gezielte Weglassen von Informationen oder der Verzicht auf einen Beitrag eine Wertung.

Unser Aufruf an dieser Stelle – auch als überzeugte Nutzerinnen der Wikipedia – kann nur lauten: Überlassen wir die Wikipedia weder den bisher aktiven Editoren noch den häufig anonym agierenden User:innen, die ihre Botschaften, Meinungen und politischen Ansichten durchbringen oder die plump Werbung für ihre Produkte und ihr Unternehmen machen wollen. Arbeiten wir lieber gemeinsam an so neutral wie möglich gehaltenen Inhalten und einer konstruktiven, respektvollen

7 *https://de.wikipedia.org/wiki/Wikipedia:Relevanzkriterien*

8 *https://de.wikipedia.org/wiki/Wikipedia:Was_Wikipedia_nicht_ist*

9 Sämtliche Kritikpunkte können Sie gebündelt nachlesen, in der – wie sollte es anders sein – Wikipedia selbst: *https://de.wikipedia.org/wiki/Kritik_an_Wikipedia*.

Diskussionskultur. Erobern wir uns die Wikipedia (zurück) – im Rahmen der Regeln.

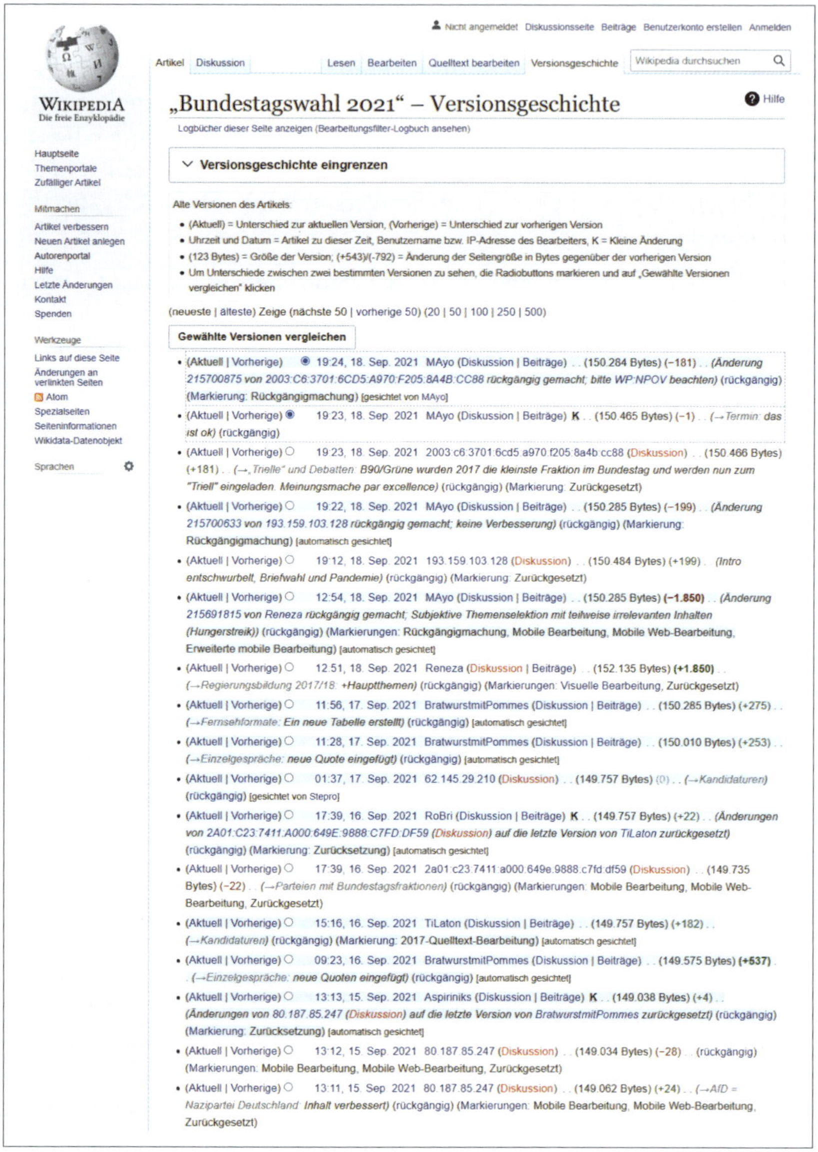

Abbildung 12-1 ▶ Wikipedia-Versionsgeschichte oder die sogenannten »Edit Wars«: Vor Wahlen wie hier im Herbst 2021 können Sie gut beobachten, das hoch relevante Wikipedia-Artikel täglich überarbeitet werden.

Im Folgenden setzen wir uns daher mit den Elementen und den grundlegenden Bearbeitungsmöglichkeiten eines Wikipedia-Eintrags auseinander und zeigen Ihnen anschließend, welche Rolle die Wikipedia im Rahmen des Social Media Marketing einnehmen kann.

Die Struktur eines Wikipedia-Eintrags

Jeder Seiteneintrag in der Wikipedia hat eine Seite für das Publikum, aber auch Unterseiten für die laufenden Diskussionen über den Gegenstand des Eintrags und die Versionsgeschichte. Außerdem kann die Seite bearbeitet sowie beobachtet werden, um Änderungen und Ergänzungen nachzuvollziehen – diese Funktion steht allerdings nur für registrierte und angemeldete Benutzer zur Verfügung.

In Einzelfällen ist die Bearbeitung der Seite gesperrt, das geschieht meist vorübergehend während aktueller Vorkommnisse rund um den Beitragsgegenstand. So wird zum Beispiel vor Bundestagswahlen vermieden, dass in Einträgen zu Parteien Wahlkampf betrieben wird oder politische Diskussionen entstehen.

Artikeltext

Wenn Sie etwas in der Wikipedia suchen, wird Ihnen die Seite mit dem entsprechenden Artikel angezeigt. Dieser Artikel kann in mehrere Teile untergliedert sein; dann gibt es einen Abschnitt namens *Inhaltsverzeichnis*, in dem die Gliederung des Artikels zu sehen ist, und vielleicht auch eine Seitenleiste am rechten Bildschirmrand, die Einzelheiten über den Gegenstand Ihrer Suche angibt. Betrachten Sie zum Beispiel einen Artikel über ein Unternehmen, zeigt die Seitenleiste dessen Gründungsjahr und die Namen der Geschäftsführung an, und wenn Sie einen Artikel über eine Fernsehserie anschauen, sind in der Seitenleiste die Hauptdarsteller aufgelistet, über die es auch jeweils eigene Artikel in der Wikipedia gibt.

Am Ende von Wikipedia-Artikeln befinden sich in der Regel Fußnoten (sogenannte Einzelnachweise) und Weblinks. In den Einzelnachweisen sind Fundstellen für Zitate im Artikel angegeben und in den Weblinks Verknüpfungen zu Websites, die nicht zur Domain *Wikipedia.org* gehören und Informationen zum Thema enthalten (zum Beispiel eine offizielle Biografie auf der Website eines Schauspielers).

Diskussion

Der Diskussionslink ist eine Verknüpfung zur Diskussionsseite (siehe Abbildung 12-2). Diese ist für Unternehmen besonders wichtig, weil sie sich dort um die Bereinigung sachlicher Fehler bemühen können, ohne den Ausschluss aus der Wikipedia befürchten zu müssen. (Wir gehen später noch genauer darauf ein.) Auf dieser Seite diskutieren Nutzer:innen auch darüber, wie man den Artikel verbessern könnte. Die Diskussionsseiten können ganz einfach und überschaubar sein, mit kleinen Notizen von diversen Nutzern, oder auch extrem ausführlich mit Artikel-Meilensteinen, provokanten Äußerungen (besonders bei umstrittenen Themen) und anderen Hinweisen.

Abbildung 12-2 ▲ Eine Diskussionsseite bei Wikipedia zeigt Beiträge von Mitgliedern und umfangreiche Diskussionen an.

Artikel und Diskussion bearbeiten

Die Artikel- und Diskussionsseiten haben einen Link namens *Bearbeiten*, über den Nutzer:innen Inhalte hinzufügen und entfernen können. Die Formatierung in Wikipedia kann etwas umständlich sein, etliche Hilfsdokumente zu den stilistischen Richtlinien und Formatierungskonventionen, die für die Seitenbearbeitung hilfreich sind, stehen aber ebenfalls bereit. Anhand eines WYSIWYG-Editors mit Grundfunktionen können Sie die Inhalte eingeben, und wenn Sie die Wikipedia-Formatierungsrichtlinien[10] beherrschen, haben Sie noch weitere Formatierungsmöglichkeiten.

Sind Sie sich über die Formatierung eines Elements nicht im Klaren (besonders wenn Sie eine ganz neue Seite verfassen), können Sie immer zu einer bestehenden Wikipedia-Seite gehen und dort auf *Bearbeiten* klicken, um die notwendigen Codestücke zu kopieren und in Ihr Dokument einzufügen. So erhalten Sie eine einfache Vorlage für Ihren neuen Wikipedia-Eintrag. Eine Vorschaufunktion gibt Ihnen zusätzlich Sicherheit, um festzustellen, ob alle Änderungen korrekt dargestellt werden. Wenn Sie Änderungen vornehmen, ist es ratsam, sie in einem Bearbeitungskommentar zusammenzufassen und in dem verfügbaren Kontrollkästchen anzugeben, ob es sich um eine geringfügige Bearbeitung (etwa die Korrektur eines Grammatik- oder Rechtschreibfehlers) oder um eine größere Bearbeitung handelt. Im letzteren Fall sollten Sie die Änderung(en) detaillierter angeben.

Versionsgeschichte

Änderungen an einem bestimmten Wikipedia-Artikel können Sie über die Registerkarte *Versionsgeschichte* einsehen. Sie ist in mehrere Spalten gegliedert, wobei sich der Link *Aktuell* auf die gegenwärtige Version der Seite bezieht und der Link *Vorherige* zeigt, wie die Seite vor der letzten Änderung ausgesehen hat. Normalerweise können Sie durch einen Klick auf den Link *Vorherige* genau sehen, was geändert worden ist, da Wikipedia Ihnen nur die zugehörigen Ausschnitte der Seite zeigt.

Die nächste Spalte zeigt Ihnen den Zeitpunkt der Änderung sowie den Benutzernamen oder die IP-Adresse ihres Urhebers. Wird der Benutzername in Blau dargestellt, besitzt der Betreffende eine Benutzerseite, andernfalls ist der Benutzername rot. Wenn Sie auf den roten Link klicken, wird die Standardvorlage von Wikipedia zur Erstellung einer Benutzerseite angezeigt (Sie können auch die Seite von jemand anderem bearbeiten).

◀ Hinweis

Benutzerseiten ähneln Diskussionsseiten, die weiter oben in diesem Kapitel behandelt wurden. Diese Seiten entsprechen einem Benutzerprofil und ermöglichen den Mitgliedern der Wikipedia-Community, miteinander zu reden und ihre eigene Präsenz auf der Website anzupassen.

Ein *K* in der nächsten Spalte kennzeichnet eine »kleinere Änderung«, gefolgt von der Angabe, wie viele Bytes der Wikipedia-Eintrag nach der Änderung hat.

---

10 *https://de.wikipedia.org/wiki/Hilfe:Bearbeiten*

Social Media Marketing mit Wikipedia

Seit Jahren ist die Wikipedia erste Anlaufstelle für Websurfer, die einen Begriff klären oder Hintergründe zu Personen, Ereignissen, Technologien und vielem mehr nachlesen wollen. Zudem genießt die Website ein hohes Ansehen bei Suchmaschinen. Unternehmen und Freelancern bietet die Wikipedia eine große Chance, ihren Ruf und ihre Marke zu stärken. Außerdem lässt sich durch Wikipedia Traffic hinzugewinnen.Wir zeigen Ihnen nun, wie Sie dort Beiträge einpflegen oder bearbeiten können, die mit den Regeln von Wikipedia und den Unternehmensrichtlinien im Einklang stehen – und wie Sie an der Wikipedia mitarbeiten, um Ihre Reputation zu stärken, ihr aber nicht zu schaden.

Nach den Richtlinien der Wikipedia können Personen, die eine Seite über sich selbst oder ihr Unternehmen erstellen oder mitgestalten, und Mitarbeiter:innen, die bei Wikipedia die Seiten ihres Arbeitgebers bearbeiten, bestraft werden. Beiträge werden umstandslos gelöscht, oder es entbrennen hitzige Diskussionen. Interessenkonflikte haben bei Wikipedia keinen Platz. Wenn bei Wikipedia eine Seite über eine Person oder Firma fehlt, deren Wichtigkeit Sie beweisen zu können glauben, dann suchen Sie sich am besten jemanden, der die Wikipedia-Seite anlegen kann, ohne in Interessenkonflikte zu geraten. Um die Relevanz des Eintrags zu beweisen, müssen Sie Links zu mehreren Quellen angeben. Haben Sie eine Artikelseite angelegt, sollten Sie sie weiterhin beobachten, um Änderungen oder Ergänzungen zu verfolgen, die daran vorgenommen werden. Dazu abonnieren Sie den Atom-Feed mit der Versionsgeschichte der Seite – Sie finden diesen in der linken Menüleiste.

Tipp ▶ Aktuelle und ausführliche Hinweise für Personen und Angehörige von Organisationen und Unternehmen, die ihren eigenen Eintrag bearbeiten wollen, finden Sie unter *https://de.wikipedia.org/wiki/Wikipedia:Interessenkonflikt#Eigendarstellung.* Lesen Sie diese Ratschläge der Wikipedia-Community immer wieder und halten Sie sich daran. Sie wahren auf diese Weise Ihren guten Ruf und stellen die Akzeptanz Ihrer Firma sicher. Es gibt Möglichkeiten, an der Wikipedia mitzuarbeiten, ohne dass platte Eigenwerbung unterstellt wird. Vergessen Sie nicht, dass im Netz letztlich jeder Manipulationsversuch auffliegen kann und der Schaden dann ungleich höher ist.

Wenn Ihre Mitarbeit an einem bestimmten Wikipedia-Artikel Sie in einen Interessenkonflikt bringen könnte, dürfen Sie keine Änderungen an dem Artikel vornehmen. Stattdessen sollten Sie die Diskussionsseiten aufsuchen, um eventuelle sachliche Unstimmigkeiten mit den Nutzern von Wikipedia zu besprechen, damit diese dann den Artikel selbst bearbeiten können. Zur Lösung von Konflikten haben Sie die Möglichkeit, eine dritte Meinung einzuholen, einen Vermittlungsausschuss anzurufen oder als letzte Instanz sogar ein Schiedsgericht zu bemühen. Wie Sie all das tun können, ist unter *https://de.wikipedia.org/wiki/Wikipedia:Anfragen* nachzulesen.

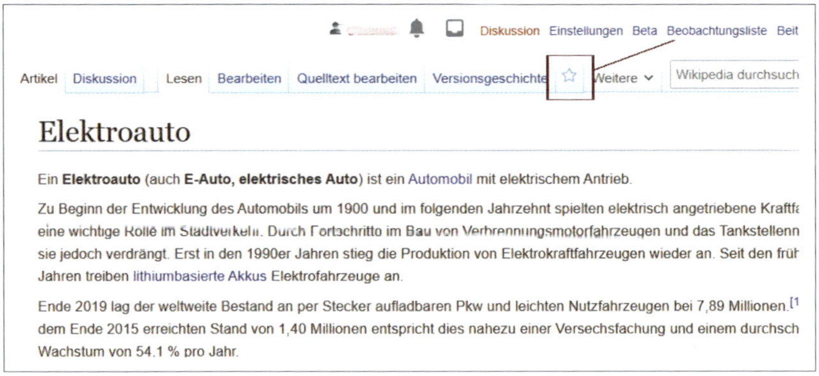

◀ Abbildung 12-3
Wenn Sie eine Seite automatisch beobachten wollen, müssen Sie sich registrieren und dann über das Sternchen-Symbol in der Menüleiste den Artikel abonnieren.

◀ Hinweis

Viele Unternehmensrichtlinien untersagen den Mitarbeiter:innen jegliche Bearbeitung der Wikipedia-Seite der eigenen Firma, ermuntern sie jedoch, die Wikipedia-Community mit Beiträgen zu Themen zu bereichern, für die sie sich als Experten positionieren können. Ein wesentlicher Schritt für jeden, der in Marketing und PR eines Unternehmens eingebunden ist, sollte das aktive Beobachten von Wikipedia-Beiträgen sein, die mit dem Geschäftsgegenstand verbunden sind – unbedingt aber die Unternehmensseite selbst, falls vorhanden.

Wo Sie noch Vorsicht walten lassen sollten

Beachten Sie bitte auch noch andere wichtige Faktoren, um nicht aus der Wikipedia ausgeschlossen zu werden. Die folgenden Aspekte müssen gründlich bedacht werden, wenn Sie Social Media Marketing mit Wikipedia betreiben möchten.

Wikipedia ist nicht der richtige Ort für Link-Building. Verwenden Sie Wikipedia bitte nicht für das Link-Building. Wie in Kapitel 4 schon empfohlen wurde, sollten Sie auf Social-Media-Sites möglichst uneigennützig agieren. Wenn Sie ein Portal allein zu dem Zweck nutzen, am Ende der Artikel Links zu setzen, werden Sie als Spammer entlarvt und wahrscheinlich gebannt. Bauen Sie stattdessen Ihre Glaubwürdigkeit auf: Tragen Sie durch das Ausräumen sachlicher Unstimmigkeiten und die Korrektur von Formatierungs- und Grammatikfehlern etwas zu den Artikeln bei. Wenn Sie einem Artikel einen sachdienlichen Link hinzufügen möchten, sollten Sie zunächst uneigennützig zur Verbesserung der Seite beitragen. Denn wer zu oft und zu früh Links einbindet, gerät allzu leicht in den Verdacht der Eigenwerbung.

North Face und die Bildermanipulation

Das Outdoorunternehmen North Face geriet im Frühsommer 2019 in die Schlagzeilen, weil es das hohe Google-Ranking der Wikipedia für die eigene Suchmaschinenoptimierung nutzen wollte – und über den errungenen Erfolg dabei öffentlich prahlte. Die beauftragte Werbeagentur Leo Burnett Tailor Made hatte in populären Wikipedia-Artikeln zu touristischen Zielen Markenbilder von North Face platziert, einige enthielten gar das Logo. Der Wikipedia-Beitrag zum Guarita State Park in Brasilien zeigte beispielsweise Fotos aus dem Hause North Face. Auf diese Weise sollte die Sichtbarkeit der Marke bei Google erhöht werden – schließlich liefert die Suchmaschine bevorzugt Bilder aus, die in der Wikipedia hinterlegt sind. Der Plan ging auf, und diese Manipulation wäre vielleicht lange unentdeckt geblieben, hätte North Face selbst nicht anschließend ein Video produziert, in dem es seinen Erfolg öffentlich feierte. Es folgten ein längerer Artikel der Wikimedia Foundations[11] – der Organisation hinter der Onlineenzyklopädie – sowie eine Menge schlechter Presse weltweit. Die Artikelbilder wurden umgehend ersetzt und die verantwortlichen User bei Wikipedia gesperrt. Der erhoffte SEO-Effekt ist längst passé, der Imageschaden für North Face allerdings bleibt – auch weil sich das Unternehmen zwar entschuldigte und zu den Regeln der Wikipedia bekannte, die Planung und Umsetzung der »Wikipedia-Kampagne« aber auf ihre Werbeagentur abwälzte.

Wie hätte man stattdessen vorgehen können? Ein akzeptierter Weg ist, Fotos in Wikipedias Schwesterprojekt Wikimedia Commons hochzuladen. Dies sollten jedoch keine Hochglanzwerbefotos, sondern beispielsweise Grafiken sein, die einen Herstellungsprozess illustrieren. Oder Fotos eines Produkts, das von allgemeinem Belang oder Interesse ist – für einen Automobilzulieferer könnte dies die technische Zeichnung eines Getriebeteils sein, für das Pharmazieunternehmen die Verpackung eines wichtigen Medikaments. Die Wikipedia-Redakteure können dann selbst entscheiden, ob sie Ihr Foto einem Artikel hinzufügen.

Spammer werden in der Wikipedia ganz schnell entlarvt. Über Spam rümpft in der Wikipedia jeder die Nase. Wer Spam an Wikipedia sendet, riskiert einen Eintrag in die Spam-Blacklist[12]. Diese Liste dient dazu, auf User und IP-Adressen hinzuweisen, die Wikipedia missbräuchlich verwenden und die Regeln und Richtlinien der Site missachten. User, die auf dieser schwarzen Liste stehen, dürfen die Site nicht mehr bearbeiten. Da Suchmaschinen und andere angesehene Portale die schwarze Liste von Wikipedia beachten, ist es sehr von Nachteil, seinen eigenen Namen oder seine IP-Adresse dort wiederzufinden.

Beziehungen aufbauen. Wenn Sie ein regelmäßig mitwirkendes, angesehenes Mitglied der Wikipedia-Community und irgendwann auch einmal Administrator werden möchten, sollten Sie sich unbedingt mit den jetzigen Administratoren vernetzen und sich als wertvolles Mitglied der Community profilieren. Dazu gehört, dass Sie Ihr Profil pflegen und Bei-

11 *https://wikimediafoundation.org/news/2019/05/29/lets-talk-about-the-north-face-defacing-wikipedia/*

12 *https://de.wikipedia.org/wiki/MediaWiki:Spam-blacklist*

träge leisten, die zum Wert und dem Erhalt von Wikipedia beitragen. Wenn Sie vorhaben, Seiten zu bearbeiten, die unmittelbar mit Ihrem Unternehmen verbunden sind (oder andere Einträge, bei denen man einen Interessenkonflikt vermuten könnte), vergessen Sie nicht, dass diese gelegentlichen eigennützigen Beiträge durch andere mehr als aufgewogen werden müssen.

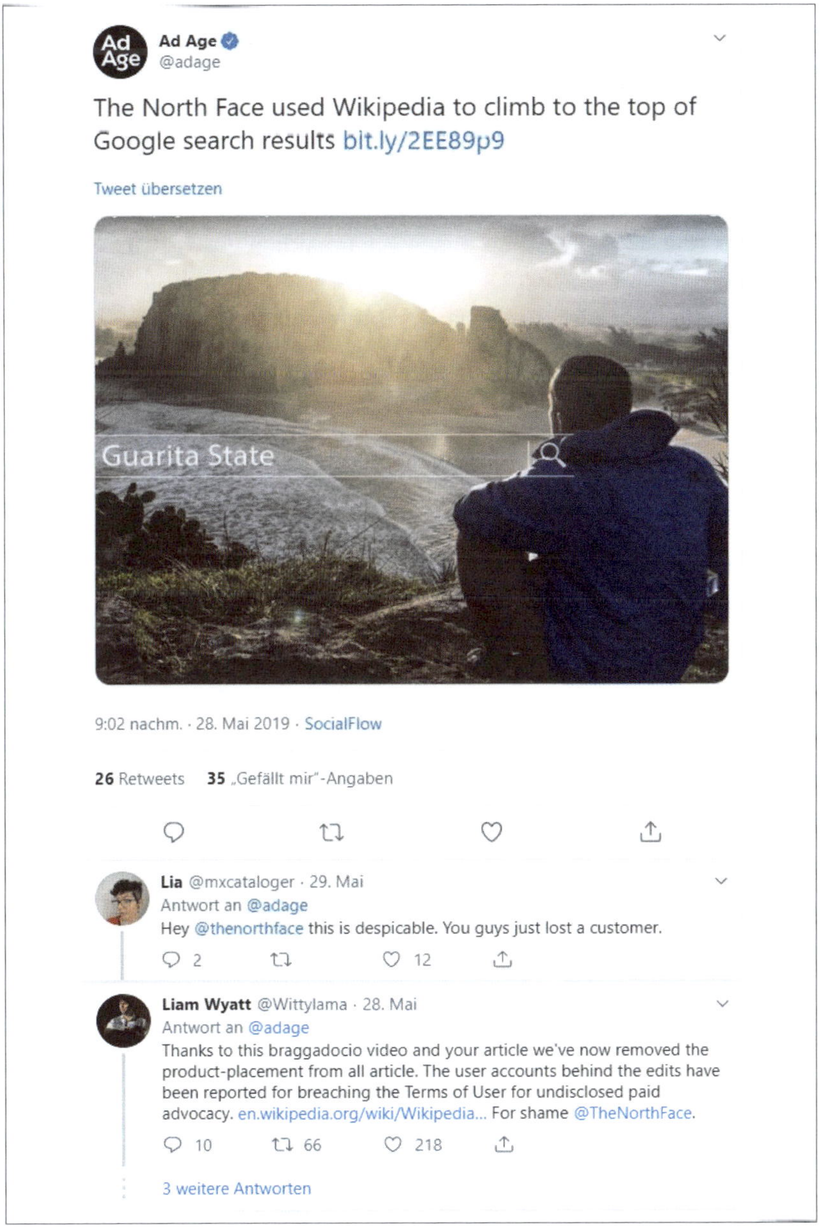

Ad Age @adage

The North Face used Wikipedia to climb to the top of Google search results bit.ly/2EE89p9

Tweet übersetzen

Guarita State

9:02 nachm. · 28. Mai 2019 · SocialFlow

26 Retweets **35** „Gefällt mir"-Angaben

Lia @mxcataloger · 29. Mai
Antwort an @adage
Hey @thenorthface this is despicable. You guys just lost a customer.
2 12

Liam Wyatt @Wittylama · 28. Mai
Antwort an @adage
Thanks to this braggadocio video and your article we've now removed the product-placement from all article. The user accounts behind the edits have been reported for breaching the Terms of User for undisclosed paid advocacy. en.wikipedia.org/wiki/Wikipedia... For shame @TheNorthFace.
10 66 218

3 weitere Antworten

Abbildung 12-4
Vorsicht: Die Wikipedia – und Ihre Kunden – belohnen Inhalte und Kollaboration, nicht aber Manipulation. Auch eine Google-Suche nach »North Face Wikipedia« fördert nun vielfältig kritische Artikel zutage.

Fassen wir noch einmal die Optionen zusammen, die Ihnen offenstehen:

- Sie abonnieren – so vorhanden – die Artikelseite zu Ihrem Unternehmen. Falls es darauf Fehler gibt oder Sie etwas ergänzen wollen, sprechen Sie dies über die Diskussionsseite an. Dabei arbeiten Sie transparent und geben Auskunft über Ihre Firmenzugehörigkeit und den damit verbundenen Interessenkonflikt.
- Wenn Sie eine Seite über Ihr Unternehmen und/oder eine Methode oder Technologie anlegen möchten, die ihren Ursprung in Ihrem Unternehmen hat, prüfen Sie vorher die Relevanzkriterien und achten darauf, dass Sie genügend Belege aus externen Quellen besitzen. Im Idealfall bitten Sie einen Dritten, den Artikel unter Beachtung der Wikipedia-Richtlinien anzulegen.
- Sie arbeiten an den Beiträgen aktiv mit, bei denen Ihr Know-how gefragt sein könnte und zu denen Sie inhaltlich etwas beitragen können. Auch hier achten Sie auf Transparenz und Neutralität.
- Links zahlen auf die Sichtbarkeit Ihrer Website in den Suchmaschinen ein. Prüfen Sie, bei welchen Beiträgen Sie Links ergänzen können – achten Sie aber streng darauf, dass Sie den Wikipedia-Beitrag wirklich bereichern.
- Sie nutzen die Schwesterprojekte der Wikipedia, etwa die Wikimedia Commons. Dort laden Sie Fotos hoch, deren Nutzung Sie für alle Zwecke freigeben. Auf diese Weise können andere User die Fotos beispielsweise auch zur Illustration von Wikipedia-Artikeln nutzen, was wiederum die Visibilität Ihrer Marke steigert.
- Sie lernen durch Abgucken: Welche Keywords sind in den für Ihren Geschäftsgegenstand relevanten Artikeln enthalten? Nutzen Sie diese Keywords auf Ihrer Website? Wie sind die Artikel aufgebaut, welche Links sind hinterlegt? Eine Wikipedia-Recherche kann Ihre eigenen Texte verbessern.

Unser wichtigster Rat: Folgen Sie streng den Richtlinien Wikipedias und agieren Sie immer transparent.

Ein eigenes Wiki

Ihr Fachwissen können Sie nicht nur auf bestehenden Websites veröffentlichen, sondern auch in einem eigenen – beispielsweise firmeninternen – Wiki, das Sie selbst mithilfe von Onlinediensten, Collab-Tools oder kostenlosen Open-Source-Anwendungen erstellen können.

Definition ▶ Ein *Wiki* ist nichts anderes als eine Sammlung von Webseiten, die jeder, der Zugriff auf die Webanwendung hat, modifizieren kann. Es ist ein lebendes Dokument, das Zusammenarbeit und regelmäßige Updates ermöglicht.

Dies kann sich besonders für Verbände anbieten, die mithilfe eines Wiki die Schlagwörter ihrer Branche definieren können. Aber auch verteilt arbeitende Teams oder Unternehmen mit vielen Mitarbeitenden, die unter Umständen vorrangig mobil oder im Homeoffice arbeiten, profitieren von einer gemeinsamen, geordneten Ablage von Informationen. Einige Argumente für den Aufbau eines Corporate Wiki nennen wir Ihnen Abbildung 12-5. In jedem Fall können sie eine ganze Menge verstreuter Notizzettel ersetzen!

◀ **Abbildung 12-5**
Weshalb sich ein Corporate Wiki lohnen kann

◀ **Tipp**

Wikis sind nicht nur starke Anwendungen, um die Zusammenarbeit zu fördern, sondern auch ein sehr gutes und preisgünstiges Mittel, um in kleinen Unternehmen interne Informationen zu organisieren und zu verbreiten.

Um dies technisch umzusetzen, können Sie auf verschiedene Tools und Plattformen zurückgreifen. Einige stellen wir Ihnen hier vor:

MediaWiki[13] *(Open Source, kostenfrei)*

MediaWiki ist die Plattform, auf der auch die Wikipedia läuft. Daraus ergibt sich der Vorteil, dass Sie und Ihre Redakteure eine vertraute Oberfläche wiederfinden – sowohl was das Recherchieren und Lesen als auch was das Schreiben, Organisieren und Editieren von

13 *https://www.mediawiki.org/wiki/MediaWiki*

Artikeln angeht. Dank zahlreicher Erweiterungen können Sie Ihr MediaWiki hochgradig individualisieren und anpassen. Umfangreiche Hilfestellungen für das Anlegen und Bearbeiten von Dokumenten finden sich im Web, und mit ein wenig Übung können Sie schnell produktiv arbeiten, auch wenn die Oberfläche grafisch nicht mehr zeitgemäß wirkt. Einziger Wermutstropfen: Weil das Tool auf einem eigenen Server installiert werden muss, werden Sie wahrscheinlich die Unterstützung der IT-Administration Ihres Unternehmens (oder extern) benötigen.

DrupalWiki[14] *(kostenpflichtig)*
: DrupalWiki basiert auf dem Content-Management-System Drupal, über das Sie auch in Kapitel 6 zum Corporate Blogging lesen können. Es bringt umfangreiche Funktionen zum Wissens- und Qualitätsmanagement mit und wird deshalb in zahlreichen Unternehmen und Organisationen eingesetzt. Texte lassen sich komfortabel über einen Editor eingeben, außerdem können Sie das Wiki an Microsoft Office anbinden. Profilseiten für jeden User und eine Kommentarfunktion unterstützen das Networking und die Zusammenarbeit.

  Weitere Alternativen sind *DokuWiki*[15] und *XWiki*[16] (sehr umfangreich, besonders für Unternehmen).

SharePoint[17] *(kostenpflichtig)*
: Wenn Ihr Team bereits vorrangig im Microsoft-Universum unterwegs ist, könnte der Blick auf SharePoint lohnen – die Anwendung ist ohnehin Teil des Microsoft-365-Businesspakets. Mit SharePoint können Sie ebenfalls Dokumente anlegen, im Team bearbeiten und verwalten sowie Team- und Projektseiten erstellen und Nutzerprofile pflegen. Damit ist es möglich, eigene soziale Netzwerke beispielsweise für die Mitarbeitenden eines großen Unternehmens zu errichten. SharePoint ist sehr umfangreich, lässt sich aber gut bedienen und vereinfacht dank zahlreicher Vorlagen die moderne Gestaltung Ihrer Dokumente und Seiten. Und natürlich klappt die Anbindung an Microsoft-365- bzw. Office-Anwendungen nahtlos.

Im großen Spektrum des Social Media Marketing gehören Wikis zwar sicher eher zur Kür (und überschneiden sich mit den Tools zur Kollaboration), wenn Sie aber eine klar umrissene Zielgruppe – beispielsweise User Ihrer Software oder Ihr Team – haben und/oder regelmäßig über ein bestimmtes Thema informieren und dazu sogar Vernetzungsmög-

14 *https://drupal-wiki.com/*

15 *https://www.dokuwiki.org/dokuwiki*

16 *https://www.xwiki.org/xwiki/bin/view/Main/WebHome*

17 *https://www.microsoft.com/de-de/microsoft-365/sharepoint/collaboration*

lichkeiten bieten möchten, kann Ihnen ein eigenes Wiki großartige Dienste leisten.

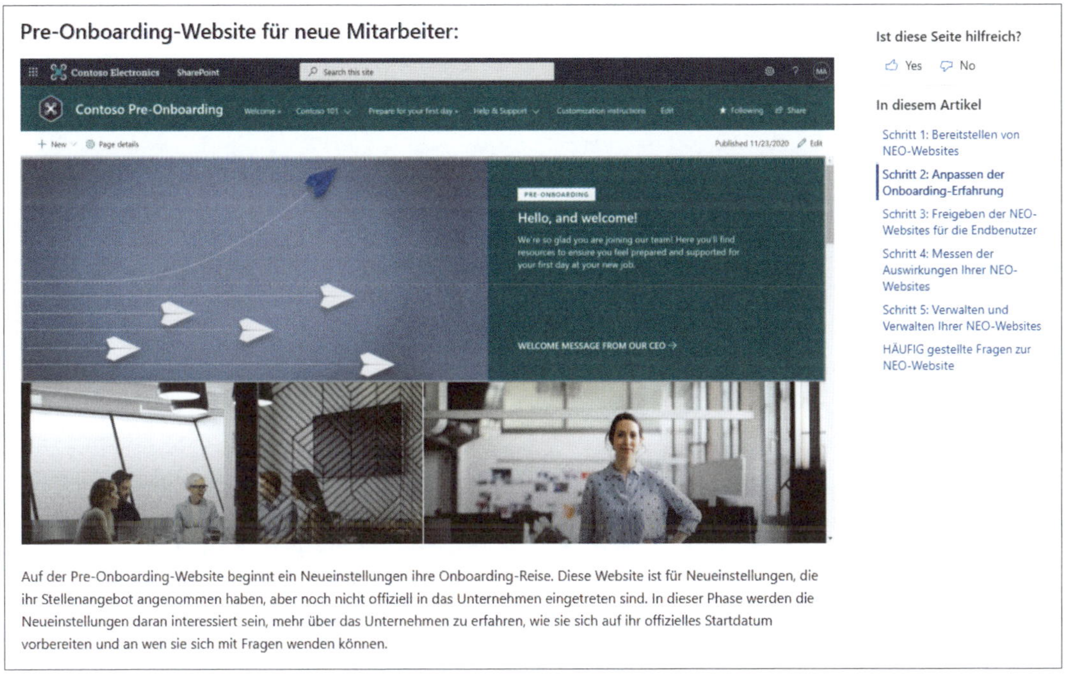

▲ Abbildung 12-6
SharePoint bietet zahlreiche Dokumentvorlagen, wie Sie es auch von anderen Microsoft-Produkten kennen.

Dokument-Sharing

Bücher, Hörbücher, Podcasts, Zeitschriften, Noten und Dokumente: *Scribd.com* will als Abo-Service jedem User den einfachen Zugang zu Informationen und Medien bieten. Der Dienst ist dazu eine Partnerschaft mit mehreren großen Verlagen und Content-Anbietern eingegangen.

Gerade für Unternehmen, die viele Präsentationsunterlagen entwerfen oder inhaltsstarke Vorträge halten, kann der Sharing-Dienst sich zu einer hervorragenden Möglichkeit entwickeln, um hochwertigen und/oder werblichen Content einem großen Publikum zur Verfügung zu stellen.

Im Jahr 2020 übernahm Scribd auch das gern als »YouTube für PowerPoint-Folien« bezeichnete *Slideshare*. Viele Unternehmen und Verbände nutzten diesen Dienst in der Vergangenheit, um beispielsweise Produktpräsentationen einzubinden oder den Fachvortrag, den ein Mitarbeiter auf einer Konferenz gehalten hat, einer breiteren Öffentlichkeit zugänglich zu machen. Dies ist nun auch bei Scribd möglich – allerdings kostet das Lesen der Inhalte anders als bei Slideshare eine Abogebühr in Höhe von 10,99 Euro. Dies schränkt die Reichweite natürlich ein.

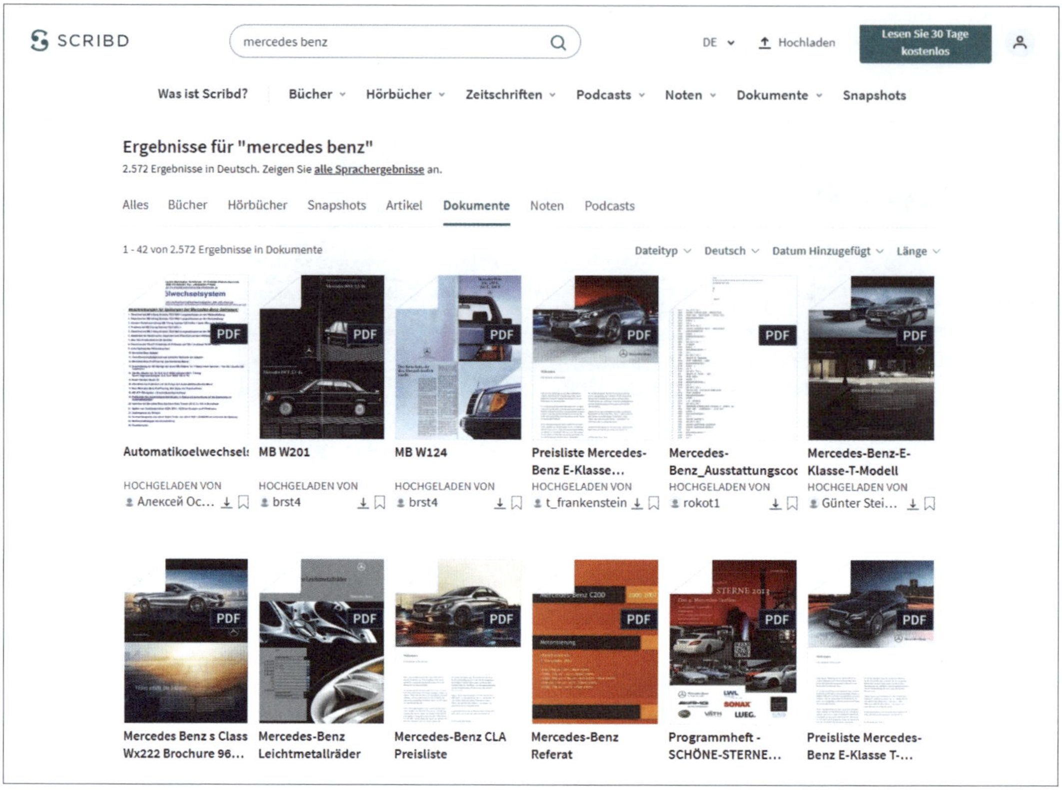

Abbildung 12-7 ▲ Durchsuchen Sie Scribd.com nach Unterlagen zu Ihrem Unternehmen, die möglicherweise von Dritten hochgeladen wurden.

Mit einer Zweitverwertung bei Scribd.com können Sie dennoch Souveränität als Expertin für Ihr Thema beweisen, und Sie bekunden Ihren Willen, Wissen zu teilen und mit anderen über Ihr Thema ins Gespräch zu kommen. Dies kann sehr positive Auswirkungen auf Ihre Reputation im Social Web haben – und auf Ihre Auffindbarkeit in den Suchmaschinen. Will man selbst (noch) nichts hochladen, empfiehlt sich die Nutzung von Scribd.com als Recherchetool – zumindest nach dem eigenen Markennamen.

Ein weiterer Dokument-Sharing-Dienst, der Word-Dokumente, Tabellen und ganze Bücher und Magazine sowie weitere textbasierte Inhalte beherbergt, ist *Issuu* (*https://issuu.com/*). Dort finden Sie auch viele E-Books, Magazine und Whitepaper von Unternehmen. Nach der Registrierung können Sie sich mit anderen vernetzen und deren Inhalte abonnieren. Issuu bietet Ihnen außerdem eine günstige Möglichkeit, in Ihre Website oder Ihr Blog Inhalte wie Broschüren, Kundenmagazine oder Leseproben auf ansprechende Weise, etwa zum Durchblättern, einzubinden.

Issuu gewährt einen kostenfreien Basisaccount, der es erlaubt, Dokumente hochzuladen. Wer mehr Funktionen und beispielsweise detaillierte Statistiken möchte, muss ab 16 Euro monatlich einkalkulieren.

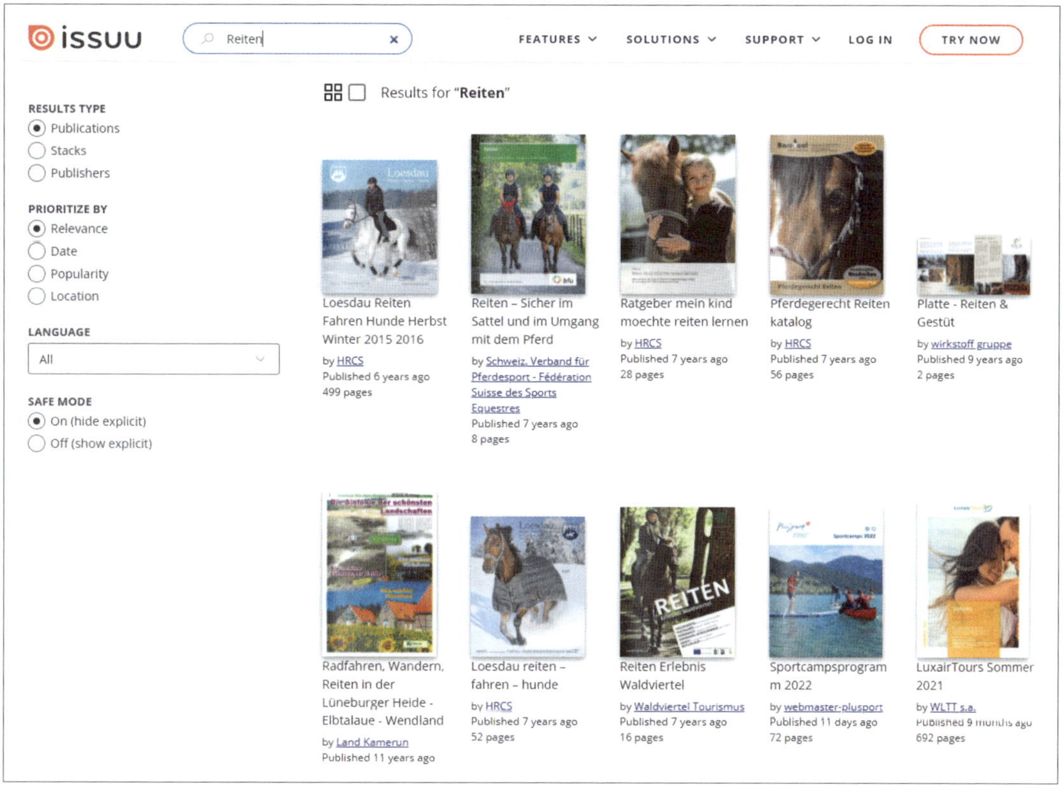

▲ **Abbildung 12-8**
Werblicher und redaktioneller Content direkt nebeneinander: Issuu bietet vielfältige Möglichkeiten, um das Know-how und das Leistungsportfolio eines Unternehmens zu zeigen.

Austausch in Communitys

Wissensaustausch im Internet findet auch auf weiteren sozialen Plattformen statt: Frage-und-Antwort-Dienste, Empfehlungs- und Bewertungsportale sowie Websites für Anleitungen führen Menschen zusammen, die auf das Wissen, die Erfahrungen und den Rat anderer vertrauen. Die Informationen dieser Dienste sind besonders hilfreich, da sie im Gegensatz zu Suchergebnissen klar Stellung beziehen: Menschen können Produkte zur Lösung bestimmter Probleme empfehlen, oder sie können über Erfahrungen berichten, die andere Mitglieder der Community in ähnlichen Situationen gemacht haben. Einige der Dienste sind bereits einige Jahre alt und haben etwas an Glanz verloren, andere wiederum sind gerade bei Nischenthemen spannend. Für das Social Media Marketing sind Ratgebercommunitys besonders effektiv, wenn man die Dynamik dieser Websites versteht und entsprechend zu nutzen weiß.

Frage-und-Antwort-Dienste

Die Frage-und-Antwort-Portale funktionieren alle ähnlich: Teilnehmer:innen stellen Fragen, und andere Community-Mitglieder antworten. Statt finanzieller Anreize wird häufig ein Punktesystem geboten. Die Community-Mitglieder sammeln Punkte für die Antworten, die sie geben. Wird eine Antwort vielfach positiv bewertet, erhöht sich die Punktzahl. Im Laufe der Zeit können fleißige User, die hilfreiche Antworten liefern, sich so einen guten Ruf auf der Site aufbauen. Reine Frage-und-Antwort-Portale sehen häufig ein wenig aus, als hätte man das Layout in den Neunzigern entworfen und seither nicht überarbeitet. Dennoch sind die Inhalte frisch und die Mitglieder aktiv, und deshalb lohnt sich je nach Branche das Engagement – insbesondere dann, wenn Ihr Konkurrent nicht dort ist. Sie sollten sich aber nur aktiv beteiligen, wenn Sie dauerhaft nützliche, hochwertige Antworten beisteuern können. Dann zahlt Ihr Engagement auf Ihren guten Ruf ein.

Bekannte Frage-und-Antwort-Dienste in deutscher Sprache sind:

Quora (https://de.quora.com/)

Quora erhielt bei seinem Start im Jahr 2010 viel Aufmerksamkeit, weil es nicht nur auf die »Weisheit der Vielen«, sondern auch auf die Weisheit zentraler Köpfe setzte. Das Portal lud beispielsweise Justin Trudeau und Barack Obama sowie einige Silicon-Valley-Größen ein, Fragen der User zu beantworten. Quora wirkt seriös und eignet sich daher in jedem Fall für all jene, die sich als Person vermarkten möchten. Es besteht die Möglichkeit, ein Profil zu gestalten, sich mit anderen Mitgliedern zu vernetzen und bestimmten Themen oder Fragen zu folgen. Die Beiträge können per Up- und Downvote bewertet, mögliche Fehler und Ergänzungen können gemeldet werden. Quora zählt weltweit rund 300 Millionen monatliche Besucher und wird von mehreren hochkarätigen Investoren getragen. Auch die User sollen mehrheitlich über ein höheres Einkommen und eine zumeist akademische Bildung verfügen.

gutefrage.net (https://www.gutefrage.net/)

Bereits 2006 gestartet, gehört *gutefrage.net* zu den bekanntesten Angeboten des deutschsprachigen Webs. Einige Unternehmen wie der Paketdienstleister GLS oder der Reiseveranstalter FTI Touristik haben sich als Businessexperten registriert; dies ist mit einer hervorgehobenen Profilseite verbunden und ermöglicht, direkt auf Kundenfragen zu antworten. Mit *computerfrage.net*, *finanzfrage.net* und anderen themenbasierten Portalen ergänzt *gutefrage.net* seine Produktpalette.

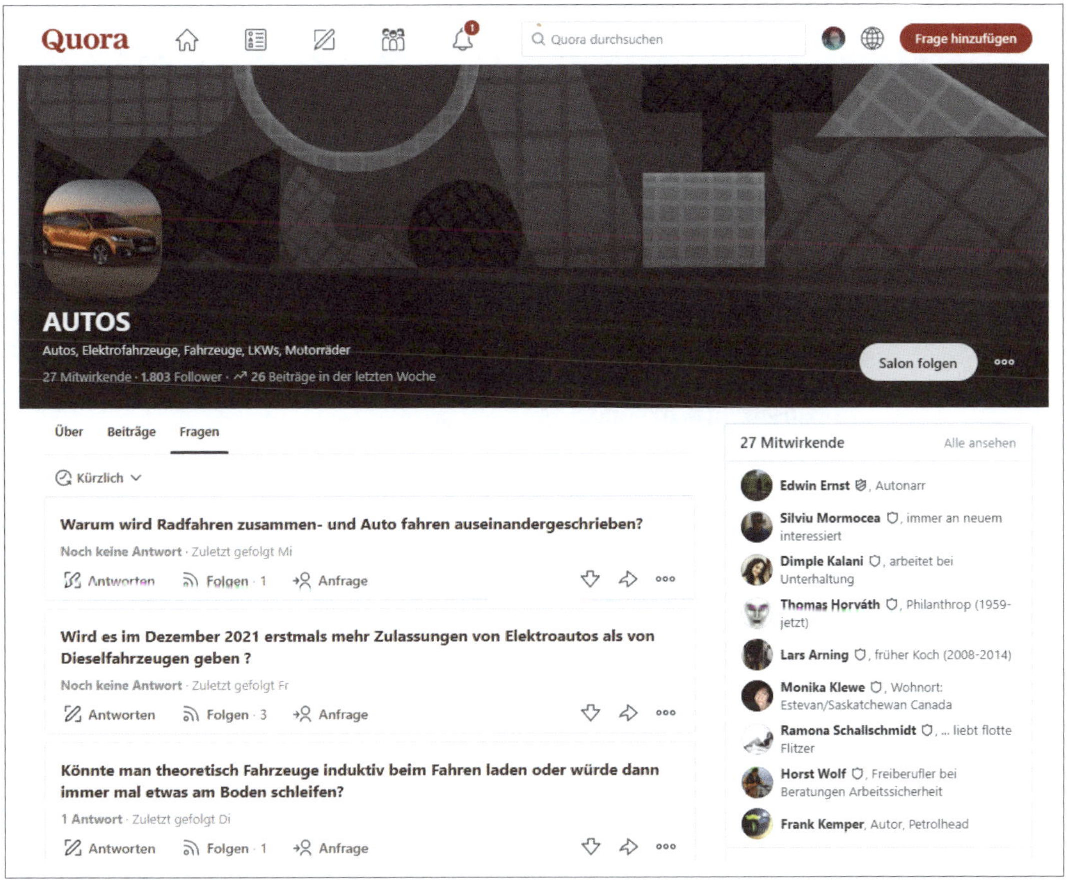

▲ **Abbildung 12-9**
Quora bietet verschiedene »Salons«, denen Sie jeweils gezielt folgen können.

Wer-weiss-was (https://www.wer-weiss-was.de/)
Wer-weiss-was ist ein deutschsprachiges Frage-und-Antwort-Portal, das schon seit 1996 auf nutzergenerierten Content setzt. In diesem Expertennetzwerk sind knapp 650.000 User registriert, unter anderem Rechtsanwälte, Ärzte, Chemielaboranten und Tierpfleger. Gemeinsam beantworten sie jede erdenkliche Frage. Im Herbst 2020 wurde Wer-weiss-was von der Happy Story GmbH übernommen, nachdem der vorherige Betreiber Insolvenz beantragen musste.

Darüber hinaus gibt es erwähnenswerte internationale F&A-Dienste, deren Fokus auf einem bestimmten Thema und/oder einer bestimmten Zielgruppe liegt. Das sind beispielsweise:

Stack Exchange (https://stackexchange.com)
Stack Exchange präsentiert sich als Expertencommunity. Verschiedene Räume – Spaces – zu Fachbereichen wie Data Science, Fotogra-

fie oder Mathematik versprechen fachlich versierte Antworten. Zu Stack Exchange gehört auch der im Folgenden beschriebene Dienst Stack Overflow.

Stack Overflow (https://stackoverflow.com/questions)
: *Stack Overflow* ist vermutlich die Lieblingsseite aller Programmierer weltweit. Hier finden Sie Anleitungen, Codeschnipsel, Lösungen zu allzu hartnäckigen Bugs und Antworten auf knifflige Fragen.

In anderen Ländern wie China, Indien oder Südkorea wiederum gibt es weitere enorm reichweitenstarke Dienste, die hierzulande aber nahezu bedeutungslos sind.

Einsatz im Marketing

Wahrscheinlich bietet Ihr Unternehmen Dienstleistungen oder Produkte an, und vielleicht haben Sie auch eine Website, die Fragen unmittelbar beantwortet. Auf den sozialen Frage-und-Antwort-Plattformen können Sie die Chance nutzen, Ratsuchenden mit Ihren Informationen und Ihrem Wissen zu helfen. Meist erreichen Sie vor allem Endkunden, also Verbraucher und Konsumenten, in manchen Portalen wie Quora oder Stack Overflow aber auch potenzielle Geschäftspartner, Kolleg:innen oder Nachwuchskräfte.

Dabei sollten Sie die Verhaltensregeln der Dienste befolgen. Liefern Sie nützliche und hilfreiche Antworten. Genau wie die Wikipedia verlassen sich auch Fragedienste auf die Moderation der Community. Wenn Sie durch offensichtliche Produktwerbung als Spammer wahrgenommen werden, können Nutzer Ihren Account melden. Als Folge kann Ihr Benutzerkonto, die Frage oder die Antwort gelöscht werden.

Der Community etwas geben

Wie in anderen sozialen Netzwerken sollten Sie auch hier nicht übertrieben werblich auftreten. Viele offene Fragen auf den Plattformen, zu denen Sie etwas beitragen können, und die schwankende Antwortqualität anderer User geben Ihnen die Chance, zu glänzen und der Community echten Mehrwert zu bieten. Durch gut recherchierte und hilfreiche Antworten etablieren Sie sich als hochrangiges Mitglied des Diensts. Je mehr »beste Antworten« Sie geben, desto besser stehen Ihre Chancen, diese Glaubwürdigkeit zu erlangen.

Haben Sie eine Frage gefunden, auf die Sie eine Antwort kennen, klicken Sie auf den *Antwort*-Button des Diensts, um eine Antwort zu formulieren. Geben Sie hier Nachweise für Ihr Wissen an; das kann Wikipedia sein, ein Nachrichtenartikel oder eine Website. Nutzen Sie die

Gelegenheit, Ihre Antwort ausführlich zu erläutern und die Leser zugleich auf die detaillierteren Informationen auf der Website zu verweisen. Erklären Sie Ihren Bezug zum Thema und gehen Sie dabei ehrlich mit Ihrem Hintergrund um, die Community wird es zu schätzen wissen.

Die richtigen Fragen finden

Wenn Sie Frage-und-Antwort-Dienste mehr oder weniger regelmäßig zu Marketingzwecken nutzen möchten, können Sie mit der Suchfunktion Fragen anhand eines bestimmten Begriffs finden. Schauen Sie sich die Themenbereiche an, aus denen die meisten Fragen kommen, und überlegen Sie, an welcher Stelle und in welchem Umfang Sie etwas beitragen können.

Sagen Sie, wo Sie arbeiten

Fügen Sie Links zu Ihrer Website oder dem Blog Ihres Unternehmens auf Ihrer Profilseite hinzu. Sie können Ihre Antworten auch mit einer URL signieren, besonders dann, wenn Sie das Gefühl haben, dass diese Ihre Glaubwürdigkeit noch zusätzlich untermauert. Es ist nie schlecht, sich als Barmann zu outen, wenn eine Frage zu Likören gestellt wird, und es schadet auch bestimmt nicht, sich als Buchhändlerin zu erkennen zu geben, wenn man eine Frage zur geeigneten Lektüre für Kinder beantwortet. Antworten mit Namen, Zugehörigkeit und Firmenhomepage zu unterschreiben, ist natürlich ein gutes Mittel, um mehr Menschen für Ihr Unternehmen und seine Angebote zu interessieren.

Betreiben Sie Eigenwerbung – sofern erlaubt

Niemand wird über Eigenwerbung die Nase rümpfen, solange diese im Rahmen der jeweiligen Netzwerke stattfindet. Im Gegenteil: Bei einigen Portalen wie Quora wird sie sogar gefördert. Dennoch gibt es eine Einschränkung: Beiträge, die einzig und allein der Werbung dienen, sind häufig verboten, mindestens aber verpönt.

Unser Rat: Gibt es eine Plattform, die für Ihre Branche passt? Sind Sie beispielsweise Freelancer und möchten Ihr Fachwissen teilen? Oder vertreten Sie einen Verband oder eine Non-Profit-Organisation und möchten Ihre Botschaften und Themen verbreiten? Dann kann es durchaus sinnvoll sein, sich in ausgewählte Frage-und-Antwort-Communitys einzubringen. Schauen Sie in dem Fall regelmäßig vorbei und antworten Sie auf die Fragen der User. Werden Sie Teil dieser Communitys und denken Sie daran, dass es im Social Web primär um Gespräche geht und nicht um reines Werben und Verkaufen.

Social News und Bookmarking

Kennen Sie noch die vielfältigen Foren, in denen die Websurfer einst den Glühbirnenwechsel beim Ford Fiesta, die beste Ein- und Durchschlafstrategie für Babys oder die Ergebnisse der vergangenen Bundestagswahl diskutierten? Meist angedockt an eine entsprechende Website – etwa die Seite eines Automobilklubs, einer Familienzeitschrift oder einer Partei –, fanden sich hier Hilfesuchende und Diskutierwillige zusammen. Auch heute gibt es noch eine Vielzahl von Webforen. Mehrheitlich haben sich Diskussionen aber inzwischen hin zu anderen Plattformen verlagert. Sie wissen bereits, dass die großen sozialen Netzwerke wie Facebook und Twitter aus diesem Anlass frequentiert werden. Zusätzlich gibt es Portale, auf denen User:innen einander Texte, Bilder, Videos oder Links zukommen lassen, deren Inhalte sie (mitunter intensiv) diskutieren können. Oft handelt es sich um Nachrichten und Artikel aus Onlinemagazinen, noch häufiger startet ein User einfach einen Diskussionsbeitrag. Sehen wir uns beispielhaft zwei Portale an.

Reddit (https://www.reddit.com/)

Die Social-News-Site *Reddit* verfügt über internationale Bekanntheit und eine sehr rührige Community. Registrierte User (*Redditors*) können News einstellen, die andere dann kommentieren sowie Upvotes bzw. Downvotes vergeben. Die sogenannten Subreddits fungieren als Themenräume, so gibt es beispielsweise *r/ProgrammerHumor*, *r/happycryingdads* oder *r/psychology*.

Die populärsten Subreddits versammeln mehrere Millionen User. Dazu gehört auch *r/IAmA*. Zu diesem Subreddit lädt man unter dem Slogan »Ask me anything« regelmäßig Wissenschaftlerinnen, Anwälte, Journalistinnen, Politiker und auch immer wieder Prominente ein. Zu Gast war zum Beispiel bereits Barack Obama, aber auch Firmenchefs wie der Verlagsgründer Tim O'Reilly oder die kanadische Snowboarderin Spencer O'Brien.

Reddit bezeichnet sich selbst als Startseite des Internets und ist mit Sicherheit ein äußerst spannendes Portal, auf dem Ihnen die Zeit nur so durch die Finger rinnt. Reddit steht in mehreren Sprachen zur Verfügung. Längst spielt es auch im deutschsprachigen Raum eine Rolle, wenn Debatten aus Reddit (zurück) in die klassischen Medien gelangen.

Mix (https://mix.com)

Mix ist der Nachfolger des Social-Bookmarking-Tools StumbleUpon, den wir in den Vorauflagen dieses Buchs bereits voller Überzeugung empfohlen haben. Denn: Mix ist ein echtes Trüffelschwein unter den Content-Suchmaschinen. Es bugsiert Sie zu den originellen und inhaltsstarken Websites und Nachrichten – international und von User:innen kuratiert und als wertvoll eingestuft.

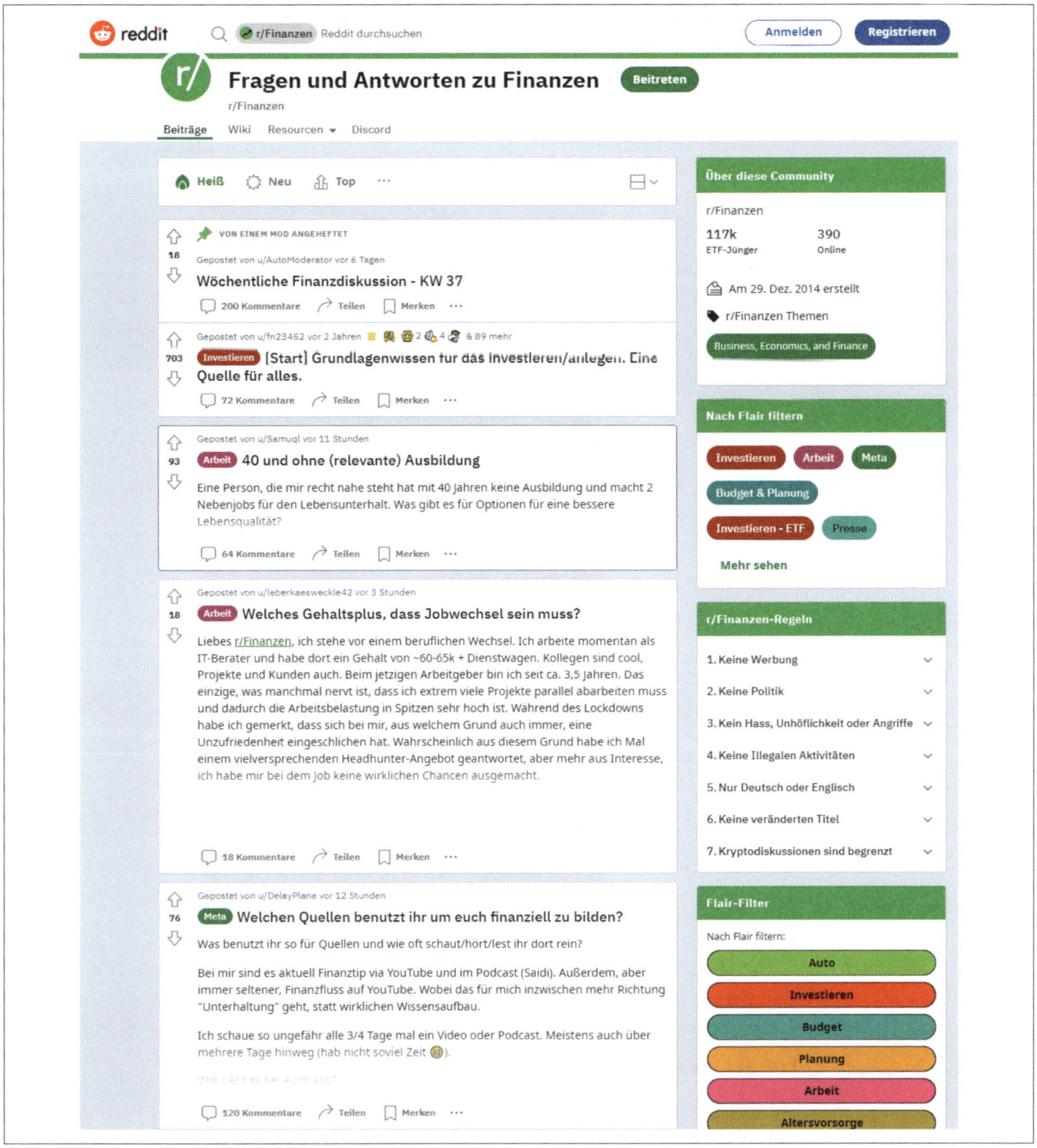

▲ Abbildung 12-10
Reddit wird von Onlinemedien zur Themenrecherche genutzt. Darin – sowie in der gezielten Recherche nach Meinungen, Einschätzungen und Stimmungen – liegt auch das Potenzial für Unternehmen.

Die Registrierung ist denkbar einfach: Nutzen Sie Ihren Google-, Facebook- oder Twitter-Account. Sobald die Anwendung personalisierte Informationen über Sie gesammelt hat (Themen und Interessen), können Sie mit Mix neue Websites finden, die laut den Vorschlägen anderer Nutzer:innen des Diensts Ihren Interessen entsprechen. Außerdem können Sie einzelnen Usern und Hashtags (also Themen) folgen. Mix wird Sie kinderleicht zu vielen tollen, außergewöhnlichen Inhalten führen, sodass wir Ihnen ans Herz legen, sich einmal durch die Empfehlungen treiben zu lassen – auch wenn die Inhalte und User mehrheitlich aus Nordamerika stammen. Mix gibt es auch als Smartphone-App. (Doch Vorsicht, die Mix-App ist eine Zeitvernichtungsmaschine, Sie werden vor lauter Staunen, Jauchzen und Oh- und Ah-Stammeln kaum zum Teilen der Fundstücke kommen.)

Abbildung 12-11 ▶ Mix.com ermöglicht Ihnen den Blick über den Tellerrand.

Alternativen zu mix.com sind Scoop.it![18] und Diigo[19], die sich ebenfalls vorrangig zur Recherche und zum Sammeln von Content eignen.

Einsatz im Marketing

Vorrangig sind Reddit und Mix hervorragende Dienste zum Aufspüren von interessantem Content. Sie haben in diesem Buch schon häufiger gelesen, dass Sie als Marketingtreibende in den sozialen Medien immer auf der Suche sind: nach interessanten Artikeln, witzigen Geschichten, außergewöhnlichen Ansichten und vielem mehr. Sie haben gehört, dass gerade virale Effekte nur entstehen, wenn Ihr Inhalt über ein gewisses Überraschungsmoment verfügt und witzig, außergewöhnlich oder auch

18 *https://www.scoop.it/*

19 *https://www.diigo.com/index*

höchst dramatisch ist. In jedem Fall muss er die Menschen bewegen und sie motivieren, ihn weiterzutragen.

Sie haben jedoch auch gelesen, dass es nicht einfach ist, diese Inhalte zu erstellen und zu finden. In Kapitel 5 haben wir Ihnen beispielsweise gezeigt, wie Sie auf bestehende Themen aufspringen, wie Sie selbst etwas beitragen und sogar eigene Themen auf den Weg bringen. Mithilfe von Aggregatoren können Sie die Community anzapfen: Durchstöbern Sie die aktuell am häufigsten abgelegten Links, beobachten Sie Themen und Trends, identifizieren Sie wichtige Personen und studieren Sie Hintergrundartikel. Wenn Sie genügend Material zusammen haben, hilft Ihnen das dabei, eigenen Content zu generieren, indem Sie beispielsweise eine persönliche Ansicht zu einem von Ihnen entdeckten Trend formulieren oder Ihren Lesern im Blog oder auf Ihrer LinkedIn-Seite einen Übersichtsartikel zur Verfügung stellen.

Natürlich können Sie auch selbst ein Konto bei einem oder mehreren Diensten erstellen, nützliche Links sammeln, gruppieren sowie verschlagworten und Ihren Leserinnen und Kunden sowie der gesamten Community zur Verfügung stellen. Auf diese Weise können Sie frühzeitig Themen besetzen und überwachen. Außerdem können Sie Ihre eigenen Inhalte über Mix.com oder Reddit verbreiten.

Generell kann man aber sagen, dass die aktive Präsenz Ihres Unternehmens in diesen Portalen derzeit nicht die oberste Priorität im Social Media Marketing haben dürfte. Insbesondere die Social-Bookmarking-Dienste spielen auf dem deutschsprachigen Markt schlichtweg keine Rolle. Ob Sie sich dafür entscheiden, hängt im Wesentlichen von Ihrem Budget, der zur Verfügung stehenden Zeit sowie von Ihrer Branche und Ihrem Zielmarkt ab. Für Marketingprofis, die sehr aktiv und im Team im Social Web Links posten und sammeln, kann die Nutzung von Social Bookmarks eine sinnvolle Arbeitserleichterung sein.

Meinungs- und Bewertungsplattformen

Dass bei wichtigen Kaufentscheidungen heute in der Regel vor einem Kauf das Internet konsultiert wird, überrascht niemanden mehr. 55 Prozent der Befragten einer Bitkom-Studie geben an, dass sie vor einem Kauf Onlinebewertungen lesen.[20] Eine weitere Studie kommt zu dem Schluss, dass gut ein Drittel der Menschen auch vorher im Netz die Bewertungen ihres Arztes oder ihrer Ärztin prüfen[21]. Und gut ein Viertel

20 *https://www.bitkom.org/Presse/Presseinformation/Online-Bewertungen-sind-wichtigste-Informationsquelle*

21 *https://www.bitkom.org/Presse/Presseinformation/Ein-Drittel-liest-Online-Bewertungen-vor-dem-Arztbesuch*

der Deutschen hat bereits einen Arbeitgeber im Netz bewertet, die Hälfte checkt die Onlinebewertungen vor einem Bewerbungsgespräch[22].

»Kundenbewertungen sind mittlerweile eine maßgebliche Entscheidungsgrundlage vor dem Kauf eines Produkts oder bei der Buchung einer Dienstleistung«, stellt Bitkom-Hauptgeschäftsführer Dr. Bernhard Rohleder in einer Pressemitteilung fest. Auch Preisvergleichsseiten und Testaggregatoren – Seiten, die Produkttests mehrerer Anbieter zusammenführen – spielen eine Rolle. Erst danach folgen persönliche Gespräche im Familien- und Freundeskreis (38 Prozent).

Dem Informationsbedürfnis der Kund:innen kommen schon seit Jahren einzelne Onlineshops selbst (allen voran Amazon), die Suchmaschine Google sowie zentrale Produktbewertungs- und Empfehlungsseiten nach. Außerdem wurden branchen- und produktbezogene Plattformen gegründet, die beispielsweise Hotels oder Ärzte einer Bewertung unterziehen.

Wo Bewertungen und Kundenstimmen erschienen, da entbrannte auch zügig Streit darüber, wie gerechtfertigt und bisweilen geschäftsschädigend (und nach Meinung der betroffenen Unternehmen unrechtmäßig) Kritik und wie betrügerisch vermeintlich unglaubwürdige Lobhudeleien sind. Gerade die Diskussion um Fake-Bewertungen – bzw. die Tatsache, dass es zuhauf gefälschte Bewertungen gab und gibt und die Anbieter viel zu spät oder gar nicht darauf reagierten – kratzten nachhaltig am Image aller Parteien.

Rechtliche Unsicherheit bedingen zudem Gerichtsprozesse wie der einer Ärztin gegen Jameda, die der Plattform bescheinigte, die gebotene Neutralität vermissen zu lassen. Die Kölner Hautärztin hatte geklagt und vom Bundesgerichtshof Recht bekommen, negative Rezensionen mussten gelöscht werden. Andere Ärzte versuchten mit dem Hinweis auf informationelle Selbstbestimmung, ihren kompletten Eintrag löschen zu lassen – und hatten keinen Erfolg. Inzwischen musste sich der Bundesgerichtshof mehrfach mit verschiedenen Fragestellungen zu Bewertungsportalen beschäftigen, darunter auch mit der Frage, ob einzelne Bewertungen zur Errechnung der Gesamtnote ausgenommen werden können.[23] Grundsätzlich sollten Unternehmen damit rechnen, dass Kundenbewertungen unter die Meinungsfreiheit fallen und nur in Ausnahmefällen wirklich entfernt werden müssen. An dieser Stelle ist demnach (wieder) Dialog das Gebot.

---

22 *https://www.bitkom.org/Presse/Presseinformation/Arbeitgeberbewertungen-im-Netz-beeinflussen-Job-Wahl*

23 Ja, sagt der BGH: Negative Gesamtbewertungen seien auch von der Meinungsfreiheit gedeckt, wenn ein Portal einzelne Kundenstimmen zwar noch abbildet, aber als »nicht hilfreich« wertet und von der Bildung der Gesamtnote ausschließt. Siehe dazu: *https://www.sueddeutsche.de/wirtschaft/bgh-bewertungen-yelp-holland-1.4755925*.

Wo finden sich Bewertungen von Kunden?

Grundsätzlich erste Anlaufstellen für Produkt- und Unternehmensbewertungen dürften inzwischen Google und die großen Onlineshops wie Amazon oder auch Otto.de sein. Außerdem machen sich die Konsument:innen natürlich auf Instagram, Facebook, Snapchat oder in anderen sozialen Netzwerken Luft.

Dennoch gibt es einzelne Plattformen, die sich ausschließlich auf Kundenbewertungen spezialisiert haben. Als Beispiele seien folgende Verbraucherportale genannt:

Yelp (https://www.yelp.de/)
: Bei Yelp können User Bewertungen zu Firmen schreiben, mit denen sie persönliche Erfahrungen gemacht haben. Yelps goldene Zeiten scheinen vorbei, die User verfassen längst nicht mehr so fleißig Rezensionen wie noch vor einigen Jahren. Dennoch sollten insbesondere Gastronomiebetreiber die Seite im Blick behalten.

GoLocal (https://www.golocal.de/)
: GoLocal ist Partner von »Das Örtliche«, »Das Telefonbuch« und »Gelbe Seiten«. Und genau hier spielt sich ihr Vorteil aus: Die Bewertungen werden automatisch in den Einträgen des Onlinetelefonbuchs angezeigt.

Jameda (https://www.jameda.de/) und Sanego (https://www.sanego.de/)
: Ärztemangel auf dem Land, überfüllte Praxen in der Stadt, Menschen, die viel häufiger ihren Lebensmittelpunkt wechseln als in den Generationen zuvor: Jameda bringt Licht in den Dschungel aus Zahnärzten, Physiotherapeuten und Allgemeinmedizinern.

ShopVote (https://www.shopvote.de/)
: ShopVote ist ein deutsches Bewertungsportal für Onlineshops. Unternehmen werden nicht nur auf der Seite selbst gelistet, sondern können die ShopVote-Siegel in Ihrem Shop einbinden und damit aktiv bewerben.

kununu (https://www.kununu.com/) und glassdoor (https://www.glassdoor.de/)
: Obstkorb auf dem Tisch, aber regelmäßig eine 60-Stunden-Woche? Bei kununu und glassdoor gibt es Lob und Tadel für Arbeitgeber. Bewertet werden neben den Arbeitsbedingungen auch Bewerbungs- und Einstellungsprozesse. Diese Plattform ist nicht nur für die Personalabteilung Pflicht. Wir gehen deshalb in Kapitel 11 näher auf kununu ein.

LovelyBooks (https://www.lovelybooks.de/) und Goodreads (https://www.goodreads.com/)
: Romane, Märchen, Lyrik, Fachbücher und vieles mehr: Auf LovelyBooks und Goodreads besprechen Leser:innen, welche Bücher sie zuletzt gelesen haben. Beide Plattformen sind damit Anlaufstelle für Autor:innen, den Buchhandel, Verlage und Bibliotheken.

Auf den genannten Plattformen haben unzufriedene Kundinnen und Kunden die Möglichkeit, sich mit Menschen mit ähnlichen Anliegen auszutauschen und einander mit Rat und Tat zu helfen. Darüber hinaus existieren viele weitere branchenspezifische Portale wie Holidaycheck.de, Werpflegtwie.de oder sogar Fahrradkenner.de, die Kundenrezensionen anderer Plattformen zusammenführt. Die einst sehr erfolgreichen Anbieter ciao.com und dooyou.de sind im Jahr 2018 eingestellt worden – einige Millionen Kundenbewertungen verschwanden aus dem Netz.

Plattformbetreiber wiederum stehen vor der Aufgabe, neben hoher Glaubwürdigkeit auch künftig genügend Kundennutzen zu bieten, um auch weiterhin angeklickt zu werden. Denn tatsächlich läuft ihnen

Google seit einiger Zeit den Rang ab: Sicherlich wurden auch Sie schon von Ihrem Smartphone gefragt, wie Ihnen das Restaurant gefallen hat, in dem Sie gerade zu Gast waren? Oder Google hat Sie nach Eingabe einer Suchanfrage zu einem Unternehmen um Ihre Meinung gebeten? Mit dieser Methode konnte Google Abertausende aktuelle Rezensionen akquirieren. Sie lassen sich von Unternehmen über die MyBusiness-Card abrufen und aus Unternehmenssicht beantworten – wie wir Ihnen im nächsten Abschnitt zeigen.

Einsatz im Marketing

Wie gelangen Sie nun zu relevanten Kundenrezensionen? Wie bekommen Sie mit, ob Ihre Produkte bewertet wurden, und wie verhalten Sie sich adäquat?

Je nach Branche, in der Sie sich bewegen, sollten Sie zunächst die relevanten Portale heraussuchen und überwachen. Dabei ist vor allem ausschlaggebend, wie bekannt diese Seiten bei Ihrer Zielgruppe sind. Die meisten Portale bieten Unternehmen die Möglichkeit, auf Kritik zu reagieren. Falls nicht, können Sie versuchen, den Autor des negativen Kommentars per Mail zu erreichen. Vielleicht lässt sich seine Beschwerde so ganz leicht aufklären?

Tipp ▶ Auch wenn es Ihnen noch so sehr in den Fingern juckt: Unterlassen Sie es, Ihre eigenen Produkte mit positiven Bewertungen zu versehen. Letztlich laufen Sie immer Gefahr, entdeckt zu werden: Auch wenn Sie unter einem Pseudonym schreiben, hinterlassen Sie beispielsweise eine IP-Adresse. Es gibt mittlerweile einfache Tools, mit denen IPs automatisch ausgewertet werden können – so kann eine Amazon-Rezension auch schnell auf Ihr Firmennetzwerk zurückgeführt werden. Und natürlich gibt es aufmerksame Websurfer, die Ungereimtheiten aufdecken.

Außerdem kann – insbesondere bei Arztbewertungsseiten – häufig das Profil mit Kontakt- und Adressdaten sowie Informationen zu Ansprechpartnern und Öffnungszeiten angereichert werden. Es kann auch ohne Ihr Zutun auf solchen Portalen über Sie berichtet werden, aber es ist natürlich viel besser, wenn Sie selbst aktiv werden. Abgesehen davon erreichen Sie mit einem informativen Profil auch nicht wenige Neukunden, die sich aufgrund aktueller und detaillierter Informationen eher für Sie als für Ihre Wettbewerber entscheiden könnten.

Als wirkliche Pflichtübung möchten wir Ihnen die aktive Pflege Ihres Google-MyBusiness-Eintrags ans Herz legen. In Kapitel 2 zeigen wir Ihnen die Suchergebnisliste auf die Google-Anfrage nach Berlins ältestem Restaurant. Im rechten Bereich befinden sich nähere Informationen zum Unternehmen nebst Google-Rezensionen, die wir uns nun etwas genauer anschauen. Sie sind sowohl in der Suchergebnisliste als auch bei Google Maps äußerst prominent platziert und sollten daher aufmerksam beobachtet werden. Und weil häufig bewertete Unternehmen wiederum im Google-Ranking steigen, tun Sie gut daran, Ihre Kund:innen zu Feedback zu motivieren.

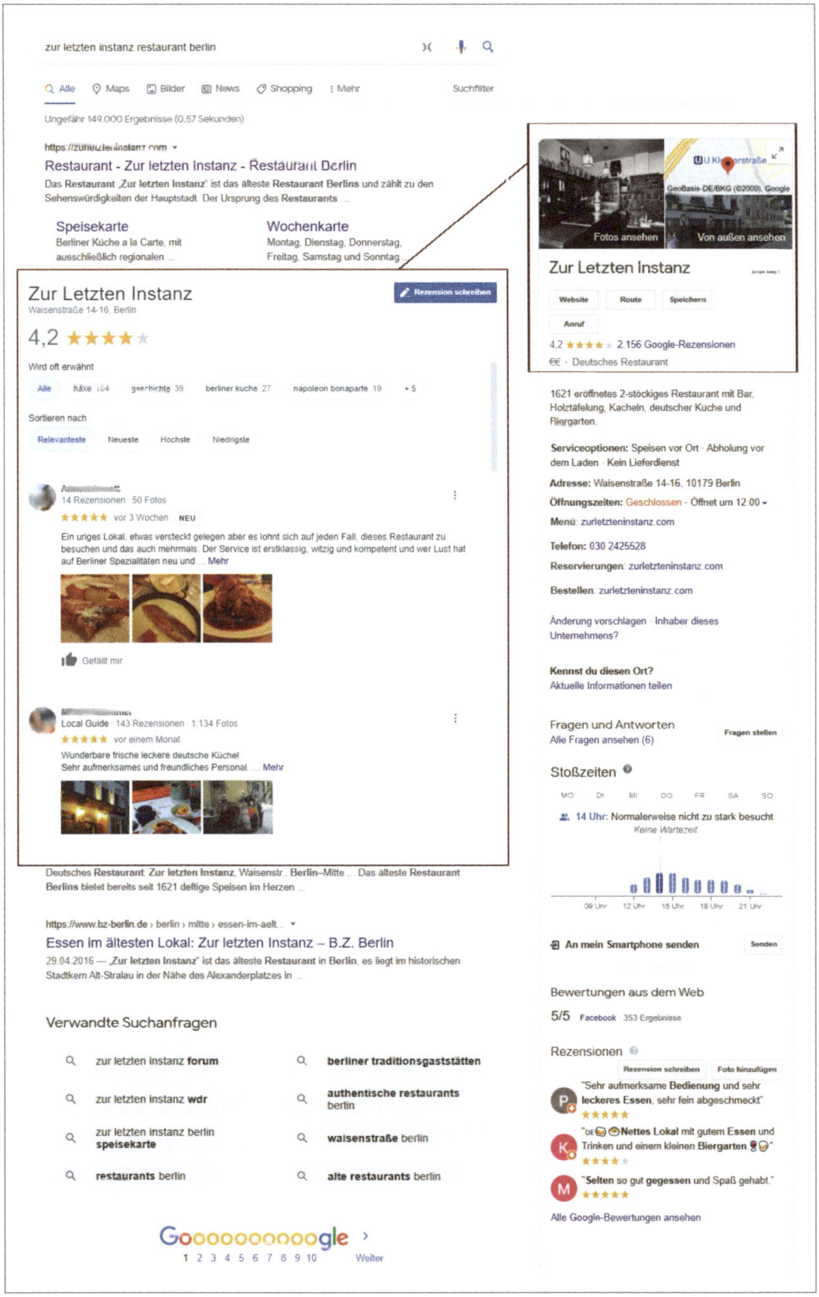

◀ Abbildung 12-12
Google-Rezensionen in der Suchergebnisliste

Google My Business: Wie gehen Sie vor?

- Achten Sie darauf, dass alle Daten in Ihrem Businesseintrag vollständig und korrekt sind. Loggen Sie sich dazu mit Ihrem Google-Profil ein und wählen Sie den Punkt *My Business/Unternehmensprofil* aus. Füllen Sie Ihr Profil mit ergänzenden Fotos sowie Angaben zu Öffnungszeiten und Kontaktdaten.
- Wenn Ihr Unternehmensprofil noch nicht mit Ihnen verbunden ist, können Sie es für sich beanspruchen. Führen Sie dazu eine Suchanfrage durch und wählen Sie im rechts erscheinenden Unternehmensfeld (»*Business Card*«) den Punkt *Inhaber dieses Unternehmens?*.
- Gibt es zu Ihrem Unternehmen noch keinen Eintrag? Dann können Sie es über Google Maps oder ebenfalls über den Zugang via Google My Business hinzufügen.
- Alle Daten korrekt? Dann achten Sie unbedingt darauf, dass Sie Ihren Brancheneintrag bestätigt haben. Erst danach können Sie auf Kundenrezensionen reagieren.
- Google informiert Sie nun, sobald neue Bewertungen eingehen. Antworten Sie höflich und sachlich auf Fragen und Kritik und bedanken Sie sich immer zügig für das Feedback Ihrer Kundschaft!
- Bitten Sie Ihre zufriedenen Kund:innen aktiv um Rezensionen bei Google – etwa durch Aufforderungen in Flyern, auf der Website, auf Aufstellern oder Plakaten in Ihrem Ladengeschäft oder auch persönlich nach Abschluss einer Zusammenarbeit oder Abwicklung eines Kaufs. Aber Vorsicht: Sie dürfen Ihren Kund:innen keine Gegenleistung dafür in Aussicht stellen oder geben – dies verstößt gegen die Richtlinien.

Negative Rezensionen: Wie gehen Sie vor?

Ärgerlich sind sie immer und doppelt ärgerlich, wenn Sie sich unberechtigt ins schlechte Licht gerückt sehen – und erst recht, wenn die Kritik unsachlich und mit viel Polemik vorgetragen wird. Was tun?

- Atmen Sie zunächst durch: Zu viele überschwängliche Superlative bei Ihrem Dankeschön wirken genauso befremdlich wie beleidigte Kontrapositionen.
- Ihre Antwort wird von den allermeisten Menschen, die die Bewertung selbst lesen, ebenfalls zur Kenntnis genommen, wie eine Studie herausfand. Sie können also Behauptungen richtigstellen oder sich entschuldigen, falls die Bewertung berechtigt war. Ihre Kundschaft wird diesen offenen Umgang belohnen – oder aber abstrafen, wenn Sie sich nicht entsprechend verhalten. Antworten Sie daher immer. Auf jede Kundenstimme.

- Bleiben Sie dabei sachlich. Manch pöbelnde:r Rezensent:in disqualifiziert sich selbst und kann einer freundlichen Nachfrage nichts mehr entgegensetzen – was die Glaubwürdigkeit von ganz allein unterminiert.
- Kommen Sie auf den Punkt: Halten Sie Ihre Antwort knapp und bieten Sie stattdessen ein persönliches Gespräch zu den Details an.
- Es mag selbstverständlich klingen, aber: Achten Sie auf eine korrekte Anrede und fehlerfreie Grammatik und Rechtschreibung. Nachlässig und schnell heruntergeschriebene Antworten stellen Ihre Seriosität infrage.
- Lassen Sie Ihre eigenen Befindlichkeiten außen vor. (Beispielsweise: »Wir arbeiten seit Monaten komplett durch, auch sonntags, bitte haben Sie Verständnis für unsere Überlastung.« – Dies haben wir genau so bereits häufiger gelesen! Welchen Eindruck soll das bei Ihren Kund:innen erwecken, wenn nicht den der absoluten organisatorischen Unfähigkeit?)
- Nennen Sie in Ihrer Antwort keinesfalls persönliche Daten des Rezensenten bzw. der Rezensentin, auch wenn Sie sie von einem persönlichen Kontakt (wieder-)erkennen. Die Namen Ihrer Mitarbeitenden gehören ebenfalls nicht in Ihre Antwort. Dies wäre nicht nur datenschutzrechtlich höchst bedenklich, es untergräbt auch jede einst vertrauensvolle Kundenbeziehung. (Falls Sie sich wundern, warum wir Hinweise geben, die derart auf der Hand liegen: Wir haben beispielsweise eine Antwort gelesen, in der die Geschäftsinhaberin dem unliebsamen Kunden schrieb: »Ich weiß genau, wer Sie sind, ich erkenne Sie an Ihrem auffälligen Auto auf dem Profilbild!« – Eine befremdliche wie schädliche Reaktion.)
- Haben Sie den Verdacht, hinter dem Account stecke keine echte Person? Äußern Sie dies nicht in Ihrer Antwort, das steht Ihnen nicht gut zu Gesicht. (Gesehen haben wir diese Reaktion in Antworten leider schon!) Sie können Ihre Einschätzung ganz einfach über das Google-My-Business-Konto melden.
- Werden in der Bewertung persönliche, rufschädigende oder verletzende Angaben zu Ihren Mitarbeitenden gemacht? Melden Sie die Rezension als unberechtigt und ziehen Sie gegebenenfalls einen Rechtsbeistand hinzu.
- Die Schuld liegt wirklich nicht bei Ihnen, die negative Rezension ist völlig aus der Luft gegriffen? Oder Sie beobachten, dass Sie von einer Vielzahl von unberechtigten Kritiken überzogen werden? Dann sollten Sie sich rechtlichen Beistand suchen. Leider kam es in den vergangenen Jahren immer wieder zu Hasskampagnen, etwa wenn sich

Unternehmer politisch äußerten und das gegnerische Lager diesen Unternehmen wirtschaftlichen Schaden zufügen wollte.

- Wenn Sie ein gutes Gefühl für passende Antworten auf schlechte Rezensionen entwickeln wollen, schauen Sie sich die Negativrezensionen anderer Unternehmen an. Sie werden gelegentlich wahre Gruselkabinette, aber auch eine Menge sehr zugewandter und nützlicher Antworten finden.

Hinweis ▶ Auf die Effekte von Kundenbewertungen und Empfehlungen gehen wir auch in Kapitel 4 ein. Verinnerlichen Sie daraus den Satz »Märkte sind Gespräche« aus dem Cluetrain-Manifest und schauen Sie sich im Abschnitt »Reputationsmanagement« die Tipps zum Reputationsmonitoring und zum Krisenmanagement an.

Abbildung 12-13 ▲ Ausnahmsweise einmal »Bad Practices« statt »Best Practices«: Diese Antwort schadet mehr, als sie nützt.

Die Wichtigkeit von Empfehlungsplattformen und die Bedeutung von Kundenrezensionen haben Unternehmen längst anerkannt. Statt auf Kundenstimmen zu warten, kann man auch aktiv um Meinungen bitten. Das kann insbesondere vor oder während der Einführung neuer

Produkte nützlich sein. Wie in Kapitel 6 beschrieben wurde, ist die aktive Ansprache von Bloggern eine Möglichkeit, um Produkttester zu akquirieren. Einen größeren Personenkreis erreichen Sie über Plattformen wie *trnd* oder *Konsumgoettinnen.de*, die wie einige andere Dienste insbesondere die Mikro-Influencer ansprechen und vermitteln.

Shoppingcommunitys

Auch reine Verkaufsplattformen haben längst die Vorzüge von Netzwerken entdeckt: Für registrierte Kund:innen des Schuhversenders Zalando gibt es in der *Zalando Lounge* beispielsweise exklusive Angebote. Angesprochen und mit Informationen über neue Sonderangebote versorgt werden die Kund:innen in der Regel über E-Mail und über einen passwortgeschützten Bereich der Website. Die Angebote sind häufig preislich sehr attraktiv, jedoch zeitlich nur begrenzt verfügbar. Vor dem Start wird ein Newsletter verschickt, durch den direkt der Umsatz angekurbelt wird. Andere typische Merkmale sozialer Netzwerke wie persönliche Profile der User, das Verbinden untereinander oder das Diskutieren in Gruppen gibt es indes nicht.

Dem zum Versandhandel OTTO gehörenden Schnäppchenportal *Limango* ist es sogar gelungen, zunächst ausschließlich mit zeitlich begrenzten Sonderposten und Werbung über Facebook einige Tausend Stammkund:innen zu gewinnen, die mehrmals wöchentlich aufmerksam die Newsletter nach nützlichen Angeboten durchstöbern. Weitere geschlossene Shoppingcommunitys sind *Brands4Friends* und das Onlinemöbelhaus *Westwing*. Zudem haben sich einige Social-Commerce-Plattformen ihren Platz im Internet erobert: Auf *Junique* können Künstler:innen hochwertige Drucke mit Ihren Artworks anbieten. *Etsy* ermuntert Kreative, Produkte wie Schmuck oder Dekoartikel auf der Plattform zu verkaufen. Dazu können Verkäufer wie Käufer ein Profil anlegen, sich miteinander vernetzen, Bewertungen hinterlassen und Nachrichten schreiben.

Dort können Unternehmen ihre Anfragen einstellen, und die Mitglieder der Sites können sich um die Teilnahme an Produkttests bewerben. Bedenken Sie, dass die Meinungen nicht nur auf den jeweiligen Word-of-Mouth-Plattformen, sondern auch auf Websites und Blogs der Teilnehmer:innen sowie auf deren Facebook-, YouTube- oder Instagram-Präsenzen geäußert werden. Sie erreichen direkt das jeweilige persönliche Netzwerk eines Teilnehmers.

Folgende Word-of-Mouth- bzw. Influencer-Plattformen spielen eine Rolle:

trnd (https://www.trnd.com/de/)

trnd bietet Unternehmen an, mit Influencer-Kampagnen neue Produkte und Marken bei ihren Zielgruppen bekannt zu machen. (Einige Tipps für die Arbeit mit Influencer:innen haben Sie bereits in Kapitel 4 bekommen.) Unternehmen können über trnd.com etwa fünf Millionen eingetragene Tester:innen ansprechen – von sehr reichweitenstarken bis zu Nano-Influencer:innen. Viele große Marken wie Henkel, Bosch, Nintendo und Neckermann haben bereits Influencer-Kampagnen über trnd durchgeführt.

Die Plattform gehört zur Münchner TERRITORY Influence GmbH[24]. Die Agentur unterstützt Unternehmen auch dabei, Produktbewertungen an »strategisch wichtigen Touchpoints« – also in Onlineshops und den sozialen Netzwerken – zu erzielen oder Markenbotschafter-Communitys aufzubauen.

Abbildung 12-14 ▼
trnd hilft, Kundenbewertungen einzusammeln.

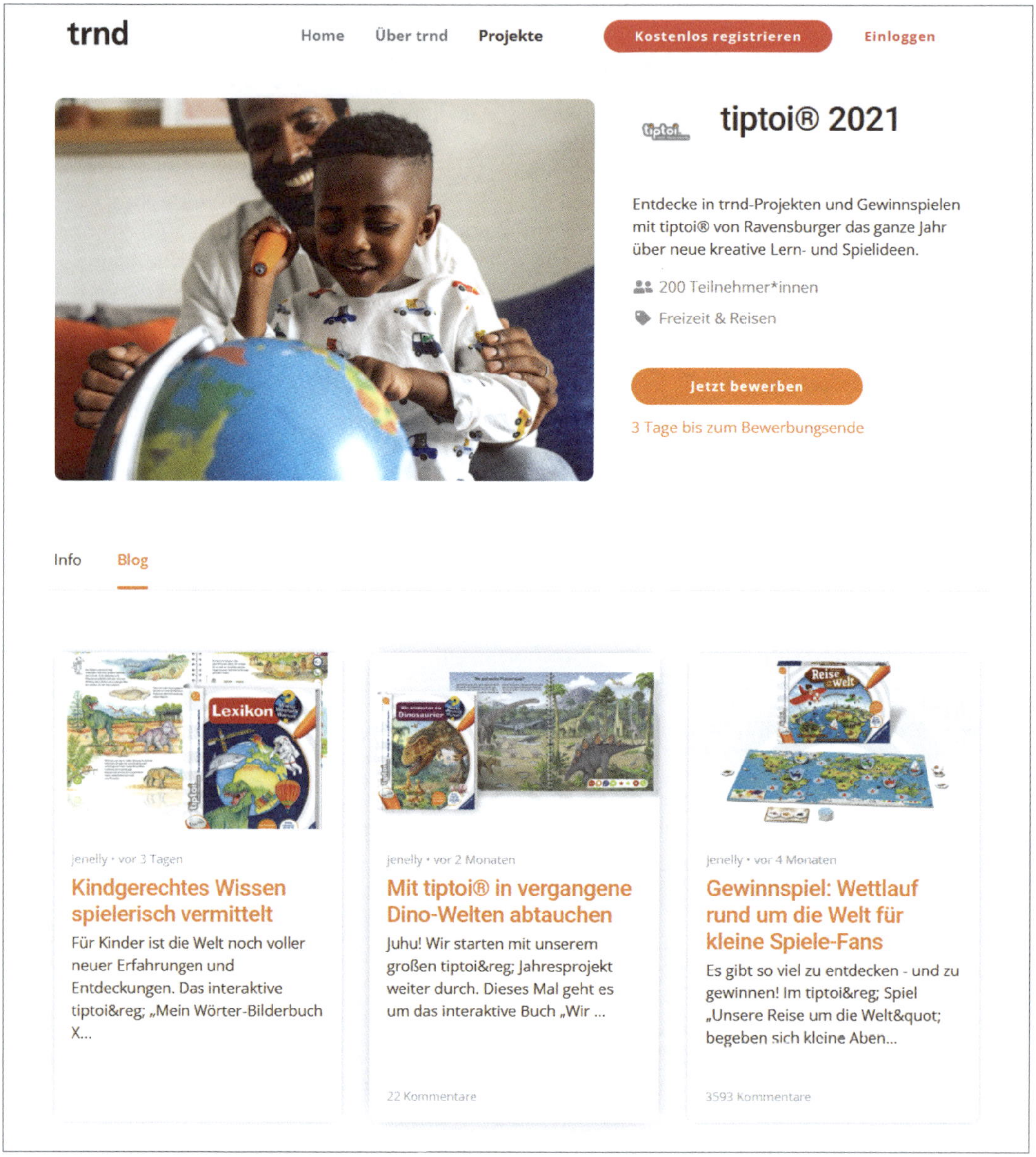

24 Alle Infos für Unternehmen unter: *https://www.territory-influence.com/de/*.

Brandnooz (https://www.brandnooz.de/produkt-test/)

Bei *Brandnooz* können interessierte Kund:innen regelmäßig eine Box mit neu auf dem Markt befindlichen Produkten gegen einen Probierpreis testen. Neben dieser kommerziellen Variante – die Box im Abo kostet ab 14,99 Euro monatlich – können Brandnooz-User sich als Produkttester bewerben und beispielsweise über die schmackhafteste Marzipanpraline oder die köstlichste Kaffeesorte abstimmen.

Konsumgöttinnen (https://www.konsumgoettinnen.de/)

Gleiche Testergruppe, ähnliche Produkte: Auch *Konsumgöttinnen* ist eine Plattform für Empfehlungsmarketing mit dem Schwerpunkt auf Micro-Influencern. Sie hat etwa 250.000 registrierte Mitglieder, die vorrangig die Themen Gesundheit, Fitness, Lifestyle, Food und Beauty abdecken.

Zusammenfassung

Unsere Interaktionen im Internet sind sozialer, als wir es uns je hätten träumen lassen. Wenn wir heute eine Internetrecherche durchführen, tauchen die Informationsportale aus dem Spektrum der sozialen Medien ganz oben in den Suchergebnissen auf. Websites wie Wikipedia und Quora werden von den Nutzer:innen unterstützt und folglich von den Suchmaschinen auf den Ergebnisseiten besonders platziert. Sie können selbst Beiträge zu diesen Websites leisten und auf sich, Ihre Marke oder Ihre Firma aufmerksam machen. Damit können Sie sich auf diesen Websites als Expertin oder Experte etablieren, während Sie zugleich in anderen sozialen Medien starke Beziehungen knüpfen.

Ob Sie nun bei der Wikipedia, dem größten sozialen Informationsportal, ihr Wissen teilen, auf Frage-und-Antwort-Portalen konkrete Hilfestellung leisten oder auf Kundenbewertungen und Empfehlungen reagieren: Ihre Glaubwürdigkeit ist Ihr höchstes Gut. Achten Sie daher auf allen Plattformen darauf, dass Sie sich an die wichtigsten Regeln halten: Ergänzen Sie nur Content, der für die Community relevant ist. Unterlassen Sie Eigenwerbung, versuchen Sie stattdessen, andere zu Bewertungen und Einschätzungen über Ihr Unternehmen, Ihre Produkte und Dienstleistungen zu gewinnen. Wenn Sie negative Rezensionen erhalten, sollten Sie unbedingt auf Augenhöhe, sachlich und freundlich sowie deeskalierend reagieren.

Dienste wie die Wikipedia, aber auch die News- und Bookmarking-Aggregatoren können Sie zur Recherche nutzen: Stöbern Sie Trendthemen oder außergewöhnlichen Content auf, nutzen Sie die dabei aufgefundenen Schlagwörter für Ihre eigene SEO-Strategie und beobachten Sie, wie und in welchem Zusammenhang Ihre Marken, Produkte sowie Methoden und Verfahren erwähnt werden.

Darüber hinaus können Sie überlegen, selbst ein Wiki einzurichten und Präsentationen, Paper oder Kundenbroschüren auf Dokument-Sharing-Plattformen hochzuladen. Auf diese Weise erreichen Sie ganz unkompliziert weitere Zielgruppen – außerdem können Ihre Inhalte dann auch leichter auf Blogs und anderen Websites eingebettet werden.

Zum Abschluss des Kapitels haben wir Ihnen noch Shoppingcommunitys vorgestellt, die sich die Funktionalitäten sozialer Netzwerke zum Vorbild genommen haben, um aktiv ihren Umsatz anzukurbeln. Diese Portale passen zwar in keine strenge Definition des Social Media Marketing, zeigen aber sehr deutlich, wie die Eigenschaften des sozialen Netzwerkens in viele kommerzielle Bereiche des Webs übergehen.

KAPITEL 13

Messenger, Chatbots, digitale Sprachassistenten, KI & Co.

In diesem Kapitel:

- Messenger im Social Media Marketing
- Digitale Sprachassistenten
- Pro und kontra Chatbots
- Personalisierte Angebote über Beacons
- Gamification
- Augmented Reality und Virtual Reality
- VR, AR, Messenger und KI im Unternehmensalltag
- AR für das Museum
- Künstliche Intelligenz: Wohin geht die Reise?
- Zusammenfassung

Social Media sind ständig in Bewegung: Netzwerke verlieren an Bedeutung oder verschwinden, und andere entstehen neu. Nachdem die Nutzerzahlen lange ungebremst gewachsen sind, tritt Konsolidierung ein, und einige Communitys verändern sich. Junge Leute verabschieden sich von Facebook, und die Zahl der Silver Surfer steigt im Gegenzug. TikTok und Twitch greifen YouTube an, und LinkedIn kannibalisiert den Markt von XING. Die Liste ließe sich beliebig fortsetzen. Entscheidender sind jedoch netzwerkübergreifende Trends und Entwicklungen.

Mobil ist kein Trend mehr, sondern eine Tatsache. Mit dem hosentaschentauglichen mobilen Device organisieren wir große Teile des privaten und geschäftlichen Lebens. Sogar das Fernsehen lässt sich digital begleiten. Sie twittern am Sonntagabend sicher auch mit dem Hashtag *#Tatort*, während die beliebte Krimireihe in der ARD läuft?

Telefoniert wird nur noch selten, lieber eine Text- oder Sprachnachricht übermittelt. Das verändert auch die Kontaktmöglichkeiten der Unternehmen. Die meisten Menschen haben keine Lust, in einer Telefon-Hotline zu versauern. Sie möchten unterwegs im passenden Moment ihre Frage über den Messenger oder einen geeigneten Kanal stellen und entspannt auf die Antwort warten.

Welche Möglichkeiten Messenger-Dienste für den professionellen Kundenservice bieten, erklärt MessengerPeople by Sinch in Abbildung 13-1. Das Unternehmen ist einer der Pioniere im Bereich Messenger-Services und führender Software-as-a-Service-Anbieter für Messenger-Kommunikation.

Abbildung 13-1 ▶ Sieben Hacks für Messenger-Kundenservice, eine Infografik von MessengerPeople by Sinch mit Statista

Der Trend Social Commerce geht auf den Wunsch nach mehr Nutzerfreundlichkeit und Komfort zurück. Wer auf TikTok oder Instagram unterwegs ist, möchte dort auch einkaufen – und nicht mühsam in einen Onlineshop wechseln. Das spricht für Features wie Instagram Shopping, Live-Shopping auf Instagram und das Bezahlen per Check-out. Sie sind besonders für Unternehmen interessant, die neu am Markt sind und sich auf das Branding und den Verkauf auf Social Media fokussieren. Näheres zu diesen Funktionen erfahren Sie in den Kapiteln 9 und 10.

Die Aufmerksamkeitsspanne der Menschen nimmt ab und die Fülle an Plattformen und Content zu. Selbst unterhaltsamer und aktueller Inhalt kommt nicht an, wenn Sie damit nicht in den ersten Sekunden Interesse wecken. Unternehmen müssen sich auf das geänderte Nutzungsverhalten einstellen und noch stärker auf die Relevanz ihrer Inhalte achten. Wer die Fragen und Probleme seiner Zielgruppe gut kennt, kann für sie auch relevanten Content anbieten. Um mehrere Plattformen zu bespielen, bietet sich die Unterstützung durch *künstliche Intelligenz* (KI) an. Textroboter können einfache Texte schnell und günstig produzieren, beispielsweise Produktbeschreibungen für einen Onlineshop. Die menschlichen Kolleg:innen können diese dann noch individualisieren.

Messenger im Social Media Marketing

Die Internetnutzung ist gekennzeichnet durch einen Rückzug ins Private. Statt öffentlich oder allen Kontakten zu zeigen, was im eigenen Leben passiert, kommunizieren viele Menschen lieber über Messenger. Dort gibt es den Eins-zu-eins-Dialog oder den Austausch in einer Gruppe für die Familie, den Lauftreff oder den Freundeskreis. Die Zuwachszahlen von WhatsApp und Facebook Messenger im Westen und WeChat sowie QQ in Asien sind ungebrochen.

Conversational Marketing ist das Gespräch mit (potenziellen) Kund:innen als Mittelpunkt der Customer Journey. Das Chatten über Messenger ist zum Alltag geworden. Daher wollen die Menschen auch mit Unternehmen praktisch, persönlich und sicher in den Dialog treten. Als Unternehmen sollten Sie auf den bevorzugten Kanälen Ihrer Kunden ansprechbar sein und schnell auf Fragen reagieren.

◀ Tipp

Arbeiten Sie mit Messenger-Diensten, sollten Sie in der ersten Nachricht, die Sie Kund:innen über den Messenger zukommen lassen, auf Ihre Datenschutzerklärung verlinken. Welche Hinweise die Datenschutzerklärung zu Messenger-Diensten enthalten sollte, können Sie dem Rechtskapitel am Ende des Buchs entnehmen.

In Deutschland ist die Facebook-Tochter WhatsApp der beliebteste Messenger-Dienst, dicht gefolgt vom Facebook Messenger. Auch Discord, Skype und Snapchat werden gern als Messenger-Apps genutzt. Neben der in Verruf geratenen Plattform Telegram halten sich mit einem kleineren Marktanteil die ebenfalls kostenfreie Konkurrenz von Signal, Wire, Viber und Line sowie das einmalig kostenpflichtige Threema. Die alternativen Messenger-Dienste sind für jene Menschen interessant, die ein besonderes Augenmerk auf Anonymität und Datensicherheit legen. Für Unternehmen sind vorrangig WhatsApp sowie der Facebook Messenger von Bedeutung. Abhängig von der Zielgruppe können auch Snapchat und Discord interessant sein.

Ein großer Teil der Bevölkerung nutzt Messenger-Dienste selbstverständlich im Alltag. 90 Prozent der Menschen im Alter bis 29 Jahre kommunizieren täglich per WhatsApp.[1] Selbst die Altersgruppe Ü65 hält mit dem Messenger Kontakt zu Familie und Freunden.

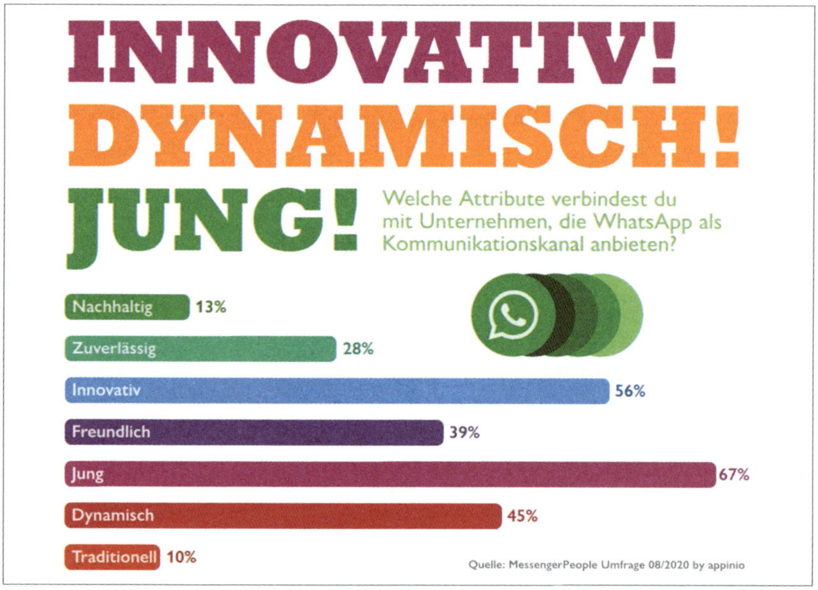

Abbildung 13-2 ▶ Ergebnisse einer Umfrage von MessengerPeople by Sinch mit appinio

Messenger-Dienste bieten für den unkomplizierten Kundenservice und das besondere Nutzererlebnis ein nicht zu unterschätzendes Potenzial im Marketing. In einer Befragung gaben weltweit 71 Prozent der Menschen an, lieber bei einem Unternehmen zu kaufen, das sie über Messenger kontaktieren können.[2]

Unternehmen werden als jung, innovativ und dynamisch wahrgenommen, wenn sie WhatsApp als Kommunikationskanal anbieten.

1 *https://www.hr-software-vergleich.de/aktuelle-nachrichten/whatsapp-recruiting/*

2 *https://www.messengerpeople.com/wp-content/uploads/2021/01/messengerpeople-studie-2021-business-messaging-trends.pdf*

Nutzen Sie im Messenger eher das Du als das etwas distanziertere Sie oder spiegeln Sie die Ansprache Ihrer Kund:innen. Achten Sie auf eine freundliche Tonalität, setzen Sie Emojis ein und antworten Sie zeitnah. Viele Menschen nehmen gerne und regelmäßig Kundenservice über Messenger-Dienste in Anspruch. Durch die persönliche und direkte Kommunikation sind WhatsApp & Co. sehr beliebt. Öffentliche Unterhaltungen in Social Media können zudem in den Messenger verlegt werden, wenn die Frage den Austausch persönlicher Daten erfordert.

Messenger-Dienste eignen sich gut für Serviceleistungen wie kurze Fragen oder schnelle Auskünfte. Am beliebtesten ist ganz banal die Vereinbarung eines Termins, gefolgt von der Möglichkeit, Informationen zu erhalten oder sich zu beschweren. Für Unternehmen haben Messenger den Vorteil, dass die Kommunikation schnell, flexibel und auch asynchron möglich ist. Zudem lassen sich Chatbots in der Messenger-Kommunikation einsetzen.

▼ **Abbildung 13-3**
Die Customer-Journey-Infografik von Messenger-People by Sinch

Was ist an diesem Rückzug ins Private für Unternehmen interessant? Das Erstaunliche ist, dass viele Menschen Werbung in Facebook ablehnen, aber Nachrichten von Unternehmen im Facebook Messenger zulassen. Die Öffnungsraten von Messenger-Newslettern sind hoch im

Vergleich zu einem Newsletter per E-Mail. Neben hohen Öffnungsraten fallen auch die im Vergleich geringeren Abmelderaten auf.

Ende 2019 hatte WhatsApp den Massenversand von Newslettern über seinen Dienst verboten. Zuvor war es eine gern genutzte rechtliche Grauzone. Mittlerweile können Unternehmen über die *WhatsApp Business API* kostenpflichtig personalisierte Nachrichten versenden. Dies setzt ein korrektes Opt-in sowie die transparente Möglichkeit zum Opt-out voraus. Außerdem behält sich WhatsApp eine Prüfung auf Spam vor. Die Nachrichten können Hinweise auf aktuelle Angebote geben oder Produktempfehlungen enthalten, die sich am letzten Einkauf orientieren.[3]

Facebook zeigt im Messenger auf der Startseite Anzeigen. Die Unternehmen können bei den Click-to-Messenger-Ads zwischen den Werbezielen Nachrichten, Traffic und Conversions wählen. Außerdem gibt es *Sponsored Messages, die Werbung enthalten dürfen.* Dieses Werbeformat dürfen Unternehmen allerdings nur an jene Menschen adressieren, mit denen sie zuvor schon über den Facebook Messenger im Kontakt waren.

Der Trend geht zum Messenger als Super-App

Viele Nutzer:innen von Smartphones sind es leid, ständig neue Apps herunterzuladen. Der Trend geht dahin, alles zentral über eine Messenger-App anzubieten, wie es bei WeChat oder Alipay in China bereits gängige Praxis ist. Der Facebook Messenger strebt an, sich zu einer All-in-one-App zu entwickeln und als digitaler Assistent den Menschen das Leben zu erleichtern. Mit den im Westen herrschenden Bedenken zu Datenschutz und Privatsphäre ist eine WeChat vergleichbare Super-App aber noch nicht in Sicht.

Definition ▶ Der chinesische Messenger-Dienst *WeChat* wird von über einer Milliarde Menschen genutzt, die meisten davon leben in China. Neben dem Versand von Nachrichten bezahlen sie fast alles über die App, buchen Bahntickets, vereinbaren Arzttermine oder lassen sich Essen liefern. Diese Leistungen bieten externe Anbieter, die sich über eine offene Schnittstelle an WeChat anhängen und es zu einer All-in-one-App machen. Auf die Datenfülle der Super-App hat auch der chinesische Staat Zugriff! Chinesische Tourist:innen können in manchen deutschen Läden bereits mit WeChat bezahlen. Für deutsche Nutzer:innen ist das Bezahlsystem nur mit Hürden nutzbar, sie gebrauchen meist lediglich die Chatfunktion von WeChat.

In China lässt sich fast das ganze Leben mit WeChat organisieren, und die Menschen bezahlen damit auch im Handel. Seit Corona ist das sogar für bargeldverliebte Deutsche ein attraktiver Gedanke, was Apple Pay und Google Pay einen Aufschwung bescherte. Mit Facebook Pay

3 *https://www.wuv.de/tech/whatsapp_fuehrt_ersatz_fuer_newsletter_ein*

bietet auch die größte Social-Media-Plattform in vielen Ländern ein Angebot, um unkompliziert online und im Laden bezahlen zu können.

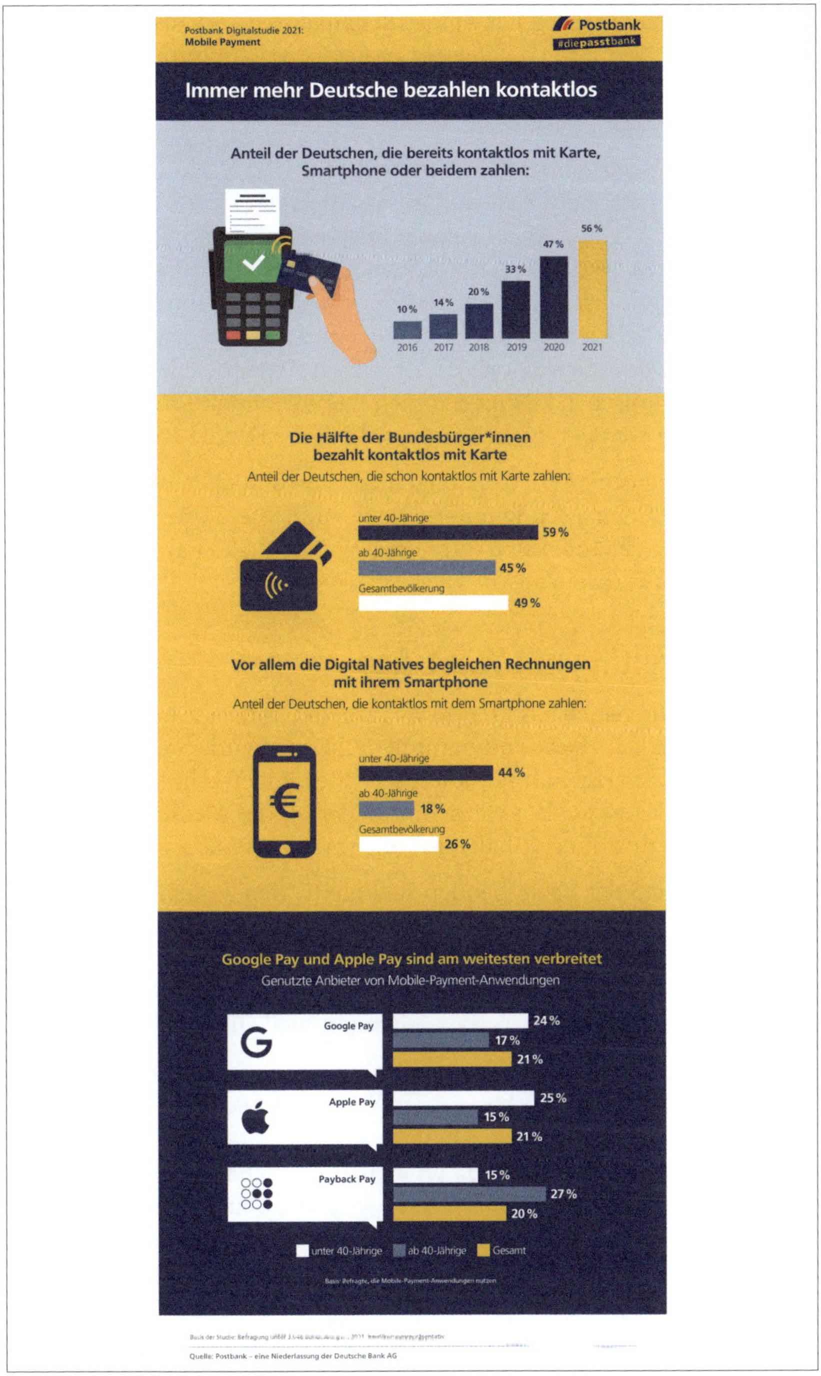

◀ **Abbildung 13-4**
Wie die Deutschen kontaktlos bezahlen

Deutsche Unternehmen sollten im Hinterkopf behalten, dass in China einige der im Westen beliebten und reichweitenstarken Social-Media-Plattformen temporär oder dauerhaft gesperrt sind. Daher bietet es sich für deutsche Unternehmen an, einen sogenannten »offiziellen« Account auf WeChat anzulegen, wenn sie chinesische Kund:innen erreichen möchten. Dafür müssen die Unternehmen einen Antrag für die chinesische Businesslizenz stellen.

Die Kommunikation zwischen Unternehmen und Verbrauchern ist auf WeChat noch etablierter als auf WhatsApp oder dem Facebook Messenger. Große Marken wie Nike oder Bayern München und global tätige Konzerne mit Präsenz in Asien wie Siemens oder Bayer sind auf WeChat vertreten. Umgekehrt nutzen im deutschsprachigen Raum bereits gut 1,2 Millionen Menschen WeChat.[4] Weitere Super-Apps finden sich in Singapur (Grab), Indonesien (Gojek) oder Indien (Paytm). Die Menschen in Asien sind technischen Lösungen gegenüber offener und Datenschutzfragen gegenüber weniger kritisch eingestellt als die DACH-Bevölkerung.

Messenger-Dienste werden in verschiedenen Branchen erfolgreich genutzt, dazu zählen Medienunternehmen und die Tourismusbranche. Beide Bereiche zeichnen sich durch die Notwendigkeit aus, Informationen schnell zu verbreiten.

Social Recruiting mit WhatsApp

Der Personaldienstleister Manpower arbeitet intensiv mit WhatsApp und informiert darüber Kandidat:innen über passende Stellenangebote. Ergeben sich Fragen, können diese via Messenger schnell, persönlich und unkompliziert geklärt werden. Ein Vorteil der Messenger-Dienste: Kein Algorithmus filtert Inhalte aus oder priorisiert sie.

Ein hoher Anteil der Bewerbenden sucht aktiv den zusätzlichen persönlichen Kontakt über WhatsApp, nachdem sie sich beworben haben. Auch der Facebook Messenger ermöglicht es, die Zielgruppe gut zu erreichen. Manpower setzt bislang keinen Chatbot ein, da das Unternehmen auf die Fragen der Bewerbenden individuell eingeht.

Im Social Recruiting sind die DRK Kliniken Berlin besonders innovativ. Sie akzeptieren die Bewerbung über WhatsApp sowie eine Voice-Bewerbung. Derzeit planen die Kliniken, einen Chatbot zu implementieren. Um dem Fachkräftemangel im medizinischen Bereich zu begegnen und geeignete Kandidaten anzusprechen, zahlen sich die Aktivitäten aus. So konnte das Unternehmen eine Halbierung der Kosten für Stel-

4 *https://www.messengerpeople.com/de/messaging-apps-brands-wechat-messenger/*

lenanzeigen vermelden. Gleichzeitig haben sich die Klicks auf die Karrierewebsite verdreifacht, und die Bewerberzahlen sind stark gestiegen.[5]

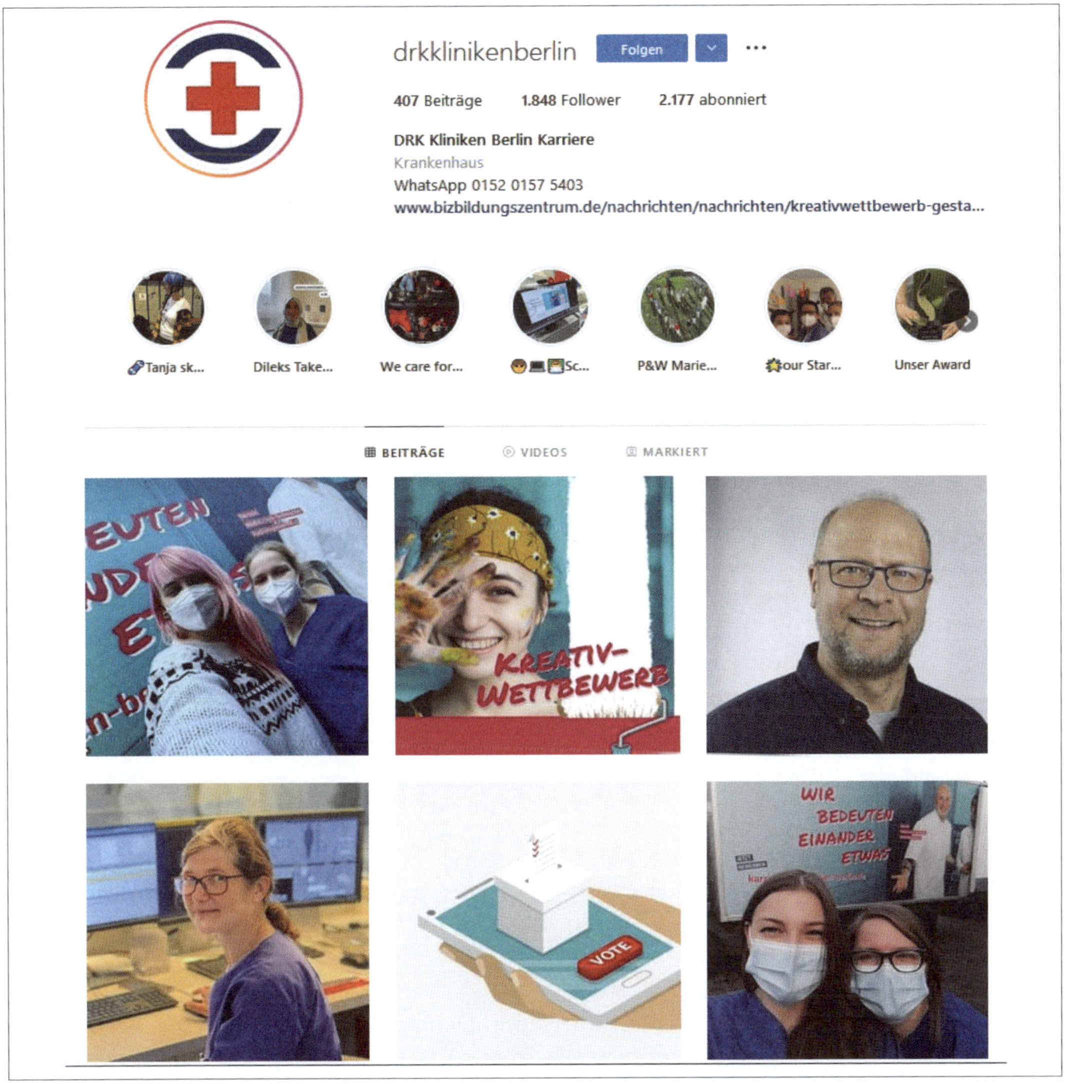

▲ **Abbildung 13-5**
Der Karrierekanal der DRK Kliniken Berlin auf Instagram

Die Bedeutung von Messenger-Diensten liegt auf der Hand, wenn es darum geht, Digital Natives auf dem Arbeitsmarkt zu erreichen. Im Zuge des Fachkräftemangels bei MINT-Berufen oder in der Unternehmensberatung wird es immer wichtiger, sich den gefragten Spezialist:innen als attraktiver Arbeitgeber zu präsentieren. Wer die passenden Kanäle

5 *https://karriere.drk-kliniken-berlin.de/unser-karriereportal-hat-es-auf-die-shortlist-der-hr-excellence-awards-geschafft/*

bietet oder gar mit einer One-Click-Bewerbung punktet, ist auf dem richtigen Weg. Geht es um Ausbildungsplätze, kommen auch Plattformen wie Snapchat oder TikTok ins Spiel, wie wir in Kapitel 11 zeigen.

Die Deutsche Post DHL Group hat mit einem WhatsApp-Chatbot den Bewerbungsprozess automatisiert und vereinfacht. Statt langwierige Onlineformulare auszufüllen, nimmt der Chatbot die Daten der Bewerbenden unkompliziert auf. Oder wie Mirjam Ferrari von der Deutschen Post sagt: »Bewerben muss so einfach sein wie eine Onlinebestellung.«[6]

Tipp ▶ Wer sich in das Thema Messenger vertiefen möchte, findet auf der Website von MessengerPeople by Sinch Beiträge, Erfolgsgeschichten, Studien und Whitepaper: *https://www.messengerpeople.com/de/wissen/*. Im Playbook finden sich verschiedene Best Cases aus unterschiedlichen Branchen: *https://www.messengerpeople.com/de/messenger-playbook/*.

Digitale Sprachassistenten

Eine Studie zeigte, dass mit 92 Prozent fast alle 16- bis 69-jährigen Onliner in Deutschland mindestens einen Anbieter digitaler Sprachassistenten kennen. Am bekanntesten sind die auf diese Technik aufsetzenden Angebote von Amazon, Google und Apple. Fast jeder Zweite hat schon einen solchen »intelligenten« Lautsprecher zu Hause, und die meisten nutzen ihn regelmäßig.[7]

Definition ▶ *Digitale Sprachassistenten* kommen in Smartphones sowie in smarten Lautsprechern wie Alexa von Amazon oder Google Home zum Einsatz. Rund um das Smart Home inklusive Smart TV sind sie ebenfalls gefragt sowie auch als in ein Fahrzeug integrierter digitaler Sprachassistent. Die Spracherkennungssoftware Siri von Apple war Vorreiterin, wird jedoch von der Konkurrenz überholt, weil sie sich zu wenigen Drittanbietern öffnet. Zu Alexa gibt es bereits Tausende *Skills*, also Plug-ins, mit zusätzlichen Funktionen. Ähnlich sieht es bei Google Home mit seinen *Diensten* aus.

Von den unter 40-Jährigen in Deutschland spricht jede:r Zweite mit einem digitalen Sprachassistenten, über alle Altersgruppen hinweg ist es jede:r Dritte. Siri und der Google Assistant sind für das Smartphone am beliebtesten. In intelligenten (also smarten) stationären Lautsprechern kommt Amazons Alexa und der Google Assistant am häufigsten vor. Die digitalen Sprachassistenten werden am meisten eingesetzt, um Textnachrichten zu schreiben, für Voice Search und um Musik abzuspielen.

6 *https://www.haufe.de/personal/hr-management/interview-mit-mirjam-ferrari-von-dpdhl-zu-recruiting_80_524612.html*

7 *https://www.wuv.de/tech/bald_hat_jeder_zweite_einen_smart_speaker*

Der Trend ist klar erkennbar: Die Mensch-Maschine-Interaktion geht auf die nächste Stufe und erleichtert dem Menschen, seine smarten Lautsprecher und Fernseher bequem und unkompliziert zu steuern. Auch sonstige Smart-Home-Geräte, Wearables und in das Auto integrierte Sprachassistenten werden immer beliebter.

Zur *Wearable Technology*, kurz auch *Wearables* genannt, gehört Computertechnik, die der Mensch am Körper trägt. Das kann eine Armbanduhr (Smart Watch, zum Beispiel die Apple Watch) sein, ein Fitnessarmband oder eine digitale (Sonnen-)Brille wie die Spectacles. Auch Kleidung mit elektronischer Zusatzfunktion zählt zur Wearable Technology. ◀ **Definition**

Es lässt sich schneller und bequemer sprechen, als zu schreiben oder über ein Menü zu navigieren. Mit unkomplizierter Sprachsteuerung werden nicht nur junge Technikfreaks gelockt, sondern auch die im Durchschnitt weniger technikaffinen älteren Menschen. Für sie kann die Sprachsteuerung von Heizung, Rollläden, Kaffeemaschine und Kühlschrank bedeuten, dass sie selbst mit körperlichen Einschränkungen noch länger selbstbestimmt zu Hause leben können.

Hier und da tut sich die Technik etwas schwer. Wer zu komplizierte Fragen stellt oder in starkem Dialekt spricht, erntet von Siri & Co. manchmal ein verständnisloses »Ich weiß nicht, was du meinst«.

Passen Sie als Unternehmen Ihren Content an sprachgesteuerte Touchpoints an, damit die digitalen Sprachassistenten Ihre Produkte und Serviceleistungen finden. Berücksichtigen Sie personalisierte Inhalte und Keywords, die für einen mit Sprache gesteuerten Suchauftrag funktionieren. Auch hier gilt unsere wichtigste Regel für das erfolgreiche Social Media Marketing: Lernen Sie zuzuhören! Kennen Sie die Fragen und Probleme Ihrer Kund:innen und verstehen Sie deren natürliche, unverstellte und spontane Sprache, lässt sich diese Erkenntnis für Voice Search hervorragend einsetzen. In Kapitel 4 finden Sie mit dem *MuseumsCafé & Hofladen Zeisset* ein Beispiel für die Anwendung von Alexa-Skills.

Smarte Lautsprecher funktionieren zu Hause oder im Büro, sind jedoch für die Nutzung unterwegs nicht geeignet. Doch auch das Smartphone könnte als mobiler Dauerbegleiter an Bedeutung verlieren, wenn sich die *Wearable Technology* weiter ausbreitet.

Smart Glasses, also Brillen, die sich neben Touchpad mit Gesten, Sprache oder Eyetracking steuern lassen, sind beliebte Wearables. Dazu gehören die Datenbrille Hololens 2 von Microsoft, Google Glass sowie die VR-Brillen der Facebook-Tochter Oculus. Die Spectacles aus dem Hause Snapchat lernen Sie in Kapitel 9 kennen. Auch Apple und die Deutsche Telekom mit der Carl Zeiss AG arbeiten an raffinierten Datenbrillen.

Letztere ermöglicht Menschen mit einer Fehlsichtigkeit, Datenbrillen problemlos tragen zu können. Da bekommt der Begriff »always on« eine ganz neue Bedeutung. Der Vorteil internetfähiger Brillen liegt auf der Hand. Bis Sie Ihr Smartphone aus der Tasche geholt haben, ist der lustige oder überraschende Moment längst vorbei, den Sie für Ihre Story oder Ihren Snap einfangen wollten.

Datenschutzbedenken beschränken den Einsatz von Datenbrillen im privaten Raum. In der Lagerlogistik und bei der Kommissionierung von Produkten beschleunigen Datenbrillen längst die Arbeitsabläufe. Auch in virtuellen Simulationen werden sie eingesetzt, zum Beispiel um gefährliche Arbeitssituationen nachzustellen.

Pro und kontra Chatbots

Für Messenger-Dienste und digitale Sprachassistenten werden immer häufiger Chatbots eingesetzt, um Servicemitarbeiter zu entlasten und eine 24/7-Erreichbarkeit anzubieten. Werkstätten können auf diese Weise Termine vergeben, und Kaufprozesse lassen sich durch gezielte Beratung unterstützen. Wichtig ist dabei, dass der nutzerfreundliche Chatbot unkompliziert eine praktische Lösung bietet, um das Problem des Kunden zu lösen. Dabei sollte die Tonalität zur Zielgruppe passen und die Unterhaltung menschlich klingen: Als Königsdisziplin bringt der Bot Humor ein.

Definition ▶ Der Begriff *Chatbot* setzt sich aus chat (plaudern) und bot (Roboter) zusammen. Das Dialogsystem kommuniziert in natürlicher geschriebener oder gesprochener Sprache. Zum Einsatz kommt die Software auf Websites, in Onlineshops oder bei Messenger-Diensten. Dort beantwortet sie Fragen, erklärt Produkte oder begrüßt neue Besucher und startet eine Unterhaltung.

Doch Chatbot ist nicht gleich Chatbot, und die Bandbreite erstreckt sich von einfachen Datenbankabfragen bis zu Angeboten mit künstlicher Intelligenz, die diesen Namen verdient. Kommt KI ins Spiel, lernen die Chatbots aus Gesprächen und entwickeln sich weiter. Ihre Antworten lassen sich kaum noch von denen eines Menschen unterscheiden. In sozialen Netzwerken sprechen wir von *Social Bots*, die beispielsweise automatisierte Direktnachrichten an neue Follower:innen in Twitter versenden.

Tipp ▶ Erarbeiten Sie eine Strategie, um festzulegen, für welchen Zweck Sie einen Chatbot sinnvoll einsetzen können. Ist der Mehrwert des Menschen in einem Prozess gering, kann ein Bot ihn ersetzen und zu niedrigen Kosten den Kund:innen weiterhelfen. Anspruchsvollere Aufgaben erledigen weiterhin Menschen.

Komplizierte Anliegen im Servicebereich wollen die meisten Menschen immer noch mit einem menschlichen Gegenüber klären. Zudem stoßen Chatbots schnell an ihre Grenzen, wenn Kund:innen erwarten, dass ihnen eine persönliche Betreuung unkompliziert weiterhilft.

Der Chatbot Kim vom Maggi Kochstudie ist schon seit 2017 im Einsatz, aber immer noch in der Ausbildung.

▲ Abbildung 13-6
Der Chatbot vom Maggi Kochstudio im Facebook Messenger

Es spricht nichts dagegen, den Dialog mit einem Chatbot zu starten. Werden die Fragen komplizierter, kann Kollege Mensch übernehmen. Dabei sollte ein intelligentes Community-Management-System die reibungslose Kommunikationskette gewährleisten und erkennen, wann der Dialog die Fähigkeiten des Chatbots übersteigt. Beantwortet der Chatbot nach einem mühevollen Gespräch die Frage nicht zufriedenstellend, führt das zu Unmut. Dann sollte die Unterhaltung ohne Unterbrechung weitergehen, wenn der Chatbot das Gespräch an den Kundenberater übergibt. Dieser kennt idealerweise alle ausgetauschten Informationen, um den Kunden nicht durch wiederholte Fragen zu verärgern.

◀ Tipp

Arbeiten Sie mit Chatbots, sollten Sie den Anbieter sorgfältig auswählen und rechtliche Aspekte nicht vergessen. Dazu gehören ein Verweis zur Datenschutzerklärung und der Link zum Impressum sowie die korrekte Einwilligung des Nutzers, wenn er Chatbot-Nachrichten abonniert. Weitere rechtliche Hinweise können Sie Kapitel 15 entnehmen.

Idealerweise liefern Chatbots passgenauen Content in personalisierten Dialogen. Die Unternehmen erhalten zahlreiche Informationen über die Vorlieben ihrer Kund:innen und können mit ihnen leichter ein Gespräch beginnen. Außerdem erhöhen die Unternehmen mit kreativen Marketingkampagnen die Bekanntheit ihrer Marke und binden Menschen an sich.

Chatbots erteilen meist Auskünfte oder unterhalten. Der US-amerikanische Gesundheitsberater-Chatbot Lark versucht, Menschen im Alltag über eine App zu helfen. Der kontextbasierte Chat bietet eine freundliche Unterhaltung an, die der zwischen Menschen ähnelt. Für die Zielgruppe, also ältere Menschen, ist Lark einfach anzuwenden und per Chat, Stimme oder über Buttons zu steuern. Lark gibt Tipps, um den Blutdruck zu senken, Diabetes in den Griff zu bekommen oder sich gesünder zu ernähren.

Im Facebook Messenger können Sie den Wetterberater von WetterOnline nutzen. Mit »Start« legt er los, und der Befehl, um die Wettervorhersage wieder abzubestellen, lautet »Ruhe«, eigentlich ganz originell! Allerdings mag auch dieser Chatbot keine komplizierten Fragen und versucht schnell, mit dem Wetter des gewünschten Orts eine Routine zu etablieren. Daher eignet sich der Bot besonders gut für Menschen, die sich täglich für das Wetter an ihrem Wohnort interessieren.

Tipp ▶ Wenn Sie noch tiefer in das Thema Chatbots einsteigen und sich über Neuerungen informieren möchten, empfehlen wir die Lektüre von *https://chatbotslife.com/*.

Personalisierte Angebote über Beacons

Die meisten Menschen haben ihr Smartphone immer dabei und schauen unzählige Male am Tag drauf. Daher sind Technologien für das Marketing interessant, die Smartphones orten und die Menschen unterwegs gezielt ansprechen. Dieser Trend der Nähe zum Kunden, bei dem Werbung und Coupons auf das Smartphone geschickt werden, wird *Proximity Marketing* genannt. Der Preis für personalisierte Angebote sind mal wieder die eigenen Daten.

Bei einem *Beacon* handelt es sich um einen kleinen Sender. Er basiert auf Bluetooth und übermittelt in regelmäßigen Intervallen per Funk ein Signal in Form einer Identifikationsnummer. Beacons sind eine Alternative zu GPS. Die Kontaktaufnahme erfolgt durch eine App offline oder auch online über WLAN oder Mobilfunk. Bei GPS wird die Position aufgrund der Entfernung zu mehreren Satelliten bestimmt. Die Positionsbestimmung mittels Beacons ist vergleichbar. Ist die Entfernung zu drei Beacons bekannt, lässt sich der Standort berechnen. In Innenräumen werden Satellitensignale schlecht empfangen, und GPS lässt sich nicht so gut oder gar nicht nutzen.

Haben Mobilnutzer Bluetooth aktiviert und erlauben den Empfang von Nachrichten, können sie über eine App personalisierte Angebote erhalten. Voraussetzung ist, dass zwischen Beacon und Smartphone-Nutzer weniger als 50 Meter liegen, abhängig von den Raumbedingungen und dem Hersteller des Beacon. In der Pandemie lernten viele Menschen diese Funktion über die Corona-App kennen. Diese erfasst, ob sich Menschen nahekommen. Meldet ein Nutzer später seine Infektion, werden seine potenziellen Kontakte über die App gewarnt – und sollten sich testen lassen.

Beacons können in Museen dazu dienen, Informationen zu dem betrachteten Objekt zu geben. Sie werden auch in *Smart Hotels* eingesetzt, um den Check-in oder Check-out zu beschleunigen. Bei dieser Win-win-Situation spart das Hotel Kosten und der Kunde Zeit. Der persönliche Kontakt muss nicht auf der Strecke bleiben. Das Rezeptionsteam kann den Gast freundlich und persönlich begrüßen und ihm den vorausgefüllten Meldezettel zur Unterschrift vorlegen. Am Abreisetag spart sich der Kunde das Warten auf die Rechnung und bezahlt automatisch und digital beim Auschecken.[8] Manche Nutzer:innen kritisieren die Fülle an Daten, die sie über die App bereitstellen müssen. Zudem muss Bluetooth dauerhaft aktiviert sein.

In der *Near Field Communication* (NFC) wird die NFC-Verbindung vom Nutzer bewusst aufgebaut und hat mit wenigen Zentimetern eine geringere Reichweite als Beacons. NFC gilt als sicherere Technik, um Daten zu übertragen, und wird genutzt, um mit Giro- oder Kreditkarten zu bezahlen. Gegenüber Beacons ist die NFC-Technik für den Anbieter preiswerter umzusetzen. Das kommt dem Einzelhandel entgegen.

Gamification

Gamification setzt Situationen, Elemente und Konzepte, die für ein Spiel typisch sind, in einen spielfremden Zusammenhang. Der Spieltrieb des Menschen wird erfolgreich als Motivation für den Arbeitsalltag oder das Marketing genutzt. Sogar ungeliebte Routinearbeiten können damit Freude machen, denn die Spieler erhalten unmittelbar Feedback und Anerkennung. Idealerweise gewinnen alle dabei, und statt einfacher Bestenlisten und Punktesysteme lassen sich mit der nötigen Kreativität raffiniertere Lösungen zaubern.

Für das Employer Branding wird Gamification eingesetzt, um hoch qualifizierte und motivierte junge Mitarbeitende zu gewinnen. So bietet die RWE Selbsttests in Form von Games, um potenziellen Bewerbern technische Berufe anschaulich und mit spielerischem Charakter nahezubringen.

Gamification können Sie hervorragend in der Aus- und Weiterbildung einsetzen. Der spielerische und kompetitive Ansatz erhöht die Motivation der Mitarbeitenden und verringert zugleich den Lerndruck. ◀ **Tipp**

---

8 *https://conichi.com/de/*

Im Social Media Marketing lässt sich Gamification ebenfalls gut einsetzen. Bei der wachsenden Flut an Content auf immer mehr Plattformen geht es darum, die Aufmerksamkeit für mehr als ein paar Sekunden zu gewinnen und das Engagement zu fördern. Dass das mit Spielen gut möglich ist, zeigen Computerspieler:innen, die Stunden oder Tage in ihr Spiel vertieft sind. Gelingt es Ihnen, die Menschen möglichst lange auf Ihrer Website, in Ihrem Webshop oder in Ihrem Ökosystem zu halten, steigt die Wahrscheinlichkeit, dass sie etwas kaufen, sich informieren oder in ihrem Netzwerk eine Empfehlung aussprechen.

Um Anreize für ein gesundes Leben zu setzen, bietet sich Gamification ebenfalls an. So motiviert die schweizerische Krankenkasse Sanitas mit ihrer *Active App* ihre Mitglieder, sich mehr zu bewegen. Erreicht der App-Nutzer das Tagesziel, wird er belohnt. Die gesammelten Münzen können die Menschen später in Gutscheine umtauschen, zum Beispiel für die Mitgliedschaft in einem Fitnessstudio.

Der Personaldienstleister Randstad setzt Gamification ein, um seine Vertriebsmitarbeitenden zu motivieren.[9] Dafür wurde die *Sales-Buddy-App* entwickelt, die die persönliche Entwicklung der Mitarbeitenden fördern soll. Aus dem Projekt entstanden Communitys für das Lernen voneinander und den sozialen Austausch. Auch die Zahlen stimmen, denn die Umsätze konnten durch den Einsatz von Gamification gesteigert werden.

Augmented Reality und Virtual Reality

Virtuelle und erweiterte Realität haben sich noch nicht in der Breite durchgesetzt. Für Unternehmen ist *Augmented Reality* (AR), also die erweiterte Realität, interessant, aber auch kostspielig. Daher gilt es, genau zu überlegen, ob ein solcher Ansatz für die Produkte oder Serviceleistungen des Unternehmens hilfreich ist. Mit AR lässt sich ein Ort virtuell ergänzen, wie Sie es noch von dem Hype um Pokemon Go kennen. Auch die Filter von Snapchat arbeiten mit AR-Technologie. Das Erlebnis ist interaktiv und mitunter mit starken Emotionen verbunden. Das zeigt, dass sich AR gut für die Brand Awareness eignet. Auch impulsive Käufe werden durch immersive Medien wie ein AR- oder VR-Erlebnis wahrscheinlicher.

Definition ▶ *Virtual Reality* (VR), oder auf Deutsch virtuelle Realität, ist eine computergenerierte Wirklichkeit. Da die Menschen eine VR-Brille und einen Kopfhörer tragen, klammern sie die »echte« Realität aus und tauchen komplett in die künstliche Welt ein. Bei *Aug-*

9 *https://www.cio.de/a/so-forciert-randstad-den-digitalen-wandel,3662758*

mented Reality (AR), auf Deutsch erweiterte Realität, oder auch *Mixed Reality* werden die echte Welt und die computergenerierte Wirklichkeit miteinander verbunden.

Es klingt noch futuristisch, dass mithilfe von AR bestimmte Produkte im Laden für uns visuell hervorgehoben werden könnten. Weiß der Supermarkt, dass wir gern ausgefallene Müslisorten kaufen, würde er uns den direkten Weg zu einer neuen Sorte weisen. Ob das eine tolle Serviceleistung oder eine furchteinflößende Zukunftsvision ist, mag jeder für sich entscheiden.

Weitere Einsatzmöglichkeiten sind Wissenschaft und Kultur, aber auch Messestände, Events oder der Point of Sale im Ladengeschäft. Der Verkauf von hochpreisigen Konsumgütern oder Immobilien lässt sich durch ein VR-Angebot ergänzen. Der Kunde schlendert virtuell durch sein Traumhaus oder schaut sich das Wunschauto vorab mit allen Details aus der Nähe an. AR kann das Onlineshopping erleichtern. Wer ungern in schlecht ausgeleuchteten und zu engen Umkleidekabinen etwas anprobiert, freut sich über virtuelle Ankleideräume. Kurz zusammengefasst, heißt es dann: Try before you buy, wie auch bei IKEA.

Kund:innen von IKEA können mit der App *IKEA Place* virtuell ein Möbelstück in ihr Wohnzimmer platzieren und prüfen, wie es mit der Einrichtung harmoniert.[10] Die gleiche Funktion bietet die App *RoomAR*, doch deren Idee geht noch weiter. Die App schlägt ergänzende Einrichtungsgegenstände vor, die gut zu Ihren Möbeln passen und die Sie unmittelbar im zugehörigen Onlineshop bestellen können. Mit entsprechenden Algorithmen lernt die App Ihren Geschmack mit der Zeit besser kennen.[11]

Ein ähnliches Angebot macht Amazon mit seinem *Room Decorator*. Mit dieser AR-Anwendung lassen sich ganze Räume virtuell einrichten. Auf diese Weise können Sie herausfinden, ob Vorhang, Regal und Tisch zusammenpassen – und mit dem Raum harmonieren. Bei der virtuellen Anprobe von Mode hat Walmart durch den Kauf des Start-ups Zeekit die Nase vorn. Die Käufer:innen können ihr Foto hochladen und sich im *Virtual Fitting Room* von Zeekits KI Kleidung empfehlen lassen. Von dem personalisierten Einkaufserlebnis verspricht sich Walmart eine engere Kundenbindung und weniger Retouren.[12]

10 *https://www.heise.de/newsticker/meldung/Moebelkauf-per-App-Augmented-Reality-holt-virtuelle-Sofas-ins-Zimmer-4059467.html*

11 *https://www.teltarif.de/ar-ki-app-wohnung-einrichten/news/73164.html*

12 *https://www.retailtech-blog.de/walmart-uebernimmt-zeekit*

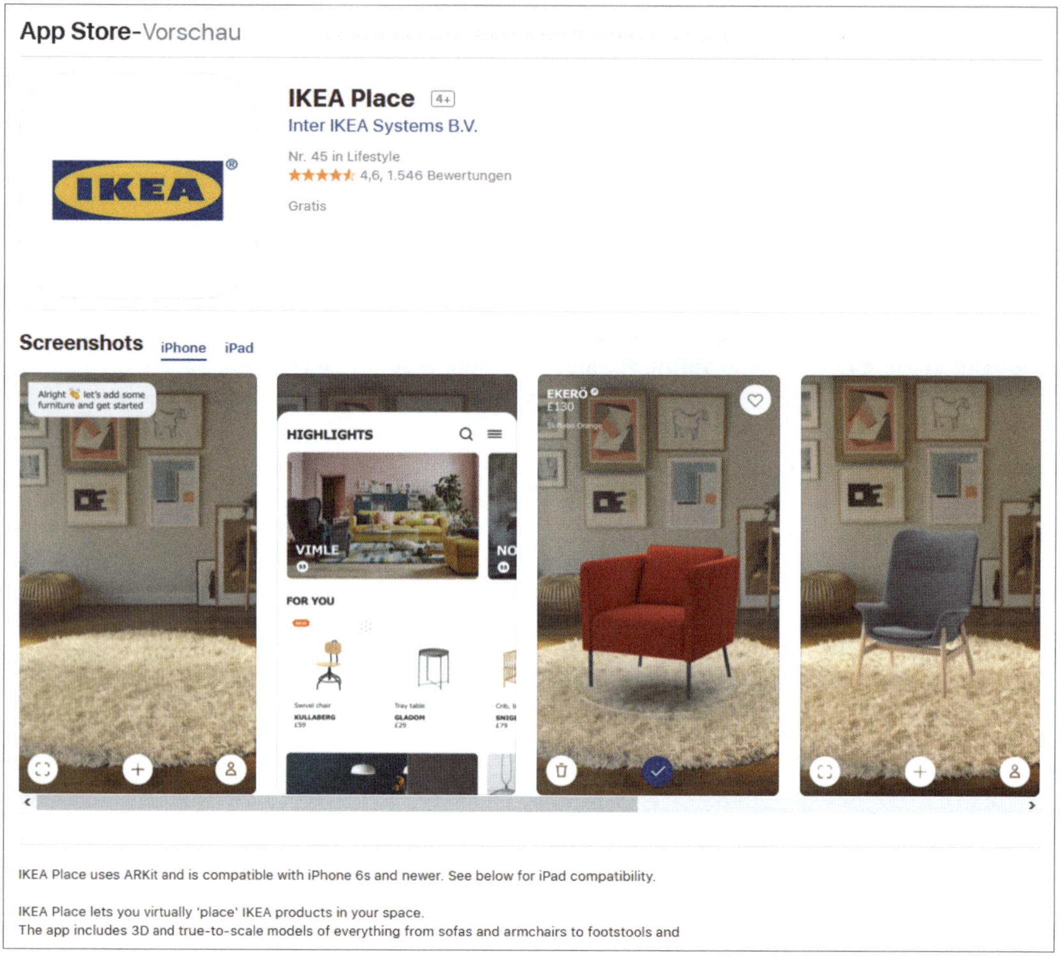

Abbildung 13-7 ▲
Wer sich Billy oder einen Sessel probehalber in sein Wohnzimmer stellen möchte, kann die App Place von IKEA ausprobieren.

Mit der App der US-amerikanischen Optikerkette Warby Parker lassen sich virtuell Brillengläser ausprobieren. Jeder Brillenträger weiß, wie anstrengend ein Brillenkauf sein kann ohne eine ehrliche Begleitung – oder das ständige Anfertigen von Selfies. Warby Parker zeigt die Brille im Gesicht des potenziellen Käufers in einer Live-3-D-Vorschau mit AR.

Virtual Reality (VR) ergänzt die Realität nicht, sondern ersetzt sie durch eine künstliche Realität. Wer eine VR-Brille und Kopfhörer aufsetzt, ersetzt seine Umgebung durch eine am Computer geschaffene Wirklichkeit. Für Computerspiele eignet sich die künstliche Umgebung besonders gut. Die Facebook-Tochter Oculus hat mit Oculus Quest eine Stand-alone-VR-Brille auf den Markt gebracht, die allein mit Headset und Controller funktioniert. Über ein Raumtracking werden die Bewegungen des Körpers in die virtuelle Realität übertragen: Die Brille warnt vor dem Zusammenstoß mit anderen Spielern oder Möbeln.

Abbildung 13-8
In einer Ausstellung des Frankfurter Kunstvereins konnten die Besucher die VR-Technik ausprobieren.

VR lässt sich auch für Onlineshops nutzen, da Käufer die Produkte näher betrachten können. Mit dieser Technologie ist ein bequemer Einkaufsbummel vom heimischen Sofa aus möglich – virtuell und ohne Parkplatzsuche, Kassenschlangen und Gedränge. Während der Coronapandemie war das für manche Konsumenten attraktiv. Was sie einmal positiv kennengelernt haben, behalten sie wahrscheinlich auch nach der Pandemie bei.

Auch für das Recruiting ist die VR-Technik interessant. So bietet Bayer potenziellen Bewerbern mit *#BAYER360* eine VR-Erfahrung, um das Unternehmen besser kennenzulernen.[13] Die VR-Videos können auf einer Karrieremesse mit VR-Brille angeschaut werden, aber auch einige 360-Grad-Videos über die YouTube-App auf dem Smartphone oder dem PC.

VR, AR, Messenger und KI im Unternehmensalltag

Wird VR/AR noch seinen Durchbruch erzielen und im Unternehmensalltag nachhaltig Einzug halten? Darüber und über die Bedeutung von Messenger-Diensten sprechen wir mit Torsten Jensen. Als Digital Innovator beschäftigt er sich schon seit Jahren strategisch und operativ mit diesem Thema.

13 *https://karriere.bayer.de/de/how_to_join_us/bayer360*

Interview

Abbildung 13-9 ▲ Torsten Jensen, Experte für Entrepreneurship, Start-ups und Innovation (Foto: Matthias Rüby)

»Die Vielfalt der Kanäle wächst in Zukunft«

Ein Interview mit Torsten Jensen, Experte für Entrepreneurship, Start-ups und Innovation

Torsten Jensen ist Experte für Entrepreneurship, Start-ups und Innovation und unterstützt Unternehmen auf dem Weg zur digitalen Transformation und beim Aufbau von digitalen Geschäftsmodellen. Zuvor war er Senior Manager Digital Innovation bei Ernst & Young (EY). Jensen teilt als Dozent an verschiedenen Hochschulen sein praktisches Wissen zu digitalen Geschäftsmodellen und Onlinetrends. Im Ehrenamt ist Jensen Vorsitzender des NRW-Start-up-Verbands NRWalley e. V. und gehört dem digitalen Beirat des NRW-Wirtschaftsministers an.

Sie haben sich viel mit Gamification beschäftigt. Wird Gamification die Kommunikation von Marken ähnlich stark verändern wie Social Media?

Torsten Jensen: Gamification würde ich eher bei den Methoden und Features der Netzwerke oder als Element der Content-Produktion einordnen. Wir leben in einer Ökonomie der Aufmerksamkeit. Es geht darum, die Nutzer:innen möglichst lange auf der Plattform zu halten. Hier können wir von den Spielemachern lernen. Es geht darum, sich zu keinem Moment unterfordert oder überfordert zu fühlen. Weiter bedarf es Feedback-Mechanismen wie beispielsweise Highscores, damit die Nutzenden immer wissen, wo sie gerade stehen. Durch den Einsatz von Gamification und die beschriebenen Mechanismen lässt sich die Verweildauer der Nutzer:innen verlängern. Ich bin der Meinung, dass Technologien wie AR/VR oder Voicebots die Kommunikation von Marken viel stärker beeinflussen werden, als es Gamification tun wird.

In Social Media dominieren Bilder und Bewegtbilder. Mit smarten Anwendungen kommt es wieder mehr zum Einsatz von (gesprochener) Sprache. Wie gelingt es Unternehmen, sich dort zu etablieren, und führt dies dazu, dass die Bedeutung von Social Media zurückgehen wird?

Torsten Jensen: Voicebots (zum Beispiel Alexa oder Google Home) finden sich in immer mehr Wohnungen, auch die Nutzung von Siri & Co. nimmt weiter zu. Für Marken wird dieser Trend zu einer großen Herausforderung. Bei dem sogenannten Voice-Commerce können Unternehmen nicht mit visuellen Reizen arbeiten. Die große Herausforderung der Marken besteht darin, weiter als Marke erkennbar und damit unterscheidbar zu anderen Produkten zu sein. Wenn man sich ein Produkt über Voice-Commerce bestellt, erfolgt die Auswahl über das Produkt (Beispiel: Milch), aber nicht (mehr) über die Marke (Name des Herstellers). Welches Herstellerprodukt man erhält, entscheidet Amazon oder Google. Für Social Media werden visuelle Content-Formate wie Video, Foto und Stories relevant bleiben. Genau, wie es weiter Print gibt, wächst die Vielfalt der Kanäle in Zukunft. Marken und Unternehmen müssen den für ihr Unternehmen relevanten Marketing-Mix neu bewerten und die Auswirkungen in ihrer Markenstrategie berücksichtigen.

Herr Jensen, mit Messenger-Diensten zu arbeiten, war bislang für Unternehmen interessant, da es keinen Algorithmus gibt und die Öffnungsraten der Nachrichten hoch sind. Nun platzieren die ersten Anbieter Werbung. Welche Strategie sollten Unternehmen in der Konsequenz fahren?

Torsten Jensen: Unternehmen sollten nicht verwundert sein, dass die Anbieter von Messenger-Diensten solche Schritte in Erwägung ziehen. Sobald eine kritische Masse an Usern erreicht und der Service aus dem Nutzeralltag nicht mehr wegzudenken ist, stellt der Anbieter sich die Frage nach der Monetarisierung. Aus Nutzersicht kann das auch sinnvoll sein. Algorithmen wie der Newsfeed wurden eingeführt, um die Nutzer:innen vor einer Informationsflut zu schützen und ihnen immer die relevantesten Beiträge zu zeigen. Unternehmen stellen diese Algorithmen vor die Herausforderung, relevanten Content zu kreieren, um nicht in der Masse unterzugehen. Die Unkreativen müssen sich Reichweite durch Paid Media erkaufen. Die besten Ergebnisse erzielt man weiterhin durch die zusätzliche Bewerbung von kreativen Beiträgen mit Ads. Dies gilt früher oder später auch für Messenger-Dienste.

Wer sich die asiatische All-in-one-App WeChat anschaut, bekommt ein Gefühl dafür, wohin die Reise mit Messenger-Diensten gehen könnte. Die Deutschen von einer elektronischen Geldbörse zu überzeugen, wird eine hart zu knackende Nuss. Erwarten Sie einen größeren Marktanteil für WeChat in der DACH-Region, oder wird sich eher der Facebook Messenger zu einer All-in-one-App entwickeln?

Torsten Jensen: Man spricht heute in dem Kontext von sogenannten »Super-Apps«. Aktuell haben Bürger:innen rund 80 Apps auf ihren mobilen Endgeräten. Davon viele, die selten oder gar nicht genutzt werden. Das kostet Speicher, und man teilt seine Daten mit Anbietern, deren Dienste man nicht (mehr) in Anspruch nimmt. Apps wie WeChat sind vergleichbar mit einem Onlinetaschenmesser. Die chinesische App WeChat ist eine solche Super-App, die ein ganzes Ökosystem darstellt und Chat-, Buchungs-, Bezahl- und Bewertungsmöglichkeiten in einem offeriert. Der Vorteil von Super-Apps ist, dass man sich nicht eine Reihe von Passwörtern merken muss. Das macht es für die Nutzer:innen sehr komfortabel. Man spricht davon, dass sich zukünftig sechs bis zehn Super-Apps auf dem Markt durchsetzen können. Super-Apps erlangen damit eine Daten-Monopolstellung, was aus Datenschutz- und Nutzerperspektive durchaus kritisch bewertet werden muss. Es findet zudem eine Wettbewerbsverzerrung statt, sodass kleinere Anbieter kaum eine Chance haben, ohne die Monopolisten an die Nutzer zu gelangen. Um dem entgegenzuwirken, gibt es Bestrebungen auf EU-Ebene, eine Europa-Cloud (GAIA-X) zu entwickeln, um die Datenabhängigkeit zu lösen und eine digitale Souveränität zu erlangen.

Fakt ist auch, dass alle großen Internetunternehmen (Facebook, Google, Amazon etc.) dabei sind, komplexe Ökosysteme mit ihren Produkten und Services zu kreieren, um den Status einer Super-App einzunehmen. Amazon kämpft mit Alexa und Amazon Prime um das Wohnzimmer der Nutzer. Facebook investiert viel Geld in VR-Lösungen und Infrastruktur. Im Metaverse werden zukünftig viele bestehende Geschäftsmodelle infrage gestellt, und eine digitale Parallelwelt (VR) wird aufgebaut, die zunehmend mit der realen Welt verschmelzen wird (AR). In dem Zusammenhang wird sich beispielsweise der Weiterbildungs- und Schulungsmarkt drastisch ändern. Facebook-CEO Mark Zuckerberg hat sogar sein Unternehmen zu »Meta« umbenannt, um den Kurs seiner Strategie zu kommunizieren. In Zukunft wird es weniger Dienstreisen geben: Besprechungen werden erst remote und später im virtuellen Raum abgehalten. Die Coronapandemie hat der Akzeptanz dieser Remote-Technik weiteren Auftrieb verschafft.

VR und AR sind wichtige Trends der Mensch-Maschine-Interaktion, wenn wir an Datenbrillen wie Google Glass oder die Spectacles von Snap denken. Bislang halten sich die Anwendungsgebiete im überschaubaren Rahmen. Unternehmen arbeiten mit Datenbrillen, und es gibt schöne Beispiele im kulturellen Bereich. Hat die Coronapandemie die Technik in die Fläche gebracht? Wird sie aus Ihrer Sicht Social Media verändern, und, wenn ja, welchen Einfluss könnte es haben?

Torsten Jensen: Corona hat sicherlich zu einer »Sprung-Digitalisierung« – vor allem im Mittelstand – geführt. In der Fläche ist AR/VR aber noch nicht angekommen. Trotzdem glaube ich, dass AR/VR die Welt, wie wir sie kennen, massiv verändern wird. Aktuell befindet sich die Infrastruktur noch im Aufbau. Aber wenn ich die Investments am Markt beobachte, lässt sich Großes erahnen. Facebook baut Oculus Rift mit Oculus Connect weiter zur Plattform aus. Fortschritte werden regelmäßig auf der F8-Konferenz (Facebook-Developer-Konferenz) gezeigt. Es gibt viele Start-ups, die für nahezu jeden Branchenbereich Use Cases entwickeln. Der Wettkampf um die Infrastruktur und die darauf basierenden Services ist also längst in vollem Gange. Mit der Verkündung des Metaverse ist eine Art Goldgräberstimmung aufgekommen. So wird bereits virtuelles Land (Digital Real Estate) verkauft, und täglich liest man von neuen Anwendungen und Geschäftsmodellen im Metaverse. Eine digitale Parallelwelt entsteht, und Unternehmen müssen entscheiden, ob sie ihre Produkte/Leistungen auch in einer digitalen Welt anbieten wollen. Andernfalls gehen sie das Risiko ein, dass ein digitaler Konkurrent entsteht, der zu einem späteren Zeitpunkt vielleicht auch physische Produkte anbietet und zum direkten Konkurrenten wird.

Mit AR/VR wird man in Zukunft den Content interaktiv und live erleben. Die Auseinandersetzung mit den Inhalten wird viel intensiver werden. Die Herausforderung der Unternehmen liegt künftig noch stärker in der Erstellung von relevantem Content, aber auch im Aufbau neuer Geschäftsmodelle in einer digitalen oder hybriden Welt *(Mixed Reality)*. Die Schaffung von Content für AR/VR ist bislang sehr kostspielig und wird daher (noch) gescheut. Es ist aber abzusehen, dass die Produktion in absehbarer Zeit günstiger wird.

Herr Jensen, ich danke Ihnen sehr herzlich für Ihren spannenden Ausblick auf die weitere Entwicklung von AR/VR sowie Voicebots und deren Auswirkung auf die Kommunikation.

AR für das Museum

Für Forschung, Kultur und Museen bieten AR und VR interessante Ansatzpunkte. Ein naturhistorisches Museum kann die Tiere der Urzeit nicht wieder zum Leben erwecken, aber sich ihnen mit neuer Technik nähern. Das Senckenberg Naturmuseum in Frankfurt bietet dieses Erlebnis seinen großen und kleinen Besucher:innen, indem es beispielsweise via Augmented Reality den Urzeitriesen Edmontosaurus, die Dinomumie, »auferstehen« lässt.

Interview

»AR eröffnet Möglichkeiten der Vermittlung«

Ein Interview mit Judith Jördens, Leiterin Pressestelle & Social Media, Philipe Havlik, Ausstellungskurator im Naturmuseum Frankfurt und dem Onlineredakteur Adrian Giacomelli.

▲ **Abbildung 13-10**
Der Senckenberg-Mediaguide

Im Senckenberg Naturmuseum in Frankfurt begeistern uns die interessanten Ausstellungen, aber auch, wie aufgeschlossen das Museum neuer Technik gegenüber ist.

Herr Giacomelli, Museen sind ein Ort für alle Sinne. Diese Wahrnehmung haben Besucher:innen während der Schließung in der Coronapandemie vermisst. Wurden Ihre digitalen Angebote inklusive zweier Online-Ausstellungseröffnungen sofort stärker genutzt – oder mussten sie diese zunächst schmackhaft machen?

Adrian Giacomelli: Wir haben sofort reagiert und in der ersten Schließungswoche einen neuen Bereich auf unserer Webseite konzipiert. Unter dem Namen *@home* haben wir alle digitalen Formate zusammengefasst und stellten fest, dass es gar nicht so wenige waren. Es war für jedes Alter etwas dabei: virtuelle Ausstellungen, Mal- und Bastelvorlagen für Kinder, Vorträge für Laien und Akademiker:innen, reihenweise Zeitschriften zum Onlineverschlingen. In dem Zusammenhang kam auch die Idee auf, Videos für Kinder zu machen. Zusammen mit dem Bereich Bildung und Vermittlung entstand die Serie *Museum@Kinderzimmer*, die sehr gut angenommen und vielfach positiv kommentiert wurde. Erst kürzlich ging das Pendant für Erwachsene, *Museum@Wohnzimmer*, an den Start. All diese digitalen Formate wurden regelmäßig beworben und sehr schnell und gut von den Besucher:innen angenommen. Wir bewarben neue wie alte Inhalte in Social Media, auf der Senckenberg-Webseite, aber auch in den Senckenberg-Newslettern sowie im persönlichen Gespräch mit Mitgliedern. Social Media spielt eine enorme Rolle, wenn es um neuen Content geht. Die wenigsten Menschen tummeln sich auf Webseiten und suchen nach etwas Neuem. Stattdessen dienen Social-Media-Plattformen, allen voran Facebook und Twitter, gewissermaßen als Sprungbrett.

Herr Havlik, das Senckenberg Naturmuseum Frankfurt arbeitet viel mit VR-/AR-Technik. Welche Lehren haben Sie aus den ersten Projekten gezogen, und was gehen Sie mittlerweile anders an?

Philipe Havlik: AR und VR sind sehr vielversprechende Technologien zur Wissensvermittlung. Sie kommen insbesondere zum Einsatz, wo traditionelle Vermittlungsmethoden versagen: bei Zeitreisen oder bei Reisen in andere Dimensionen. Gleichzeitig ist VR sehr personalintensiv und war unter Pandemiebedingungen kaum umzusetzen. AR öffnet Möglichkeiten der Vermittlung über BYOD (*Bring Your Own Device*). Gleichzeitig hat AR die Grenzen bei der Kompatibilität verschiedener Hardware (Android) und Zugänglichkeit zu Einstellungen im Betriebssystem von IOS, da viele Funktionen nicht offen für Fremdsoftware sind. Aktuell bauen wir vor allem das AR-Angebot aus und experimentieren mit Mixed Reality.

Herr Havlik, welche Projekte zu VR und AR planen Sie als Nächstes?

Philipe Havlik: Das AR-Angebot wird kontinuierlich ausgebaut, im Rahmen von Sonderausstellungen oder um unseren *Mediaguide* (eine Handy-App) zu erweitern. VR wird voraussichtlich in Zukunft eine eher untergeordnete Rolle spielen, da der Betreuungsaufwand sowie der Einsatz von Hardware (VR-Brillen) hoch ist und im regulären Museumsbetrieb schwierig umgesetzt werden kann.

Herr Giacomelli, während des Corona-Lockdowns haben Sie neue Videoformate entwickelt, wie Museum@Kinderzimmer. Seit TikTok und den Reels von Instagram sind Jugendliche an ultrakurze Formate gewöhnt. Ha-

ben Sie ausgewertet, ob die jungen Zuschauer:innen trotzdem bis zum Ende zusehen? Wie war die Resonanz auf die Serie Museum@Kinderzimmer?

Adrian Giacomelli: Wir haben sehr viel und ausschließlich positives Feedback auf unsere Serie *Museum@Kinderzimmer* erhalten, über Post, Social Media und E-Mail. In jeder Folge werden die Zuschauer:innen ermutigt, uns zu schreiben und ihre Experimente und Basteleien mit uns zu teilen. An den Klickzahlen haben wir schnell gemerkt, dass die Serie gut angenommen wird. Es war der richtige Moment, alle waren zu Hause und die Eltern sehr dankbar, dass es Videoclips von einer Institution wie Senckenberg gab. Das anhaltende positive Echo, das uns auch von Einrichtungen wie Kitas erreichte, hat uns ermutigt, weiterzumachen, auch als das Museum wieder öffnen durfte. Und tatsächlich spiegelt sich der Erfolg dieser Serie in den Zahlen wider. Jeder einzelne Clip wurde überdurchschnittlich lange und von überdurchschnittlich vielen Leuten angeschaut. YouTube Analytics sprechen eine deutliche Sprache: Die Serie ist auf Platz eins der Senckenberg-Charts – und wird noch lange da bleiben.

Abbildung 13 11
Senckenberg auf TikTok

Frau Jördens, auf TikTok ist das Senckenberg Museum mittlerweile auch vertreten und konnte schon einige Tausend Follower gewinnen. Was sind Ihre nächsten Pläne für die Plattform?

Judith Jördens: Auf TikTok sollen unsere Themen und Ausstellungsinhalte auf unterhaltsame und kurze Weise präsentiert werden. Gleichzeitig verfolgen wir – in Gestalt unseres Dinomaskottchens – auch aktuelle TikTok-Trends und -Sounds. Derzeit denken wir über Kooperationen mit anderen Frankfurter Institutionen nach, die ebenfalls bei TikTok vertreten sind. Auch der Einbezug von Influencer:innen ist denkbar, zum Beispiel im Rahmen eines Live-Events.

Frau Jördens, welcher Social-Media-Kanal ist für Sie als Senckenberg Museum am wichtigsten und warum?

Judith Jördens: Das lässt sich so pauschal nicht beantworten. Die zahlenstärkste Plattform ist nach wie vor Facebook, die am schnellsten wachsende TikTok und die für unsere Forschenden am relevantesten Twitter. Über Instagram können wir am besten die Schönheit der Natur und unserer Exponate zeigen. In den Corona-Lockdowns wurde unser YouTube-Kanal um ein Vielfaches häufiger besucht als früher. Alle die Kanäle haben demnach eine Berechtigung und sind wichtig, um niederschwellig unsere Inhalte zu vermitteln.

Liebe Frau Jördens, lieber Herr Havlik und lieber Herr Giacomelli, herzlichen Dank für den spannenden Einblick in das Senckenberg Museum.

In der Senckenberg-App erhebt sich per AR der Urzeitriese Edmontosaurus, die Dinomumie, und begrüßt eine Herde Artgenossen, die zwischen den Museumsbesucher:innen umherläuft. Mit der App *Google Arts & Culture* lässt sich das Senckenberg Museum auf virtuellen Rundgängen erkunden. Die Nutzer:innen haben über die App bereits Zugriff auf mehr als 1.000 Museen weltweit.

Künstliche Intelligenz: Wohin geht die Reise?

Die künstliche Intelligenz entwickelt sich stetig weiter und ist für den Einsatz von Chatbots wichtig. Einfache Chatbots tätigen häufig nur Datenbankabfragen und geraten bei komplexen Abfragen ins Trudeln. Durch künstliche Intelligenz entwickelt sich das System weiter und lernt mit jeder Abfrage dazu.

KI für das Influencer-Marketing

Bereits seit 2016 gibt es auf Instagram eine Influencerin, bei der es sich nicht um einen Menschen aus Fleisch und Blut handelt. Miquela Sosa[14] wird nie ihre Honorarforderungen in die Höhe treiben und auch sonst kein ungewolltes Eigenleben entwickeln. Eine Influencerin, die sich for-

14 *https://www.instagram.com/lilmiquela/*

men lässt – eine Traumvorstellung für Unternehmen? So verrückt der Ansatz klingt, er funktioniert offenbar, denn *@lilmiquela* scharrt bereits über drei Millionen Follower:innen um sich. Auch nach ein paar Jahren kennen noch nicht alle Fans ihre wahre Identität. Letztlich stellt sich die Frage, wer mehr Nähe zu seinen Fans aufweist, die millionenschwere Bibi oder ein Roboter? Vielleicht ist der Unterschied geringer als gedacht – und die Gewinner sind die glaubwürdigen Mikro-Influencer.

▼ Abbildung 13-12
lilmiquela hat als Roboter zahlreiche Fans auf Instagram.

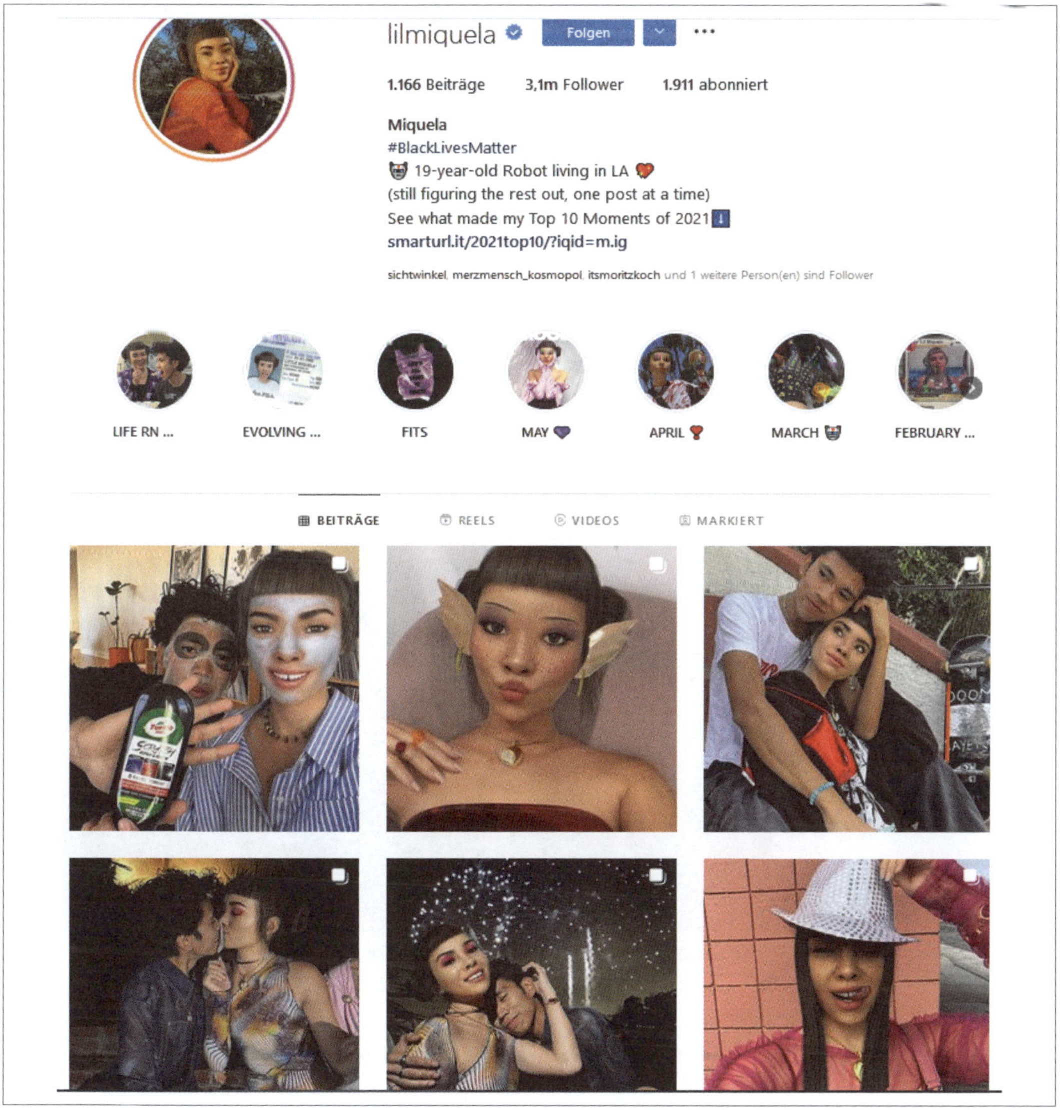

In die Kultur hat KI längst Einzug gehalten, und Menschen produzieren mit ihrer Hilfe Musik, Bilder und Skulpturen. Das Auktionshaus Christie's versteigerte zum ersten Mal in seiner Geschichte ein Kunstwerk, das kein Maler, sondern ein Algorithmus geschaffen hat.[15] Die Gutachter schätzten den Wert des Porträts mit dem klangvollen Namen »Edmond de Belamy« auf maximal 10.000 Dollar – versteigert wurde es für fast eine halbe Million Dollar. Der Künstler Scott Eaton[16] hat eine KI trainiert, damit sie aus Zeichnungen 3-D-Formen kreiert. Nach einer Experimentierphase hat er daraus einen Bronzeguss angefertigt.

Auch in der Musik wird KI eingesetzt. Ende 2019 lief der Wettbewerb *Beats & Bits*, in dem »Wissenschaft im Dialog« dazu aufrief, dass Kreative Musik schaffen sollten, die gemeinsam von Menschen und Maschinen erzeugt wird.[17] Im Jahr 2020 nahm die Deutsche Telekom den 250. Geburtstag von Beethoven zum Anlass für ein interessantes KI-Experiment. Die Beteiligten vollendeten die unvollendete 10. Sinfonie des Musikgenies. Dabei wirken KI-Experten mit sowie Musikwissenschaftler aus aller Welt. Im Oktober 2021 kam das in der Kollaboration zwischen Menschen und Maschine geschaffene Werk zur Aufführung.[18]

Abbildung 13-13 ▶ Die Uraufführung der 10. Sinfonie von Beethoven Ende 2021

15 *https://www.n-tv.de/panorama/Dieses-Gemaelde-hat-ein-Algorithmus-erzeugt-article20689255.html*

16 *https://www.scott-eaton.com/category/creative-ai*

17 *https://www.elektroniknet.de/markt-technik/halbleiter/ki-macht-musik-168383.html*

18 *https://www.zeit.de/news/2021-10/09/von-ki-vollendete-10-sinfonie-von-beethoven-uraufgefuehrt*

Wie KI das Social Media Marketing verändert

Interview

»Marketing wird ein Stück weit analytischer«

Ein Interview mit Professor Andreas Wagener, Professor für digitales Marketing an der Hochschule Hof

▲ **Abbildung 13-14**
Prof. Dr. Andreas Wagener, Professor für digitales Marketing, Buchautor und Spezialist für KI

Professor Andreas Wagener hat ein Buch über »Künstliche Intelligenz im Marketing« verfasst. Er ist als Speaker zum Thema künstliche Intelligenz (KI) sehr gefragt. Mit ihm haben wir über die heutigen und künftigen Einsatzgebiete von KI im Social Media Marketing gesprochen.

Herr Wagener, beim Einsatz von KI für Social Media Marketing denke ich an Textroboter sowie Chatbots, sofern sie mehr leisten als Datenbankabfragen. Was sind für Sie die wichtigsten Einsatzgebiete und warum?

Professor Wagener: Im Social Media Marketing gehört das Thema der Zuspielung des passenden Contents zu den wichtigsten Funktionen von KI. Das gilt sowohl für den organischen Newsfeed als auch für die Targetierung bezahlter Werbung. Auch hier geht es in erster Linie darum, aus dem Nutzerprofil und den aufgezeichneten Verhaltensweisen zu »lernen« und darauf aufbauend passende Inhalte auszuspielen. Die Plattformen nutzen von jeher selbstlernende Content-Systeme. Wie bei der SEO ist es auch im Social Media Marketing – im organischen und im Paid-Bereich – essenziell, deren Wirkungsweise zu verstehen.

Können KMUs und Soloselbstständige in Sachen KI mithalten, oder ist die Technik noch zu teuer und zu kompliziert – und damit Konzernen vorbehalten?

Professor Wagener: Es wäre sicherlich Overkill, wenn jedes Kleinstunternehmen seine eigene Deep-Learning-Umgebung baut. Aber es gibt inzwischen jede Menge Plattformen und »Lösungen von der Stange«, gerade im Marketing, die KI-Elemente beinhalten. Kaum eine Standardsoftware wird in Kürze ohne KI auskommen. Daneben gibt es jede Menge Open-Source- und frei zugängliche Lösungen, die auch für spezifische Zwecke einfach genutzt werden können. Man muss nicht für jeden Anwendungsfall ein neues System programmieren und trainieren. Auch die Endnutzerseite wird zunehmend bedienungsfreundlicher. Darüber hinaus gilt hier auch immer, dass Synergien durch Kooperationen genutzt werden können. So gehen auch große Konzerne vor, die eigentlich Konkurrenten sind. Zum Beispiel werden im Bereich des autonomen Fahrens die Trainingsdaten »gepoolt«, d.h., dass man seine Daten zum Austausch mit der Konkurrenz bereitstellt. Auch das könnten Ansätze für KMUs – in dezentralen Netzwerken – sein.

Müssen Content- und Community-Manager Angst um ihre Jobs haben? Oder sehen Sie die KI eher als Ersatz für dröge Arbeiten wie die Suche nach einem passenden Foto?

Professor Wagener: Zunächst mal wird die Arbeit in Medien und Marketing eher komplexer. Die Systeme müssen schließlich zielgerecht eingesetzt, angepasst und ausgewertet werden. Das erfordert ein grundsätzliches Verständnis von KI. Andererseits müssen die spezifischen »Bedienkenntnisse« erworben werden, beispielsweise im Bereich der Data Analytics im Social Media Marketing. Auf lange Sicht halte ich Prognosen auf diesem Gebiet immer für unseriös. Die Vergangenheit hat gezeigt, dass jede technische Revolution zwar bestehende Jobs »wegautomatisiert« hat, aber im Zuge dessen neue, anspruchsvollere Jobs entstanden sind. Ob das langfristig bei KI auch der Fall sein wird oder ob KI nun endgültig die Wertschöpfungskraft des Menschen eliminiert, wie es teilweise prognostiziert wird, lässt sich nicht voraussehen.

Abbildung 13-15 ▶ Eine Studie von Deloitte sieht die Automatisierung nicht als Jobkiller.[19]

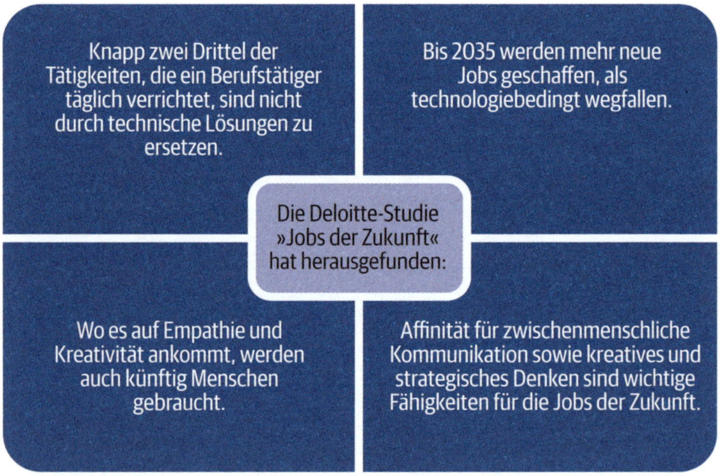

Verändert aus Ihrer Sicht KI die für den Beruf des Social Media Manager nötigen Skills, oder wird es neue Berufsbilder geben?

Professor Wagener: Marketing wird unter Umständen ein Stück weit analytischer, und das Verständnis für Daten könnte noch mal wichtiger werden als Kreativität. Das gilt erst recht für Social Media Marketing.

Bei Social Ads besteht die Gefahr, »Geld zu verbrennen«. Am besten schützt eine ständige Erfolgsanalyse und ein stetiges Nachbessern von Kampagnen. Kann KI hierzu einen Beitrag leisten und, wenn ja, wie?

---

19 *https://www.computerwoche.de/a/automatisierung-ist-kein-jobkiller*

Professor Wagener: Ja, ganz klar. Hier kann KI deutlich besser und schneller agieren als ein Mensch dazu in der Lage ist. Das halte ich auch für die wichtigste Einsatzmöglichkeit von KI. Allerdings müssten im Social-Media-Bereich die jeweiligen Plattformen mitspielen. Sie müssten tiefgehenden Datenzugang ermöglichen, damit das in Echtzeit und in Verbindung mit den Preissystemen der Betreiber funktioniert. Das sehe ich in der Praxis im Moment sehr kritisch. Natürlich kann man auch die bereits jetzt erhobenen Daten in einem entsprechend gefütterten externen System verarbeiten. Aber dann ist fraglich, ob dies angesichts eingeschränkter Funktionalitäten zu wirklich besseren Ergebnissen führt und sich dieser Aufwand lohnt.

Welche Entwicklungen der KI sehen Sie im Hinblick auf Social Media Marketing für die nähere Zukunft?

Professor Wagener: In der Tat glaube ich, dass wir, neben der Organisationsfunktion von KI, im Kreationsbereich noch deutlich mehr sehen werden. Das gilt für Texte, aber auch für Bilder inklusive Bewegtbild und dem gesprochenen Wort. Es gibt bereits zahlreiche »virtuelle Influencer«, die im Moment allerdings noch von Hand »gefüttert« werden. Wenn diese digitalen Lebewesen mit einer KI ausgestattet werden – sozusagen als visuelle, intelligente Chatbots, die eigenständig Inhalte erstellen –, dann haben wir eine neue Stufe erreicht. Ein Blick insbesondere auf Asien zeigt, dass wir davon gar nicht mehr so weit entfernt sind.

Herr Wagener, ich danke Ihnen sehr herzlich für das Gespräch und Ihren spannenden Ausblick auf die weitere Entwicklung von KI und deren Auswirkung auf das Social Media Marketing.

Gemeinsam mit Expert:innen haben wir uns aktuelle Entwicklungen zu Messenger-Diensten, digitalen Sprachassistenten, Chatbots, KI, AR und VR angeschaut. Wir können nicht mit Sicherheit vorhersagen, welche Trends sich durchsetzen werden. Daher sollten Sie das digitale Marketing weiterhin aufmerksam beobachten und jede Neuerung darauf analysieren, ob diese für Ihre Zielgruppe und Ihre Produkte nützlich sein kann.

◀ **Tipp**

Besuchen Sie regelmäßig Veranstaltungen wie die re:publica oder lokale Webmontage, um sich auf dem Laufenden zu halten. Lesen Sie zudem ausgewählte Beiträge auf *https://onlinemarketing.de/*, *https://t3n.de/*, *https://www.heise.de/*, *https://www.horizont.net/* oder *https://www.wuv.de/*.

Zusammenfassung

Wir haben uns in diesem Kapitel Messenger-Dienste und digitale Sprachassistenten angeschaut, aber auch Bereiche wie VR und AR, die sich noch nicht flächendeckend durchgesetzt haben. In der Welt von Kommunikation und Social Media zeigt sich, dass es nicht mehr nur darum geht, ob ein Trend den anderen ablöst, stattdessen wächst die Vielfalt der Kommunikationslösungen und -angebote beständig.

Daher besteht die klare Marschrichtung für Unternehmen darin, ihre (potenziellen) Kund:innen auf der Customer Journey so anzusprechen, dass sie über die gesprochene Sprache, Texte, Fotos, Videos und Ephemeral Content gleichermaßen gut erreicht werden. Auch die Chancen von Gamification, KI sowie VR/AR sollten Sie im Auge behalten und auf den Einsatz in Ihrem Unternehmen hin prüfen.

Wie auch bei vielen anderen Themen lohnt es sich, zu den Early Adopters zu gehören – allerdings nur, wenn Sie Ihre Kund:innen über den neuen Weg oder die neue Plattform wirklich erreichen. Daher empfiehlt sich auch hier wieder der bewährte Dreiklang aus Marktbeobachtung, Analyse und Strategie, bevor Sie über erste Maßnahmen und Kampagnen nachdenken.

KAPITEL 14

Der Weg zu langfristigem Erfolg

In diesem Kapitel:

- Wie Sie Ihr Unternehmen aufstellen
- Wie Sie Ihre Social-Media-Arbeit organisieren
- Wie Sie Ihre Social-Media-Aktivitäten bekannt machen
- Zusammenfassung

Nun haben Sie solides Grundwissen zum Thema Social Media Marketing erworben: Wir haben uns die Gesetzmäßigkeiten und Möglichkeiten sozialer Netzwerke, Blogs und anderer sozialer Medien angesehen, über Storytelling und Content Marketing sowie über verschiedene Medienformate gesprochen – und auch darüber, wohin sich Social Media Marketing aktuell und vermutlich in der Zukunft entwickelt.

So schnell Plattformen und Tools sich auch verändern oder gar ablösen, eines ist erfolgsentscheidend: In sozialen Medien geben Sie offen Ihre Identität und Ihre Absichten zu erkennen, Sie verfolgen Gespräche und gestalten sie mit. Damit verschaffen Sie sich Anerkennung und Vertrauen und können auf ein loyales Netzwerk setzen, das Ihnen beim Erreichen Ihrer Ziele helfen kann. Die Kommunikation muss nicht ausschließlich online stattfinden: Auch reale Kontakte, die sich aus Ihrem Engagement in den sozialen Medien ergeben, können Ihre Unternehmensziele fördern.

Sie haben sich anhand dieses Buchs nun bereits mit Ihrer Strategie beschäftigt, Ihre Ziele formuliert, wissen, wie Sie mithilfe von Monitoring Ihr Zielpublikum und geeignete Plattformen identifizieren sowie auf relevante Gespräche aufmerksam werden, und Sie haben erfahren, unter welchen Bedingungen Sie sich auf unterschiedlichen Plattformen beteiligen und äußern können. Und sicherlich haben Sie Ihren Werkzeugkasten bereits mit einigen Tools bestückt und fühlen sich so gut gerüstet.

Bei allen Überlegungen und Entscheidungen ist es notwendig, sich mit Fragen zu beschäftigen, die über die Funktionsweise von Plattformen hinausgehen – Fragen zu Ihrem Unternehmen und Ihrer Haltung zu Social Media. Damit beginnen wir dieses Kapitel, bevor wir Ihnen abschließend noch einige praktische Tipps für die Organisation Ihrer Social-Media-Aktivitäten mit auf den Weg geben.

Wie Sie Ihr Unternehmen aufstellen

In den Einstiegskapiteln dieses Buchs – insbesondere in den Kapiteln 2 und 4 – sind wir auf die Voraussetzungen eingegangen, die Ihr Unternehmen für nachhaltig erfolgreiches Social Media Marketing schaffen muss:

- das Verständnis für die Eigenschaften von und Mechanismen in sozialen Netzwerken,
- das Wissen über die Community (bzw. die verschiedenen Communitys), die Sie ansprechen wollen, inklusive der Wünsche, Bedürfnisse und Gepflogenheiten Ihrer Zielgruppen,
- die Bereitschaft, sich permanent fortzubilden und/oder die Weiterbildung der Mitarbeiter:innen zu fördern,
- die Bereitschaft, die Identität des Unternehmens Außenstehenden nahezubringen und sich persönlich einzubringen,
- der unbedingte Wille, den Menschen im Web zuzuhören, sie ernst zu nehmen und von ihnen bzw. in der Kommunikation mit ihnen zu lernen,
- die Bereitschaft, Communitys durch eigenes Know-how und Ihre Erfahrungen zu unterstützen und nicht durch Eigenwerbung negativ aufzufallen,
- ein Zeit- und Kostenbudget, mit dem Sie all diese Aufgaben verwirklichen können.

Daraus ergeben sich ganz praktische Aufgaben wie das Entwickeln einer Strategie, das Formulieren von Social Media Guidelines oder das Beschreiben von Zielgruppen.

Alles zusammengenommen, bildet das Fundament für Ihre Social-Media-Aktivitäten: die richtige Unternehmenskultur. Entscheiden Sie sich für ein professionelles und konsequentes Engagement, anstatt Social Media Marketing – wie es in vielen Unternehmen noch immer gang und gäbe ist – mit skeptischen Blicken zu beäugen, inhaltlich austrocknen zu lassen oder es ohne jegliche Unterstützung oder Einbettung in das Unternehmen »einfach mal dem Praktikanten oder der Auszubildenden« unterzuschieben.

Social Media Marketing ist heute deutlich komplexer und anspruchsvoller als noch vor ein paar Jahren: Sie werden gute Konzepte, spannende und bisweilen aufwendig produzierte Inhalte sowie einen starken Willen und viel Durchhaltevermögen brauchen. Gerade zu Beginn eines Social-Media-Engagements kann es sinnvoll sein, eine Begleitung durch externe Social-Media-Profis zu buchen – zur Strategieplanung, zur inhaltlichen Unterstützung, zum Lernen von Tricks und Kniffen im Umgang mit den Tools oder als Sparringspartner. Und in jedem Fall kostet Social Media Marketing Geld. Für alle Investitionen gilt aber: In aller Regel lohnen sie sich.

Ermöglichen Sie (sich) eine fundierte Aus- und Weiterbildung

Social-Media-Verantwortliche sind auf eine fundierte Ausbildung angewiesen. Bei der Fülle an Plattformen, Mediengattungen und Inhalten, Metriken und Methoden ist es nicht realistisch, neben dem Alltagsgeschäft immer die neuesten Entwicklungen im Blick zu haben – gerade weil sich Kanäle, Tools, die Kommunikation im Web und das Verhalten der Onliner unglaublich schnell ändern.

Wer Social Media Marketing in die Marketingstrategie seines Unternehmens einbringen will, muss dafür sorgen, dass die dafür Verantwortlichen vertiefendes Know-how und Best Practices vermittelt bekommen. Gleichzeitig benötigen Unternehmen, die Social-Media-Fachkräfte suchen, häufig »etwas auf dem Papier« – wollen also wissen, welche Kompetenzen ihre Bewerber:innen jeweils mitbringen. Auf diese Nachfrage hin, sowohl von Unternehmen als auch von angehenden Social Media Managern, hat sich eine Vielfalt von Bildungsangeboten und -wegen entwickelt, die nicht immer leicht zu überblicken ist. Einen Rat können wir Ihnen geben: Achten Sie bei der Auswahl der geeigneten Fortbildung mehr auf Praxisnähe als auf tönende Buzzwords. Social Media ist in erster Linie ein Handwerk – und auch wenn Social Media-Verantwortliche die Trends im Blick behalten müssen, werden sie im Berufsalltag vor allem die Best Practices und praktischen Fertigkeiten wie das Texten von Postings, das Monitoring, die Gespräche mit ihren Kunden oder das Publizieren von Anzeigen beherrschen müssen.

Wir haben Ihnen hier die Ausbildungswege und Weiterbildungsmöglichkeiten zusammengestellt, die sich in den vergangenen Jahren entwickelt haben:

- *Studium*: Die Hochschule Anhalt in Bernburg/Sachsen-Anhalt führt den Vollzeit-Masterstudiengang Online-Kommunikation durch (*https://www.hs-anhalt.de*, Fachbereich Wirtschaft). In vier Semestern lernen Sie unter anderem die Theorien der Kommunikation im Netz und praktische Projekte kennen. Ein Mobilitätssemester gewährleistet praktische Erfahrung bei der Arbeit mit Communitys. Kosten: keine (bzw. Semestergebühren).

- *Lehrgang an einer Hochschule*: Die Technische Hochschule Köln – kurz TH Köln (*https://www.th-koeln.de/*) – bot (und bietet nach wie vor) als erste Einrichtung im deutschsprachigen Raum einen Zertifikatslehrgang zum Social Media Manager an. Diese Weiterbildung erstreckt sich über 150 Unterrichtsstunden, die überwiegend in Präsenz mit Selbststudiumsanteilen abgeleistet wird. (Ein Interview mit Professor Fank finden Sie auf den nächsten Seiten.) Kosten: rund 1.800 Euro.

Abbildung 14-1 ▲ Der Bundesverband Community Management e. V. hat neben der Zertifizierung auch Stellenbeschreibungen ausgearbeitet und kündigt relevante Konferenzen an.

- *IHK-Lehrgang*: Industrie- und Handelskammern bieten Zertifikatslehrgänge zum Social Media Manager (IHK) an. Diese Weiterbildungen richten sich meist an Praktiker, die die Grundlagen des Social Media Marketing lernen möchten. Sie bestehen aus mehreren Schulungstagen und kosten etwa 1.000 bis 2.000 Euro. Die Inhalte orientieren sich an einem vom DIHK ausgearbeiteten Rahmenlehrplan. Eine weitere Anlaufstelle ist die Business Akademie Ruhr (*https://business-academy-ruhr.de*), die mit mehreren IHKs kooperiert und auch einen Lehrgang für Fortgeschrittene anbietet.
- *Zertifikatskurse mit einem durch den Bundesverband Community Management e. V. vergebenen Abschluss:* Eine Weiterbildung zum Social Media Manager (BVCM) hat die Leipzig School of Media im Pro-

gramm. Der Kurs besteht aus zwei Blöcken à drei Tagen und kostet 2.400 Euro. Die Prüfung kann auch unabhängig von der Kursteilnahme abgelegt werden. Prüfungstermine und Zulassungsvoraussetzungen finden Sie unter *https://www.bvcm.org/social-media-manager-zertifizierung/*. Plus: Wer sich auf das Bilden, Pflegen und Moderieren von Online-Communitys fokussiert, könnte alternativ oder zusätzlich die Prüfung zum Community-Manager (BVCM) ablegen. Weitere Infos: *https://www.bvcm.org/community-manager-zertifizierung/*.

- *Lehrgänge und Seminare freier Bildungsträger*: Kurse finden sich bei einer ganzen Reihe von Schulungsfirmen und freien Bildungsinstituten wie der eMBIS Akademie für Online-Marketing (*https://www.embis.de*) oder der Haufe Akademie (*https://www.haufe-akademie.de*). Die Seminare führen komprimiert in das Social Media Marketing ein oder vertiefen einzelne Teilbereiche. Bezüglich Dauer (von einem halben Tag bis zu mehreren Tagen), Kosten (zwei- bis vierstellige Beträge) und der inhaltlichen Tiefe gibt es eine sehr große Bandbreite, manche Seminare richten sich auch an spezifische Branchen und Berufe. So bietet der Deutsche Journalistenverband (DJV) Social-Media-Kurse für Zeitungsredakteure an, andere Anbieter haben Social Media Marketing für Hotels oder Einzelhändler im Programm. Werfen Sie dazu einen Blick in die jeweiligen Branchenmagazine, in der Regel sind Seminare dort gelistet.
- *Onlinelehrgänge*: Einrichtungen wie das Deutsche Institut für Marketing (DIM) bilden ebenfalls zum Social Media Manager aus – aufgeteilt in verschiedene Module, die berufsbegleitend und nach freier Zeiteinteilung durchgearbeitet werden können. Auch hier schließt man mit einem Zertifikat ab. Die Kosten liegen bei rund 700 Euro pro Tagesseminar. Das DIM bietet darüber hinaus Weiterbildungen zu Content Marketing, Facebook Marketing und verwandten Themen.
- *Vertiefende Kurse für Fortgeschrittene*: Wer sich punktuell – etwa zum effektiven Schalten von Werbeanzeigen bei Meta – weiterbilden möchte, findet eine Reihe von Profikursen, beispielsweise bei Thomas Hutter (*https://www.hutter-consult.com/seminare-workshops/uebersicht-seminare-workshops/*) oder der OMR Academy (*https://omr-academy.de/*). Meta bietet für seine Dienste Facebook und Instagram selbst ein kostenfreies Weiterbildungsprogramm namens BluePrint (*https://www.facebook.com/business/learn*).
- *Mentoring*: Einige Freelancer und Unternehmen bieten Mentoring-Programme, häufig auch vertiefend zu einem Thema (wie LinkedIn oder Social Media Recruiting). Angebote dieser Art können sehr viel praxisorientierter und individueller sein, dennoch raten wir Ihnen,

stets genau auf die angebotenen Inhalte und Qualifikationen der Trainer:innen zu schauen. Vielleicht fragen Sie auch Berufskolleg:innen nach ihren Erfahrungen.

- *Inhouse-Schulungen*: Wollen Sie in einem größeren Team das Social Media Marketing in Ihrem Unternehmen auf den Weg bringen, oder wollen Sie Ihre Belegschaft in die Grundlagen einführen? Sind Sie in einer besonderen Sparte oder beispielsweise ausschließlich im B2B-Bereich unterwegs? Dann könnte es sich lohnen, einen Trainer in Ihr Haus einzuladen, der seine Fortbildung exakt auf Ihre Bedürfnisse ausrichtet.

Tipp ▶ Manche der genannten Weiterbildungen sind über *Bildungsgutscheine* abrechenbar. Dieser von der Agentur für Arbeit auf Antrag gewährte Zuschuss kann Sie und/oder Ihre Mitarbeiter:innen bei der Finanzierung der Weiterbildung unterstützen. Auch die Bundesländer bieten unterschiedliche Fördermaßnahmen für berufliche Weiterbildung, beispielsweise Bildungsschecks. Mehr Informationen zu allen Fördertöpfen finden Sie unter *https://www.bildungspraemie.info/de/rund-um-weiterbildung-22.php*.

Abbildung 14-2 ▶ Der Social-Media-Marketing-Experte Felix Beilharz bringt die vielfältigen Anforderungen auf den Punkt.

Ermöglichen Sie Ihren Marketingangestellten auch, an Barcamps, Webmontagen oder Treffen des Social Media Club (unter anderem in Frankfurt und Stuttgart) teilzunehmen. Hier gelingt es, sich mit Berufskolleg:innen zu vernetzen – und so manches neue Buzzword gemeinsam und ganz informell einzuordnen.

Interview

»Die Sandwich-Rolle von Social Media-Manager:innen wird oft unterschätzt«

Ein Interview mit Prof. Dr. Matthias Fank, TH Köln

▲ **Abbildung 14-3** Prof. Dr. Matthias Fank verantwortet an der TH Köln u. a. Weiterbildungen im Bereich Social Media, SEO sowie Online-Kampagne.

Viermal jährlich startet die TH Köln eine Weiterbildung zum Social Media Manager. Konzipiert hat sie vor mehr als zehn Jahren Matthias Fank, er hat bis heute die wissenschaftliche Leitung. Für dieses Buch haben wir mit ihm über den Kurs und die Herausforderungen im Beruf gesprochen.

Prof. Dr. Fank, wie viele Social Media Manager:innen haben Sie bereits ins Berufsleben entlassen können?

Matthias Fank: Seit 2011 haben bereits mehr als 1.000 Teilnehmende die Weiterbildung bei uns an der TH Köln absolviert. Anfangs waren es häufig Frauen nach der Familienphase, die beim Wiedereinstieg in ihren Beruf eine Weiterbildung im Social-Media-Bereich gesucht haben. Die sozialen Netzwerke waren damals noch neu, d.h., diese Frauen sind nach ihrem Mutterschutz von heute auf morgen mit einem neuen Medium konfrontiert gewesen. Zu dieser Zeit haben wir noch gemeinsam Facebook-Accounts angelegt. Das hat sich natürlich verändert, die Teilnehmenden bringen längst Wissen über die Plattformen Facebook, Instagram oder TikTok mit.

Haben sich die Kursinhalte angepasst?

Matthias Fank: Heute möchten die Teilnehmenden viel eher lernen, wie sie eine Social-Media-Strategie entwickeln können. Wie stelle ich diese auf, wie kann ich den Erfolg messen? Darauf gehen wir inzwischen sehr stark ein. Obwohl wir einen Grundlagenkurs anbieten, haben wir es inzwischen mit einer deutlich professionelleren, fortgeschritteneren Klientel zu tun. Die Teilnehmenden kommen dabei aus einem sehr diversen Umfeld, von großen Konzernen bis zu Freelancern. Die Anlässe und Argumente, warum unsere Kursteilnehmer:innen die Weiterbildung ergreifen, sind sehr unterschiedlich.

Wie reagieren Sie auf diesen unterschiedlichen Background?

Matthias Fank: Dazu setzen wir von an Anfang an auf Praxis. Die Teilnehmenden arbeiten an einem konkreten und realen Praxisprojekt, das sie idealerweise aus ihrem Unternehmen – oder aus dem Freizeitbereich, beispielsweise ihrem Sportverein – mitbringen. Sie erstellen dann über den Verlauf der Weiterbildung ein sogenanntes »Case Book«, das beispielsweise bestehende Auftritte und Zielsetzungen behandelt.

Das heißt, alle theoretischen Inhalte erarbeiten sie sich entlang ihres Anwendungsfalls?

Matthias Fank: Ja, genau: Das Case Book ist gleichzeitig ihr Kursergebnis. Darin finden die Teilnehmenden alle Inhalte, die sie bei uns in drei Monaten gelernt haben – auf ihren Fall angewendet. Zusätzlich setzen wir auf Austausch untereinander, beispielsweise mit einem gemeinsamen Whiteboard. Die Teilnehmer:innen erhalten darauf jeweils ein Blatt, auf dem sie ihre Strategie entwickeln. Gleichzeitig können sie untereinander auch den Status quo der anderen sehen – so profitiert man auch vom Lernfortschritt der Gruppe. Die Weiterbildung ist tatsächlich ganz anders als das, was wir aus der klassischen Hochschullehre kennen. Viel praktischer.

Welche Voraussetzungen sollten angehende Social Media Manager:innen mitbringen – einerseits, was berufliche Vorerfahrungen angeht, aber auch hinsichtlich ihrer Persönlichkeitsstruktur?

Matthias Fank: Interesse an Neuem steht an oberster Stelle. Wir können im Kurs nicht darüber diskutieren, ob beispielsweise TikTok sinnvoll ist. Das ist eine persönliche Haltung, die in dieser Weiterbildung keinen Platz hat. Schließlich sehen wir, dass TikTok seit zwei Jahren immens boomt und dass es dabei Elemente nutzt, die wir aus keinem anderen Portal kennen. Die Verschmelzung von Content und Werbung etwa ist bei TikTok so außergewöhnlich, damit muss man sich schlichtweg auseinandersetzen. Deshalb verlangen wir von den Teilnehmenden immer Neugierde, das ist das A und O.

Formale Zulassungsbeschränkungen bestehen nicht. Die Weiterbildung steht allen offen.

Welchen Herausforderungen begegnen Social Media Manager:innen bei der Ausübung ihres Berufs?

Matthias Fank: Häufig kommen die Teilnehmer:innen bereits aus kommunikativen Berufen, sie haben also schon PR-Erfahrung oder wissen, wie sie Communitys pflegen. Wir beobachten aber, dass sie im Berufsleben gelegentlich einen Spagat vollbringen müssen – zwischen dem, was sie gern tun würden, und dem, was die Geschäftsleitung ihnen vorgibt. Social Media Manager:innen wissen, wie das Netz tickt, und sie bringen Know-how aus unserem Kurs mit – und dennoch erlaubt ihnen die Company Policy nicht, sich in bestimmten Fragen adäquat zu verhalten. Sie wissen, dass bestimmte Äußerungen zu Kritik aus der Community führen werden, können aber nicht frei agieren, weil ihr Unternehmen kommuniziert, als wären wir noch im 19. Jahrhundert. Dazu gehören auch wahnsinnig aufwendige Genehmigungs- und Freigabeprozesse.

Diese Diskrepanz belastet teilweise sehr und bringt viele ins Schwimmen. Es ist eine tägliche Herausforderung, einen Kanal und eine Community attraktiv zu bespielen und gleichzeitig dem Unternehmen gerecht zu werden. Diese Sandwich-Rolle wird von vielen unterschätzt. Bei einigen Brands kann das zur Zerreißprobe werden. Unternehmen wie die Deutsche Telekom oder die Deutsche Bahn bekommen im Social Web sehr viel direkte Kritik. Diese prasselt auf die Social Media Manager:innen ungefiltert ein, während sie intern Lob über die eigene Marke und die Produkte hören.

Diese Problematik besprechen wir auch bei uns im Kurs. Unsere Dozent:innen rekrutieren wir bevorzugt aus Unternehmen, nicht aus Agenturen. Dort sind sie selbst auch für Social Media Marketing zuständig und müssen teilweise über Jahre hinweg Strategien planen, umsetzen, prüfen, justieren sowie intern justieren. Sie wissen also, vor welchen Herausforderungen Social Media Manager:innen stehen und gehen darüber mit den Kursteilnehmer:innen gern in den Dialog.

Wir danken für das Gespräch.

Leben Sie Social Media

Wie wichtig es ist, die Mentalität der sozialen Medien zu verstehen, in das Unternehmen zu integrieren und nach außen wie nach innen zu leben, haben wir Ihnen bereits in Kapitel 4 beschrieben: Ein *Social CEO* trägt einen wesentlichen Beitrag zum Social Media Marketing bei, weil er sich persönlich in die Kommunikation einbringt. Und Networking-Tools wie Yammer können gerade in großen und/oder weitverzweigten Unternehmen die Vernetzung und den Austausch erleichtern. Gleichzeitig können diese Tools dabei helfen, Talente in Ihrem Team aufzuspüren und neuen Aufgaben zuzuführen. Verstehen Sie Social Media also nicht nur als ein weiteres To-do, als lästige Pflicht, der Sie nachkommen müssen, sondern überlegen Sie für alle Abteilungen und Bereiche Ihres Hauses, welche Chancen die sozialen Medien Ihnen eröffnen können.

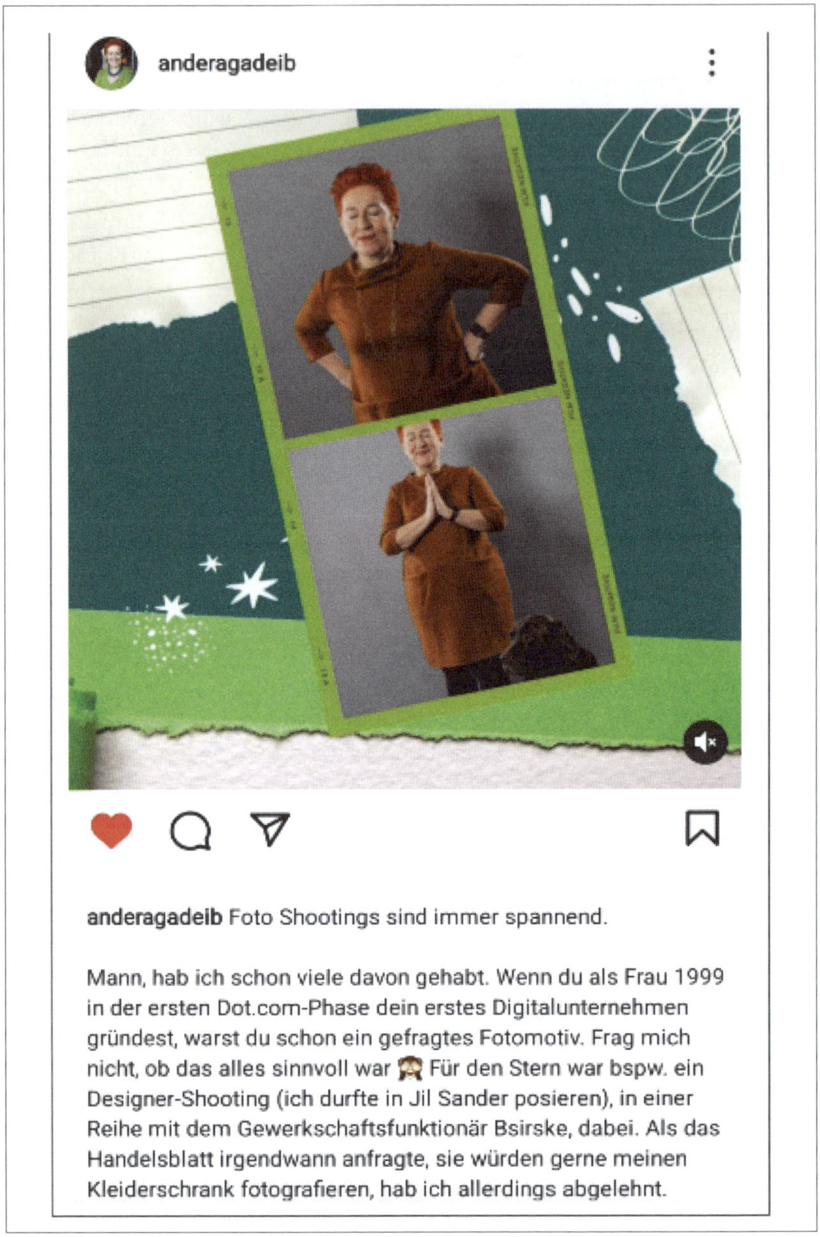

Abbildung 14-4 ▶ Die Unternehmerin Andera Gadeib versteht sich als Onlineenthusiastin: Als mehrfache Gründerin und Chefin einer Marktforschungsagentur ist sie auf Facebook, Instagram, Pinterest, LinkedIn sowie als Podcasterin aktiv. Ihr Alleinstellungsmerkmal: persönliche Geschichten und eine klare Haltung. So geht Social CEO.

Überprüfen Sie Ihre Unternehmenskultur

Sie erinnern sich: Mit sozialen Medien erhalten Sie die Möglichkeit, direkt mit Ihrem Zielpublikum in Kontakt zu treten. Sie sprechen mit Ihren Kunden, tauschen sich mit Kolleginnen und Geschäftspartnern aus und beobachten, was Ihre Konkurrenz so treibt. Sie erfahren dadurch viel Wissenswertes über die Stimmung in Ihrem Markt sowie über Trends und neue Entwicklungen. Unweigerlich bekommen Sie auch mit, wie beispielsweise Ihre Wettbewerber nach außen – und manchmal auch nach innen – kommunizieren, welcher Ton vorherrscht und welche Gepflogenheiten gelten. Gibt es interne Spannungen und Unstimmigkeiten, lassen diese sich häufig nur mit Mühe verbergen.

Das betrifft auch Ihr Unternehmen: beispielsweise wenn Ihre Kolleg:innen eigene Profile in Businessnetzwerken pflegen und damit in gewisser Weise auch das Unternehmen öffentlich vertreten. Oder wenn sie mit ihrem privaten Profil von Geschäftsreisen twittern oder die Postings Ihres Unternehmens bei Facebook kommentieren oder teilen. Dann können auch Ihre Kund:innen, Geschäftspartner:innen oder potenziellen Mitarbeitenden sowohl unmittelbar als auch zwischen den Zeilen wahrnehmen, welche Stimmung Sie und Ihr Unternehmen ausstrahlen. Das Klima in Ihrem Unternehmen – die Art und Weise, wie Ihre Angestellten miteinander reden, wie zufrieden sie sind und wie ernst genommen sie sich fühlen –, lässt sich aus den sozialen Medien ablesen.

Diese Unternehmenskultur jedoch prägt das Image eines Unternehmens. Sie können langfristig niemanden täuschen. Am besten vergleichbar ist das mit der Begegnung am Messestand oder im Ladengeschäft. Unzufriedenheit bei Angestellten, handfeste Konflikte oder gar Machtkämpfe bleiben über kurz oder lang nicht verborgen. Dann leidet Ihr Image, und Ihre Kunden gehen beim nächsten Mal lieber zur Konkurrenz. Damit Ihnen das nicht passiert, sollten Sie sich spätestens jetzt mit Ihrer Unternehmenskultur beschäftigen.[1] Das hilft Ihnen auch bei der Formulierung Ihrer Social Media Guidelines sowie bei der Auswahl Ihrer Inhalte und Ihrer Kundenansprache. In größeren Unternehmen kann sich der Aufbau von Corporate Influencern lohnen, wie es die Deutsche Telekom mit ihrer »Botschafter-Initiative« und den Schlagwörtern *#LoveMagenta*, *#WeWontStop* und *#Werkstolz* vormacht.[2]

◀ Tipp

Fragen Sie Freunde, Bekannte, Geschäftspartner und Kollegen, wie sie Ihr Unternehmen wahrnehmen. Gibt es ein klares Bild Ihrer Markenpersönlichkeit? Wie klingt Ihr Unternehmen, welche Themen schreibt man Ihnen zu, und wo würde man Sie erwarten? Social Media ist eine Chance, sich viele Fragen zur Markenidentität noch mal oder erstmals zu stellen. Je stimmiger Ihr Auftritt ist, desto besser können sich Ihre Kund:innen, aber auch Ihre Mitarbeitenden damit identifizieren.

1 Blättern Sie dazu auch noch einmal zu Kapitel 2.

2 *https://www.telekom.com/de/blog/konzern/artikel/telekom-botschafter-stellen-sich-vor-595738*

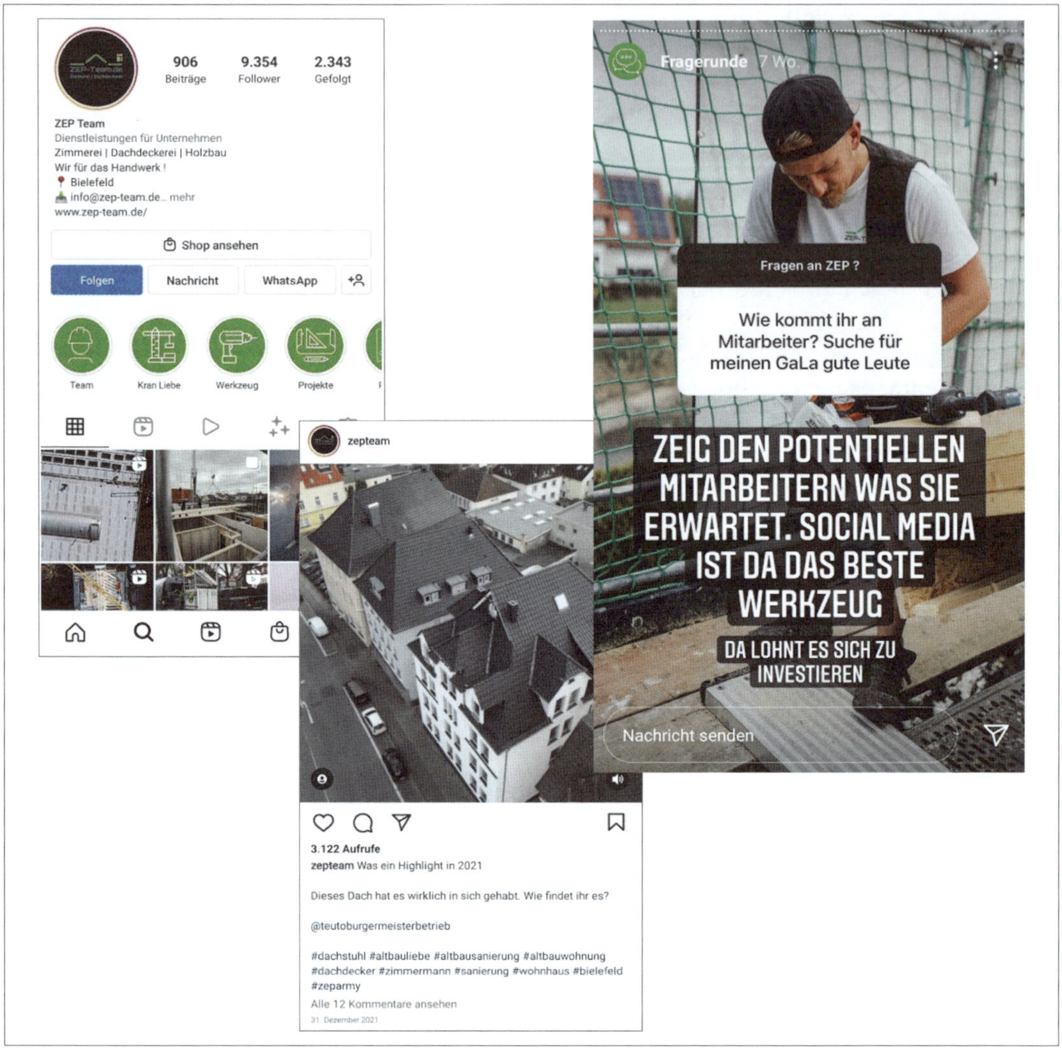

Abbildung 14-5 ▲
Ein Dachdeckerbetrieb mit rund 25 Mitarbeitenden ist ZEP aus Bielefeld. Das Unternehmen versteht es mit Humor, Know-how, beeindruckenden Drohnenaufnahmen und einer lockeren Sprache, glaubwürdig Begeisterung für den ausgeübten Beruf und Teamgeist zu demonstrieren.

Verstehen Sie Beschäftigte als Markenbotschafter

Haben Sie auch Kolleginnen und Kollegen, die nur widerwillig einem Porträtfoto für die Teamseite der Website zustimmen? Dann wissen Sie, warum es zwar naheliegend, aber extrem herausfordernd sein kann, das eigene Team bei der Social-Media-Marketing-Strategie Ihres Hauses mitzunehmen. In den meisten Fällen interessieren sie sich nicht besonders für das, was »die Marketingleute da auf Facebook oder Instagram machen«, manche hinterlassen immerhin hin und wieder ein *Gefällt mir*. Bestimmt gibt es aber auch in Ihrem Unternehmen die Kollegen, die Social-Media-affin oder offen für Marketing sind und sich auch offline bereits als gute Netzwerker gezeigt haben. Diese gilt es zu fördern und zu unterstützen – denn die authentischsten Fürsprecher finden Sie in den eigenen Reihen.

Mitarbeiter:innen, die beispielsweise die Homeoffice-Ausstattung ihres Arbeitgebers mit dem Hashtag *#lovemyjob* bei Instagram hochladen, wirken mit ihrem Lob um ein Vielfaches glaubwürdiger als jede Stellenausschreibung Ihrer Personalabteilung. Vielleicht laden Sie Ihre Azubis ein, regelmäßig über ihren Ausbildungsverlauf zu bloggen, oder Sie ermutigen Kollegen, an Memes wie *#12von12* oder *#wmdedgt*[3] teilzunehmen – und so von ihrem Berufsalltag zu berichten.

Im Jahr 2019 entstand zunächst auf Instagram, später auf allen großen Social-Media-Plattformen, eine virale Kampagne namens »Tetris-Challenge« (siehe Abbildung 14-4). Dabei legten insbesondere Rettungskräfte die Ausrüstung ihrer Fahrzeuge fein säuberlich auf dem Boden aus, sich selbst dazu und ließen sich dann aus der Vogelperspektive fotografieren. In den sozialen Netzwerken ließen sich schließlich Hunderte Fotos bewundern: von Feuerwehren, Notarztwagen und sogar von Bestattungsinstituten. Auch andere Freelancer und Unternehmen nutzten den Hype und fotografierten ihre typischen Arbeitsmittel und sich selbst auf dem Boden liegend. Damit profitierten sie nicht nur von der Reichweite der Kampagne, sie zeigten auch, dass sie das Social Web beobachten und spontan und experimentierfreudig genug sind, um auf Aktionen wie die Tetris-Challenge aufzuspringen. Hier ist ebenfalls eine offene Unternehmenskultur, die ihre Mitarbeitenden auch zu originellen Aktionen ermuntert, ihnen die Freiheit und die Mittel zur Umsetzung – Zeit und Geld – einräumt, unabdingbar. Und sie lohnt sich sehr.

Vielleicht beteiligt sich Ihr Unternehmen auch an regionalen Sport- und Kulturveranstaltungen oder an karitativen Initiativen? Lassen Sie die beteiligten Kollegen doch von ihren Eindrücken und Erlebnissen bloggen. Dies kann eine tolle Chance sein, den Zusammenhalt und die Kollegialität in Ihrem Unternehmen nach außen zu tragen. Gleiches gilt, wenn Kolleginnen – wie oben beschrieben – privat von der erfolgreichen Dienstreise zu einer Messe oder Konferenz twittern. Und selbst wenn es nur darum geht, eine Stellenanzeige zu streuen: Denken Sie an die Reichweite, die jeder Kollege in seinem eigenen Netzwerk mitbringt: die Nachbarn und Freunde, die Familie sowie – für das Recruiting sehr wertvoll – auch die Berufskollegen und ehemaligen Mitstreiter an Berufsschule und Uni.

Ermuntern Sie Ihre Angestellten dazu, sich in Ihre Social-Media-Aktivitäten einzubringen. Erinnern Sie gelegentlich an die Kanäle, die Sie pfle-

3 Lesen Sie dazu auch in Kapitel 6 den Abschnitt »Blog Memes«.

gen, bitten Sie auch um Likes und Shares, und wenn jemand eine Idee hat, welche Inhalte und Themen Sie im Social Web angehen sollten: Hören Sie Ihrer Belegschaft aufmerksam zu. Sie sind auf die Geschichten aller Unternehmensbereiche angewiesen. Um den Mitarbeiter:innen die nötige Sicherheit hinsichtlich der Nutzung sozialer Netzwerke und nicht zuletzt bei arbeitsrechtlichen Fragen zu geben, achten Sie auf verständliche und nützliche Social Media Guidelines, und bieten Sie bei Bedarf Schulungen an. Und natürlich sollten Sie gemeinsam mit Ihrer Geschäftsführung die Bedingungen schaffen, die ein gutes Unternehmensklima hervorbringen – sodass Ihre Belegschaft ebenfalls überzeugt *#lovemyjob* an ihre Postings heften kann.

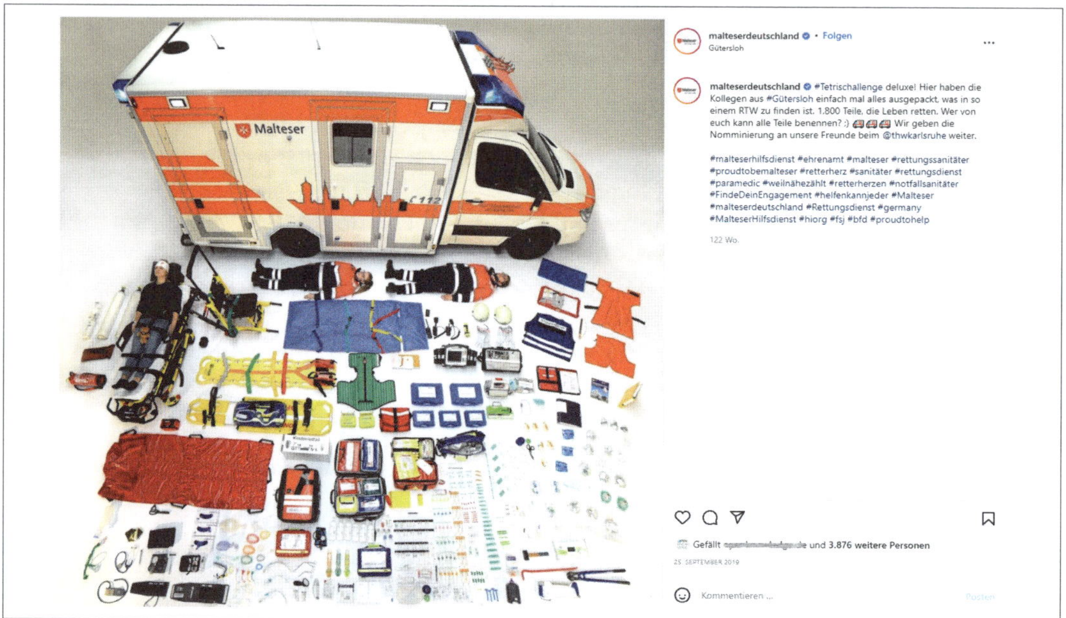

Abbildung 14-6 ▲ Beitrag des Malteser Hilfsdiensts zur Tetris-Challenge. Dieses wurde schließlich mit dem PR-Bild-Award 2020 ausgezeichnet.[4]

Pflegen Sie persönliche Kontakte

Wenn Sie sich in Social Media ein gutes Netzwerk aufgebaut haben, sollten Sie noch einen Schritt weitergehen: Wie wäre es, wenn Sie Ihre Onlinebeziehungen auch offline pflegen würden? Fremdenverkehrsämter können ihre Fans und Follower zu Instawalks durch ihre Stadt einladen oder der Autobauer seine kritischsten Facebook-Fans zu Rundgängen durch die Produktionshallen.

Digitale Lösungsansätze gab es auch, als die Coronapandemie die Menschen weltweit zur Kontaktvermeidung zwang. Einige Bands beispielswei-

4 *https://www.pr-bild-award.de/sieger2020/*

se nutzten die Funktion von Instagram Live, um neue Alben vorzustellen, Songs zu spielen und Fans und andere Musiker:innen hinzuzuschalten. Auf diese Weise lassen sich zudem Reichweiten verstärken. Freelancer vernetzten sich zum Feierabendbier via Skype, und Verbände und Vereine luden zu Business Blind Dates[5].

Kritiker einladen

Als das Medienhaus Aachen eine Paywall – also eine Bezahlschranke für das Webangebot der Lokalzeitung – einführte, hagelte es teilweise vehemente Kritik aus der Twitter-Gemeinde der nordrheinwestfälischen Kur- und Hochschulstadt. Daraufhin luden Zeitungsredaktion und IT-Abteilung zu einem Gesprächstermin –und warben um Verständnis für die Paywall, indem sie ausführlich über deren Hintergründe aus wirtschaftlicher, technischer und auch redaktionsinterner Sicht berichtete. Gleichzeitig hörte man den Kritikern aufmerksam zu und berichtete bereitwillig über die Hürden auf dem Weg zur Paywall.

Auch wenn diese nach dem Gespräch nicht abgeschaltet wurde – damit hatte wohl auch niemand gerechnet –, ging man positiv auseinander, denn der Zeitungsverlag hatte mehreren Personen aus ganz unterschiedlichen Bereichen über insgesamt vier Stunden hinweg persönlich zugehort, das Vorgehen erläutert und Stellung bezogen. Und natürlich nutzte man die Gelegenheit und führte die Twitterer durch Redaktion und Verlagsdruckerei – was wiederum für starke Bilder in den sozialen Netzwerken sorgte. Diese recht simple Maßnahme – Kritiker zum Gespräch einladen – lässt sich bei jeder Unternehmensgröße verwirklichen. Und wie dieses Beispiel zeigt, muss das Ziel nicht lauten, diese umzustimmen oder mundtot zu machen. Einige Aachener Twitterer waren nach diesem Abend weiterhin schlecht auf die Paywall zu sprechen, würdigten und schätzten jedoch, dass man ihnen zugehört hatte.

Eine echte Bereicherung können Treffen mit anderen »Social-Media-Intensivtätern« sein – wie den Twitterern oder der Bloggercommunity Ihrer Stadt beispielsweise. Erschließen Sie sich die Onlineszene: Gibt es regelmäßige Social-Media-Treffen oder Stammtische? Gute Quellen für Ihre Recherche sind die Website *Meetup.com*[6] sowie Facebook (unter den Veranstaltungen) und XING. Auch eine Hashtag-Suche (*#stadtXY*) auf Twitter kann Aufschluss geben. Schaffen Sie selbst Gelegenheiten, bei denen Sie Ihre Fans und Follower treffen können. Laden Sie in Ihr Unternehmen ein oder zu einem Treffen an Ihrem Messestand.

In einigen großen (und manchen kleinen) Städten finden jährlich Barcamps statt. Die sogenannten »Unkonferenzen« sind offene Tagungen, bei denen die Teilnehmer selbst das Programm bestimmen und aktiv mitgestalten. Unternehmen können diese Veranstaltungen als Sponsoren oder Teilnehmer nutzen, um Kontakte zu neuen Interessenten zu bekommen, vor allem dann, wenn sie selbst nicht das Geld haben, gro-

5 Zum Beispiel beim Marketing Club Aachen: *https://marketingclub-aachen.de/rueckblick/*.

6 *https://www.meetup.com/de-DE/*

ße Veranstaltungen anzubieten. Aber Vorsicht: Barcamps sind Community-Veranstaltungen – es gelten ähnliche Regeln wie in den sozialen Netzwerken: Allzu offensives werbliches Verhalten ist verpönt. Statt einer Produktpräsentation sollten Sie lieber eine Session (so nennt man die Themenrunden und Vorträge auf Barcamps) anbieten, bei der die Teilnehmer etwas lernen können – etwa wie das neue Monitoring-Tool einzusetzen ist oder welche Tipps Sie für die Wahl der richtigen Blogsoftware haben.

Das persönliche Treffen ist die beste Möglichkeit, um Vertrauen aufzubauen und im Internet geknüpfte Beziehungen zu festigen. Sie werden feststellen, dass Sie eine Menge zu besprechen haben, von Kooperationsmöglichkeiten über Feedback bis hin zu Wissenstransfer und Informationen. So können Sie sich selbst und Ihre Marke bekannt und besser wahrnehmbar machen.

Nutzen Sie virale Aktionen und Trends

Im Dezember 2021 starteten 150 große Firmen und Marken mit abgewandelten Slogans und Logos eine Impfkampagne im Social Web. Der Versicherer R+V schrieb beispielsweise »Du impfst nicht allein«, McDonalds gab »impfen – ich liebe es« aus und BMW »Freude am Impfen«.

Abbildung 14-7 ▶ Hohe Reichweiten – für Hornbach-Baumärkte, die schon zum Kampagnenstart dabei waren, aber auch für kleine Unternehmen, die flink nachzogen

Die von einer Werbeagentur geplante Aktion inspirierte bereits nach wenigen Stunden zahlreiche weitere Unternehmen, Verbände, Parteien, Behörden und Selbstständige dazu, sich *#ZusammenGegenCorona* anzuschließen. Sie konnten einerseits Flagge bekennen, andererseits aber auch von dem über mehrere Tage hinweg hochgerankten Hashtag profitieren. Wenn die Botschaft zum Unternehmen passt oder – wie in diesem Fall – eine Haltung zu einer aktuellen Frage vermittelt –, lohnt es sich, schnell und flexibel zu sein.

Betonen Sie »social« bei Social Media

Eine ähnliche Chance, sich als Marke, Unternehmen oder Person zu positionieren und authentisch und glaubwürdig Empathie zu zeigen, nahmen viele Unternehmen zur Flutkatastrophe im Sommer 2021 wahr. Ein Baumarkt bot unmittelbar nach dem Unglück kostenfrei Schaufeln, Pumpen und Besen an, sodass Geschädigte ihre Häuser von Schlamm befreien konnten. Ein Lebensmittelhersteller spendete Tiefkühlpizzen an die zahlreichen Helferteams, ein Netzbetreiber informierte umgehend via Social Web, wie es um die Reparatur der Telefonleitungen steht. Viele kleinere Unternehmen, die in der Nähe betroffener Orte ansässig sind, sprangen ihren Kund:innen und Wettbewerbern bei, die alles verloren hatten – und nutzten ihre Social-Media-Reichweite, um Hilfe zu organisieren oder schlichtweg auf die Lage vor Ort aufmerksam zu machen.

Auch Behörden konnten über soziale Netzwerke direkt an ihre Bürger:innen herantreten – und zeigten, dass die Social-Media-Accounts ihrer Städte wortwörtlich keine »Schönwetterkanäle« sind, die bloß Hochglanzfotos und Touristeninformationen teilen. Die stark betroffenen Stadt Stolberg im Rheinland etwa nutzte insbesondere den Instagram-Kanal *@kupferstadt_stolberg*, um die Einwohner:innen über die aktuelle Lage zu informieren und Hilfe zu koordinieren. Bürgermeister Patrick Haas berichtete täglich in mehreren Instagram Stories, wie es um seine Stadt stand, wo Betroffene Hilfsgelder, Nahrungsmittel und Kleidung abholen konnten und welche Vereine und Menschen in seiner Stadt außerdem tatkräftig mit anpackten. Hier geht Social-Media-Kommunikation über reines Marketing hinaus – hier zeigen Unternehmen und Organisationen, dass sie Social Media verstanden und verinnerlicht haben.

Bitte verstehen Sie dieses Beispiel nicht falsch: Sie sollten furchtbare Ereignisse wie ein Hochwasser niemals missbrauchen, um sich zu profilieren. Wenn sie aber wirklich Hilfe leisten können – und sei es durch die Verbreitung von Informationen – und ehrliches Mitgefühl haben, dann dürfen Sie Ihren Fans und Followern die guten Seiten des Social Web und die Kraft, die in Communitys steckt, auch ruhig demonstrieren.

Den ehrenamtlich helfenden Handwerksbetrieben, den Caterern, die Tag für Tag Essen verteilten und auch dem Stolberger Bürgermeister: Man hat ihnen in den Instagram Stories angesehen, wie erschüttert sie über die massiven Zerstörungen waren. Ihre Kraft und Energie haben jedoch mit hoher Sicherheit weitere Menschen motiviert, sich Besen und Schaufel zu schnappen und mitzuhelfen. Und genau darum geht es – unabhängig von allen Social-Media-Zielen – eben auch: das Soziale und Verbindende der Netzwerke und Kanäle zu stärken.

Abbildung 14-8 Kommunikation und Hilfe durch Unternehmen und Behörden während der Hochwasserkatastrophe 2021

Wie Sie Ihre Social-Media-Arbeit organisieren

Aus eigener Erfahrung wissen wir, wie herausfordernd es bisweilen sein kann, im Tagesgeschäft den Überblick über die verschiedenen Aufgaben des Social Media Marketing zu behalten. Schließlich brechen wir die strategischen Marketingziele des Unternehmens auf viele winzige Puzzleteile herunter – in Facebook-Postings, in Instagram-Fotos, in Tweets mit 280 Zeichen und Blogartikel mit mindestens 300 Wörtern sowie in Headergrafiken für LinkedIn und in YouTube-Videos mit 90 Sekunden Länge. Wir müssen die besten Tageszeiten für alle Netzwerke kennen und bisweilen auch spätabends noch einem unzufriedenen Kunden weiterhelfen. Wir sollen uns auf Events austauschen und weiterbilden, kreative Inhalte erstellen, neue Medienformate testen – aber bei all dem nicht zu viel Arbeitszeit einsetzen.

Da liegt es nahe, unsere Aktivitäten regelmäßig zu überprüfen, einige zu streichen, um für andere Platz zu schaffen – und uns einige Aufgaben zu vereinfachen.

Share of Voice: die richtigen Kanäle wählen

Wie viele verschiedene soziale Netzwerke es gibt und wie aufwendig es sein kann, die Netzwerke herauszufiltern, die von Ihren Zielgruppen frequentiert werden, haben wir Ihnen bereits zu Beginn des Buchs erläutert. Sie wissen auch, dass es unmöglich ist, eine Plattform zu finden, auf der Sie alle potenziellen Gesprächspartner gleichzeitig erreichen können. Sie sind also gezwungen, sich mehrere Kanäle im Social Web zu erschließen, wenn Sie Ihre Reichweite erhöhen und weitere interessierte Nutzer ansprechen wollen.

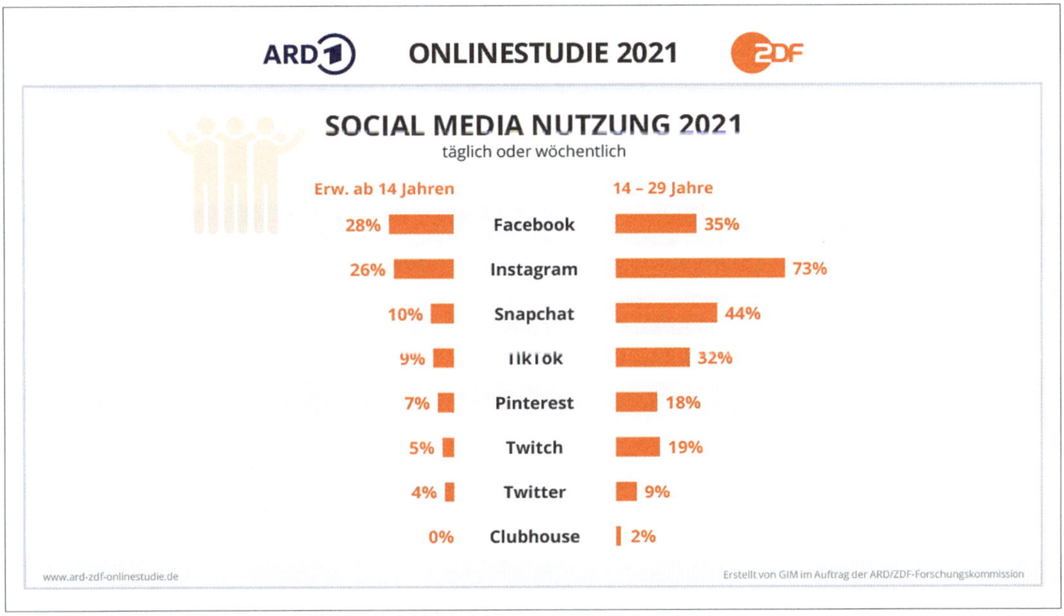

▲ Abbildung 14-9
Wo sind Ihre Zielgruppen? Diese Frage stellt sich regelmäßig neu.

Daher ist es wichtig, über den Tellerrand des einzelnen sozialen Mediums hinauszublicken. Auch wenn Sie längst nicht in jeder Community aktiv werden können, sollten Sie doch versuchen, auf allen relevanten Plattformen die Erwähnungen Ihres Unternehmens sowie wichtige Themen und Stimmungen mitzuschneiden. Hilfreich kann an dieser Stelle eine Matrix sein, in die Sie die verschiedenen Plattformen wie Blog, Instagram, YouTube, Pinterest oder kununu von »lesen, schreiben, kommentieren« bis »nur lesen« eingruppieren. Nach dieser Prioritätseinteilung sollten Sie in Ihrem Alltag vorgehen.

Die meiste Aufmerksamkeit erzielen Sie vermutlich mit Ihren Social-Media-Aktivitäten in den bekanntesten Netzwerken wie Facebook, Instagram und TikTok. Beobachten Sie aufmerksam, wie sich Social Media verändert. Nur auf eine Plattform zu setzen, macht Sie abhängig. Selbst wenn Instagram und Facebook als die beliebtesten sozialen Netzwerke momentan für viele ein Synonym für Social Media sind, kann das in zwei oder drei Jahren schon wieder ganz anders aussehen. Und für Ihre Zielsetzung, Branche, Technologie oder Region können außerhalb der großen Player ganz andere soziale Netzwerke relevant sein.

Tipp ▶ Manchmal kann es förderlich sein, zu den Ersten auf einer recht neuen Plattform zu gehören – auch wenn geringe Nutzerzahlen dagegensprechen. Häufig entstehen enge Bindungen oder große Reichweiten, schließlich kann man anfangs noch von hoher Sichtbarkeit profitieren.

Wenn Sie sich ein Blog als Basis für Ihre Social-Media-Aktivitäten einrichten, haben Sie die wichtigsten Fäden in der Hand. Durch Monitoring und eine Kundenbefragung können Sie herausfinden, wo sich Ihr Zielpublikum außerdem aufhält. Konzentrieren Sie sich dann zunächst auf drei oder vier passende Plattformen, die aber wiederum einen großen Teil Ihrer Zielgruppe erreichen sollten.

- Wählen Sie sorgsam aus, wo Sie die für Sie passende Community finden.
- Verschaffen Sie sich ein Bild von den Gepflogenheiten in der jeweiligen Community.
- Machen Sie sich mit den wichtigsten Funktionsweisen der Plattform vertraut.
- Legen Sie präzise Ihre Ziele fest.
- Starten und pflegen Sie Ihre Präsenzen mit Überzeugung und Begeisterung.
- Suchen Sie sich geeignete Tools und gegebenenfalls Expertenhilfe, um nicht durch die Auseinandersetzung mit der Technik aufgehalten zu werden.

Für Ihren langfristigen Erfolg ist es sehr wichtig, dass Sie regelmäßig auf den sozialen Plattformen kommunizieren. Wenn Sie beispielsweise bloggen und mit Ihren Artikeln auf Interesse stoßen, sollten Sie nicht auf einmal wieder sang- und klanglos verschwinden. Und wenn Sie ein Instagram-Profil eröffnet haben, denken Sie daran, immer wieder Fotos hochzuladen, die Spannung erzeugen und Ihre Botschaften transportieren. Haben Sie das Interesse der Community einmal geweckt, erwartet diese, dass Sie regelmäßig nützliche bzw. unterhaltsame Beiträge zu Ihren Themen liefern.

Das Timing optimieren

Blogbeiträge immer mittwochs und freitags um 10, Facebook-Postings nie vor 12 Uhr mittags und Instagram am Wochenende? Ermitteln Sie, wann Ihre Zielgruppen auf welchen Plattformen aktiv sind und zu welchen Tageszeiten Sie üblicherweise die meiste Resonanz erhalten. Einige Anbieter wie Facebook und Twitter verzeichnen diese Informationen im Analytics- oder Insights-Bereich. Wenn Sie bloggen, können Sie Ihre Blogstatistik bzw. Serverstatistik unter die Lupe nehmen. Orientierung finden Sie auch in allgemeingültigen Erhebungen: Businessnetzwerke sind naturgemäß am stärksten während der Kernbürozeiten zwischen 10 und 16 Uhr frequentiert. Twitter wiederum wird häufig auf dem Weg zur oder von der Arbeit zurück abgerufen. Facebook und Instagram sollten auch am Wochenende bespielt werden – bereiten Sie entsprechend Beiträge vor und automatisieren Sie deren Veröffentlichung. (Vorsicht, bei einzelnen Zielgruppen kann dies abweichen!)

Wenn Sie alle Zeiten recherchiert haben, tragen Sie diese in eine Tabelle ein.

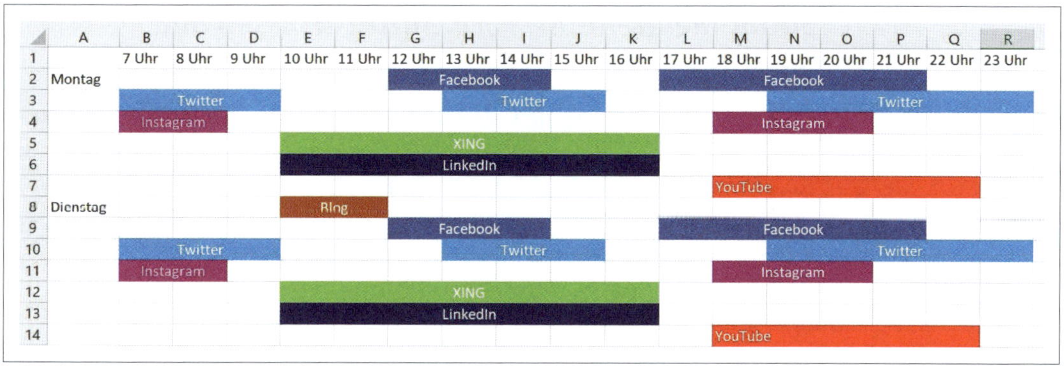

▲ **Abbildung 14-10**
Timing ist alles: die Kernzeiten Ihrer Zielgruppe plattformspezifisch im Überblick.

Überlegen Sie sich auch, welche Posting-Frequenz Sie für jeden Kanal beabsichtigen. Ihr Ziel sollte immer sein, dass Sie Ihre Botschaften in der für jeden Kanal genau richtigen Dosis streuen. (Und dies auch auf längere Sicht umsetzen können.)

Die richtige Mischung finden

Wenn Sie eine Weile in den sozialen Netzwerken aktiv waren, sollten Sie für alle Plattformen auswerten, wie Ihre Inhalte ankommen – dies haben wir auch in den jeweiligen Kapiteln etwa zu Facebook, YouTube oder Instagram näher beschrieben. Kategorisieren Sie Ihre Beiträge beispielsweise in Meldungen aus dem Unternehmen, Stellenausschreibungen, Produktwerbung, allgemeine Branchen- und Technologiebeiträge,

Rätsel und Verlosungen. Berücksichtigen Sie auch Beiträge von anderen, die Sie geteilt haben. Oder nach Gattung: Wie viele Interviews, wie viele Produktvideos haben Sie veröffentlicht, und war vielleicht auch ein Comic oder ein Podcast dabei? Wie häufig setzen Sie Emojis und GIFs ein? Wie würden Sie die Resonanz beurteilen?

Lassen Sie sich nicht nur von den Zahlen leiten, sondern achten Sie auf eine gute Mischung – und dass Ihre Key Message stets Oberwasser behält, ohne die Fans und Follower mit Werbung und PR zu überlasten. Variieren Sie deshalb Inhalte und Formate immer wieder neu, experimentieren Sie und finden Sie heraus, welche Trends sich abzeichnen. Niemand möchte beispielsweise immer und immer wieder Erklärstücke lesen, nur weil diese einmal gut ankamen. Kein Kunde lässt sich dauerhaft von emotionalen Geschichten überzeugen, auch wenn wir wissen, dass Emotionen die Kaufentscheidung beeinflussen und deshalb in jede Marketingstrategie gehören. Und kein Unternehmen kann zum Ziel haben, ausschließlich über witzige Memes wahrgenommen zu werden, nur weil diese häufig geteilt werden.

Social-Media-Audit: Fortschritte erfassen und einordnen

Messen Sie kontinuierlich den Erfolg Ihrer Social-Media-Aktivitäten. Ihren SMARTen Zielen entsprechend (siehe Kapitel 2) können Sie die Kennziffern verfeinern. Monitoring-Tools und -Kennziffern finden Sie in Kapitel 3. Am besten lässt sich der Erfolg im Social Web anhand von Reichweite und Einfluss einschätzen. Den Einfluss können Sie vielleicht nicht immer unmittelbar messen, aber wie sieht es mit der Qualität des Meinungsaustauschs aus? Ziehen die Leute Ihr Produkt oder Ihre Dienstleistungen tatsächlich in Betracht, nachdem sie darauf aufmerksam geworden sind? Schaffen Sie es, einen Wunsch nach Verbundenheit mit Ihrer Marke zu wecken? Der beste Weg, um Klarheit über Erfolg und Misserfolg zu erlangen, ist eine Kombination aus der quantitativen Analyse Ihrer Statistiken, die Sie über Ihr Webanalysetool und Ihre Social-Media-Accounts erhalten, und der qualitativen Auswertung von Kommentaren, Reaktionen und Netzwerkkontakten.

Manche Unternehmen unterziehen ihr Social Media Marketing einem Audit: Diese Prüfung soll schrittweise erfassen, wie gut die eigene Strategie aufgeht und welche Maßnahmen besonders gut oder besonders schlecht greifen. Das Audit beginnt mit einer systematischen Bestandsaufnahme:

- In welchen Netzwerken wird Ihre Marke oder werden Ihre Produkte erwähnt?
- Welche Accounts auf welchen Kanälen gibt es – aktiv von Ihnen erstellt und gepflegt oder auch von den Anbietern automatisch eingerichtet, wie es beispielsweise die Businessnetzwerke XING und LinkedIn tun? Gibt es Profile, die von Fremden angelegt wurden?[7]
- Liegen zu allen Accounts die Zugangsdaten bereit? Wer hat Zugriff auf welche Konten?
- Wenn Sie nun die einzelnen Plattformen durchgehen: Stimmen die Logos, Unternehmensinfos und -daten wie Adresse, Öffnungszeiten oder URLs noch?
- Wenn Sie die Kennziffern des Social Media Marketing ermitteln: Wie viele Fans konnten Sie versammeln, wie ist die Wachstumsrate Ihrer Fangemeinde? Wie viele Impressionen haben Sie erreicht, wie viele Reaktionen erhalten? Wie viel Traffic gelangte auf Ihre Website, wie viele Leads – Click-through-Rateund Conversion-Rate – konnten Sie erzeugen?
- Wenn Sie die Entwicklung der Plattformen und Ihrer Präsenzen unter die Lupe nehmen: Erreichen Sie über diese noch immer Ihre Zielgruppen? Passen die veröffentlichten Inhalte zu Ihren ursprünglichen Zielen – oder müssen Sie Ihre Maßnahmen überprüfen? Wie ist die Resonanz auf Ihre Inhalte zu bewerten? Welche Postings kamen gut, welche weniger gut an? Was können Sie schlussfolgern?
- Wenn Sie auf Ihre internen Prozesse blicken: Wie gut gelingt es Ihnen, Inhalte zu recherchieren, Mitstreiter im Unternehmen zu finden, zentrale Benefits und Botschaften des Unternehmens zu formulieren und immer wieder zu betonen? Ist Ihr Social Media Marketing in die allgemeine Marketingstrategie eingebettet, und hat es alle Ressourcen, die es benötigt?

Mit den gesammelten Informationen können Sie Ihre Strategie – siehe Kapitel 2 – turnusmäßig feinjustieren. Manche Unternehmen führen ihr Social-Media-Audit quartalsweise, manche jährlich und wieder andere nur sporadisch durch. Finden Sie den Rhythmus, der sich für Sie gut bewerkstelligen lässt und bei dem die Lerneffekte hinsichtlich der Erfolgsevaluierung aussagekräftig genug sind. Übrigens kann es sehr aufschlussreich sein, auch die Social-Media-Aktivitäten Ihres Wettbewerbs nach diesem Schema zu untersuchen, selbst wenn Sie dabei natürlich nicht alle Daten recherchieren können.

7 Sie sollten diese dann für sich beanspruchen.

Tipp ▶ Wer es nicht regelmäßig schafft, ein größeres *Audit* durchzuführen, kann zumindest eine *Inventur* ansetzen, wie sie die Social-Media- und PR-Expertin Kerstin Hoffmann empfiehlt. Dabei lassen sich ebenfalls verwaiste Accounts aufspüren und Prozesse vereinfachen. Eine ausführliche Anleitung sowie eine Dateivorlage finden Sie unter *https://www.kerstin-hoffmann.de/pr-doktor/neuer-grosser-social-media-check-erfolg/*[8]

Abbildung 14-11 ▶ Vorlagen für Social-Media-Audits liegen unter anderem bei Hootsuite bereit.

Die Arbeit organisieren und erleichtern

In Kapitel 5 dieses Buchs hatten wir Ihnen das *Führen eines Redaktionsplans* ans Herz gelegt – beispielsweise für Ihr Blog, aber auch gebündelt für alle Beiträge auf den unterschiedlichen Social-Media-Plattformen. Ein Redaktionsplan hilft Ihnen – und Ihrem Team, wenn Sie auf Collaboration Tools[9] setzen –, jederzeit Ihre Key Message sowie alle benötigten Texte, Bilder, Links etc. an einem Ort zu bündeln. Recherchieren und ergänzen Sie bei dieser Gelegenheit gleich die von Ihnen genutzten Hashtags – diese tragen erheblich zur Verbreitung bei. In Ihrem Redaktionsplan sehen Sie zudem, wer für einen Beitrag verantwortlich ist, wann er veröffentlicht werden soll oder ob er beispielsweise noch durch

8 *https://blog.hootsuite.com/de/social-media-audit-vorlage-fuer-social-media-manager/*

9 Zum Beispiel Trello, mehr dazu steht unter anderem in den Kapiteln 2 und 5.

andere Abteilungen inhaltlich geprüft werden muss. Er hilft nicht nur, Postings zu planen, vorzubereiten und zu veröffentlichen, er sorgt auch für Regelmäßigkeit und liefert die Vorlage für die Auswertung Ihre Maßnahmen. Je strukturierter Sie Ihr Social Media Marketing angehen, desto mehr Zeit und Spielraum bleibt dafür, außergewöhnliche Ideen zu entwickeln.

◀ Tipp

Notieren Sie Ihre *Key Message* – die Kernbotschaft, die Sie zu Ihrem Unternehmen und/oder Ihrem Produkt verbreiten wollen und auf der Ihre Marketingstrategie basiert – am besten direkt in der Kopfzeile Ihres Redaktionsplans. Dies ist eine simple Methode, das große Ganze niemals aus dem Blick zu verlieren: Sie haben es buchstablich vor Augen.

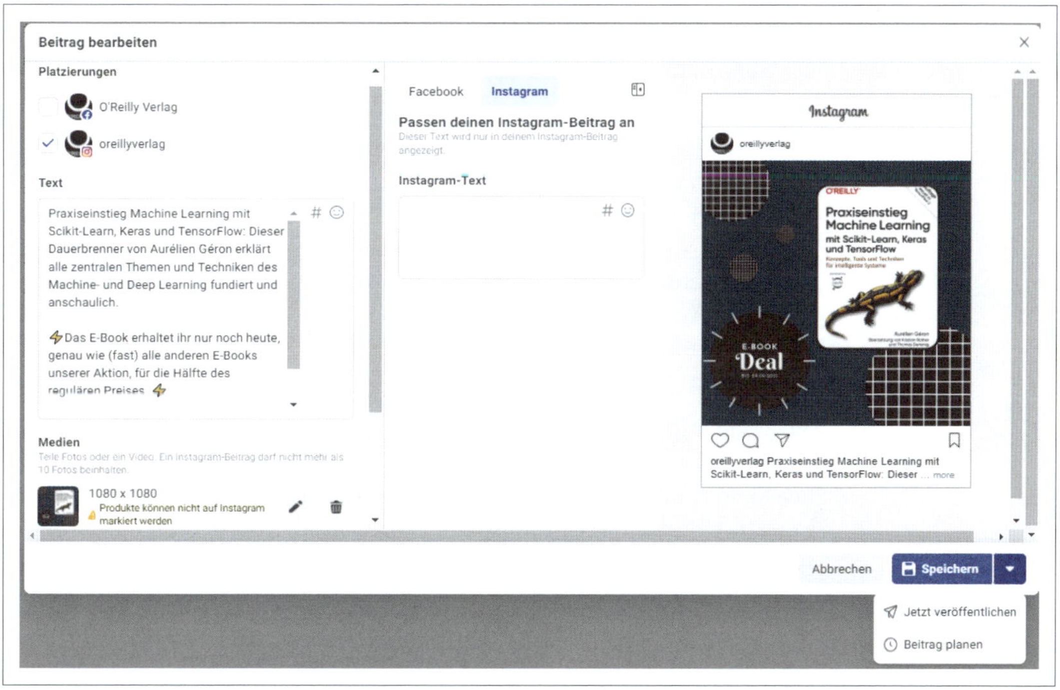

▲ Abbildung 14-12
Einfacher geht es kaum: Anlegen und Planen von Facebook- und Instagram-Postings in der Meta Business Suite.

Die einheitliche Gestaltung etwa von Bildern gewährleistet nicht nur die Wiedererkennbarkeit Ihrer Postings – und damit Ihrer Marke –, sie erspart Ihnen auch eine ganze Menge Arbeit. Wenn Sie beispielsweise vorhaben, immer freitags um 16 Uhr Ihren Instagram-Fans ein besonderes Bonmot mit auf den Weg ins Wochenende zu geben, legen Sie sich eine Layoutvorlage in Ihrer Grafiksoftware an, in der Sie letztlich nur die Inhalte anpassen müssen. Hintergrundfarbe, Schriftart und -größe, Zeichenfarbe, Ihr Logo – all diese Elemente bleiben unverändert, auch in ihrer Aufteilung. Mit dieser Methode können Sie gleich in einem Arbeitsgang mehrere Bilder für die nächsten Wochen und Monate anlegen – und Ihre Postings dabei sogar einer Dramaturgie folgen lassen. Sie müssen zudem nicht für jede Plattform das Rad neu erfinden, sondern können (und sollten) ruhig Inhalte wiederverwenden. Dies betrifft insbesondere audiovisuelle Inhalte, deren Entwicklung sehr aufwendig ist.

Hinweis ▶ So verlockend es nun sein mag, Inhalte automatisiert und für viele Plattformen in gleichem Wortlaut zu veröffentlichen: Gehen Sie mit der Mehrfachverwertung von Inhalten dennoch mit Bedacht um. Statt Blogbeiträge, Fotos, Links, Pressemitteilungen und Newsletter-Texte – alles, was bereits an anderen Stellen veröffentlicht wurde – beispielsweise auch auf die Facebook-Seite zu pumpen, sollten Sie Ihre Fans auf jeder Plattform möglichst persönlich ansprechen. Überlegen Sie sich, welchen zusätzlichen Nutzen Ihre Facebook-Postings gegenüber Ihren Pressemitteilungen, den Texten auf Ihrer Website und Ihrem Newsletter sowie den Veröffentlichungen auf anderen Social-Media-Kanälen haben könnten. Geben Sie Interessenten gute Gründe, Ihre Fans auf Facebook oder Ihre Instagram-Follower oder Ihr Blogabonnent (und so weiter) zu werden und dort mit Ihnen zu interagieren.

Vorbereitete und im Redaktionsplan verankerte Postings lassen sich in vielen Netzwerken als Entwurf vorbereiten und für einen späteren Zeitpunkt speichern. Ganz simpel und über mehrere Plattformen hinweg funktioniert das automatisierte Veröffentlichen mit Tools wie Hootsuite oder Tweetdeck sowie allen großen Profi-Dashboards. Und wenn Sie bloggen: Auch Content-Management-Systeme verfügen über eine Entwurfsfunktion.

Apropos: Lassen Sie sich helfen. Greifen Sie auf Tools zurück, mit denen Sie zügiger gestalten, planen oder auswerten können. Inzwischen gibt es eine Reihe von Apps, mit denen Sie mit wenigen Fingertipps Fotos nachbearbeiten und Grafiken für Instagram, Facebook, sogar Infografiken, Pinterest-Bilder oder WhatsApp-Stories in allen erdenklichen Stilrichtungen anlegen können. Zu den beliebtesten Tools gehören:

- *Canva* (*https://www.canva.com*),
- *Adobe Creative Cloud Express* (*https://www.adobe.com/de/express/*),
- *vistacreate* (*https://create.vista.com/de/*) und
- *Easelly* zur Erstellung von Infografiken (*https://www.easel.ly/*).

Tipp ▶ Achten Sie darauf, sich nicht in der Fülle möglicher Designs zu verlieren, sondern stets die Layoutrichtlinien Ihrer Marke im Blick haben. Sie wollen schließlich unverwechselbar bleiben.

Das ist das A und O: Routine. Entwickeln Sie einen *Workflow*, der zu Ihrem Tagesgeschäft passt, alle Arbeitsschritte berücksichtigt und dabei genug Luft für kreative Spielereien und Experimente lässt. Sie können zum Beispiel immer am ersten Mittwoch des Monats ein Teammeeting einberufen, bei dem Sie die Messages, Aktionen und Themen des nächsten Quartals grob und die der nächsten vier Wochen detailliert besprechen. Es folgen die Ausformulierung der Texte sowie die Vorbereitung von Bild- und Videoinhalten oder etwa von Apps, besonderen Gewinnspielen oder Ähnlichem. Achten Sie darauf, dass Sie sich genügend Zeit nehmen, um aufwendigere Postings, Blogbeiträge oder Videos zu entwickeln – beispielsweise um auch Kolleg:innen aus der Produktion einbeziehen zu können. Nichts ist ärgerlicher, als eine außergewöhnliche, erfolgversprechende Idee verwerfen zu müssen, weil die Zeit für die Umsetzung fehlt.

▼ Abbildung 14-13
Was hätten Sie gern: einen neuen Facebook-Header? Oder ein attraktives Layout für Ihre Insta-Story? Canva überzeugt durch die einfache Anwendung und eine Fülle an Designs. Kosten: ca. 12 Euro pro Monat, es gibt auch eine eingeschränkte kostenfreie Variante.

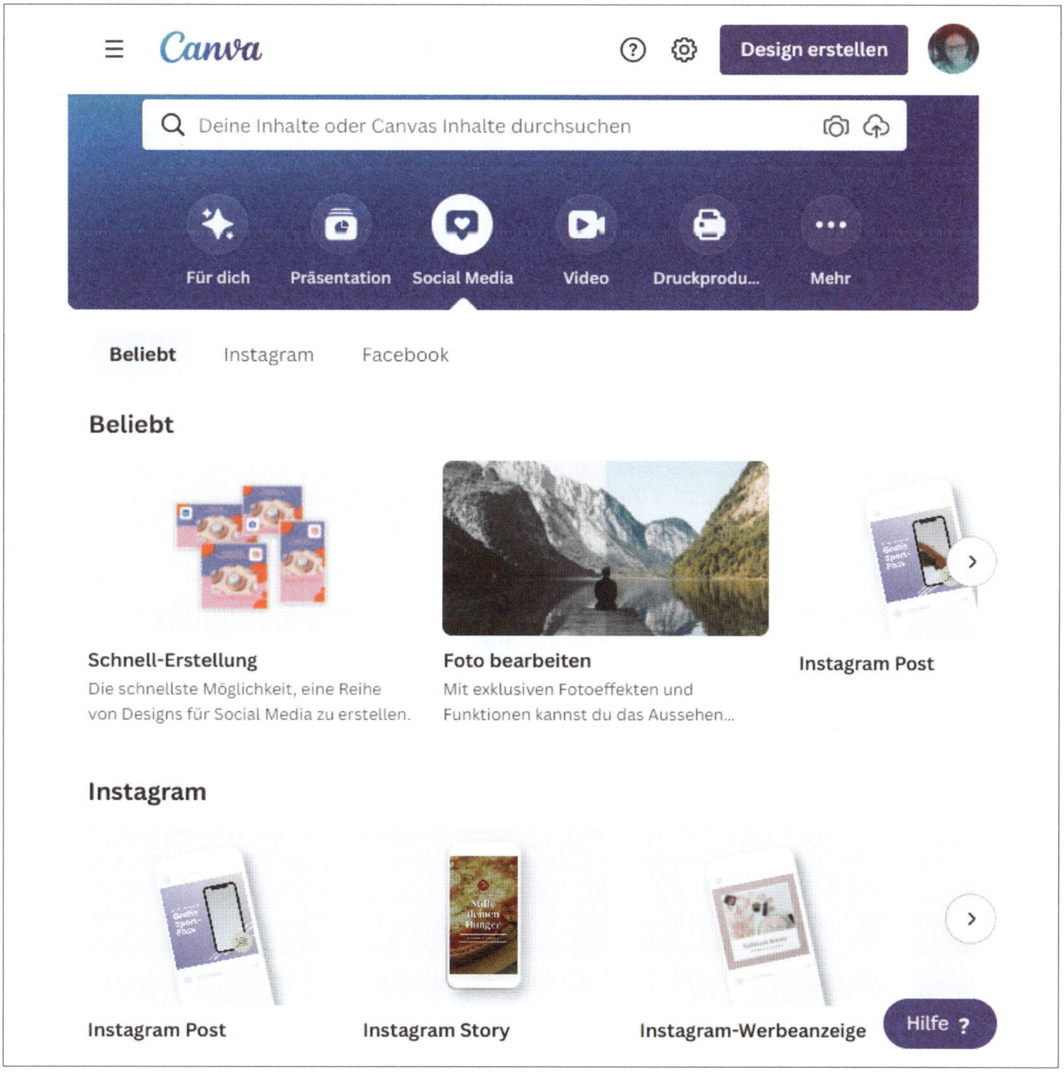

Wenn Sie während Ihrer Arbeit Ideen für Social-Media-Aktionen haben, die sich aktuell nicht umsetzen lassen, oder wenn Ihnen im Social Web bemerkenswerte Designs, anregende Inhalte oder auch polarisierende Fragen begegnen, die Sie beobachten und vielleicht adaptieren wollen: Legen Sie sich eine *Ideenmappe* an. Auch dafür eignen sich Collaboration Tools wie beispielsweise Evernote (*https://evernote.com/intl/de*). Behalten Sie dabei im Blick, dass Ihre Beiträge im Idealfall Ihre Kund:innen direkt ansprechen, kreativ und informativ sind, einen Mehrwert bieten und zum Teilen einladen.

Achten Sie darauf, dass alle an Ihrem Social Media Marketing Beteiligten jederzeit Klarheit über die Tonalität Ihres Kanals und die richtige Ansprache Ihrer Kund:innen haben. Legen Sie die Social Media Guidelines an einem zentralen Ort ab und ergänzen Sie Regeln dazu, wer wann und innerhalb welcher Zeitspanne auf Kommentare und Rückfragen reagiert. (Schauen Sie sich regelmäßig an, wie Ihnen das gelingt.)

Sie sehen schon: Gut geplant ist halb gewonnen. Social Media Marketing ist häufig »klein-klein«. Stürzen Sie sich nicht blindlings in die einzelnen To-dos, sondern gruppieren Sie Ihre Aufgaben und legen fixe Zeitpunkte fest, an denen Sie sie erledigen. Und schon bleibt mehr Raum für Experimente, Fantasie und: für den Austausch mit der Community.

Wie Sie Ihre Social-Media-Aktivitäten bekannt machen

Lassen Sie Ihre Zielgruppen – alle, denken Sie auch an Ihre Kolleg:innen – wissen, in welchen sozialen Netzwerken man Sie findet.

- Ihre Website ist und bleibt die zentrale Anlaufstelle. Deshalb gehören natürlich auch Links zu Ihren Social-Media-Kanälen auf Ihre Website. Meist findet man sie im Footer der Website, oben rechts in der Dachzeile oder – falls vorhanden – in der rechten Spalte.
- Wenn Sie einen Newsletter versenden, können Sie auch darin auf Blogbeiträge, Videos, Bilder oder andere Social-Media-Aktivitäten aufmerksam machen.
- Ihre Visitenkarte ist ebenfalls ein gutes Mittel, um auf Ihr Blog, Ihre Website, Ihren XING- oder Twitter-Account oder andere Social-Media-Profile hinzuweisen.

Tipp ▶ Wenn Sie Ihre Profile auf Ihrer Visitenkarte erwähnen, sollten Sie das nach dem Motto »Weniger ist mehr« tun. Heben Sie nur diejenigen Medien heraus, in denen Sie aktiv sind und auf die Sie die Aufmerksamkeit lenken möchten. Überfordern Sie den Empfänger der Karte nicht mit zu vielen Informationen. Richten Sie auf Ihrer Website eine Seite mit Informationen zu Ihren Social-Media-Aktivitäten ein. Oder nutzen Sie eine digitale Visitenkarte auf about.me (*http://about.me*), von der aus Sie auf alle Accounts verlinken können.

- Ihre E-Mail-Signatur ist gut geeignet, um Ihre Aktivitäten in sozialen Medien bekannt zu machen.
- Schalten Sie Anzeigen, produzieren Sie Plakate, Sticker oder andere Werbemittel? Auch da können Sie auf Ihre Social-Media-Kanäle hinweisen. Häufig genügt ein kleines Logo, wie das »f« für Facebook.
- Im Gespräch mit Kund:innen oder Geschäftspartner:innen können Sie natürlich ebenfalls erwähnen, welche Erfahrungen Sie mit Social Media Marketing gemacht haben – und alle einladen, Ihnen zu folgen.
- Haben Sie ein Ladengeschäft oder führen Sie ein Restaurant? Gibt es einen physischen Ort, an dem Ihre Kund:innen auf Sie treffen? Dann laden Sie sie direkt dort ein, Ihnen im Social Web zu folgen.

◀ Abbildung 14-14
Der Ferienpark Center Parcs animiert hier seine Besucher:innen, Urlaubsfotos zu schießen und direkt auf Instagram zu teilen. Eine einfache und kostengünstige Methode, die sich auch für Ausflugslokale oder touristische Attraktionen anbietet.

Stimmen Sie Ihre klassische Kommunikation mit den Aktivitäten im Social Web ab. Marketing und PR, Kundenservice und Recruiting sind längst »interaktiv« und nutzen Funktionsweisen und Mittel von Social

Media. Verknüpfen Sie Ihre Kommunikationskanäle und kombinieren Sie sie miteinander.

Wir hoffen, Sie fühlen sich nun gut vorbereitet für Ihren Weg ins Social Media Marketing, und wünschen ganz besonders, dass Sie sich nicht von den vielen Details, Möglichkeiten und gelegentlich drohenden Fallstricken abschrecken lassen. Zwar hat sich diese Marketingdisziplin in den vergangenen zehn Jahren deutlich professionalisiert, und ja, es ist schwieriger, sich im Getöse der Netzwerke und Inhalte zu behaupten. Aber: Es geht selten darum, kurzfristig riesige Reichweiten zu erzeugen. Stattdessen lautet das Ziel in aller Regel, langfristig und nachhaltig mit Ihren Zielgruppen im Gespräch zu bleiben. Und dies erreichen Sie immer noch mit vorausschauender Planung, Fleiß und ernsthaftem, glaubhaftem Interesse an Ihren Zielgruppen. Wagen Sie es – und lassen Sie sich nicht die Freude daran nehmen.

Checkliste: Der Weg zu langfristigem Erfolg

- Haben Sie alle personellen und finanziellen Voraussetzungen für Social Media Marketing geklärt und geschaffen?
- Kennen Sie Ihre Zielgruppen? Konnten Sie oder Ihre Social-Media-Beauftragten eine Social-Media-Strategie erarbeiten, die wiederum in Ihre Marketingstrategie eingebettet werden kann?
- Konnten Sie Social Media Marketing in Ihrer Unternehmenskultur verankern, und geht Ihre Führungsebene mit gutem Beispiel voran?
- Ermöglichen Sie Ihrem Team Aus- und Weiterbildung sowie den Besuch von relevanten Tagungen?
- Gibt es unter Ihren Mitarbeitenden bereits Markenbotschafter, oder können Sie Kolleginnen und Kollegen dazu ermutigen?
- Suchen Sie auch offline das Gespräch mit Ihren Zielgruppen?
- Nutzen Sie mehrere Kanäle, kennen Sie die besten Zeiten und die beliebtesten Inhalte Ihrer Zielgruppe?
- Überprüfen Sie regelmäßig Ihre Präsenzen und evaluieren Sie deren Erfolg anhand wichtiger Kennzahlen wie Reichweite und Konversionsrate sowie Ihrer vorab bestimmten Ziele?
- Haben Sie sich einen Workflow eingerichtet, mit dem Sie den Social-Media-Alltag gut planen und strukturieren können?
- Kennen und nutzen Sie Tools, die Ihnen bei der Planung, Erstellung, Veröffentlichung und Auswertung von Content helfen?
- Weisen Sie auch in Ihren Werbemitteln (Kundenbroschüren, Flyern, Werbepostkarten etc.) und an Ihren Messeständen auf Ihre Aktivitäten in Social Media hin? (Werfen Sie aber unbedingt vorab einen Blick in die Geschäftsbedingungen der sozialen Netzwerke, wenn Sie Logos abdrucken. Bei manchen Social-Media-Plattformen und -Angeboten benötigen Sie dafür eine gesonderte Abdruckgenehmigung.)

Zusammenfassung

Social Media Marketing ist eine anspruchsvolle und umfangreiche Aufgabe. Sie müssen auf mehreren Plattformen im Web, aber auch offline aktiv sein. Stellen Sie sich darauf ein, Ihr Visier zu öffnen: Sagen Sie offen, wer Sie sind und was Sie tun. Ermöglichen Sie einen Dialog auf Augenhöhe. Erfolge werden Sie nur erzielen, wenn Sie in die Kultur des Social Web eintauchen und die Mentalität von Social Media für sich annehmen. Bauen Sie sich ein hochwertiges Netzwerk auf, das Sie unterstützt, wenn es kritisch wird. Bieten Sie Ihrem Netzwerk mit immer neuen, nützlichen und unterhaltsamen Inhalten einen Mehrwert, der gern mit anderen geteilt wird. Die Community entscheidet, ob Sie mit Ihren Botschaften ankommen und weiterempfohlen werden oder nicht. Dieser Mechanismus muss in Ihrem gesamten Unternehmen verstanden und entsprechende Konsequenzen müssen – falls erforderlich – auch gezogen werden.

Beschränken Sie sich nicht auf eine Social-Media-Plattform, sondern schöpfen Sie die Möglichkeiten von Social Media aus. Überlegen Sie regelmäßig, ob Sie Ihre Communitys erreichen und welche Ihrer Aktivitäten dazu beitragen, den Zielen Ihrer Social-Media-Strategie näher zu kommen. Sorgen Sie dafür, dass Ihre Kund:innen, Geschäftspartner:innen und Beschäftigten vom Social Media Marketing Ihres Unternehmens erfahren. Beziehen Sie auch Ihre klassische Kommunikation ein und verknüpfen Sie all Ihre Kommunikationsmittel mit Social Media.

Erleichtern Sie sich Ihre Arbeit, indem Sie feste Abläufe planen und Tools wie Canva oder Evernote nutzen. So gelingt es Ihnen, trotz vieler kleiner Aufgaben genügend Zeit für die Themenplanung und -entwicklung, für die Gestaltung außergewöhnlicher Formate sowie zum Vernetzen und zum Austausch zu haben.

Denn vergessen Sie nie: Im Social Web dreht sich alles um Beziehungen. Wenn Sie etwas geben, werden andere Ihnen etwas zurückgeben. Zeigen Sie Ihren Kommunikationspartnern, dass Sie ihre Aufmerksamkeit zu schätzen wissen. Bringen Sie Ihren Fans und Follower:innen Interesse entgegen. Setzen Sie das Wohl der Community immer an die erste Stelle. Vergessen Sie beim Formulieren Ihrer Ziele nicht, dass Social Media kein Mittel zum reinen Werben und Verkaufen sind. Und nicht zuletzt: Sie benötigen Zeit und Mühe, um Erfolge zu erzielen.

Der Dialog findet jetzt und hier statt. Werden Sie ein Teil davon. Wir wünschen Ihnen viel Erfolg und Freude dabei!

KAPITEL 15

Rechtliche Aspekte beim Social Media Marketing

In diesem Kapitel:

- Namens- und Markenrechte
- Anbieterkennzeichnung: Impressumspflicht
- Datenschutz und Datenschutzerklärung
- Urheberrechte an Bildern und Videos
- Uploadfilter
- Abbildungen von Personen
- Aufnahmen fremder Sachen und Gebäude
- Fremde Texte und Textzitate
- Wann darf fremde Musik verwendet werden?
- Influencer-Marketing
- Äußerungen und Bewertungen
- Superlative
- Gewinnspiele und Wettbewerbe
- Haftung für fremde Inhalte
- Shitstorms und das Hausrecht
- Rechtsfolgen von Verstößen

Der Autor dieses Kapitels, Dr. jur. Thomas Schwenke, LL.M. (Auckland) ist Rechtsanwalt in Berlin, zertifizierter Datenschutzauditor sowie Datenschutzbeauftragter und wurde 2017 mit dem Wissenschaftspreis der Gesellschaft für Datenschutz und Datensicherheit ausgezeichnet. Er gehört zu den bekanntesten Marketinganwälten Deutschlands, ist Redner, Autor, Podcaster und Anbieter von Datenschutz-generator.de (drschwenke.de).

Ziel dieses Kapitels ist es, Ihnen praktische Handlungsempfehlungen und Antworten auf die häufigsten rechtlichen Fragen bei der Arbeit mit sozialen Medien zu geben. Ebenso wichtig ist es, dass Sie ein Gespür dafür bekommen, an welchen Stellen rechtliche Stolperfallen lauern können.

Dieses Rechtsgefühl ist sehr wichtig. Denn um Schritt mit der Entwicklung neuer Technologien, Tools und Marketingideen halten zu können, sind die Gesetze sehr abstrakt gefasst. Erst Gerichte bestimmen dann, was Begriffe wie »erforderliche Datenverarbeitung« oder »öffentliche Zugänglichmachung« bedeuten. Vor allem bei dem neu reformierten Datenschutzrecht müssen Sie daher stets auf Überraschungen vorbereitet bleiben.

Diese unklare Rechtslage bedeutet jedoch nicht, dass Sie Angst vor Social Media haben müssen. Wenn Sie dieses Kapitel gelesen haben, werden Sie schon 99 Prozent aller Problemfälle vermeiden können. Dabei müssen Sie nicht für alle rechtlichen Probleme Antworten parat haben. Selbst die Experten wissen sie häufig nicht sofort. Es ist ausreichend, den eigenen Blick für mögliche Probleme zu schärfen und die Lösungen suchen zu können – sei es im Internet oder in schwierigeren Fällen bei fachkundigen Rechtsberatern.

Ich wünsche Ihnen viel Vergnügen mit den folgenden Erläuterungen, Hinweisen und Tipps, unter anderem zur Impressumspflicht, zur Datenschutzerklärung, zu den Bilderrechten, den Wettbewerbsrechten und der Haftung.

Hinweis zu der sechsten Auflage: Es wurden sowohl die Urheberrechtsreform 2021 (Uploadfilter, Recht auf Karikaturen, Parodien und Pastiches, Leistungsschutzrecht für Presseverleger) und die Änderungen bei der Impressumspflicht sowie Cookies & Tracking als auch die ab Mai 2022 geltenden Änderungen für Influencer berücksichtigt.

Namens- und Markenrechte

Namen und Marken dienen nicht nur dem Adressieren oder Auffinden von Personen oder Produkten. Namen und Marken haben vor allem einen wirtschaftlichen Wert. Konsumenten assoziieren mit bestimmten Namen von Künstlern, Unternehmen, Produkten, Büchern, Domains oder sogar Filmcharakteren bestimmte Vorstellungen von Qualität, Attraktivität oder Vertrauen. Diese Assoziationen veranlassen sie dann, eher bestimmten Dienstleistern zu vertrauen oder zu bestimmten Produkten zu greifen.

Aufgrund dieser wirtschaftlichen Bedeutung sind Namen, Marken oder sonstige »Kennzeichen«, wie sie gesetzlich auch bezeichnet werden, rechtlich umfassend geschützt.[1] Eine weitere Folge der wirtschaftlichen Bedeutung sind auch die Kosten bei Verstößen. Schon die erste Abmahnung kann Kosten von rund 5.000 Euro verursachen. Neben hinzukommenden Schadensersatzpflichten könnte es passieren, dass Unternehmen, Accounts oder Domains umbenannt werden müssen.

Ferner gilt alles Gesagte auch umgekehrt, das heißt, wenn jemand Ihren Namen oder Ihre Marke verwenden sollte, ohne Sie zu fragen.

Welche Namen und Marken werden geschützt?

In der Praxis werden für Sie vor allem die folgenden Arten von Namen, Marken und Kennzeichen relevant sein:

- Namen und Künstlernamen von Prominenten oder Musikgruppen.
- Titel von »geistigen Werken«, wie Büchern, TV-Sendungen, Podcasts, Theaterstücken (sogenannte »Werktitel«).

1 § 12 BGB, § 17 HGB und §§ 3–5, 14, 15 MarkenG.

- Namen fiktiver Charaktere, wie z.B. »Pippi Langstrumpf« oder »Chewbacca«.
- Namen, Marken und Logos von Unternehmen und Produkten wie auch Dienstleistungen und Veranstaltungen.
- Originelle äußere Erscheinungen von Produkten (z.B. »ODOL«-Flasche oder Autofahrzeuge) oder sogar Farben (z.B. die Magentafarbe der Telekom).

◀ Tipp

Nicht geschützt sind lediglich beschreibende Bezeichnungen (z.B. »Marketingservice Meier«) oder in dem speziellen Bereich verwendete Alltagsbegriffe (z.B. »Social Media«). Wurde eine solche Bezeichnung dennoch als Marke registriert, sollten Sie sich vor deren Nutzung unbedingt beraten lassen.

In welchen Situationen muss aufgepasst werden?

Insbesondere in den folgenden Fällen müssen Sie darauf achten, dass Sie keine fremden Namens-, Marken- oder Kennzeichenrechte verletzen:

- Wahl des Domainnamens.
- Wahl von Account- und Profilnamen oder Ähnlichem.
- Wahl des Namens für ein Unternehmen, einer App, eines Produkts oder einer Dienstleistung.
- Wahl eines Logos, Profilbilds und sonstigen Bildmaterials.
- Vergleiche mit fremden Produkten.
- Wahl von Werbetexten, Titeln für Gewinnspielaktionen, Veranstaltungen etc.
- Setzen von Hashtags mit fremden Namen.

◀ Tipp

Bei der Wahl von Domains, Namen und Marken sollten Sie nachforschen, ob es nicht bereits gleich oder ähnlich klingende Verwendungen gibt. Recherchieren Sie dazu mithilfe einer Internetsuche und nutzen Sie auch Markenregister (*https://www.tmdn.org/tmview/*) und das Titelregister (*http://www.titelschutzanzeiger.de/*).

Welche Verstöße sind zu vermeiden?

In den zuvor genannten Situationen sollten Sie prüfen, ob die gewählten Namen, Symbole oder Bilder zu keinem der folgenden Verstöße führen:

- **Verwechslungsgefahr** – Generell müssen Sie darauf achten, dass die von Ihnen verwendeten Namen, Marken, Titel, Logos und sonstige Kennzeichen etc. nicht ähnlich aussehen oder ähnlich klingen wie die bereits von anderen Unternehmen oder Personen verwendeten.

Dabei müssen sich die Branchen oder Leistungen ähneln. Zum Beispiel dürften Sie kein soziales Videonetzwerk »TikTak« gründen.

- **Imagetransfer** – Bei Namen oder Unternehmen, die als bekannt gelten (d.h. etwa mehr als der Hälfte der Zielgruppe bekannt sind), muss keine Verwechslungsgefahr im Hinblick auf die dahinterstehenden Leistungen vorliegen. Für einen Verstoß reicht es aus, sich mit dem fremden Image zu schmücken. So dürften Sie z.B. kein Café namens »Instagram« gründen oder T-Shirts mit dem Pinterest-Logo verkaufen (wobei Logos zudem auch urheberrechtlich geschützt sein können).
- **Anschein der Fürsprache** – Sie sollten Namen, Abbildungen oder auch Videos von Prominenten sowie von Markenprodukten nicht für eigene (z.B. geschäftliche oder politische) Zwecke nutzen. Sie sollten also vorsichtig sein, wenn Sie sich mit einem Apple-Laptop in der Hand, sitzend auf einem Luxuswagen, auf einem Bild präsentieren und sich zusätzlich noch selbst als »Louis Hamilton« des Marketings bezeichnen.
- **Verunglimpfung** – Namen und Marken können durch deren oder eine ähnliche Verwendung im rufschädigenden Kontext verunglimpft werden (z.B. wenn Hundefutter »McDognalds« genannt oder der Name einer prominenten Person zur Bewerbung einer erotischen Dienstleistung genutzt werden würde).

Erlaubte Nutzung fremder Namen und Marken

Es gibt Ausnahmesituationen, in denen Sie fremde Namen und Marken nutzen dürfen. Lassen Sie jedoch Vorsicht walten, da Ausnahmen immer sehr eng verstanden werden. Ist es z.B. ausreichend, den Markennamen zu nennen, darf nicht auch noch ein Markenlogo verwendet werden. In anderen als den genannten Fällen sollten Sie die jeweiligen Rechteinhaber um eine Erlaubnis bitten.

- **Berichtende bzw. redaktionelle Nutzung** – Zulässig ist die Nutzung fremder Marken, Namen und Logos für Zwecke einer neutralen Berichterstattung. Zulässig ist es auch, dass Unternehmer auf deren Nennung in bestimmten Medien hinweisen (z.B. »bekannt aus dem ZDF und Sat1«). Dabei ist jedoch nur die Nennung des Mediums beim Namen zulässig, aber nicht automatisch die Nutzung des Logos.
- **Verkauf und Verlosung** – Wenn Sie Produkte oder andere Leistungen weiterverkaufen oder in Gewinnspielen verlosen, dürfen Sie die entsprechenden Marken nennen und die Gewinne auch ablichten.

Nicht zulässig ist es dagegen, die Markenlogos separat zu nutzen oder fremde Bilder, z. B. von der Herstellerseite, zu verwenden.

- **Zubehör, Leistungen rund um die Marke** – Wenn Sie Leistungen rund um eine Marke anbieten, also z. B. Zubehör für oder Reparaturen von Apple-Produkten anbieten, dürfen Sie darauf textlich hinweisen. Eine Logonutzung sollten Sie sich jedoch vorher genehmigen lassen.
- **Satire und Parodie** – Eine Parodie ist zulässig, wenn sie als solche erkennbar ist und eine Stellungnahme enthält, die nicht lediglich der eigenen Werbung dient. Ein Paradebeispiel sind satirische Stellungnahmen zum Mediengeschehen durch den Autovermieter Sixt. Nicht erlaubt ist es dagegen, fremde Namen oder Marken lediglich deswegen zu persiflieren, um von deren Image zu profitieren (z. B. wenn der Doppelgänger eines Prominenten in einer Social-Media-Kampagne ohne weitere und relevante Meinungskundgebung eingesetzt wird). Bei Domains und Account-Namen sollte sich der satirische Charakter direkt aus diesen ergeben, z. B. »Lachfront-gegen-die-XY-Partei«.
- **Private Nutzung** – Das Markenrecht ist auf eine private Markennutzung grundsätzlich nicht anwendbar. Allerdings gilt auch hier das Namensrecht, sodass die oben genannten Grundsätze auch dann beachtet werden sollten, wenn Domains für private Initiativen, wie z. B. »Verein-der-Applenutzer.xyz«, gewählt werden.

◀ Tipp

Großveranstaltungen eignen sich besonders gut für Marketingaktionen. Jedoch sind deren Namen häufig geschützt (z. B. »Formel 1« oder »Champions League«), außer wenn Gerichte sie der Allgemeinsprache zuordnen (z. B. »Fußballweltmeisterschaft«). Das Olympiaschutzgesetz verbietet zudem die Nutzung des olympischen Logos. Es schränkt auch die Nutzung von Begriffen wie »Olympia« ein, es sei denn, sie werden ohne Bezug zu dem konkreten Event verwendet (z. B. »olympische Preise«).

Checkliste: Namens- und Markenrechte

- Liegt eine Situation vor, in der Namens- und Markenrechte beachtet werden müssen (Account-Anlegung, Domainwahl, Hashtag-Wahl, Marke als Bildmotiv etc.)?
- Ist die verwendete Bezeichnung oder das Logo bzw. Markenprodukt geschützt?
- Liegt eine Verwechslungsgefahr mit fremden Produkten oder Dienstleistungen vor?
- Liegt ein Imagetransfer oder eine Verunglimpfung von bekannten Namen, Marken, Personen oder Unternehmen vor?

Anbieterkennzeichnung: Impressumspflicht

Wenn Sie Webseiten, Blogs oder Accounts anlegen oder Apps veröffentlichen, müssen Sie nicht nur auf deren rechtssichere Benennung, sondern auch auf die Impressumspflicht achten.

Die Impressumspflicht ist eine europarechtliche Vorgabe, die besonders in Deutschland sehr ernst genommen wird. Fehlt ein Impressum oder ist es fehlerhaft, können Mitbewerber eine kostenpflichtige Abmahnung wegen eines Wettbewerbsverstoßes aussprechen.

Wann ist ein Impressum erforderlich?

Alle »Telemedien« müssen über ein Impressum verfügen.[2] Telemedien sind für sich abgrenzbare, zusammenhängende Onlineangebote, deren Betreiber auf die Inhalte und das »Look-and-feel« Einfluss nehmen können:

- Blogs, Webseiten, Mobile und Web-Apps.
- Social-Media-Profile und Unternehmensseiten, z.B. bei Facebook (Facebook-Seiten, -Gruppen, -Veranstaltungen), Instagram, Pinterest, Twitter, LinkedIn, XING oder YouTube.

Kein Impressum ist erforderlich, wenn es an dem vorgenannten Einfluss und den Gestaltungsmöglichkeiten fehlt, z.B.:

- Einzelne Beiträge, die innerhalb einer Plattform veröffentlicht werden, z.B. in einem Onlineforum, bedürfen keines Impressums (wobei die eigene Profilseite im Forum je nach Gestaltung wiederum impressumspflichtig sein kann).
- Einträge in einem Branchenbuch oder in Registern, die inhaltlich oder optisch nicht besonders ausgestaltet werden können.

Gilt die Impressumspflicht für »private« Accounts?

Auch privat genutzte Accounts oder Webseiten bedürfen keines Impressums. Privat sind sie jedoch nur, wenn sie »ausschließlich persönlichen oder familiären Zwecken dienen«, sich also insbesondere nicht an die Öffentlichkeit richten (womit z.B. Blogs, die sich auch an unbekannte Leser richten, ausscheiden) und keinen geschäftlichen Bezug haben (d.h. auch keine Werbebanner, Influencer-Verträge oder ähnliche Monetarisierungsarten vorliegen).

---

2 § 1 TMG.

Auch Profile von Mitarbeitern oder Influencern können geschäftlich sein, z.B. von Geschäftsführern, Unternehmensinhabern und Corporate Influencern. Das ist der Fall, wenn die Profile regelmäßig dazu eingesetzt werden, mit Geschäftskunden zu kommunizieren, oder Fanpage-Beiträge mit Hinweisen auf Aktionen oder Produkte des Arbeitgebers im eigenen Profil geteilt werden. Hierzu wird auf die nachfolgenden Hinweise für Corporate Influencer verwiesen.

◀ Tipp

Auch wenn die Impressumspflichten weitreichend sind, haben die als »Anti-Abmahngesetz« bezeichneten Änderungen dem Abmahnmissbrauch den Riegel vorgeschoben und das Risiko erheblich gesenkt. So können Abmahner den Ersatz ihrer Kosten nicht verlangen, und eine Verpflichtung zur Zahlung einer Vertragsstrafe muss bei Unternehmen mit weniger als 100 Mitarbeitern erst ab der zweiten Abmahnung abgegeben werden.[3] Unternehmen sollten die Impressumspflicht dennoch beachten, da z.B. Verbraucher- und Wettbewerbszentralen weiterhin Abmahnungen aussprechen und sich eine abmahnbare Pflicht zur Impressumsangabe aus anderen Gesetzen, z.B. bei E-Commerce, ergeben kann. Bei Privatpersonen kommen dagegen praktisch nur Bußgelder von Medienanstalten infrage, die in der Praxis eher eine geringe Rolle spielen und im Regelfall nicht ohne Vorwarnung verhängt werden.

Was muss in einem Impressum stehen?

Das Impressum richtet sich nach der Art des Onlineangebots und ihres Betreibers, sodass jedes Impressum individuell erstellt werden muss (wobei jedoch zahlreiche Generatoren im Internet hierbei helfen können).[4] Zu den wichtigsten Angaben gehören:[5]

- Bei Personen der vollständige Name, bei Unternehmen und Organisationen die vollständigen Namen oder Firmen mit Zusätzen, wie z.B. »e. K.« oder »GbR«, sowie deren Vertreter mit vollem Namen (z.B. Geschäftsführer, Präsidium etc.).
- Die Postanschrift (nicht die Postfachanschrift), die Kontakt-E-Mail-Adresse und alternativ eine Telefonnummer oder ein Kontaktformular, wobei der E-Mail-Eingang bei Unternehmen innerhalb der Geschäftszeiten regelmäßig kontrolliert werden sollte.[6] Zulässig ist auch die Angabe einer »c/o«-Adresse oder der Adresse von »virtuellen Briefkästen« bzw. Bürodiensten, sofern diese zur Empfangnahme

3 §§ 13 Abs. 4 Nr. 1, 13a Abs. 3 und 4 UWG.

4 Zum Beispiel *https://datenschutz-generator.de/impressum* (kostenlos bereitgestellt vom Verfasser).

5 Maßgebliche Vorschriften: §§ 5 Abs. 1 TMG, § 2 DL-InfoV, § 18 Abs. 2 RfStV.

6 EuGH, 10.07.2019 – C-649/17.

der Post berechtigt sind.[7] Eine solche Berechtigung kann individuell erteilt werden oder sich aus den AGB der Anbieter ergeben.

- Bei im Handelsregister oder sonst wie registrierten Unternehmen, Personen und Organisationen (z.B. »GmbH«, »e.V.« oder »e.K.«) müssen die Registerstelle und die Registernummer angegeben werden. Falls Sie eine USt-Identifikationsnummer erhalten haben, müssen Sie auch diese angeben.
- Falls eine Berufshaftpflichtversicherung besteht, müssen Angaben zu dieser gemacht werden, insbesondere Name und Anschrift des Versicherers und räumlicher Geltungsbereich.
- Bei reglementierten Berufen wie Ärzten oder Anwälten müssen die gesetzliche Berufsbezeichnung, der Staat, in dem sie verliehen wurde, und, falls die Person einer Kammer, einem Berufsverband oder einer ähnlichen Einrichtung angehört, deren oder dessen Name angegeben werden sowie die der Berufsausübung zugrunde liegenden Gesetze.
- E-Commerce und andere entgeltliche B2C-Onlineanbieter müssen zudem einen (klickbaren) Link zur Online-Streitbeilegungsplattform der EU und ab zehn Mitarbeitern Angaben zur Verbraucherschlichtung machen.[8]
- Journalistisch-redaktionell gestaltete Angebote (z.B. Verlagsangebote, Blogs, aber auch z.B. Facebook-Seiten mit aktuellen an die Öffentlichkeit gerichteten Neuigkeiten, die nicht alleine der Bewerbung eigener Produkte und Leistungen dienen) müssen eine redaktionell zuständige Person samt deren Adresse als »inhaltlich verantwortliche Person« benennen (die auch der Inhaber des Angebots sein kann).
- YouTuber, Streamer und Influencer, die »audiovisuelle Mediendienste« betreiben, müssen ihr Sitzland in der EU sowie die für sie zuständigen Regulierungs- und Medienbehörden angeben (Landesmedienanstalten in Deutschland).[9] Social-Media-Accounts von kommerziell agierenden Influencern stellen dann einen audiovisuellen Dienst dar, wenn neben reinen Text- und Bildpostings regelmäßig auch Videos veröffentlicht werden (was jedoch in Form von sogenannten Stories, Reels, Clips bei TikTok etc. in der Regel der

7 OLG Hamm, 07.05.2015 – I-27 W 51/15; OLG Frankfurt, 18.02.2021 – 6 U 150/19.

8 Art. 14 ODR-VO, §§ 36, 37 VSBG.

9 § 5 Abs. 1 Nr. 8 TMG.

Fall ist). Sind Videos dagegen eher die Ausnahme, z.B. weil Blogger nur gelegentlich Videos aufnehmen, liegt noch kein audiovisueller Mediendienst vor.

- Die von sogenannten »Social Bots« in sozialen Netzwerken automatisch erstellten Inhalte müssen als solche gekennzeichnet werden. Als Hinweis kann z.B. »(Automatisierte Nachricht)« oder »(Bot)« dem Text der Nachricht vorangestellt werden. Ob der Namensbestandteil »Bot« ausreichend ist, wurde bisher nicht geklärt, ist jedoch nach Ansicht des Verfassers ausreichend.
- Angebote mit entwicklungsbeeinträchtigenden oder jugendgefährdenden Inhalten müssen Jugendschutzbeauftragte benennen. Eine Entwicklungsbeeinträchtigung kann vor allem im Fall sexueller oder gewaltverherrlichender Bilder und Texte vorliegen.[10]

Sogenannte *Disclaimer*, also Hinweise darauf, dass für Links und die Richtigkeit der Inhalte keine Verantwortung übernommen wird, sind nicht wirksam und können sogar abgemahnt werden (z.B. weil damit gesagt wird, dass auch ein Impressum nicht richtig sein muss). Geht von einem Inhalt Gefahr aus und soll die Haftung gemindert werden, dann muss auf das Risiko schon im unmittelbaren Zusammenhang mit dem gefährlichen Inhalt hingewiesen werden – beispielsweise durch die Empfehlung, einen Arzt zu konsultieren, am Ende eines Blogbeitrags mit Gesundheitsratschlägen oder auf die fehlende Verbindlichkeit bei hochspekulativen Börsentipps. ◀ **Tipp**

Wo muss das Impressum platziert sein?

Das Impressum muss von jeder Seite einer Website oder eines Profils aus einfach erkennbar und unmittelbar erreichbar sein. Impressen sind fast immer über einen Link erreichbar, der nur mit Linktexten wie z.B. *Impressum*, *Anbieterkennzeichnung*, *Über uns* oder *Kontakt* als einfach erkennbares Impressum gilt. Begriffe wie *Rechtliches*, *AGB* oder *Info* sind nicht ausreichend (ein Impressum, das nur über die Rubrik *Info* einer Facebook-Seite erreichbar wäre, gälte also nicht als leicht erkennbar).[11]

Manche Angebote (z.B. XING-Profile oder Facebook-Fanpages) beinhalten extra Felder, in denen das Impressum eingegeben werden kann und die auf den Profilseiten entsprechend bezeichnet verlinkt werden. Bei anderen Angeboten, wie z.B. Instagram oder Twitter, muss die Impressumspflicht auf Umwegen umgesetzt werden:

10 §§ 4 – 7 JMStV.

11 OLG Düsseldorf, 13.08.2013 – I-20 U 75/13; 17 LG Aschaffenburg, 19.08.2011 – 2 HK O 54/11).

Abbildung 15-1 ▼
Bei der Facebook-Fanpage kann im Info-Bereich sowohl ein Impressum ❶ als auch eine Datenschutzerklärung ❷ angegeben werden. Beide Angaben erscheinen auf der Hauptseite der Fanpage. Aber nicht nur bei Fanpages, auch bei Veranstaltungsseiten und Facebook-Gruppen sollten ein Impressum und die Datenschutzerklärung, bzw. Links zu diesen, aufgenommen werden.

- **Sprechender Link** – Es ist zulässig, ein Impressum im Profil oder statt der Website zu verlinken, wenn es am Link selbst (sogenannter sprechender Link, z.B. *drschwenke.de/impressum*) oder einem ihm vorstehenden Hinweis erkennbar ist, dass er zum Impressum führt (z.B. *Impressum: https://...*).
- **Link auf die Website** – Alternativ kann auch jede beliebige Unterseite der eigenen Website verlinkt werden, wenn zuvor darauf hingewiesen wird, dass sich dort das Impressum befindet (und entsprechend den nachfolgenden Hinweisen auch die Datenschutzerklärung).
- **2-Klick-Regel** – Wichtig ist, dass das Impressum über maximal zwei Klicks erreicht werden sollte (z.B. erster Klick auf Link zur Website im Profil, zweiter Klick auf Link zum Impressum auf der Website).

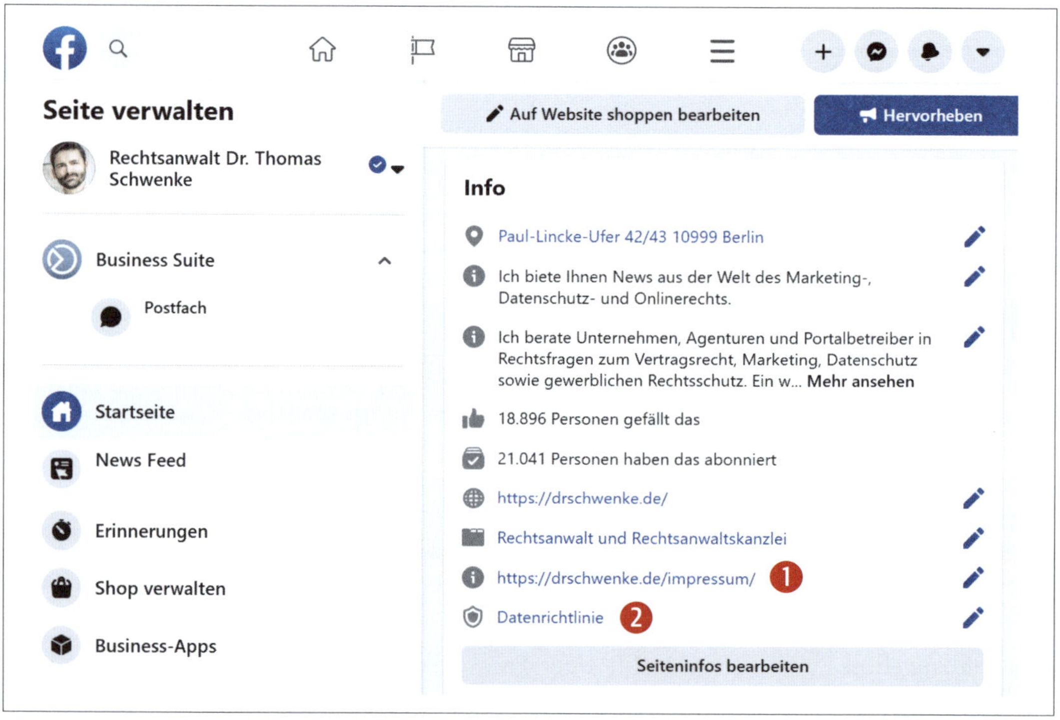

Checkliste: Impressumspflicht

- Ist ein Impressum erforderlich? (nicht erforderlich bei privaten Websites, Blogs, Profilen in Social Media)
- Ist das Impressum einfach erkennbar? (Linktext: *Impressum, Über uns, Kontakt*, nicht: Info)
- Ist das Impressum unmittelbar erreichbar? (mit maximal zwei Klicks)
- Ist das Impressum vollständig?

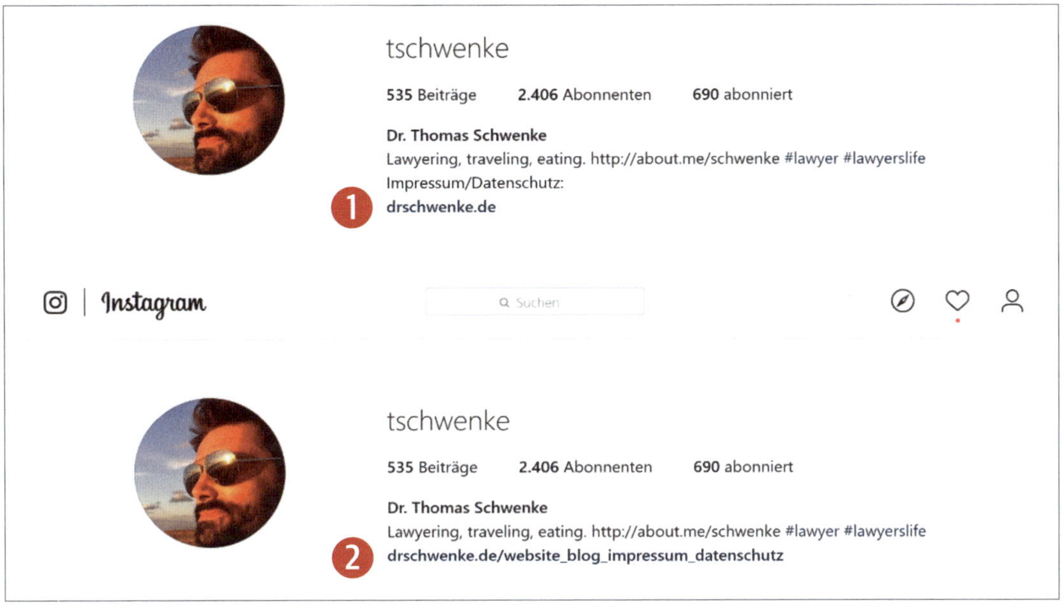

▲ Abbildung 15-2
Beispiele für mögliche Hinweise auf die Datenschutzerklärung bei Instagram ❶ mit textlichem Hinweis (statt der eigenen Website kann auch auf eine Linkseite, z. B. von *https://linktr.ee* verwiesen werden, wo dann der Link zum Impressum platziert wird) und ❷ alternativ mit einem »sprechenden« Link, der zusätzlich auch auf andere Inhalte der verlinkten Website verweisen kann.

In den beiden in Abbildung 15-2 gezeigten Fällen müssen die Nutzer auf der Website, auf die sie weitergeleitet werden, Links zum Impressum und zur Datenschutzerklärung vorfinden. Das bei Instagram verwendete Prinzip der Impressumshinweise »per Workaround« ist auch auf andere Netzwerke ohne explizite Felder für das Impressum und die Datenschutzerklärung anwendbar, z. B. bei Twitter oder Pinterest. Sollte es nicht möglich sein, die Links klickbar einzutragen (d. h., sie werden nur als Text dargestellt), ist die erste Alternative zu empfehlen, da der Link einfacher zu merken ist.

Datenschutz und Datenschutzerklärung

Bei der Nutzung von Social Media müssen die Vorgaben der Datenschutzgrundverordnung (DSGVO) beachtet werden. Verstöße können Abmahnungen der Nutzer oder z. B. klagebefugter Organisationen wie einer Verbraucherzentrale nach sich ziehen. Ebenfalls drohen Bußgelder, die von Datenschutzbehörden ausgesprochen werden können. Dabei ist die Reichweite der DSGVO viel größer, als häufig angenommen.

◀ Tipp

Das *Datenschutzrecht* zeichnet sich gerade dadurch aus, dass dessen konkrete Vorgaben aufgrund sich ändernder Technologien stets unklar sind. Daher wird die Nutzung von sozialen Medien immer von einem gewissen Risiko begleitet, das einzugehen sich jedoch bei wirtschaftlicher Betrachtung häufig lohnt. Auch Datenschutzbehörden nehmen bei strittig diskutierten Fragen häufig Rücksicht, bevor sie Bußgelder erlassen.

Für wen gilt die DSGVO?

Das EU-weit geltende Datenschutzrecht kommt für Sie zur Anwendung, wenn Sie personenbezogene Daten selbst verarbeiten oder verarbeiten lassen. Das ist fast immer der Fall, wenn Webseiten oder Accounts in sozialen Medien betrieben werden.

So werden hierbei z.B. Cookies gesetzt oder IP-Adressen erhoben oder Kommentare und Kontaktformulare mit Namen oder E-Mail-Adressen verarbeitet, die fast immer personenbezogen sind. Für den Personenbezug reicht es, dass die Person irgendwie identifiziert werden kann (auch wenn dazu andere einbezogen werden müssen, wie z.B. im Fall der IP-Adressen, bei denen man ohne einen Gerichtsbeschluss die Anschlussinhaber nicht ausfindig machen kann).

Nur wenn Social-Media-Profile ausschließlich »persönlich-familiär« (insbesondere nicht beruflich) genutzt werden, nimmt zumindest die Mehrzahl der Juristen keine Anwendbarkeit der DSGVO an.

Welche DSGVO-Pflichten müssen beachtet werden?

Ist die DSGVO einmal einschlägig, müssen Sie im Hinblick auf Websites und Social-Media-Profile eine Reihe von Pflichten beachten:[12]

- **Informationspflichten** – Der Umfang der in einer Datenschutzerklärung zu beachtenden Informationspflichten ist groß und wird nachfolgend gesondert erläutert.[13]
- **Auskunftspflichten und Löschpflichten** – Den Besuchern Ihrer Webseiten, Blogs oder Social-Media-Profile steht eine Reihe von Rechten zu, von denen das Recht auf Auskunft und Löschung der eigenen Daten die wichtigsten sind.[14] Die Auskunft muss kostenlos sein und in Verbindung mit einer Kopie der verarbeiteten Daten erfolgen. Die Daten müssen anschließend auf Wunsch gelöscht werden, außer Sie haben ein überwiegendes Interesse daran, die Daten zu behalten (z.B. wenn es sich um Angaben zu den ausstehenden Verbindlichkeiten gegenüber der löschungswilligen Person handelt oder Sie Steuerunterlagen aufgrund gesetzlicher Vorgaben speichern müssen).
- **Abschluss datenschutzrechtlicher Verträge** – Bei der Nutzung mancher Tools oder Plattformen gelten spezielle Vereinbarungen (»Vereinbarung über gemeinsame Verantwortlichkeit« und über

12 Art. 5 DSGVO.

13 Art. 12–14 DSGVO.

14 Art. 15–23 DSGVO.

»Auftragsverarbeitung«).[15] Hierauf wird im Folgenden genauer eingegangen.

- **Pflicht, für die technische Sicherheit zu sorgen** – Diese Pflicht betrifft vor allem Betreiber selbst gehosteter Websites oder Blogs, die immer den Stand der Technik beachten müssen. So müssen sie z.B. ihre Blogsoftware immer auf dem neuesten Stand halten und Nutzerdaten, z.B. in Kontaktformularen, nur per HTTPS verschlüsselt übertragen.[16]
- **Vorliegen einer Rechtsgrundlage** – Die Verarbeitung personenbezogener Daten ist grundsätzlich verboten, es sei denn, Sie können sich auf eine gesetzliche Verarbeitungserlaubnis berufen, etwa für die Verarbeitung zur Erfüllung von Verträgen oder behördlichen oder sonstigen gesetzlichen Pflichten, oder auf berechtigte Interessen, z.B. an der Durchführung von Marketingmaßnahmen.[17]
- **Pflicht zur Datenminimierung** – Sie dürfen nur so viele Daten verarbeiten, wie es für die von Ihnen verfolgten Zwecke erforderlich ist. Zum Beispiel sollten Sie in einem Kontaktformular keine Telefonnummer abfragen, wenn Sie keinen berechtigten Grund zu deren Nutzung haben.[18]
- **Rechenschaftspflicht** – Gehen Sie davon aus, dass Sie die Befolgung aller Datenschutzpflichten nachweisen müssen. Bewahren Sie daher alle Verträge auf und führen Sie als Unternehmen ein Verzeichnis von Verarbeitungstätigkeiten.[19]

Es gibt nicht die eine »Datenverarbeitung«. Vielmehr müssen Sie jede Phase der Verarbeitung von Daten auf deren Zulässigkeit prüfen, das heißt die Erhebung der Daten, deren Speicherung, deren Nutzung und deren Löschung. Das macht den Datenschutz zu einer umfangreichen und oft schwer zu überschauenden Aufgabe. ◀ **Tipp**

Einsatz von Dienstleistern aus den USA und anderen Drittländern

Wenn Sie Dienstleister oder Dienste einsetzen, die ihren Sitz nicht in der EU haben oder ihre Daten außerhalb der EU verarbeiten, müssen Sie für ein der EU entsprechendes Datenschutzniveau sorgen.[20] Bei manchen

15 Art. 26, 27 DSGVO.
16 Art. 32 DSGVO.
17 Art. 6 DSGVO.
18 Art. 5 Abs. 1 lit c) DSGVO.
19 Art. 5 Abs. 2, 30 DSGVO.
20 Art. 44–49 DSGVO.

Ländern wurde ein sicheres Datenschutzniveau von der EU-Kommission festgestellt (z. B. in Großbritannien, Israel, Kanada, Japan, Südkorea oder der Schweiz).[21] Allerdings werden insbesondere die Entscheidungen der EU-Kommission im Hinblick auf US-Dienste gerichtlich permanent angefochten, sodass die Rechtslage in dem Bereich stets unklar ist. Betroffen sind vor allem US-Dienstleister, bei denen nach Aufhebung des sogenannten »Privacy Shield« wegen möglicher Datenzugriffe der US-Geheimdienste das Datenschutzniveau besonders begründet werden muss.[22] Hierzu bieten alle größeren Anbieter sogenannte »Standardvertragsklauseln« an, also von der EU-Kommission bereitgestellte Vertragsklauseln und technische Maßnahmen wie z. B. Serverstandorte in der EU oder Verschlüsselungsverfahren. Diese halten Aufsichtsbehörden jedoch häufig für unzureichend. Dass hier außer den Datenschutzexperten kaum jemand den Überblick behalten kann, ist nicht verwunderlich. Daher sollten Sie diese vor allem politisch geprägten Entwicklungen abwarten und sich von den Ansichten, dass die Nutzung aller Social-Media-Dienste nicht mehr zulässig sei, nicht abschrecken lassen. Zumindest zum Zeitpunkt der Veröffentlichung dieses Buchs wird ein neues »EU-USA-Privacy-Shield« (das dann einen anderen Namen haben könnte) verhandelt, das zumindest bis zum nächsten EUGH-Urteil eine Erleichterung bringen könnte.

Webanalyse, Embedding, Tracking und Cookiebanner

Wenn Sie Webanalysetools einsetzen (z. B. Google Analytics), Tracking zu Marketingzwecken betreiben (z. B. mittels Facebook-Pixels) oder fremde Funktionen und Inhalte in einer Webseite einbinden (z. B. Social Plugins, wie die *Gefällt mir*-Schaltfläche von Facebook, oder Tweets), sollten Sie Ihre Besucher um eine Einwilligung bitten.

Die Einwilligung kann mittels der bekannten Cookiebanner eingeholt werden. Wichtig ist jedoch, dass vor der Abgabe der Einwilligung noch keiner der oben genannten Dienste ausgeführt wird. Nur wenn Cookies aus der Sicht der Nutzer für einen Dienst unbedingt erforderlich sind, bedürfen sie keiner Einwilligung.[23] Als notwendig gelten z. B. das Warenkorb-Cookie eines Shops, Cookies für Zwecke des Load-Balancing oder die Speicherung des Log-in-Status sowie für die Sprachwahl auf einer Webseite. Dies gilt auch für das Cookie, in dem eine erteilte/versag-

21 *https://ec.europa.eu/info/law/law-topic/data-protection/international-dimension-data-protection/adequacy-decisions_de*

22 EuGH, 16.07.2020 – C-311/18.

23 § 25 Abs. 2 Nr. 2 TTDSG.

te Cookie-Einwilligung vermerkt wird. Als nicht notwendig gelten dagegen Cookies, die zu Marketingzwecken gesetzt werden.

Tipp

Bevor Sie Dienstleister und fremde Tools einsetzen, stellen Sie den Anbietern die folgenden Fragen (in Englisch, da die meisten Anbieter aus dem Ausland kommen und die deutschen Anbieter die Fragen verstehen). Im Optimalfall sollten die Antworten sowie die übersandten Verträge von einer fachkundigen Person geprüft und freigegeben werden.

Due to the legal requirements of data protection as well as compliance requirements, we kindly ask you to answer the following questions. The answers will serve our data protection officer as a basis for assessing whether we can implement your services or whether adjustments/information from users may be necessary:

1) Do you offer a contract for the processing of data according to Article 28 GDPR/or an agreement in case of joint responsibility Article 26 GDPR/or another data protection agreements/assertions?

2) Have you concluded contracts with the involved subcontractors which equally oblige the subcontractors to data protection?

3) In the case of online marketing tools: Are user data processed under a pseudonym? (e.g. are IP addresses only stored anonymously, i.e. without last octet?) and do you offer opt-out options to users (if so, how are they implemented)?

4) When will the user data (especially cookies) stored by you be deleted?

5) For companies processing data outside the EU/EEA: Do you offer legally recognized guarantees for the level of data protection in accordance with Art. 44-50 GDPR (e.g. EU standard contract clauses or Privacy Shield)?

Nutzung sozialer Netzwerke

Im Fall der geschäftlichen Nutzung von Facebook-Fanpages und Social Plugins sah der Europäische Gerichtshof (EuGH) eine gewisse Mitverantwortung der Betreiber an der von Facebook durchgeführten Verarbeitung der Daten der Fanpage- oder Websitebesucher.[24] Für die Mitverantwortung reichte dem EuGH aus, dass die Betreiber zum einen darüber bestimmen, dass die Fanpage eröffnet oder z. B. eine *Gefällt mir*-Schaltfläche in eine Website eingebunden wird. Zum anderen befand der EuGH, dass die Inanspruchnahme der Dienste zu eigenen wirtschaftlichen Zwecken für eine gemeinsame Festlegung der Zwecke der Datenverarbeitung ausreichend sei.

Als Folge des oben genannten EuGH-Urteils zu Fanpages musste Facebook seine AGB um eine spezielle Vereinbarung ergänzen und sich z. B. zur Beantwortung von Auskünften, die an den Fanpage-Betreiber ge-

24 EuGH, 29.07.2019 – C-40/17, EuGH, 05.06.2018 – C-210/16.

richtet werden, verpflichten.[25] Im Fall der Social Plugins lag zum Druckzeitpunkt noch keine solche Vereinbarung von Facebook vor. Auch ist durch die Mitverantwortung das Risiko der Mithaftung für etwaige Datenschutzverstöße erhöht, allerdings nur, soweit die Verarbeitung von Daten für die Darstellung der Fanpage gemeint ist, d.h. keine Verantwortung für alle Verstöße von Facebook.[26]

In der Zukunft ist es möglich, dass die Mitverantwortung auch für andere soziale Netzwerke festgestellt wird und diese wie Facebook Anpassungen werden vornehmen müssen.

Tipp ▶ Seien Sie wachsam, aber lassen Sie sich nicht verrückt machen. Bisher passten die Anbieter sozialer Netzwerke ihre Dienste zwingenden gesetzlichen Anforderungen an, da sie ansonsten ihre europäischen Nutzer verlieren würden. Datenschutzbehörden warten die Anpassungen in der Regel ab, bevor sie sich gegen die Nutzer der sozialen Netzwerke richten.

Newsletter, Direktnachrichten und Mentions

Für Newsletter sind immer gesonderte und ausdrückliche Einwilligungen der Nutzer erforderlich, die nicht in der Datenschutzerklärung »versteckt« sein dürfen. Wird die Einwilligung zugleich mit einer anderen Erklärung verbunden (z.B. bei einem Hinweis auf die AGB im Onlineshop oder die Teilnahmebedingungen eines Gewinnspiels), wird zusätzlich ein gesondertes, nicht bereits vorher durch ein Häkchen aktiviertes Kontrollkästchen erforderlich sein.

Die Abonnenten müssen bereits vor Abschluss des Abonnements über wesentliche Aspekte der Verarbeitung ihrer Daten belehrt werden. Ferner müssen Newsletter-Abonnements zu Nachweiszwecken in einem Double-Opt-in-Verfahren (DOI)erfolgen und protokolliert werden. Ohne eine DOI-Bestätigungsmail werden Sie nicht nachweisen können, dass sich die Inhaber der angegebenen E-Mail-Adressen tatsächlich angemeldet haben.

Wenn Sie Tracking-Maßnahmen im Rahmen von Newslettern einsetzen (z.B. Öffnungsraten oder Linkklicks messen), gelten die gleichen Vorgaben wie beim Einsatz von Cookies. Das heißt, auch in diesem Fall ist eine Einwilligung der Empfänger der Nachrichten erforderlich.

Setzen Sie zudem Versanddienstleister (z.B. MailChimp oder CleverReach) ein, sollten Sie die Nutzer nicht nur darüber informieren, sondern mit den Versanddienstleistern spezielle Auftragsverarbeitungsver-

25 *https://www.facebook.com/legal/terms/page_controller_addendum*

26 EuGH – C-40/17 (Stand 05.01.2018, anhängig im Zeitpunkt der Publikation).

träge abschließen (wobei diese, wie bei MailChimp, ein Teil der AGB sein können).

◀ Tipp

Die *ungefragte Zusendung von Werbenachrichten* durch Unternehmen via Privat- oder Direktnachricht kann ebenfalls als Werbung eingestuft werden. Das gilt auch, wenn sie als reguläre Kommunikation getarnt und unter dem Vorwand des gegenseitigen Kennenlernens versendet werden. Eine Erwähnung bzw. Mention (häufig via @-Symbol vor dem Account-Namen) ist ebenfalls eine unzulässige Belästigung, wenn sie allein dazu dient, auf eigene Dienste aufmerksam zu machen.

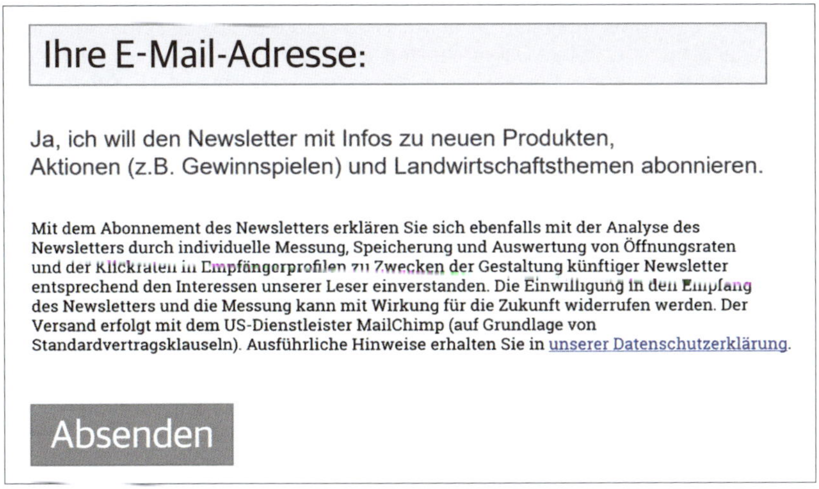

Ihre E-Mail-Adresse:

Ja, ich will den Newsletter mit Infos zu neuen Produkten, Aktionen (z.B. Gewinnspielen) und Landwirtschaftsthemen abonnieren.

Mit dem Abonnement des Newsletters erklären Sie sich ebenfalls mit der Analyse des Newsletters durch individuelle Messung, Speicherung und Auswertung von Öffnungsraten und der Klickraten in Empfängerprofilen zu Zwecken der Gestaltung künftiger Newsletter entsprechend den Interessen unserer Leser einverstanden. Die Einwilligung in den Empfang des Newsletters und die Messung kann mit Wirkung für die Zukunft widerrufen werden. Der Versand erfolgt mit dem US-Dienstleister MailChimp (auf Grundlage von Standardvertragsklauseln). Ausführliche Hinweise erhalten Sie in unserer Datenschutzerklärung.

Absenden

◀ Abbildung 15-3
Newsletter-Formular mit einer Einwilligung in die Messung von Öffnungs- und Klickraten

In einem Newsletter-Formular sollten Sie neben einer groben Umschreibung möglicher Inhalte auch darauf hinweisen, dass ein Widerruf der Einwilligung möglich ist und eine Analyse sowie der Einsatz von Versanddienstleistern stattfindet und die Anmeldungen protokolliert werden (die Punkte müssen wiederum in der Datenschutzerklärung ausführlicher beschrieben werden).

Einsatz von Messengern

Messenger sind mittlerweile zu einem festen Bestandteil der Kundenkommunikation in Social Media geworden, werden von den Datenschutzbehörden jedoch vor allem aufgrund der folgenden Punkte häufig für unzulässig gehalten:

- **Upload von Kontakten** – Viele Messenger verlangen oder fordern auf, die im Mobiltelefon gespeicherten Kontakte hochzuladen. Dies ist jedoch nur mit der nachweisbaren Zustimmung der Kontakte zulässig und sollte unterbleiben (es sei denn, die Kontakte gehören schon zu den Nutzern der Messenger).

- **Nutzung von Daten zu Werbezwecken** – Insbesondere der zu Facebook gehörenden Messenger WhatsApp sowie der Facebook Messenger selbst sind den Datenschützern ein Dorn im Auge, weil die Dienste es sich vorbehalten, Verbindungsdaten für Werbezwecke zu nutzen. Kommuniziert z. B. ein Nutzer mit einem Unternehmen der Versicherungsbranche, könnte Facebook mit diesem Wissen diesem Nutzer anschließend Facebook Ads von Versicherungsanbietern anzeigen.

Tipp ▶ Wenn Sie *Messenger einsetzen*, nehmen Sie entsprechende Erläuterungen zur Funktionsweise, zu den verarbeiteten Daten sowie zu Risiken und Widerspruchsmöglichkeiten der Messenger in Ihre Datenschutzerklärung auf. Verlinken Sie auf die Datenschutzerklärung (und das Impressum) in der ersten Nachricht, die z.B. Kunden von Ihnen via Messenger erhalten.

Solange es keine bestätigenden Gerichtsurteile gibt, bleibt die Messenger-Nutzung mit einem Risiko behaftet (also praktisch wie auch die übrige Social-Media-Nutzung).

Unproblematisch ist dagegen die Frage, ob Werbenachrichten neben dem E-Mail-Newsletter oder stattdessen via Messenger versendet werden dürfen. Dieses sogenannte »Broadcasting« ist zulässig, wenn die Messenger-Anbieter es erlauben sowie die Nutzer auf die möglichen Inhalte und die Widerrufsmöglichkeiten hingewiesen werden und sie via »OK« oder »Einverstanden« bestätigen.

Einsatz von Chatbots

Bei Chatbots handelt es sich um Assistenzprogramme, die direkt mit Kunden kommunizieren sollen. Bei deren Einsatz sollten die folgenden Punkte beachtet werden:

- **Impressum und Datenschutzhinweis** – Beim erstmaligen Aufruf eines Chatbots sollte auf die Datenschutzerklärung mit weiteren Erläuterungen zu der Funktionsweise, den verarbeiteten Daten sowie den Risiken und Widerspruchsmöglichkeiten hingewiesen werden. Ist der Chatbot nicht in eine Website eingebunden, sondern direkt aufrufbar (z. B. wie Chatbots in dem separat aufrufbaren Facebook Messenger), sollte auch ein Link zum Impressum mitgeteilt werden.
- **News-Abo** – Ein Abonnement von Chatbot-Nachrichten, also ähnlich einem Newsletter, ist zulässig, wenn der Chatbot auf die Inhalte der Nachrichten sowie die Möglichkeit des Widerspruchs hinweist und um eine ausdrückliche Einwilligung (z. B. per Eingabe von »OK« oder »Start«) bittet.

- **Abschluss Datenschutzvertrag** – Werden fremde Chatbot-Dienste eingesetzt, sollten sie entsprechende Verträge über Auftragsverarbeitung oder gemeinsame Verarbeitung der Daten der Nutzer zum Abschluss anbieten. Ferner muss sichergestellt sein, dass personenbezogene Daten der Nutzer (z.B. Namen, Facebook-Nutzerkennungen, Kundennummern etc.) ohne deren Einwilligung nicht durch die Anbieter für andere Zwecke verarbeitet werden (z.B. für die Schulung der »künstlichen Intelligenz« der Chatbots).

Der Grundsatz des »Datenschutzes durch Technikgestaltung« (Art. 25 DSGVO) bedeutet auch, dass Sie bei der Auswahl von Chatbot-Anbietern die datenschutzfreundlichsten wählen sollten. Fragen Sie die Anbieter daher immer, ob und warum sie DSGVO-konform sind und wie sie es nachweisen können (zumindest, soweit vorhanden, durch Prüfberichte der betrieblichen Datenschutzbeauftragten). ◀ **Tipp**

Datenschutzerklärung

Die eigene Datenschutzerklärung sollte nicht nur auf der Website oder im Blog, sondern auch in Social-Media-Profilen verlinkt werden. Dabei muss die Datenschutzerklärung ähnlich wie schon das Impressum als solche einfach erkennbar und unmittelbar erreichbar sein. Das heißt, die im Rahmen des Impressums gemachten Ausführungen zu der Platzierung des Impressumslinks gelten auch für die Datenschutzerklärung.

Statt *Datenschutzerklärung* können auch andere deutliche Hinweise wie z.B. *Datenschutzhinweise* oder schlicht *Datenschutz* als Linktext verwendet werden. ◀ **Tipp**

Zwar muss jede Datenschutzerklärung individuell angepasst werden, sie enthält jedoch typischerweise die folgenden Bestandteile, zu denen wiederum die in Art. 13 Abs. 1 und 2 DSGVO genannten Informationen bereitgestellt werden müssen (z.B. die Verarbeitungszwecke, Rechtsgrundlagen und Empfänger von Daten):

- Angaben zum Verantwortlichen sowie seine Kontaktdaten, im Regelfall dem Impressum entsprechend. Kontaktdaten des Datenschutzbeauftragten, soweit vorhanden (in Deutschland in der Regel ab 20 Beschäftigten).[27]
- Verarbeitung im Rahmen vertraglicher Leistungen (zum Beispiel die Verarbeitung von Daten im Rahmen von Bestellvorgängen im Onlineshop).

27 § 38 BDSG.

- Verarbeitungen im Rahmen der Kommunikation mit den Nutzern (zum Beispiel Kontaktformular, Customer-Relationship-Management).
- Hinweise zu Direktmarketingmaßnahmen (zum Beispiel Newsletter).
- Hinweise zu Webanalyse-, Tracking- und Onlinemarketingmaßnahmen (zum Beispiel Einsatz von Google Analytics, Affiliate-Systemen, Messengern, Chatbots).
- Hinweise zu Bewerbungsverfahren (z.B. Einsatz von Onlinebewerbungsplattformen).
- Einsatz von eingebetteten Fremdinhalten (z.B. YouTube-Videos).
- Nutzung von Social-Media-Netzwerken (z.B. bei Facebook-Fanpages).
- Verarbeitung zu Zwecken von Gewinnspielen (insbesondere Hinweise auf die Veröffentlichung von Namen oder eingereichten Beiträgen).

Tipp ▶ Fehler in der Datenschutzerklärung sind für jedermann sichtbar und gegebenenfalls abmahnbar, weshalb die Datenschutzerklärung als »Visitenkarte« Ihrer Datenverarbeitung keine Fehler enthalten sollte.

Des Weiteren müssen die Nutzer auch über die folgenden Punkte informiert werden:

- Die etwaige Übermittlung von Daten an andere Unternehmen.
- Übermittlungen in Drittländer (d.h. außerhalb der EU).
- Die Rechte der Nutzer als Betroffene (z.B. Recht auf Auskunft oder Widerspruch).
- Rechtsgrundlagen der Verarbeitung (z.B. Verarbeitung zu vertraglichen Zwecken auf Grundlage einer Einwilligung oder auf Grundlage berechtigter Interessen).

Tipp ▶ Aufgrund der Vielzahl einzelner Angaben sollten Datenschutzerklärungen durch Fachpersonen oder mithilfe von Datenschutzgeneratoren erstellt werden. (Disclosure: Der Autor ist selbst Anbieter eines Datenschutzgenerators, weist jedoch darauf hin, dass auch auf aktuellem Stand gehaltene Generatoren anderer Anbieter verwendet werden können.[28])

28 *http://datenschutz-generator.de*

Checkliste: Datenschutz

- Ist die DSGVO anwendbar? (nur bei ausschließlich privater Nutzung nicht)
- Ist eine vollständige Datenschutzerklärung vorhanden? (Angaben zum Verantwortlichen, zu Rechten der Betroffenen, Newsletter, Tracking, Embedding etc.)
- Sind Datenschutzverträge mit Toolanbietern, Plattformbetreibern etc. abgeschlossen?
- Werden notwendige Einwilligungen eingeholt, und sind sie gesetzlich zulässig? (Information der Einwilligenden, Hinweis Widerruf etc.)
- Ist der Messenger-Einsatz zulässig und in den Datenschutzhinweisen enthalten?
- Ist der Chatbot-Einsatz zulässig und in den Datenschutzhinweisen enthalten?

Urheberrechte an Bildern und Videos

Grundsätzlich sollten Sie immer davon ausgehen, dass alle Grafiken und Fotografien rechtlich geschützt sind.[29] Dabei sind Grafiken und Lichtbildwerke, also individuelle Fotografien, bis zu 70 Jahre nach dem Tod der Urheber geschützt. Aber auch jeder alltägliche Schnappschuss ist bis zu 50 Jahre nach Entstehung geschützt (außer in der Schweiz, wo sogenannte »Knipsbilder« keinen Schutz genießen).

Die Abmahnung von Bildern ist für viele Rechteinhaber und Anwaltskanzleien leider zu einer nicht unwesentlichen Geschäftsgrundlage geworden. Wie bei Marken können in jedem Fall der unerlaubten Bildnutzung vierstellige Beträge zusammenkommen. Daher sollten Sie Bilder nicht ohne Erlaubnis nutzen und die folgenden Hinweise zu Bildrechten unbedingt beachten.

Erlaubnis der Bildnutzung

Mit einem individuellen Einverständnis ist die Bildnutzung am sichersten, allerdings nur, wenn Sie die folgenden Punkte beachten:

- **Nachweis der Erlaubnis** – Als Nachweis eignet sich am besten eine schriftlich abgefasste Einwilligung. Wurde die Einwilligung vor Zeugen erteilt, sollten die Zeugen dies kurz niederschreiben (d.h. protokollieren). Infrage kommt auch eine nachträglich eingeholte Genehmigung, z.B. per E-Mail, die wie folgt angefragt werden könnte: »Können Sie mir bestätigen, dass wir das Bild für [Zweck nennen] nutzen dürfen?«

29 §§ 2 Abs. 1 Nr. 5, 72 UrhG.

- **Nennung der Zwecke der Einwilligung** – Die Einwilligung sollte die Zwecke der Nutzung der Bilder beinhalten, z. B. »Publikation auf Website und in Social Media, Bearbeitung, Nutzung im Video, Nutzung auf Bannern, in einer Werbekampagne«. Da alle Zweifel zu Ihren Lasten als Bildnutzer gehen, sollten Sie vor allem die Nutzungsarten aufnehmen, mit denen die Einwilligungsgeber nicht rechnen können.
- **Urhebernennung** – Wurde nichts Abweichendes vereinbart, muss der Urheber genannt werden, was möglichst in der Nähe des Bilds erfolgen muss (drunter/drüber). Falls der Urheber gar nicht oder nicht neben dem Bild genannt werden soll, muss dies in der Einwilligung ausdrücklich vereinbart werden.

Tipp ▶ Urheberhinweise müssen sofort sichtbar sein und nicht erst, wenn z. B. ein ©-Icon mit der Maus überfahren wird.

- **Geltung der Einwilligung für das Motiv** – Sind auf dem Bild Personen/Marken/Privatgrundstücke oder Gebäude abgebildet, lassen Sie sich bestätigen, dass die Einwilligung auch deren Nutzung als Motiv erlaubt (z. B. weil die Rechteinhaber eingewilligt haben oder gesetzliche Erlaubnisse vorliegen). Neben den Rechten an dem Bild, also z. B. der Aufnahme selbst, müssen Sie zusätzlich auch das Recht am Motiv beachten. Dieses wird im nächsten Abschnitt im Fall von Personen- und Sachaufnahmen besprochen. Nur wenn Sie das Bild und das Motiv nutzen dürfen, sind Sie rechtlich auf der sicheren Seite.
- **Von Mitarbeitern erstellte Aufnahmen** – Aufnahmen, die von Mitarbeitern im Rahmen und zu Zwecken ihrer ihnen aufgegebenen Tätigkeiten erstellt wurden, können vom Arbeitgeber genutzt werden. Wurden die Aufnahmen jedoch möglicherweise privat erstellt (z. B. im privaten Rahmen einer Mittagspause), sollten die Mitarbeiter der Nutzung ihrer Bilder zustimmen. Das gilt auch, wenn sie auf den Aufnahmen abgebildet sind. Um etwaige Zweifel zu klären und für die Nachweisbarkeit zu sorgen, empfiehlt es sich daher, spezielle Anlagen zum Arbeitsvertrag aufzunehmen. Dies wären zum einen die Einwilligung in die Nutzung der urheberrechtlich geschützten Werke des Mitarbeiters (sogenannte IP-Klausel) und zum anderen eine Rahmeneinwilligung für Aufnahmen, auf denen die Mitarbeiter zu erkennen sind.
- **Von anderen Personen zur Verfügung gestellte Aufnahmen** – Auch bei Aufnahmen, die Sie von anderen Personen erhalten, z. B. von Interview- oder Geschäftspartnern, sollten Sie sicherstellen, dass deren Einwilligung nachweisbar ist und sie zu deren Erteilung berechtigt sind.

Kein guter Glaube

Bitte denken Sie daran, dass es im Bereich der »geistigen« Rechte, also im Urheberrecht (und ebenso im Markenrecht oder Datenschutzrecht) keinen »guten Glauben« an eine Nutzungsberechtigung gibt. Das heißt, wenn jemand Ihnen wahrheitswidrig zusichert, der Urheber zu sein, können Sie trotz der Zusicherung von dem richtigen Fotografen abgemahnt werden. Daher lohnt es sich vor allem im kommerziellen Bereich, Bildrechte mit einer Gewährleistung – also dem Ersatz der Abmahnkosten – bei Fotografen oder Stockbildanbietern zu erwerben.

◀ **Tipp**

Häufig wird bei der Frage nach der Nutzung von z.B. bei Instagram veröffentlichten Bildern eines Nutzers die folgende Kurzeinwilligung ausreichen:

»Hallo …,

wären Sie damit einverstanden, wenn ich Ihr Bild »Pinguinpärchen«, »http://bild-URL...« auf unserer Website »https://......com/« und auf unserer Facebook-Seite »https://www.facebook.com/xy.....« mit Nennung Ihres Namens und eines Links zur Quelle verwenden würden?

Wir möchten mit dem Bild einen Beitrag über die Geschichte der Sprache illustrieren.

Falls Sie das Bild nicht selbst erstellt haben, könnten Sie uns die Kontaktadresse der Fotografin oder des Fotografen mitteilen?«

Was muss bei Stockbildern beachtet werden?

Bei Stockbildanbietern erwerben Sie Bildlizenzen, deren Nutzungsumfang sich nach den jeweiligen Lizenzbestimmungen richtet. (Hinweis: Eine Lizenz ist bloß eine fachliche Bezeichnung einer Zustimmung zur Bildnutzung.)

Stockbildlizenzbestimmungen gleichen sich zwar in vielen Punkten, können sich aber auch in wesentlichen Punkten (z.B. der Urhebernennung) unterscheiden. Daher sollten Sie die Lizenzbestimmungen vor jedem Einsatz lesen und dabei vor allem auf die folgenden Punkte achten:

- **Umfang der Nutzung** – Häufig werden bei Stockbildern die Nutzungen beschränkt. Zu den Beschränkungen zählen insbesondere: a) Beschränkung auf redaktionelle, d.h. berichtende Nutzung und damit das Verbot kommerzieller Nutzung (z.B. Bebilderung von Produktwerbung, Leistungsbeschreibungen, Corporate Blogs, die überwiegend der Bewerbung der Unternehmensleistungen dienen,[30] etc.); b) Beschränkung der Nutzung als zentraler Aspekt eines Produkts (z.B. als Aufdruck auf Werbemitteln etc.); c) Beschränkungen auf Print oder den Onlinebereich, Abruf- oder Auflagenzahlen.

30 OLG Koblenz, 12.04.2021 – 4 W 108/21.

- **Bearbeitung** – Eine Bearbeitung ist grundsätzlich ausgeschlossen, sofern sie über die bloße Nutzung einzelner Bildteile, Zuschnitt, Einfügen von Texten, Logos oder leichte Farbanpassung hinausgeht (also z. B. Retuschen der abgebildeten Models).
- **Model-Releases** – Zumindest bei kostenpflichtigen Stockbildern wird in der Regel Gewähr für das Einverständnis der abgebildeten Personen gegeben.
- **Unerwünschte Nutzungen** – Im Regelfall ist die Nutzung mit Bezug zu Alkohol, Tabak oder anderen Produkten, politischer Werbung, religiösem, erotischem oder sittenwidrigem Kontext ohne spezielle Erlaubnis untersagt. Dies gilt insbesondere, wenn dadurch dem Ansehen der Models geschadet werden könnte.
- **Urhebernennung** – So gut wie alle Stockbildanbieter verpflichten die Bildnutzer zur Nennung der Urheber im redaktionellen Kontext (z. B. in Blogbeiträgen oder Social-Media-Postings). Sofern die kommerzielle Bildnutzung erlaubt ist, müssen Urheber im Regelfall nicht genannt werden (z. B. Nutzung auf Produktverpackungen, in Werbebroschüren, Newslettern oder Werbebannern, wozu z. B. Facebook Ads zählen). Sofern Urheber genannt werden müssen, kann dies möglichst am Bild (darunter oder daneben) erfolgen. Ist die Urhebernennung nicht möglich, z. B. aus gestalterischen Gründen, sollte der Urheber zumindest am Ende eines Beitrags/Texts genannt werden. Werden Bilder als Gestaltungs- bzw. Designelemente verwendet, sollten die Urheber im Impressum unter »Bildquellen« mit einem Bezug zum Bild gelistet werden (z. B. »Kopfgrafik auf Hauptseite« oder »Diskussionsrunde auf der Unterseite ›Leistungen‹«.
- **Weitergabe der Lizenz** – Die Lizenz dürfen Sie nicht weiterverkaufen. Bei der Zusammenarbeit mit Agenturen sollte geklärt werden, dass die Bildrechte im Namen der Kunden erworben werden. Erlaubt ist die Weitergabe bzw. Veröffentlichung fertiger Werke, also z. B. Whitepaper oder Blogbeiträge, in denen das lizenzierte Bild verwendet wird. Auch darf die Bilddatei an Beauftragte, z. B. Agenturen oder Webdesigner, zur bestimmungsgemäßen Verarbeitung gegeben werden.
- **Social-Media-Lizenzen** – Ob die Nutzung eines Stockbilds in Social Media erlaubt ist, hängt ganz von der Lizenz ab. Manche Stockbildanbieter erlauben die Nutzung generell für alle Aufnahmen. Andere Anbieter verlangen wiederum den Erwerb spezieller Social-Media-Lizenzen. Bei einigen dieser Anbieter gibt es auch spezielle Vorgaben für die Social-Media-Nutzung. So müssen z. B. die Urhebernennungen im Bild erfolgen (also grafisch eingefügt werden), oder ein Lay-

outing ist erforderlich (z.B. ein Logo oder ein Werbetext muss eingefügt werden).

Falls Sie sich im Unklaren über die Reichweite der Stockbildlizenz sind, sollten Sie die Rückfrage bei dem Stockbildanbieter nicht scheuen, am besten per E-Mail. ◀ **Tipp**

Sind freie Lizenzen und Public Domain sicher?

Als »freie Lizenzen« werden Bildlizenzen bezeichnet, die kostenlos angeboten werden (am bekanntesten sind die Creative-Commons-Lizenzen).[31] Kostenlos bedeutet aber nicht automatisch, dass keine Vorgaben zu beachten sind – ganz im Gegenteil:

- **Beachtung von Lizenzbestimmungen** – Auch bei freien Lizenzen müssen die Lizenzhinweise gelesen und eingehalten werden. Ansonsten liegt ein Urheberrechtsverstoß vor (auch wenn dessen Kosten in der Regel geringer sind als bei kostenpflichtigen Lizenzbildern). So müssen bei freien Lizenzen häufig der Urheber und der Link zur Lizenz angegeben werden. Daneben können weitere Vorgaben bestehen, wie z.B. das Verbot kommerzieller Nutzung oder der Bearbeitung des Bilds.
- **Keine Lizenzbestimmungen bei Public Domain** – Im Extremfall werden Bilder unter eine *Public Domain* gestellt (d.h. zum Gemeingut erklärt), was bedeutet, dass die Urheber auf die Rechte an diesen Bildern (bzw. auf deren Geltendmachung) verzichtet haben. In diesem Fall müssen keine Bedingungen beachtet werden. Im Internet existieren sogar spezielle Bildportale, bei denen Fotografen Bilder hochladen und sie unter einer Public Domain anderen Nutzern zur freien Verfügung stellen können.

Bei all den Vorteilen sollten Sie jedoch auch die Risiken kostenloser Werke berücksichtigen:

- **Risiko fehlender Motivlizenz** – Die freien Lizenzen enthalten grundsätzlich nur eine Berechtigung zur Nutzung einer Aufnahme selbst, aber nicht des Motivs. Insbesondere wenn auf einer Aufnahme Menschen abgebildet sind, sollten Sie nachfragen, ob die Person damit einverstanden war, bzw. prüfen, ob eine gesetzlich erlaubte Nutzung vorliegt (was nachfolgend dediziert erläutert wird).
- **Keine Gewährleistung** – Freie Lizenzen werden ohne Gewähr erteilt. Auch die kostenlosen Bildportale geben keine Gewähr. Da es im Urheberrecht jedoch keinen guten Glauben an die Berechtigung

---

31 *https://de.creativecommons.org*

gibt, kann man wegen der unberechtigten Nutzung der Bilder abgemahnt werden. Das kann z. B. passieren, wenn Nutzer ohne Erlaubnis der Fotografen Bilder hochladen. Daher sollten Sie insbesondere bei professionell aussehenden Fotos große Vorsicht walten lassen (oder beim Uploader nachfragen, ob er die Urheberrechte bestätigen kann).

Tipp ▶ Im Ergebnis sollten Sie vor allem im kommerziellen Bereich eher auf Bildlizenzen mit Gewährleistung zurückgreifen. Freie Bilder sollten zwecks Risikominimierung allenfalls zu redaktionellen, d. h. berichtenden Zwecken verwendet werden und wenn ihnen anzusehen ist, dass sie eher von Privatpersonen/Hobbyfotografen erstellt wurden und nicht unerlaubt hochgeladene Bilder von Profifotografen sind.

Wann sind Bildzitate erlaubt?

Das Bildzitat berechtigt zur Nutzung von Bildern auch ohne Einverständnis der Urheber.[32] Häufig wird irrtümlich die Nennung einer Quelle als einzige Voraussetzung eines Bildzitats angenommen. Tatsächlich ist die Nennung der Quelle jedoch nur eine der urheberrechtlichen Vorgaben:

- **Belegfunktion** – Ein Bild darf nur dann zitiert werden, wenn das Zitat als Beleg für eine geistige Auseinandersetzung notwendig ist. Das heißt, nur wenn Sie etwas »geistig Gehaltvolles« herstellen, dürfen Sie im Austausch fremde Bilder nutzen. Die typischen Fälle der erlaubten Nutzung sind z. B. Rezensionen einer Grafik, einer Fotografie, eines Films, einer Software, eines Musikalbumcovers etc.
- **Beispielsbelege sind zulässig** – Nicht notwendig ist, dass sich die geistige Auseinandersetzung exakt auf das als Zitat verwendete Werk bezieht. Ausreichend ist, dass das Werk exemplarisch verwendet wird. Wenn z. B. ein Trend bei Webseitendesigns besprochen wird, dürfen Websites, die diesem Trend folgen, exemplarisch herausgegriffen werden.
- **Länge der geistigen Auseinandersetzung** – Die Länge Ihrer Ausführungen ist gesetzlich nicht vorgeschrieben. Sie kann durchaus in einem pointierten Satz vorliegen. Im Regelfall sollten es schon ein paar Sätze oder besser noch Absätze sein.
- **Parodien** – Die Parodie ist mit einem Zitat vergleichbar. Hier wird ein fremdes Werk erkennbar verfremdet, um z. B. auf einen gesellschaftlichen oder politischen Missstand hinzuweisen.

32 § 51 UrhG.

- **Keine bloße Illustration** – In keinem Fall ist ein Zitat zur bloßen Illustration zulässig (also weil es zum Thema des Beitrags passt, eine schöne Stimmung verbreitet etc.).
- **Bildzitat in Social Media** – In Social Media wird die Belegfunktion des Bildzitats angesichts der Kürze der Beiträge eher selten erfüllt sein. Häufig dienen dort Bilder eher der Illustration der Beiträge – wobei die Belegfunktion nicht ausgeschlossen ist, wenn z. B. eine längere Auseinandersetzung mit einem Bild in einem Facebook Posting erfolgt.
- **Geringer Umfang des Zitats** – Die Bildnutzung ist nur so weit zulässig, wie sie notwendig ist, um die eigenen geistigen Ausführungen zu belegen. Das heißt, wenn z. B. das Werk eines Künstlers besprochen wird, dürfen je nach Text nur einige wenige seiner Werke als Beispiel verwendet werden.
- **Keine Bearbeitung und Urhebernennung** – Sie sollten zudem daran denken, dass die zitierten Werke nicht bearbeitet, z. B. retuschiert, werden dürfen (Verkleinern/Vergrößern, Ausschnitte oder Wechsel zwischen Farbe und Schwarz-Weiß sind zulässig). Ferner muss der Urheber genannt werden, nach Möglichkeit direkt an (neben, unter) dem Bild oder, falls nicht möglich, unter oder in dem Beitrag, der das Bild bespricht.

Wann sind Karikaturen, Parodien oder Pastiches erlaubt?

Mit der Urheberrechtsreform wurde zusätzlich zum Zitatrecht ein Recht auf »Karikaturen, Parodien oder Pastiches« ins Gesetz aufgenommen.[33] Es erweitert die Nutzerrechte erheblich, da anders als beim Zitat keine Belegfunktion für eigene Ausführungen notwendig ist und z. B. Belustigung als Zweck ausreicht. Dabei gelten die folgenden Voraussetzungen:

- **Wahrnehmbare Unterschiede zum ursprünglichen Werk** – Das parodierte Werk (z. B. ein Magazincover, das Bildnis einer prominenten Person oder ein Video) muss so verändert werden, dass wahrnehmbare Unterschiede zum Ausgangsmaterial bestehen (z. B. Einbindung in den Kontext einer Besprechung, Kommentierung, grafische Änderung, textliche Ergänzung etc.). Allerdings muss die Bearbeitung nicht derart anspruchsvoll sein, dass die Parodie so schöpferisch ist, dass sie selbst urheberrechtlich geschützt wäre (z. B. wenn lediglich ein Textteil verfremdet wird).

33 § 51a UrhG.

Abbildung 15-4 ▼
Memes sind als »Pastiches« sowohl für die private als auch für die kommerzielle Nutzung erlaubt. Allerdings sollte bedacht werden, dass die urheberrechtliche Ausnahme nur für das Bild selbst, aber nicht für darin abgebildete Personen oder fremde Marken gilt. Daher sollten Memes im kommerziellen Kontext auf die Kommunikation in Social Media, z.B. in Beiträgen und Kommentaren, beschränkt werden. Bevor sie im Rahmen von Werbeanzeigen oder als Werbemittel genutzt werden, sollte eine rechtliche Prüfung erfolgen.

- **Inhaltliche oder kulturelle Auseinandersetzung** – Die Parodie bzw. Karikatur muss zwar keinen künstlerisch oder literarisch qualitativen Ansprüchen genügen, allerdings soll sie Ausdruck von Humor oder Verspottung im Fall der Parodie oder generell einer Kritik sein.
- **Parodien und Karikaturen gehen oft gemeinsam einher** – Die Karikatur ist mit der Parodie eng verwandt, und häufig werden sich die beiden Begriffe überlappen. »Eine Karikatur beinhaltet meist eine Zeichnung oder andere bildliche Darstellung, die durch satirische Hervorhebung oder überzeichnete Darstellung bestimmter charakteristischer Züge eine Person, eine Sache oder ein Geschehen der Lächerlichkeit preisgibt« (aus dem Gesetzesentwurf).
- **Pastiches bieten große Freiheiten** – Der Begriff *Pastiche* bzw. *Pastiches* war bis dato zumindest umgangssprachlich kaum bekannt und bedeutet so viel wie »Nachahmen«. In der Begründung des Gesetzes zeigt der Gesetzgeber jedoch, dass er den Begriff generell weiter versteht und zählt »Remix, Meme, GIF, Mashup, Fan Art, Fan Fiction, Cover oder Sampling« als Beispiele für Pastiches auf.
- **Kein direkter Bezug zum Originalwerk notwendig** – Eine Parodie muss sich nicht zwingend gegen das abgewandelte Werk oder dessen Urheber richten.
- **Quellennennung nicht erforderlich** – Anders als beim Zitat muss bei Karikaturen und Parodien keine Quelle genannt werden.

Embedding und Sharing von Bildern?

Als Embedding (bzw. Einbetten) bezeichnet man die Einbindung von fremden abgerufenen Inhalten in die eigene Webseite. Dazu gehören

z. B. Instagram-Bilder, YouTube-Videos oder Tweets. Urheberrechtlich betrachtet, ist das Einbetten fremder Inhalte die sicherste Art, sie ohne Zustimmung der Rechteinhaber zu nutzen.

- **Einbettung bedarf keiner Einwilligung** – Laut EuGH stellt das Einbetten fremder Inhalte eine Art Verlinkung dar und bedarf keiner Zustimmung der Urheber.[34] Denn der Urheber kann das Bild an der verlinkten Quelle löschen (lassen), wodurch auch die eingebetteten Inhalte verschwinden würden.
- **Auch Sharing bedarf keiner Einwilligung** – Das zum Embedding Gesagte gilt gleichermaßen für Inhalte, die Sie auf sozialen Plattformen mittels der *Teilen*-Funktion verbreiten. Beispielsweise kopiert Facebook einen einmal erstellten Beitrag nicht mehrfach, sondern bettet ihn beim Teilen lediglich in Ihr Profil ein.
- **Verbleibende Risiken** – Ein Haftungsfall kann jedoch entstehen, wenn die Bilder oder Videos ohne den Willen der Urheber online gestellt worden sind. In diesem Fall wird bei gewerblicher Nutzung vermutet, dass Sie Ihrer Pflicht zur Rechteklärung nicht nachgekommen sind.[35] Doch zum einen ist die Reichweite dieses Risikos umstritten, und zum anderen kommen derartige Fälle derart selten vor, dass das Embedding als sicher betrachtet werden kann.
- **Vorsicht bei geschützten Motiven** – Beachten Sie jedoch die Rechte der in den eingebetteten oder geteilten Inhalten abgebildeten Personen oder Marken. Embedding sollte grundsätzlich nur im redaktionellen Bereich, etwa im Rahmen berichtender Beiträge im Blog, verwendet werden. Dagegen sollten Sie fremde Inhalte nicht zur Bewerbung Ihrer Produkte einsetzen (z. B. Hinweise auf Ihre Produkte mit einem Musikvideo von YouTube untermalen).

◀ **Tipp**

Einbetten und Sharing mittels der Plattformfunktionen gilt als vergleichsweise sicher und in jedem Fall sicherer als das Kopieren von Inhalten. Allerdings sollten Sie auch die Datenschutzhinweise zu Opt-in-Pflichten oben in diesem Kapitel beachten.

Gelten für Videos Besonderheiten?

Im Hinblick auf die Praxis können Videos rechtlich genauso wie Bilder behandelt werden.[36] Videos sind nach dem Urheberrecht geschützt und sollten mit Einwilligung oder beim Vorliegen einer gesetzlichen Aus-

34 EuGH, 21.10.2014 – C-348/13.

35 EuGH, 08.09.2016 – C-160/15.

36 §§ 2 Nr. 6, 95 UrhG.

nahme verwendet werden (z. B. wenn ein Videoclip besprochen wird, dürfen markante oder besprochene Szenen als Screenshots abgebildet werden). Wurde das Video publiziert, z. B. auf YouTube oder Facebook, darf es eingebettet werden.

Auch die folgenden Hinweise zur Nutzung der Abbildungen von Personen und Sachen gelten gleichermaßen für Videos.

Checkliste: Rechte an Fotos und Videos

- Ist das Bild oder das Video urheberrechtlich geschützt? (praktisch immer)
- Ist die beabsichtigte Art der Nutzung individuell erlaubt und die Erlaubnis nachweisbar?
- Wenn es sich um ein Stockbild handelt, wurden die Lizenzbedingungen beachtet? (Nutzungsbeschränkungen, keine unerwünschte Nutzung, Urhebernennung, Erlaubnis zum Einsatz in Social Media etc.)
- Ist auch erlaubt, das Motiv zu nutzen? (bei Abbildung von Personen, Sachen oder Marken)
- Wenn es sich um Bilder unter freien Lizenzen handelt, z. B. »Creative Commons«, wurden die Lizenzbedingungen beachtet, und wurde das Risiko eines unbefugten Uploads ausgeräumt/in Kauf genommen?
- Wenn es sich um Public-Domain-Bilder handelt, wurde das Risiko eines unbefugten Uploads ausgeräumt/in Kauf genommen?
- Ist die Nutzung sonst erlaubt, z. B. weil ein Fall des Embeddings oder Sharings vorliegt?
- Ist die Nutzung sonst erlaubt, z. B. weil ein als Beleg für eigene Ausführungen erforderliches Bildzitat vorliegt?

Uploadfilter

Mit der Urheberrechtsreform hat der Gesetzgeber das Haftungsprivileg (bekannt als »notice and take down«) für große Content-Plattformen praktisch aufgehoben. Bisher mussten die Plattformen erst dann einschreiten, wenn die Rechteinhaber ihnen Rechtsverstöße mitgeteilt und deren Beseitigung verlangt haben.

Nunmehr müssen die Plattformen die Nutzerinhalte schon beim Upload prüfen, Rechteinhaber über mögliche Verstöße informieren und in eigener Verantwortung entscheiden, ob diese zulässig sind (also ein »Notice and Prevent«-Verfahren). Die Regelungen dieses Verfahrens finden sich in einem neuen Gesetz, dem *Urheberrechts-Diensteanbieter-Gesetz* (UrhDaG).

Der Begriff »Uploadfilter« findet sich zwar selbst nicht im Gesetz, allerdings kann das per Gesetz angeordnete Prüfungsverfahren nicht anders bezeichnet werden. Denn die Plattformanbieter müssen »bestmögliche Anstrengungen« unternehmen, um Urheberrechtsverstöße schon beim Upload zu verhindern.

Welche Content-Plattformen müssen Uploadfilter einsetzen?

Zum Einsatz von Uploadfiltern werden folgende »Diensteanbieter« verpflichtet, die diese Voraussetzungen erfüllen:

Einer ihrer Hauptzwecke muss die gewinnorientierte Bereitstellung und Bewerbung einer Vielzahl urheberrechtlich geschützter Inhalte sein. Damit werden vor allem die großen Social-Media-Netzwerke wie Facebook, Instagram oder TikTok sowie Streaming-Anbieter wie z.B. YouTube zum Einsatz von Uploadfiltern verpflichtet.

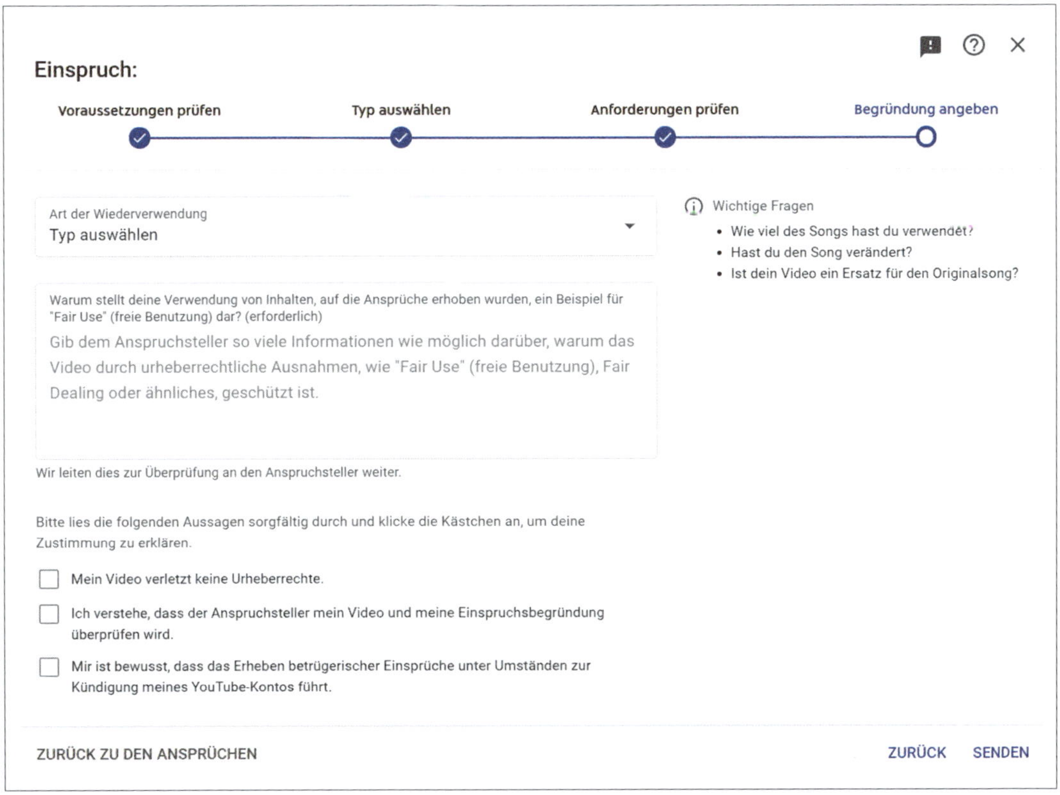

▼ Abbildung 15-5
Plattformen wie YouTube in diesem Beispiel müssen Möglichkeiten anbieten, mit denen Nutzer begründen können, warum die Nutzung fremder Inhalte in deren Videos oder Beiträgen zulässig ist. Dabei können sie sich z.B. auf die oben erwähnten Rechte auf Zitate, Karikaturen, Parodien oder Pastiches berufen.

Ausgenommen sind Start-ups mit einem Umsatz bis 10 Millionen Euro, die jünger als drei Jahre sind und weniger als 5 Millionen Besucher pro Monat verzeichnen sowie auch generell Diensteanbieter bei einem Jahresumsatz in der EU unter 1 Million Euro.

Ebenfalls ausgenommen sind Onlineenzyklopädien (z.B. Wikipedia), Open-Source-Portale (z.B. GitHub), Marktplätze (z.B. eBay) und Messenger (z.B. WhatsApp) wie auch Cloud-Speicher-Dienste für den unternehmerischen oder eigenen privaten Gebrauch.

Geringfügige Übernahmen und die 15-Sekunden-Regel

Auch wenn beim Upload des Nutzers eine Übereinstimmung mit urheberrechtlich geschützten Inhalten festgestellt wird, darf der Upload in bestimmten Fällen trotzdem veröffentlicht werden. Eine Veröffentlichung ist zulässig, wenn es sich um eine geringfügige Übernahme handelt. Geringfügig sind:

- 15 Sekunden aus einem Video oder Musikstück,
- 165 Zeichen bei Texten,
- 125 kb bei Bildern.

Ferner dürfen nicht mehr als 50 % aus einem Werk übernommen werden. Auch gilt diese Ausnahme nicht für Live- und insbesondere laufende Sportveranstaltungen. Für kommerzielle Videos scheiden diese Ausnahmen ebenfalls aus, da der Upload keinen kommerziellen Zwecken oder allenfalls der Erzielung geringfügiger Einnahmen dienen darf (wo die betragsmäßige Grenze liegt, werden künftig die Gerichte entscheiden müssen).

- Ferner bedeuten die oben genannten Ausnahmen nicht, dass der Upload damit erlaubt ist. Vielmehr wird er nur nicht sofort blockiert. Jedoch wird der jeweilige Rechteinhaber informiert und darf von dem Nutzer einen Nachweis verlangen, dass die Übernahme des Inhalts zulässig war.

Tipp ▶ Zeitkritische Uploads, die fremde Inhalte beinhalten (z.B. Ausschnitte aus anderen Videos, Bilder oder Musik), sollten mindestens eine Woche vorab zu Testzwecken hochgeladen oder, soweit bereitgestellt, mittels der »Pre-Check«-Funktionen der Plattformen überprüft werden. Denn so lange kann ein Beschwerdeverfahren maximal dauern, sodass ein Video erst eine Woche später erscheinen könnte.

Abbildungen von Personen

Sind auf dem Bild Personen abgebildet, müssen neben den Rechten an der Aufnahme selbst auch die Persönlichkeits- und Datenschutzrechte der abgebildeten Personen berücksichtigt werden.

Das heißt, die Person muss in die Abbildung entweder eingewilligt haben, oder es liegt eine gesetzliche Erlaubnis der Bildnutzung vor.

Einwilligung der abgebildeten Person

Die Einwilligung ist die sicherste Methode, um Abbildungen von Personen nutzen zu dürfen. Gleichzeitig ist es wegen der Vielzahl zu beweisender Voraussetzungen auch die aufwendigste Methode.

- **Erlaubte Nutzung** – Im Hinblick auf die Einwilligung müssen Sie beachten, dass die Einwilligung auch die von Ihnen geplante Nutzung der Aufnahme erlaubt. So dürfen Stockbilder von den meisten Künstlern nur für redaktionelle, also berichtende Zwecke verwendet werden (z.B. die Abbildung einer Künstlerin in einem Blog oder einem Facebook-Beitrag, der sich mit Musik befasst). Dagegen ist die Nutzung für kommerzielle Zwecke in der Regel verboten (was nachvollziehbar ist, da die Künstler als Werbeträger gesondert entlohnt werden möchten).
- **Altersbeschränkung** – Ferner sollten Sie bedenken, dass Einwilligungen Minderjähriger, zumindest für die Onlinenutzung, in Deutschland erst ab 16 Jahren und in Österreich ab 14 Jahren möglich sind (in Ländern ohne Altersgrenzen, z.B. der Schweiz, empfiehlt sich das Alter von 15 Jahren als grobe Daumenregel). Ansonsten sollten Sie die Einwilligung der Erziehungsberechtigten einholen.
- **Form und Nachweis** – Die Einwilligung kann auch mündlich abgegeben werden. Allerdings müssen Sie die Einwilligung im Zweifel nachweisen. Aus diesem Grund sollten Sie die Einwilligung, wenn es geht, schriftlich bzw. auf einem Video einholen oder sie sich nachträglich, z.B. per E-Mail, bestätigen lassen.
- **Widerruf** – Die abgebildeten Personen dürfen ihre Einwilligung jederzeit widerrufen. Ausnahmen sind gesetzlich nicht vorgesehen und müssen erst von Gerichten entwickelt werden. Falls Sie Ausnahmen vereinbaren möchten, sollten Sie diese vertraglich vorab regeln (z.B. im Fall von Imagefilmen oder Aufnahmen für eine Werbekampagne).

Wenn Sie Personen um eine Einwilligung fragen, sollten Sie auch auf die Veröffentlichung der Aufnahmen in Social Media hinweisen (»Wir möchten die Fotos gegebenenfalls auf unserer Website oder unseren Social-Media-Kanälen, wie z.B. Facebook, nutzen.«). ◀ **Tipp**

Ausnahmen von der Einwilligungspflicht

In vielen Fällen, z.B. bei Außenaufnahmen oder bei Veranstaltungen, wird es umständlich sein, Einwilligungen einzuholen. In solchen Fällen können Sie sich jedoch häufig auf Ihre berechtigten Interessen an der Bildaufnahme, z.B. für Zwecke der Berichterstattung, stützen.

Auch bei Personenabbildungen müssen die Grenzen bei Abbildungen austariert werden. Sie können jedoch davon ausgehen, dass auch die bisher geltenden Ausnahmen weiterhin fortgelten werden:[37]

- **Zeitgeschichtliche Ereignisse** – Erlaubt sind ungefragte Aufnahmen von Menschen bei zeitgeschichtlichen Ereignissen, gleich welcher Art. Hierbei kommt es darauf an, dass die Menschen sich bewusst exponieren, z.B. Künstler auf Bühnen, Politiker bei Reden, Sportler beim Marathonlauf etc. Dabei müssen es keine Massenereignisse sein. Auch ein Redner in einer Fußgängerzone fällt unter diese Ausnahme.
- **Öffentliche Versammlungen, Aufzüge oder ähnliche Vorgänge** – Menschengruppen (mindestens drei Personen), die als Gemeinschaft den öffentlichen Raum nutzen, müssen nicht um deren Einwilligung gefragt werden, etwa im Fall von Teilnehmern einer Demonstration oder beim Publikum einer öffentlichen Veranstaltung (Zuschauer eines Marathons). Die Berechtigung gilt jedoch nur für Gruppenaufnahmen; einzelne Personen müssen um Einwilligung gefragt werden. Außerdem gilt die Ausnahme nicht für bloße Ansammlungen, also Menschen, die sich ohne eine innere Verbindung an einem Ort befinden (z.B. wartende Personen an einer Bushaltestelle).
- **Beiwerke einer Örtlichkeit oder Landschaft** – Wenn Menschen zwar im Bild erkennbar sind, aber dort nur zufällig stehen und für die Aufnahme nicht prägend sind, dürfen sie als bloße Beiwerke abgebildet werden. Das können z.B. Personen bei der Aufnahme einer Fußgängerzone oder einer Landschaftsaufnahme sein. Die Personen sind jedoch dann keine Beiwerke, da für das Bild prägend, wenn gerade sie die Aufmerksamkeit der Betrachter auf sich ziehen (z.B. weil sie leicht bekleidet sind).

Privatsphäre und Schutz vor wirtschaftlicher Ausnutzung

Die vorgenannten Ausnahmen von der Einwilligungspflicht sind zudem nicht grenzenlos und gelten nicht in den folgenden Fällen:

- **Privatsphäre und guter Ruf** – Die Abgebildeten dürfen nicht in ihrer Privatsphäre oder ihrem guten Ruf betroffen sein. Das wäre der Fall, wenn man eine Bestattungsprozession oder Menschen in einem stark alkoholisierten Zustand abbilden würde.

37 Art. 6 Abs. 1 lit. f) unter Berücksichtigung bisheriger Rechtsprechung zum § 23 KUG.

- **Keine wirtschaftliche Ausnutzung** – Eine ungerechtfertigte wirtschaftliche Ausbeutung bedeutet, dass einzelne Personen nicht zu Fürsprechern von Unternehmen oder Organisationen erhoben werden dürfen. So dürften Sie z. B. zu Zwecken der Berichterstattung einen eingeladenen Politiker auf einer Bühne fotografieren, aber die Aufnahme nicht in einem Werbebanner nutzen.

Informationspflichten

- Auch im Fall der Informations- und Widerrufspflichten bestehen noch viele Unklarheiten. Der Gesetzgeber hat z. B. keine eindeutigen Ausnahmen der Informationspflichten für Fotografien vorgesehen. Ohne die Ausnahmen würde es praktisch bedeuten, dass Sie alle abgebildeten Personen vorab über die Bilder informieren müssten. Daher meinen auch manche Datenschutzbehörden, dass in Fällen der Unmöglichkeit oder Unzumutbarkeit eine Information nicht notwendig sei.

◀ Tipp

Bei Veranstaltungen sollten Sie auf die Möglichkeit von Foto- und Videoaufnahmen schon auf der Ankündigung/Einladung hinweisen wie auch auf einem deutlichen Aushang vor Ort. Der Aushang sollte auch über die Widerrufsmöglichkeiten unterrichten, z.B. durch Erklärung gegenüber dem Fotografen, Tragen eines besonderen Namensschilds etc. (Die Hinweise können Sie gratis unter *Datenschutz-generator.de/fotohinweise* erstellen.)

Checkliste: Abbildung von Personen

- Liegt eine Erlaubnis für die geplante Nutzung vor? (individuell oder über die Stockbildlizenz)
- Oder handelt es sich um die Aufnahme eines zeitgeschichtlichen Ereignisses?
- Oder wurde die Person als Teil einer öffentlichen Versammlung aufgenommen?
- Oder taucht die Person nur zufällig als Teil einer Örtlichkeit oder Landschaft im Bild auf?
- Ist die Privatsphäre der Person nicht verletzt, und wird sie wirtschaftlich nicht ausgebeutet?
- Wurden die Informationspflichten (soweit notwendig) beachtet?

Aufnahmen fremder Sachen und Gebäude

Grundsätzlich dürfen Sie fremde Objekte, Sachen oder Grundstücke von öffentlichen Straßen und Plätzen aus auch ohne Zustimmung der Inhaber abbilden (Hilfsmittel, wie z. B. Leitern oder herausgezogene Selfiestangen, dürfen nicht verwendet werden).

- **Hausrecht auf Privatgrundstücken und in Gebäuden** – Sobald Sie für die Aufnahmen ein privates Grundstück betreten müssen, brauchen Sie eine Fotografiererlaubnis der Eigentümer oder Besitzer. Das gilt z. B. in Bahnhöfen, Kaufhäusern, Zoos, Veranstaltungssälen, privaten Parkanlagen (auch wenn diese, z. B. wie im Fall von Schlossanlagen, für den Publikumsverkehr geöffnet sind) sowie Innenhöfen von Wohnhäusern. Dabei müssen Sie auch darauf achten, ob etwaige Fotografiererlaubnisse nicht nur für private Fotoaufnahmen gelten (z. B. in Zoos).
- **Panoramafreiheit** – Fremde Sachen können auch urheberrechtlich geschützt sein, z. B. Kunstskulpturen oder Werke der Architektur. Diese Werke dürfen jedoch auch fotografiert werden, wenn dies von öffentlichen Straßen oder Plätzen ohne Hilfsmittel erfolgt und sie dort zum dauerhaften Verbleib bestimmt sind (z. B. Werke der Architektur, dagegen nicht im Rahmen einer kurzen Aktion vorübergehend aufgestellte Kunstwerke).[38] Also gilt im Hinblick auf die Urheberrechte praktisch dasselbe wie im Hinblick auf das vorbesprochene Hausrecht.

Tipp ▶ Die *Panoramafreiheit* ist je nach Land unterschiedlich geregelt. Beispielsweise gilt sie nicht in Frankreich, sodass Fotografien der Lichtinstallationen des Eiffelturms bei Nacht ohne Erlaubnis nicht veröffentlicht werden dürfen. In den USA ist die geschäftliche Nutzung vieler Sehenswürdigkeiten geschützt, z. B. des ikonischen Hollywood-Logos oder der Sterne auf dem »Hollywood Walk of Fame«. Sie sollten sich daher über die Rechtslage im Ausland informieren, vor allem wenn Sie Aufnahmen von Sehenswürdigkeiten geschäftlich nutzen möchten.

Checkliste: Abbildung von fremden Sachen und Gebäuden

- Wurde die Aufnahme von einem Privatgrundstück erstellt, d. h. nicht von öffentlicher Straße oder öffentlichem Platz?
- Haben die Inhaber des Hausrechts eine Fotografiererlaubnis erteilt? (z. B. individuell, als Teil einer Akkreditierung oder per Aushang)
- Ist im Fall urheberrechtlich geschützter Werke, z. B. Werke der Architektur, die Panoramafreiheit anwendbar?

Fremde Texte und Textzitate

Neben Bildern und Videos können auch Texte urheberrechtlich geschützt sein. In diesem Fall dürfen sie ohne die Einwilligung der Urheber nur eingebettet oder im Rahmen eines Zitats verwendet werden.

38 § 59 UrhG.

Wann sind Texte geschützt?

Die Qualität und der Inhalt von Texten ist für den urheberrechtlichen Schutz eher nicht relevant, sondern vielmehr eine ungewöhnliche, kreative oder blumige Ausdrucksweise:

- **Kein Schutz von Ideen und Fakten** – Es mag zwar überraschen, aber das Urheberrecht schützt grundsätzlich nicht den Inhalt von Texten. Das heißt, die im Text enthaltenen Ideen und Fakten sind nicht geschützt. Geschützt wird nur die Form, also der Wortlaut, in dem sie niedergeschrieben sind – und das auch nur dann, wenn dieser individuell und originell ist (man nennt das die Schöpfungshöhe).
- **Schutz kreativer Werke** – Dies bedeutet, je kreativer und außergewöhnlicher ein Text geschrieben oder gegliedert ist, desto eher wird er geschützt sein. Und je sachlicher und pragmatischer er ist, desto geringer ist die Wahrscheinlichkeit eines Schutzes. In der Regel wird der Text eine gewisse Länge benötigen, um geschützt zu sein. Das heißt, ein einzelnes Wort kann praktisch nicht geschützt werden, auch Tweets oder Kommentare werden selten geschutzt sein (wobei ein Schutz bei kurzen und pointierten Texten, z.B. Limericks, möglich ist). Längere Postings oder Blogbeiträge werden dagegen in der Regel einen urheberrechtlichen Schutz erlangen.
- **Schutz von Presseveröffentlichungen** – Unabhängig von der Kreativität der Texte werden Presseveröffentlichungen durch das Leistungsschutzrecht für Presseverleger geschützt. Im Fall kommerzieller Nutzung dürfen aus Presseartikeln nur kurze Ausschnitte oder wenige Worte übernommen werden. Daher sollte zu geschäftlichen Zwecken nicht mehr als der Titel übernommen werden. Das Zitatrecht gilt jedoch weiterhin, und auch die Wiedergabe von Inhalten mit eigenen Worten bleibt erlaubt. Verlinkungen in Social Media sind von dieser Regelung ebenfalls betroffen. Sofern die Verlage den Plattformen keine Erlaubnis erteilt haben, tauchen neben den Links keine Vorschaubilder und Textauszüge mehr auf. Das Leistungsschutzrecht endet nach zwei Jahren ab Veröffentlichung. Allerdings gilt dann das reguläre Urheberrecht weiter, da es nur ein zusätzlicher Schutz für Presseverlage ist.

Es ist erlaubt, das Gehörte und Gelesene mit eigenen Worten wiederzugeben. Allerdings reicht es nicht aus, dazu lediglich einzelne Worte oder Satzteile umzustellen. Schreiben Sie die Informationen daher am besten aus dem Gedächtnis nieder. ◀ **Tipp**

Wann dürfen fremde Texte verwendet werden?

Sie dürfen fremde Texte neben einer Zustimmung der Urheber in den folgenden Fällen verwenden.

- **Embedding und Sharing von Texten** – Sie dürfen fremde Texte einbetten, z.B. einen Tweet in einen Blogbeitrag, ebenso wie Sie fremde Facebook-Beiträge teilen dürfen. Hierzu gilt das oben zu der Einwilligung und Einbettung von Bildern Gesagte.
- **Textzitate** – Für Textzitate gilt wie für Bildzitate, dass sie notwendig sein müssen, um eigene Gedanken und Ausführungen zu belegen. Auch müssen Zitate so kurz wie möglich sein. Das heißt, Sie dürfen z.B. aus einem Zeitungsartikel zitieren, wenn es auf die konkrete Wortwahl des Autors ankommt, aber nicht, um sich die Wiedergabe des zitierten Texts mit eigenen Worten zu ersparen. Denken Sie zudem daran, die Urheber zu nennen und am besten auch zu verlinken.

Checkliste: Schutz von Texten

- Ist der Text urheberrechtlich oder als Presseartikel geschützt? (Originalität notwendig, kein Schutz von Fakten und bloßen Ideen)
- Ist die Nutzung des Texts oder Textteils individuell erlaubt?
- Oder ist die Nutzung eines (möglichst kurzen) Textteils als Textzitat, d.h. als Beleg eigener Ausführungen, notwendig?

Wann darf fremde Musik verwendet werden?

Auch musikalische Werke sind rechtlich geschützt. Dabei existiert eine Vielzahl von Rechten, zum einen an der Musik und dem Text (verwaltet von der GEMA), zum anderen an der Darbietung als Künstler und an der Produktion der Aufnahme als Tonträgerhersteller (verwaltet von der GVL). Sie dürfen daher fremde Musik oder Musikstücke nur in den folgenden Fällen nutzen:

- **Zustimmung der Rechteinhaber** – Sie sollten sich auf den Webseiten der oben genannten Verwertungsgesellschaften GEMA und GVL nach passenden Lizenzen erkundigen (wobei im Regelfall die für die Onlinenutzung notwendigen Lizenzen einheitlich von der GEMA erworben werden können).
- **Lizenzabsprachen der Plattformanbieter** – Plattformen wie Facebook, Instagram, TikTok oder YouTube haben zum Teil Absprachen mit den Verwaltungsgesellschafen abgeschlossen. Dadurch dürfen die Nutzer geschützte Werke auch ohne eigene Lizenz nut-

zen. Allerdings sollten Sie sich über die Reichweiten dieser Lizenzen informieren.

- **Freie Lizenzen** – Auch bei Musik gibt es viele Werke, die insbesondere unter der Creative-Commons-Lizenz veröffentlicht wurden. Beachten Sie jedoch die Lizenzbedingungen, insbesondere was kommerzielle Einschränkungen oder die Nennung der Urheber und der Lizenz angeht.
- **Einbettung oder Sharing** – Auch hier gilt das zu den Bildern Gesagte, dass die Einbettung, z. B. von Musikvideos, hinreichend sicher ist (vor allem weil die Plattformanbieter mithilfe von sogenannten Uploadfiltern als geschützt gemeldete Musik häufig selbst entfernen).

Checkliste: Schutz von Musikwerken

- Liegt eine individuelle Erlaubnis vor?
- Erfolgt die Nutzung im Rahmen einer Plattform, die über eine Nutzungslizenz für die Musik verfügt?
- Liegt ein Fall von Embedding oder Sharing vor?
- Wenn es sich um Musik unter freien Lizenzen, z. B. »Creative Commons«, handelt, wurden die Lizenzbedingungen beachtet, und wurde das Risiko eines unbefugten Uploads ausgeräumt/in Kauf genommen?

Influencer-Marketing

Als »Influencer« werden Personen bezeichnet, die in sozialen Medien einen prägenden Einfluss auf die Meinungsbildung und insbesondere das Konsumverhalten von anderen Nutzern haben. Rechtlich betrachtet, kann jeder Influencer sein, problematisch wird es nur, wenn die Werbung für fremde Unternehmen oder eigene Leistungen verschleiert wird.

Daher bestehen hohe Anforderungen an die Hinweispflichten, deren Fehlen kostenpflichtig abgemahnt werden kann. Wer die Werbekennzeichnung dann erneut vergisst, muss pro Beitrag bis zu 5.000 Euro an Vertragsstrafe oder Ordnungsgeld zahlen. Daher müssen die rechtlichen Spielregeln des Influencer-Marketings unbedingt beachtet werden.

Nur rein private Accounts, die keine Kooperationen mit Unternehmen eingehen, müssen die folgenden Regelungen nicht beachten. Denn in diesen Fällen werden keine fremden oder eigenen Leistungen beworben. Das heißt, wer seinen Account monetarisieren möchte, sollte vorher überlegen, ob die wirtschaftlichen Vorteile den Aufwand und die rechtlichen Risiken rechtfertigen.

Tipp ▶ Ebenfalls in die Kategorie der verschleierten und als unlauter abmahnbaren Werbung fallen gekaufte Kommentare, Likes und Bewertungen. Umgekehrt sollten Sie nicht ohne stichhaltige Nachweise behaupten, jemand hätte sich dieser Mittel bedient. Können Sie keine Beweise vorbringen, können Sie wegen übler Nachrede oder gar Verleumdung sowie auf Unterlassung und Schadensersatz verurteilt werden.

Wann sind Werbehinweise notwendig?

Die Pflicht zur Trennung redaktioneller und kommerzieller Inhalte findet sich in diversen wettbewerbsrechtlichen und medienrechtlichen Regelungen.[39] Die besonders schwierige Frage, wann selbst erworbene Produkte zu kennzeichnen sind, wurde vom Gesetzgeber jedoch nicht geklärt und muss anhand von gerichtlichen Entscheidungen beurteilt werden.

- **Bezahlte Postings, gestellte Produkte, Einladungen** – In jedem Fall sollten Beiträge gekennzeichnet werden, für die ein Entgelt geleistet oder zumindest versprochen wurde. Das gilt auch, wenn das Entgelt mittelbar zugeflossen ist, z. B. durch Zahlung an eine Agentur, die wiederum Influencer vergütet. Eine mittelbare Zuwendung läge ebenfalls vor, wenn Influencer nicht direkt bezahlt, aber z. B. gegen die Zahlung einer Gage für einen Event engagiert werden. Auch wenn Produkte oder Leistungen wie z. B. Reisen kostenlos oder vergünstigt zur Verfügung gestellt wurden, ist eine Kennzeichnung erforderlich.
- **Erwähnung selbst erworbener Produkte** – Der BGH hat entschieden, dass Influencer, die fremde Produkte vorstellen und damit ihr eigenes Image steigern, geschäftlich handeln.[40] Das heißt, sie müssen prüfen, ob sie eine Werbekennzeichnung benötigen. Eine Kennzeichnung als Werbung ist im Fall selbst erworbener Produkte erforderlich, wenn ein Beitrag einer typischen Werbung gleicht, d. h. »*ohne jede kritische Distanz allein die Vorzüge eines Produkts dieses Unternehmens in einer Weise lobend hervorhebt, dass die Darstellung den Rahmen einer sachlich veranlassten Information verlässt*«. Allein die Platzierung von sogenannten »Tap Tags« (Verweise auf die Accounts von Unternehmen, die über Produkten erscheinen, wenn ein Bild bei Instagram per Klick/Touch-Geste berührt wird) begründet noch keinen Werbecharakter. Wird dagegen nicht bloß ein Tap Tag, sondern ein Link zum Hersteller/Produkt im Beitrag platziert, spricht dies für den Werbecharakter eines Beitrags. Eine Werbekennzeichnung ist dagegen nicht erforderlich, wenn der Werbecharakter anhand der

39 § 6 Abs. 1 Nr. 1 TMG, § 5a Abs. 4 UWG, § 74 i. V. m. §§ 8, 10, 11,72 MStV sowie Werbesatzung (WerbeS).

40 BGH, 09.09.2021 – I ZR 90/20, I ZR 125/20, I ZR 126/20.

Umstände erkennbar ist. Wenn z.B. ein Modemagazin von sich aus Produkte vorstellt, handelt es geschäftlich, da es das Magazin verkaufen und Werbekunden anlocken will. Das ist jedermann bekannt, und daher ist keine Werbekennzeichnung erforderlich. Laut BGH gilt dies auch für Influencer. Allerdings bleibt es unklar, wann dieser kommerzielle Hintergrund den Followern bekannt ist. Die Erkennbarkeit wurde bei Influencerinnen mit 600.000 und 1,7 Millionen Followern bejaht. Eine klare Grenze gab der BGH nicht vor (siehe Abbildung 15-6) weiter unten.

- **Erkennbare Corporate Accounts** – Ist ein Profil, ein Blog oder ein Video erkennbar von einem Unternehmen oder einem geschäftlich agierenden Freiberufler veröffentlicht und gibt sich nicht den Anschein der Neutralität (z.B. eine Content-Plattform eines Unternehmens, die sonst objektiv neutrale Produkttests durchführt), bedarf es keiner Werbehinweise. Denn in diesem Fall wird die geschäftliche Motivation nicht verschleiert.
- **Corporate Influencer** – Mitarbeiter, Geschäftsführer oder Geschäftsinhaber müssen zumindest darüber aufklären, in welcher Verbindung sie zu den von ihnen vorgestellten Produkten oder Unternehmen stehen. Alternativ können sie auch einen Werbehinweis platzieren.
- **Redaktionelle Trennung** – Verlage und Onlinemagazine müssen auf bezahlte Inhalte und gestellte Produkte hinweisen. Das gilt aber auch für Corporate Blogs oder Unternehmensprofile, die sich den Anschein der Neutralität geben (z.B. wenn ein Corporate Blog oder ein Account journalistisch betrieben wird oder objektiv und neutral wirkende Produkttests durchführt).
- **Bezahlte Testimonials** – Testimonials, auch von Kunden, die z.B. nur kleine Rabatte als Dankeschön erhalten haben, müssen als Werbung gekennzeichnet werden. Das ist nicht notwendig, wenn der geschäftliche Hintergrund erkennbar ist. So ist bekannt, dass die berufliche Sportausstattung der Fußballer gesponsert ist. Wirbt der Fußballer dagegen auf seinem privaten Account für Produkte, muss er die Postings als Werbung kennzeichnen.

Wie muss eine Werbekennzeichnung aussehen?

Bei der Wahl der Art der Werbehinweise sind die Gerichte sehr streng:

- **»Werbung« oder »Anzeige«** – Nur die vorgenannten eindeutigen Begriffe sollten verwendet werden. »Sponsored«, »Paid« oder »Ad« sollten dagegen nicht eingesetzt werden, es sei denn, die Beiträge richten sich allein an eine englischsprachige Zielgruppe. Werden mehrsprachige Zielgruppen angesprochen, müssen auch Werbehinweise in mehreren Sprachen erfolgen. Ob die von Plattformen wie Instagram bei Kennzeichnung von Produkten als sogenannter »Branded Content« (Beispiel Instagram) automatisch bereitgestellten Begriffe wie z.B. »Bezahlte Partnerschaft« alleine als Kennzeichnung ausreichend sind, wurde bisher nicht entschieden. Daher ist eine Kennzeichnung als »Werbung« oder »Anzeige« zusätzlich zu empfehlen. Statt des Begriffs Werbung könnte auch mit der Formulierung »*Für diesen Beitrag habe ich ein Entgelt erhalten*« eingeleitet werden, was jedoch wegen der Wirkung auf die Leser eher unattraktiv ist.

- **»Werbung wegen Markennennung«** – Wer zeigen möchte, dass der Hinweis aufgrund gesetzlicher Vorgaben und nicht wegen einer Bezahlung durch den Produkthersteller erfolgt, darf die Kennzeichnung »Werbung wegen Markennennung« verwenden.
- **Einfach zu erkennen** – Es ist nicht ausreichend, den Werbehinweis in einer Hashtag-Wolke, in einem Kommentar oder am Ende einer längeren Bildbeschreibung zu platzieren. Er sollte schon am Anfang eines Beitrags stehen.
- **»Werbevideo« und »Produktplatzierung«** – Der Hinweis »Produktplatzierung« ist bei Videos nur dann ausreichend, wenn die Produkte redaktionell eingebunden sind und nicht werblich hervorgehoben oder angepriesen werden. Wenn z.B. ein gestelltes Smartphone nicht nur lediglich verwendet oder sachlich neutral getestet wird, sondern eher angepriesen wird, muss im Video der Hinweis »Werbung« oder »Werbevideo« eingeblendet sein. Das gilt auch, wenn das gestellte Produkt einen Wert hat, der erheblich ist. Das wird in jedem Fall bei über 1.000 Euro angenommen.
- **Werbung und Dauerwerbesendung in Videos und Podcasts** – Wenn in einem Video (bzw. Livestream) nur ein Ausschnitt der Werbung dient (z.B. Vorstellung des Werbepartners), dann muss dieser Ausschnitt die Einblendung »Werbung« oder »Anzeige« enthalten und z.B. durch einen deutlichen Trenner oder einen sprachlichen Hinweis vom redaktionellen Inhalt getrennt werden. In Podcasts kann der Werbeblock ebenfalls mit einem Jingle oder einem sprachlichen Hinweis eingeleitet und beendet werden. In der Ankündigung muss jedoch den Begriff »Werbung« enthalten sein, z.B. »*Jetzt kommt ein Werbehinweis*«). Dauert der werbliche Teil des Videos oder eines Podcasts mindestens 90 Sekunden, muss er zu Beginn als »Dauerwerbesendung« angekündigt werden.[41] In dem Fall ist ferner zu beachten, dass Dauerwerbesendungen sich nicht an Kinder richten dürfen.

41 § 7 WerbeS.

◀ Abbildung 15-6
Beispiel zur Werbekennzeichnung für selbst erworbene Produkte, hier im Instagram-Beitrag der Influencerin Cathy Hummels: Die Tap Tags im Bild führen alleine noch zu keinem Werbecharakter, die Links (in Form von sogenannten Mentions der Anbieter-Accounts) in der Bildbeschreibung dagegen schon. Ferner ist die Präsentation der Kleidung ohnehin eher werbend herausstellend, sodass ein Werbehinweis nach allen Kriterien des BGH erforderlich ist. Da der Account jedoch über 640.000 Follower hat, ist dessen Werbecharakter erkennbar, sodass ein Werbehinweis nicht erforderlich ist. Hätte Frau Hummels jedoch ein Entgelt von einem der Anbieter erhalten, müsste auch sie einen Werbehinweis platzieren.[42]

- **Sponsoring** – Der Begriff »Werbung« darf grundsätzlich nicht durch den Begriff »Sponsoring« ersetzt werden. Das ist nur dann zulässig, wenn ein Sponsoring im Sinne des Gesetzes vorliegt. Das ist der Fall, wenn der Hinweis auf den Sponsor (sei er grafischer oder akustischer Natur) allein der Förderung des Erscheinungsbilds eines Unternehmens oder einer Marke, aber nicht der Absatzförderung von Produkten dient. Ein Sponsorenhinweis darf daher, mit Ausnahme eines imageprägenden Slogans, keine zusätzlichen werblichen Aussagen enthalten. Der Sponsorenhinweis muss ferner zum Beginn und zum Ende des Videos oder des Podcasts platziert werden.[43]
- **Platzierung im Profil** – In Social Media tauchen gepostete Beiträge, Bilder oder Videos für sich stehend in den Timelines der Follower auf. Daher müssen sie jeweils einen Werbehinweis für sich haben. Beispielsweise würde der Hinweis »Werbeaccount« in der Instagram-Bio nicht ausreichend sein.
- **Redaktionelle Produkttests** – Auch Produkttests, die auf von Herstellern gestellten Produkten basieren, sollten grundsätzlich als Werbung gekennzeichnet werden. Alternativ kann bereits zum Beginn des Beitrags auf die Gestellung der Produkte verwiesen werden, z.B. »*Das Testprodukt wurde uns kostenlos zur Verfügung gestellt*«. Ein Zusatz auf die eigene Objektivität, z.B. »*Die Gestellung des Produkts hatte keine Auswirkung auf unsere Objektivität*«, ist zulässig.

42 *https://www.instagram.com/p/CTefCd7soZ4/*
43 § 74 MStV i. V. m. § 10 MStV und § 14 WerbeG.

- **Affiliate-Links** – Auch Affiliate-Links, z.B. in einem Blogbeitrag, müssen speziell gekennzeichnet werden. Dazu stehen drei Methoden bereit: 1) Der ganze Beitrag wird als »Werbung« bzw. »Anzeige« gekennzeichnet; 2) die einzelnen Links werden jeweils um den Zusatz »Werbung« ergänzt (ein nur beim Überfahren mit der Maus schwebender Mouseover-Hinweis ist nicht ausreichend); 3) es wird bereits vor dem Beitrag auf die Affiliate-Links hingewiesen, z.B. »*Dieser Beitrag enthält Affiliate-Links, d.h., wenn Sie diese Links klicken und annehmen, erhalten wir eine Provision*«.

Tipp ▶ Bei manchen Produkten müssen, auch von Influencern, zusätzliche Regeln bei der Werbung beachtet werden, z.B. müssen bei Kraftfahrzeugen der Verbrauch und die Emissionswerte angegeben werden oder, es ist verboten, Gesundheitsbegriffe zu verwenden, indem z.B. ein Getränk als Detox oder ein Bier als bekömmlich bezeichnet wird.[44]

Checkliste: Influencer-Marketing

- Ist ein Werbehinweis notwendig? (bezahlte Postings, gestellte Produkte, wirtschaftliche Kooperation mit dem Unternehmen, selbst erworbene Produkte, die werblich hervorgehoben oder deren Anbieter verlinkt werden und die Follower-Zahl unter ca. 500.000 liegt, wobei die Zahl nur ein Richtwert ist)
- Ist die Werbekennzeichnung als solche erkennbar? (»Werbung«, »Anzeige«, »[Dauer-]Werbevideo«)
- Wenn bei Videos nur auf »Produktplatzierung« hingewiesen wird, wird das Produkt nicht werblich hervorgehoben und ist nicht mehr als 1.000 Euro wert?
- Ist die Werbekennzeichnung deutlich platziert? (am Anfang eines Postings oder Beitrags; in Videos und Podcasts ist gegebenenfalls die Kennzeichnung als »Dauerwerbesendung« notwendig)

Äußerungen und Bewertungen

Um zu wissen, ob Sie gegen negative Kritik und Bewertungen vorgehen können oder umgekehrt selbst welche verfassen dürfen, müssen Sie den Unterschied zwischen Tatsachen und Meinungen kennen.

- **Tatsachen** – Tatsachen sind objektiv wahrnehmbare Umstände, die nachgewiesen werden können. Tatsachenbehauptungen können wahr oder unwahr sein, z.B. beanstandete Kratzer auf einem Telefondisplay oder fehlender Meerblick im Hotel. Den Wahrheitswert einer behaupteten Tatsache muss der abgemahnte Verfasser nachweisen.

44 LG Hagen, 29.11.2017 – 23 O 45/17.

Ansonsten drohen ihm eine Strafe wegen übler Nachrede und eine Abmahnung mit Unterlassungs- und Schadensersatzpflichten.

- **Meinungen** – Meinungen sind durch eine innere, nicht nachweisbare Vorstellung, ein Dafürhalten oder eine Ansicht geprägt. Anders als Tatsachen können Meinungen nicht als richtig oder falsch bewiesen werden (z. B. »mir hat es nicht gefallen«). Meinungen sind nur dann unzulässig und abmahnbar, wenn sie die Grenze zu einer Schmähkritik überschreiten. Das ist der Fall, wenn die Wortwahl vulgär ist oder beleidigend wird. Bloße Sternchen oder Zahlen gelten als Meinungen. Das heißt, wenn ein Hotelgast einen Stern von fünf vergibt oder meint, es hätte ihm nicht gefallen, kann das Hotel ihm das nicht verbieten, auch dann nicht, wenn das Hotel sich keinen Fehler geleistet hat.

◀ Tipp

Der BGH hat entschieden, dass *Bewertungen* auch dann gelöscht werden müssen, wenn es nicht hinreichend belegt ist, dass sie von tatsächlichen Kunden abgegeben wurden. Wenn Sie die Löschung einer Bewertung verlangen, fordern Sie zugleich einen Nachweis der Kundenbeziehung des Bewertenden an (auch wenn die Plattform Ihnen keine Daten des Kunden herausgeben muss, sondern sich selbst, z. B. durch Vorlage einer Rechnung, davon überzeugen kann).[45]

Checkliste: Zulässige Äußerungen und Bewertungen

- Handelt es sich um eine Tatsache, und kann die sich äußernde Person deren Wahrheitsgehalt nachweisen?
- Handelt es sich um eine subjektive Meinung, und überschreitet sie nicht die Grenze zu unsachlicher Schmähkritik und Beleidigung?

Superlative

In Social Media wird gern vergessen, dass dort die Regeln des Wettbewerbsrechts ohne Einschränkung gelten.[46] So sollten Sie sich insbesondere vor unerlaubten Superlativen in Acht nehmen und sich z. B. nicht als »das beste«, »das größte«, »das fortschrittlichste«, »das günstigste« oder »zur Spitzengruppe gehörende« Unternehmen bezeichnen, ohne einen deutlichen Vorsprung vor anderen Mitbewerbern nachweisen zu können. Nur eindeutig als reklamehaft erkennbare Aussagen sind zulässig, wie z. B. »Das Beste, das Ihnen heute passieren kann«.

45 BGH, 01.03.2016 – VI ZR 34/15.

46 §§ 3–7 UWG.

Vergleiche mit anderen Unternehmen oder Produkten sind generell zulässig.[47] Der Vergleich muss sich jedoch auf objektive, nachprüfbare Kriterien beschränken, die für die Erwerber relevant sind (z. B. ist der Vergleich der Leistung eines Mobiltelefons zulässig, nicht aber der Optik des Verkaufspersonals).

Tipp ▶ Bevor Sie etwas in den sozialen Medien posten: Fragen Sie sich, ob es auch auf einer Plakatwand stehen dürfte.

Gewinnspiele und Wettbewerbe

Gewinnspiele bzw. Wettbewerbe gehören zu den beliebtesten Marketingaktionen, unterliegen jedoch ebenfalls vielen gesetzlichen und vertraglichen Einschränkungen:

- **Regeln der Plattformanbieter** – Prüfen Sie, ob die Anbieter von Plattformen, auf denen Sie Gewinnspiele veranstalten, spezielle Regeln für Gewinnspiele haben. So untersagt Facebook beispielsweise Gewinnspiele, in denen persönliche Profile einbezogen werden (z. B.: »Poste bei dir das Hashtag *#gewinnxyz*« oder »Erwähne einen Freund in den Kommentaren«). Instagram hat dieses Verbot zwar nicht, verlangt jedoch ebenso wie Facebook, dass die Veranstalter in einem Disclaimer erklären, allein für das Gewinnspiel verantwortlich zu sein.[48]
- **Teilnahmebedingungen** – Der Beginn, das Ende und die Art der Auslosung der Gewinne sollten am besten schon in der Gewinnspielbeschreibung stehen und müssen sich zumindest aus den Teilnahmebedingungen ergeben. In die Teilnahmebedingungen können Sie weitere Details und ferner weitere Einschränkungen, z. B. für bestimmte Personenkreise oder regionale Gebiete (z. B. »nur für in Deutschland, Österreich und der Schweiz wohnhafte Teilnehmer«) aufnehmen.
- **Datenschutzhinweise** – Die Datenschutzhinweise können in den Teilnahmebedingungen stehen (dann als »Teilnahmebedingungen & Datenschutz« bezeichnet). Sie können auch auf Ihre generelle Datenschutzerklärung verlinken, wenn dort Hinweise zur Nutzung der Daten im Rahmen des Gewinnspiels sowie zu deren Löschung und Widerspruchsmöglichkeiten stehen.

---

47 §§ 6 UWG.

48 *https://www.facebook.com/policies/pages_groups_events/*, *https://support.twitter.com/articles/490446*, *https://help.instagram.com/179379842258600*

- **Namensnennung und Veröffentlichung von Gewinnspielbeiträgen** – Sie sollten schon in der Gewinnspielbeschreibung und auch in den Datenschutzhinweisen auf die Veröffentlichung der Gewinnspielbeiträge und die Nennung der Gewinnernamen sowie deren Widerspruchsrechte hinweisen. Passen Sie bei der Übernahme fremder Gewinnspielbedingungen auf, da diese häufig umfangreiche Rechteeinräumungen beinhalten, die jedoch zugleich zur Haftung für die Beiträge der Nutzer führen können.
- **Newsletter** – Wenn Sie mit einem Gewinnspiel E-Mail-Adressen generieren möchten, bedarf das eines separaten Kontrollkästchens, das die Nutzer anhaken müssen. Auf die Hinweise zu Newslettern weiter oben in diesem Kapitel wird verwiesen. Dies wird nach dem Rechtsstand zum Zeitpunkt der Veröffentlichung dieses Buchs für zulässig gehalten, wenn die Teilnehmer schon vor Beginn des Gewinnspiels auf diese »Kopplung« hingewiesen werden.
- **Ort der Platzierung** – Sie können die Teilnahmebedingungen und Datenschutzhinweise entweder in einem Beitrag ausschreiben oder z.B. auf einer Website bzw. in einem Onlinedokument veröffentlichen und per Link darauf verweisen. Der Hinweis sollte sofort sichtbar und nicht »eingeklappt«, d.h. erst nach einem Klick auf den Link *... Mehr anzeigen* sichtbar sein.
- **Der Rechtsweg ist ausgeschlossen** – Sie können den Teilnehmern nicht generell das Recht auf den Weg zum Gericht nehmen (z.B. wenn es um unerlaubte Datennutzung geht). Sie können nur die Verantwortung für die Gewinnerziehung ausschließen: »Der Rechtsweg ist im Hinblick auf die Ziehung der Gewinner und die Beurteilung der Inhalte der eingereichten Gewinnspielbeiträge ausgeschlossen.«[49]

Checkliste: Gewinnspiele und Wettbewerbe

- Wurden die Plattformregeln beachtet? (Facebook, Instagram etc.)
- Werden Nutzer auf die Teilnahmebedingungen hingewiesen?
- Ist das Ende des Gewinnspiels angegeben?
- Werden Nutzer auf Datenschutzhinweise zum Gewinnspiel hingewiesen?
- Werden Nutzer auf die Veröffentlichung Ihres Namens oder der Gewinnspielbeiträge deutlich hingewiesen, bzw. wird eine Einwilligung eingeholt?
- Wird eine Einwilligung für etwaige Newsletter gesondert eingeholt?

49 Teilnahmebedingungen können auch mithilfe von aktuellen Mustern oder Generatoren, z.B. des Verfassers, erstellt werden: *https://datenschutz-generator.de/teilnahmebedingungen*.

Haftung für fremde Inhalte

Grundsätzlich haften Sie nur für die von Ihnen verfassten Inhalte. Jedoch können Sie sich fremde Inhalte in den folgenden Fällen durch Embedding, Sharing oder sogar durch Verlinkung zu eigen machen.

Haftung für Links, Sharing und Embedding

- **Haftung für Links** – Für Links haften Sie nur, wenn Sie sich diese zu eigen machen, z. B. durch Befürwortung der verlinkten Inhalte und Aussagen oder wenn Sie die verlinkten Aussagen zum Teil Ihrer Leistungsbeschreibungen machen (z. B. wenn Sie ein Produkt bewerben und auf die Produktseite des Herstellers und dortige Angaben verweisen.)
- **Sharing und Einbetten** – Beim Sharing und Embedding gilt Ähnliches wie bei der Verlinkung. Wenn Sie einen Beitrag lediglich teilen oder einbetten, ohne ihn zu kommentieren, machen Sie sich seine Aussagen nicht zu eigen. Allerdings sollten Sie auch keine eindeutig rechtswidrigen Beiträge, z. B. mit Beleidigungen, teilen.
- **Disclaimer** – Sogenannte »Disclaimer«, in denen im Impressum z. B. die Haftung für alle Inhalte oder Links pauschal ausgeschlossen wird, sind wirkungslos. Wenn Sie denken, dass z. B. von Ihrem Rat im Blog eine Gefahr ausgeht (etwa bei Finanz- oder Sporttipps), weisen Sie darauf direkt in dem Beitrag hin (sinngemäß: »Anwendung auf eigenes Risiko, zuvor empfehle ich professionelle Beratung«). Wenn Sie denken, hinter dem Link stünden Beleidigungen oder Urheberrechtsverletzungen, verzichten Sie besser auf dessen Nennung.

Haftungsprivileg für User-generated Content

Mit User-generated Content sind nutzergenerierte Inhalte gemeint, wie z. B. Nutzerkommentare auf einer Facebook-Seite oder Uploads von Bildern bei einem Gewinnspiel.[50] Für diese Beiträge haften Sie erst, wenn Sie von deren Rechtswidrigkeit erfahren. Dann müssen Sie diese Inhalte jedoch unverzüglich löschen (am besten innerhalb von zwei bis vier Tagen). Auf das Haftungsprivileg können Sie sich jedoch nicht berufen, wenn Sie sich die Nutzerinhalte zu eigen machen:

- **Redaktionelle Prüfung oder Freigabe** – Wenn Sie Nutzerbeiträge vorselektieren, vorprüfen oder sonst manuell freigeben, haften Sie für diese. So ist es haftungstechnisch insoweit sicherer, Nutzer zum

50 §§ 8, 10 TMG.

Upload von Bildern bei einem Gewinnspiel aufzufordern, als um deren Einreichung zu bitten und die Bilder selbst hochzuladen.

- **Einräumung wirtschaftlicher Nutzungsrechte** – Lassen Sie sich in den Teilnahmebedingungen nicht mehr Rechte einräumen, als Sie benötigen (z.B. Rechte zur Nutzung von Gewinnspielbeiträgen für eigene Werbezwecke). Denn mit dem Recht zur wirtschaftlichen Nutzung der Beiträge geht auch die Haftung für diese auf Sie über.

Wenn Sie bei *Gewinnspielen* die Gewinnerbilder veröffentlichen (z.B. nach einem Instagram Gewinnspiel), prüfen Sie in der Bildersuche von Google, ob diese nicht von einem fremden Urheber stammen. ◀ **Tipp**

Beschäftigte und Beauftragte und Corporate Influencer

Grundsätzlich sollten Sie davon ausgehen, dass Sie für die Rechtsverstöße, die Ihre Beschäftigten oder beauftragten Dienstleister (zusammenfassend »Mitarbeitende«) in Ihrem Namen vornehmen, automatisch haften.[51] Das gilt auch für beauftragte Influencer. Von dieser Haftung können Sie sich gegenüber den Betroffenen in der Regel nicht freizeichnen. Umso wichtiger ist es, dass Sie die Mitarbeitenden anleiten:

- **Nicht für das Unternehmen werben und für das Unternehmen sprechen** – Weisen Sie Mitarbeiter, z.B. in einer Social-Media-Richtlinie, darauf hin, ohne eine ausdrückliche Freigabe in sozialen Medien das Unternehmen oder seine Produkte nicht zu loben, Fragen von Kunden nicht zu beantworten oder Facebook-Postings in eigenen Profilen nicht zu teilen. Eine Freigabe sollten Sie nur dann erteilen, wenn die Mitarbeiter im Hinblick auf Grenzen und Gefahren als »Corporate Influencer« geschult wurden.
- **Auf Betriebszugehörigkeit hinweisen** – Mitarbeiter, die im Namen des Unternehmens sprechen oder den Eindruck hinterlassen, für das Unternehmen zu sprechen, sollten auf deren Zugehörigkeit zu dem Unternehmen hinweisen (z.B. »Ich bin Mitarbeiter von XY…«).
- **Werbehinweis** – Corporate Influencer, die auf eigenen Profilen Produkte oder das Unternehmen vorstellen oder bewerben, sollten auch den Hinweis »Werbung« oder »Anzeige« aufnehmen.
- **Impressumshinweis** – Wenn Corporate Influencer ihre persönlichen Profile einsetzen, um für den Auftrag- oder Arbeitgeber zu werben, müssen sie ein Impressum führen. Dann muss geregelt werden, ob der Mitarbeiter oder der Arbeitgeber im Impressum auftaucht,

51 U.a. §§ 278, 831 BGB, § 8 Abs. 2 UWG, 14 Abs. 7 MarkenG.

damit aber auch die Haftung für das gesamte Profil übernimmt. In diesem Fall sollte mit Mitarbeitern geregelt werden, dass der Arbeitgeber nicht für private Rechtsverstöße des Arbeitnehmers auf dem Account haftet.

- **Auf eigene Meinung hinweisen** – Wenn sich Mitarbeiter in Bezug auf das Unternehmen äußern, sollten sie betonen, dass es ihre eigene Meinung ist (es sei denn, es ist gerade deren Aufgabe, für das Unternehmen zu sprechen, z.B. als Social Media Manager).

Tipp ▶ Mit *Corporate Influencern* sollte immer geregelt werden, wem die von ihnen verwendeten Accounts oder erstellten Inhalte gehören. Wenn ein Mitarbeiter z.B. mit einer eigenen E-Mail-Adresse einen Account anlegt und diesen privat ebenfalls nutzt, wird er den Account in der Regel auch nach dem Ausscheiden aus dem Unternehmen behalten dürfen.

Checkliste: Haftung für fremde Inhalte

- Werden Links und eingebettete sowie geteilte Inhalte geprüft, wenn sie kommentiert oder zur Ergänzung bzw. Bewerbung eigener Leistungen eingesetzt werden?
- Wird das Haftungsprivileg für User-generated Content durch manuelle Prüfung, Freischaltung oder Einräumung wirtschaftlicher Nutzungsrechte aufgehoben?
- Wurden Mitarbeiter belehrt, ohne Erlaubnis und Schulung nicht im Namen des Unternehmens zu sprechen?
- Sind Corporate Influencer als solche erkennbar, und beachten sie im Fall geschäftlicher Profilnutzung die Impressumspflicht?

Shitstorms und das Hausrecht

Als Inhaberin oder Inhaber eines Accounts haben Sie das Recht, dort Beiträge der Nutzer zu löschen oder Nutzer zu blocken. Grenzen werden dann gesetzt, wenn sich Ihr Onlineangebot an eine Vielzahl von Personen richtet und damit als ein öffentlicher Diskussionsort zu qualifizieren ist. Das wird bei einzelnen Personen eher selten der Fall sein (es sei denn, sie kommunizieren in amtlicher Funktion, wie z.B. Bürgermeister), bei Unternehmen jedoch regelmäßig.

Das bedeutet jedoch nicht, dass Sie dann keinen Nutzerbeitrag löschen dürfen. Sie dürfen vor allem weiterhin Beiträge löschen, die rechtswidrig sind (oder die Rechtswidrigkeit nahelegen), und deren Verfasser bannen. Auch wenn Ihr Account im Fall eines Shitstorms von Beiträgen (also einer konzertierten Kritikaktion) quasi überschwemmt wird, dürfen Sie Beiträge löschen. Sie können in solchen Fällen ankündigen, dass alle kritischen Beiträge in einem Beitrag auf einer Facebook-Seite diskutiert werden, da ansonsten Ihre Kunden oder Interessenten nicht störungsfrei mit Ihnen kommunizieren können.

Rechtsfolgen von Verstößen

Wenn Sie Rechtsverstöße begehen, können Sie sich generell nicht auf einen guten Glauben berufen. Kurz gesagt: Unwissenheit schützt Sie nicht vor »Strafe«, die wie folgt ausfallen kann:

- **Abmahngebühren** – Sie können von Betroffenen (z.B. Nutzern im Fall von Datenschutzverletzungen oder Urheberrechtsinhabern), Mitbewerbern und klagebefugten Organisationen wie Wettbewerbszentralen (z.B. im Fall von Wettbewerbsverstößen) abgemahnt werden. Ist die Abmahnung berechtigt, müssen Sie je nach Wert der Verletzung die Abmahnkosten des abmahnenden Anwalts tragen. Das können bei kleineren Verstößen (z.B. Impressumsfehlern von Unternehmen) 200 Euro und bis zu ein paar Tausend Euro im Fall von Schutzrechtsverletzungen sein (z.B. bei Markenrechtsverstößen). Dazu kommen noch die Kosten Ihres eigenen Anwalts.
- **Beseitigungs- und Unterlassungspflichten** – Es reicht nicht, den Verstoß zu beseitigen. Sie müssen unterschreiben, dass Sie den Rechtsverstoß nicht erneut begehen oder andernfalls eine empfindliche Vertragsstrafe zahlen werden (die bei rund 5.000 Euro liegen kann).
- **Schadensersatz und Auskunft** – Im Fall von Urheberrechts-, Markenrechts- und Datenschutzverstößen können Sie zur Zahlung eines Schadensersatzes verpflichtet werden. Bei Bildern und Marken sind es in der Regel die üblichen Lizenzgebühren, die schnell vierstellig sein können.
- **Gerichtsgebühren** – Falls Sie den Forderungen der Abmahnung nicht Folge leisten, können Sie verklagt werden. Zusätzlich zu den Abmahngebühren kommen dann je nach Verfahrensfortgang zumindest vier Mal so hohe Gerichtsgebühren, falls Sie unterliegen.
- **Bußgelder** – Bei Datenschutzverstößen können Bußgelder verhängt werden, wobei dies im Hinblick auf soziale Medien eher die Ausnahme bleiben dürfte, und wenn Behörden tätig werden, dann primär durch die Aufforderung, bestimmte Maßnahmen zu unterlassen.

◂ Tipp

Wenn Sie eine *Abmahnung erhalten*, suchen Sie unverzüglich einen professionellen Rechtsrat. Häufig sind die geltend gemachten Kosten und Vertragsstrafen viel zu hoch angesetzt. Versuchen Sie nicht, so zu tun, als hätten Sie die Abmahnung nicht erhalten, denn der Absender muss deren Zugang grundsätzlich nicht nachweisen.

Index

C

D

E

F

G

H

I

J

K

L

M

N

O

P

Q

R

T

U

V

W

X

Y

Z

Über die Autorinnen

Corina Pahrmann ist freie Journalistin, PR-Referentin und Autorin. Sie konzipiert Corporate Blogs, übernimmt deren Redaktionsplanung und schreibt regelmäßig Artikel, vorzugsweise zu IT- und Wirtschaftsthemen. Außerdem betreut sie Social-Media-Präsenzen und unterstützt Unternehmen bei Texten aller Art – vom Insta-Posting über die klassische Pressemitteilung bis zur Website, Broschüre oder zum Whitepaper und Fachbuch.

Katja Kupka ist Social Media Managerin (TH Köln) und PR-Referentin (DPRG-zertifiziert). Sie berät Unternehmen und Selbstständige zu Social Media Marketing und betreut deren Social-Media-Kanäle. Als Onlineredakteurin mit langjähriger Erfahrung in der Finanzbranche schreibt sie für Corporate Blogs und Onlinemagazine. Sie bildet angehende Social Media Manager:innen aus und schult zu »Texten für Online und Social Media«.

Über die Interviewpartner:innen in diesem Buch

Ute Blindert arbeitet als Beraterin und Autorin zu: Netzwerken in digitalen Zeiten für Unternehmen und Organisationen. Sie hält Vorträge und berät Unternehmen, wie sie Netzwerken und Community Building für Veränderungsprozesse nutzen können. Sie bloggt und schreibt für XING Insider. 2015 erschien ihr Buch »Per Netzwerk zum Job«. Ehrenamtlich engagiert sie sich bei den Digital Media Women e.V. (*www.uteblindert.de*)

Anne Engelshowe ist Gründerin und Initiatorin des SALON DER GUTEN. Als Spezialistin für Employer Branding, Recruiting und Personalmarketing begleitet sie Unternehmen auf dem Weg zur mehr Arbeitgeberidentität und -attraktivität. Ihre Vision ist, Arbeitgebermarken von innen heraus zu entwickeln und Führungskräfte und Mitarbeitende als wichtige Multiplikatoren zu gewinnen. Als Impulsgeberin bloggt sie unter *BLOG – SALON DER GUTEN* (*www.salonderguten.de*), hält Vorträge, leitet Seminare und berät Organisationen. (*www.salonderguten.de*)

Stefan Evertz ist Berater für digitale Kommunikation und Tool-Lotse bei elbespace in Wittenberge/Brandenburg und berät Unternehmen zu den Themen Digitale Strategie, Community Management und Social Media Monitoring. Seit 2007 hat er über 50 Barcamps und andere Veranstaltungen moderiert, organisiert oder als Berater begleitet, ab 2020 sind zahlreiche virtuelle Events und Kurse hinzugekommen. Seit 2016 prüft und organisiert er zudem für den BVCM für die Zertifikate »Social Media Manager (BVCM)«/»Community Manager (BVCM)«. Sein Fachbuch »Analysiere das Web!« erschien 2018. (*https://elbespace.de*)

Prof. Dr. Matthias Fank lehrt und forscht seit 1999 an der TH Köln, ehemals Fachhochschule Köln. Er leitete von 2011 bis 2021 den Masterstudiengang Markt- und Medienforschung. Der Schwerpunkt seiner Forschung liegt auf dem Gebiet des Social Media Research. Er ist Gründer der infospeed GmbH und war Mitherausgeber der Fachzeitschrift Social Media Magazin bis 2014. Er leitet die wissenschaftliche Weiterbildung zum Social Media Manager und SEO-Manager an der TH Köln seit 2011. Die Social Media Anwenderkonferenz wurde durch Prof. Dr. Fank 2006 ins Leben gerufen und bis 2015 an der TH Köln durchgeführt. In der Forschung liegt der Schwerpunkt in der Erfassung, Strukturierung, Auswertung und Visualisierung von Daten. (*https://www.th-koeln.de/personen/matthias.fank/*)

Torsten Jensen ist Experte für Entrepreneurship, Start-ups & Innovation und unterstützt Unternehmen auf dem Weg zur digitalen Transformation und im Aufbau von digitalen Geschäftsmodellen. Zuvor war er Senior Manager Digital Innovation bei Ernst & Young (EY). Jensen teilt als Dozent an verschiedenen Hochschulen sein praktisches Wissen in den Gebieten digitale Geschäftsmodelle und Onlinetrends. Im Ehrenamt ist Jensen Vorsitzender des NRW Startup-Verband NRWalley e.V. und gehört dem digitalen Beirat des NRW Wirtschaftsministers an. (*http://www.torstenjensen.com*)

Sarah Kübler ist Geschäftsführerin und Gründerin der HitchOn GmbH, einer Social-Media- und Influencer-Marketing-Agentur in Mainz und Hamburg. HitchOn begleitet Unternehmen von der Wahl der richtigen Influencer bis zur Kampagnenkonzeption und -produktion, konzipiert und betreut Brand Channels und optimiert Inhalte auf die Algorithmen der Plattform. Im März 2021 gründete Sarah Kübler die HitchOn-Tochter und Produktionsfirma für Online-First- und Online-Only-Projekte, AlwaysOn Production GmbH, als Joint-Venture mit der Studio Hamburg Production Group.

Wertvolle Erfahrungen sammelte Sarah Kübler als TV-Producerin im Bereich professioneller Medienproduktionen. Bis 2015 war sie als Managerin Digital Channels bei ZDF Enterprises tätig. Als Mitglied des Digitalrates von Rheinland-Pfalz beriet Sarah Kübler bis 2021 die Landesregierung zu Daten- und Netzpolitik. Seit 2021 berät und unterstützt sie die Arbeit der Medienförderung Rheinland-Pfalz GmbH als Mitglied des Aufsichtsrates, um kreative und innovative Medienschaffende in Rheinland-Pfalz im Bereich digitale Medien zu fördern. (*https://hitchon.de/*)

Maik Lohse hält die Gesamtverantwortung für den Bereich »Social Media im Service« bei der Deutschen Telekom. Bereits seit 1999 im Unternehmen, hat er die Bereiche Kundenservice und Vertrieb von der Pike auf gelernt und in verschiedenen Positionen – seit 2011 im strategischen Bereich mit Projekt-, Planungs- und Steuerungsverantwortung – unter Beweis gestellt. Sein aktueller Fokus liegt auf der strategischen Weiterentwicklung von »Telekom hilft«. (*https://telekomhilft.telekom.de/*)

Daniela Sprung ist Bloggerin, Autorin, Content-Marketing & Social-Media-Managerin. Ihr Blog bloggerabc gehört zu den Top 14 der deutschen Marketingblogs. Dort publiziert sie zu allen Themen rund ums Bloggen und Social Media. Mit der Blog4Business und dem Corporate Blog Barcamp hat sie zwei Events geschaffen, die sich deutschlandweit erstmalig ausschließlich an Corporate Blogger wenden. Sie ist Speakerin, Dozentin und Beraterin in den Bereichen Blogs, Corporate Blogs und Social Media. (*https://www.bloggerabc.de*)

Andreas Wagener ist Professor für digitales Marketing an der Hochschule Hof. Als Spezialist für KI und Datenökonomie ist er ein gefragter Speaker zu Themen rund um das Digital-Management. Er betreibt den Blog nerdwärts.de. Sein Fachbuch »Künstliche Intelligenz im Marketing – ein Crashkurs« erschien 2019 im Verlag Haufe. (*https://www.hof-university.de/*)

Robert Weller lebt als Director Community & Education bei konversionsKRAFT seine Leidenschaft aus, Menschen durch die Wissensvermittlung und den Erfahrungsaustausch bei ihrer persönlichen und beruflichen Entwicklung zu unterstützen. Dafür nutzt er auch seinen Blog toushenne.de, publiziert regelmäßig Bücher und engagiert sich als Keynote Speaker zu Themen rund um Content, Design & Marketing. (*https://www.toushenne.de*)